Vivaio
Podere Casacce
Italy
sso di alberese
France
Fonte De' Medici
Chile
Podere Portaccia
B.go Santa Maria Macerata
Spain
Badia a Passignano
Argentina

일러두기

본문에 나오는 지명, 와이너리명, 포도품종, 와인명 등은 외래어 표기법에 따르지 않고
가급적 원어 발음에 가깝게 표기하려고 노력했습니다.
또한 한글 발음보다는 원어를 먼저 표기해 원어에 좀 더 익숙해지도록 하고 있습니다.
와인명에는 〈 〉 표기를 하여, 품종이나 지역명 등과 구분하였습니다.
본문 내용 중 표시된 와인 가격은,
와인검색사이트인 『와인서처(Wine-Searcher) 평균가격×2』 수준으로,
우리나라 와인샵들의 평균적인 판매가격을 반영한 것입니다.
따라서 판매처에 따라 다소의 차이가 있을 수 있습니다.
포도품종에서 색은 레드, 색은 화이트 품종을 뜻합니다.

한 권으로 끝내는
와인특강
Special Wine Lesson
2021 완전 개정판
전상헌 지음 | 김준철 감수
예문

|추천사|

이순주
국내 '1세대 와인 박사', 국산 와인 1호 〈마주앙〉 개발자

와인 초보자들에게 꼭 필요한 참고서가 되어주길...

2007년 말 처음 이 책의 초판 감수를 부탁받았을 때 조금은 망설였습니다. 하지만 저자가 이 책을 쓰게 된 동기에 대해서 얘기를 나눠보고 또 책의 내용을 검토해보면서 기꺼이 응하기로 마음먹었습니다. 와인 전문가는 아니지만, 와인을 너무나도 좋아한 나머지 체계적으로 공부하여 풍부한 지식을 갖추고 있었고, 와인을 공부하고자 하는 사람들에게 어떤 방법으로든 도움을 주고 싶어하는 순수한 목적으로 책을 내고자 했기 때문이었습니다.

원고를 감수하는 내내, 와인이 우리의 생활로 내려와 일상이 되다시피 한 요즘, 국내의 많은 초보 애호가들에게 이 책이 친절하고 자상한 참고서로서 충분하다는 생각이 들었습니다.

저자의 의도대로 이 책이 많은 분들에게 와인 문화를 더욱 널리 알리는 계기가 되고, 또 가려운 부분을 긁어줄 수 있는 좋은 역할을 하게 되기를 진심으로 기원합니다.

Special Wine Lesson

최훈
보르도와인아카데미 원장, 《Wine Review》 발행인

쉽고 재미있는 와인특강에 여러분을 초대합니다!

이제는 우리나라에도 와인에 관심을 갖고 즐기시는 분들이 꽤 많아졌습니다. 저 역시 국내 와인 문화의 저변 확대를 위해 여러 형태의 노력을 해왔습니다. 제가 운영하고 있는 보르도와인아카데미의 수강생으로 인연을 맺은 분이 와인 책을 발간한다는 것은 아주 반가운 일이 아닐 수 없습니다.

이 책은 초보자들이 궁금해할 만한 사항들을 저자가 자신의 초보 시절을 떠올리며 시원하게 정리해놓고 있습니다. 와인 애호가로서 즐겁게 습득한 풍부한 지식과 경험을, 알기 쉽게 그리고 재미있게 특강을 하는 형식으로 잘 풀어냈습니다.

와인의 종류가 셀 수 없이 다양하듯 사람들의 기호와 니즈도 다양하기 때문에 더 많은 좋은 책들이 발간되어 와인을 즐기고 싶어하는 분들의 선택을 도왔으면 합니다. 이 책도 그런 의미있는 역할을 하리라 믿어 의심치 않습니다.

| 감수의 글 |

김준철
한국와인협회 회장, 김준철(JCK) 와인스쿨 원장

사랑하면 알게 되고, 알게 되면 보이나니, 그 때 보이는 것은 예전과 다르리라

우연히 발견된 포도주스 썩은 것이라고 할 수 있는 와인이 많은 문화권의 중심에서 오랜 세월 중요한 위치를 차지하고 있는 것을 보면, 와인만큼 대단한 음료는 없다라는 생각이 듭니다.

와인에 빠진 사람들은 그저 와인을 마시는 데 그치지 않고, 좋은 와인을 수집하는 데 열을 올리고, 그에 대한 정보를 얻기 위해 책과 자료를 구해서 읽고, 수입의 상당 부분을 와인을 구매하는 데 소비하고 있으며, 또 보수가 좋은 직업을 포기하고 예술적인 가치를 지닌 좋은 와인을 만드는 데 매달리는 사람도 있습니다.

우리나라처럼 와인을 본격적으로 생산하지 않는 곳에서도 이러한 사람들이 꽤 있으며, 와인을 만들지 않더라도 와인의 강한 엘리트적인 이미지를 부러워하면서 와인을 마시고 그것을 배우기 위해 많은 정보를 수집하는 데 열심입니다. 그래서 와인을 가장 '지적인 음료'라고도 합니다. 이 책은 이런 분들을 위한 책입니다.

그 동안 수많은 와인 책이 쏟아져 나왔지만, 단순한 에티켓 정도의 와인 지식을 전달하거나 화려한 사진을 위주로 하거나, 아니면 저자가 진정 와인을 이해하지 못하고 짜깁기한 티가 나는 책들이 많았던 것이 사실입니다. 그러나 이 책은 와인에 대해 체계적으로 접근하여 정확하고 자세한 내용에 에피소드를 곁들여 한 차원 더 높은 지식을 전달하고 있습니다. 즉 지식과 즐거움을 주는 드문 책이라고 할 수 있습니다. 특히, 저자는 많은 와인 전문과정들을 수료하고 다년 간 한국와인협회에서 교육분과 위원으로 활동하면서 이론과 실무를 몸소 체험으로 습득하고 방대한 자료를 수집했으며, 와인전문가들이 가장 어려워하는 양조 분야의 지식까지 갖춘 보기 드문 와인전문가입니다.

저자의 이러한 경험과 지식이 고스란히 반영된 이 책은 와인업계에 종사하는 수입업체의 마케팅 담당자나 와인 숍 매니저, 소믈리에는 물론, 와인을 좋아하고 지적인 호기심이 남다른 분들이라면 꼭 읽어야 합니다. 어떤 자리든 나온 와인이 고급인지 아닌지 파악하는 능력을 갖추는 것이 최고의 매너라고 할 수 있습니다. 와인을 마실 때는 몸에 밴 바르고 깔끔한 태도도 중요하지만, 어떤 와인이나 음식이 나왔을 때는 그에 얽힌 이야기를 하면서 대화를 이끌어 갈 수 있는 해박한 지식을 갖추는 것이 더 중요합니다. 이 책을 읽고 나면, "사랑하면 알게 되고, 알게 되면 보이나니, 그 때 보이는 것은 예전과 다르리라."라는 말을 실감하게 될 것입니다.

알고 마시면 더욱 즐겁고 맛있는 술, 와인

플라톤이 와인을 일컬어 '신이 인간에게 준 최고의 선물'이라고 했듯이, 와인은 일상을 즐겁게 해주고 오감(五感)을 만족시켜주는 술이자 음료입니다. 그래서 저는 편한 자리에서 와인을 마실 때 농담 삼아 와인은 그냥 술이 아니라 '예술(drinkable art)'이라고 말하곤 합니다.

우리나라에서 와인은 88서울올림픽을 목전에 둔 1987년에야 수입이 자유화가 되었습니다. 대중화 역사가 그리 오래되지 않았지만, 이제 와인을 즐기는 분들이 꽤 많이 늘은 것 같습니다.

저는 체계적으로 와인을 전공했거나 관련 업계에 오래 종사한 전문가는 아닙니다. 그저 와인을 사랑하는 애호가로 와인을 좋아하는 주변 사람들과 함께 다양한 와인을 마시면서 이야기 나누는 것을 즐깁니다. 그러면서 와인과 관련된 자료와 책들을 읽고 나름대로 정리하다 보니, 저와 똑같이 와인을 공부하려는 분들을 위해 미력하나마 도움을 드리고 싶다는 생각이 들어 이 책을 쓰게 되었습니다. 이미 발간되어 있는 많은 책들을 참조했고 일부 내용을 인용하기도 했습니다. 그리고 제 나름의 방식으로 정리하여 제가 초보자 입장에서 답답하고 알고 싶었던 내용들을 효과적으로 전달하고자 노력했습니다.

세계적인 와인메이커이자 컨설턴트인 미셸 롤랑(Michel Rolland)이 2007년 한국을 방문했을 때 "와인의 존재 이유는 마시는 이에게 기쁨을 주는 것이기에 절대적으로 좋은 와인은 따로 있을 수 없고 각자 취향에 맞는 와인을 골라 즐기면 그것이 지상 최고의 와인이다"라는 말을 했습니다. 공감 가는 말이긴 하지만, 자기 취향에 맞는 와인을 제대로 즐기려면 세상에 어떤 와인이 있는지, 어떤 포도품종으로 만드는지, 그 맛은 어떻게 다른지, 자신의 와인 취향은 어떤지를 먼저 알아야 하지 않을까요? 또 와인 레이블을 어느 정도는 이해하고 와인을 고를 줄도 알아야 하지 않겠습니까? 와인은 알수록 즐겁고, 또 알고 마셔야 더 맛있는 술이기 때문입니다.

부족한 제가 책을 내다 보니 도움을 주신 분들, 감사를 드려야 할 분들이 너무나 많습니다. 먼저 초판 감수를 맡아주셨던 이순주 박사님과 보르도와인아카데미 최훈 원장님 그리고 항상 많은 가르침을 주시고 이번 개정판의 감수를 해주신 김준철 원장님께 깊은 감사를 드립니다.

또 개정 편집 작업을 하면서 너무나 많은 시간과 노력을 아낌없이 지원해주신 문정화 님과 권승하 님에게도 특별한 고마움을 전합니다. 그 외에 프랑스 와인 전문가이신 장홍 선생님을 비롯해서 도움을 주신 많은 분들, 저와 와인을 함께 마셔주시는 모든 분들께도 진심으로 감사드립니다.

마지막으로, 와인이 제 삶을 더 풍요롭고 행복하게 해주었듯이, 이 책을 구입하신 모든 분들도 와인을 즐기시면서 항상 건강하고 행복하시길 기원합니다.

항상 북한산이 바라보이는 언저리에서

전 상 헌

| 목차 |

CHAMPAGNE
LOUIS ROEDERER

아는 만큼 맛있는 와인

Lesson 01

Wine without food is fine, but food without wine is disaster.

- 알랜 리치맨 / 미국의 저널리스트 겸 푸드 라이터 -

좋은 와인이란 높은 점수를 얻은 와인이 아니라, 음식과 함께 즐길 수 있는 와인이다.

- 잰시스 로빈슨 / 영국의 와인 평론가 -

와인이 모든 음료 중에 최고라면, 치즈는 모든 식품 중에 최고이다.
잘 익은 소박한 치즈와 와인, 그리고 갓 구운 빵이 있다면 어찌 인생이 행복하지 않을까.

- 페이션스 그레이 / 영국의 요리, 여행 작가 -

와인은 즐거움의 술이라기보다는 지식의 술이다.
왜냐하면 와인의 즐거움은 지식에 비례하기 때문이다.

- 로저 스크러턴 / 영국의 철학자, 작가 -

와인은 최고의 음료다. 물보다 순수하고, 우유보다 안전하고,
청량음료보다 산뜻하고, 독주보다 순하고, 맥주보다 생기 넘칠 뿐만 아니라,
우리 인간이 알고 있는 어떤 음료보다 예리한 시각, 후각, 미각에 큰 즐거움을 주기 때문이다.
마실 와인도 없고, 화제로 삼을 만한 와인도 없이 식사를 할 때보다 더 지루한 순간은 없다.

- 앙드레 시몽 / 작가 겸 Wine & Food Society의 창시자 -

'신의 물방울'이라고 하는 와인은 과연 어떤 술일까요? 술은 제조방식에 따라 발효주와 증류주로 구분할 수 있습니다. 발효주는 효모에 의해 발효된 상태의 액체로 마시는 술로, 원료에 따라 과실주와 곡주로 구분합니다. 포도를 발효시킨 대표적인 과실주가 와인이며, 곡주에는 맥주, 막걸리, 청주 등이 있습니다.

증류주를 쉽게 설명하면, 와인을 증류한 술이 꼬냑(cognac)과 같은 브랜디(brandy)이고, 맥주를 증류한 술이 위스키(whiskey)라 하겠습니다.

- 발효주 : 와인, 맥주, 막걸리, 청주, 사케 등
- 증류주 : 브랜디, 위스키, 보드카, 진, 럼, 테킬라, 증류식 소주, 고량주 등

"와인은 밤하늘에 뿌려진 별의 숫자만큼이나 많다", "와인의 종류는 지구상에 있는 와인 병의 수와 같다"라는 말이 있습니다.

세계적으로 60개국 이상이 와인을 생산하고 있으며, 생산량은 연간 300억 병이 넘습니다. 전 세계 인구를 77억 명 정도로 잡으면 성인 한 사람당 연간 3병 이상을 마실 수 있는 양입니다. 세계 최대의 와인 검색 어플인 VIVINO(비비노)에는 약 130만 개 정도의 와인이 올려져 있습니다.

와인은 이처럼 종류도 많지만 그 맛의 스펙트럼도 아주 다양합니다. 그도 그럴 것이 와인은 생산되는 나라, 지역, 토양, 기후, 포도품종, 포도수확연도(vintage), 수확시기, 생산회사, 양조방법, 품질등급 등의 기본적인 변수를 포함해서 유통과정, 보관기간, 보관상태 등에 따라 얼마든지 맛과 품질의 차이가 생길 수 있기 때문입니다.

이런 수많은 와인의 종류와 그 차이를 다 알 필요는 없지만, 와인을 제대로 즐기기 위해 최소한의 분류와 구분은 할 줄 아는 것이 좋겠습니다. 그래야 와인을 고르는 기쁨, 마시는 행복이 훨씬 더 커질 테니까요.

자, 그럼 먼저 색깔, 당분 함량, 식사시 용도, 무게감(body), 양조방법 등에 따라 와인을 어떻게 분류하는지 살펴볼까요?

색깔에 따른 분류

와인은 빛깔에 따라 레드 와인, 화이트 와인, 로제 와인으로 구분합니다. 기본적으로 레드 와인과 화이트 와인은 재료가 되는 포도품종 자체가 다릅니다.

레드 와인

레드 와인을 양조할 때는 적포도를 으깬 후 껍질(skin), 과육(pulp), 씨(seed)를 함께 발효시킵니다. 따라서 껍질의 붉은 색소뿐 아니라 씨와 껍질에 많이 들어 있는 타닌(tannin)◆ 성분까지 함께 추출되는데, 이로 인해 레드 와인의 붉은 색깔과 진하고 떫은맛이 생기게 됩니다. 레드 와인을 머금었을 때 입안을 살짝 조여 주는 듯한 떫고 묵직한 느낌을 만들어 주는 타닌 성분은 레드 와인의 골격과 베이스(base)를 이룹니다. 와인 속의 타닌은 산화를 막아주는 역할도 하므로 타닌 성분이 많은 레드 와인은 장기숙성이 가능합니다. 대부분 1차 발효만 하는 화이트 와인과 달리, 레드 와인은 1차 발효(당분 → 알코올) 후 2차 발효(사과산 → 젖산)를 거쳐 숙성에 들어갑니다. >32~35쪽 참조

◆ tannin은 '탄닌'보다는 '타닌' 혹은 '태닌'이라 읽어야 옳다. 타닌도 폴리페놀 성분의 일종이다.

화이트 와인

일반적으로 레드 와인은 완전히 익은 적포도를 수확해 껍질, 과육, 씨를 한꺼번에 파쇄해서(crushing) 얻어진 과즙(must)◆으로 발효와 침용 과정을 거치지만, 화이트 와인은 살짝 덜 익은 청포도를 수확하여 파쇄한 후 압착(pressing)해 얻은 쥬스를 발효시킵니다. 요즈음

◆ must(머스트)는 포도가 으깨져, 과즙과 껍질이 함께 섞여 있는, "포도도 아니고 와인도 아닌" 어정쩡한 상태를 말한다. 우리나라의 '술덧(주료)'과 비슷한 말이다.

포도의 껍질과 알맹이를 분리할 때 유럽의 일부 와이너리에서는 아직도 사람이 발로 밟는 전통방식을 고수하는데, 너무 뭉개지지 않도록 가벼운 여자들이 밟는 게 좋다고 한다. 하지만 워낙 힘든 작업이라 홍보용 촬영 때를 빼곤 주로 남자들이 밟는다고. (사진은 포도밭을 소재로 한 키아누 리브스 주연의 영화 '구름 속의 산책' 중 한 장면)

은 공기압을 이용해 부드럽게 압착하기도 합니다. 얻어진 과즙을 저온 발효시켜 양조하므로 상대적으로 타닌이 적고 상큼한 맛이 나는 황금빛 와인이 됩니다. 이렇게 만들어지는 화이트 와인의 베이스는 산(acid, 신맛)입니다. 산도는 와인을 상쾌하고 생기 넘치게 만들어주는 양념과 같은 역할을 합니다.

레드 품종인 메를로(Merlot)의 껍질을 제거하고 알맹이만으로 만든 이탈리아의 화이트 와인. 레이블에 'White Body, Red Blood'라고 적혀 있는 것이 재미있다.

드물긴 하지만 프랑스 프로방스 지방과 미국 캘리포니아 등지에서는 레드 와인용 적포도를 압착해서 얻어진 쥬스를 발효시켜 화이트 와인을 만들기도 합니다.

샴페인 제조에도 이런 방식으로 레드 품종(삐노 누아, 삐노 뫼니에)이 사용됩니다. >361쪽 하단 참조

로제 와인

로제 와인은 레드 와인과 화이트 와인의 중간색인 연한 주황빛이 나는 와인입니다. 적포도로 레드 와인처럼 발효시키다가 붉은색이 우러나오기 시작하는 시점에서 바로 압착해 쥬스를 추출하고, 이후는 화이트 와인 양조방식으로 만들어집니다. 이런 방법으로 색깔은 레드와 화이트의 중간이고, 맛은 화이트 와인에 좀 더 가까운, 말 그대로 '색다른' 와인이 만들어집니다. 하지만 다 만들어진 레드 와인과 화이트 와인을 섞어서 로제 와인을 만들지는 않습니다. 특히 EU에서는 이를 법으로도 금지하고 있습니다만, 로제 샴페인을 만드는 샹빠뉴 지방에서는 예외적으로 이를 허용하고 있습니다. 로맨틱한 빛깔과 기분 좋게 은은한 향은 로제 와인만의 특별한 매력입니다.

오스트리아 슐로스 고벨스버그사가 Zweigelt(쯔바이겔트) 품종 100%로 만드는 로제 와인

대형 샴페인 그룹인 랑송 BCC 산하의 브루노 파이야르사가 프로방스에서 만드는 로제 와인 〈샤또 데 사랭〉

바이오다이나믹 농법으로 유명한 쉔 블루사의 프로방스 로제 와인

시칠리아 돈나푸가따사의 로제 와인 〈루메라〉

배우 드류 배리모어가 캘리포니아 몬터레이에서 삐노 누아로 만드는 로제 와인

미국 록커 본 조비가 프랑스 랑그독 지방의 제라르 베르뜨랑사와 함께 생산하는 로제 와인 〈햄튼 워터〉

Wine Lesson 101

Rosé Wine 로제 와인

- 프랑스어로는 뱅 로제(Vin Rosé) 또는 뱅 그리(Vin Gris)라고 하며, 이탈리아어로는 로사또(Rosato), 스페인어로는 로사도(Rosado)라 한다. 유럽의 여름철 노천까페나 바닷가에서 로제 와인을 시원하게 칠링해서 마시는 광경을 흔히 볼 수 있다. 그래서 '바캉스 와인'이라고도 한다.

- 로제 와인은 신혼부부에게 선물하기에도 적당하다. 와인의 빛깔이 갓 결혼한 두 사람의 핑크빛 미래를 연상시키기 때문이다. 화이트데이, 발렌타인데이의 선물용으로도 좋다. 축하의 자리에는 로제 스파클링 와인을 강추!

- 세계적인 로제 와인으로 프랑스의 〈Rosé d'Anjou(로제 당쥬)〉〈Tavel Rosé(따벨 로제)〉, 포르투갈의 〈Mateus Rosé(마테우스 로제)〉 등 전통적인 제품들을 비롯해서, 미국에서 Zinfandel 품종으로 만드는 〈White Zinfandel(화이트 진펀델)〉 로제 와인 등이 유명하다.

① 캘리포니아 3대 와이너리 중의 하나인 베린저사의 〈화이트 진펀델〉 와인. Zinfandel 100%. 2만 원선.
② 매혹적인 로즈골드 빛깔의 프랑스 루아르 지방 샤또 드 페슬(Ch. de Fessles)사의 〈로제 당쥬〉 Grolleau 70% : CF 30%. 3만 원선.

당분 함량에 따른 분류

드라이 와인

포도의 당분(포도당)이 알코올로 완전히 발효되어 단맛이 거의 남지 않은 와인을 말하는데, 레드 와인의 대부분이 드라이한 맛을 냅니다. 고급 레드 와인일수록 더욱 그렇습니다. 레드 와인은 빛깔이 짙을수록, 화이트 와인은 빛깔이 엷을수록 드라이한 경향이 있습니다.

많은 분들이 와인을 자주 마시고 즐기게 될수록 스위트 와인보다는 점점 드라이 와인을 더 선호하게 되는 것 같습니다.

스위트 와인

발효과정에서 당분을 완전히 발효시키지 않아 포도당의 단맛이 남아 있는 달콤한 와인을 말합니다. 보통의 경우 늦수확(late harvest)을 통해 포도알 자체의 당도를 높이는 방법을 쓰지만, 지역에 따라선 포도를 따서 말리면서 당도를 농축시킵니다. 중저가 스위트 와인은 양조과정에서 가당(加糖)을 하는 경우도 있습니다. 스위트 와인은 주로 식후 디저트 음식과 함께 마시게 되는 경우가 많으므로 '디저트 와인'이라고 부르기도 합니다.

구분	드라이	스위트
영어권	Dry 〈 Medium Dry	Semi Sweet 〈 Sweet
프랑스	Brut(브륏) 〈 Sec(쎅) 〈 Demi-sec(드미 쎅) 2g/L 10g/L 10~20g/L	Doux(두우) 〈 Moelleux(무알뢰) 〈 Liquoreux(리쿼르) 20~30g/L 30~50g/L 50g/L 이상
이탈리아	Secco(쎄코) 〈 Abboccato(아뽀까또) 10g/L 미만 10~20g/L	Amabile(아마빌레) 〈 Dolce(돌체) 20~30g/L 30~50g/L
스페인	Seco(쎄꼬) 〈 Semi-seco(세미 쎄꼬) 10g/L 미만 10~20g/L	Dulce(둘쎄) 20~30g/L
독일	Trocken(트로켄) 〈 Halbtrocken(할프트로켄) 10g/L 미만 10~20g/L	Mild(밀트) 〈 Lieblich(리블리히) 〈 Suss(쉬스) 20~30g/L 30~50g/L 50g/L 이상

• 유럽연합(EU)의 와인 관련 규정에 따르면, 리터당 잔당 4g/L 까지만 레이블에 'Dry'라는 표기를 할 수 있고, 'Sweet'는 리터당 잔당이 45g/L 이상이어야 한다.

미디엄 드라이 와인

기본적으로 드라이하지만 살짝 스위트한 느낌이 있는 와인을 말합니다. 또 반대로 스위트하지만 그리 많이 달지는 않은 와인을 가리켜서 '세미 스위트(Semi Sweet) 와인'이라고 표현합니다.

식사 시 용도에 따른 분류

Appetizer Wine 식전용 와인

다양한 스타일의 셰리 와인들

식사 전에 입맛을 돋우기 위해 전채 요리와 함께 가볍게 한두 잔 마시는 와인입니다. 프랑스어를 섞어서 'Apéritif Wine(아뻬리띠프 와인)'이라고도 부릅니다. 위액 분비 촉진을 위해 산도는 적당히 있으면서 당도와 알코올 도수는 낮은 와인들이 좋습니다. 드라이한 맛의 샴페인(스파클링 와인)이나 화이트 와인, 로제 와인, 드라이한 Sherry(셰리, 611쪽 참조), Vermouth(베르뭇, 가향 와인) 등이 있습니다. 미국의 일반 레스토랑에서는 〈White Zinfandel(화이트 진펀델)〉 로제 와인이 식전주로 많이 애용됩니다.

개인적으로는 애피타이저와 함께 먹는 와인으로, 상큼한 신맛이 돋보이는 프랑스 알자스의 Riesling(리슬링) 품종 화이트 와인을 좋아합니다.

미모사

탄산도 식욕을 촉진시키는 역할을 하므로 샴페인이나 샴페인을 베이스로 하는 끼르 로얄(Kir Royal), 미모사(Mimosa) 등의 와인 칵테일도 식전주로 제격입니다. >116~117쪽 참조

Table Wine 식사와 함께 하는 와인

메인 디쉬에 곁들이는 와인을 말합니다. 와인은 식욕을 증진시키고, 식사 분위기를 좋게 하는 역할 외에도 음식 맛을 잘 느낄 수 있도록 도와주며, 여러 가지 음식을 먹을 때 입안을 헹궈주는 역할도 합니다.

테이블 와인으로는 드라이한 레드 와인이나 화이트 와인이 주로 사용됩니다. 여기서 말하는 'Table Wine'은, 와인의 등급이나 카테고리 구분에서 평범한 품질의 와인을 뜻하는 'Table Wine(233쪽 표 참조)'과는 다른, '식사할 때 같이 마시는 와인'으로 이해하시면 됩니다.

Dessert Wine 식후 디저트용 와인

디저트와 함께 즐기는 소화 촉진용 와인입니다. 식사 후에 알코올 도수가 조금 높고 달달한 와인을 마심으로써 입안을 개운하게 마무리 짓습니다.

프랑스의 Sauternes(쏘떼른)과 Vin de Paille(뱅 드 빠이유), 독일의 Eiswein(아이스바인), Trockenbeerenauslese(트로켄베렌아우슬레제), 헝가리의 Tokaji(토카이) 같은 스위트 와인과 포르투갈의 Port(포트), 스페인의 스위트한 Sherry(셰리) 같은 알코올 강화 와인(fortified wine) 등이 디저트 와인으로 많이 애용됩니다.

또 디저트 와인으로 와인 증류주인 꼬냑(Cognac)이나 아르마냑(Armagnac) 같은 브랜디류를 마시기도 합니다. 이탈리아에서는 이탈리아식 브랜디인 그라빠(Grappa, 433쪽 Tip 참조)도 많이 마십니다.

① 호주 블루 밸리사의 쎄미용 품종 아이스와인 〈마운틴 크릭〉 3만 원선.
② 로얄 토카이 와인 컴퍼니사의 〈비르살마스 아수, 5 푸토뇨스〉. 23쪽 설명 참조. Frumint 60% : Harslevelu 30% : Muscat 10%. 실비 지라르-라고르스의 '100 Vins de Legende(전설의 100대 와인)'에 선정된 와인으로, 전통적인 모양의 500cc 투명 병에 담겨 있다.
※ 세계 3대 스위트 와인 : 헝가리 토카이(아쑤 에쎈시아), 프랑스 쏘떼른 와인, 독일 트로켄베렌아우슬레제(TBA)

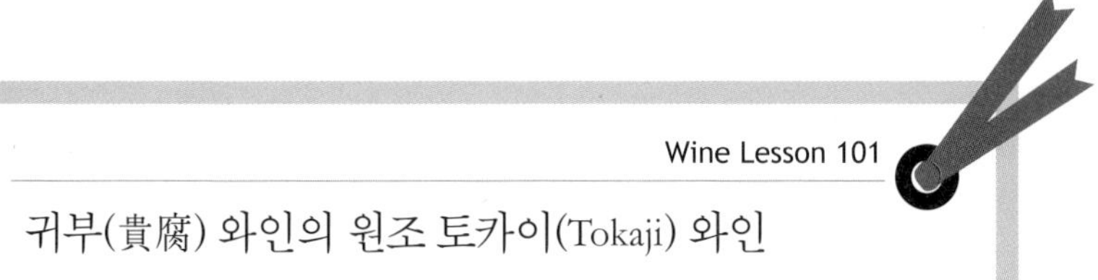

귀부(貴腐) 와인의 원조 토카이(Tokaji) 와인

헝가리 북동부 토카이(Tokaj) 지역에서는 귀부 곰팡이가 생긴 포도(Aszu, 아수)를 따서 일주일 정도 말린 후 즙을 짜내, 정상 수확한 포도에서 짜낸 즙과 섞어 고급 스위트 와인을 양조한다. 이 작업은 약 140ℓ짜리 작은 오크 배럴(Gonci)에서 이루어지며, 귀부 포도즙을 얼마나 첨가하느냐에 따라 토카이 와인의 당도 구분이 생긴다. 헝가리어로 포도 수확용 20ℓ들이 등지게(사진)를 '푸토니(Puttony)'라고 하는데, 귀부포도 세 지게 분을 첨가하면 '3 Puttonyos(푸토뇨스)', 다섯 지게 분을 첨가하면 '5 Puttonyos'라고 레이블에 표시된다.

구분	3 Puttonyos	4 Puttonyos	5 Puttonyos	6 Puttonyos	Aszu Essencia (7 Puttonyos)
1리터당 당분 함유량	60g 이상	90g 이상	120g 이상	150g 이상	180g 이상
숙성기간	5년	6년	7년	8년	더 오래

* 리터당 잔류당분이 450g 이상인 것을 'Essencia(에센시아)'라고 한다.
* 프랑스 보르도의 쏘떼른 AOC 와인과 독일 아이스 와인의 당도 범위는 120~220g/ℓ이며, 포트 와인은 80~20g 수준이다.

근래 들어, 토카이 와인의 품질 관리 차원에서 관련 규정이 개정되어, 2013년 이후 수확, 생산된 토카이 와인은 무조건 리터당 잔류당분 함유량(RS)이 120g 이상 되어야 한다. 따라서 3 Puttonyos와 4 Puttonyos는 마케팅 용도 외에, 공식 규정상으로는 없어졌고, 최소 숙성기간도 오크배럴 숙성 18개월 포함 2년으로 단축되었다.
토카이 아수(Tokaji Aszu) 와인은 17세기부터 생산되었으니 고급 귀부 스위트 와인 부문에서 독일보다 100년, 프랑스(보르도 쏘떼른)보다 200년 앞선 세계 최초이다. 귀부병에 걸린 포도로 와인을 만들게 된 계기는 터키군의 침략으로 포도수확시기를 놓쳤기 때문이란다. 러시아 제국 황제들의 원기회복용으로도 인기가 있었던 토카이 와인은 1703년 프랑스의 루이 14세에게 선물로 보내지면서 유명해졌다. 그 후 루이 15세가 정부였던 마담 드 뽕빠두르와 토카이 와인을 마시면서 "이 와인은 왕들의 와인이며, 와인의 왕이다"라고 말한 일화로 더 유명세를 탔었다.
토카이 와인를 만드는 포도품종은 이 지역의 화산토에서 자란 껍질이 얇고 산도 높은 만생종인 푸르민트(Furmint)가 주품종(60% 이상)으로, 향기 좋은 Harslevelu(하르슬레벨뤼)와 블렌딩되며, Muscat(뮈스까), Zéta(제타)가 소량(10% 이하) 사용되기도 한다.

Wine Lesson 101

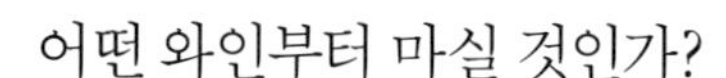

어떤 와인부터 마실 것인가?

와인을 위주로 하는 자리에서 여러 종류의 와인을 마실 때는 다음 원칙을 기준으로 순서를 정하는 것이 일반적이다. 물론 식전 → 식중 → 식후에 따른 와인 선택 기준과 큰 차이는 없다.

- 가볍고 단순한(simple) 와인에서 → 무겁고 복합적인(complex) 맛의 와인으로
- 알코올 도수가 낮은 와인에서 → 높은 와인으로
- 화이트 와인에서 → 레드 와인으로
- 일반급 와인에서 → 고급 와인으로

© 고상정 소믈리에

위의 원칙과 상관없이, 저는 모임 등에서 여러 종류의 와인을 마실 경우 가장 비싸고 좋은 와인을 제일 먼저 마십니다. 가장 멀쩡하고 혀가 덜 마비되었을 때 비싸고 좋은 와인의 맛을 즐기기 위해서죠~

바디에 따른 분류 body : 입안에서 느껴지는 와인 맛의 질감과 무게감

라이트바디 와인 가장 가벼운 느낌의 와인

가볍고 신선한 느낌의 와인으로, 약간 차게 해서 마시는 것이 좋으며 담백한 요리와 잘 어울립니다.

라이트바디 레드 와인으로는 Gamay(가메) 품종으로 만든 〈Beaujolais Nouveau(보졸레 누보)〉 와인, 이탈리아의 〈Dolcetto d'Alba(돌체또 달바)〉, 〈Bardolino(바르돌리노)〉 와인 등이 있습니다.

화이트 와인의 경우 'Light-bodied'라는 표현보다는 'Crispy(상큼)

& Fresh(신선)'라는 표현을 더 많이 쓰는데, 프랑스 화이트 와인 중에는 부르고뉴 샤블리 지역에서 Chardonnay(샤르도네) 품종으로 만들어지는 일반급 〈Chablis(샤블리)〉 와인과 루아르 지방에서 해산물을 곁들여 마시는 Muscadet(뮈스까데) 품종 와인이 대표적입니다. 또 이탈리아에서 Garganega(가르가네가) 품종으로 만들어지는 〈Soave(쏘아베)〉 와인과 Pinot Grigio(삐노 그리지오) 품종 와인 그리고 포르투갈의 〈Vinho Verde(비뉴 베르드)〉 와인(626쪽 참조) 등이 있습니다.

미디엄바디 와인 Full-body와 Light-body의 중간 정도의 무게감이 있는 와인

레드 와인 중에 일반적인 중저가 와인들은 보통 미디엄바디 정도의 무게감을 가지고 있는데요, Pinot Noir(삐노 누아)나 Grenache(그르나슈) 품종 와인, Merlot(메를로)를 주품종으로 만드는 블렌딩 와인, Sangiovese(산지오베제) 품종으로 만든 이탈리아 〈Chianti(끼안띠)〉 와인, 스페인 Tempranillo(템프라뇨) 품종 와인 등이 대체로 그러합니다.

화이트 와인으로는 Riesling(리슬링) 품종 와인, 프랑스 보르도와 뉴질랜드의 Sauvignon Blanc(쏘비뇽 블랑) 품종 와인, 남아공의 Chenin Blanc(슈냉 블랑) 품종 와인, 호주의 Sémillon(쎄미용) 품종 와인 등이 해당될 수 있습니다.

풀바디 와인 농도, 밀도, 질감 등이 가장 묵직하고 무게감 있게 느껴지는 와인

진하고 묵직한 느낌의 와인으로, 진한 소스 요리나 육류, 오래 숙성된 치즈와 잘 어울립니다. 일반적으로 알코올 도수가 높거나 타닌 성분

이 많을 경우 묵직하고 힘있게 느껴집니다.

레드 와인 중에는 프랑스의 보르도, 부르고뉴 지방 그랑 크뤼급 와인들이나 이탈리아의 〈Barolo(바롤로)〉, 〈Brunello di Montalcino(브루넬로 디 몬딸치노)〉, 〈Amarone(아마로네)〉 와인 등이 전통적인 풀바디 레드 와인들이고, 미국, 호주, 칠레, 아르헨티나 등 신세계 와인 생산국들에서 Cabernet Sauvignon(까베르네 쏘비뇽), Shiraz(쉬라즈), Malbec(말벡), Zinfandel(진펀델) 품종 등으로 만들어져 잘 숙성시킨 진하고 농익는 맛의 고급 레드 와인들이 있습니다.

화이트 와인으로는 스테인리스 스틸 탱크가 아닌 오크통에서 오래 숙성한 고급 Chardonnay(샤르도네) 품종 와인, 프랑스 론 지방이나 호주의 Viognier(비오니에) 품종 와인, 스페인 리오하에서 오크통 숙성을 한 전통적인 화이트 와인 등이 있습니다. 그리고 보르도 지방의 〈Sauternes(쏘떼른)〉 와인처럼 알코올 도수가 높고 단맛이 강한 화이트 와인도 풀바디(full-body)에 포함될 수 있습니다.

와인의 바디(body)를 구분하는 밀도감과 무게감에 대해 좀 더 알기 쉬운 예를 들어보겠습니다. 보리차를 라이트바디라고 한다면, 오렌지주스는 미디엄바디, 우유는 풀바디라고 생각하면 됩니다.

이해를 돕기 위해 앞에서 각 바디에 해당하는 와인들을 예로 들었지만, 같은 품종이라도 재배지역, 양조방법, 블렌딩 여부 등에 따라 다양한 바디의 와인이 만들어질 수 있으므로 위의 예가 절대적인 구분은 아닙니다.

숙성기간에 따른 분류

Young Wine

생산된 지 오래되지 않아 아직 숙성기간이 짧은 와인을 말합니다. 이렇듯 오래 숙성시킬 수 있는 고급 와인의 덜 숙성된 상태를 영(Young)◆ 와인이라고도 하지만, 처음부터 짧은 숙성을 거쳐 출하해 바로 마시는 와인으로 만들어진 중저가 와인을 뜻하기도 합니다.

◆ Young Wine이라 함은, 중저가 와인은 1~2년, 고급와인은 대략 5년 이내를 기준으로 생각하면 된다. Young Wine이 몇 년 정도 병입 숙성 후 마시기 딱 좋은 상태에 이르렀을 때 'matured'란 표현을 쓴다.

Aged Wine

발효 후 지하저장고◆에서 오래(5~15년) 숙성시킨 품질 좋은 와인을 말합니다. 출하 후에도 장기간 병입 숙성◆이 가능합니다.

◆ 병입 후 숙성을 위한 지하 창고나 저장고를 영어로는 Cellar(셀러), 프랑스어로는 Cave(까브), 이탈리아어로는 Cantina(깐띠나)라고 한다.

◆ 병에 담은 다음에 숙성되는 '병입 숙성'도 와인 맛에 우아함을 부여하는 중요한 요인이다. 특히 품종 자체에서 나오는 꽃 향은 산소가 차단된 병 속에서 주로 추출된다. 까베르네 계열의 레드 와인에서 느껴지는 버섯(양송이)향도 병입 숙성과정에서 많이 생겨난다.

Maison Champy

Castello di Monsanto

양조 방법에 따른 분류

Fortified Wine 알코올 강화 와인(주정 강화 와인)

일반 와인에다 알코올이나 오드비(l'eau de vie, 브랜디의 원액) 등을 첨가하여 알코올 도수를 높인 와인입니다. 알코올 도수는 대략 18~22도로 우리의 소주와 비슷한 수준입니다. 대표적으로 프랑스 남부의 VDN (Vin Doux Naturel, 뱅 두 나뛰렐), 스페인의 〈Sherry(셰리), 611쪽 참조〉, 포르투갈의 〈Port(포트), 628쪽 참조〉와 〈Madeira(마데이라)〉, 이탈리아

시칠리아의 〈Marsala(마르쌀라)◆〉 등이 있습니다.

대부분의 알코올 강화 와인은 장거리 운송과정에서 와인이 변질되는 것을 막고자 와인에 도수가 높은 브랜디를 가미한 데서 유래했습니다. 상대적으로 알코올 도수가 낮은 와인을 'Light Wine'이라 부르기도 합니다.

프랑스 동 브리알사의 〈뱅 두 나뛰렐〉 와인. Macabeu 80% : Grenache Blanc 15% : Muscat 5%. 10만 원선.

◆ Marsala(마르쌀라)는 나폴레옹의 침공을 막아낸 영국 해군의 영웅이었던 넬슨 제독이 끔찍이 사랑했던 와인으로도 유명하다. 그가 항상 승리의 축배로 마신 것이 마르쌀라고, 대승전을 이끌며 장렬히 전사했을 때 그의 부하들이 그를 기리며 마셨던 것도 마르쌀라였다.

Sparkling Wine 발포성 와인

발효가 끝난 와인에 당분과 효모를 별도로 첨가하여 병입한 후 병 안에서 인위적인 2차 발효를 일으켜 기포(탄산가스)가 와인에 용해되도록 만든 와인으로, 이런 방식을 전통적인 샴페인 양조 방식(355쪽 참조)이라고 합니다. 저가의 스파클링 와인들은 원가 절감을 위해 대형 탱크 속에서 2차 발효를 시키거나(샤르마 방식), 일반 와인에 탄산가스를 주입하는 방식을 주로 사용합니다.

법적으로는 프랑스 샹빠뉴 지방에서 생산하는 것만을 '샴페인(Champagne, 샹빠뉴)'이라 부를 수 있습니다. 프랑스의 다른 지방에서 샴페인 방식으로 만드는 스파클링 와인◆들은 'Crémant(크레망)'이라고 불립니다. 루아르, 부르고뉴, 알자스, 쥐라, 사부아, 보르도, 리무, 디(론) 등 8개 산지(AOP)에서 생산되는데, Crémant de

◆ 크레망은 '거품(크림)'이란 뜻으로, 샴페인(6기압)에 비해 병 속 압력이 낮아서(4.5기압 이상) 톡 쏘는 탄산감보다는 크리미한 느낌이 많아 붙여진 이름이다. 크레망도 12개월 이상 병속에서 숙성시킨다.

루아르 지방은 프랑스에서 샹빠뉴 다음으로 큰 스파클링 와인 생산지역으로, 슈냉 블랑을 주품종으로 샤르도네, 삐노 누아, CS, CF, 그롤로(Grolleau) 품종 등이 사용된다.(376쪽 하단 참조)

Bourgogne(크레망 드 부르고뉴), Crémant d'Alsace(크레망 달자스), Crémant de Die(크레망 드 디) 등의 이름으로 불립니다.

그 외에 프랑스의 또 다른 지역에서는 2차 발효를 병이 아닌 큰 발효통에서 속성으로 진행시켜 압력을 가해 병에 담는 샤르마(Charmat) 방식으로 스파클링 와인을 만들어 'Vin Mousseux(뱅 무쐬)'라고 총칭합니다. 샴페인(보통 6기압)에 비해 기압이 낮고(3기압)◆ 기포가 크고 값도 쌉니다.

◆ 스파클링 와인 중 탄산가스 압력이 2.5기압 이하인 약발포성 와인을 세미 스파클링 와인(Semi-Sparkling Wine)이라고 한다. 프랑스어로는 뻬띠앙(Pétillant), 이탈리아어로는 프리잔떼(Frizzante), 또 독일어로는 페를바인(Perlwein), 스페인어로는 비노 데 아구하(Vino de Aguja)라고 부른다.

또 이러한 발포성 와인들을 이탈리아에서는 Spumante(스뿌만떼), 스페인은 Cava(까바), 포르투갈은 Espumante(에스뿌만떼), 독일과 오스트리아에서는 Sekt(젝트)라고 부르고, 영어로는 Sparkling Wine(Bubble Wine)이라 부릅니다.

샴페인은 단맛이 적은 것부터 Brut Nature(브륏 나뛰르) → Extra Brut(엑스트라 브륏) → Brut(브륏) → Extra Sec(엑스트라 쎅) → Sec(쎅) → Demi Sec(드미 쎅) → Doux(두우)라고 구분해 레이블에 표시됩니다. > 358쪽 표 참조

가장 일반적인 것이 'Brut(브륏)'인데, 고급 스파클링 와인일수록 더욱 그렇습니다. 샴페인 외에 다른 스파클링 와인들도 대체로 이와 비슷한 방식으로 당도 구분을 합니다.

탄산가스의 유무를 기준으로 분류할 때 스파클링 와인이 아닌, 즉 발포성이 없는 모든 와인을 총칭해서 '스틸 와인(Still Wine)'이라고 합니다. Still은 '조용한', '고요한'이란 뜻이 있으므로, 마개를 오픈해도 아무 반응이 없는 와인이라는 의미겠지요.

스페인 보히가스사의 아주 드라이한 고급 스파클링 와인 〈레쎄르바 까바, 브륏 나뛰르〉
까바의 주요 품종으로 많이 사용되는 마까베오(비우라), 싸레요, 빠레야다가 블렌딩되었다. 25,000원선.

Flavored Wine / Aromatized Wine 가향 와인

대표적인 가향(加香) 와인으로는 스페인의 Sangria(상그리아, 112쪽 참조)와 이탈리아의 Vermouth(베르뭇/버무스) 등이 있습니다. Vermouth은 화이트 와인에 브랜디나 당분을 섞고, 압생트, 정향, 주니퍼베리, 카모마일, 히숍, 오렌지껍질 등의 허브 계통의 방향성 식물을 넣어 향미를 낸 리큐어(Liqueur)◆의 일종입니다. 향쑥의 독일명인 베르무트(Vermut)에서 이름이 유래되었으며, 원래는 식전에 식욕을 돋우기 위한 애피타이저 와인이었으나, 지금은 칵테일 재료로 더 널리 사용됩니다.

◆Liqueur (리큐어 / 리큐르)
증류하여 만든 주정(酒精)에 과실, 과즙, 약초, 천연향료, 설탕, 꿀, 시럽 등을 첨가해 만든 혼성주(Compound Spirits)이다. 따라서 소주에 포도와 설탕을 넣어 담근 한국 가정식 포도주는 우리말로 '포도주'임에는 틀림없지만, '와인'이라 할 순 없고 인삼주, 오가피주, 매실주 등과 함께 '리큐어'에 해당한다고 봐야 한다.
9세기경 처음 증류주(Sprits)를 만든 아랍인들이 거친 증류주를 부드럽게 하기 위해 달콤한 시럽(Syrup)을 첨가하면서 리큐어의 본격적인 제조가 이루어졌다. 최초의 리큐어는 고대 그리스의 히포크라테스가 와인에 약초를 첨가해 만든 '히포크라스(Hippocras)'를 그 시초로 보는데, 중세 유럽의 귀족들은 와인에 동방에서 가져온 향신료(인도의 후추, 스리랑카의 시나몬 등)를 듬뿍 넣어 하루를 묵혀 걸러낸 히포크라스(Hippocras)를 만들어 식전주로 즐겼다고 한다.
현재 잘 알려진 리큐어로는 오렌지껍질이 주재료인 큐라소(Curacao), 석류가 주재료인 그레나딘 시럽(Grenadine Syrup), 블랙커런트가 주재료인 크렘 드 까시스(Crème de Cassis), 커피 리큐어인 깔루아(Kahlua) 등이 있다.
곡물 증류주 또는 모든 종류의 주류를 통칭하는 '리쿼(Liquor)'와 헷갈리지 마시길...

와인 만들기(Wine Making)

1861년 프랑스의 생화학자 루이 파스퇴르가 '발효와 부패는 미생물에 의해 일어나며, 와인의 알코올 발효가 효모(yeast)에 의한 것'이라는 사실을 밝혀내면서 근대적인 양조기술이 급속도로 발전하였다. 일반적으로 레드 와인은 다음과 같은 양조 과정을 거쳐 만들어진다.

포도 수확 & 선별 ▸ 줄기 제거 & 파쇄(으깨기) ▸ 1차(알코올) 발효 & 침용 ▸ 압착 ▸ 2차(젖산) 발효 ▸ 숙성 ▸ 정제 & 여과 ▸ 혼합(블렌딩) ▸ 병입

* 화이트 와인은 파쇄 후 압착하여 나온 쥬스로 1차 발효에 들어가며, 보통은 침용과 2차 발효를 거치지 않는다.

- **포도 수확** : 북반구(유럽, 미국)는 9~10월, 남반구(호주, 뉴질랜드, 칠레, 아르헨티나 등)는 4~5월경에 수확을 한다. 수확시기는 알맹이(과육)의 당도, 산도 그리고 껍질에 있는 폴리페놀 성분의 성숙도와 함량에 따라 결정된다. 수확은 대부분 기계를 사용하지만, 고급 와인용 포도는 일일이 손으로 딴다. 기계로 수확을 하면 불량한 알갱이와 줄기, 잎 등이 섞여 들어가 와인의 품질을 떨어뜨릴 수 있기 때문이다.

손수확

대량 기계수확

- **포도 선별** : 수확된 포도는 양조장의 컨베이어벨트(분류선반)로 옮겨져 선별(grape selection) 작업에 들어간다. 이때 덜 익었거나 곰팡이 핀 알갱이, 잎, 돌 등을 골라내게 된다. 포도송이에 간혹 섞여 있는 달팽이는 작업자들의 점심 간식거리다. ^^;

줄기 제거

포도 선별

- **줄기 제거와 파쇄(으깨기)** : 기계로 수확한 경우 줄기가 딸려 들어오는데, 2차 선별을 마친 포도송이는 제경-파쇄기로 들어가 포도알갱이(껍질, 과육, 씨)가 파쇄되고(crushing), 줄기가 제거된다(destemming). 포도알갱이의 파쇄는 씨가 깨지지 않을 정도로 한다. 씨가 깨지면 과도한 타닌과 떫은 맛이 배어 나온다.

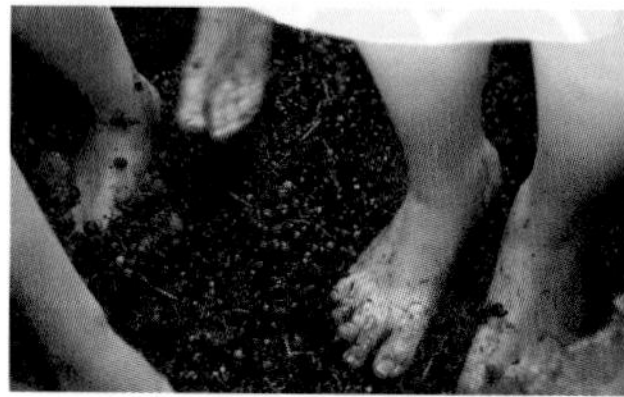
파쇄

기계 파쇄

- **1차(알코올) 발효와 침용(침출)** : 으깨진 포도는 발효통으로 보내져 인공적으로 배양된 효모(yeast)를 첨가해 발효 과정에 들어간다. 포도껍질에 있던 자연 효모와 첨가된 배양 효모들은 포도에 함유된 포도당을 에틸알코올과 이산화탄소로 분해하는 '알코올 발효(fermentation)' 과정을 수행하게 되는데, 와인의 품질을 일정하게 유지하기 위해 자연 효모보다는 목적에 맞게 배양된 효모들이 주로 사용된다(내추럴 와인은 자연 효모만을 사용). 이때 아황산염을 소량 첨가하는데, 아황산염은 박테리아를 죽이고, 용해도를 높여 폴리페놀 성분들의 추출을 촉진시키고 포도즙의 빛깔을 선명하게 해주는 역할을 한다. 발효 온도는 레드 와인의 경우 20℃ 이상에서 시작해 점차 27~30℃까지 올린다. 화이트 와인도 발효가 왕성할 때는 온도가 22~25℃까지 올라가지만, 천천히 떨어뜨려 10~16℃를 유지시키는 것이 좋다. 색소를 추출하는 데 중점을 두는 레드 와인과 달리 화이트 와인은 과일 본연의 신선함과 섬세함을 보존하기 위해 좀 더 낮은 온도에서 발효시키는 것이다. 1차 발효 초기에는 약간의 산소 접촉이 있어야 효모가 증식되고 발효가 촉진된다.

  유럽에서도 포도의 당도가 일정 수준에 못 미치면 인위적으로 당분(설탕)을 보충하여 알코올 발효를 돕기도 한다. 이를 '보당(chaptalization)'이라 하는데, 일조량이 부족한 지역에서는 제한적으로 허용된다. 리터당 당분 17.8g이 분해될 때마다 알코올 도수는 1도씩 올라간다.

발효 및 침용(침출)

레드 와인의 1차 알코올 발효 과정에서는 '침용(maceration)' 과정이 동시에 혹은 추가적으로 이루어진다(SCT : Skin Contact Time). 침용은 적포도의 껍질과 씨에서 폴리페놀 성분들을 우려내는 과정인데, 껍질에서는 붉은색의 안토시아닌 색소와 약간의 타닌을, 씨에서는 주로 타닌을 추출해낸다(씨에서의 타닌 추출은 알코올 발효가 이루어지면서 시작된다). 이 과정들이 고급 와인은 2~3주, 저가 와인은 5~6일간 이루어진다.

발효 과정에서 부글거리며 발생하는 탄산가스 때문에 포도껍질과 씨가 발효통의 윗부분으로 밀려 올라가 마치 모자(cap)처럼 부유물 층을 형성해 자연스럽게 산화방지 역할을 하게 된다. 하지만 이렇게 '껍질+씨'가 '알맹이+과즙'과 위아래로 너무 분리되어 있으면 색소 추출 등 원활한 침용이 이루어지지 않는다. 또 부유물 층에 흰 곰팡이가 끼거나 윗부분이 너무 말라 산소가 완전히 차단되어 버리는 것도 좋진 않기 때문에, 발효통 아랫부분에서 과즙을 빼내 통 위쪽으로 끌어올려 뿌려주고 다시 섞어주는 작업을 계속(하루 3회→2회→1회) 해주는데, 이를 'pumping over', 프랑스어로는 '르몽따쥬(remontage)'라고 한다. 옛날에는 사람이 발효통 위로 사다리를 타고 올라가 긴 막대로 부유물 층을 쳐 내리고 저어서 섞어 주었는데, 부르고뉴 와인양조의 트레이드 마크였고, 지금도 소규모 와이너리에서는 이 방법을 쓴다. 이것을 'punching down', 프랑스어로는 '삐자쥬(pigeage)'라고 한다.

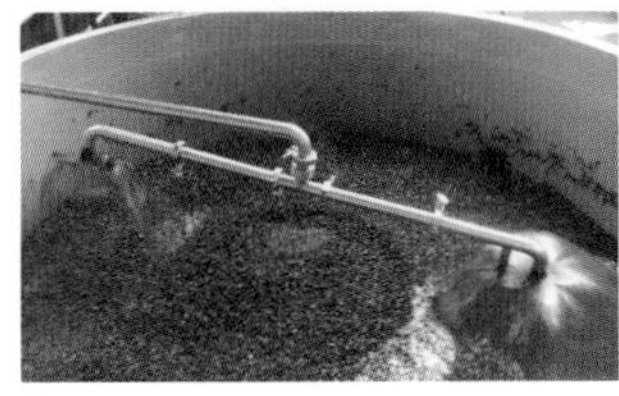
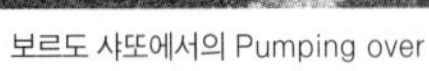

보르도 샤또에서의 Pumping over

부르고뉴식 Punching down

침용(침출)은 이렇듯 발효 중에 같이 이루어지는데, 포도껍질에서 더 많은 폴리페놀 성분들을 추출하기 위해 알코올 발효가 끝난 후에도 수일간 그대로 놔두면서 침용 작업을 계속 한다(Extended Maceration). 그런데 근래에는 발효 전에 침용 작업을 하는 경우가 늘고 있다. 더 정확히 말하면 대량으로 생산되는 일반급 와인들은 대부분 '발효 중 침용'을 거치지만, 고급 레드 와인의 경우 '발효 전 침용'을 많이 한다. '발효 전 침용'은 효모 없이 아황산염만 첨가 후 저온(4℃)에서 이루어져야 하고 최소 며칠에서 최대 15일까지도 걸리므로 비용과 시간이 많이 든다. '발효 전 침용'은 와인의 향(아로마)과 맛을 더 좋게 만들어 주는데, 보르도의 쌩 떼밀리옹 지역에서 프루티하고 농익은 맛의 Garage Wine(갸라쥬 와인, 276쪽 참조)을 만들 때도 이 방식을 사용한다.

레드 와인과는 달리 신선한 과일의 향미와 산도를 유지해야 하는 화이트 와인은 대부분 침용 과정이나 2차(젖산) 발효를 거치지 않고, 1차(알코올) 발효 후 바로 정제 과정을 거쳐 숙성에 들어간다. 그래서 화이트 와인은 씨에서 추출되는 타닌의 떫은맛이 없는 대신 신선한 과일의 산도가 많이 느껴진다.

또 레드 와인 방식으로 시작해서 포도껍질의 붉은 색소가 살짝 우러날 정도의 짧은 침용 과정을 거치고, 그 이후는 화이트 와인 방식으로 만들어지는 것이 로제 와인이다.

- 발효용기
  - **오크통** : 발효가 서서히 진행되므로 다양한 성분들을 충분히 우려낼 수 있다. 세균 감염의 우려가 있다. 완전치는 않아도 자연적인 온도조절이 된다.
  - **스테인리스 스틸 탱크** : 과실 본연의 신선한 향미가 잘 보존된다. 초기 설치비용이 들긴 하지만 가장 위생적이며 경제적이다. 기계장치로 자유로운 온도조절을 할 수 있다.
  - **콘크리트(시멘트) 탱크** : 벽이 두꺼워 급작스런 온도 변화가 없는 것이 가장 큰 장점이다. 보르도의 명품 와인 〈뻬트뤼스〉도 시멘트 발효조를 사용하는 것으로 유명하다. > 35쪽 상단 사진 참조

오크 발효통

스테인리스 스틸 발효 탱크

Pumping over가 필요 없는 Rotary-fermenter

콘크리트 발효 탱크 (샤또 뻬트뤼스)

최신 콘크리트 발효 탱크 (샤또 슈발 블랑)

- **압착 및 2차(젖산) 발효** : 1차 발효통에서 발효와 침용 과정을 거치는 동안 자체 무게에 의해 저절로 흘러나온 맑은 와인(Free-run Wine)을 별도로 받아 놓았다가, 발효와 침용이 끝난 후 알맹이, 껍질, 씨를 적당히 압착(pressing)해서 나온 빛깔이 진하고 타닌도 많이 함유된 와인(Pressed Wine)과 적정 비율로 다시 섞어 2차 발효(MLF: Malolactic Fermentation)에 들어간다(20~25℃). Free-run Wine은 'Cuvée(뀌베)'라고도 하는데, Pressed Wine과 섞지 않고 별도로 2차 발효와 숙성을 시켜 고급 와인을 만들기도 한다.

2차 발효는 날카로운 신맛이 강한 사과산(malic acid)이 부드러운 젖산(유산)으로 바뀌는 과정이어서 '젖산 발효(malolactic fermentation)'라고도 하는데, 와인의 향과 맛을 개선시키고 부드럽게 만들어준다. 또 아로마가 복합성을 갖게되고 부케가 강해지는데, 크리미한 버터 풍미도 생긴다. 대부분의 레드 와인은 이렇게 날카로운 산도를 낮춰 향미의 밸런스를 맞추고 병입 후의 안정성을 높이기 위해 2차(젖산) 발효 과정을 거치지만, 상큼한 산도가 특징인 화이트 와인은 포도

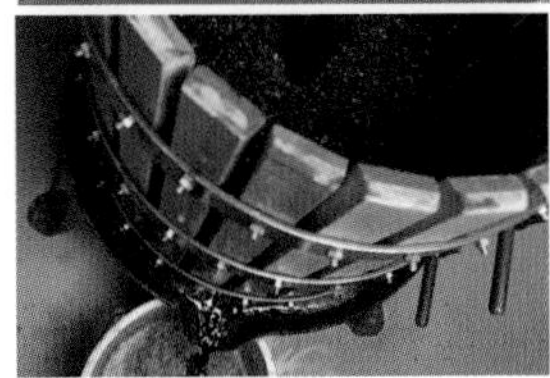

압착 (Pressing)

자체의 산도가 과한 경우를 제외하고는 보통 2차 발효를 시키지 않는다.
또 캘리포니아의 버터(다이아세틸) 풍미가 강한 샤르도네 품종 화이트 와인이라면 2차(젖산) 발효를 시켰다고 볼 수 있다.

- **숙성** : 2차 발효까지 끝낸 와인은 오크통 등에서 숙성(ageing & maturation) 과정에 들어간다. 발효 직후의 와인은 효모 냄새나 탄산가스 등이 함유되어 있어 아직은 그냥 마시기에 거북할 정도로 향과 맛이 거칠다. 하지만 일정 기간의 숙성과정을 거치게 하면 다시금 새로운 화학작용 등이 이루어지면서 부드럽고 복합적인 향미를 가진 매혹적인 와인으로 재탄생하게 된다.
이때 숙성 용기의 재질에 따라서 숙성 효과가 달라지는데, 스테인리스 스틸 탱크나 콘크리트(시멘트) 탱크에서 숙성시키면 재질의 특성상 다른 요인이 개입할 여지가 적어 포도 본연의 과일 향이 잘 보존된다. 이에 비해 오크통에서 숙성시키면 맛이 부드러워지고 참나무 고유의 향과 성분이 혼합되어 나무, 바닐라, 토스트, 커피, 캐러멜, 코코넛, 훈제 등의 향이 밴다. 오크통 숙성과정에서 추가적인 타닌(가수분해성 타닌)도 얻는다. 오크통도 원산지(프랑스, 미국, 슬로베니아 등), 통의 크기, 사용횟수 그리고 통 내부를 불로 어느 정도 그을렸는지 등에 따라 숙성효과에 적지 않은 차이가 생긴다. 대량 생산되는 중저가 와인들은 비용 때문에라도 오크통 숙성을 시키지 못하고 대형 스테인리스 스틸 탱크에서 숙성시키게 되는데, 오크 풍미를 만들어내기 위해 작게 자른 오크 칩이나 오크 파우더를 넣어 비슷한 효과를 내기도 한다.

오크통 숙성

스테인리스 스틸 탱크 숙성

오크통 숙성과정에서 와인이 증발하기도 하는데, 그 빈 공간에 산소가 채워져 산화작용이 일어나는 것을 막기 위해, 증발량(angel's share)만큼 와인을 다시 채워(topping) 주어야 한다.
또 오랜 숙성으로 피로가 누적된 와인에게 살짝 공기접촉을 해주고, 찌꺼기를 제거하기 위해 3~7개월에 한 번씩 숙성통을 바꿔주는 통갈이(racking, 랙킹) 작업도 해준다. 일종의 정화작업으로, 불어로는 Soutirage(쑤띠라쥬).

● **청징(정제)과 여과** : 발효와 숙성의 부산물인 효모와 타닌 찌꺼기, 주석(酒石, tartrate), 단백질 덩어리, 당분, 미생물 잔여물 등을 제거해 맑고 투명한 와인으로 만드는 과정이다.

'정제(精製, clarifying)'가 와인의 부유물들이 자연스럽게 저절로 가라앉고 맑아지는 것을 포함하는 포괄적인 의미라면, '청징(淸澄, fining)'은 매개물질(청징제)을 투입해 부유물(혼탁입자)과 결합시켜 가라앉히고 이를 걸러내는 인위적인 행위를 말한다. 청징제로는 계란흰자(고급 레드 와인), 탈지분유, 소의 피, 젤라틴, 벤토나이트, 알부민, 카제인, 실리카겔, 부레풀, PVPP 등이 사용되는데, 근래에는 1차 젤라틴과 2차 벤토나이트(과잉 단백질 제거) 방식이 많이 사용된다. 보르도 지방에서 청징을 위해 계란흰자를 사용하고 남은 계란노른자에 밀가루, 우유, 바닐라, 럼 등을 넣어 만든 디저트가 그 유명한 까늘레(Canelé)이다.

까늘레

청징을 거친 와인은 저온에서 주석(酒石) 제거를 하고, 다시 규조토, 펄라이트 등을 활용한 '여과(filtration)' 장치의 흡착과 거름 작용을 통해 효모세포 등 미세한 물질까지 완전히 제거한다(청징 후 여과). 하지만 지나친 청징과 여과는 와인 고유의 복합적인 향미를 없앨 수도 있기 때문에 고급 와인들은 최소한의 청징만 하는 경우가 많다. 죽은 효모찌꺼기(lees)도 그냥 놔둠으로써 와인에 효모의 풍미가 배게 하고, 질감을 높이기도 한다. 이런 와인들은 레이블에 'Unfiltered' 라고 표기되어 있는데, 침전물이 있을테니 마실 때 주의해서 따라야 한다. 프랑스어로는 'Nonfiltre', 이탈리아어로는 'Nonfiltrata', 독일어로는 'Ungefiltert'라고 표기된다.

주병/병입 (bottling)

샤또 딸보에서 이동식 차량을 이용해 와인 주병 작업을 하고 있다

와인은 서양 술입니다. 술자리 에티켓이나 문화도 우리의 정서와 다를 수 있습니다. 하지만 와인과 관련된 에티켓을 '정확히 알고 나서, 편하게 덜 지키는 것'과 '몰라서 못 지키는 것'은 분명히 다릅니다. 더구나 조금만 신경 써서 배우고 나면 그리 어렵지도 않은 것을 굳이 외면할 이유는 없습니다. 실제로 와인 관련 매너에 미숙하여 스트레스를 받고 비즈니스에 불편을 겪는 경우도 종종 있기 때문이죠.

와인 즐겁게 마시기

와인은 4가지에 취한다고 합니다. 빛깔에 취하고, 향에 취하고, 맛에 취하고, 분위기에 취하는 것이지요.

분위기에 취하는 것은 여러분 각자의 상상력에 맡기고, 여기서는 앞의 3가지에 대해 알아보겠습니다.

빛깔에 취하기

와인을 서빙 받으면, 먼저 와인 잔의 잔대(stem)를 잡고 빛깔을 살핍니다. 흰 벽이나 테이블보를 배경으로 하면 좋습니다. 잔을 45도 정도 기울여서 와인과 잔의 경계 부분 빛깔(hue, 휴)을 살펴보십시오. 경계 부분의 빛깔은 포도품종, 숙성기간, 와인 종류에 따라 조금씩 다르므로 그것을 확인해보는 즐거움도 만만치 않습니다.

© 동부이촌동_하프패스트텐

© James Suckling

와인의 빛깔을 확인하고 감상하는 것도 와인이 주는 큰 즐거움이다.

예를 들어, Cabernet Sauvignon(까베르네 쏘비뇽), Malbec(말벡), Shiraz(쉬라즈) 품종 레드 와인은 꽤 진한 빛깔을 띠며, Pinot Noir(삐노 누아), Merlot(메를로), Nebbiolo(네비올로) 와인은 상대적으로 연한 빛깔입니다.

화이트 와인도 Chardonnay(샤르도네) 품종 와인은 비교적 노란빛이 강한 데 비해, Sauvignon Blanc(쏘비뇽 블랑) 품종 와인은 빛깔이 더 투명하고 연둣빛이 느껴지기도 합니다.

하지만 빛깔로만 그 와인의 품종을 짐작하고 구분하는 것은 무리입니다. 같은 품종으로 만든 와인이라도 양조방법, 오크숙성 여부, 숙성기간 등에 따라 빛깔은 얼마든지 달라질 수 있기 때문입니다.

레드 와인은 병입 초기에는 짙은 자주색(Purple)을 띠다가 병입 숙성이 진행되면서 점차 루비색(Ruby) → 석류색(Garnet) → 붉은 벽돌색(Brick red) → 옅은 적갈색(Red-brown) → 갈색(Brown)으로 변해갑니다.

레드 와인의 색깔 변화 →

화이트 와인의 색깔 변화 →

화이트 와인의 경우에는 병입 초기의 투명한 레몬 빛깔에서 숙성이 진행될수록 연둣빛이 나는 엷은 노란색(Pale yellow-green) → 볏짚색(Straw yellow) → 황금색(Gold) → 호박색(Amber) → 갈색(Brown)으로 변해갑니다. 즉, 레드 와인은 오래될수록 빛깔이 연해지고, 화이트 와인은 반대로 점점 진해집니다.

하지만 그전에 와인 빛깔이 전체적으로 탁하면 보관상태가 좋지 않았다는 것이고, 또 오래 숙성된 고급 와인이 아니면서 갈색에 가까운 빛깔을 띠고 있다면 변질되고 있는 와인일 가능성이 큽니다.

또 간혹 와인에서 침전물이 발견되기도 합니다. 이것은 타닌과 효모 찌꺼기 등의 침전물이거나 포도에 들어있던 주석산(Tartaric acid)

Wine Lesson 101

와인 빛깔에 대한 영어표현

- **밀도나 빛깔의 여리고 진함에 따라**

  pale : 빛깔이 엷은 / medium : 보통 정도의 빛깔을 띠는

  dark : 빛깔이 다소 진한 (= deep)

  opaque : 밀도가 높아 불투명할 정도의 진한 빛깔을 띠는

- **투명도에 따라**

  brilliant : 빛날 정도로 맑고 투명한 (= very transparency, crystal clear)

  clear : 투명한 / hazy : 맑지 않은, 흐릿한 (= dim)

  dull : 뿌연 / cloudy : 탁한

과 칼륨, 칼슘이 화학적으로 결합해 가라앉은 주석(酒石)인데, 알코올 도수가 높은 고급 와인을 저온 보관할수록 이런 침전물이 더 생길 수 있습니다. 요즘은 고급 와인을 만들 때 고유의 풍미 유지를 위해 필터링(여과)을 하지 않는 경향이 있어, 오래되지 않은 와인에서도 침전물을 볼 수 있는데 인체에는 무해합니다.

화이트 와인에 생기는 투명한 결정체도 같은 이유로 생긴 주석(酒石)입니다.

와인 병의 밑바닥은 오목하게 들어가 있어(펀트 : punt)◆ 침전물이 바깥쪽으로 모여 와인을 따를 때 잘 일어나지 않도록 하는 효과가 있습니다. 또 와인 병 대부분은 어깨 부분에 각이 져 있는데 이 또한 와인을 따를 때 침전물이 그 부분에서 한 번 걸러지게 하기 위함입니다. 물론 최종적으로는 디캔팅(105쪽 참조)을 통해 거르면 됩니다.

◆ Punt : 펀트가 깊을수록 고급 와인이라는 말도 있지만 그런 원칙이나 규정은 없다. 대신 대체로 그런 건 사실이다. 하지만 고급 와인일수록 눕혀서 보관해야 하므로 펀트가 침전물을 모이게 하기 만들었다는 것은 어폐가 있다. 펀트는 유리 병을 입으로 불어서 만들던 시절 어쩔 수 없이 생겼던 것이지만 결과적으로는 진동, 충격 등 병의 내구성을 좋게 해주는 역할이 가장 크다 하겠다. 지금 같은 와인 병 모양이 처음 만들어졌던 시절, 와인 병의 밑부분이 오목하게 파여 있으면 평평하지 않은 울퉁불퉁한 바닥에도 잘 세워졌을 테니 이래저래 효용성이 있었으리라. 또한 와인을 따를 때 병을 잡는 손에 의해 와인의 온도가 상승하는 것을 막기 위해 펀트에 엄지손가락을 넣어 잡기도 한다. 하지만 고급 와인을 그리 따르다가 병을 놓치면 낭패이니 숙달된 소믈리에라면 몰라도 우리는 그런 짓 안 하는 게 상책!

향에 취하기

와인의 빛깔을 감상했으면 이제 향에 취해 보시죠. 와인은 코로 마신다는 말이 있습니다. 오렌지주스를 마실 때 손으로 코를 막은 채 마시면 아무 맛도 느껴지지 않습니다. 그만큼 코는 향뿐만 아니라 맛을 느끼는 데도 중요한 역할을 합니다.

처음 와인을 잔에 받으면 일단 향(Aroma, 아로마)을 맡고, 잔을 천천히 여러 번 돌린 후(Swirling, 스월링) 다시 향(Bouquet, 부케)을 맡습니다.

© 동부이촌동_히포페스티틴

와인평론가 로버트 파커는 "와인 잔에 코를 들이밀 때면 터널을 들여다보는 기분이 든다."라고 말했다. 숨을 크게 들이쉬면서 향을 맡은 후 마시는 와인의 맛은 확실히 다르다. 신선한 화이트 와인일수록 '아로마'가 잘 느껴지고, 오크 숙성한 레드 와인일수록 복합적이고 화려한 '부케'를 더 느낄 수 있다.

차이가 느껴질 것입니다. 이때 잔에 코를 넣다시피 해서 향을 맡는 것은 절대로 흉이 아닙니다. 오히려 와인을 따를 때 한 잔 가득 따르지 않는 이유가 코가 들어갈 자리를 비워두기 위해서라는 우스갯소리가 있을 정도이니까요.

와인 향◆을 맡는다는 것은, 포도품종 자체가 가진 과일 향인 '아로마(aroma)'와 발효, 숙성 과정에서 화학적 변화에 의해 만들어진 와인의 총체적인 향인 '부케(bouquet)'를 즐기는 것입니다. 잔에 따른 후 처음 맡아지는 과일, 꽃, 허브 향 등이 아로마고, 여러 번 스월링을 한 후에 우러나는 바닐라, 초콜릿, 시가, 가죽 등의 오크 풍미와 복합적인 향을 부케라고 생각하면 됩니다. 당연히 오랜 숙성을 거친 고급 와인일수록 부케가 풍부합니다.

◆ 어떤 전문가는 와인이 주는 즐거움을 100이라고 할 때 향기가 40, 맛이 50, 여운이 10이라고 배분하기도... 어찌 생각하면, 좋은 향도 필요하지만 일단 나쁜 향이 없어야 좋은 와인이라 할 수 있겠다.

스월링

와인이 든 잔을 돌리는 것을 '스월링(swirling)'이라 하는데, 와인을 공기와 더 접하게 하여(aeration) 탄산가스나 알코올 등 나쁜 향을 날려 보내고, 향과 맛이 제대로 우러나오게 하기 위함입니다. 잔을 든 채 손을 돌려 스월링을 할 수도 있고, 잔을 테이블에 놓은 채 잔대를 잡거나 검지와 중지로 잔받침을 누르면서 돌리기도 합니다.

이렇게 스월링을 하는 과정에서 잔 안쪽 벽에 와인이 골고루 닿고 나면 마치 눈물처럼 와인이 흘러내리는 것을 볼 수 있는데, 이것을 와인의 '눈물(tears)' 또는 '다리(legs)'라고 표현합니다. 이를 '마랑고니 효과'라고 하는데, 당분이나 글리세롤 성분의 점도 때문이 아니라, 물과 알코올의 증발률과 표면장력이 다르기 때문에 생기는 것입니다. 알코올 도수가 높은 와인일수록 이런 현상이 잘 일어나며, 알코올이 먼저 증발하기 때문에 흘러내리는 것은 주로 물일 수밖에 없습니다.

© Slow Images

와인의 눈물

맛에 취하기

이제 마지막으로 와인을 적당히 한 모금 머금고 몇 초간 입안에서 서서히 굴리면서 맛을 봅니다. 직전에 음식물을 섭취하지 않았더라도, 와인을 첫 모금 마셨을 때 느껴지는 맛은 정확하지 않을 수 있습니다. 첫 모금은 입안을 헹구듯 마시고, 두 모금째에 느껴지는 맛을 더 신중하게 음미해 봅니다.

와인을 혀 끝에서 안쪽까지 굴리듯 음미해 보자. 와인을 처음 입 안에 머금는 순간 느껴지는 맛의 첫인상을 '어택(attack)'이라고 표현하기도 한다.

와인을 머금은 채로 혀와 입 안 전체를 적시고 입술을 오므려 공기를 살짝 흡입하면서 맛을 보면 좋습니다.

또 와인을 씹듯이 마시면서 그 끝맛과 잔향(after taste)을 느껴봅니다. 피니시(finish)◆의 여운이 오래 지속될수록 좋은 와인입니다.

◆ '피니시(finish)'는 와인의 여운이 혀에 얼마나 오래 남아 있느냐 하는 것인데, 프랑스어로 그 시간 단위를 '꼬달리(Caudalie, 1초)'라고 한다. 좋은 와인은 10꼬달리 가까이 맛의 여운이 지속되기도 한다. 피니시가 길고 뒷맛이 좋다는 것을 영어로 표현하려면, "This wine is so good(long) finish~" 라고 하면 된다.

화이트 와인에서 느껴지는 다양한 과일, 꽃, 허브의 신선하고 상큼한 느낌과 여기에 타닌의 무게감과 농밀도가

◆마우스필(Mouthfeel) 와인을 입안에 머금었을때 느껴지는 무게감과 질감.

더해지는 레드 와인의 복합적인 향미와 질감◆을 느긋하게 음미해 보십시오. 화이트 와인의 향과 산도, 레드 와인의 타닌감과 바디, 밸런스, 숙성도, 푸드 매칭 등을 느끼고 생각해 보는 것도 와인이 주는 큰 즐거움이자 행복이 아닐까요.

Wine Lesson 101

아로마 키트(aroma kit)

© PARIS_LAVINIA

와인의 향과 맛을 표현할 때, '맛있다' '시다' '달다' '묵직하다' 외에 블랙커런트, 블랙베리, 송로버섯, 리치, 바닐라, 나무딸기, 사향, 후추, 민트, 흙냄새 등 다양한 표현들을 사용한다. 하지만 일반인들은 이런 향들에 대해 정확한 느낌을 가지고 있지 못하다. 그래서 와인의 다양한 향들을 알고 표현하기 위해 사용되는 것이 아로마 키트(aroma kit)이다. 레드 와인용과 화이트 와인용으로 구분되며, 해당하는 향이 어떤 것인지, 어떤 이름으로 표현하는 것이 좋은지 익히고 연습하는 용도로 쓰인다. 와인애호가라면 정말 욕심나는 필수품이지만, 가격이 너무 비싸다는 게...

호스트 테이스팅

와인을 마실 때 항상 집이나 부담 없는 장소에서 자기 편한 대로만 마시게 되는 건 아닙니다. 때로는 호텔이나 고급 레스토랑에서 와인을 곁들인 식사를 하게 될 경우가 있습니다.

이럴 때 알아야 할 와인 에티켓 중 '호스트 테이스팅(host tasting)'이라는 것이 있습니다. 초대한 사람(host) 혹은 와인을 주문한 사람이 서빙 직전에 미리 와인을 간단히 시음해서 이상 여부를 확인하는 다소 의례적인 절차입니다.

고대 그리스에서는 정적(政敵)을 초대해서 와인에 독을 타서 죽이기도 했다는데요, 로마시대 이래 상대방에게 '이 와인에는 독이 없다'라는 것을 증명하기 위한 데서 유래되었다고 합니다. 하지만 현대적인 의미의 호스트 테이스팅은 주문한 와인이 상하지 않고 잘 보관되었는지를 확인하고 참석자들에게 즐거움을 주기 위한 절차라고 보면 됩니다. '테이스팅(tasting)'을 '테스팅(testing)'이라고 잘못 발음하기도 하는데, 이는 틀린 것입니다.

지금부터 호스트 테이스팅의 순서를 알아 보도록 하겠습니다.

❶ 웨이터(소믈리에)◆가 주문한 사람에게 와인을 가져와서 누가 테이스팅을 할 것인

◆ 소믈리에(Sommelier) 와인에 대한 풍부한 지식을 가지고 고급 레스토랑 등에서 와인의 구매, 재고관리를 비롯해서 손님의 와인 선택에 대한 조언과 서빙까지 담당하는 사람을 일컫는 말이다. 영어로는 wine waiter, wine captain이라고도 한다.
원래 소믈리에는 중세 프랑스 궁정에서 음식과 와인을 관리·감독하는 직업이었다. 따라서 소믈리에는 '와인전문가(wine expert, Connaisseur, 꼬네쐬르)'일 수는 있지만, 와인감별사(wine taster)와 동일어로 생각할 수는 없다.
국내의 대표적인 와인교육 기관 및 과정으로는 '위하여' 와인을 만들었던 국내 최고의 양조전문가인 김준철 한국와인협회 회장이 운영하는 김준철와인스쿨을 비롯하여, WSET 자격증 과정을 운영하는 WSA와인아카데미와 와인비전 그리고 경희대 관광대학원의 마스터 소믈리에 전문과정, 중앙대 산업교육원의 와인아카데미, 세종대 사회교육원의 와인컨설턴트 과정, 연세대 사회교육원의 와인전문가 과정 등이 있다.
그리고 1996년부터 프랑스농식품진흥공사(SOPEXA) 주관으로 '한국소믈리에대회'가 개최되어 인증서가 주어지고 있다. 또 2006년부터는 한국국제소믈리에협회 주관으로 세계대회 출전권이 주어지는 '한국국가대표소믈리에 경기대회'가 개최되고 있다.

© 양윤주 소믈리에

주문한 와인이 맞는지 잘 확인하도록 한다.

지 확인한 후, 레이블을 보여주며 주문한 와인이 맞는지 확인받습니다. 이때 자주 발생하는 착오는 같은 브랜드의 다른 품종의 와인이 나오거나 빈티지가 다른 경우입니다. 특히 고급 와인일 경우, 주문한 빈티지가 맞는지 정확히 확인할 필요가 있습니다.

호스트 테이스팅은 음식 값을 지불할 사람이 하는 것이 원칙이지만, 와인을 가장 잘 아는 사람이나 연장자가 대신할 수도 있습니다. 앞에서 말씀드린 유래를 생각하면 공식적인 자리에서 여성에게 테이스팅을 부탁하는 것은 예의에 어긋나지만, 격의 없는 자리라면 와인을 잘 아는 여성분에게 자연스레 부탁해도 괜찮겠습니다.

코르크 마개를 확인함으로써 와인의 보관 상태를 짐작해 볼 수 있다.

❷ 주문한 와인이 맞는지 확인이 끝나면, 웨이터(소믈리에)는 그 자리에서 와인을 오픈(uncorking)한 다음 코르크 마개의 밑 부분을 보여주거나 마개를 호스트에게 건네서 상태를 확인토록 합니다. 호스트는 코르크의 밑 부분이 충분히 젖어 있는지, 상한 냄새가 나는지, 와인의 보관상태가 안 좋아 점액질이 묻어 있는지 등을 확인하면 됩니다. 혹시 코르크의 밑 부분이 말라 있다면 병을 눕히지 않고 오랫동안 세워서 보관했다는 뜻이며, 그렇게 되면 코르크 마개가 건조해져 미세

하지만 공기가 스며들어 와인을 산화시키고 제맛을 잃게 했을 가능성이 있습니다. 그래서 고급 와인은 가급적 눕혀서 보관해야 합니다. 코르크가 와인에 젖어 있으면 코르크가 팽창해서 필요 이상의 공기가 스며드는 것을 막아주기 때문이죠. 물론 빈티지로부터 2~3년 내에 마시는 중저가 와인이거나 마개가 스크루 캡 또는 합성 코르크인 와인은 굳이 눕혀서 보관할 필요는 없겠습니다.

참고로, 병 속의 코르크 마개 아래쪽 끝과 와인과의 빈 공간을 '얼리지(ullage)'라고 하는데, 장기 보관하는 과정에서 와인이 증발함으로써 빈 공간이 꽤 커지기도 합니다. 그런데 주문한 와인이 5년 미만의 빈티지인데도 율러지가 너무 크다면 처음부터 코르크 자체에 문제가 있거나 와인을 오랫동안 세워 보관하여 코르크가 말라 있었다는 뜻입니다. 이 경우 당연히 교체를 요구할 수 있습니다.

반대로 오래된 올드 빈티지 와인인데도 율러지 공간이 아주 작은 경우가 있습니다. 이것은 코르크를 교체하는 '리코르킹(re-corking)' 작업을 한 것이므로 문제 될 것은 없습니다. 호주의 펜폴즈(Penfolds)사 등 유명 와인회사들은 전 세계를 순회하면서 자사의 고급 와인들을 대상으로 리코르킹 서비스를 제공하기도 합니다.

❸ 코르크 마개의 확인이 끝나면, 웨이터(소믈리에)가 와인을 약간만 따라줍니다. 그러면 호스트는 간단히 스월링을 하여 향을 맡고 맛을 보도록 합니다.

© 양윤주 소믈리에

일단 호스트의 잔에 와인을 약간 따라주면 와인의 빛깔, 온도, 향, 맛 등을 간단히 확인해 본다.

주의할 것은 호스트 테이스팅 절차는 와인을 세심하게 감별하고 평가하는 것이 목적이 아니라, 단지 주문한 와인이 맞는지, 혹시라도 맛이 상하지는 않았는지, 또 온도가 적당한지를 단순 확인하는 절차이므로 너무 오래 시간을 끌거나 시시콜콜한 지적을 하지 않도록 합니다. 확인이 끝났으면, 호스트는 고개를 끄떡이거나 "좋습니다(Good)", "맛있네요"라고 만족을 표시한 후, 손짓으로 다른 사람들에게도 서빙할 것을 허락하면 됩니다.

만약 와인이 확실히 상했다고 판단이 되면, 지적에 앞서 웨이터(소믈리에)에게 먼저 맛을 보도록 합니다. 상한◆ 와인에서는 지하실 곰팡이, 메주, 과일 곯은 냄새가 나거나 과일의 신맛이 아닌 식초 같은 신맛, 혹은 불에 한 번 구워진 듯한 메케한 맛이 나곤 합니다.

◆ 부쇼네 와인이 상한 경우는 보관상의 문제로 열기나 공기 산화에 의해 와인이 변질되었거나 코르크 마개의 부쇼네(bouchonné = corked wine)에 의한 것일 가능성이 높다. 코르크 마개는 코르크참나무의 껍질이 재료인데, 갓 벗겨낸 코르크 조직은 6개월 이상 자연 상태에서 말린 후, 1시간 정도 증기로 삶았다가 다시 말려 제품으로 만들어진다. 이때 마지막 소독 과정에 사용하는 염소 성분이 코르크에 미량 잔류해 있다가 와인과 접촉하면서 상호작용을 일으켜 TCA라는 물질을 만들어내곤 한다. 이 TCA 성분이 코르크 마개에 곰팡이를 형성하게 되면 극소량으로도 와인의 향을 헤치고, 심하면 낡은 걸레 냄새가 나기도 하는데, 이를 두고 '코르크화됐다' 또는 '부쇼네를 일으켰다'라고 표현한다. 이 경우 반드시 'corky'가 아닌 'corked'라는 표현을 써야 한다.
그런데 참 다행인 것은, 산화되거나 부쇼네가 된 와인을 마신다 하더라도, 그건 맛에 문제이지, 인체에는 큰 영향이 없다는 것이다. 아마 지금도 많은 일반 애호가들이 살짝 맛이 변한 와인을 마시면서 '아! 원래 이 와인은 이런 맛이구나~' 하고 계실지도 모르겠다. ^^;; (96쪽 상단 사진 참조)

❹ 원칙적으로 웨이터(소믈리에)는 호스트의 오른쪽(시계 반대) 방향에 있는 사람부터 와인을 따르기 시작합니다. 여성이 있으면 여성부터 먼저 다 따른 후, 남자 손님들에게 따르고 항상 맨 마지막으로 호스트에게 따릅니다. 마지막 서빙을 받은 호스트는 가벼운 미소로 감사의 표시

를 하면 됩니다. 그런데 꼭 그렇게 방향을 따지기보다는 그 자리의 주빈이나 연장자에게 먼저 따르고 그다음 여성, 남성, 호스트 순으로 따르는 것이 더 무난할 수도 있습니다.

© 고상정 소믈리에_라한셀렉트 경주

웨이터(소믈리에)가 알아서 서빙을 하면 그냥 맡기는 것이 좋습니다. 괜히 서로 양보하듯 "이 사람한테 먼저 따라라", "저 사람한테 먼저 따라라" 하는 것은 좋지 않습니다.

호스트 테이스팅이 끝나고 잔이 다 채워지면 호스트가 건배 제의를 합니다. 그리고 다 같이 건배하면서 가벼운 눈인사와 덕담을 나누며 즐거운 자리를 이어가면 됩니다.

레스토랑에서 와인 마시기

와인 주문하기

레스토랑의 음식 메뉴판에 와인 리스트가 함께 포함되어 있는 경우도 있지만, 와인에 비중을 두는 업소라면 와인 리스트가 별도로 준비되어 있습니다.

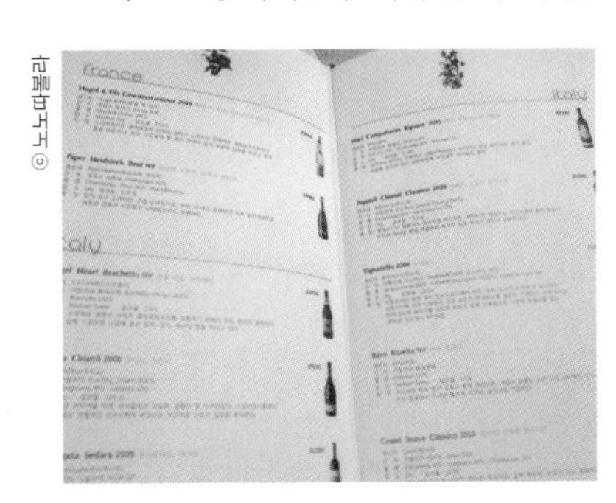
© 노노따볼라

이것을 펼쳐보면, 나라별로 구분되어 있기도 하고 와인 종류, 즉 레드 · 화이트 · 로제 · 스파클링 와인별로 정리되어 있기도 합니다. 와인에 대한 상식이 어느 정도 있지 않으면 와인 리스트를 보더라도 일단 가격을 기준으로 선택할 수밖에 없지만, 크게 문제될 것은 없습니다. 어차피 가격이 중요한 기준임에는 틀림없으니까요. 그다음 레드냐 화이트냐를 정하고, 또 선호하는 품종, 마셔본 와인 등의 기준으로 선택하면 됩니다.

여럿이 식사할 때는 와인을 가장 잘 아는 사람이 자연스럽게 와인 주문을 맡게 되는데, 기왕이면 음식에 맞춰서 와인을 선택하는 센스를 발휘하면 좋겠지요.

예를 들어 스테이크 같은 진한 소스의 고기 요리에는 Cabernet Sauvignon(까베르네 쏘비뇽)이나 Shiraz(쉬라즈) 품종처럼 무게감 있고 진한 레드 와인이 좋겠지만, 파스타 등 무게감이 덜한 음식에는 Merlot(메를로), Pinot Noir(삐노 누아), Sangiovese(산지오베제) 품종의 조금 가벼운 스타일의 레드 와인이 두루 잘 어울립니다. 또한 랍스터, 연어 등 해산물 요리나 샐러드, 초밥 등에는 상큼한 화이트 와인을 곁들이면 좋습니다.

여러 명이 각각 다른 음식을 따로 주문해서 딱히 와인을 정하기가 어려울 때는 중간 정도의 무게감(medium-body)이 있는 신세계(미국, 호주, 칠레 등)의 대중적인 중저가 레드 와인을 고르면 무난하겠습니다(와인과 음식의 매칭에 대해서는 87~91쪽 참조).

© 하프패스트텐 양윤주 소믈리에

한 조사에 의하면, 한국기업의 CEO와 임원들은 와인을 곁들이는 자리에서 '와인을 고르라'는 요청을 받을 때 가장 스트레스를 받는다고 한다.

하지만 문제는 와인을 잘 아는 사람과 동석을 하게 되는 경우보다는 그렇지 않은 사람들끼리 식사를 하며 와인을 주문할 때가 더 많다는 겁니다.

보통 와인을 배우고 싶어하는 분들 중에는 한두 번 마셔본 와인이나 책, 신문 등을 통해 본 유명하다는 와인 이름 몇 가지를 기억해 놓았다가, 그 와인을 주문하려고 와인 리스트를 뒤적이곤 합니다. 하지만 문제는 뜻대로 잘 찾아지지 않는다는 것입니다. 와인의 종류가 워낙 다양할 뿐 아니라, 각 업소마다 거래하는 와인공급업체도 다른 경우가 많기 때문입니다. 그래서 정말 유명한 몇몇 와인을 제외하고는 매번 특정 와인을 찾아서 마시기란 쉽지 않습니다.

따라서 뭔가 다른 방법이 있어야 하는데요, 무조건 와인 이름으로 기억하려고만 하지 말고, 포도품종으로 와인을 선택하고 주문하는 것이 좋은 해결책입니다.

예를 들어서 레드 와인을 만드는 품종으로는 Cabernet Sauvignon(까베르네 쏘비뇽), Merlot(메를로), Pinot Noir(삐노 누아), Shiraz(쉬라즈), Malbec(말벡), Sangiovese(산지오베제), Nebbiolo(네비올로) 정도, 화이트 와인용 품종으로는 Chardonnay(샤르도네), Sauvignon Blanc(쏘비뇽 블랑), Riesling(리슬링), Pinot Grigio(삐노 그리지오) 정도만 알고 있어도 한결 마음이 든든해집니다. 대신 그전에 이들 품종으로 만든 와인들을 한두 번씩은 마셔보고 그 맛에 대한 대략적인 차이 정도는 알고 있어야겠지요.

한국에도 가장 잘 알려진 칠레의 대표 레드 와인 〈몬떼스 알파, CS〉 3만 원선.

물론 가장 편하고 좋은 방법은, 주문받는 직원(소믈리에)에게 본인들이 원하는 가격대와 취향을 설명하고 주문할 음식에 맞춰 와인 추천을 부탁하는 것입니다. 그리고 와인이 서빙되면 그 와인에 대해 간단한 설명을 부탁합니다.

하지만 본인들이 마실 와인을 직접 골라보는 것도 나름의 즐거움이고 또 그것이 와인을 공부하는 좋은 방법이 되기 때문에 언제까지 추천만 받을 것이 아니고, 직원(소믈리에)의 도움을 적당히 받으면서 직접 골라 보려고 자꾸 시도해 보는 노력이 필요합니다.

보르도 메독 지역의 최고급 그랑 크뤼(1등급) 와인인 〈샤또 무똥 로췰드〉를 생산하는 바롱 필립 드 로췰드사에서 대중적인 와인으로 생산하는 〈무똥 까데, 레드〉
Merlot 50% : CS 35% : CF 15%
프랑스 여배우 소피 마르소가 좋아하는 와인으로도 유명하며, 92년부터 프랑스 깐느 영화제의 공식 와인으로 지정되었다. 3만 원선. (134쪽 및 272쪽 중간 참조)

가격대로 보면, 일반 레스토랑에서 식사를 하면서 편안하게 와인을 곁들이고 싶을 땐 신세계의 4~5만 원대 와인이면 충분하며, 고급 레스토랑이나 호텔 등에서도 7~10만 원대면 무난합니다. 레스토랑이나 와인바마다 가격 차이가 있으므로 와인 가격이 싼 곳을 서로 소문을 많이 내주면 좋겠습니다.

와인 리스트에 적혀진 와인들이 꽤 많아서 바로 고르기가 힘들 경우에는 잔(glass) 단위로 판매하는 '하우스 와인(53쪽 상단 참조)'을 주문하는 것도 괜찮은 방법입니다. 대신 오픈한 지 하루 이상 지났거나 너무 저가의 하우스 와인을 사용하는 경우도 있으므로 미리 확인하는 게 좋습니다.

주문한 와인 기다리기

와인을 주문해 놓고 기다리면서* 물을 조금 마셔 입을 헹구고 목이 마른 것을 해소해 놓는 센스도 발휘하시길. 그래야 와인의 맛이 더 잘 느껴지고, 목마른 김에 와인을 벌컥벌컥 들이키는 것도 방지할 수 있으니까요.

* 레스토랑에서 와인을 곁들여 식사할 때, 바게뜨 빵이 나오곤 한다. 여러 가지 와인을 마실 때 바게뜨 빵은 입안의 다른 맛을 없애주는 지우개 같은 중요한 역할을 하게 되므로 배를 채우듯 미리 다 먹어치우지 말고 아껴두는 센스를...

Wine Lesson 101

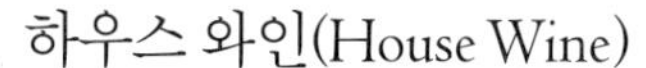

레스토랑 등에서 손님들이 가볍게 한두 잔 주문할 것에 대비하여 준비해놓는 와인을 말한다. 레스토랑 입장에서도 하우스 와인은 부담 없는 중저가 와인을 사용한다. 하지만 하우스 와인을 어떤 것으로 선택하느냐 하는 것이 그 레스토랑의 수준을 가늠할 수 있는 척도가 되기도 하므로 무조건 값싼 와인이 아니라 저렴하면서도 가격 대비 품질이 뛰어난 와인을 고르려는 노력이 필요하다. 너무 수준 이하의 와인을 하우스 와인으로 선택하거나, 하우스 와인의 가격을 너무 비싸게 책정해서 하우스 와인 '본연의 의미'를 무색케 하는 경우도 적지 않다. 미국 레스토랑의 경우, 하우스 와인 한 잔에 대개 7~10달러 수준이다.

와인 따르기

와인 마개의 알루미늄 호일(캡슐)을 벗기고 코르크 마개를 따기 전에 일단 깨끗한 냅킨으로 병 입구 주변을 닦아줍니다. 코르크 마개를 오픈한 다음에도 병 입구에 묻어 있을지도 모를 코르크 부스러기 등을 잘 닦아냅니다. 웨이터(소믈리에)가 없다면 와인은 호스트가 직접 서브하도록 합니다.

와인을 따를 땐 잔의 1/3~1/2* 정도만 따르도록 합니다. 그래야 스월링하기도 편하고 잔에 우러난 와인의 향을 맘껏 즐길 수 있기 때문입니다.

* moitié(무아띠에)의 원칙이란, 잔에 와인을 따를 때 최대 반 잔을 넘지 않게 '절반' 정도만 따르는 원칙을 말한다. 실제로도 잔의 40% 정도를 채우는 것이 와인을 즐기기에 딱 좋다.

대신 샴페인 같은 발포성 스파클링 와인을 따를 때는 거품이 넘치지 않도록 두세 번에 걸쳐 천천히 따르되, 잔의 2/3 이상 거의 가득

와인은 잔의 반 이하로 따라야 스월링하기도 좋다. 에어레이션, 즉 공기와의 접촉면적 최대화 측면에서 보면, 와인을 잔의 보울(bowl) 부분이 가장 넓어지는 데까지 따르는 것이 정답이라 하겠다.

채우도록 합니다. 아름다운 기포가 송골송골 올라오는 모습이 잘 보이게 하기 위함입니다.

물론 레드나 화이트 와인도 2/3 정도 따른다고 해서 특별히 흉이 되는 건 아닙니다. 특히 하우스 와인을 주문했을 때는 서비스 차원에서 2/3 정도 따라서 가져오는 것이 일반적입니다. 하우스 와인을 작은 잔의 반 정도만 채워서 준다면 좀 인색한 업소입니다.

또 와인을 마실 때 첨잔을 하는 것은 매우 자연스러운 일이므로 다른 사람의 잔이 적당히 줄어 있으면 "좀 더 하시지요" "이 와인 어떻습니까?" 라는 말로 슬쩍 의사를 물어본 후 더 따라주도록 합니다. 특히 조금 차게 칠링을 해서 마셔야 좋은 화이트 와인의 경우, 오히려 칠링된 와인을 자주 첨잔함으로써 이미 따라놓은 와인의 온도가 높아지지 않게 하는 것이 필요합니다.

와인 받기

와인 서빙을 받을 때는 잔을 들지 않도록 합니다. 와인 잔 자체가 높기 때문에 잔을 들면 따르는 사람이 병을 더 치켜들어야 하고 겨냥하기도 힘들기 때문입니다. 대신 잔을 미리 서브하기 편한 곳으로 살짝 밀어주는 것은 괜찮겠지요. 와인이 다 따라지면 가볍게 감사의 말을 하거나 목례, 눈인사 등을 해주십시오.

연장자가 따라주어 우리 정서상 가만히 있을 수 없는 상황이라면, 잔을 테이블에 놓은 채로 잔받침이나 잔대에 손을 살짝 대고 있는 정도로 예의를 표시하면 됩니다.

물론 두 손으로 잔을 들고 받는다고 해서 큰 흉이 되는 것은 아닙니다. 원칙이 그렇다는 것이지요. 와인수입업체에서도 회식자리에서 사장님이 와인을 따라주면 직원들이 일어나서 두 손으로 받는다고 합니다.

와인을 받을 땐 잔받침에 손을 살짝 올려놓는 정도면 되지만, 한국적 정서를 감안해서 더 정중히 받고 싶으면, 잔은 테이블에 놓은 채 한 손은 잔대를 집고, 한 손은 잔받침에 대고 있으면 무난하겠다.

만약 내 잔이 비었는데 아무도 눈치를 채지 못하고 있다면, 와인 병을 들어 옆 사람에게 "더 하시겠어요?"라고 먼저 권하십시오. 혹시 옆 사람이 사양하더라도 일단 나름대로 예의를 다했으니 자연스럽게 내 잔에 직접 따라도 흉이 되진 않습니다. 좀 머쓱한 일이긴 하지만 눈치 없는 사람의 옆에 앉은 죄라고 생각하십시오.

와인 잔 잡기

와인 잔을 잡을 때 잔대(stem) 부분을 잡는 이유는 와인이 담겨 있는 보울(bowl) 부분에 손이 닿아 체온이 와인에 직접 전해지는 것을 막기 위해서입니다. 실제로 와인 잔의 잔대 부분은 손잡이 용도로 일부러 길게 만든 것입니다.

잔 보울에 손이 닿지 않게 잔대를 잡는 것이 원칙이다. 그래야 잔을 부딪치며 건배를 할 때도 더 맑고 청명한 소리가 난다. 꽹가리 원리와 같다.

와인은 종류에 따라 서브 온도가 중요하므로 기왕이면 이를 지키는 것이 와인을 더 맛있게 마시는 요령입니다. 특히 차게 해서 마시는 화이트 와인은 더욱 그렇습니다. >102~103쪽 참조

서양 영화의 와인을 마시는 장면에서 잔대를 잡지 않고 보울 부분을 잡는 경우도 자주 보게 되는데, 잘못된 것도 아니고 이상할 것도 없습니다. 격식을 따져야 하는 자리가 아니라면 오히려 그게 자연스러운 것이겠죠. 솔직히 잠깐 보울 부분을 잡는다고 해서 와인 온도에 얼마나 큰 차이가 나겠습니까. 단지 원칙이 그렇다는 것이죠. 편하게 마실 때 마시더라도 기본 에티켓이 무엇인지 알고는 있자는 것입니다.

와인 마시기

와인을 서빙 받고 나면 잔을 가볍게 돌려서(swirling) 와인이 공기와 골고루 접하게(aeration) 합니다. 그래야 와인의 향이 잘 우러나고 맛도 더 좋아집니다. 와인은 천천히 음미해야 그 향과 맛이 잘 느껴지므로 '원샷' 하는 것은 가급적 참으시기 바랍니다. 그리고 잔을 완전히 비우지 말고 조금 남겨서 첨잔을 받는 센스도 발휘하시길.

또한 와인은 상대방을 배려하는 술이라는 점도 고려하셨으면 합니다. 예를 들어 동석자가 와인을 마시기 위해 잔에 손을 대면 같이 응대해주는 게 좋은 매너입니다. 특히 여성이 잔에 손을 대면 무조건 습관적으로 같이 잔을 들어주도록 합니다.

와인이 옷에 묻었을 때는 와인 이레이저를 뿌리고 세탁하면 깨끗이 지워진다. 레드 와인 자국은 현장에서 급한대로 화이트 와인으로 응급조치를 취할 수 있다.

만약 화이트나 스파클링 와인을 받아 놓았다가 시간이 오래되어 뜨뜻미지근해졌다면 과감히 아이스버킷에 쏟아 버리고 다시 받기도 하는데요, 비싼 와인인 경우 아이스버킷에 부을지, 입안에다 부을지는 좀 고민해봐야 하겠습니다.

와인으로 건배하기

와인 잔으로 건배할 때는 잔대 부분을 잡고, 옆으로 15도 정도 기울여 잔의 가운데 볼록한 보울(bowl) 부분을 살짝 부딪쳐 건배하면 퍼펙트! 그래야 잔이 깨지거나 금이 갈 염려도 없고 맑은 소리가 납니다. 잔 끝부분(Lip)을 부딪치면 깨질 수도 있으니 주의해야 합니다.

하지만 그걸 신경 쓰느라 건배할 때 잔이 부딪치는 것을 뚫어지게 보고 있진 마시고, 상대방과 자연스럽게 아이컨택(eye-contact)하십시오.

외국의 정상들도 건배할 때 편하게 잔의 몸통을 잡곤 한다. 와인 에티켓을 몰라서가 아니라 친근함의 표현일 수 있다. 정확성과 격식이 필요한 '테이스팅'과 편안하고 즐겁게 마시는 '드링킹'은 구분해도 된다.

우리나라 대통령과 외국의 정상이 만찬 자리에서 와인으로 건배를 하는데, 외국 정상은 우리 대통령의 얼굴을 보면서 환하게 웃는데 우리 대통령께서는 경직된 표정으로 와인 잔 부딪치는 것을 보고 있는 사진들을 자주 볼 수 있습니다.

참고로 나라별 건배 용어는 다음과 같습니다.

미국, 영국, 호주 등 영어권에서는 cheers(치어스), toast(토스트), 프랑스에선 santé(쌍떼) 또는 à la santé(알 라 쌍떼), 이탈리아에선 salute(쌀루떼), cin cin(친친), 독일에선 prost(프로스트), zum whol(줌 볼), 스페인이나 칠레에서는 salud(쌀룻)이라고 외칩니다.

세계 2차 대전 당시 아프리카 모로코를 배경으로 한 고전 영화의 명작, '카사블랑카' (1942년 개봉작)

까페를 운영하는 남자 주인공 릭(험프리 보가트)은
여주인공인 일사(잉그리드 버그만)와의 헤어짐을 못내 아쉬워하는데...
뵈브 끌리꼬 샴페인을 사랑했던 일사가 먼저 멘트를 날린다.
"If, it's Veuve Clicquot, I'll stay!(뵈브 끌리꼬 샴페인이라면 남겠어요)"
릭은 또 다른 자리에서 일사에게 G. H. Mumm(멈)사의 꼬르똥 루즈 샴페인 (363쪽 하단 와인)을 권하면서 불후의 명대사를 날린다.
"Here's looking at you, Kid (그대 눈동자에 건배)"

Wine Lesson 101

손님을 초대해서 집에서 와인 즐기기

미국이나 유럽 등지에서는 와인을 곁들인 간단한 음식을 장만해놓고 이웃이나 지인들을 집으로 초대하는 경우가 종종 있다. 그런 상황을 가정해서 한번 상상해보자.
부인이 미리 음식을 준비해놓고 기다리면 반가운 손님들이 하나둘씩 도착한다. 그들 중에는 함께 마실 와인을 가져오는 사람도 있다(초대받은 사람은, 어떤 메뉴가 준비되었는지 모르므로 식전주인 스파클링 와인이나 달콤한 디저트 와인을 가지고 가는 것이 무난하다).
손님을 맞이하고 나면 부인은 간단한 음료나 다과를 들면서 손님과 환담을 나누고, 남편은 아내가 준비해놓은 음식을 마치 자기가 만든 것인 양 자랑스레 가져와서 권한다.
애피타이저로 나온 치킨 샐러드를 먹으면서 손님들은 어떤 소스를 넣었기에 이리도 맛있는지 물어보면서 초대한 사람의 기분을 띄워 준다. 이때 드라이한 스파클링 와인이나 화이트 와인을 곁들이면 금상첨화다.
곧이어 메인 요리가 나오면 남편이 모든 사람의 기호를 아우를 수 있는 무난한 스타일의 미디엄바디 레드 와인을 오픈하여 건배 제의를 한다. 다들 레드 와인 한 모금으로 방금 먹었던 치킨 샐러드의 맛을 헹궈낸다. 손님들은 메인 요리를 맛본 다음 "고급 음식점에서 먹어봤던 그 어떤 요리보다도 맛있다"라고 요리 솜씨에 대해 다시 한 번 칭찬해주면서 음식과 더불어 와인을 즐긴다.
와인이 음식 맛을 더 풍요롭게 해주는 것 같다. 손님이 가져온 와인도 오픈하고 간단한 설명도 직접 들어본다.
식사가 끝나면 디저트와 함께 소화도 도울 겸 달콤한 디저트 와인을 마시면서 즐거운 시간을 이어간다. 이렇게 와인은 식욕을 증진시키고, 분위기를 좋게 하는 역할 외에도 음식 맛을 잘 느끼게 입안을 헹궈주는 역할도 한다. 이날의 모임은 와인이 매개체가 되어 즐거운 친목의 자리를 더욱 부드럽고 근사하게 만들어주었다. 와인은 그들에게 또 하나의 정겨운 친구이다.

와인 사양하기

와인을 사양하고 싶을 때 미리 와인 잔을 엎어놓는 것은 올바른 에티켓이 아닙니다. 손짓으로 '됐다'는 표시를 하거나 손을 와인 잔 위에 살짝 올리면서 눈으로 사양의 표시를 하도록 합니다.

고급 레스토랑에서의 테이블 매너

- 식사를 전제로 할 때는 반드시 사전에 예약을 합니다.
- 레스토랑에 갈 때는 향이 강한 향수를 뿌리지 않도록 합니다.
- 레스토랑에 들어가면 바로 빈 테이블로 가지 말고, 입구에서 직원의 안내를 받습니다.
- 외투나 부피가 큰 소지품은 보관실(cloak room)에 맡깁니다.
- 여성의 핸드백은 테이블 위에 올려놓지 말고 의자 뒤쪽 혹은 의자 등 뒤에 걸도록 합니다.
- 웨이터를 부를 때는 소리 내어 부르지 말고 가벼운 손짓으로 합니다. 식사 중에 웨이터가 손님 테이블에서 멀지 않은 곳에 대기하고 있는 것은 웨이터의 기본 의무이므로 미안해하거나 신경 거슬려 할 필요는 없습니다.
- 테이블 위에 세팅되어 있는 포크, 나이프, 스푼 등은 나름대로 용도가 있습니다. 음식이 나오는 순서에 따라 바깥쪽에서 안쪽 순으로 사용하면 되고, 한 번 사용한 것은 빈 그릇에 올려 같이 치우게 합니다.

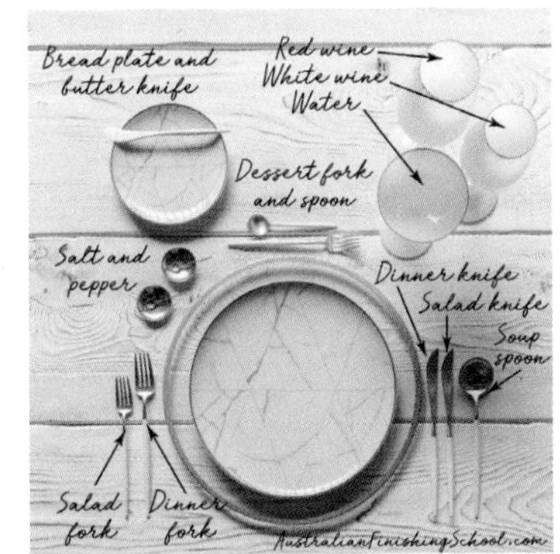

- 빵은 왼쪽에, 와인과 음료 잔은 오른쪽에 놓인 상태로, 서브된다는 것을 알고 있으면 어느 게 내 것인지 헷갈리지 않겠지요(左빵右물).
- 음식을 먹다가 와인을 마실 때는 냅킨으로 입술을 살짝 닦고 마시도록 합니다. 잔에 음식 자국이 남지 않게 하기 위해서죠.
- 식사 중 이야기를 하면서 포크나 나이프의 끝을 세우거나 흔들지 않도록 합니다. 특히 나이프를 상대방 쪽으로 가리키는 것은 자칫 불쾌감을 줄 수도 있습니다.
- 식사 중 포크나 스푼이 바닥에 떨어지면 본인이 직접 구부려서 줍지 말고 웨이터에게 손짓하여 치우도록 합니다. 만약 여성이 떨어뜨렸다면 남성이 얼른 주워서 웨이터에게 건넨다면 매너남이 될 수 있습니다.
- 스테이크를 자를 때는 미리 다 잘라놓지 말고 가급적 차례로 잘라서 먹는 것이 옳은 방법입니다. 왼손으로 사용하던 포크를 오른손으로 바꿔잡는 것은 무방합니다.
- 친구나 가족 모임이라면 몰라도 비즈니스 등 격식을 갖춰야 하는 자리라면 음식을 먹을 때 가급적 소리를 내지 않도록 합니다. 특히 파스타를 먹을 때 '후루룩'하는 소리가 나지 않도록 조심해야 하는데, 그거 정말 쉽지 않습니다.
- 고급 레스토랑에서 소스를 더 달라고 하거나 자기 취향에 맞는 별도의 소스(A1 소스 등)를 요청하는 것은 그 음식을 만든 조리장에 대한 예의가 아닙니다.
- 입안에 음식을 가득 넣고 말을 많이 하면 음식이 튀어나올 걱정에 앞에 앉은 사람의 마음이 편치 않습니다.

- 냅킨으로 입을 닦을 때는 자장면 먹고 입을 닦듯이 하지 말고 톡톡 찍듯이 조심스레 닦습니다. 남성들로선 이것도 쉽진 않죠.
- 비즈니스 자리에서 식사 중 자리를 뜨는 것은 오해를 살 수도 있는 실례이므로 급한 전화나 화장실 등의 용무가 아니라면 가급적 자리를 뜨지 않도록 합니다.
- 식사를 다 마친 후에는 포크와 나이프를 오른쪽에 한데 모아 날을 안쪽으로 해서 가지런히 정돈해 둡니다.

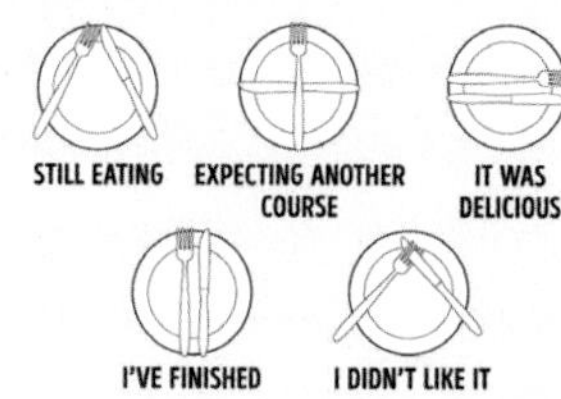

© Bright Side

Plate Signals

- 음식을 먹은 자리에서 숙녀가 입술에 립스틱을 다시 바르는 것은 그리 아름다운 모습이 아닙니다.

코키지 제도

레스토랑(와인바)에 손님이 와인을 직접 가지고 가서 마시는 경우가 있습니다. 와인에 대한 비중이 높은 레스토랑이나 와인바에서는 이것을 허용하지 않는 경우도 있지만, 가져온 와인에 대해 적정한 비용을 부과하고 와인잔 등 와인을 마시는 데 필요한 부대서비스를 제공하는 '코키지(Corkage)◆제도'를 허용하는 레스토랑도 많습니다. 하지만 의무적인 것은 아니고 손님을 위한 레스토랑의 선택적인 배려입니다. 레스토랑에서 수많은 종류의 와인을 다 구비해놓을 수는 없기 때문에 최소한의 서비스 비용을 받고 손님들이 원하는 와인을 직접 가지고 와서 마시는 것을 허용하는 것이지요.

◆ Corkage = Cork + Charge
Corkage Charge는 잘못된 것

코키지 요금(Corkage Fee)은 레스토랑마다 차이가 있지만, 서울의 강남은 병당 2~3만 원, 강북은 1~2만 원선입니다. 물론 단골 고객에 대한 배려로 한두 병 정도는 코키지 요금을 받지 않는 곳도 있습니다.

미국에서는 병당 20~30달러가 일반적이며, 캐나다에서는 병당 10~15달러 혹은 1인당 5달러 정도의 비용을 차지(charge)합니다.

코키지 제도를 이용하려면, 반드시 사전에 전화를 해서 코키지 서비스가 가능한지 그리고 비용이 얼마인지를 확인하는 것이 좋습니다.

그리고 코키지가 가능하더라도 너무 값싼 와인이나 그 레스토랑에도 구비되어 있을 만한 평범한 와인을 가져가는 것은 매너가 아닙니다. 코키지 제도는 손님이 단순히 비용을 절감하기 위한 방편이 아니라, 자기가 특별히 좋아하거나 소장하고 있는 귀한 와인을 분위기 있는 장소에서 마시고 싶어하는 마음을 레스토랑에서 배려하는 측면이 강하기 때문입니다. 따라서 어떤 와인을 가져갈 것인지에 대한 정보도 미리 알려주는 것이 좋습니다. 그리고 와인 동호회나 모임 등에서 학습목적으로 여러 병을 가지고 가서 마실 때도 한두 병 정도는 그 레스토랑의 와인을 팔아주도록 하며, 특별한 와인을 가져갔다면 소믈리에(와인 웨이터)에게도 시음할 기회를 주는 것이 좋은 매너입니다.

와인이 보편화되어 있는 프랑스나 영국에서는 코키지가 아주 활성화되어 있을 것으로 생각하기 쉽지만 꼭 그렇지는 않습니다. 대부분의 레스토랑이 그리 비싸지 않은 적정 가격에 다양한 와인 리스트를 갖추고 있고, 또 와인 판매가 레스토랑의 중요한 수익원임을 서로가 인정하기 때문입니다.

미국, 캐나다 등지에서는 최근 들어 코키지가 가능한 BYOB(Bring

Your Own Bottle) 레스토랑이 늘고 있지만, 실제로 와인을 가지고 가서 마시는 경우가 그리 흔치는 않습니다.

레스토랑의 와인 가격이 한국보다 더 싼 것도 이유 중 하나지만, 집집마다 와인 잔 등 필요한 도구가 잘 갖춰져 있어 집에서 이웃과 함께 편하게 즐기는 데 익숙한 문화적인 영향이 더 큰 것 같습니다. 그래서 어쩌다 선물 받은 고급 와인 한두 병을 분위기 좋은 레스토랑에 가지고 가서 마시거나, 호텔에서 결혼식 피로연 등을 할 때 호텔 와인을 쓰기에는 부담스러우므로 직접 와인을 박스로 가져와서 1인당 비용을 계산하는 정도가 일반적입니다.

밀라노 두오모 광장 노천카페

오렌지 환타 색깔같은 와인(?)은 이탈리아의 대표적인 와인 칵테일인 아뻬롤 스프리츠(117쪽 하단 참조)이다.

서울국제와인 & 주류박람회(www.swsexpo.com)가 매년 4~6월 코엑스에서 열린다.

2012년부터 매년 8월 말 ~ 9월경 개최되는
대전국제와인페스티벌(www.djwinefair.com)

"비넥스포" (프랑스 보르도)

"비넥스포" (프랑스 보르도)

샤또 발랑드로의
장 뤽 뛰느뱅과

"2017 비넥스포" (프랑스 보르도)

"비니쒸드" (프랑스 몽펠리에)

"프로바인" (독일 뒤셀도르프)

"비니딸리" (이탈리아 베네또)

샴페인 마개를 잘 따는 법

스파클링 와인은 별도의 오프너를 사용하지 않고 기포의 압력을 이용해 오픈합니다. 프로야구 우승 세레모니가 아니고서야 '펑' 소리와 함께 거품을 마구 흘리며 따는 것은 품위 있는 식사 자리의 매너는 아닙니다. 더구나 비싼 스파클링 와인이라면 한 방울도 흘리기에 너무 아깝지요.

스파클링 와인을 냉장고에 오래 보관해 두는 것은 좋지 않습니다. 온도도 너무 낮을 뿐 아니라 음식 냄새가 스며들 수 있기 때문입니다. 와인셀러에 보관하지 못할 바에야 서늘한 그늘에 보관했다가 마시기 직전에 얼음과 물을 담은 아이스버킷(Ice Bucket)에 넣어 칠링을 하는 것이 가장 좋은 방법입니다.

❶ 병을 흔들지 않은 상태에서, 먼저 마개의 알루미늄 호일을 벗겨내고 냅킨으로 병을 감싼 다음, 코르크 위쪽을 엄지손가락으로 누르면서 철삿줄(Muselet, 뮈즐레)◆을 조심스레 돌려 풀어서 제거합니다. 여섯 번을 돌리면(180도씩 6턴) 풀리는데, 샴페인의 내부 압력이 6기압이라 여섯 번을 돌리도록 만들어졌다는 설도 있습니다.

◆ 샴페인의 내부압력으로 코르크가 튀어나가는 것을 막기위한 뮈즐레(Muselet)는 1798년 쟈끄송(Jacquesson)사가 고안해서 개발했다.

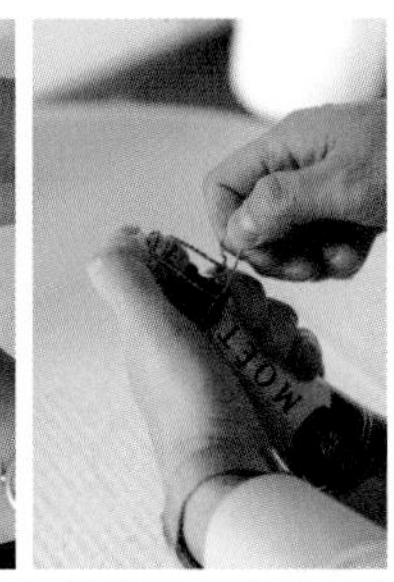

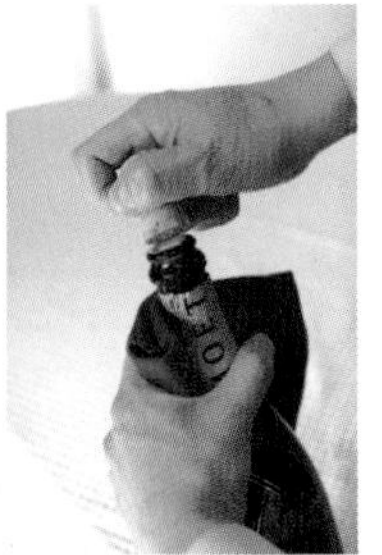

스파클링 와인 마개를 따는 과정

❷ 코르크 마개의 방향을 사람이 없는 쪽으로 비스듬히 향하게 한 뒤, 한 손으로는 마개를 잡고 다른 한 손으로는 병 아랫부분을 잡고 마개를 좌우로 돌려주면 압력에 의해 마개가 조금씩 빠져나옵니다.

❸ 마개가 거의 다 나올 때까지 손으로 누르고 있다가 마지막에 살짝 젖혀 주면 듣기 좋을 정도의 펑 소리가 나면서 하얀 김과 함께 가스가 빠져나가고, 와인은 넘치지 않습니다.

❹ 스파클링 와인은 일반 와인 잔과 달리, 가늘고 긴 스파클링 와인 전용 잔인 플루트(Flute)에 따라 마셔야 아름답게 올라오는 기포를 감상하면서 분위기도 살릴 수 있습니다.

❺ 스파클링 와인은 찬 온도가 계속 유지될수록 좋기 때문에 잔도 살짝 차게 보관했다 내놓는 것이 좋습니다. 또 잔을 차게 해야 기포(탄산가스) 손실을 최소화할 수 있습니다. 하지만 잔에 서리가 낄 정도로 너무 차게 하진 마십시오. 잔에 처음부터 뿌연 서리가 생겨 있으면 스파클링 와인의 아름다운 빛깔과 기포를 보는 데 방해가 되니까요.

샴페인은 보통 긴 플루트 잔에 마시지만, 프랑스의 마리 앙뚜아네뜨 왕비는 자신의 젖가슴 모양을 본떴다는 납작한 쿠페 잔(오른쪽)으로 샴페인을 즐겼다고 한다. 원래 최초의 쿠페 잔은 트로이 전쟁의 원인이 되었던 스파르타의 왕비 헬레네의 가슴을 본떠 만들었었는데, 수 세기 후 마리 앙뚜아네뜨 왕비가 자신의 가슴을 본떠 다시 만들도록 지시했다는 것이다. 그래서 잔이 약간은 더 깊어졌다고 한다. 아주 약간...
쿠페잔은 '쏘써(saucer)형' 잔이라고도 부르는데, 파티 등에서 한 번에 마시기에 좋아 많이 사용된다.
오른쪽 사진은 캘빈 클라인 모델로 유명한 영국의 톱모델 케이트 모스가 자신의 왼쪽 가슴을 모티브로 만든 쿠페형 샴페인 글라스 'The Kate Moss Glass'

© Dom Perignon

잔을 기울여 따라야 탄산가스도 오래 보존할 수 있을 뿐 아니라 샴페인 특유의 향미를 더 잘 즐길 수 있다는 연구 결과도 있었다.

❻ 스파클링 와인을 따를 때, 한 번에 빨리 따르면 거품이 많이 일어나므로 천천히 2~3회에 나누어 거품을 안정시키면서 잔의 2/3 이상 채웁니다. 일반 와인처럼 반 정도 따르지 않고 잔에 거의 차도록 채우는 이유는, 그래야 기포가 올라오는 모습이 잘 보이기 때문입니다. 서빙해주는 사람이 샴페인을 따라줄 때, 잔을 살짝 기울여서 와인이 잔 안쪽 면을 타고 흐르도록 하는 센스도 필요합니다. 우리가 맥주를 따를 때 거품이 너무 생기지 않도록 잔을 살짝 기울이는 것과 같은 이유입니다. 샴페인 잔을 곧바로 세우면 따를 때 거품이 생겨서 탄산가스가 너무 빨리 없어지기 때문입니다.

❼ 스파클링 와인은 다른 와인처럼 스월링(swirling)을 많이 하지 말고 살짝 흔들어서 향을 맡도록 합니다. 스월링 과정에서 기포와 향이 너무 빨리 날아가 버리면 안 되니까요.

미국 TV드라마 '섹스 앤 더 시티'에 캐리의 샴페인으로 자주 등장해 스타일리시한 도시 여성들의 상징 같은 이미지를 굳힌, 프랑스 뵈브 끌리꼬 뽕사르댕사의 〈브륏 옐로우 레이블 NV〉 Pinot Noir 50~55% : Chardonnay 28~33% : Pinot Meunier 15~20%. 78,000원선.

❽ 앞에서 와인은 첨잔을 해도 무방하고, 특히 화이트 와인은 찬 온도를 유지하기 위해서 일부러라도 칠링된 찬 와인을 첨잔하는 것이 좋다고 말씀드렸습니다. 하지만 스파클링 와

인은 첨잔을 하지 않습니다. 화이트 와인보다도 더 차고 깔끔하게 기포가 올라오는 것을 즐기는 술이 스파클링 와인이므로, 잔에 따라놓은 와인의 온도가 많이 높아지고 기포가 거의 없어졌다면 차라리 버리고 다시 따르는 것이 좋겠지요. 물론 고급 샴페인이라면 다른 데 버리지 말고 입에다 부어야겠지만...

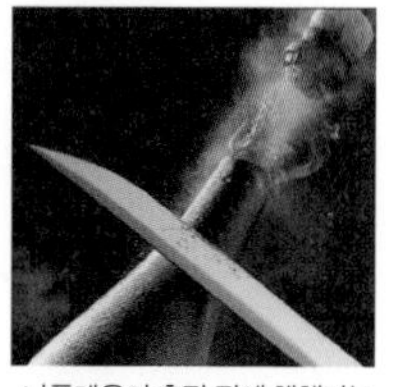

나폴레옹이 출정 전에 행했다는 칼로 샴페인 병목 따기(사브라쥬)

스파클링 와인의 적당한 서브 온도는 대략 4~8도 정도이며, 고급 샴페인은 9도 전후가 좋습니다. 너무 차게 하면 특유의 섬세한 향이 제대로 느껴지지 않기 때문이죠.

리델사의 와이드 튤립형 샴페인 글래스 'Vinum(비넘)'. 올라가는 기포보다는 샴페인의 섬세한 향미를 즐기기에 적합하다.

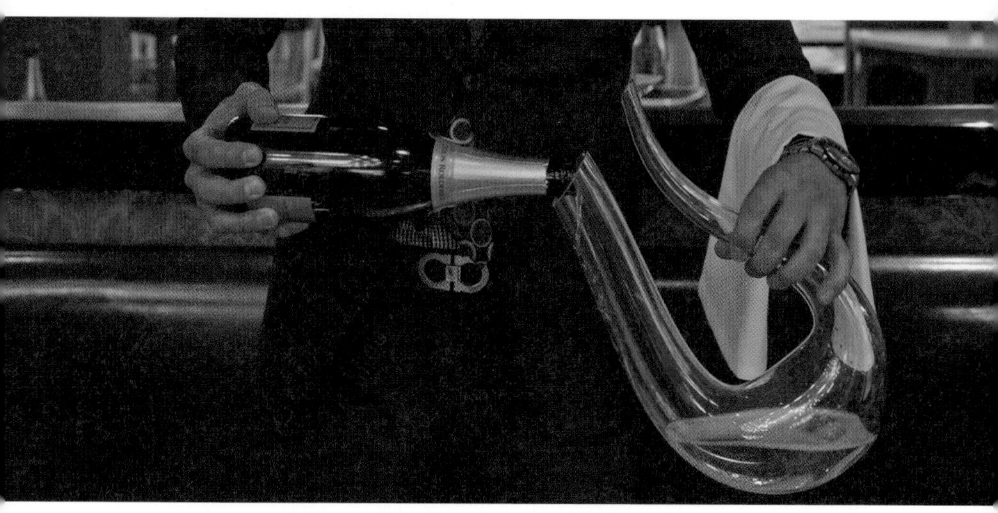

오스트리아의 세계적인 와인잔 회사 '리델'의 11대손이자 최고경영자인 막시밀리안 리델은 샴페인의 미세한 거품을 눈으로 오래 즐길 것인지, 아니면 에어레이션을 통해 아로마를 활성화시켜 그 섬세한 향미를 즐길 것인지 선택해야 한다고 말한다. 그래서 리델사에서는 샴페인 디캔팅을 권하고, 화이트 잔처럼 넓고 짧은 잔(위 두번째 사진)을 만들고 있다.

와인은 효모(yeast)◆에 의해 포도에 함유된 포도당(grape sugar)이 발효(fermentation)되면서 에틸알코올과 이산화탄소로 분해돼 얻어지는 과실주입니다.

◆ 효모 : 포도껍질에 하얗게 묻어있는 야생 효모는 효능이 일정치 않고 불안정하기 때문에 그중 알코올도 잘 만들고 향도 좋은 효모를 선별해서 인위적으로 배양하여 사용한다. 와인의 종류와 성격에 따라 다양한 종류의 효모가 배양되는데, 그 중 특히 당분을 알코올로 분해하는 능력이 뛰어난 사카로마이세스 세레비지에(Saccharomyces cerevisiae)와 고농도 알코올에 내성이 강해 샴페인 양조에도 많이 사용되는 사카로마이세스 오비포르미스(S. oviformis = S. bayanus)가 대표적인 효모들이다.

$C_6H_{12}O_6$ (포도당) → $2C_2H_5OH$ (에틸알코올) + $2CO_2$ (이산화탄소/탄산가스)

※ 당도는 보통 브릭스(Brix) 라는 단위로 수치를 측정하는데, 『브릭스 수치 x 0.57 = 알코올 농도』이다. 예를 들어, 포도의 당도가 23 브릭스이면, 알코올 도수는 14도 정도 나온다. (76쪽 표 참조)

와인(Wine)의 어원은 라틴어의 'Vinum(비넘)'으로, '포도로 만든 술'이라는 뜻입니다. 프랑스어로는 Vin(뱅), 이탈리아어와 스페인어로는 Vino(비노), 독일어로는 Wein(바인), 포르투갈어로는 Vinho(비뉴)입니다.

1907년 프랑스에서, 와인은 포도나 포도즙을 발효해서 만들어야 한다는 법적 정의가 내려졌습니다. 물론 다른 과일로도 만들기는 하지만 이 경우 사과로 만들면 사과 와인(Apple Wine), 딸기로 만들면 딸기 와인(Strawberry Wine)이라고 명시하도록 하고 있습니다.

누가 맨 처음 와인을 만들었는지는 아무도 모릅니다. 원숭이들이 과일을 바위틈에 모아 두었다가 자연 발효되면 먹곤 했을 것이라는 추측도 해보지만, 아마 사람도 그렇게 우연히 와인을 알게 됐을 것이고 그것이 인류 최초의 술일 가능성이 높습니다.

◆ 흑해 연안의 조지아에서 약 8,000년 전 신석기 시대 때 재배한 것으로 추정되는 포도씨가 발견되었다. 이란에서는 BC 5,500년경의 와인 용기가 출토되었는데, 여기에서 레드 와인과 화이트 와인의 흔적이 모두 발견되었다. 이것은 BC 5,500년경에도 이미 레드 와인은 물론 화이트 와인도 만들어지고 있었음을 의미한다. 이 시기는 인류가 정착생활을 시작하고 있던 시기였으며, 노아가 대홍수 이후 정착생활을 시작했던 시기와도 거의 일치한다. 성서에는 노아가 와인을 마시고 취해서 벌거벗은 채로 돌아다녔다는 기록도 있는데, 아무튼 와인을 너무나 사랑했던 노아는 900살이 넘게 장수했다. 와우~

상당수의 고고학자들은 인간의 포도재배 역사가 약 8,000년 전◆ 조지아(그루지아) 지역에서 시작된 것으로 추정하고 있습니다.

기원전 3,000년경에는 이집트에서 포도재배가 이루어지고 왕과 귀족들이 와인을 즐기며 종교의식에도 사용하면서 와인 양조기술이 상당 수준에 오른 것으로 보입니다. 고대 그리스 정복기를 거치면서 포도재배지가 계속 확대되고 와인이 산업화되기 시작했습니다. 그 후 로마 제국이 다시 프랑스, 스페인, 포르투갈, 독일, 오스트리아, 스위스, 영국을 비롯해 동유럽, 북아프리카 등지를 정복하면서 포도나무와 와인이 훨씬 더 넓게 전파되고 포도재배와 양조기술 또한 눈부신 발전을 이루게 됩니다. 로마군은 점령지에 장기 주둔하면서 군대에 필요한 와인을 조달하기 위해 현지에 포도나무를 심어 와인을 양조했는데, 결과적으로 이것

미켈란젤로의 천지창조 중 "노아의 만취"

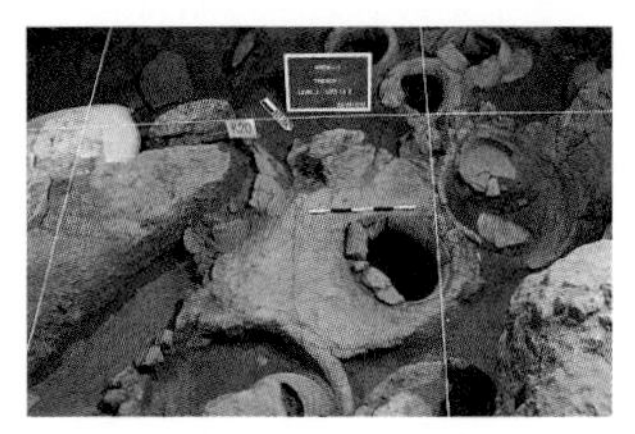
아르메니아의 한 동굴에서 발견된 세계에서 가장 오래된 약 6,000년 전의 포도주 양조장 시설.

이 지금의 프랑스 등 유럽의 와인산업 발전에 결정적인 기반을 제공한 셈입니다.

또 예수가 포도주를 자신의 '피'에 비유함으로써 기독교에서 와인은 꼭 필요한 존재가 되었고 기독교가 전 세계로 전파되면서 와인의 저변 확대도 함께 이루어집니다. 예수가 행한 첫 번째 기적도 물을 와인으로 바꾸는 것이었습니다.

4세기 초 기독교 공인 이후 미사용 와인의 수요가 일부 늘었지만, 로마 제국이 쇠퇴해가면서 와인산업도 사양길에 접어들게 되었고, 중세 암흑기에 들어와서는 포도밭까지 황폐화되어 갔습니다. 로마 제국이 멸망하고 교회가 권력을 장악한 이후부터 수백 년 동안 포도 재배와 와인양조를 수도원이 상당 부분 담당하였습니다. 수도원은 종교의식에 사용하는 와인 이외의 잉여분을 일반에게 판매하였고, 그로 인한 수입의 비중이 차츰 커지면서 와인산업은 수도원을 중심으로 재건되기 시작했습니다. 12세기부터는 프랑스가 본격적으로 영국 등 여러 나라로 와인을 수출하기 시작했고 13세기 이후 인구가 급격히 증가하고 상업이 발전하면서 와인 소비도 더욱 늘어났습니다.

중세 유럽의 와인 교역은 지금의 원유 교역에 비교될 정도로 그 비중이 컸습니다. 와인 때문에 전쟁이 일어나기도 했지만, 반대로 수확기엔 포도 수확을 위해 합의하에 전쟁을 일시 중단한 사례도 흔할 만큼 와인은 문화이자 중요한 현실경제였습니다. 더구나 유럽은 석회질 토양이 많아 물이 깨끗하지 않고, 전염병이 오염된 물로 전파되다 보니 와인은 가장 위생적인 음료이자 에너지원이기도 했습니다.

샴페인을 개발한 프랑스의 수도사 동 뻬리뇽(Dom Pérignon)이 코르크 마개를 발명함으로써 18세기부터는 병과 코르크 마개 사용이 일반화되었고, 1821년에는 와인 병 모양 등의 규격이 통일되었습니다. 이후 수도원을 대신해 전문 양조가들과 중개상들이 와인산업을 주도하게 됩니다.

샹빠뉴 에뻬르네에 있는 모에 에 샹동사 본사 정문에 세워진 동 뻬리뇽 수도사(1638~1715)의 동상

중세 이후 봉건사회가 붕괴되고 시민 계급이 형성되면서 와인의 수요가 더욱 늘어나고 와인 무역도 활발해졌습니다. 그러던 중 1864년경 미국에서 수입한 야생 포도나무의 뿌리에 묻어 있던 필록세라(Phylloxera, 포도뿌리혹벌레)라는 기생충 때문에 유럽 전역의 포도원들이 황폐화되는 재앙을 겪게 됩니다. 이것은 전 세계 와인산업에 있어 가장 큰 위기였지만, 필록세라에 저항력이 강한 미국산 포도나무 뿌리(포도 대목)에 유럽산 포도나무 줄기를 접목시키는 방법으로 간신히 위기를 극복할 수 있었습니다.

산업혁명을 거치면서 와인의 대량 생산이 가능해지고 가격도 저렴해져 일반인들의 식탁에도 부담 없이 오르게 되었습니다. 특히 2차 대전 이후 와인에 대한 지식이 일반화되고 와인 애호가가 늘면서 소비자들의 입맛도 까다로워졌고, 이에 따라 와인의 품질개선을 위한 각국의 다양한 노력이 시작됩니다.

로마시대 때 프랑스에 포도나무와 와인산업을 전파해준 전통적인 와인 종주국 이탈리아는 지금도 와인의 생산, 소비, 수출량에서 프랑스와 함께 1~2위 자리를 다투고 있습니다.

와인의 절대 지존 프랑스는 일찍부터 엄격한 품질관리를 통해, 고급 와인의 명성을 지키며 세계 와인 무역을 이끌어왔습니다.

이런 프랑스와 이탈리아의 뒤를 이어 전통적인 와인 생산국(Old World, 구세계)인 독일, 스페인, 포르투갈, 오스트리아, 헝가리 등 다른 유럽 국가들도 와인 산업 육성에 많은 노력을 기울이고 있습니다.

① 오스트리아 짠토사의 Muscat Ottonel(뮈스까 오또넬) 품종 화이트 와인. 라일락, 미네랄, 사향의 풍미가 기분 좋게 느껴진다. 3만 원선.
② 루마니아 뱀파이어사의 까베르네 쏘비뇽 품종 레드 와인. 25,000원선.

그리고 20세기 후반에 들어오면서 미국, 호주, 칠레를 위시해 아르헨티나, 뉴질랜드 등 일명 신세계* 국가들이 그 격차를 빠르게 줄이고 있습니다.

* 신세계(New World)란 유럽이 아닌 신흥 와인 생산국을 뜻하는데, 기후가 고르고 일조량이 많은 것이 공통점이다. 이들 국가는 프랑스, 이탈리아, 독일 등 전통적 와인 생산국(Old World)의 이민자들을 통해 와인산업이 태동하고 발전했다.

포도와 와인의 성분

수확된 포도는 줄기(stem), 껍질(skin), 알맹이(pulp), 씨(seed)로 구성되어 있습니다. 거친 타닌*이 있는 줄기는 초기 단계에서 제거됩니다. 껍질에는 색소 외에도 타닌과 효모가 함유되어 있습니다. 포도즙의 원천이 되는 알맹이에는 물, 포도당, 산, 미네랄, 비타민 등이 포함되어 있고, 씨에는 타닌*과 오일이 풍부합니다.

* 껍질의 타닌은 레드 와인의 풍미를 더해주고 색깔을 선명하게 해준다. 씨에서 추출된 타닌은 와인의 골격과 바디감을 만들어준다.

와인을 양조할 때는 별도의 물이나 알코올을 첨가하지 않습니다.

효모가 포도당을 섭취해서 마치 배설하듯이 알코올 성분을 만들어 내뱉는 발효 과정을 통해 와인이 만들어집니다. 레드 와인의 붉은색은 적포도의 껍질에 있는 안토시아닌 성분에 의한 것입니다.

알코올 도수가 12도인 와인이라면, 12%의 알코올과 85%의 수분 그리고 당분, 유기산, 비타민, 미네랄(칼륨, 나트륨, 마그네슘, 칼슘, 인, 철분 등), 아로마 혼합물, 아황산염(Sulfite) 그리고 폴리페놀 성분들(타닌, 안토시아닌 등)이 3% 정도 구성되어 있다고 보면 됩니다. 이러한 다양한 성분(600여 종) 때문에 와인을 '마시는 야채'라고 부르기도 합니다.

와인은 양조 후에도 포도의 유기산, 미네랄 등이 파괴되지 않고 살아 있어 우리 몸에 아주 이롭습니다. 또 와인에 함유되어 있는 폴리페놀 성분들(타닌, 레스베라트롤 등)은 몸에 해로운 활성산소를 제거하는 항산화제 역할을 하며 동맥경화를 방지하고 특히 심장혈관을 건강하게 해줍니다.

와인 병 뒤에 붙어 있는 레이블(back label)을 보면 아황산염(무수아황산◆)이 함유되어 있는 것을 알 수 있습니다. 영문 레이블에는 'Contains Sulfites'라고 표기됩니다.

이 성분은 물과 결합하면 아황산이 되는데 냄새가 고약하고 인체에 유해한 물질입니다. 하지만 인체에 무해할 정도의 극소량이 와인에 첨가되어 와인의 부패와 산화를 막는 역할 등을 합니다. 중세 때부터 와인을 병에 담고 봉할 때 극소량의 아황산가스를 넣어주는데, 이 성분이 와인보다 먼저 산소와 반응하기 때문에 와인의

◆ 가스 형태의 이산화황(아황산가스, SO_2)이 물과 반응해서 아황산이 되고, 아황산이 염기와 반응해서 가루 형태의 아황산염(무수아황산)이 된다. 드라이하고 강한 맛의 레드 와인에 가장 적게 들어가며, 스위트 와인일수록 많이 들어간다. 하지만 어떤 식품이든 발효 과정에서 효모가 소량의 이산화황을 자체 생성하며, 레드 와인의 경우 오크통 숙성과정에서도 소량이 발생하므로, 어느 와인이나 그 양은 비슷하다고 보면 된다. 와인 양조과장에서 효모(이스트)와 함께 극소량 첨가되는 아황산염은, 효모를 제외한 박테리아나 잡균을 죽이는 살균작용을 하며, 항산화제로 작용하여 갈변을 방지하고 와인의 색깔을 좋게 한다. 또 안 좋은 성분과 결합하여 향과 맛도 훨씬 좋게 만드는 등 매우 중요한 역할을 맡고 있다.

산화를 막아 와인이 식초로 변하는 것을 방지해주는 것입니다. 이 성분은 코르크를 빼는 순간 공기 속으로 증발해 버립니다.

그런데 '레드 와인 헤드에이크(Red Wine Headache : RWH)'라는 말이 있을 정도로 레드 와인을 마시면 머리가 아프다고 하는 분들이 계시는데, 탈수가 원인일 수 있습니다. 한때 그 주범으로 아황산염이 지목되기도 했지만, 아황산염 입장에서는 억울한 면이 없지 않습니다. 더구나 아황산염은 레드 와인보다는 화이트 와인, 드라이 와인보다는 스위트 와인에 더 많이 함유되어 있고, 또 와인 외에 다른 많은 음식에도 살균과 산화 방지 목적으로 사용되고 있기 때문입니다.

포도껍질에 함유된 히스타민 성분이 레드 와인에 많은 타닌 성분과 만나 약간의 두통을 유발할 가능성도 있으나, 결국은 복합적이고 개인적인 체질 문제라고 봐야 합니다. 대신 천식 환자의 경우 아황산염에 민감한 반응을 보일 수도 있으니 주의하는 것이 좋겠습니다.

포도(머스트)의 당도와 만들어질 와인의 알코올 도수

브릭스	보메	왹슬러	알코올 도수
17.0 brix	9.6 baumé	71.0 oechsle	10.1도
20.1 brix	11.2 baumé	84.2 oechsle	12.1도
22.1 brix	12.3 baumé	93.2 oechsle	13.5도
23.2 brix	12.9 baumé	97.8 oechsle	14.2도
24.4 brix	13.5 baumé	102.9 oechsle	14.8도
25.5 brix	14.0 baumé	107.5 oechsle	15.5도

* 당도의 단위로 우리나라와 미국, 일본 등은 브릭스(brix)를 사용하고, 프랑스, 호주 등에서는 보메(baumé)를, 독일 등에서는 왹슬러(oechsle)를 사용한다. '브릭스'는 용액 100g 중의 고형물 양을 무게(g)를 나타낸 것으로, 10 브릭스는 설탕물 10%와 동일한 농도를 뜻한다. 프랑스에서 사용하는 '보메'는 발효 후 생성되는 알코올 도수와 거의 비슷해서 편리한 측면이 있다.

와인과 건강

와인을 '늙은이의 우유'라고도 부르는 프랑스에는 '좋은 와인 한 잔은 의사의 수입을 줄게 한다'는 속담이 있습니다. 와인은 약알칼리성 음료로 소화 흡수가 잘되며 이뇨작용, 소화촉진, 항산화작용, 진정작용 등의 효과가 있습니다.

와인이 건강에 도움을 준다는 말은 많이 들어보셨을 텐데요, 그것은 와인에 함유되어 있는 폴리페놀(polyphenol) 성분들 때문입니다. 식물성 화학물질인 폴리페놀 성분들은 그 종류가 4,000가지가 넘는데, 레드 와인에는 200여 종류가 함유되어 있습니다. 이는 와인의 맛이 제각기 다양한 이유이기도 합니다.

타닌, 안토시아닌, 레스베라트롤 등이 와인의 효능을 얘기할 때 많이 회자되는 폴리페놀 성분들입니다. 천연 방부제이기도 한 타닌은 와인의 산화방지 등에 효능이 있으며, 안토시아닌은 포도의 붉은 빛깔을 결정하는 인자로, 심장질환과 암을 예방하고, 방사선 노출에 의한 면역장애와 혈액생성장애, 시력개선에도 도움을 줍니다. 항염 작용을 하는 레스베라트롤은 폐, 기관지, 심장질환과 암 예방에 중요한 역할을 합니다. 레스베라트롤의 효능이 충분히 발휘되기에는 와인 한두 잔에 함유된 양이 너무 적다는 의견도 있지만, 와인은 어쩌다 원샷하는 일회용 약이 아니기 때문에 음식처럼 즐기면서 꾸준히 마셔야 효과가 있을 거라는 건 당연한 얘기겠지요.

혼자 마시는 와인은, 아무런 흔적을 남기지 않은 인생과 같다.
- 프랑스 속담 -

최근에 가장 주목받는 성분은 타닌의 한 구성요소인 '프로시아니딘(Procyanidines)'입니다. 프로시아니딘은 건강의 척도인 혈관을 보호하고 확장해줌으로써 심장질환 등 각종 질병을 예방합니다. 타닌의 떫은 맛을 내는 것으로 추정되는 프로시아니딘은 양조 후 3년이 지나지 않은 영 와인에 오히려 많이 들어있으며 시간이 지나면서 조금씩 줄어듭니다. 또 어린나무보다는 오래된 나무의 포도 혹은 사전 가지치기 등으로 수확량을 줄여 농축된 포도로 만든 와인에 더 많이 함유되어 있습니다.

폴리페놀 성분들은 포도의 껍질과 씨에 많이 들어 있기 때문에 청포도의 쥬스만 발효시킨 화이트 와인보다 침용(침출) 과정을 거치는 레드 와인에 10배 이상 많습니다.

레드 와인 품종인 Cabernet Sauvignon(까베르네 쏘비뇽)에 타닌 등의 폴리페놀 성분들이 많이 함유되어 있는데, 타닌의 프로시아니딘 성분만 놓고 보면 Tannat(따나) 품종이 지존입니다. > 85쪽 참조

그 외에 Malbec(말벡), Nebbiolo(네비올로), Aglianico(알뤼아니꼬)를 비롯해 Grenache(그르나슈), Tempranillo(템프라뇨), Sangiovese(산지오베제) 품종 등으로 만든 와인 중 다량의 프로시아니딘 성분을 가진 제품들이 많이 있다고 알려져 있습니다.

레드 와인 한 잔은 긴장을 감소시키고 숙면◆을 도와주기도 하는데, 레스베라트롤 함유량이 많은 Pinot Noir(삐노 누아) 품종으로 만든 레드 와인이 가장 좋은 효과를 보입니다.

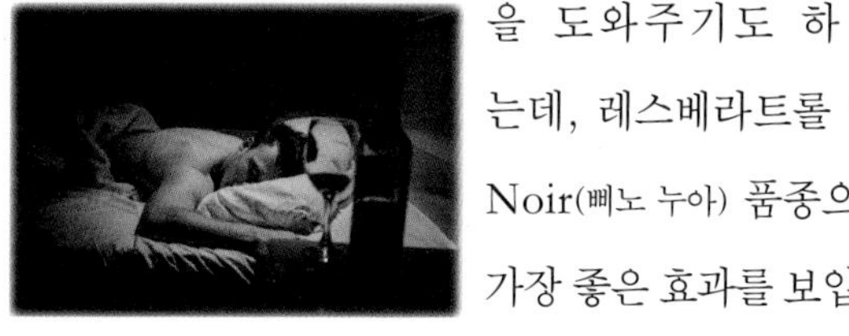

◆ 숙면을 위해 취침 전에 마시는 한 잔의 술을 'Night Cap(나이트 캡)'이라고 하는데, 화이트보다는 레드 와인이 딱!이긴 하나, 착색의 우려가 있으니 반드시 이를 닦고 주무시길.

프로시아니딘을 비롯한 폴리페놀(Polyphenol) 성분들은, 지방층을 몸에 쌓이게 하고 혈관에 침전물을 형성하는 '나쁜' 콜레스테롤인 LDL(저밀도 지단백질)을 감소시키고, 동맥에서 지방층을 없애주는 '착한' 콜레스테롤인 HDL(고밀도 지단백질)을 증가시키는데, 이것은 혈액순환을 원활케 하여 심장병은 물론 동맥경화 등 혈관 관련 질병 예방에 큰 효과가 있습니다.

와인은 뇌혈관 건강에도 좋아 뇌신경세포의 노화와 손상에 따른 알츠하이머 등의 치매 증상이나 뇌졸중 예방에도 도움을 줍니다.

또 채식과 함께 레드 와인 적당량을 꾸준히 마시면 위암, 결장암, 십이지장궤양, 간경변 및 당뇨의 발생 확률을 줄여준다는 연구 결과도 있습니다. 또 강력한 항산화 작용으로 감기 예방, 노화 방지, 피부 미용, 변비 치료에도 좋습니다.

폴리페놀은 멜라닌 형성을 억제하여 여성들의 기미, 주근깨 방지에 효과가 있으며 과식을 억제하고 여성들의 다이어트*와 우울증 치료에도 도움이 될 뿐 아니라, 철분 흡수율도 증가시켜 폐경기 여성의 건강에도 이롭다고 하니, 와인은 남녀 모두의 건강 음료인 셈입니다. 영국의 시인 바이런도 보르도 와인을 마시면 우울함이 사라진다고 했다죠.

하지만 이미 당뇨 증세가 있는 분들은 주의가 필요합니다. 당뇨 식이요법에 맞춰 드라이한 와인 소량을 규칙적으로 곁들이면 전반

◆ 와인은 무지방에 콜레스테롤도 0%이다. 하지만 칼로리만 놓고 봤을 때 와인은 저칼로리 다이어트 음료는 아니다. 효모(이스트)가 포도알의 당분을 먹고 만들어낸 것이 알코올이므로, 알코올 도수가 높을수록 칼로리가 높은 것은 당연하다.
알코올 도수가 13~14도 가량의 드라이한 레드 와인의 경우 750mL 한 병당 열량은 550kcal 정도이고, 10~11도 가량의 화이트 와인은 500kcal 정도인데, 이것을 1리터로 환산해서 다른 주류나 음료와 비교해보면 위스키는 2,500kcal, 소주는 1,700kcal, 청하 · 매실주 1,300~1,400kcal, 레드 와인은 730kcal, 맥주 · 막걸리는 500kcal, 생맥주 370kcal, 우유는 630kcal, 오렌지 쥬스는 500kcal 가량이다. 그래도 다행인 것은 알코올에서 나오는 칼로리는 탄수화물이나 지방의 칼로리와는 달리 체내에 저장되지 않고 빨리 소비된다는 것(empty calorie)이다.

적인 심혈관 질환의 위험을 줄일 수 있다는 연구 결과가 있지만, 많은 양의 와인은 혈압 증가 등의 부작용과 혈당 조절에 문제를 일으킬 수도 있습니다.

또 와인의 산화 방지 등을 위해 소량 첨가된 아황산염(무수아황산) 때문에 천식이 있는 분들이 알러지 반응을 보일 수도 있는데, 이에 대해서는 황화합물에 의해 유발되는 천식이 아니라면 적당한 양의 와인은 문제가 되지 않는다는 호주에서의 연구결과가 있었습니다. 그래도 천식 환자들은 주의가 필요하기에 와인을 드실 때 아황산염 함유량이 적은 유기농 와인을 소량 드시기 바랍니다. > 157~164쪽 참조

한때 40세 이하 여성의 경우, 와인을 많이 마시면 유방암에 걸릴 확률이 높아진다는 얘기도 있었습니다. 하지만 이 또한 와인 때문이 아니라 습관성 과음을 하는 여성들의 바람직하지 못한 식생활과 생활습관에 따른 것으로, 오히려 신선한 과일과 채소를 많이 섭취하고 식사 시 하루 한두 잔의 와인을 마시는 여성들의 유방암 발병 확률은 더 낮은 것으로 밝혀져 누명(?)을 벗었습니다.

또 와인은 희귀병인 다발성경화증의 증상을 완화하는 효과가 있다는 연구결과도 있습니다.

물론 와인을 몇 번 마셨다고 해서 바로 건강해지는 것은 아닙니다. 남들이 건강에 좋다고 하니 어쩌다 생각날 때 한 번씩 레드 와인을 병째 비우는 것으로 심장병이 예방되고 혈관이 건강해지는 것도 아니라고 봅니다. 와인은 약이 아니기 때문에 매일 적당량(1~3잔)을 식사와 함께 즐겁게 마시고 올바른 식생활과 운동, 금연 등이 병행될 때 그 효과가 배가될 것입니다.

심장병 예방에는 화이트 와인보다 레드 와인이 효과가 좀 더 크다고 하지만, 분자 크기가 작아 혈액에 쉽게 흡수되는 화이트 와인은 폐와 관절 기능 개선에 더 효과가 있습니다. 화이트 와인에는 식중독을 일으키는 살모넬라균에 대한 항균작용도 있습니다. 그래서 어패류와 화이트 와인의 궁합이 잘 맞나 봅니다.

또 화이트 와인은 여성들에게 좋은 미네랄과 면역력을 강화해주는 글루타치온을 많이 함유하고 있으며, 여성 호르몬인 에스트로겐의 생성을 돕고 적정량 유지되도록 해주는 역할도 합니다.

와인과 건강에 대해서 말할 때 항상 빠지지 않는 얘기가 있습니다. 바로 '프렌치 패러독스(French Paradox)'입니다.

프랑스의 심장학자 세르주 르노 박사는 1991년 11월 미국 CBS-TV의 시사 프로그램(60 Minutes)에서 레드 와인과 관련한 중요한 발표를 했습니다. 프랑스인들은 한 끼 식사 평균 1,100kcal인 고지방식을 즐기는데도 불구하고 심장병 사망률이 매우 낮다는 것이었는데요, 당시 미국인들의 사망원인 1위가 바로 심장질환이었기 때문에 이 프로그램의 내용은 큰 화젯거리가 되었습니다.

미국인보다 고지방 섭취가 많은 프랑스인들은 레드 와인을 자주 마심으로써 심장병 발생률이 더 낮다. 프랑스인의 인당 연간 와인 소비량은 55리터 이상으로 세계 최고 수준이다. 프랑스인들은 와인 안주로 음식을 먹기보다는 음식을 맛있게 먹기 위해 와인을 마시므로 우리나라처럼 와인바가 따로 없다. 음식을 파는 모든 곳에 와인이 있기 때문이다.

Wine Lesson 101

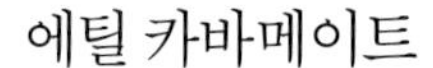

에틸 카바메이트

수입 와인에 발암물질인 에틸 카바메이트(Ethyl Carbamate) 성분이 과다해 인체에 유해할 수 있다는 뉴스가 보도 된 적이 있었다. 에틸 카바메이트는 요소(urea) 등 질소 화합물이 발효과정을 거치면서 미생물 대사에 의해 생기므로 발효식품에서 많이 발견되는데, 빵, 치즈, 요구르트, 간장, 와인 등에도 모두 소량 함유돼 있다. 주류의 에틸 카바메이트의 함유량을 보더라고, 와인이 10~15ppb인데 비해, 위스키는 55~70bbp, 사케는 55~60bbp 수준이니, 와인이 "왜 나만 갖고 그래~~?!"라고 불평할 만하다. 식품의약품안전처는 수입 와인의 경우 보도처럼 많은 양이 함유되어 있지 않고, 근거로 제시한 실험과 분석도 부정확하다는 의견을 내놓았다. 많은 나라들이 이미 에틸 카바메이트 최대 허용 기준치를 정해 권고하고 있는데, 프랑스 등 유럽에서는 에틸 카바메이트가 건강에 영향을 미칠 수준이 아니라고 판단해 법률화를 고려하지 않고 있다. 덴마크, 스위스 등에서는 와인의 페놀 화합물의 항산화작용과 알코올이 종양 형성을 억제하고 감소시킨다는 연구 결과를 발표했다. 세계 어디에서도 주류나 음식 섭취를 통해 에틸 카바메이트가 건강에 악영향을 미쳤다는 보고는 아직 없다.

미국인들보다 더 고지방 식사를 하면서 운동량은 오히려 더 적은 프랑스인들의 심장병 사망률이 미국인들의 1/3 수준밖에 안 된다는 것과 그 이유가 바로 레드 와인의 규칙적인 섭취에 있다는 사실이 일종의 충격으로 받아들여지면서 '프렌치 패러독스'라는 신조어가 회자되기 시작했습니다. 방송 이후 1992년부터 1996년 사이에 미국 내 레드 와인 판매량이 두 배 이상 늘었다고 합니다.

르노 박사는 40~60세 남성 36,000명을 대상으로 18년간 추적연구 끝에 비음주자나 그 이상 마신 과음자들에 비해 하루 2~3잔 정도 와인을 마신 사람들의 사망률이 무려 30%나 낮았다는 연구 결과를 발표하기도 했습니다. 와인의 폴리페놀 성분이 동맥경화를 예방하고 혈액순환을 원활하게 한다는 게 주된 이유였는데, 2006년 프랑스 루이 파스퇴르대의 한국 옥민호 박사팀은 레드 와인에 포함된 폴리페놀 성분이 동맥의 혈관이 막히는 동맥경화 증상을 원천적으로 막는다는 것을 이론적으로 밝혀냈습니다.

우리나라에서도 IMF 직전 무렵 KBS-TV의 '생로병사' 프로그램을 통해 프렌치 패러독스가 소개되면서 와인 붐이 일었는데, 그 후 경기 침체와 막걸리 열풍에 밀려 다소 주춤하다가 다시 꾸준히 와인 소비량이 늘고 있습니다.

그렇다면 건강에 그리 좋다는 와인을 하루에 몇 잔 정도 마시는 것이 좋을까요?

미국 암학회에서는 일일 권장량으로 성인 남자의 경우 와인 2잔(150mℓ), 여자는 1잔 정도를 말하지만, 영국의 경우는 남자 3잔, 여자 2.5잔까지를 권하고 있습니다. 또 일반적으로는 점심식사 때는 4명에 와인 1병, 저녁식사 때는 2명에 와인 1병이 적절한 양이라고 기준이 제시되기도 합니다. 프렌치 패러독스*의 주인공인 프랑스인들은 평균적으로 하루에 와인을 3잔가량 마신다고 합니다.

* 프랑스 북부 사람들의 심장병 사망률과 평균수명은 유럽 전체 평균과 사실 큰 차이가 없다. 하지만 유독 지중해 연안의 프랑스 남부 사람들은 매우 건강한 프렌치 패러독스의 표본이 되고 있다. 이것은 단순히 레드 와인 섭취만으로 건강해지는 것이 아니라, 온화한 기후에서 여유로운 생활 태도를 가지고 식사 때마다 꾸준히 신선한 과일, 야채와 함께 적당량(소량)의 와인을 즐길 때 더 건강해진다는 방증이라 하겠다. 따라서 '프렌치 패러독스'라기 보다는 '지중해 패러독스'라고 하는 편이 맞을 지도 모르겠다.

하지만 한국인의 식생활습관을 고려할 때 점심식사 때 매번 와인을 곁들이긴 힘들고, 저녁에도 항상 와인을 마시기는 쉽지 않습니다.

영화 '사이드웨이'의 한 장면

그렇다고 어쩌다 마실 때 마치 보충이라도 하듯 한꺼번에 너무 많이 마시는 것은 오히려 몸에 해롭습니다.

한국인의 알코올 분해효소나 체력조건을 감안하면 알코올 섭취는 서구인들의 2/3 정도가 적당합니다. 따라서 일단 매일 저녁식사 때 부부가 와인 한 잔씩 즐기는 정도부터 시작하면 좋지 않을까 합니다.

와인은 사람의 기분을 좋게 만들어주기 때문에 정신건강에도 이롭습니다. 그래서 베토벤, 슈베르트, 보들레르 같은 많은 예술가들이 와인을 사랑했는지도 모르겠습니다. 어떤 책에서 와인 애호가들은 항상 와인의 종류와 특징을 생각하느라 치매에 걸릴 확률이 낮고, 매일 와인을 즐기다 보니 우울할 사이가 없어서 자살할 가능성도 낮다는 글을 읽은 적이 있는데, 저 역시 공감하는 바입니다.

한편, 폭탄주(?)를 즐기시는 분이 어떤 모임에서 여러 종류의 레드 와인, 화이트 와인들을 이것저것 같이 마셨는데, 이 경우 일종의 와인 폭탄주가 아니냐며 몸에 해롭지 않은지 제게 물어보신 적이 있습니다.

와인은 그 종류가 다르더라도 원료와 양조방법이 기본적으로 같기 때문에 과음만 하지 않으면 별문제가 봅니다. 하지만 그보다 폭탄주라는 것은, 어떤 술들을 섞어서 마시느냐가 중요한 게 아니고, 이 술저 술 섞어서 '많이' 마신다는 게 원인이고, 더 중요한 문제는 그렇게 섞어서 '빨리' 마셔버린다는 것입니다. 그래서 와인만 마시면 머리가 아프다는 분들은 개인적인 알러지가 이유일 수도 있으나, 2차로 다른 술을 더 마셔서 그런 경우가 대부분이라고 보시면 됩니다.

남자한테 좋은(?) 마디랑(Madiran) 와인

타닌의 주성분인 프로시아니딘에 각별한 관심을 가지고 있는 런던 의과대학 로저 코더 박사는, 지중해의 크레타 섬(그리스), 사르데냐 섬(이탈리아), 프랑스 남서부(Sud-Ouest) 마디랑(Madiran) 지역 사람들의 장수비결 중엔 그들이 마시는 와인의 역할이 매우 크다고 주장한다.

마디랑 지역을 중심으로 하는 프랑스의 제르(구, 아르마냑) 지방의 경우, '남성'의 비율이 프랑스 전국 평균보다 20% 이상 높으며, 그 이유가 그들의 건전한 식생활과 레드 와인 때문이라는 것이다. 이곳에서는 'Tannat(따나)'를 주품종으로 와인을 만드는데 여기에는 혈관 건강에 좋은 프로시아니딘 성분이 아주 많이 함유되어 있다. 프로시아니딘이 풍부하기로 유명한 아르헨티나 Cabernet Sauvignon(까베르네 쏘비뇽) 품종 와인보다도 3~4배나 더 많이 들어 있다.

마디랑 와인은 Tannat 품종 자체에 프로시아니딘 함유량이 많기도 하지만, 발효와 침용 기간이 긴 전통적인 와인양조 방식의 영향도 크다. 발효과정에서 2~3주 이상 충분한 시간을 두고, 씨와 껍질을 섞듯이 자주 저어주어야 프로시아니딘 성분이 충분히 추출되는데, 마디랑 와인은 대부분 3주 이상의 기간을 거친다. 현대식 생산시설에서 저렴하게 대량 생산되는 와인은 발효 과정에서 프로시아니딘이 충분히 우러나기 전인 7일 이내에 씨와 껍질을 빼내는 게 일반적이지만, 그리 되면 와인의 구조감이 약해져 오래 보관할 수도 없고, 건강에 좋은 성분의 함량도 적을 수밖에 없다.

마디랑 와인은 Tannat(따나, 196쪽 참조)를 주품종(40% 이상)으로 하여 Cabernet Sauvignon, Cabernet Franc 그리고 지역 토착품종인 Pinenc(삐넹) 등을 블렌딩한다. 특히 Tannat 100%인 <Ch. Montus, Cuvée Prestige>는 1985년 프랑스 만국박람회에서 뻬트뤼스를 눌렀던 기적의 와인이다. 보르도 10대 와인들과 어깨를 나란히 하며 "전설의 100대 와인"에도 선정되었고, 영화배우 톰 크루즈가 가장 사랑하는 와인으로 더 유명세를 탔다.

건강에 좋은 프로시아니딘 성분이 많은 Tannat(따나) 품종 와인으로 유명한 프랑스 마디랑 지역의 대표 와인 〈샤또 몽뚜스〉 Tannat 80% : CS 20%. 7만 원선.

* 알랭 브뤼몽(Alain Brumont)사는 마디랑 지역의 샤또 몽뚜스와 샤또 부스카세 두 개의 샤또를 소유하고 있다.

파리의 유명 와인샵들
LAVINIA
CAVES
BORDEAUX LOIRE
파리에서 가장 규모가 큰 "LAVINIA(라비니아)" 와인샵
DUCLOT
LA CAVE
CHAMPAGNE
Pol Roger
Pol Roger
Brut Réserve
Champagne
39,00 €TTC la bouteille 75
갤러리 라파에트 백화점의 La Cave DUCLOT에서는 프랑스 와인 테이스팅 프로그램을 운영한다
미슐랭 3 STAR 레스토랑인
Le Taillevent(르 따이유방)이 운영하는
와인샵 "Les Caves de Taillevent"
프랑스의 대표적인 와인샵 체인
"Nocolas(니꼴라)"
NICOLAS
파리에서 가장 오래 된 백화점인
Le Bon Marche(르 봉 마르쉐)의
식품관에도 명품 와인샵이 있다
CHATEAUNET
DUCLOT depuis 1886
와인 아울렛 "Chateaunet(샤또네)"
les Caves du POLIDOR
헤밍웨이의 단골 레스토랑이었던
Polidor(폴리도르)가 운영하는 와인샵
"Les Caves du Polidor"
Carrefour
저는 개인적으로 파리 까르푸(할인마트
와인 종류도 많으면서 가장 가격이 싼
L'INTENDANT
L'INTENDANT
달팽이 계단으로 유명한 보르도의 대표 와인샵 "L'intendant(렝땅당)"
렝땅당에서
꼬네떠블 딸
29유로

와인의 푸드 매칭

와인과 음식의 '매칭'을 프랑스어로는 '마리아쥬(Marriage, 결혼)'라고 합니다. 그만큼 밀접한 관련이 있고, 궁합이 중요하다는 의미일 수도 있겠지요. 하지만 와인에 어떤 음식이 어울릴까? 혹은 음식에 따라 어떤 와인들을 곁들이면 좋을까? 하는 것에 대해 그리 고민하실 필요는 없습니다. 한국 사람들이 식사를 할 때 찌개나 국물을 곁들이듯이, 와인을 즐기는 나라에서는 와인도 음식의 일부로 여기기 때문에 굳이 음식에 맞는 와인을 고르려고 애쓰지 않습니다. 기본적으로는 모든 음식에 어떤 와인이든 무난히 어울립니다. 단지 더 맛있게 즐기기 위해 기왕이면 조금 더 어울리는 매칭을 찾아보거나, 반대로 전혀 안 맞을 것 같은 매칭을 피하면 되는 거지요.

© 신원석 프로방스

그래서 음식과 와인을 더 맛있게 먹을 수 있는 매칭에 대해서는 부담을 가질 게 아니라, 즐거운 고민 정도만 하시면 좋겠습니다. 그 즐거운 고민을 도와드리기 위해 음식과 와인의 매칭(pairing)에 대해 기본적인 방법들을 정리해 보았습니다.

첫째, 동질성을 살리는 방법입니다.

가벼운 음식에는 가벼운 와인(Light food with Light wine)을, 무거운 음식에는 무거운 와인(Heavy food with Heavy wine)을 매칭하는 것을 기본으로, 섬세한 음식에는 부드러운 와인을, 복합적인 맛의 음식에는 농도가 진한 와인을, 강하고 자극적인 음식에는 타닌이 많은 와인을 곁들이는 방식입니다. 또 샐러드등 신맛이 느껴지는 음식에는 산도가 더 높은 화이트 와인을, 단맛이 나는 디저트에는 그보다 더 달달한 스위트 와인이 잘 어울립니다.

둘째, 서로의 특성을 살리는 방법입니다.

단순한 음식에는 복합적 와인(Simple food with Complex wine)을, 복합적인 음식에는 단순한 와인(Complex food with Simple wine)을 매칭하여 서로의 맛을 해치지 않으면서 돋보이게 하는 것이죠. 이때 음식이 어떤 맛인지에 대한 구분은 기본 재료보다는 조리방식, 양념, 소스 등이 어떤 것이냐에 더 비중을 두고 판단하는 것이 맞습니다.

셋째, 화이트 와인과 레드 와인의 특성에 따른 방법입니다.

화이트 와인의 베이스는 산(酸)이고, 레드 와인의 베이스는 타닌입니다. 화이트 와인의 산은 음식을 삭히는 역할을 하며, 레드 와인의 타닌은 음식을 중화시키는 역할을 합니다. 그래서 화이트 와인은 붉은색 육류와는 잘 맞지 않고, 흰살 생선이나 해산물, 가금류에 더 어울리고, 레드 와인은 쇠고기, 돼지고기, 양고기 등에 더 잘 맞습니다.

©Barbara Kim

"미식가는 와인을 마시는 것이 아니라, 와인의 비밀을 맛본다." - 살바도르 달리 -

레드 와인의 타닌 성분은 육류의 단백질과 지방의 느끼한 맛을 잡아주고, 반대로 음식의 기름기는 와인의 떫은맛을 줄여줍니다. 생선의 기름과 비린내는 오크통 숙성시킨 화이트 와인이나 레드 와인의 철 성분 때문에 더 강해지고, 해산물의 짭짤한 향미는 레드 와인 속 타닌의 떫은맛을 더 도드라지게 하므로 그리 좋은 매칭이 아닙니다.

물론 앞에서 언급한 대로 음식의 주재료보다 조리방식, 양념, 소스 등에 따라 얼마든지 와인의 선택이 달라질 수 있습니다. 같은 생선 요리라도 진한 양념이 사용된 경우에는 입 안을 개운하게 해줄 레드 와인이 잘 어울릴 수 있고, 무거운 육류라도 양념이 가볍거나, 소금구이 등으로 즐길 때는, 드라이한 화이트 와인도 꽤 잘 맞을 수 있습니다. 대체로 레드 와인은 음식의 향미와 일치하는 조합을 이루는 경우가 많고, 화이트 와인, 스파클링 와인, 로제 와인은 음식의 향미와 대비되는 조합을 이루는 경우가 많습니다. 화이트 와인은 입 안을 개운하게 해주는 동치미 국물 같은 역할을 합니다.

© 조문중

참치회, 방어회, 연어회 등 붉은 살 생선에는 오크 숙성을 시키지 않은 삐노 누아, 산지오베제 레드 와인도 잘 어울린다.

© 도나

매콤한 떡볶이와 약간의 탄산과 스위트함이 있는 〈모스까또 다스띠〉 와인은 잘 어울리는 커플이다.

넷째, 상호작용과 보완을 시키는 방법입니다.

소금에 절인 엔초비(Anchovy)나 꼬리하고 짭조름한 블루치즈*, 스파이시한 양념의 음식에는 달콤한 스위트 와인을 매칭시켜 두 가지 맛을 서로 조화롭게 보완하는 것입니다. 이런 '단짠' 매칭 외에도 단맛과 신맛, 기름진 맛과 신맛, 쓴맛과 기름진 맛 등이 좋은 조합이 될 수 있습니다.

* 블루치즈(Blue Cheese)는 푸른 곰팡이에 의해 숙성되는 독특하고 꼬리한 향미가 나는 반경질 치즈로, 우유를 재료로 한 경우 치즈 표면에 푸른 곰팡이의 대리석 무늬가 나타나 블루치즈라고 부르게 되었다. 프랑스 남부 피레네 산맥 인근의 로크포르 지방에서 양젖으로 만드는 로크포르(Roquefort) 치즈를 비롯하여 이탈리아의 고르곤졸라(Gorgonzola), 영국의 스틸턴(Stilton)이 세계 3대 블루치즈로 꼽히며, 그 외에도 덴마크의 다나블루(Danablu), 독일의 에델필츠(Edelpilz), 프랑스의 블뢰 도베르뉴(Bleu d'Auvergne) 등이 있다.

그럼, 우리나라 음식과 와인의 매칭은 어떨까요?

기름지고 살짝 비릿한 과메기에는 산미가 뛰어난 쏘비뇽 블랑 화이트 와인을 곁들여도 좋을 듯.

한국 음식에도 어떤 와인이든 무난히 어울립니다. 단지 맵고 짠 요리나 뜨겁고 걸쭉한 국물 요리는 아무래도 와인과 덜 맞을 수 있는데요, 이 경우에는 섬세한 고급 레드 와인보다는 시원하게 칠링한 깔끔한 화이트 와인을 선택하시면 좋겠습니다.

저는 레드 와인을 마실 때 간단한 안주로 순대를 선호합니다. 개인적인 취향일 수 있지만, 시장 당면순대와 데일리급 레드 와인은 최고의 조합이라고 생각합니다.

다음은 우리나라 최초의 소믈리에이자, 한국와인협회 초대 회장을 역임하신 서한정 님께서 제안하신 '와인과 한국 음식과의 궁합'입니다.

- 풀바디 레드 와인 : 등심, 안심, 갈비, 철판구이 등의 쇠고기 요리, 생등심 불고기
- 미디엄바디 레드 와인 : 양념 불고기, 주물럭 등의 쇠고기 요리
- 라이트바디 레드 와인 : 닭, 오리, 삼겹살
- 드라이 화이트 와인 : 생선회, 생선구이, 조개구이, 갑각류, 야채, 버섯
- 로제 와인 : 생선조림, 낙지볶음, 닭볶음탕, 해물탕, 해물파전
- 스위트 화이트 와인 : 떡, 과자 등 단맛이 많은 음식

다음은 소펙사 코리아(SOPEXA KOREA)가 제안한 한국 음식과 프랑스 와인의 매칭입니다. (www.sopexa.co.kr)

- 안심 : 보르도의 고급 레드 와인, 부르고뉴의 고급 레드 와인
- 양념불고기, 갈비찜 : 부르고뉴의 레드 와인, 보르도의 쌩 떼밀리옹 또는 뽀므롤의 레드 와인
- 향신료가 많이 들어간 불고기 : 꼬뜨 뒤 론의 레드 와인
- 삼겹살 : 꼬뜨 뒤 론의 레드 와인, 보졸레의 레드 와인

© 임귀재

야채도 많이 들어가는 불고기 종류는 다른 고기 요리에 비해 육류의 느낌이 약하므로 진한 레드 와인을 곁들이면 고기맛을 너무 죽일 수 있다. 따라서 부드럽고 다소 가벼운 느낌의 레드 와인이나 미디엄바디 이상의 드라이 화이트 와인을 곁들이면 좋다.

Wine Lesson 101

간단한 와인 안주, 까나페

간단한 와인 안주로는 치즈, 올리브, 딸기, 블루베리, 아보카도, 짜지 않은 견과류, 피스타치오, 버섯볶음, 계란말이 등이 있다. 조금 더 신경 쓸 겨를이 있다면, 간단한 까나페(Canape)를 만들어보자. 담백한 크래커(참크래커)에 얇게 썬 치즈를 깔고 그 위에 역시 얇게 썬 상큼한 파란 사과를 얹어서 와인과 함께 먹는 것이다. 버터, 꿀, 메이플 시럽 등을 살짝 토핑하면 더 좋고... 일종의 까나페(Canape) 안주인데, 이렇게 작게 자른 식빵이나 바게뜨, 플레인 크래커에 버터를 얇게 바르고 그 위에 치즈, 과일, 달걀, 햄, 육류 등을 얹는 서양의 전채요리를 까나페(Canape)라고 한다.

브리 치즈 vs 까망베르 치즈

와인에 곁들일 수 있는 간단한 치즈 안주로는 어떤 게 있을까...

나폴레옹 3세와 스페인 화가 살바도르 달리가 무척 즐겼다는 까망베르 치즈는 브리 치즈와 함께 프랑스의 대표적인 소프트(연성) 치즈이다. 둘 다 흰 곰팡이(페니실리움 칸디둠) 피막으로 덮여 있고 속살은 크림처럼 말랑말랑 부드러운데, 암모니아 향이 나며 버섯크림 스프에 레드 와인을 살짝 넣은 듯한 맛이 느껴진다.

두 치즈 모두 비멸균 소젖(생유)으로 만들었고, 모양이나 맛이 거의 비슷해서 구분하기가 쉽지 않다. 굳이 차이를 찾자면 브리가 까망베르보다 향미가 좀 더 은은한 편이고, 휠의 크기가 더 큰 편이라서 웨지(wedge) 모양으로 잘라서 파는 경우가 많다는 정도이다.

타닌이 많고 농익은 맛의 레드 와인보다는 미디엄바디 레드 와인들과도 나름 잘 어울린다. 물론 상큼한 화이트 와인이나 스파클링 와인과는 더 찰떡궁합!

이 두 치즈들은 잘라서 샐러드에 토핑으로 사용하기도 하고, 빵에 발라 먹거나, 살짝 구워서 꿀을 얹어 먹기도 한다. 또 프랑스에서는 밀크커피(Café au Lait)에 찍어 아침식사로 먹기도 한다.

멸균하지 않은 생유로 만들었기 때문에 오래 보관하는 것은 좋지 않고, 냉장 보관하였다가 먹을 때는 1시간 전쯤에 상온에 꺼내 놓았다가 먹어야 풍미도 살고 부드러운 질감도 제대로 느낄 수 있다.

• 브리(Brie) 치즈

브리 치즈는 파리에서 동쪽으로 50km 떨어진 Brie(브리) 마을이 원산지이다. 샤를마뉴 대제(768~814년)도 즐겨 드셨다고 하니, 8세기 후반 이전부터 생산되었을 것으로 짐작된다. 이후 프랑스 왕들도 즐겨 먹어 '왕들의 치즈'라고도 불렸는데, 프랑스 혁명 당시 단두대로 처형당한 루이 16세의 마지막 바람도 레드 와인과 함께 브리 치즈를 맛보는 것이었고, 그래서 성난 군중을 피해 도피를 하던 중에도 브리 치즈가 생산되는 모(Meaux) 인근에서 치즈를 먹기 위해 지체하다가 잡힌 것으로 알려지기도 했다.

1814년 나폴레옹 전쟁이 끝나고 유럽 국가의 대표들이 모인 빈 회의(Congress of Vienna) 중 열린 연회에서 프랑스 대표인 탈레랑이 친선 목적으로 치즈경연대회를 제안했는데, 여기서 브리 치즈가 영국의 스틸톤(stilton) 치즈, 이탈리아의 고르곤졸라(gorgonzola) 치즈, 네덜란드의 에담(edam) 치즈 등을 누르고 '치즈의 왕'으로 선정되면서 유명해졌다. 다양한 브리 치즈들이 생산되는데, 그 중 Brie de Meaux(브리 드 모)와 Brie de Melun(브리 드 믈룅)은 AOC 인증을 받았다.

• 까망베르(Camembert) 치즈

프랑스 대혁명 당시 새로운 공화국에 충성을 거부했던 로마 카톨릭 사제였던 샤를쟝 봉부스트는 노르망디 남부 까망베르 마을에 잠시 피신차 머물렀는데, 자신을 숨겨준 농가 주인, 마리 아렐(Marie Harell)에게 감사의 인사로 브리 치즈 제조법을 알려주었다. 그 후 1790년 마리 아렐에 의해 노르망디화 되어 만들어진 브리 치즈가 바로 까망베르 치즈였다. 그녀에게 비법을 전수받은 후손 중 한 명인 토마스 페이넬은 1863년 나폴레옹 3세에게 까망베르 치즈를 선보였고, 그 맛에 매료된 황제에게 공식적으로 치즈를 공급하게 된다. 1890년 리델(M. Ridel)이라는 기술자가 이 섬세한 치즈의 보관이 용이한 포플러 나무상자를 개발하면서 프랑스 전역과 해외로도 수출되면서 유명해졌다. 기본적으로 화이트 와인들과 잘 매칭되지만, 부르고뉴, 보졸레, 쌩 떼밀리옹 레드 와인 등과도 무난히 어울린다.

코르크 마개

정확한 기록은 없지만 와인 병 마개로 코르크◆를 처음 사용한 것은 17세기 말 프랑스의 동 뻬리뇽(Dom Pérignon) 수도사였다고 합니다. 그는 스페인의 성지 순례 수도승들이 호리병 마개로 코르크를 사용하는 것에서 힌트를 얻었다고 합니다.

◆ 코르크 마개로 와인 병을 막기 이전에는 주로 나무로 만든 마개에 올리브 오일을 묻힌 헝겊을 씌워 사용했었다고 한다. 코르크 마개는 프랑스어로는 '부숑(bouchon)'이라고 한다.

코르크는 참나뭇과의 코르크나무에서 얻습니다. 코르크참나무는 줄기가 가로 방향으로 커져 비대해지는 2차 생장을 하는 특징이 있는데, 바깥쪽의 코르크질(suberin)이라는 보호 조직이 바로 코르크 마개를 만드는 재료가 됩니다. 이 나무는 지중해 연안의 포르투갈(40%), 스페인(23%), 알제리(20%), 이탈리아, 모로코, 튀니지, 프랑스 등지가 주요 산지입니다.

수명이 150~200년인 코르크나무는 심은 지 30년이 지나면 껍질을 벗겨 코르크 마개를 만들 수 있는데, 9년에 한 번씩 총 15회 이상 가능합니다. 세 번째부터가 양질의 코르크로 인정받습니다.

코르크 마개는 와인이 새지 않도록 막아주면서 마치 숨을 쉬듯 미세한 공기 접촉을 통해 향과 맛을 발전시켜 주는 효과를 냅니다. 단순한 마개 그 이상의 역할을 하는 것이죠.

그러나 20세기 후반, 이 자연산 코르크의 효용에 대해 의문이 제기되기 시작했습니다. 코르크 마개에 있는 TCA라는 성분이 와인

인조 합성 코르크나 스크루 캡의 사용이 늘고 있지만,
전통적인 와이너리의 고급 와인들은 대부분 천연 코르크 사용을 고수하고 있다.
코르크 완제품의 수명은 30년 전후. 현재 천연 코르크의 사용비율은 70% 수준이다.

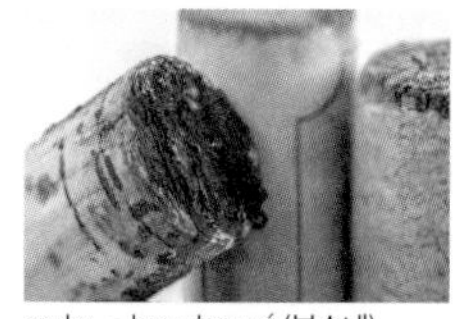
corky = bouchonné (부쇼네)

과 접하면서 변질되어 습한 곰팡이 냄새가 나는 일명 '코르크화(corky, 48쪽 Tip 참조)'가 와인의 품질을 떨어뜨리고 위생적으로도 문제가 될 수 있습니다. 프랑스의 한 통계에 따르면 와인을 오픈했을 때 5% 이상이 코르크화 상태라고 합니다. 20병 중 1병 꼴인 셈이죠. 그래서 그 대안으로 나온 것이 합성 코르크(Synthetic Cork, 인조 코르크)와 알루미늄 스크루 캡◆을 사용하는 것입니다. 스크루 캡은 현재 뉴질랜드, 호주, 미국 등지에서 널리 확산되고 있으며, 저렴한 와인들은 비용 절감을 위해서라도 이를 사용하기도 합니다. 프랑스에서도 젊은 층을 겨냥한 대중적 와인에는 합성 코르크나 스크루 캡이 일부 도입되고 있지만, 전통 있는 고급 와인들은 그 효용성과 관계없이 천연 코르크 사용을 고수하고 있습니다. 저 역시 와인이 가지는 풍미 중에는 천연 코르크 마개도 한몫한다고 생각합니다.

◆ 스크루 캡(Screw Cap)
천연 코르크의 경우, 와인이 미세하나마 숨을 쉬면서 병입 후 숙성에 도움을 주지만, 스크루 캡(Screw Cap)은 공기가 완전히 차단되기 때문에 여러 장점에도 불구하고 장기숙성 와인에는 적합하지 않다는 의견이 많다.
하지만 호주의 와인메이커 앨런 하트는"천연 코르크 마개를 통해 유입되는 미세한 양의 산소가 와인의 숙성을 돕는 것은 맞지만, 꼭 필요한 요소는 아니다라고 강조한다.
호주의 Henschke사에서 만든 〈Hill of Grace〉는 Penfolds사의 〈Grange〉와 함께 호주 최고의 Shiraz(쉬라즈) 와인으로 꼽히는 수퍼 프리미엄급 와인인데, 이 와인의 2005년 빈티지를 모두 스크루 캡으로 만들어 와인 애호가들을 깜짝 놀라게 했다.

장기보관이 가능한 고급 와인은 코르크의 길이가 5cm 전후, 일반 와인은 그 이하.

합성 폴리에틸렌 코르크와 스크루 캡

나파 밸리에서는 천연 코르크와 합성 코르크를 다시 합성해 만든 '메타 코르크(metacork)'도 사용됩니다.

혹시 모든 와인의 코르크 마개 길이가 동일하지 않다는 것을 아십니까? 품질이 좋은 고급 와인일수록 코르크 마개의 길이가 더 길다고 보시면 됩니다. 코르크의 수명과 와인의 보관 가능 기간 등을 고려한 것이지요. > 96쪽 하단 사진 참조

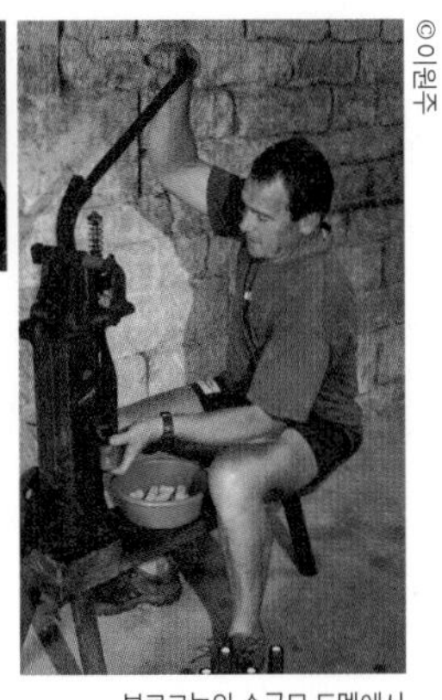

©이원주

부르고뉴의 소규모 도멘에서 전통적인 수작업 방식으로 코르킹 작업을 하고 있다.

와인의 보관

와인은 기본적으로 열과 빛을 싫어합니다. 습도에도 아주 민감해 보관 장소가 건조하면 산화되기 쉽기 때문에, 70~80% 정도의 습도를 유지하는 것이 가장 좋습니다. 장기보관 시, 병을 눕혀 보관하는 것보다도 습도가 적당한 곳에 보관하는 것이 더 중요합니다. 또 와인은 냄새나 진동도 싫어하기 때문에 적정 온도를 맞추더라도 일반 냉장고에 보관하는 것은 바람직하지 않습니다.

보관 환경이 좋지 않을 경우 와인은 제맛을 잃고 변질되기도 합니다. 지하실이 있는 집이라면 지하실로 내려가는 계단 안쪽이 와인을 보관하기 가장 적합한 장소입니다.

그렇게 봤을 때 아파트는 와인 보관 장소를 찾기가 참 마땅치 않습니다. 짧은 기간이라면 직사광선도 피하고 적당히 서늘한 다용도실이나 쇼파 밑도 아쉬운 대로 괜찮은 장소이긴 합니다만, 이 역시 사계절 계속 보관할 수 있는 장소로는 적합하지 않습니다.

결국 가정에서도 고급 와인을 장기간 보관하려면 가정용 와인 셀러(wine cellar, 와인냉장고)를 구입하는 것이 정답입니다. 문제는 그 정답의 가격이 좀 부담스럽다는 것이죠. 국산 유명 와인 셀러의 경우, 43병입짜리가 90~100만 원대, 85병입짜리가 140~150만 원대입니다. 수입 제품은 이보다 훨씬 더 비싸지만 꽤 저렴한 중국산도 있습니다.

알코올 도수가 25%를 넘으면 미생물이 생존할 수 없기 때문에 위스키 등 알코올 도수가 높은 증류주들은 보관 온도나 기간에 크게 신경 쓸 필요가 없지만 와인은 그렇지 않습니다. 와인의 보관 온도로는 10~16도 정도가 적당합니다.

특히 고급 와인을 보관할 때는 적정 온도를 맞춰주는 것이 중요한데, 그보다 더 중요한 것은 일정 온도를 변함없이 유지시키는 것입니다. 보관 온도가 자주 변하면, 와인이 피로해져서 구조감이 깨지고 제맛을 잃습니다. 김치를 아무데서나 대충 보관하면 쉬어빠져 못 먹게 되는 것과 크게 다르지 않습니다. 또한 와인 보관에 있어 온도 변화는 올라가는 것보다 갑자기 내려가는 것이 더 안 좋습니다. 산화의 우려가 더 크기 때문이죠.

고급 와인을 선물 받아서 마루 장식장에 위스키와 함께 세워놓고 한동안 잊어버리는 수가 있습니다. 이 경우 그 고급 와인은 어떻게 될까요?

마루의 장식장 안은 아무래도 기온이 높을 수밖에 없습니다. 햇빛이나 조명에 많이 노출되기도 하겠지요. 또한 오래 세워 놔두면 코르크가 말라 산화의 우려도 있습니다. 당연히 고급 와인 본래의 풍미를 잃어간다고 봐야 합니다.

또 이런 경우도 있습니다. 모임에서 식사를 하다가 어느 한 사람이 "참, 내 차 트렁크에 선물 받은 좋은 와인이 몇 병 있는데, 가서 가져올게"하는 경우 말입니다. 그 와인의 상태는 어떨까요? 빛은 차단되어 있었겠지만, 트렁크 안의 열기와 온도 변화, 끊임없는 흔들림(진동) 속에서 온전히 보전되기는 힘들었을 겁니다. 부디 고급 와인이 아니었기를 바랄 뿐입니다.

고급 레드 와인은 냉장고에서 냉장 보관하면 타닌 성분을 중심으로 이루어져 있는 구조감(structure)이 깨져 제맛을 잃을 수도 있습니다. 중저가 레드 와인도 짧은 기간을 보관한다 하더라도 가급적 서늘한 곳에 보관하다가 마시기 조금 전에 냉장고에 아주 잠시만 넣었다가 마시는 것이 좋습니다. 레드 와인은 20분, 화이트 와인은 1시간 정도면 됩니다. 어떤 레드 와인이라도 냉장고에 오래 보관하면 향이 응고되고 밸런스가 깨져 맛이 밋밋해질 수 있습니다. 아무리 저렴한 와인이라 할지라도 화이트 와인을 상온(常溫)에 놔두었다가 그냥 마시면 너무 시큼하고, 레드 와인을 냉장고에 계속 넣어두었다가 바로 꺼내서 마시면 맛이 밍밍하고 니 맛도 내 맛도 아닐 겁니다.

이쯤 되면 슬슬 짜증이 나려 합니다. 아니, 와인 좀 배워서 마셔보려고 했더니 보관하는 것조차 뭐 그리 까다롭고 복잡하단 말인가.

© LG DIOS

여러 종류의 와인에 두루 적합한 와인 셀러 온도는 섭씨 13도(화씨 55도). 그래서 세계 어디에서든 '55 degrees'라는 이름의 와인바를 간혹 볼 수 있다.

레드 와인은 '실온'에서 마시는 것이 가장 좋다고 하지만, 그건 중세 고성(古城)의 실내 온도였던 18℃ 정도를 말하는 것이다. 요즘 우리나라 웬만한 곳의 실내 온도는 25℃ 정도로 높다.

하지만 너무 고민할 필요는 없습니다. 아주 값비싼 고급 와인을 장기간 보관하였다가 마시는 게 아니라면, 최소한의 원칙만 알고 지켜도 큰 하자는 없으니까요.

일단 집에서 편안하게 마실 와인은 1~3만 원대 와인을 고르시고, 또 오래 보관할 생각 말고 구입 후 늦어도 1~2주 이내에 마시는 것을 원칙으로 하십시오.

그리고 마시다 남은 와인의 보관을 위해 할인마트나 와인샵 등에서 펌프식으로 공기를 빼서 막는 진공마개(vacuum saver, 베큐엄 세이버)를 구입해놓으면 유용하게 사용할 수 있습니다. > 101쪽 상단 사진 참조

권장사항은 아니지만, 중저가 와인이라면 18~20도 정도의 상온이나 서늘한 온도가 유지되는 그늘진 곳에서 한두 달 이상 보관해도 큰 문제는 생기지 않습니다. 와인 셀러가 가격 면에서 부담스럽다면, 몇만 원 정도를 투자해서 와인을 여러 개 눕혀서 보관할 수 있는 '와인랙(wine rack)'을 구입해 빛을 차단시켜 사용해도 아쉬운 대로 괜찮겠습니다. 와인은 태양광선이나 형광등 빛에 오래 노출되는 것을 피해주어야 합니다. 자외선은 레드 와인의 타닌 성분을 산화시키는 주범이기 때문입니다.

와인은 항상 눕혀서 보관하여 코르크가 와인에 충분히 젖어 있도록 하는 것이 좋습니다. 코르크는 젖으면 팽창하는데, 그래야 코

와인의 종류별로 적정 온도를 맞춰 마셔야 제맛을 즐길 수 있다. 기본적으로 화이트 와인은 좀 차게, 레드 와인은 상온이 좋다. 당도가 높은 스위트 와인은 적당기간 냉장고에 보관해도 무방하며, 오픈한 상태로 몇 시간 이상 놔두어도 산화로 인한 맛의 변화를 덜 걱정해도 된다.

르크가 말라 공기가 스며들어 와인을 산화시키는 것을 막을 수 있습니다. 물론 단기간의 보관이나 손으로 돌려서 따는 스크루 캡과 합성 코르크 마개를 사용한 와인이라면 굳이 눕혀서 보관할 필요는 없습니다.

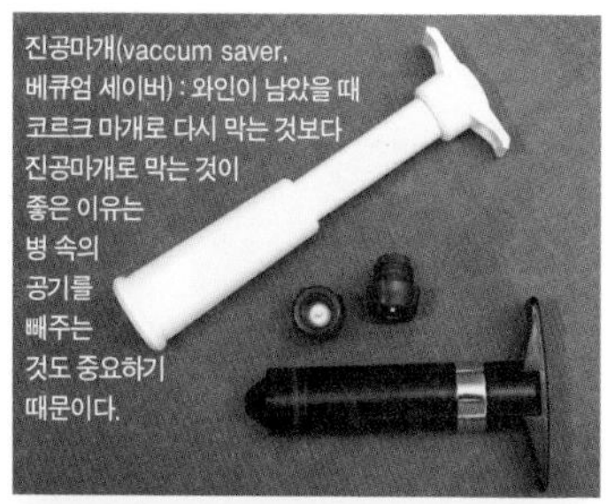
진공마개(vaccum saver, 베큐엄 세이버) : 와인이 남았을 때 코르크 마개로 다시 막는 것보다 진공마개로 막는 것이 좋은 이유는 병 속의 공기를 빼주는 것도 중요하기 때문이다.

와인랙

와인을 즐기시는 분들 중 해외에서 어떤 와인을 마셔본 후, 한국에서 다시 같은 와인을 마셨더니 맛이 다르다고 하는 경우가 있습니다. 와인을 항공편으로 직수입하지 않고 선박으로 수입할 경우 적절한 보관 조치를 취해 놓지 않았다면 배가 적도 근처를 지나올 때 열기로 인해 와인 품질에 손상을 입기도 합니다. 또 한국에 도착해서도 야적장에 무방비로 쌓여있는 과정에서 좋지 않은 영향을 받을 수 있습니다. 따라서 수입업체가 이런 부분에 얼마나 신경을 쓰느냐도 매우 중요합니다. 고급 와인샵 등에서 '비행기로 직수입한 프랑스 와인 할인 판매' 같은 문구를 간혹 볼 수 있는데, 바로 이런 차별성을 강조한 것입니다.

이렇듯 와인은 어떻게 보관하느냐가 매우 중요한◆ 문제입니다. 와인은 마치 숨 쉬고 있는 생명체처럼 환경에 아주 민감하게 반응합니다. 와인을 사러 와인샵에 들어갔다가 내부 공기가 탁하거나 밝은 형광등 밑에 일렬로 세워놓은 와인 병의 마개에 뽀얗게 먼지까지 쌓여 있다면 바로 돌아서 나오라는 말이 있습니다.

◆ 미국의 한 연구소에서, 와인을 보관할 때 온도가 30℃ 이상이면 색깔이 탁해지기 시작하고, 부패와 산화를 막아주는 아황산염의 양이 줄며, 발암물질인 에틸 카바메이트 등이 증가한다는 연구결과를 발표해 와인애호가들을 섬뜩하게 만들기도 했다.

저라면 뜨뜨미지근한 실내에서 위스키 등과 함께 와인을 세워놓고 파는 주류가게에서는 절대로 와인을 사지 않겠습니다. 이제 와인을 살 수 있는 곳도 많은데, 굳이 그렇게 보관한 와인을 사고 싶지는 않으니까요.

와인의 칠링

와인만큼 맛이나 종류가 다양한 술도 없을 것입니다. 다양한 종류의 와인들은 그 특성에 따라 적정 온도를 맞춰서 마시면 더 맛있게 즐길 수 있습니다. 맥주는 미지근한 것보다 찬 게 맛있고, 차는 뜨겁게 마셔야 제맛을 느낄 수 있는 것과 마찬가지입니다. 특히 화이트 와인은 베이스가 산(acid, 酸)이기 때문에 적당히 칠링(chilling, 차게 하는 것)을 해야 신맛이 과해지는 것을 막고 산뜻한 제맛을 즐길 수 있습니다.

중저가 화이트 와인의 경우, 냉장고의 냉장실에 짧은 기간 보관해도 큰 문제는 없습니다. 그러나 한두 달 이상 냉장고에 보관하면, 와인의 flavor(香味)가 손상되거나 날아가 버릴 수 있습니다. 입장 바꿔서 생각해 봐도, 음식 냄새 가득한 냉장고 안에서 와인이 오래 있고 싶어하지는 않을 겁니다.

화이트 와인이나 스파클링 와인은 하루 이틀만에 바로 마실 것이 아니라면 서늘한 곳에

보관했다가 마시기 1~2시간 전쯤 냉장고에 넣어두면 됩니다. 급해서 어쩔 수 없이 냉동실을 이용하려면 딱 30분만!

미처 칠링이 되어 있지 않은 화이트 와인을 마시기 직전에 급속으로 칠링해야 할 때는 아이스버킷(Ice Bucket)이나 비슷하게 생긴 통에 물과 얼음을 채워 병을 20분 이상 담가 놓는 것이 좋은데, 여기에 소금을 약간 넣어주면 효과가 더 빨라집니다.

와인 병을 오픈하지 않은 상태라면, 아이스버킷에 병을 거꾸로 먼저 넣어두었다가 다시 돌리면 골고루 빨리 칠링이 됩니다.

레드 와인 중에서도 햇와인인 〈Beaujolais Nouveau(보졸레 누보)〉나 루아르의 Cabernet Franc(까베르네 프랑) 품종 와인처럼 산도가 높고 바디가 가벼운 레드 와인들은 일반 레드 와인보다는 좀 더 차게(11~12도) 칠링해서 마시는게 좋은데, 마시기 20~30분 전에 냉장고의 냉장실에서 적당히 칠링을 하면 됩니다.

와인을 칠링하고 온도 유지를 위해 아이스버킷을 사용한다.

타닌이 비교적 적은 Pinot Noir(삐노 누아) 품종 와인도 일반급의 경우 다른 레드 와인에 비해 2~3도 정도 낮은 온도로 서빙하는 것이 좋습니다. 물론 고급 부르고뉴 레드 와인이라면 그러지 마십시오.

와인 종류별 적정 서브 온도

• 출처 : WINE FOLLY

스타일	와인 종류	적정 서브 온도
레드 와인	Light-body	13~16℃
	Medium-body	14~17℃
	Full-body	16~20℃
화이트 와인	Light-body	3~7℃
	스파클링(샴페인)	
	Full-body	7~13℃
	로제 와인	

* Dessert Wine 서브 온도 : 16~20℃
* 레드 와인의 서브 온도는 타닌이 많을수록 높은 온도(20℃ 이하), 타닌이 적을수록 낮은 온도라고 보면 된다.

Wine Lesson 101

우리나라 최초의 와인

한국 와인의 시초로는 포도가 아닌 사과로 만든 애플 와인이었던 '파라다이스'가 1969년에 출시됐었다(672쪽 참조). 그 후 우리나라 와인의 대명사인 마주앙이 나온 것이 1977년이다. 동양맥주에서 만든 마주앙은 이 책의 초판을 감수해주신 이순주 선생의 주도로 생산되었는데 정부의 '국민주(酒) 개발정책'에 따른 것이었다.
당시 박정희 대통령은 식량난에도 불구하고 쌀막걸리 등 곡식으로 술을 빚는 것이 일반화된 현실과 외국 국가 원수들 방한 시 만찬에서 건배할 우리나라 술이 있어야 한다는 이유로 와인 양조를 적극 권장했다.
그런데 마주앙보다 더 오래된 국산 와인이 있으니 바로 1974년 해태주조에서 생산한 화이트 와인인 노블 와인 시리즈이다.
1975년 9월 여의도 국회의사당이 준공될 때 해태제과가 정문 앞 양쪽에 해태 상을 만들어 기증했는데 이때 해태주조에서 노블 와인을 좌우 해태 상 밑 지하 10m에 각각 36병씩 묻었다. 석회로 밀봉하여 항아리에 담아둔 이 술은 100년 후인 2075년에 꺼낼 예정이라고 한다.

디캔팅

밀봉되어 있던 와인을 오픈한 다음 바로 마시면 그 와인의 제맛을 느끼기 어렵습니다. 장기숙성된 고급 와인일수록 더 그렇습니다. 오래 숙성하지 않은 와인이라 하더라도 바로 오픈하게 되면, 갇혀 있던 2차 생성물 냄새, 오크와 알코올 향 등이 나와 와인 본연의 향미를 가리기도 합니다.

그래서 마개를 오픈하고 와인이 공기와 직접 접하게 하여(aeration), 잠시 동안 숨을 쉬게 하고(breathing), 와인에 함유된 이산화탄소와

© Epiphany

디캔팅을 하는 모습. 공기 접촉보다 침전물을 거르는 것이 주목적이라면 병목의 알루미늄 호일을 완전히 벗기고 하는 것이 좋다.

알코올 등 불필요한 향들을 날려보내고 나면, 와인의 넉넉한 향과 한결 순화된 맛을 느낄 수 있습니다. 이것을 두고 와인의 향과 맛이 '열렸다' 또는 '풀렸다'라고 표현합니다.

하지만 단순히 와인 마개를 오픈하는 것만으로는 그리 큰 효과가 있지는 않습니다. 공기와 닿는 부분이 적어 병 윗부분만 숨을 쉴 뿐 아랫부분은 별로 영향을 받지 않기 때문입니다. 또 효과가 있다 하더라도 시간이 오래 걸리겠지요.

그래서 '디캔터(decanter)' 혹은 프랑스어로 '꺄라프(carafe)'라고 하는 유리용기에 옮겨 담는 방법을 사용합니다. 병에 담겨 있는 와인을 디캔터에 옮겨 붓는 과정과 행위를 '디캔팅(decanting)'이라고 합니다. 이 과정에서 와인 전체가 자연스레 공기와 접하게 되고, 디캔터 용기를 통해 공기와 접하는 면적을 넓힘으로써 그 효과를 높이는 겁니다.

와인을 마실 때 디캔터를 사용하는 이유는 크게 3가지입니다.

첫째, 와인을 공기와 더 많이 접촉하게 하여 갇혀 있던 와인이 잠을 깨고 숨을 쉬면서 그 향과 맛이 제대로 열리게 하기 위함이고, 둘째는 병속에 있을지도 모를 침전물을 걸러내기 위해서이며, 셋째는 병째로 따라 마시는 것보다 비주얼적으로도 훨씬 보기 좋을 뿐 아니라 식탁 분위기를 우아하고 격조 있게 해주기 때문이죠.

장기숙성용 고급 와인일수록 디캔팅을 하는 것이 좋다.

침전물이 있는 레드 와인을 눕혀서 보관하고 있었다면 와인을 따를 때 침전물이 같이 섞여 나올 수 있습니다. 그래서 침전물들이 병 바닥에 가라앉도록 마시기 하루 이틀 전에 미리 똑바로 세워 놓는 것이 좋지만, 보통의 경우 그렇게 하기가 쉽지 않지요.

빠니에(Pannier) = 와인 바스킷(Wine Basket) = 와인 크래들(Wine Cradle)

레스토랑 등에서는 와인을 눕혀서 보관하다가 손님이 주문하면 셀러에서 바로 꺼내 오는데요, 이때 침전물이 생긴 와인일 경우 갑자기 병을 세우면 병 옆면에 가라앉은 침전물이 다시 와인과 뒤섞이게 되므로 빠니에(Pannier)라고 하는 바구니에 비스듬히 뉘어서 서빙됩니다. 물론 빠니에를 사용하는 것은 따르기 쉽고 비주얼적인 품위를 생각하는 측면도 강하긴 합니다.

와인을 디캔터에 따르는 디캔팅 작업을 할 때는 침전물이 들어가지 않도록 조심스레 따르며, 침전물이 있는 마지막 부분은 병에 남겨두도록 합니다. 그러기 위해서는 병이 잘 들여다보일 수 있도록 불빛이나 양초 등에 비추면서 디캔팅을 하기도 합니다.

이런 디캔팅 작업이 모든 와인에 필요한 것은 아니며, 또 무조건 오래 디캔터에 담아 둔다고 좋은 것도 아닙니다. 화이트 와인이나 가벼운 레드 와인은 마시기 너무 오래전에 디캔팅을 해두면 지나친 공기접촉으로 오히려 활기가 빠지고 맛이 밋밋해지므로 짧게 디캔팅하거나 아니면 바로 오픈해 잔에서 천천히 스월링을 하면서 마시는 것이 더 좋겠습니다.

고급 레드 와인이나 빈티지 포트◆, 기타 침

◆빈티지 포트(Vintage Port)
빈티지 포트는 포트 와인 중 가장 품질이 좋은 제품이다. 수확이 좋은 해에 좋은 포도만을 사용하여 만들므로 생산량이 많지 않고, 다른 포트 와인들과는 달리 레이블에 빈티지가 표시된다. 알코올 농도는 약 21% 전후이며 병입된 후에도 천천히 숙성되므로 10~20년 보관 후에 개봉하면 훨씬 더 부드럽고 맛있게 제 맛을 즐길 수 있다. (630쪽 하단 참조)

© Riedel

전물이 있는 와인들을 디캔팅 주대상으로 생각하면 됩니다. 마시기 한 시간 정도 전에 미리 오픈해서 디캔터에 담아 놓는 것이 좋습니다. 평균 30분을 기준으로 고급 와인일수록 더 오래 놔두고 저렴한 와인은 그 이하로 합니다.

생산된 지 얼마 안 된 2~3만 원대 레드 와인도 적당히 공기와 접촉하면 맛이 더 좋아집니다. 이런 중저가 와인들도 바로 오픈해서 마실 때 느껴지는 맛과 오픈해서 30~40분 이상 지난 후에 느껴지는 맛은 분명히 다릅니다. 거친 느낌도 부드러워지고 향과 맛이 더 조화롭고 풍부해지면서 스위트한 과실 느낌이 살짝 더 느는 것 같습니다.

또 꽤 고급 와인인데 병입 후 숙성이 오래되지 않은 상태에서 좀 일찍 오픈하게 되었다면, 아쉬운 대로 공기와의 접촉을 충분히 함으로써 억지로라도(?) 그 맛을 열리게 할 수 있습니다.

대신 아주 오래된 고급 와인(Old Vintage)의 경우(예를 들어 2020년대에 1990년대 빈티지의 와인을 오픈하는 경우), 한 시간 이상 디캔팅을 할 경우 오히려 와인의 섬세한 향과 맛이 날아갈 수도 있으므로 주의해야 합니다. 특히 Pinot Noir(삐노 누아) 단일 품종으로 만든 부르고뉴 지방의 고급 레드 와인들은 타닌이 비교적 적고 지극히 섬세하고 예민하기 때문에 오

에어레이션 시간을 미리 맞춰놓고 미리 와인을 따를 수 있는 프랑스제 아벤(Aveine) 에어레이터. 1만 원대 와인은 1시간, 2만 원대 와인은 2시간, 고급 와인들은 4~24시간까지.

래 숙성된 상태에서 공기와 갑자기 많이 접하게 하는 것은 그리 바람직하다고 볼 수 없습니다.

로마네 꽁띠 1945년 빈티지(오른쪽), 현재 레이블(왼쪽)과 좀 다르네요~

화이트 와인은, 숙성기간이 긴 고급 제품이라면 몰라도 그렇지 않다면 굳이 디캔팅이 필요하진 않습니다. 화이트 와인은 공기와 접촉하는 시간이 길어지면 오히려 신선한 맛과 과일의 풍미가 줄어들 수도 있기 때문입니다. 더구나 화이트 와인은 온도 상승을 막기 위해 보통 아이스버킷에 꽂아 놓았다가 따라 마시는 것이 좋은데, 디캔터에 담아 놓으면 온도 유지에도 어려움이 있습니다. 고급 화이트 와인을 잠시 디캔팅할 때도 가급적 지름이 작은 디캔터를 사용해 공기와의 접촉 면적을 줄이는 게 좋습니다.

디캔팅을 할 때, 공기와 많이 접하라고 일부러 물 따르듯이 콸콸 따르지는 마십시오. 그렇게 하면 고급 와인은 구조(structure)가 깨지고 맛에도 손상이 갈 염려가 있습니다. 맥주를 따를 때 잔을 기울여서 따르듯이, 디캔터를 살짝 기울여서 와인이 디캔터의 안쪽 벽면을 타고 들어가도록 합니다. 빠른 효과를 원한다면, 와인을 다 부은 다음 디캔터 채로 돌리듯이 흔들어주면 됩니다.

와인 만화인 《신의 물방울》을 보면, 디캔팅을 할 때 마치 명주실을 뽑듯이 한다는 표현이 있습니다. 병을 아주 높이 들고 얇은 줄기로 따름

일본의 유명 와인 만화《신의 물방울》

으로써 공기와의 접촉을 늘리기 위함이지만, 고도의 숙련이 필요하므로 괜히 따라 하다가 아까운 와인을 바닥에 흘리는 일이 없으시길... 사실 오래 숙성된 고급 와인일수록 부드럽고 점성이 높아 더 얇은 줄기로 따라지기 때문에, 일반급 와인으로 그런 묘기를 부리기는 더 어려운 법이죠.

마시다 남은 와인은 어떡하나

어떤 와인이든 한번 오픈한 상태에서 오래 보관하면 산화되어 와인 식초(Vinegar)가 되어 버립니다. 그래서 마시고 남은 와인(leftover wine)을 보관할 때는 단순히 막아놓는 기능만 있는 스토퍼(stopper)나 코르크 마개로 다시 막아놓을 게 아니라, 가급적 진공마개로(101쪽 상단 사진) 병 속의 공기를 충분히 빼서 막아 놓는 것이 좋습니다. 코르크로 다시 꽉 막아 놓더라도 병 안의 산소가 산화를 진행시키기 때문입니다. 그래서 고급 와인일수록 일단 오픈하고 나면 그 자리에서 다 마시는 것이 좋습니다.

큰마음 먹고 구입한 고급 와인을 반쯤 마시고 아껴 놓았다가 며칠 뒤에 마셔보고는 밋밋하게 변해버린 와인 때문에 안타까워했던 경험이 저도 여러 번 있었습니다.

다양한 모양의 와인 스토퍼들

또 아무리 진공마개로 막고 적당한 온도에서 보관한다 하더라도 그 역시 보관기간을 3~4일 연장하는 것에 불과합니다. 중저가 와인이라 하더라도 한번 오픈하고 나면 잘 막아 놓더라도 최대 일주일 안에 다 마시는 것이 깔끔하겠습니다.

오픈한 샴페인(스파클링 와인)을 보관하는 건 더 어려운 일입니다. 샴페인은 샴페인용 진공마개가 따로 있지만, 상식적으로도 탄산가스가 생명인 샴페인을 오픈한 다음 하루 이상 보관한다는 것은 아무래도 무리가 있습니다.

만약 손님을 초대해서 와인을 여러 병 마시다가 똑같은 종류의 와인이 각각 조금씩 남았다면, 따로 보관하지 말고 한 병에 합쳐서 보관하는 것이 맛을 더 오래 지속시키는 방법입니다. 그리고 이왕이면 작은 병에 담아 놓을수록 좋습니다. 한 병으로 모으는 이유도 공기 접촉을 최대한 줄이기 위해서입니다.

오픈해 놓은 와인을 그나마 수일 내에 마시지 못했다면, 이미 제 맛을 잃고 있으므로 그냥 마시기도 찜찜하고 그렇다고 버리자니 너무 아깝지요. 그럴 경우에는 다음과 같이 재활용하기 바랍니다.

아, 물론 와인의 섬세한 향이 날아가고 맛이 다소 시어진 것까지는 상관없지만, 좋지 못한 환경에서 오래 보관해서 맛이 상한 경우는 예외입니다.

무라카미 하루키식 와인 칵테일

일본 작가 무라카미 하루키는 더운 여름에 글을 쓸 때면 와인에다가 주스와 탄산수, 얼음 등을 섞어서 음료 대신 마신다고 합니다.

오스트리아에서는 남은 와인뿐 아니라 저렴한 와인을 바로 따서 탄산수를 섞어 음료처럼 마십니다. 이것을 '스프리처(Spritzer)'라고 합니다.

와인 칵테일의 원조, 상그리아

'피'를 뜻하는 스페인어 Sangre(상그레)에서 유래된 '상그리아' 와인 칵테일

와인으로 만드는 과일 칵테일의 원조는 스페인의 '상그리아(Sangria)'입니다. 스페인에서는 과일 향이 좋은 영한 레드 와인에 얇게 저민 과일을 넣어 만든 시원한 저알코올 음료인 상그리아를 식전주로 혹은 가벼운 파티 때 마시곤 합니다.

상그리아의 레시피는 다음과 같습니다. 사과, 오렌지, 레몬, 귤, 멜론, 딸기, 복숭아, 체리, 망고 등 준비되는 제철 과일들을 얇게 썰어 큰 보울(bowl)에 담아 설탕을 뿌리고 와인을 부어 절여 놓습니다. 이때 너무 시거나 떫은 과일은 피하는 것이 좋습니다. 하루 정도 냉장 보관을 했다가 서빙 직전에 얼음, 사이다, 오렌지 쥬스, 브랜디, 위스키 등으로 온도와 농도를 맞춰서 드시면 끝! 와인 베이스로는 템프라뇨(Tempranillo)를 주품종으로 하는 스페인 리오하 와인이나 보르도 스타일의 블렌딩 레드 와인 정도면 적당하겠습니다. 화이트 와인을 베이스로 만들면 '상그리아 블랑카(Sangria Blanca)'가 됩니다.

따뜻한 와인, 글뤼바인 / 뱅쇼

추운 겨울이라면, 따뜻한 와인을 만들어 차(茶)처럼 드시면 어떨까요? 이것을 독일어로는 '글뤼바인(Glühwein)', 프랑스어로는 '뱅쇼(Vin Chaud)', 영어로는 '멀드 와인(Mulled wine)'이라고 합니다.

글뤼바인은 1,400년경 독일의 한 포도재배 농부가 추운 겨울에 감기 예방을 위해 레드 와인에 계피, 오렌지, 레몬, 꿀 등을 넣어 따뜻하게 데워 마신데서 유래되었고, 현재는 유럽 전역으로 널리 퍼져 추위와 피로를 풀어주는 힐링 음료로 즐겨 마시고 있습니다.

뱅쇼 (Vin Chaud)

재료로는 레드 와인, 오렌지, 레몬, 배, 통계피, 꿀(설탕) 등이 필요합니다. 주전자에 와인을 반 병가량 붓고 손가락 반 정도 크기의 통계피, 오렌지 슬라이스 5~6개, 꿀을 약간 넣고 약불에 한 시간 정도 졸이듯 끓입니다. 정향(clove), 생강, 바닐라빈, 월계수 잎, 스타아니스, 허브, 육두구 가루 등이 준비된다면 같이 넣어도 좋습니다. 끓이는 과정에서 와인의 향과 알코올이 너무 많이 증발해버릴 수도 있으므로 와인을 먼저 중탕을 하거나 뚜껑을 덮고 끓이면서 기호에 맞게 조절하도록 합니다. 적당히 끓었으면 머그잔에 따라 바로 마시고, 남은 것은 보온병에 담아놓고 드시면 됩니다. 너무 진하면 뜨거운 물로 농도를 조절합니다. 뱅쇼는 날씨가 추운 북유럽 등에서 몸을 녹이고자 와인을 데워 마신 데서 비롯되었는데, 비타민이 풍부해서 몸이 찌뿌둣할 때 컨디션 회복에도 효과 만점이며, 감기 예방이나 치료에도 그만입니다. 영국에서도 오래전부터 크리스마스때 푸딩과 함께 즐기는 음료로 유명합니다.

유럽 중에서도 독일어를 쓰거나 네덜란드처럼 독일의 영향을 많이 받은 나라들에서는 주로 '글뤼바인'이라고 하는데, 프랑스의 '뱅쇼'보다 들어가는 과일의 종류나 양도 많고 더 뜨겁게 끓여 먹는 경향이 있습니다. 아무래도 날씨가 더 춥기 때문인 것 같습니다.

병에 담긴 글뤼바인

요리할 때 사용하기

남은 와인이 레드 와인이라면 진한 조림 요리나 토마토소스를 만들 때, 붉은 고기류(쇠고기)를 재우거나 조리할 때 사용하면 좋습니다. 레드 와인의 타닌 성분은 육질을 부드럽게 해주고 고기의 잡냄새를 없애주니까요.

화이트 와인은 크림소스를 만들 때나 닭고기, 돼지고기 등을 재우거나 조리할 때 그리고 튀김용 간장에 넣으면 좋습니다. 또 해산물 요리를 할 때 화이트 와인을 살짝 뿌려주면 와인의 신맛이 해산물의 비린내를 잡아줍니다. 와인의 알코올 성분은 요리 시 가열하는 과정에서 날아가 버리므로 걱정하지 않아도 됩니다.

그런데 남은 와인을 요리할 때 사용하는 것은 좋지만, 그렇다고 냉장고에 몇 주씩 놔두었다가 사용하기에는 왠지 찜찜합니다. 그래서 남은 와인을 며칠 내 요리에 사용할 게 아니라면 알뜰 주부님들은 이런 방법도 사용하십니다. 남은 와인을 5분 정도 끓여서 농축합니다. 그 다음에 얼음을 얼리는 용기(cube tray)에 농축된 와인을 담아서 얼려두었다가 필요할 때 하나씩 꺼내서 사용하는 것입니다. 이걸 입으로 바로 골인시키면 와인 샤베트(sherbet), 갈아서 미숫가루와 시럽을 좀 뿌리면 와인 빙수가 되는 거죠.

얼굴 마사지

남은 와인을 차갑게 냉장 보관했다가, 물로 얼굴을 깨끗이 씻고 거즈를 덮은 다음 화장솜에 와인을 적셔 거즈 위를 두드려 줍니다.

레몬즙이 있다면 와인에 레몬즙을 조금 타면 더 좋겠습니다. 거즈가 어느 정도 마르고 나면 떼어내고 미지근한 물로 씻어주면 됩니다. 일종의 와인팩인데, 레드 와인의 AHA 성분이 피부 미백과 각질 제거를 돕고 세포 생성을 촉진시켜 피부를 윤기 있게 해줍니다. 또 레드 와인의 폴리페놀 성분이 세포 생성을 촉진해 노화 방지는 물론 탄력 있는 피부를 유지하게 해줍니다. 프랑스혁명 당시 감옥에 갇힌 한 여죄수가 식사 때 나오는 와인으로 매일 세수를 해서 간수들도 놀랄 정도로 깨끗하고 젊은 피부를 유지했었다는 유명한 일화도 있습니다.

또 머리를 감을 때도 와인을 헹굼물에 섞어 사용하면 두피의 각질 제거와 혈액순환을 도와 비듬과 탈모 방지에 도움이 됩니다.

와인 목욕

욕조에 물을 적당히 채운 후 레드 와인을 4~5컵 정도 섞습니다. 한 종류의 와인이 아니라 여러 종류의 남은 와인들을 같이 넣어도 괜찮습니다. 5~10분 정도 욕조에 들어갔다가 밖으로 나와 5분 동안 휴식을 취하기를 3회가량 반복합니다. 약식 비노테라피(Vino Theraphy)인 셈입니다.

레드 와인의 AHA성분으로 인해 혈액순환이 활발해져 피로가 빨리 풀리고, 피부가 좋아지고 면역력도 강화됩니다. 레드 와인의 항산화 작용에 의해 신진대사가 활발해지고 지방이 쌓이는 것을 막아 다이어트 효과까지 있으니, 와인은 정말 우리 몸 '안팎'으로 젊음을 유지하게 해주는 불로(不老) 명약이라 하겠습니다. 클레오파트라의 와인 목욕(bath)과 마릴린 먼로의 샴페인 목욕(1회당 350병 사용)은 알 만한 사람은 다 아는 얘기지요.

와인 칵테일

• Kir (끼르)

끼르 로얄

가장 대표적인 와인 칵테일인 Kir는 프랑스에서 식욕을 돋우기 위한 식전주로 많이 마신다. 큰 와인 잔에 드라이하고 신맛이 강한 화이트 와인을 따르고 여기에 과실 시럽 리큐어인 크렘 드 까시스(Créme de Cassis)를 블렌딩한 후 약간의 얼음을 넣고 레몬조각을 짜서 흔들면 Kir가 완성된다. 비율은 화이트 와인 80~90%에 크렘 드 까시스 10~20% 이하로 섞는다. 화이트 와인의 맛을 살리기 위해 크렘 드 까시스를 많이 넣지는 않는다. 화이트 와인 대신 샴페인(스파클링 와인)을 베이스로 하면 'Kir Royal(끼르 로얄)'이, 레드 와인을 베이스로 하면 'Kir Vin Rouge(끼르 뱅 루즈)'가 된다. 또 샴페인(스파클링 와인) 베이스에 크렘 드 까시스 대신 산딸기 시럽 리큐어인 프랑부아즈(Framboise)를 사용하면 여성에게 인기가 높은 'Kir Imperial(끼르 앵뻬리알)'이 된다.

Kir(끼르)는 부르고뉴에서 가장 큰 도시이자 머스타드로 세계적인 명성을 가지고 있는 디종(Dijon) 시의 시장이었던 펠리스 끼르가 즐겨 마시던 칵테일로, 알리고떼 품종으로 만든 이 지역 화이트 와인의 높은 산도와 밸런스를 맞추려고 달콤한 까시스(Cassis) 시럽을 탄 것에서 유래되었는데, 그는 수확량이 과도하던 까시스 소비도 장려하고 지역 특산 와인인 알리고떼 화이트 와인의 매출 증가라는 두 마리 토끼를 모두 잡는 아이디어를 냈던 것이다.

• Bellini (벨리니)

프랑스에 '끼르 로얄'이 있다면, 이탈리아에는 '벨리니'가 있다. 1948년 베니스의 한 바(Bar)에서 고안되었다. 스파클링 와인을 베이스로 하는 칵테일로, 여성들에게 식전주로 특히 인기가 높다. 이탈리아 베네또 지방에는 오래전부터 프로쎄꼬(Prosecco) 품종으로 만드는 스파클링 와인(스뿌만떼)이 유명한데, 여기에 복숭아 주스(리큐어)를 섞어서 여름철에 시원하게 마시는 것이 벨리니다. 그레나딘(석류) 시럽을 살짝 넣기도 한다. 비율은 스파클링 와인 2/3 : 복숭아 주스 1/3 : 그레나딘 시럽 1dash 정도로 한다.

• **Mimosa**(미모사) > 21쪽 하단 사진 참조
화이트 잔 혹은 스파클링 잔에 칠링한 드라이 스파클링 와인과 오렌지 주스를 1:1~4:1 비율로 취향에 맞게 섞는다. 20세기 초 상류사회의 브런치 식전주로 유행했으며, 색깔이 노란 미모사 꽃과 비슷해 이런 이름이 붙었다. 리치 주스를 살짝 섞기도 한다.

• **Spritzer**(스프리처)
얼음을 넣은 하이볼(highball) 글라스에 차갑게 칠링한 화이트 와인과 탄산소다를 1:1 또는 2:1 비율로 섞는다. 레몬 반 조각을 띄워도 좋다. 오스트리아 잘츠부르크에서 유래되었으며, 이름 그대로 입안 가득 퍼지는 상쾌한 느낌이 매력적이다. 독일에서도 큰 잔에 화이트 와인과 탄산수를 1:1로 섞어 마시는 'Schorele(숄레)'라는 것이 있는데, 도수가 낮은 것 같아도 기포 때문에 알코올이 혈관을 빨리 돌게 하므로 일종의 와인 폭탄주다.

하이볼 글라스에 담은 스프리처

• **Bishop**(비숍)
오렌지 주스(과즙)와 레몬 주스(과즙)를 3:1 비율로 넣고, 설탕 한 스푼을 같이 잘 풀어준다. 여기에 레드 와인을 반 잔 정도 붓고 얼음을 넣는다. 다양한 과일 조각으로 장식해도 좋다. 레드 와인은 호주 Shiraz(쉬라즈) 품종 와인이 잘 어울릴 듯하다.

• **Adonis**(아도니스)
'아도니스'란 그리스 신화 속 아프로디테(비너스)에게 사랑을 받았던 미소년의 이름으로, 드라이 셰리(Sherry)의 맛을 살린 잘 살린 명품 칵테일이다. 1900년대 초에 탄생했다. 믹싱 글라스에 얼음과 드라이한 셰리를 3/4 정도 채우고, 스위트 베르뭇(Vermouth)과 오렌지 비터 1dash를 넣어 잘 저은 후, 얼음을 걸러서 칵테일 글라스에 따르면 된다.

• **Aperol Spritz**(아뻬롤 스프리츠)
이탈리아의 어느 노천 까페에서나 와인 잔에 환타(오렌지 맛)를 따라 놓은 것 같은 음료를 마시고 있는 것을 흔히 볼 수 있다. 1919년 처음 만들어졌으나, 별 인기를 얻지 못하다가, 2012년 샌프란시스코 세계스피리츠대회에서 최고상인 더블골드 메달을 받으면서 유명해졌다. 주황색의 아뻬롤 리큐어와 이탈리아 스파클링 와인인 프로쎄꼬(Prosecco)와 탄산수를 비슷한 비율로 섞고, 얼음과 오렌지 슬라이스를 띄우면 끝.

빈티지

빈티지(Vintage)◆의 정확한 의미는 포도의 '수확 연도'지만, 와인은 그 해 재배한 포도를 수확해 바로◆ 양조하기 때문에 결국 포도를 수확한 연도와 와인을 양조한 연도가 같아지는 것이죠.

◆ 빈티지
프랑스어로는 Millésime(밀레짐), 이탈리아어로 Annata(안나따) 혹은 Vendemmia(벤뎀미아), 스페인어로는 Cosecha(꼬쎄차), 독일어로는 Weinlese(바인레제).

◆ 일단 포도를 수확하면 12시간 내에 발효작업에 들어가야 좋은 와인을 얻을 수 있다.

즉, 레이블에 '2019'이라고 적혀 있으면, 2019년 가을인 9~10월에 수확해서 그 해에 양조했다는 뜻입니다. 물론 남반구라면 2019년 3~4월경에 수확했겠지요.

프랑스, 이탈리아와 같은 구세계(Old World)의 전통적인 와인 생산국들은 대체로 북반구에 위치하고 있으며, 호주, 뉴질랜드, 칠레, 아르헨티나 등 신세계(New World) 신흥 생산국들은 대부분 남반구에 위치하고 있습니다. 남반구의 신흥 생산국들은 기본적으로 일조량이 많고, 기후나 기온이 매년 고르고 일정한 편이라 빈티지의 영향을 잘 받지 않지만 북반구에 위치한 나라들은 매년 일정치 않은 기후 때문에 포도의 작황과 와인의 품질에 차이가 생길 수 있습니다.

품질 좋은 포도가 수확되려면 우선 봄 서리로 인한 냉해가 없어야 합니다. 또한 일교차가 커서 낮에는 덥고 밤에는 서늘한 것이 좋으며, 비는 적당량만 내려주고 수확기에 특히 일조량이 많아야 합니다.

예를 들어 일조량이 풍부했던 해에는 포도가 잘 영글어 알코올 도수가 높고 묵직한 와인이 생산되고, 그렇지 못했던 해에는 포도의 당도는 낮아지고 산도(신맛)가 높아져 상대적으로 신선하지만 가벼운 맛의 와인이 만들어집니다. 또 아무리 일조량이 풍부했다 하더라도 포도싹이 날 무렵 서리가 내린다든지, 수확기에 비가 많이 내려 포도알이

빗물을 머금으면 좋은 와인이 생산되기 어렵습니다. 양조 전문가들도 훌륭한 와인이 만들어지기 위해서는 와인메이킹(양조기법)이 15%, 포도가 85%의 비중을 차지한다고 말합니다.

그래서 '빈티지 차트(Vintage Chart)'라는 것을 만들어 연도별로 와인의 품질을 짐작하는 기준으로 삼고 있습니다. INAO(프랑스국립원산지명칭 및 품질위원회), SOPEXA(프랑스농식품진흥공사), 와인스펙테이터지, 와인인쑤지애스트지, 와인전문가인 휴 존슨과 로버트 파커 등 각국의 여러 기관과 전문가들이 각기 빈티지 차트를 만들고 있습니다.

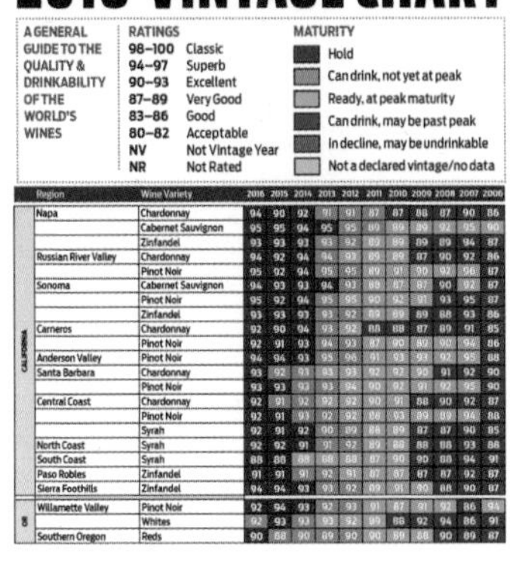

WINE ENTHUSIAST

2018 VINTAGE CHART

A GENERAL GUIDE TO THE QUALITY & DRINKABILITY OF THE WORLD'S WINES

RATINGS	
98–100	Classic
94–97	Superb
90–93	Excellent
87–89	Very Good
83–86	Good
80–82	Acceptable
NV	Not Vintage Year
NR	Not Rated

MATURITY

- Hold
- Can drink, not yet at peak
- Ready, at peak maturity
- Can drink, may be past peak
- In decline, may be undrinkable
- Not a declared vintage/no data

	Region	Wine Variety	2016	2015	2014	2013	2012	2011	2010	2009	2008	2007	2006
CALIFORNIA	Napa	Chardonnay	94	90	92	91	91	87	87	88	87	90	86
		Cabernet Sauvignon	95	95	94	95	95	89	89	89	92	95	90
		Zinfandel	93	93	93	93	92	89	89	89	89	94	87
	Russian River Valley	Chardonnay	94	92	94	94	93	89	89	87	90	92	86
		Pinot Noir	95	92	94	95	95	89	91	90	92	96	87
	Sonoma	Cabernet Sauvignon	94	93	93	94	93	89	87	87	90	92	87
		Pinot Noir	95	92	94	95	95	90	92	91	93	95	87
		Zinfandel	93	93	93	93	92	89	89	89	88	93	86
	Carneros	Chardonnay	92	90	94	93	92	88	88	87	89	91	85
		Pinot Noir	92	91	93	94	93	87	90	89	90	94	86
	Anderson Valley	Pinot Noir	94	94	93	95	96	91	93	93	92	95	88
	Santa Barbara	Chardonnay	93	92	93	93	93	92	92	90	91	92	90
		Pinot Noir	93	93	93	93	94	90	92	91	92	95	90
	Central Coast	Chardonnay	92	91	92	92	92	90	91	88	90	92	87
		Pinot Noir	92	91	93	92	92	88	93	89	89	94	88
		Syrah	92	91	92	90	89	88	89	87	87	90	85
	North Coast	Syrah	92	92	91	91	92	89	88	88	88	93	88
	South Coast	Syrah	88	88	88	88	88	87	90	90	88	94	91
	Paso Robles	Zinfandel	91	91	91	92	91	87	87	87	87	92	87
	Sierra Foothills	Zinfandel	94	94	93	93	92	89	91	90	88	90	87
OR	Willamette Valley	Pinot Noir	92	94	93	92	93	91	87	91	92	86	94
		Whites	92	93	93	93	92	89	86	92	94	86	91
	Southern Oregon	Reds	90	88	90	89	90	90	89	88	90	89	87

휴대폰으로도 여러 가지 빈티지 차트 어플리케이션들을 다운받아서 간편하게 빈티지 점수를 확인하실 수 있습니다.

프랑스에서 특별히 좋았던 빈티지들은 120쪽의 표와 같습니다. 이 중에서 2005년, 2009년, 2010년, 2015년, 2016년은 프랑스의 3대 와인 산지인 보르도, 부르고뉴, 론 지방 모두가 작황이 매우 뛰어났던 해입니다. 특히 보르도 지방은 1990년, 2000년, 2005년, 2009~2010년, 2015~2016년, 2018~2019년이 유래 없던 최고의 빈티지(Exceptional Vintage)였습니다. 보르도의 2000년 빈티지는 정말 훌륭해서 'Vintage of Century(한 세기 최고의 빈티지)'라 불렸는데, 2년 뒤 2002년 빈티지도 이에 버금가자(좌안 북부) 역시 'Vintage of Century'라 칭했습니다.

와인산지		뛰어난 빈티지
Bordeaux (보르도)	좌안	**1982**, **1985**, **1986**, **1989**, **1990**, **1995**, **1996**, **2000**, **2003**, **2005**, 2008, **2009**, **2010**, 2011, 2012, 2014, **2015**, **2016**, 2017, 2018
	우안	**1982**, **1989**, **1990**, 1995, **1998**, **2000**, **2001**, 2003, **2005**, 2006, 2007, 2008, **2009**, **2010**, 2011, 2012, 2014, **2015**, **2016**, 2017, 2018
Bourgogne (부르고뉴)	꼬뜨 드 뉘	1990, 1995, 1999, 2000, 2001, **2002**, **2005**, 2007, **2009**, **2010**, 2011, **2012**, 2013, 2014, **2015**, **2016**, 2017, 2018
Rhône (론)	북부	1988, 1989, 1990, 1991, 1995, 1997, 1998, **1999**, **2003**, 2006, **2009**, **2010**, 2011, 2012, **2015**, 2016, 2017
	남부	1989, 1990, 1995, **1998**, 1999, **2000**, **2001**, 2003, **2005**, 2006, **2007**, 2009, **2010**, 2012, 2015, **2016**, 2017

- 굵고 진하게 표시된 연도는 특히 더 뛰어난 유명 빈티지이다.
- 보르도 좌안(Left Bank) : 메독, 그라브 지역 / 우안(Right Bank) : 쌩 떼밀리옹, 뽀므롤 지역
- 90년대에는 프랑스 전체적으로 1990년, 1995년이 고르게 뛰어난 빈티지였다.
- 보르도는 전 세계 다른 어떤 와인산지보다도 빈티지 격차가 심한 편인데, 특히 비(강우량)의 영향이 크다.
- 2005년은 전 세계 주요 와인산지 대부분이 훌륭한 빈티지였다.

그 후 2005년 빈티지가 이를 또 능가하자 세 번이나 'Vintage of Century'라는 호칭을 붙일 수 없어, 그보다 더 뛰어나다는 의미로 'Vintage of Life time'이라고 했습니다. 하지만 그 후로도 2009년, 2010년, 2015년, 2016년, 2018년, 2019년도 역시 최고의 빈티지로 평가받았습니다. 이렇게 탁월한 빈티지들이 계속 이어진다는 것은 참으로 즐겁고 흥미로운 일이 아닐 수 없지만, 지구온난화의 영향도 크다 하니 왠지 개운치는 않네요.

보르도처럼 빈티지에 차이가 꽤 나기도 하는 지역의 명품 와인들은

빈티지가 와인의 가치를 매기는 데 아주 중요한 요소가 됩니다. 즉 같은 와인일 경우 오래된 빈티지일수록 무조건 더 좋고 비싼 게 아니고, 포도의 작황에 따라 중간 중간 특별히 더 좋은 빈티지가 있다는 것입니다. 빈티지가 좋다는 것은 상대적으로 좀 더 장기보관이 가능하다는 의미이기도 합니다.

다음은 와인서처(Wine-Searcher)에서 확인할 수 있는 보르도 그랑 크뤼 4등급 〈Château Talbot(샤또 딸보)〉의 빈티지별 점수와 가격입니다.

빈티지	점수	가격(KRW)
2019년	91점	55,000원
2018년	92점	77,000원
2017년	91점	118,000원
2016년	93점	90,000원
2015년	92점	93,000원
2014년	91점	83,000원

빈티지	점수	가격(KRW)
2013년	89점	75,000원
2012년	90점	84,000원
2011년	90점	92,000원
2010년	91점	115,000원
2009년	92점	111,000원
2008년	89점	100,000원

그랑 크뤼 1등급, 2등급 와인들이라면 더 큰 차이가 나겠으나, 4등급인 〈Château Talbot(샤또 딸보)〉만 하더라도 기본적으로는 오래된 빈티지가 더 비싸지만, 빈티지 점수에 따라 차이가 있거나 반대인 경우가 있음을 알 수 있습니다.

하지만 명품 와인들의 경우가 그렇다는 것이고, 우리나라에 수입되는 모든 보르도, 부르고뉴, 론 지방 와인들이 빈티지별로 가격이 따로 책정

독일의 문호 괴테는 만약 무인도에 세 가지만 가지고 갈 수 있다면 무엇을 선택하겠느냐는 질문을 받자 이렇게 대답했다. "시집과 아름다운 여인, 그리고 이 메마른 시대에 살아남을 수 있는 세상에서 가장 좋은 와인을 넉넉하게 가져 갈 것이오." 그렇다면 그 중 두 가지만 가질 수 있다면 무엇을 제일 먼저 버리겠냐고 묻자, "시집!"이라고 서슴없이 대답했다. 질문하던 사람이 다소 놀라며 계속 물었다. "그렇다면 선생님, 만일 여자와 와인 중에서 한 가지만 남겨야 한다면 어떻게 하시겠습니까?" 한참 생각을 하던 괴테가 단호하게 말했다. "그건 와인의 빈티지에 달렸지~"

한국와인협회 김준철 회장

되지는 않기 때문에 일반 애호가들이 와인을 구입할 때 빈티지에 너무 민감해할 필요는 없겠습니다.

더구나 보르도의 중저가 와인이라면, 빈티지를 지나치게 따지고 맹신할 필요는 없습니다. 최고 빈티지라고 불리는 해의 포도로도 그저 그런 와인을 만드는 생산자가 있을 수 있고, 반면 아주 실망스런 빈티지의 포도로도 제법 맛있고 품질 좋은 와인을 만들어내는 생산자도 있기 때문이죠.

사실 전문가들조차도 같은 와인의 최근 10년간 빈티지를 모두 모아 놓고 테이스팅 해보면(Vertical Tasting), 빈티지 차트의 내용처럼 잘 맞추지 못합니다. 심지어 안 좋은 빈티지에 더 좋은 점수를 주기도 합니다. 그러니 특별한 경우가 아니고서야 우리 같은 일반인들이 영하냐 올드하냐 외에 빈티지별로 맛의 차이를 구분한다는 건 정말 쉽지 않습니다.

그러니 와인을 살 때 보르도나 부르고뉴의 고급 와인이 아니면 굳이 '좋은 빈티지' 여부에 너무 신경을 쓰지는 마십시오. 그보다는 해당 와인의 품질 수준에 따라 마시기에 가장 알맞은 시기를 잘 판단해서 고르는 게 더 중요합니다.

특히 신세계의 중저가 와인을 구입할 때는 몇 년도 빈티지가 더 좋냐 나쁘냐를 따지는 것보다 너무 오래된 빈티지를 사지 않는 것이 오히려 더 중요할 수 있습니다. 5만 원대 미만 와인의 경우, 레드 와인은 현재로부터 3~5년 이내, 화이트 와인은 1~3년 이내의 빈티지를 고르는 게 좋습니다. 그 정도 가격대의 중저가 와인들의 경우는 그때가 마시기에 가장 알맞은

상태라는 것입니다.

"마트에서 1만 원짜리 와인은 1년 전 빈티지를, 2만 원짜리 와인은 2년 전 빈티지를, 3만 원짜리 와인은 3년 전 빈티지를 골라라."
- 한국와인협회 김준철 회장 어록 중에서 -

예를 들어서, 2021년에 1~2만 원대 화이트 와인을 구입할 때는 2020년이나 2019년 빈티지가 가장 좋은 선택이고, 품질이 더 좋은 3~5만 원대 화이트 와인이라면 2017년 빈티지면 적당하다는 것입니다. 2015년이 아무리 보르도의 좋은 빈티지였다 하더라도 그 빈티지의 1~2만 원대 화이트 와인을 2021년에 사서 마신다면 절대로 좋은 선택이 아닙니다. 일반급 저가 와인으로는 너무 오래되었기 때문입니다.

레드 와인은 그보다 좀 더 기간을 오래 생각할 수 있지만, 그래도 중저가 와인이라면 3~5년을 기준으로 안쪽 빈티지를 선택하는 게 좋습니다. 또 일반급 로제 와인이나 스파클링 와인은 화이트 와인처럼 1~3년 정도를 기준으로 가급적 최근 빈티지를 선택하십시오.

즉, 고급 와인일수록 빈티지와 숙성기간을 고려하는 것이 좋겠지만,

와인 종류별 보관 가능 기간

<table>
<tr><th colspan="2">구분</th><th>보관기간</th><th colspan="3">구분</th><th>보관기간</th></tr>
<tr><td rowspan="4">레드</td><td>햇와인
(보졸레누보 등)</td><td>6개월~1년</td><td rowspan="5">화이트</td><td rowspan="3">Dry</td><td>Fresh 와인</td><td>2~3년</td></tr>
<tr><td>Light-bodied 와인</td><td>3~5년</td><td>Light-bodied 와인</td><td>3~5년</td></tr>
<tr><td>Full-bodied 와인
(일반급)</td><td>5~7년</td><td>Full-bodied 와인</td><td>5~15년</td></tr>
<tr><td>Full-bodied 와인
(고급)</td><td>10~50년 이상</td><td rowspan="2">Sweet</td><td>일반급</td><td>5~10년</td></tr>
<tr><td colspan="2" rowspan="2">알코올 강화 와인
(포트, 셰리 등)</td><td>화이트 : 10~20년</td><td>고급
(TBA, 쏘떼른 등)</td><td>10~15년
(최고급 : 50년)</td></tr>
<tr><td>레드 : 10~50년</td><td colspan="3">로제 와인 / 스파클링 와인</td><td>1~3년
(고급 : 5~20년)</td></tr>
</table>

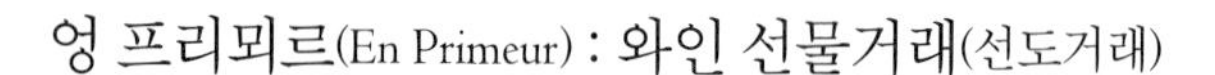

엉 프리뫼르(En Primeur) : 와인 선물거래(선도거래)

장기숙성형 고급 와인은 보통 18~24개월가량 오크통(Oak barrel) 숙성을 한다. 예를 들어 2021년산 와인은 2021년 가을에 포도수확을 해서 약 3개월의 양조과정을 거쳐 2022년 초에 배럴 숙성을 시작하게 되므로, 병입과 출시는 2023년 말이나 2024년 초쯤 이루어지게 된다.

70~80년대부터 보르도의 그랑크뤼와인연합회는 매년 3월 말~4월 초, 배럴 숙성 초기단계인 전년도 빈티지 와인의 맛을 보고(Barrel Tasting) 이에 대한 품평회를 하는데, 이를 '엉 프리뫼르(En Primeur)'라고 한다. 병입 전에 거래되는 일종의 와인 선물시장이다. 세계 각국의 와인 평론가와 수입사, 언론 등이 참여하는 이 품평 결과에 따라 출시 가격이 정해지며, 또 이를 통해 사전 예약판매가 이루어진다. 일정 금액을 선불로 내고 나머지 잔금은 와인이 출시되어 배달되면 지불한다. 수요와 공급에 의해 자연스럽게 해당 빈티지의 와인 가격이 결정되는 시스템이다.

그러던 것이 1990년대부터는 보르도의 생산자들이 매년 4월 말에 와인 가격을 일방적으로 공표하기 시작하였다. 바로 로버트 파커의 영향력 때문이다. 파커는 엉 프리뫼르에서 시음해 본 보르도 와인들의 점수를 4월 말에 자신이 발행하는 와인잡지인 《와인 애드버킷》을 통해 발표했었는데, 생산자들이 이 점수에 맞춰 가격을 정하는 것이 관행처럼 되어버린 것이다. 그러다 보니 웃지 못할 에피소드도 생겼다. 2003년에 이라크 전쟁이 발발하자 파커는 안전을 이유로 엉 프리뫼르에 참석하지 않았다. 그래서 2002년 빈티지 보르도 와인에 대한 파커 점수가 나오지 않자 생산자들은 가격을 책정하지 못해 우왕좌왕했고, 와인 수요는 물론 가격까지 폭락하는 일이 발생했던 것이다.

엉 프리뫼르의 문제점은 그 외에도 또 있다. 엉 프리뫼르는 생산자 입장에서는 미리 판매를 하고 수익을 올릴 수 있어 좋고, 구매자는 고급 크뤼급 와인을 비교적 저렴하게 살 수 있어서 좋지만, 문제는 시음용 와인을 별도로 양조해서 내놓는 샤또들이 있다는 것이다. 특히 로버트 파커가 바닐라와 구운 토스트 향과 같은 새 오크통의 풍미가 느껴지는 와인에게 좋은 점수를 주는 경향이 있다 보니, 좋은 평가를 받기 위해 별도의 시음용 와인을 특수 오크통에서 급속 숙성시켜 내놓는 경우가 많아지고 있다. 하지만 이런 문제들이 지적되고 있음에도 불구하고 중국의 갑부 등 보르도의 유명 그랑크뤼 와인들을 찾는 수요가 늘면서 엉 프리뫼르의 인기는 계속 높아지고 있다.

중저가 와인은 차라리 마시기 가장 좋은 시기에 빨리 마시는 게 낫다는 뜻입니다. 평범한 와인을 오래 보관한다고 해서 더 뛰어난 와인으로 변신하진 않기 때문이죠. 5만 원대 이상의 괜찮은 와인이더라도 화이트는 병입 후 3~5년, 레드는 병입 후 5~7년 정도가 대부분 마시기 딱 좋은 상태입니다.

하지만 아주 고급 와인이라면 오히려 너무 빨리 오픈하지 않는 것이 좋습니다. 만약 출시된 지 얼마 되지 않은 2~3년 전 빈티지의 보르도(메독) 그랑 크뤼 와인을 선물 받았다면, 10년 가까이 잘 보관했다가 마시는 것이 바람직합니다. 그런 고급 와인을 너무 일찍 오픈하면 병입 숙성이 덜 되어 타닌도 거칠고 아직 채 정제되지 않은 향 때문에 그랑 크뤼 와인 본연의 풍미를 느낄 수 없습니다. 프랑스에서는 이런 경우 '영아살해'이라는 섬뜩한 표현을 쓴다고도 하네요. 미처 꽃을 피워 보지도 못하고 어린 나이에 죽음을 맞이했다는 거죠. ;;

빈티지와 관련한 얘기를 하다 보니 생각나는 게 하나 더 있습니다. 와인을 즐기는 서구에서는 자녀의 출생 기념으로 그해에 생산된 와인을 사놓습니다. 그리고 자녀가 자라서 성년이 되는 해나 결혼할 때 선물로 주거나 가족 파티 때 함께 마시곤 합니다. 이것을 'Birth Year Wine'이라고 합니다. 괜찮은 아이디어지요?

그런데 문제는 와인을 20년 혹은 그 이상 보관해야 하므로 장기숙성이 가능한 고급 와인을 사놓아야 한다는 것입니다. 가격이 부담스러워서 일반급 와인을 사놓았다가 나중에 가족들이 함께 감동적인 개봉을 했는데 그 와인이 상해 있다면 정말 속상하지 않겠습니까?

그래서 중산층이 'Birth Year Wine'으로 많이 애용하는 것이 포트(Port) 와인입니다. 포르투갈이 원조인 포트 와인(628쪽 참조)은 와인에 브랜디를 가미해서 알코올 도수를 20도 전후로 높인 알코올 강화 와인(fortified wine)으로, 알코올 도수가 높아 장기보관에 적합한 데다 가격도 상대적으로 무난하기 때문입니다.

'Birth Year Wine' 외에도 부부가 결혼한 해의 와인을 사두었다가 결혼 10주년, 15주년 때 개봉해서 마시기도 합니다. 이런 것들이 와인이 가지는 또 하나의 멋이자 낭만인 것 같습니다.

우리나라의 와인 가격

서양에서는 식사할 때 습관적으로 와인을 곁들이곤 합니다. 우리가 밥 먹을 때 국이나 찌개를 곁들이듯이 그들에게 와인은 술이라기보다는 음식으로 여겨진다고 봐야죠.

그렇다면 비싼 와인을 어떻게 그리 식사 때마다 마실 수 있을까요? 음식문화의 차이도 있지만, 일단 와인 가격이 싸기 때문입니다. 그리고 그들이 일상적으로 마시는 와인은 고급 와인이 아니라 저렴한 테이블 와인이 대부분입니다. 미국만 해도 동네마켓에 가면 2~3달러짜리 맛있는 와인들이 즐비합니다.

그럼, 우리나라에서 우리가 마시는 와인들은 어떨까요?

일단 같은 와인이라 해도 우리나라에서 마시면 가격*이 2~3배가량 비싸다고 보면 됩니다.

* 해외 와인가격 조회 사이트
www.wine-searcher.com
국제와인가격비교사이트
www.wine.com
미국 온라인 와인 판매 1위 사이트
www.sherry-lehmann.com
미국에서 가장 유서 깊은 와인샵
www.bbr.com
Berry Bros & Rudd. 영국의 와인 유통 회사로 ODM 방식으로 세계 유명생산자로부터 와인을 주문 생산하여 판매한다.

우리에게도 꽤 친숙한 칠레의 〈Montes Alpha(몬떼스 알파), Cabernet Sauvignon(까베르네 쏘비뇽)〉 와인의 경우, 한국이 뉴욕보다 3배나 비싸고, 도쿄보다도 2배가량 비쌉니다. 환율에도 민감한 한국의 와인 가격은 러시아에 이어 세계에서 두 번째로 비싼 수준입니다.

장거리 수송을 해야 하므로 운송비용 등 수입원가가 높을 수밖에 없는데다가 수요(수량)도 상대적으로 적은 편이고, 70%에 가까운 각종 세금이 부과되고, 거기에 수입회사와 도·소매상의 비용과 마진이 더해져 그리되는 것입니다.

프랑스 부르고뉴에서 생산되는 세계에서 가장 비싼 와인 〈로마네 꽁띠〉는 4.5에이커(약 5,500평)의 포도밭에서 매년 6천 병 전후로만 생산된다(3천~8천 병). 16~20개월 새 오크통 숙성. 빈티지별로 2천~3천만 원 이상.

좀 더 구체적으로 살펴보면, 와인의 한국 도착가격(상품원가 + 현지세금 + 운송비 + 보험료)을 과세 기준 금액으로 하여, 일단 수입관세가 15% 부과됩니다. 여기에 주세 30%에, 교육세가 3%(주세의 10%) 부과됩니다. 그리고 그 모든 것을 합한 금액에 부가가치세 10%가 부과되면, 세율이 무려 68.2%가 됩니다. FTA 체결국의 경우 관세 15%가 면제되어도 총 46.3%의 세금이 부과됩니다. 여기에 수입상, 도매상, 소매상의 마진이 더해진 상태에서 소비자가 구매하게 되니, 수입원가 1만 원짜리 와인의 최종 소비자가가 3~5만 원이 되는 것입니다.

FTA 협정이 체결되어 2009년부터는 칠레 와인, 2011년 7월부터는 프랑스, 이탈리아, 독일, 스페인 등 유럽 와인, 2012년 3월부터는 미국 와인에 대한 관세(15%)가 없어졌습니다. 또 2014년에 호주, 뉴질랜드도 뒤를 이었습니다. 다만 이런 관세◆ 혜택이 소비

◆ 홍콩의 경우, 2009년 2월 전격적으로 와인 관련 모든 세금을 철폐하였고, 그 덕으로 최단 기간에 아시아 와인의 허브가 될 수 있었다. 오늘날 홍콩은 뉴욕, 런던과 함께 세계 3대 와인 도시로 손꼽힌다.

자에게 얼마나 직접적으로 돌아가고 있느냐는 것입니다. 칠레와의 FTA가 발효된 이후에도 칠레의 인기 와인들은 환율 상승을 이유로 오히려 가격이 더 오르다가 언론에서 집중적으로 문제 삼자 그때서야 가격이 조금씩 내려갔던 기억이 납니다.

와인을 나름 저렴하게 사고 정보도 얻으려면 와인박람회나 호텔의 와인페어행사 그리고 유명 와인샵들에 회원등록 후 각종 세일행사와 시음회를 활용하시면 나름 수긍할 수 있는 가격에 와인을 구입할 수 있습니다. 물론 고급 와인들은 그래도 꽤 비싸겠지만.

주류에 대한 과세는 종가세(가격에 비례해 과세)와 종량세(양과 도수에 비례해 과세) 2가지 방법이 있습니다. 와인에 종량제를 적용하고 있는 일본에서는 편의점에서 싸게 살 수 있는 〈옐로우 테일〉 와인과 세계에서 가장 비싼 와인인 〈로마네 꽁띠〉 와인에 부과되는 세금이 같습니다. 현재 대부분의 나라들이 이처럼 종량세를 적용하고 있습니다. 하지만 우리나라는 국산 맥주의 가격경쟁력 제고를 위해 2020년부터 맥주와 탁주(막걸리)에 대해서만 종량세로 전환시켰고, 와인, 위스키 등 다른 주류에 대해서는 아직 종가세를 유지하고 있습니다. 주종별로 적용되는 주세율도 다른데, 탁주(막걸리)는 5%, 청주, 와인은 30%, 맥주, 소주, 위스키는 무려 72%입니다. 경제 재건이 한창이던 어려웠던 시절 고가 수입품의 과소비를 막기 위해 종가세를 적용해 왔다고는 하지만, 이제 술은 국민 건강에 안 좋아서 규제해야 하고, 와인은 사치품이라서 세금을 더 부과해야 한다는 시대착오적 제도는 바뀌어야 합니다. 세수(稅收) 감소에 대한 우려는 와인 구입가격이 떨어짐으로써 늘어나고 활성화될 소비시장이 충분히 불식시킬 수 있다고 봅니다.

OECD를 포함한 대부분의 국가들이 모두 허용하고 있는 와인의 온라인 판매 역시 우리는 그동안 청소년의 주류 구매를 막기 위해서라는 이유 등으로 막고 있다가 2020년 4월 온라인 결제까지만 허용된 상태입니다. 전통주와 국산 와인의 보호라는 측면도 매우 근시안적인 논리일 수밖에 없는 것이, 수입 와인이 비싸고 또 온라인 구매를 할 수 없어서 국산 와인을 구입하는 일은 거의 없기 때문입니다. 어차피 외국 와인은 직구로 결제와 배송까지 모두 가능한데 말입니다. 오히려 온라인 판매의 완전 허용에 따른 주류시장의 활성화와 다양화가 국내 주류산업을 투명하게 발전시킬 것으로 생각합니다.

와인에 대한 평가와 가격 등에 대한 정보를 얻을 수 있는 대표적인 사이트(앱)로 와인서처(Wine-Searcher)와 비비노(Vivino)가 있지만, 2020년에 우리나라에도 이에 버금갈 '와알못'이라는 사이트(앱)의 서비스가 시작되었습니다. 기존 앱들과 비슷하게 와인의 레이블을 촬영하면 해당 와인에 대한 기본 정보들이 제공되는 것 이외에도 차별화된 다양한 특징들이 있는데요, 첫째, 모든 정보가 한글로 제공됩니다. 정식 수입명칭으로 해당 와인의 이름을 제공해 기존 해외에서 만든 앱과는 달리 한글 정보로 검색할 수 있습니다. 둘째, 특정 와인의 판매처 정보를 제공하고 이를 편집할 수 있는 기능을 갖추고 있습니다.

이탈리아의 대형식음료마트 체인인 'EATALY' 밀라노점 내의 와인코너

셋째, 특정 상황에 맞는 와인 정보를 제공합니다. 예를 들어 '결혼기념일'이나 '승진' '족발' 등과 같은 검색어를 입력하면 가장 어울리는 와인을 추천해줍니다. 넷째, 와알못의 데이터베이스는 외부에서도 참조 가능한 형태로 구성되어 있어 온라인 와인샵을 위한 기초 데이터 뿐만 아니라 다양한 기술 기반을 제공합니다. 다섯째, 한국 와인을 비롯한 다양한 전통주 및 니혼슈(사케), 위스키 등 다양한 주류에 대한 정보를 제공한다는 점이 그 특징입니다. 따라서 이 '와알못(www.waalmot.com)'이 향후 계속 데이터를 축척해 나간다면 한국적 현실에 적합한 가장 탁월한 와인 정보 플랫폼이 될 것으로 기대가 매우 큽니다.

와인을 잘 알지 못하는 초보자라면, 일단 비싼 와인에 대한 욕심을 버리고, 저렴한 와인을 자주 마셔보면서 와인을 즐기는 것부터 시작하십시오. '데일리 와인(daily wine)'이라는 용어를 자주 들을 수 있는데요, 가격은 1~2만 원 정도로 저렴하면서 가성비가 좋아 부담 없이 매일 마실 수 있는 와인을 말합니다. 물론 1~2만 원대라 하더라도 반주(飯酒)로 소주 한잔 곁들이듯이 마시기엔 분명 부담스럽습니다. 더구나 우리가 2만 원에 사서 마시는 와인을 유럽이나 미국에서는 몇천 원에 살 수 있다고 생각하면 더욱 그렇습니다. 그래서 기왕이면 좀 더 저렴하면서도 가격대비 품질이 좋은 와인을 찾아보는 노력이 필요합니다. 포도품종이나 와인 맛을 잘 느끼고 구별하지 못하는 상태에서 아무리 값비싼 와인을 마셔봤자 "이 와인, 맛이 괜찮은데", "음~ 좋은데"라는 말밖에 더 나오겠습니까. 굳이 비싼 비용을 들여서 고급 와인을 마시는 의미가 없는 것이지요.

데일리 와인으로 적합한 와인들

① 독일 피터 메르테스사의 〈루씨아 스위트 화이트〉 Riesling : Muller-Thurgau : Silvaner 등. 17,000원선.
② 프랑스 남부 랑그독-루씨용 지방 애러건트 프로그(Arrogant Frog)사의 Chardonnay-Viognier 블렌딩 화이트 와인. 18,000원선.
③ 〈G7, 까베르네 쏘비뇽〉 G7은 칠레에서 7대를 이어오며(7th Generation) 와인양조를 하는 페드레갈 가문을 뜻하는 이니셜이며, 수입사인 신세계 L&B가 주문 생산하는 브랜드로, 이마트에서 최단기간 최단판매 및 누적판매량 1위 기록을 계속 갱신하고 있다. 6,900원선.
④ 〈L, 메를로〉 롯데마트의 L 시리즈 와인들은 이마트의 G7 와인들처럼, 수입사인 롯데와인이 칠레 싼따 리따사로부터 주문 생산하는 브랜드이다. 6,900원선.
⑤ 스페인 로페즈 메르씨에사의 〈돈 레옹〉 Tempranillo 100%. 살짝 스위트한 라이트바디 레드 와인. 16,000원선.
⑥ 칠레 〈아모르, 까베르네 쏘비뇽〉 CS 100%. 16,000원선.

와인을 배우고 싶은 초보자라면, 비싼 와인을 많이 마셔보는 게 중요한 게 아니라, 저렴한 와인을 한두 번 마시더라도 얼마나 관심과 열의를 가지고 배우려 노력하느냐가 중요합니다. 무조건 많이, 자주 마시는 것만으로는 와인 '실력'이 잘 늘지 않습니다.

와인을 배우려면 여가시간을 이용해 와인 책 한두 권 정도는 읽고, 기회가 되면 전문가 강의도 들어보면 좋겠습니다. 그리고 무엇보다 와인을 잘 아는 사람과 친하게 지내십시오. 함께 와인을 마시면서 설명을 듣고, 포도품종과 나라별, 산지별, 브랜드별로 맛의 차이도 느껴보십시오.

또 다른 종류의 와인을 비교시음하면서 그 차이를 구분해보는 것도 좋은 공부가 됩니다. 와인 동호회를 만들거나 가입해서 저렴한 회비로 다양한 와인을 마시면서 설명을 듣다 보면 조금씩 자신이 생길 것입니다. 기본적으로 비싼 와인의 품질이 더 좋은 건 당연하지만, 품질 좋은 와인이 대량 생산 혹은 대량 구매로 가격이 싸진 것도 있고, 반면에 비싼 와인 중에 마케팅의 목적으로 불필요하게 더 비싸진 것도 있습니다.

따라서 가격대비 품질이 뛰어나다고 알려진 와인을 찾아보고, 새로 발굴해보는 노력도 필요합니다.

세컨 와인

말 그대로 '두 번째 와인'이라는 뜻의 Second Wine(Second Label)은 일종의 '부산물'입니다. 최고급 와인을 생산하는 프랑스 보르도 지방의 유명 샤또들은 나름대로 엄격한 기준을 정해놓고 품질을 관리합니다. 그런데 보르도 지방은 기후가 그리 고르지 않기 때문에 매년의 작황, 즉 포도 수확과 품질 등에 차이가 생길 수 있습니다. 그러다 보니 유명 샤또들은 나름의 기준에 부합하지 못하는 품질의 포도가 생산되면 단순히 빈티지 차이로 여겨 무리하게 본래의 퍼스트 레이블 샤또 와인(Grand Vin, 그랑 뱅)을 만들지 않고, 한 단계 낮은 세컨 레이블 와인을 만들어 출시하는 것이 관례*가 된 것이죠.

* 평범한 빈티지의 경우 메인(main) 포도밭에서 생산된 포도의 상위 50~60%가 퍼스트 레이블 와인 생산에 사용되고 나머지는 세컨 와인에 사용된다. 빈티지(작황)가 좋지 않은 해에는 불과 30~40% 정도만 퍼스트 레이블 와인으로 사용되기도 하는데, 샤또(와이너리) 입장에서는 3~4배의 가격 차이로 인한 경제적 손실을 감수해야 하나 결국 그런 품질관리 노력이 그 샤또의 명성을 지켜주는 것이다. 매년 몇 퍼센트의 포도를 퍼스트 레이블 와인에 사용할지, 그 기준이 무엇인지는 해당 샤또의 고유 권한이자 비밀이다.

세컨 와인은 무조건 작황이 안 좋을 때만 만들어지는 것은 아닙니다. 그 샤또에서 새로 개척한 포도밭이나 수령이 어린(약 5~10년) 포도나무, 또 같은 밭이라도 좋은 구획이 아닌 후미진 곳에서 재배된 포도를 이용해서 세컨 와인을 만듭니다.

하지만 세컨 와인을 너무 평가 절하할 필요는 없습니다. 왜냐하면 세컨 와인의 대부분이 퍼스트 레이블 와인을 만드는 포도밭에서 나는 포도를 사용해 그 샤또의 고유 양조 기법으로 만들어지므로, 가격은 저렴하지만 품질 차이는 그리 크지 않기 때문입니다.

샤또 라뚜르의 세컨 와인
〈레 포르 드 라뚜르〉
CS 70% : Merlot 30%.
60~70만 원선.

또 세컨 와인 중에는 간혹 퍼스트 레이블 와인의 품질에 필적하는 와인이 나오는 경우도 있어, 가격이 비싸 보르도의 그랑 크뤼(Grand Cru)급 와인을 자주 마시지 못하는 와인 애호가들에게는 아주 매력적인 아이템입니다. 메독의 그랑 크뤼 1등급인 〈Château Latour(샤또 라뚜르)〉의 세컨 와인인 〈Les Forts de latour(레 포르 드 라뚜르)〉도 가장 뛰어난 품질의 세컨 와인 중 하나로 알려져 있는데, 가격도 60만 원 이상입니다. 〈Château Latour〉는 1970년대부터 〈Pauillac de Château Latour〉라는 이름의 써드 와인(Third Wine)◆도 생산하고 있습니다.

◆ 보르도의 유명 샤또들이 대부분 생산하고 있는 세컨 와인과는 달리, 써드 와인은 일부 샤또에서만 생산된다. 그랑 크뤼 1등급의 5대 샤또 중에서도 샤또 라뚜르만 생산해왔는데, 2011년 3월 샤또 마고에서도 써드 와인 론칭을 발표했다.

한 샤또에서 포도를 재배해서 와인을 직접 양조하는 보르도 지방과는 달리 주로 네고시앙(Négociant)이 소규모 포도밭의 포도를 사들여 와인을 양조하는 부르고뉴 지방에서는 퍼스트 레이블의 개념이 상대적으로 약하기 때문에 세컨 와인이 발달하지 않았습니다.

따라서 같은 프랑스 와인이라 하더라도 〈Château Margaux(샤또 마고)〉 〈Château Palmer(샤또 빨메)〉 〈Château Pontet-Canet(샤또 뽕떼 까네)〉 〈Château Gazin(샤또 가쟁)〉 〈Château Pavie(샤또 빠비)〉 등 퍼스트 레이블의 아이덴티티가 강한 보르도 지방의 샤또(와이너리)들이 주로 세컨 와인을 생산합니다.

깐느 국제 영화제의 공식와인으로도 잘 알려져 있고, 3만 원대에서 쉽게 접할 수 있는 〈Mouton Cadet(무똥 까데)*〉라는 와인이 있습니다. 이 와인은 그랑 크뤼 1등급 와인인 〈Château Mouton-Rothschild(샤또 무똥 로췰드)〉의 세컨 와인으로 잘못 알려져 있기도 하지만 사실은 그렇지 않습니다.

* 1928년 〈샤또 무똥 로췰드〉의 세컨 와인으로 처음 만들어진 와인은 〈Carruades de Mouton(까뤼아드 드 무똥)〉이었다. 하지만 첫 빈티지부터 3년간 계속 작황이 좋지 않자 더 이상 무똥 로췰드의 명성이 실추되지 않도록 1930년 〈Mouton Cadet(무똥 까데)〉로 이름을 바꿔서 대중적인 보급형 와인 브랜드로 생산을 했는데, 이것이 오히려 성공을 거두게 된다.
'Cadet(까데)'는 '막내'를 뜻하는데, 샤또 오너였던 바롱 필립 드 로췰드가 로췰드 가문의 막내여서다.
(52쪽 상단 와인 사진 참조)

현재 Mouton Rothschild의 세컨 와인은 〈Le Petit Mouton de Mouton-Rothschild(르 쁘띠 무똥 드 무똥 로췰드)〉로 가격은 60~70만 원대 이상입니다.

샤또 딸보의 세컨 와인
〈꼬네따블 딸보〉
CS 66~75%에 Merlot CF, PV가 블렌딩되는데 빈티지별로 차이가 있음.

가격이 나름 저렴한 세컨 와인도 있습니다. 예를 들어 2002년 월드컵 당시 한국이 8강에 진출한 날 히딩크 감독이 "오늘 밤엔 Château Talbot(샤또 딸보)를 마시며 쉬고 싶다"라고 해서 더 유명해진 보르도 메독 Grand Cru(그랑 크뤼) 4등급 와인인 〈Château Talbot〉는 평균가가 10만 원대 후반이지만, 세컨 와인인 〈Connétable Talbot(꼬네따블 딸보)〉는 7만 원대 전후로 마셔볼 수 있습니다.

'Wine'을 프랑스어로 'Vin(뱅)'이라고 하기 때문에 간혹 '세컨 뱅(Second Vin)'이라고도 부르기도 하는데 적합한 표현은 아닙니다. 영어식로 [세컨 와인]이라고 하든지 아니면 프랑스어 발음으로 [스공 뱅]이라 하는 게 정확한 표현입니다.

와인 오프너

코르크 스크루

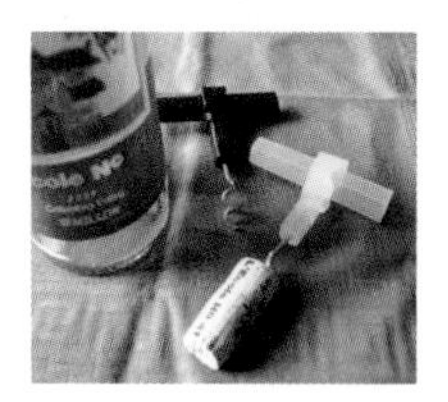

T자형 코르크 스크루(Corkscrew)가 가장 초보적인 형태입니다. 사용방법도 간단해서 스크루를 돌려서 넣은 다음, 그냥 힘으로 잡아 빼는 방식입니다. 힘도 좀 써야 하고, 와인을 흘릴 수도 있으며, 보기에도 별로 안 좋습니다. 또 코르크가 빠지면서 '뻑' 소리도 크게 나므로 점잖은 자리에서는 그다지 어울리지 않습니다.

소믈리에 나이프

Waiter's friend 또는 Waiter's Corkscrew라고 부르기도 하는 소믈리에 나이프(Sommelier knife)는 고급 레스토랑에서 대부분의 소믈리에(와인 웨이터)들이 사용하는 도구입니다. 먼저 뒤쪽의 작은 칼날을 빼서 알루미늄 호일을 벗겨 내고, 스크루를 돌려 넣습니다. 지렛대 부분을 사용해서 2단계(혹은 1단계)에 걸쳐 코르크를 뽑아내는데, 그 상태로 코르크를 끝까지 다 뽑아내지 말고 거의 다 올라왔으면 지렛대를 풀고 코르크를 손으로 돌려 빼면 소리도 나지 않고 우아하게 오픈할 수 있습니다. 사용법을 익히고 나면 가장 편리하고 폼도 나는 도구이지요.

   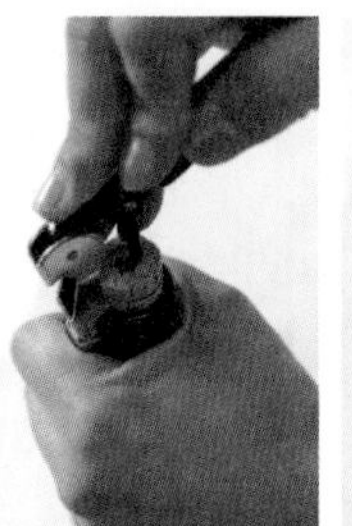 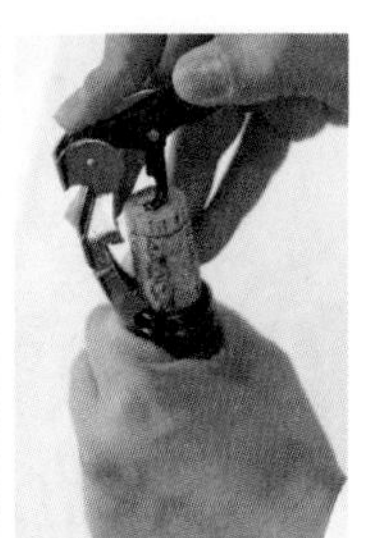

소믈리에 나이프로 와인 병을 따는 모습

윙 스크루

'버터플라이(Butterfly)'라고도 부릅니다. 스크루를 코르크에 찌르고 윗부분을 돌리면 스크루가 코르크를 파고 들어가면서 양쪽 날개가 올라오는데, 이것을 지렛대처럼 내려주면 코르크가 자연스럽게 올라옵니다. 초보자에게 가장 쉬운 오프너가 윙 스크루(Wing screw)입니다.

스크루 풀

윙 스크루와 비슷하게 생겼지만 방법은 조금 다릅니다. 나사(NASA)가 개발했다는 스크루 풀(Screw pull)은 한 방향으로 계속 돌리기만 하면 마개가 따지는 오프너입니다. 윗부분을 계속 돌리면 스크루가 코르크를 파고 들어갔다가 코르크를 빼면서 다시 올라옵니다. 단점은 가격이 다소 비싸고, 스크루 끝이 코르크를 관통하게 되므로 코르크 부스러기가 와인에 떨어질 수도 있습니다.

아소 / 아조

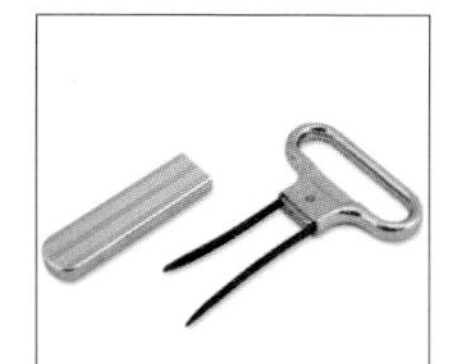

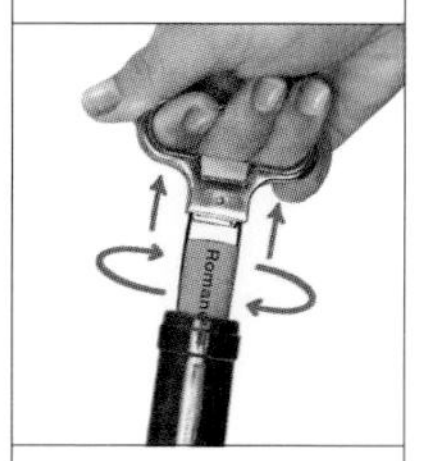

코르크가 부러졌을 때도
아소가 구원투수~

흔히 볼 수는 없지만, 오래되어 코르크 마개가 좀 푸석해진 와인을 오픈할 때 유용합니다. 생긴 모양을 설명하듯 'Two-pronged Corkscrew'라고 부르기도 합니다. 얼핏 보기엔 전혀 코르크 마개가 따질 것 같지 않지만, 길이가 다른 두 다리를 와인 병 입구와 코르크 틈새로 살살 흔들면서 집어넣으면 의외로 잘 들어갑니다. 충분히 집어넣은 다음, 좌우로 돌리면서 올리면 코르크가 쉽게 딸려 나옵니다. 'Ah-so(아소)'라는 이름은, 전혀 와인 오프너 같이 생기지 않은 도구로 와인을 너무 쉽게 오픈하니까 주위 사람들이 놀라서 "Ah! So that's how it works!(아! 그렇게 해서 마개가 뽑히는 거구나!)"라고 내뱉은 감탄사에서 비롯되었다고 합니다. 'Butler's friend'라고도 불리는데, butler(집사)가 코르크에 흠집을 내지 않고 몰래 주인의 와인을 맛보기에 딱 좋은 도구이기 때문이랍니다. 꽤 오래된 올드 빈티지 와인은 오픈 도중 코르크가 부서지는 경우가 있는데, 이때 필요한 것도 아소입니다.

래빗

정식 명칭은 래빗 코르크 스크루(Rabbit Corkscrew). 와인을 병째로 고정시켜서 따는 대형과 약식의 소형 2가지 형태가 있는데, 모양이 토끼 귀처럼 생겨서 이런 이름이 붙었습니다.

따다가 코르크가 부러져도 가루를 불어내고 다시 조심스럽게 스크루를 넣어서 따면 된다.

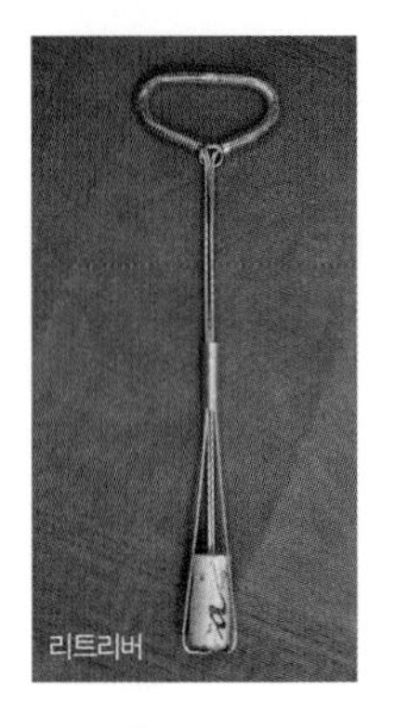

리트리버

앞에서 설명한 와인 오프너들로 와인을 폼 나게 따서 드신다면 더할 나위 없겠지만, 초보자라면 혹시 실패해서 코르크가 부러진다든지, 코르크가 병 안으로 들어간다든지 하는 경우가 생길 수도 있습니다.

혹시 오프너 사용이 미숙하거나 코르크 상태가 안 좋아 따는 도중에 코르크가 부러지면, 당황해서 쑥 밀어 넣지 말고 일단 코르크 조각이나 가루를 불어서 잘 털어내고 같은 방법으로 조심스레 다시 시도해봅니다. 그래도 잘 안 되면 코르크가 더 쪼개지기 전에 일단 병 안으로 밀어 넣으십시오. 그다음 '코르크 리트리버(Cork Retriever)'라는 도구를 사용하면 병 속에 들어간 코르크를 쉽게 빼낼 수 있습니다.

만약 코르크 리트리버가 준비되어 있지 않다면, 코르크가 병에 들어 있는 상태에서 와인을 디캔팅한다는 기분으로 다른 용기(디캔터 등)에 옮겨 담으면 됩니다. 따를 때 코르크 마개가 병 안에서 입구를 막게 되므로 젓가락으로 코르크를 밀어 넣으면서 따르되 와인에 코르크 조각이 떨어져 있다면, 커피 여과 필터나 가제 손수건을 통과시키면서 따릅니다.

주의할 점은, 따는 도중 코르크가 일부 쪼개지거나 오프너가 없어서 코르크를 병에 밀어 넣어야 하는 경우, 아주 조심스럽게 해야 한다는 것입니다. 코르크를 세게 밀어 넣으면 공기가 압축되면서 병에 든 와인이 펑 소리와 함께 흩어져 나와 주변을 온통 와인 범벅으로 만들 수 있습니다.

와인 잔

와인 잔은 생산 지역이나 와인 타입에 따라 여러 가지 종류가 있지만, 기본 형태는 같으며 하단의 그림과 같이 네 부분으로 구분됩니다. 입술이 닿는 맨 윗부분은 '립(Lip)' 또는 '림(Rim)', 가운데 볼록한 부분은 '보울(Bowl)', 잔을 잡는 잔대 부분은 '스템(Stem)', 잔 받침 부분은 '베이스(Base)'라고 합니다.

와인 잔 모양은 다양하지만 어느 잔이든 대체로 아래쪽은 넓고 위로 갈수록 좁아지는 형태인데 이것은 와인의 향을 모아두기 위함입니다. 그런 의미에서 보면 같은 모양이라도 크기가 작은 잔보다는 큰 잔이 와인 향을 즐기기에 더 적합하다고 할 수 있겠지요.

부르고뉴 스타일 레드 와인 잔은 보르도 스타일 잔에 비해 보울 부분이 더 넓기 때문에 은은한 향을 많이 퍼지게 했다가 모아주는 효과가 있습니다. 따라서 아주 섬세하면서도 우아한 향을 자랑하는 부르고뉴 지방의 Pinot Noir(삐노 누아) 품종 레드 와인을 즐기기에 적합합니다. 이에 비해 보르도 스타일의 잔은 상대적으로 짙은 향이 강하게

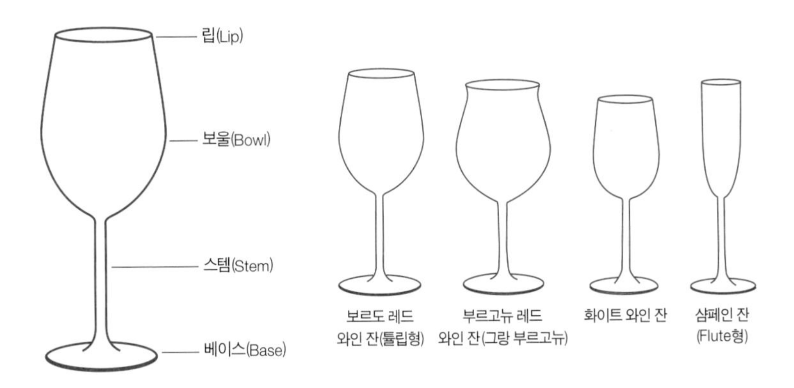

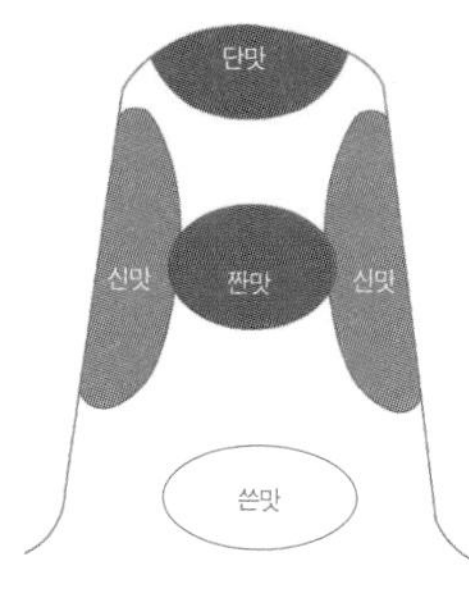

혀가 맛을 느끼는 위치 (혀 지도)

올라오는 것을 잘 받아낼 수 있는 모양입니다.

그리 신빙성있는 이론은 아니지만, 우리 혀의 앞쪽은 단맛을 많이 느끼고, 양옆은 신맛을, 가장 안쪽은 쓴맛을 느낀다고 합니다. 잔의 모양(립 부분의 각도)에 따라 와인이 혀에 떨어지는 부분도 달라지게 되는데, 와인의 타입에 따라 이러한 부분까지 고려해 잔의 형태를 고안한 것입니다. 예를 들어 화이트 와인 잔은 볼록하지 않고 보울에서 립 부분까지 각도가 완만하고 밋밋한 편인데요, 이런 구조는 와인을 혀 앞쪽에 떨어지게 하여 화이트 와인의 신맛이 너무 강조되지 않도록 한 것입니다. 또 화이트 와인 잔이 레드 와인 잔보다 작은 이유는 차게 마셔야 제맛이 나는 화이트 와인의 온도가 너무 빨리 올라가지 않도록 하기 위함입니다.

'Flute(플루트)'라고 부르는 샴페인 잔이 폭이 좁고 긴 이유는, 찬 온도를 유지하면서 섬세한 기포가 뽀글뽀글 올라오는 것을 오랫동안 감상하기 위해서입니다. 샴페인 잔이 일반 와인 잔처럼 넓으면 기포가 너무 빨리 없어져 버리겠지요.

국제표준협회(ISO)에서는 1974년 모든 와인에 공통으로 사용할 수 있는 국제표준규격의 와인 잔을 만들었는데, 이것을 'ISO 표준 와인 테이스팅 잔'*이라고 합니다. 스템(손잡이)의 길이는 5cm, 보울(몸통)의 둘레는 10cm(지름 약 6.5cm)를 표준으로 하고 있습니다.

* ISO 표준 잔은 일반 잔에 비해 크기가 작다. 그래서 일반 잔에 와인을 1/3가량 채우면 그 양이 80~100cc인데, ISO 표준 잔의 1/3 정도면 50cc(1.5온스) 정도이다.

와인 잔의 잔대가 긴 이유는 손의 열기가 와인에 전해지는 것을 방지하기 위함입니다. 꼬냑 같은 브랜디류는 일부러 손의 온도를 브랜디에 잘 전달하기 위해 잔을 감싸 쥐듯 잡습니다. 그래서 브랜디 잔은 보울 부분이 넓고 잔대가 아주 짧지만 와인 잔은 그 반대인 셈입니다.

Brandy Glass

와인 잔은 색이나 무늬가 없이 깨끗해야 와인 빛깔과 투명도를 확인하면서 와인을 즐길 수 있습니다. 와인 잔은 보통 유리 잔이지만 산화납(PbO)을 함유한 고급 크리스털 잔도 많이 볼 수 있습니다. 납 성분을 넣는 이유는 일반 유리 잔보다 더 맑고 광택이 나며 두께가 얇으면서도 강도가 세기 때문입니다. 최근에는 납에 대한 환경 규제 때문에 티타늄, 바륨, 아연 등을 크리스털 잔에 많이 사용합니다. 가격이 비싼 고급 크리스털 잔은 강도가 높다고는 하나 얇기 때문에 부주의로 깨질 우려가 있으므로 주의해야 합니다.

또 와인 매니아가 아니라면 일반 가정에서 여러 형태의 와인 잔을 종류별로 다 구비하기는 쉽지 않습니다. 와인 초보자라면 일단 한 종류의 잔을 사되, 되도록이면 큰 잔을 사도록 하십시오. 그래야 다용도로 쓰기에 좋습니다.

와인 잔은 가급적 증기로 세척하는 것이 좋습니다. 손으로 세척하는 것보다 깨질 우려도 적고 깨끗하고 투명하게 세척되기 때문입니다.

보르도 잔이나 부르고뉴 잔과 살짝 차별화된 론(Rhône) 와인 잔

© 제시카 선미

반찬이 많이 놓여 있는 한국식 식탁에서는 다리(잔대) 없는 와인 잔(stemless glass)이 딱이다.

특히 크리스털 잔일수록 일반 세제를 묻혀 손으로 닦지 않는 것이 좋습니다. 크리스털 잔은 유달리 냄새가 잘 배기 때문에 세제 냄새가 남을 수도 있습니다. 만약 증기 세척기가 없다면 뜨거운 물로 헹구듯이 닦도록 합니다.

세계에서 가장 유명한 와인 잔은 오스트리아의 Riedel(리델)사에서 만들고 있습니다. 독일의 Spiegelau(슈피겔라우)사 역시 탁월한 품질을 인정받으며 세계적인 명성을 얻고 있었는데, 리델에서 슈피겔라우를 인수함으로써 세계 고급 와인 잔 시장을 석권하고 있습니다. 그 외에 티타늄을 사용한 무연 크리스털 잔으로 유명한 독일의 Zieher(지허), Schott Zwiesel(쇼트 쯔비젤)사 제품들도 시중에서 많이 볼 수 있습니다. Schott Zwiesel(쇼트 쯔비젤) 잔은 상대적으로 가격이 저렴하면서도 건배할 때 나는 맑고 깨끗한 소리와 여운이 일품입니다.

또 오스트리아의 Zalto(잘토), Lobmeyr(로브마이어), Gabriel(가브리엘), Sophienwald(소피앤왈드), 프랑스의 Baccarat(바카라), Lehmann(레만), Mikasa(미카사), 이탈리아의 RCR(Royal Crystal Rack), Zafferano(자페라노), Italesse(이탈레쎄), 아일랜드의 Waterford Crystal(워터포드 크리스털), 체코의 Rona(로나) 등도 유명한 와인 잔 브랜드들입니다.

아주 가볍고 세련된 Zalto(잘토) 와인 글래스

피크닉 등 야외에서 와인을 즐길 수 있도록 플라스틱으로 만든 '위글(wigle) 잔'이라는 것도 있습니다.

위글 잔

와인 병

병 모양

와인 병은 원통형 모양에 어깨 부분에 각이 져 있는 프랑스 보르도 형이 가장 보편적인 형태입니다. 이에 비해 부르고뉴형은 어깨 부분이 완만하게 되어 있습니다. 샴페인을 담는 프랑스 샹빠뉴형 와인 병은(144쪽 상단 사진 참조) 병 안의 압력을 견디기 위해 두께가 두껍고 더 안정적인 모양새를 하고 있습니다.

보르도 병과 잔 부르고뉴 병과 잔

이탈리아 와인 병은 어깨 부분에 각이 있는 보르도형이 대부분이지만, 프랑스 것보다 병목 길이가 최소 1cm 이상 길어서 더 늘씬하게 보입니다.

독일의 화이트 와인을 담는 저먼 플루트(German flute)형은 전체적인 모양은 어깨 부분이 완만한 부르고뉴식이지만, 더 길고 날씬한 것이 특징인데, 독일의 영향을 많이 받고 있는 프랑스 알자스 지방의 와인 병도 역시 같은 모양입니다. 그 외에 아이스와인(Ice Wine)을 담는 병은 아주 얇고 긴 형태이며 일반 와인 병 용량의 반 사이즈인 375mℓ가 대부분입니다. > 144쪽 상단 사진 참조

보르도 지방의 와인 병 모양이 어깨 부분◆에 각이

◆ 미국에서는 보르도 와인 병을 각진 어깨를 가진 유명 여배우 잉그리드 버그만에, 부르고뉴 와인 병을 풍만한 몸매의 마릴린 먼로에 비유하기도 한다.

① 부르고뉴 ② 보르도 ③ 이탈리아 ④ 알자스/모젤 (저먼 플루트형) ⑤ 아이스 와인 ⑥ 샴페인

져 있는 것은 와인을 따를 때 침전물이 어깨 부분에서 걸러지게 하기 위함인데, 타닌이 많고 진한 포도품종인 Cabernet Sauvignon(까베르네 쏘비뇽)을 많이 사용하여, 명품 레드 와인들을 생산하는 보르도 지방(특히 메독)으로서는 당연한 선택이었을 것입니다. 이에 비해 부르고뉴 지방은 타닌이 적고 섬세한 Pinot Noir(삐노 누아) 단일 품종으로 레드 와인을 만들기 때문에 침전물이 거의 생기지 않아 굳이 병에 어깨 부분을 만들 필요가 없었던 것이죠.

보르도, 부르고뉴 외에 프랑스 3대 와인산지인 론 지방의 경우, 북부는 타닌 성분이 많은 Syrah(씨라) 품종이 주를 이루고, 남부는 상대적으로 타닌이 적고 감미로운 Grenache(그르나슈)를 주품종으로 블렌딩 와인을 만들므로 성격이 다소 다릅니다. 그러나 지리적으로 부르고뉴 지방과 가까워서 그런지 병 스타일은 어깨가 없는 부르고뉴형이 일반적입니다.

이렇듯 와인 병의 형태는 그 지역 와인의 성격을 반영하고 있는데,

이러한 전형적인 병 모양은 미국, 호주, 칠레 등 신세계 와인 생산국에서도 그대로 적용되고 있습니다. 예를 들어 보르도의 대표적인 품종인 Cabernet Sauvignon, Merlot(메를로) 등을 사용한 와인은 보르도형 병을 사용하고, 부르고뉴의 대표품종인 Pinot Noir(삐노 누아)나 Chardonnay(샤르도네)를 사용한 와인은 어깨가 없는 부르고뉴형 병을 주로 사용합니다.

호주는 Shiraz(쉬라즈)* 품종 레드 와인이 가장 유명한데, 이 품종 역시 묵직한 스타일이라 대개 어깨가 있는 보르도형 와인 병을 많이 사용합니다. 하지만 칠레에서 Shiraz와 같은 품종인 Syrah를 주품종으로 만든 와인 병들은 대부분 어깨가 없는 부르고뉴형이라서 보르도형 병에 담긴 Cabernet Sauvignon(까베르네 쏘비뇽)

* 호주에서는 Syrah(씨라) 품종을 'Shiraz(쉬라즈)'라고 부른다.

와인은 그 종류와 맛이 워낙 다양하기에, 와인에 대해 알면 알수록 즐겁고, 또 알고 마셔야 더 맛있는 (예)술이다. 메소포타미아 문명인 바빌로니아의 함무라비법전에는 "와인의 양을 속여서 파는 사람은 익사시킨다"는 법조항이 있었다.

미국과 칠레의 플랜지형 와인 병

품종 등의 와인과 쉽게 구분됩니다.

그 외에 미국 캘리포니아, 호주 등지의 와인 병 모양 중에는 특이한 형태가 있습니다. 병 입구가 마치 수도관 이음새 모양처럼 생긴 '플랜지(flange)형' 와인 병입니다. 이러한 Flange-Top 스타일의 와인 병은 미국 로버트 몬다비(Robert Mondavi) 와이너리에서 처음 만들었는데, 와인을 따를 때 마지막에 굳이 병을 비틀면서 따르지 않아도 와인이 흐르지 않도록 고안한 것입니다.

병 색깔

와인 병의 색깔은 일반적으로 레드 와인의 경우 녹색이나 갈색입니다. 자외선을 차단하기 위함이죠. 화이트 와인은 대체로 투명한 병이 많은데, 와인의 빛깔을 잘 보이게 하기 위해서입니다.

프랑스 보르도 지방의 레드 와인 병은 진한 녹색이고, 화이트 와인 중 드라이한 맛은 연한 녹색, 스위트한 맛은 투명한 색이 원칙입니다. 부르고뉴 지방은 레드, 화이트 모두 녹색이 많습니다.

독일 와인 병들

독일 와인의 경우, 레이블이 워낙 복잡하다 보니 문맹자들이 많았던 시절에 와인 병의 색깔로 대략적이나마 그 와인의 스타일과 맛을 짐작하고 살 수 있도록 대표 산지별로 'Mosel(모젤)은 녹색, Rhein(라인)은 갈색,

Nahe(나에)는 푸른색'이라는 원칙을 만들기도 했었지만, 지금은 거의 유명무실해졌습니다.

병 크기

와인 병은 용량 750mℓ짜리를 표준 사이즈로 하고 있으며, 그 1/2 크기인 하프 바틀(half bottle, 375mℓ)와 1/4 크기인 피콜로(picolo, 187mℓ), 2배 크기인 매그넘(magnum,1.5ℓ), 4배 크기인 더블 매그넘(double magnum, 3ℓ) 등이 있습니다. 참고로 소주병 용량은 360mℓ입니다.

각기 다른 모양, 사이즈, 다양한 디자인의 레이블을 살펴보는 것도 와인이 주는 큰 즐거움이다.

아래 표에서 보듯이 용량이 큰 와인 병 이름에는 주로 성경에 나오는 이스라엘과 바빌론 왕들의 이름이 붙여졌습니다.

참고로 병 사이즈가 크면 클수록 장기보관에 유리하고 맛이 더 좋

보르도(Bordeaux)의 와인 병 크기에 따른 명칭

1.5리터 (2병)	2.25리터 (3병)	3리터 (4병)	4.5리터 (6병)	6리터 (8병)
매그넘 Magnum	마리-잔느 Mari-Jeanne	더블 매그넘 Double Magnum	여로보암 Jeroboam	임페리얼 Imperial

샹빠뉴(Champagne)의 와인 병 크기에 따른 명칭

187mL (1/4병)	1.5리터 (2병)	3리터 (4병)	4.5리터 (6병)	6리터 (8병)
스플릿 Split	매그넘 Magnum	여로보암 Jeroboam	르호보암 Rehoboam	므두셀라 Methuselah

9리터 (12병)	12리터 (16병)	15리터 (20병)	20리터 (28병)	27리터 (36병)
살마나자르 Salmanazar	발타자르 Balthazar	네부카드네자르 Nebuchadnezzar	솔로몬 Solomon	프리마 Prima

은데, 안정감이 있고 산소와의 접촉 면적이 적기 때문입니다. 전문가들은 매그넘 사이즈 정도가 딱 좋은 용량이라고 합니다.

병 무게

가방이 무겁다고 공부 잘하는 건 아니지만 와인은 병이 무거울수록 품질도 뛰어난 편입니다. 즉 값비싼 고급 와인일수록 와인 병이 무겁습니다. 이것은 세계적인 추세로, 고급 와인 병은 그만큼 중후한 느낌을 주기 위해 병의 무게를 일부러 무겁게 만든다고 합니다. 물론 안정성 등 보관상의 문제도 고려한 것이겠지요.

예를 들어 750mℓ 용량의 저렴한 화이트 와인의 빈 병이 400g 정도라면, 명품 레드 와인의 빈 병은 900g 이상 나갑니다.

Reserve의 의미

Reserve(리저브) 표시된 미국 와인과
Reserva(레쎄르바)가 표시된 스페인 와인(오른쪽)

와인 병 레이블에서 자주 볼 수 있는 단어 중에 'Reserve'가 있습니다. 각 나라별로 철자가 한두 개씩 다를 수는 있지만, '보관하다, 보존하다'라는 사전적 의미에서도 알 수 있듯 좀 더 숙성시킨 와인이란 의미는 대체로 비슷합니다.

그러나 나라별로 약간의 차이가 있기도 합니다. 이탈리아와 스페인에서는 이 용어가 '일정 기간 이상 오래 숙성시킨 와인'이라는 공식적인 규정인데 비해, 나머지 나라들은 공식 규정이 아닌 각 와이너리별 자체 기준◆이라고 봐야 합니다.

◆ 미국만 해도 로버트 몬다비사의 〈나파 밸리 리저브, 까베르네 쏘비뇽〉이나 베린저사의 〈프라이빗 리저브, 까베르네 쏘비뇽〉 와인의 경우 100달러가 넘는(한국에선 30만 원, 28만 원선) 고급 와인이지만, 대중적인 와인을 많이 생산하는 켄달 잭슨사의 '빈트너스 리저브' 시리즈나 '그랜드(그랑) 리저브 시리즈' 와인들은 18달러와 25달러 선에서 출시되는(한국에선 35,000원, 10만 원선) 중저가 와인들이다. 물론 숙성기간도 그만큼 차이가 난다.

와인생산국별 Reserve의 의미

국가	표기	의미
이탈리아	Riserva (리제르바)	이탈리아와 스페인은 이에 대한 법적 기준이 정해져 있으므로, 와인 레이블에서 이런 용어들을 찾으면 더 신뢰할 수 있다. 물론 산지별, 와인 종류별로 그 기준은 다를 수 있다. 〈Chianti Classic Riserva〉는 2년 이상 숙성, 〈Montalcino Riserva〉는 5년 이상, 〈Barolo Riserva〉는 62개월 이상 숙성되었음을 의미한다. > 401쪽 하단 표, 403쪽 중하단 표, 423쪽 상단 표 참조
스페인	Reserva (레쎄르바)	Reserva는 3년(오크통 12개월 포함) 이상 숙성, Gran Reserva는 5년(오크통 18개월 포함) 이상 숙성되었다는 법적인 의미를 갖는다. > 594쪽 하단 표 참조
칠레	Reserva (레쎄르바)	오랫동안 스페인의 통치를 받았던 관계로 스페인과 유사한 형태로 숙성기간을 표기에 관한 기준을 가지고 있다. Reserva Especial(레쎄르바 에스뻬씨알)은 2년 이상 숙성, Reserva(레쎄르바)는 4년 이상 숙성되었음을 의미하지만 마케팅 측면이 강하다.
프랑스	Réserve (레제르브)	공식적인 규정이 아닌 비공식 용어로, AOP급 이하의 저가 와인들이 마케팅 전략으로 사용하는 경우가 많다. 따라서 프랑스 와인 레이블에서 Réserve나 Reserve를 발견하면 그리 반가워할 일은 아닌 듯.
영어권 (미국, 호주 등)	Reserve (리저브)	법률적인 규정은 아니며, 품질이 뛰어난 'Special' 와인이라는 의미가 강하다. 근래에는 비슷한 의미로 'Classic'이란 용어를 사용하기도 한다. 이탈리아나 스페인과는 달리 'Reserve'라고 해서 반드시 '숙성이 더 오래되었다'는 뜻은 아니다. 물론 일반 와인보다 좀 더 오래 숙성시킨 와인이라는 의미도 당연히 있긴 하지만, 그 기준은 와이너리(생산회사)별로 각기 다르다. 나파 밸리의 유명 와이너리 중엔 '특정 포도밭의 좋은 포도로 빚은 퀄리티 와인'에 'Reserve'를 표기하는 곳이 있지만, 일부 와이너리에서는 별다른 기준 없이 일반급 와인에도 사용하곤 한다. > 포르투갈은 625쪽 하단 참조
아르헨티나 · 포르투갈	Reserva (레쎄르바) Reservado (레쎄르바도)	

호주의 와인 브랜드 마케팅

호주의 와인 명가 펜폴즈사의 〈BIN 407〉
Cabernet Sauvignon 100%

와인을 어느 정도 마셔본 분이라면 호주 와인 중에 숫자를 와인 이름(Brand)에 같이 표기한 것을 본 적이 있을 겁니다. 이것은 와인 이름을 고객이 쉽게 기억하도록 하기 위한 일종의 숫자마케팅입니다. > 523~524쪽 참조

호주 Penfolds(펜폴즈)사의〈Bin 707〉〈Bin 407〉〈Bin 389〉〈Bin138〉나 Wyndham(윈담)사의 〈Bin 555〉〈Bin 888〉 그리고 Lindemans(린드만)사의 〈Bin 65〉〈Bin 50〉〈Bin 45〉 등이 그러한 예입니다. 그 외에 호주 Tyrrell(티렐)사도 와인 이름에 숫자를 사용하는데, 이 회사는 Bin 시리즈가 아니고, 〈Vat 1〉〈Vat 9〉〈Vat 47〉과 같이 Vat이라는 용어를 씁니다.

그렇다면 Bin이나 Vat은 도대체 무슨 뜻일까요?

단순히 '오크통(Oak Barrel, 오크 배럴)'이라고 알고 있는 분들도 있을텐데 정확한 의미는 다음과 같습니다.

- Barrel : 나무 오크통 (= Cask)
- Vat : (대형)스테인리스 스틸 탱크
- Bin : 와인 저장용 탱크, 와인을 숙성시키는 저장고

이런 이름을 가진 와인들로는, 호주의 대표 와이너리인 펜폴즈사가 자랑하는 수퍼 프리미엄급 CS(까베르네 쏘비뇽) 와인인 〈Bin 707〉와 CS, Shiraz 블렌딩 와인인 〈Bin 389〉, 윈담사에서 Shiraz(쉬라즈) 와

인으로 수많은 와인경연대회에서 800여 회 이상 수상 경력을 가진 〈Bin 555, Shiraz〉, 북미 수입 Chardonnay(샤르도네) 와인 판매 1위를 차지하고 있는 린드만사의 〈Bin 65〉, 그리고 역시 화려한 국제대회 수상경력을 자랑하는 티렐사의 Chardonnay 와인 〈Vat 47〉 등이 있습니다.

오크통과 스테인리스통

와인 생산시설이 현대화 · 대형화되면서 오크통보다는 스테인리스 스틸 탱크에서 와인을 발효, 숙성시키는 경우가 많아졌습니다. 특히 발효 과정의 경우 일부 고급 레드 와인을 제외하고는 대부분(80% 이상) 스테인리스 스틸 탱크를 사용한다고 봐야 합니다. 또 드물긴 해도 급격한 온도 변화가 없다는 장점 때문에 콘크리트 발효 탱크를 사용하는 곳도 아직 있는데, 대표적으로 보르도 뽀므롤 지역의 명품 부띠끄 샤또인 샤또 뻬트뤼스가 그러합니다. > 35쪽 상단 사진 참조

발효 과정에서는 스테인리스 스틸 탱크의 사용비율이 훨씬 높지만, 숙성 과정에서는 아직 상대적으로 오크통* 의 비중이 높은 편입니다. 특히 레드 와인의 경우, 대량으로 생산되는 저가 레드 와인은 스테인리스 스틸 탱크에서 짧은 기간 숙성을 거쳐 출하되지만, 중가 이상 되는 레드 와인들은 새 프렌치 오크통이 아닌 몇

* Oak Cast(오크 캐스트) 크기
  - Barrique(바리끄) : 보르도 225리터 (200~250리터)
  - Pièces(삐에스) : 부르고뉴 228리터 (214~228리터)
  - Hogshead(호그스헤드) : 영국 250리터
  - Puncheon(펀천) : 호주 320리터
  - Pipe(파이프) : 포르투갈 522.5리터
  - Butt(버트) : 스페인(셰리) 500리터
  - Gorda(고르다) : 600~700리터
  - Tun/Tonne(턴) : 982리터 대용량 오크통

번 쓰던 오크통에서라도 일정 기간 숙성시키는 경우가 많습니다.

화이트 와인의 경우는 가격을 떠나 대부분 스테인리스 스틸 탱크에서 발효와 숙성을 시킵니다. 대신 고급 스위트 화이트 와인이나 샤르도네 품종 등 일부 오크 숙성이 가능한 품종으로 만든 화이트 와인은 짧게라도 오크통 숙성을 거치기도 합니다.

일부 고급 레드 와인은 작은 오크통에서 발효를 시키고, 같은 통에서 숙성 과정까지 그대로 이어가기도 합니다. 이 경우 효모찌꺼기(lees)를 제거하지 않음으로써 효모의 향미가 와인에 배게 하는데, 최근에는 이 방법이 고급 레드 와인 양조의 트렌드처럼 늘고 있습니다.

이에 비해 대형 스테인리스 스틸 탱크는 많은 양을 한 번에 발효·숙성·저장시킬 수 있어 시간과 비용이 절약되고, 온도조절장치를 통해 와인의 품질 관리에도 큰 이점을 가지고 있습니다. 또 위생적으로 포도 품종별 본연의 향과 맛을 잘 보존할 수 있다는 장점도 있습니다.

하지만 와인의 향과 맛을 말할 때 오크통에서 배어나오는 오묘하고 복합적인 향과 무게감은 뿌리칠 수 없는 매력입니다. 레드 와인에서 느껴지는 타닌 풍미와 나무, 바닐라, 토스트, 훈제, 커피, 시가 등의

각 와이너리는 발효와 숙성에 스테인리스 스틸 탱크와 오크통을 선택적으로 사용한다. 샤또 라뚜르의 스테인리스 스틸 발효통(왼쪽)과 미국 오퍼스원 와이너리 지하저장고의 새 프렌치 오크통들(오른쪽)

복합적인 부케◆는 오크통 숙성을 통해 더해지는 것입니다.

◆ 부케(bouquet)란 포도품종 고유의 자연향인 아로마(aroma) 외에 와인의 발효와 숙성 과정에서 2차적으로 만들어지는 인위적인 숙성향이다. 실제로 아로마는 주로 오래 숙성되지 않은 영 와인(young wine)에서 더 느껴진다. '포도로 만든 술(와인)에서 사과, 복숭아, 배, 자두, 딸기, 열대과일 등의 아로마와 바닐라, 초콜릿, 커피, 스모키, 가죽, 담배, 스파이스, 페퍼, 견과류의 부케가 느껴진다는 게 참 신기하다.

대형 스테인리스 스틸 탱크에서 짧게 숙성시키되, 오크통을 만드는 참나무 토막(오크칩), 오크파우더, 오크에센스(농축액) 등을 집어넣는 방법도 사용됩니다. 보통 저렴한 레드 와인들이 비용 절감을 위해 이런 방법으로 만들어집니다. 2006년부터는 프랑스를 비롯한 구세계 생산국들에도 이런 오크칩 등의 사용이 합법화되었으나, 프랑스의 AOP(AOC) 와인들에는 아직 이를 금하고 있습니다.

오크통의 종류

값싼 와인의 경우 일정 기간의 숙성과정을 거치지 않고 단기간 내에 병입(bottling)을 해서 판매하기도 하나, 보통은 스테인리스 스틸 탱크나 오크통에서 6~12개월 정도의 숙성과정을 거칩니다. 고급 레드 와인은 18~24개월 혹은 그 이상 오크통 숙성을 합니다.

오크통을 만드는 참나무들은 가는 다공질 조직으로 되어 있어 와인을 저장할 경우, 와인에 녹아 있는 탄산가스는 아주 조금씩 빠져나가고 외부의 공기가 미세하게 스며들면서 와인의 맛을 향상시킵니다. 오크통 숙성을 통해 와인은 바닐라, 토스트, 삼나무(cedar), 정향(clove), 커피 등 복합적인 향과 추가적인 타닌◆을 얻습니다. 오크통을 만들 때 안쪽 면을 알맞게 불에 그슬리는◆ 것이 제조

◆ 오크통으로부터 얻어지는 타닌은 가수분해형 타닌으로 포도의 씨와 껍질에 함유된 축합형 타닌에 비해 떫은 맛은 강하지만 우리 몸에 이로운 생물학적 작용은 덜 하다.

◆ 오크통 Toast Level
- lightly charred : 살짝 그슬린
- medium toasted : 보통 수준
- darkly toasted : 많이 그슬린

노하우이자 기술인데, 그 효과로 그윽한 오크향이 와인에 배어드는 것입니다.

오크통은 대표적으로 프렌치 오크통(French oak barrel)과 아메리칸 오크통(American oak barrel)◆이 있습니다. 프렌치 오크통은 타닌 등의 폴리페놀 함량은 2배가량 많지만, 조직의 밀도가 치밀해 오크 향미를 서서히 내뿜음으로써 와인 고유의 섬세한 아로마를 지켜주며 복합적인 오크 풍미와 구조감을 천천히 만들어주는 데 비해, 빨리 자라 나무결이 넓은 아메리칸 오크통은 톱질 과정에서 발산된 바닐린과 락톤계 아로마 성분이 많아 바닐라와 코코넛 향을 단기간에 배게 합니다.

◆ 대부분의 고급 와인들은 작은(225리터) 프렌치 오크통을 사용하지만, 호주는 아메리칸 오크통을 선호하는 편이며, 스페인은 더욱 그러하다. 또 칠레의 까르메네르 품종 와인도 미국산을 많이 사용한다. 프렌치 오크통을 만드는 참나무는 주로 퀘르쿠스 세실리스 종이며, 아메리칸 오크통은 퀘르쿠스 알바 종이다. 아메리칸 오크통은 주로 미네소타, 위스콘신, 펜실베니아, 오하이오, 켄터키 주 등에서 자란 참나무를 사용한다.

나무의 재질 외에 두 가지 오크통의 또 다른 차이점은, 목재 준비과정과 오크통 제작과정에도 있습니다. 프렌치 오크통에 쓰이는 목재는 2~3년 정도 옥외에서 건조시키지만, 아메리칸 오크통에 쓰이는

© 김민경 기자

이탈리아 브라이다(Braida)사의 숙성용 오크

"Quiet, Please. Wine sleeping"

나무는 6~8개월 정도 가열 건조시킵니다. 또한 프렌치 오크통은 나무를 결 방향으로 도끼질을 해서 통널용 나무(staves)를 만들므로 폐기물이 75%나 되지만, 나이테 간격이 넓은 아메리칸 오크통은 결 방향과 상관없이 톱질해서 만들기 때문에 폐기물이 25%밖에 되지 않는데, 이것이 가격에도 적지 않은 영향을 미칩니다.

예전에는 아메리칸 오크통의 품질이 상대적으로 떨어지는 이유가 단지 목재 자체에만 있다고 여겼으나, 많은 사람들이 아메리칸 오크통을 만드는 나무로 전통적인 프렌치 오크통 제조공정을 시도해본 결과, 품질이 월등하게 향상되었다 합니다.

아무튼 이런 이유들로 프렌치 오크통이 아메리칸 오크통보다 30~50% 더 비쌉니다. 그래서 고급 와인의 설명에, 새◆ 프렌치 오크통에서 몇 개월 동안 발효 및 숙성시켰는지를 자랑스레 적어놓는 것입니다. 세계 최고의 오크통◆은 프랑스 중부의 트롱쎄(Troncais), 알리에(Allier)와 느베르(Nevers), 보쥬(Vosges), 리무쟁(Limousin) 지역에서 생산됩니다.

◆ 오크통은 통산 3번(3년) 사용한다. 부르고뉴 지방 루이 자도사의 경우, 와인의 1/3은 새 오크통에서, 또 다른 1/3은 1년 된 오크통에서, 나머지 1/3은 2년 사용한 오크통에서 발효시킨다. 그리고 좀 떨어지는 빈티지의 와인은 새 오크통의 풍미와 기운에 압도될 수도 있기 때문에, 좋은 빈티지일수록 새 오크통을 더 많이 사용한다.

◆ 오크통 가격 오크통은 수령 100~200년 된 나무로 만드는데, 2011년 기준, 프렌치 오크통은 평균 900~최대 1,200달러, 아메리칸 오크통은 400달러, 슬로베니아, 헝가리, 러시아 등 동유럽산은 600~700달러 수준이다. 중간 규모 와이너리라 하더라도 오크통 구입에 쓰는 비용이 연간 수백만 달러이다. 특급 와이너리의 최고급 와인에는 100% 새 프렌치 오크통을 딱 한 번 쓰고 교체하는데, 보통의 경우 대여섯 번 (4~6년) 정도 사용한다고 보면 된다. 프랑스에 오크통용 참나무가 많은 이유는 루이 14세 때 영국과 스페인에 비해 열세였던 전함 건조를 위해 대량으로 나무를 심었던 덕분인데, 현재 그 나무들은 오크통 제조에 사용되고 있다.

포도나무 한 그루로 몇 병의 와인을 만드나

포도나무는 심은 지 최소 5년은 되어야 양조용으로 적합한 포도가 생산되는데, 첫 수확한 포도는 품질이 떨어지므로 퀄리티 와인에는 사용하지 않습니다. 수령 25~40년에 전성기를 맞고, 50년이 지나면 수확량이 줄고, 60~80년이 지나면 뽑아내고 다시 심기 시작합니다. 하지만 50년이 넘어서도 생산량은 적지만 양질의 포도를 생산하기도 하는데, 이 경우 오래된 포도나무로 만들었다는 뜻으로 'Old Vine(올드 바인)◆' 혹은 프랑스어로 'Vielles Vignes(비에이유 비뉴)'라고 표기됩니다.

◆ 수령이 몇 년 이상이어야 'Old Vine'인 지에 대해서는 법적인 규정이 없어 각 와이너리별로 기준이 다르지만 최소 35년 이상이라고 보면 된다. 수령이 높은 나무의 포도알은 더 작으며 농축되고 깊은 향미를 보인다.

포도나무 한 그루에는 20~30개의 포도송이가 열리는데 약 4kg 정도의 양입니다. 포도를 즙으로 만드는 과정에서 20%가 찌꺼기로 빠져나가고, 발효 · 숙성 · 여과 과정을 거치면서 다시 5%가량이 없어지는 것을 감안하면 와인 한 병(750mℓ)을 만들기 위해서는 1~1.2kg의 포도가 필요합니다(포도알로 따지면 600~800개). 즉 포도나무 한 그루로 2~3병의 와인을 만들 수 있는 셈이지요.

하지만 예외도 있습니다. 고품질의 와인을 생산하기 위해 포도나무 한 그루에서 한 병, 심지어는 한 잔 정도의 와인만을 생산하는 경우도 있습니다. 이 경우 포도가 채 익기 전에 사전 가지치기(green harvest)를 통해 포도송이를 줄여 수확합니다. 뿌리에서 올라오는 영양분은 동일하다고 볼 때 포도송이의 개수가 적을수록 한 송이당 가져가는 영양분이 더 많아진다는 원리입니다.

싼 페드로 그룹 최고의 아이콘 와인들을 생산하기 위해 설립된 그란데스 비노스 데 싼 페드로 와이이너리에서 생산하는 칠레 프리미엄급 와인인 〈알따이르〉. 10만 원선.
'알따이르'는 독수리자리 중 가장 밝은 별의 이름이다. 우리나라에선 견우와 직녀의 전설을 담고 있는 견우성으로 불린다. CS 80%에 Syrah, Carmenère, CF, PV 등 블렌딩. 프렌치 오크통 15~18개월.

예를 들어 칠레의 잘 알려진 고급 와인 중 가운데 하나인 〈Altair(알따이르)◆〉와 그 세컨 와인격인 〈Sideral(씨데랄), 4만 원선〉도 포도나무 한 그루에서 와인

◆ Altair(알따이르)는 칠레의 유명 와이너리인 싼 페드로(San Pedro)사와 프랑스 보르도 지방 쌩 떼밀리옹 지역 그랑 크뤼 샤또 다쏘(Ch. Dassault)가 조인트 벤처로 50%씩 합작 투자해 알또 까차뽀알 밸리에서 만드는 와인이다. 보르도 그랑 크뤼의 양조철학과 칠레 떼루아가 결합한 우수 사례이다.

한 병을 만들 수 있는 양만 수확한다고 합니다.

심지어 보르도의 최고급 귀부 와인인 〈Château d'Yquem(샤또 디켐)〉은 한 그루의 포도나무에서 한 잔 분량의 와인만 생산한다고 합니다. 놀랍죠? 그러니 비쌀 수밖에 없습니다.

그렇다면 와인을 양조해서 저장하는 오크통에는 와인 몇 병 정도의 양이 들어갈까요?

오크통 한 개의 용량은 보통 225ℓ* 입니다. 와인은 보통 케이스 단위로 유통되는데, 한 케이스에는 750mℓ짜리 와인 병 12개가 들어갑니다. 오크통 한 개로 25케이스가 생산되므로 와인 병으로 계산하면 300병이 되는 것입니다. (25케이스 × 12병 = 300병)

* 오크통의 용량은 다양하지만, 고급 와인은 대부분 '바리끄(Barrique)'라 불리는 보르도의 225리터짜리 작은 오크통을 사용한다. 이에 비해 부르고뉴 지방은 '삐에스(Piéce)'라는 228리터짜리 오크통을 사용한다. 작은 오크통은 큰 오크통에 비해 와인이 오크와 접촉하는 양이 많으므로 오크의 풍미를 얻기 용이하고 숙성기간도 줄일 수 있다.
참고로 스페인의 셰리(Sherry)는 '버트(Butt)'라고 하는 500리터짜리 오크통에 숙성시키고, 포르투갈에는 '파이프(Pipe)'라고 하는 522.5리터짜리 오크통이 있다.

유기농 vs 바이오다이나믹 vs 내추럴 vs 오렌지 와인

이제는 '유기농 와인(Organic wine)' 뿐만 아니라, '바이오다이나믹 와인(Biodynamic wine)'과 '내추럴 와인(Natural wine)'이란 용어도 자주 접하게 됩니다.

유기농 와인에 대한 구체적인 정의는 각 나라나 단체마다 조금씩 다른데, 1981년 프랑스의 Organic Farmers & Consumer Organization에서 결정한 '일체의 화학비료나 살충제, 살균제, 제초제를 사용하지 않은 포도로 생산한 와인'이란 뜻이 가장 보편적으로 사용되고 있습니다.

유기농 인증 마크들

◆ 무수아황산(Sulfites)은 와인에 소량(10~350ppm) 첨가되어, 박테리아와 효모의 번식을 억제하여 재발효를 막아주고 장기 보관이 가능하도록 해준다. 따라서 변질을 막기 위해 고급 와인에는 반드시 첨가될 수밖에 없다.

유기농 와인은, 포도재배뿐 아니라 와인 생산 과정에서도 무수아황산(아황산염, Sulfites)◆ 등 다른 첨가물들을 사용하지 않거나, 아주 최소한으로 줄여야 합니다.

특히 미국의 유기농 와인 인증기준은 매우 엄격해 무수아황산을 조금이라도 사용할 수 없도록 하고 있습니다. 그래서 미국 와인의 레이블에 별도의 유기농 인증마크는 없으면서 'Organically Grown Grapes' 또는 'Made with Organic Grapes'라고 표시되어 있다면, 포도재배는 유기농으로 했지만, 와인의 안전한 보관 등을 위해 무수아황산은 최소량 사용했다고 이해하면 됩니다.

유기농법으로 포도를 재배하려면 일단 토질을 개선해야 하는데, 기존의 포도밭을 유기농 토질로 바꾸기 위해서는 최소 3년 이상의 시간과 정성이 필요합니다. 이는 일정치 않은 기후 조건을 가진 유럽의 와인산지에서 쉬운 일이 아니지만, 그럼에도 해마다 유기농 경작 면적은 계속 늘어나고 있습니다. 유럽에 비해 기후 조건이 뛰어난 캘리포니아나 호주에서는 오히려 유기농법에 대한 움직임이 미진했으나, 1990년대 초반부터 미국의 Gallo(갤로)사, 호주의 Penfolds(펜폴즈)사 등 대형 와인회사들이 유기농 와인에 관심을 보이면서 빠른 속도로 확산되고 있습니다. 현재 유기농 포도밭을 가장 많이 보유한 나라는 이탈리아, 프랑스 순이지만, 스페인과

칠레를 대표하는 세계 최대의 유기농 와이너리인 비녜도스 에밀리아사의 유기농 와인 〈꼬얌〉. 45,000원선.
Syrah, Carmenère, CS, Mourvèdre, PV, Carignan, Malbec, Garnacha, Tempranillo 등이 블렌딩됨.

필록세라(Phylloxera)조차 침입하지 못했던 천혜의 자연환경을 가진 칠레도 유기농 와인의 차세대 강자로 떠오르고 있습니다.

한국에서도 프랑스 최대 유기농 와인기업인 론 지방의 M. Chapoutier(엠 샤뿌띠에)사와 루아르 지방의 Nicolas Joly(니꼴라 졸리), 부르고뉴 지방의 Domaine Leroy(도멘 르루아), Henry Jayer(앙리 자이에)를 비롯하여 유럽 식도락가들의 바이블이라 할 수 있는 《미슐랭 가이드》◆ 쓰리스타(✿✿✿) 레스토랑들과 프랑스 대통령 관저인 엘리제궁, 총리공관에도 공급된다는 보르도 뽀므롤 지역의 유기농 와인 〈Château Belle-Brise(샤또 벨 브리즈)〉 같은 프랑스의 대표적인 유기농 와인들을 만나볼 수 있습니다.

◆ 미슐랭 가이드(Michelin Guide)는 프랑스의 세계적인 타이어 회사인 미슐랭(영어 발음으로 '미쉐린')에서 매년 발행하는 레스토랑 가이드북으로, 프랑스에서 시작해서 지금은 세계 각국별로 발행되고 있다. 레스토랑의 맛, 가격, 분위기 등을 종합해 점수화해서 ✿✿✿(쓰리스타) ✿✿(투스타) ✿(원스타)로 구분하는데 ✿✿✿를 받기는 하늘의 별따기보다 조금 쉬울 정도다. 현재는 ✿✿✿를 받은 레스토랑의 90%가 프랑스에 있다.

바이오다이나믹 와인은, 1924년 오스트리아의 루돌프 슈타이너(Rudolf Steiner) 박사의 이론에서 비롯되었습니다. 바이오다이나믹 경작법은 비옥한 토질을 우선으로 하는 유기농법에서 한발 더 나아가 천체의 흐름에 순응하는 방식입니다. 천체력을 바탕으로 달의 주기에 따라 포도나무의 성장이 달라지는 점에 착안해 자연의 리듬에 모든 농경 스케줄을 맞추는 것입니다. 포도의 수확시기나 와인의 병입시기까지도 빛과 열의 강도와 행성의 위치 등에 따라 정해진 시기에만 이루어집니다. 그렇게 해서 나무의 자생력을 가장 자연스럽게 향상시켜 완벽한 자연친화적인 포도를 생산해 와인을 만든다는 것이죠.

겨울마다 소뿔에 자연 퇴비를 넣고 땅에 묻어주면 흙의 면역력이 강화된다.

식물에게 비료를 주는 것은 식물 스스로의 양분 흡수 능력을 저하시키는 것으로 여겨, 바이오다이나믹 방식은 유기농 비료나 살충제도 허용하지 않고, 바이오다이나믹협회가 정한 자연 퇴비만을 극소량 사용합니다. 포도나무에 음악을 들려주고 해충을 잡을 때도 무당벌레 같은 천적을 이용하며, 농업용수를 대나무 숯으로 정화해 사용하기도 합니다. 포도도 반드시 손으로 수확해야 합니다.

바이오다이나믹 와인을 말할 때 빼놓을 수 없는 것이, 루아르(Loire) 지방 사브니에르 마을에서 모든 와인들을 100% 바이오다이나믹 농법으로 생산하고 있는 Coulée de Serrant(꿀레 드 세랑) 와이너리와 그 설립자 니꼴라 졸리(Nicolas Joly)입니다. 그는 바이오다이나믹 농법의 창시자인 루돌프 슈타이너 박사의 신봉자로, 1981년부터 바이오다이나믹 와인들을 생산하기 시작했고, 관련 저서도 발간하는 등 프랑스 바이오다이나믹 와인의 선봉장 역할을 했습니다.

꿀레 드 세랑에서 바이오다이나믹 농법으로 재배한 슈냉 블랑 포도송이

그가 Chenin Blanc(슈냉 블랑) 100%로 만드는 〈Clos de la Coulée de Serrant(끌로 드 라 꿀레 드 세랑)〉은 가장 훌륭한 바이오다이나믹 와인이자, 최고의 화이트 와인으로 불립니다. 2006년부터는 니꼴라 졸리의 딸 버지니 졸리가 와이너리에 합류해 아버지의 영광을 잇고 있습니다.

① 와이너리명인 Coulée de Serrant(꿀레 드 세랑)은 7ha 규모의 AOC명이기도 한데, 전체를 니꼴라 졸리 가족이 소유하고 있다. 드문 경우지만 이렇게 AOC 자체를 한 와이너리가 독점 소유하고 있는 것을 모노폴(Monopole)이라고 하는데, 부르고뉴 지방 로마네 꽁띠(Romanée Conti)와 북부 론 지방의 샤또 그리예(Château Grillet)와 같은 경우이다.
② 2019년 프랑스 와이너리 투어 때 만난 니꼴라 졸리 선생님(가운데)과 꿀레 드 세랑 포도밭 입구에서 한 컷.

와인샵 "라빈리커스토어"

내추럴 와인은, 한 마디로 자연이 주는 그대로를 정직하게(?) 와인글라스로 옮겨 놓는 것을 목표로 합니다. 내추럴 와인은 오래전부터 있던 와인 스타일이지만 1990년대 중반 이후 새로운 트렌드로 재조명받고 있습니다.

유기농이나 바이오다이나믹이 포도재배 농법이라면, 내추럴 와인은 양조방식이라고 볼 수 있습니다. 기본적으로 유기농이나 바이오다이나믹 농법으로 재배한 포도를 재료로 하되, 와인 양조과정에서 사람의 간섭을 최소화해 기술적인 조정을 하지 않고, 일체의 첨가물을 넣지 않는다는 것이 특징입니다. 와인의 산화를 늦춰주고 재발효를 막는 아황산염(무수아황산)도 전혀 넣지 않습니다. 포도 파쇄시에도 지나친 압착을 가하지 않습니다

또 내추럴 와인은 포도에 붙어있는 '자연(야생) 효모'만으로 양조하기 때문에 해마다 포도껍질에 생기는 효모의 성격에 따라 발효 기간과 와인의 맛도 달라질 수 있습니다. 그래서 간혹 좀 시큼하거나 쿰쿰한 맛이 나기도 합니다. 최대한 자연스레 만들어지도록 그냥 놔두고, 잘못되면 잘못되는 대로 받아들이는 것이죠. 당연히 첨단 대형양조시설 사용도 금지됩니다.

건강하게 자란 포도 자체가 주는 맛을 온전히 살리기 위해 청징(fining)와 여과(filtration) 과정을 거치지 않으므로 와인 색이 맑지 않고 탁한 경우가 많습니다. 병입할 때 극소량의 아황산염을 쓰기도 하지만 전혀 사용하지 않는 와이너리들도 많기 때문에 보관이나 유통 과정에서의 안전성 논란

내추럴 와인

은 있을 수밖에 없습니다. 대신 알코올 발효 과정에서 자연스럽게 만들어진 탄산가스◆를 굳이 날려 보내지 않고 그대로 병입하는데, 이것이 와인의 안정화에 어느 정도 도움을 줍니다.

◆ '펫낫(Pet-Nat)'이라는 살짝 탄산이 느껴지는 내추럴 와인이 있다. Pétillant-Naturels의 줄임말로, 1차 발효가 끝나기 전에 병입하여 병 속에서 발효가 마무리되면서 생긴 이산화탄소로 자연적인 기포가 살짝(1~2.5기압) 생긴 세미 스파클링 와인이다.

오렌지 와인

또 오렌지 와인이라는 것도 있습니다. 물론 오렌지로 만드는 건 아니고요, 와인의 색이 진한 오렌지 빛깔이어서 붙여진 이름입니다, 어찌 보면 호박색 같기도 해서 '앰버(Amber) 와인'이라고도 합니다.

제4의 와인으로 불리는 오렌지 와인은 신선한 청포도를 마치 레드 와인 만들듯이 가볍게 으깨서 얻은 즙을 껍질, 씨와 함께 수개월~2년 정도 장기간의 침용과 발효 과정을 거치는 것이 포인트입니다. 다시 말해서 화이트 와인을 만드는 청포도를 재료로 마치 레드 와인을 만드는 방식처럼 껍질과 함께 발효와 침용을 시키는 것이지요.

발효조로는 오크 배럴이 많이 사용되지만, 콘크리트 발효조, 스테인리스 스틸 탱크 그리고 조지아가 원조인 '크베브리(Qvevri)'라는 큰 점토 항아리도 사용됩니다.

유네스코 문화유산인 크베브리(용량:2톤)

발효 과정에서 가끔씩 휘저어주는 것 외에는 온도조절 등 일체의 인위적인 컨트롤을 하지 않으며, 어떠한 첨가물도 넣지 않고 효모만으로 발효시킵니다. 효모는 자연효모를 원칙으로 하지만 그렇지 않은 경우도 있습니다.

포도씨에 함유된 리그닌(Lignin) 성분은 오렌지 와인의 빛깔에 영향을 주며, 껍질과 씨에서 얻어지는 타닌, 레스베라스롤 등 다양한 폴리페놀 성분들이 항산화 작용과 천연방부제 역할을 해줍니다.

그래서 오렌지 와인은 건강에 이로운 점을 생각하면, 화이트 와인과 레드 와인의 장점들을 합쳐놓았다 하겠습니다. 침용 및 발효 과정에서 과육 자체의 산도와 당도는 감소하지만, 껍질과 씨에서 시큼털털하고 쿰쿰한 향미가 다시 생기다 보니, 오렌지 와인을 마셔보면 실제로 오렌지를 껍질째 씹는 듯한 맛도 납니다.

숙성기간은 수개월에서 1년 정도이며, 6년 정도 숙성시키는 곳도 있습니다. 내추럴 와인처럼 오렌지 와인도 청징과 여과 과정을 거치지 않습니다.

오렌지 와인은 오직 포도 자체만으로만 와인을 만들던 약 8천 년 전 고대의 양조방식을 1990년 즈음에 되살려 현대적으로 재해석한 고대 와인의 환생이라고 할 수 있습니다. 내추럴 와인의 범위가 매우 넓기 때문에 오렌지 와인도 큰 틀에서는 내추럴 와인에 속한다고 볼 수도 있지만, 오렌지 와인은 양조방법에 초점을 둔 명칭이므로 반드시 그렇지만은 않습니다.

오렌지 와인이란 이름은 2004년 데이비드 하비라는 영국의 와인 수입업자가 이러한 방식으로 만든 와인들을 통칭할 이름을 고민하다가, 옐로우 와인은 프랑스의 뱅 존(Vin Jaune)이 이미 사용하고 있는 명칭이고, 골드 와인은 왠지 허세부리는 느낌이 있어서 세계 어디에서나 무난히 통용되는 '오렌지' 와인으로 정했다고 합니다.

오렌지 와인이 시작된 곳은 아드리아 해 연안 북부이며, 슬로베이아의 비파바와 브르다, 이탈리아의 프리울리와 시칠리 섬, 크로아티아의 이스트리아,

이탈리아 프리울리 지역의 대표적인 오렌지 와인 생산자인 라디콘사와 그라브너사의 제품들

오스트리아의 슈타이어마르크와 조지아 등이 주요 산지입니다.

그리고 비건 와인이라는 용어도 있습니다. 비건 와인(Vegan Wine)이란 말 그대로 '식물성' 와인, 즉 포도재배와 와인 양조 과정에서 동물성 원료와의 접촉을 차단한 와인을 뜻합니다. 일반적으로 와인은 찌거기를 제거하는 청징(淸澄, fining) 작업(37쪽 상단 참조)을 할 때 젤라틴(동물단백질), 카세인(우유단백질), 알부민(계란흰자), 부레풀(물고기 부레) 등이 사용되는데, 비건 와인은 식물성인 벤토나이트, 실리카겔 등만 사용합니다. 유기농 와인은 꼭 비건 와인이라고 할 수는 없지만, 내추럴 와인은 비건 와인이라고 볼 수 있겠습니다. 물론 그렇다고 비건 와인이 꼭 내추럴 와인은 아니겠지만요.

필록세라

포도재배에는 항상 병충해의 위험이 뒤따르는데, 1827년경에는 명충나방이, 1845년경에는 흰가루 병으로 불렸던 오이디움(Oidium)균이 창궐하여 유럽의 포도밭들에 큰 피해를 입혔습니다.

그 후 19세기 후반에 가장 결정적인 병충해 폐해가 있었으니 바로 필록세라(Phylloxera)라는 포도나무뿌리진드기에 의한 것이었습니다. 전통적 와인 생산지인 유럽에서는 1863년 프랑스 랑그독 지방을 시작으로 1869년 보르도 지방, 1875년 이탈리아, 1878년 스페인, 1881년 독일 등이 미국에서 유입된 필록세라라는 포도나무뿌리진드기 때문에 전체 포도나무의 2/3 이상을 뿌리째 뽑아야 했던 대재앙을 겪었습니다.

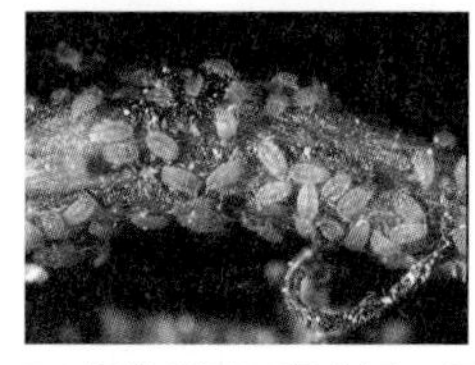
포도나무 뿌리에 붙은 필록세라 진드기들

필록세라는 포도나무 뿌리의 즙을 흡즙하여 고

사하게 만드는 치명적인 해충으로, 19세기 중후반 유럽뿐 아니라 전 세계적으로 퍼져 와인산업의 기반을 말 그대로 '뿌리째' 흔들어 놓았습니다.

필록세라 재앙을 입은 포도.
필록세라는 라틴어로 '파괴자'라는 뜻

필록세라는 원래 미국 미시시피 강 상류의 야생 비티스 리파리아 포도종에 기생하는 해충이었습니다. 그러나 미국의 포도나무들은 이미 저항력이 있어 피해가 미미했기 때문에, 1860년대 프랑스에서 그 존재가 부각될 때까지 아무도 심각성을 인식하지 못했습니다.

1840년대 유럽의 포도밭에 오이디움균이 번져 상당수의 프랑스 포도밭도 피해를 입었을 때 이것의 방제를 위해 미국산 대목(stock, 臺木)을 시험적으로 수입했었는데, 아마도 그때 필록세라가 같이 유입되었던 것으로 추측하고 있습니다.

프랑스 랑그독 지방에서 제일 먼저 필록세라가 발견되었지만 대수롭지 않게 여겨지다가, 1869년 보르도 지방에서 발견되면서 문제가 되기 시작했습니다. 이후 프랑스 전역으로 빠르게 확산되기 시작하여 저항력이 없는 유럽종 포도(*Vitis vinifera*, 비티스 비니페라 종)들이 심어져 있는 프랑스의 포도밭들을 완전히 초토화시켰습니다. 프랑스가 입은 필록세라의 피해는 1870년에 일어난 보불전쟁의 피해보다 더 컸다고 할 정도입니다.

필록세라 재앙은 프랑스는 물론, 이후 20여 년간 유럽 전역의 포도밭들을 황폐화시켰고, 이어서 바다 건너 남아프리카공화국, 호주, 뉴질랜드까지 퍼져 나갔습니다. 이때부터 국가 간 동·식물이 이동할 때는 반드시 오염상태를 조사하는 검역의 필요성이 제기되었으며, 생물학적

관리의 중요성을 깨닫게 된 계기가 되었습니다.

필록세라의 퇴치를 위해 농약살포, 침지, 전기쇼크 등 수많은 시도가 있었으나 별다른 효과를 보지 못하였고, 프랑스 정부는 이 문제를 해결하기 위해 현상금을 2만 프랑에서 3만 프랑까지 올려 내걸기까지 했지만 속수무책이었습니다.

유럽의 포도밭이 황폐화되는 바람에 반사이익을 보고 있던 캘리포니아에서도 뒤늦게(1873년) 필록세라의 피해를 입었습니다. 캘리포니아의 필록세라가 미국 동부에서 왔는지 아니면 프랑스에서 역수입됐는지는 알 수 없지만, 양쪽 모두였을 가능성이 큽니다.

프랑스와 미국 양국 과학자들은 필록세라를 퇴치하기 위해 공동으로 연구를 거듭하였는데, 결국 1880년 필록세라에 저항력이 강한 미국종 포도나무 뿌리에 유럽종 포도나무의 줄기를 접목시키는 방법으로 해결책을 찾게 되었습니다. 그러나 접목에 따른 와인 품질에 대한 확신이 없어서, 프랑스의 일부 유명 샤또들은 제1차 세계대전까지 이를 시행하지 않았고, 부르고뉴 지방의 도멘 들 라 로마네 꽁띠(Domaine de la Romanée-Conti)◆는 제2차 세계대전 이후에야 접목을 시작했습니다.

◆ 세계에서 가장 비싸고 귀한 와인인 〈로마네 꽁띠〉를 생산하는 부르고뉴의 대표적인 와이너리이다. 〈로마네 꽁띠〉의 1945년 빈티지는 필록세라 때문에 500병 밖에 생산되지 않았고, 1947년에야 접붙이기한 묘목을 심어 1952년 빈티지부터 다시 생산이 시작되었다.

사실 아직까지 필록세라 문제에 대해 완벽한 해결책이 나온 것은 아닙니다. 유럽 토양에는 지금도 필록세라가 존재하고 있고 또 접목하여 만들어진 포도나무들이 필록세라에 완전한 면역성을 갖춘 것이 아니라 단지 이 해충에 견디는 힘이 강하다는 정도이기 때문입니다. 1980년대에는 미국에 필록세라 변종이 나타나 나파 밸리와 워싱턴 주,

기존의 저항력을 갖춘 나무에 침입하는 일이 발생하고 있어 끊임없는 연구가 요구되고 있습니다. 그래서 지금도 각국에서는 접붙이기 하지 않은 유럽종 포도나무를 심는 것이 와인법으로 엄격히 금지되어 있습니다.

10여 년 이상 계속된 필록세라 창궐은 구세계의 와인법 제정 및 강화, 와인의 등급화 등을 촉진시켰고, 또 필록세라의 폐해를 견디다 못한 유럽의 와인메이커들이 와인 만들 곳을 찾아 칠레, 호주, 아르헨티나, 남아프리카공화국, 미국 등으로 이주함으로써, 결과적으로 신세계 와인산업 발전에 큰 기여(?)를 하게 되었습니다. 또한 필록세라로 인해 유럽에서 와인과 그 증류주인 브랜디의 생산량이 급격히 줄자, 그 반사효과로 맥주와 스코틀랜드산 위스키가 그 자리를 대체하며 각광받는 혜택(?)을 누리기 시작했습니다.

미셸 롤랑과 로버트 파커, 제임스 서클링

와인 관련 기사나 책을 읽다 보면 미셸 롤랑(Michel Rolland)이나 로버트 파커(Robert Parker Jr.)라는 이름을 자주 접하게 됩니다. 특히 어떤 와인을 설명할 때, 미셸 롤랑이 와인 양조를 컨설팅했다거나, 그 와인의 로버트 파커 평점(RP)이 몇 점이라는 식의 표현이 많이 나옵니다.

미셸 롤랑

세계적인 와인메이커이자 컨설턴트이며, 와인 생산자이기도 한 미셸 롤랑은 프랑스 보르도 지방 뽀므롤 지역 출신입니다. 그는 할아버지대

미셸 롤랑 (1947~)

부터 3대에 걸쳐 포도밭을 일구었고 보르도 대학에서 양조학을 전공한 뒤 와인 컨설턴트의 길을 걸었습니다.

미셸 롤랑은 1986년 캘리포니아 소노마 카운티의 젤마 롱(Zelma Long)과 시미(Simi), 아르헨티나의 뜨라피체(Trapiche) 와이너리 등에 양조 컨설팅을 하면서 그 명성을 높이기 시작했습니다. 현재는 프랑스, 스페인, 아르헨티나, 칠레, 남아공, 미국, 이탈리아, 헝가리, 캐나다, 브라질, 인도, 모로코 등 13개국 100여 곳 이상의 와이너리에서 컨설팅을 하면서 스페인, 아르헨티나, 남아공 등에 11개의 와이너리를 소유하고 있습니다. 그래서 그는 1년 365일 중 비행기에서 보내는 시간만 200일이 넘는다고 해서 'Flying Winemaker(플라잉 와인메이커)◆'라라는 애칭을 얻고 있습니다.

'블렌딩의 달인'이기도 한 미셸 롤랑이 관여해서 만들어지는 와인 종류만 해도 400가지가 넘는데, 그는 와인 양조에서 일정 기간 이상의 숙성과 진한 색상, 와인의 부드러움을 특히 강조합니다.

◆ Flying Winemaker
1970년대 말 호주나 칠레 등 신세계 와인 생산국에서 많은 와이너리들이 새로 설립되면서 세계적인 와인메이커들을 초빙하는 일이 많아졌다. 포도 수확시기에 맞춰 남반구와 북반구를 비행기로 넘나들며 와인 컨설팅을 해주는 스타 와인메이커들을 'Flying Winemaker'라 부른다.
미셸 롤랑을 비롯해서 드니 뒤부르디외, 스테판 드르논쿠르, 로랑 메쥐 토뺑 등이 대표적인 인물인데, 프랑스의 보르도 출신이 특히 많다. 이들은 태국, 인도, 중국의 와이너리에도 초빙되고 있는데, 일 년에 몇 번 컨설팅을 해주고 2만~10만 유로 정도를 받는다.

어떤 와인이든 그가 양조에 관여했다는 사실만으로도 그 품질을 보증받고 있습니다. 6명의 양조전문가가 활동하는 뽀므롤의 미셸 롤랑 연구소는 세계 최대이자 최고의 와인연구소로 정평이 나 있습니다.

미셸 롤랑이 보르도의 뽀므롤 지역에 직접 샤또를 소유하면서 만들고 있는 〈Château Le Bon Pasteur(샤또 르 봉 파스퇴르)〉를 비롯하여 Saint-Emilion(쌩 떼밀리옹) 지역의 〈Château Fonplegade(샤또 퐁플레가드)〉, Fronsac(프롱싹) 지역의 〈Le Defi de Fontenil(르 데피 드 퐁뜨닐)〉, 스페인의 〈Campo Eliseo(깜뽀 엘리세오)〉, 아르헨티나의 〈Yacochuya(야꼬츄야)〉 〈Val de Flores(발 데 플로레스)〉, 남아프리카공화국의 〈Bonne Nouvelle(본느 누벨)〉 등이 그의 손을 거쳐 만들어지는 주요 와인들입니다.

① '미셸 롤랑 컬렉션' 중의 하나인 〈깜뽀 엘리세오, 또로〉 Tempranillo 100%, 18만 원선.
② 〈샤또 르 봉 파스퇴르〉 Merlot 80% : CF 20%, 25만 원선.

로버트 파커와 제임스 서클링

로버트 파커는 전 세계에서 가장 영향력◆ 있는 와인평론가였습니다. 미국에서 변호사로 활동하던 로버트 파커는 1978년 《Wine Advocate(와인 애드버킷)》이라는 비상업적 와인잡지를 격월로 발행하면서 와인평론과 함께 100점 만점으로 와인 평가점수를 매기기 시작했는데, 그것이 신의 한수로서 뜨거운 반향을 일으키게 됩니다. 와인에 대해 잘 모르는 소비자들도 그의 점수를 참고해 손쉽게 와인을 선택할 수 있었으니까요.

또 로버트 파커가 결정적으로 인정받고 유명세를 타게 된 사건이 있었습니다. 보르도의

◆ 로버트 파커에게 높은 점수를 받기 위해 많은 와이너리들이 자신들의 시음용 와인을 제공할 때 실제 출시되는 와인보다 더 특별하게 만든 와인을 제공한다는 말도 있었다. 하지만 그건 가능하지 않았다. 로버트 파커는 이를 방지하기 위해 협찬을 절대 받지 않았고 모든 와인들을 별도로 구매해서 테이스팅 하였기 때문이다.

로버트 파커는 20세기 최고 빈티지 중의 하나인 '1947년'에 태어났다

1982년 빈티지를 두고 대부분의 유명 와인 평론가들이 그저 그런 빈티지라고 할 때, 로버트 파커만이 1961년 이래 최고의 빈티지라고 평가했는데, 결국은 그의 평가가 옳았다는 판정이 나면서 능력을 인정받게 됩니다. 그의 유명세에 따라 미국과 영국의 대표적인 와인잡지들인 와인스펙테이터(Wine Spectator, WS)와 디캔터(Decanter, DE)에서도 100점 만점의 점수를 매기기 시작했고, 와인인쑤지애스트(Wine Enthusiast, WE), 와인앤스피릿(Wine & Spirit, WaS) 등도 뒤를 이었습니다.

로버트 파커가 와인에 점수를 매기는 기준은 이렇습니다. 일단 기본 점수 50점을 주고 아래의 항목별 점수를 더합니다.

- 빛깔과 외양(color & appearance) : 5점
- 향(aroma & bouquet) : 15점
- 맛과 여운(flavor & finish) : 20점
- 품질수준과 향후 잠재력 : 10점

로버트 파커

그렇게 나온 100점 만점의 로버트 파커 평점(RP)의 의미는 다음과 같습니다.

- 96~100점 : Extraordinary, 예외적으로 특별한 와인
- 90~95점 : Outstanding, 아주 뛰어난 와인
- 80~89점 : Barely above average to very good, 평균 이상 아주 좋은 와인
- 70~79점 : Average, 평균 수준의 보통 와인
- 60~69점 : Below, 평균 수준 이하의 와인
- 0~59점 : Unacceptable, 수용 불가

영국과 미국의 대표적인 와인잡지인 디캔터와 와인스펙테이터

프랑스 와인잡지
La Revue du Vin de Francs

1980년대부터 급속도로 커지기 시작한 파커의 영향력은 훗날 파커라이제이션(parkerization)이라는 용어가 생길 정도로 막강해졌습니다. 로버트 파커가 90점 이상을 주면 '훌륭한 와인'이 되고, 95점 이상을 주면 '명품 와인'이 되고, 100점 만점을 주면 '전설의 와인'이 됩니다. RP 85점과 95점의 차이는 해당 와인 매출로 볼 때 무려 100억 원 정도의 차이가 난다고 합니다.

로버트 파커는 프랑스와 이탈리아로부터 자기 나라 와인을 전 세계에 알리고 홍보한 공로를 인정받아 명예훈장을 수여받기도 했습니다. 그는 특히 프랑스 보르도 와인에 대해서는 거의 절대적인 권위를 가지고 있으며, 보르도 와인의 선물거래인 엉 프리뫼르(En Primeur)에서는 그의 공식 평가가 나오기 전까지는 생산자들이 가격을 공시하지 않았을 정도입니다. 1985년 그가 집필한 《보르도(Bordeaux)》는 프랑스 와인의 바이블로 여겨집니다.

와인샵에 진열된 수많은 와인 가운데 어떤 와인을 골라야 할지 난감

할 때도 로버트 파커 평점(Parker Point)을 확인하는 것만으로도 판단 기준을 삼을 수 있었습니다. 그러다 보니 그의 평가와 이해관계가 상충되는 측에서는 그를 명예훼손으로 고소하고 살해위협까지 했다고 합니다. 그가 1996년 이후 부르고뉴 지방 와인에 대한 평가를 중단◆한 것도 그런 경험에 기인합니다.

그가 전문가로서 와인의 맛을 보고 평가하는 중요한 이유는 공정하고 합리적으로 와인의 등급을 구분해 보고자 함이지만, 한 개인의 평가로 인해 미치는 파장이 그토록 크다면 그 또한 합리적이라고 보기는 힘들지도 모르겠습니다. 영국의 국보급 와인평론가 휴 존슨(Hugh Johnson)은 와인을 점수로 평가하는 데 반대 입장이고, 호주 와인의 대변인이라 할 수 있는 제임스 할리데이(James Halliday)도 파커의 점수 산출 방식에 매우 비판적입니다. 미국 와인스펙테이터지의 총괄 편집장이었던 제임스 서클링은 나름대로의 100점 시스템을 만들어 사용하지만 스스로도 만족하지 못하는 점수 제도를 보완하기 위해 각 와인별로 포도밭 전경과 와인메이커와의 인터뷰를 담은 동영상을 제작해서 그 평가를 보완하기도 했습니다.

엘리자베스 2세 여왕의 개인 와인셀러 고문이자, 로버트 파커와 쌍벽을 이루는 영국의 여성 와인평론가 잰시스 로빈슨

◆ 로버트 파커 이후 부르고뉴 와인에 대한 평가는, 미국의 알렌 메도우(Allen Meadow)가 2000년에 설립한 Burghound.com이 중요한 역할을 맡고 있다.

영국의 휴 존슨 & 잰시스 로빈슨

호주 와인의 전설 렌 에반스(오른쪽) & 호주·뉴질랜드 와인 전문가 제임스 할리데이(왼쪽)

1er GRAND CRU CLASSÉ
Château Pavie
SAINT-ÉMILION GRAND CRU
Appellation Saint-Émilion Grand Cru Contrôlée
2003
MIS EN BOUTEILLE AU CHATEAU
750 ml
14% by vol.

샤또 빠비 레이블

(Jancis Robinson)의 경우, 같은 와인을 놓고 로버트 파커와 상반된 평가를 내놓기도 했는데, 〈Château Pavi(샤또 빠비)〉 2003년 빈티지를 놓고 벌인 두 사람의 의견 대립과 설전은 유명합니다.

로버트 파커는 바닐라, 토스트 등의 짙은 오크 풍미와 과일 맛이 진한 풀바디 스타일의 와인에 너무 후한 점수를 준다는 비난을 받기도 했습니다. 1980년대부터 많은 와인 생산자들이 파커 포인트를 의식해 로버트 파커가 선호하는 스타일의 와인(parky or parkerized wine)을 만들다 보니 와인의 다양성이 줄고 획일화된다는 것입니다. 하지만 당시의 그러한 트렌드는 프랑스 보르도 대학의 에밀 뻬노(Emile Peynaud) 교수의 영향도 적지 않았습니다. 1970년대까지만 해도 수확기의 비 피해를 막기 위해 포도가 완전히 익기 전에 수확하는 것이 관행이었습니다. '현대 와인 양조학의 아버지'로 불렸던 에밀 뻬노 교수는 늦수확으로 과일의 풍미와 당도를 끌어 올리고, 스테인리스 스틸 탱크에서 젖산 발효를 함으로써 부드러운 타닌을 가진 와인을 만드는 양조 방법 보급에 노력했는데, 이것이 로버트 파커 스타일과 일맥상통했던 것이지요.

에밀 뻬노(1912 ~ 2004년)

파커는 보통 하루에 100종류 이상, 1년에 1만 종류 이상의 와인을 테이스팅했습니다. 냄새로 사냥개의 종류를 알아맞혔다는 아버지로부터 후각을 물려받은 그의 코와 혀는 100만 달러짜리 보험에 가입되어 있었고, 혹시라도 와인 테이스팅에 지장을 줄까 봐 마늘과 커피는 입에도 대지 않았을 정도로 철저한 관리를 했습니다.

와인 양조의 실전감각을 유지하기 위해 오리건 주의 보 프레르

로버트 파커 가족

(Beaux Frères) 와이너리를 매제와 함께 운영하기도 했습니다. 한국 여자 아이(마야, Maia)를 입양해 한국과도 인연을 가지고 있었던 로버트 파커는 오래전부터 서서히 은퇴를 준비해왔습니다. 2006년부터 와인 애드버킷의 와인 평가자들을 대거 영입해서 전 세계 주요 와인 생산지역의 와인들을 평가하게 하였고, 2012년부터는 일선에서 물러나 후견인 역할을 하며 최소한의 시음 평가를 하다가, 2019년 5월 41년간의 활동을 마치고 71세의 나이로 공식 은퇴하였습니다.

로버트 파커의 은퇴 이후 가장 대세로 떠오른 와인 평론가는 제임스 서클링(James Suckling)입니다. 미국의 유명 와인잡지인 '와인스펙테이터'의 총괄 편집장을 역임한 그는 2010년부터 자신의 이름을 딴 사이트 www.jamessuckling.com을 만들어 운영하고 있습니다. 그는 불과 23살의 나이로 초창기의 와인스펙테이터에서 근무하기 시작해서 2010년 52세의 나이로 퇴사할 때까지 세계적으로 유명한 와인잡지가 된 와인스펙테이터를 키우고 함께 성장했습니다.

변호사였던 아버지도 대단한 와인애호가여서 와인 셀러에는 항상 와인이 꽉 차 있었고, 퇴근 후 와인 한잔이 아버지의 큰 행복이었다고 합니다. 제임스 서클링이 로스쿨과 와인 평론가 사이에서 진로를 고민할 때도 아버지는 와인 평론가를 권했습니다. 정말 좋아하는 일을 직업으로 하게 되면 직업에서 오는 스트레스 때문에 흥미를 잃을 수도 있기에 때문에 좋아하는 일은 취미로 남겨 놓으라는 말도 있지만, 그의 아버지는 이렇게 말했다고 합니다. "나는 돈을 주고 좋아하는 와인을 사먹는데, 너는 좋아하는 와인을 마시면서 돈을 벌 수 있으니 얼마나 좋으냐?"라고.

그런 아버지의 아들, 제임스 서클링은 로버트 파커의 빈자리를 채우며 이제 포브스가 선정한 세계에서 가장 영향력 있는 와인 평론가가 되었습니다.

미국 와인의 위상이 올라가고, 미국이 최대 와인 소비시장이다 보니, 현재는 미국의 평론가와 와인전문잡지들의 평가가 와인 가격을 좌우하고 판매량을 결정할 정도로 큰 영향력을 가지고 있습니다. 로버트 파커와 제임스 서클링, 두 사람 모두 전 세계 와인을 평가하고, 보르도 와인을 선호하는 공통점이 있지만, 로버트 파커는 프랑스 론 지방 와인의 비중이 높았고, 제임스 서클링은 상대적으로 이탈리아 와인 비중이 높다는 차이도 있습니다. 평가방식도 같은 100점 만점이지만, 파커는 기본점수 50점을 주고 들어가니 실제로는 50점 만점인 셈이고, 제임스 서클링은 대개 90점 이상이고 그 아래로는 아예 점수를 주지 않으니 10점 만점이라고 볼 수 있습니다. 제임스 서클링은 파커와는 달리 기본 점수(50점) 없이, 빛깔에 15점, 아로마 25점, 바디감과 구조감에 25점, 전체적인 느낌에 35점을 배분하는데, 95점 이상이면 반드시 병째 사서 마시라는 것이고, 90~94점이면 자신이 한 잔이라도 마시고 싶은 와인이라는 의미라고 합니다.

제임스 서클링은 한국인 아내 마리(Marie Kim)와 함께 세계 각지를 다니며 매년 2만 종류 가까운 와인을 테이스팅하고, 제임스서클링닷컴을 통해 평가 결과를 공개하고 있습니다. 김치볶음밥도 좋아한다는 그는 SNS에 보쌈, 제육볶음 등의 한식과 와인을 즐기는 사진을 자주 올리곤 합니다. 한국에도 여러 차례 방문했으며, 2019년에는 그가 주관하는 GWW(Great Wine of the World) 행사를 처음으로 서울에서 개최하기도 했습니다.

제임스 서클링 부부

제임스 서클링은 2018년 10월 홍콩에 James Suckling Wine Central Hongkong이라는 모던 한식 와인 바를 오픈했습니다. 이 와인 바의 강점은 제임스 서클링 점수(JS) 90점 이상을 받은 300여 종 이상의 와인들이 리스트에 올라 있고, 그 와인들을 글라스로 즐기며 퓨전 한식 요리를 먹을 수 있다는 것입니다. 우리나라 와인 애호가라면 홍콩을 방문했을 때 꼭 가봐야 할 곳이 되었습니다.

Wine Lesson 101

International Wine Challenge

International Wine Challenge(IWC)는 영국의 세계적인 와인잡지인 《Decanter》 주관으로 매년 6월 런던과 도쿄에서 개최되는 세계 최대, 최고의 와인 블라인드 테이스팅(Blind Tasting) 대회이다. 이 대회는 고급 와인보다는 품질 좋은 중저가 와인을 선별하여 대중에게 알리는 것을 목적으로 하고 있다. (www.internationalwinechallenge.com)

40여 개국의 다양한 와인들이 출품되며, 세계 각국 400여 명의 심사위원들의 엄격한 심사를 거쳐 나라별, 포도품종별, 와인 스타일별로 Trophy, Gold, Silver, Bronze, Commended, Great Value 부문을 선정한다.

우리나라에는 2005년부터 《와인 리뷰》지 주최로 세계의 와인들을 한국 시장에 소개하기 위한 코리아와인챌린지(KWC)가 매년 개최되고 있다.

나라별 와인관련 순위 2018년 기준

순위	와인 생산량	와인 수출		와인 소비량	와인 수입	
		수출량	수출금액		수입량	수입금액
1	이탈리아	스페인	프랑스	미국	독일	미국
2	프랑스	이탈리아	이탈리아	프랑스	영국	영국
3	스페인	프랑스	스페인	이탈리아	미국	독일
4	미국	칠레	칠레	독일	프랑스	중국
5	아르헨티나	호주	호주	중국	중국	캐나다
6	중국	남아공	미국	영국	러시아	일본
7	남아공	독일	뉴질랜드	스페인	네덜란드	네덜란드
8	칠레	미국	독일	아르헨티나	캐나다	벨기에
9	독일	포르투갈	포르투갈	러시아	벨기에	러시아
10	포르투갈	뉴질랜드	아르헨티나	호주	일본	프랑스

• 출처 : OIV(International Organisation of Vin e and Wine, 국제와인기구 / www.oiv.int)

국내 와인수입 현황

■ 와인 종류별/나라별 순위 2020년 기준

순위	레드 와인		화이트 와인		스파클링 와인	
	수입량	수입금액	수입량	수입금액	수입량	수입금액
칠레	1	1	1	4	8	7
스페인	2	5	4	7	3	3
프랑스	3	2	3	1	2	1
미국	4	3	5	3	5	5
이탈리아	5	4	2	2	1	2
호주	6	6	7	6	6	6
아르헨티나	7	7	9	9	10	10
독일	8	9	8	8	7	8
남아공	9	10	10	10	4	4
뉴질랜드	10	8	6	5	9	9

• 출처 : 한국수입와인시장분석(2020~2021) - 정휘웅 -

■ 와인 수입량(중량) 기준

순위	2000년		2010년		2015년		2020년	
1	프랑스	44.5%	칠레	25.1%	칠레	27.5%	칠레	29.3%
2	미국	18.8%	이탈리아	18.0%	이탈리아	15.7%	이탈리아	15.0%
3	이탈리아	10.0%	프랑스	16.3%	프랑스	15.1%	스페인	14.9%
4	스페인	9.9%	스페인	13.3%	스페인	14.5%	프랑스	14.2%
5	독일	8.1%	미국	11.6%	미국	8.9%	미국	10.0%
6	호주	4.1%	호주	6.2%	남아공	6.3%	호주	6.6%
7	칠레	2.1%	독일	3.5%	호주	5.4%	아르헨티나	2.9%
8	남아공	0.6%	남아공	3.1%	독일	2.5%	남아공	1.8%
9	아르헨티나	0.3%	아르헨티나	1.4%	아르헨티나	2.4%	뉴질랜드	1.7%

■ 와인 수입금액 기준

순위	2000년		2010년		2015년		2020년	
1	프랑스	53.1%	프랑스	32.7%	프랑스	30.7%	프랑스	28.9%
2	미국	18.4%	칠레	21.8%	칠레	22.3%	칠레	18.1%
3	이탈리아	7.7%	이탈리아	17.3%	이탈리아	14.8%	미국	16.7%
4	독일	6.3%	미국	9.7%	미국	12.0%	이탈리아	15.1%
5	호주	5.0%	호주	6.4%	스페인	6.7%	스페인	7.3%
6	스페인	4.0%	스페인	4.4%	호주	4.7%	호주	5.6%
7	칠레	2.4%	독일	2.6%	남아공	2.5%	아르헨티나	2.3%
8	아르헨티나	0.4%	남아공	1.6%	아르헨티나	2.2%	뉴질랜드	2.1%
9	남아공	0.3%	아르헨티나	1.3%	독일	1.8%	독일	0.9%

■ 와인 종류별 수입 비율 2020년 기준

수입금액 기준			수입량(중량) 기준		
1	레드 와인	66.3%	1	레드 와인	69.4%
2	화이트 와인	17.6%	2	화이트 와인	19.4%
3	스파클링 와인	14.4%	3	스파클링 와인	10.2%
4	기타	1.7%	4	기타	1.0%

- 2000년대 중반까지는 레드 와인의 비중이 계속 늘어나는 추세였으나, 젊은 층이 와인 소비에 가세하면서 2010년 이후 화이트 와인과 스파클링 와인의 비중이 30% 전후로 커졌다.

와인의 맛을 결정하는 포도품종

Lesson.02

김치가 맛있어야 김치찌개가 맛있듯이, 좋은 포도가 좋은 와인으로 만들어진다.

- 김준철 / 한국와인협회 회장 -

와인은 사람과 같다. 일부 와인은 오래되면 식초로 변해가지만,

좋은 와인은 세월이 흐를수록 맛이 더 좋아지고 깊어진다.

- 교황 요한 23세 -

< *Old Irish Toast* >

아일랜드의 오래된 건배용 멘트

May your glass be ever full.

잔이 가득 차 있듯이 항상 좋은 일들이 많이 생겨, 건배할 일도 많기를 바라고

May the roof over your head be always strong.

항상 집안에 모든 일들이 평안하기를 바라고

And may you be in heaven half an hour before the devil knows you're dead.

당신이 죽었다는 것을 악마가 알아채기 30분 전에 하늘나라에 무사히 도착할 수 있기를...

'와인의 맛'을 결정하는 3가지 요소로 포도품종, 떼루아, 양조기법을 들 수 있습니다. 이 중 와인의 기본적인 맛에 가장 큰 영향을 미치는 것은 '포도품종(Grape Variety)◆'입니다. 품종별 고유 특성과 타닌, 산, 당분 등의 함유량에 따라 빚어지는 와인의 느낌과 맛이 1차적으로 구분되어지기 때문이지요.

◆ 포도품종
프랑스어 : Cépage(쎄빠쥬)
이탈리아어 : Vitigno(비띠뇨)

떼루아(terroir)는 와인산지의 입지, 지형, 토양, 기후 등 포도재배와 와인양조에 영향을 끼치는 모든 자연 조건과 상호작용을 이르는 말입니다. 이렇게 포도품종과 떼루아가 와인의 특징과 품질에 중요한 영향을 미치기 때문에 한 양조전문가는 "품종이 와인의 이름이라면, 떼루아는 성(姓)"이라고 표현했습니다.

캠벨◆이나 거봉 포도처럼 평소 우리가 먹는 식용 포도와 와인양조용 포도는 그 종류 자체가 다릅니다. 양조용 포도는 식용 포도보다 알이 작고

◆ 우리나라에서 재배되는 식용포도의 70%를 차지하며, 충북 영동, 경북 영천 등 국내와이너리에서는 캠벨 포도에 약간의 가당을 하여 와인을 양조하기도 한다. 캠벨 얼리(Campbell early) 품종은 1892년 미국 오하이오 주에서 개발되었고, 1908년에 우리나라에 도입되었다.

촘촘합니다. 또 껍질이 두껍고 씨가 크지만 당도와 산도는 더 높습니다. 당도가 높아야 발효가 잘 이루어지며, 껍질과 씨에서는 타닌 등 와인의 이로운 성분들을 많이 얻을 수 있습니다.

현재 전 세계에서 와인양조용으로 재배되는 포도품종들은 수백여◆ 종에 달하는데, 다음과 같이 구분됩니다.

◆ 양조용 포도품종의 이름은 24,000여 개에 달하지만, 지역별로 다른 명칭으로 불리는 중복 품종도 많기 때문에 실제로는 약 5,000여 종으로 볼 수 있고, 그중 상업적으로 상당량 이상 재배되는 품종은 150여 종 정도이다.

대부분을 차지하는 유럽의 *Vitis*◆ *vinifera*(비티스 비니페라) 종(1종)과 북미가 원산지인 *Vitis labrusca*(비티스 라브루스카)◆ 종(29종)이 대표적이고, 그 외에 이 두 가지 종을 교배한 French hybrid(프렌치 하이브리드)◆ 종, 지역별 토착품종등이 있습니다.

◆ Vitis는 포도나무를 뜻하는 라틴어이다. 라틴어로 와인은 Vinum(비넘).

◆ 비티스 라브루스카 계열의 포도품종은 야생의 풋내(foxy)가 나기도 하는데, 현재 와인 양조에 많이 쓰이지는 않는다. Concord(콩코드), Catawba(카토바), Delaware(델라웨어), Isabella(이사벨라), Catawa(카타와), Norton(노튼), Northern Fox(노던 팍스) 등이 있으며, 우리나라에서 식용으로 많이 재배하는 Cambel(캠벨) 품종도 여기에 속한다.

◆ 프렌치 하이브리드 종에는 Seyval Blanc(세이블 블랑), Baco Noir(바코 누아), Chancellor(챈슬러), Ravat(라바트) 등이 있다.

우리 귀에 익숙한 Cabernet Sauvignon(까베르네 쏘비뇽)을 비롯해서 Merlot(메를로), Pinot Noir(삐노 누아), Syrah(씨라), Sangiovese(산지오베제), Nebbiolo(네삐올로), Chardonnay(샤르도네), Sauvignon Blanc(쏘비뇽 블랑), Riesling(리슬링), Sémillon(쎄미용) 등 잘 알려진 60여 가지의 글로벌 품종들이 *Vitis vinifera*(비티스 비니페라) 종에 속합니다. 그 최초의 근원지는 이란 북쪽 카스피해와 흑해 사이의 소아시아 지방으로 추정됩니다. 묘하게도(?) 성경에 노아◆가 대홍수가 끝난 뒤 정착하여 인류 최초로 포도나무를 심어 포도주를 만들어 마셨다는 바로 그 지역입니다.

◆ 구약성서에 노아가 포도를 재배하여 만든 와인을 마시고 취해서 장막 안에서 벌거벗은 채 잠이 들었다고 나와 있는데, 이것을 그린 미켈란젤로의 그림 '노아의 만취'는 바티칸의 시스티나 성당의 천장에 보존되어있다. (71쪽 하단 그림 참조)

1960~70년대에 샤또 마고가 품질 저하로 고전을 할 당시, 와인 양조학의 대가였던 보르도 대학 에밀 뻬노 교수를 컨설턴트로 초빙해 최고의 와인을 만들어 줄 것을 요청하자, 그는 이렇게 말했습니다. “최고의 와인을 만들어 드릴테니, 최고 품질의 포도를 재배해 공급해 주십시오.” 농담처럼 들릴 수도 있으나, ‘뛰어난 와인은 포도밭에서 이미 결정된다’는 양조 명언을 다시 한번 강조하는 말이었습니다.

주요 레드 품종별 타닌 & 산도 함량 비교 (Tannin, Acid)

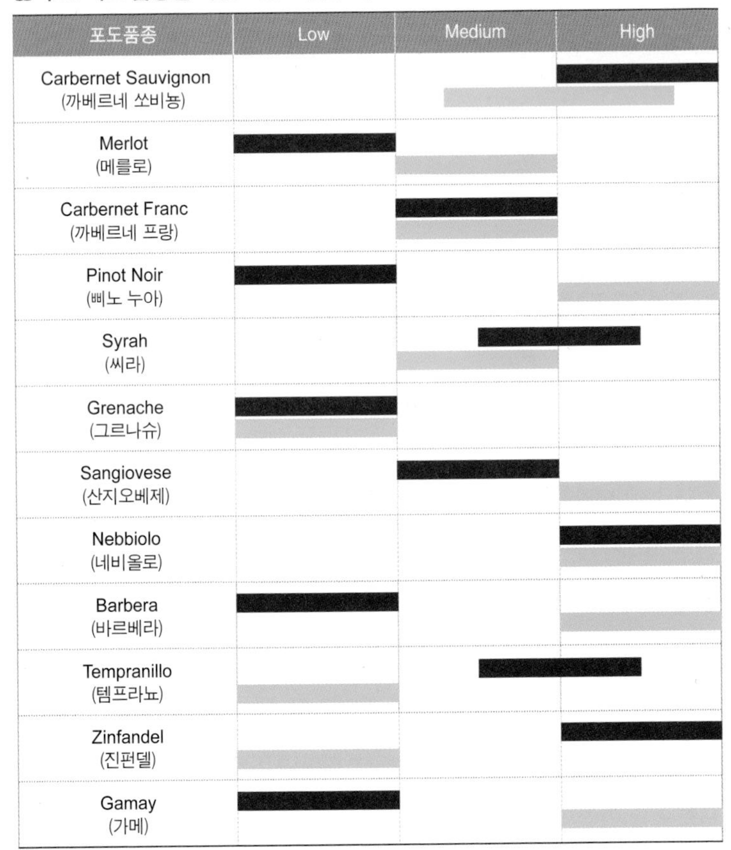

Cabernet Sauvignon 까베르네 쏘비뇽 | 245쪽, 249쪽, 561쪽 참조 |

까베르네 쏘비뇽 품종의 잎은 마치 눈(eye)처럼 뚫린 구멍들이 특징이다.

레드 품종의 제왕격인 품종으로, 푸른빛이 감도는 작은 알맹이에 껍질이 두껍고, 추위와 병충해에 강한 만생종입니다. 보르도 그랑 크뤼 와인 등 고급 레드 와인을 만드는 주품종으로, 타닌이 많고 산도도 적지 않아 장기숙성이 가능하며 진하고 묵직한 맛을 내는데, 그 느낌을 영어로는 Big & Bold(구조감이 강하고 힘찬)라고 표현합니다. 영할 땐 다소 거칠지만 숙성되면 부드럽고 복합적인 풍미가 나타납니다. 블랙커런트(까시스)와 블랙베리 등의 과일 맛을 베이스로 오크통 숙성을 통해 바닐라, 삼나무(cedar), 모카, 시가 향 등이 더해집니다. 보르도의 Cabernet Sauvignon(까베르네 쏘비뇽) 와인이 시가나 연필 깎은 부스러기 같은 향이 많은 데 비해, 덥고 비옥한 신세계 와인은 농익은 과일 풍미가 강합니다. 또 남반구의 칠레나 호주의 Cabernet Sauvignon 와인에서는 민트나 유칼립투스 향미도 느껴집니다. 보르도에서는 Merlot(메를로)나 Cabernet Franc(까베르네 프랑)과 블렌딩되지만, 따뜻한 미국, 칠레 등에서는 단일 품종으로 많이 사용됩니다.

- **원산지** : 프랑스 보르도 지방의 메독 지역
- **주산지** : 보르도의 메독 · 그라브 지역, 캘리포니아, 칠레, 호주, 이탈리아, 아르헨티나, 스페인, 남아공, 불가리아, 루마니아 등

Merlot 메를로 / 멀로 | 245쪽, 252쪽 참조 |

까베르네 쏘비뇽보다 2주 가량 먼저 수확하는 메를로는 포도알이 더 굵고 껍질은 얇으며 포도송이가 좀 느슨하다. 잎에는 CS 잎처럼 구멍이 보이지만 길쭉하고 선명하지 않다.

점토질 토양에서 잘 자라는 조생종으로, 향은 풍부하지만 타닌은 적습니다. 블랙베리, 구운 체리, 말린 자두향이 나는 부드럽고 유순한(easy drinking) 스타일의 와인을 만듭니다. 영어로 Soft, Juicy, Jammy, Round, Sweet Spicy 등으로 표현됩니다.

일찍 수확하여 적당한 산도에 붉은 과일 맛이 나는 가벼운 스타일의 와인을 만들기도 하지만, 다소 늦게 수확해 자줏빛에 질감 좋은 타닌과 농익은 과일 맛이 느껴지는 리치하고 풀바디한 와인을 만들기도 합니다. 후자의 경우 보르도의 갸라쥬 와인(276쪽 참조)이나 미국, 칠레 등의 고급 Merlot(메를로) 와인으로 그 진수를 느낄 수 있습니다.

원래 Merlot 품종은 오랜 기간 동안 보르도 지방에서 Cabernet Sauvignon(까베르네 쏘비뇽) 품종과 상호보완적인 블렌딩 파트너였습니다. 메독 지역보다는 강 건너편(Right Bank)인 쌩 떼밀리옹이나

뽀므롤 지역에서 더 많이 재배되는데, 보르도 지방 전체적으로도 Cabernet Sauvignon보다 두 배 이상 많은 양이 재배됩니다. 레이블에 'Bordeaux AOP(AOC)'라고 표시된 일반급 보르도 와인은 대부분 Merlot(메를로)를 주품종으로 Cabernet Sauvignon과 Cabernet Franc이 블렌딩된 와인입니다.

Merlot(메를로)◆를 주품종으로 사용하는 뽀므롤 지역 고급 레드 와인들은 벨벳처럼 부드럽고 관능적이라 할 정도로 우아한 매력을 가지고 있습니다. 그 대표적인 와인이 세계적인 명품 Merlot(100%) 와인인 〈Pétrus(뻬트뤼스)〉 입니다.

◆ 이 포도를 좋아해서 잘 쪼아 먹는 유럽의 흑청색 작은 티티새인 메를르(merle)를 칭하는 보르도 사투리 메를로(merlau)에서 유래된 단어이다. 티티새의 깃털은 메를로 포도알의 빛깔과도 비슷하다.

- **원산지** : 프랑스 보르도 지방의 쌩 떼밀리옹 지역
- **주산지** : 보르도, 미국 워싱턴 주 · 캘리포니아 주, 뉴질랜드(혹스베이), 호주, 이탈리아 북동부(뜨렌띠노), 칠레, 아르헨티나, 남아공 등

Pinot Noir 삐노 누아 | 294쪽, 480쪽, 545쪽 하단 참조 |

단일 품종으로 프랑스 부르고뉴 지방의 명품 레드 와인들을 만듭니다. 빛깔(pale red)과 맛이 연하고, 산도는 높지만 타닌은 적은 편입니다. 영할 때는 라스베리, 딸기, 구운 체리 등의 과일 향이 강하지만, 숙성될수록 크림처럼 부드러워지며 제비꽃(violet) 향에 알코올, 낙엽퇴비, 흙, 송로버섯(truffles), 딸기잼의 섬세한 향기를 냅니다. Pinot Noir 와인의 느낌을

실크 같은 질감과 관능적인 흙내음이 돋보이는 삐노 누아. 삐노 누아나 산지오베제는 포도껍질의 색깔은 아주 선명하고 진하지만, 와인의 빛깔은 꽤 여리다. 그것은 두 품종의 타닌 함유량이 적기 때문인데, 붉은 색을 내는 안토시아닌 성분은 타닌과 결합해야 숙성 이후에도 진한 색이 유지되기 때문이다.

영어로는 Earthy, Soft, Silky, Elegant 등으로 표현합니다.

Cabernet Sauvignon 품종 와인이 굵고 직선적인 남성 취향이라면, 상대적으로 바디감이 가볍고 우아하고 섬세한 타닌과 향을 지닌 Pinot Noir(삐노 누아) 품종 와인은 여성적이라고 할 수 있습니다. 타닌이 적은 편이라 장기숙성엔 적합지 않으나, 부르고뉴 등의 고급 Pinot Noir 와인은 얼마든지 장기숙성이 가능합니다.

재배하기가 무척 까다롭고 예민한 품종으로 서늘한 기후가 최적의 재배지입니다. 껍질이 얇아 더운 지역에서는 너무 빨리 익어 섬세하고 매혹적인 향들을 미처 머금지 못하기 때문입니다. Pinot Noir 품종은 마음에 들지 않는 토양에서 재배되면 신맛만 너무 강한 이상한 와인이 되기도 합니다. 완벽히 똑같은 특징을 가졌다고는 할 수 없지만 이 품종을 이탈리아에서는 Pinot Nero(삐노 네로), 독일에서는 Spätburgunder(슈페트부르군더), 오스트리아에서는 Blauburgunder(블라우부르군더) 등으로 부릅니다.

- **원산지** : 프랑스 부르고뉴 지방
- **주산지** : 부르고뉴 · 샹빠뉴 지방, 미국 오리건 주 · 캘리포니아 주, 뉴질랜드, 호주, 독일, 칠레, 남아공, 루마니아 등

Syrah / Shiraz 씨라 / 쉬라즈 | 341쪽, 519쪽, 566쪽 중간 참조 |

덥고 척박한 토양에서 잘 자라는 터프가이 같은 품종으로, 원조 격인 프랑스 론 지방에서는 Syrah(씨라), 호주에서는 Shiraz(쉬라즈)라고 부릅니다. 미국, 칠레 등 그 외의 나라에서는 두 가지 명칭이 혼용됩니다.

그런데 론의 Syrah와 호주의 Shiraz는, 같은 품종이면서도 재배되

는 토양과 기후에 따라 그 스타일이 얼마나 다를 수 있는지를 보여주는 대표적인 사례입니다. 둘 다 기본적으로 타닌이 많고 선이 굵고 스파이시(bold & spicy)한 와인이지만, 론 Syrah 와인이 더 드라이하고 얼씨(earthy)한 느낌이라면, 남부 호주의 Shiraz 와인은 숙성도와 상관없이 더 프루티(fruity)하며, 진하고 풍부한 감칠맛이 납니다. 영어 표현으로 느낌 차이를 비교해보면, 론 Syrah(씨라) 와인은 leather, spicy black pepper, earthy, smoky, intense tannin, meaty, 호주 Shiraz(쉬라즈) 와인은 silky, round tannin, dark fruit flavor, chocolate accent 등으로 설명됩니다.

론 지방의 씨라 (산도 : 中, 타닌 : 中上)

캘리포니아에서도 부드럽고 농밀한 Syrah 와인들이 생산되는데, 호주 Shiraz 와인처럼 과일 잼 같은 느낌이 있긴 하나, 기본적으로는 론 Syrah 와인 스타일에 좀 더 가깝고, 향신료 향미도 꽤 느껴집니다.

- **원산지** : 프랑스 북부 론 지방(기원은 이란의 쉬라즈 마을)
- **주산지** : 론 지방, 호주 전역, 칠레, 캘리포니아, 남아프리카공화국, 이탈리아 시칠리아 섬 등

Cabernet Franc 까베르네 프랑 / 카버네 프랑 | 245쪽, 255쪽, 380쪽 중간 참조 |

Cabernet Sauvignon(까베르네 쏘비뇽)의 아버지뻘 품종이라 느낌이 어딘지 비슷하지만, 타닌과 산도는 중간 수준이며 복합적인 풍미도 덜합니다. 모든 밸런스에서 중간적인 맛을 보입니다. 제비꽃과 허브 향, 피망, 생야채, 흙, 초콜릿, 민트, 딸기, 블랙베리 향이 납니다. 와인의 맛을 영어로는 Earthy & Herbaceous로 주로 표현합니다.

서늘한 기후의 자갈이 많은 점토질 토양을 좋아하며, 악천후에도 강한 조생종입니다. 단일 품종보다는 주로 블렌딩 품종으로 사용됩니다. 프랑스 보르도 지방의 메독 지역에서는 소량의 보조 품종으로 사용되지만, 보르도의 쌩 떼밀리옹과 뽀므롤 지역에서는 비중이 큰 제1 또는 제2 품종으로 사용되고, 루아르 지방과 칠레, 미국 뉴욕 주 등에서는 단일 품종으로도 사용됩니다.

보르도의 쌩 떼밀리옹과 뽀므롤에서는 'Bouchet(부셰)', 루아르에서는 'Breton(브르똥)', 'Véron(베롱)'이라고도 불립니다.

- **원산지** : 프랑스 보르도 지방(혹은 스페인 바스크 지역)
- **주산지** : 보르도의 쌩 떼밀리옹 · 뽀므롤 지역, 루아르 지방, 미국 뉴욕 주, 캐나다(아이스와인), 칠레, 아르헨티나, 호주 등

Malbec 말벡 | 256쪽, 581쪽 참조 |

껍질이 두껍고 포도 자체의 색깔도 검은빛이 많이 나는 Malbec(말벡) 품종 와인은 빛깔이 진하고 타닌도 풍부합니다. 그래서 Malbec 와인의 느낌을 영어로 Gusty(거침없는)라고 표현하기도 합니다. Malbec 와인은 Merlot(메를로)와 Cabernet Sauvignon(까베르네 쏘비뇽) 품종의 중간적인 특성을 가지고 있다고도 합니다. 부드러운 과일 향(Plum, 서양 자두)과 진한 타닌의 느낌이 같이 공존하기 때문인데, 전반적으로 뭔가 독특한 풍미가 느껴지는 품종입니다.

프랑스 내에서는 보르도 지방 우안에서 블렌딩용으로 소량 재배되고 있으며, 보르도 동쪽의 까오르(Cahors) 지방에서는 주품종으로 사용됩니다. 하지만 지금은 아르헨티나 Malbec 와인이 대세입니다.

이 세 곳의 Malbec 와인의 느낌은 약간씩 차이가 있는데, 보르도 우안의 Malbec은 소박한 시골풍으로 블랙베리 향이 나며 부드러운 타닌에 산도가 낮은 편인데 비해, 까오르 지방의 Malbec 와인은 진한 보랏빛에 건포도, 검은 자두, 담배, 동물 향이 나며 타닌도 더 강합니다. 아르헨티나 Malbec은 함유 성분과 알코올도 높고 진하고 부드러운 질감을 보이며, 과일잼, 가죽, 향긋한 흙냄새가 더해집니다. 칠레 Malbec 와인의 품질도 계속 향상되면서 서서히 주목받고 있습니다.

- **원산지** : 프랑스 루아르 지방
- **주산지** : 아르헨티나 멘도사 지역, 프랑스 까오르 지방 · 보르도 지방 우안, 칠레, 호주, 페루 등

Grenache 그르나슈 | 344쪽, 602쪽 참조 |

지중해 연안에서 널리 재배되며, 특히 프랑스 남부 론 지방의 대표 품종입니다. 같은 계열의 화이트 품종인 Grenache Blanc(그르나슈 블랑)이 있기 때문에 이와 구분하기 위해서 'Grenache Noir(그르나슈 누아)'라고 부르기도 합니다.

레드 베리(Berry) 계열의 달콤한 과일 맛이 풍부하지만 상대적으로 타닌과 산도는 낮은 편이라 장기숙성에 적합치 않기 때문에 독자적인 양조보다는 다른 품종과 블렌딩함으로써 훨씬 좋은 결과를 냅니다. 마치 보르도 지방에서 Cabernet Sauvignon의 강한 맛과 Merlot의 부드러운 맛을 블렌딩하듯, 남부 론 지방에서는 강한 맛의 Syrah(씨라)와 소박한 감미와 향이 뛰어난 Grenache를 블렌딩하여, 말린 자두(Prune), 체리, 딸기 등의 과일 향이 풍부한, 부드럽고 포근한 질감의

와인을 만듭니다. 수령이 높을수록 품질이 좋아지며, Mourvèdre(무르베드르), Cinsault(쌩쏘)와도 좋은 블렌딩 파트너입니다.

론 지방의 로제 와인을 만드는 주품종이기도 한 Grenache(그르나슈)는 스페인에서는 'Garnacha(가르나차)', 'Garnacho Tinta(가르나초 띤따)', 이탈리아 사르데냐 섬에서는 Cannonau(깐노나우)라고 불리는데, 전 세계 레드 품종 중 두 번째로 많이 재배되고 있습니다. 무게감은 미디엄라이트바디 혹은 미디엄바디.

- **원산지** : 스페인 북부 아라곤(재배량도 스페인이 가장 많음)
- **주산지** : 프랑스 남부 론 · 프로방스 · 랑그독-루씨용 지방, 스페인 리오하 지방, 호주, 캘리포니아, 이탈리아 등

Mourvèdre 무르베드르 | 384쪽 상단, 603쪽 참조 |

기본적으로 스파이시한 후추, 가죽, 흙, 동물향이 나며 블랙베리, 자두, 산딸기 등 과일의 풍부한 감미가 특징입니다. 더운 지역에서 많은 양의 햇빛을 받고 자라기 때문에 알코올 도수도 높고 거친 타닌의 구조감이 느껴지는 파워풀한 와인을 만듭니다.

남부 론 지방에서 Syrah와 함께 Grenache의 찰떡궁합 블렌딩 품종으로 명성이 높은데, 이때 Mourvèdre의 역할은 깊은 색상과 타닌을 제공하는 것입니다. 이렇듯 남부 론의 주요 레드 품종인 Grenache-Syrah-Mourvèdre가 사용되는 블렌딩을 일명 'GSM 블렌딩'이라 하는데, 호주나 캘리포니아 등지에서도 많이 사용됩니다. 호주에서는 원래 'Mataro(마타로)'라 부르며 무시하던 품종이었는데, Mourvèdre란 프랑

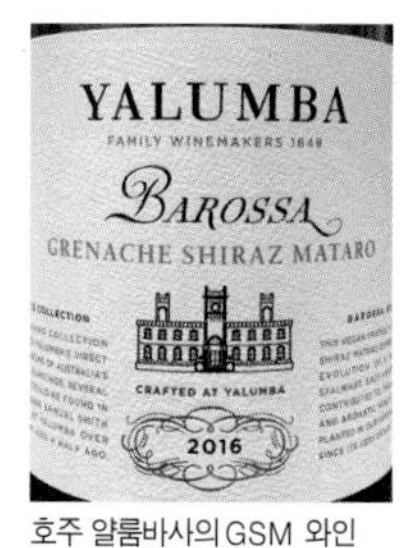

호주 얄룸바사의 GSM 와인

스식 이름으로 개명하면서 제대로 인정받기 시작했습니다. 또 13가지 포도품종이 사용허가된 남부 론의 명품 와인 〈Châteauneuf-du-pape(샤또뇌프 뒤 빠쁘)〉를 만드는 데도 4대 품종 중 하나로 사용됩니다.

프랑스 내에서도 남부 론, 프로방스, 랑그독-루씨용 지방에서 많이 재배되는데, 프로방스의 방돌 지역에서는 Mourvèdre 100% 또는 주품종으로의 장기숙성용 고급 레드 와인으로 만들어집니다.

원산지인 스페인에서는 Monastrell(모나스뜨렐)이라고 불리는데, 질보다는 양적인 기여(No.2)를 더 하고 있습니다. 고향인 후미야(Jumilla) 지방에서 훌륭한 Monastrell(모나스뜨렐) 와인들이 많이 생산됩니다.

- **원산지** : 스페인 남동부
- **주산지** : 스페인, 프랑스 남부 론 · 프로방스 · 랑그독-루씨용 지방, 호주, 남아공, 캘리포니아의 파쏘 로블즈 등

Gamay 가메 / 갸메 | 300쪽 참조 |

〈보졸레 누보(Beaujolais Nouveau)〉 등 오래 숙성하지 않고 마시는 라이트바디 레드 와인의 재료로 주로 사용됩니다. 포도알이나 송이가 모두 큰 Gamay(가메) 품종은 과일 향미가 많아 산도는 높지만, 아로마적 특성이 적고 타닌도 아주 적은 편입니다. Gamay 품종으로 만드는 보졸레 와인들은 어릴 적에 씹던 딸기 풍선껌이나 바나나, 산딸기, 체리 등의 과일 향이 납니다. 왠지 야생보다는 인공적인 과일 향미라고나 할까요~

가메 포도

- **원산지 및 주산지** : 프랑스 보졸레 지방

Sangiovese 산지오베제 | 400쪽 참조 |

이탈리아 또스까나 지방 토착 품종으로, 이탈리아에서 가장 많이 재배되는 품종입니다. 연한 빛깔에 제비꽃*과 블랙체리, 라스베스 향이 나는 부드러운 와인을 만듭니다. 타닌은 보통 수준이지만 산도가 높아 입맛을 돋워주고 다양한 음식들과 잘 매칭됩니다. 또스까나의 대표 와인인 〈Chianti(끼안띠)〉 와인들을 만드는 주품종입니다. 같은 또스까나 지방의 명품 와인인 〈Vino Nobile di Montepulciano(비노 노빌레 디 몬떼뿔치아노)〉를 만드는 품종인 'Prugnolo Gentile(프루뇰로 젠띨레)'는 Sangiovese의 다른 이름이고, 〈Brunello di Montalcino(브루넬로 디 몬딸치노)〉 와인을 만드는 품종인 'Brunello(브루넬로)'는 Sangiovese의 변종입니다. 변종(클론, clon)도 꽤나 많아 이탈리아의 다른 산지들에서도 많이 재배되고 있습니다. 그만큼 와인 맛의 스펙트럼도 다양합니다.

* 제비꽃(Violet) 향은 고급 레드 와인의 기본적인 꽃향 중의 하나로, 산지오베제 품종 와인 뿐 아니라, 부르고뉴의 〈로마네 꽁띠〉, 〈뮈지니〉 등과 보르도의 최고급 레드 와인들에서도 느껴진다. 제비꽃은 나폴레옹이 아주 좋아했던 꽃으로도 유명한데, 우리나라의 것보다 프랑스의 제비꽃은 그 향이 훨씬 강해서 향수나 과자의 원료로도 많이 사용된다.
제비꽃 향을 예전에 우리 어머니들이 미제 아줌마한테 사서 쓰시던 코티 분(COTY Powder) 향에 비유하기도 한다.

- **원산지** : 이탈리아 또스까나 지방으로 추정
- **주산지** : 이탈리아 또스까나 지방, 캘리포니아, 아르헨티나, 호주 등

Nebbiolo 네비올로 | 422쪽 참조 |

이탈리아어로 '안개(nebbia)'란 뜻의 어원을 가진, 삐에몬떼 지방의 대표적 토착 품종으로, 또스까나의 Sangiovese(산지오베제)와 함께 이탈리아를 대표하는 레드 품종입니다. 껍질이 두꺼운 만생종으로, 산도

도 높고 타닌이 풍부해 힘차고 장기숙성이 가능한 와인을 만듭니다.

◆ 타닌이 많은 네비올로는, 고급 와인으로 만들 경우 오크통 숙성을 4년 이상 시키기도 한다. 하지만 그렇다고 해서 미국, 호주, 칠레 등의 농익은 까베르네 쏘비뇽이나 쉬라즈 품종 와인을 연상하면 안 된다. 네비올로 와인은 타닌은 많지만 오히려 빛깔이나 향과 맛이 부르고뉴 삐노 누아 품종 와인과 많이 닮았다. 또 삐노 누아처럼 다른 지역에서는 잘 자라지 못한다. 대신 좀 더 쌉쌀하고 강한 구조감에 알코올 도수도 높다.

옅은 체리빛에 장미 등의 꽃향기와 라스베리, 플럼, 송로버섯, 초콜릿, 가죽 등 다양한 향을 가진 〈Barolo(바롤로)〉와 〈Barbaresco(바르바레스꼬)〉 같은 이탈리아 명품 와인들을 만듭니다. '삐에몬떼의 삐노 누아'란 애칭도 가지고 있는데, 부르고뉴의 삐노 누아 와인과 다르면서도 느낌이 묘하게 닮은 점◆이 있습니다.

- **원산지** : 이탈리아 북부 삐에몬떼 지방
- **주산지** : 이탈리아 삐에몬떼 · 롬바르디아 지방, 미국 캘리포니아, 호주 등

Zinfandel 진펀델 | 478쪽 참조 |

캘리포니아의 특화된 품종으로, 검은 색 껍질에 알이 굵고 건포도나 딸기 같은 잘 익은 과일 향이 풍부합니다. 꽤 많은 타닌에 스파이시하고 복합적인 맛이 나는데, 산도가 낮아서 그런지 왠지 밸런스가 안 맞는 느낌입니다. Zinfandel(진펀델)은 다양한 스타일의 와인을 만들지만, 당도가 높은 편이라 드라이한 레드 와인을 만들 경우 알코올 도수가 꽤나 높습니다. 캘리포니아 Zinfandel 와인 중에는 알코올 도수가 16도 이상인 경우도 있습니다. 고급 Zinfandel 와인이 적당히 숙성되면 Cabernet Sauvignon(까베르네 쏘비뇽) 와인과 좀 비슷해집니다.

- **원산지** : 크로아티아
- **주산지** : 미국 캘리포니아, 오스트리아, 남아공, 호주, 멕시코 등

Carmenère 까르메네르 | 564~565쪽 참조 |

아주 만생종*이라 와인의 빛깔은 진한 자주 빛을 띱니다. 화려하고 복합적인 느낌에 스파이시한 향이 강하지만, 맛은 부드럽고 온화한 편이라 목넘김이 좋습니다. 레드 와인 맛의 여러 요소들이 과하거나 부족하지 않게 골고루 느껴지지만 산도는 낮은 편입니다.

* 까르메네르는 워낙 만생종이라 수확을 할 때쯤엔 포도 잎들이 모두 떨어져 보라색 알맹이들만 달려 있는 모습이 보랏빛 장관을 이룬다. 그래서 칠레 몬테스사에서는 까르메네르 와인의 이름을 〈퍼플 엔젤, 565쪽 상단〉로 지었다고.

잉크처럼 진한 빛깔에 부드러운 타닌이 느껴지는 고급 Carmenère 와인에 비해, 서늘한 지역에서 덜 익은 포도로 만든 중저가 제품들은 초록 피망이나 연필심, 먼지향 같은 느낌도 납니다. 오래된 보르도 품종이지만 필록세라 이후 거의 없어졌고, 지금은 칠레의 특화 품종이나 다름없습니다.

- **원산지** : 프랑스 보르도 지방
- **주산지** : 칠레

Tempranillo 템프라뇨 / 뗌쁘라뇨 | 600쪽 참조 |

스페인을 대표하는 토착 품종입니다. 척박한 땅에서도 잘 자라는 '조생종'으로 이름도 그런 뜻에서 유래됐습니다. 향이 적고 산도도 낮은 편이나, 딸기, 자두, 체리와 베리류의 부드러운 과일향이 풍부해 영 와인으로 마시기에도 적당하지만, 타닌이 적지 않은 편이라 오크 숙성을 통해 장기 숙성이 가능한 고급 와인으로도 만들어지는 만능 품종입니다. 리오하에서는 특히 블렌딩 와인으로 많이 만들어지는데, 토착 품종으론 Mazuelo(마쑤엘로), Graciano(그라씨아노)가, 글로벌 품종으론 Cabernet Sauvignon(까베르네 쏘비뇽)이 좋은 파트너가 됩니다.

마시기 편한 일반급 와인을 만들기 위해선 향과 질감이 뛰어난 Garnacha(가르나차)와 많이 블렌딩되는 편입니다. 포르투갈에서는 'Tinta Roriz(띤따 호리스)'라고 불리며, 오래전부터 포트(Port) 와인 양조에도 사용되어 왔습니다.

- **원산지** : 스페인 북부
- **주산지** : 스페인의 리오하 · 리베라 델 두에로 · 또로 · 뻬네데스 지역, 포르투갈, 아르헨티나, 칠레, 호주 등

Pinotage 삐노타쥐 | 666~668쪽 참조 |

남아프리카공화국에서 프랑스의 Pinot Noir(삐노 누아)와 Cinsault(쌩쏘) 품종을 교접해서 개발한 신품종입니다. 처음엔 짙은 감홍색을 띠다가 숙성이 한참 진행되면 벽돌색에 가까워집니다. 모태가 된 Pinot Noir의 담백하고 고상한 일면이 있어 마시기 수월하지만, 저가 와인인 경우 좀 꼬리한 느낌이 들기도 합니다.

- **원산지** : 남아공
- **주산지** : 남아공, 뉴질랜드, 칠레, 호주

Nero d'Avola 네로 다볼라 | 442쪽 참조 |

이탈리아 토착 품종으로, 시칠리아 섬에서 단일 품종 혹은 Syrah(씨라), Merlot(메를로) 등과 블렌딩됩니다. 루비색을 띠며, 과일 향이 풍부해서 맛도 있고 몸에도 이롭습니다. 타닌 성분이 비교적 적어 마시기가 수월하지만, 영 와인은 약간 거친 느낌이 들기도 합니다. 'Calabrese(깔라브레제)'라고도 부릅니다.

- **원산지 및 주산지** : 이탈리아 시칠리아 섬

❦ Touriga Nacional 또오리가 나씨오날 | 629쪽 상단 참조 |

포르투갈의 포트(Port) 와인을 만드는 48가지 레드 품종 중에서 가장 대표적인 품종입니다. 희소성이 있고 품질이 좋아 근래에는 단일 품종으로 고급 레드 와인을 만들기도 합니다. 그루당 수확량이 적어 진한 색상에 타닌이 아주 많고 산도도 높은 편이어서 풀바디 와인을 만들며, 풀향기와 과일 향도 풍부합니다. 앞으로 더 좋은 평가를 받을 수 있는 잠재력이 상당히 큰 품종입니다.

- **원산지** : 포르투갈
- **주산지** : 포르투갈 도우루 계곡, 호주 등

❦ Tannat 따나 / 태냇 | 85쪽 참조 |

Tannat(따나)는 피레네 산맥 서쪽 국경지대에 거주하던 바스크 족의 고유 포도품종이었습니다. 안토시아닌 함량이 높아 색상이 짙고 향이 강하며, 이름에 힌트가 있듯이 타닌이 아주 풍부합니다. 하지만 거칠고 강건하여 숙성이 덜 되었을 때는 과도한 타닌 때문에 부담스럽다는 평도 있습니다. 타닌 성분 중 혈관 건강에 매우 이롭다는 프로시아니딘이 가장 많이 함유되어 있는데, 이 연구결과가 발표되었을 당시 Tannat◆ 품종 와인으로 특히 유명한 프랑스 마디랑(Madiran) 지역 와인이 품절되기도 했었습니다. 우루과이에도 진출해 국가대표 품종이 되었습니다.

◆ Tannat와 CS의 자연 교배종인 Arinarnoa(아리나르노아)는 지구 온난화로 인한 기온 상승으로 2019년 7월 이후 보르도 AOC 레드 와인에 브렌딩이 새로 허용된 레드 품종 4가지 중 하나이다.

- **원산지** : 프랑스 남서부
- **주산지** : 프랑스 남서부 제르 지방(마디랑 지역), 우루과이, 브라질, 페루

Petite Sirah 쁘띠 씨라

쁘띠 씨라 품종의 원조인 미국 보글사의 쁘띠 씨라 와인. Petite Sirah 100%. 54,000원선.

이 품종은 Syrah(씨라) 품종과의 연관성을 찾아내기 위해 DNA 검사를 한 결과 'Durif(뒤리프)'라는 품종으로 판명됐습니다. 하지만 그 또한 1880년 프랑스 뒤리프(Durif) 박사가 Syrah와 프랑스 남부의 Peloursin(뻴루르쟁)이라는 품종을 접목해서 탄생시킨 품종이니까 Syrah의 아류임은 분명합니다. 진한 자주색과 스파이시한 향과 맛, 묵직한 타닌감 등 Syrah의 특징을 상당 부분 가지고 있지만, 더 투박하고 건포도 향미가 느껴져 왠지 언밸런스해 보이기도 합니다. 또 유난히 Malbec(말벡) 품종의 느낌이 강하다는 평도 듣습니다. 캘리포니아에서 Zinfandel(진펀델), Petit Verdot(쁘띠 베르도) 등과 블렌딩되는데, 그리 인기는 없어 점차 Syrah로 대체되고 있습니다.

- **원산지** : 프랑스
- **주산지** : 미국 캘리포니아, 호주, 멕시코 , 칠레, 남아메리카 국가 등

Ruby Cabernet 루비 까베르네

Cabernet Sauvignon과 Carignan(까리냥) 품종을 교배시킨 품종입니다. 그러나 Carignan 품종처럼 고온의 기후에서 많은 수확량을 보이면서 Cabernet Sauvignon의 품질을 가진 품종을 개발하려 했던 원래 목적에는 다소 미치지 못했습니다. 체리향이 나는 빛깔 고운 미디엄바디 와인이 생산되나 단일 품종보다는 주로 벌크 와인*의 블렌딩에 많이 사용됩니다.

◆벌크와인(Bulk wine) 병이 아닌 대형 용기에 담겨 팔리는 값싼 와인으로, 식재료 원료로 거래되기도 한다.

- **원산지** : 미국 캘리포니아
- **주산지** : 캘리포니아, 호주, 남아공, 칠레, 아르헨티나 등

Concord 콩코드

북미가 원산지인 *Vitis labrusca*(비티스 라브루스카) 종의 대표적인 품종입니다. 미국에서 Welch's(웰치스) 포도주스를 만드는 품종이지만, 설탕을 가미하여 저가의 스위트 레드 와인으로 만들어져 디저트 와인으로 많이 사용됩니다. 미국 품종 특유의 폭스 플레이버(foxy flavor)◆가 느껴지지만, 우리 몸에 이로운 프로시아니딘 성분이 풍부합니다.

◆ Foxy flavor는 여우 등의 동물 향은 아니며, 독특한 꽃과 과일향이다.

- **원산지** : 미국

Carignan 까리냥 | 387쪽 중간 Tip 참조 |

프랑스 남부 지방에서 저렴한 테이블 와인용으로 널리 재배되는 마이너 품종이지만, 남프랑스 최초의 포도품종이기도 합니다. 짙은 보라 빛깔, 높은 알코올 도수, 스파이시한 향미와 산도를 높이기 위한 블렌딩 품종으로 주로 사용됩니다. 타닌 성분도 보통 이하이고, 질감이 거칠고 과일 향미와 섬세함이 부족하기 때문에 단일 품종으로는 잘 사용되지 않고, 보통 Grenache(그르나슈), Cinsault(쌩쏘)◆, Syrah(씨라), Mourvèdre(무르베드르) 등과 블렌딩됩니다.

◆ Cinsault : 더운 지방에서 잘 자라는 쌩쏘 품종은 프랑스 남부 지방 특히 랑그독-루씨용에서 많이 재배된다. 향기롭고 질감이 아주 부드럽고 가벼워 로제 와인으로도 많이 만들어진다. 스파이시하고 산도는 좋지만 타닌이 아주 적고 바디감이 가볍기 때문에 Carignan(까리냥)처럼 진한 색상에 거칠고 강한 품종을 보완하는 블렌딩 파트너로 애용된다. 여기에 과일 풍미가 뛰어난 Grenache(그르나슈)까지 합쳐지면 꽤 좋은 삼합이 이루어진다. 남아공, 레바논 등지에서도 많이 재배된다.

하지만 좋은 밭의 오래된 나무(Old Vine)의 포도로 단일 품종 와인이 만들어지기도 하는데, 이 경우 향과 첫맛은 풍부하고 꽤 괜찮으나 왠지 피니쉬가 약하고 허전한 느낌이 들곤 합니다. 고향인 스페인에서는 Mazuelo(마쑤엘로), Carinena(까리네나) 등으로 불리는데, 리오하 와인의 블렌딩에서도 색깔을 담당하고 있습니다(600쪽 상단 박스 참조). 또 이탈리아의 사르데냐섬에서도 Carignano(까리냐노)라 불리는 중요 품종입니다. 근래에는 맛있는 산도를 중심으로 꽤 잘 만든 칠레의 까리냥 품종 와인들도 간혹 접할 수 있습니다.

- **원산지** : 프랑스 남서부
- **주산지** : 프랑스 남서부 제르 지방(마디랑 지역), 우루과이

Wine Lesson 101

와인식초 vs 비니거 vs 발사믹

식초를 영어로 vinegar[비니거]라고 한다. 감으로 만든 감식초는 persimmon vinegar, 사과 식초는 cider vinegar 그리고 와인으로 만든 식초를 wine vinegar라고 하는데, white wine vinegar와 red wine vinegar로 구분할 수 있다. 우리가 레스토랑에서 빵을 찍어먹는 올리브오일에 검은색이 한 방울 들어있는 게 balsamic vinegar(발사믹 비니거)인데, white wine vinegar의 일종이다. 이탈리아 북부 에밀리아-로마냐 주 모데나 지역에서 뜨레삐아노(Trebbiano)라는 청포도를 원료로 전통적인 방식으로만든 와인 식초이며, balsamic은 '향기가 좋은'이라는 의미이다. 따라서 balsamic vinegar(발사믹 비니거)는 white wine vinegar 계열이라고 할 수 있지만 빛깔이 거의 검정색을 띨 정도로 진한 이유는 여러 오크통에 옮겨가며 장기 숙성을 하다 보니 농축되고 착색이 되기 때문이다.

Chardonnay 샤르도네 | 297쪽, 474쪽 중간, 515쪽 참조 |

샤르도네는 중성적인 성질을 가지고 있어 가장 오크 친화적인 화이트 품종이다.

화이트 와인 품종 중 가장 흔하고 많이 알려진 Chardonnay(샤르도네)는 로마제국 프로부스 황제 시절 크로아티아의 화이트 품종인 Gouais Blanc(구에 블랑)과 프랑스 부르고뉴의 레드 품종인 Pinot Noir(삐노 누아)가 자연 교배된 것으로 추정됩니다. 조생종으로 서늘한 기후를 선호하지만, 어느 기후에서나 잘 재배됩니다. 밝은 황금색을 띠는 Chardonnay 와인은 알맞은 산도에 다양한 과일 풍미를 가지고 있습니다. Chardonnay가 가장 유명하고 보편적인 화이트 품종이 될 수 있었던 이유는, 재배의 용이성보다는 독특한 개성이 없고(?) 특유의 향이 강하지 않기 때문일 겁니다. 그래서 양조자(와인메이커)의 의도대로, 신선하고 상큼한 와인으로도, 농익은 과일 향의 넉넉한 풍미를 가진 와인으로도, 오키(oaky)하고 크리미한 와인으로도 만들어집니다. 스테인리스통에서 숙성시키면 상큼한 과일 향이 도드라지지만, 오크통 숙성*을 거치면 바닐라, 버터, 토스트 향이 나는 전혀 다른 느낌의 와인이 됩니다. Chardonnay의 이런 다양한 느낌들을 Crispy(상큼) & Fruity(과일 향) & Nutty(견과류)로 표현합니다.

* 샤르도네 품종은 오크통 숙성으로 더 풍만하고 복합적인 와인이 되긴 하지만, 한때 과도한 오크 풍미가 이슈가 된 이후 지나친 오크 사용을 절제하는 경향이 많아졌다.

부르고뉴 루이 라뚜르사의 샤싸뉴 몽라쉐 프르미에 크뤼 와인 Chardonnay 100%. 17만 원선.

Chardonnay(샤르도네)는 〈Montrache(몽라쉐)〉, 〈Meursault(뫼르쏘)〉, 〈Chablis(샤블리), 309쪽 참조〉 같은 프랑스 부르고뉴 지방의 세계적인 화이트 와인들을 만드는 품종이며, 프랑스 샴페인의 주품종이기도 합니다.

- **원산지** : 프랑스 부르고뉴 지방
- **주산지** : 부르고뉴의 샤블리 · 꼬뜨 드 본 지역, 프랑스 샹빠뉴 지방, 미국 캘리포니아, 호주, 칠레, 뉴질랜드, 스페인, 이탈리아 등

Sauvignon Blanc 쏘비뇽 블랑 | 257쪽, 377쪽, 543쪽 참조 |

개성 있는 향미로 인기가 높은 넘버 투 화이트 품종으로, 신선하고 산도가 높은 깔끔한 와인으로 만들어집니다. 프랑스의 보르도 화이트 와인을 만드는 주품종으로, Sémillon(쎄미용), Muscadelle(뮈스까델)과 블렌딩됩니다. 단일 품종으로는 전통적으로 루아르 지방의 〈Sancerre(쌍세르)〉와 〈Pouilly-Fumé(뿌이 퓌메)〉 같은 AOC 와인들이 유명합니다.

루아르 지방 앙리 부르주아사의 쌍쎄르 AOP(AOC) 와인 〈에띠엔 앙리〉 SB 100%. 10만 원선.

① 보르도 지방 말레르 베쓰사의 보르도 AOP 화이트 와인 〈슈발 누아〉 25,000원선. SB 80~85% : Sémillon : Muscadelle.
② 뉴질랜드 그레이락사가 말버러 지역에서 만드는 쏘비뇽 블랑 와인. SB 100%. 38,000원선.

Sauvignon Blanc 와인의 향미를 고양이 오줌 냄새에 비유하기도 하는데, 서늘한 기후의 루아르 지방의 경우 구스베리 향을 기본으로 피망, 아스파라거스 등의 향미가 느껴지는 데 비해, 뉴질랜드는 자른 풀 향기(cut grass)와 자몽 등 깔끔하고 자극적인 느낌이 강하고, 따뜻한 호주, 칠레의 Sauvignon Blanc 와인은 멜론, 레몬에 신선한 허브향 등이 많습니다.

- **원산지** : 프랑스 보르도 지방
- **주산지** : 프랑스 루아르 · 보르도 지방, 뉴질랜드의 말버러 지역, 캘리포니아, 오스트리아의 스티리아 지역, 칠레, 아르헨티나, 남아공 등

Sémillon 쎄미용 | 259쪽 참조 |

껍질이 얇고 포도알이 크고 조밀하게 열리기 때문에 곰팡이의 침입에 취약해 귀부*와인 양조에 널리 애용됩니다. * 259쪽 하단 Tip 참조
오래 숙성되면서 꿀향이 나지만 상대적으로 산도는 낮은 편입니다.

보르도의 그라브 지역에서는 Sauvignon Blanc(쏘비뇽 블랑)과 블렌딩되어 멜론과 밀랍 향을 더해주며 드라이 화이트 와인으로도 만들어지지만, 진정한 Sémillon(쎄미용)의 명성은 보르도의 쏘떼른(Sauternes)과 바르싹(Barsac) 지역의 세계적인 귀부 스위트 와인에서 비롯됩니다.

호주 헌터 밸리의 드라이 혹은 스위트한 Sémillon 와인도 유명하며, 남아공에서도 오래전부터 품질 좋은 Sémillon 와인이 만들어졌습니다.

- **원산지** : 프랑스 남서부

- **주산지** : 프랑스 보르도 지방(특히 쏘떼른, 바르싹, 까디악, 루피악 지역), 호주 헌터 밸리, 미국, 남아공, 뉴질랜드, 헝가리, 독일 등

Riesling 리슬링 | 515쪽 하단, 646쪽 하단 참조 |

왠지 기품이 느껴지는 리슬링 품종은 추위에 강한 만생종으로, 떼루아에 따라 와인의 스타일이 많이 달라지는데, 독일의 모젤처럼 서늘한 곳에서는 꽃 향에 산도, 당도가 균형을 이룬 상쾌한 사과 맛이 느껴지는 데 비해, 덜 서늘한 프랑스 알자스나 호주 와인의 경우 복숭아, 감귤류, 라임의 풍미가 느껴집니다. 또한 독일에서는 늦수확이나 귀부현상 등을 이용해 스위트한 와인을 주로 만들지만, 알자스에서는 미네랄과 부싯돌 향이 느껴지는 산도 높고 드라이한 리슬링 와인을 만듭니다. 살짝 당도가 있는 미국 워싱턴 주 리슬링 와인도 강추!

섬세한 향기를 가진 Riesling(리슬링)◆ 품종은 오크통 숙성에 썩 적합지는 않지만, 오크통 장기 숙성을 통해 견과류, 꿀, 휘발성(petrolly) 풍미를 가진 매력적인 와인이 되기도 합니다. 기분 좋게 풍기는 휘발유 냄새는 Riesling 품종 드라이 와인의 중요한 특성 중의 하나인데, 독일의 고급 리슬링 와인은 숙성이 되면서 휘발향이 나오는 데 비해 미국, 호주, 뉴질랜드 등 신세계 산지의 리슬링 와인은 영할 때 느껴지기도 합니다.

> ◆ 샤르도네 품종은 오크통 숙성을 하면 다양한 풍미가 더해져 다소 가공된 느낌이 들기도 하지만, 상대적으로 리슬링은 오크통 숙성을 잘 하지 않지만, 드물게 오크통 숙성을 하더라도 떼루아가 반영된 포도 성분 자체의 맛 그대로를 더 많이 유지하는 특징이 있다.

- **원산지** : 독일 라인강 상류
- **주산지** : 독일(모젤, 라인가우), 프랑스 알자스 지방, 오스트리아, 호주, 미국 뉴욕 주의 핑거 레이크스 지역, 워싱턴 주, 뉴질랜드 등

Chenin Blanc 슈냉 블랑 | 375쪽 하단, 665쪽 중간 참조 |

감미가 강하진 않아도 살짝 짠듯한 꽤 높은 산도에 모과, 노란 사과, 서양배 향이 나며, 꿀이나 미네랄, 지푸라기 향도 느껴지는 담백한 드라이 화이트 와인으로 주로 만들어지지만, 세미 스위트 타입으로도 만들어지며, 귀부포도가 되어 다양한 스펙트럼의 스위트 와인으로도 만들어지는 매력적인 팔방미인 품종입니다.

오래 숙성시킬 수도 있어 강한 신맛을 부드럽게 하기 위해 오크통 숙성을 하기도 합니다. 프랑스 루아르 지방과 남아공의 Chenin Blanc(슈냉 블랑) 와인이 가장 유명한데, 해산물 요리와도 잘 어울립니다.

- **원산지** : 프랑스 루아르 지방
- **주산지** : 루아르 지방, 남아공, 미국 캘리포니아주, 아르헨티나 등

Pinot Gris 삐노 그리 | 450쪽 상단, 481쪽 참조 |

레드 품종인 Pinot Noir(삐노 누아)로부터 파생된 친척 품종으로, Chardonnay(샤르도네)와는 사촌지간입니다. 약간의 꽃향기와 사과, 레몬맛이 기본 풍미인 세련된 품종입니다. 이 품종을 'Pinot Grigio(삐노 그리지오)'라고 부르는 이탈리아의 경우, 과일 향이 많아지는 것을 피하고 산도를 유지하기 위해, 일찍 수확해 은은한 그린애플향이 나는 라이트바디 화이트 와인을 만듭니다. 최근 캘리포니아에서도 인기가 높아지고 있는데, 차게 해서 식전주로도 마십니다.

프랑스 알자스 지방 도멘 마르셀 다이스사의 삐노 그리 품종 와인 〈베르그하임〉 10만 원선.

Pinot Gris 품종은 재배지역에 따라 풍미의 차이가 큰 편인데, 고향격인 알자스 지방 와인은 과일과

벌꿀향에 스파이시하고 리치한 맛의 풀바디인 경우가 많고, 이 품종을 Grauer Brugunder(그라우어 브루군더) 라고 부르는 독일은 감미와 산도의 밸런스가 좋습니다. 또 미국 오리건 주 Pinot Gris 와인은 활기찬 산도와 더불어 크림처럼 부드러운 느낌이 특징입니다.

- **원산지** : 프랑스 부르고뉴 지방
- **주산지** : 프랑스 알자스 지방, 이탈리아 북동부, 미국 캘리포니아 주, 오리건 주, 독일, 오스트리아, 뉴질랜드, 헝가리 토카이 지역 등

Pinot Blanc 삐노 블랑 | 371쪽 하단 Tip, 450쪽 상단 참조 |

Pinot Gris(삐노 그리) 품종처럼 레드 품종인 Pinot Noir(삐노 누아)에서 파생된 것은 맞는데, 교배해서 개량된 것이 아니라 돌연변이에 의해 만들어진 품종입니다.

Chardonnay(샤르도네)와 너무 닮아서 한동안은 따로 분류도 안 했었다고 합니다. 대신 Chardonnay만큼 복합적이고 향이 진한 와인이 되지는 못하고, 상대적으로 더 가벼우면서 산뜻한 와인으로 만들어지기 때문에 '가난한 자의 샤르도네'라 불립니다.

Pinot Blanc 와인은 신선하고 상큼한 감귤류와 풋사과의 향미가 느껴지는 대체로 가볍고 활기찬 화이트 와인으로, 산도와 향이 강하지 않은 편이라 영할 때 마시는 것이 좋습니다.

Pinot Gris 와인과 비교해보면 Pinot Blanc(삐노 블랑) 와인이 좀 더 상큼하고 미네랄 향이 느껴지며, 또 자주 견주어지는 Sylvaner(실바너) 품종 와인에 비해서는 좀 더 섬세하고 부드러운 느낌입니다.

트로켄베렌아우슬레제(TBA)를 비롯한 독일의 고급 스위트 화이트

와인으로도 만들어지며, 캘리포니아에서는 스파클링 와인이나 오크통에서 숙성시킨 스타일로 생산되기도 합니다.

이탈리아에서는 Pinot Bianco(삐노 비앙꼬), 독일이나 오스트리아에서는 Weissburgunder(바이쓰부르군더)라고 불립니다.

이탈리아 롬바르디아 지방에는 샴페인과 같은 방식으로 만들어지는 〈Franciacorta(프란챠꼬르따)〉라는 유명한 스파클링 와인이 있는데, 여기에 사용되는 품종이 Chardonnay, Pinot Nero(=Pinot Noir) 그리고 Pinot Blanc(삐노 블랑)입니다. 프랑스의 샴페인과 사용 품종도 비슷한데, 레드 품종인 Pinot Meunier(삐노 뫼니에) 대신 같은 계열의 화이트 품종인 Pinot Blanc(삐노 블랑)이 사용되는 것만 다르지요.

- **원산지** : 프랑스 부르고뉴 지방
- **주산지** : 프랑스 알자스, 이탈리아 북부, 독일, 오스트리아, 미국 캘리포니아

Viognier 비오니에 | 345쪽 참조 |

프랑스 론 지방 앙드레 뻬레사의 꽁드리외 AOP 와인 〈셰리〉. Viognier 100%. 20만 원선.

개성 있고 세련된 드라이 화이트 와인으로 만들어집니다. 이국적인 꽃 향기에 살구, 황도, 파인애플 등의 맛있는 과일 향미가 미끈하고 먹먹한 유질감(oily)과 함께 느껴집니다. 산도는 낮지만 알코올 도수는 높은 편입니다. 병충해에 약하고 수확량이 적어 과거에는 프랑스 북부 론에서 소량 재배됐으나, 근래에는 프랑스 남부 전역에서 널리 재배되고, 호주, 캘리포니아, 뉴질랜드 등에서도 재배가 늘고 있습니다. 프랑스 남부에서는 아로마가 강한 Roussanne(루싼느)나 고소한 아몬드 향을

가진 Marsanne(마르쌴느) 품종과 블렌딩되기도 합니다.

Viognier(비오니에) 품종으로 〈Condrieu(꽁드리외)〉와 〈Château Grillet(샤또 그리예)〉 같은 프랑스 북부 론 지방의 좋은 화이트 와인을 만들지만, 향이 오래가지 않고 원래 장기숙성용 품종은 아니므로 일반급 와인의 경우 2~3년 이내에 마시는 것이 좋습니다.

- **원산지** : 미상(프랑스 론 지방일 것으로 추정)
- **주산지** : 프랑스 론 · 랑그독-루씨용 지방, 캘리포니아, 호주, 스페인 등

Gewurztraminer 게뷔르츠트라미너 | 373쪽 참조 |

추위에 강해 프랑스 알자스 지방과 독일에서 많이 재배됩니다. 풀바디에 과일향이 진하고 풍만한 와인으로 만들어지는데, 산도가 낮은 편이라 여운(finish)이 길진 않습니다. 이국적인 독특한 꽃향기와 열대과일 리치의 진한 향이 있어 향미가 강한 동양 음식과도 잘 어울립니다. 독특한 아로마가 강하다는 것은, 마치 양날의 칼처럼, 특징적인 매력이 될 수도 있지만 반대로 쉽게 질릴 수도 있다는 것을 의미하는데 잔당이 많을수록 더 그렇습니다. 알자스의 Gewurztraminer(게뷔르츠트라미너) 와인이 유명한 이유는 충분한 산도가 뒷받침된 맛의 밸런스로 자칫 질리기 쉬운 단점이 잘 보완되고 있기 때문입니다.

핑크빛에 가까운 껍질색은 화이트 와인의 색을 풍부하게 하는데 도움을 줍니다. 이 품종 와인은 알코올 도수가 좀 높지만 오래 숙성되지 않았을 때 즐기는 게 좋습니다.

오스트리아에서는 아이스와인을 만드는 품종으로도 많이 사용되는데, 근래 들어 뉴질랜드가 새로이 주목받는 산지로 떠오르고 있습니다.

- **원산지** : 이탈리아 삐에몬떼 지방 티롤 지역의 트라민 마을
- **주산지** : 프랑스 알자스 지방, 독일, 오스트리아, 뉴질랜드, 이탈리아 북부, 칠레, 캐나다 등

Moscato 모스까또 | 426쪽 참조 |

그리스가 고향으로 잘 익은 복숭아, 꿀, 아카시아 향 등의 아로마가 강한 화이트 품종으로, 오래 보관하지 말고 신선한 과일의 풍미가 있을 때 빨리 마시는 것이 좋습니다. 'Moscato Bianco(모스까또 비앙꼬)'라고도 불리며, 프랑스에서는 'Muscat(뮈스까)', 스페인에서는 'Moscatel(모스까뗄)'이라고 불립니다.

이탈리아의 Moscato 품종 와인은 부드럽고 살짝 달콤하면서 향이 강한 특징을 보이는데, 전 세계적으로 상업적인 성공을 거둔 이탈리아의 대표적인 스파클링 와인인 〈Asti Spumante(아스띠 스뿌만떼)〉와 〈Moscato d'Asti(모스까또 다스띠)〉 와인을 꼽을 수 있습니다.

- **원산지** : 그리스 혹은 지중해 연안으로 추정
- **주산지** : 이탈리아 삐에몬떼 지방, 프랑스 랑그독-루씨용 · 론 · 알자스 · 쥐라 지방, 스페인 등

루이 뷔똥 브랜드로 유명한 LVMH 그룹과 사돈지간인 이탈리아 간치아사의 〈모스까또 다스띠〉 23,000원선

Muscadet 뮈스까데 | 261쪽 하단, 378쪽 중하단 참조 |

부르고뉴 지방이 원산지이지만, 현재는 루아르 지방의 낭뜨 지역에서 생산하는 가벼운 드라이 화이트 와인의 이름이자 포도품종입니다. 대표적인 라이트바디 화이트 와인 품종입니다. 오래 숙성하지 않

고 병입 후 2년 내에 마시는 것이 좋으며, 자극적이리만큼 신맛이 강해 생굴, 흰 살 생선, 새우, 조개 등의 해산물과 참 잘 어울립니다.

- **원산지** : 프랑스 부르고뉴 지방
- **주산지** : 프랑스 루아르 지방

Muscadelle 뮈스까델 | 261쪽 참조 |

단일 품종으로는 잘 사용하지 않고, 보르도 지방에서 Sauvignon Blanc(쏘비뇽 블랑), Sémillon(쎄미용)과 함께 소량 블렌딩하는 보조 품종입니다. 산도가 낮고 부드러우며, 꽃향기와 신선한 과실 캐릭터가 특징입니다.

앙리 부르주아사의 뮈스까데 AOP 와인.
〈도멘 가데, 비에이유 비뉴〉
Muscadet 100%. 4만 원선.

- **원산지** : 프랑스 보르도 지방
- **주산지** : 프랑스 보르도 지방, 호주, 캘리포니아 등

Garganega 가르가네가 | 439쪽 참조 |

가르가네가*는 만생종으로 그리스가 원고향이지만, 이탈리아 북부 베네또 지방에 토착 품종처럼 뿌리를 내려 부드러운 화이트 와인인 〈Soave(쏘아베)〉를 만드는 주 품종이 되었습니다. 부드러운 아몬드 부케가 느껴지는 깔끔한 미디엄 바디 화이트 와인을 만듭니다. Gargana(가르가나), Lizzano(리짜노), Ostensona(오스텐쏘나) 등의 별칭을 가지고 있습니다.

* Garganega는 Trebbiano, Moscato, Mlavasia, Vermentino와 함께 이탈리아 5대 화이트 품종이다.

- **원산지** : 그리스
- **주산지** : 이탈리아 베네또 지방

Müller-Thurgau 뮐러 투르가우 | 648쪽 참조 |

Riesling(리슬링)과 더불어 독일에서 가장 많이 재배되는 화이트 품종으로 'Rivaner(리바너)'라고도 불립니다. 너무 늦게 수확되는 Riesling의 단점을 보완하기 위해 1882년 Riesling과 Madeleine Royale(마델라인 로얄)◆ 품종을 교배해 개발한 품종으로, Riesling에 비해 산도는 낮지만 부드럽고 온화한 스타일로 만들어집니다.

◆ 마델라인 로얄을 구테델(Gutedel) 혹은 샤슬라(Chasselas)라고 불리는 품종의 변종이라고 소개한 자료도 있고, 그러다 보니 아예 뮐러 투르가우는 리슬링과 구테델 품종을 교배한 것이라고 한 자료들도 있으나, 모두 잘못 알려진 것이라고. 구테델과 샤슬라는 같은 품종인데, DNA 검사 결과 마델라인 로얄은 이들과는 관련이 없고, 최종적으로 삐노 누아(Pinot Noir)와 트롤링거(Trollinger)가 교배된 품종으로 밝혀졌다.

이탈리아 북부 알또 아디제 지방 티펜브루너사의 뮐러 투르가우 품종 와인

- **원산지** : 독일
- **주산지** : 독일, 뉴질랜드, 프랑스 알자스 지방, 이탈리아 북부

Vidal 비달

1930년대에 프랑스의 교배 연구가 장 루이 비달이 Trebbiano(뜨레삐아노) 품종에 Seibel 4986(자이벨 4986 = Rayon d'Or) 품종을 교배한 것으로, 정식 명칭은 Vidal Blanc(비달 블랑)입니다. 이탈리아가 고향인 화이트 품종 Trebbiano(뜨레삐아노)는 프랑스에서 Ugni Blanc(위니 블랑)이라 불리며 꼬냑(브랜디)을 만드는 주요 품종으로 사용되고 있었는데, 좀 더 나은 개량 품종을 만들고자 노력한 결과가 바로 Vidal(비달) 품종입니다.

캐나다 이니스킬린사에서 비달 품종으로 만든 오크 에이지드 아이스와인과 스파클링 아이스와인. 각 15만 원선.

하지만 현재는 캐나다로 건너가서 Riesling, Cabernet Franc(까베르네 프랑)과 함께 캐나다 아이스

와인을 만드는 3대 품종이자 최고의 아이스와인 품종으로 인정받고 있습니다. 1991년 프랑스에서 개최된 비노엑스포에서 캐나다 이니스킬린(Inniskillin)사에서 Vidal(비달) 품종으로 만든 아이스와인이 그랑프리를 차지함으로써, 캐나다 아이스와인의 품질을 세계적으로 인정받음과 동시에 Vidal이란 아이스와인 품종을 많은 사람들에게 각인시키는 계기가 되었습니다.

- **원산지** : 프랑스 보르도
- **주산지** : 캐나다, 미국 북동부

Savanin 사바냥 / Savanin Blanc 사바냥 블랑

Savanin(사바냥)은 세계적인 생화학자 루이 파스퇴르와 루이 뷔똥의 고향으로도 유명한 프랑스 동북부 쥐라(Jura) 지방을 대표하는 고대 품종으로, Chardonnay 등 많은 품종들을 파생시킨 것으로 짐작됩니다. 포도알이 작고 껍질이 두꺼운 만생종으로 구조감이 좋고 향이 풍부합니다.

쥐라 지방에서는 Savanin(사바냥) 품종으로 Vin Jaune(뱅 존)과 Vin de Paille(뱅 드 빠이유)라는 독특한 스타일의 와인들이 생산됩니다. Vin Jaune은 'Yellow Wine'이라는 뜻인데, Savanin(사바냥) 100%를 사용하고, 오크통에서 최소 6년 3개월간 증발한 와인을 보충하지 않고 숙성시키다 보니 마치 스페인의 피노 타입 셰리(Sherry)◆ 와 같이 상층부에 효모의

◆ 611쪽 참조

① 같은 지역 대표 치즈인 꽁떼 치즈와 뱅 존은 찰떡궁합이다.
② 샤또 샬롱 AOC는 오직 뱅 존 스타일로만 만들어지지만, 레이블에 'Vin Jaune'이라는 표기는 없다.

내추럴 스타일 쥐라 와인 생산자인 장 프랑수아 가느바가 만든 꼬뜨 드 쥐라 AOC의 뱅 드 빠이유 스타일 와인

표피막(flor)이 만들어집니다. 셰리처럼 브랜디를 첨가하지는 않지만 향미는 nutty, salty, savoury 등 드라이한 피노 타입 셰리와 매우 흡사합니다. Châeau-Chalon(샤또 샬롱)과 Arbois(아르부아) AOC 뱅 존이 가장 유명합니다. 주로 '클라블랭(Clavelin)'이라 불리는 620*ml*짜리 작은 병에 담겨서 판매되는데, 1리터의 와인이 6년 3개월간의 숙성기간 동안 증발해 버리고 남은 양이라고 합니다.

Vin de Paille(뱅 드 빠이유)는 '볏짚 와인(Straw Wine)'이라는 뜻인데, 최소 6주 이상 볏짚 위에서 말린 포도로 만드는 스위트 와인입니다. 이탈리아의 Passito(빠씨또, 434쪽 하단 Tip 참조) 와인과 유사한 방식으로 생각하면 되는데, Savanin(사바냥), Chardonnay(샤르도네)와 쥐라 지방의 대표 레드 품종인 Poulsard(뿔사르)로 만들어집니다.

- **원산지** : 알프스가 유력 • **주산지** : 프랑스 쥐라 지방

Gruner Veltliner 그뤼너 벨트리너

그뤼너 벨트리너는 오스트리아 전체 포도밭의 1/3을 차지하는 국가대표 토착 화이트 품종입니다. 평지에서 재배되어 복숭아 향미가 나는 가벼운 일반급 와인이나 스파클링, 스위트 와인으로 주로 만들어지지만, 비엔나 북서쪽의 낮은 경사면이나 고지대에서 재배된 고품질 그뤼너 벨트리너로 만들어진 초록빛 드라이 와인은 감귤류 향미에 오크 숙성에서 얻어진 백후추 풍미가 강하며, 산도도 높아 장기숙성도 가능합니다.

- **원산지** : 오스트리아 • **주산지** : 오스트리아, 체코, 슬로바키아, 헝가리

와인과 음악의 궁합

와인과 음식에 궁합이 있는 것처럼 와인과 음악에도 궁합이 있다.
2008년 초 영국의 〈디캔터(Decanter)〉지는 에든버러의 헤리엇 와트 대학 에이드리언 노스 교수팀의 '와인과 음악의 상관관계'에 대한 연구결과를 소개했는데, 와인을 마실 때 듣는 음악에 따라 와인의 맛이 60% 이상 달라질 수 있다는 것이다.
연구팀은 250명의 성인을 대상으로 각자 다른 방에서 4가지 종류의 음악을 들으면서 와인을 마셔보게 했다. 실험 결과 사람들은 특정 음악을 들었을 때 해당 와인의 품질을 최대 60%까지 높게 평가했다. 예를 들어 까베르네 쏘비뇽 와인은 웅장한 클래식 음악, 샤르도네 와인은 생동감 있고 경쾌한 음악이 나올 때 훨씬 높은 점수를 얻었다. 대신 음악을 정반대로 들려줬을 경우 만족도는 오히려 25% 가량 떨어졌다.

- **Cabernet Sauvignon(까베르네 쏘비뇽) 품종 와인**
  타닌이 풍부하고 무게감이 있는 까베르네 쏘비뇽 품종 레드 와인에는 웅장한 음악이 제격이다.
  | 연구팀 추천곡 |
  폴 맥카트니 & 윙스의 'Live and Let Die', 더 후의 'Won't Get Fooled Again', 기타리스트 지미 헨드릭스의 'All Along the Watchtower', 롤링 스톤즈의 'Honky Tonk Woman' 등

- **Syrah(씨라) 품종 와인**
  강하면서도 스파이시하고 복합적인 풍미를 가지고 있는 씨라(쉬라즈) 품종 레드 와인은 힘 있고 개성이 넘치는 오페라와 함께하면 더욱 좋다.
  | 연구팀 추천곡 |
  푸치니의 'Nessun Dorma', 뉴 에이지 가수 엔야의 'Orinoco Flow', 반젤리스의 'Chariots of Fire', 요한 패체벨의 'Canon' 등

- **Merlot(메를로) 품종 와인**
  과일 향에 적당한 산도와 부드러운 질감이 느껴지는 메를로 품종 레드 와인은 감미롭고 로맨틱한 음악과 어울린다.
  | 연구팀 추천곡 |
  오티스 레딩의 'Sitting on the Dock of The Bay', 라이오넬 리치의 'Easy', 에바 캐시디의 'Over the Rainbow', 호세 곤잘레스의 'Heartbeats' 등

- Chardonnay(샤르도네) 품종 와인

  열대 과일 향과 상큼한 느낌의 샤르도네 와인은 흥겹고 신나는 음악과 어울린다.

  | 연구팀 추천곡 |

  로비 윌리암스의 'Rock DJ', 블론디의 'Atomic', 티나 터너의 'What's Love Got to Do with it', 카일리 미노그의 'Spinning Around' 등

- Riesling(리슬링) 품종 와인

  신선하면서 진한 단맛이 돋보이는 독일 리슬링 와인은 서정적이고 아름다운 뉴에이지 음악, 경음악 연주곡 등과 잘 매칭된다.

  | 연구팀 추천곡 |

  피아니스트 케빈 컨의 'Dance of Dragonfly'

이 연구 결과에 자극을 받은 칠레의 유명 와인회사인 몬떼스(Montes)사는 아예 병의 레이블에 가장 잘 어울리는 음악을 표기할 방침이라고...

미국의 www.wineandmusic.com이라는 사이트에서는 이미 계절별로 와인에 어울리는 음악을 추천하는 서비스를 하고 있는데, 최근 유럽의 고급 레스토랑에서는 예약을 받을 때 손님이 어떤 와인을 마실 것인지 미리 물어보고 거기에 맞는 음악을 준비하는데, 화이트 와인에는 가볍고 경쾌한 팝음악을, 레드 와인에는 그 느낌에 맞는 클래식을 준비하는 식이다.

레이블에 음표가 그려진 스페인 미겔 또레스사의 〈아트리움, 메를로〉 와인. Merlot 100%. 3만 원선.

왼쪽 그림은 빈센트 반 고흐(Vincent van Gogh)의 1888년작 "아를의 붉은 포도밭"으로, 고흐가 고갱과 함께 지냈던 아를 마을의 포도 수확 장면을 그린 그림이다. 아를(Arles)은 고흐가 머물면서 300여 점의 작품을 그린 곳으로, 프랑스 남부의 마르세유가 주도인 부쉬 뒤 론(Bouches-du-Rhône) 주의 작은 도시이다. 지리적으로는 론 강(江)이 갈라져 마르세유 북서쪽에 있는 삼각주를 형성하는 카마르그(Camargue) 평원이다. 오른쪽 사진은 현재 아를 지역의 포도밭 전경이다.

특별한 의미를 담은 와인들

특별한 자리에 어울리는 와인, 특별한 의미를 담아 소중한 사람에게 선물하고 싶은 와인을 고르는 데 도움을 드리고자 합니다.

Primobacio 프리모바치오

- **생산국 및 산지** : 이탈리아 북부 삐에몬떼 Moscato d'Asti DOCG(DOP)
- **생산회사** : 스깔뤼올라(Scagliola)
- **품종** : Moscato 100%
- **알코올 도수** : 5%
- **가격** : 2만 원선

연인들에게 인기 있는 와인입니다. 와인이름인 'Primobacio(프리모바치오)'는 이탈리아어로 '첫 키스'를 뜻합니다. 첫 키스의 설렘을 닮은 듯 살짝 달콤 & 살짝 버블리한 와인입니다. 그래서 화이트데이에 그녀와 마주앉아 마시면 참 좋을 것 같습니다. 풀밭에 누워 노란 꽃을 입에 물고 미소를 짓고 있는 그녀의 기분이 바로 이 와인의 느낌과 같다고 하겠습니다.

Pianissimo 삐아니씨모

- **생산국 및 산지** : 이탈리아 북부 삐에몬떼 지방
- **생산회사** : 아지엔다 지리발디(Azienda Giribaldi)
- **품종** : 화이트 - Moscato 100% / 레드 - Brachetto 100%
- **알코올 도수** : 4.5%
- **가격** : 화이트 23,000원선 / 레드 3만 원선

① 삐아니씨모(화이트)
② 삐아니씨모(레드)

친한 지인의 집들이에 가져가거나 결혼식 축하 피로연에 사용하기에 좋은 와인입니다. 'Pianissimo(삐아니시모)'는 '매우 여리게'를 뜻하는 음악용어로, 악보에서는 보통 'PP'로 약해서 적습니다. 이 와인처럼 결혼생활을 부드럽고 아름답게 잘 연주해 가라는 의미를 담을 수 있습니다.

논 빈티지로 만들어지는 〈Pianissimo(삐아니씨모) NV〉 화이트 와인은 신세대를 겨냥한 모스까또 와인입니다. 망고, 멜론, 파인애플, 사과 향 등이 느껴지며, 기분 좋은 스위트함이 잔잔한 버블과 함께 입안의 즐거움을 선사합니다.

Giulietta 줄리에따

- **생산국 및 산지** : 이탈리아 북부 삐에몬떼 지방
- **생산회사** : 마렌꼬(Marenco)
- **품종** : 화이트 - Moscato 100% / 레드 - Brachetto 100%
- **알코올 도수** : 5%
- **가격** : 화이트 25,000원선 / 레드 3만 원선

① 줄리에따 (화이트)
② 줄리에따 (레드)

연인들의 와인, 맞습니다. 레이블에 선명하게 그려진 하트 모양은 사랑의 메시지를 느끼게 합니다. 또 와인이름인 'Giulietta(줄리에따)'는 줄리엣의 이탈리아 명칭이기 때문에, 로미오와 줄리엣이 연상되는 와인이기도 합니다. Moscato(모스까또) 품종으로 만들어진 화이트 와인과 Brachetto(브라께또) 품종으

로 만들어진 레드 와인이 있는데, 두 가지 모두 세미 스위트 & 세미 스파클링 스타일입니다.

Veuve Clicquot, Yellow Label NV 뵈브 끌리꼬, 옐로우 레이블

- **생산국 및 산지** : 프랑스 샹빠뉴(Champagne) 지방
- **생산회사** : 뵈브 끌리꼬 뽕사르댕(Veuve Clicquot Ponsardin)
- **품종** : Pinot Noir 50~55% : Pinot Meunier 15~20%
  : Chardonnay 28~33%
- **알코올 도수** : 12%
- **가격** : 8만 원선

사회에 첫발을 내딛는 여성이나, 성공한 여성에게 선물하기에 딱 알맞은 샴페인입니다. 'Veuve Clicquot'는 불어로 '미망인 끌리꼬'란 뜻으로, 27세의 젊은 나이에 남편을 여의고 시댁의 사업을 물려받아 회사를 성공시키고, 샴페인 양조기술에 있어서도 큰 공적을 남긴 여성 오너를 상징합니다. 그녀를 기리기 위해 이 회사는 200주년을 맞은 1972년부터 'Veuve Clicquot Business Woman Award'를 제정해서 성공적인 비즈니스 우먼에게 상을 수여함으로써 젊은 커리어우먼들에게 희망과 용기를 주고 있습니다.

이 뵈브 끌리꼬 샴페인은 미국의 유명 TV드라마 "Sex & the City"에도 자주 등장해서 스타일리쉬한 도시 여성들의 상징 같은 이미지를 가지고 있습니다.

Blanc de Bleu 블랑 드 블뢰

- **생산국 및 산지** : 미국 캘리포니아 멘도씨노(Mendocino)
- **생산회사** : 와이벨(Weibell)
- **품종** : Chardonnay 100%
- **알코올 도수** : 11%
- **가격** : 7만 원선

KBS 드라마 '스파이 명월'의 한 장면(2011년)

하늘색의 스파클링 와인, 이거 마셔도 되는 건가?

뒵니다. 누구랑 어떤 자리에서 마시는 것이 가장 어울릴지는 여러분의 상상에 맡기겠습니다. 비주얼상으로는 프랑스의 유명 샴페인이 연상되지만, 그 정체는 캘리포니아의 스파클링 와인입니다. 샴페인을 만드는 화이트 품종인 Chardonnay(샤르도네) 100%로 만들어졌는데, 하늘색을 내기 위해 마지막에 블루베리를 살짝 첨가했다고 합니다.

와인이름인 Blanc de Bleu(블랑 드 블뢰)를 영어로 바꾸면, 'White of Blue'입니다. 샴페인을 만들 때 화이트 품종(샤르도네)만 사용되면 'Blanc de Blancs(블랑 드 블랑)', 레드 품종(삐노 누아, 삐노 뫼니에)이 블렌딩되면 'Blanc de Noirs(블랑 드 누아)'이라고 레이블에 표기하는 것에 착안해서 지은 이름인 것이죠.

Handpicked, Shiraz 핸드픽트, 쉬라즈

- **생산국 및 산지** : 호주 바로사 밸리(Barossa Valley)

- **생산회사** : 핸드픽트(Handpicked)
- **품종** : Shiraz 100%
- **알코올 도수** : 14.2%
- **가격** : 5만 원선

인상적인 손바닥 모양 레이블이 시선을 끄는 '핸드픽트' 와인 레이블의 손바닥 그림은 '노동의 정직성'을 상징합니다. 손으로 수확하고 꼼꼼한 수작업으로 만들어지는 퀄리티 와인의 이미지를 표현한 것입니다. 우리나라에선 연인들끼리 '넌 내꺼', '내가 찜'했다는 의미의 선물로도 사용됩니다. 쥬시한 과일향에 토스트와 미네랄 향미가 느껴지는 와인을 마시면서 서로의 마음을 확인해보면 어떨까요?

Fleurie 플뢰리

- **생산국 및 산지** : 프랑스 보졸레 지방 Fleurie AOC(AOP)
- **생산회사** : 조르쥬 뒤뵈프(George Duboeuf)
- **품종** : Gamay 100%
- **알코올 도수** : 13%
- **가격** : 55,000원선

여성에게 꽃과 함께 선물하기에 딱 알맞은 와인입니다. 'Fleurie'란 이름 자체가 '꽃'이란 뜻으로, 우아하고 아름다운 여인을 연상시킵니다. Gamay(가메) 품종으로 만들어지는 보졸레 레드 와인은 〈보졸레 누보〉처럼 영할 때 마시는 저가 와인이 대부분이지만, 크뤼로 지정된 10개 마을에서 생산되는 고급 와인도 있습니다.

〈Fleurie(플뢰리)〉도 그 중 하나입니다. 특히 조르쥬 뒤뵈프사 제품의 경우, 레이블의 아름다운 꽃그림에서부터 와인의 분위기를 느끼게 합니다. 보졸레 와인 특유의 풍선껌 향미도 알맞게 느껴집니다.

Man Vintners, Pinotage 맨 빈트너스, 삐노타쥐

- **생산국 및 산지** : 남아프리카공화국 팔(Paarl) 지방
- **생산회사** : 맨 빈트너스(Man Vintners)
- **품종** : Pinotage 86% : Shiraz 12% : Viognier 2%
- **알코올 도수** : 14%
- **가격** : 25,000원선

서로 친구인 3명의 와인메이커가 모여 와인을 만들었습니다. 그들은 자신들이 만든 와인이 좋은 퀄리티와 훌륭한 가치, 멋진 디자인이 합쳐진 누구나 사고 싶은 생각이 드는 와인이 되었으면 하는 마음으로, 각자 아내들의 이름인 마리(Marie), 아네트(Anette), 니키(Nicky)의 이니셜을 회사명(Man Vintners)으로 사용했습니다. 그래서 일명 '아내에게 바치는 와인'이 된 이 와인은 가족들끼리, 부부간에 네이밍의 유래를 얘기하며 즐길 수 있는 와인입니다. 또 발렌타인데이에 여성이 남성에게 '너는 나의 맨(MAN)'이라는 의미로 선물하고 같이 마셔도 의미가 있을 듯.

여러 품종으로 만들어지지만 기왕이면 흔치 않은 남아공의 특화 개량 품종인 Pinotage(삐노타쥐) 주품종으로 만든 와인을 한번 드셔 보시지요.

Bad Boy 배드 보이

- **생산국 및 산지** : 프랑스 보르도의 쌩 떼밀리옹 지역
- **생산회사** : 샤또 발랑드로(Château Valandraud)
- **품종** : Merlot 100%
- **알코올 도수** : 14%
- **가격** : 65,000원선

은행원 출신의 장 뤽 뛰느뱅은 프랑스 보르도 쌩 떼밀리옹 지역의 대표적인 갸라쥬 와인(276쪽 참조)인 Ch. de Valandraud(샤또 드 발랑드로)를 설립한 와인메이커입니다. 보르도 전통적인 양조방식을 거부하고 자신만을 방식을 고집한 그를 보르도에서는 이단아로 취급하고 조롱하였지만, 그의 와인을 높이 평가한 로버트 파커는 그에게 'Bad Boy'라는 애칭을 지어 주었습니다. 〈Bad Boy〉는 〈Ch. de Valandraud(샤또 드 발랑드로)〉 와인의 보급형 와인이라 할 수 있는데, 레이블에 껄렁한 자세의 검은 양이 'Garage'라는 길 안내 표시에 손을 얹고 짝다리를 짚고 서 있습니다. 강 건너편 메독 지역의 명품 와인인 〈샤또 무똥 로칠드〉의 흰 양 로고를 빗대어 자신을 전통과 규율을 지키지 않는 불량스런 검둥이 양으로 표현한 것입니다. 이것은 전통을 고수하는 고루한 보르도의 와인메이커들에 대한 일종의 도전장이기도 했습니다.

그래서 이 와인은 새로운 도전을 시작하는 사회 초년병에게 어울릴 듯합니다. 아니면 새로운 사업을 시작하는 분에게 이 와인의 의미와 함께 선물해도 좋겠습니다.

〈Bad Boy〉는 Merlot(메를로) 품종 100%로 만들어졌는데, 진한 농축미를 느낄 수 있는 참 맛있는 와인입니다.

Saint Amour 쌩 따무르

- **생산국 및 산지** : 프랑스 보졸레 지방Saint-Amour AOC(AOP)
- **생산회사** : P. 페로 에 피스(P. Ferraud et Fils)
- **품종** : Gamay 100%
- **알코올 도수** : 12.5%
- **가격** : 42,000원선

햇와인인 〈보졸레 누보〉로 유명한 보졸레 지역에서 생산되는 고급 보졸레 크뤼급 와인 중의 하나입니다. 〈Saint Amour(쌩 따무르)〉는 '성스러운 사랑'이라는 의미이기 때문에 발렌타인데이나 결혼 선물 등으로 많이 애용됩니다. 'Saint Amour(쌩 따무르)' 자체가 포도밭 이름이기 때문에 여러 회사에서 같은 이름의 와인을 생산하고 있는데, 여기에 소개한 와인은 피 페로 에 피스(P. Ferraud et Fils)사에서 생산하는 와인입니다.

Il Baciale 일 바치알레

- **생산국 및 산지** : 이탈리아 북부 삐에몬떼 지방 Monferrato DOC(DOP)
- **생산회사** : 지아꼬모 볼로냐 브라이다(Giacomo Bologna Braida)
- **품종** : Barbera 60% : Pinot Noir 20% : CS 10% : Merlot 10%
- **알코올 도수** : 13.5%
- **가격** : 38,000원선

이 와인은 사랑의 결실을 맺은 연인들이 기념하기에 좋은 와인입니다. 또한 사랑을 이루어나가기 위한 과정에 있는 연인들이 서로 격려하고 사랑을 확인하는 자리에 어울리는 와인이기도 합니다.

'Il Bacialé(일 바치알레)'는 삐에몬떼 지방 방언으로 '중매쟁이(matchmaker)'란 뜻으로, 실제로 오너의 러브스토리가 담겨 있는 와인이기도 합니다. 역사와 정치적인 이유로 이탈리아인들은 오스트리아인과 결혼을 하면 마치 우리가 일본인과 결혼하는 것처럼 반대가 심했다고 합니다. 이 오너의 경우가 그러했는데, 심지어 마을 전체가 반대했지만, 그는 9년 동안 사랑을 키웠고 4번의 프러포즈 끝에 결혼에 성공했다고 합니다.

Banfi Chianti Classico 반피 끼안띠 끌라시꼬

- **생산국 및 산지** : 이탈리아 또스까나 지방 Chianti Classico DOCG(DOP)
- **생산회사** : 까스텔로 반피(Castello Banfi)
- **품종** : Sangiovese 100%
- **알코올 도수** : 13%
- **가격** : 45,000원선

결혼 선물용으로 딱입니다. 레이블에 15세기경 교황 앞에서 독일 황제와 에스파냐 공주가 결혼식을 올리는 그림이 있기 때문에 신혼부부나 결혼을 앞둔 연인, 은혼식이나 금혼식을 하는 부부에게 잘 어울리는 와인이라 하겠습니다.

이 와인은 이탈리아 또스까나 지방의 신흥 와인명가인 까스뗄로 반피사 제품으로, Sangiovese(산지오베제) 100% 혹은 끼안띠 지역의 전통 품종이 소량 블렌딩되기도 합니다. 2006년 KWC(코리아와인챌린지)에서 Gold Medal을 수상했습니다.

Il Grigio 일 그리지오

- **생산국 및 산지** : 이탈리아 또스까나 지방 Chianti Classico Riserva
- **생산회사** : 싼 펠리체(San Felice)
- **품종** : Sangiovege 100%
- **알코올 도수** : 12.5%
- **가격** : 65,000원선

부모님이나 은사님께 마음을 전하는 선물 와인으로 많이 알려져 있습니다. 특히 아버님께 감사와 존경의 의미로 드리면 좋겠습니다.

이 와인은 붉은 갑옷을 입은 노인기사의 초상화 레이블로 유명한데, 이것은 이탈리아 유명 화가 타이탄(Titan)이 자신의 아버지를 그린 그림으로, 현재 밀라노 전시관에 걸려 있는 작품을 레이블화한 것입니다. 아버지를 오마주로 삼은 와인이라는 점에서 부모님이나 은사님께 그 의미를 담아서 선물하기에 알맞습니다.

Chianti Classico Riserva 와인을 대표하는 와인으로 꼽히는 〈Il Grigio(일 그리지오)〉는 한국에서도 2011년 〈와인컨슈머리포트 : 5~9만 원대 또스까나 레드 와인〉에서 전문가 선정 1위를 차지하기도 했습니다.

Mentor 멘토

- **생산국 및 산지** : 호주 바로사 밸리(Barossa Valley)
- **생산회사** : 피터 르만(Peter Lehmann)
- **품종** : CS 69% : Merlot 13% : Syrah 10% : Malbec 8%
- **알코올 도수** : 14%
- **가격** : 9만 원선

스승님이나 존경하는 분께 선물로 드리기에 알맞은 와인입니다. 설립자의 이름을 딴 피터 르만 와이너리는 호주 바로사 밸리의 유명 와이너리로, 설립자 피터 르만은 쌀트람사의 와인메이커였고, 호주 와인업계에 큰 발자취를 남긴 전설적인 와인메이커였습니다. 고인이 된 그가 생전에 가장 사랑했던 바로사 밸리에는 아직도 많은 사람들이 그를 멘토(스승)로서 존경하고 있습니다. 이 와인은 그의 와이너리가 그에게 헌정하는 와인입니다.

야생 제비꽃, 민트, 블랙커런트, 혼합 향신료 향이 느껴지며, 묵직한 타닌과 풍부한 과일 풍미, 오크통 숙성으로 깊어진 맛이 좋은 조화를 이루고 있습니다.

Stradivario Barbera d'Asti 스트라디바리오 바르베라 다스띠, 수뻬리오레

- **생산국 및 산지** : 이탈리아 북부 삐에몬떼 지방 Barbera d'Asti DOC(DOP)
- **생산회사** : 바바(Bava)
- **품종** : Barbera 100%
- **알코올 도수** : 13.5%
- **가격** : 18만 원선

와인 이름인 'Stradivario(스트라디바리오)'는 18세기에 이탈리아의 움브리아 지방에서 만들어진 세계 최고의 명품 바이올린의 이름입니다. 포도 농사가 끝나면 오케스트라 연주와 함께 한 해를 마무리 짓는 바바(Bava) 와이너리를 상징하는 와인이기도 합니다.

음악과 관련 있는 사람에게 선물하기 적합한 와인입니다. 또 Stradivario는 혹독한 겨울을 몇 번이나 넘겨 단단해진 가문비나무를 재료로 만들어진 악기이므로 음악과 꼭 관련이 없는 사람에게도 '성공'의 의미를 담아 선물할 수 있겠습니다. 새 오크통에서 18개월 숙성시킨 고급 와인입니다.

The Doctor 더 닥터

① The (Fat) Banker
② The Doctor

- **생산국 및 산지** : 미국 캘리포니아 나파 밸리
- **생산회사** : Krupp Brothers Estate
- **품종** :Tempranillo 49% : Merlot 22% : CS 21% : Malbec 8%
- **알코올 도수** : 13.5%
- **가격** : 23~28만 원선

와인의 이름대로 일명 '의사 와인'으로, 연간 500케이스(6병 단위)만 생산되는 컬트 와인입니다. 나파 밸리의 싱글빈야드 스테이지코치에서 생산된 최고급 포도들을 재료로 만들어 최고급 프렌치 오크통에서 18개월 숙성시킨 묵직하면서도 유쾌한 스타일의 레드 와인입니다.

1991년 설립되었지만 이미 최고의 명성을 얻은 크룹 브라더스 이스테이트사에서는 이 외에도 〈The Banker〉 〈The Advocate〉 〈The Bride〉 등 인물 시리즈 와인들을 생산하고 있는데, 금융인, 법조인 그리고 결혼을 앞둔 신부에게 선물하기에 안성맞춤인 와인들입니다.

1865 Limited Edition 1865 리미티드 에디션

- **생산국 및 산지** : 칠레 까차뽀알 밸리(Cachapoal Valley)
- **생산회사** : 싼 페드로(San Pedro)
- **품종** : Syrah 65% : Cabernet Sauvignon 35%
- **알코올 도수** : 14%
- **가격** : 85,000원선

칠레의 싼 페드로 와이너리가 설립년도를 브랜드로 사용한 〈1865〉 시리즈의 와인들이, 국내에서는 18홀을 65타에 치기를 기원한다는 의미로 알려져 대표적인 골프 와인으로 자리 잡고 있습니다.

사실 골프만큼 와인과 연관이 깊은 스포츠도 없을 것입니다. 골프 스타 출신 중에 어니 엘스(Ernie Els), 그렉 노먼(Greg Norman), 데이빗 프로스트(David Frost), 마이크 위어(Mike Weir), 레티프 구센(Retief Goosen) 등은 자신 소유의 와이너리에서 직접 와인을 직접 생산하고 있으며, 아놀드 파머(Arnold Palmer), 닉 팔도(Nick Faldo), 잭 니클라우스(Jack Nicklaus), 애니카 소렌스탐(Annika Sorenstam), 게리 플레이어(Gary Player), 존 댈리(John Daly) 등은 기존 와이너리들과의 제휴를 통해 자신의 이름을 브랜드로 와인을 만들고 있습니다.

① 그렉 노먼 이스테이트사의 〈그렉 노먼, 까베르네-메를로〉 CS 90% : Merlot 10%. WS 91점. 9만 원선.
② 〈아놀드 파머, 샤르도네〉 아놀드 파마가 나파 밸리의 루나 빈야드사와 파트너쉽으로 생산하는 와인이다. 85,000원선.
③ 〈잭 니클라우스, 까베르네 쏘비뇽〉 CS 100%. 메이저대회 18승에 빛나는 잭 니클라우스는 프리미엄 와인 수집가로도 유명한데, 미국의 텔라토 와인그룹과 제휴해 자신의 이름을 붙인 나파 밸리 컬트 와인을 생산하고 있다. 15만 원선.
④ 〈애니카 59 레드〉 Syrah 64% : CS 30% : Petite Sirah 3% : Barbera 3%. 골프 여제 애니카 소렌스탐은 캘리포니아 리버모어 밸리의 웬티사와 제휴하여 그녀의 이름을 딴 브랜드로 와인들을 생산하는데, 이 와인은 소렌스탐의 최소타 기록인 59타를 기념하기 위한 와인이다. 숙성기간 16개월. 35만 원선.
⑤ 〈캘러웨이, 까베르네 쏘비뇽〉 CS 100%. 골프용품업체 캘러웨이사의 사주 엘리 캘러웨이가 1968년에 설립했던 와이너리에서 생산되는 와인이다. 캐주얼한 느낌으로 골퍼들의 재충전을 위한 '스포츠 와인' 컨셉으로 만들어졌다. 영국 엘리자베스 2세 여왕의 배우자인 에딘버러 공작이 골프라운딩 후 즐겨 마시는 와인으로도 알려져 있다. 35,000원선.
⑥ 골프장도 직접 운영하는 칠레의 빌라골프사에서 생산하는 〈홀인원, 까베르네 쏘비뇽〉. CS 100%. 그 외에도 '이글', '알바트로스', '버디'라는 브랜드의 와인들도 생산하고 있다. 35,000원선.

799 805, Merlot 799 805, 메를로

- **생산국 및 산지** : 미국 나파 밸리(Napa Valley)
- **생산회사** : 독도 와이너리(Dokdo Winery)
- **품종** : Merlot 93% : Grenache 6% : Syrah 1%
- **알코올 도수** : 13% • **가격** : 100,000원대 후반

이 와인은 캘리포니아에서 치과를 운영하던 애국심 깊은 한 교민(안재현, 2012년 3월 작고)이 '어떻게 하면 독도 문제에 힘을 보탤 수 있을까'를 고민하던 끝에 만들어낸 '독도 알리미' 와인입니다. 뜻을 같이 하는 몇몇 교민들과 미국인 투자자들을 모아 2007년 나파 밸리에 와이너리(Dokdo Winery)를 설립했고, 2011년에 첫 선을 보였습니다. 단순히

'독도'라는 상표를 사용해서는 외국인과 국제사회에 적극적으로 어필하기 힘들다는 판단 아래, 독도의 우편번호인 799-805를 와인명으로 사용함으로써 호기심을 유발시키고 독도가 한국의 우편번호를 가진 섬임을 전 세계에 확실하게 알리고자 한 것입니다. 종이 레이블을 사용하지 않고 레이블을 병에다 직접 실크 스크린으로 인쇄한 이유도 오랫동안 손상 없이 보관하면서 와인을 의미를 되새기게 하기 위함입니다. 또 그 효과를 높이기 위해 소량의 고품질 와인으로 이미지를 제고시켰는데, 그렇다고 늦수확 등으로 농축미와 알코올 도수를 높이지 않고, 전통적인 유럽식 양조방식을 사용해 부드럽고 우아한 느낌입니다.

〈799 805, Cabernet Sauvignon〉의 블렌딩 비율은 CS 88% : Merlot 12%, 소노마 카운티의 러시안 리버 밸리의 포도로 만들어지는 〈799 805, Pinot Noir〉의 블렌딩 비율은 Pinot Noir 100%이며, 두 와인의 가격은 20만 원대 후반입니다. 2014년부터 우표 'Stamp' 모양의 레이블을 단 4만 원대의 세컨드 와인도 출시되었습니다.

와인 출시 후 주미 일본 대사관(워싱턴 D.C.)과 영사관(샌프란시스코)에도 한 세트씩 전달했는데, 일본 영사관 직원이 와이너리로 직접 다시 들고 와서 돌려주며 항의를 하고 갔다는 일화도 있습니다. 이 독도 와인들의 판매수익금 일부는 독도관련 비영리 재단에 기부되어 독도를 세계에 알리는 운영기금으로 쓰인다고 합니다.

Grosse cloche de Bordeaux

세계의 와인

Lesson.03

신은 단지 물을 창조했지만, 인간은 와인을 만들었다. - 빅토르 위고 / 프랑스 작가 -

와인이 있다는 것은, 신이 인간을 사랑하고 행복하기를 바라는 증거이다.
- 벤자민 프랭클린 / 미국의 정치가, 과학자 -

훌륭한 동반자, 좋은 와인, 따뜻한 분위기에 둘러싸이면 누구든 좋은 사람이 된다.
- 셰익스피어의 「헨리 8세」 중에서 -

보졸레처럼 젊게 살다가 부르고뉴처럼 늙을 수 있으면 좋겠다. - 로베르 사바티에 / 프랑스 작가 -

한 병의 와인에는 세상 어떤 책보다도 더 많은 철학이 담겨 있다. - 루이 파스퇴르 / 프랑스 화학자 -

와인은 병 안의 시(詩)다. - 로버트 루이스 스티븐슨 / 「보물섬」 작가 -

나는 알코올을 통해 잃은 것보다 더 많은 것을 알코올에서 얻었다.
- 윈스턴 처칠 / 샴페인 애호가였던 전 영국 수상 -

인생에서 한 가지 후회되는 건, 샴페인을 더 많이 마시지 않았다는 것이다.
- 존 케인즈 / 영국의 철학자, 경제학자 -

이탈리아를 의식한다면 엄밀히 말해 프랑스를 와인의 원조◆ 국가라고 할 수는 없지만, 그래도 '와인' 하면 누구나 제일 먼저 떠올리는 나라가 프랑스입니다. 또 실제로도 프랑스는 세계적으로 유명하고 품질 좋은 와인이 가장 많이 생산되고, 모든 나라 와인의 기본 모델이 되는 와인의 터줏대감 국가임에 틀림이 없습니다. '세계의 와인은 프랑스 와인과 그렇지 않은 것으로 나뉜다'는 말이 있을 정도니까요.

◆ 와인의 역사만 놓고 따지면 그리스, 이탈리아, 조지아 등이 프랑스보다 훨씬 더 오랜 역사를 가지고 있다.

세계 각지에서 재배되는 주요 포도품종들은 대부분 프랑스에서 건너간 것이고, 와인 양조기법 또한 수많은 프랑스 출신 와인메이커들에 의해 전파가 된 곳이 많습니다.

근래 들어 프랑스는 자국 내 와인 소비가 점점 줄어들고, 고급 와인들을 제외한 일반급 와인들의 해외 마케팅에도 적지 않은 어려움◆을 겪고 있긴 하지만, 그래도

◆ 프랑스의 최고급 유명 와인들은 계속 가격이 치솟고 출시되기가 무섭게 판매되며, 상상하기 힘든 가격으로 경매되기도 한다. 하지만 프랑스의 일반급 와인들은 이해하기 쉬운 레이블에 품질도 좋아진 신세계(미국, 호주, 칠레 등) 와인들의 공격적인 마케팅에 어려움을 겪으면서 신세계 와인 생산국들을 역벤치마킹하기도 한다.

와인이 차지하는 문화적 상징성이나 현실 경제의 비중은 절대적입니다. 프랑스의 전체 수출 품목 중에서도 와인은 당당히 2위에 랭크되어 있는데, 프랑스 사람들의 와인에 대한 애정과 자부심은 우리가 짐작하는 훨씬 그 이상일 것입니다.

프랑스 와인의 카테고리

프랑스 와인에는 다음과 같은 3가지 카테고리가 있습니다. 등급 개념과 일맥상통하지만 조금은 다른 개념으로 이해하시면 좋겠습니다.

등급은 최종결과물(와인)에 대해 상하로 품질의 순위를 정해놓은 것이고, 카테고리는 포도재배에서 와인양조의 모든 단계에 이르기까지 법으로 얼마나 통제를 하느냐, 즉 누가 어디서 어떤 포도를 가지고 어떤 방식으로 만드느냐에 따른 다소 수평적인 구분인데, 프랑스가 가장 엄격한 통제를 하고 있습니다.

IG (indication Géographique)		VSIG (Vin Sans Indication Géographique)
지리적 표시 와인		지리적 표시 없는 테이블 와인
AOP(구 AOC)	IGP(지리적 보호 표시)	Vin de France(구 VdT)
약47%	약25%	약 28%

- 위 카테고리 구분은 AOP 와인이 IGP나 Vin de France 와인들보다 반드시 퀄리티가 더 낫다는 것을 의미하진 않는다. 단지 명확한 원산지 표시로 그 스타일과 퀄러티에 대한 특성을 보증하는 것이다.
- AOC 전 단계로 AOVDQS(VDQS)라는 카테고리가 있었다. AOC 지정은 못 받았지만 해당 지역 명칭을 사용할 수 있는 나름 우수한 산지의 와인에 주어진 카테고리였다. AOC 승급 대기 단계였으나, 점차 유명무실해지다가 2010년 빈티지를 마지막으로 없어졌다.
- 1935년부터 시행된 프랑스 AOC(원산지명칭통제) 제도는 새로 출범한 OCM(유럽와인시장조직위원회)의 주관 하에 2009년 8월 1일부로 발효된 유럽연합 공통의 제도로 대체되었다. 이에 따라 프랑스 와인 카테고리의 명칭도 AOC는 AOP(Appellation d'Origine Protégée)로, VdP(레이블 표시 : Vin de Pays)는 IGP(Indication Géographique Protégée)로, VdT(Vin de Table)는 VSIG(Vin Sans Indication Géographique), 즉 Vin de France(프랑스 와인)로 변경되었다.

프랑스 와인의 품계는 현재 앞의 표와 같이 3가지 카테고리가 있습니다. 이 경우 기본적으로 품질 통제를 많이 하는 순(AOP > IGP > Vins Sans IG)으로 와인의 품질이 더 나을 수는 있지만, 절대적인 것은 아닙니다. 규제를 받지 않더라도 얼마든지 자유롭게 품질 좋은 와인을 만들 수도 있는 것이니까요. 실제로 AOP(AOC)급 와인 중에는 한국에서 1~2만 원대에 판매되는 와인들이 있는 반면, IGP(VdP)급 와인 중에도 7~8만 원 이상 하는 중·고가 와인들도 있습니다.

먼저 AOP(프랑스어 발음으로 [아.오.뻬.]) 카테고리부터 알아보도록 하겠습니다.

기존의 AOC(Appellation d'Origine Contrôlée)가 2009년 8월부터 유럽연합(EU) 규정에 준하는 표준화 작업을 통해 AOP(Appellation d'Origine Protégée, 아뻴라씨옹 도리진 프로떼제)로 명칭이 바뀌었습니다. 하지만 병행기간이 길어지면서 아직도 두 명칭이 같이 사용되고 있습니다.

AOC는 와인을 포함한 프랑스 농산물의 생산지역(Origine)을 표시하는 제도로 INAO(프랑스국립원산지명칭/품질위원회) 주관으로 1935년부터 시행되었습니다. Appellation은 '명칭'이라는 뜻이며, d'는 영어의 of에 해당하는 de(드)의 줄임말, Origine은 '원산지(생산지명)', Contrôlée는 '통제, 제한'을 각각 뜻합니다. 각 생산지별로 엄격한 와인 생산조건을 규정해놓고 이를 충족시켜야만 해당 지역 이름을 표시한 AOC를 레이블에 표기할 수 있도록 허가하는 일종의 인증제도입니다. 즉 AOC 와인은 해당 생산지의 떼루아적 특성들을 가장 잘 보여주는 와인 범주라 하겠습니다.

기존 AOC의 규제사항은 생산지역, 포도품종, 포도재배방법, 재식

밀도 및 단위 면적당 최대수확량, 와인양조 및 숙성방법, 최저 알코올 도수, 포도의 당도 등이었는데, 이것이 유럽연합(EU) 공통 표기제도인 AOP(원산지보호명칭제)로 명칭이 바뀌면서 심사와 제약이 조금 더 까다로워졌습니다. 예를 들어 와인보관규정 강화, 화이트와 로제 와인 양조시 발효탱크의 냉각조절장치 필수 부착, 무작위 품질심사에서 문제가 발생시 AOP 자격 박탈 등입니다. 2020년 현재 전국적으로 약 300여 개의 산지가 AOP 명칭을 부여받고 있습니다.

앞에서 계속 말씀드렸듯이, AOP 카테고리 와인들은 모두 비싸고 아주 고급 와인일 것이라고 생각할 수 있습니다. 하지만 프랑스에서 생산되는 와인의 반 정도가 여기에 해당되므로, AOP 와인이라 하더라도 그 품질에 있어 꽤 많은 차이가 날 수 있습니다. 우리나라에 수입되는 프랑스 와인의 대부분이 AOP급인데, 소비자가격 기준으로 몇백만 원짜리가 있는 반면 1만 원짜리 AOP 와인도 있습니다.

즉 'AOP 와인'이라는 것은, 프랑스 정부가 보증하는 포도산지에서 생산된 와인이면서 포도재배와 와인생산에 엄격한 룰이 적용되어 그 지역 특성을 잘 반영한 것이지, 그 와인들의 품질이나 맛이 모두 다 최고라는 의미는 아니라고 이해하시면 됩니다.

그럼, AOP 와인 중에서 더 고급인지 아닌지를 어떻게 구분할까요?

절대적이진 않지만, 품질이 뛰어난 와인일수록 AOP 표시의 'O'에 들어가는 '생산지명(Origine)'이 더 작은 지역 단위로 표시됩니다.

예를 들어 Bordeaux(보르도) 지방의 와인산지 중에 Médoc(메독)이라는 소지역이 있습니다. 또 그 중에서 Haut-Médoc(오 메독)이라는 곳의 와인들이 조금 더 품질이 좋을 수 있는데요, Haut-Médoc(오 메독)

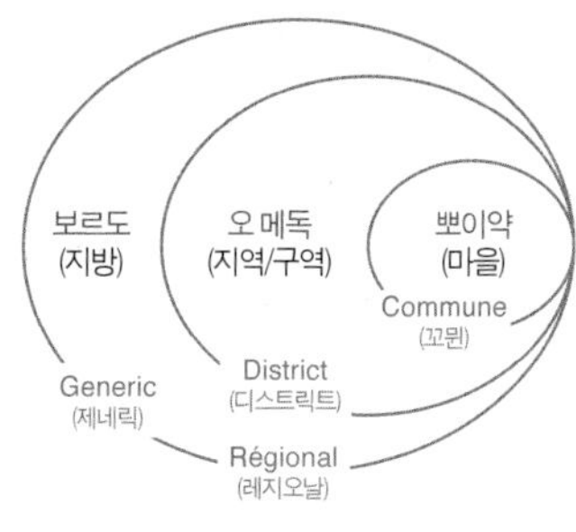

*사과 박스에 '(경북) 문경사과'라고만 표기되어 있는 것보다, '문경읍 상리 371번지 전서방네'라고 되어 있는 것이 더 믿을 수 있고 정성껏 재배해 맛있는 사과인 것과 같은 느낌이랄까!

내에는 Pauillac(뽀이약)이나 Margaux(마고) 등 작은 마을 단위 산지들이 속해 있습니다. 이 경우, AOP 표시가 가장 광범위하게 'Appellation Bordeaux Protégée(아뻴라씨옹 보르도 프로떼제)'라고 표기되어 있는 와인이 상대적으로 품질이 가장 떨어진다고 보면 됩니다.

또 'Appellation Bordeaux(보르도) Protégée'보다는 'Appellation Haut-Médoc(오 메독) Protégée'로 표기된 와인이 더 좋을 수 있고, 그보다 더 고급은 Pauillac(뽀이약)이나 Margaux(마고)처럼 최소 단위 마을 이름으로 AOP(AOC) 표시가 되어 있는 와인들입니다.

다음은 IGP(프랑스어 발음으로 [이.제.뻬])입니다. 원래 VdP(Vin de Pays)라 불렸던 카테고리인데, 현재 IGP에는 예전의 AOVDQS와 VdP(뱅 드 뻬이) 카테고리 와인의 일부가 합쳐져 있습니다.

IGP(Indication Géographique Protégée) 카테고리는, AOP보다 넓은 범위의 생산지역명이 표기됩니다. 프랑스는 2009년 전국의 포도 재배산지를 총 10개 지역으로 다시 분류하고 각 지역별로 이사회를 조직했는데(238쪽 하단 참조), 각 이사회 규정(생산지, 포도품종, 수확량 등)

1980년대 대한항공 기내식으로 제공되면서 당시 종합상사 주재원들에 의해 한국에 알려져서 고급 와인의 효시가 된 〈샤또 딸보〉 CS 66% : Merlot 30% : Pepit Verdot 4%. 11만 원선. 2002년 한·일 월드컵 당시 한국의 16강 진출 확정 후 인터뷰에서 히딩크 감독이 "오늘밤은 와인 한잔 마시고 푹 쉬고 싶다"며 마신 와인이 〈샤또 딸보 1998〉이었다. 샤또 딸보 AOP는 오 메독 지역 내의 작은 마을인 '쌩 쥘리앙(Saint Julien)'인데, 보르도 그랑 크뤼 중 가장 넓고 생산량이 많다. 이 와인은 고 정주영 현대그룹 명예회장이 즐겼던 것으로도 유명하다. 쌩 쥘리앙 마을 와인의 특징(243쪽 중상단 참조)을 고루 갖춘 전형적이고 클래식한 스타일의 와인이라 할 수 있다. 한국에서는 유명세 때문에 상대적으로 가격 거품이 더 많은 편이다.

에 맞게 와인이 생산되면 해당 지역명을 레이블에 표기하는 IGP 와인이 되는 것입니다. VdP(뱅 드 뻬이) 시절에 비해 규제가 조금은 강화되었지만, 15% 범위 내에서 다른 빈티지 와인이나 다른 지역 포도의 블렌딩이 허용되었습니다. 하지만 이 규정은 해당 지역 생산자조합의 동의가 있어야 한다는 전제조건이 따릅니다.

예를 들어서 기존의 VdP(Vin◆ de Pays, 뱅 드 뻬이)급 와인의 70% 가량이 생산되었던 랑그독-루씨용◆ 지방에서는 이를 승인하지 않았기 때문에 이곳 IGP 와인에는 다른 지역 포도가 섞이지 못합니다.

◆ Vin[뱅] : 프랑스어
= Wine[와인] : 영어
= Vino[비노] : 이탈리아어, 스페인어

◆ 랑그독 지방의 VdP(뱅 드 뻬이) 와인의 레이블에는 'Vin de Pays d'Oc(뱅 드 뻬이 독)'이라 표기되었으나, 이제는 'Pays d'Oc'이라고 표기된다. 하위 서브 리전으로 Herault, Lpzere, Gard, Aude, Pyrenees가 있다.

마지막으로, Vins Sans IG(VdF : Vin de France) 카테고리입니다. 예전 VdT(뱅 드 따블 : Vin de Table)의 바뀐 명칭으로, 지역 명칭을 표기하지 않는 와인입니다. 프랑스의 허름한 시골 지역을 가다가 식당에서 음식을 시키면 커다란 병에 와인을 담아서 마치 음료처럼 양껏 제공되는 와인이 원래 VdT(뱅 드 따블) 와인이었는데, 이것이 VdF로 바뀌면서 품질 등의 경쟁력을 높여 수출도 많이 되고 있습니다. 품종, 재배방법, 수확량, 수확방법 등에 제한이 없는 것은 기존과 같으나, 오크칩을 이용한 양조가 허용되고, 15% 범위 내에서 프랑스 및 다른 EU국가에서 생산된 포도와 다른 빈티지 와인의 블렌딩이 가능합니다. 또 포도품종◆과 빈티지를 레이블에 표시할 수도 있게 되었습니다.

◆ 프랑스에서는 와인 생산에 약 200여 종의 포도품종이 사용된다.

와인 양조에 사용되는 오크 파우더와 오크 칩

프랑스의 주요 와인산지

프랑스에는 유명한 와인산지들이 많은데, 보르도, 부르고뉴, 론, 샹빠뉴, 루아르, 알자스, 랑그독-루씨용, 프로방스 지방 등이 특히 유명합니다. 그 중에서 2대 지역을 꼽으라면 보르도와 부르고뉴 지방이며, 또 그 중에 제일은 역시 보르도 지방입니다. 대서양에 접한 프랑스 남서부 항구 도시 보르도는 프랑스 내에서 뿐만 아니라 전 세계적으로도 가장 유명하고 상징적인 와인산지입니다.

우리 귀에도 많이 익은 메독은 보르도 지방 내에 있는 가장 유명한 소산지입니다. 보르도 내에는 이 외에도 쌩 떼밀리옹, 뽀므롤, 그라브, 앙트르 되 메르, 쏘떼른 등의 소산지들이 있습니다. 파리 남서쪽 562km 지점에 위치하고 있는 보르도는, 시(市) 이름이자 지롱드(Gironde) 강 좌우로 발달한 와인산지를 통칭하는 이름입니다.

지롱드 강에 접해 있는 보르도 시

행정구역상으로는 누벨-아끼뗀느 주(Région Nouvelle-Aquitaine)의 지롱드 현(Gironde Départment)에 속해 있습니다.

프랑스는 2009년 AOP 제도의 시행에 맞춰 전국의 포도재배산지를 다음의 10개 지역으로 다시 분류하였습니다.(알파벳 순)

Alsace-Est(알자스-에스뜨), Aquitaine(아끼뗀느), Bourgogne-Beaujolais-Savoie-Jura(부르고뉴-보졸레-사부아-쥐라), Champagne(샹빠뉴), Charentes-Cognac(샤랑뜨-꼬냑), Corse(코르스/코르시카), Languedoc-Roussillon(랑그독-루씨용), Sud-Ouest(쒸드-우에스뜨), Val de Loire-Centre(발 드 루아르-쌍뜨르), Vallée du Rhône-Provence(발레 뒤 론-프로방스).

보르도 지방

고급 와인의 대명사인 보르도는 온화한 기후를 만들어주는 대서양과 바닷바람을 막아주는 해송 숲, 포도밭에 공급되는 지롱드 강의 수많은 지류, 포도재배에 적합한 토양 등 천혜의 조건을 갖추고 있습니다.

그래서 "보르도 지방의 와인이 제일 유명하니까, 라벨(Label : '레이블'이라고 읽어야 옳음)에 Bordeaux라고 쓰여 있는 걸 고르면 꽤나 좋은 와인을 마시는 것이다", "보르도 지방에서 나오는 와인 중에서 Médoc(메독)이라는 와인이 제일 유명하다", "와인 이름에 'Château(샤또) ○○'라는 말이 있으면 일단 괜찮은 와인이다"라고들 말합니다.

뭐, 100% 틀린 말은 아니지만 굳이 점수를 매기면 20점 정도(?) 드릴 수 있습니다. '장님 코끼리 만지기'식 답변이기 때문이죠. ;;

앞서 말씀드린 대로 AOP 표시에 이 지방의 가장 큰 범위의 구분인 'Bordeaux(보르도)'가 적혀 있으면(Appellation Bordeaux Protégée), 보르도 지방에서 생산되는 AOP 와인◆ 중에서 상대적으로 가장 규제를 덜 받고 만든 중저가 일반급 와인이라고 봐야 하며, AOP 표시 외에 레이블에 'Bordeaux'라는 글자가 크게 표기될수록 품질은 반비례한다고 보면 됩니다.

◆ 보르도에는 2020년 현재 총 42개의 AOP가 있다. 프랑스 와인의 45%가 AOP 와인인데 보르도는 97%가 AOP 와인이다. 이는 프랑스 전체 AOP 와인 양의 25%에 해당한다.

또 레이블에서 'Médoc(메독)'이라는 글자도 자주 보게 되는데요, Médoc(메독)은 보르도 지방의 가장 유명한 소지역 산지이므로 단순히 'Bordeaux'라는 표시가 되어 있는 와인보다는 품질이 한 단계 위라고 볼 수 있지만, Médoc(메독) 지역은 다시 Haut-Médoc(오 메독)과 Bas-Médoc(바 메독) 지역으로 나누어진다는 것을 알아야 합니다.

Haut(오)는 '높다'는 뜻이고, Bas(바)는 '낮다'는 뜻인데, 실제로 지대가 높고 낮은 차이도 있지만, 강의 상류와 하류에 위치하기 때문에 붙여진 이름입니다. Médoc 전체 면적의 30% 정도를 차지하는 Bas-Médoc(바 메독) 지역에서는 일반급 와인들이 주로 생산되는데 비해, 그 남쪽(상류)의 Haut-Médoc(오 메독) 지역에서는 우리가 자주 들어보는 Médoc 지역의 고급 와인들이 대부분 생산됩니다. > 251쪽 지도 참조

레이블 AOP 표시의 O 자리에 'Médoc'이라고만 되어 있으면(Appellation Médoc Protégée), 무조건 Bas-Médoc(바 메독) 지역의 와인입니다. 배수가 좋은 자갈 언덕이 많은 Haut-Médoc(오 메독)에 비해, 토양은 비옥하나 무겁고 축축한 진흙 토양이 많은 Bas-Médoc(바 메독) 지역 와인들은 상대적으로 품질이 떨어지는데다가 Bas가 '낮은'이라는 의미이므로, 자칫 지역 이름 자체가 필요 이상으로 부정적인 이미지를 풍길 수도 있기 때문에 그냥 Médoc이라고만 표시하는 것입니다.

반면 고급 레드 와인을 생산하는 Haut-Médoc은 입장이 다릅니다. 메독이라고 다 같은 메독은 아니라는 거죠. 차별성을 강조하기 위해 이 곳 와인은 레이블에 반드시 'Haut-Médoc'이라고 표기합니다.

그런데 Bas-Médoc(바 메독) 지역 와인이라 해서 무조건 품질이 떨어지는 것만은 아닙니다. 예를 들어, 〈Ch. Potensac(뽀땅삭)〉, 〈Ch. Patache d'Aux(샤또 빠따슈 도)〉, 〈Ch. Loudenne(샤또 루덴느)〉, 〈Ch d'Escurac(샤또 데스뀌락)〉를 비롯해서 2020년 Cru Bourgeois Supérieur(크뤼 부르주아 쉬뻬리외르) 등급(278쪽 하단~280쪽 상단 참조)에 선정된 〈Ch. Greysac(샤또 그레삭)〉, 〈Ch.

쌩 떼스떼프의 그랑 크뤼 2등급 샤또 꼬스데스뚜르넬의 양조팀이 바 메독 지역에서 과일맛이 풍부한 현대적인 스타일로 만드는 메독 AOC 와인 〈굴레(Goulée)〉 CS 80% : Merlot 20%. 98,000원선.

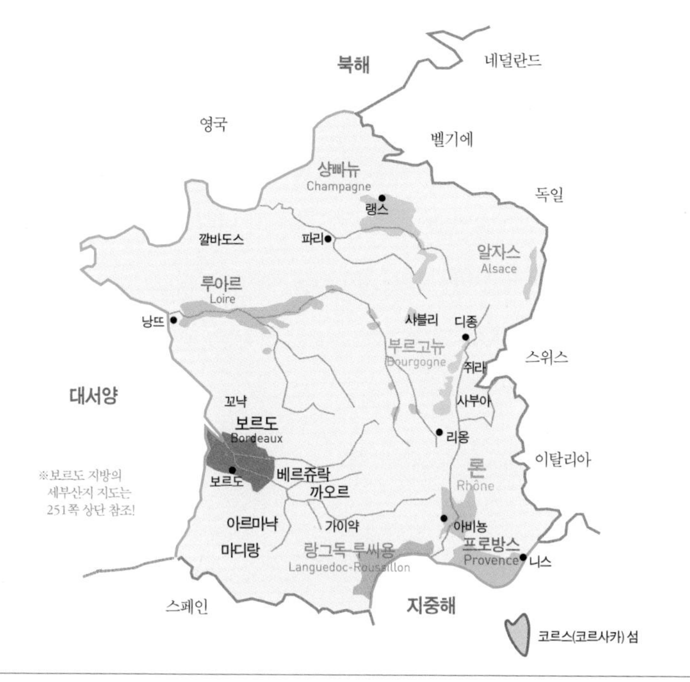

보르도 지방과 프랑스의 주요 와인 생산지역

Castéra(샤또 까스떼라)〉, 〈Ch. Preuillac(샤또 프뢰이약)〉, 〈Ch. Laujac(샤또 로작)〉, 〈Ch. Pierre de Montignac(샤또 뻬에르 드 몽띠냑)〉, 〈Ch. La Cardonne(샤또 라 까르돈느)〉, 〈Ch. Poitevin(샤또 뿌아뜨뱅)〉 등과 가장 현대적인 스타일의 메독 와인인 〈Goulée(굴레), 240쪽 하단 사진〉 등 매우 뛰어난 품질의 와인들도 많이 존재합니다.

덧붙여 말씀드리면, Haut-Médoc(오 메독) 지역 중에서도 특히 토양이나 기후 등 제반 여건이 포도재배에 가장 이상적인 6개 마을이 있는데, 이 마을들에서 생산된 와인의 레이블에는 'Haut-Médoc' 대신 해당 마을(Commune : 꼬뮌)의 이름을 표기할 수 있도록 되어 있습니다.

그 6개 마을의 이름은 북쪽에서부터 Saint-Estèphe(쌩 떼스떼프), Pauillac(뽀이약), Saint-Julien(쌩 쥘리앙), Listrac(리스트락), Moulis(물리스/물리), Margaux(마고)입니다. 북쪽으로 갈수록 타닌이 진하고 거친 편이며, 남쪽으로 내려올수록 부드러운 경향이 있습니다.

그 중 더 뛰어난 4개 마을에서 생산되는 주요 그랑 크뤼(Grands Crus) 와인들을 정리해 보았습니다. > 각 등급별 정확한 내용은 부록1. 참조

Saint-Estèphe [쌩 떼스떼프] 마을

전통적으로 산도가 높고 강건하면서도 약간 투박한 느낌의 장기숙성형 풀바디 레드 와인이 생산되는데, 숙성될수록 부드럽고 섬세한 복합미가 느껴진다. 토양은 남쪽은 자갈이 많지만, 북쪽은 진흙이 많아 Merlot가 잘 재배된다. 근래 들어 Merlot 비중이 늘어 맛이 좀 부드러워졌다.

- **2등급** : Ch. Cos d'Estournel(샤또 꼬스 데스뚜르넬), Ch. Montrose(몽로즈)
- **3등급** : Ch. Calon Ségur(샤또 깔롱 쎄귀르)
- **4등급** : Ch. Lafon-Rochet(샤또 라퐁 로쉐)
- **5등급** : Ch. Cos Labory(샤또 꼬스 라보리)

인도풍 탑이 있는 샤또 꼬스 데스뚜르넬

Pauillac [뽀이약] 마을

메독지역에서 포도밭 규모가 가장 큰 뽀이악 마을에서는 가장 힘차고 무게감 있는 장기숙성형 풀바디 레드 와인이 생산되는데, 구조감, 균형감, 세련미 모두 좋다. 토양은 자갈과 모래가 많아 까베르네 쏘비뇽 품종 재배에 적당한데, 떼루아가 다양하고 샤또마다 품종별 블렌딩 비율이 달라 미묘한 차이가 있을 수 있다.

- **1등급** : Ch. Latour(샤또 라뚜르), Ch. Lafite-Rothschild(샤또 라피뜨 로췰드), Ch. Mouton-Rothschild(샤또 무똥 로췰드)
- **2등급** : Ch. Pichon-Longueville(샤또 삐숑 롱그빌), Ch. Pichon-Longueville Comtesse de Lalande(샤또 삐숑 롱그빌 꽁떼스 드 라랑드)
- **4등급** : Ch. Duhart-Milon-Rothschild(샤또 뒤아르 밀롱 로췰드)

• **5등급** : Ch. Lynch-Bages(샤또 랭슈 바쥬), Ch. Pontet-Canet(뽕떼 까네), Ch. Lynch Moussas(랭슈 무싸), Ch. Pédesclaux(뻬데끌로), Ch. Haut-Batailley(오 바따이에), Ch. Grand-Puy-Lacoste(그랑 뿌이 라꼬스뜨) 등

 Saint-Julien [쌩 쥘리앙] 마을

뽀이약 와인의 강인하고 균형 잡힌 농축미와 마고 와인의 섬세함과 부드러움이 알맞게 조화를 이룬 와인이 생산된다. 오-메독에서 가장 작은 꼬뮌(마을)으로, 자갈 토양이 균일해서 모든 와인의 품질이 고르게 뛰어나다.

• **2등급** : Ch. Léoville Las Cases(샤또 레오빌 라스 까즈), Ch. Léoville Barton (레오빌 바르똥), Ch. Graud-Larose(샤또 그뤼오 라로즈), Ch. Ducru-Beaucaillou(샤또 뒤크뤼 보까이유), Ch. Léoville Poyferré(레오빌 뿌아페레)

• **3등급** : Ch. Lagrange(샤또 라그랑쥬), Ch. Langoa Barton(샤또 랑고아 바르똥)

• **4등급** : Ch. Beychevelle(샤또 베슈벨), Ch. Talbot(샤또 딸보), Ch. Saint Pierre(샤또 쌩 삐에르) 등

 Margaux [마고] 마을

마고 레드 와인은 빛깔이 가장 연하고 아름다우며 상대적으로 향긋한 과일 향미도 많다. 담백하리만큼 부드럽고 여성적인 섬세함, 우아함, 세련미가 느껴진다. 이는 마고가 메독에서 가장 성글고 흰 자갈이 많은 토양이라 포도나무가 수분과 양분을 찾아 뿌리를 땅속 깊이 내린 결과이다. 오-메독에서 남쪽에 동떨어져있는 마고는, 다른 마을들처럼 포도밭이 골고루 흩어져 있지 않고 마을 안에 복잡하게 섞여있는데, 그랑 크뤼 2등급, 3등급 포도밭이 가장 많다.

• **1등급** : Ch. Margaux(샤또 마고)

• **2등급** : Ch. Rauzan-Ségla(로장 쎄글라), Ch. Brane-Cantenac (샤또 브란 깡뜨낙), Ch. Durfort-Vivens(샤또 뒤르포르 비방), Ch. Lascombes(라스꽁브), Ch. Rauzan-Gassies(샤또 로장 갸씨)

• **3등급** : Ch. Palmer(샤또 빨메), Ch. d'Issan(샤또 디쌍),

〈샤또 마고〉, 〈샤또 빨메〉에 이어 메독 지역 마고 마을의 넘버3로 꼽히는 그랑 크뤼 2등급 와인 〈샤또 브란 깡뜨낙〉. 혀에서 녹는듯 부드러우면서 향기가 강하다. CS, Merlot, CF 등이 빈티지에 따라 다르게 블렌딩되는데, Merlot의 비중이 매우 높은 편임 (약 40%). 15만 원선.

Ch. Malescot St-Exupéry(샤또 말레스꼬 쌩떽쥐뻬리), Ch. Giscours(샤또 지스꾸르), Ch. Desmirail(샤또 데미라이으), Ch. Kirwan(샤또 끼르완) 등

- **4등급** : Ch. Pouget(샤또 뿌제), Ch. Prieuré-Lichine(샤또 프리외레 리쉰), Ch. Marquis de Terme(샤또 마르끼 드 떼름므) 등
- **5등급** : Ch. Dauzac(샤또 도작), Ch. du Tertre(샤또 뒤 떼르트르)

Médoc(메독) 전체에는 50여 개의 마을(Commune, 꼬뮌)이 있으며, Haut-Médoc(오 메독)에는 그랑 크뤼 와인을 생산하는 앞의 4개 마을 외에 AOP(AOC)를 인정받고 있는 마을이 2개 더 있습니다. 바로 Listrac(리스트락)과 Moulis en Médoc(물리 엉 메독)라는 마을입니다.

비교적 서늘한 Listrac(리스트락)은 점토질 토양이 많아서 〈Ch. Clarke(샤또 끌라르끄)〉, 〈Ch. Fourcas Hosten(샤또 푸르까스 오스땡)〉 같은 샤프하고 깊이 있는 와인이 생산됩니다. Moulis(물리) 마을은 자갈, 모래, 점토질의 석회암 등 다양한 토양의 영향으로 〈Ch.Chasse Spleen(샤또 샤스 스플린)〉, 〈Ch. Poujeaux(샤또 뿌조)〉, 〈Ch. Maucaillou(샤또 모까이유)〉 등 복합적인 향미를 가진 와인들이 만들어집니다.

1855년 등급분류에 따른 그랑 크뤼 샤또의 세부산지별 분포

산지(마을)		1등급	2등급	3등급	4등급	5등급	합계
오 메독	쌩 떼스떼프	0	2	1	1	1	5개
	뽀이약	3	2	0	1	12	18개
	쌩 쥘리앙	0	5	2	4	0	11개
	마고	1	5	10	3	2	21개
	오 메독	0	0	1	1	3	5개
그라브		1	0	0	0	0	1개
총 샤또 수		5개	14개	14개	10개	18개	61개

• 자세한 내용은 부록1.682~687쪽 참조

보르도 지방의 포도품종

보르도 지방에서는 단일 품종으로 와인을 만드는 경우는 흔치 않으며, 전통적으로 2~5가지 품종을 블렌딩하는 것이 특징입니다. 현재 보르도는 레드 와인이 90%◆ 가량을 차지하는데, 블렌딩에 쓰이는 3대 레드 와인 품종은, Merlot(메를로), Cabernet Sauvignon(까베르네 쏘비뇽), Cabernet Franc(까베르네 프랑)이며, 여기에 진한 색상과 견고한 타닌을 위해 Malbec(말벡), Petit Verdot(쁘띠 베르도)가 보조 품종으로 소량 사용됩니다.

◆ 1970년까지만 해도 보르도는 레드 와인보다 화이트 와인을 더 많이 생산했었다.

보르도의 품종별 재배비율(2017년 기준)

레드	
메를로	65%
까베르네 쏘비뇽	23%
까베르네 프랑	10%
기타	2%
화이트	
쎄미용	48%
쏘비뇽 블랑	44%
뮈스까델	6%
위니 블랑 등	2%

Cabernet Sauvignon은 세계적으로 가장 유명한 레드 품종이자, Merlot(메를로)와 함께 보르도 와인◆을 만드는 대표 품종입니다. 타닌 성분이 매우 많은 편이라 장기숙성이 가능하며, 진하고 텁텁한 맛을 냅니다.

◆ 지구온난화에 따른 기온 상승으로 보르도 AOC 와인에 사용할 수 있는 포도품종이 새로 추가되었다. 레드는 기존 CS, Merlot, CF, Malbec, PV, Carmenère에 Marselon(마쓸롱), Touriga Nacional(또오리가 나씨오날), Castets(까스떼), Arinarnoa(아리나르노아)가 추가되어 총 10종, 화이트는 기존 SB, Sémillon, Muscadelle에 Alvarinho(알바리뇨), Petit Manseng(쁘띠 망상), Liliorila(릴리오릴라)가 추가되어 총 6종이다.

보르도 지방 내에서도 토양이 다른 소산지에 따라 품종별 블렌딩 비율에 어느 정도 차이가 있습니다. 지롱드 강 왼편에 위치한 메독 지역(Left Bank)에서는 Cabernet Sauvignon(까베르네 쏘비뇽)을 주품종으로 Merlot(메를로), Cabernet Franc(까베르네 프랑) 품종 순으로 블렌딩합니다. 이에 비해 강 반대편(Right Bank)인 쌩 떼밀리옹◆과 뽀므롤◆ 지역에서는 Merlot(메를로) 혹은 Cabernet Franc(까베르네 프랑)을 주품종으로 부드러운 향미의 와인을 만들며, 이때 Cabernet Sauvignon은 소량만

◆ 강 좌안의 메독 지역을 중심으로 시행된 보르도의 '1855년 그랑 크뤼 등급분류'에서는 억울하게도 원천적으로 제외되었으나, 강 우안의 쌩 떼밀리옹과 뽀므롤 지역은, 보르도 내에서 메독 지역 못지않게 품질 좋은 레드 와인들을 생산하고 있는 전통 있는 와인 산지이다.
(부록1. 694~699쪽, 699~701쪽 참조)

Château 샤또

샤또 다가삭

보르도 지방은 와인을 제조하는 와이너리 이름에 대부분 'Château(샤또)'라는 명칭이 붙는다. 원래 프랑스어로 Château는 '중세의 성(城)'을 뜻하지만, 와인에서는 '자체 내에 포도밭을 가진 와인양조장(회사)'이라고 이해하면 된다.
보르도 지방의 샤또 중에는 아주 고색창연한 큰 건물과 넓은 포도원을 가진 곳도 있지만, 허름한 건물 하나와 작은 포도원을 가진 샤또들도 있다.
그럼, 왜 유독 보르도 지방에서는 와이너리 이름에 '샤또'를 붙일까?
보르도의 그라브 지역 유명 가문의 '뽕딱'이라는 사람이 자신의 할아버지가 지은 오 브리옹 성에서 포도를 재배하고 와인을 생산하고 있었다. 그는 〈Haut-Brion(오 브리옹)〉과 〈Pontac(뽕딱)〉이라는 이름으로 최초의 브랜드 와인을 시장에 선보였는데, 이때 '샤또'라는 명칭을 같이 사용하게 되었던 것이다. 이후 19세기 중반 보르도 지방에서 포도원과 와이너리를 구입한 부유한 신흥 부르주아 계급의 소유주들이 귀족스럽고 고풍스러운 분위기를 내기 위해 자신들의 와이너리 이름에 '샤또'라는 명칭을 본격적으로 붙이기 시작했다. 또 보르도 와인의 인기가 높았던 영국으로 수출하는 과정에서 자신들의 와인에 대한 브랜드화를 목적으로도 이런 멋진 이름이 필요했던 것이다.
1789년 프랑스혁명 후 프랑스 전 지역의 포도밭이 일시적으로 국가에 몰수당하게 되는데, 다른 지방은 포도밭을 지역 주민들에게 쪼개서 할당함으로써 포도밭 소유자가 여러 명으로 나뉘고, 와이너리와도 분리되어 버린다. 그러나 보르도 지방은 혁명의 영향권에서도 다소 벗어나 있었고, 전통을 잇기 위해 재력 있는 부르주아 계급의 와인 판매상이나 귀족들이 이를 다시 통째로 사들여서 포도밭이 세분화되지 않고 포도원과 와이너리가 같이 있는 샤또의 역사를 지킬 수 있었다.
보르도 와인의 레이블에 '샤또'라는 말이 없다면, 와인중개상인 대형 네고시앙들이 포도를 사들여 자체적으로 만드는 와인이라고 보면 된다. 물론 포도밭을 소유하고 있는 네고시앙도 있다. 부르고뉴 지방 와인의 경우 80%가 유명 네고시앙들이 만들고 있는데, 보르도에서도 대중적인 일반급 와인들은 기업화된 대형 네고시앙들이 주로 만든다. 샤또에서 포도나 오크통에 담긴 와인을 떼어다 네고시앙에게 중개하는 사람들을 'Courtier(꾸르띠에)'라고 부르는데, 그 영향력이 매우 크다.
보르도에는 400여 개의 네고시앙 회사가 있는데, 유명 네고시앙으로, Ginestet

(지네스떼), Cordier(꼬르디에), Barton et Guestier(B&G, 바르똥 에 게스띠에), CVBG Dourthe-Kressmann(두르뜨-크레스만), Michel Lynch(미쉘 랭슈), Borie-Manoux(보리 마누), Sichel(씨쉘), Baron Philippe de Rothschild (바롱 필립 드 로췰드), Jean-Pierre Moueix(장 삐에르 무엑스), André Lurton(앙드레 뤼르똥), Calvet(깔베), Maison Hebrard(메종 에브라르), Alexis Lichine(알렉시 리쉰느), Yvon Mau(이봉 모), Castel Frères(까스뗄 프레르), Dubos Frères(뒤보 프레르), Louis Dubroca(루이 뒤브로까), Robert Giraud (로베르 지로), Nathaniel Johnston(나다니엘 존스똥), S.D.V.F. 등이 있다.
2020년 기준 보르도 지방 전체 샤또 수는 약 7,000여 개이며, 메독 지역에만 1,000개 가량의 샤또가 있다. 당연히 생산되는 와인의 품질 수준이나 가격도 아주 다양하다. 물론, 보르도 외에 프랑스의 일부 다른 지방에서도 드물게 '샤또'라는 명칭을 사용하기도 하며, 미국 등에서도 '샤또' 명칭을 쓰는 와이너리들이 간혹 있는데, 그만큼 '사또(Château)'라는 말이 갖는 상징성과 가치가 크기 때문이다.

이 사용됩니다. 그 중에서도 석회질 토양의 쌩 떼밀리옹 지역보다는 진흙 토양이 많은 뽀므롤 지역의 Merlot(메를로) 비중이 조금 더 높다고 보면 됩니다. 뽀므롤은 Cabernet Sauvignon을 거의 사용하지 않다 보니 보르도 내에서도 가장 둥글둥글하고 부드러운 과일 풍미를 가진 레드 와인이 생산됩니다.

그라브◆ 지역은, 메독 지역과 인접한 형제격인 산지로, Cabernet Sauvignon 중심의 성향은 비슷하나 메독 와인보다 조금 더 담백하고, 미네랄 향이 강한 특성을 가진 별개의 산지입니다. 또 재배 비율은 조금 낮지만 Sauvignon Blanc(쏘비뇽 블랑)을 중심으로 하는 드라이 화이트 와인도 많이 생산되는데, 일반급 화이트 와인 산지인 앙트르 되 메르 지역에 비해 그라브는 보르도의

◆ 그라브 북쪽의 뻬싹-레오냥(Pessac-Léognan)에서는 〈샤또 오 브리옹〉 등 고급 레드 와인들이 생산되며, 별도의 마을 단위 소산지로 구분된다. '그라브(Graves)'가 '자갈'이라는 뜻이듯이 그라브 전체가 자갈이 많지만, 특히 북쪽의 뻬싹-레오냥 지역은 남쪽 지역에 비해 자갈 토양의 비중이 아주 높은 편이다(251쪽 지도 참조). 뻬싹-레오냥에서는 고급 레드뿐 아니라 쏘비뇽 블랑과 쎄미용을 블렌딩해서 알맞게 오크통 숙성을 시킨 복숭아 향미가 좋은 고급 드라이 화이트 와인(40%)도 생산되고 있다.
(부록1. 688~690쪽 참조)

그라브 지역 마르띠악 마을의 〈샤또 스미스 오 라피뜨〉 CS 55~60% : Merlot 30~35% : CF : PV. 오크숙성 18개월. 15만 원선.

고급 드라이 화이트 와인 산지로서의 이미지가 강합니다.

품종별 블렌딩 비율의 차이로, 같은 보르도 지방의 레드 와인이라도 쌩 떼밀리옹이나 뽀므롤 지역(Right Bank)의 와인이 메독 지역에 비해 건초(hay) 향도 더 느껴지고 상대적으로 더 부드럽고 연한 질감입니다. 아무래도 타닌 함유량이 많은 Cabernet Sauvignon의 비중이 더 낮기 때문이죠.

한 가지 더 알아둘 것은, 타닌 성분의 많고 적음에 따라 무조건 와인 맛의 부드러움 여부가 결정되는 것은 아니라는 겁니다. 예를 들어 아무리 Cabernet Sauvignon의 비중이 높은 보르도의 메독 지역 와인이라 할지라도 오래 숙성된 고급 와인은 그 느낌이 실크처럼 부드럽고 섬세합니다. 타닌의 무게감과 구조감이 숙성과정을 거치면서 부드러워진 것이지요.

아무튼, 우리가 와인을 마실 때 그 와인이 'Cabernet Sauvignon + Merlot + Cabernet Franc + (기타 품종)' 등으로 블렌딩되어 있을 때, "이 와인은 보르도(식) 블렌딩 와인이다"라고 하면 적절한 표현입니다. 미국에서는 이렇게 보르도 스타일로 블렌딩된 고급 와인을 'Meritage wine(메리티지 와인)'이라고 합니다. > 463쪽 참조

1855년에 등급을 부여받은 보르도 지방의 그랑 크뤼 와인들(61개 샤또)을 비롯해서, 프랑스의 유명 와인들의 빈티지별 현지 가격과 평가(로버트 파커 평점, RP)에 대한 내용들을 확인하고 싶으면 www.1855.com을 활용하시기 바랍니다.

2003년 미국 부시 대통령 영국 방문시와 2004년 노무현 대통령의 영국 방문시 엘리자베스 2세 여왕은 메독 그랑 크뤼 2등급 와인인 〈샤또 그뤼오 라로즈〉를 내놓았는데, 우리나라엔 그 세컨 와인인 〈라로즈 드 그뤼오〉도 많이 알려져 있다(왼쪽 사진). 에어프랑스의 퍼스트 클래스와 비즈니스 클래스에서 서브된 〈샤또 그뤼오 라로즈〉는 '와인 의 왕, 왕의 와인'으로 불리는데, 1892년 침몰되어 100년만인 1992년 인양된 배에서 발견되어 화제가 되기도 했다. CS 64% : Merlot 28% : CF 3% : Malbec 3% : Petit Verdot 2%. 13만 원선.

보르도 지방의 근래 빈티지 점수

1993년	1994년	1995년	1996년	1997년	1998년	1999년
레 드 : 82점 쏘떼른 : -	레 드 : 85점 쏘떼른 : -점	좌 안 : 95점 우 안 : 95점 쏘떼른 : 87점	좌 안 : 91점 우 안 : 87점 쏘떼른 : 89점	좌 안 : 85점 우 안 : 86점 쏘떼른 : 92점	좌 안 : 88점 우 안 : 95점 쏘떼른 : 88점	좌 안 : 87점 우 안 : 85점 쏘떼른 : 90점
2000년	**2001년**	**2002년**	**2003년**	**2004년**	**2005년**	**2006년**
좌 안 : 95점 우 안 : 93점 쏘떼른 : 87점	좌 안 : 90점 우 안 : 89점 쏘떼른 : 97점	좌 안 : 86점 우 안 : 87점 쏘떼른 : 87점	좌 안 : 95점 우 안 : 94점 쏘떼른 : 95점	좌 안 : 89점 우 안 : 88점 쏘떼른 : 89점	좌 안 : 98점 우 안 : 97점 쏘떼른 : 93점	좌 안 : 90점 우 안 : 89점 쏘떼른 : 91점
2007년	**2008년**	**2009년**	**2010년**	**2011년**	**2012년**	**2013년**
좌 안 : 85점 우 안 : 86점 쏘떼른 : 92점	좌 안 : 87점 우 안 : 88점 쏘떼른 : 90점	좌 안 : 97점 우 안 : 96점 쏘떼른 : 96점	좌 안 : 99점 우 안 : 98점 쏘떼른 : 93점	좌 안 : 91점 우 안 : 91점 쏘떼른 : 97점	좌 안 : 88점 우 안 : 90점 쏘떼른 : 86점	좌 안 : 84점 우 안 : 86점 쏘떼른 : 93점
2014년	**2015년**	**2016년**	**2017년**	**2018년**	**2019년**	**2020년**
좌 안 : 93점 우 안 : 91점 쏘떼른 : 96점	좌 안 : 94점 우 안 : 97점 쏘떼른 : 94점	좌 안 : 97점 우 안 : 94점 쏘떼른 : 90점	좌 안 : 91점 우 안 : 93점 쏘떼른 : 91점	좌 안 : 96점 우 안 : 94점 쏘떼른 : 89점	좌 안 : 92~94점 우 안 : 91~94점 쏘떼른 : -	좌 안 : 91~94점 우 안 : 92~95점 쏘떼른 : -

• 출처 : 《Wine Spectator》

Cabernet Sauvignon 까베르네 쏘비뇽 | 183쪽, 561쪽 참조 |

프랑스어로는 [까베르네 쏘비뇽] 혹은 [꺄베르네 쏘비뇽]이지만, 영어식으로는 [카버넷 쏘비뇽], [카버네 쏘비뇽]이며, 줄여서 [캡 쏘비뇽] 혹은 그냥 [캡]이라고 합니다. 한국에선 [까쏘], [까쐬]라고도 하는데, 국제적 통용 명칭은 아닙니다. 이름이 길다보니 다른 품종과 블렌딩되었을 경우 병 레이블에 'Cabernet'라고만 표기되기도 하며, 레이블 외에서는 이니셜로 CS나 C/S라고 흔히 표기합니다.

원산지인 프랑스의 보르도 지방(특히 메독 지역)에서는 Cabernet Sauvignon 품종을 사용하여 최고급 와인들을 생산하고 있습니다.

메독 지역의 〈Château Margaux(샤또 마고)〉 〈Château Mouton-Rothschild(샤또 무똥 로칠드)〉 〈Château Lafite-Rothschild(샤또 라피뜨

로췰드)〉〈Château Latour(샤또 라뚜르)〉 등의 세계적인 명품 와인들도 Cabernet Sauvignon(까베르네 쏘비뇽)을 주품종으로 블렌딩된 와인들입니다.

Cabernet Sauvignon(까베르네 쏘비뇽) 품종은 더운 지역에서 잘 자라지만, 다양한 기후와 토양에 대한 적응력이 좋고, 질병이나 냉해에도 강해 세계 전역에서 광범위하게 재배됩니다. 1960년대 이후 캘리포니아, 칠레, 호주, 아르헨티나, 남아프리카공화국 등 신세계 와인 생산국에서도 보편적으로 가장 많이 재배되고 있습니다.

그 중에서 캘리포니아의 나파 밸리(Napa Valley), 호주의 쿠나와라(Coonawarra) 지역, 칠레 마이뽀 밸리(Maipo Valley), 아르헨티나 멘도사(Mendoza) 지역 내의 우꼬 밸리(Uco Valley) 등에서 생산되는 Cabernet Sauvignon 와인들은 특별히 기억하고 있어도 좋겠습니다.

그런데 Cabernet Sauvignon 품종은 프랑스의 보르도가 본고장이고, 이를 사용한 명품 와인들이 많이 생산되고 있지만, 보르도 지방에서는 단일 품종으로는 와인을 거의 만들지 않기 때문에, Cabernet Sauvignon 단일 품종만의 맛을 즐기려면 캘리포니아, 칠레, 호주 등의 Cabernet Sauvignon 와인을 고르는 것도 좋은 선택일 수 있습니다. 특히 캘리포니아와 가격대비 성능(?)이 좋은 칠레 · 아르헨티나의 Cabernet Sauvignon 와인들은 세계적으로도 그 품질을 인정받고 있습니다.

물론 프랑스와는 달리 포도품종을 레이블에 표기하는 미국,

메독 지역의 쌩 떼스떼프 마을에서 생산되는 그랑 크뤼 3등급 와인인 〈샤또 깔롱 쎄귀르〉. 레이블에 하트 모양이 있어, 발렌타인데이 등 사랑을 고백하거나 기념하는 자리에 애용된다. CS 50~60% : Merlot 30~40% : CF : PV 24만 원선.

* 이 샤또의 소유주였던 쎄귀르 후작은 한때 그랑 크뤼 1등급인 샤또 라피뜨 로췰드, 샤또 라뚜르, 샤또 무똥 로췰드 모두를 소유한 적이 있었는데, 그때도 그는 "나는 라피뜨와 라뚜르도 만들지만, 내 마음은 깔롱에 있다"라며 이 와인에 대한 각별한 애정을 표시했던 일화가 유명하다. 그래서 레이블에 하트가?!

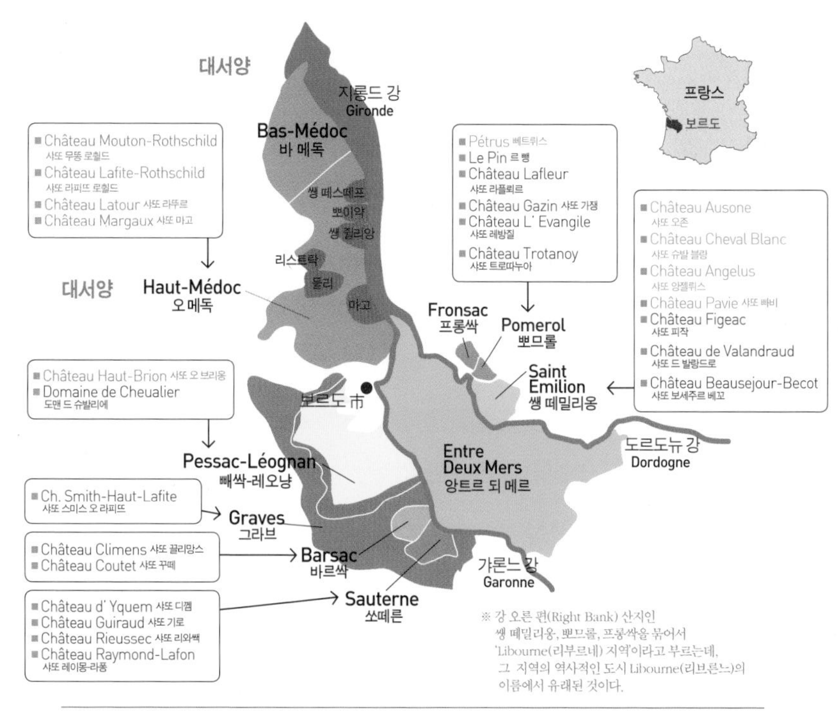

보르도 지방의 주요 산지 구분과 유명 와인

칠레, 호주 등에서도 100% Cabernet Sauvignon 와인이 있는 반면, 레이블에는 'Cabernet Sauvignon'이라고 표기되어 있어도 사실은 75~85%(나라별로 기준이 다름, 553쪽 상단 표 참고) 정도의 주품종으로 사용된 경우도 꽤 있다는 것을 알아두면 좋겠습니다.

Cabernet Sauvignon은 레드 와인 품종 중에서 가장 묵직하고 진한 맛을 냅니다. 이것은 기본적으로 타닌

① 지네스떼사의 '마스까롱 시리즈' 중 〈마스까롱, 메독〉 와인. CS 60% : Merlot 40%, 4만 원선. 월드 베스트 소믈리에로 유명한 세르쥬 둡스가 2009년 방한 시 테이스팅 노트를 공개해서 더 유명해진 지네스떼사는 보르도 최대의 네고시앙이다.

② 메독의 쌩 떼스떼프 마을에서 생산되는 그랑 크뤼 2등급 와인인 〈샤또 꼬스 데스뚜르넬〉. 1등급에 버금가는 평가를 받는 '수퍼 세컨 와인'의 선두주자이다. CS와 Merlot를 주품종으로 CF와 Petit Verdot가 소량 섞이기도 하는데, 2000년대 들어 CS의 비중이 높아졌다(70% 이상). 뉴 프렌치 오크통에서 18개월 숙성. 스땅달과 마르크스가 즐겼고, 우리나라에서는 현대자동차 정몽구 명예회장이 좋아하는 와인으로 알려져 있다. 20만 원선.

성분이 많기 때문인데(firm tannin), 이처럼 타닌이 많은 품종으로 고급 와인을 만들 경우, 오크통에서 오래 숙성할 수 있고, 병입한 후에도 장기간 보관할 수 있습니다.

오-메독 AOC 크뤼 부르주아 와인 〈샤또 다가삭〉 Merlot 50% : CS 47% : CF 3%. 3만 원선.

Cabernet Sauvignon 와인은 기본적으로 진한 까시스◆ 향과 타닌의 묵직함, 후추, 민트향이 나며, 산도도 적당히 느껴집니다. 오크통 숙성을 통해 바닐라, 초콜릿, 담배향 등도 곁들여집니다.

◆ 까시스(Cassis)
블랙커런트(blackcurrent)를 프랑스어로 까시스(cassis)라고 한다. 까시스는 블루베리와 비슷하게 생긴 검은 산딸기의 일종으로, 오렌지보다 비타민C가 4배 이상 들어 있고, 여러 가지 효능이 있어 약재로도 사용된다. 일본에서는 '까시스 오렌지'라는 칵테일 음료를 흔하게 볼 수 있다.

한 가지 재미있는 사실은, 레드 품종 중에서 아주 무겁고 진한 맛을 내는 Cabernet Sauvignon(까베르네 쏘비뇽) 품종은 상대적으로 가벼운 레드 품종인 Cabernet Franc(까베르네 프랑)과 화이트 품종인 Sauvignon Blanc(쏘비뇽 블랑)의 교배로 만들어진 품종이라는 것입니다. 이 묘한(?) 교배는 인위적으로 이루어진 것이 아니라 아마도 17세기경 보르도 어느 지역에선가 두 품종 사이의 우연한 교차수분으로 이루어진 것으로 보이는데, 1997년에야 DNA 분석을 통해 그 사실이 밝혀졌습니다. 오호~ 그러고 보니 이름도 아빠, 엄마한테 하나씩 따왔네요.

Merlot 메를로 / 멀로 | 184쪽 참조 |

프랑스어 발음은 [메를로], 좀더 정확히 하면 [메흘로]에 가깝습니다. 영어식으로는 [멀롯]인데요, 영어권에서도 프랑스어 끝의 t가 묵음인 걸 감안해서인지 보통 [멀로]라고 발음합니다. Cabernet Sauvignon을 [카버넷 쏘비뇽]보다는 [카버네 쏘비뇽]에 가깝게 발음하는 것과 같은 맥락이지요.

앞에서 Cabernet Sauvignon 품종이 묵직하고 진한 맛이 난다고 했는데요, 이에 비해 2주 가량 먼저 익는 조생종인 Merlot는 풍부한 살집에 블랙베리, 블랙커런트, 서양자두, 체리 등의 잘 익은 과일향과 잼 맛이 느껴집니다. 산도가 Cabernet Sauvignon보다 그리 높은 건 아니지만 타닌이 부드럽고 원만한 미감에 산도가 꽤 높게 느껴지기도 합니다.

◆ 보르도에서 와인을 만들 때 단일품종을 쓰지 않고 항상 블렌딩을 하는 이유는, 품종간의 장점을 합친다는 의미도 있지만, 보르도는 매년 품종별 작황에 차이가 많다보니 와인을 만들 때 그 해에 작황이 좋은 품종의 비중을 높여 블렌딩 비율을 조절함으로써 전체적인 퀄러티를 꾸준히 유지하고자 하는 목적이 크다 하겠다.

와인 양조시 여러 품종을 블렌딩하는 이유◆는, 각 품종의 장단점들을 상호 보완하기 위함입니다. 보르도 메독 지역의 블렌딩 와인의 경우 Cabernet Sauvignon의 묵직하고 오키(Oaky)한 맛에 Merlot의 과일 풍미와 부드러운 질감을 더하고, 여기에 야채, 흙, 과일 등 싱그럽고 복합적인 향을 가진 Cabernet Franc(까베르네 프랑)으로 맛의 밸런스를 맞추는 것이죠.

아무튼 Merlot 품종은 Cabernet Sauvignon 이상으로 프랑스 보르도산 레드 와인의 명성과 우아함을 유지하는 데 아주 중요한 역할을 하고 있습니다.

같은 보르도 지방 내 산지 중에서도 Cabernet Sauvignon을 주품종으로 하는 메독 지역과 달리 강 건너편 쌩 떼밀리옹과 뽀므롤 지역에서는 Merlot나 Cabernet Franc을 주품종으로 블렌딩합니다.

뽀므롤 지역에서 생산되는 〈Pétrus(뻬트뤼스)〉는 Merlot(메를로) 품종(100%)으로 만든 대표적인 명품

① 보르도의 와이너리이자 네고시앙인 두르뜨-크레스만사에서 생산하는 〈샤또 뻬이 라 뚜르〉 Merlot 70% : CS 20% : CF 10%. 2만 원선.
② 쌩 떼밀리옹 지역의 샤또 슈발 블랑을 소유했던 에브라 가문이 1983년 설립한 메종 에브라사의 〈샤또 하모니〉 Saint-Emilion Grand Cru AOP. Merlot 60% : CF 25% : CS 15%. 프렌치 오크통 14~18개월 숙성. 8만 원선.
*쌩 떼밀리옹 전체의 포도재배 비율은 대략 Merlot 70% : CF 25% : CS 5% 수준임

유독 철분이 많은 점토질 토양과 메를로 품종이 완벽한 조화를 이루는 명품 와인〈뻬트뤼스〉 송로버섯과 제비꽃 향기에 육감적이고 프루티한 맛으로 유명하다. 연간 4천 케이스(48,000병) 정도가 생산되며, 20-50년 숙성이 필요하다. 우주에서 1년간 숙성시킨 〈뻬트뤼스〉 2000년 빈티지가 2021년 크리스티 경매를 통해 100만 달러에 판매되기도 했다.

와인입니다. 이 와인은 교황 뻬트뤼스 1세를 레이블에 사용하고 있는데, 세계에서 가장 비싼 레드 와인 중 하나입니다.

〈Pétrus(뻬트뤼스)〉와 함께 뽀므롤 지역 3대 와인으로 꼽히는 〈Le Pin(르 뺑)〉과 〈Château Lafleur(샤또 라플뢰르)〉의 블렌딩 비율은 Merlot 92% : Cabernet Franc 8%와 Merlot 50(60)% : Cabernet Franc 50(40)%입니다. 또 알랭 들롱이 좋아했던 뽀므롤 와인으로 유명한 〈Château Gazin(샤또 가쟁)〉은 Merlot 90% : Cabernet Sauvignon 7% : Cabernet Franc 3%입니다. 그리고 쌩 떼밀리옹 지역의 2대 명품 와인인 〈Château Ausone(샤또 오존)〉과 〈Château Cheval Blanc(샤또 슈발 블랑)〉의 블렌딩 비율은, 각각 Merlot 50% : Cabernet Franc 50%와 Cabernet Franc 65% : Merlot 35% 수준인데, 해마다 작황에 따라 조금씩 차이가 있습니다.

2012년 쌩 떼밀리옹 그랑 크뤼 재심사에서 최고 등급인 프르미에 그랑 크뤼(1등급-A)로 승격하여 〈샤또 오존〉 〈샤또 슈발 블랑〉과 어깨를 나란히 하게 된 〈Ch. Pavie(샤또 빠비)〉와 〈Ch. Angélus(샤또 앙젤뤼스)〉도 Merlot 50~60%, Cabernet Franc 40~50% 정도에 Cabernet Sauvignon이 5% 미만으로 블렌딩됩니다.

같은 와인이라 해도 블렌딩 비율은 빈티지에 따라 약간씩 다를 수 있는데, 그 이유는 포도 품종별 작황의 차이 때문입니다.

샤또 뿌삐유는 고 이건희 회장이 동계 올림픽 유치를 위해 국제올림픽위원회(IOC) 위원들을 초대하면서 대접했던 와인으로 유명해졌다. Merlot 100%. 55,000원선.

Merlot(메를로) 품종 역시 미국, 칠레를 비롯해 호주, 이탈리아, 아르헨티나, 남아프리카공화국, 스페인,

캐나다, 동유럽, 중국 등 전 세계 많은 나라에서 재배됩니다.

Cabernet Franc 까베르네 프랑 | 187쪽 참조 |

영어식으로는 [카버넷 프랑] 혹은 [카버네 프랑]이라고 합니다. 보르도 지방이 원산지로, 특히 쌩 떼밀리옹 지역에서 많이 재배됩니다.

> 보르도 레드 품종별 적합 토양
> - 까베르네 쏘비뇽
>   → 자갈 토양(Gravel Soils)
> - 메를로
>   → 진흙 토양(Clay Soils)
> - 까베르네 프랑
>   → 석회질 토양(Limestone Soils)

타닌 함량은 Cabernet Sauvignon과 Merlot의 중간 정도입니다. 적당히 진한 색상에 산도는 낮은 편이며, 제비꽃, 생야채, 허브 향과 블랙커런트, 초콜릿, 민트 등의 복합적인 풍미를 가지고 있어 와인의 풍부한 향과 섬세하고 우아한 미감을 만들어줍니다.

빨리 익고 추위와 악천후에 강해 Cabernet Sauvignon이 흉작인 해에 대안으로 사용되기도 합니다. 실제로 메독과 그라브 지역에서는 Cabernet Sauvignon의 보험용으로도 일정량이 재배됩니다.

보통 블렌딩 파트너로 많이 사용되지만, 프랑스의 루아르 지방과 칠레, 미국 뉴욕 주 등에서는 Cabernet Franc(까베르네 프랑) 100% 와인들도 많이 만들어집니다.

조생종이기 때문에 루아르 지방의 선선한 기후와 특히 잘 맞았는데, 파리와 가까운 거리상의 이점도 작용하여 오래전부터 프랑스 왕실에서 Cabernet Franc 와인을 즐겨 마셨습니다. 너무 가볍지도 무

샤또 오존과 함께 쌩 떼밀리옹 지역 2대 명품 와인인 〈샤또 슈발 블랑〉의 레이블. Cabernet Franc 65% : Merlot 35%. 〈샤또 슈발 블랑〉은 쌩 떼밀리옹이지만 포도밭이 뽀므롤 지역에 가까워 뽀므롤의 느낌이 더해지고, 자갈이 많은 토양이라 그라브적 요소까지 가지고 있는 삼위일체 작품이라 할 수 있다. 130~350만 원선.
〈샤또 슈발 블랑〉 1947년 빈티지는 워낙 품질이 뛰어나서 '20세기를 대표하는 최고의 와인'으로 꼽힌다.
* 슈발 블랑(Cheval Blanc)은 '흰 말'이라는 뜻으로, 흰말을 좋아하던 프랑스 부르봉 왕조의 앙리 4세가 파리에서 귀향하던 중 이 샤또 근처에서 말을 갈아타기 위해 쉬어 간 데서 그 이름이 유래되었다.

① 캐나다 필리터리사의 까베르네 프랑 품종 아이스와인. 15만 원선.
② 칠레 오드펠사의 〈오자다, 까베르네 프랑〉. CF 100%. 5만 원선.

겁지도 않고, 너무 부드럽거나 너무 강하지도 않은 중간적인 성격이 왕실의 고매한 취향에도 잘 맞았나 봅니다.

루아르 지방의 Cabernet Franc 와인 주산지는 쉬농(Chinon), 부르게이(Bourgeuil), 쏘뮈르(Saumur), 샹삐니(Champigny) 지역입니다. 캐나다에서 아이스와인을 만들 때 Cabernet Franc(까베르네 프랑) 단일 품종을 사용하기도 하는데, 여타 품종으로 만든 아이스와인에 비해 가장 비싸게 판매됩니다. > 654쪽 참조

Malbec 말벡 | 188쪽, 581쪽 참조 |

타닌 성분이 많은 편이라 대체로 묵직한 느낌의 와인을 만드는 Malbec(말벡)은 프랑스 보르도 지방에서 사용되던 전통적인 품종이었지만, 추위에 약해 재배가 많이 줄었고, 이제는 새로 궁합을 맞춘 아르헨티나의 대표 품종으로 훨씬 더 각광받고 있습니다.

현재 보르도 지방(주로 강 우안)에서는 보조 블렌딩 품종으로 아주 적은 양이 재배되는데요, 대신 보르도 지방 동남쪽에 위치하는 까오르(Cahors) 지방에서는 아직도 Malbec(말벡)을 주품종으로 하는 와인들이 많이 생산되고 있습니다. 이 와인들은 중기간 보관이 가능하고 동물 향이 느껴지기도 합니다. 까오르 지방에서는 법적으로 Malbec 품종을 70% 이상 사용하도록 하고 있습니다.

마디랑과 함께 프랑스 남서부 산지를 대표하는 까오르 지방 끌로 라 꾸딸사의 까오르 AOP 와인.
Malbec 70% : Merlot 15% : Tannat 15%. 3만 원선.
* 까오르의 말벡 품종 레드 와인은 빛깔이 워낙 검붉어서 '와인을 따른 잔에 손가락을 넣어 손가락이 보이면 까오르 와인이 아니다'는 말이 있을 정도이다.

말린 자두 같은 검은 과일 향이 풍기는 깊은 맛과 진한 빛깔 때문에 'Black Wine'이라고 불리는 〈Cahors(까오르)〉 와인은 Malbec을 주 품종으로 Merlot(메를로)와 Tannat(따나)가 보조 품종으로 사용되는데, 건강에 이로운 프로시아니딘의 함량이 꽤 높은 편입니다. 까오르(Cahors)의 Malbec 와인 빛깔이 짙은 것은 페놀 화합성분이 더 많이 함유되어 있기 때문인데, 검다기보다는 짙은 보라색에 가깝습니다.

Malbec(말벡) 품종을 까오르 지방에서는 'Auxerrois(오쎄루아)'◆, 루아르 지방에선 'Côt(꼬)'라고도 부르는 등 그 이름이 무려 400여 개나 됩니다. 그만큼 프랑스에서도 예전(1950년대 이전)에는 한가락 하던 품종이라는 뜻이겠지요.

◆ 알자스 지방에는 같은 이름(오쎄루아)의 청포도 품종이 있으니 헷갈리지 마시길... (372쪽 중하단 참조)

Sauvignon Blanc 쏘비뇽 블랑 | 201쪽, 377쪽, 543쪽 참조 |

세계적으로 널리 재배되는 글로벌 화이트 품종이지만, 프랑스의 Sauvignon Blanc 와인들은 여전히 그 명성을 굳건히 이어가고 있습니다. 원산지인 루아르 지방의 AOP(AOC) 와인인 〈Sancerre(쌍쎄르)〉와 〈Pouilly-Fumé(뿌이 퓌메)〉 와인(378쪽 상단 Tip 참조)이 Sauvignon Blanc(쏘비뇽 블랑) 품종 화이트 와인을 대표하고 있으며, 보르도 지방의 앙트르 되 메르와 그라브 지역 등에서는 쎄미용 품종과 블렌딩해 오크숙성 시키는 쏘비뇽 블랑 와인이 유명합니다.

① 이봉 모(Yvon Mau)사의 〈프리미우스, 보르도 쏘비뇽〉. Sauuvignon Blanc 100%. 보르도에서 쏘비뇽 블랑 100%로 만들어지는 와인은 드문 편인데, 이 와인은 프랑스 농식품공사가 '부담없이 즐기는 보르도 100대 와인 2009'에 선정하기도 했다. 꾸리꾸리한 날 부침개와 한 잔 하면 딱 좋은 와인. 35,000원선.
 * 보르도 최고의 쏘비뇽 블랑 100% 와인은 샤또 마고에서 오크통 발효 숙성(7개월) 시켜 만든 〈빠비용 블랑〉이다.

② 샤또 라피뜨 로췰드의 보급형 브랜드인 Legende(레정드) 시리즈 중 Bordeaux AOP 화이트 와인. Sémillon 60% : Sauuvignon Blanc 40%. 4만 원선.

또 그 외에 뉴질랜드 말버러 지역의 Sauvignon Blanc 와인 또한 독특한 향과 맛을 자랑합니다. '뉴질랜드 와인'하면, Sauvignon Blanc 화이트 와인이 바로 떠오를 정도이니까요.

미국에서는 이 품종을 'Fumé Blanc(퓌메 블랑)'이라고도 합니다. 미국이 프랑스의 Sauvignon Blanc 와인을 수입하던 1970년대 초, 캘리포니아 와인의 선구자 로버트 몬다비는 루아르 지방 〈Pouilly-Fumé(뿌이 퓌메)〉 와인의 양조방식을 벤치마킹한 후, 캘리포니아의 기후와 미국인의 입맛에 맞게 오크통 숙성 후 출시해서 성공을 거뒀습니다. 프랑스어로 Fumé는 '연기'라는 뜻인데, 〈Pouilly-Fumé〉 와인을 벤치마킹했고 또 루아르와는 달리 오크 숙성을 통해 불에 그을린 듯한 오크향이 더해져 그리 불렀다고 하는데, 원래 루아르 지방의 〈Pouilly-Fumé〉 산지에서는 햇빛이 내리쬐어 안개가 증발하는 모습이 마치 연기가 피어오르는 듯 보여서 이런 이름이 붙여졌다 합니다.

Chardonnay(샤르도네) 품종으로 만든 와인이 과일 향이 풍부하고 빛깔도 진한 반면, Sauvignon Blanc(쏘비뇽 블랑) 품종으로 만든 화이트 와인은 맛이 더 깔끔합니다. 또 빛깔도 더 맑고 투명하며 연둣빛이 감돌기도 합니다. 높은 산도에 구스베리, 자몽, 그린페퍼, 신선한 풀내음 등 톡 쏘는 듯한 맛이 느껴집니다. Sauvignon Blanc(쏘비뇽 블랑) 와인의 향을 '고양이 오줌 냄새'에 비유하기도 합니다.

① 세계 3위 규모의 와인회사인 보르도 지방 까스뗄그룹의 〈바롱 드 레스탁〉 보르도 AOP 화이트 와인. SB 80% : Sémillon 20%. 25,000원선.
② 루아르 지방 파스칼 졸리베사의 뿌이 퓌메 AOP 와인. SB 100%. 62,000원선.

'풀냄새'의 일반적인 영어 표현으론 'herbaceous[허베이셔스]'가 있지만, 잔디를 막 깎고 난 뒤에 나는 더 풋풋한 풀향기는 'grassy'라고 하며, 이는 Sauvignon Blanc의 향과 맛을 표현하기에 가장 적합할 것 같습니다. 마치 짙은 녹음의 여름향기라고나 할까요? 특히 뉴질랜드 Sauvignon Blanc 와인이 그런 느낌이 매우 강합니다.

Chardonnay(샤르도네) 와인이 아늑한 분위기에 더 잘 어울린다면, Sauvignon Blanc 와인은 상대적으로 흥겨운 파티에 어울리는 와인이라고 할 수 있습니다. 무더운 여름에 테라스에서 싱싱한 굴이나 생선회, 훈제연어, 해산물 샐러드 같은 깔끔한 안주와 함께 시원하게 칠링된 Sauvignon Blanc 와인 한 잔, 오우~ 생각만 해도 행복해집니다.

◆ 좀 더 정확히 말하면, 보르도의 드라이 화이트 와인 산지 중 앙트르 되 메르는 쎄미용보다 쏘비뇽 블랑 품종의 비중이 더 높은데다 정제(fining) 작업을 통해 가볍고 신선한 느낌의 와인을 만드는데 비해, 오 메독, 그라브, 뻬싹-레오냥 지역으로 갈수록 쎄미용의 비중이 다소 높으며 정제 작업을 덜해 무게감 있고 좀 더 오래 숙성이 가능한 화이트 와인들을 더 많이 생산하고 있다. 이는 토양의 영향도 크다 하겠다. 적당히 오크 숙성도 시키는 뻬싹-레오냥(Pessac-Léognan)의 고급 화이트 와인도 유명하지만, 보르도의 최상급 화이트 와인으로 앙트르 되 메르(Entre Deux Mers) 지역에서 생산되는 것을 꼽는 사람이 많다.

◆ 귀부(貴腐) 현상
귀부병이라고도 부르며, Botrytis Cinerea(보트리티스 씨네레아)라는 회색 곰팡이균에 포도가 감염돼 포도알의 수분이 증발해서 건포도처럼 변하는 현상(=Noble Rot 현상)이다. 덜 익은 포도에 감염되면 포도알을 제대로 익히지 못하게 해 수확량만 감소시킨다.

Sémillon 쎄미용 | 202쪽 참조 |

보르도 지방에서 가장 많이(약 48%) 재배되는 화이트 품종으로, 당도가 높고 빛깔과 맛이 풍부하고 알코올 잠재력과 무게감이 있어 장기숙성에도 적당하지만 산도가 낮은 게 흠이라서, 산도가 높은 Sauvignon Blanc과 좋은 블렌딩 궁합을 이루며, 여기에 꽃향기가 좋은 Muscadelle(뮈스까델) 품종도 소량 블렌딩되어 완성도를 높입니다. 그라브나 앙트르 되 메르 지역에서는 쏘비뇽 블랑과 비슷한 비율◆로 드라이한 화이트 와인을 만들고, 쏘떼른 · 바르싹 · 쎄롱 지역 등에서는 80% 수준의 주품종으로 귀부 현상◆을 이용한 세계 최고 수준의 스위트

화이트 와인을 만듭니다. >부록1. 691~693쪽 참조

Sémillon(쎄미용) 품종은 껍질이 얇을 뿐 아니라 포도알이 굵고 송이가 조밀하게 달려 귀부병에 걸릴 확률이 높습니다. 포도에 귀부현상이 생기면 수분이 증발하면서 포도알이 쪼그라들고 당분이 농축됩니다. 그러면 양조과정에서 당분이 알코올로 발효가 되더라도 남아있는 당분(잔여 당분 8~12%) 때문에 달콤한 와인이 되는 것입니다.

쏘떼른◆ 와인의 최고봉이면서, 세계적으로 가장 유명한 디저트 와인 가운데 하나인 〈Ch. d'Yquem(샤또 디껨)◆〉 와인은 Sémillon 80% : Sauvignon Blanc 20% 정도로 블렌딩됩니다. 귀부화된 Sémillon의 리치한 감미에 Sauvignon Blanc(쏘비뇽 블랑)의 상큼한 산도가 적절히 보완되는 블렌딩인 것이죠.

◆ 2000년대 들어 쏘떼른 지역의 탁월한 빈티지는 홀수해인 2001년, 2003년, 2005년, 2007년, 2009년이었다. 그 이전 빈티지로는 1986년, 1988년, 1989년, 1990년, 1997년 등이 있다.

◆ 품질 관리에 철저한 〈샤또 디껨〉은 작황이 좋지 않은 해에는 만들지 않는다(10년에 2번 정도). 대신 그런 해에는 〈Ygrec(이그렉)〉이라는 브랜드로 드라이한 화이트 와인을 생산한다.

Sémillon(쎄미용)으로 만든 스위트 와인 맛에 대한 영어식 표현은 lemony, apricot, honey, rich, creamy, toasty 등이 있습니다.

한편, 호주 헌터 밸리의 Sémillon 와인은 크림같이 부드러운 황금빛 드라이 화이트 와인으로, 10년 이상 병입 숙성이 가능합니다.

또 Sémillon 품종은 Chardonnay(샤르도네)와도 블렌딩되는데, Sémillon의 무게감과 스위트함에 과일 향이 풍부한 Chardonnay가 시너지

① 세계 최고의 명품 디저트 와인인 〈샤또 디껨〉. Sémillon 80% : SB 20%. 오크통 숙성 3년. 50~60만 원선.
* 고급 스위트 와인일수록 무조건 달기만 한 것이 아니라 이를 상쇄해주는 적당한 산도(신맛)와 알코올, 오크 부케 등의 복합미와 밸런스가 좋아야 한다. 귀부와인의 최고봉인 〈샤또 디껨〉의 달콤한 매력을 혹자는 팜므 파탈의 유혹에 비유하기도 한다.
② 델러사의 보르도 AOP 화이트 와인. Sémillon 80% : SB 20%. 3만 원선.

효과를 만들어냅니다. 주로 호주 와인에서 찾아볼 수 있는데, Peter Lehmann(피터 르만)사의 〈Art Series(아트 시리즈)〉, Beelgara Estate(벨가라 이스테이트)사의 〈Opal Ridge(오팔 릿지)〉, Rosemount(로즈마운트)사의 〈Diamond Cellar(다이아몬드 셀러)〉, Lindemans(린드만)사의 〈Cawarra(카와라)〉 브랜드의 Sémillon-Chardonnay 블렌딩 와인 등이 그러한 예입니다. 호주 와인의 실험정신이 만들어낸 흥미로운 블렌딩 와인들로, 대부분이 드라이한 스타일입니다.

① 호주 펜폴즈사의 〈로슨스 리트릿, 쎄미용-샤르도네〉 일부만 프렌치 오크통 7개월 숙성 4만 원선.
② 뉴질랜드 씰레니사의 〈레이트 하비스트, 쎄미용〉 Sémillon 100%, 알코올 도수 9.5도 375ml 32,000원선.

Muscadelle 뮈스까델 | 209쪽 참조 |

비중은 많이 떨어지지만 Muscadelle(뮈스까델)은 Sauvignon Blanc(쏘비뇽 블랑), Sémillon(쎄미용)과 함께 보르도 지방의 3대 화이트 와인 품종입니다. 단일 품종으로는 사용되지 않고 고급 스위트 화이트 와인에 블렌딩 보조 품종으로 소량 사용되는데, 재배면적이 점차 감소하는 추세입니다. 산도는 낮지만 부드럽고 당도가 높으며, 잘 익었을 때는 진한 꽃향기(intense & perfumy)가 납니다. 그래서 보르도의 쏘떼른과 바르싹 지역에서 스위트 와인의 향(부케, bouquet)을 내기 위한 보조 품종(10% 이내)으로 사용되며, 고급 와인일수록 그 블렌딩 비율은 5%를 넘지 않습니다.

주의할 점은 'Muscadet(뮈스까데)' 혹은 'Muscat(뮈스까)'라는 품종들과 헷갈릴 수도 있다는 것인데, Muscadet(뮈스까데)는 프랑스

루아르 지방의 휴양도시인 낭뜨 부근에서 주로 재배되는 포도품종 이름이자 그 품종으로 만드는 가벼운 드라이 화이트 와인의 이름(AOP명)입니다. 또 Muscat(뮈스까)는 이탈리아의 Moscato(모스까또) 품종의 프랑스식 이름입니다. > 208쪽 참조

Muscadelle(뮈스까델), Muscadet(뮈스까데), Muscat(뮈스까)는 이름으로 보아 그 근원에 있어 연관성은 있어 보이지만, 현재는 각기 다른 품종으로 구분됨을 유의하시기 바랍니다.

① 보르도의 위대한 와인 메이커이자 그라브의 뻬삭-레오냥 AOC 탄생(1987년)의 1등 공신이었던 앙드레 뤼르똥(André Lurton)이 만드는 〈샤또 보네, 블랑〉 SB 40% : Sémillon 40% : Muscadelle 10%. 3만 원선.

② 샤또 무똥 로췰드를 만드는 바롱 필립 드 로췰드사에서 생산하는 그라브 AOP 드라이 화이트 와인인 〈리저브 무똥 까데 그라브〉. Sémillon 60% : SB 30% : Muscadelle 10%. 42,000원선.

보르도의 5대 샤또

(1) Château Latour(샤또 라뚜르)

탑 위에 앉아있는 숫사자가 그려진 소박한 느낌의 레이블이 인상적인 〈Ch. Latour(샤또 라뚜르)〉는 70~80년이 지나도 맛이 변하지 않을 정도로 강건한 와인의 대명사입니다. 1등급 샤또 와인 중 가장 견고하고 남성적입니다.

뽀이약 최남단에 있는 샤또 라뚜르의 레이블에는 지롱드 강을 거슬러 출몰하는 영국군을 감시했던 요새 부지에 세운 탑 그림이 있다.

1378년에 설립된 와인 명가지만, 100년 전쟁을 거치면서 포도밭이 황폐화되었고, 여러 번 소유주가 바뀌면서 품질이 저하되기도 했습니다. 그러나 1963년 영국의 피어슨 그룹 등이 인수해 설비를 근대화하며 재도약의 계기가 마련됐습니다. 대형 나무통에서 1차 발효시키던 관행을 깨고 온도조절이

보르도의 5대 샤또 (1855년 그랑 크뤼 1등급)

와인명	생산지역	기본 블렌딩 비율	포도밭 면적
Château Latour 샤또 라뚜르 (연간 생산량 : 약 19만 병)	메독 지역의 뽀이약 마을 (Pauillac)	CS 80% : Merlot 18% : Petit Verdot & CF 2%	1855년 : 48ha 현 재 : 84ha
Château Margaux 샤또 마고 (연간 생산량 : 약 16만 병)	메독 지역의 마고 마을 (Margaux)	CS 75% : Merlot 20% : Petit Verdot & CF 5%	1855년 : 80ha 현 재 : 92ha
Château Lafite-Rothschild 샤또 라피뜨 로췰드 (연간 생산량 : 약 21만 병)	메독 지역의 뽀이약 마을 (Pauillac)	CS 70% : Merlot 25% : CF 3% : Petit Verdot 2%	1855년 : 74ha 현 재 : 110ha
Château Mouton-Rothschild 샤또 무똥 로췰드 (연간 생산량 : 약 20만 병)	메독 지역의 뽀이약 마을 (Pauillac)	CS 83% : Merlot 14% : Cabernet Franc 3%	1855년 : 60ha 현 재 : 84ha
Château Haut-Brion 샤또 오브리옹 (연간 생산량 : 약 12만 병)	그라브 지역의 뻬싹 마을 (Pessac)	CS 50% : Merlot 40% : CF 9% : Petit Verdot 1%	1855년 : 50ha 현 재 : 51.5ha

• 같은 와인이라 할지라도 블렌딩 비율은 빈티지에 따라 어느 정도 다를 수 있음. 이것은 맹목적으로 블렌딩 비율을 지키는 것보다는 그 해의 각 품종별 작황의 차이를 일부 반영해서 그 품질을 유지하기 위함이며, 이것을 프랑스어로 'ca dépant(싸 데빵)'이라고 함

가능한 과학적인 대형 스테인리스 스틸 발효탱크를 도입했는데, 현재 이 와인의 강렬한 느낌은 전통 방식보다는 이런 양조의 근대화에서 비롯된 바가 크다고 합니다. 1994년 구찌, 입생로랑, 발렌시아가 등을 소유한 케링 그룹의 CEO인 프랑수아 피노가 샤또 라뚜르를 인수하면서 다시 프랑스의 자존심을 세웠습니다.

2000년 김대중 전 대통령의 평양 방문 때 김정일 국방위원장이 〈Ch. Latour〉 1993년* 빈티지를 만찬 때 내놓아 '김정일 와인'으로 회자되기도 했었고, 2007년에고 이건희 삼성 회장이 전경련 회장단에게 1982년* 빈티지를 선물해 국내에서 유명세를 타기도 했습니다.

세컨 와인은 〈Les Forts de Latour(레포르 드 라뚜르)〉.

* 〈샤또 라뚜르〉 1982년 빈티지는 탁월했지만, 비가 많았던 1993년 빈티지는 좋지 않았던 빈티지 중 하나이다. 숙성이 매우 느린 것으로도 유명한 〈샤또 라뚜르〉는 새 오크통을 많이 쓰고 빈티지별 기복이 가장 덜하다고 알려져 있다. 2001년 빈티지부터는 리노베이션을 통한 최신 설비로 만들어지고 있다.

샤또 라뚜르의 로버트 파커 평점(RP) : 와인 스펙테이터 평점(WS)

1981년	1982년	1983년	1984년	1985년	1986년	1987년	1988년	1989년	1990년
88 : –	100 : 98	88 : 94	84 : –	88 : 93	90 : 96	86 : –	91 : 96	89 : 94	95 : 100

1991년	1992년	1993년	1994년	1995년	1996년	1997년	1998년	1999년	2000년
89 : 91	88 : –	90 : 91	94 : 91	96 : 94	100 : 96	89 : –	90 : 94	94 : 93	97 : 100

2001년	2002년	2003년	2004년	2005년	2006년	2007년	2008년	2009년	2010년
95 : 95	96 : 96	100 : 98	95 : 95	98 : 99	95 : 95	92 : 90	95 : 94	100 : 99	100 : 99

2011년	2012년	2013년	2014년	2015년	2016년	2017년	2018년	2019년	2020년
95 : 96	96 : 95	93 : 92	96 : 97	98 : 97	100 : 98	98 : 98	100 : 99	–	–

* 로버트 파커 평점 기준은 170쪽 참고.

* WS 평점이 없는 해는 JS(제임스 서클링) 평점으로 대체.

(2) Château Margaux(샤또 마고)

"벨벳장갑으로 감싼 강철 주먹"으로 묘사될 만큼 섬세함과 파워의 조화가 뛰어난 샤또 마고 레이블.

프랑스의 자존심이자 기품있고 우아한 와인의 전형인 〈Ch. Margaux(샤또 마고)〉는 '마드모아젤 마고' 혹은 '와인의 여왕'이라는 별명이 있을 정도로 여성적이고 섬세한 와인입니다.

〈샤또 라피뜨 로췰드〉가 루이 15세의 총애를 받던 마담 뽕빠두르를 통해 프랑스 궁정에 소개됨으로써 더 유명해졌듯, 〈샤또 마고〉 역시 루이 15세가 사랑하던 마담 뒤바리가 궁정에 소개한 인연이 있습니다.

〈샤또 마고〉는 어떤 와인보다 맑고 아름다운 빛깔과 꽃처럼 화려한 향을 가지고 있습니다. 최근에는 유기농 및 바이오 다이나믹 와인 생산과 스크루 캡 도입에도 매우 적극적인 행보를 보이고 있습니다.

레이블에 그려진 마고 성은 마치 장엄한 파르테논 신전을 연상케 하는데, 1811년 루이 꽁브(Louis Combes)라는 유명 건축가가 설계하였으며, 아데나워 독일 총리가 프

중요 기념건축물로 지정되어 있는 샤또 마고 건물

랑스에게 세계 2차 대전에 대한 사죄 장소로 택한 곳이기도 합니다. 그는 그 이유로 "프랑스인들 마음 한가운데 보르도가 있고, 보르도의 한가운데 샤또 마고가 있다"고 말했다 합니다. 그만큼 프랑스에 있어 〈Ch. Margaux(샤또 마고)〉의 상징성은 크다 하겠습니다.

미국 최고의 와인 전문가였던 토머스 제퍼슨 대통령(3대)도 〈Ch. Margaux(샤또 마고)〉를 '프랑스 최고의 와인'이라고 극찬했습니다. 다른 1등급 와인들에 비해 품질의 일관성이 다소 떨어진다는 평도 있지만, 작황이 좋았던 빈티지의 품질은 타의 추종을 불허합니다.

보르도의 20세기 최고의 빈티지로 불리는 2000년, 특히 〈Château Margaux(샤또 마고)〉 2000년 빈티지는 세계적인 와인잡지 《Wine

샤또 마고의 로버트 파커 평점(RP) : 와인 스펙테이터 평점(WS)

1981년	1982년	1983년	1984년	1985년	1986년	1987년	1988년	1989년	1990년
91 : 95	97 : 95	96 : 98	87 : –	95 : 93	98 : 98	86 : –	93 : 95	89 : 99	100 : 96
1991년	**1992년**	**1993년**	**1994년**	**1995년**	**1996년**	**1997년**	**1998년**	**1999년**	**2000년**
88 : –	89 : –	89 : 90	92 : 90	95 : 97	100 : 95	90 : 90	91 : 91	95 : 93	100 : 99
2001년	**2002년**	**2003년**	**2004년**	**2005년**	**2006년**	**2007년**	**2008년**	**2009년**	**2010년**
94 : 94	93 : 95	99 : 95	94 : 94	98 : 100	94 : 92	92 : –	94 : 91	98 : 97	98 : 98
2011년	**2012년**	**2013년**	**2014년**	**2015년**	**2016년**	**2017년**	**2018년**	**2019년**	**2020년**
93 : 94	96 : 95	88 : –	95 : 95	99 : 99	99 : 97	98 : 95	100 : 98	100 : –	–

Spectator》지와 와인평론가 로버트 파커로부터 공히 100점 만점의 평가를 받았습니다. 〈Ch. Margaux〉 2000년 빈티지는 병당 수백만 원을 호가하지만 세계 유명 와인 샵에서도 구하기가 쉽지 않습니다.

마르크스, 채플린, 헤밍웨이, 닉슨 대통령 등도 이 와인을 특히 사랑했다고 하는데, 헤밍웨이는 손녀 이름을 Margaux(마고)라고 짓기도 했습니다.

Ch. Margaux(샤또 마고) 홈페이지에서 가장 먼저 눈에 띄는 다음의 문구에서 이 와인을 만드는 사람들이 가지고 있는 전통에 대한 자부심을 엿볼 수 있습니다.

"Château Margaux does not belong to us, we belong to it."

세컨 와인은 〈Pavillon Rouge du Ch. Margaux(빠비용 루즈 뒤 샤또 마고)〉, 화이트 와인은 〈Pavillon Blanc du Ch. Margaux〉.

(3) Château Lafite-Rothschild(샤또 라피뜨 로칠드)

루이 15세와 그의 정부인 마담 뽕빠두르가 Lafite(라피뜨) 와인의 의학적 효능을 믿고 즐김으로써 메독 와인을 프랑스 궁중에 알린 1등 공신이 된 이 와인은, 그 후 소유주가 여러 번 바뀌다가 1868년 로칠드(Rothschild)家의 제임스 남작(Baron James de Rothschild, 바롱 제임스 드 로칠드)이 영국 은행가로부터 와이너리를 구입한 이래 5대째 와인 명가로서 전통을 이어오고 있습니다.

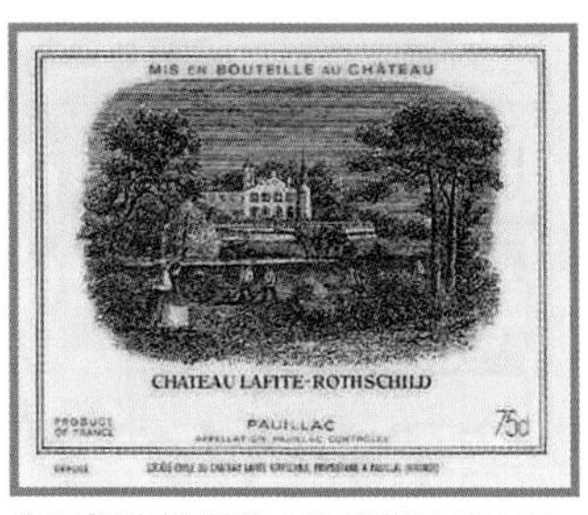

중국 부호들이 가장 선호하는 그랑 크뤼 와인이기도 한 샤또 라피뜨 로칠드는 1등급 샤또 중 규모가 가장 크다. 2019년 6월 트럼프 대통령 일가의 영국 왕실 방문시, 엘리자베스 2세 여왕은 200만 원이 넘는 이 와인을 만찬 와인으로 내놓았다.

제임스 남작은, Château Brane Mouton(샤또 브란 무똥)을 매입해 오늘날의 Château Mouton-Rothschild(샤또 무똥 로췰드)를 만든 주인공인 나다니엘(Nathaniel) 남작과 같은 로췰드家의 사촌지간이었습니다. 샤또의 포도밭도 나무 한 그루를 사이에 두고 맞닿아 있던 두 집안은 묘한 경쟁의식으로 점차 사이가 벌어졌고, 심지어 1973년 샤또 무똥 로췰드가 그랑 크뤼 2등급에서 1등급으로 승급하는 문제에 있어 끝까지 반대를 했던 것이 샤또 라피뜨 로췰드 측이었다고 합니다.

샤또 라피뜨 로췰드는 한때 품질관리 소홀로 위기를 맞기도 했지만, 1974년 이후 토질을 회복시키고 현대적인 설비를 갖추는 등 에릭(Eric) 남작의 개혁적인 노력에 힘입어 1등급 샤또로서의 명성을 되찾았습니다. 현재는 유명 와인펀드들이 가장 선호하는 보르도 와인이기도 합니다.

1962년에는 같은 뽀이약 마을의 그랑 크뤼 4등급인 Ch. Duhart-Milon(샤또 뒤아르 밀롱)을 인수하였고, 1984년에 쏘떼른 지역의 Ch. Rieussec(샤또 리외쌕)을, 1990년엔 뽀므롤 지역의 손꼽히는 와이너리

샤또 라피뜨 로췰드의 로버트 파커 평점(RP) : 와인 스펙테이터 평점(WS)

1981년	1982년	1983년	1984년	1985년	1986년	1987년	1988년	1989년	1990년
91 : –	100 : –	93 : 91	84 : –	93 : 90	100 : 96	–	94 : 94	94 : 95	96 : 95
1991년	**1992년**	**1993년**	**1994년**	**1995년**	**1996년**	**1997년**	**1998년**	**1999년**	**2000년**
86 : 90	89 : –	88 : 91	90 : 93	95 : 96	100 : 96	92 : 90	98 : 95	95 : 95	98 : 100
2001년	**2002년**	**2003년**	**2004년**	**2005년**	**2006년**	**2007년**	**2008년**	**2009년**	**2010년**
96 : 96	94 : 95	100 : 96	95 : 93	98 : 98	97 : 95	94 : 91	98 : 92	99 : 98	100 : 97
2011년	**2012년**	**2013년**	**2014년**	**2015년**	**2016년**	**2017년**	**2018년**	**2019년**	**2020년**
93 : 94	91 : 94	– : 92	95 : 95	96 : 95	99 : 98	99 : 96	100 : 100	99 : 100	–

Château L'Evangile(샤또 레방질)을 구입하는 등 고급 샤또를 중심으로 사세 확장에 힘을 쏟으면서 'Domaines Barons de Rothschild(도멘 바롱 드 로칠드 : DBR)'라는 모회사의 골격도 갖추게 됩니다.

〈Ch. Lafite-Rothschild(샤또 라피뜨 로칠드)〉는 강건한 느낌보다는 세련미, 균형미, 완성미가 돋보이는 기품있고 부드러운 와인으로, 1985년 런던 크리스티 경매에서 미국 3대 대통령 토머스 제퍼슨이 소유했던 1787년산이 15만 6천 달러(약 2억 원)에 낙찰되기도 했습니다.

이탈리아 '수퍼 또스까나 와인'의 효시인 〈Sassicaia(사씨까이아)〉를 만든 까베르네 쏘비뇽 묘목도 이곳에서 가져간 것입니다.

현재 프랑스 랑그독 지방에 소유하고 있는 Ch. d'Aussières(샤또 도씨에르)를 비롯하여, 칠레, 아르헨티나, 미국, 이탈리아, 포르투갈 등에도 진출해 있습니다. 1988년 칠레의 전통 있는 와이너리인 Los Vascos(로스 바스꼬스)를 구입해 시설을 현대화시켰으며, 1998년엔 아르헨티나의 와인 명가 Catena Zapata(까떼나 싸빠따)사와 멘도사 지역에 공동 투자로 'Bodegas Caro(보데가스 까로)'를 설립했습니다.

세컨 와인은 〈Carruades de Lafite(까뤼아드 드 라피뜨)〉 입니다.

(4) Château Mouton-Rothschild(샤또 무똥 로칠드)

1855년 파리 세계박람회를 유치한 나폴레옹 3세의 칙령으로, 보르도 지방 메독 지역의 와인을 중심으로 등급을 분류한 것이 그 유명한 프랑스 와인의 '1855년 그랑 크뤼 등급분류'입니다. 단지 세계박람회를 위한 조치였으므로 그 등급분류가 절대로 공식적인 것이 되어서는 안 된다는 단서를 달았었으나 이 등급분류는 오히려 불문율처럼 이어오면서 단 한 번 외에는 어떠한 조정이나 변경도 없었습니다(총 61개). 당시 1등급(Premiers Crus, 프르미에 크뤼)으로 분류된 샤또는 〈Ch. Lafite-Rothschild(샤또 라피뜨 로췰드)〉 〈Ch. Margaux(샤또 마고)〉 〈Ch. Latour(샤또 라뚜르)〉 〈Ch. Haut-Brion(샤또 오 브리옹)〉 4개였는데, 그 후 150년이 넘는 기간 동안 유일한 조정이 딱 한 번* 있었으니 2등급이었던 〈Ch. Mouton-Rothschild(샤또 무똥 로췰드)〉가 1973년에 1등급으로 승격된 것이었습니다.

* 사실 선정 초기에는 예외가 일부 더 있었다. 〈샤또 깡뜨메를르〉는 1855년 등급분류 후 1년 뒤인 1856년에 5등급으로 추가되었다. (681쪽 상단 내용 참조)

그 주역은, 1853년 샤또를 매입·설립한 나다니엘 남작의 증손자인 필립 남작(Baron Philippe de Rothschild, 바롱 필립 드 로췰드)이었습니다. 1922년 스무 살의 나이로 샤또의 주인이 된 그는 "나는 1등이 될 수 없었다. 하지만 2등은 내가 선택한 것이 아니다. 나는 무똥이다(First I can not be, Second I do not choose to be, Mouton I am)."라고 한 선조 나다니엘 남작의 말을 가슴 깊이 새기며 시설 현대화와 품질 개선을 위해 노력했습니다. 그리고 1973년 기어이 1등급 승격의 꿈을 이룬 후에

샤또 무똥 로췰드의 로버트 파커 평점(RP) : 와인 스펙테이터 평점(WS)

1981년	1982년	1983년	1984년	1985년	1986년	1987년	1988년	1989년	1990년
79:91	100:98	91:94	80:–	90:–	100:99	88:–	89:92	93:96	90:90
1991년	**1992년**	**1993년**	**1994년**	**1995년**	**1996년**	**1997년**	**1998년**	**1999년**	**2000년**
86:–	88:–	90:90	91:91	95:96	97:96	90:–	96:91	93:90	97:93
2001년	**2002년**	**2003년**	**2004년**	**2005년**	**2006년**	**2007년**	**2008년**	**2009년**	**2010년**
89:94	91:91	95:94	91:95	98:98	96:95	92:92	95:92	99:98	98:99
2011년	**2012년**	**2013년**	**2014년**	**2015년**	**2016년**	**2017년**	**2018년**	**2019년**	**2020년**
95:95	96:95	93:93	95:96	98:96	100:98	99:97	99:98	100:100	–

〈샤또 무똥 로칠드〉는 매년 유명 예술가의 작품으로 레이블을 만든다.

전체적으로 강하고 짙은 느낌에 잘익은 블랙커런트의 풍미가 가득한 〈샤또 무똥 로칠드〉는 2차 대전 직후인 1945년부터 미로, 샤갈, 피카소, 세자르 등 유명 화가들의 작품을 레이블에 사용하는 것으로 유명하다. 작가들은 작품료로 자신의 작품이 레이블로 붙은 와인 4박스를 받는다고 한다. 1박스(케이스)에 12병이니까 48병?

1958년 / 살바도르 달리

1970년 / 마르크 샤갈

1971년 / 바실리 칸딘스키

1등급으로 승급한 1973년에는 자축의 의미로 파블로 피카소의 '바커스의 주연(酒宴)'이라는 그림이 사용되었다.

1975년 / 앤디 워홀

1986년 / 베르나르 세쥬르

1988년 / 키이스 해링

1994년 / 카를 아펠

1999년 / 레이몽 사비냑
* 양(羊)은 샤또 무똥 로칠드의 상징이다.

2001년 / 로버트 윌슨

2003년 설립자 나다니엘 남작의 탄생
150주년 기념 레이블

2004년 / 찰스 황태자

2013년 / 이우환(한국)

2014년 / 데이빗 호크니

2017년 / 아네트 메사제

이런 말을 하면서 샤또의 모토로 삼았습니다. "나는 1등이다. 2등이었던 시기는 지났다. 무똥은 변하지 않는다(First I am, Second I was, Mouton doesn't change)."

프랑스의 전형적인 귀족으로 카레이서, 극장주, 시 번역가이기도 했던 그는 1922년부터 1988년까지 60여 년간 Ch. Mouton-Rothschild(샤또 무똥 로칠드)의 사주였습니다. 그 후로 그의 외동딸인 필리핀(Baroness Philippine) 여사를 거쳐 그녀의 맏아들인 필립 세레이드 로칠드와 남매들이 샤또의 경영을 맡고 있지만, 지금도 그를 뜻하는 'Baron Philippe de Rothschild(바롱 필립 드 로칠드)'라는 명칭은 Ch. Mouton-Rothschild의 모회사의 이름으로 남아 있습니다.

현재 가장 현대화된 시설을 자랑하는 무똥 로칠드는 1924년 와인을 최초로 샤또에서 직접 병입했고, 통 단위 판매 관행을 깨고 병(750ml) 단위 판매를 정착시켰으며 1932년 프랑스 최초의 브랜드 와인인 〈Mouton Cadet(무똥 까데)〉를 출시해 와인의 대중화에 기여했습니다.

1979년 캘리포니아 와인의 대부인 로버트 몬다비와 의기투합해 캘리포니아에서 〈Opus One(오퍼스 원)〉이라는 명품 와인을 탄생시켰으며, 호주, 아르헨티나 등에도 진출하고 있습니다. 1997년에는 칠레의 대표 와이너리인 Concha y Toro(꼰차 이 또로)와 합작하여 칠레에서 〈Almaviva(알마비바)〉라는 명품 와인을 생산하고 있습니다. 한국에서도 베스트셀러이자 스테디셀러 와인인 칠레의 〈Escudo Rojo(에스쿠도 로호)〉도 무똥 로칠드사가 칠레에 설립한 자회사 제품입니다.

〈Ch. Mouton-Rothschild(샤또 무똥 로칠드)〉는 1945년부터 필립 줄리앙, 장 콕또, 마리 로랑생, 헨리 무어, 호안 미로, 존 휴스턴, 샤갈,

피카소 등 유명 화가들의 작품을 레이블에 사용하는 것으로도 유명합니다. 1988년에는 샤또의 명성을 이룩한 조상들을 기리기 위해 〈Saint-Emilion Baron Carl(쌩 떼밀리옹 바롱 칼)〉, 〈Médoc Baron Henri(메독 바롱 앙리)〉, 〈Pauillac Baron Nathaniel(뽀이약 바롱 나다니엘)〉, 〈Graves Baronne Charlotte(그라브 바론느 샤를로뜨)〉 등 총 6가지의 헌정 와인들을 출시했습니다.

샤또 무똥 로칠드의 헌정 와인들

〈Ch. Mouton-Rothschild〉는 연간 20만 병 정도가 생산되며, 역대 최대 걸작 빈티지는 1945년, 1959년, 1982년, 1986년이며, 그 뒤를 1998년, 2000년, 2006년, 2009년 빈티지 등이 잇고 있습니다.

세컨 와인은 〈Le Petit Mouton de Mouton-Rothschild(르 쁘띠 무똥 드 무똥 로칠드)〉인데, 보통 애칭인 '쁘띠 무똥'으로 불립니다.

(5) Château Haut-Brion(샤또 오 브리옹)

부드러우면서도 파워풀하고 원초적인 흙내음이 특징인 샤또 오 브리옹 와인의 레이블

보르도의 '1855년 등급분류'에서 레드 와인은 메독 지역의 샤또들이 독식을 했었는데, 유일하게 인근의 그라브 지역에서, 그것도 1등급(Premiers Crus, 프르미에 크뤼)으로 선정된 샤또가 있었으니 바로 〈Ch. Haut-Brion(샤또 오 브리옹)〉이었습니다. 5대 샤또 중 가장 오랜 역사를 가지고 있으며, 17세기부터 영국 런던의 사교계에서도 인기 만점이었는데, 이렇게 워낙 명성이 자자하다 보니 파리 세계박람회

샤또 오 브리옹의 로버트 파커 평점(RP) : 와인 스펙테이터 평점(WS)

1981년	1982년	1983년	1984년	1985년	1986년	1987년	1988년	1989년	1990년
85 : 87	95 : 93	87 : 88	84 : –	95 : 93	94 : –	–	92 : 96	100 : 100	98 : 94
1991년	1992년	1993년	1994년	1995년	1996년	1997년	1998년	1999년	2000년
86 : –	90 : –	92 : 91	92 : 94	96 : 95	95 : 93	89 : 90	96 : 97	93 : 92	99 : 94
2001년	2002년	2003년	2004년	2005년	2006년	2007년	2008년	2009년	2010년
94 : 95	89 : 93	95 : 96	92 : 95	100 : 100	96 : 94	92 : 91	96 : 92	100 : 98	100 : 99
2011년	2012년	2013년	2014년	2015년	2016년	2017년	2018년	2019년	2020년
95 : 95	96 : 95	92 : –	96 : 96	100 : 98	100 : 98	97 : 96	99 : 98	99 : 100	–

출품을 위한 등급분류에서도 가장 먼저 선정되었습니다. > 246쪽 중상단 참조

〈Ch. Haut-Brion◆(샤또 오 브리옹)〉은 양조시 침용 시간을 10일 이상으로 늘려, 빛깔과 맛이 연했던 보르도 클라렛(Claret) 와인의 색깔과 타닌을 강화해 현대식 보르도 와인을 탄생시켰습니다.

◆ Haut : 높은
Brion : 언덕

지금의 〈Ch. Haut-Brion〉은 전통적인 오크통이 아니라 스테인리스 스틸 탱크에서 3주간 발효시킨 뒤 나무 오크통에서 숙성 과정을 거치도록 하는 것이 양조비법 중 하나입니다.

나폴레옹이 전쟁에서 패한 후, 오스트리아 빈에서 프랑스의 배상 문제를 논의하기 위한 회의가 열렸는데, 프랑스의 외무장관 딸레이랑은 자신이 소유하고 있던 〈Ch. Haut-Brion(샤또 오 브리옹)〉 와인과 당대 최고의 요리사 앙뚜안 까렘을 대동해 일주일간 파티를 열었습니다. 비록 패전국의 입장이었지만 식탁을 주도하는 당당한 맛 때문이었을까요? 딸레이랑은 시종 여유 있고 주눅 들지 않은 모습으로 회의를 마쳤고, 회의 결과도 프랑스에 불리하지 않게 이끌어낸 것으로 평가받습니다.

세컨 와인은 〈Le Clarence de Haut-Brion(르 끌라랑스 드 오 브리옹)〉.

샤또 라뚜르
CHATEAU LATOUR
샤또 마고
샤또 마고의
테이스팅 룸 입구
샤또 라피뜨 로췰드
샤또 무똥 로췰드
샤또 오 브리옹
CHATEAU
AUT·BRION
기름진 포도밭보다 척박한 토양에서 뿌리를 깊이 내린
포도나무로 만든 와인의 향이 더 섬세하고 복합적이다.

Garage Wine / Vin de Garage
거라쥐 와인 뱅 드 갸라쥬

1990년대 초를 전후해서 보르도의 강 우안(Right Bank)인 쌩 떼밀리옹과 뽀므롤 지역에는 잠재력이 있어 보이는 작은 밭떼기를 빌려 포도재배를 하거나, 잘 익은 포도를 매입하여 차고(garage)처럼 작고 허름한 양조장에서 고품질 와인을 소량 생산해 고가에 판매하는 벤처 생산자들이 있었다. 이들은 아주 농익은 포도(super-ripe grape)를 재료로 매우 농축미있는 와인을 만들었던 것인데, 포도재배와 양조방식이 전통적인 방식과 달라 보르도 내에서는 눈총을 받았으나, 외부에서 먼저 그 품질을 인정받으면서 명성을 얻기 시작했다. 그러자 등급 분류에 속한 유명 샤또들도 별도의 포도밭을 매입하여 유사한 방식으로 와인을 생산하기도 했다. 이런 와인들을 'Garage Wine(갸라쥬 와인)'이라고 불렀고 다른 지역으로도 일부 확산되었다.
특히 쌩 떼밀리옹의 〈Ch. Valandraud(샤또 발랑드로)〉의 와인메이커인 장 뤽 뛰느뱅이 1991년 그의 첫 빈티지를 차고(garage)에서 만든 것이 그 명칭의 효시가 되었는데, 로버트 파커는 이 와인의 1995년 빈티지에 〈Pétrus(뻬트뤼스)〉보다 더 높은 점수를 주었다. 오래된 수령의 메를로를 주품종으로, 오크통에서 1,2차 발효를 모두 진행하며, 발효 전 저온 침용을 오래 함으로써 오일리하면서도 과일 캐릭터가 풍부하다. 숙성은 100% 새오크통에서 18~30개월가량 하는데, 통갈이, 정제, 여과 작업들을 하지 않아 복합적인 풍미를 최대한 살린다.
〈Ch. Valandraud〉의 인기가 한창 치솟았던 90년대 중반에는 같은 쌩 떼밀리옹 지역의 최고 명품 와인이었던 〈Ch. Cheval Blanc(샤또 슈발 블랑)〉보다도 2배나 높은 가격에 팔리기도 했었다. 그리고 결국 〈Ch. Valandrau(샤또 발랑드로)〉는 2012년 쌩 떼밀리옹 그랑 크뤼 재심사에서 프르미에 그랑 크뤼(1등급 B)로 선정되는 영광을 안았다(696쪽 참조). Garage 와인들은 한때 그 가격이 천정부지로 올랐으나 2000년대에 들어 점차 거품이 빠지면서 꾸준한 퀄러티를 보인 일부 샤또들만이 미국 시장을 중심으로 그 명성을 이어가고 있다.
쌩 떼밀리옹 지역의 〈La Mondotte(라 몽도뜨)〉, 〈La Gomerie(라 고므리)〉, 〈Le Tertre-Roteboeuf(르 떼르트르-로뜨뵈프)〉, 〈Le Dôme(르 돔므)〉, 〈Gracia(그라씨아)〉, 〈Péby-Faugère(뻬비-포제르)〉, 〈Magrez-Fombrauge(마그레-퐁브로쥬)〉를 비롯해서, 1979년 첫 빈티지를 내어 Garage 와인의 실질적인 효시로 소급되어 불리는 뽀므롤 지역의 〈Le Pin(르 뺑)〉, 그리고 강 좌안(Left Bank) 마고 마을의 〈Marojallia(마로잘리아)〉 등이 Garage 와인(≒미국의 컬트 와인)의 범주에 드는 대표적인 와인들이다.

보르도 와인 레이블 읽기

❶ **등급표시** : Cru Bourgeois(크뤼 부르주아)
278쪽 하단~280쪽 상단 내용 참조

❷ **빈티지** : 포도 수확 및 와인 양조년도

❸ **와인명** : Château Haut-Tayac(샤또 오 따약)

❹ **AOP 표시** : Bordeaux(보르도) 지방 Médoc(메독) 지역의 'Haut-Médoc(오 메독)' 소지역의 Margaux(마고) 마을에서 생산된 와인. AOP 표시가 가장 작은 단위인 '마을' 단위로 표시된 것만으로도 꽤나 품질이 좋은 와인이라고 짐작할 수 있다.

❺ Mis en bouteille au Château(미 장 부떼이유 오 샤또). '해당 Château(샤또)에서 와인이 직접 병입되었다'는 뜻으로, 이것은 해당 샤또에서 품질을 보증한다는 의미로 이해하면 된다. 보르도 지방 포도 재배자의 80%는 병입을 위한 시설을 갖추지 못해 포도, 포도주스, 와인 등의 형태로 네고시앙과 조합에 팔고 있다.

- 레이블(label)은 와인의 이력서로 생산자(회사), 브랜드명, 생산지역, 등급, 생산년도(빈티지), 병입자 이름과 주소, 알코올 도수와 용량 등이 기재됩니다. 레이블은 프랑스어로 'etiquette(에띠께뜨)'라고 합니다.
- 프랑스 와인은 대부분 레이블에 포도품종이 표시되지 않지만 각 산지별 특징과 레이블 표기 방식 등을 이해하고 익숙해지면 해당 와인의 맛과 특징 그리고 품종 등을 짐작할 수 있습니다.
- 프랑스 와인의 레이블에서 많이 마주치는 용어들
  - fondée en 1860 : 1860년에 와이너리가 설립됨
  - Rouge(루쥬) : 레드 와인(Vin Rouge, 뱅 루쥬)
  - Blanc(블랑) : 화이트 와인(Vin Blanc, 뱅 블랑)
  - Rosé(로제) : 로제 와인(Vin Rosé, 뱅 로제)

데스빠뉴사의〈샤또 몽 뻬라, 루즈〉. 듣기에도 생소한 Premieres Cotes de Bordeaux AOP를 가진 와인이지만, 미셸 롤랑의 컨설팅을 받은 부드러운 응축미가 돋보이는 맛깔스런 와인이다. 어렸을때 먹던 비오비타 비타민 맛도 나는 듯. 일본 와인만화 '신의 물방울' 1권에서 퀸의 보헤미안 랩소디를 연상시키며 미국 최고의 명품 와인 〈Opus One(오퍼스 원)〉을 능가(?)하는 와인으로 소개되었다. 블렌딩 비율은 Merlot 75% : CS 15% : CF 10%. 프렌치 오크통 7개월 숙성. 27,000원선.
* Sauvignon Blanc 80%에 Sémillon 20%가 블렌딩되었고, 쏘비뇽 블랑의 선명한 향미가 도드라지는 〈샤또 몽뻬라 블랑〉도 강추. 2만 원선.

• Classé(끌라쎄) : 등급. 영어의 Classified

• Grand Vin(그랑 뱅) : 1855년 메독 등급 분류 이전에 몇몇 와이너리에 주어졌던 '최상급 와이너리'라는 호칭이었고, 현재는 중저가 와인의 레이블에서도 볼 수 있는 별 의미 없는 표현입니다.

- 우리나라에서 접할 수 있는 프랑스 와인은 AOP급 와인이 대부분입니다. 프랑스 와인의 레이블에서 가장 먼저 확인해야 하는 것이 AOP 표시인데, 이를 통해 어느 지역에서 만들어진 와인인지를 확인할 수 있습니다.

- 메독 와인의 레이블에서 간혹 볼 수 있는 'Cru Bourgeois(크뤼 부르주아)'는 무슨 의미일까요? 1855년 등급분류 때 Grand Cru(그랑 크뤼)로 선정된 61개 샤또를 제외한 Médoc(메독) 지역의 우수한 샤또들이 협회를 결성하여 자체적으로 등급을 부여하고 품질 관리를 하고 있는 것입니다. 이들은 1855년 당시에는 존재하지 않았거나 이런저런 이유로 탈락한 샤또들입니다. 1932년 보르도 중개상들에 의해 444개 샤또가 Cru Bourgeois로 선정되었으나, 정부의 공식 인증을 받지는 못했습니다. 1962년에 협회가 설립되고, 두 차례에 걸쳐 리스트를 변경해오다가 2003년 6월에 247개 샤또를 선정해 등급을 Cru Bourgeois Exceptionnels(크뤼 부르주아 엑셉씨오넬 : 9개), Cru Bourgeois Supérieur(크뤼 부르주아 쉬뻬리외르 : 87개), Cru Bourgeois(크뤼 부르주아 : 151개)의 3단계로 공식화했습니다.

2003년 크뤼 부르주아 엑셉씨오넬 등급에 선정되었던 9개 샤또 (상위 4개가 BIG 4)
〈Ch. Chasse-Spleen(샤또 샤쓰 스플린)〉
〈Ch. de Pez(샤또 드 뻬즈)〉
〈Ch. Haut-Marbuzet(샤또 오 마르뷔제)〉
〈Ch. Phelan Segur(샤또 펠랑 쎄귀르)〉
〈Ch. Les Ormes de Pez(샤또 레 조름 드 뻬즈)〉
〈Ch. Potensac(샤또 뽀땅삭)〉 - 바 메독 -
〈Ch. Poujeaux(샤또 뿌조)〉
〈Ch. Siran(샤또 씨랑)〉
〈Ch. Labégorce-zédé(샤또 라베고르스 제데)〉

① 1973년 라피뜨 로췰드 가문의 후손이 인수한 〈샤또 끌라르끄〉. 크뤼 부르주아 쉬뻬리외르. Listrac-Médoc AOP. CS 45% : Merlot 45% : CF 10%. 부드러운 타닌에 자두맛이 나는 미디엄바디 와인으로 여성들에게 인기가 있다. 65,000원선.
② 〈샤또 드 뻬즈〉 크뤼 부르주아 엑셉씨오넬. Saint-Estèphe AOP. CS 45% : Merlot 44% : CF 8% : Petit Verdot 3%. 16~18개월 오크통 숙성.13만 원. 쌩 떼스떼프에서 가장 오래된 샤또 중의 하나로, 1995년 루이 뢰데레사에서 인수해 친환경적인 포도재배 방법을 도입하고 메를로의 비율을 높여 한층 더 성숙된 유연미를 보여 준다.
③ 〈샤또 샤스 스플린〉 크뤼 부르주아 엑셉씨오넬. Moulis-Médoc AOP. CS 55~70% : Merlot 20~35% : Petit Verdot 5~7%. 샤또명인 Chasse Spleen은 "슬픔이여 안녕"이란 뜻으로, 시인 보들레르가 이 와인을 마시고 우울한 기분을 떨쳐버 렸다고 해서 헌정한 이름이다. '신의 물방울' 7권에 소개되었다. 69,000원선.
④ 오 메독의 쌩 쥘리앙 마을에서 생산되는 〈샤또 글로리아〉 CS 75% : Merlot 25%. 75,000원선.
⑤ '신의 물방울'에도 등장했던 오 메독 AOP의 〈샤또 쏘시앙도 말레〉. CS 55% : Merlot 40% : CF 5%. 10만 원선. 1932년의 크뤼 부르주아 등급에 선정되기도 했으나, 이제는 〈샤또 글로리아〉처럼 이러한 기존 등급들 자체를 인정하지 않는 고집과 자신감을 가진 샤또이다. 100% 뉴 프렌치 오크통에서 18개월 숙성.

그런데 2003년도에 탈락한 샤또들이 심사위원단 선정의 투명성 문제로 소송을 제기하였고, 2007년 2월 보르도 법원은 2003년의 등급을 무효화했습니다. 그 후 우여곡절 끝에 만들어진 새로운 조합은 2010년부터 매년 등급 구분 없는 'Cru Bourgeois(크뤼 부르주아)'를 선정해서 발표하였고, 기존 Exceptionnels(엑셉씨오넬) 등급 중 〈Ch. Chasse-Spleen(샤또 샤쓰 스플린)〉, 〈Ch. de Pez(샤또 드 뻬즈)〉, 〈Ch. Les Ormes de Pez(샤또 레 조름 드 뻬즈)〉, 〈Ch. Potensac(샤또 뽀땅삭)〉, 〈Ch. Poujeaux(샤또 뿌조)〉, 〈Ch. Siran(샤또 씨랑)〉등 6개 샤또는 하향평준화를 거부하며 'Les Exceptionnels'란 별도의 그룹을 결성하기도 했습니다. 그리고 메독 크뤼 부르주아 조합은 2016년 9월 새로운 3단계 등급제를 결의하였고,

2018년 빈티지부터 적용되는 이 신제도를 2020년 2월에 발표하였습니다. > 부록 2. 702쪽 참조

- 한편, '1855년 등급분류(Grand Cru)'를 조정해야 한다는 말이 나올 때마다 거론되는 와인 중에 쌩 쥘리앙 마을에서 생산되는 〈Ch. Gloria(샤또 글로리아), 279쪽 상단 4번째 와인〉라는 와인이 있습니다. 1855년 당시에는 존재하지 않았으나 쌩 쥘리앙의 읍장 앙리 마르땡이 2등급 포도밭들을 사들여서 최상급의 와인을 생산하고 있는데요, 나중에 Crus Bourgeois Supérieur(크뤼 부르수아 쉬뻬르에르) 등급에 선정되기도 했지만 이를 거부했습니다. 1855년의 Grand Cru(그랑 크뤼) 등급으로 추가되는 것이 아니라면 어떤 등급 부여도 자존심이 허락하지 않는다는 것입니다.
- 또 보르도 와인 중에는 'Bordeaux Supérieur(보르도 쉬뻬리외르)'라는 AOP 표시를 한 와인은 'Bordeaux(보르도)' AOP 와인보다 수령이 오래된 나무의 더 잘 익은 포도로 만들어 알코올 도수가 0.5~1도 가량 높습니다.
- 레이블 하단에 'Mis en bouteille au Château(미 장 부떼이유 오 샤또)'라는 표시가 있으면, 이는 '해당 샤또에서 와인이 직접 병입되었다'는 뜻으로, 그 샤또 자체의 품질보증이란 의미로 이해하면 됩니다. '생산자 병입'이라는 뜻의 Mis en bouteille à la propriété도 같은 의미입니다.
  - ce vin n'a pas subi de filtrage 혹은 vin non filtré(뱅 농 필트레)라고 적혀 있으면, '여과 과정(filtering)을 거치지 않고 바로 병입한 와인'이라는 뜻입니다. 맛이 좀 거칠거나 약간의 침전물이 있을 수 있으나 복합적인 풍미가 보전되기 때문에 오히려 고급 와인 양조에 더 사용됩니다.

2007년 프랑스 사르코지 대통령의 취임식 건배주로 사용되었던, 보르도 쉬뻬리외르 AOP의 〈샤또 드 쎄겡, 뀌베 프르스띠쥬〉. CS 50% : Merlot 40% : CF 10%. 4만 원선.

①

②

③

④

⑤

① 세계적인 와인그룹 따이앙(Taillan)이 소유하고 있는 지네스떼사의 쏘떼른 AOP 스위트 와인. Sémillon 75% : SB 20% : Muscadelle 5%. 55,000원선. *지네스떼사는 메독의 그랑 크뤼 및 크뤼 부르주아급 샤또들을 다수 소유하고 있다.

② 〈슈발 누아, 화이트〉 보르도의 명문 네고시앙인 말레르 베쓰(Mahler Besse)사가 마고의 샤또 빨메와 함께 소유하고 있는 쌩 떼밀리옹의 슈발 누아 와이너리에서 생산되는 SB 85% : Sémillon 15% 화이트 와인. 3만 원선.

③ 깔베사의 Bordeaux(보르도) AOP 레드 와인. Merlot 80% : CS 20%. 2만 원선.

④ 미셸 린치사의 Bordeaux(보르도) AOP 레드 와인. Merlot 90% : CS 10%. 2만 원선.

⑤ 끌라랑스 딜롱사의 〈끌라랑델, 메독〉. Merlot 65% : CS 35%. 45,000원선.

⑥

⑦

⑧

⑨

⑩

⑥ 앙드레 뤼르똥사의 〈샤또 기봉〉 Bordeaux AOP. CS 50% : Merlot 50%《와인컨슈머리포트 : 2만 원대 프랑스 와인》에서 전문가 선정 1위를 차지했다. 27,000원선.

⑦ 두르뜨-크레스만사의 〈두르뜨, 뉘메로 엥(Numero 1), 루즈〉 Merlot 65% : CS 35%. 38,000원선.

⑧ 메종 리비레르사의 〈끌로 데 메뉴, 쌩떼밀리옹 그랑 크뤼〉 Merlot 85% : CS 10% : CF 5%. 9만 원선.

⑨ 부에이 에 피스사의 〈록 드 시스 메독〉 Médoc AOP. CS 60% : Merlot 30% : CF 10%《와인컨슈머리포트 : 3~4만 원대 보르도 레드 와인(2011년 8월)》에서 종합 6위, 전문가 선정 5위를 차지했다. 35,000원선.

⑩ 장 삐에르 무엑스사의 Bordeaux Superieur AOP 레드 와인. Merlot, CS, CF 순으로 블렌딩되었다. 35,000원선.
*1945년 〈샤또 뻬트뤼스〉를 인수한 장 삐에르 무엑스가 자신의 이름 따서 만든 회사는 현재 뽀므롤과 쌩 떼밀리옹의 최대 네고시앙이 되었는데, 〈샤또 뜨로따누아〉, 〈샤또 라플뢰르〉, 〈샤또 라 플뢰르 뻬트뤼스〉 등 12개의 유명 샤또를 소유하면서 그 지역 와인들의 유통 업무를 맡고 있다. 샤또 뻬트뤼스는 작은 아들 크리스띠앙 무엑스를 거쳐 2010년 11월부터 큰 아들인 프랑수아 무엑스가 맡고 있다. 쟝 삐에르 무엑스는 '뽀므롤과 쌩 떼밀리옹 와인의 아버지'로 불리고 있다.

보르도 와인과 백년전쟁

1152년 옛 보르도 지방인 아끼뗀느(Aquitaine) 공국의 여공작 알리에노르(Aliénor)는 프랑스 왕 루이 7세에게 이혼당한 후, 29세의 나이로 19세의 영국 왕족으로 앙주 백작이자 노르망디 공작이었던 앙리 플랑따주네(Henry plantagenet)와 재혼한다. 앙리는 2년 뒤 영국의 왕(헨리 2세 : 사자왕 리처드의 아버지)으로 등극하게 되는데, 이로 인해 그녀는 프랑스 왕비에서 영국 왕비로 깜짝 변신을 하게 된다. 그런데 중세 봉건제도의 관습에 따라 그녀가 상속받은 보르도 지방의 땅을 결혼지참금으로 가져간 것이 문제였다. 보르도가 하루아침에 영국 왕실 소유가 되어버린 것이었다. 하지만 면세와 독점 판매 등의 특혜를 받으면서 영국으로 보내진 보르도 와인은 오히려 이때부터 영국을 통해 유럽 전역에 알려지면서 그 명성을 높이게 된다. 보르도의 와인 생산자들 입장에서는 오히려 전화위복이었던 것이다.
당시 영국인들은 맑은 빛깔의 보르도 레드 와인을 'Claret(클라렛)'이라고 불렀는데, 지금도 빛깔이 연하고 드라이한 로제 타입 레드 와인을 말한다. 프랑스어 'Clairet(끌레레)'에서 온 말이다. 007시리즈 '다이아몬드는 영원히(1971년)'에서 제임스 본드(숀 코너리)는 Claret(클라렛)이라는 보르도 와인의 애칭을 소믈리에가 못 알아듣자 그가 변장한 적이라는 것을 알아채는 장면이 나오기도 한다.
이후 프랑스가 보르도 와인 산지가 속해 있는 귀옌 지방을 되찾기 위한 전쟁이 시작되었고 1337~1453년까지 약 116년간 이어진다. 이 백년전쟁의 단초는 영국의 프랑스 왕위계승권 간섭과 프랑스의 스코틀랜드 지원에 대한 영국의 양모(羊毛) 공급 중단 조치였지만, 결국은 프랑스의 보르도 수복 전쟁으로 귀결되었다.
전쟁 초기에는 영국군이 승승장구했지만 오를레앙의 처녀 잔 다르크가 등장하면서 전세가 역전되어 프랑스의 승리로 끝남으로써 보르도는 다시 프랑스 영토로 환원된다. 잔 다르크는 결전을 앞두고 영국군 총사령관에게 항복을 권유하는 서신을 보낸다. 당시 이를 거절한 영국군 총사령관은 탤벗(Talbot) 장군이었고, 그는 까스띠용(Castillon) 전투에서 장렬히 전사한다.

우리가 잘 아는 보르도의 〈Ch. Talbot(샤또 딸보)〉 와인은 바로 그의 이름에서 유래한 것이다. 적장이었는데도 샤또의 이름에 사용된 것은, 기사로서 약속과 명예를 지킨 것에 대한 예우도 있었지만, 당시 자신들의 와인을 애용해준 영국에 대한 보르도 사람들의 묘한 정서를 짐작할 수 있다. 이런 분위기는 부르고뉴 지방도 마찬가지였는데, 영국 덕분에 와인산업이 크게 활성화되었기에 그들은 백년전쟁 말기에 프랑스의 전쟁영웅 잔다르크를 영국에 넘기는 일까지 서슴치 않았다. 영국의 영향력이 없어진 후 루이 14, 15세 때 보르도 와인은 다시 전성기를 맞지만, 부르고뉴 지방 와인을 각별히 사랑했던 나폴레옹의 등장 후 잠시 소강상태를 거쳤고, 나폴레옹 3세가 1855년 세계박람회를 유치하여 세계에 보르도 와인의 우수성을 알리기 위해 이 지방 와인에 대해 등급 분류를 실시하면서 다시금 세계적인 와인산지로서 확고한 입지를 다지게 된다.

영국도 와인을 만든다??

영국은 와인 생산국이 아니라 대표적인 와인 소비국으로 알려져 있다(세계 8위). 그런 영국이 최근에는 와인 생산에도 많은 노력을 기울이고 있다. 지구 온난화로 '와인 지도'가 바뀌면서 영국도 포도재배에 적합한 기후가 만들어지고 있기 때문. 특히 스파클링 와인 생산에 적합해진 기후와 키메르지안 토양이 합쳐져 샴페인에 버금가는 고품질 스파클링 와인들이 만들어져 미국, 캐나다, 호주 등에 수출되고 있다. 이는 프랑스의 명산지인 부르고뉴 지방이 지구 온난화에 따른 기후 변화로 스트레스를 받고 있는 것과는 대조적인 현상이다. 영국의 와인전문가 로버트 조셉은 "2060년경에는 보르도의 기후가 지금의 북아프리카처럼 바뀌어 더 이상 고급 와인을 생산하기 어려울 것"이라는 전망을 내놓기도 했다. --;;

샤또 뻬트뤼스 × 장 삐에르 무엑스

MOUEIX

보르도의 지롱드 강 좌안에는 1855년 등급분류에 의한 1등급 그랑 크뤼 와인들이 있고, 우안의 쌩 떼밀리옹에도 뛰어난 그랑 크뤼 와인들이 있지만, 보르도에서 가장 비싼 와인은 우안의 작은 마을, 뽀므롤에서 생산되는 〈뻬트뤼스〉이다.

뻬트뤼스는 서기 67년에 순교한 예수님의 제자 중 한 명이자, 초대 교황이었던 성 베드로(San Pietro)의 프랑스식 이름이다. 레이블을 보면 베드로가 오른손에 천국으로 가는 열쇠를 들고 계시다. 그런데 이상한 건, 뻬트뤼스의 '뤼' 스펠링이 R 다음에 U가 아니라 V다. 이 와인의 레이블을 처음 디자인할 때, 라틴어 알파벳 U가 만들어지기 전에 로마인들이 U 대신 V를 사용한 데에 착안한 것이라고 한다. 그리고 또 하나, 우리는 보통 이 와인을 '샤또 뻬트뤼스'라고 부르지만, 레이블엔 분명 'PETRUS(뻬트뤼스)'라고만 적혀있다. 따라서 이 와인을 만든 와이너리를 말할 땐 샤또를 붙이고, 와인은 그냥 〈PETRUS〉라고만 하는 게 맞다.

무명 산지의 무명 와인이었던 〈PETRUS(뻬트뤼스)〉가 세상에 알려지게 되는 스토리는 다음과 같다. 강 우안의 리부르네 지역에서 호텔을 운영하던 에드몽 루바 여사는 호텔 레스토랑의 단골 고객이었던 사뱅 두아르를 통해 〈PETRUS(뻬트뤼스)〉의 존재를 알게 된다. 원래 아르노 가문이 1770년부터 약 150년 동안 소유했던 뻬트뤼스 포도밭을, 매니저였던 사뱅 두아르가 1917년 인수하였고, 이 와인에 반한 에드몽 루바 여사는 점진적으로 주식을 사들여 1929년 단독 소유주가 된다. 그녀는 1945년 보르도 우안에서 절대적인 영향력을 가진 네고시앙이자 와인 생산자인 장 삐에르 무엑스(Jean-Pierre Moueix)와 비즈니스 제휴를 하고 〈뻬트뤼스〉의 독점 판매권을 준다. 그로부터 2년 뒤인 1947년 뻬트뤼스 와인은 마침내 영국 버킹엄 궁전에 소개되었고, 당시 엘리자베스 공주의 약혼식과 결혼식, 여왕대관식 와인으로도 선택된다. 그 후 미국 뉴욕의 최고급 레스토랑에도 공급되어 존 F. 케네디 대통령, 록펠러, 오나시스 등의 거물들도 열렬 애호가가 되면서 〈뻬트뤼스〉는 보르도의 그랑 크뤼 1등급 샤또들보다도 더 높은 평가를 받는다.

에드몽 루바 여사가 1961년 자식 없이 세상을 떠나고, 샤또는 와인에 관심도 없던 조카 2명에게 지분의 2/3가 상속되면서 위기를 맞기도 했지만, 지분의 1/3을 양도받았던 장 삐에르 무엑스가 1964년 모든 지분을 인수하면서 회생하게 된다. 장 삐에르 무엑스는 이웃인 샤또 가쟁(Ch. Gazin) 포도밭 4.4ha를 사들여 포도밭 면적을 11.4ha로 늘였다. 그리고 젊고 유능한 와인 메이커 장 끌로드 베루에를 영입하였는데, 그는 1965년부터 2008년 은퇴할 때까지 44년간 뻬트뤼스의 양조 책임자로 일하면서 〈뻬트뤼스〉를 보르도 최고 와인의 반열에 올려놓는다.
완벽한 예술 작품을 추구하기 때문에 세컨 와인이 없는 〈뻬트뤼스〉는 연간 생산량이 3만 병 이하이다. 60년대 중반에는 Merlot(메를로)를 기본으로 CF를 20% 가량 사용했고, 80년대까지도 CF를 5% 미만으로 블렌딩하기도 했지만, 2010년 이후 Merlot만 100% 사용하는데, 포도나무의 평균수령은 40년이다. 또 80년대에는 숙성시 100% 새 오크통을 사용했었지만, 지금은 그 비율을 50% 수준으로 줄였고, 18~20개월간 숙성시킨다.
뻬트뤼스의 명성은 포도밭의 떼루아가 없이는 불가능했다. 포도밭이 뽀므롤에서 가장 높은 곳에 위치하는데, 그 덕분에 바람이 잘 통하고 배수가 잘 된다. 토양도 매우 독특하다. 주변 지역은 대부분 자갈층이지만, 샤또 뻬트뤼스가 자리 잡은 언덕은 점토층이다. 상층의 표토는 검은 점토층으로 덮여 있고, 그 밑으로는 자갈층이 두껍게 펼쳐져 있다. 하층은 철분이 풍부한 푸른 점토층(blue clay)이 있는데, 그 조직이 매우 치밀해 포도나무가 뿌리를 내릴 수 없어 영양분을 찾아 힘들게 옆으로 뻗어 나갈 수밖에 없다. 푸른 점토층 위에 뿌리가 넓게 퍼지면서 영양분과 수분을 간직할 수 있는 공간이 만들어지는데, 포도나무는 건조한 여름에 이곳의 수분을 끌어 올려 줄기 곳곳에 공급한다. 이 덕분에 타닌 함량이 높지만 부드러운 질감에 복합적인 향미가 응축된 와인이 만들어진다. 이 푸른 점토층은 뽀므롤 고원의 20ha에만 분포돼 있는데 뻬트뤼스의 포도밭은 단 1ha만 제외하고는 모두 이 점토층 위에 있다. 무엑스가 1964년 샤또 가쟁에게서 사들인 포도밭 역시 푸른 점토층 위에 있으니, 샤또 가쟁으로서는 무척이나 아쉬웠을 일이다.
'뽀므롤과 쌩 떼밀리옹 와인의 아버지'로 불리며 보르도에서 가장 큰 영향력을 행사하던 장 삐에르 무엑스는 2003년 작고했다. 그 이전부터 네고시앙 회사(JP 무엑스)와 샤또 뻬트뤼스의 관리는 장 삐에르 무엑스의 둘째 아들인 크리스띠앙 무엑스가 맡아 왔으나, 2011년부터는 큰 아들인 장 프랑수아 무엑스가 샤또 뻬트뤼스의 소유권을 갖기로 결정되면서, 크리스띠앙은 그의 아들 에두아르와 함께 네고시앙 회사와 Ch. La Fleur-Pétrus(샤또 라 플뢰르 뻬트뤼스), Ch. Trotanoy(샤또 트로따누아), Ch. Bélair-Monange(샤또 벨레르 모낭쥬) 그리고 나파 밸리의 Domius(도미누스) 등과 같은 무엑스 가문 소유의 와이너리들을 운영하고 있다. 샤또 뻬트뤼스는 와인메이커였던 장 끌로드 베루에의 아들 올리비에 베루에(Olivier Berrouet)가 2008년부터 아버지의 뒤를 이어 양조 책임을 맡고 있다.

보르도 유명 샤또들이 운영하는 레스토랑들

• Château Lynch Bages가 운영하는 Château Cordeillan-Bages

보르도 오-메독 지역 뽀이약 마을의 그랑 크뤼 5등급 샤또인 Ch. Lynch Bages(샤또 랭슈 바쥬)가 소유하고 있는 호텔 Château Cordeillan-Bages(샤또 꼬르데이양 바쥬). 컨셉이 다른 20여 개의 룸이있으며, 창문을 열면 포도 품종별로 푯말과 함께 차례로 심어져 있는 포도밭이 펼쳐진다. 또 이곳에는 같은 이름의 미슐랭 가이드 ★★스타 레스토랑이 있다.

• Château Smith-Haut-Lafite가 운영하는 La Grand'Vigne

그라브 뻬삭-레오냥 지역의 와인 명가 샤또 스미스 오 라피뜨(Ch. Smith-Haut-Lafite)의 유명 화장품 브랜드인 꼬달리(Caudalie)에서 운영하는 호텔인 Les Sources de Caudalie(레 수르스 드 꼬달리)는 그랑 크뤼 포도밭에 둘러싸여 있다. 각각 다른 디자인의 49개의 객실과 멋진 레스토랑을 보유하고 있다.

프랑스 관광청이 프랑스의 5성급 호텔 중에서도 최고 수준의 서비스를 제공하는 호텔에만 부여하는 최고급 호텔 등급인 '팔라스' 호텔로 지정되어 있으며, '죽기 전에 꼭 가야할 세계 휴양지 1001'에도 선정되었다. 그랑 크뤼 포도밭에서 광물질 함유량이 유달리 많은 온천수가 발견되면서 만든 호텔이다 보니, '비노테라피(vinotherapy)'라는 말도 이곳에서 생겨났다. 이 호텔에 있는 미슐랭 가이드 ★★스타에 빛나는 레스토랑의 이름은 La Grand' Vigne(라 그랑 비뉴)이다.

• Ch. Pape Clément이 운영하는 La Grande Maison de Bernard Magrez

La Grande Maison de Bernard Magrez(라 그랑드 메종 드 베르나르 마그레)는 6개의 우아하고 기품 넘치는 룸으로 채워진 5성급 호텔과 그 레스토랑의 이름으로, 입구부터 마치 중세 유럽 궁전의 분위기와 와인 테마 호텔이라는 느낌을 준다. 이곳을 소유하고 있는 Ch. Pape Clément(샤또 빠쁘 끌레망)은, 이름에서도 알 수 있듯이 13세기 '아비뇽의 유수'를 단행한 Bertrand de Goth(후일 교황 끌레망 5세)의 소유였던 샤또로, 그라브 뻬삭-레오냥 지역의 간판 스타인 샤또 오브리옹과 샤또 라 미씨옹 오브리옹과 바로 인접해 있다. 1986년 보르도 와인산업의 대부이자 부호인 베르나르 마그레(Bernard Magrez)가 샤또를 매입해 많은 투자를 함으로써 품질에 획기적인 향상을 이루었고, 90년대 후반 미셸 롤랑의 가세로 명성이 더욱 높아졌다. 보르도의 15개 샤또를 포함하여 전 세계에 30여 개의 와이너리를 소유하고 있는 베르나르 마그레의 성공비결 중 하나는 와인과 함께 호텔, 레스토랑, 와인투어 등을 잘 접목해서 운영한다는 것이다.

• Château Angélus가 운영하는 Logis de la Cadène

Logis de la Cadène(로지 들 라 꺄덴느)는, 쌩 떼밀리옹 관광센터를 지나서 모놀리테 성당으로 내려가는 길목에 위치하고 있는 쌩 떼밀리옹에서 가장 오래된 호텔 겸 레스토랑의 이름이다. 17세기 중세 건물을 현대식으로 리노베이션했는데, 2013년에 샤또 앙젤뤼스에서 인수했으며, 2017년 2월 미슐랭 가이드 ★스타에 선정되었다.

• Château Pavie가 운영하는 Hostellerie de Plaisance

Hostellerie de Plaisance(오스뗄르리 드 쁠레정스)는 미슐랭 가이드 ★★스타 레스토랑을 보유하고 있는 쌩 떼밀리옹의 5성급 호텔 이름이다. Ch. Pavie(샤또 빠비)의 오너가 소유하고 있으며, 쌩 떼밀리옹 마을 전체를 위에서 조망할 수 있는 최고의 스팟에 위치하고 있다. 환상적인 프랑스 요리를 맛볼 수 있는 가히 쌩 떼밀리옹 최고의 레스토랑이라 할 수 있다. 강추!

쌩 떼밀리옹의 2등급 그랑 크뤼 샤또인 Ch. La Dominique(샤또 라 도미니끄)에서 모던한 느낌으로 만들어 운영하고 있는 루프트탑 레스토랑 'La Terrasse Rouge'

2016년 개관한 보르도 와인박물관 La Cité du Vin

부르고뉴 지방

황금빛으로 물든 부르고뉴의 꼬뜨 도르 언덕

보르도와 쌍벽을 이루는 프랑스의 2대 와인 산지인 부르고뉴(Bourgogne, 영어식 발음 Burgundy [버건디])◆ 지방은 프랑스 동중부 내륙◆에 위치하고 있습니다.

◆ Burgundy는 영국인들이 발음하기 편한 대로 바꿔 부른 명칭이다.

◆ 보르도가 해양성 기후라면, 부르고뉴는 주로 대륙성 기후로, 일교차와 연교차가 큰 편이다. 부르고뉴의 여름은 보르도만큼 덥지는 않지만, 일조량은 거의 비슷하다.

보르도 와인이 거대 교역상과 자본가들에 의해 주도돼 자본주의적 성향을 띠는 데 비해, 부르고뉴는 씨또(Cîteaux)와 끌리뉘(Clugny) 두 수도원의 수도사들에 의해 와인 산업이 발전했었고 지금도 소규모의 포도밭을 장인정신과 가족경영의 전통으로 이어 내려오는 소박한 이미지가 강한 편입니다. 보르도가 '브랜드 와인'이라면 부르고뉴는 '떼루아 와인'입니다. 잘게 쪼개져 있는 포도밭과 각기 다른 미세 기후(1,247개의 끌리마, Climat)가 부르고뉴 와인의 중요한 특징입니다.

보르도의 유명 그랑 크뤼 샤또들은 포도밭 면적이 계속 늘어나곤 합니다. 즉 인근의 포도밭을 추가로 매입해서 같은 브랜드(샤또 ○○)의 와인을 만들어내는데, 여기에 이의를 제기하는 사람은 별로 없습니다. 샤또의 명성이 가장 우선인 셈이죠. 그런데, 문제는 새로 추가로 편입된 포도밭이 기존의 포도밭과 똑같은 토양과 떼루아를 가지고 있느냐 하는 것입니다. 만약 추가된 포도밭의 퀄리티가 기존 포도밭의 퀄리티에 못 미친다면 샤또의 명성에 의존해 와인 생산량만 늘려 수익을 올리려는 상술이 될 수도 있다는 문제점을 가지고 있는 것입니다.

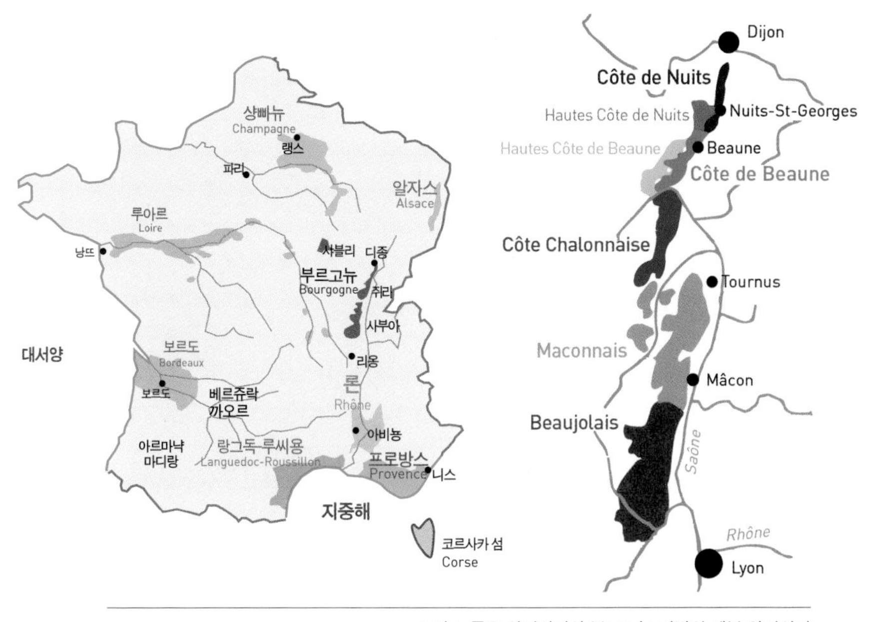

프랑스 주요 와인산지와 부르고뉴 지방의 세부 와인산지

◆ 떼루아(Terroir)는 포도밭의 토양, 방향, 경사도 등에 일조량, 강수량, 바람, 배수 등의 자연 여건들을 총칭하는 말로, 흙을 뜻하는 Terre로 부터 파생된 단어이다. 포도재배에는 토양보다는 기후가 좀 더 많은 영향을 미치는데, 기후에는 지형의 영향이 크다. 부르고뉴의 포도밭들은 대부분 경사면이며, 토양은 석회질(Limestone)이 주류를 이루고 세부 산지에 따라 진흙질, 이회토 등이 섞여 있다.

그에 비해 부르고뉴는 포도밭의 떼루아◆를 가장 중요하게 여기기 때문에 그랑 크뤼급이나 프르미에 크뤼급 고급 와인의 경우 작은 포도밭 단위에까지 AOP(AOC)가 주어지고 그 포도밭은 수백 년이 지나도 면적이 변하지 않습니다. 이것이 부르고뉴의 자부심이라고도 할 수 있는데, '가장 부르고뉴적인 것이 가장 세계적이다'라는 말이 이 곳 와인의 명성을 대변해줍니다. 부르고뉴에서는 유명 포도밭의 경우 비가 많이 오고나면 경사면으로 흘러내린 흙을 퍼담아서 포도밭에 다시 뿌려주는 작업을 합니다.

토양의 중요성이 그만큼 크다는 얘기지요. 부르고뉴 포도밭의 주된 토양은 석회질이지만 성분이 다른 여러 지층들이 복잡하게 쌓이고 합쳐져 있어 불과 몇 미터만 떨어져 있어도 포도밭의 성질이 달라지기도 합니다. 포도나무 뿌리는 물과 양분을 얻기 위해 땅속 깊이 뿌리를 내리는데, 그 결과로 각 지층의 성분과 특성이 포도와 와인에 반영됩니다.

또한 부르고뉴 포도밭은 대부분 완만한 구릉지대로, 포도밭의 경사도와 방향에 따라 일조량과 기온 등에 미묘한 차이가 생기는데 토양 외에 이런 차이들도 와인의 개성에 중요한 영향을 미치고 있습니다.

보르도에 비해 파리와 가까운 거리상의 이점으로, 〈Romanée-Conti(로마네 꽁띠)〉 〈Chambertin(샹베르땡)〉 〈Montrachet(몽라쉐)〉 등의 고급 부르고뉴 와인들은 일찍부터 파리의 왕실과 귀족들의 사랑을 받아 왔습니다.

부르고뉴 지방의 와인 산지들은 남북으로 250km 정도 길게 펼쳐져 있으며, 5개의 중요 지역으로 구성되어 있습니다. 북쪽에서부터 샤블리(Chablis), 꼬뜨 도르(Côte d'Or), 꼬뜨 샬로네즈(Côte Chalonnaise), 마꼬네(Mâconnai)와 보졸레(Beaujolais) 지역 등으로 이어집니다.

본 로마네 마을의 로마네 꽁띠 포도밭은 철저한 바이오다이나믹 농법으로 관리되며, 포도나무 3그루에서 1병 정도의 와인이 생산된다. 2020년 소더비 경매 'Wine & Spirits Top 100'에서 〈로마네 꽁띠〉가 1,940만 달러로 8년 연속 1위를 차지했다. 2위는 맥캘란 스카치 위스키였고, 3위는 420만 달러를 기록한 보르도 우안의 〈뻬트뤼스〉였다.

이 중 가장 유명한 곳은 꼬뜨 도르 지역입니다. 이곳의 와인들은 비싸기로도 유명한데, 떼루아와 장인정신이 합쳐진 결과이지만, 공급이 수요를 따라가지 못하는 것도 큰 이유 중의 하나입니다.

탁월한 와인들이 생산되고 있지만 포도밭 면적에서 부르고뉴는 보르도의 1/4에도 못 미치기 때문입니다. > 306쪽 상단 Tip 참조

부르고뉴 지방의 포도품종

보르도 지방의 레드 와인들은 Cabernet Sauvignon(까베르네 쏘비뇽), Merlot(메를로), Cabernet Franc(까베르네 프랑) 품종 등이 블렌딩되는데 비해, 부르고뉴 지방 레드 와인은 Pinot Noir(삐노 누아) 단일 품종으로

① 힘차고 강건한 스타일의 〈뉘 쌩 조르쥬〉 AOP 와인 "레 샤리오(Les Chaliots)". Pinot Noir 100%. 도멘 미쉘 그로사 제품.
*뉘 쌩 조르쥬 마을에는 그랑 크뤼는 없고 프르미에 크뤼 포도밭이 있지만, 태양왕 루이 14세가 이곳 와인을 매우 사랑한 것으로 유명하다. 뉘 쌩 조르쥬는 꼬뜨 드 뉘 지역 와인 거래의 중심지로 네고시앙과 브로커들의 거점이다.

② 부르고뉴 레드 와인의 전형인 〈모레 쌩 드니〉 AOP 와인. 도멘 조르쥬 리니에르 에 피스사 제품. 15만원선.
*Morey-Saint-Denis는 부르고뉴 최초(1936년)의 AOC로, 이곳의 북쪽은 쥬브레 마을 토양과, 남쪽은 샹볼 마을 토양과 유사하다. 그래서 쥬브레 샹베르땡의 힘과 구조감에 샹볼 위지니의 감미로움, 섬세함을 함께 가지고 있다는 평을 듣는다.

③ 화려한 과일 향에 우아하고 섬세한 〈샹볼 뮈지니〉 AOP 와인. Pinot Noir 100%. 1831년 설립되어 6대째 가족경영을 이어오는 부르고뉴 TOP 5로 꼽히는 생산자이자, 스웨덴 왕실의 공식 와인공급업체인 알베르 비쇼사 제품. 15만원선.
*샹볼 뮈지니 와인의 느낌을 '벨벳 장갑 속의 철주먹'이라고 표현하기도 한다. 이는 외양이나 첫느낌은 스폰지처럼 부드럽고 섬세한 향을 나타내지만, 시간을 두고 마실수록 단단한 구조감과 화려한 개성이 도드라지기 때문이다.

④ 부르고뉴의 명가 아르망 루쏘사의 〈샹베르땡〉 AOP 와인은 가장 비싼 샹베르땡 와인으로 꼽힌다. Pinot Noir 100%. 150~200만 원선.

⑤ 〈로마네 꽁띠〉를 생산하는 도멘 드 라 로마네 꽁띠(DRC)사의 또 다른 명품 모노폴 와인 〈라 따슈〉 AOP 와인. 〈리슈부르〉가 풍부한 과일 맛이 특징이라면, 〈라 따슈〉는 관능적이고 풍만한 느낌이다. 500~600만원선.
*라 따슈(La Tâche)는 프랑스어로 '얼룩'이란 뜻인데, 영화 등에서 사랑의 상처와 애욕의 상징으로 자주 등장하곤 한다.

만 레드 와인이 만들어지는 것이 특징입니다. Pinot Noir 품종은 샴페인 양조를 제외하고는, 다른 품종과 블렌딩되는 경우가 거의◆ 없습니다.

◆ 고급 부르고뉴 와인은 레드든 화이트든 단일 품종으로만 만들어지지만, 레지오날 AOP(307쪽 상단 표 참조) 와인들은 약간의 블렌딩이 허용되기도 한다. 부르고뉴 빠스 뚜 그랭(Bourgogne Passe-Tout-Grain) AOP 와인의 경우, 가메(Gamay) 품종을 기본으로 삐노 누아가 최소 30% 블렌딩된다. (329쪽 하단 레이블 설명 참조)

Pinot Noir 삐노 누아 | 185쪽, 480쪽, 545쪽 하단 참조 |

부르고뉴 지방이 원산지인 품종으로, 줄여서 'Pinot(삐노)'라는 애칭으로 불립니다. Pinot Noir◆로 만든 와인은 엷고 맑은 빛깔(pale red)을 띠는데, 타닌 성분이 적어 떫은맛이 덜하고 벨벳과 같은 부드러움과 상큼함이 특징인데, 다소 높은 알코올 도수에 강렬한 맛도 함께 느껴집니다. 또한 담백하면서 산딸기(raspberry) 등의 과일 향이 강하고, 은은한 흙냄새와 송로버섯(truffle)의 뉘앙스가 느껴지는 섬세하고 우아한 와인입니다.

◆ 원래 '누아리앵'으로 불렸던 삐노 누아 품종은, 모양과 크기가 검은 솔방울(pine cone)을 닮아서 삐노(pinot)라고 불리기 시작했다. 현재 부르고뉴 Pinot Noir는 변종인 클론(clon)이 가장 많아 150여 종이나 된다.

더운 지역들에 비해 서늘한 기후를 가진 부르고뉴의 Pinot Noir(삐노 누아) 와인일수록 이런 특징들이 강합니다. 또 잘 숙성된 고급 와인일수록 관능적이고 황홀한 질감에 우아하고(elegant), 미묘하며(delicate), 복합적인(complexity) 맛이 좋은 밸런스를 이룹니다.

부르고뉴 지방은 일조량이 다소 부족한 것이 문제이긴 하지만, 그렇다고 Pinot Noir를 덥고 햇빛이 강렬한 곳에 심으면 포도가 너무 익어 터지고, 오히려 단순하고 무미건조한 와인이 됩니다.

Pinot Noir 품종은 껍질이 얇고 여러 질병에도 잘 감염되어 열정과 인내심이 없이는 재배하기 힘듭니다. 다른 포도들이 잘 자라지 못하는 서늘한 기후대를 선호하는 특성이 있고, 토양에 따라 맛이 아주 많이 달라지는 등 토양에 대한 선호벽이 굉장히 심한 까다로운 품종입니다. 따라서 같은 부르고뉴 지방에서 만드는 Pinot Noir 단일 품종 와인이라 하더라도, 세부산지에 따라 그 맛이 조금씩 다르다고 봐야 합니다. 떼루아(291쪽 Tip 참조)라는 것이 참 오묘합니다.

최근 기후 온난화로 부르고뉴 지방의 기온이 높아지는 것이 이곳 생산자들의 큰 고민거리입니다.

Pinot Noir 와인은 보관 시에도 적정 온도(16도 전후)와 햇빛 방지 등에 특히 더 많은 신경을 써야 합니다.

프랑스 내에서는 부르고뉴 지방 외에 루아르, 알자스, 랑그독 지방 등에서 Pinot Noir 와인이 만들어집니다. 루아르의 삐노 누아 와인은 과일 맛이 강하고, 알자스의 삐노 누아는 대체로 가벼운 스타일이며, 일조량이 많은 랑그독의 삐노 누아는 따뜻한 느낌의 스위트함이 배어 있습니다.

프랑스 이외의 지역으로는 미국 오리건 주의 윌러밋 밸리, 캘리포니아 주 소노마 카운티와 카네로스, 몬터레이, 산타 바바라, 뉴질랜드의 센트럴 오타고와 마틴버러 지역, 호주의 빅토리아 주와 태즈매니아 섬 등이 Pinot Noir 품종의 산지로 이름을 올리고 있습니다.

영화 "부르고뉴, 와인에서 찾은 인생 (원제 : Back to Burgundy, 2017년작)"에서 주인공 3남매가 수확시기를 결정하기 위해 포도의 당도와 산도를 맛보는 장면.

수확을 미루자는 여동생에게 오빠는 바로 수확해야 한다면서 이렇게 말한다. "맛있고 싼 와인을 만들고 싶다면 그리 해라. 하지만 힘 있고 산도 높은 와인을 만들고 싶은거 아니었어? 수확일은 어떤 와인을 만들고 싶은 지에 달린거야~"

※ 좋은 와인을 만들기 위해서는 그 재료가 되는 포도의 품질이 가장 중요하다. 포도는 재배 못지않게 수확시기가 중요한데, 예전에는 당도, 산도만을 기준으로 판단했지만 지금은 페놀 화합물의 함량도 중요한 고려사항이다. 수확 시 당도는 청포도가 19~23브릭스, 적포도가 21~24브릭스 수준이다.

부르고뉴_Côtes de Nuits_Pinot Noir의 근래 빈티지 점수

2001년	2002년	2003년	2004년	2005년	2006년	2007년	2008년	2009년	2010년
89점	96점	93점	88점	98점	91점	90점	91점	95점	94점
2011년	**2012년**	**2013년**	**2014년**	**2015년**	**2016년**	**2017년**	**2018년**	**2019년**	**2020년**
91점	95점	92점	95점	98점	97점	94점	93점	-	-

부르고뉴_Chardonnay의 근래 빈티지 점수

2001년	2002년	2003년	2004년	2005년	2006년	2007년	2008년	2009년	2010년
89점	95점	87점	90점	93점	91점	92점	93점	89점	93점
2011년	**2012년**	**2013년**	**2014년**	**2015년**	**2016년**	**2017년**	**2018년**	**2019년**	**2020년**
92점	92점	90점	96점	95점	92점	94점	89~92점	-	-

• 출처 : 《Wine Spectator》

부르고뉴 와인은 정신분열증이 있는 여자 친구를 연상시킬 정도로 변덕이 심하고 기대 이하일 때도 많죠. 하지만 좋은 생산자들이 만드는 부르고뉴 와인은 멋지고 범접할 수 없는 미모를 보여줍니다.
- 로버트 파커 -

맞아요! 부르고뉴 와인은 정말 사랑스런 존재죠. 대신 나 말고 다른 사람이 와인 값을 지불할 때만...
- A. J. 리블링 -

© 김주완

부르고뉴 뽀마르(Pommard) 마을의 28개 프르미에 크뤼(1등급) 중 최고의 포도밭인 '레 뤼지엥(Les Rugiens)'. 자갈이 많고 철분이 풍부한 붉은 갈색의 칼슘과 석회암 토양이 특징이다.

* 본(Beaune)과 이웃하고 있는 뽀마르는 꼬뜨 드 본 소지역 중에서도 대표적인 레드 와인 생산지로, 포도밭 규모가 꼬뜨 도르 전체에서도 가장 큰 편에 속한다. 그랑 크뤼(특등급) 포도밭은 없지만 우수한 1등급 포도밭들이 많은데, 향과 색깔이 진하고 타닌과 알코올 함유도 높은 강건한 느낌의 와인들이 만들어진다. 뽀마르 AOC는 현재 그랑 크뤼(특등급) 지정이 거론될 정도로 뛰어난 품질을 인정받고 있다.

Chardonnay 샤르도네 | 200쪽, 474쪽 중간, 515쪽 하단 참조 |

레드 품종의 Cabernet Sauvignon(까베르네 쏘비뇽) 처럼, 넘버원 화이트 품종은 Chardonnay(샤르도네)◆ 입니다. 철자대로 발음해서 [샤도네이] 라고도 부르지만 보통은 [샤르도네] 혹은 '르'를 거의 안 들리게 발음하여 [샤도네] 라고 합니다.

◆ 샤르도네는 부르고뉴의 주력 레드 품종인 삐노 누아보다도 더 많이 재배되면서 전체 재배비율에서 45% 이상을 차지한다. 샤르도네는1950~60년대를 기점으로 전세계에서 가장 많이 재배되는 양조용 청포도 품종이 되었다.

황금빛이 나는 샤르도네 와인은 상큼한(crispy) 과일 향미가 기본 특징이지만, 농익은 열대과일 풍미가 강한 캘리포니아나 호주의 샤르도네 와인에 비해 떼루아(토양)의 복합적인 특성을 잘 나타내는 부르고뉴 와인은 더 우아하고 세련된 느낌입니다.

보르도의 쏘떼른 지역에 세계 최고 수준의 스위트 화이트 와인들이 있다면, 부르고뉴의 꼬뜨 드 본과 샤블리에는 Chardonnay로 만드는 최고의 드라이 화이트 와인들이 있습니다.

부르고뉴의 꼬뜨 드 본 지역에서 오크통 숙성을 시킨 와인은 바디감과 토스티한 바닐라 풍미가 더 있는 데 비해, 부르고뉴의 가장 북쪽인 샤블리 마을에서 샤르도네 품종으로 생산하는 〈Chablis(샤블리), 309~311쪽 참조〉 와인은, 석회암 성분에서 나오는 미네랄과 부싯돌 향이 느껴집니다. 부르고뉴 Chardonnay 와인들은 세부산지나 오크통 숙성 여부와 상관없이 산도를 포함한 밸런스가 좋고 기본적으로 미네랄 향미가 깔려 있는데, 그중에 샤블리 지역의 미네랄 향미에서는 상대적으로 짠 느낌이 많이 납니다.

Chardonnay 품종은 기본적으로는 서늘한 곳을 선호하지만, 기후나 토양에 대한 적응력이 뛰어나 미국, 호주, 칠레, 이탈리아, 뉴질랜드 등 세계 거의 모든 와인산지에서 잘 재배됩니다. 프랑스 부르고뉴 지방 다음으로는 캘리포니아와 호주의 Chardonnay(샤르도네) 와인이 좋은 평가를 받고 있습니다. 신세계의 더운 지역에서 생산된 Chardonnay 와인은 부르고뉴에 비해 섬세함은 덜하지만, 진한 과일의 향미들이 잘 느껴지는 무난하고 맛있는 화이트 와인들입니다.

화이트 와인은 신선하고 향긋한 과일의 풍미를 유지하기 위해 오크통 대신 스테인리스 스틸 탱크에서 발효 및 숙성을 시키는 게 일반적이지만, Chardonnay 품종의 경우 오크통 발효나 숙성을 통해 바닐라, 토스트, 견과류의 풍미가 더해져 전혀 다른 느낌의 와인이 만들어지기도 합니다. 부르고뉴 샤르도네 와인의 유명산지인 샤블리(Chablis)에서도 보통은◆ 스테인리스 스틸 탱크를 사용하지만, 일부 생산자들은 오크통 발효와 숙성을 고집하고 있어 찬반 논란이 계속되고 있습니다.

◆ 〈샤블리 그랑 크뤼〉나 〈샤블리 프르미에 크뤼〉 등의 고급 제품은 발효 및 숙성에 스테인리스 스틸 탱크와 오크통을 일부 병행하기도 한다. 특히 그랑 크뤼 와인들!

그래서 Chardonnay 와인을 고를 때는 오크통 사용여부와 양조방법, 세부산지 등을 확인해 보는 것도 와인을 즐기는 쏠쏠한 재미가 될 수 있습니다. 또 Chardonnay 품종은 샴페인(Champagne, 프랑스어 발음으로 '샹빠뉴')을 만드는 주품종이기도 합니다.

① J. 페블레사의 〈샤블리〉 AOP 와인. Chardonnay 100%. 4만 원선.

* 부르고뉴 3대 네고시앙이자 가장 큰 규모의 가족 도멘 중 하나인 J. 페블레사는 1825년 이후 7대째 가족경영을 해오고 있는데, 로버트 파커로부터 "부르고뉴에서 로마네 꽁띠만이 페블레보다 뛰어난 와인을 생산한다."라는 극찬을 받기도 했다. 생산 와인의 약 70%를 자체 재배한 포도로 만들며, 대부분의 와인을 필터링을 하지 않고 수작업으로 병입하는등 섬세하고 우아한 부르고뉴 와인의 특징을 잘 살리고 있다. 또 샤블리 와인의 경우 대부분을 오크통 숙성시킨다.

② '푸르숌' 포도밭에서 생산되는 윌리암 페브르사의 〈샤블리 프르미에 크뤼〉 AOP 와인. 오크통 50% + 스테인리스통 50%. 10만 원선.

* 1962년에 설립된 윌리암 페브르사는 단기간 내에 최고의 샤블리 생산자로 성장했다. 그랑 크뤼 샤블리는 모두 오크통에서 발효되며, 프르미에 크뤼와 일반급은 대개 스테인리스 스틸 탱크에서 발효 후 오크통 숙성을 병행한다. 1998년 부르고뉴 최고의 네고시앙인 부샤르 뻬레 에 피스사에 인수되면서 마케팅과 판매에도 날개를 달았다.

① 로삐또 프레르사의 〈부르고뉴 알리고떼〉 AOP 와인. Aligote 100%. 산도가 높은 깔끔한 맛이 조개, 관자, 굴, 생선회, 새우 등 양념이 강하지 않은 해물요리와 잘 맞는다. 45,000원선.

② 부샤르 애니 에 피스사의 〈마꽁 빌라쥬〉 AOP 와인. Chardonnay 100%. 스테인리스 스틸 탱크에서 양조한 후 오크통에서 6개월간 숙성시켰다. 6만 원선.

③ 도멘 드 라 로마네 콩티(DRC)사의 현 소유주인 오베르 드 빌렌느가 꼬뜨 샬로네즈 지역에서 만든 Domaine A. et P. de Villaine(도멘 아 에 페 드 빌렌느)사의 〈뤼이(Rully)〉 AOP 화이트 와인 "레 쌩 자끄". Chardonnay 100%. 65,000원선.

④ 도멘 앙또냉 기용사의 뫼르쏘 샤름므 프르미에(1er) 크뤼 와인인 "Les Charmes Dessus". Chardonnay 100%. 오크통 숙성 15개월. 30만 원선. * 뫼르쏘(Meursault) 와인들은 부드러운 너츠와 헤이즐넛 향, 진한 오크 바닐라 풍미가 특징이다.

⑤ 루씨앙 르 무안느사의 〈꼬르똥 샤를마뉴〉 AOP 와인. Chardonnay 100%. 50만 원 이상.

Aligoté 알리고떼

포도알이 크고 많은 조생종인 Aligoté(알리고떼)는 부르고뉴의 No.2 화이트 품종입니다. 내추럴 와인으로도 만들어지고, 스파클링 와인의 블렌딩용으로 소량 사용되지만, 비중은 크지 않습니다. Aligoté(알리고떼) 와인은 보통 오크 숙성을 하지 않으며, 오래 보관하지 않고 마시는데, 꼬뜨 샬로네즈 지역의 부제롱(Bouzeron) 마을(322쪽 Tip 참조)이 독보적인 산지입니다. 흔치 않은 품종이지만 불가리아, 루마니아, 몰도바 등 동유럽에서는 많이 재배되고 있습니다. 우리나라에서도 드물게 Aligoté 와인을 찾아볼 수 있는데, 향미가 단조롭고 피니쉬도 짧은 편이지만 산도가 높고 미네랄 풍미가 매력적인 라이트 바디 와인입니다.

Aligoté(알리고떼) 화이트 와인은 와인 칵테일 Kir(끼르)의 재료로도 유명합니다. > 116쪽 참조

Gamay 가메 | 191쪽 참조 |

Gamay(가메/갸메)는 이제 우리 귀에도 꽤나 익숙한 〈Beaujolais Nouveau◆(보졸레 누보)〉 와인을 만드는 포도품종입니다. 지금은 부르고뉴의 와인산지 중 보졸레와 마꼬네 등에서만 재배되는 품종이지만, Pinot Noir(삐노 누아)보다 재배하기가 훨씬 쉬워 14세기 이전◆까지는 부르고뉴 레드 품종의 주류를 이루웠습니다.

◆ Nouveau(누보)는 영어의 'New'와 같은 뜻이다.

◆ 14세기 말(1395년) 부르고뉴 공국의 필립 공작은 가메 품종의 품질이 떨어진다는 이유로 꼬뜨 도르 지역에서 재배를 금지하는 칙령을 내렸다.

보르도 지방의 세부 산지로 메독, 그라브, 쌩 떼밀리옹, 뽀므롤, 앙트르 되 메르 지역 등이 있듯이 부르고뉴도 샤블리, 꼬뜨 도르, 꼬뜨 샬로네즈, 마꼬네, 보졸레 등의 소지역들로 나뉜다고 말씀드렸는데요. 이 중 보졸레는 법적으로나 지리적으로나 부르고뉴 지방에 속해 있지만, 몇몇 마을은 아래쪽 론 지방에 걸쳐 있으며, 근래에는 와인의 품종과 성격상 독립된 별도 산지로 인정받고 싶어 합니다.

부르고뉴의 레드 와인은 대부분 Pinot Noir(삐노 누아) 품종만으로 만들어지지만, 보졸레 지역은 Pinot Noir가 좋아하는 석회질(limestone)이나 이회질(marl) 토양이 거의 없고 미네랄 성분이 많이 함유된 화강암(granite) 토양과 규토가 주를 이루므로 여기에 잘 맞는 Gamay(가메) 품종

루이 자도사, 조셉 드루앵사, 몽메쌩, 부샤르 뻬르&피스사와 함께 보졸레 지역의 대표적인 네고시앙인 조르쥬 뒤뵈프사의 〈보졸레 누보〉 와인. 매년 꽃무늬 레이블 디자인을 새롭게 바꾸는 것으로 유명하다. 23,000원선.

* 양조가인 조르쥬 뒤뵈프는 제2차 세계대전까지는 리용의 지방주에 지나지 않던 보졸레 누보 와인을 축제 마케팅을 통해 거듭나게 했으며 1970년부터는 세계적으로도 그 명성을 널리 알린 장본인으로, '보졸레의 제왕'으로 불린다.

으로 레드 와인을 만듭니다.

그 해 9월 수확한 포도를 스테인리스통에서 20일가량만 숙성시켜(일반 와인은 6개월 이상) 바로 병입(bottling)해서 출하합니다. 이 와인은 전 세계적으로 11월 셋째 주 목요일◆ 0시에 동시 출시되어, 그 해 크리스마스와 다음해 3~4월(부활절 전)까지 6개월 정도 마시게 됩니다. 이것이 바로 〈Beaujolais Nouveau(보졸레 누보)〉 와인입니다.

◆ 보졸레 누보 데이는 1951년 11월부터 시작되었다. 처음에는 11월 15일로 날짜가 정해져 있었으나, 15일이 일요일과 겹치는 해 때문에 현재와 같이 셋째 목요일로 출하일을 다시 정했다.

◆ 보졸레뿐만 아니라 마꼬네와 꼬뜨 드 론 지역에서도 햇와인이 많이 생산된다.

품종 자체가 타닌이 적은 편이며, 햇와인◆이라 다소 거칠기는 하나 프루티하고 신선한 감촉에 풋풋한 딸기, 라스베리, 바나나 향이 나는 〈Beaujolais Nouveau〉 와인은, 다른 레드 와인에 비해 좀 더 시원하게 칠링을 해서(11~12도) 마시면 좋습니다. 품질보다는 저렴한 가격으로 그 해 수확한 포도로 만든 신선한 와인을 마셔본다는 의미로 가볍게 즐기면 됩니다.

〈Beaujolais Nouveau〉는 '탄산가스침용법(carbonic maceration)'이라는 좀 특이한 발효방법을 사용합니다. 일반적으로 레드 와인은 수확된 포도의 줄기를 제거하고 포도알을 으깨서 발효시키지만, 보졸레 레드 와인은 포도송이째로 발효탱크에 넣고 압축 탄산가스를 채웁니다. 그러면 무게에 눌려 아래 부분에 있는 포도들부터 으깨지면서 포도즙이 우러나와 정상적인 알코올 발효가 일어나고, 윗 부분은 포도알 속에서 자체적인 성분 변화와 발효가 이루어집니다. 이 경우 일반 발효에 비해 포도 속의 당분이 완전히 발효되지는 않지만, 선명한 보랏빛의 과일 향이 풍부한 와인을 얻을 수 있습니다. 또 발효 때 생기는 사과산(malic acid)을 줄이는 효과도 있는데 거칠고 신맛이 강한 사과산이 적다는 것은 와인의 산도가 낮아지고 질감이 좋아지는 것을 의미합니다. 이런 과정을 8~10일 정도 거친 후 다시 탱크를 열어 포도를 압착해 화이트 와인 방식의 일반 발효를 다시 진행시킵니다. 이렇게 탄산가스침용법◆을 사용한 보졸레 와인에서는 솜사탕, 딸기잼, 풍선껌(English Candy) 플레이버가 느껴진다고 하는데 여러분도 한 번 느껴보시기 바랍니다.

◆ 탄산가스침용법은 〈Beaujolais Nouveau(보졸레 누보)〉 와인에만 사용하는 것이 아니고, 〈보졸레 빌라쥬〉나 〈보졸레 크뤼〉 등 보졸레 지역의 모든 레드 와인 양조에 부분적으로라도 반드시 사용된다.

〈Beaujolais Nouveau〉보다 한 단계 품질이 높은 〈Beaujolais Villages Nouveau(보졸레 빌라쥬 누보)〉도 기억해 놓으시면 좋겠습니다.

그리고 위 두 와인의 이름에서 'Nouveau'가 빠진 〈Beaujolais〉 〈Beaujolais Villages◆〉라는 와인도 있는데, 양조방법을 달리 해 좀 더 오래 두고 마셔도 되는 와인들입니다.

◆ Beaujolais-Villages AOP를 가진 와인들은 이름 그대로 '빌라쥬급' 와인이므로 일반 Beaujolais AOP 와인보다 품질이 한 단계 더 높은데, 이 와인들은 화강암 토양이 많은 북쪽 오-보졸레 지역의 35개 마을에서 만들어진 와인들을 블렌딩한 것이다. Beaujolais-Villages AOP 와인 정도면 2~3년 정도는 숙성이 가능하다. 이런 보졸레 와인들은 한국의 삼겹살과도 아주 잘 매칭된다.

또 〈Beaujolais Primeur(보졸레 프리뫼르)〉라는 와인도 있습니다. 〈Beaujolais Nouveau〉의 유통 허용기간이 출시 다음 해 8월 31일까지인데 비해, 〈Beaujolais Primeur〉는 다음 해 봄이 되기 전인 1월 31일까지만 유통이 가능합니다. 이 두 명칭은 거의 같은 의미로 사용되긴 하지만 〈Beaujolais Primeur〉가 좀더 엄격하고 전통적인 의미의 햇포도주(Vin de Primeur)를 뜻하긴 합니다.

한편 Gamay(가메)로 만든 와인 중에는 몇 년 이상 보관이 가능한 고급 와인들도 있습니다. 보졸레

북쪽 고지대(Haut-Beajolais, 오 보졸레)의 마을 이름들을 AOP로 사용하는 다음의 10가지 와인들이 그러한데, 이들 보졸레 크뤼 와인들은 5년 이상도 충분히 저장이 가능합니다.

그 중 위쪽의 〈Moulin-à-Vent(물랭 아 방)〉 〈Chénas(쉐나)〉 〈Chiroubles(쉬루블)〉 〈Juliénas(쥘리에나)〉는 가장 보졸레다운 전형적인 스타일에 속하고, 〈Brouilly(브루이)〉 〈Côtes de Brouilly(꼬뜨 드 브루이)〉 〈Morgon(모르공)〉은 좀 더 강한 느낌에 숙성잠재력이 뛰어나며, 〈Régnié(레니에)〉 〈Fleurie(플뢰리)〉는 섬세한 꽃향기가 나는 여성스러운 와인이며, 〈Saint-Amour(쌩 따무르)〉는 그 이름의 영향으로 사랑하는 연인들에게 어울리는 로맨틱한 와인으로 여겨집니다.

1990년대부터 보졸레 지역에 적극적인 투자를 통해 보졸레 지역의 최고의 생산자로 떠오른 루이 자도사의 〈물랭 아 방〉 AOC 와인 레이블. Gamay 100%. 7만 원선.

* 잘 숙성되면 좋은 삐노 누아 와인과 구분이 어려울만큼 향미와 질감이 좋은 보졸레 크뤼 와인들은 꼬꼬뱅(부르고뉴 레드 와인으로 조린 전통 닭고기 요리)처럼 부드러운 고기 요리와도 좋은 케미를 이룬다.

이 크뤼(Cru)급◆ 보졸레 와인들은 상당기간 숙성이 가능하지만 보졸레 와인 특유의 뚜렷한 과일의 풍미를 느끼고자 영한 상태에서 즐기는 것을 선호하는 애호가들도 있습니다.

◆ 대부분의 보졸레 와인들은 약간 차게 칠링해서 마시는 것이 좋은데, 이 10개의 크뤼급 보졸레 와인들은 구조감이 좋고 질감과 과일풍미가 뛰어나므로 일반 레드 와인처럼 상온에서 즐기는 것이 더 좋겠다. 보졸레 그랑 크뤼 와인들은 "부르고뉴"라는 표기도 가능하다.

Gamay(가메) 품종으로 만든 이런 고급 보졸레 와인들은 오래 숙성 시키면 살짝 Pinot Noir 와인과 비슷한 느낌이 생기기도 합니다.

① 한국계 부인과 일본계 남편이 샹베르땡 마을에서 운영하는 루 뒤몽(Lou Dumont)사의 보졸레 누보 와인.
② 부르고뉴의 지존, 도멘 르루아사의 명품 보졸레 빌라쥬 프리뫼르 와인. 햇와인도 이렇게 숙성미를 느낄 수 있다는 것을 보여준다. 6만 원선.

영원한 보졸레 누보 오빠, 조르쥬 뒤뵈프

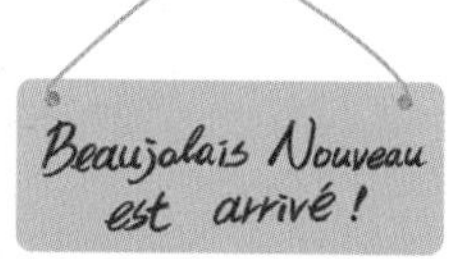

"보졸레 누보가 도착했습니다!"

Le Beaujolais Nouveau est arrivé~(르 보졸레 누보 에 따리베~). 불어로 "보졸레 누보가 도착했습니다~"라는 뜻이다. 매년 11월 셋째주 목요일이 되면 전 세계적으로 동시에 그 해 수확한 포도로 만든 햇와인 〈보졸레 누보〉가 판매 개시된다.

보졸레 지역에서는 2차 대전 전부터 그 해에 만든 햇와인을 축제처럼 이웃과 함께 나눠 마시는 전통이 있었다. 1937년에는 보졸레 와인에 AOC명이 주어지면서 와인의 한 종류로 공식 인정받게 된다. 1951년 보졸레와인연합(UIVB)이 만들어져 11월 15일을 보졸레 누보 축제일로 정하고 그 해에 11월 15일 첫 축제를 개최한다. 1970년에 이르러서는 지역 축제를 넘어 프랑스의 전국적인 축제로 발전시키는데, 이 대대적인 마케팅을 주도적으로 기획하고 실행한 사람이 바로 조르쥬 뒤뵈프(Georges Duboeuf)이다.

보졸레 누보 축제일(출시일)은 주말 직전에 축제를 열자는 상업적인 목적(다음날부터 주말이니 마음 놓고 취해라~)으로 1985년부터 11월 셋째주 목요일로 변경되었는데, 1980년대에는 보졸레 누보 마케팅이 전 유럽으로 확산되었고, 1990년대 초반에는 일본까지 전파되었다. 우리나라에는 1996년에 살짝 선보였다가 1999년부터 본격적으로 수입되어 2000년대 중반까지 붐이 일다가, 싸구려 와인 마케팅에 놀아난다는 과도한(?) 역풍을 맞고 수입량이 급격히 줄어들었다.

조르쥬 뒤뵈프(Georges Duboeuf)는 1933년 마꽁 인근에서 포도농장을 운

영하는 집안에서 태어나 농장 일을 도우며 자랐고, 자전거로 지역 내 식당들에 와인을 배달하는 일을 했다. 그런 환경에서 자연스럽게 포도재배와 와인양조를 배우고, 와인의 유통과 마케팅에 대한 감각을 키웠다. 그는18살 때 파리에서의 학업을 중단하고 낙향해 가업을 이어받아 이끌게 된다. 이때가 보졸레와인연합(UIVB)이 만들어졌던 때였다.

31살이 되던 1964년에 자신의 이름을 딴 와이너리를 만들어 보졸레 와인에 대한 자신의 꿈을 실현해 나간다. 하지만 조르쥬 뒤뵈프가 자신의 사업만을 위해 열정을 쏟았다면, 오늘날 '보졸레의 황제', '보졸레 대사', '무슈 보졸레' 같은 찬가와 수식어는 얻지 못했을 것이다. 보통의 와인들은 수개월에서 몇 년을 숙성시켜 출시를 하는데, 보졸레 누보는 가메(Gamay)라는 품종을 원료로 탄산가스침용법이라는 독특한 방식으로 발효시켜 아주 짧은 숙성과정을 거쳐 출시하는 햇와인이다. 또 보졸레 누보는 생명력도 짧아 한 해의 포도 농사를 자축하면서 가볍게 마시고 없애버리는 싸구려 와인으로 취급받아 왔는데, 조르쥬 뒤뵈프는 보졸레 누보의 약점을 오히려 강점으로 부각시킨 역발상 마케팅을 했다. 연대를 한 상인들이 출시일을 엄격히 지켜 동시에 출하하도록 유도하고, 이를 하나의 이벤트화 시키면서 세계적인 와인 브랜드로 키워냈다.

조르쥬 뒤뵈프로 인해 보졸레는 더 이상 리옹 주변 변두리의 와인산지 이미지에서 벗어나게 된다. 보졸레 사람들은 이제 독립선언처럼 이렇게 힘주어 말한다. "우리는 부르고뉴 지방도, 론 지방도 아니다. 보졸레는 보졸레다!"

조르쥬 뒤뵈프는 1993년부터 아모 뒤뵈프(Hameau Duboeuf)라는 와인테마파크를 만들어 운영하고 있는데, 포도밭, 양조장, 박물관, 부띠끄샵 등 보졸레 와인에 대해서는 없는 거 빼고 다 있는 대형놀이공원 같은 곳으로, 이 지역 방문시 필수코스이다.

현재 보졸레 뒤뵈프 와이너리는 보졸레 지역에서 가장 큰 네고시앙이기도 하다. 보졸레 전체 생산량의 20%를 생산하며 전 세계 140여 개국에 수출하고 있다. 조르쥬 뒤뵈프사의 보졸레 누보 와인의 레이블은 매년 디자인이 바뀌는데 항상 화려한 꽃무늬로 장식된다. 그래서 매년 11월이 되면 와인애호가들은 '올해 조르쥬 뒤뵈프사의 보졸레 누보 와인 레이블은 과연 어떤 디자인일까'하는 호기심을 가지고 출시를 기다린다.

보졸레를 너무 사랑해서 "마꼬네(Maconais)에서 태어나고 보졸레와 결혼했다."라는 말이 항상 따라다녔던 조르쥬 뒤뵈프는, 2018년 아들 프랑크 뒤뵈프(Frank Duboeuf)에게 회사를 물려주고, 2020년 1월 4일 자택에서 뇌졸중으로 사망했다. 향년 87세.

부르고뉴 지방의 AOP(AOC)와 등급 분류

◆ 포도밭 면적
보르도 : 128,000ha
부르고뉴 : 27,600ha
AOP갯수는 보르도가 42개, 부르고뉴가 84개

부르고뉴는 보르도보다 포도밭 면적◆은 적지만 AOP 숫자는 훨씬 더 많습니다. 작은 포도밭 단위에도 AOP가 주어졌기 때문이죠. > 307쪽 상단 표 참조

보르도 지방에서 1855년 메독 지역을 중심으로 등급 분류가 이루어진 이후, 부르고뉴 지방에서도 1861년 미비하나마 초기 형태의 등급 분류가 이루어져 통용되다가, 1935년 전국적으로 시행된 AOC(원산지명칭통제) 제도와 연계해 재정비되어 'Grand Cru(그랑 크뤼)' 표기제를 도입하였습니다. 보르도 지방처럼 샤또 단위가 아닌, 질좋은 포도가 생산되는 최고의 포도밭에 'Grand Cru' 명칭을 부여하고 있습니다.

또 보르도는 AOC(현, AOP) 제도와 와인의 등급제도가 별개인데 비해, 부르고뉴는 AOC 표시 제도와 등급 분류가 합쳐진 형태라고 볼 수 있습니다. 이 중 특등급인 Grand Cru(그랑 크뤼) AOP는 Côte d'Or(꼬뜨 도르 : 32개)와 Chablis(샤블리 : 1개) 지역에만 있습니다. > 315쪽, 319쪽 표 참조

보르도 전 지역에서 'Grand Cru(그랑 크뤼)'는 고급 와인의 총칭입니다. 특히 메독 지역을 중심으로 한 1855년 등급분류에 있어서는 1~5등급에 해당되는 61개 샤또 전체에 대한 총칭입니다. 협의의 뜻으로는 그 중 2~5등급 샤또들을 이르는 말이며, 1등급(5개)은 'Premier Cru(프르미에 크뤼)'라고 구분합니다. 이에 반해 부르고뉴 지방에서는 가장 윗등급을 'Grand Cru(그랑 크뤼)'라고 하며, 다음 격이 'Premier Cru(프르미에 크뤼)'입니다.

자이에 질사의 〈부르고뉴 오뜨 꼬뜨 드 뉘〉 Pinot Noir 100%. 15만원선.

* 자이에 질(Jayer Gilles)은 부르고뉴의 위대한 와인메이커였던 앙리 자이에의 조카로, 로버트 파커는 "〈부르고뉴 오뜨 꼬뜨 드 뉘〉와 〈꼬뜨 드 뉘 빌라쥬〉 AOP 와인에 있어서는 그 누구도 자이에 질이 만든 와인을 넘어서기는 어려울 것"이라고 극찬했다. 그의 〈에쉐조〉 그랑 크뤼 AOP 와인도 최고로 꼽힌다. (335쪽 참조)

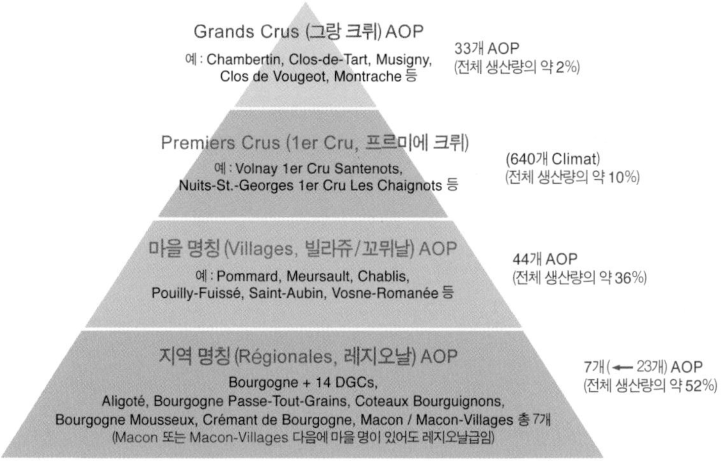

Grands Crus (그랑 크뤼) AOP

예 : Chambertin, Clos-de-Tart, Musigny,
Clos de Vougeot, Montrache 등

33개 AOP
(전체 생산량의 약 2%)

Premiers Crus (1er Cru, 프르미에 크뤼)

예 : Volnay 1er Cru Santenots,
Nuits-St.-Georges 1er Cru Les Chaignots 등

(640개 Climat)
(전체 생산량의 약 10%)

마을 명칭 (Villages, 빌라쥬/꼬뮈날) AOP

예 : Pommard, Meursault, Chablis,
Pouilly-Fuissé, Saint-Aubin, Vosne-Romanée 등

44개 AOP
(전체 생산량의 약 36%)

지역 명칭 (Régionales, 레지오날) AOP

Bourgogne + 14 DGCs,
Aligoté, Bourgogne Passe-Tout-Grains, Coteaux Bourguignons,
Bourgogne Mousseux, Crémant de Bourgogne, Macon / Macon-Villages 총 7개
(Macon 또는 Macon-Villages 다음에 마을 명이 있어도 레지오날급임)

7개 (← 23개) AOP
(전체 생산량의 약 52%)

부르고뉴 AOP 피라미드 (부르고뉴 지방 와인 등급 및 AOP 체계)

※ Premiers Crus는 정확히는 Villages AOP에 속하므로 부르고뉴 AOP 개수에는 포함되지 않는다. Grands Crus 포도밭에는 못 미치지만, 한 빌라쥬(꼬뮈날) 내의 특별히 좋은 포도밭을 Premiers Crus라고 구분하는 것이다. 또 그 정도는 아니지만 나름 괜찮은 포도밭 와인을 Climats Simples(끌리마 쌩플)이라 하고 레이블에 포도밭명을 표기한다.

앞서(239~240쪽) 보르도 지방 AOP 표시에 대해 설명하면서, 생산지 표시가 작은 지역 단위로 표시될수록 품질 좋은 와인이고, 가장 큰 단위인 'Bordeaux'로 되어 있으면 상대적으로 품질이 가장 떨어지는 와인이라고 했는데, 부르고뉴 지방도 마찬가지입니다. 부르고뉴 와인을 고를 때, 레이블에 작은 지역(포도밭, 마을)의 AOP 표시가 아니라 우측 와인병 사진처럼 크게 'Bourgogne'라고만 표시돼 있으면 상대적으로 품질이 떨어진다고 볼 수 있습니다.

프랑스어로 된 프랑스 와인의 레이블은 해독(?) 하기가 쉽지 않은데, 특히 일반 애호가들에게 부르고뉴 와인은 더욱 그럴 수 있습니다. 단순히 지역 명칭이 표기된 일반급 와인들은 어려울 게 없지만, 고급일수록 골치아파집니다. 하지만 괜히

부샤르 뻬르&피스사의 레지오날급 부르고뉴 AOP 삐노 누아 와인. 4만 원선. 부담 없이 부르고뉴 삐노 누아 와인을 즐기려는 분들께 강추!

복잡해 보이는 그랑 크뤼(Grand Cru)나 프르미에 크뤼(Premier Cru) 와인들의 레이블도 다음 원칙들을 알면 이해하기가 훨씬 쉬울 겁니다.

프르미에 크뤼(Premier Cru) 와인은, 레이블에 마을명과 포도밭명이 '1er Cru(=Premier Cru)'라는 표시와 함께 표기되는데, 만약 포도밭명이 없다면 여러 프르미에 크뤼 포도밭의 포도가 섞인 것입니다.

최고 등급인 그랑 크뤼(Grand Cru) 와인의 경우, 마을명은 표기되지 않고 포도밭명과 'Grand Cru'라는 것만 표기됩니다. 예전에는 그랑 크뤼 포도밭 이름만 표기되어 다소 헷갈리기도 했지만 1990년 빈티지부터는 반드시 'Grand Cru'라는 표기를 의무화하고 있습니다.

다음의 레이블 샘플들을 보시면 더욱 자신감이 생길 것입니다.

첫 번째는 J. 페블레사가 쥬브레 샹베르땡 마을에서 생산하는 마을(Village) 명칭 AOP 와인, 프르미에 크뤼 와인, 그랑 크뤼 AOP 와인의 레이블을 비교해 본 것입니다.

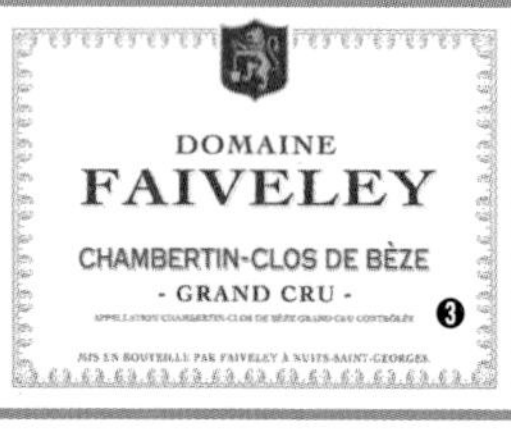

① 마을명칭 AOP 와인. 마을명(GEVREY CHAMBERTIN, 쥬브레 샹베르땡)만 표기. 7만 원선.
② 프르미에 크뤼 AOP 와인. 『마을명(GEVREY CHAMBERTIN) + 1er Cru 표시 + 포도밭명(LES CAZETIERS)』 16만 원선.
③ 그랑 크뤼 AOP 와인. 『포도밭명(CHAMBERTIN-CLOS DE BÈZE, 샹베르땡 끌로 드 베제) + Grand Cru 표시』 38만 원선.
* 그랑 크뤼 와인의 새 오크통 사용 비율은 80~100%, 프르미에 와인은 40~70% 수준이다.

두 번째는 루이 자도*사가 샹볼 뮈지니 마을에서 생산하는 마을(Village) 명칭 AOP 와인, 프르미에 크뤼 와인, 그랑 크뤼 AOP 와인의 레이블입니다.

* 루이 자도(Louis Jadot)사는 조셉 드루앵(Joseph Drouhin)사, 조셉 페블리(J. Faiveley)사와 함께 부르고뉴 3대 네고시앙으로 꼽힌다.

① 마을명칭 AOP 와인. 마을명(CHAMBOLLE-MUSIGNY, 샹볼 뮈지니)만 표기. 18만 원.
② 프르미에 크뤼 AOP 와인. 『마을명(CHAMBOLLE-MUSIGNY) + 포도밭명(LES FUÉES) + Premier(1er) Cru 표시』 24만 원.
③ 그랑 크뤼 AOP 와인. 『포도밭명(MUSIGNY, 뮈지니) + Grand Cru 표시』 38만 원선.
* 1859년에 설립된 루이 자도사는 부르고뉴를 대표하는 대형 네고시앙이지만 유명 도멘 못지않은 뛰어난 품질을 자랑한다.

부르고뉴 지방의 주요 AOP(AOC) 산지

부르고뉴 지방의 주요 와인산지는 북쪽에서부터 샤블리, 꼬뜨 도르, 꼬뜨 샬로네즈, 마꼬네, 보졸레 지역 등으로 이어지는데(291쪽 지도 참조), 부르고뉴 와인을 이해하기 위해서는 각 소지역 산지들의 주요 AOP명에 대해서 어느 정도 알아둘 필요가 있습니다.

(1) Chablis(샤블리) & Grand Auxerrois(그랑 오쎄루아) 지역

◆ 인구 2천 명이 채 안 되는 작은 샤블리 마을은 3천 ha에 달하는 포도밭이 펼쳐져 있는데, 1938년에 AOC가 부여됐다. 이곳에선 샤르도네를 보누아(Beaunois)라고도 부른다.

욘느(Yonne) 지역의 작은 마을인 샤블리◆는 세계적인 Chardonnay(샤르도네) 품종 화이트 와인들이 만들어지는 샤르도네 왕국입니다. 샤블리 와인이 워낙 유명하다 보니 한때 미국, 호주 등지에서 Chardonnay 품종 화이트 와인의 레이블에 'Chablis'란 표기를 하기도 했습니다.

〈Chablis(샤블리)〉 와인의 등급은 다음 4가지로 구분되어 레이블에 표시됩니다.

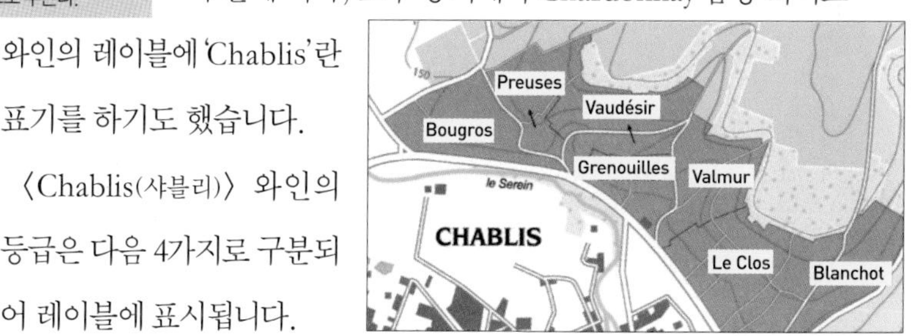

샤블리의 7개 그랑 크뤼 포도밭

① Chablis Grand Cru(샤블리 그랑 크뤼) : 특등급, 최저 알코올 도수 11도 / 적정 음용시기는 빈티지로부터 3~8년

② Chablis Premier Cru(샤블리 프르미에 크뤼) : 1등급, 최저 알코올 도수 10.5도 / 적정 음용시기는 빈티지로부터 2~4년

③ Chablis(샤블리) : 일반급, 최저 알코올 도수 9.5도 / 적정 음용시기는 빈티지로부터 2년 이내

④ Petit Chablis(쁘띠 샤블리) : 최저 알코올 도수 9.5도

◆ 샤블리 특등급과 1등급 포도밭은 토양은 같으나 단지 방향이 다른 정도의 차이다. 3,000 헥타르의 샤블리 포도밭 중 그랑 크뤼(특등급)가 100 헥타르, 프르미에 크뤼(1등급)가 740 헥타르를 차지한다.

특등급◆인 〈Chablis Grand Cru(샤블리 그랑 크뤼)〉는 7개의 작은 포도밭◆(Climat, 끌리마)에서 생산되는데, 병입 후 5년 정도는 숙성되며, 15년 이상도 보관이 가능합니다.

◆ 샤블리 '그랑 크뤼' 와인을 생산하는 7개 포도밭
부드러운 Blanchot(블랑쇼), 꽃향기가 돋보이는 Vaudésir(보데지르), 미네랄 풍미와 밸런스가 돋보이는 Valmur(발뮈르), 원만하면서 미네랄 특성이 강한 Bougros(부그로), 과일향이 좋고 오일리한 Grenouilles(그르누이유), 농후하고 강한 느낌의 Les Clos(레 끌로), 개성이 강한 장기 숙성형인 Preuses(프뢰즈)가 있으며,
보데지르와 프뢰즈 포도밭 사이에 있는 Moutonne(무똔느) 포도밭도 공식적인 그랑 크뤼는 아니지만, '명예 그랑 크뤼' 칭호를 받고 있다. (309쪽 하단 지도 참조)

꼬뜨 도르(Côte d'Or) 지역은 최고의 포도밭에 그랑 크뤼 AOP(24개, 315쪽 참조)가 각각 주어지지만, 샤블리(Chablis) 지역 그랑 크뤼 AOP는 특이하게도 마을 명을 사용한 '샤블리 그랑 크뤼' 1개만 있습니다.

Chablis 와인들은, 쥐라기 시대의 석회암과 자갈, 바다화석◆이 섞인 키메리지안 토양에서 자란 포도로 만들어 모과, 라임류의 상큼한 산미에 부싯돌 향, 살짝 짠듯한 미네랄 등의 복합미가 특징인데, 이를 잘 살리기 위해 오크통보다 스테인리스 스틸 탱크에서 발효와 숙성을 시키

◆ 샤블리는 오래전 바다였던 곳이라, 샤블리 화이트 와인은 생굴과 잘 매칭되는 것으로 정평이 나 있는데, 이때 샤블리는 오래 숙성된 고급이 아닌, 일반급 중 신맛이 강한 젊은 샤블리 와인이다. 오크 풍미가 곁들여지기도 하는 고급 샤블리는 생굴보다는 섬세한 고급 요리와 아주 잘 어울린다.

도멘 빌라우드 시몽사의 〈샤블리 그랑 크뤼, 레 프뢰즈〉 Chardonnay 100%.
2012년 핵안보 정상회의 청와대 만찬 선정 와인. WS 94점. 45만 원선.

◆샤블리 '프르미에 크뤼' 와인을 생산하는 유명 포도밭
· Côte de Vaulorent(꼬뜨 드 볼로랑)
· Fourchaume(푸르숌)
· Beauroy(보루아)
· Côte de Léchet(꼬뜨 드 레쉐)
· Montée de Tonnere(몽떼 드 톤네르)
· Montmains(몽맹)
· Monts de Milieu(몽 드 밀리외)
· Vaillon(바이용) 등

는 경우가 많습니다.

하지만 'Chablis Premier Cru◆(샤블리 프르미에 크뤼)'급이나 'Chablis Grand Cru(샤블리 그랑 크뤼)'급 와인의 양조과정에서는 오크통이 사용되기도 합니다. 오크통 발효와 적당기간의 오크통 숙성을 통해 부드럽고 은은한 오키(oaky) 바닐라향을 입힙니다.

Chablis(샤블리) 와인 생산자로는, 지역 최대의 생산자협동조합인 La Chablisienne(라 샤블리지엔느)를 비롯해 William Fèvre(윌리암 페브르), Domaine François Raveneau(도멘 프랑수아 라브노), J. Moreau & Fils(장 모로 에 피스), Domaine Laroche(도멘 라로슈), Jean Marc Brocard(장 마르끄 브로꺄르), Robert Vocoret(로베르 보꼬레), Louis Jadot(루이 자도), Louis Michel(루이 미셸), Joseph Drouhin(조셉 드루앵), A. Regnard & Fils(A. 레냐르 에 피스), Guy Robin(귀 로뱅), Jean Dauvissat(장 도비싸), René Dauvissat(르네 도비싸), Albert Pic & Fils(알베르 피끄 에 피스) 등이 있습니다.

많이 알려진 유명 산지는 아니지만, 샤블리 언덕의 남서쪽 아래에는 '오쎄루아(Auxerrois)'라는 와인산지가 있습니다. 여기서는 가볍게 마실 수 있는 일반급 화이트와 레드 와인이 생산됩니다.

쌩 브리(Saint-Bris) AOP로 생산되는 빌라쥬급 화이트 와인은 부르고뉴에서는 이례적으로 Sauvignon Blanc과 그 친척인 Sauvignon Gris(쏘비뇽 그리) 품종으로 만들어집니다. 부르고뉴 이랑씨(Bourgogne Irancy) AOP의 빌라쥬급 레드 와인은 Pinot Noir(삐노 누아) 품종에 Cesar(쎄자르)라는 다소 거칠고 강한 품종이 10% 내로 블렌딩됩니다.

(2) Côte d'Or(꼬뜨 도르) 지역

Côte d'Or(꼬뜨 도르)는 '황금 언덕'◆이란 뜻인데, 포도밭들이 낮은 구릉의 언덕을 따라 형성되어 가을 수확 후 포도나무의 잎들이 짙은 황금빛 장관을 이뤄서 붙여진 이름입니다(290쪽 상단 사진 참조). 보르도보다 북쪽에 위치해 평균기온은 낮지만 아침과 저녁의 기온차가 커서 포도 생육에 최적의 환경을 가지고 있습니다. 이 지역은 부르고뉴의 가장 핵심지역이라서 '소(小) 부르고뉴'라고 부르기도 하는데, 실제 규모도 작습니다.(4,500 ha)

◆ 부르고뉴 와인 산지 중 등줄기 부분에 해당하는 꼬뜨 도르는 값비싼 Pinot Noir 와인으로 돈(황금)을 많이 벌어들인다는 뜻으로 '황금언덕'이라고 부른다고도 한다. 주된 토양은 점토 석회질이다.

Côte d'Or(꼬뜨 도르) 지역은 다시 레드◆ 와인이 유명한 북쪽의 Côte de Nuits(꼬뜨 드 뉘) 소지역과 화이트◆ 와인이 더 유명한 남쪽의 Côte de Beaune(꼬뜨 드 본) 소지역으로 나뉩니다. >314쪽 상단 지도 참조

◆ 레드와 화이트 와인의 생산비율만 따지면, 꼬뜨 도르 지역 전체적으로는 80% : 20% 수준이며, 꼬뜨 드 뉘는 95% : 5%, 꼬뜨 드 본은 70% : 30%이다.

• Côte de Nuits(꼬뜨 드 뉘) 소지역

남쪽과 남동쪽 경사면으로 20km가량 길게 펼쳐져 일조량이 풍부한 천혜의 포도밭으로, Pinot Noir(삐노 누아) 품종으로 만드는 부르고뉴의 세계적인 명품 레드 와인들이 대부분 만들어지는 곳입니다. 부르고뉴 지방의 33개 그랑 크뤼 중 24개가 Côtes de Nuits(꼬뜨 드 뉘)에 있습니다.

세계에서 가장 비싼 와인인 〈Romanée-Conti(로마네 꽁띠)〉도 Côte de Nuits(꼬뜨 드 뉘)의 본 로마네 마을에서 생산됩니다.

벨벳 같은 감촉의 이 와인은 품질도 워낙 뛰어나지만 연간

엠마누엘 루제사의 본 로마네 프르미에(1er) 크뤼 AOP 와인인 〈크로 빠랑뚜〉. Pinot Noir 100%. 240만 원선. 본 로마네 와인들은 처음엔 체리나 딸기 향에서 시작해서 부드러운 치즈 향미를 거쳐 묵은지 같은 산도까지 느껴진다.

* 엠마누엘 루제는 '부르고뉴 와인의 신'이라 불리는 전설적인 와인메이커 앙리 자이에의 조카로, '신의 물방울' 제1권에 등장하는 삼촌이 만들었던 이 명품 와인을 삼촌에게서 배운 양조 기술과 물려받은 포도밭에서 만들고 있다. (332~335쪽 참조)

약 6,000병 정도만 생산되는 희소성 때문에 가격이 더 높을 수밖에 없습니다. 보르도의 그랑 크뤼 1등급 와인인 〈샤또 무똥 로췰드〉의 연간 생산량이 20만 병 정도인 것에 비추어볼 때 그 희소가치가 짐작됩니다. > 263쪽 상단 표 참조

DRC(Domaine de la Romanee Conti) 12병 세트
* DRC사는 위생을 이유로 새 오크통만을 사용한다.

로마시대부터 본 로마네 마을에 존재했던 로마네 꽁띠 포도밭은 18세기에 이미 명품 포도밭으로 알려져, 루이 15세의 총애를 받았던 뽕빠두르 부인과 루이 15세의 사촌인 꽁띠 후작 사이의 치열한 경쟁 끝에 꽁띠 후작 소유가 된 이후 '로마네 꽁띠(Romanée-Conti)'라는 이름이 붙여졌습니다. 1.81ha 규모의 이 포도밭은 현재 1942년에 설립된 도멘 들 라 로마네 꽁띠(DRC : Domaine de la Romanée-Conti)사가 단독으로 소유하면서 유기농법으로 철저하게 관리하고 있습니다. DRC사의 〈Romanée-Conti(로마네 꽁띠)〉 와인은 주변의 La Tâche(라 따슈), Richebourg(리슈부르), Romanée St. Vivant(로마네 쌩 비방), Grand-Echezeaux(그랑 에쉐조), Echezeaux(에쉐조) 등 5개 포도밭의 그랑 크뤼 와인들과 주로 세트로 생산, 판매됩니다. 한국에서는 이 그랑 크뤼 12병 세트가 7,500만 원 이상에 판매됩니다.

쥬브레 샹베르땡 마을의 〈Chambertin Clos de Bèze(샹베르땡 끌로 드 베제)〉 그랑 크뤼 AOP 와인은 나폴레옹이 탐닉했던 와인으로 유명한데, 상쾌하면서도 깊이 있고 파워풀한 장기숙성 타입의 레드 와인입니다. 나폴레옹이 영국과의 워털루 전투(1815년)에서 패한 이유도 폭우로 보급품 수송이 원활치 않아 결전 전날 이 와인이 다 떨어져 저녁 식탁에 오르지 못해 마음의 평정을 잃었기 때문이라고 합니다. 믿거나 말거나...

샴페인도 무척 즐겼다는 나폴레옹에게는 워털루 전투

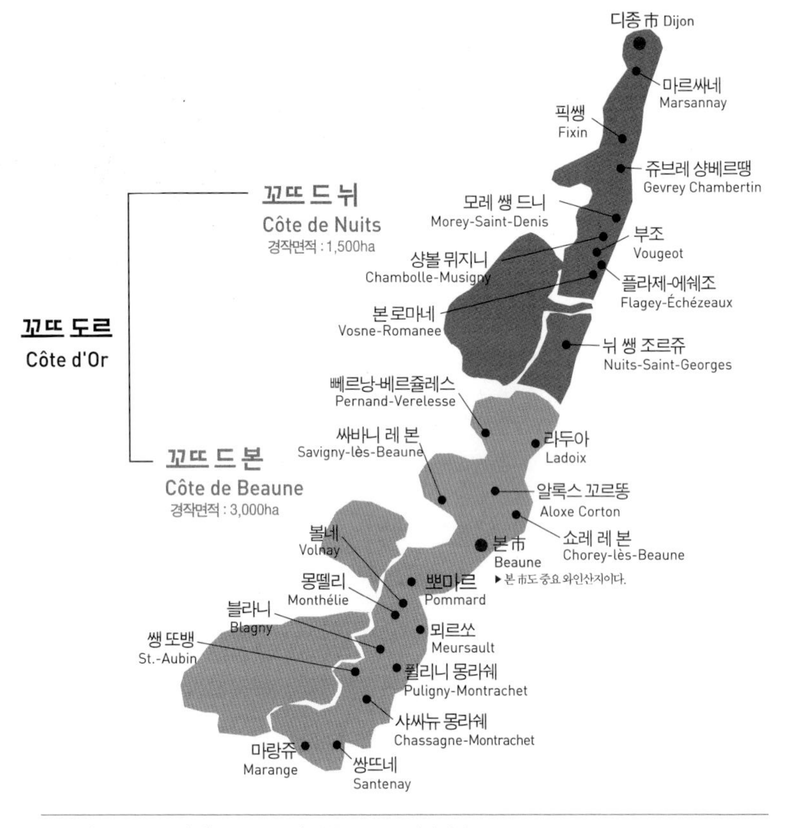

부르고뉴 꼬뜨 도르 지역(Déparments)의 주요 AOP 와인 산지

◆ 모에 & 샹동사는 나폴레옹 1세와의 인연을 기려 나폴레옹이 태어난 지 정확히 100년이 되는 해인 1869년에 '황제'를 뜻하는 〈모에 & 샹동 앵뻬리알(Möet et Chandon Impérial)〉을 출시하기도 했다.

와 관련한 또 다른 일화가 있습니다. 나폴레옹이 연전연승을 거둘 때 그는 항상 전투에 앞서 병사들을 거느리고 지인이 운영하던 모에 에 샹동(Moët et Chandon)◆ 샴페인하우스에 찾아가 칼로 〈동 뻬리뇽(Dom Pérignon)〉 샴페인 병의 목을 자르는 의식(사브라쥬, Sabrage, 69쪽 상단 사진 참조)을 치루고 출정하곤 했는데, 마지막 전투가 된 워털루 전투 때는 경황이 없어 그 의식을 생략했다가 처참한 패배를 당하고 몰락했다는 것입니다. ;;

〈모에 & 샹동 앵뻬리알 브륏〉

꼬뜨 드 뉘(Côte de Nuits) 소지역 주요 마을의 유명 AOP들 (순서는 북쪽→남쪽)

주요 마을	24개 그랑 크뤼(특등급) 포도밭	주요 프르미에 크뤼(1등급) 포도밭
Gevrey-Chambertin (쥬브레 샹베르땡)	· Chambertin(샹베르땡) · Chambertin-Clos de Bèze (샹베르땡 끌로 드 베제) · Charmes-Chambertin(샤름므 샹베르땡) · Chapelle-Chambertin(샤뻴 샹베르땡) · Latriciéres-Chambertin(라트리씨에르 샹베르땡) · Mazis-Chambertin(마지 샹베르땡) · Mazoyéres-Chambertin(마주아에르 샹베르땡) · Ruchotte-Chambertin(뤼쇼뜨 샹베르땡) · Griotte-Chambertin(그리오뜨 샹베르땡)	· Clos St.-Jacques(끌로 쌩 자끄) · Les Cazetier(레 까제띠에) · Aux Combottes(오 꽁보뜨) · Les Campeaux(레 샹뽀) · Les Goulots(레 굴로) · Le Poissenot(레 뿌아스노) · Les Corbeaux(레 코르보) · Lavaut St.-Jacques(라보 쌩 자끄) · Estournelles-St.-Jacques(에스뚜르넬 쌩 자끄) · Les Issarts(레 지싸르) · Petit Chapelle(쁘띠 샤뻴) · La Romanée(라 로마네) · Bel Air(벨 에르) 등 총 26개
Morey-St.-Denis (모레 쌩 드니)	· Clos-de-la-Roche(끌로 들 라 로슈) · Clos-Saint-Denis(끌로 쌩 드니) · Clos-de-Tart(끌로 드 따르) · Clos-des-Lambrays(끌로 데 랑브레)	· Les Ruchots(레 뤼쇼) · Les Genavriéres(레 주나브리에르) · Clos des Ormes(끌로 데 오름므) · Les Milandes(레 밀랑드) · La Riotte(라 리오뜨) 등 총 20개
	· Bonnes-Mares(본 마르)	
Chambolle-Musigny (샹볼 뮈지니)	· Musigny(뮈지니)	· Les Charmes(레 샤름므) · Les Amoureuses(레 자무뢰즈) · Les Baudes(레 보드) 등 총 24개
Vougeot (부조)	· Clos de Vougeot(끌로 드 부조)	· Clos de la Perriére(끌로 드 라 뻬리에레) · Les Cras(레 크라) 등 총 4개
Flagey-Échézeaux (플라제 에쉐조)	· Échézeaux(에쉐조) · Grands-Échézeaux(그랑 에쉐조)	· En Orveaux(엉 오르보) · Les Beaux Monts Bas(레 보 몽 바) 등 총 4개
Vosne-Romanée (본 로마네)	· Romanée-Conti(로마네 꽁띠) · La Grande-Rue(라 그랑드 뤼) · La Romanée(라 로마네) · La Tâche(라 따슈) · Richebourg(리슈부르) · Romanée-St.-Vivant(로마네 쌩 비방)	· Les Beaux-Monts(레 보 몽) · Aux Malconsorts(오 말꽁쏘르) · Clos de Reas(끌로 데 레아) · La Criox Rameau(라 크루아 라모) · Les Suchots(레 쒸쇼) · Les Brûlées(레 브륄레) 등 총 13개
Nuits-St.-Georges (뉘 쌩 조르쥬)	—	· Les St.-Georges(레 쌩 조르쥬) · Les Vaucrains(레 보크랭) · Les Porrets(레 뽀레) · Les Chaignots(레 쉐뇨) 등 총 30개

- 쥬브레 마을 바로 옆 마을이 샹베르땡이라는 유명한 그랑 크뤼 포도밭이 있는 샹베르땡 마을인데, 시너지 효과를 위해 두 마을이 합쳐져 쥬브레 샹베르땡이라는 마을이 되었다. 모레 쌩 드니, 샹볼 뮈지니, 플라제 에쉐조 마을 등도 같은 형태이다.
- Chambertin(샹베르땡) 그랑 크뤼는 종종 'Le Chambertin'으로 표기되기도 한다.
- 본 마르 포도밭은 모레 쌩 드니 마을과 샹볼 뮈지니 마을 양쪽에 걸쳐 있다. 그래서 표 형태도 좀 애매하게...
- 꼬뜨 드 뉘 소지역의 그랑 크뤼와 프르미에 크뤼 AOP는 모두 레드 와인이지만, 부조 마을과 샹볼 뮈지니 마을의 뮈지니 포도밭에서는 고급 화이트 와인도 생산된다.
- 프르미에 크뤼급이라 하더라도 쥬브레 샹베르땡의 〈Clos St.-Jacques(끌로 쌩 자끄)〉나 샹볼 뮈지니의 〈Les Amoureuses (레 자무뢰즈)〉 같은 와인들은 그랑 크뤼급 중에 다소 처지는 〈Clos de Vougeot(끌로 드 부조)〉보다 더 높은 가격에 거래된다.
- 플라제-에쉐조는 본 로마네 마을에 포함시켜 취급하는 것이 일반적이다. 그래서 플라제 에쉐조의 프르미에 크뤼 포도밭은 본 로마네 AOP 프르미에 크뤼로 생산된다. 이 두 마을의 그랑 크뤼를 가리켜 '꼬뜨 드 뉘(Côte de Nuits)라는 왕관에 박혀있는 보석'이라고 표현할 정도로 그 품질이 뛰어나다.
- 본 로마네 마을의 그랑 크뤼로 'Malconsorts(말꽁쏘르)'를 포함시키는 자료도 간혹 있으나, 이것은 이 포도밭이 La Tâche(라 따슈) 포도밭과 바로 붙어있어 생긴 오해이다. '본 로마네'라는 마을명은 로마군의 점령 흔적으로 남겨진 이름이다.

미셸 삐까르사의 〈꼬뜨 드 뉘 빌라쥬〉 AOP 와인. 11개월 오크통 (New 10%) 숙성. 2018년 3월 대북특사단과 2018년 9월 문재인 대통령의 평양 방문 첫날 만찬 건배주로도 사용되었다. 7만 원선.

그랑 크뤼나 프르미에 크뤼급은 아니지만, Côte de Nuits(꼬뜨 드 뉘) 소지역 와인의 레이블에서 자주 볼 수 있는 AOP로는, 가장 북쪽의 디종 시 바로 아래에서 레드, 화이트, 로제 와인을 모두 생산하고 있는 Marsannay(마르싸네)를 비롯해 Fixin(픽쌩), Nuits-Saint-Georges(뉘 쌩 조르쥬), Côte de Nuits-Villages(꼬뜨 드 뉘 빌라쥬) 등이 있습니다.

참고로, 2007년 10월 노무현 대통령의 방북시 김정일 국방위원장이 리셉션 건배주로 내놓은 와인이 화제가 됐었는데, Michel Picard(미셸 삐까르)사의 〈Côte de Nuits Villages(꼬뜨 드 뉘 빌라쥬)〉 AOP 와인이었습니다. AOP 품계상 그랑 크뤼나 프르미에 크뤼가 아닌 빌라쥬급 와인이었지만, 생산자의 퀄리티가 매우 뛰어난 와인으로 평가받고 있습니다.

- **Côtes de Beaune(꼬뜨 드 본) 소지역**

꼬뜨 도르(Côte d'Or) 지역의 남쪽 반을 차지하는 꼬뜨 드 본은 포도밭 규모로는 북쪽 꼬뜨 드 뉘의 두 배입니다. 화이트 와인 명산지이지만, 와인 생산량의 70%는 Pinot Noir(삐노 누아) 품종 레드 와인인데, 꼬뜨 드 뉘의 레드 와인에 비해 대체로 가벼운 스타일에 부드러운 향미를 자랑합니다.

꼬뜨 드 본에도 〈Pommard(뽀마르), 296쪽 하단 사진 설명 참조〉, 〈Aloxe Corton(알록스 꼬르똥)〉, 〈Volnay(볼네)〉 등 훌륭한 AOP 레드 와인들이 있음에도 불구하고, 이곳은 부르고뉴에서 샤블리 지역과 더불어 세계적인 명성의 Chardonnay(샤르도네) 화이트 와인의 산지로 더 유명합니다.

철분, 염분 등을 포함한 점토질과 석회질 등이 복합적으로 섞인 이곳의 토양이 Chardonnay와 좋은 케미를 이루고 있기 때문인데, 꼬뜨 드 본의 샤르도네 와인은 전 세계의 드라이 화이트 와인의 표본이자 벤치마크 대상입니다.

그 중에 Puligny-Montrachet(퓔리니 몽라쉐), Chassagne-Montrachet(샤싸뉴 몽라쉐), Aloxe-Corton(알록스 꼬르똥), Meursault(뫼르쏘) 마을의 화이트 와인이 유명합니다.

부르고뉴 최고의 생산자 중 하나인 도멘 자끄 프리외르(DJP)사의 〈몽라쉐 그랑 크뤼〉 AOP 와인. Chardonnay 100%. 150만 원선.

영국의 다이애나 전 왕세자비도 그녀의 우아한 분위기와 명성에 걸맞게 명품 Chardonnay 와인인 〈Montrachet(몽라쉐)〉 한 잔씩을 즐겼다고 하는데, 히치콕 감독과 영화배우 숀 코너리도 이 와인의 찐팬이었다고 하네요.

같은 부르고뉴 지방 내의 Chablis(샤블리) 마을에서도 똑같이 샤르도네 품종으로 화이트 와인을 만들지만, 오크통보다는 스테인리스통에서 발효 및 숙성을 시키는 경우가 더 많은 데 비해, Côtes de Beaune(꼬뜨 드 본)에서는 대부분 오크통에서 발효와 숙성을 시킵니다(Oaky white). 스테인리스 스틸 탱크에서 숙성된 샤르도네 와인은 내추럴한 과일 향과 미네랄, 신선한 산미(acidity, 신맛)가 살아있는 장점이 있고, 오크통에서 만들어진 와인은 맛의 깊이가 더 느껴지고 버터, 바닐라, 구운 빵 냄새가 배어 있습니다.

샤블리의 샤르도네 와인은 감귤류, 푸른 사과의 향미가 더 느껴지고, 꼬뜨 드 본의 샤르도네 와인은 복숭아, 살구, 멜론 향미가 강합니다. 또 이에 비해 캘리포니아나 호주 등 일조량이 풍부한 신세계의 샤르도네 와인들은 잘 익은 열대 과일의 풍미가 더 느껴집니다. 특히 오크 숙성시킨 신세계 Chardonnay 와인 중 프렌치 오크가 아닌 아메리칸 오크를 많이 사용한 경우 바닐라 풍미는 강하지만 너무 인위적인 느낌이 거부감을 주기도 합니다.

Meursault(뫼르쏘) 와인은 부르고뉴 화이트 와인 중 오키 바닐라와 너트 향이 가장 강한데, 이에 비해 단단한 바디감에 우아하고 섬세한 풍미의 Montrachet 와인은 '화이트 와인의 귀족'이라 불리는 명품 와인으로, 17세기에 이미 프랑스 궁정에서 사랑받던 와인입니다. 퓔리니 몽라쉐와 샤싸뉴 몽라쉐 두 마을에 5가지의 그랑 크뤼가 있는데, 최고로 꼽히는 〈Montrachet(몽라쉐)〉를 비롯해서 〈Chevalier-Montrachet(슈발리에 몽라쉐)〉◆, 〈Bienvenue-Bâtard-Montrachet(비엥브뉘 바따르 몽라쉐)〉◆, 〈Bâtard-Montrachet(바따르 몽라쉐)〉◆, 〈Criots-Bâtard-Montrachet(크리오 바따르 몽라쉐)〉가 그 와인들입니다.

부르고뉴 최고로 꼽히는
도멘 꼬쉬 뒤리사의 뫼르쏘 와인

◆ 〈슈발리에 몽라쉐〉는 구조감이 뛰어나고, 〈비엥브뉘 바따르 몽라쉐〉는 풍만한 느낌이 강점이고, 〈바따르 몽라쉐〉는 매혹적인 향이 특징이다.

1962년 파리와 프랑스 제2의 도시 리옹 간의 고속도로 건설 당시 이 포도밭들을 보호하고 우회하기 위해 한화로 1,600억 원이 넘는 추가 예산이 편성되었다고 합니다. 소설 《삼총사》의 작가 뒤마는 "몽라쉐 와인을 마실 때는 모자를 벗고 무릎을 꿇고 마셔야 한다. 고딕 성당에 울려퍼지는 장엄한파이프 오르간 소리와 같은 느낌이다."라고 했다는데, "몽라쉐는 화이트 와인이 아니고 그냥 '몽라쉐'라고 말할 수밖에 없다"는 칭송도 따라 다닙니다.

앞에서 언급한 특등급 그랑 크뤼(Grand Cru) AOP 와인인 〈몽라쉐(Montrachet)〉는 퓔리니 몽라쉐와 샤싸뉴 몽라쉐 마을에서 생산되는데, 이들 마을이름이 AOP로 사용된 빌라쥬급 와인과 〈몽라쉐(Montrachet)〉 그랑 크뤼 AOP 와인과는 품질과 가격에 많은 차이가 있습니다. 이 차이는 양조방법이나 숙성기간 등에 의한 것보다는, 포도밭의 토양과 경사도,

꼬뜨 드 본(Côte de Beaune) 소지역 주요 마을의 유명 AOP들 (순서는 북쪽→남쪽)

<table>
<tr><th>주요 마을</th><th>8개 그랑 크뤼(특등급) 포도밭</th><th>주요 프르미에 크뤼(1등급) 포도밭</th></tr>
<tr><td>Savigny - lès Beaune
(싸비니 레 본)</td><td>—</td><td>· Les Vergelesses(레 베르쥴레스) · Les Lavières(레 라비에르)
· La Dominode(라 도미노드) · Aux Guettes(오 게뜨) 등 총 20개</td></tr>
<tr><td>Aloxe-Corton
(알록스 꼬르똥)</td><td>· Corton-Charlemagne
(꼬르똥 샤를마뉴)
· Chartemagne(샤를마뉴)
· Corton(꼬르똥)</td><td>· Les Fournières(레 푸르니에르) · Les Valozières(레 발로지에르)
· Clos du Chapitre(끌로 뒤 샤삐트르) · Les Marèchaudes(레 마레쇼드)
· Les Chaillots(레 샤이오) · Les Guérets(레 게레) 등 총 14개</td></tr>
<tr><td>Beaune(본)</td><td>—</td><td>· Clos des Mouches(끌로 데 무슈) · Clos des Mouches(끌로 데 무슈)
· Les Marconnets(레 마르꼬네) · Les Bressandes(레 브레쌍드)
· Les Grèves(레 그레브) · Les Fèves(레 페브) 등 총 42개</td></tr>
<tr><td>Pommard(뽀마르)</td><td>—</td><td>· Les Rugiens-Bas(레 뤼지앙 바) · Les Rugiens-Haut
· Les Grands-Epenots(레 그랑 제쁘노) · Les Petits-Epenots
· Clos des Epeneaux(끌로 데 제쁘노) · Les Charmots(레 샤르모)
· Les Boucherottes(레 부슈로뜨) · La Chanière(레 샤니에르)
· Les Arvelets(레 자르블레) · Les Sausilles(레 쏘시유) 등 총 28개</td></tr>
<tr><td>Volnay(볼네)</td><td>—</td><td>· Les Caillerets(레 까이예레) · Taillepieds(따이으삐에)
· Clos des Chênes(끌로 데 쉔느) · Santenots(쌍뜨노) 등 총 38개</td></tr>
<tr><td>Mersault(뫼르쏘)</td><td>—</td><td>· Blagny(블라니) · Les Charmes(레 샤름므)
· Les Genevrières(레 즈느브리에르) · Les Perrières(레 뻬리에르)
· La Goutte d'Or(라 구뜨 도르) · Le Poruzots(르 뽀뤼조) 등 총 17개</td></tr>
<tr><td rowspan="2">Puligny - Montrachet
(퓔리니 몽라쉐)</td><td>· Chevalier-Montrachet
(슈발리에 몽라쉐)
· Bienvenue-Bâtard-Montrachet
(비엥브뉘 바따르 몽라쉐)</td><td rowspan="2">· Les Chalumeaux(레 샬루모) · Champ Canet(샹 까네)
· Les Combettes(레 꽁베뜨) · Le Cailleret(르 까이예레)
· Les Pucelles(레 퓌쎌) · Les Folatières(레 폴라띠에르)
· Les Champ Gains(레 샹 겡) · Clavoillons(끌라바이용)
· Les Referts(레 르페르) 등 총 16개</td></tr>
<tr><td rowspan="2">· Montrachet (몽라쉐)
· Bâtard-Montrachet
(바따르 몽라쉐)</td></tr>
<tr><td rowspan="2">Chassagne - Montrachet
(샤싸뉴 몽라쉐)</td><td rowspan="2">· La Grande Montagne(라 그랑드 몽따뉴)
· Les Ruchottes(레 뤼쇼뜨) · Bois de Chassagne(부아드 드 샤싸뉴)
· Les Chaumées(레 쇼메) · Morgeot(모르조) 등 총 29개</td></tr>
<tr><td>· Criots-Bâtard-Montrachet
(크리오 바따르 몽라쉐)</td></tr>
<tr><td>St.- Aubin(쌩 또뱅)</td><td>—</td><td>· Le Charmois(르 샤르무아) · Sur Gamay(쒸르 가메) 등 총 15개</td></tr>
<tr><td>Santenay(쌍뜨네)</td><td>—</td><td>· Clos Tavannes(끌로 따반느) · Passetemps(빠스땅) 등 총 13개</td></tr>
</table>

- 알록스-꼬르똥의 레드 와인은 말린 장미향이 특징이다. 꼬르똥은 부르고뉴 그랑크뤼 레드 와인의 최대 생산지로 전체의 25%를 차지한다.
- 프르미에 크뤼급이라 하더라도 뽀마르의 〈Les Rugiens(레 뤼지앙)〉이나 뫼르쏘의 〈Les Perrières(레 뻬리에르)〉 같은 와인은 그랑 크뤼급 중에 다소 처지는 〈Corton(꼬르똥)〉보다 더 높은 가격에 거래된다.
- 퓔리니 몽라쉐 마을의 원래 이름은 '퓔리니'였는데, 마을내의 유명 포도밭 이름을 같이 붙여 개명한 것이다. 샤싸뉴 몽라쉐 마을의 이름도 같은 식인데, 와인 마을이라는 홍보효과를 위해 1800년대에 이미 그리 한 것이다.
- 몽라쉐와 바따르 몽라쉐 포도밭은 퓔리니 몽라쉐 마을과 샤싸뉴 몽라쉐 마을 양쪽에 걸쳐있다.
- 레드 와인 생산지인 뽀마르와 볼네는 특등급 포도밭(그랑 크뤼)은 없지만, 우수한 1등급 포도밭(프르미에 크뤼)들을 가지고 있다. 볼네(Volnay)는 향이 좋은 우아한 스타일과 분명하고 파워풀한 스타일 두 가지가 같이 생산되는데, 합리적인 가격에 부르고뉴 레드 와인을 맛볼 수 있는 최적의 선택이다.

- 최고급 화이트 와인 〈Corton-Charlemagne(꼬르똥 샤를마뉴)〉는 이름에서도 알 수 있듯이 샤를마뉴 대제(大帝)가 즐겼던 와인이다. 샤를 마뉴는 원래 레드 와인을 즐겼는데, 나이가 들면서 그의 길고 흰 수염에 자꾸 레드 와인의 붉은색이 묻어나자 왕비가 화이트 와인을 적극 권한 것이라고 한다. 샤를 마뉴가 앞으로는 화이트 와인만을 만들라고 엄명을 내리자, 와인 생산자들은 그에 걸맞는 명품 화이트 와인을 만들어내게 된 것이다.

 어떤 자료에는 Charlemagne(샤를마뉴) AOP가 Corton-Charlemagne(꼬르똥 샤를마뉴) AOP에 합쳐졌다고 되어 있으나 사실은 그렇지는 않다. 이 두 가지 AOP를 모두 사용할 수 있는 화이트 와인 생산자들이 Corton-Charlemagne AOP를 주로 생산하다 보니 그런 오해가 생겼다. 원래 면적이 작은 Charlemagne(샤를마뉴) AOP는 최근 들어 생산량이 연간 1,000병 미만으로 줄었다.

샤를마뉴(샤를 대제)

 꼬뜨 드 뉘 지역과 가까운 Corton(꼬르똥)은 꼬뜨 드 본 지역의 Grand Cru(그랑 크뤼, 특등급 포도밭) 중에 유일한 레드 와인 AOP로, 깊이 있고 부드러운 맛이 일품이다. 그런데 레이블에서 Corton Grand Cru가 아닌 Corton Clos du Roi Grand Cru 등과 같은 AOP 표기를 간혹 보게 되는데, 이것은 이 지역이 워낙 크다 보니, Corton AOP와 함께 그 안에 포함된 개별 포도밭(climat) 명칭을 같이 써도 된다는 허가를 받았기 때문이다(허가라기보다는 규정에 가깝다). 이런 개별 포도밭 명칭은 Clos du Roi(끌로 뒤 루아), Bressandes(브레쌍드), Renardes(르나르드), Maréchaude(마레쇼드), Les Moutottes(레 무또뜨) 등 총 28개가 있다. 이 중 두 곳 이상의 포도밭에서 수확된 포도로 블랜딩된 와인은 Corton Grand Cru라고만 표시된다. 이래서 Corton(꼬르똥)이 부르고뉴에서 가장 큰 Grand Cru란 말을 듣는 것 같다. Corton AOP는 알록스 꼬르똥, 뻬르낭 베르쥴레스, 라두아(La doix) 세 마을이 함께 연결된 언덕 기슭에 퍼져있다. 또 Corton에서는 비록 소량(약 5%)이지만, 그랑 크뤼 화이트 와인도 생산된다.

방향 등에 따른 차이가 크다고 봐야 합니다. 그런데 그 포도밭을 여러 생산자가 소유하고 있는 경우가 많으므로, 같은 〈몽라쉐〉 그랑 크뤼 AOP 와인을 여러 회사(도멘, 네고시앙)에서 만들어내고 있는 것이고, 그 과정에서 또 다른 맛의 차이가 생길 여지도 분명히 있습니다. 이런 것들을 복잡하다고만 생각한다면 머리만 아플 뿐이고, 이런 미묘한 차이를 알아가는 것이 즐거움으로 여겨진다면 서서히 와인 매니아가 되어 가는 겁니다.

319쪽 표에 나와 있는 그랑 크뤼(특등급)과 프르미에 크뤼(1등급) AOP 외에 Côte de Beaune(꼬뜨 드 본) 소지역 와인의 레이블에서 자주 볼 수 있는 AOP로는, Pernand-Vergelesses(뻬르낭 베르쥴레스), Ladoix(라두아), Côte de Beaune-Villages(꼬뜨 드 본 빌라쥬), Bourgogne Hautes Côtes de Beaune(부르고뉴 오뜨 꼬뜨 드 본), Chorey-lès-Beaune(쇼레 레 본), Monthélie(몽뗄리), Saint-Aubin(쌩 또뱅), Santenay(쌍뜨네), Marange(마랑쥬) 등이 있습니다.

오스피스 드 본(Hospices de Beaune) 와인 경매

본(Beaune)은 부르고뉴 와인 거래의 메카이다. 마을의 지하에는 지하도가 많이 만들어져 있고, 와인들이 저장되어 있다. 본의 중앙광장에 있는 가장 웅장한 건물이 바로 자선병원이었던 오스피스 드 본(Hospices de Beaune)으로, 인근 성당의 수녀들이 병들고 가난한 환자들을 돌보던 곳이다. 이곳에서 매년 11월 셋째 주 일요일에 부르고뉴 와인 경매가 개최된다. 본(Beaune) 자체도 프르미에 포도밭이 많이 있는 유명 산지이지만, 이 경매에는 부르고뉴의 다양한 와인들이 집결되어 축제를 벌인다.
이곳의 와인경매축제는 '영광의 3일(Les Trois Glorieuses)'이라고 불리며 사흘간 이어진다. 첫째 날은 경매 하루 전인 토요일 저녁으로, 유서 깊은 수도원 건물이었던 끌로 드 부조(Clos de Vougeot) 성에서 포도재배자와 양조가들로 구성된 500명의 따스뜨뱅 기사단(Chevaliers du Tastevin)이 수여식과 만찬을 즐긴다. 둘째 날은, 오스피스 드 본에서 열리는 와인자선경매이다. 2005년부터는 크리스티가 경매 대행을 하면서 네고시앙에게만 오크통 단위로 입찰하던 방식에 일반인들을 위한 병 단위 입찰 방식을 추가하였다. 1976년까지는 꼬뜨 드 본의 레드 와인과 화이트 와인만이 출품되었으나 1977년 마지 샹베르땡(Mazis Chambertin) 포도원의 와인도 기부되면서 꼬뜨 드 뉘 와인도 경매 리스트에 추가되었다. 경매가 시작되기 전에 100여 종의 와인들을 테이스팅 하는 시간도 따로 마련된다. 또 이날 밤에는 60헥타르(약 18만평)에 이르는 오스피스 드 본 소유 포도밭에서 생산되는 프르미에 크뤼와 그랑 크뤼 와인 등이 1품목당 3개의 촛불이 다 타기 전에 낙찰되게 하는 촛불경매 행사가 진행되는데, 이 결과는 다음 해 부르고뉴 와인의 가격 결정에 큰 영향을 미친다. 경매축제가 끝나면 셋째날인 월요일에는, 뫼르쏘(Mersault) 성에서 대규모의 점심 만찬이 열린다. 포도원 주인과 수확한 이들이 모여 함께 식사를 하면서 수확을 자축했던 축제를 부활시킨 것으로, 참석자들은 각자 자기가 생산한 와인을 가져와 식사와 함께 와인을 즐긴다. 또 이 자리에서는 그 해의 문학상을 선정해 수상을 하는데, 수상자에게는 뫼르쏘 와인 100병이 상으로 주어진다.
오스피스 드 본의 유래는 다음과 같다. 100년 전쟁이 끝나고도 지역 간의 잦은 전쟁으로 환자와 빈민들이 늘어나자, 부르고뉴 공국의 니꼴라 롤랭 공작 부부는 1443년 이들을 무상으로 치료해줄 병원인 오스피스 드 본을 설립했다. 하지만 수많은 환자들로 인해 재정이 어려워지자, 부르고뉴의 지주들이 성금과 포도밭을 기부해 힘을 보탰다. 1859년부터는 이 포도밭들에서 생산된 와인들의 경매를 통해 병원의 운영자금을 마련하기 시작했다. 1971년 최신식 병원이 지어지면서 본래의 건물은 박물관이 되었지만, 재단의 경매 수익금은 포도밭과 박물관 관리비용, 병원 시설 확충, 불우아동과 노인들의 복지 등 공공의 이익에 사용되고 있다. 매년 1,300만 유로 이상의 경매 판매액을 기록하는 오스피스 드 본 경매는 현재 세계에서 가장 큰 자선 와인경매행사로, 그 해의 포도농사를 하늘에 감사드리고 와인 생산자들간의 유대를 다지면서 부르고뉴 와인의 명성과 위상을 높이는 역할도 하고 있다. 아울러 와인 애호가들에게는 이 경매 축제에 참가해보는 것이 일종의 로망이기도 하다.

(3) Côtes Chalonnaise(꼬뜨 샬로네즈) 지역

넓은 초원지대인 꼬뜨 샬로네즈 지역은 부르고뉴에서 가장 덜 알려진 와인산지로, 섬세한 복합미나 바디감이 뛰어나진 않고 생산량도 가장 적지만 밸런스 좋고 가성비 높은 와인들이 생산되고 있습니다.

대표할 만한 AOP로는, 레드 와인으로 유명한 〈Mercurey(메르뀌레이)〉 〈Givry(지브리)〉, 화이트 와인인 〈Montagny(몽따니)〉 〈Bouzeron(부제롱)〉◆, 레드, 화이트, 스파클링(Crémant de Bourgogne) 와인을 모두 생산하는 〈Rully(뤼이)〉가 있습니다.

◆ 샤르도네 품종 화이트 와인을 만드는 Montagny(몽따니)나 Rully(뤼이)와는 달리 Bouzeron(부제롱)은 마을 단위 AOP가 부여된 유일한 알리고떼(Aligoté) 품종 화이트 와인 산지이다. (299쪽 참조)

다른 유명 부르고뉴 와인들에 비해 품질은 크게 뒤지지 않으면서, 지명도가 낮아 가격은 저렴한 편인 꼬뜨 샬로네즈의 레드(60%)와 화이트(40%) 와인들을 찾아 즐겨보는 것도 알뜰한 선택이 될 수 있습니다.

페블레사의 메르뀌레이 프르미에(1er) 크뤼 "끌로 뒤 루아(Clos du Roy)" 와인. 8만 원선.

* 이웃 마을인 Givry(지브리)와 함께 철 성분이 많은 붉은 토양인 Mercurey(메르뀌레이)에서는 무겁고 타닌이 강한 와인들도 만들어지는데, 이곳은 꼬뜨 샬로네즈에서 프르미에 크뤼의 비중이 높은 가장 유명한 산지이다. 네고시앙인 페블레(Faiveley)는 이곳의 가장 큰 생산자이다.

(4) Mâconnais(마꼬네) 지역

부르고뉴 와인 산지들은 대부분 연교차가 심한 대륙성 기후인데 비해, 가장 남쪽이자 론 지방과 접하고 있는 마꼬네 지역은 다른 산지들에 비해 상대적으로 온화하고 따뜻한 지중해성 기후를 보입니다. 마꼬네에서는 화이트, 레드, 로제 와인이 모두 생산되지만 샤르도네 화이트 와인의 비율이 매우 높습니다.

근대적인 양조시설을 갖춘 협동조합에서 주로 생산되는 마꼬네 화이트 와인은 부르고뉴 지방 최대 생산량을 자랑하는데, 오크 숙성을 시키지 않아 잘 익은 과일의 부드러운 풍미가 돋보이는 마시기 편한 스타일의 와인들이 주류를 이룹니다.

이곳의 대표적인 AOP 와인으로는 〈Pouilly-Fuissé(뿌이 퓌세)〉 〈Pouilly-Vinzelles(뿌이 뱅젤)〉 〈Pouilly-Loché(뿌이 로셰)〉 〈Saint-Véran(쌩 베랑)〉 〈Mâcon(마꽁)〉◆ 〈Mâcon-Villages(마꽁 빌라쥬)〉◆ 등이 있습니다.

이 중에서도 〈Pouilly-Fuissé(뿌이 퓌쎄)〉 〈Saint-Véran(쌩 베랑)〉◆ 등은 Chablis(샤블리)나 Côtes de Beaune(꼬뜨 드 본) 지역 화이트 와인들과 비교해 깊이와 복합미는 덜 하지만, 나름 매력적인 부르고뉴 Chardonnay◆ 와인들로, 대개 오크통 숙성을 시키지 않아 잘 익은 과일 풍미가 느껴집니다.

처음엔 파란 사과와 꽃 향이 나지만 공기와 접할

◆ 〈마꽁〉 레드 와인은 Gamay(가메) 품종으로 만들어진다. 근래 들어 이 지역 와인들은 해외 마케팅을 위해 레이블에 포도품종을 표기하기 시작했는데, 삐노 누아로 만드는 양질의 레드 와인도 점차 늘고 있다.
◆ 알맞은 바디감과 부드러운 과일 풍미가 느껴지는 〈마꽁 빌라쥬〉는 레스토랑의 '하우스 와인'으로 많이 선택받는 화이트 와인으로도 유명하다. 꽤 비싼 〈뿌이 퓌세〉보다는 훨씬 저렴하면서도 가격 대비 품질이 매우 뛰어나기 때문이다.

◆ Saint-Véran은 마을 및 지역 명칭 AOP로, Saint-Vérand(쌩 베랑) 마을 이름과의 혼동을 피하기 위해, 발음은 같아도 'd'를 뺀 Saint-Véran을 AOP명으로 사용하고 있다.

◆ 마꼬네 지역에는 '샤르도네'라는 이름의 마을이 있는데, 포도품종 Chardonnay(샤르도네)는 그 마을 이름에서 유래된 것이라고.

영화 '미녀는 괴로워'에도 등장했던 루이 막스사의 〈뿌이 퓌쎄〉 AOP 와인. Chardonnay 100%. 7만 원선.

수록 헤이즐넛과 구운 아몬드 향이 풍부해지는 〈Pouilly-Fuissé(뿌이 퓌쎄)◆〉는 오래전부터 미국에서 인기를 끌면서 그 명성이 꽤나 높은 화이트 와인입니다. 국내에는 친환경 농법으로 유명한 Louis Latour(루이 라뚜르)사의 〈Pouilly-Fuissé(뿌이 퓌쎄)〉 와인이 많이 알려져 있습니다.

◆ 부르고뉴 지방의 마꼬네 지역에서 샤르도네 품종으로 만드는 〈뿌이 퓌쎄〉 화이트 와인은, 루아르 지방에서 쏘비뇽 블랑 품종으로 만드는 〈뿌이 퓌메(Pouilly-Fumé)〉 화이트 와인(377쪽 참조)과 이름이 비슷해서 간혹 혼동되기도 한다. 백도, 파인애플 등의 과일과 흰꽃, 미네랄 터치에 오크 숙성에 따른 버터 바른 브리오슈 풍미가 곁들여지고, 자몽의 피니쉬감도 느껴진다. 또 〈뿌이 퓌쎄〉의 독특한 향은 빙하시대에 대량으로 묻힌 말뼈가 그 향의 원인이라고 한다. 〈뿌이 뱅 젤〉과 〈뿌이 로셰〉는 그 동생들격이라고 볼 수 있다.

Chardonnay(샤르도네) 품종으로 만드는 부르고뉴 화이트 와인의 대표 산지 삼인방인 샤블리, 꼬뜨 드 본, 마꼬네 지역은 나름 차별화된 스타일의 화이트 와인을 생산합니다. 이것은 지역적인 떼루아와 양조방법의 차이에서 비롯되는데, 상대적으로 서늘한 북쪽의 샤블리(Chablis) 와인은 미네랄, 산도, 짠맛이 더 많이 느껴지고, 가장 남쪽의 지중해성 기후인 마꼬네(Mâconnais) 와인은 잘 익은 과일 풍미가 부드럽게 다가옵니다. 다른 측면에서 보면 샤블리와 마꼬네에서는 발효와 숙성을 주로 스테인리스 스틸 탱크에서 시키는 반면, 중간 지역인 꼬뜨 드 본(Côtes de Beaune)에서는 수확된 포도의 상당 부분을 작은 오크통에서 발효시킨 후 오크통 숙성을 거칩니다. 오크통 발효◆는 발효가 서서히 진행되어 포도와 오크통의 다양한 성분들을 충분히 우려낼 수 있기 때문에 복합적인 풍미와 바디감이 생기는 장점이 있고, 스테인리스 스틸 탱크 발효는 포도 자체의 아로마를 잃지 않게 가둬놓을 수 있으며 온도조절이 용이해 산뜻한 과일 향이 살아있는 섬세한 와인을 만들 수 있습니다.

◆ 오크통 숙성과는 달리, 발효를 오크통에서 한다고 해서 오크 풍미가 와인에 강하게 배이지는 않는다.

부르고뉴 와인 레이블 읽기

❶ 해당 포도밭의 AOP명이자 와인의 이름(종류) : Saint-Vivan(쌩 비방) 수도원의 이름에서 유래된 본 로마네 마을의 포도밭(Cru) 이름

❷ AOP(AOC) 표시 : 그랑 크뤼급 와인이기 때문에 포도밭 이름(Romanée Saint-Vivant)이 AOP에 표시된 형태

❸ '특등급 포도밭(Grand cru, 그랑 크뤼)'이라는 표시

❹ 부르고뉴 지방의 '훌륭한 와인(Grand Vin, 그랑 뱅)'이라는 뜻이지만 법적인 의미는 없다.

❺ Jean-Jacques Confuron(장 자끄 꽁뛰롱)이라는 Domaine(도멘, 와이너리)에서 직접 병입을 했다는 뜻

● **Vieilles Vignes**(비에이유 비뉴)

영어로는 Old Vines이고, 이탈리아어로는 Vecchio Vigne(베끼오 비네), 스페인어로는 Vinas Viejas(비냐스 비에하스), 독일어로는 Alte Reben(알테 레벤). 직역하면 '수령이 오래된 포도나무들'이란 뜻이지만, '수령이 오래된 포도나무에서 수확한 포도로 만든 고급 와인'으로 이해하시면 됩니다. 나라별로 법적 기준은 없지만 프랑스의 경우 보통 수령 60년 이상인 경우에 사용합니다.

● **프랑스 와인 이름에 많이 붙는 'Clos'의 뜻**

Clos(끌로)는 부르고뉴 지방에서 꽤 많이 사용되는 용어로, '울타리가 쳐진 포도밭'이라는 뜻입니다. 주로 수도원에서 포도재배와 와인양조를 하던 시절, 밭의 경계를 나타내기 위해 돌담을 쌓았는데, 이것이 지금도 와인이나 생산자 이름에 남아 있는 것입니다. 이렇듯 AOP명으로 와인의 이름을 겸하고 있는 부르고뉴의 포도밭 이름들

루이 라뚜르사의 마르싸네 AOP 레드 와인. 마르싸네(Marsannay)는 부르고뉴의 가장 북쪽 산지에 해당하는 마을로 유일하게 레드, 화이트, 로제 와인이 모두 생산된다. 55,000원선.

중에는 중세 수도원 시절부터 내려오는 것들이 많습니다. 샤를마뉴 대제를 위해 와인을 만들었다는 Corton-Charlemagne(꼬르똥 샤를마뉴), 왕의 포도밭이라는 뜻의 Clos du Roi(끌로 뒤 루아), 공작의 포도밭이라는 뜻의 Clos Prieur(끌로 프리외르) 등이 그러한 예입니다.

● 부르고뉴 와인 레이블의 생산자 이름에 있는 'Père & Fils'의 뜻

Père(뻬르)는 '아버지'이고, Fils(피스)는 '아들'이라는 뜻입니다. 또 프랑스어로 &(and)는 et(에)이므로 완전 프랑스어식으로 'Père et Fils(뻬르 에 피스)'라고도 표기합니다.

이런 형태의 이름을 가진 유명 Négociant(네고시앙)으로는 Bouchard Père & Fils(부샤르 뻬르&피스), Chanson Père & Fils(샹송 뻬르&피스), Lucien Muzard & Fils(뤼씨엥 뮈자르&피스) 등이 있습니다.

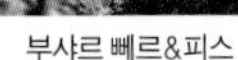
부샤르 뻬르&피스

● 네고시앙 vs 도멘 vs 메종

부르고뉴는 한 포도밭(Cru, 크뤼)이 다시 작은 단위(Climat, 끌리마)로 구획이 세분화됩니다. 이것은 한 포도밭 내에서도 다른 떼루아가 나타나기 때문이기도 하지만, 프랑스혁명 당시 혁명군이 귀족이나 수도원의 포도밭을 몰수해 농민들에게 작은 구획들로 잘라서 팔았고, 이후 나폴레옹때 자식들에게 균등 상속되는 법이 생겨 포도밭들이 더 작게 쪼개졌기 때문입니다. 그러니 부르고뉴 와인이 복잡하고 어렵게 느껴진다면 저 말고 나폴레옹을 원망해야 합니다.

아무튼 그런저런 이유로 부르고뉴에서는 하나의 생산자가 큰 포도

도멘 들 라 부즈레의 Voogeot 1er Cru
'끌로 블랑 드 부조' 모노폴

밭을 단독으로 소유하는 경우가 드문데(약 200개), 그런 포도밭들을 '모노폴(Monopoles)'이라 하며, 로마네 꽁띠 포도밭이 대표적인 예입니다.

웬만한 규모의 포도밭은 소유자가 여러 명인 경우가 많은데, 면적이 50헥타르(약 15만 평)로 그랑 크뤼(특등급) 포도밭 중 가장 큰 규모인 Clos de Vougeot(끌로 드 부조)◆의 경우, 107개의 구획으로 나뉘어져 있고 소유주는 80명이 넘습니다. 각 소유주는 포도수확과 양조방식 등을 각자 알아서 결정합니다. 따라서 같은 Clos de Vougeot AOP 와인이라도 생산자(회사)에 따라 그 스타일과 품질에 차이가 있을 수 있습니다.

◆ 〈끌로 드 부조〉는 현재 〈샹베르땡〉이나 〈로마네 꽁띠〉보다 지명도는 낮지만, 오래전부터 부르고뉴 3대 레드 와인으로 명성을 누려왔다. 현재는 분할 소유한 생산자별로 품질에 기복이 있는 게 흠이라면 흠이다.

부르고뉴에는 독자적인 양조시설을 갖추지 못한 영세한 소규모 생산자들이 많습니다. 그렇다 보니 중간 유통 역할의 네고시앙(Négociant)들은 소규모 생산자의 와인을 사서 자기 브랜드로 판매만 하는 것이 아니고, 여러 포도밭의 포도를 사들여 직접 와인을 양조해 판매하기도 합니다. 그중 자체 포도밭을 소유하면서 포도재배, 양조, 블렌딩, 병입, 판매까지 하는 대규모 네고시앙을 '메종(Maison)'이라고 부르기도 합니다. 부르고뉴 와인생산량의 80%를 이런저런 형태의 110여 개 네고시앙 회사들이 담당합니다.

그 외에 부르고뉴 생산자 중에는 포도재배와 와인양조를 겸하는 '도멘(Domaine)'◆이라는 형태가 있습니다. 사전적인 의미로는 '소유' '땅'이라는 뜻인데, 자기 포도밭에서 와인을 만들어 직접 병입하고 자기 브랜드로 유통시키는 소규모의 전문 생산자들을 말합니다.

◆ 보르도의 '샤또(246쪽 참조)'는 건물을 둘러싼 포도밭으로 구성된 단독 양조장인데 비해, 부르고뉴의 '도멘'은 한 사람이나 단체가 소유한 포도밭 구획들의 집합이다. 대게 이들 구획은 여러 마을과 산지 전역에 흩어져 있으며, 도멘은 구획마다 와인을 따로 만든다.

이 경우 당연히 퀄리티가 높을 수 밖에 없겠지요. 이런 특성 때문에 '도멘(Domaine)'에서 직접 생산한 와인은 맛의 농축미가 뛰어나고 토양 고유의 맛이 잘 배어 있는데 비해, 네고시앙(Négociant)이나 조합에서 만든 와인은 품질차이는 크지 않지만, 그러한 개성은 상대적으로 덜 하다고 볼 수 있습니다. 물론 꼭 그렇지만은 않지만...

부르고뉴 와인을 이해하고 구분하려면, 주요 마을명과 그 곳의 유명 포도밭명들을 어느 정도 기억하는 것이 좋겠습니다. > 315쪽, 319쪽 표 참조

예를 들면, 꼬뜨 도르 지역 내에 Gevrey-Chambertin(쥬브레 샹베르땡)이라는 유명한 마을이 있는데, 이 이름으로 AOP가 표기되어 있으면, 마을 단위 AOP의 빌라쥬급 와인인 것이고, 'Chambertin(샹베르땡)' 혹은 'Le Chambertin(르 샹베르땡)'이란 AOP가 표기되어 있으면 Gevrey-Chambertin(쥬브레 샹베르땡) 마을의 Chambertin(샹베르땡)이라는 최고의 포도밭에서 만들어진 그랑 크뤼(특등급) AOP 와인입니다. 또 같은 마을 안에 Chambertin Clos-de Bèze(샹베르땡 끌로 드 베제)나 Charmes-Chambertin(샤름므 샹베르땡)이라는 이름의 그랑 크뤼 포도밭들도 있고, 그 다음 급인 Clos St.-Jacques(끌로 쎙 자끄) 같은 프르미에(1er) 크뤼 포도밭도 있습니다. 그리고 이런 와인들을 한 생산자만 만드는 것이 아니고, Domaine Bruno(도멘 브루노), Armand Rousseau(아르망 루쏘), Louis Jadot(루이 자도) 등 해당 포도밭을 가지고 있는 여러 생산자들이 만들고 있다는 것을 알고 있으면 됩니다.

나폴레옹이 가장 사랑한 와인으로 쥬브레 샹베르땡 마을에서 7대째 가족경영을 이어왔으며, 바이오다이나믹 농법의 선구자로 샹베르땡 와인의 명성에도 큰 기여를 한 도멘 트라뻬 뻬르 & 피스사의 샤펠 샹베르땡 그랑 크뤼 와인.

참 어려운 건, 같은 이름(AOP)을 가진 같은 포도밭의

포도로 만든 와인이라도 생산자에 따라 가격이 다르고, 심지어 빌라쥬급인 Gevrey-Chambertin(쥬브레 샹베르땡) AOP 와인 중 유명 도멘이 만든 와인은, 지명도가 떨어지는 생산자가 만든 프르미에 크뤼 와인보다 비싸기도 합니다.

그런데 이 〈Gevrey Chambertin(쥬브레 샹베르땡)〉이라는 와인을 이 지방 최고의 네고시앙인 Joseph Drouhin(조셉 드루앵)에서도 만들고, Chanson Père & Fils(샹송 뻬르&피스)라는 유서 깊은 네고시앙에서도 만들고 또 다른 네고시앙들도 만든다는 것입니다. 〈Clos de Vougeot(끌로 드 부조)〉 와인도 마찬가지입니다. Leroy(르루아), Louis Jadot(루이 자도), Faiveley(페블레), DJP(도멘 자끄 프리외르) 등 많은 생산자들이 〈Clos de Vougeot(끌로 드 부조)〉라는 같은 이름(AOP)의 와인을 생산합니다. 그래서 같은 포도밭의 같은 품종 포도로 만든 와인이라 하더라도 생산자(양조자)에 따라 맛이나 느낌이 조금은 다를 수 있는 것이지요.

부르고뉴 지방 와인들은, 와인의 이름이 되는 작은 생산 지역의 AOP명을 어느 정도 먼저 외우고 나서 그 와인들을 생산하는 유명 네고시앙이나 도멘의 이름들을 기억해두면 좋겠습니다.

● 부르고뉴의 주요 네고시앙 및 도멘

부르고뉴 와인 유통의 약 80%를 차지하는 기업형 대형 생산자들인 Louis Jadot(루이 자도), Joseph Drouhin(조셉 드루앵), Bouchard Père & Fils(부샤르 뻬르&피스),

한국인 부인(박재화)과 일본인 남편(나카타 코지)이 샹베르땡 마을에서 유기농법으로 운영하는 루 뒤몽사의 부르고뉴 빠스 뚜 그랭 AOP 와인. 天地人이라고 표기된 레이블 디자인이 독특하다. Gamay 2/3 : Pinot Noir 1/3, 4만 원선.

Faiveley(페블레), Louis Latour(루이 라뚜르), Albert Bichot(알베르 비쇼), Domaine Moillard(도멘 무아야르) 등을 위시하여 Henry Jayer(앙리 자이에), Méo-Camuzet(메오 까뮈제), Emmanuel Rouget(엠마누엘 루제), Louis Max(루이 막스), Labouré-Roi(라부레 루아), Jaffelin(자플랭), Chevaliers du Tastevin(슈발리에 뒤 따스뜨뱅), Antonin Rodet(안또냉 로데), Michel Lafarge(미셸 라파르쥬), Marquis d'angerville(마르끼 당제르빌), Maison Chanson(메종 샹송), Serafin(세라팽), J. Moreau & Fils(장 모로&피스), Chanson Père & Fils(샹송 뻬르&피스), Henry Gouges(앙리 구쥬), Domaine Jacques Prieur(도멘 자끄 프리외르, DJP), Robert Arnoux(로베르 아르누), Bernard Dugat-Py(베르나르 뒤가 삐), Denis Mortet(드니 모르떼), Claude Dugat(끌로드 뒤가), Ponsot(뽕쏘), Clos de Tart(끌로 드 따르), Dominique Laurent(도미니끄 로랑), Domaine Georges Mugneret(도멘 조르쥬 뮈느레), Domaine Gros Frère et Soeur(도멘 그로 프레레 에 쐬르), Domaine Geantet-Pansiot(도멘 장떼 빤쇼), Domaine Jean-Jacques Confuron(도멘 장 자끄 꽁퓌롱), Domaine Jean-Claude Belland(도멘 장 끌로드 벨랑), Domaine Bertrand Ambroise(로멘 베르뜨랑 앙브루아즈), Vincent Girardin(뱅쌍 지라르댕), Domaine Ann Gros(도멘 안 그로) 등이 있습니다.

① 쥬브레 샹베르땡 마을의 루 뒤몽사의 부르고뉴식 스파클링 와인인 〈크레망 드 부르고뉴〉 AOP 와인. 풍부한 버블에 아몬드, 레몬의 아로마와 생기있는 산도가 특징이다. Chardonnay 100%. 5만 원선. 2010년 서울 G20 정상회의의 리셉션 와인으로 선정되기도 했었다.

② 알록스 꼬르똥 지역을 기반으로 하는 꽁뜨 세나르사의 부르고뉴 AOP 와인인 〈오귀스트〉. 가성비 최고의 부르고뉴 레지오날급 와인이다. 55,000원선. 꽁뜨 세나르는 DRC(로마네 꽁띠)에서도 멘토로 삼는 생산자이다.

기후가 고르지 않은 가운데 까다로운 품종인 Pinot Noir(삐노 누아) 한 품종만으로 만들어지는 부르고뉴 와인들은 가격도 대체로 비쌉니다. '가격이 진정한 와인의 등급이다'라는 말이 있듯이 부르고뉴 레드 와인을 가격군으로 분류했을 때, 상위 생산자들을 다음과 같습니다.

1군	Domain de la Romanée-Conti (도멘 들 라 로마네 꽁띠, DRC), Henry-Jayer(앙리 자이에), Domaine Leroy(도멘 르루아) 등
2군	Bernard Dug at-Py (베르나르 뒤가 삐), Domain Comte Georges de Vogüé(도멘 꽁뜨 조르쥬 드 보귀에), Emmanuel Rouget(엠마누엘 루제), Méo Camuzet (메오 까뮈제), Denis Mortet(드니 모르떼) 등
3군	Claude Dugat(끌로드 뒤가), Ponsot(뽕쏘), Dominique Laurent(도미니끄 로랑), Domaine Georges Roumier(도멘 조르쥬 루미에), Domaine Jaques Prieur (도멘 자끄 프리외르, DJP), Comte Armand(꽁뜨 아르망), Faiveley(페블레), Domaine Armand Rousseau(도멘 아르망 루쏘), Jaques Frederic Mugnier(자끄 프레데릭 뮈니에), Clos de Tart(끌로 드 따르), Domain Trapet Père & Fils 등

* 1군의 Domaine Leroy(도멘 르루아)는 부르고뉴 최고의 바이오 다이나믹 생산자이다.

톰 스티븐슨이 선정한 부르고뉴 Top 10 와이너리

No	블렌딩 비율
1	Domaine Denis Bachelet (도멘 드니 바쉘레) 〈Gevrey-Chambertin〉
2	Domaine Sylvain Cathiard (도멘 씰뱅 까띠아르) 〈Vosne-Romanée〉
3	Domaine Jean Grivot (도멘 장 그리보) 〈Vosne-Romanée〉
4	Domaine Anne Gros (도멘 안느 그로) 〈Vosne-Romanée〉
5	Domaine des Comtes Lafon (도멘 데 꽁뜨 라퐁) 〈Meursault〉
6	Domaine Leflaive (도멘 르플레브) 〈Puligny-Montrache〉
7	Domaine de la Romanée Conti (DRC : 도멘 들 라 로마네 꽁띠) 〈Vosne-Romanée〉
8	Domaine Guy Roulot (도멘 기 룰로) 〈Meursault〉
9	Domaine Armand Rousseau (도멘 아르망 루쏘) 〈Gevrey-Chambertin〉
10	Domaine Comte Georges de Vogüé (도멘 꽁뜨 조르쥬 드 보귀에) 〈Chambolle-Musigny〉

• 출처 : 《Wine Report 2009》 - Tom Stevenson - •〈 〉안은 해당 와이너리의 대표적인 AOP 와인

부르고뉴 와인의 神이자 전설, 앙리 자이에

앙리 자이에(1922~2006)

20세기 부르고뉴의 가장 위대한 와인메이커, 앙리 자이에(Henri Jayer)는, 1922년 2월 '황금의 언덕'이라 불리는 꼬뜨 도르의 꼬뜨 드 뉘(Cote du Nuit) 지역 중에서도 가장 노른자위라 할 수 있는 본 로마네(Vosne-Romanée) 마을에서 태어났다.

포도밭을 경작하여 마을의 작은 식당들에 하우스 와인을 공급하는 가난한 농부였던 유진 자이에의 세 아들 중 막내였던 앙리 자이에는, 2차 세계대전이 일어나 형들이 전쟁에 나가게 되자 학업을 그만두고 아버지와 함께 본격적으로 포도밭 일을 하게 되었는데, 이때 그의 나이 17살이었다.

1942년 포도 재배농의 딸인 마르셀 루제(Marcelle Rouget)를 만나 결혼까지 하게 되는데, 포도 재배의 경험과 수준이 남달랐던 그녀는 앙리 자이에의 재능이 와인 양조에 있다는 것을 알아보고 양조를 적극 권유하고 내조하였다. 그리하여 저명한 르네 앙젤 교수로부터 와인 양조를 사사 받게 되고, 디종 대학에 진학해 양조학 학위까지 취득하게 된다.

소작농으로 시작할 수밖에 없었던 앙리는 본 로마네의 대지주인 느와로 까뮈제(Maria Noirot Camuzet) 여사의 포도밭(훗날 도멘 메오 까뮈제의 포도밭)을 빌려 농사를 짓고 와인을 만들었다. 밭을 빌려 포도를 재배하면 반은 밭주인에게 주고, 반은 자기가 와인을 만드는 방식이었다. 1945년 첫 임차 계약을 했고, 느와로 까뮈제 여사가 돌아가신 후에도 후손들과 1987년까지 계약을 갱신하며 이어갔다.

참고로, 위에서 잠시 언급된 도멘 메오 까뮈제(Domaine Méo-Camuzet)의 역사를 잠깐 살펴보시죠.

20세기 초 꼬뜨 도르 지역 의회의 의원이었던 에띠엔느 까뮈제(Etienne Camuzet)는 가장 훌륭한 포도밭들을 사들여 도멘을 설립했고, 그의 딸 마리아 느와로(Maria Noirot)가 물려받았었다. 이때부터 앙리 자이에가 소작농을 하면서 인연이 시작되었고, 자식이 없던 그녀는 1959년에 친척인 쟝 메오(Jean Méo)에게 도멘을 물려주면서 “All should carry on(모든 것은 이어져야 한다)”이라는 유언을 남긴다. 쟝 메오는 파리에 거주하면서 소작농을 통해 포도원을 운영했는데, 그 소작농 중 하나가 앙리 자이에였다. 쟝 메오는 결국 부르고뉴로 귀향하였고, 비즈니스를 공부하던 그의 아들 쟝 니꼴라 메오(Jean-Nicolas Méo)도 함께 하게 되면서 오늘에 이르고 있다. 이 과정에서 앙리 자이에는 이들에게 포도재배, 와인양조, 도멘 운영 등 많은 도움을 주었다. 앙리 자이에는 까뮈제 포도밭에서 42년간 와인을 만들었으니, 까뮈제 덕에 앙리 자이제가 있을 수 있었고, 까뮈제 가문은 앙리가 있어 대를 이어 명성을 얻고 이어갔다고 하겠다.

다시 앙리 자이에 얘기로 돌아와서... 그는 메오 까뮈제 가문의 포도밭 외에 아버지에게 물려받은 포도밭에 더해 자신의 포도밭도 조금씩 늘려갔는데, 가장 대표적인 것이 ‘신의 물방울’ 1권부터 등장하는 그 유명한 크로 빠랑뚜(Cros Parantoux) 프르미에(1er) 크뤼 포도밭이다. 본래 메오 까뮈제 가문 소유였던 이 포도밭의 면적은 약 1ha(3,000평) 정도인데, 리슈부르(Richebourg)와 레 브륄레(Les Brulees) 포도밭 사이에 끼어 있던 불모지였다. 전쟁이 끝난 뒤, 앙리는 오랜 기간에 걸쳐 포도밭을 조금씩 사들여 정성껏 개간한 후 포도를 심었고, 1978년 첫 단일 포도원 빈티지 와인을 생산했다. 이 〈Vosne-Romanée 1er Cru Cros Parantoux〉 1978년 빈티지가 미국에서 높은 평가를 받으면서 앙리 자이에는 국제적인 명성을 얻기 시작했다. 그가 버려져 있던 크로 파랑뚜 포도밭을 각고의 노력 끝에 그랑 크뤼 수준으로 만들어낸 것을 와인업계에서는 ‘크로 파랑뚜 신화’라 부른다. 이 와인은 매년 3,500병만 한정 생산되었고, 공식적인 마지막 빈티지는 1995년이었지만 실제로는 2001년으로 보인다. 앙리 자이에 사후, 크로 빠랑뚜(Cros Parantoux) 포도밭은 앙리의 처조카이자 후계자인 엠마누엘 루제가 2/3를, 메오 가문이 나머지를 소유하면서 와인을 생산하고 있다.

대표적인 와인가격 사이트인 와인서처(wine-searcher)가 55,000명의 와인판매자들을 대상으로 한 가격조사에서, 앙리 자이에가 만든 〈리슈부르(Richebourg)〉 그랑 크뤼 와인이 약 1,800만 원으로, 1,600만 원선인 〈로마네 꽁띠〉를 제치고 세계에서 가장 비싼 와인으로 꼽혔고,

앙리 자이에의 〈크로 파랑뚜(Cros Parantoux)〉는 그랑 크뤼가 아닌 프르미에(1er) 크뤼임에도 3위(1,050만 원)에 선정됨으로써 앙리 자이에의 명성과 영향력을 증명하기도 했다. 그는 1987년까지 까뮈제 포도밭에서 〈리슈부르〉, 〈레 브뤨레〉, 〈뉘 생 조르쥬〉 등의 역작들을 만들어 냈고, 그 이후로는 자신의 포도밭애서 〈에쉐죠〉, 〈크로 파랑뚜〉 와인만 만들었다.

앙리 자이에의 와인은 응축된 과일 향미가 특징인데, 줄기가 붙어있는 채로 발효시키던 부르고뉴의 기존 양조방식에서 탈피해, 자연 그대로의 방법으로 재배한 포도를 손 수확한 후 포도의 줄기를 일일이 제거하고, 지속적인 펌핑을 통해 포도가 가지고 있는 과일 향미를 최대한 끌어내는 방식을 취했기 때문이다.

엠마누엘 루제

앙리 자이에는 1977년 처조카인 엠마누엘 루제(Emmanuel Rouget)를 후계자로 삼아 도제식으로 포도재배와 와인메이킹을 전수했다. 그리하여 루제는 1980년대 중반부터 자신의 이름을 건 도멘으로 와인 생산을 시작하였고, 자이에가 은퇴를 선언한 1995년부터는 포도밭도 넘겨받게 된다.

자이에는 은퇴 후에도 젊은 와인메이커들에게 많은 가르침을 주었다. 와인은 포도밭에서부터 시작된다는 것을 역설하며, 가혹할 정도로 가지치기(Prunning)를 통해 적은 수확을 강조했으며, 포도알이 최적으로 잘익은 상태에서 수확하도록 했다. 그는 사람을 개입을 최소화하는 양조방식을 강조했다. 발효 전 냉온침용으로 과일향을 보존하고 거친 향을 적게 추출하며, 여과 배제, 수작업 병입, 오크통의 선정과 사용, 아황산염 사용량과 사용시기 등은 와인 스스로 자연스럽게 표현할 수 있는 범위 내에서만 이루어져야 한다고 가르쳤다. 또 그는 항상 새 오크통만을 사용했다. 이렇게 만들어진 와인들은 최상의 상태에서 힘과 우아함을 함께 가지며, 섬세한 떼루아와 과일의 농축미를 균형있게 표현하게 된다.

1995년 공식 은퇴 후에도 크로 파랑뚜 포도밭 일부에서 개인적인 리저브 와인을 만들던 앙리 자이에는 2001년 이후 건강에 이상이 생겨 와인 만드는 일을 그만두

었고, 2006년에 84세로 타계했다.

앙리 자이에의 처조카이자 공식적인 후계자인 엠마누엘 루제(Emmanuel Rouget)는 드러내는 것을 좋아하지 않고, 말수가 적고 조용한 성격이지만, 그의 와인은 와인 그 이상의 가치를 가지고 있는 '작품'이라는 평을 듣는다. 현재 약 7.5ha의 포도원에서 소량의 와인을 생산하고 있다. 로버트 파커는 "도멘 엠마누엘 루제의 와인들에서는 강함과 우아함을 동시에 느낄 수 있으며, 부드러우면서도 깊이감이 느껴진다. 부르고뉴의 고급스러움을 잘 갖춘 와인들이다."라고 평가했다.

앙리 자이에의 사촌인 로베르 자이에도 한 가닥 하는 와인 명장이었다. 같은 본 로마네 마을에서 태어났으며, 1948년 로마네 꽁띠를 만드는 DRC(Domaine de la Romanée-Conti)의 와인메이커였던 앙드레 노블레(André Noblet)의 제자로 와인 양조를 시작했다. 포도재배의 명문 질(Gilles) 가문의 사위가 되었고, 존경하는 사촌 형 앙리 자이에에게도 와인메이킹에 대해 많은 도움을 받으면서 훌륭한 와인메이커로 인정받았다. 1998년부터는 아들인 자이에 질(Jayer Gilles)이 도멘을 물려받아 자신의 이름을 와인을 만들고 있다. 로버트 파커는 "그 누구도 자이에 질이 만든 〈Hautes Cotes de Nuits〉와 〈Côte de Nuits-Villages〉 AOC 와인을 뛰어 넘기 어려울 것이다"라는 말을 했고, 〈Echezeaux(에쉐조)〉 또한 최고의 품질을 인정받고 있다. 자이에 질은 와인 숙성시 100% 새 오크통을 사용하고, 와인의 아로마 퀄러티를 높이기 위해 병입 전 여과나 필터링 작업을 전혀 하지 않는 것으로도 유명하다.

부르고뉴의 그랑 크뤼 포도밭 〈샹베르땡 끌로 드 베제〉 나폴레옹은 이곳에서 생산되는 와인을 50여 차례의 각종 전장에 절대 잊지 않고 챙겨 다녔다. 러시아 원정 때는 모스크바 점령 후 그 기쁨을 만끽하기 위해 크렘린 궁에서도 샹베르땡 와인을 마셨고, 또 크렘린 궁에 보관하던 샹베르땡 와인 50상자를 도난당한 일화가 유명하다. ©김주완

부조 성(城), Château de Clos de VOUGEOT
끌로 드 부조 포도밭의
위쪽은 샹볼 뮈지니 포도밭이고,
왼쪽은 본 로마네 마을의 그랑크뤼 포도밭들이다.

오스피스 드 본의 꼬르똥(Corton) 그랑 크뤼 포도밭인 "샤를로뜨 뒤메(Charlotte Dumay)" 부르고뉴 와인산지들을 관통하는 와인로드를 지나다 보면, 멀리 빵모자처럼 생긴 숲 때문에 그 아래쪽이 꼬르똥 포도밭임을 금방 알 수 있다.

론 지방의 경사진 포도밭들 © GABRIELLA

좋은 포도밭의 조건은, 기본적으로 서리나 우박 등의 피해가 적고, 낮과 밤의 일교차가 커야 한다. 즉, 낮에는 햇볕이 잘 들고 밤에는 아주 서늘해야 포도의 색깔과 당도, 산도, 향이 모두 좋아진다. 강수량도 연 500~800m 정도로 많이 않은 것이 좋은데, 비가 오더라도 겨울에 많이 오고, 빗물이 바로 빠지는 경사진 곳이 좋다.

론 강에서 바라본 에르미따쥬 언덕 ⓒ김주완

론 지방

보르도나 부르고뉴 지방의 명성에 필적할 만큼 론 지방은 와인역사가 오래되고 유명한 프랑스 3대 와인 산지입니다. 이 곳에서 명성 있는 고급 와인들과 많은 가성비 와인들이 함께 생산되고 있습니다.

론 지방을 프랑스어로 표기하면 Côtes du Rhône(꼬뜨 뒤 론)입니다. Côte는 '(언덕의)경사면, 구릉(≒Coteau)'이라는 뜻으로, 부르고뉴 남쪽 론(Rhône) 강 양안(兩岸)에 분포되어 있는 와인산지들을 의미합니다. 론 밸리는 일조량이 많아 이곳에서 태양을 듬뿍 머금은 포도로 만들어지는 론 와인들을 '태양의 와인'이라 부르기도 합니다.

론 지방은 기후적인 영향으로 환경친화적인 바이오농법으로도 유명한데, Syrah(씨라)와 Grenache(그르나슈) 품종을 중심으로 하는 레드 와인이 주로(90%) 생산됩니다. 론 지방의 와인에는 공식적인 등급 분류가 없습니다.

론 지방 와인의 명가 폴 자불레 애네사의 에르미따쥬 AOP 와인, 〈라 샤뻴〉 Syrah 100%. 포도나무의 평균 수령은 40~60년. 이 와인은 19세기 초에는 보르도의 5대 샤또보다도 비싸게 거래되었고, 러시아 제국 왕실에서도 사랑을 받으면서 론 지방 최고의 와인으로 꼽혔으며, 1961년 빈티지는 RP 100점에, WS '20세기 최고의 12대 와인'으로도 선정되었었다. 50만 원선.

보르도 와인이 클래식하고, 부르고뉴 와인이 엘레강스하다면, 론 와인은 상대적으로 자유분방하고 캐주얼한 느낌의 개성 있는 와인이라고 할 수 있습니다. 론 지방은 부르고뉴 아래 쪽에 위치하고 있지만 와인의 성격은 확연한 차이를 보입니다. 포도품종의 차이도 있으나 일조량이 훨씬 많다보니 알코올 도수도 높고 더 감칠맛 나는 맛깔스런 와인들이 만들어집니다. 잘 익은 과일 풍미에 스파이시하면서도 편안한 느낌이 드는 론 지방의 레드 와인은 우리의 음식과 입맛에도 잘 맞는 편입니다. 프랑스의 한 조사에서는 론 와인과 가장 어울리는 음식으로 양갈비가 1위, 스테이크가 2위로 꼽혔다고 하네요.

론 지방의 포도품종

론 지방은 크게 북부와 남부로 나뉘는데, 두 지역은 지형과 기후에 꽤 많은 차이가 있습니다. 대륙성 기후*인 북부 론의 포도밭들은 대체로 화강암 토양으로, 론 강 상류의 가파른 언덕(338쪽 상단 사진)에 있으며, 지중해성 기후*에 가까운 남부 론의 포도밭들은 론 강 하류의 완만한 언덕과 평지에 주로 위치합니다.

◆ 대륙성 기후 : 프랑스 동부 내륙 지방의 기후로 자연재해의 영향을 많이 받는다. 더운 여름과 추운 겨울, 적은 강수량이 특징으로, Syrah 재배에 적합하다.
◆ 지중해성 기후 : 프랑스 남부 지중해 연안의 기후로 길고 건조한 더운 여름과 짧은 겨울, 적은 강수량이 특징으로, Grenache를 중심으로 빈티지 차이가 적고 항상 비슷한 맛의 와인이 생산된다.
◆ 해양성 기후 : 프랑스의 전반적 기후로서 북해와 대서양 연안의 온난한 기후로 연중 온난하고 충분한 강수량이 특징이다. 빈티지 차이가 가장 많이 날 수 있다.

남부 론의 토양은 진흙, 석회질, 모래, 자갈들로 이루어져 있는데, 특히 낮 동안 뜨거운 햇볕을 머금은 자갈이 밤에 그 열기를 발산하기 때문에 포도밭은 밤에도 기온이 따뜻하게 유지됩니다. 이런 천연 보온장치 덕분에 잘 익고 당도가 높아진 포도들로 만들어진 남부 론의 와인들은 오래 숙성시키지 않고 바로 마시기에도 적합합니다. 물론 농축된 당도 때문에 알코올 도수도 높은 편입니다. 또 남부 론에는 알프스의 냉기와 지중해 온기의 온도 차로 생기는 '미스트랄(Mistral)'이란 강한 돌풍이 연간 120일 이상 부는데, 이 바람이 포도밭 온도가 너무 뜨겁지 않게 적당히 맞춰주면서 회색 곰팡이병도 예방해준다고 합니다. 아무튼 그렇다 보니 같은 품종으로 만든 와인이라도 잘 음미해보면 남부 론 와인에서는 북부 론 와인보다 더 온화하고 따뜻한(?) 기운이 느껴집니다.

북부 론은 타닌이 많고 강건한 세계 최고의 Syrah 와인인 〈Côtes Rôtie(꼬뜨 로띠)〉와 〈Hermitage(에르미따쥬)〉를 비롯하여 〈Crozes Hermitage(끄로즈 에르미따쥬)〉 〈Saint Joseph(쌩 조셉)〉 등 소량의 우수한 AOP 레드 와인들을 주로 생산합니다.

남부 론에서는 더위에 강하고 감미로운 Grenache(그르나슈)를 주품종으로 Syrah(씨라), Mourvèdre(무르베드르)◆, Cinsault(쌩쏘)◆, Carignan(까리냥)◆ 등을 블렌딩해 레드 와인을 만드는데, 가성비 좋은 테이블 와인(일반급 품질의 와인)이 많이 생산됩니다. 남부 론에서는 〈Tavel Rosè(따벨 로제)◆〉라는 로제 와인과 13가지 레드 · 화이트 품종을 블렌딩할 수 있는 〈Châteauneuf-du-Pape(샤또뇌프 뒤 빠쁘)◆〉 AOP 와인이 특히 유명합니다. > 349쪽 참조

〈Gigondas(지공다스)〉 AOP 와인은 뜨거운 분지에서 생산되어 구조감과 힘이 좋은 레드 와인으로, '가난한 자의 샤또뇌프 뒤 빠쁘'라고도 불렸지만,

◆ Mourvèdre : 190쪽 중단 참조
◆ Cinsault : 198쪽 Tip 참조
◆ Carignan : 198쪽 참조

◆ 〈따벨 로제〉는 그르나슈를 주품종으로 만들어지는 갓 딴 딸기향이 나는 드라이한 로제 와인으로, 과일맛이 분명하고 바디감도 꽤 느껴진다. (345쪽 상단 참조)

◆ 이곳은 아비뇽 북쪽 언덕으로, 남부 론 와인의 모든 특성을 함축한 심장부이다. Châteauneuf-du-Pape는 레드 와인(95%)과 화이트 와인 두 종류가 있다. 레드, 화이트 품종 13가지까지 블렌딩이 가능한데, 레드 와인의 주요 품종은 그르나슈, 씨라, 무르베드르, 쌩쏘 등이며 화이트 와인의 주품종은 끌레레뜨, 루싼느 등이다. 레드는 8~10년, 화이트는 5년 정도 보관이 가능하다. (349~350쪽 참고)

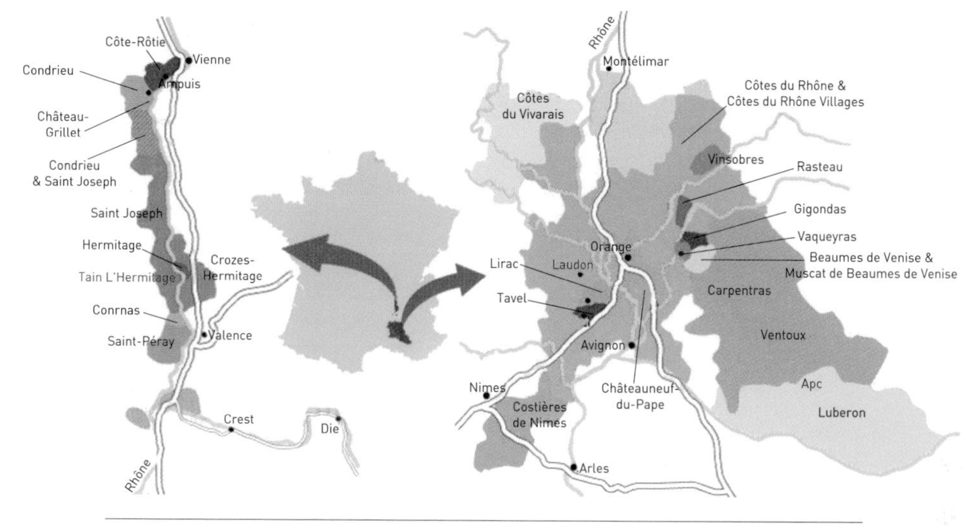

북부 론의 주요 와인산지　　　　남부 론의 주요 와인산지

이제는 〈Châteauneuf-du-pape〉와 어깨를 나란히 하고 있습니다. 풍부한 볼륨감은 덜하지만 적당한 가격에 허브와 향신료향을 즐길 수 있는 〈Vacqueyras(바께라스)〉 AOP 와인도 추천할 만 합니다.

샤또 드 쌩 꼼사의 지공다스 AOP 와인
Grenache : Syrah : Cinsault : Mourvèdre

Syrah 씨라 | 186쪽, 519쪽 참조 |

프랑스어 발음으로는 [씨하]에 가깝지만 영어식으로 [씨라]라고 부르는 것이 일반적입니다. 호주 등에서 부르는 또 다른 이름인 Shiraz(쉬라즈)와의 중간 형태로 [쉬라]라고 발음하기도 합니다.

론 지방의 Syrah(씨라) 와인은 야생 블랙베리 풍미에 스파이시하면서 견고한 타닌의 느낌이 들며 젖은 흙이나 가죽 향도 곁들여집니다.

론 지방의 근래 빈티지 점수

2000년	2001년	2002년	2003년	2004년	2005년	2006년
북부 : 88점 남부 : 93점	북부 : 89점 남부 : 94점	북부 : 82점 남부 : 76점	북부 : 94점 남부 : 93점	북부 : 90점 남부 : 93점	북부 : 94점 남부 : 97점	북부 : 92점 남부 : 93점
2007년	**2008년**	**2009년**	**2010년**	**2011년**	**2012년**	**2013년**
북부 : 91점 남부 : 95점	북부 : 86점 남부 : 88점	북부 : 96점 남부 : 94점	북부 : 98점 남부 : 98점	북부 : 92점 남부 : 91점	북부 : 92점 남부 : 93점	북부 : 91점 남부 : 89점
2014년	**2015년**	**2016년**	**2017년**	**2018년**	**2019년**	**2020년**
북부 : 89점 남부 : 88점	북부 : 99점 남부 : 97점	북부 : 97점 남부 : 99점	북부 : 97점 남부 : 92점	북부 : 92점 남부 : 92점	북부 : - 남부 : -	북부 : - 남부 : -

• 출처 : 《Wine Spectator》 • 2002년 론 지방에는 초유의 물난리가 났었다.

장미와 제라늄 이파리 향미도 특징 중의 하나입니다. 특히 북부 론의 Syrah 와인은 더 섬세하고 깔끔한 산미의 강건한 구조감을 가지고 있습니다. 이에 비해 전혀 다른 떼루아에서 만들어지는 호주의 Shiraz(쉬라즈) 와인은 풍부하고 진한 과일잼 같은 느낌에 타닌도 더 부드럽게 느껴집니다.

Syrah(씨라)는 그 원산지를 프랑스 론 지방으로 보는 것이 일반적이지만, 원래는 페르시아의 Schiraz(쉬라즈)라는 마을 인근에서 유래되었는데 13세기 십자군 원정 때 유럽으로 건너왔다고 합니다.

프랑스의 론 지방에서는 이 품종을 Syrah(씨라)라고 부르고, 다른 와인 생산국에서는 Syrah(씨라)와 Shiraz(쉬라즈)라는 명칭을 혼용해서 사용합니다. 대신 원산지는 아니지만 이 품종을 자기 나라 레드 와인의 대표 품종으로 내세우고 있는 호주에서는 예외 없이 Shiraz(쉬라즈)라고 부릅니다. 와인을 많이 생산하지 않는 이란은 경쟁국이 아니므로 자기 나라 와인의 주력 품종의 원산지가 프랑스가 아니고 이란의 쉬라즈 마을이라는 것을 강조하고 싶었기 때문일까요? 하지만 반대로

① 이 기갈(E. Guigal)사의 꼬뜨 로띠 AOP 와인인 〈라 뛰르끄(La Turque)〉. Syrah 93% : Viognier 7%. 같은 회사의 〈라 물린느(La Mouline)〉, 〈라 랑돈느(La Landonne)〉와 함께 '꼬뜨 로띠 라.라.라. 3총사 와인'으로 불리며, '북부 론 최고의 레드 와인' 타이틀을 에르미따쥬 AOP로부터 꼬뜨 로띠 AOP로 바꾸는데 큰 기여를 했다. 이 세 와인의 2003년, 2005년 빈티지들은 로버트 파커로부터 모두 100점 만점을 받았다. 새 오크통에서 45개월 숙성. 가격은 70만 원 전후.

② 장 뤽 꼴롱보사의 〈끄로즈 에르미따쥬〉 AOP 와인 Syrah 100%. 6만 원선. * 론 와인 중 가장 수명이 긴 에르미따쥬 AOP 와인의 경우, 영할 땐 살짝 파마약 향도 난다. 적정 음용시기는 최소 5~8년 이후이며, 뛰어난 빈티지의 경우 15~30년 이후가 되기도 하지만, 끄로즈 에르미따쥬 AOP 와인은 빈티지로부터 5년 이내에 마시는 것이 좋다.

③ 남부 론 최고의 〈샤또뇌프 뒤 빠쁘〉 AOP 와인 중의 하나인 도멘 들 라 자나스사의 〈샤또뇌프 뒤 빠쁘, 바에이유 비뉴(Vielles Vignes)〉 Grenache 85% : Syrah 10% : Mourvèdre 3% : 기타 2%. 40만 원선.

④ 지공다스와 바께라스 지역에서 5대째 가족 경영을 하며, 바이오다이나믹 농법으로 유명한 도멘 몽띠리우스사의 〈지공다스〉 AOP 와인. Grenache 80% : Mourvèdre 20%. 5만 원선.

⑤ 최고의 샤또뇌프 뒤 빠쁘 AOP 와인을 만드는 샤또 드 보스까뗄의 자회사격인 뻬랭&피스사에서 바께라스 AOP 와인으로 만든 〈레 크리스땡〉 Grenache 80% : Syrah 25%. 45,000원선.

프랑스가 'Syrah(씨라)◆'라는 명칭을 쓰는 걸 탐탁치 않아 해서 그리 됐다는 설도 있습니다.

◆ Syrah ≒ Shiraz
17세기 프랑스 위그노 교도들이 남아공으로 이주하면서 희망봉 인근에 Syrah(씨라) 품종을 전파했는데, 이때 'Shiraz(쉬라즈)'라는 새로운 이름이 붙여졌고, 이후 Syrah가 다시 호주로 전해지면서 같은 이름이 사용된 것이라고 한다.

이에 비해 칠레는 호주와 같은 신흥 와인생산국이지만 와인산업 초창기부터 포도품종과 양조기술 등 프랑스의 영향을 많이 받으면서 벤치마킹하고 있으므로 당연히 'Syrah(씨라)'라고 부릅니다. 사부님(?) 국가에 대한 예우 차원인 것 같습니다. 프랑스 사람들이 많이 산다는 서울의 서래마을에 있는 와인샵에서는 호주 Shiraz(쉬라즈) 와인보다 칠레의 Syrah

와인이 상대적으로 훨씬 많이 팔린다고 합니다.

Grenache 그르나슈 | 189쪽, 602쪽 참조 |

남부 론 지방에서는 Grenache(그르나슈)가 가장 많이 재배되는 대표 품종인데, Syrah(씨라), Mourvèdre(무르베드르)를 비롯해 Cinsault(쌩쏘), Carignan(까리냥)을 블렌딩하여 보완합니다.

무덥고 건조한 기후를 잘 견디는 만생종인 Grenache(그르나슈)* 품종으로 만든 와인은 빛깔에 비해 타닌과 산미가 적은 반면 알코올 도수가 높고 딸기잼, 자두, 월계수, 가시덤불 향이 납니다. 숙성이 되면 향신료와 허브 향도 느껴집니다.

* Grenache를 영어권에서는 [그레나슈]에 더 가깝게 발음한다. 이 품종 원산지인 스페인에서는 'Garnacha(가르나차)'나 'Garnacho Tinta(가르나초 띤따)'라고 한다. 그르나슈는 아비뇽에 교황청이 있고 몇 명의 스페인 교황이 있던 시기에 스페인에서 프랑스로 전해졌다.

Syrah(씨라)와 블렌딩되면, Syrah의 스파이시하고 진한 복합적인 맛과 Grenache의 과일 향미와 편안한 느낌이 적절한 조화를 이룹니다. 또 여기에 Mourvèdre(무르베드르) 품종은 깊고 스파이시한 맛과 타닌을, Cinsault(쌩쏘)는 과일 향과 당도를, Carignan(까리냥)은 산도를 보완해줍니다.

① 띠에리 아르망사와 함께 최고의 꼬르나스 AOP 와인 생산자로 꼽히는 도멘 오귀스트 끌래프사의 꼬르나스 AOP 와인 〈르네상스〉 22만 원선. Syrah 품종 100%로 만들어지는 꼬르나스 AOP 와인은 타닌 성분이 가장 많고 색이 진하여 '흑포도주'로 불린다.

② 샤또 드 보스까뗄사의 꼬드 뒤 론 AOP 와인 〈꾸둘레 드 보스까뗄〉 Grenache 30% : Mourvèdre 30% : Syrah 20% : Cinsault 20%.

* 꼬뜨 뒤 론 AOP 와인은 전체 론 지방 와인의 60% 가까이를 차지한다. 남부 론, 북부 론 어디에서 재배된 포도든 모두 사용할 수 있지만 대부분 남부 론 포도가 사용된다. 그르나슈의 비율이 씨라보다 같거나 높은 경우가 많으며, 무르베드르, 쌩쏘, 까리냥 품종이 약간씩 섞이기도 한다. 적정 음용시기는 빈티지로부터 3년 이내.

또 Grenache는 로제 와인 양조에 매우 적합한 품종으로, 단독 혹은 Cinsault(쌩쏘)를 제2품종으로 블렌딩하여 남부 론 지방 최고의 드라이 로제 와인인 〈Tavel Rosé(따벨 로제)〉를 만드는 데 사용됩니다. Syrah(씨라)와 Clairett(끌레레뜨) 품종이 소량 섞이기도 하지요.

샤또 다께리아사의 〈따벨 로제〉 따벨 로제는 프랑스 왕실에서도 오래전부터 사랑받아온 로제 와인이다. 25,000원선.

예전에는 보르도 블렌딩이 대세였지만, 근래에는 미국, 호주, 칠레 등에서 론 블렌딩 스타일도 유행합니다.

Viognier 비오니에 | 206쪽 참조 |

론 지방이 원산지인 화이트 품종으로, 알코올 도수가 높고 유질감이 느껴지며 말린 살구, 황도, 버터의 그윽한 맛과 함께 부싯돌과 미네랄 향이 나는 와인을 만듭니다. 북부 론 지방의 〈Condrieu(꽁드리외)◆〉 〈Château Grillet(샤또 그리에)〉가 Viognier(비오니에)◆ 품종으로 만드는 고급 AOP 화이트 와인들입니다.

Condrieu(꽁드리외) 포도밭 인근 비엔느 마을에는 아주 최고의 셰프들을 배출한 유명 레스토랑이 있었는데, 그 레스토랑의 고객이었던 영국 수상 처칠과 소설가 장 콕토가 훌륭한 요리와 함께 나오는 맛있는 화이트 와인을 마셔보고 많은 사람들에게 소개를 함으로써 〈Condrieu(꽁드리외)〉 와인이 유명세를 탔습니다.

미셸 라로슈사가 랑그독 지방에서 생산하는 비오니에 품종 100% 화이트 와인. 3만 원선.

◆ Condrieu(꽁드리외)의 'eu'의 프랑스어 발음이 참 어렵다. 입 모양은 [오] 모양이고 발음은 [에]로 내야 한다. 한글표기로는 '외' 또는 '유'로 쓴다.

◆ 비오니에는 북부 론의 대표적인 AOP 레드 와인인 〈꼬뜨 로띠〉 와인의 향을 좋게 하고 신선도 유지를 위해 최대 20%까지 블렌딩되었다. 씨라 100%로 만들어져 다소 밋밋한 느낌이 있던 〈꼬뜨 로띠〉 레드 와인에 흰 꽃향기와 생기를 주는 역할을 당시 그다지 인기가 없던 화이트 품종인 비오니에가 담당했던 것인데, 최근에는 양조기술이 좋아지고, 비오니에 100% 화이트 와인의 인기도 올라가면서 블렌딩을 하지 않거나 그 비율이 5% 미만으로 확연히 줄었었다. 하지만 지구온난화로 다시 그 비중이 높아지는 분위기다.

론 지방의 주요 AOP(AOC) 와인 (341쪽 상단 지도 참조)

론 지방은 보르도에 이어 프랑스에서 두 번째로 많은 AOP 와인이 생산된다.

북부 론 지방 주요 AOP 명 • 와인명 (종류)	〈Côte Rôtie 꼬뜨 로띠〉 : 레드 〈Hermitage 에르미따쥬〉 : 레드 / 화이트 〈Crozes Hermitage 끄로즈 에르미따쥬〉 : 레드 / 화이트 〈Cornas 꼬르나스〉 : 레드 (Syrah 100%) 〈Condrieu 꽁드리외〉 : 화이트 〈Château Grillet 샤또 그리예〉 : 화이트 〈Saint Joseph 쌩 조셉〉 : 레드 / 화이트 〈Saint Pèray 쌩 뻬레〉 : 화이트 〈Saint Pèray Mousseux 쌩 뻬레 무씌〉 : 화이트 스파클링
남부 론 지방 주요 AOP 명 • 와인명 (종류)	〈Châteauneuf-du-Pape 샤또뇌프 뒤 빠쁘〉 : 레드 / 화이트 〈Gigondas 지공다스〉 : 레드 / 로제 〈Vacqueyras 바께라스〉 : 레드 / 화이트 / 로제 〈Tavel 따벨〉 : 로제 〈Lirac 리락〉 : 레드 / 화이트 / 로제 〈Côtes du Rhône 꼬뜨 뒤 론〉 : 레드 / 화이트 / 로제 〈Côtes du Rhône-Villages 꼬뜨 뒤 론 빌라쥬〉 : 레드 / 화이트 / 로제 〈Côtes du Ventoux 꼬뜨 뒤 방뚜〉 : 레드 / 화이트 / 로제 〈Côtes du Lubéron 꼬뜨 뒤 뤼베롱〉 : 레드 / 화이트 / 로제

- Côte Rôtie 와인은 1980년대 이전만 해도 평범한 '지역 와인'에 불과했지만, 이 기갈(E. Guigal)사 등의 노력으로 북부 론 최고의 AOP가 되었다. Rôtie는 '구운 빵(toast)'이라는 뜻인데, 가파른 경사의 뜨거운 동남향 포도밭에서 자란 포도가 견고한 타닌에 섬세하고 부드러운 과일 향미가 녹아 있는 와인이 된다.
- Hermitage(에르미따쥬) 언덕의 Méal(메알), Grefieux(그레피외), Beaume(봄), Raucoule(로쿨), Muret(뮈레) 등의 소규모 포도밭들은 예로부터 보르도의 샤또 라피뜨와 부르고뉴의 로마네 꽁띠와 함께 프랑스 최고의 레드 와인을 생산하는 포도밭으로 알려져 있었다.
- Hermitage와 Côte Rôtie의 포도밭들은 60km밖에 떨어져있지 않지만, 와인 스타일은 꽤 다르다. 에르미따쥬는 강건하고 묵직한 느낌이라면, 꼬뜨 로띠는 더 섬세하고 우아하다. Cornas 와인은 북부 론에서 가장 짙은 색상과 강한 타닌, 묵직한 과일 향미가 있으며, Crozes Hermitage와 Saint Joseph은 편안하게 즐길 수 있는 무난한 스타일이다.
- Tavel과 Lirac은 론 AOP의 최남단 마을들로, 오래전부터 그르나슈 로제 와인의 특산지였다.
- Côtes du Rhône-Villages AOP는 품질 좋은 95개 꼬뮌(마을)의 와인이다. 그중 상위 20개 꼬뮌은 그 뒤에 마을명을 덧붙일 수 있는데, 프랑스 최고 수준의 와인들이 생산되기도 한다.

Marsanne 마르싼느 / Roussanne 루싼느

남부 론에서는 레드, 화이트 와인 모두 비교적 다양한 품종들이 사용되지만, 북부 론의 경우 레드 품종은 Syrah(씨라) 1가지, 화이트* 품종은 Viognier(비오니에),

> * 남부 론의 화이트 품종으로는 비오니에, 루싼느, 마르싼느 외에 그르나슈 블랑(Grenache Blanc), 끌레레뜨(Clairette), 부르블랑(Bourboulenc), 위니 블랑(Ugni Blanc) 등이 있다.

Marsanne(마르싼느), Roussanne(루싼느) 3가지 품종이 사용됩니다.

주로 단독으로 사용되는 Viognier(비오니에)와는 달리, 자매 혈통이라 흰 꽃, 배, 꿀, 견과류 향미가 닮은 Marsanne와 Roussanne는 서로 좋은 블렌딩 파트너입니다. 알싸한 향신료 향에 다소 거칠고 바디감이 뛰어난 Marsanne(마르싼느)에 비해, 산도는 더 높지만 질병에 취약한 Roussanne(루싼느)는 우아하고 풍부한 아로마가 특징입니다.

론 와인 레이블 읽기

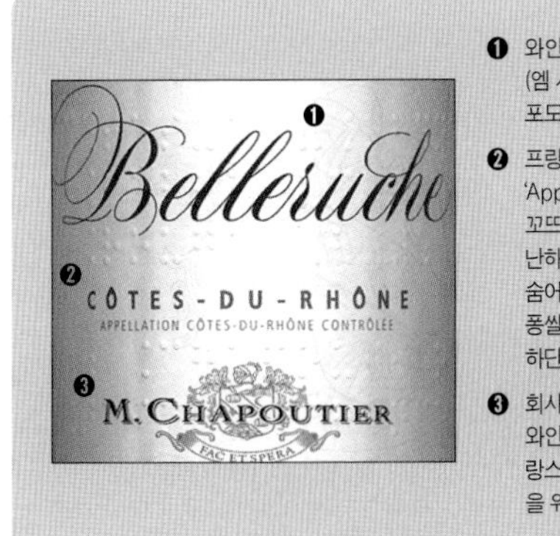

❶ 와인브랜드 : 'Belleruche(벨레루쉬)'는 M. Chapoutier(엠 샤뿌띠에)사에서 이 와인에 붙인 별도의 자체 브랜드명. 포도품종은 Grenache 80% : Syrah 20%

❷ 프랑스 남부 론 지방의 가장 일반적인 AOP(AOC) 명인 'Appellation Côtes-de-Rhône Contrôlée(아뻴라씨옹 꼬뜨 뒤 론 꽁뜨롤레)'. 론의 가장 일반적인 AOP(AOC)로 무난하고 평범한 맛이지만, 그중엔 흙속의 진주 같은 와인들도 숨어있다. 이 와인을 비롯해서 Ch. de Fonsalette(샤또 드 퐁쌀레뜨)와 Ch. de Beaucastel(샤또 드 보까스뗄, 344쪽 하단 와인 이미지 참조) 꼬뜨 뒤 론 와인 등이 그런 예이다.

❸ 회사명 : M. Chapoutier(엠 샤뿌띠에)사는 생산되는 모든 와인을 유기농법으로 재배한 포도를 사용해서 양조하는 프랑스 최대의 유기농 와인 기업임. 또 이 회사는 시각장애인을 위해 세계 최초로 점자 레이블을 사용하고 있다.

● **Cuvée**[뀌베 / 쿠베]

원래는 특정 Cuve(대형발효통, ≒Vat)에서 양조된 동일한 품질의 와인을 뜻하는데, 샴페인 제조과정에서는 압착해서 처음 나오는 질 좋은 포도즙을 말하기도 합니다. 일반적으로는 '최종적으로 만들어진 와인' 혹은 그냥 '와인'이라는 의미로도 쓰입니다. 단독으로는 잘 안 쓰이고 'Prestige Cuvée(프레스띠쥐 뀌베 : 최상급 샴페인)', 'Cuvée Spéciale(뀌베

장 베르또사의 꼬뜨 뒤 론 AOC 뀌베 프레스띠쥐 레이블. 꼬뜨 뒤 론 AOC 와인은 론 와인 전체 생산량의 58%를 차지한다. 꼬뜨 뒤 론 빌라쥬 AOC가 약 8%.

스뻬씨알)', 'Tête de Cuvée(떼뜨 드 뀌베 : 한 포도원의 최상품 와인)' 처럼 다른 단어와 합쳐져서 사용됩니다.

아무튼 어떤식으로든 레이블에 'Cuvée'라는 표시가 있으면, 꽤 고급 와인으로 이해하면 되지만 법적인 의미는 없습니다.

론 지방의 유명 생산자로는, 꼬뜨 로띠 생산자 Jean-Michel Gerin(장 미셸 쥬랭), Michel Ogier(미셸 오지에), Domaine René Rostaing(도멘 르네 로스땡), 에르미따쥬 생산자 Delas Frères(들라 프레르), 지공다스의 Domaine Santa Duc(도멘 쌍따 뒤끄), CDP 생사자 Ch. Beauchêne(샤또 보쉔느), Ch. La Nerthe(샤또 라 네르뜨), Domaine de Marcoux(도멘 드 마르쿠), Domaine Pierre Usseglio(도멘 삐에르 우쎄글리오) 등이 있습니다.

톰 스티븐슨이 선정한 론 밸리 Top 10 와이너리

No	와이너리(도멘)
1	Domaine Jeans-Louis Chave (도멘 장 루이 샤브) 〈Hermitage〉
2	Château d'Amuis (샤또 다뮈) 〈Côte Rôtie, Hermitage〉
3	M. Chapoutier (엠 샤뿌띠에) 〈Châteauneuf-du-pape, Hermitage〉
4	Tardieu-Laurent (따르디외 로랑) 〈Cuvées Vielles Vignes〉
5	Domaine Georges Vermay (도멘 조르쥬 베르네) 〈Northern Rhône〉
6	Château de Beaucastel (샤또 드 보까스뗄) 〈Châteauneuf-du-pape〉
7	Domaine Jamet (도멘 자메) 〈Côte Rôtie〉
8	Domaine de la Janasse (도멘 들 라 자나스) 〈Châteauneuf-du-pape〉
9	Domaine Henri Bonneau (도멘 앙리 보노) 〈Châteauneuf-du-pape〉
10	Domain du Vieux Télégraphe (도멘 뒤 비외 뗄레그라프) 〈Châteauneuf-du-pape〉

• 출처 : 《Wine Report》 - Tom Stevenson - •〈 〉 안은 해당 와이너리의 대표 와인임

Châteauneuf-du-pape

샤또뇌프 뒤 빠쁘

벽체만 남아있는
교황의 여름 별궁

Châteauneuf-du-pape는 Château(Castle) + Neuf(New) + du(of) + Pape(Pope, 교황), 즉 '교황의 새로운 성'이라는 뜻이다. 11세기 십자군 원정의 실패로 로마 교황청의 권위는 땅에 떨어지고, 프랑스 보르도 지방의 대주교인 베르뜨랑(Bertrand)이 교황(클레멘스 5세, 프랑스어로는 빠쁘 끌레망 5세)으로 선출되었으나, 프랑스 왕 필립 4세와의 세력 싸움에서 밀려 1309년 프랑스 남부의 Avignon(아비뇽)에 연금되는데, 이 사건을 바빌론 유수에 빗대어 '아비뇽 유수'라고 한다. 교황 끌레망(Clément) 5세는 압박에 못 이겨 아비뇽에 교황청을 지었고, 뒤이어 그의 계승자인 요한 22세는 부근에 여름 별궁을 지었다. 이것이 바로 'Châteauneuf-du-pape(교황의 새로운 성)'이다. 요한 22세는 포도나무 식재를 통해 이 지역 와인 발전에 큰 기여를 했는데, 일조량이 많고 낮에는 무더우며 밤에는 서늘한 자갈 투성이의 이곳 포도밭에서 재배된 포도로 만든 최상급 와인은 교황의 미사용으로 이용되었다. 이 별장은 16세기 종교전쟁 때 파괴되어 흔적만 남아 있지만, 그 지역과 인근 3개 마을에서 생산되는 와인들은 'Vins du Pape(뱅 뒤 빠쁘)'라는 이름을 거쳐 〈Châteauneuf-du-pape〉라는 이름(AOC명)의 와인으로 전해 내려오고 있다. 19세기 후반 필록세라 창궐로 황폐화되었다가, 복원되어 그 명성을 잇고 있다.
〈Châteauneuf-du-pape(샤또뇌프 뒤 빠쁘)〉 와인은 세계에서 가장 다양한 품종들을 섞어서 만드는 것으로도 유명한데, 총 13가지 품종(레드 8, 화이트 5)의 사용이 허가되어 있다. 블렌딩되는 13개 품종은 다음과 같다.(최근 블렌딩 비율순)

- **레드 품종** : **Grenache**(그르나슈), **Syrah**(씨라), **Mourvèdre**(무르베드르), **Cinsault**(쌩쏘), **Muscardin**(뮈스까르댕), **Counoise**(꾸누아즈), **Vaccarèse**(바까레즈), **Terret Noir**(떼레 누아)
- **화이트 품종** : Clairette(끌레레뜨), Roussanne(루싼느), Bourboulenc(부르불랑), Picpoul(픽뿔), Picardin(삐까르댕)

Grenache와 Picpoul은 레드(Noir), 화이트(Blanc)를 모두 사용하므로 실제로는 15가지 품종이다. 이렇듯 〈Châteauneuf-du-pape〉는 레드, 화이트를 합쳐 총 13가지 품종의 블렌딩이 가능하기 때문에 화이트 품종이 섞인 경우 빛깔과 맛이 연하고 광물질(Mineral) 맛이 더 느껴지기도 하는데, 실제로는 레드 몇 가지 품종만을 블렌딩하는 경우가 더 많다.
평균 블렌딩 비율이 높은 4대 품종은 Grenache(70% 이상), Syrah, Mourvèdre, Cinsault로 전체의 90%가 넘는 비중을 차지하지만, 세부비율은 생산회사별로 차이가 많다. 하지만 '2008년 WS 100대 와인' 8위에 오르는 등 최고의 유기농 〈Châteauneuf-du-pape(샤또뇌프 뒤 빠쁘)〉 와인을 만드는 Château de Beaucastel(샤또 드 보까스뗄)사와 Clos des Papes(끌로 데 빠쁘)사는 드물게 13가지 품종 모두 사용하는 전통적인 방법을 아직도 고수하고 있다. 그 외에 Domaine de la Janasse(도멘 들 라 자나스), Domaine du Vieux Telegraphe (도멘 뒤 비유 뗄레그라프), Domaine du Pegau(도멘 뒤 뻬고), Clos des Papes (끌로 데 빠쁘), Château Rayas(샤또 라야스), Les Cailloux(레 까이유), Gerard Charvin(제라르 샤르뱅), Ch. La Nerthe(샤또 라 네르뜨), Clos du Mont-Oliver(끌로 뒤 몽똘리베), Domaine Roger Sabon(도멘 로제 사봉), Le Vieux Donjon(르 비외 동종) 등이 유명 생산자들이다.
근래 들어 기후 온난화에 따른 뜨거운 날씨로 남부 론 와인들의 알코올도수가 16%까지 올라가자, 많은 생산자들이 수확시기를 당기고, 양조시 화이트 품종을 소량 블렌딩해서 와인의 신선도와 산도를 유지시키려는 노력을 하고 있는데, 290여 샤또뇌프 뒤빠쁘 생산자들도 화이트 품종의 블렌딩 비율을 높이려 하고 있다. 레드 와인에 화이트 품종을 블렌딩할 때는, 레드 품종 포도밭 사이에 화이트 품종을 같이 식재하고, 발효와 침용(침출)을 같이 진행하면 혼합물들이 응집력을 갖게 되고, 와인의 색깔에도 별 영향을 미치지 않는다.

샤또뇌프 뒤 빠쁘 포도밭들은 점토성 청사암 석회질 토양인데 온통 굵은 자갈로 덮여 있다. 이 자갈들은 한낮의 뜨거운 태양열을 머금고 있다가 기온이 내려간 서늘한 밤에는 복사열로 포도 알갱이들을 보듬어 알맞은 당도와 산도를 만들어준다. 〈Châteauneuf-du-pape〉 와인은 당분을 첨가하는 보당(Chaptalisation)이 금지되어 있고, 적정 음용시기는 빈티지로부터 5년 이후인데, 고급 제품의 경우 10~20년도 좋다.
Châteauneuf-du-pape(샤또뇌프 뒤 빠쁘) AOC 화이트 와인도 생산이 되지만 그 양은 연간 몇천 상자에 불과하다.

샴페인은, 괴로울 때 마시면 괴로움이 반으로 줄고, 즐거울 때 마시면 즐거움이 배가 된다.
그래서 패자는 샴페인을 마실 필요가 있고, 승자는 샴페인을 마실 자격이 있다.

샹빠뉴 지방

미국, 이탈리아, 스페인 등에서도 품질좋은 스파클링 와인들이 많이 생산되고 있지만, 프랑스의 샹빠뉴는 여전히 논란의 여지가 없는 세계 최고의 스파클링 와인산지입니다.

F1 그랑프리 우승 세레머니
G. H. Mumm(멈)사의 꼬르똥 루즈 샴페인은
15년간 포뮬러1 공식 샴페인이었다.

부르고뉴 지방 북쪽이자 파리에서 북동쪽으로 145km 정도 떨어진 샹빠뉴 지방은 프랑스 최북단 와인산지로 평균기온이 10℃ 정도입니다. 샹빠뉴 지방에서는 실크처럼 부드러운 기포를 가진 세계에서 가장 유명한 스파클링 와인인 샴페인(Champagne)이 연간 3억 병 이상 생산되고 있습니다.

프랑스의 다른 와인산지의 경우, 지역이나 포도밭별로 AOP(원산지 명칭)가 부여되지만 샴페인에는 별도의 AOP(AOC)가 없습니다.

대신 특정 지역에서 정해진 방법으로 만들어져야만 샴페인으로 인정되므로 레이블에 'Champagne(샴페인)'이라고 표기되면 그 자체가 바로 AOP(AOC)와인이라 하겠습니다. 그래서 샴페인을 선택하는 기준은 세부지역이나 포도밭이 아닌 생산회사(샴페인하우스)의 명성이 될 수밖에 없습니다. 샹빠뉴 지역에서 생산되어도 품질이 나쁘면 'Champagne(샴페인)'이라 표시할 수 없습니다.

100여 개에 달하는 유명 샴페인 생산회사들◆이 샹빠뉴 지방의 중심 도시인 랭스(Reims)와 에뻬르네(Épernay) 인근에 집중되어 있습니다. 그래서 이 두 도시의 이름을 샴페인 병의 레이블에서 자주 볼 수 있습니다. 샴페인◆(Champagne)은 1668년 오빌레르 마을 쌩 뻬에르 수도원의 동 뻬리뇽(Dom Pérignon) 수도사가 원리를 알아내고 발전시킨 발포성 와인의 총칭입니다. 그는 시력이 아주 나빠 거의 장님 수준이었는데, 그로 인해 미각이 특별히 발달해 식품과 와인 책임자가 되었습니다. 당시엔 양조 후 지하저장고(Cave, 꺄브)에 보관하던 와인들이, 봄이 되면서 차오르는 가스의 압력을 견디지 못하고 폭발하는 경우가 많았다고 합니다. 뻬리뇽 수도사는 봄철마다 깨진 와인 병 조각을 청소하면서 병 속에서 부글부글 끓고 있는 거품의 정체를 궁금해 하다가 결국 그 원인을 알아냈습니다. 바로 '2차 발효'였습니다. 당시는 양조기술이 발달하지 못했기 때문에 미생물이나 당분, 효모 등이 살아있는 채로 와인을 병에 넣어 숙성시켰습니다. 그런데 샹빠뉴 지방

◆ 볼랭제, 크뤼그, 루이 뢰데레, 모에 &샹동, 뵈브 끌리꼬, 뻬리에 쥬에, 아르망 드 브리냑, 뻴리뽀나, 쌀롱 등 대단히 명성이 높고 규모가 큰 30여 개의 샴페인 하우스들로 이루어진 조합을 '그랑드 마르크(Grandes Marques)'라 한다.

◆ 엄밀히 말해 샴페인은 동 뻬리뇽이 창안해낸 것은 아니다. 그가 포도 재배법과 블렌딩 기술 등 결정적인 기여를 한 것은 맞지만, 샴페인은 그 이전에 자연 발생적인 우연성과 샹빠뉴 사람들의 수많은 노력을 거쳐 탄생한 결과물이다. 랑그독 지방의 리무(Limoux) 지역(388쪽 중간)에서는 샹빠뉴보다 100년 이상 빠른 1531년부터 스파클링 와인이 만들어 졌다.

은 연평균 10℃ 내외의 추운 지방이라 겨울이 오면 포도주가 잠시 발효를 멈추었다가, 봄이 되어 온도가 올라가면 남아있던 당분과 효모가 다시 활동을 시작하여 탄산가스를 만들어냈던 것입니다. 이러한 2차 발효로 압력◆이 높아지면서 와인 병이 터졌고 사람들은 그 부글거리는 포도주를 '악마의 와인', '미친 와인'이라고 불렀다고 합니다.

◆ 샴페인 병 속의 압력은 약 6기압 정도로, 이는 자동차 타이어 속 압력의 3배쯤 된다. 이런 압력에 견딜 수 있도록 샴페인 병은 일반 와인 병보다 더 두껍다. 근래 들어 병속 압력을 크레망 수준인 4.5기압으로 낮춰서 부드럽고 우아한 느낌으로 만들어지는 샴페인들도 있다.

빼리뇽◆ 수도사가 이렇게 탄산가스로 가득 찬 와인을 처음 맛보고 그 특별한 맛에 놀라서 한 첫 마디는 "나는 지금 하늘의 별을 마시고 있다"였습니다. 그 후 그는 가스의 압력을 견딜 수 있는 두께의 병을 만들고 철사로 뚜껑을 단단히 붙들어 매는 방법을 고안했다고 하는데, 확실한 근거는 부족합니다.

◆ 사실 동 빼리뇽은 샴페인을 처음 만들어낸 사람이 아니라, 블렌딩 기술을 발전시키고 기포가 생기지 않는 깔끔한 와인을 만들려고 부단히 노력했던 사람인데, 그의 사후 100년 뒤 새로 부임한 수도원장이 수도원의 명성을 높이려고 그의 업적을 오도하고 과장했다는 것이 많은 역사가들이 공통된 의견이다.

동 빼리뇽에 의해서 품질이 향상된 샴페인은 영국 왕실의 사랑을 받으면서 유명세를 탔고, 19세기 초 뵈브 끌리꼬(Veuve Clicquot)라 불렸던 여인의 공로에 힘입어 더욱 더 발전하게 됩니다. 27세에 미망인이 된 후 가업인 와인사업에 뛰어든 그녀는 발효 과정을 거친 샴페인을 탁하게◆ 만드는 주범인 효모찌꺼기(Lee)를 기포의 손상없이 응고시켜 제거하는 르뮈아쥬 기법(356쪽 참조)을 고안하였고, 샴페인의 홍보와 세계화에도 크게 기여했습니다.

◆ 르뮈아쥬(Remuage) 기법이 보편화되기 전까지 사람들은 지금처럼 맑지 않은 뿌옇고 탁한 샴페인을 마셨다.

마담 뵈브 끌리꼬

그 외에도 샴페인의 명성 뒤에는 또 다른 여성들의 역할이 적지 않았습니다. Pommery(뽀므리)사의 마담 루이즈 뽀므리, Bollinger(볼랭제)

① 오랜 전통의 고쎄사의 〈그랑 레제르브 브륏 NV〉 Chardonnay 46% : Pinot Noir 44% : Pinot Meunier 10%. 20만 원선.
② 볼랭제사의 〈그랑 아네〉 Chardonnay 30% : Pinot Noir 70%. 25만 원선. * 볼랭제사의 애칭은 '볼리(Bolly)'.
* 샴페인은 대부분 스테인리스 발효조에서 발효시키는데, 볼랭제는 빈티지 샴페인들을 오크통에서 발효시키는 대표적인 회사이다. 그외에도 떼땡제, 루이 뢰데레, 그라띠엥, 쟈끄송 등에서 오크통 발효를 시키는데, 특히 크뤼그사는 모든 샴페인을 오크통 발효시키는 것으로 유명하다.
③ 뵈브 A. 드보사의 〈드보, 뀌베 D〉 Chardonnay 53% : Pinot Noir 47%를 블렌딩해서 5년간 숙성시켜 출시. 13만 원선. 샴페인 발전에는 유독 여성과 미망인들의 활약이 컸었는데, 1846년 설립된 드보사는 3대에 걸친 3명의 미망인 오너들에 의해 성장하고 발전한 대표적인 회사이다.
④ 듀발 르루아사의 〈팜므 브륏〉 Chardonnay 79% : Pinot Noir 21%. 45만 원선.
⑤ 〈떼땡제 녹턴, SEC〉 Chardonnay 40% : PN + PM 60%. 9만 원선. 'Nocturne'은 "간밤에 무슨 일이 있었니?"를 뜻한다.

사의 마담 릴리 볼랭제*, Louise Roedere(루이 뢰데레)사의 마담 까미유 올리-뢰데레, Laurent-Perrier(로랑 뻬리에)사의 마담 마틸드 에밀 로랑-뻬리에 등이 그런 여장부들입니다.

고급 샴페인은 특히 여성들로부터 많은 사랑을 받아왔습니다. 루이 15세의 애첩이었던 마담 뽕빠두르는 샴페인 매니아이기도 했는데, "샴페인은 여자가 마시고 난 후에도 아름답게 보이는 유일한 술이다."라며, 마시는 것도 모자라 샴페인 목욕까지 즐겼다고 합니다.

* 샴페인을 너무나 사랑했던 릴리 볼랭제 여사는 볼랭제사 설립자의 증손자의 부인인데, 한 영국 기자가 "언제 샴페인을 마시냐"고 질문하자 이렇게 말했다고 한다.
"저는 기쁠 때나 슬플 때 샴페인을 마시죠. 손님이 올 때도 샴페인이 빠져서는 안 돼요. 그리고 혼자 있을 때 마시기도 해요. 배가 고프지 않을 때는 홀짝거리고, 배가 고플 때는 쭈욱~ 들이켜요. 그 외에는 절대 손 대지 않아요. 참, 목마를 때만 빼고요~" ^^

샴페인 양조 방식

스파클링(발포성) 와인의 양조 방법에는 크게 3가지가 있다.

- 샹빠뉴 방식 : 2차 발효가 병 속에서 이루어지는 전통적인 샴페인 양조방식.
- 샤르마 방식 : 2차 발효가 밀폐된 대형 탱크 속에서 이루어지는 방식.
- 가스주입방식 : 일반 와인에 인공적으로 탄산가스를 주입시키는 방식.

■ 샹빠뉴(샴페인) 방식

전통적인 샴페인 양조 방식을 말하며, 고급 샴페인들은 17세기 말 동 뻬리뇽 수도사가 처음 사용했던 이 방법을 아직도 거의 그대로 유지하고 있다. 프랑스어로 '샹빠뉴 방식'이라는 의미인 '메쏘드 샹쁘누아즈(Méthode Champenoise)' 라고 불렸으나, EU는 1994년부터 샹빠뉴 이외의 지역에서는 이 명칭을 사용 못하게 하고 '메쏘드 트라디씨오넬(Méthode Traditionelle)' 즉 '전통적인 방식(Classic Method)'이라 부르도록 했다. 스페인의 스파클링 와인인 〈Cava(까바)〉와 이탈리아 롬바르디아 지방에서 생산되는 이탈리아 최고급 스파클링 와인인 〈Franciacorta(프란챠꼬르따)〉도 이 샴페인 방식으로 생산된다. 미국에서도 스파클링 와인의 20% 정도가 이 방식으로 만들어진다.

(1) 수확 · 압착 · 1차 발효

9월 말~10월 초에 수확한 포도를 압착해서 포도즙을 만든다. 이때 첫 번째 압착즙을 '떼뜨 드 뀌베(Tête de Cuvée)', 두 번째를 '프르미에르 따이유(Première Taille)'라고 하는데, 최고급인 프레스띠쥬(Prestige)급 샴페인은 뀌베(1차 압착즙)로만 만든다. 압착작업이 끝난 포도즙은 발효과정을 거쳐 알코올 성분을 가진 와인으로 만들어지는데 이때 생긴 탄산가스는 공기 중으로 날아가 버린다.

(2) 블렌딩(Blending)

1차 발효된 와인들을 적정 비율로 섞는 과정으로, 프랑스어로는 아썽블라쥬(Assemblage)라고 한다. 포도품종별, 포도밭별, 빈티지별 비율을 결정해야 하는, 샴페인 양조과정에서 가장 중요한 단계라 할 수 있다. 샹빠뉴 지방은 날씨가 추워 포도가 잘 익지 않다 보니 같은 품종이라 하더라도 단일 포도밭보다는 여러 포도밭에서 수확한 최상급 포도들을 섞는 것이 전통이 되었다. 최대 10개 빈티지의 30~60여 가지의 리저브 와인이 블렌딩된다.

(3) 2차 발효·숙성

1차 발효 후 블렌딩된 와인을 시원한 지하저장고에서 출시될 병에 담아 당분과 효모(Yeast) 혼합물을 첨가한 후 임시마개로 막아놓는다. 그러면 병 안에서 2차 발효가 이루어지며, 이때 발생한 탄산가스는 와인에 용해되어 있다가 개봉할 때 아름다운 거품과 기포가 되는 것이다. 2차 발효를 위해 첨가하는 효모의 종류가 그 샴페인의 향미에 큰 영향을 미치게 되는데, 2차 발효 후 와인을 효모찌꺼기와 함께 숙성시킴으로써 그 특유의 부케를 얻기 때문이다. 논 빈티지 샴페인의 경우 병속에서 평균 2년 이상 숙성시키며, 빈티지 샴페인은 3~5년, 프레스띠쥬(Prestige)급은 7~10년 이상 숙성시킨다(크레망은 약 9개월 숙성).

(4) 르뮈아쥬(Remuage)

대부분 기계로 돌리지만 폴 로제사 등 일부 회사들은 아직도 수작업을 고수한다. 리들러 한 명당 하루에 5~6만병을 돌린다고.

샴페인은 2차 발효하면서 효모찌꺼기 등의 부유물이 생기는데, 탄산가스를 잃지 않으면서 이 찌꺼들을 효과적으로 제거하기 위해 병을 뒤집어 A자 모양으로 45도 정도 경사진 나무판(Pupitre,쀠삐트르)의 구멍에 꽂아두고 하루에 한 번씩 돌리기를 6~8주 정도 계속한다. 이리하면 찌꺼기가 병 입구 쪽으로 가라앉고, 탄산가스는 위쪽으로 올라간다. 이 과정을 영어로는 '리들링(Riddling)'이라 한다.

(5) 데고르쥬망(Degorgement)

뒤집어진 병목 부분에 모인 침전물을 소금물 등 찬 냉매로 급속 냉각(-20℃)시킨 후 임시마개를 열면 내부 압력에 의해 침전물이 튀어나오면서 제거되는데, 이런 찌꺼기 제거 과정을 데고르쥬망(Degorgement)이라 한다. 영어로 '디스고징(Disgorging)'.

(6) 도사쥬(Dosage)

침전물이 제거된 양만큼 리큐어(화이트 와인+사탕수수 설탕)을 첨가하는 보당 과정을 말하며, 이때 첨가하는 당분의 양에 따라 Brut(브륏), Sec(쎅), Doux(두우) 등 다양한 스타일(358쪽 표 참조)의 샴페인이 만들어진다. 이 도사쥬(Dasage) 과정을 마치고 나야 비로소 코르크 마개로 밀봉을 하게 된다. 근래에는 도사쥬를 하지 않은 제로 도사쥬 샴페인(Brut Nature)도 늘고있다.

■ **샤르마 방식**(Méthode Charmat)

불어로는 '메또드 샤르마(Méthode Charmat)'라고 하는데, 이 방식을 개발한 프랑스인 위젠느 샤르마(Eugene Charmat)의 이름을 딴 것이다.
샹빠뉴(샴페인) 방식이 병 속에서 2차 발효를 일으키는 것에 비해 샤르마 방식은 밀폐된 대형 탱크 내에서 2차 발효를 시킨다. 품질은 샴페인 방식보다 떨어지나, 시간과 노동력을 줄일 수 있어 중저가 스파클링 와인(Sparkling Wine)의 대량 생산에 사용된다. 레이블에 'Charmat' 또는 'Bulk'라고 표시된다.

샴페인이 보편화되고 나서 서양에서는 큰 배를 새로 건조하면 첫 출항에 앞서 안전한 항해를 기원하는 의미로 지체 높은 여성이 뱃머리에 샴페인 병을 던져 깨뜨리는 명명식 의식을 행했다고 합니다. 이는 오래전부터 고블렛 잔(성배), 레드 와인 병을 던져 깨뜨렸던 전통에서 비롯된 것인데, 타이타닉호가 이걸 안 해서 암초에 부딪쳐 침몰했다는 말도 있습니다. ;;

◆ 샴페인 한 병(750ml)에는 약 4,500~5,000만 개의 기포가 있다.

샴페인은 단순히 거품◆이 있기 때문에 즐거운 자리에서 터뜨리고 쏟아 붓는 술이 아닙니다. 고급 샴페인들의 제조과정은 일반 와인보다 훨씬 더 고난이도의 기술과 정성이 필요하며, 빈티지가 표시되는 '빈티지 샴페인'의 경우 5년 이상 숙성시키며, 10~15년 이상 보관할 수 있습니다. 우리가 잘 아는 〈Dom Pérignon(동 뻬리뇽)〉 샴페인의 경우 보통 6~8년의 숙성기간을 거치는데, 이 샴페인의 1990년 빈티지 의 경우 14년을 숙성시켜 2005년에 출시되기도 했습니다.

그런데 같은 프랑스 내에서도 다른 지방의 스파클링

모에 에 샹동사의 〈동 뻬리뇽〉 로제 샴페인. 48만 원선.
* 로제 샴페인을 만드는 방법은 두 가지가 있다.
적포도의 포도껍질을 '발효 전 포도즙(must)'에 일정시간 담가놓는 방법과
이미 만들어진 레드와 화이트 와인을 섞는 방법

와인은 'Champagne(샹빠뉴=샴페인)'이라고 부르지 않습니다. 'Crémant de Bourgogne(크레망 드 부르고뉴)'처럼 부르고뉴, 알자스, 랑그독(리무), 루아르, 보르도, 론, 쥐라, 사부아 등 다른 지방에서는 대부분 'Crémant(크레망)'이라고 부릅니다. > 28쪽 하단 참조

샴페인의 레이블에는 다음과 같이 당도 표시가 되어 있습니다.

샴페인의 당도 표기

스타일	매우 매우 드라이	매우 드라이	더 드라이	꽤 드라이	드라이	살짝 스위트	스위트
표기	Brut Nature 브륏 나뛰르	Extra Brut 엑스트라 브륏	Brut 브륏	Extra Sec Extra Dry	Sec / Dry 섹 / 드라이	Demi Sec 드미 섹	Doux 두우
리터당 당분 함량	3g 이하	6g 이하	12g 이하	12~17g	17~32g	32~50g	50g 이상

- Sec은 영어로 Dry이고, Demi Sec은 Half Dry, Doux는 Sweet을 의미한다.
- 뽀므리(Pommery)사의 오너였던 마담 뽀므리는 달콤한 샴페인이 대세였던 1874년 영국 시장 공략을 위해 영국인들의 취향을 감안해 드라이한 맛의 Brut 스타일 샴페인을 최초로 만들고 대중화시켰다. 뽀므리 샴페인 1956년 모나코 그레이스 켈리의 왕비의 결혼식 축하주로도 사용되었다.
- 부드럽고 크림같은 질감으로 식후주로도 사랑받는 모에&샹동사의 유명 샴페인 〈White Star〉가 'Extra Sec' 수준의 당도이다.

이러한 구분은 다른 스파클링 와인들도 대부분 비슷하게 사용하는데, 가장 흔하게 볼 수 있는 것이 Brut(브륏)입니다.

샴페인은 작황이 좋은 당해년도의 품질 좋은 포도로만 만들어 레이블에 빈티지가 표시된 '빈티지 샴페인'과 여러 해의 샴페인이 혼합되어 특정 빈티지가 아닌 '논 빈티지◆(Non-Vintage, Multiple Vintage) 샴페인'으로 나뉩니다.

◆ 최고급을 제외한 대부분의 스파클링 와인은 여러 포도밭, 여러 빈티지의 스틸 와인들이 블렌딩되는 경우가 많아 대부분 빈티지 표시가 없다. "Non Vintage(NV)"

북위 49도에 위치하는 샹빠뉴 지방은 기온이 낮고 포도재배의 작황이 매년마다 일정하지가 않습니다. 그래서 전체 생산되는 샴페인의 80~90%가 논 빈티지 샴페인이며, 레이블에는 이것을 줄여서

'NV'◆라고 표시됩니다. 오히려 빈티지가 적혀 있으면 '그 해에는 특별히 작황이 좋았구나' 라고 생각하면 되는 거지요. 하지만 그렇다고 해서 논 빈티지 샴페인의 품질이 많이 떨어지는 것은 절대로 아닙니다. 샴페인 하우스들(샴페인제조회사) 입장에서는 하늘이 도와주는 특정 해에만 생산되는 빈티지 샴페인에 의존하고 매달리기보다는 주력(?)인 논 빈티지 샴페인의 품질 향상에 많은 노력을 기울일 수밖에 없기 때문이죠. 그래서 어찌 보면 논 빈티지 샴페인이 빈티지 샴페인에 비해 그 샴페인하우스의 개성과 전형적인 스타일이 더 많이 반영된다고 할 수도 있습니다. 논 빈티지 샴페인을 양조할 때는 보통 그 해의 빈티지가 60~80%, 이전 해의 빈티지가 20~40% 정도 사용된다고 보면 됩니다.

◆ 1차 발효만 해둔 베이스 와인을 보관했다가 여러 빈티지를 블렌딩하는 NV(논 빈티지) 기법의 끝판왕으로 크뤼그(Krug)사를 꼽는데, NV가 아닌 MV(Multi Vintage)라고 불리기도 한다.

또 빈티지 샴페인이면서 레이블에 'Prestige Cuvée(프레스띠쥐 뀌베)'나 'Cuvée Spéciale(뀌베 스뻬씨알)'이라고 적혀 있으면, 빈티지 샴페인 중에서도 최상급 마을의 최상급 포도를 1차 압착해서 얻어진 질 좋은 주스(포도즙)로 양조한 후, 더 오래 숙성시켜 출시한 최고급 샴페인이란 뜻입니다. 최고의 품질에 생산량도 적은 만큼 가격은 당연히 비쌀 수밖에 없습니다. 그런데 'Prestige Cuvée'란 표시가 최고급 샴페인 외에도 몇몇 나라의 중저가 스파클링 와인이나 일반급 레드, 화이트 와인에도 쓰이는 경우가 있습니다. 이런 경우 '처음 얻어진 질 좋은 주스(포도즙)'로 나름대로 신경 써서 만든 좋은 와인이란 의미로 이해하면 되겠습니다.

1876년 제정 러시아 로마노프 왕조의 마지막 황제인 알렉산드르 2세의 전용 샴페인으로 만들어져 1945년 이전까지 러시아 황실에만 공급되었던 루이 뢰데레사의 최고급 샴페인 〈크리스탈〉. 자신만을 위한 특별한 병을 사용해달라는 황제의 요청에 의해 투명한 크리스탈병을 사용했는데, 독을 타는 것을 방지하기 위해서였다는 설도 있다. 북한의 김정은 위원장이 가장 좋아하는 샴페인이기도 하다.
Pinot Noir 55% : Chardonnay 45%. 40~50만 원 이상.

샴페인 빈티지 차트 by 리차드 줄랭(Richard Juhlin)

1981년	1982년	1983년	1984년	1985년	1986년	1987년	1988년	1989년	1990년
★★★★	★★★★	★★★	—	★★★★	★★	★★	★★★★★	★★★	★★★★★

1991년	1992년	1993년	1994년	1995년	1996년	1997년	1998년	1999년	2000년
★★★	★★★	★★	★★	★★★★	★★★★★	★★	★★★	★★★	★★★

2001년	2002년	2003년	2004년	2005년	2006년	2007년	2008년	2009년	2010년
★	★★★★	★★★	★★★	★★★	★★★★	★★★	★★★★★	★★	★★

* ★★★★★ : Perfect / ★★★★ : Exceptional / ★★★ : Good / ★★ : Simple / ★ : Weak
* 1980년 이전의 뛰어난 빈티지 : 1973년, 1971년, 1964년, 1961년, 1959년, 1953년, 1949년

샴페인은 차갑게 보관해야 하는데, 드라이한 샴페인은 8℃, 스위트한 샴페인은 4℃ 전후가 좋습니다.

가족 모임이나 행사를 위해 그럴싸한 샴페인을 한 병 사고 싶은데, 막상 와인샵에 가서 프랑스 샴페인을 둘러보면 가격이 많이 부담스러운 게 사실입니다.

〈Dom Pérignon(동 뻬리뇽)〉 샴페인은 30만 원 전후이고, 그 외에도 최소 7만 원에서 20만 원이 넘는 것들까지... 그럴 땐 행사 자리의 품위 손상이 되지 않는 범위에서 중저가의 스파클링 와인들을 고르면 됩니다. 굳이 프랑스의 샴페인을 살 것이 아니라 3만 원대 전후의 스페인의 스파클링 와인인 Cava(까바)나 독일의 스파클링 와인인 Sekt(젝트), 이탈리안 스파클링 와인인 Franciacorta(프란챠꼬르따)나 Prosecco(프로쎄꼬) 중에서 골라 보는 것도 괜찮겠습니다.

조닌사의 프로쎄꼬

프랑스의 Crémant(크레망)이나 스페인의 Cava(까바), 이탈리아의 Franciacorta(프란챠꼬르따) 등도 '병 속에서 2차 발효를

© CHASING THE VINE

시키는 샴페인 방식'으로 만들지만, 2차 발효 후 죽은 효모찌꺼기를 거르지 않고 함께 숙성시키는 Lees aging(리 에이징) 기간이 샴페인보다 훨씬 짧기 때문에 샴페인 같은 우아한 감칠맛(Savory taste) 풍미가 덜한 것입니다. 샴페인은 이 기간이 논 빈티지는 보통 2년, 빈티지는 기본 3년에 20년 이상도 숙성시킵니다.

샹빠뉴 지방의 포도품종

아주 오래전에 프랑스 북부는 바다였는데 물이 빠지면서 화석들과 미네랄이 풍부한 백악질 토양이 남았습니다. 부드럽고 수분이 많은 백악질과 석회질 토양은 서늘하고 습한 와인저장고를 만들기에 적합하며, 질소가 풍부한 포도를 만들어 줍니다. 이런 토양과 서늘한 기후에서 자란 포도들은 산도가 높아 예리하고 샤프한 느낌의 샴페인들을 만드는 좋은 재료가 됩니다.

샴페인은 레드 품종인 Pinot Noir(삐노 누아), Pinot Meunier(삐노 뫼니에)와 화이트 품종인 Chardonnay(샤르도네) 3가지 품종◆으로 만들어집니다.

◆ 샹빠뉴 지방의 품종별 재배 비율은 2020년 현재 Pinot Noir 38%, Pinot Meunier 35%, Chardonnay 27% 수준이다.

Chardonnay는 샴페인에 섬세하고 우아한 맛과 장기숙성을 위한 산도를 제공합니다. Pinot Noir는 샴페인에 바디감, 질감과 복합적인 향을 강화해주고, 여기에 Pinot Meunier는 흙내음과 과일 향미같은 아로마와 부케를 더해 줍니다. Pinot Noir의 변종으로, 일찍 익는 조생종인 Pinot Meunier는 장기숙성용 고급 샴페인일수록 그 비중이 적거나 없어지고, 주로 논 빈티지 샴페인에 사용됩니다.

Chardonnay 품종만 가지고 만든 샴페인은 레이블에 'Blanc de Blancs(블랑 드 블랑)◆'이라고 표기되며, Pinot Noir와 Pinot Meunier 2가지 레드 품종으로만 만든 것은 'Blanc de Noirs(블랑 드 누아)◆'라고 표기됩니다.

◆ Blanc(블랑) : 영어의 White
Noir(누아) : 영어의 Black
*Blanc de Noirs 샴페인과 성게알(우니)의 케미도 강추!

'Blanc de Blancs'은 거품이 미세하며 흰 꽃 향의 섬세한 아로마와 상큼한 향미가 뛰어난 데 비해, 'Blanc de Noirs'는 적당한 타닌에 제비꽃, 건과류, 나무 향 등이 매력적인 맛을 만들어냅니다.

레이블에 'Blanc de Blancs'이나 'Blanc de Noirs'라는 별도 표기가 없으면 위 3가지 품종이 모두 블렌딩되었다는 뜻인데, 대부분의 샴페인이 그러합니다. 이 경우 3가지 품종을 어떤 비율로 블렌딩하느냐에 따라 샴페인의 향미가 달라지는데, 아무래도 레드 품종의 비율이 높을수록 쿰쿰한 향에 맛이 깊은 풀(full)한 스타일의 샴페인이 만들어집니다.

화이트 품종인 샤르도네만으로 만드는 '블랑 드 블랑' 샴페인으로 유명한 쌀롱사의 고급 샴페인 〈르 메닐〉 130만 원선.
*〈르 메닐〉은 크뤼그사의 〈끌로 뒤 메닐, 368쪽 마지막 사진〉과 함께 최고의 블랑 드 블랑 샴페인으로 꼽힌다.

샹빠뉴 지방에서는 샴페인 외에도 발포성이 없는 화이트, 레드, 로제 와인들도 소량 생산되는데 이런 와인들을 'Coteaux Champenois(꼬또 샹쁘누아)'라고 하며, 그 중 특히 Pinot Noir(삐노 누아) 100%로 만든 로제 와인을 'Rosé des Riceys(로제 데 리쎄)'라고 합니다.

샹빠뉴 지방의 유명 샴페인 하우스

Champagne(샹빠뉴) 지방에서는 샴페인을 만드는 회사(와이너리)를 '샴페인 하우스'라고 부릅니다. 프랑스어로는 'Maison◆ de Champagne(메종 드 샹빠뉴)'라고 하지요.

◆ Maison(메종) : 영어의 House

마리 앙뚜아네뜨 왕비와 마릴린 먼로◆, 마돈나가 사랑한 샴페인인 Piper-Heidsieck(파이퍼 하이직), 모나코의 그레이스 켈리 왕비가 즐기던 Perrier-Jouet(뻬리에 쥬에), 처칠 수상과 각별했던 Pol Roger(폴 로제) 그리고 영국 왕실 행사에 자주 사용되고, 와인평론가 로버트 파커가 가장 아끼는 샴페인이자 영화 007 시리즈에 제일 많이(11편) 등장했던 Bollinger(볼랭제), 샹빠뉴의 컬트 와인으로 불리는 Jacques Selosse(쟈끄 셀로스), 근래 미국 셀럽들이 열광하는 Armand de Brignac(아르망 드 브리냑) 등을 비롯해서 Moët et Chandon(모에 에 샹동), Krug(크뤼그), Veuve Clicquot(뵈브 끌리꼬), Louis Roederer(루이 뢰데레), Taittinger(떼땡제), Deutz(도츠), Pommery(뽀므리), Laurent-Perrier(로랑 뻬리에), Philipponnat(삘리뽀나), G. H. Mumm(멈), Salon(쌀롱), Henriot(앙리오), Nicolas Feuillatte(니꼴라 푀이야뜨), Ruinart(뤼나르), Billecart-Salmon(비유까르 쌀몽), Joseph Perrier(조셉 뻬리에), Beau Joie(보 주아), Charles Heidsieck(샤를르 하이직), Gosset(고쎄), Canart-Duchene(까나르 뒤쉔느), Duval-Leroy(듀발 르루아), Cattier(꺄띠에르) 등이 유명 샴페인 하우스들입니다.

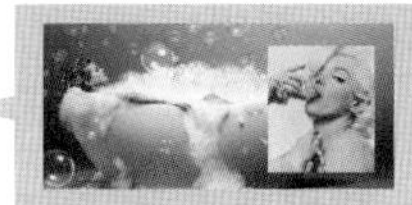

◆ 한 잡지사와의 인터뷰에서 "나는 샤넬 No.5를 입고 잠이 들고, 파이퍼 하이직 한 잔으로 아침을 시작해요."라고 했던 마릴린 먼로는 로제 샴페인 350병을 욕조에 부어 버블 베스를 즐기기도 했다. 믿거나 말거나~

이 중에서 Krug(크뤼그), Bollinger(볼랭제), Veuve Clicquot(뵈브 끌리꼬), A. Gratien(A. 그라띠엔)에서는 풀(full)하고 리치(rich)한 스타일의 샴페인이 주로

① 프랑스 최고 훈장인 레지옹 도뇌르의 붉은 리본에서 레이블 디자인을 따온 G.H. 멈사의 샴페인 〈꼬르똥 루즈 브륏 NV〉. Chardonnay 30% : Pinot Noir 45% : Pinot Meunier 25%. 상큼한 과일과 브리오슈 빵 냄새가 느껴진다. 85,000원선. 57쪽 하단 사진 설명 참조

② 아르누보 유리공예가 에밀 갈레가 디자인한 아네모네 꽃그림 병으로 유명한 뻬리에 쥬에사의 최고급 샴페인 〈벨 에뽀끄〉. 'Belle Époque'는 '아름다운 시절'이란 뜻이다. 영국, 프랑스, 벨기에 등 유럽 왕실에서 사랑받았던 샴페인으로. Chardonnay 50% : Pinot Noir 45% : Pinot Meunier 5%. 감귤류, 복숭아, 배 등의 과일 향미가 강하다. 23만 원선.

생산됩니다. 이는 1차 발효를 오크통에서 시키기 때문이기도 한데, Bollinger(볼랭제)사에서는 일부만을, Krug(크뤼그)사 에서는 모든 샴페인을 오크통 발효시킵니다. 그리하면 일반적인 스테인리스 스틸통에서의 발효보다 바디감이 많이 느껴지고 부케가 더 풍부해집니다.

그에 비해 특히 가볍고 섬세한 스타일의 샴페인을 생산하는 대표적인 샴페인 하우스로는 Lanson(랑송), Jacquesson(쟈끄송), A. Charbaut et Fils(A. 샤르보 에 피스) 등을 꼽을 수 있습니다.

① 니꼴라 퐈이야뜨사의 최고급 빈티지 샴페인 〈빨메도르(Palmes d'Or)〉. Pinot Noir 60% : Chardonnay 40%. 32만 원선. 1950년대에 니꼴라 퐈이야뜨가 미국의 한 젊은 오페라 디바를 연모하였고, 그녀가 흑진주를 좋아하는 것을 알고는 까만 병에 흑진주를 박아놓은 병 디자인을 고안하게 된 것이라고. 재클린 케네디 여사가 너무 좋아했었던 〈니꼴라 퐈이야뜨, 브륏 리저브〉는 아직도 '퍼스트 레이디 샴페인'으로 불린다.

② 〈동 뻬리뇽 P2〉 빈티지 샴페인에 집중하는 동 뻬리뇽 브랜드의 장기숙성 제품. Chardonnay 52% : Pinot Noir 48%. 16년 이상 병입 숙성후 출시한다. 병속에서의 2차 발효 후, 죽은 효모찌꺼기를 걸러 내지않고 같이 숙성시키는 lees aging의 극적인 효과는 1차가 7~9년, 2차가 다시 10년후에 생기는데, 'P2'는 2차 피크(Peak)까지 만들어낸 후 출시하는 샴페인이라는 의미로 붙인 것이다. 65만 원선.

③ 로랑 뻬리에사의 플래그쉽 샴페인 〈그랑 시에클 그랑 뀌베, 브륏〉 Chardonnay 55% : Pinot Noir 45%. 'Grand Siecle'은 17세기 태양왕 루이 14세의 치세를 일컫는 말로, 프랑스 예술과 문화의 개화기이자 새로운 고급 음식이 탄생했던 위대한 시기를 칭송하는 의미로 1955년 만들어졌고, 1959년에 처음 출시되었다. 40만 원선.

④ 샹빠뉴 드 브노쥬사의 〈루이 15세〉 1728년 주류 중에 오직 샴페인만을 병에 담아서 유통, 판매를 할 수 있는 법령을 공포했던 루이 15세의 업적을 기리기 위한 헌정 샴페인. 그랑 크뤼 포도밭의 Chardonnay 와 Pinot Noir 블렌딩. 80만 원선.

⑤ 파이퍼 하이직사의 프레스띠쥐 뀌베 샴페인 〈레어(Rare)〉 Chardonnay 70% : Pinot Noir 30%. 2015 IWC에서 1998년 빈티지가 1위(Champion of Champions' Trophy)를, 2017 IWC에서는 2002년 빈티지가 다시 1위를 차지하는 기록을 세웠다. 명품답게 병과 레이블은 반 클리프&아펠이 디자인하였다. 30만 원선. * 1차 세계대전 중이던 1916년 독일 잠수함의 공격으로 침몰한 배 안에 보관돼 있던 1907년산 파이퍼 하이직 샴페인들을 1998년 잠수부들이 찾아내 건져 올렸다. 82년간 바다 깊숙한 곳에 보관돼 최상의 상태를 유지한 덕분에 샴페인 경매 역사상 최고가인 병당 275,000달러에 낙찰됐었다.

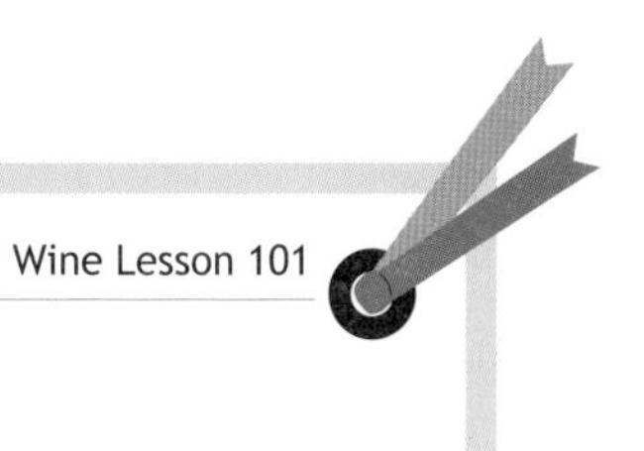

명품 회사들의 와인업계 진출

LVMH
MOËT HENNESSY• LOUIS VUITTON

프랑스 최고의 샴페인하우스 중에 하나인 Moët et Chandon(모에 에 샹동)사는 1971년 유명 꼬냑 회사인 Hennessy(헤네시)와 합병하여 Moët Hennessy(모에 헤네시)사로 재탄생하였고, 1973년에는 미국 캘리포니아 나파 밸리에 Domaine Chandon(도멘 샹동)사를 설립하였다. 그 후 1987년 프랑스 럭셔리 패션 브랜드의 대명사인 Louis Vuitton(루이 뷔똥)사와 합병하면서 LVMH(Louis Vuitton Moët Hennessy) 그룹의 일원으로 거듭나게 된다. LVMH 그룹은 그 외에 몇몇 위스키, 꼬냑 회사와 Krug(크뤼그), Veuve Cliquot(뵈브 끌리꼬), Ruinart(뤼나르) 등의 샴페인하우스, 보르도의 Ch. d'Yquem(샤또 디껨), Ch. Cheval Blanc(샤또 슈발 블랑), 호주의 Mount Adam(마운트 아담), Cape Mentelle(케이프 멘텔), 아르헨티나의 Bodegas Chandon Argentina(보데가스 샹동 아르헨티나), Terrazas de los Andes(떼라싸스 데 로스 안데스), Cheval des Andes(슈발 데스 안데스), 뉴질랜드의 Cloudy Bay(클라우드 베이), 미국의 Colgin(콜긴) 와이너리 등 60여 개의 다양한 주류 브랜드들을 거느리고 있다. www.lvmh.com

- 프랑스의 또 다른 명품 브랜드인 Chanel(샤넬) 그룹은 1994년 보르도 메독 그랑 크뤼 2등급인 Ch. Rauzan-Ségla(샤또 로장 쎄글라)를, 1996년에는 보르도 쌩 떼밀리옹 그랑 크뤼 1등급(B)인 Ch. Canon(샤또 까농)을, 2011년에는 Ch. Matras(샤또 마트라스)를 인수하였다.
  또한 Hermés(에르메스) 그룹은 2006년 메독 지역의 크뤼 부르주아급 샤또인 Ch. Fourcas Hosten(샤또 푸르까스 오스땅)을 사들였다.
- 이탈리아의 패션 왕국 Salvatore Ferragamo(살바또레 페라가모)사는 1993년 250년의 전통을 자랑하는 Il Borro(일 보로) 와이너리를 사들여 수퍼 또스까나 와인(406~410쪽 참조)들을 생산하고 있다.

처칠이 최애한 폴 로제(Pol Roger) 샴페인하우스

1849년에 설립된 폴 로제(Pol Roger)는 볼랭제, 루이 뢰데레 등과 함께 대기업들과 외부 자본의 개입 없이 가업승계 전통을 이어가는 몇 안 되는 샴페인하우스이다. 발효와 숙성 과정에서는 오크통을 완전히 배제하고 최첨단 기능의 스테인리스 스틸 탱크만을 사용하지만, 효모 찌꺼기 등을 제거하기 위해 병을 거꾸로 세워 돌리는 르뮈아쥬(Remuage) 과정만큼은 수작업을 고집하는 유일한 샴페인하우스이기도 하다.

특히 폴 로제사는 영국의 윈스턴 처칠 수상과의 각별한 인연으로도 유명하다. 지혜와 미모를 갖춘 폴 로제 가문의 손자며느리 오데뜨 폴 로제(Odette Pol Roger)가 회사의 경영을 맡고 있었던 1944년, 33세였던 그녀는 한 파티에서 70세의 처칠 수상을 처음 만나게 된다. 이때 오데뜨가 권했던 1928년산 폴 로제 샴페인을 마신 처칠은 그 맛에 매료되었고, 자신의 경주마 이름을 오데뜨로 지어 감사를 표했다. 그 후로도 두 사람의 돈독한 우정은 계속 이어졌다. 어떤 샴페인이든 사양하지 않는 처칠이었지만, 유독 폴 로제 샴페인에 대해서는 각별한 애정을 보였다.

영국 국민의 우상으로 승리에 대한 집념이 아주 강했던 처칠은 독일과의 타협을 단호히 거부했지만, 노후에 아내와는 극적인(?) 타협을 했는데, 그토록 사랑하는 샴페인을 마시기 위해서였다. 처칠은 매일 샴페인을 한 병씩 마셨다고 하니, 나이 든 처칠이 샴페인을 많이 마시지 못하도록 그의 아내가 얼마나 노력했을지 짐작이 간다. 처칠은 그런 아내를 설득하기 위해 기발한 아이디어를 냈는데, 아내가 원하는 반 병보다는 더 크고, 아내가 걱정하는 한 병보다는 좀 작은 중간 크기의 샴페인을 마시는 것이었다. 처칠 부부의 이런 합의(?)를 전해들은 오데뜨 폴 로제는 영국 맥주에 주로 쓰이는 임페리얼 파인트(Imperial Pint, 약 0.57리터) 사이즈의 샴페인을 만들어 처칠에게만 공급해주었다. VVIP를 위한 최고의 배려였다.

1965년 처칠이 91세의 나이로 서거하자, 폴 로제사는 영국으로 수출되는 논 빈티지 샴페인의 레이블에 검은 리본을 달아 애도를 표했고, 서거 10주년인 1975년에는 최상급 뀌베 샴페인을 만들어 그에게 헌정했는데, 10년간 숙성 후 1984년에 출시되었다. 그 샴페인의 이름은 〈Cuvée Sir Winston Churchill(뀌베 써 윈스턴 처칠), 35만 원선〉이며, 2~3년 주기로 좋은 빈티지에만 생산된다. 이 최고급 샴페인의 정확한 양조법과 블렌딩 비율은 아직까지도 외부에 알려지지 않고 있다. 아마도 처칠이 샴페인의 삐노 누아 향미를 매우 좋아했었기 때문에 삐노 누아의 비율이 꽤 높을 것이라는 예상만 하고 있을 뿐이다.

폴 로제사는 2004년부터 영국 엘리자베스 2세 여왕을 위한 공식 샴페인 공급처로 지정되어 폴 로제의 모든 샴페인에 왕실인증서(Royal Warrant)의 공식마크를 부착하게 되었다.

또 영국 왕실은 2011년 윌리엄왕자와 케이트 미들턴의 결혼식 웨딩 샴페인으로 〈Pol Roger Reserve Brut, 85,000원선〉을 선택하였다. '화이트 호일'이라는 별칭을 가지고 있는 이 샴페인은 리저브 와인 25%에 Pinot Noir 1/3 : Pinot Meunier 1/3 : Chardonnay 1/3을 블렌딩하여 규정보다 2배나 긴 36개월간 숙성시켜 출시한다. 가히 논 빈티지 샴페인 중 최고라고 할 만큼 개성 있고 품질에 일관성이 있다.

DEPUIS 1760
CHAMPAGNE
Lanson
BLACK LABEL
BRUT
Armand de Brignac(아르망드 브리냑)
Champagne
DEUTZ
DRAPPIER
Tomorrow Never Dies
007
BOLLINGER,
THE CHAMPAGNE
OF
JAMES BOND
DIE ANOTHER DAY
007
Bollinger the champagne of James Bond
CHAMPAGNE
BOLLINGER
JAMES BOND 007
2002
BRUT
CHAMPAGNE
DUVAL LEROY
LOUIS ROEDERER
CHAMPAGNE
CRISTAL
A REIMS
POMMERY
INITIAL
JACQUES SELOSSE
EXQUIS
Laurent-Perrier
CHAMPAGNE
KRUG
CLOS DU MESNIL
BRUT BLANC DE BLANCS

에뻬르네(Epernay) 중심 로터리

꼴라르 삐까르 샴페인하우스

에뻬르네에 있는 모에&샹동 샴페인하우스

모에&샹동 지하셀러

럭셔리한 모에&샹동 테이스팅 룸

모에&샹동 기념품샵

알자스 지방

알퐁스 도데의 단편소설 '마지막 수업'의 배경으로도 유명한 알자스 지방은 라인강을 사이에 두고 독일과 국경을 접한 프랑스 북동부에 위치합니다. 75년(1870~1945년) 동안 5번이나 독일*과 프랑스로 번갈아 국적이 바뀌는 우여곡절을 겪었습니다. 그래서 지금도 독일풍 분위기가 매우 강합니다. 포도품종이나 와인의 스타일도 그러해서 독일처럼 화이트 품종이 주류를 이루며 와인 병의 모양도 독일식으로 가늘고 목이 깁니다(하단 사진 참조).

◆ 알자스가 마지막으로 독일 영토였던 것은 1871년부터 1차 대전이 끝날 때까지였다.

하지만 조금이라도 스위트한 느낌의 화이트 와인이 주류인 독일 와인에 비해 알자스 화이트 와인은 대부분 드라이하고 알코올 도수*도 높습니다. 양조과정에서 보당(補糖)을 하지 않고 포도 속의 모든 당분을 남김없이 발효시키기 때문이죠.

◆ 독일 화이트 와인의 알코올 도수는 대체로 8~10도 수준이지만, 알자스 와인은 평균11~12도 정도다.

알자스 지방은 보쥬(Vosges) 산맥이 보호막 역할을 하기 때문에 해양성 기후의 영향을 받지 않아 프랑스 와인산지 중 가장 비가 적게 오며(연 강수량 500~600mm), 고온 건조하고 일조량이 풍부한 반(半) 대륙성 기후입니다. 보쥬 산맥의 고도 200~400m 사이 언덕에 위치해 햇볕을 많이 받는 알자스의 포도밭들은 이회암, 사암, 화산암, 석회암, 화강암 등 매우 다양한 토질을 가지고 있습니다.

알자스의 와인산지는 크게 북쪽의 바 랭(Bas-Rhin)과 남쪽의 오 랭(Haut-Rhin) 지역으로 나뉩니다. 서늘한 바람이 부는 바 랭 지역은 산도가 높은 일반급 와인들이 많이 생산되고, 기후가 따뜻한 남쪽의 오 랭 지역에서는 우아한 느낌의 고급

ALSACE
Clos Ste Hune
RIESLING

알자스 최고의 리슬링 와인 중 하나로 꼽히는 트랭바슈사의 〈끌로 쌩뜨 윈느〉 연간 9,000병 생산. 25만 원선.
* 트랭바슈사는 알자스 내에서도 드라이 와인의 전통 명가로 꼽힌다.
* 일반적으로 알자스 와인들은 오크 향보다는 신선한 과일 향미와 떼루아의 특징이 강하지만, 드라이하고 가벼운 화이트 와인에서부터 향긋하고 풍만한 와인까지 그 맛의 스펙트럼이 매우 다양하다.

와인들이 주로 생산됩니다.

프랑스의 다른 지방들과는 달리 알자스는 포도품종을 레이블에 표기하는데, 고급 와인일수록 더욱 그러합니다. 또 알자스 와인은 블렌딩보다는 단일 품종으로 만드는 것이 일반적이며, 두 가지 이상의 품종이 블렌딩된 경우 'Gentil(장띠)◆' 혹은 'Edelzwiker(에델즈빅케르)◆'라고 표기됩니다.

◆ Gentil(장띠) 1920년대에 포도밭의 한 구획에 여러 품종이 섞여 심어져 한꺼번에 수확하고 양조한데서 유래되었다. 알자스의 4대 노블 품종(리슬링, 게뷔르츠트라미너, 삐노 그리, 뮈스까)이 50% 이상 사용되어야 하며, 여기에 실바너, 삐노 블랑, 샤슬라 품종 등이 각각 따로 양조되어 블렌딩된다. 빈티지가 반드시 표시된다. 사라졌던 알자스의 전통 양조법을 위겔&피스사가 되살렸다. 깔끔하고 향기로워 피크닉 와인으로 강추!

◆ Edelzwicher(에델즈비께르) 알자스의 AOC 화이트 와인 포도품종들을 비율 표시 없이 블렌딩한 와인이다. 다른 포도 품종들을 각각 따로 혹은 함께 양조할 수 있으며, 빈티지 표시는 자율적이다.

알자스 지방의 포도품종

알자스는 화이트 와인이 압도적인 강세입니다. 주요 화이트 품종으로는, 알자스 그랑 크뤼 AOP와 소량의 늦수확 와인들◆을 만드는 4대 노블 품종인 Riesling(리슬링), Gewurztraminer(게뷔르츠트라미너), Pinot Gris(삐노 그리)◆, Muscat(뮈스까) 품종을 비롯해 Pinot Blanc(삐노 블랑)◆, Sylvaner(실바너) 등이 있습니다.

알자스의 넘버원 품종은 Riesling(리슬링)이며, 이곳의 최상급 와인들도 Riesling으로 만들어집니다. 화이트 와인이 대세인 독일도 Riesling이 대표 품종이지만, 살짝 달달하고 사과나 복숭아 향이 묻어나는 독일의 Riesling 와인에 비해, 알자스 Riesling 와인이 상대적으로 더 상큼하고 드라이하게 느껴지는

◆ Vendange Tardives (방당쥬 따르디브, VT) 2주가량 늦수확 한 포도로 만든 스위트 와인으로 특정 해에만 한정 생산된다(=Late harvest, 영어권 / Auslese, 독일).
Sélection de Grains Nobles (셀렉시옹 드 그랭 노블, SGN) 귀부병 걸린 포도로 만든 아주 스위트한 와인으로(=Beerenauslese, 독일), 4대 노블 품종(리슬링, 게뷔르츠트라미너, 삐노 그리, 뮈스까)으로만 만들어진다.

◆ 삐노 그리 204쪽 하단 참조

◆ 삐노 블랑은 삐노 그리의 변종으로, 리슬링과 함께 재배량이 계속 늘고 있다(205쪽 참조). 다음은 알자스 화이트 품종의 재배비율이다.
리슬링 22%, 게뷔르츠트라미너 19%, 삐노 그리 15%, 삐노 블랑 7%.

것은, 당분을 완전히 발효시키는 양조방식 외에도, 알자스의 토양◆에서 비롯된 미네랄과 부싯돌 향미 때문이기도 합니다.

Muscat(뮈스까)는 이탈리아의 Moscato(모스까또), 스페인의 Moscatel(모스까뗄)과 같은 품종입니다. 알자스의 Muscat(뮈스까) 와인은, 프랑스 남부의 부드럽고 스위트한 Muscat 와인과는 달리, 드라이하고 샤프한 느낌에 섬세한 꽃향기가 느껴져 식전주로 제격입니다.

또 최고의 Pinot Blanc(삐노 블랑) 품종 와인과 최고의 Sylvaner(실바너)◆ 품종 와인도 알자스에서 생산되고 있습니다. 이 두 품종은 대체로 가볍고 신선한 느낌인데, Pinot Blanc 와인이 섬세하고 부드러운 과일 향들이 더 느껴지는데 비해, Sylvaner 와인은 더 가볍고 신맛이 강하며 감귤류와 풀, 흰 꽃 향이 더 느껴집니다.

또 알자스에서 Pinot Blanc(삐노 블랑), Auxerrois(오쎄루아), Pinot Gris(삐노 그리), Riesling(리슬링) 등을 사용해 샴페인 방식으로 만들어 9개월 이상 병입 숙성시킨 〈Crémant d'Alsace(크레망 달자스)〉라는 AOP 스파클링 와인도 훌륭합니다.

레드 품종으로는 Pinot Noir(삐노 누아)가 유일한데, 전체 포도품종 중에서 8~9%를 차지합니다. Pinot Noir로 만들어지는 소량의 알자스 레드 와인과 로제 와인은 수출보다는 지역 내에서 대부분 소비되어 한국에서 맛보기가 쉽지 않습니다.

◆ 화이트 품종 중에서도 가장 산도가 높은 품종으로 꼽히는 리슬링은 토양에 따라 풍미 차이가 큰 편이라, 알자스 내의 다양한 토양에 따라 느낌이 다르다.

- 이회암 : 스파이시하고 휘발유향(petrolly)
- 사 암 : 파워풀, 숙성되면 휘발유향(petrolly)
- 화산암 : 스모키, 광물질(mineral) 풍미
- 석회암 : 레몬향과 풍부한 산도
- 화강암 : 풍부한 과일 향. 중간 정도의 산도
- 점토암 : 타닌(tannin) 느낌

◆ 실바너(Sylvaner) 품종은 블렌딩되는 경우가 많으며, 단일 품종으로 만들어질 경우 아주 가볍고 신선한 스타일의 와인이 된다. 실바너는 중유럽에서 오래전부터 재배되어 왔는데, DNA 검사 결과 트라미너(Traminer)와 허닉(Hunnic)이라는 오스트리아 화이트 품종의 교배임이 밝혀졌다. 현재는 독일과 알자스에서 주로 재배된다.

Gewurztraminer 게뷔르츠트라미너 | 207쪽 참조 |

Gewurztraminer(게뷔르츠트라미너)는 프랑스 알자스 지방, 오스트리아, 독일, 뉴질랜드 등지에서 주로 재배되는 화이트 품종입니다. 원산지는 이탈리아 티롤 지역의 트라민(Tramin) 마을이고, 이름이 독일식으로 되어 있다는 사실이 무색할 정도로, 프랑스 알자스 지방은 Gewurztraminer(게뷔르츠트라미너) 와인에 있어 독보적인 위치를 차지하고 있습니다. 알자스 포도밭의 20%가 이 품종을 재배합니다.

독일어로 매운 향신료를 의미하는 Gewürz(게뷔르츠)와 품종 이름인 Traminer(트라미너)가 합쳐진 것으로, '스파이시한 향이 나는 트라미너'라는 뜻입니다. 그냥 Traminer(트라미너)라고 부르기도 합니다.

Gewurztraminer(게뷔르츠트라미너) 품종 와인은 열대과일 리치◆나 망고 같은 달콤하고 그윽한 향에 장미향이 곁들여지고, 오일리(oily)한 느낌에 피니쉬는 살짝 쌉쌀합니다.

◆ 리치는 절세미인 양귀비가 가장 좋아했던 과일로도 유명한데, 그래서 아마도 양귀비가 와인을 마셨더라면 게뷔르츠트라미너 와인을 가장 사랑하지 않았을까요? ^^;

Gewurztraminer 와인은 새콤달콤하거나 자극적인 동남아시아 요리와도 잘 어울리지만, 살짝 스파이시한 잔향 때문에 전(煎)요리처럼 자극적이지 않고 기름진 한국요리에도 잘 매치됩니다. 현지에서는 푸아그라, 파떼(Pâté) 향이 강한 치즈와 많이 곁들인다고 합니다. 아주 독특하면서도 맛있는 와인이지만, 스위트한 느낌에 산도도 낮아 피니쉬가 길지 않고, 많이 마시면 다소 싫증(?)이 나기도 합니다.

알자스에는 주인이 다른 소규모 포도밭이 많아서 포도 재배자가 직접 와인을 만들기보다는 와인 제조회사가 이들 포도를 구입해 양조, 병입, 판매를 하는 경우가 대부분입니다.

① 삐에르 스파사의 〈게뷔르츠트라미너〉 와인. Gewurztraminer 100%. 그랑 크뤼급이 9만 원선.
② 파펜하임사의 〈게뷔르츠트라미너〉 와인. Gewurztraminer 100%. 4만 원선.
③ 위겔 에 피스사의 일반급 리슬링 와인은 4만 원선이지만, Jubilee(쥬빌레)급은 12만 원선이다.
* 위겔 에 피스사는 1639년부터 12대에 걸쳐 와인을 생산하는 알자스의 대표 생산자이다.
④ 알자스 최고의 바이오다이나믹 생산자인 도멘 진트 윔브레쉬트사의 〈삐노 그리〉 와인. Pinot Gris 100%. 8만 원선.
⑤ 〈알자스 그랑 크뤼, 쇼넨버그〉 품종은 Riesling을 중심으로 Gewurztraminer, Pinot Gris, Muscat 등이 블렌딩. 농축된 과일과 꽃 향기에 맛있는 산도와 페트롤 향미가 느껴지며, 15년 이상의 숙성력을 가졌다. 135,000원선.
* 품종(세파쥬)이 유독 강조되는 알자스에서 마르셀 다이스사는 품종보다는 떼루아와 빈티지, 밸런스를 더 중시한다. 이 와인도 한 구획 내에 서로 다른 품종들을 식재하고, 구분 없이 함께 수확하고 양조하는 전통적인 필드 블렌딩 방식으로 만들어진다.

그래서 알자스 와인을 고를 때는 생산자의 명성이 무엇보다도 중요한 기준이 됩니다. 알자스 지방의 유명 와이너리들로는, 전문가들이 추천하는 Trimbach(트램바슈), Hugel(위겔), Marcel Deiss(마르셀 다이스), Domaine Weinbach(도멘 바인바크), Léon Beyer(레옹 베예), Dopff Au Moulin(돕프 오 물랭)을 비롯하여 Pfaffenheim(파펜하임), DomaineViticoles Schlumberger(도멘 비띠꼴 슐룸베르제), Cave de Turckheim(꺄브 드 뛰르끄하임), Domaine Marc Kreydenweiss(도멘 마르크 크레덴바이스), Domaine Pfister(도멘 피스떼), Domaine Albert Boxler(도멘 알베르 복슬레), Domaine Schoffit(도멘 쇼핏) 등이 있습니다.

프랑스의 기타 와인산지

• 루아르 지방 376쪽 지도 참조

프랑스에서 가장 긴 루아르(Loire) 강 유역은 아름다운 자연 경관 덕에 많은 왕족과 귀족들의 성(城)이 있어 예로부터 '프랑스의 정원(Jardin de la France)'으로 불렸습니다. 프랑스의 유명 와인산지이기도 한 루아르 밸리(Loire Valley)는 대서양 연안의 낭뜨 시로부터 루아르 강을 따라 970km가량 길게 이어져 있습니다. 이곳은 주로 소규모의 가족중심 와이너리에서 단일 품종으로 만들어 오래 숙성시키지 않고 가볍게 마시는 다양한 종류의 와인들이 생산되는데, 루아르 지방 와인은 대체로 산도가 높고 신선해서 어느 음식과도 잘 어울립니다.

주요 소산지로는 뻬이 낭떼(Pays Nantais), 앙주-쏘뮈르(Anjou-Saumur), 뚜렌느(Touraine), 쌍뜨르(Centre) 등의 4개 지역을 꼽을 수 있습니다.

화이트 와인의 천국이라 불릴 만큼 상큼한 화이트 와인(55%)과 로제 와인이 유명하며, 스파클링 와인 생산량도 샹빠뉴 다음으로 많습니다. 하지만 근래 들어서는 레드 와인(25%)이 조금씩 늘고 있습니다.

루아르의 화이트 와인을 만드는 품종으로는 Chenin Blanc(슈냉 블랑, 204쪽 참조)과 Sauvignon Blanc(쏘비뇽 블랑)이 특히 유명합니다.

Chenin Blanc은 루아르 지방의 유서깊은 품종으로, '루아르의 삐노(Pineau de la Loire)'라고도 불리는데, 〈Vouvray(부브레)〉 〈Savennières(싸브니에르)〉 〈Côteau-du-Layon(꼬또 뒤 레용)〉 등의 AOP가 있습니다.

뚜렌느 지역의 앙부아지 성 근처에서 뚜렌느 앙부아즈 AOC로 생산되는 'SEC(드라이)'과 'DEMI-SEC(살짝 스위트)'으로 표시된 슈냉 블랑 와인들

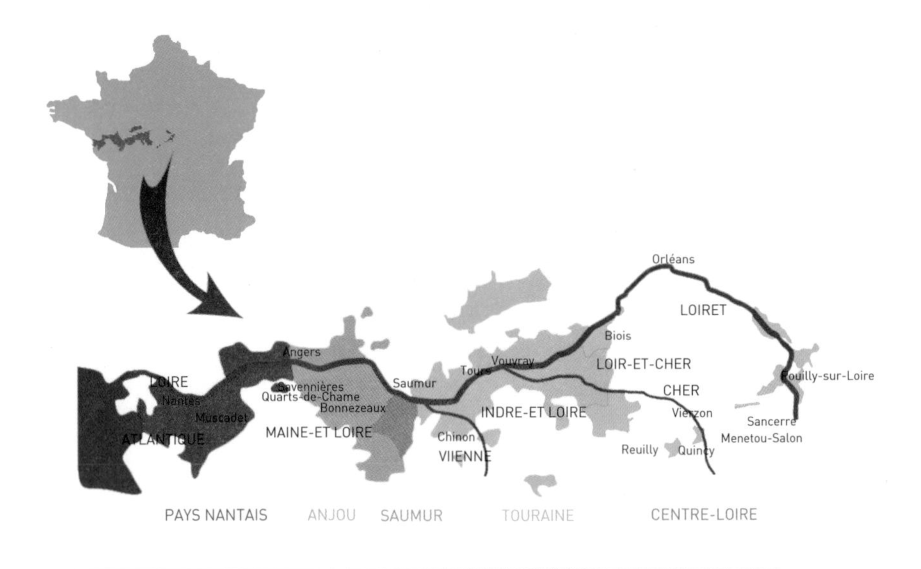

루아르 밸리(Loire Valley)의 주요 AOP 와인산지

숙성 초기의 Chenin Blanc(슈냉 블랑) 와인은 산도가 높아 톡 쏘는 듯한 느낌을 주는데, 드라이 와인 외에도 스위트(귀부)*, 스파클링 등 여러 스타일로 만들어집니다.

뚜렌느 지역의 〈Vouvray(부브레)〉 AOP 와인의 경우 다양한 스펙트럼의 스위트 와인들을 비롯해, 미디엄 혹은 드라이 와인으로도 만들어지는데, 수확연도의 작황에 따라 생산비율이 달라집니다. 또 뚜렌느는 쏘뮈르(Saumur) 지역과 함께 개성 있는 스파클링 와인*으로도 유명합니다.

비뇨 슈브로사의 부브레 AOP 와인

◆ 부브레(Vouvray) AOP로 만들어지는 고급 귀부 와인은 보르도의 쏘떼른 와인에 견줄 만큼 리치하고 깊은 맛을 가진 장기숙성 타입이다. 개인적으로는 까르 드 숌(Quarts de Chaume) AOP 귀부 와인을 추천!

◆ 루아르 지방의 일반적인 스파클링 와인인 〈크레망 드 루아르〉 외에 쏘뮈르 지역에는 〈쏘뮈르 무쐬〉라는 가벼운 스파클링 와인이 있고, 부브레에는 약발포성인 〈부브레 뻬띠앙〉과 샴페인 방식의 〈부브레 무스〉가 있다.

루아르의 드라이한 Chenin Blanc(슈냉 블랑) 와인을 맛보고 싶다면, 유기농 와인으로 유명한 니꼴라 졸리(Nicolas Joly) 사가 싸브니에르의 꿀레 드 쎄랑(Coulée de Serrant) 포도밭에서 만드는 〈Clos de la Coulée de Serrant(끌로 드 라 꿀레 드 쎄랑), 20만 원선〉 와인을 권해 드리고 싶은데, 가격이 좀 만만치 않지요? ;; 이 포도밭은 부르고뉴의 로마네 꽁띠, 북부 론의 샤또 그리예와 함께 프랑스에서 개인 소유의 밭에 AOP가 부여된 3곳 중의 하나입니다. 이곳에 주어진 AOP 명은 'Appellation Savennières-Coulée de Serrant Protégée'입니다.

〈끌로 드 라 꿀레 드 쎄랑〉 레이블

루아르 지방의 또 다른 유명 AOP 와인들로는 쌍뜨르 지역에서 만드는 세계에서 가장 우아한 Sauvignon Blanc(쏘비뇽 블랑) 품종 화이트 와인인 〈Sancerre(쌍세르)〉와 〈Pouilly-Fumé(뿌이 퓌메)〉가 있습니다. 각각 2~3년, 3~5년이 가장 좋은 음용시기입니다. 대부분 오크통 숙성을 하지 않는, 산도와 과일맛의 밸런스가 뛰어난 와인들로, 보르도 지방의 앙트르 되 메르(Entre Deux Mers)나 그라브(Graves) 지역의 Sauvignon Blanc 와인들을 능가한다는 평을 듣습니다(물론 보르도와는 달리 이곳에서는 100% 단일 품종을 사용하므로 정확한 맞비교는 어렵지만, 뿌이 퓌메는 전 세계 쏘비뇽 블랑 와인의 기준이다).

Sauvignon Blanc(쏘비뇽 블랑) 와인의 원조격인 〈쌍세르〉와 〈뿌이 퓌메〉는, 진한 풀향기가 나는 뉴질랜드 Sauvignon Blanc 와인에 비해, 구즈베리 향미를 기본으로 신선한 식물 뉘앙스가 느껴집니다.

도멘 데 까브 드 프리외레사의 〈쌍세르〉 AOP 와인. Sauvignon Blanc 100%. 6만 원선.

미디엄바디인 〈Sancerre(쌍세르)◆〉 와인이 좀 더 드라이하고 상큼한 과일 향(자몽, 밀감)이 짙고 섬세한 데 비해, 〈Pouilly-Fumé(뿌이 퓌메)◆〉는 여기에 사향과 부싯돌, 매캐한 연기, 광물질(미네랄) 향이 살짝 더해지면서 더 진하고 무게감이 있습니다. 품종은 같지만 토양의 영향 때문인데, 쌍세르의 쏘비뇽 블랑 포도밭들이 석회질 토양인데 비해 뿌이 퓌메는 석회질이 더 많고 진흙과 모래가 섞인 복합적인 토양입니다. 참고로 뉴질랜드의 Sauvignon Blanc 와인 대표산지인 말버러 지역은 자갈이 많이 섞인 충적토양입니다.

◆ 예전엔 〈뿌이 퓌메〉의 명성이 훨씬 높았으나, 이제는 〈쌍세르〉의 인기가 더 높아진 느낌이다. 이 두 와인들은 포도 천연의 산도를 보존하기 위해 오크 숙성을 잘 하지 않았으나, 오크통 숙성을 하는 생산자들도 늘고 있다.
〈Pouilly-Fumé(뿌이 퓌메)〉는 루이 16세의 왕비인 마리 앙뚜아네뜨가 가장 즐겼던 와인이기도 한데, 부르고뉴 지방의 마꼬네 지역에서 샤르도네 품종으로 생산되는 화이트 와인인 〈뿌이 퓌세(Pouilly-Fuisse)〉와 발음이 비슷하니 헷갈리지 마시길…
또 레이블에 그냥 'Pouillyé(뿌이)'라고만 표시되어 있으면, 이집트가 원산지인 Chasselas(샤슬라)라는 품종으로 만든 산도가 낮고 부드러운 화이트 와인인데, 루아르의 뿌이 쒸르 루아르(Pouilly-sur-Loire) AOP 와인이 그러하다. Chasselas(샤슬라)는 스위스 와인의 대표 품종이다.

그 외에 낭뜨 영화제로도 유명한 낭뜨 시 주변의 뻬이 낭떼(Pays Nantais) 지역에서는 Muscadet(뮈스까데) 품종으로, 같은 이름(AOP명)의 라이트바디 화이트 와인이 생산됩니다. 18세기에 이 지역을 덮친 대한파(大寒波)로 포도나무가 전멸하자 부르고뉴에서 추위에 강한 'Melon de Bourgogne(믈롱 드 부르고뉴)' 품종을 들여왔는데, 이것이 뒤에 Muscadet라고도 불리며 루아르 특산 품종이 된 것입니다. 드라이하고 순수한 맛의 〈Muscadet(뮈스까데)◆〉 와인은 굴(석화)과 조개류를 비롯한 해산물 요리와 궁합이 끝내줍니다. Muscadet 와인에 리큐어의 일종인 크렘 드 까시스(Crème de Cassis)를 살짝 타도 맛이 꽤 좋습니다.

뮈스까떼 화이트 와인

◆ 뮈스까데 와인의 레이블에 Sur lie(쒸르 리)'라는 표기가 있으면, 포도즙을 발효 중 가라앉은 효모 찌꺼기 등의 침전물과 분리시키지 않고 같이 숙성시켰다는 의미인데, 이 경우 침전물 제거과정에서 발생하는 산화를 막아 신선한 과일 산미는 살리면서 특유의 깊고 복합오묘한 풍미를 더할 수 있다. 오래전 이 지역 사람들이 중요한 날에 마시려고 남겨둔 와인이 통 안에서 효모 찌꺼기와 장기간 숙성되면서 만들어진 전통방식이다.

루아르 지방의 근래 빈티지 점수

2007년	2008년	2009년	2010년	2011년	2012년	2013년
SB : 84점 CB : 90점 CF : 83점	SB : 87점 CB : 88점 CF : 87점	SB : 92점 CB : 93점 CF : 91점	SB : 91점 CB : 94점 CF : 90점	SB : 84점 CB : 88점 CF : 88점	SB : 86점 CB : 85점 CF : 84점	SB : 83점 CB : 86점 CF : 83점
2014년	**2015년**	**2016년**	**2017년**	**2018년**	**2019년**	**2020년**
SB : 86점 CB : 86점 CF : 87점	SB : 90점 CB : 92점 CF : 90점	SB : 92점 CB : 94점 CF : 92점	SB : 91점 CB : 92점 CF : 90점	SB : 89점 CB : 93점 CF : 92점	SB : 90점 CB : 94점 CF : 93점	SB : - CB : - CF : -

• 출처 : 《Wine Report 2009》 • SB : 쏘비뇽 블랑, CB : 슈냉 블랑, CF : 까베르네 프랑

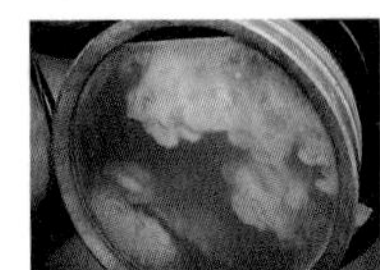
Sur lie aging & bâtonnage

Muscadet(뮈스까데) 품종 와인은 4개의 AOP가 있는데 그중 뮈스까데 드 쎄브르 에 멘느(Muscadet de Sèvre-et-Maine) AOP 와인이 생산량이 가장 많고 품질도 좋습니다. Muscadet 와인은 '쒸르 리(Sur lie)'라는 독특한 제조법으로 만들어지는데, 다음 해 6월까지 발효통에서 효모 찌꺼기와 함께 숙성시킨 후 여과 없이 병입시킵니다. 이렇게 와인이 저온에서 장기간 침전물과 접촉하면서 날카로운 산미가 부드러워지고 아미노산 등의 성분이 와인에 스며들어 감칠맛과 복합적인 뉘앙스가 생깁니다. 부르고뉴 등 다른 지역에서도 향미를 풍부하게 하고 바디감과 숙성 잠재력을 높이기 위해 이 방법을 부분적으로 사용하지만, 침전물과의 접촉 기간을 이렇게 오래하지는 못합니다. 이것은 Muscadet(뮈스까데) 품종이 '쒸르 리(Sur lie)' 방식과 캐미가 잘 맞기 때문에 가능한 것입니다.

또 루아르 지방에서 빼놓을 수 없는 와인이 앙주-쏘뮈르 지역의 〈Rosé d'Anjou(로제 당쥬)〉와 〈Cabernet d'Anjou(까베르네 당쥬)〉라는 로제 와인입니다. 〈Rosé d'Anjou〉는 산도가 높은 앙주의 특산 품종인

루아르 생산조합에서 생산하는 〈까베르네 당쥬〉 로제 와인. Cabernet Sauvignon 100%. 24,000원선.

Grolleau(그롤로)를 주품종으로 Cabernet Franc, Cabernet Sauvignon, Gamay(가메) 품종 등이 일부 블렌딩됩니다.

연한 주황 빛에 살짝 스위트하고, 상큼한 맛이 느껴지는 〈Rosé d'Anjou(로제 당쥬)〉는 그 맛이나 빛깔 때문에 '연인들을 위한 와인'으로 사랑받아 왔습니다. 〈Cabernet d'Anjou(까베르네 당쥬)〉는 Cabernet Franc과 Cabernet Sauvignon 품종으로 만들며 스위트에서 드라이한 맛까지 다양하지만 약간 드라이한 스타일이 가장 많습니다. 〈로제 당쥬〉보다 지명도는 떨어져도 품질은 더 뛰어나다는 평도 받으며 생산량이 늘고 있습니다.

◆ 서늘한 지역의 레드 와인에서는 젖은 종이나 먼지(Dusty) 향이 나기도 하는데, 루아르 지방의 맛없는 저가 레드 와인들도 살짝 그런 느낌이 든다.

루아르의 레드 와인◆ 품종으로는 Cabernet Franc(까베르네 프랑)을 중심으로 Malbec(말벡), Cabernet Sauvignon, Gamay(가메), Pinot Noir(삐노 누아) 등이 재배됩니다. 석회질 토양에서 자란 루아르의 Cabernet Franc은 향긋한 꽃향기와 기분좋은 허브 스파이스, 붉은 베리류의 향미를 가졌는데, 특히 뚜렌느 지역의 쉬농(Chinon)과 부르게이(Bourgeuil)에서는 전통적으로 100% Cabernet Franc으로 미디엄바디 레드 와인을 만들며, Cabernet Sauvignon을 섞더라도 10% 미만입니다. 그 외에 앙주-쏘뮈르 지역에서 Cabernet Franc으로 만드는 쏘뮈르-샹삐니(Saumur-Champigny) AOP 레드 와인도 좋지만, 실크처럼 부드러우면서 까시스와 헤이즐넛 향과 과일 풍미가 좋은 산뜻한 쉬농 AOP 와인이 루아르 산 최고급 레드 와인으로 인정받습니다. 부르게이의 Cabernet Franc 와인은 지명도나 품질 면에서 쉬농 레드 와인에 다소 뒤지지만 좀 더 진하고 깊이가 있다는 평을 듣습니다.

루아르(Loire) 밸리

아름다운 쉬농소 성(城)

루아르 유기농 와인의 대명사 니꼴라 졸리

"전설의 100대 와인"에 선정된
샤를르 조게사의 쉬농 CF 100% 와인

쏘뮈르의 보석, 도멘 드 라 팔렌느사의
최고급 슈냉 블랑 와인 〈물랭 드 깽〉

Malbec 와인 맛집
플루 & 피스 와이너리

루아르 SB 와인의 명장, 디디에 다그노와
〈Silex(실렉스)〉를 비롯한 그의 유명 와인들

랑리 부르주아사의
SB 와인 〈쁘띠 부르주아〉

도멘 위에사의
"달달한(Moelleux, 므왈레)"
명품 슈냉 블랑 와인

• 프로방스 지방 291쪽 지도 참조

작렬하는 태양과 온화한 기후, 바다, 산, 강 등 독특하고 다양한 풍광이 어우러진 프로방스(Provence) 지방은 모두가 꿈꾸는 관광 휴양지로, 항상 싸고 맛있는 음식과 과일들이 넘쳐 납니다. 시원하게 마시는 로제 와인이 지중해* 인근의 유럽 국가들과 미국의 여름철 휴가지 트렌드로 각광받으면서, 로제 와인의 본고장인 프로방스 지방도 젊은 층을 대상으로 하는 마케팅에 한껏 힘을 기울이고 있습니다.

* 프로방스에서 지중해상으로 나가면 나폴레옹이 태어난 코르시카(Corsica) 섬이 있다. 이탈리아 양조법의 영향을 많이 받았고, 씨아까렐로(Sciacarello)라는 토착 품종 등으로 레드 와인을 많이 생산한다.

2,600여 년의 오랜 와인 역사를 가지고 있는 프로방스는 론 강 하구에서 지중해로 이르는 넓은 지역에 와인산지들이 자리 잡고 있으며, 로제 와인이 90%, 레드 와인이 6%, 화이트 와인이 4% 정도를 차지합니다.

가장 대표적인 AOP 산지는 꼬뜨 드 프로방스(Côtes de Provence)로 프로방스 최대의 재배면적(80%)을 가지고 있으며, 역시 로제 와인이 가장 많이 생산됩니다. 하지만 가장 유명한 로제 와인은 방돌(Bandol) 지역에서 생산됩니다. 파리 시민들이 가장 즐긴다는 프로방스의 〈Bandol Rosé(방돌 로제)〉는 남부 론 지방의 〈Tavel Rosé(따벨 로제)〉, 루아르 지방의 〈Rosé d'Anjou(로제 당쥬)〉와 함께 프랑스의 3대 로제 와인으로 꼽힙니다. 〈Rosé d'Anjou(로제 당쥬)〉는 어느 정도 단맛이 나고 알코올 도수도 11도 전후이지만, 〈Tavel Rosé(따벨 로제)〉와 Bandol Rosé(방돌 로제)〉는 보통 드라이한 맛에 알코올 도수도 13도 전후

프로방스의 와인명가 도멘 오뜨사의 방돌 로제인 〈샤또 로마쌍〉 Grenache 50% : Cinsault 30% : Syrah 15% : CS 5%.
드라이하고 뛰어난 품질에 독특한 병 디자인으로 '프로방스의 롤스로이스'라는 애칭을 가지고 있는 이 로제 와인은 스티븐 스필버그, 바브라 스트라이잰드, 킴 베싱저, 알렉 볼드윈 등 할리웃 스타들에게도 인기가 높다고. 8만 원선.
도멘 오뜨사는 알자스 출신 마르셀 오뜨가 1912년에 설립해 4대째 가족경영을 이어오며, 바이오다이나믹 농업을 사용하고 있다. 품질 향상을 위해 2004년부터 샴페인 명가 루이 뢰데레사와 파트너쉽 제휴를 맺었다.

지중해를 품고 있어 해산물이 풍부하고, 높은 산들과 따스한 햇살이 비추는 아름다운 풍광 속에서 라벤더, 로즈메리 등의 허브가 사람 키만큼 자라고, 인심도 좋은 곳. 이런 자연 속에 살고 싶어 후기 인상파 고흐와 세잔이 칩거했었고, 포도밭 키스로 유명한 영화 '프렌치 키스'의 무대이기도 했던 프로방스에는 아주 오랜 전에 태양을 절여 와인을 만드는 어부가 있었다고 한다. 그는 태양을 헹구고 빨아서 분홍빛을 얻었다. 그 분홍빛을 잔속에 담아 만든 것이 프로방스 로제 와인이다. 프로방스는 프랑스에서 로제 와인을 가장 많이 생산하고 있다.

도멘 사샤 리쉰사의 명품 로제 와인들
〈Whispering Angel(위스퍼링 앤젤)〉
〈Ch. d'Esclans〉〈Les Clans〉〈Garrus〉

2008년부터 프로방스의 〈샤또 미라발〉을
소유했던 브래드 피트와 안젤리나 졸리
부부는 이혼 후 지분 매각을 추진 중.

사라 제시카 파커가 뉴질랜드 인비보사와 함께
프로방스에서 생산하는 〈인비보 X SJP〉

배우 존 말코비치가 프로방스에서
CS 품종으로 만드는 로제 와인

팝스타 카일리 미노그가
52번째 생일을 맞아
자신의 이름으로 만든 로제 와인

◆ Mourvèdre(무르베드르)
고향 스페인에선 'Monastrell(모나스뜨렐)'이라고 부른다. 190쪽과 603쪽 참조

◆ Cinsault(쌩쏘)
프로방스 로제 와인에는 쌩쏘 품종의 비중이 매우 크다. 198쪽 하단 Tip 참조

◆ 떼루아(Terroir)
와인산지의 입지, 지형, 토양, 기후 등 포도재배와 와인양조에 영향을 끼치는 종합적인 '자연조건(Natural condition)'을 이르는 말이다.

입니다. 〈Bandol Rosé(방돌 로제)〉는 Grenache(그르나슈)와 Mourvèdre(무르베드르),◆ Cinsault(쌩쏘)◆ 품종 등으로 만들어집니다.

스페인 출신인 Mourvèdre 품종은 프랑스에선 프로방스의 방돌 지역이 최고의 떼루아◆여서 Mourvèdre 100%의 풀바디 레드 와인으로도 만들어집니다. Mourvèdre 와인은 구조감이 좋고 파워풀하며 가죽, 후추, 흙, 감초 향이 납니다. 스파이시하고 복합적인 풍미가 있으나, 저가 제품에선 좀 쿰쿰한 맛도 납니다.

• **랑그독-루씨용 지방** 385쪽 지도 참조

프랑스 남부 지중해 연안 서쪽으로 드넓게 펼쳐진 세계 최대의 와인산지 랑그독(Languedoc)과 루씨용(Roussillon)은 프랑스의 와인 문명이 시작된 곳입니다. '따로 똑같이'처럼 동서(東西)를 합쳐 랑그독-루씨용(Languedoc-Roussillon)으로 묶어서 불리던 이 두 지방이 2006년 6월 22일부로 와인산지로서의 명칭이 '남프랑스', 'South of France(불어로 Sud de France)'로 통일되었습니다. 이름을 쉽게 해서 본격적으로 세계시장을 공략하기 위함입니다. 또 2007년 5월부터는 각각 구분되어 있던 AOP 명칭도 'Languedoc(랑그독) AOP'로 단일화되었습니다.

론 와인 느낌이 강한 동부 랑그독에 비해, 보르도 향이 느껴진다는 서부 랑그독의 유명 AOP 지역인 미네르부아(Minervois)에는 소량의 우수한 화이트 와인도 있지만, Grenach(그르나슈), Syrah(씨라), Mourvèdre(무르베드르), Carignan(까리냥) 등으로 오크 숙성시킨 야생

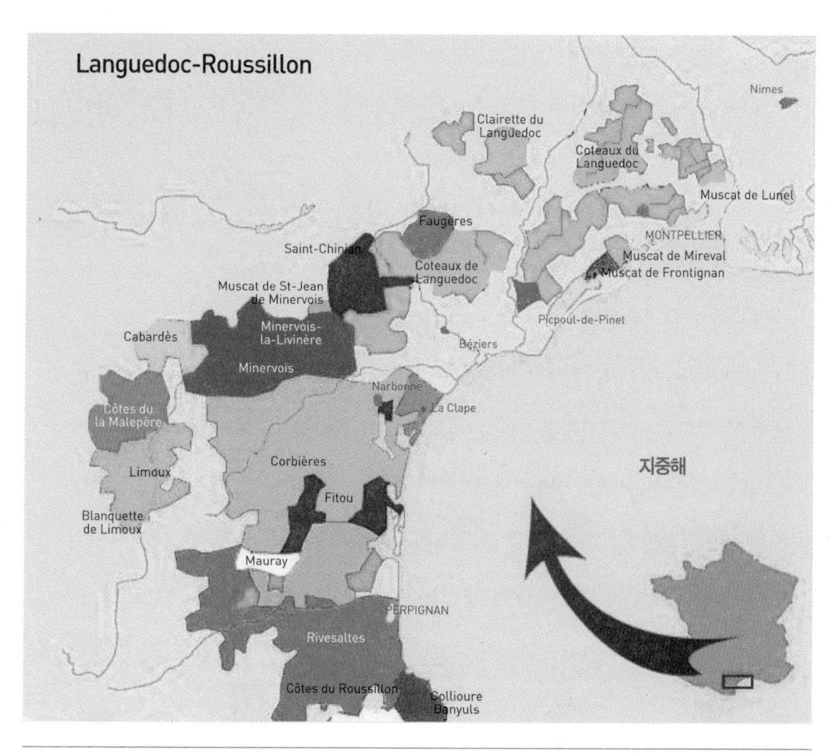

랑그독-루씨용 지방의 세부 와인 산지들

꽃과 향신료 향이 나는 매력적인 레드 와인이 대세입니다. 또 미네르부아 바로 아래의 진하고 거친 느낌의 꼬르비에르(Corbières) AOP 레드 와인과 복합적이고 파워풀한 피뚜(Fitou)◆ AOP 레드 와인도 추천할 만합니다. 동부 랑그독에서는 Carignan(까리냥)을 주품종으로 하는 꼬또 뒤 랑그독(Coteauz du Languedoc) AOP가 가장 중요하고 유명한데, 2007년부터 이 지역을 포괄하는 광역 랑그독(Languedoc) AOP로 단순화 되었습니다.

◆ 피뚜는 1948년 랑그독-루씨용 지방 최초로 AOC 명칭을 획득한 곳이다.

랑그독(Langue-doc)과 루씨용(Roussillon) 지방에서는 프랑스 전체 와인의 1/3 이상이 생산되지만, 그중 상당수는 IGP(예전의 Vin de Pays, 뱅 드 뻬이)◆급에 속하는 밋밋한 일상 와인들(Vin Ordinair : 뱅 오르디네르)이었습니다. 하지만, 풍부한 일조량에 다양한 토양과 기후를 가진 이곳에서는 상당수의 유기농 와인을 포함하여 당국의 통제를 거부하고 자유로운 방식으로 다양한 스타일의 와인들이 만들어집니다. 그동안 '가까이 하기엔 너무나 어려웠던' 프랑스 와인의 고정관념을 깨고, 심플하고 모던한 스타일의 레이블에 포도품종을 표기한 가성비 뛰어난 중저가 와인들이 대량 생산되어 국제 경쟁력을 높이고 있습니다.

◆ IGP로 카테고리 명칭이 바뀌기 전, VdP(뱅드 뻬이)라 불리던 시절의 각 주요산지별 명칭은 다음과 같았다.
- 랑그독 지방 : Vin de Pays d'Oc
- 프로방스지방 : Vin de Pays de Vaucluse
- 론, 쥐라, 사부아 지방 : Vin de Pays des Comtés Rhodaniens
- 루아르 지방 : Vin de Pays du Val de Loire (구, Vin de Pay du Jardin de la France)
- 보르도 지방 : Vin de Pays de l'Atlantique
- 보졸레 지방 : Vin de Pays des Gaules

* 산지 구분 없이 공통으로 'Vin de Pays Vignobles de France' 라는 표시도 쓰였었다.

① 프로방스 지방의 〈도멘 드 트레발롱, 루즈〉. 뱅 드 뻬이급으로 '전설의 100대 와인'에 선정됨. 2년간 오크 숙성을 시킨 섬세하면서도 파워풀한 와인으로, 타닌 순화를 위해 10년 가량 숙성이 필요하다. CS 50% : Syrah 50%. 20만 원선.
② 일명 '랑그독의 제왕' 〈마스 드 도마스 가삭, 레드〉. CS 65~85% : Merlot + CF + Syrah + Mourvèdre 등 25%. 13만 원선.
③ 〈샤또 라피뜨 로췰드〉를 만드는 도멘 바롱 드 로췰드사가 랑그독-루씨옹 지방에 진출하여 생산하는 〈샤또 도씨에르〉. Syrah 85% : Grenache 15%. 5만 원선.
④ 제라르 베르뜨랑사의 〈6 센스, 루즈〉. Syrah : Grenache : Merlot : CS. 23,000원선.
⑤ 〈레드 비씨끌레뜨, 샤르도네〉 Chardonnay 100%. 3만 원선.
* 미국의 갤로(Gallo)사는 랑그독 쒸르 다르끄 조합의 품질 좋은 뱅 드 뻬이급 와인을 대량 구입하여 'Red Bicyclette(레드 비씨끌레뜨, 빨간 자전거)' 라는 브랜드로 판매하고 있다. 여러 가지 품종으로 만들어지는데, 미국으로 판매된 삐노 누아 품종 와인이 그 수요를 맞추지 못해 다른 품종으로 만든 것을 속여 판 것이 들통 나 국제적인 망신을 당하기도 했다.

또 'Pay d'Oc(뻬이 독)'이라고 표시된 남프랑스(Languedoc-Roussillon) 지방의 IGP 카테고리 와인 중에는 아주 뛰어난 품질을 자랑하는 것들도 있습니다. 대표적으로 가장 비싼 IGP 와인인 〈Mas de Daumas Gassac(마스 드 도마스 가삭), 386쪽 하단 두 번째 와인〉을 들 수 있습니다. 1978년 첫 빈티지가 나오자 '남부의 샤또 라피뜨 로칠드'라는 평가를 받으며 일약 '수퍼 랑그독 와인'으로 등극하였는데, 우리 몸에 이롭다는 프로시아니딘 성분 함량도 매우 높다고 하네요.

◆ 까리냥은 스페인 아라곤 지역이 원산지인 지중해 품종으로, 스페인에서는 Mazuelo(마쑤엘로) 또는 Cariñera(까리녜라)라고 불리는데(598쪽 두번째 Tip 참조), 프랑스 남부에서도 널리 재배되어 테이블 와인양조에 사용된다. 중간 정도의 타닌에 산도, 알코올 도수는 모두 높은 편이고, 짙은 보라색에 진하고 스파이시한 향미를 가져 부드러운 Cinsault(쌩쏘)나 Grenache(그르나슈)의 블렌딩 파트너로 사용된다. 말린 자두(prune) 향미가 나지만 전체적으로는 과일 풍미와 섬세함이 부족하다는 평이 있다. 예전에는 별 인기가 없었으나 뛰어난 올드바인 와인들이 생산되면서 재조명 받고 있다. 198쪽 하단 참조

◆ 프랑스 남부에 위치하는 랑그독-루씨용과 프로방스 지방의 레드 와인은 사용되는 품종이 거의 유사하다.

남프랑스(랑그독-루씨용) 지방은 레드 와인이 80% 이상을 차지합니다. 주요 레드 품종◆으로는, 진하고 구조감이 좋은 이 지방의 특산 품종이자 주품종인 Carignan(까리냥)◆을 비롯하여 향과 질감이 좋은 Grenache(그르나슈), 척박한 토양에서도 잘 자라며 타닌이 적고 부드러워 로제 와인에도 많이 사용되는 Cinsault(쌩쏘), 동물 가죽이나 향신료 향미가 나면서 구조감과 색상이 강한 Mourvèdre(무르베드르) 그리고 론 지방의 대표 품종인 Syrah(씨라), 글로벌 대표 품종 Cabernet Sauvignon(까베르네 쏘비뇽) 등이 있습니다. 남부 프랑스의 뜨거운 태양 아래서 익은 이 포도들에는 몸에 좋은 폴리페놀 성분들도 상대적으로 더 많이 함유되어 있습니다.

① 가스뗄사의 Pay d'Oc 와인 〈로쉐 마제, CS〉
오픈해서 바로 마셔도 진한 감칠맛이 나는 가성비 와인. 12,000원선.
② '랑그독의 샤또 마고'라 불리며, 랑그독 최고의 와인으로 떠오른
샤또 푸에슈오사의 〈끌로 뒤 픽〉.
Mourvèdre 60% : Syrah 40%, 18개월 오크 숙성. 20만 원선.

화이트 품종으로는 Macabeu(마까뵈), Clairette(끌레레뜨), Picpoul(삐뿔), Grenache Blanc(그르나슈 블랑), Marsanne(마르쌴느), Chardonnay(샤르도네) 품종 등이 주로 재배됩니다.

또한 남프랑스(랑그독-루씨용) 지방에서는 프랑스식 알코올 강화 와인인 VDN(Vin Doux Naturel, 뱅 두 나뛰렐)도 많이 생산되는데, 프랑스 전체 생산량의 90%를 차지합니다. 레드 VDN◆은 Grenache(그르나슈)를 주품종(90% 이상)으로 Carignan(까리냥), Cinsault(쌩쏘), Syrah(씨라)가 소량 블렌딩되기도 하며, 화이트 VDN은 Grenache Blanc(그르나슈 블랑)이나 Macabeu(마까뵈), Muscat(뮈스까) 계열의 포도로 만들어집니다.

◆ 랑그독-루씨용과 남부 론에서는 발효 중인 와인에 주정(중성알코올)을 첨가해 스위트한 〈뱅 두 나뛰렐(Vin Doux Naturel)〉을 만든다. 이에 비해 발효 전의 과즙에 증류주를 첨가해 만드는 스위트 와인은 〈뱅 드 리큐어(Vin de Liqueur)〉이라고 하는데, 꼬냑 지방에서는 이때 증류주로 꼬냑(브랜디)을 사용한다.

400여 포도 재배농이 모여 만든 협동조합 와이너리로, 리무 지역 스파클링 와인의 60% 이상을 생산하는 씨에르 다르끄사의 크레망 드 리무 AOP 스파클링 와인 〈그랑 뀌베 1531 브륏〉 Chardonnay 70% : Chenin Blanc 20% : Mauzac 10%. 45,000원선.

랑그독에서 서늘한 대서양 기후가 가장 뚜렷한 리무(Limoux)에선 1531년부터 시작되어 샴페인보다 그 역사가 100년 이상 빠른 세계 최초의 스파클링 와인이 생산됐습니다. 그 전통을 이어 현재 리무에서는 〈Blanquette de Limoux Methode Ancestrale(블랑께뜨 드 리무 메쏘드 앙쎄스뜨랄)〉, 〈Blanquette de Limoux(블랑께뜨 드 리무)〉, 〈Crémant de Limoux(크레망 드 리무)〉 등 3가지 종류의 훌륭한 스파클링 와인들이 만들어지고 있습니다.

가장 원조격인 〈Blanquette de Limoux Methode Ancestrale(블랑께뜨 드 리무 메쏘드 앙쎄스뜨랄〉은 샴페인 방식과 달리, 2차 발효와 데고르쥬망(356쪽 참조)이

① 랑그독-루씨용 지방의 대중적인 중저가 와인을 만드는 포르땅사의 메를로 와인. 2만 원선.
② 랑그독-루씨용 뱅 드 뻬이 급 J. P. 쉐네사의 까베르네+씨라 블렌딩 와인. 19,000원선.
③ 보졸레 지방의 조르쥬 뒤뵈프사가 젊은 층을 겨냥해 모던하고 스타일리쉬한 컨셉으로 랑그독-루씨용 지방에 합작 설립한 홉 노브 사의 쉬라즈(100%) 와인. 23,000원선.
④ 랑그독-루씨용 샤또 드 쎄람사의 꼬르비에르 AOP 와인. Syrah 60% : Carignan 30% : Grenache 10%. 4만 원선.
⑤ 〈미션 쒸드, 카버네-씨라〉 랑그독 Pays d'Oc. CS 50% : Syrah 50%. 이 와인이 생산되는 마을에는 전통적인 맞선축제가 있었다. 그래서 국내에서도 프로포즈 또는 결혼 와인으로 많이 애용된다. 24,000원선.

⑥ 〈롱그 독(Longue Dog), 블랑〉 Chardonnay 70% : Colombard 30%. 두 명의 마스터 소믈리에와 와인메이커가 만든 현대적인 느낌으로 만든 화이트 와인. 랑그독 지방을 패러디한 이름부터가 재미있다. 26,000원선.
⑦ 론 지방의 와인명가 엠 샤뿌띠에사가 남부 론에서 꼬뜨 뒤 루씨옹 빌라쥬 AOP로 생산하는 〈빌라 오〉 Syrah, Grenache, Carignan이 블렌딩된 미디엄바디 와인이다. 14,000원선.
⑧ 〈라 뀌베 미띠끄 루즈〉. '와인의 신화'라는 와인명처럼, 1990년 랑그독 지방의 와인메이커 30여명이 모여 '천혜의 랑그독 떼루아를 잘 표현하는 신화적인 와인을 만들자'는 목표로 탄생시킨 프로젝트 와인. Syrah, Grenache, Carignan 품종이 블렌딩된 진하고 강한 느낌의 와인이다. 로마신화의 지혜와 무용(武勇)의 여신인 미네르바의 상징인 부엉이를 오렌지색 바탕에 그려 넣은 독특한 레이블로 일명 '오렌지 부엉이 와인'으로 불린다. 38,000원선.
⑨ 〈르 그랑 누아 삐노 누아〉 Pinot Noir 98%. 프랑스 남부 삐노 누아 와인의 바디감 농익은 과일 향에 부드러운 부르고뉴 스타일이 합쳐졌다. 딸기 향미에 산도와 타닌이 알맞게 조화를 이룬다. 프렌치 오크통에서 6개월 숙성. 25,000원선.
⑩ 랑그독 지방 유기농 생산자인 샤또 드 깔비에르사가 수령 50년 이상의 Grenache와 Syrah 블렌딩으로 만든 〈말리뇨〉. 악마가 그려진 레이블은 14세기에 흑사병의 공포를 쫓기 위해 와인병에 악마를 그려 넣던 풍습에서 유래된 것. 7만 원선.

생략된 연속 발효방식이 사용되며, 바위가 많은 석회암 토양에서 재배한 Mauzac(모작)◆ 품종 100%로 만들어집니다. 데고르쥬망을 하지 않아 아주 맑진 않지만, 달콤한 사과향이 나는 약발포성 와인입니다.

◆ Mauzac(모작) 품종은 프랑스 남서부 내륙에 주로 분포하며, 그 중 가이약(Gaillac) 인근이 원산지로 추정된다. 만생종으로 상큼한 서양배, 복숭아, 청사과 등의 아로마를 가진다. 모작 와인은 장기보관하지 않고 영 할 때 마시는 것이 좋다.

〈Blanquette de Limoux(블랑께뜨 드 리무)〉와 〈Crémant de Limoux(크레망 드 리무)〉는 샴페인 방식으로 만들어집니다. 전통적인 규정상 지역 고유 품종인 Mauzac(모작)을 90% 이상 사용해야 하는 〈Blanquette de Limoux(블랑께뜨 드 리무)〉의 한계를 극복하고 글로벌 품종들인 Chardonnay(샤르도네)와 Chenin Blanc(슈냉 블랑)을 더 많이 사용하기 위해 1990년에 〈Crémant de Limoux(크레망 드 리무)〉 AOP 스파클링 와인이 만들어졌습니다. 〈Crémant de Limoux(크레망 드 리무)〉 스파클링 와인에는 Chardonnay를 40~70%, Chenin Blanc을 20~40%, Mauzac을 10~20%, Pinot Noir를 10% 이하로 사용할 수 있습니다.

랑그독-루씨용 지방에서는 포도 재배자의 2/3 이상은 와인을 직접 양조하지 않고 협동조합에 넘기는데, 이런 와인 협동조합이 무려 200개가 넘고, 그 생산 품질도 꾸준히 향상되고 있습니다.

프랑스의 국민배우 제라르 드빠르디유(Gerard Depardieu)는 루아르의 앙주 지역과 보르도의 메독 지역에 샤또를 소유 혹은 공동투자하고 있었는데, 2002년 랑그독 지방의 작은 포도원을 추가로 인수한 후 그곳에서 최고의 'Garage Wine(276쪽 참조)'을 만들겠다고 발표해 화제가 되기도 했습니다. 또 영국 출신 유명 축구선수 데이빗 베컴과 독일의 세계적인 카레이서 마이클 슈마허 등도 프랑스 남부에 포도밭과 와이너리를 소유하고 있습니다.

랑그독-루시용 지방의 포도밭들

제라르 베르뜨랑 와인 그룹

랑그독-루씨용 지방의 포도밭 면적은 224,000ha로 프랑스 전체 포도밭의 40%에 해당하며, 단일 규모로는 세계에서 가장 방대하다. 하지만 프랑스 뱅 드 뻬이 와인 생산량의 70%를 차지할 정도로 와인의 질보다는 양의 비중이 더 크다. 대신 프랑스의 어느 산지보다 와인 관련 규제가 적어, 근래에는 신세계(New World) 와인들에 대적할 수 있는 실험적이고 창의적인 와인들도 많이 만들어지고 있는데, 이런 랑그독-루씨용(남프랑스)의 혁신과 변화의 중심에 제라르 베르뜨랑(Geŕard Bertrand) 와인그룹이 있다.

창업자인 제라르 베르뜨랑(Gérard Bertrand)은 와인브로커이자 와인메이커였던 아버지 조르쥬 베르뜨랑으로부터 와인수업을 받았고, 젊은 시절엔 럭비 선수로 활약하기도 했었다. 22살 때 아버지가 급작스럽게 돌아가시면서 소규모 와이너리였던 도멘 빌마쥬(Domaine Villemajou)를 물려받았고, 28세가 되던 1992년에 자신의 이름 딴 와인회사를 설립하고, 도멘 드 시갈루스(Domaine de Cigalus) 등 유서 깊은 포도원들을 사들이기 시작했다. 지역 고유의 떼루아를 중시하고 자연주의적 철학을 바탕으로 짧은 기간에 남프랑스 최대의 와인그룹으로 성장한 제라르 베르뜨랑(Gérard Bertrand)사는, 현재 랑그독-루씨용 지방에 약 500ha의 포도밭과 14개의 샤또와 이스테이트를 소유하고 있다. 그중 핵심 이스테이트(estate)는 그룹 본사가 있는 샤또 로스삐딸레(Château l'Hospitalet)이다.

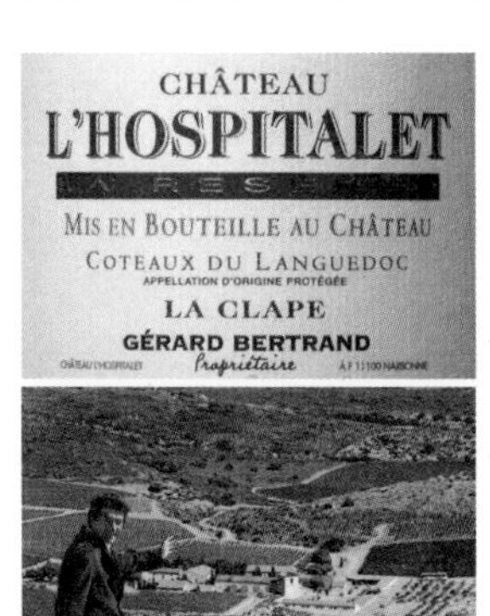

샤또 로스삐딸레

이곳은 랑그독과 루씨용을 가르는 남프랑스의 중심도시인 나르본느(Narbonne) 시에서 10분 거리에 있다. 2002년 구입해 많은 공을 들여 조성한 샤또 로스삐딸레에서는 온화한 지중해 연안의 특색 있는 떼루아를 머금은 뛰어난 와인들이 생산되고 있으며, 게스트하우스, 레스토랑, 재즈페스티발을 비롯하여 와인과 연계된 관광, 문화 산업들이 발달해있다.

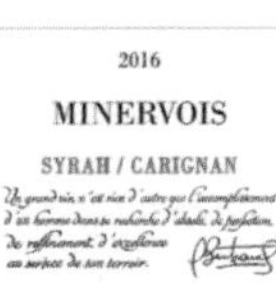

2014년에는 Minervois La Livinière(미네르바 라 리비니에르) AOP 지역에서 바이오다이나믹 농법으로 재배된 포도로 만든 이 회사의 플래그 쉽 와인 〈Clos d'Ora(끌로 도라)〉가 출시되었다. 포도 품종은 Grenache, Syrah, Mourvèdre에 남프랑스 최초의 품종이자 남프랑스의 정신을 상징하는 Carignan(까리냥)이 블렌딩되어있다.

제라르 베르뜨랑사의 최고의 화이트 와인은 Chardonnay 70%, Viognier 22%에 Sauvignon Blanc이 8% 블렌딩되어 버터와 견과류 향이 매력적인 〈도멘 드 시갈뤼스 블랑(Domaine de Cigalus Blanc, 8만 원선)〉이다.

제라르 베르뜨랑(Gérard Bertrand) 와인의 레이블에는 마치 십자군의 징표와 같은 엠블럼이 있는데, 이것은 7세기에 이곳을 지배했던 서(西)고트족의 상징 십자가에서 힌트를 얻은 것이다. 서고트족은 로마의 정복자들을 몰아내고 새로이 이 지역의 주인이 되었던 종족인데, 제라르 베르뜨랑은 남프랑스 와인의 리더가 되고자 하는 열망을 담아 이런 엠블럼을 사용하고 있는 듯하다.

로마시대 이래 와인의 종주국임을 자부해 온, 구세계(유럽) 와인의 '본좌' 이탈리아는 나라 전체가 커다란 포도밭이라 할 정도로 국토 전역에서 와인이 생산되는 나라입니다. 이탈리아 가정의 식탁엔 항상 와인이 곁들여지는데, 와인을 '마시는' 것이 아니라 '먹는다'라고 표현할 정도로 와인문화가 생활 속에 깊이 뿌리내리고 있습니다.

지금도 이탈리아 거리에서는 와인에 물을 타서◆ 음료처럼 마시는 모습을 쉽게 볼 수 있습니다.

이탈리아는 1870년 전국 통일을 계기로 와인산업도 정비되었는데, 그 후로도 토착 품종◆을 중심으로 내수용 와인을 만들었을 뿐 수출은 그다 염두에 두지 않았습니다. 와인이 음식처럼 생활화

◆ 와인에 물을 타는 것은 고대 그리스와 로마 시대부터의 일이다. 석회수인 물이 위생적이지 않아서 그리한 것이지만, 그때는 와인을 원액 그대로 마시면 야만인 취급을 당했다고 한다. 당시에는 물 3~4에 와인 1 정도를 타서 마시는 게 일반적이었다고 하니, 와인에 물을 탄 게 아니라, 물에 와인을 탔다는 게 더 맞다고 보면 되겠다. 그리스 역사가 헤로도투스는 "용맹했던 스파르타의 왕 클레오메네스가 비참하게 죽은 이유는 와인을 물과 섞지 않고 마시던 습관이 그를 광기로 몰아넣은 탓"이라고 기록했었다. 또 시인 알카에우스는 "실연의 아픔으로 너무나 힘들어하는 청년에게는 '특별히' 물 1에 와인 2를 잘 섞어서 주라" 했다고 전해진다.

◆ 이탈리아는 토착 품종이 가장 많은 것으로 알려져 있는데, 이탈리아 와인 전문가인 이안 아가타 박사는 이탈리아 토착 품종에 대한 서적 'Native Wine Grape of Italy'에서 이탈리아의 20개 주 전 지역에 걸쳐 540여 종이 넘는 토착 품종이 존재한다고 했다.

된 이탈리아였기에 와인산업은 국내 소비 위주로 더딘 발전을 하다가, 1960년대를 기점으로 본격적인 부흥과 수출이 이루어졌습니다. 세계화, 고급화와 함께 이탈리아 와인의 가격도 크게 올랐습니다.

현재 이탈리아는 대미 최대 와인수출국이고, 와인 생산량, 수출량, 소비량에서 프랑스와 함께 1~2위를 다투면서 와인에 대한 자부심과 자존심을 상당 부분 회복하였습니다. > 177쪽 상단 참조

이탈리아 와인 Classification(분류/등급)

Quality Wine		Table Wine	
최상급	상급	지방(지역) 와인	테이블 와인
DOCG Denominazione di Origine Controllata Garantita	DOC Denominazione di Origine Controllata ≒구 프랑스의 AOC	IGT Indicazione Geografica Tipica ≒구 프랑스의 뱅 드 빼이	Vino da Tavola VdT(비노 다 따볼라) ≒구 프랑스의 뱅 드 따블

〈EU Wine Regulations〉

DOP(37%)	IGP(33%)	Vino(Generic Wines)

- 2009년 중반부터 효력이 발효된 EU(유럽연합)의 와인관련 규정에 따라, 기존의 DOCG와 DOC는 DOP로 통합되었고, IGT는 IGP로 변경되었다. 또한 '테이블 와인'이라는 명칭이 유럽에서 공식적으로 금지되면서 이탈리아의 Vino da Tavola도 Vino로 명칭이 바뀌었다.
- 이 책에서는 기존 분류 명칭에 대한 이해를 돕기 위해 DOCG 및 DOC를 DOP와 병용해 사용하고 있다.
- IGT의 시작은 1968년 싼 펠리체사의 〈비고렐로〉였으나, 공식적으로는 1992년 수퍼 또스까나 와인(406~410쪽)의 등급 상향을 위해 만들어진 셈이다. 행정구역 명칭을 딴 대지역명 표시 와인이 많으며, 품종 제한이 없어 실험적인 와인들이 많이 만들어진다. 해당 지역 포도가 85% 이상 사용되어야 한다.
- Vino급은 Rosso(로쏘:레드 와인), Bianco(비앙꼬:화이트), Rosato(로자또:로제) 등의 종류만 표시된다.
- 예전 DOCG급에서 마지막 'G'는 Garantita(가란띠따)의 이니셜로, 정부가 품질을 보증(Guarantee)한다는 뜻이었는데, DOCG 레드 와인은 병목 부분에 정부가 교부한 분홍색(화이트 와인은 연두색)의 띠를 두르고 있었다. DOCG와 DOC의 가장 큰 차이는 생산지 내 병입이었다. 예를 들면 가야사의 명품 와인 〈Sperss(스뻬르스), 70만 원선〉의 경우, 바롤로 마을에서 생산되지만 바르바레스꼬 마을에서 병입되기 때문에 DOCG가 아닌 'Langhe DOC'를 달고 있었다. DOCG는 품질 보증 외에 산지의 특성 반영이라는 의미가 매우 크기 때문이다. 또스까나 지방의 〈Chianti(끼안띠)〉 와인은 품질보다는 그 인지도로 DOCG 등급을 받음으로써 제도의 신뢰도를 떨어뜨린다는 평을 듣기도 했다.
- 이탈리아는 프랑스의 보르도나 부르고뉴 지방처럼 와이너리나 포도밭에 등급을 부여하지 않으며, 그랑 크뤼 같은 구분도 없다. 이것은 통제가 덜한 만큼 더 자유로운 실험이 가능하다는 것을 의미하기도 하지만, 점차 마을, 와이너리, 포도밭 등 좀 더 작은 단위에 등급을 부여하려는 움직임이 구체화되고 있다.

이탈리아에는 감베로 로쏘(Gambero Rosso)라는 와인 연감(하단 사진)이 있습니다. 매년 와이너리와 와인, 와인메이커 등 이탈리아 와인의 모든 것을 소개하고 평가하는 일종의 와인가이드입니다. 이 감베로 로쏘(Gambero Rosso)에서는 와인을 평가할 때 점수 대신 와인글라스 모양을 1~3개씩 달아줍니다. 최고의 평가를 받은 와인에게 와인글라스(🍷🍷🍷) 3개(Three Glasses)를 붙여주는데, 이탈리아어로는 '뜨레 비끼에리(Tre Bicchieri)'라고 합니다. 뜨레 비끼에리 와인을 10개 이상 생산하는 와이너리에게는 별 모양(★)의 인증을 붙여 주는데, 매 10개당 별 모양(★)을 하나씩 추가해 줍니다.

현재 삐에몬떼 지방의 Gaja(가야)가 ★★★★★를, 삐에몬떼의 La Spinetta(라 스삐네따), Elio Altare(엘리오 알따레), 또스까나의 Castello di Fonterutoli(까스뗄로 디 폰떼루똘리), 베네또의 Allegrini(알레그리니), 아브루쪼의 Valentini(발렌띠니)가 ★★★를 취득하고 있으며, 또스까나의 명가 Marchesi Antinori(마르께시 안띠노리), Barone Ricasoli(바론 리까쏠리) 등은 ★★를 받고 있습니다.

감베로 로쏘(Gambero Rosso)

이탈리아 와인산지들 중 알프스 산맥 인근의 북부 내륙은 대륙성 기후이고, 바다에 접한 지역들은 대체로 지중해성 기후를 보입니다. 토양은 석회질, 진흙, 모래, 화산토가 주를 이루며, 산과 언덕이 많은 지그재그형 지형의 영향으로 산지별로 다양한 미세기후(micro climate)를 가지고 있습니다.

또스까나 지방

이탈리아는 모든 주(州)에서 포도가 재배되는데 그 중 이탈리아를 대표하는 양대 산지는 또스까나와 삐에몬떼 지방입니다.

프랑스의 보르도 지방에 견주어지는 이탈리아 와인의 메카인 Toscana(또스까나/토스카나) 지방은 이탈리아 중서부의 와인산지로, 기원전 800년 에르투리아인이 최초로 포도를 재배했고, 지금도 이탈리아 와인 중 가장 많이 알려진 〈Chianti(끼안띠)〉 와인의 생산지입니다. Chianti는 Toscana(또스까나) 지방의 대표적인 와인산지이자, 그 지역에서 생산되는 와인의 이름(DOCG명)이기도 한데, 그 지역 범위가 보르도보다도 넓습니다. 피렌체(Firenze)와 시에나(Sienna) 주변에 산재해 있으며, 핵심 지역인 Chianti Classico(끼안띠 끌라시꼬)를 비롯해서 Chianti Ruffina(끼안띠 루피나), Chianti Colli Fiorentini(끼안띠 꼴리 피오렌띠니), Chianti Montespertoli(끼안띠 몬떼스뻬르똘리), Chianti Colli Senesi(끼안띠 꼴리 쎄네시), Chianti Colli Aretini(끼안띠 꼴리 아레띠니), Chianti Montalbano(끼안띠 몬딸바노), Chianti Colline Pisane(끼안띠 꼴리네 피싸네) 등 7개의 하부 지역으로 나뉩니다. > 416쪽 지도 참조

그 외에 또스까나 지방에서는 〈Vino Nobile di Montepulciano(비노 노빌레 디 몬떼뿔치아노)〉와 〈Brunello di Montalcino(브루넬로 디 몬딸치노)〉, 〈Super Toscana(수퍼 또스까나)〉 〈Carmignano(까르미냐노)〉 등의 유명 레드 와인들과 〈Vernaccia di San Gimignano(베르나챠 디 싼 지미냐노)〉 같은 화이트 와인 그리고 〈Vin Santo(빈 싼또)〉* 라고 불리는 스위트 와인이 생산됩니다.

◆ Vin Santo (=Holy Wine) 프랑스의 〈뱅 드 빠이유(Vin de Paille)〉와 같은 스트로(straw) 와인의 일종으로, 화이트 품종인 뜨레삐아노, 말바지아 등을 수확해 곳간의 볏짚 위에서 3~4개월간 말려 당분을 농축시켜서 만든 스위트 와인(Passito, 빠씨또)이다. 오크통 숙성을 시키며, 리터당 잔당은 보통 50g 이상이다. (399쪽 하단 사진 참조)

또스까나 지방의 근래 빈티지 점수

2003년	2004년	2005년	2006년	2007년	2008년
끼안띠 : 91점 B D M : 88점 볼게리 : 88점	끼안띠 : 89점 B D M : 97점 볼게리 : 92점	끼안띠 : 88점 B D M : 89점 볼게리 : 91점	끼안띠 : 93점 B D M : 95점 볼게리 : 96점	끼안띠 : 94점 B D M : 93점 볼게리 : 95점	끼안띠 : 89점 B D M : 91점 볼게리 : 93점

2009년	2010년	2011년	2012년	2013년	2014년
끼안띠 : 89점 B D M : 89점 볼게리 : 91점	끼안띠 : 92점 B D M : 98점 볼게리 : 90점	끼안띠 : 93점 B D M : 91점 볼게리 : 95점	끼안띠 : 89점 B D M : 96점 볼게리 : 90점	끼안띠 : 93점 B D M : 95점 볼게리 : 94점	끼안띠 : 88점 B D M : 89점 볼게리 : 89점

2015년	2016년	2017년	2018년	2019년	2020년
끼안띠 : 97점 B D M : 97점 볼게리 : 97점	끼안띠 : 97점 B D M : 99점 볼게리 : 96점	끼안띠 : 93점 B D M : - 볼게리 : 93점	끼안띠 : - B D M : - 볼게리 : -	끼안띠 : - B D M : - 볼게리 : -	끼안띠 : - B D M : - 볼게리 : -

• 출처 : 《Wine Spectator》 • BDM : Brunello di Montalcino / 볼게리 : Bolgheri, Maremma

또스까나 지방의 포도품종

또스까나에서는 전통적으로 토착 레드 품종인 Sangiovese(산지오베제)를 기본 품종으로, 레드 품종 Colorino(꼴로리노)◆, Canaiolo Nero(까나이올로 네로)◆와 화이트 품종 Trebbiano(뜨레삐아노)◆, Malvasia(말바지아) 등을 소량 블렌딩해서 〈Chianti(끼안띠)〉 와인 등을 만들어 왔습니다.

◆ Colorino(꼴로리노)는, 주로 또스까나에서 재배되는 토착 레드 품종이다. Canaiolo(까나이올로)와 함께 끼안띠 레드 와인들에 소량 블렌딩되며, 포도를 말려서 양조하는 "Governo(고베르노)" 방식(410쪽 하단 사진 설명 참조)에 많이 사용되었다. 이름에서도 느껴지듯이 진한 색깔과 힘을 더해주는 액센트 같은 역할인데, 보르도 블렌딩에서의 Petit Verdot(쁘띠 베르도) 같은 역할이라고 볼 수 있다. 최근에는 주품종인 Sangiovese의 재배방법 개선으로 그 역할이 줄었으나, Tenuta Il Corno(떼누따 일 꼬르노) 같이 이 품종 재배에 자심감이 있는 일부 와이너리에서는 50% 또는 단일 품종 와인을 만들기도 한다.(417쪽 하단 사진 참조)

◆ Canaiolo(까나이올로)는, Canaiolo Nero라고도 불리며, 18세기까지만 해도 Sangiovese보다 더 많이 재배되었으나, 근래에는 재배량이 많이 줄어 이탈리아 중부 지역 특히 또스까나 레드 와인에 소량 블렌딩된다. 향수같이 부드럽고 우아한 아로마를 가지며 타닌을 부드럽게 해주는 역할을 한다.

◆ Trebbiano(뜨레삐아노)는, 이탈리아에서 가장 많이 재배되는 대표적인 토착 화이트 품종으로, 중부의 아브루쪼, 움브리아 지방 등에서 많이 재배된다. 프랑스에서 꼬냑 등의 브랜드를 만드는 주품종(90% 이상)인 Ugni Blanc(위니 블랑)과 같은 품종으로 Procanico(프로까니꼬)라고도 불린다. 산도가 좋아 와인식초인 발사믹의 원료가 되기도 한다. 예전에 끼안띠 지역에서 뜨레삐아노 같이 흔한 화이트 품종들을 레드 와인에 10~30% 가량 섞었던 것은, 와인의 신선도 유지를 위한 목적보다는 생산량을 늘리기 위한 목적이 훨씬 컸었다.

이탈리아의 산맥들

또스까나 지방과 이탈리아의 와인 산지

현재 개정된 규정에 따르면 〈Chianti〉 DOCG(DOP) 와인 양조에는 Sangiovese를 최소 70% 이상에, CS(까베르네 쏘비뇽), CF(까베르네 프랑) 최대 15%를 포함한 레드 품종들을 최대 30%까지 블렌딩할 수 있으며, 토착 화이트 품종도 최대 10%까지 허용됩니다.

①

②

① 전통 〈Chianti(끼안띠)〉 와인 병인 Fiasco(피아스코) 병.
와인이 식수 대용으로 쓰였던 옛날 이탈리아 농부들은 밭에서 일을 할 때
와인 병을 짚으로 싸서 새끼줄로 허리춤에 차고 다니면서 마셨다고 한다.
한때는 끼안띠 와인의 품질관리 실패로 싸구려 와인의 상징처럼 되기도 했었다.

② '성스러운 와인'이라는 의미의 〈Vin Santo(빈 산또)〉는 달고 알코올 도수가 높은
이탈리아 중북부의 디저트 와인으로, 특히 또스까나 지방에서 많이 생산된다.
Trebbiano와 Malvasia 품종 포도를 수확해 3~4개월 가량 통풍이 잘되는
방의 볏짚위에서 말려 즙을 짠 후 보관하였다가 기온이 높은 여름에 발효시키면
스페인의 Sherry(셰리)와 비슷한 캐러멜 색의 달콤한 디저트 와인이 된다.
Sangiovese 품종 등을 사용한 로제 스타일도 있다.

Sangiovese 산지오베제 | 192쪽 참조 |

Sangiovese◆를 주품종으로 만들어지는 또스까나 지방의 〈Chianti(끼안띠)〉 와인들은 빛깔과 맛이 연하고 부드러우며, 산도도 꽤 높은 편입니다. 이 품종은 토양에 민감하여 변종(clone)이 무려 15가지나 있으며 이탈리아 각 산지에서 나름의 스타일로 만들어지고 있습니다.

◆ 산지오베제는 라틴어로 '신(주피터/제우스)의 피'라는 뜻인데, 이 품종 와인에서는 제비꽃(바이올렛)과 체리 향이 난다. 크게 산지오베제 그로쏘 계열과 산지오베제 삐꼴로 계열로 나뉜다. Brunello, Sangioveto, Morellino 등 또스까나 내에서만도 48가지의 이름을 가지고 있다. 산지오베제는 누가, 어떻게 만드냐에 따라 팔색조의 매력을 표현하는 품종이다.
산.토.끼.로 기억해 볼까요?
산지오베제
토스까나
끼안띠

피찌니사의 끼안띠 와인. 16,000원선.
* 1982년 로고를 리뉴얼할 때 아버지인 마리오 피찌니는 메인 컬러로 붉은 색을 원했고, 아들은 노란색을 원했다. 결국 두 가지 색을 섞은 오렌지색이 피찌니의 상징 컬러가 됐다.

Cabernet Sauvignon(까베르네 쏘비뇽)이나 Shiraz(쉬라즈) 품종의 묵직한 와인에 익숙해져 있는 분들에겐 빛깔이 연하고 산도가 많이 느껴지는 〈Chianti〉 와인이 입에 덜 맞을 수도 있습니다.

Sangiovese(산지오베제)로 만든 저렴한 〈Chianti(끼안띠)〉 와인들은 오래 놔두지 않고 신선한 맛으로 즐기는 것이 좋은데, 어떤 음식과도 잘 맞는 음식 친화적인 와인입니다. 부드러우면서 적당한 산도가 식욕을 돋우고 음식 맛을 살려주기 때문이죠.

〈Chianti〉 와인 중 토양 등의 여건이 더 좋은 핵심(원조) 지역(416쪽 지도 참조)에서 더 엄격한 규정으로 12개월 이상 숙성시킨 와인을 〈Chianti Classico(끼안띠 끌라시꼬)〉라고 합니다. 또 최소 24개월 이상 숙성시켜 품질을 더 높인 〈Chianti Classico Riserva〉 와인도 있습니다.

바론 리까쏠리사의 대중적인 끼안띠 끌라시꼬 DOCG 와인인 〈브롤리오〉 Sangiovese 100%. 45,000원선.
* 바론 리까솔리사는 끼안띠 끌라시꼬 지역에서 가장 규모가 크며, 세계에서 2번째이자, 이탈리아에서 가장 오래된 와이너리이다. 바론 리까솔리사의 설립자인 Bettino Ricasoli(베띠노 리까솔리) 남작은 이탈리아 통일에 기여했던 정치가로, 총리를 2번이나 역임했었다. 그는 1872년 브롤리오(Brolio) 성에서 오랜 연구를 통해 〈Chianti(끼안띠)〉 와인의 양조법을 처음 개발했는데, 지금도 약간의 변화만 거쳐 이어져오고 있다. 그가 만든 첫 블렌딩 레시피는 Sangiovese 70%에 레드 품종인 Canaiolo 15%, 화이트 품종 Malvasia Bianco 15%를 섞어 품질을 높이는 것이었다.

〈Chianti Classico〉 와인은 Sangiovese 품종 80% 이상에다 기타 레드 품종 및 화이트 품종(6% 이내)들을 블렌딩해서 만들어 왔으나, 2006년부터는 품질 관리를 위해 화이트 품종을 완전히 배제하고, 토착 혹은 글로벌 레드 품종들만 일정량 블렌딩할 수 있도록 허용하고 있습니다.

또스까나 지방의 중세 도시국가였던 Firenze(피렌체)와 Siena(시에나)와의 200년에 걸친 전쟁 종식을 상징하는 '검은 수탉(Gallo Nero, 갈로 네로)' 표시. 1932년 이래 조합에 가입한 와이너리들만 사용했으나, 2005년 DOCG 승격 이후 〈끼안띠 끌라시꼬〉 와인을 상징하는 표시로 모든 와이너리가 공통으로 사용한다.

또 2014년에는 〈Chianti Classico Riserva(끼안띠 끌라시꼬 리제르바)〉보다 더 상위 카테고리인 〈Chianti Classico Gran Selezione(끼안띠 끌라시꼬 그란 셀레지오네)〉가 신설되었습니다. 자체 포도밭에서 수확한 포도만을 사용하고, 병입 숙성 3개월을 포함해 30개월 이상 숙성을 거친 와인입니다.

폰떼루똘리는 피렌체와 시에나의 오랜 전쟁 후 국경이 정해진 지역이다.

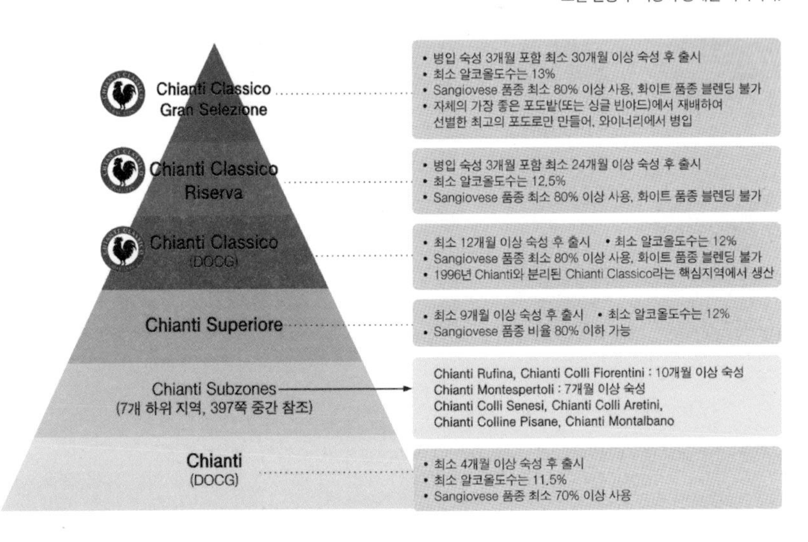

① 안띠노리사의 〈빌라 안띠노리 비앙꼬〉 Trebbiano : Malvasia : Pinot Blanc : Pinot Grigio : Riesling 등 블렌딩. 3만 원선.
② 또스까나 지방의 유일한 DOCG 화이트 와인인 〈베르나챠 디 싼 지미냐노〉 센시사 제품. Vernaccia(베르나챠) 100%. 신선하고 자몽 향미가 풍부한 미디엄 바디 와인이다. 3만 원선.
③ 디에볼레사의 끼안띠 끌라시꼬 리제르바 와인 〈노베첸또〉 8만 원선.
④ 쎈나또이오 알레씨사의 끼안띠 끌라시꼬 리제르바 와인 〈올레안드로〉 Sangiovese 95% : CS 5%. 9만 원선.
⑤ 아비뇨네지사의 또스까나 IGT급 와인 〈데지데리오, 메를로〉 Merlot 92% : CS 8%. 20개월 프렌치 오크통 숙성. 파워풀하고 개성 있는 와인의 특성을 표현하기 위해 와인명과 레이블에 19세기에 힘이 가장 센 황소였던 데지데리오를 사용하고 있다. 135,000원선.

⑥ 레오나르도 다 빈치사의 끼안띠 DOCG(DOP) 와인인 〈레오나르도〉 Sangiovese 100%. 33,000원선.
⑦ 영화 '악마는 프라다를 입는다'에도 나왔던, 루피노사의 끼안띠 끌라시꼬 DOCG(DOP) 리제르바 와인인 〈리제르바 두깔레〉 Sangiovese 90% : Colorino(꼴로리노) 10%. 65,000원선.
⑧ 싼 펠리체사의 끼안띠 끌라시꼬 DOCG(DOP) 리제르바 와인인 〈일 그리지오〉 Sangiovese 100%. 《와인컨슈머리포트 : 5~9만 원대 또스까나 레드 와인》에서 전문가 선정 1위를 차지했었다. 55,000원선.
⑨ WS 100대 와인에 수차례 올랐으며, 영화 '다빈치 코드'에 등장하기도 했던 프레스꼬발디사의 끼안띠 루피나 리제르바 와인 〈니포짜노〉. Sangiovese 90% : Malvasia Nera, Merlot, CS 10%. '니포짜노'는 '우물 없는 땅'이라는 뜻으로 척박한 환경에서 탄생한 와인이라는 의미를 담고 있다. 4만 원선.
⑩ 브란까이아사의 〈뜨레〉 Sangiovese 80% : Merlot & CS 20%. 오크통과 콘크리트 탱크에서 1년간 숙성, 6만 원선.

〈Chianti Classico Riserva〉 외에 또스까나 지방의 고급 와인 반열에는 Sangiovese의 변종으로 생산되는 〈Brunello di Montalcino(브루넬로 디 몬딸치노)〉와 〈Vino Nobile di Montepulciano(비노 노빌레 디 몬떼뿔치아노)〉라는 풀바디 레드 와인들이 올라 있습니다.

'Montalcino(몬딸치노)'와 'Montepulciano(몬떼뿔치아노)'는 그 와인들을 양조하는 마을 이름으로, 두 마을은 동서로 이웃하고 있습니다.

〈Brunello di Montalcino(브루넬로 디 몬딸치노)〉 와인은 1980년 이탈리아 와인 중 최초로 DOCG 등급을 획득했었고 세계 10대 와인으로 꼽힙니다. Sangiovese(산지오베제)의 사촌격인 Brunello(브루넬로)◆라는 단일 포도품종으로 만들어지는데, Chianti(끼안띠) 와인들에 비해 타닌도 강하고 말린 장미향 등의 복합적인 풍미에 파워풀한 바디감이 느껴집니다. 길고 어려운 발음 때문에 줄여서◆ 그냥 'Montalcino' 라고도 부릅니다.

◆ Brunello(브루넬로)는 산지오베제의 변종 중에서 알갱이가 큰 'Sangiovese Grosso(산지오베제 그로쏘)'에 속하며, 끼안띠 지역보다 더 건조하고 토양도 다른 몬딸치노에서 타닌 성분도 더 많고 집중도 있는 와인으로 만들어진다.

◆ 우리나라에서는 'BDM'이라고 표기하기도 하지만 국제적으로 통용되는 명칭은 아니다.

Brunello di Montalcino	Vino Nobile di Montepulciano
4년(배럴 2년 포함) **이상 숙성 후 출시** • **Riserva급은 5년**(배럴 2년 포함) **이상**	**2년**(배럴 1년~1년 6개월 포함) **숙성 후 출시** • **Riserva급은 3년**(배럴 1년 포함) **이상**

*Brunello di Montalcino의 최소 오크통 숙성기간은 원래 3년이었는데, 1995년 빈티지부터 2년으로 줄었고, 이로 인해 과일 풍미가 더 풍부하고 마시기 편한 와인이 되었다.

*두 와인 모두 최소 알코올 도수는 12.5도이며, Riserva급은 13도.

와인명	포도밭 면적	와인 생산량	와이너리 수
끼안띠	13,500ha	790만 case	1,000여 개
끼안띠 끌라시꼬	4,100ha	280만 case	1,000여 개
브루넬로 디 몬딸치노	2,000ha	78만 case	200여 개
비노 노빌레 디 몬떼뿔치아노	1,200ha	51만 case	80여 개

*2018년 기준

최초이자 최고의 〈브루넬로 디 몬딸치노〉 와인으로 꼽히는 비온디 싼띠사의 제품 40만 원선. 비온디 싼디사의 〈브루넬로 디 몬딸치노 리제르바〉 와인(130만 원선)은 최고의 명품 BDM 와인으로 '명상을 위한 와인'이라는 별칭을 얻고 있다.

〈Brunello di Montalcino(브루넬로 디 몬딸치노)〉 와인의 가격이 부담된다면, 그 세컨 와인격인 〈Rosso di Montalcino(로쏘 디 몬딸치노)〉*를 추천합니다. 〈Brunello di Montalcino〉 와인이 전 세계의 수요량을 감당할 수 없어 몬딸치노 주변 마을에서 수확한 포도로 숙성 기간을 줄여서 만든 와인입니다. 〈Brunello di Montalcino〉 포도밭이지만 나무가 어리거나 안 좋은 빈티지일 때 〈Rosso di Montalcino〉로 만들기도 합니다.

* 상대적으로 저렴한 〈로쏘 디 몬딸치노〉 DOC 와인은 또스까나 지방 와인 중 가격 대비 품질이 아주 좋은 와인이라 할 수 있으며, 4개월 정도 숙성을 거친다.

〈Vino Nobile di Montepulciano(비노 노빌레 디 몬떼뿔치아노)〉 와인은, '몬떼뿔치아노 마을에서 만들어지는 노블한 와인'이라는 뜻입니다. Sangiovese(산지오베제)의 고급 변종인 Prugnolo Gentile(쁘루뇰로 젠띨레)*를 주품종(70% 이상)으로 Canaiolo Nero(까나이올로 네로), Colorino(꼴로리노) 등을 블렌딩*해서 만듭니다. 흔치는 않지만 100% Prugnolo Gentile(쁘루뇰로 젠띨레) 품종으로 만들어지는 경우도 있습니다.

* 예전에는 'Pignolo(삐뇰로)'라고 불렸다.

* 예전에는 Malvasia(말바지아), Mammolo(맘몰로), Trebbiano(뜨레삐아노) 같은 화이트 품종도 최대 10%까지 블렌딩이 허용되었으나 지금은 거의 사용되지 않는다.

참, 한 가지 헷갈리지 말아야 할 것이 있습니다.

이탈리아 반도 중동부의 Abruzzo(아브루쪼)와 Marche(마르께) 지방에는 지역(마을)명이 아닌 'Montepulciano(몬떼뿔치아노)'라는 이름의 '포도품종'이 있습니다. 이름이 같고 Sangiovese 품종과의 유사성 때문에 자주 혼동되기도 하지만 특별한 관련은 없습니다. > 446쪽 하단 참조

이 품종으로 만든 아브루쪼 지방의 대표 와인 〈Montepulciano d'Abruzzo(몬떼뿔치아노 다브루쪼)〉는 미국에 제일 먼저 알려진 이탈리아 와인으로, 부드러운 질감과 기분 좋은 과일 풍미가 특징입니다.

① 또스까나 남부 마렘마 지역의 대표 와이너리인 파또리아 레 뿌뻴레사가 수퍼 또스까나 원조 와인메이커인 쟈꼬모 타키스의 도움을 받아 만든 〈싸프레디〉는 '또스까나의 라피뜨'로 불린다. CS 60% : Merlot 30% : PV 10%. 27만 원선.

② 안따노리사 와인 중 전 세계적으로 가장 많이 판매되는 대중적인 IGT(IGP)급 와인인 〈싼따 크리스띠나〉 Sangiovese 90% : Merlot 10%. 3만 원선.

③ 까스뗄로 델라 파네레따사의 〈끼안띠 끌라시꼬〉 DOCG 와인. Sangiovese 85% : Canaiolo 10% : Colorino 5%. 가성비 좋은 끼안띠 와인으로 강추. 35,000원선.

④ 반피사의 〈브루넬로 디 몬딸치노〉 DOCG 와인. Brunello(Sangiovese) 100%. 20만 원선.

⑤ 독특한 블랙 레이블로 유명한 안띠노리사의 브루넬로 디 몬딸치노 DOCG 와인 〈피안 델레 비녜〉 Brunello 100%. 바닐라 향의 달콤한 느낌이 실크처럼 부드럽다. 15만 원선.

⑥ 아이 그레삐사의 볼게리 수뻬리오레 DOC 와인인 〈그레삐까이아〉 CS 60% : Merlot 30% : CF 10%. 최근에 DOC로 승격된 'Bolgheri DOC 와인'은 빠른 속도로 그 명성을 높이고 있다. 16만 원선.

⑦ 쌀께또사의 〈비노 노빌레 디 몬떼뿔치아노〉 DOCG 와인. 11만 원선.

⑧ 펠씨나사의 '드물게 뛰어난 지휘자'란 의미의 〈마에스트로 라로〉 Cabernet Sauvignon 100%. 17만 원선.

⑨ 삐에몬떼 지방의 대표 와이너리인 가야사가 또스까나 지방의 볼게리에 설립한 까마르칸다 와이너리(431쪽 하단 사진 참조)에서 생산하는 보르도 쌩 떼밀리옹 스타일의 와인 〈마가리〉 CF 60% : CS 30% : PV 10%. 9만 원선.

* 까마르칸다는 삐에몬떼 방언으로 '끝없는 협상의 집'이라는 뜻으로, 이곳 포도밭을 팔지 않겠다는 주인을 설득하기 위해 2년 동안 19번을 찾아가 결국 설득했다는 의미를 담고 있으며, 마가리는 도전과 희망을 뜻한다.

⑩ 끼안띠 끌라시꼬 와인의 명가 이쏠레 에 올레나사의 플래그쉽 와인인 〈체빠렐로〉는 〈비고렐로〉 〈레 뻬르골레 또르떼〉와 함께 최초로 Sangiovese 100%로 만든 3대 수퍼 또스까나 와인이었다. 18만 원선.

수퍼 또스까나 와인을 만드는 보르도 품종들

와인의 종주국을 자처해 온 이탈리아였지만, 1960년대까지 이탈리아는 우물 안 개구리처럼 자만심과 매너리즘에 빠져 있었습니다. 와인을 만들 때는 반드시 해당 지역의 토착 포도품종을 사용해야만 상위 등급을 받을 수 있는 등의 보수적인 규정에 매여 있던 이탈리아 와인들은 외국인들이 쉽게 접하기에는 왠지 낯선 감이 있었습니다.

또한 품질 개선과 고급 와인 생산을 위한 노력보다는 생활 속에서 즐기는 저렴한 와인들을 주로 생산하다 보니 세계 시장에서 별다른 주목을 받지 못했습니다. 프랑스의 AOC 제도를 벤치마킹하여 1963년부터 시행한 DOC◆ 제도가 와인 산업을 체계화하는 데는 큰 도움이 되었지만, 획일적인 규제로 인해 와인의 품질 향상에는 크게 기여하지 못했다는 지적도 있습니다.

◆ 기존의 이탈리아 DOC 제도가 프랑스 AOC 제도와 규제사항이 비슷하지만, 가장 큰 차이는 DOC 제도의 특정 와인에 대한 오크통이나 병입 숙성기간 요건이다.

1970년을 전후해서 끼안띠 지역의 경제 침체가 심해지자, 또스까나 지방의 와인산업에도 새로운 변화가 절실해졌는데 그 중 가장 중요한 시도가 프랑스 보르도 지방의 품종들을 도입해 DOC 규정을 위반(?)하는 실험적인 양조와 블렌딩을 해보는 것이었습니다. 몇몇 혁신적인 생산자들에 의해 토착 품종이 아닌 Cabernet Sauvignon(까베르네 쏘비뇽)이나 Merlot(메를로), Cabernet Franc(까베르네 프랑)과 같은 보르도 품종들을 사용한 새로운 와인들이 만들어져 관심을 끌었습니다.

① 수퍼 또스까나의 효시, 떼누따 싼 귀도사의 〈사씨까이아〉 CS 85% : CF 15%, 38만 원선. 미네랄 향미에 훌륭한 밸런스와 20년 이상의 숙성력을 갖춘 와인. 1968년이 첫 빈티지.
② 안띠노리사의 수퍼 또스까나 와인 〈티냐넬로〉 Sangiovese 80% : CS 20%, 25만 원선.

한마디로 또스까나의 전형성에서 벗어난 '이탈리아식 상쾌한 산미를 가진 고급 보르도 와인'이라 할 수 있는데, 당시로선 굉장한 파격이었습니다. 지금도 와인에 있어서 프랑스와 이탈리아 간의 자존심 대결은 우리가 생각하는 것 이상입니다. 만약 이탈리아 현지 레스토랑에서 프랑스 와인을 주문하거나 또 그 반대의 경우, 주문을 받는 소믈리에가 꽤나 언짢아할테니 주의해야 합니다. 아무튼 이 와인들은 토착 품종을 사용하지 않았기 때문에 규정상 상위 카테고리인 DOC나 DOCG로 지정받지 못하고 Vino da Tavola(비노 다 따볼라)라는 최하위 등급을 받고 세상에 나왔습니다. 하지만 품질과 가격 면에서 DOCG 등급을 넘어서는 이러한 새로운 스타일의 와인들은 '수퍼 또스까나(Super Toscana) 와인' 혹은 영어식으로 '수퍼 투스칸즈(Super Tuscans)◆'라는 별칭을 얻게 됩니다.

싼 펠리체사의 〈비고렐로〉 7만 원선. (411쪽 참조)

◆ Tuscan(투스칸)은 Toscana(또스까나)의 영어식 표기이다.

지중해 해안가의 자갈이 많은 토양의 볼게리(Bolgheri)에서 처음 생산된 〈Sassicaia(사씨까이아)〉를 그 시초로 〈Tignanello(티냐넬로)〉 〈Solaia(쏠라이아)〉 〈Ornellaia(오르넬라이아)〉 〈Guado al Tasso(구아도 알 따쏘)〉 〈Lupicaia(루삐까이아)〉 〈Siepi(씨에삐)〉 〈Cabreo Il Borgo(까브레오 일 보르고)〉 〈Paleo Rosso(빨레오 로쏘)〉 〈Sammarco(싸마르꼬)〉 〈Grattamacco(그라따마꼬)〉 〈Cepparello(체빠렐로)〉 〈Casalferro(까쌀페로)〉 〈Camartina(까마르띠나)〉 〈Summus(숨무스)〉 〈Fontalloro(폰딸로로)〉 〈Olmaia(올마이아)〉 〈Felcaia(펠차이아)〉 〈Tenuta di Trinoro(떼누따 디 뜨리노로)〉 〈Saffredi(싸프레디)〉

안띠노리사가 〈티냐넬로〉의 성공에 힘입어 CS를 주품종으로 만든 〈쏠라이아〉. 타닌감이 강한 장기 숙성형 와인. CS 75% : Sangiovese 20% : CF 5%. 이탈리아 와인 최초로 WS Top 100 1위를 차지했었다. 65만 원선.

〈Luce(루체)〉 〈Il Borro(일 보로)〉 〈Brancaia Il Blu(브란까이아 일 블루)〉 〈Ilatraia(일라뜨라이아)〉 〈Vigna d'Alceo(비냐 달체오)〉 〈Le Pergole Torte(레 뻬르골레 또르떼)〉 〈Castello del Terriccio(까스뗄로 델 떼리찌오)〉 〈Le Volte(레 볼떼)〉 〈Balifico(발리피꼬)〉 〈San Martino(싼 마르띠노)〉 〈Giramonte(지라몬떼)〉 〈La Massa(라 마싸)〉 〈Biserno(비세르노)〉 등의 많은 수퍼 또스까나 와인들이 만들어지고 있습니다.

수퍼 또스까나 와인의 이름엔 유독 '~아이아(~aia)'로 끝나는 것이 많은데, 이는 영어의 '~y'처럼 명사 뒤에 붙어 형용사를 만드는 역할을 합니다. 그래서 Sassicaia(사씨까이아)는 '자갈이 많은', Solaia(쏠라이아)는 '태양과 같은(sunny)'이란 의미입니다.

수퍼 또스까나 와인들의 품종별 블렌딩 비율은 다양한데, Cabernet Sauvignon(까베르네 쏘비뇽), Merlot(메를로), Cabernet Franc(까베르네 프랑), Syrah(씨라) 등의 글로벌 품종과 또스까나의 Sangiovese(산지오베제) 품종을 다양한 비율로 블렌딩합니다.

떼누따 델 오르넬리아사가 1987년 빈티지부터 생산했던 Merlot 100% 명품 와인 〈마쎄또〉 140만 원선.

예를 들어서 〈Sassicaia(사씨까이아)〉는 보르도 품종인 CS 80~85% : CF 15~20%로만 블렌딩되어 있고, 〈Tignanello(티냐넬로)〉는 Sangiovese 80~85% : CS 10~20% : CF 5%, 〈Solaia(쏠라이아)〉는 CS 75% : CF 5% : Sangiovese 20%, 〈Modus(모두스)〉는 Sangiovese 50% : CS 25% : Merlot(메를로) 25%이며, '이탈리아의 뻬트뤼스'라고 불리는 〈Masseto(마쎄또)〉와 〈Messorio(메쏘리오)〉 〈Redigaffi(레디가피)〉 〈L'Apparita(라빠리따)〉는 Merlot(메를로) 100%로 만들어집니다.

까스뗄로 디 퀘르체또사의
〈치냘레〉
16만 원선

루체 델라 비떼의
〈루체〉
20만 원선

폰또디사의
〈플라찌아넬로 델라 삐에베〉
38만 원선

떼누따 델 오르넬라이아사의
〈오르넬라이아〉
45~50만 원선

뚜아 리따사의
〈레디가피〉
70만 원선

〈Messorio(메쏘리오)〉를 만드는 르 마찌올레(Le Macchiole)사의 〈Scrio(스크리오)〉는 Syrah 100%로 만들어집니다. 역시 같은 와이너리의 명품 수퍼 또스까나 와인인 〈Paleo Rosso(빨레오 로쏘)〉는 1992년 첫 빈티지는 CS 85% : Sangiovese 10% : CF 5%로 시작했지만 블렌딩 비율이 점차 CS 70% : CF 30%로 바뀌었고, 최근에는 CF 100%로 만들어지기도 합니다.

또한 최초로 싱글 빈야드 Sangiovese 100%로 만든 〈Le Pergole Torte(레 뻬르골레 또르떼)〉를 비롯해서 〈Flaccianello(플라찌아넬로)〉 〈Fontalloro(폰딸로로)〉 〈Percarlo(뻬르까를로)〉 〈Polissena(뾸리쎄나)〉 〈Sassello(싸셀로)〉처럼 Sangiovese 100%인 것도 있는데, '수퍼 또스까나'의 의미가 단지 보르도 품종을 섞는 것만이 필수조건이 아니라 Non-traditional, 즉 품종 · 블렌딩 비율 · 양조방식 등을 전통적인 방식이나 기존 규정에 얽매이지 않고 생산해 작은 프렌치 오크통(225리터)

까뻬짜나사가 생산하는 〈까르미냐노〉 DOCG 와인. Sangiovese 80% : CS 20%. 프렌치 오크통 12개월 숙성

에서 숙성시킨 고급 레드 와인들을 총칭하는 것이기 때문입니다. 이 중엔 〈Redigaffi(레디가피)〉처럼 생산량이 극히 소량이라 일종의 컬트 와인이라 할 수 있는 와인들도 있습니다.

같은 지역의 포도를 유사한 방식으로 양조하더라도, 해당 포도밭의 토양, 방향, 경사도 등과 포도재배 방식, 수확시기, 양조방법의 작은 차이에 의해서도 와인의 향과 맛 그리고 품질에 얼마든지 차이가 생길 수 있습니다.

하지만 기존의 DOC 제도의 획일적이고 엄격한 인증기준은 이러한 차이를 인정하고 평가해주는 것이 아니라, 결과적으로 와인의 성격과 품질을 획일화시키는 부작용을 낳았던 것이 사실입니다. 획일적인 기준이나 규제와 상관없이 생산자의 개성을 살려 창의적인 방식으로 만들어지는 수퍼 또스까나 와인의 등장은 어쩌면 아주 자연스러운 현상이자 흐름이었는지도 모르겠습니다. 프랑스에서도 AOP(AOC)급이 아닌 IGP(뱅 드 뻬이)급 와인 중에 아주 독창적이고 뛰어난 품질의 와인들이 적지 않다는 사실이 이와 맥을 같이 하고 있다 하겠습니다.

참고로, 수퍼 또스까나 와인 이전에도 볼게리 남쪽 마렘마 지역(416쪽 지도 참조)에서는 Sangiovese를 주품종(50% 이상)으로 만드는 끼안띠식 와인에 보르도의 Cabernet Sauvignon(까베르네 쏘비뇽), Cabernet Franc(까베르네 프랑) 등을 블렌딩해 〈Carmignano(까르미냐노)〉라는 와인을 생산하고 있었습니다.

또스까나 지방 피렌체에는 14세기경부터 '고베르노(Governo)'라는 전통양조방식이 있었다. 적당량의 포도를 1차(알코올) 발효시키다가 발효가 잠잠해질 때 적당히 말린 포도를 첨가하는 과정을 반복한다. 이렇게 느린 2차 발효를 시킴으로써 알코올도수는 올라가고, 부드러운 산미와 질감을 얻을 수 있다. 이탈리아 와인을 고르다가 'Governo'라는 표기가 있으면, 한번 골라 보시길...

수퍼 또스까나 와인들과 안띠노리(Antinori) 가문

수퍼 또스까나 와인(Super Tuscan)의 효시로 〈사씨까이아(Sassicaia)〉를 꼽지만, 〈티냐넬로(Tignanello)〉와 〈비고렐로(Vigorello)〉에도 그런 수식어가 붙곤 한다. 볼게리에서 1968년 데뷔 빈티지를 낸 〈사씨까이아(Sassicaia)〉가 최초인 것은 틀림없지만, 이에 비해 1971년에 데뷔한 〈티냐넬로(Tignanello)〉는 전통적인 대형 슬로베니아 오크통이 아닌 보르도의 작은 오크통인 바리끄(Barrique, 225L) 숙성을 적용한 최초의 수퍼 또스까나 와인이다 보니, 실질적인 원조라는 평을 듣기도 하는 것이다. 그 외에 싼 펠리체사에서 1968년에 출시한 〈비고렐로(Vigorello)〉는 Trebbiano(뜨레삐아노), Malvasia(말바지아) 등의 화이트 품종들을 섞지 않고 레드 품종만 사용한 최초의 수퍼 또스까나 와인이라고 할 수 있는데, 처음엔 Sangiovese로만 만들었다가 나중에 CS가 추가되었고 또 그 후 Merlot가 추가되었다가 2006년 빈티지부터는 아예 Sangiovese가 빠지고, 2013년부터는 CS, Merlot, Petit Verdot에 고대 품종 Pugnitello(푸니텔로)가 추가되었다.
또스까나 지방에서 1385년부터 와인을 빚어온 안띠노리 가문은 세계에서 가장 오래된 와인 생산자로 기네스북에도 등재되어 있는데, 초기의 수퍼 또스까나 와인들의 탄생에도 큰 관련과 기여를 했다.
떼누따 싼 귀도(Tenuta San Guido)사의 마르께시 마리오 인치자 델라 로께따(Marchesi Mario Incisa della Rocchetta, 줄여서 '마리오') 후작은 젊었을 때부터 유럽 사교계에서 마셔왔던 보르도의 고급 와인을 자신이 직접 만들고 싶어 했다. 상속받은 볼게리의 자갈 해안가가 보르도의 그라브(Graves) 지역과 기후, 지질 등이 매우 흡사하다는 것을 알고는 1944년 샤또 라피뜨 로췰드에서 CS 묘목을 들여와 1948년부터 와인을 생산했다. 하지만 거듭된 실패에 처조카인 이탈리아의 와인 명가 안띠노리사의 오너 삐에로 안띠노리(Piero Antinori)에게 도움을 청해, 최고의 와인메이커였던 쟈꼬모 타키스(Giacomo Tachis)를 데려와 1968년 드디어 〈사씨까이아(Sassicaia)〉의 데뷔 빈티지를 출시한다. 쟈꼬모 타키스를 다시 데려온 삐에로 안띠노리도 1971년 이탈리아 Sangiovese를 주품종(70~80%)으로 CS 등을 블렌딩한 〈티냐넬로(Tignanello)〉를 출시했고, 1978년에는 반대로 CS를 주품종으로 Sangiovese를 적게 블렌딩한 더 퀄리티 높은 〈쏠라이아(Solaia)〉를 연달아 성공시킨다. 〈사씨까이아〉, 〈티냐넬로〉, 〈쏠라이아〉를 모두 만들었던 쟈꼬모 타키스는 '수퍼 투스칸의 아버지'로 불리며 전설의 와인메이커 대열에 오른다.

또 안띠노리사는 인근 마렘마 해안의 기존 포도밭을 한층 업그레이드시켜 1990년 〈구아도 알 따소(Guado al Tasso)〉를 출시하면서 '안띠노리의 3대 수퍼 또스까나 와인' 라인업을 완성시킨다.
삐에로 안띠노리의 동생 로도비코 안띠노리는 1981년 어머니 가문에서 상속받은 볼게리 북쪽 땅에 떼누따 델 오르넬라이아(Tenuta dell'Ornellaia)사를 설립하고 보르도 품종들을 재배하였다. 그는 캘리포니아 와인의 전설로 불리는 안드레 첼리스체프(489쪽 참조)의 적극적인 도움으로 1985년 최고의 수퍼 또스까나 와인인 〈오르넬라이아, 409쪽 상단 4번 와인〉를 탄생시켰다. 또 다음 해인 1986년에는 Merlot 100%의 명품 와인 〈마쎄또, 410쪽 하단 와인〉를 연이어 출시했다. 91년 이후 미셸 롤랑의 컨설팅도 받으며 명성을 이어갔다. 하지만 로도비코는 자금압박이 생기자 성급한 판단으로 2002년 떼누따 델 오르넬라이아사를 미국의 로버트 몬다비사와 또스까나의 와인명가 프레스꼬발디사에게 매각했다. 2005년 이후에는 프레스꼬발디사가 지분을 모두 인수했는데, 마쎄또는 2012년부터 분리하여 독립적으로 운영하고 있다. 〈오르넬라이아〉는 2001년 WS TOP 100의 1위 선정되면서 더욱 가치를 인정받고 있는데, 첫 출시 때보다 Merlot의 비중이 커지고 있다. 특히 Merlot 50% 이상으로 만든 세컨 와인 〈레 세레 누오베 델 오르넬리아(Le Serre Nuove dell'Ornellaia)〉와 Merlot를 주품종으로 Sangiovese, CS를 블렌딩해 캐주얼하게 만든 〈레 볼테(Le Volte)〉도 인기 아이템으로 자리잡고 있다.
한편 로도비코 안띠노리는 60세를 앞둔 2000년대 초반 새로운 와이너리인 떼누따 디 비세르노(Tenuta di Biserno)를 설립해 CS, Merlot, CF, Syrah, PV 등 다양한 품종으로 또 다른 명품 수퍼 또스까나인 〈로도비코, 80만 원〉를 비롯해 〈비세르노, 25만 원〉 〈인쏠뤼오, 8만 원〉 등을 출시하였다.

이탈리아 와인 레이블 읽기

이탈리아 와인 레이블에 'Riserva(리제르바)'라고 표시된 것은 최소 2~5년 이상 숙성했다는 것을 의미하며, 와인명에 'Superiore(수뻬리오레)'가 있으면 DOC(DOP) 카테고리의 통상 기준보다 알코올 도수가 0.5~1도 이상

1308년에 설립되어 전 세계에서 가장 오래된 가족경영 와이너리인 프레스꼬발디사가 1989년에 인수해서 만드는 명품 브루넬로 디 몬딸치노 DOCG 와인인 〈까스뗄 지오콘도〉 10만 원선. 제임스 서클링은 2010년 빈티지를 '2015년 100대 와인' 1위로 선정하였었다.

높고, 1년 정도 숙성시켜 출시하는 품질좋은 와인임을 뜻합니다.

또 이탈리아 와인 이름에 'Classico(끌라시꼬)'가 붙은 것이 있습니다. 이는 해당 산지 내의 유서 깊고 전통적인 핵심 지역에서 더 엄격한 기준으로 만들어진, 품질이 조금 더 좋은 와인이라 보면 됩니다.

프랑스 와인의 레이블을 보면 '품질보증'의 의미로, 해당 샤또에서 직접 병입하였다는 'Mis en bouteille au Château(미 장 부떼이유 오 샤또)'라는 문구를 볼 수 있는데, 이탈리아 와인 레이블에 똑같은 의미로 쓰여진 말이 'Imbottigliato da(임보띨뤼아또 다)+와이너리명'입니다.

또 최근 들어서는 레이블에 단일 포도밭에서 수확된 포도로만 양조한 와인이라는 표시가 된 와인들이 늘고 있습니다.

다음은 이탈리아 와인 레이블에서 많이 마주치는 용어들입니다.

- Vino(비노) : 와인 / Vigna(비냐) : 포도밭(≒Tenuta, 떼누따)
- Annata(안나따), Vendemmia(벤뎀미아) : 빈티지(Vintage), 수확년도
- Rosso(로쏘) : 붉은색의(Red) = 레드 와인(Vino Rosso)
- Bianco(비앙꼬) : 흰색의(White) = 화이트 와인(Vino Bianco)
- Rosato(로자또) : 분홍색의, 장미빛의(Rose) = 로제 와인(Vino Rosato)
- Secco(쎄꼬) [드라이 와인] → Abboccato(아뽀까또) [미디엄 드라이 와인] → Amabile(아마빌레) [세미 스위트 와인] → Dolce(돌체) [스위트 와인]
- Passito(빠씨또) : 말린 포도로 만들어 단맛이 나는(스위트 와인)
- Vecchio(베끼오) : 오래된(Old), 평균보다 더 오래 숙성된(와인)
- Spumante(스뿌만떼) : 스파클링 와인
- Frizzante(프리잔떼) : 약발포성 스파클링 와인(탄산가스 압력 2.5기압 이하)

- Frizzantino(프리잔띠노) : 탄산이 '아주 살짝' 느껴지는 정도의 와인
- Castello(까스뗄로) : 성(城)을 뜻하며, 프랑스어의 '샤또(Château)'처럼 와이너리 이름 앞에 많이 쓰임. 주로 또스까나 지방에서 사용됨.

한편 Col(꼴), Colle(꼴레), Colli(꼴리), Collina(꼴리나), Colline(꼴리네), Poggio(뽀찌오) 등은 모두 크고 작은 '언덕(hill)'을 뜻하는 유사어들로, 와인의 세부산지나 와이너리 이름에 같이 쓰입니다.

와이너리(winery)를 뜻하는 말도 여러 가지가 있습니다.

Fattoria(파또리아 = Factory), Vigneto(비네또)를 비롯해서 '와인저장고'에서 유래한 Cantina(깐띠나), 포도밭을 뜻하지만 와이너리라는 의미로도 사용되는 Tenuta(떼누따), 생산자 협회나 조합을 뜻하는 Consorzio(꼰쏘르지오), Cantina Sociale(깐띠나 쏘씨알레) 등이 있습니다.

또스까나의 주요 와이너리

이탈리아를 대표하는 Antinori(안띠노리)와 Frescobaldi(프레스꼬발디), 전통방식을 고수하는 Biondi Santi(비온디 산띠), 미국인 오너의 현대적인 양조기술과 마케팅을 통해 급성장하고 있는 Castello Banfi(까스뗄로 반피)를 비롯한 700여 개의 와이너리가 있습니다.

대부분이 DOP급 와인들을 공통적으로 생산하지만, 특히 뛰어난 〈끼안띠(끌라시꼬)〉 와인들을 생산하는 Barone Ricasoli(바론 리카쏠리), Fontodi(폰또디), Castello di Fonterutoli(까스뗄로 디 폰떼루똘리), Fattoria di Felsina(파또리아 디 펠씨나), Castello di Ama(까스뗄로 디 아마), Brancaia(브란까이아), Castello di Volpaia(까스뗄로 디 볼파이아),

Castello d'Albola(까스뗄로 달볼라), Tenuta Ambrogio e Giovanni Folonari(떼누따 암브로지오 에 지오반니 폴로나리), Tenuta di Lilliano(떼누따 디 릴리아노), Ruffino(루피노), San Felice(싼 펠리체), Dievole(디에볼레), Castello di Monsanto(까스뗄로 디 몬싼또), Castello di Verrazzano(까스뗄로 디 베라짜노), Tenuta di Nozzole(떼누따 디 노쫄레), Isole e Olena(이쏠레 에 올레나), Querciabella(퀘르치아벨라), Castello dei Rampolla(까스뗄로 데이 람폴라), Castello di Querceto(까스뗄로 디 퀘르체또), Rocca di Montegrossi(로까 디 몬떼그로씨) 등이 있으며, 〈끼안띠 루피나〉 와인을 잘 만드는 Marchesi Frescobaldi(마르께시 프레스꼬발디), 〈까르미냐노〉 와인을 잘 만드는 Piaggia(피아찌아), Tenuta di Capenzzana(떼누따 디 카펜짜나), 〈브루넬로 디 몬딸치노〉 와인을 잘 만드는 Biondi Santi(비온디 산띠), Lisini(리지니), Poggio di Sotto(뽀찌오 디 쏘또), Castello Banfi(까스뗄로 반피), Casanova di Neri(카사노바 디 네리), Tenuta Col d'Orcia(떼누따 꼴 도르씨아), Le Macioche(레 마치오께), Mastrojanni(마스트로얀니), Poggio Antico(뽀찌오 안띠꼬), Fattoria dei Barbi(파또리아 데이 바르비), Caparzo(까빠르조), Castelgiocondo(까스뗄지오꼰도), Poggio Il Castellare(뽀찌오 일 까스뗄라레), Il Poggione(일 뽀찌오네), Cerbaiola(체르바이올라), San Polino(싼 뽈리노), Siro Pacenti(씨로 파첸띠) 등과 〈비노 노빌레 디 몬떼뿔치아노〉 와인을 잘 만드는 Poliziano(폴리찌아노), Avignonesi(아비뇨네지), Tenuta del Cerro(떼누따 델 쎄로), Poderi Boscarelli(뽀데리 보스까렐리), Melini(멜리니), Fattoria Del Cerro(파또리아 델 체로), Salcheto(쌀께또), Poliziano(뽈리치아노), Icario(이카리오), Bindella(빈델라) 등이 있습니다.

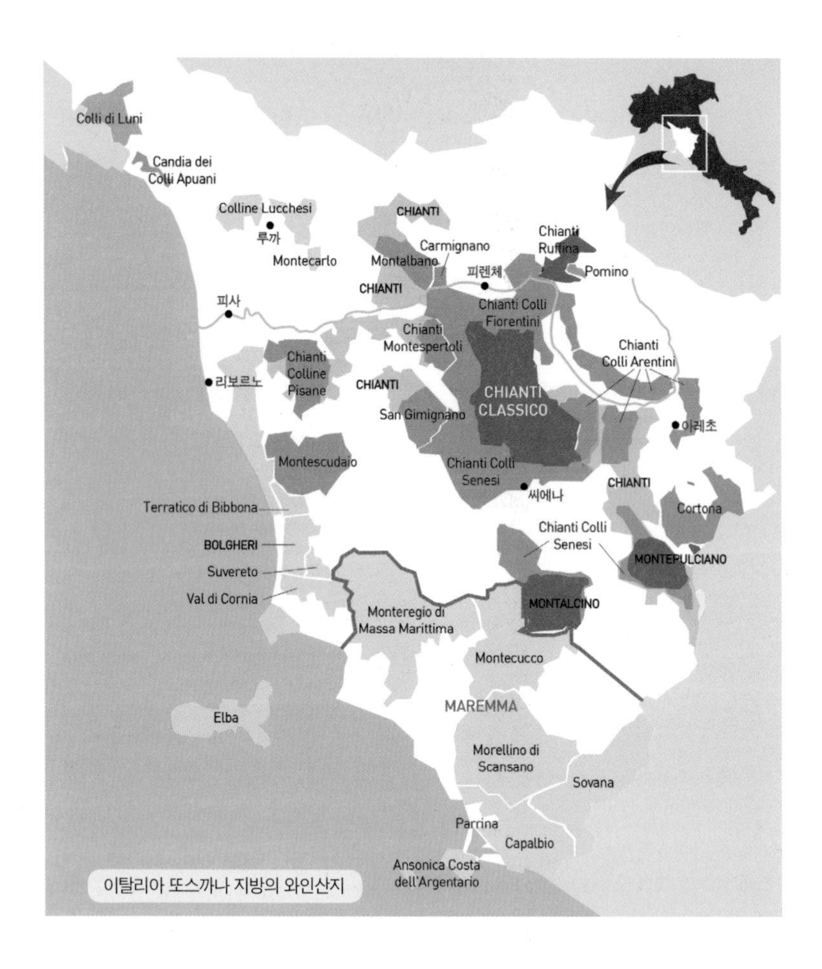

이탈리아 또스까나 지방의 와인산지

톰 스티븐슨이 선정한 이탈리아 중남부 TOP 10 와이너리

No	와이너리	No	와이너리
1	Fattoria di Felsina (파또리아 디 펠씨나) 〈Chianti Classico〉	6	Lisini (리지니) 〈Montalcino〉
2	Montevertine (몬떼베르띠네) 〈Chianti Classico〉	7	Fattoria Poggio di Sotto (파또리아 뽀찌오 디 쏘또) 〈Montalcino〉
3	Fontodi (폰또디) 〈Chianti Classico〉	8	Valentini (발렌티니) 〈Abruzzo〉
4	Biondi Santi (비온디 싼띠) 〈Montalcino〉	9	Agricole Vallone (아그리꼴레 발레노) 〈Puglia〉
5	Case Basse Soldera (까제 바쎄 쏠데라) 〈Montalcino〉	10	Cantina Santadi (깐띠나 싼따디) 〈Sardina〉

● 출처 : 《Wine Report》 - Tom Stevenson - ● 〈 〉 안은 각 와이너리의 주생산지역

규모와 시설 면에서 압도적인 안띠노리(Antinori)사

몬싼또(Monsanto)사의 지하 까브와 오크 발효통

떼누따 일 꼬르노사의 꼴로리노 품종 와인들
(398쪽 하단 Tip 참조)

떼누따 롬바르드디아사의 몬떼뿔치아노 와인들

이탈리아 와인산지별 DOCG 와인

2020년 5월 초 기준(DOCG 77개)

와인산지(州)	D.O.C.G 등급 와인
Piemonte (삐에몬떼) • DOCG 18개	**Alta Langa** (알따 랑가) 〈스파클링〉 **Asti** (아스띠) **& Moscato d'Asti** (모스까또 다스띠) **Cortese di Gavi** (꼬르떼제 디 가비) 〈화이트 / 스파클링〉 **Erbaluce di Caluso** (에루발루체 디 깔루쏘) Barbaresco (바르바레스꼬) Barbera d'Asti (바르베라 다스띠) Barbera del Monferrato Superiore (바르베라 델 몬떼라또 수뻬리오레) Barolo (바롤로) Brachetto d'Acqui (브라께또 다뀌) **Canelli** (까넬리) Dolcetto di Dogliani Superiore (돌체또 디 돌뤼아니 수뻬리오레) Dolcetto Diano d'Alba (돌체또 디아노 달바) Dolcetto di Ovada Superiore (돌체또 디 오바다 수뻬리오레) Gattinara (가띠나라) Ghemme (겜메) Nizza (니짜) **Roero** (로에로) 〈레드 / 화이트〉 Ruchè di Castagnole Monferrato (루께 디 가스따뇰레 몬페라또)
Toscana (또스까나) • DOCG 11개	**Vernaccia di San Gimignano** (베르나챠 디 싼 지미냐노) Aleatico Passito dell' Elba (알레아띠꼬 빠씨또 델렐바) Brunello di Montalcino (브루넬로 디 몬딸치노) Carmignano (까르미냐노) Chianti Classico (끼안띠 끌라시꼬) Chianti (끼안띠) Montecucco Sangiovese (몬떼꾸꼬 산지오베제) Morellino di Scansano (모렐리노 디 스깐싸노) Val di Cornia Rosso (발 디 꼬르니아 로쏘) Suvereto (수베레또) Vino Nobile di Montepulciano (비노 노빌레 디 몬떼뿔치아노)
Veneto (베네또) • DOCG 14개	**Colli Euganei Fior d'Arancio** (꼴리 에우가네이 피오르 다란치오) 〈화이트 / 스파클링 / 로제〉 **Lison** (리존) **Asolo Prosecco Superiore** (아쏠로 프로쎄꼬 수뻬리오레) Colli di Conegliano (꼴리 디 꼬넬뤼아노) **Recioto di Gambellara** (레치오또 디 감벨라라) **Conegliano Valdobbiadene Prosecco Superiore** **(꼬넬뤼아노 발도삐아데네 프로쎄꼬 수뻬리오레) 〈스파클링〉** **Recioto di Soave** (레치오또 디 쏘아베) **Soave Superiore** (쏘아뻬 수뻬리오레) Amarone della Valpolicella (아마로네 델라 발폴리첼라) Friularo di Bagnoli (프리울라로 디 바뇰리) Bardolino Superiore (바르돌리노 수뻬리오레) Montello Rosso (몬뗄로 로쏘) Malanotte del Piave (말라노떼 델 삐아베) Recioto della Valpolicella (레치오또 델라 발폴리첼라)
Lombardia (롬바르디아) • DOCG 5개	**Franciacorta** (프란챠꼬르따) 〈화이트 / 로제〉 **Oltrepò Pavese Metodo Classico** (올트레뽀 빠베제 메토도 끌라시꼬) 〈화이트 / 로제〉 Moscato di Scanzo (모스까또 디 스깐쪼) Sforzato della Valtellina (스포르자또 델라 발뗄리나) Valtellina Superiore (발뗄리나 수뻬리오레)

• 베네또의 Lison DOCG 는 프리울리까지 걸쳐있는 지역임

Marche (마르께) • DOCG 5개	**Verdicchio dei Castelli di Jesi Classico Riserva** (베르디끼오 데이 까스뗄리 디 예시 끌라시꼬 리제르바) **Verdicchio di Matelica Riserva** (베르디끼오 디 마뗄리까 리제르바) Conero (꼬네로) **Offida** (오피다) 〈레드 / 화이트〉 **Vernaccia di Serrapetrona** (베르나챠 디 세라뻬뜨로나)
Campania (깜빠니아) • DOCG 4개	**Fiano di Avellino** (피아노 디 아벨리노) **Greco di Tufo** (그레꼬 디 뚜포) Aglianico del Taburno (알뤼아니꼬 델 따부르노) Taurasi (따우라지)
Puglia (뿔뤼아) • DOCG 4개	Castel del Monte Bombino Nero (까스뗄 델 몬떼 봄비노 네로) Castel del Monte Nero di Troia Riserva (까스뗄 델 몬떼 트로이아 리제르바) Castel del Monte Rosso Riserva (까스뗄 델 몬떼 로쏘 리제르바) Primitivo di Manduria Dolce Naturale (쁘리미띠보 디 만두리아 돌체 나뚜랄레)
Friuli-Venezia Giulia (프리울리 베네치아 쥴리아) • DOCG 4개	**Colli Orientali del Friuli Picolit** (꼴리 오리엔딸리 델 프리울리 삐꼴릿) **Lison** (리존) **Ramandolo** (라만돌로) **Rosazzo** (로사쪼)
Lazio (라찌오) • DOCG 3개	**Cannellino di Frascati** (깐넬리노 디 프라스까띠) **Frascati Superiore** (프라스까띠 수뻬리오레) Cesanese del Piglio (체자네제 델 삘뤼오)
Emilia-Romagna (에밀리아 로마냐) • DOCG 2개	**Colli Bolognesi Classico Pignoletto** (꼴리 볼로녜씨 끌라시꼬 삐뇰레또) **Albana di Romagna** (알바나 디 로마냐)
Unbria (움브리아) • DOCG 2개	Montefalco Sagrantino (몬떼팔꼬 싸그란띠노) Torgiano Rosso Riserva (또르지아노 로쏘 리제르바)
Sardegna (사르데냐) • DOCG 1개	**Vermentino di Gallura** (베르멘띠노 디 갈루라)
Abruzzo (아브루쪼) • DOCG 2개	Montepulciano d'Abruzzo Colline Teramane (몬떼뿔치아노 다브루쪼 꼴리네 떼라마네) **Tullum** (뚤룸) 〈레드 / 화이트〉
Sicilia (시칠리아) • DOCG 1개	Cerasuolo di Vittoria (체라수올로 디 비또리아)
Basilicata (바실리까따) • DOCG 1개	Aglianico del Vulture Superiore (알뤼아니꼬 델 불뚜레 수뻬리오레)

• 위 표에 빠져 있는 산지(州)는 DOCG가 없는 산지임

삐에몬떼 지방

이탈리아 북서부의 삐에몬떼(Piemonte)◆ 지방은 프랑스와 스위스 국경지대의 알프스와 이탈리아 반도를 세로로 지나는 아펜니노 산맥에 둘러싸여 있습니다. 프랑스 최고의 와인산지 원투 펀치가 보르도와 부르고뉴 지방이라면, 이에 견주어지는 것이 이탈리아의 또스까나와 삐에몬떼 지방입니다.

◆ Piemonte(삐에몬떼)는 '산자락(Foot of Mountain)'이라는 뜻이다. 삐에몬떼의 주도(州都)는 2006년 제20회 동계올림픽이 열렸던 토리노(Torino).

삐에몬떼 지방은 이탈리아의 유명 요리학교들이 모여 있고, 1986년 슬로푸드(Slow food) 운동이 이곳에서 처음 시작된 것에서도 알 수 있듯이, 음식문화가 발달하였고 식자재도 풍부한데 특히 흰 송로버섯(White Truffle)◆이 유명합니다.

◆ 캐비어, 푸아그라와 함께 세계 3대 진미로 꼽힌다. 가을에 삐에몬떼를 방문하면 포도수확과 맛있는 음식에 싱싱한 흰 송로버섯 요리를 즐길 수 있다. '땅속(30m)의 다이아몬드'라 불리는 송로버섯은 프랑스의 한 경매에서 1.5kg 짜리 대형 버섯이 약 3억원에 낙찰되기도 했었다. 30여종의 송로버섯(Truffle) 중 이탈리아 삐에몬떼 알바산 화이트 트러플과 프랑스 남서부 페리고르산 블랙 트러플을 최상품으로 친다.

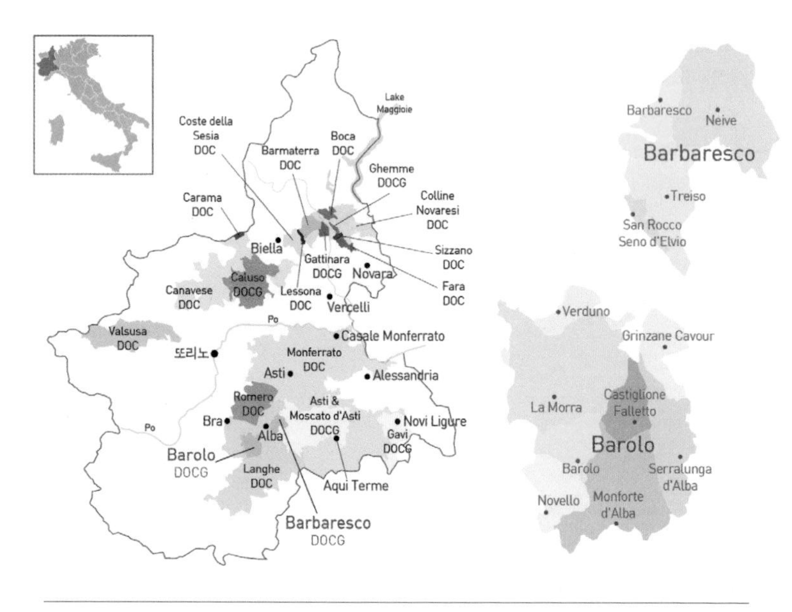

이탈리아 삐에몬떼 지방의 와인 산지들과 바롤로, 바르바레스꼬의 세부 산지(마을)

빼에몬떼 지방은 사계절이 뚜렷한 대륙성 기후로 겨울은 춥고 여름은 더우며, 가을과 겨울철에 안개가 많습니다. 대부분의 지역이 포도 재배에 알맞은 구릉지대인데, 특히 랑게(Langhe)와 몽페라또(Monferrato) 언덕에 많은 포도밭들이 있으며, 토양은 이회토, 석회질, 점토의 비율이 높습니다. 생산량보다는 고급 와인의 비중이 높은 프리미엄 산지입니다.

나, 흰 송로버섯

개(Truffle hound)를 이용해 송로버섯을 찾는 모습. 수천 년 된 떡갈나무 숲의 땅속에 자생하는 송로버섯을 찾기 위해 예전엔 암퇘지를 이용했으나, 돼지들이 송로버섯을 찾으면 바로 먹어버리는 통에 어쩔 수 없이 개를 이용하게 되었다고. '세비야의 이발사', '윌리엄 텔' 등으로 유명한 오페라 작곡가 로시니(Rossini)는 송로버섯을 너무나 사랑해 이른 나이에 은퇴하고 유명한 요리 연구가가 되었다. 트러플은 이탈리아어로는 Tartufo(타르투포), 불어로는 Truffe(트뤼프)이다.

빼에몬떼 지방의 근래 빈티지 점수

2001년	2002년	2003년	2004년	2005년	2006년	2007년	2008년	2009년	2010년
95점	72점	88점	94점	91점	95점	95점	94점	90점	97점

2011년	2012년	2013년	2014년	2015년	2016년	2017년	2018년	2019년	2020년
93점	94점	96점	92점	95점	98점	-	-	-	-

• 출처 : 《Wine Spectator》 • 2016년 빈티지는 이탈리아, 프랑스 모두 베스트 빈티지로 기대되고 있다.

빼에몬떼 지방의 포도품종

또스까나 지방의 대표 포도품종이 Sangiovese(산지오베제)라면, 이탈리아 북서부 Piemonte(빼에몬떼) 지방의 대표 품종은 Nebbiolo(네비올로)입니다. 그 외에 중저가 와인들을 만드는 Barbera(바르베라)와 Dolcetto(돌체또)가 이곳의 3대 레드 품종에 포함됩니다.

Piemonte의 와인 생산비율은 레드 와인이 약 65%이고, 나머지는 화이트 와인과 스파클링 와인(스뿌만떼)이 반반 정도씩 차지합니다.

Nebbiolo 네비올로 | 192쪽 참조 |

명품 바롤로 와인 생산자 중의 하나인 루치아노 싼드로네사의 바롤로 DOCG(DOP) 와인인 〈레 비녜〉 Nebbiolo 100%. 45만 원선.

'귀족 품종'으로 불리는 Nebbiolo(네비올로) 역시 이탈리아의 토착 품종으로, 벽돌색에 가까운 맑은 체리빛 와인을 만듭니다. 타닌 성분도 많고, 산도와 알코올 도수도 높기 때문에 영(young)한 와인일 때는 모나고 단단한 느낌이지만, 숙성될수록 우아하게 부드러우면서도 집중도 높은 와인이 됩니다. Nebbiolo는 중부 움브리아 지방의 Sagrantino(싸그란띠노), 남부 깜빠니아와 바실리까따 지방의 Aglianico(알뤼아니꼬), 뿔뤼아 지방의 Primitivo(쁘리미띠보) 품종 등과 함께 타닌 성분이 풍부한 대표적인 이탈리아 품종입니다. >456쪽 참조

Nebbiolo 품종 100%로 만들어지는 장기 숙성형 풀바디 명품 레드 와인으로 〈Barolo(바롤로)〉와 〈Barbaresco(바르바레스꼬)〉가 있는데, 둘 다 와인명이자 생산 지역(마을)의 이름(DOCG)이기도 합니다. 이 두 곳은 랑게(Langhe) 언덕을 중심으로 이웃하고 있습니다. 둘 다 묵직한 스타일에 알코올 함량도 높고 전체적인 느낌이 비슷하지만 〈Barolo〉가 더 고급스러우며, 풍미가 복합적고 강건한 느낌(tannin force)인데 비해, 상대적으로 〈Barbaresco〉◆는 부드럽고 여성적이며 산도도 더 낮게 느껴집니다. >420쪽 지도 참조

◆ 바르바레스꼬는 바롤로와 한 지붕아래 살다가 분가한 케이스인데, 석회질 토양에 더 따뜻하고 일정한 기후로 포도가 빨리 익어 바롤로보다 타닌, 산도, 색소가 적은 편인데, 생산 회사나 양조방식에 따라 그 차이는 거의 느껴지지 않을 수도 있다.

연간 총 생산량은 〈Barolo〉가 약 800만 병, 〈Barbaresco〉가 약 300만 병으로, 두 와인의 생산량을 합쳐도 캘리포니아 중견 와이너리 한 곳의 생산량에 불과할 정도여서 가격은 높을 수 밖에 없습니다.

Barolo(바롤로)	Barbaresco(바르바레스꼬)
38개월(배럴 18개월 포함) 이상 숙성 후 출시 • Riserva급은 62개월(배럴 18개월 포함) 이상	26개월(배럴 9개월 포함) 숙성 후 출시 • Riserva급은 50개월(배럴 9개월 포함) 이상

* 1810년경부터 만들어진 바롤로 와인은 '이탈리아 와인의 왕'으로 불리었다. 전통적인 바롤로 와인은 여러 포도 밭들의 포도들을 섞어서 서로의 단점을 보완하고 자연적으로 밸런스를 맞추는 방식으로 만들어졌다. 커다란 오크통에서 온도조절 없이 야생효모로 발효시키고, 손으로 직접 펀칭 다운을 하면서 30일에서 최대 90일까지의 긴 침용(침출) 과정을 거친다. 새 오크통 사용을 지양하고 대형 슬로베니아 오크통에서 오랜 기간 느린 숙성을 하면 타닌은 순화되지만 과일 풍미는 많이 줄어든다. 이에 비해 80년대 초반부터 젊은 와인 메이커들(일명, 'Barolo Boys')을 중심으로 현대적인 바롤로 스타일이 만들어졌는데, 엄격한 가지치기와 열매솎기를 한포도를 최대한 익혀서 수확한다. 침용 기간도 8~10일 정도로 짧게 하고, 온도조절을 통해 거친 타닌은 줄이고 과일 향미를 최대한 살리는 방식을 사용한다. 숙성도 225리터 짜리 작은 오크통(바리끄)을 사용해 아로마가 풍부한 스타일로 만들어진다. 근래에는 전통에 현대적인 방식을 접목하고 절충한 방식이 많이 사용된다. 바롤로는 DOCG(DOP) 규정상 오크통 의무 숙성 기간이 2년이었으나 2000년부터 1년으로 줄었고, 최소 알코올 함량도 13%에서 바르바레스꼬와 같은 12.5%로 완화되었다. 적정 음용시기는 바롤로는 6년 이상, 바르바레스꼬는 4년 이상인데, 좋은 빈티지라면 각각 최소 8년 이상, 6년 이상으로 봐도 무방하다.

◆ 이탈리아 삐에몬떼 지방의 네비올로(Nebbiolo) 품종과 프랑스 부르고뉴 지방의 삐노 누아(Pinot Noir) 품종은 그 특성이 꽤 다른 편이지만, 이들 품종으로 만든 레드 와인들은 이상하게도 공통된 느낌이 많이 든다. 그래서 블라인드 테이스팅을 하다 보면 간혹 몇 년 이상 숙성된 네비올로 품종 와인을 부르고뉴 삐노 누아 와인으로 오해하게 되기도 한다. 하지만 네비올로로 만든 〈바롤로〉 등의 와인은 투명한 듯 맑고 연해 보이는 빛깔에 비해 입안에서 느껴지는 쌉살한 타닌감은 매우 높다.

〈Barolo〉와 〈Barbaresco〉에는 미치지 못하지만 Nebbiolo 품종◆으로 만들어지는 또 다른 와인들로 〈Nebbiolo d'Alba(네비올로 달바)〉와 〈Langhe Nebbiolo(랑게 네비올로)〉가 있습니다. 담백하면서도 과일 향이 아주 부드럽고 그윽하게 느껴지는 Langhe Nebbiolo(랑게 네비올로)는 가격 대비 성능이 좋아 저도 아주 좋아하는 와인입니다.

프로두또리 델 바르바레스꼬사의 랑게 네비올로 DOC(DOP) 와인. Nebbiolo 100%. 5만 원선.

또 Nebbiolo(네비올로) 품종을 'Spanna(스빤나)'라고 부르는 삐에몬떼 북부 지역에는 〈Gattinara(가띠나라)〉와 〈Ghemme(겜메)〉라는 또 다른 DOCG급 와인들이 있습니다. 이 와인들은 Nebbiolo(85~90%)에 Vespolina(베스뽈리나), Uva Rara(우바 라라) 품종이 블렌딩됩니다.

겜메 와인을 잘 만드는 또라찌아 델 피안따비냐(Torraccia del Piantavigna)사의 Ghemme DOCG 와인. Nebbiolo 90% : Vespolina 10%.

① 말바시아 품종을 재탄생시킨 개척자인 바바사의 스위트 로제 와인 〈로제따〉 Malvasia Nera 100%. 5만 원선.
② 1881년 설립되어 5대째 가족경영을 이어오는 삐오 체사레사의 〈바롤로〉 DOCG 와인. '2008년 WS Top 100'에서 6위였고, 제임스 서클링으로부터 바롤로 와인의 전형이라고 평가받고 있다. 14만 원선.
* 잘 숙성된 바롤로 와인은 장미, 산딸기, 체리 향에 버섯, 낙엽, 가죽 등의 복합적인 향미가 조화롭게 느껴진다.
③ 바롤로협회 회장님이 운영하시는 가족경영 와이너리인 뻬께니노사의 바롤로 와인 〈싼 쥬세뻬〉
④ 비에띠사의 〈바르바레스꼬〉 DOCG(DOP) 와인. Nebbiolo 100%. WS 94점, RP 91점. 35만 원선.
⑤ 이탈리아를 대표하는 삐에몬떼 지방 최고의 와이너리인 가야사의 명품 와인 〈쏘리 싼 로렌조〉 Nebbiolo 100%. 파워풀한 싱글 빈야드 와인으로, 알바 지역 성인이었던 San Lorenzo와 남향 언덕이라는 뜻의 Sori를 붙여서 포도밭 이름을 지은 것이다. Langhe DOC였다가 2013년 빈티지부터 Barbaresco DOCG를 부여받음. 100만 원선.
* 1967년, 1970년, 1978년에 각각 출시된 〈Sori San Rorenzo〉, 〈Sori Tildin〉, 〈Costa Russi〉가 가야사의 3대 싱글 빈야드 바르바레스꼬 와인들이다.

Barbera 바르베라 / Dolcetto 돌체또 / Brachetto 브라께또

이탈리아에도 프랑스의 〈Beaujolais Nouveau(보졸레 누보)〉 와인처럼 햇포도의 신선한 맛을 즐기는 〈Vino Novello(비노 노벨로)〉라는 와인 종류가 있습니다. 〈비노 노벨로〉는 프랑스의 햇와인인 〈보졸레 누보〉보다 조금 이른 11월 6일에 출시되는데, 다양한 품종들이 사용됩니다. 예를 들어, 또스까나 지방에서는 Merlot, Cabernet Sauvignon, Sangiovese 등이 사용되며, 삐에몬떼에서는 이탈리아 품종으로는 드물게 산도가 낮고 검은 체리향이 특징인 Dolcetto(돌체또)와 짙은 자주색을 띠고 발랄한 산도에 스파이시하고 베리 향이 나는 Barbera(바르베라) 품종이 〈비노 노벨로〉 와인 양조에 많이 사용됩니다.

Barbera(바르베라)는 캘리포니아, 아르헨티나 등에서도 미디엄 바디 와인의 재료로 사용되고 있습니다.

장기숙성에 적합지 않은 Barbera와 Dolcetto(돌체또) 품종으로 만들어지는 또 다른 종류의 유명 와인들로는, 〈Barbera d'Alba(바르베라 달바)〉 〈Barbera del Monferrato(바르베라 델 몬페라또)〉 〈Dolcetto d'Alba(돌체또 달바)〉 〈Dolcetto di Dogliani(돌체또 디 돌뤼아니)〉 〈Dolcetto di Ovada(돌체또 디 오바다)〉 〈Dolcetto d'Acqui(돌체또 다뀌)〉 등이 있습니다. 와인 이름 뒤의 Alba(알바), Dogliani(돌뤼아니) 등은 그 와인이 생산되는 마을의 이름들입니다.

예를 들어 〈Barbera d'Asti(바르베라 다스띠)〉란 이름을 풀어보면, Barbera◆는 품종 이름이며, Asti(아스띠)는 마을 이름이고, 그 사이에 영어의 'of' 같은 역할을 하는 'di'가 있는 것인데, 모음(i)와 모음(A)이 이어지므로 모음 하나를 줄여 d'로 표기한 것입니다. 즉 'Asti 마을에서 Barbera 품종으로 만들어지는 와인'이라는 뜻이죠. 이탈리아 와인의 이름 중에는 이렇게 품종과 마을 이름이 조합된 형태가 많다는 것을 기억해 놓으면 좋겠습니다. 앞서 설명드렸던 〈Montepulciano d'Abruzzo(몬떼뿔치아노 다브루쪼)〉 DOC(DOP) 와인도 이런 형태의 이름인 셈이죠.

◆ 바르베라는 삐에몬떼 지방에서 네비올로에 이어 서열 2위의 품종이지만, 재배량은 전체의 30%나 차지하는 압도적 1위이다(3위인 네비올로의 3배 이상). 오크통 숙성을 하는 경우가 많으며, 타닌은 많지 않고 신선하고 기분 좋은 산도가 많이 느껴지는 드라이 와인이 대부분이나 살짝 달게도 만들어진다.

또 아스띠 마을에서는 이탈리아를 대표하는 스파클링 와인인 〈Asti Spumante(아스띠 스뿌만떼)〉가 생산되는데, 부드럽고 달콤한 멜로우 스파클링 와인입니다. 최근엔 그냥 〈Asti〉라고만 부르기도 합니다.

또 삐에몬떼 지방의 아뀌(Acqui) 지역에는 Brachetto(브라께또)라는

① 아스띠 시장의 10%를 점유하고 있는 또조사의 〈아스띠 스뿌만떼〉 DOCG 와인 Moscato 100%. 32,000원선.
② 발비 소프라니사의 〈바르베라 다스띠〉 DOCG 와인. Barbera 100%. 4만 원선.
③ 폰타나프레다의 〈돌체또 달바〉 DOC 와인. Dolcetto 100%. 35,000원선.
④ '엔젤 하트'란 브랜드의 C.S.까넬리사의 〈브라께또 다뀌〉 DOCG 와인. Brachetto 100%. 2만 원선.
⑤ Nizza DOCG와 Barbera d'Asti DOCG 와인을 잘 만들어, 감베로 로쏘에서 2 Star를 획득한 까스치나 라 바르바뗄라(Cascina La Barbatella)사의 바르베라 다스띠 와인.

토착 레드 품종이 있는데, 이 품종으로 〈Brachetto d'Acqui(브라께또 다뀌)〉라는 체리, 딸기, 사향, 장미 향이 나는 약발포성 세미스위트 레드 와인이 만들어집니다. 시저가 클레오파트라◆를 유혹하기 위해 선물했던 와인의 포도품종이기도 합니다.

◆ 와인광이었던 클레오파트라는 와인 목욕도 즐겼지만, '마레오틱(Mareotic)'이라는 와인을 매우 사랑했다. 이 와인은 당시 알렉산드리아 인근에서 생산되던 최고급 화이트 와인으로, 알코올 도수가 높고 우아한 부케를 가진 스위트 와인이었을 것으로 추정되지만, 아쉽게도 품종이나 양조방법 등은 전해지지 않는다.

Moscato 모스까또 / 모스카토 | 208쪽 참조 |

지중해 연안이 원산지인 품종으로 남부 프랑스와 알자스에서는 'Muscat(뮈스까)', 스페인에서는 'Moscatel(모스까뗄)'이라 불립니다.

Moscato(모스까또) 품종 와인은 순하고 스위트한 느낌에 향이 많은 편이지만, 생산지에 따라 다른 양조기술을 사용하므로 스위트 와인에

◆ Asti Spumante는 삐에몬떼 지방의 DOCG(DOP) 와인으로 복숭아와 귤 맛이 나는 스위트한 화이트 스파클링 와인이다. 아주 영할 때 마셔야 제격이며, 알코올 도수는 7~9.5도.
(426쪽 상단 첫 번째 와인 사진 참조)
삐에몬떼에는 살짝 스위트한 느낌의 〈모스까또 다스띠〉나 〈아스띠 스뿌만떼〉 외에 드라이한 빈티지 스파클링 와인도 있다. 바로 〈Alta Langa(알따 랑가)〉 DOCG 와인이다. Chardonnay와 Pinot Nero(Noir) 품종을 사용해 전통적인 샴페인 방식으로 만드는데, 숙성기간은 최소 30개월이다. 롬바르디아 지방의 럭셔리한 스파클링 와인인 〈Franciacorta(프란챠꼬르따)〉 DOCG와 견주어진다.

서부터 스파클링 와인, 알코올 강화 와인(fortified wine) 등 다양한 스타일로 만들어집니다. 전 세계적으로 상업적인 큰 성공을 거둔 이탈리아의 〈Moscato d'Asti(모스까또 다스띠)〉와 〈Asti Spumante(아스띠 스뿌만떼)〉◆와인을 만드는 품종이기도 합니다.

〈Moscato d'Asti〉 와인은 아스띠(Asti) 지역에서 Moscato(모스까또) 품종으로 만들어지는 살짝 달고 살짝 발포성이 있는 화이트 와인입니다. 꿀, 아카시아꽃 향이 나는 감미로운 와인으로 마치 우리나라의 탄산음료인 데미소다(포도맛) 맛을 연상케 합니다. 알코올 도수가 낮고(최대 5.5%) 부드러운 기포와 함께 복숭아, 살구, 멜론 등의 달콤한 과일 맛도 느낄 수 있어 가볍게 와인을 즐기려는 사람들이나 젊은 여성들에게 인기가 높습니다.

이탈리아 스파클링 와인을 'Spumante(스뿌만떼)'라고 하는데, 그 중에서 약발포성 와인(탄산가스 압력이 2.5기압 이하)은 'Frizzante(프리잔떼)'라고 구분합니다. 그런 의미에서 〈Moscato d'Asti(모스까또 다스띠)〉는 Frizzante(프리잔떼)에 속합니다.

레이블이 따로 없어서 '누드 와인'으로 불리는 이탈리아 Gianni Gagliardo(지안니 갈뤼아르도)사의 〈Villa M〉을 비롯해, 레이블에 크게 표시된 'G'라는 트레이드

① 지안니 갈뤼아르도사의 모스까또 다스띠 와인인 〈빌라 M〉 3만 원선.
② 쟈꼬모 볼로냐 브라이다사의 〈"G" 모스까또 다스띠〉 와인. Moscato 100% 5만 원선.
* 모스까또는 삐에몬떼에서 바르베라(30%)에 이어 두번째로 많이 재배되는(21%) 품종이다.

마크로 유명한 Braida(브라이다)사, Balbi Soprani(발비 소프라니)사 제품 등 다양한 가격대의 〈Moscato d'Asti〉 와인들이 수입되고 있습니다.

Cortese 꼬르떼제 / Arneis 아르네이스

1980년대에 프리울리-베네치아 쥴리아 지방의 경이로운 화이트 와인들이 등장하기 전인 1960~70년대에는 삐에몬떼 지방의 〈Gavi(가비)〉 와인은 '이탈리아의 Chablis(샤블리)'라고 불렸을 만큼 유명했습니다. 〈Gavi〉 와인은 껍질이 얇은 이 지역 토착 품종 Cortese(꼬르떼제)로 만드는 미디엄 바디 드라이 화이트 와인입니다. 과일 향이 아주 풍부하거나 피니시가 긴 고급 와인은 아니지만, 짜릿한 신맛에 멜론, 풋사과 향이 감돌아, 시원하게 칠링해서 산뜻하게 즐기기엔 그만입니다. 고급 제품은 상큼한 감귤류와 미네랄 향에 그린 아몬드의 피니쉬도 느껴지는데, 숙성될수록 맛이 깊고 유순해집니다.

또 알바 북서부 로에로 언덕에서는 Arneis(아르네이스)◆ 라는 오래된 토착 화이트 품종이 재배됩니다. 삐에몬떼 방언으로 '악동'이란 뜻인데, 재배하기가 워낙 까다로워 붙여진 이름입니다. Arneis 와인은 상쾌한 생동감도 있지만, 산도보다는 서양배, 살구 등의 부드러운 과일 향미와 유질감이 더 많이 느껴집니다.

◆ Arneis 품종은, Nebbiolo Bianco라고도 불려서 친척뻘인줄 알았지만, 유전적으로는 관련이 없는 것으로 판명됐다. 하지만 Nebbiolo 레드 와인의 거친 타닌을 부드럽게 하기 위해 소량(5% 미만) 블렌딩되기도 한다.

위 두 가지 화이트 와인 모두 인근 리구리아 해의 해산물 요리와의 찰떡궁합으로 더 유명해졌습니다.

삐에몬떼 지방 체레또사의 〈아르네이스 블랑제〉 Arneis 100%. 연한 볏짚색을 띠며 사과, 배 등의 과일향이 느껴진다. 생산회사인 체레또(Ceretto)사는 비에띠(Vietti)사와 함께 Arneis 품종이 각광을 받기 시작하는 데 큰 기여를 한 와이너리이다. 7만 원선.

Wine Lesson 101

〈Gavi(가비)〉 와인 이름의 유래

고대 유럽 프랑크 왕국의 가비아(Gavia) 공주는 신분이 낮은 왕궁의 근위병과 사랑에 빠지게 되었다. 이를 안 아버지 클로디미르 왕은 크게 진노하였고, 두 사람은 알프스 너머까지 도망을 갔다. 어느 날 그들은 허름한 여관에 묵게 되었는데, 그곳의 화이트 와인이 너무 맛있어 근위병이 그만 취하고 말았다. 그는 취중에 여관 주인에게 자신들의 처지를 털어놓았고, 현상금에 눈이 먼 여관 주인의 밀고로 두 사람은 결국 왕 앞에 끌려가게 되었다. 하지만 왕은 사랑하는 딸의 간청을 끝내 저버리지 못하고 두 사람의 결혼을 허락하게 된다.

왕은 두 사람이 정착할 마을을 하사하고 그 마을 이름을 '가비(Gavi)'라 칭하게 하여 공주의 순수한 사랑을 기리게 했다. 그 후 사람들은 '공주의 남자'를 취하게 만들었던 그 매력적인 화이트 와인도 〈Gavi〉라고 불렀다. 이런 스토리때문에 사랑을 고백할 때 딱! 좋은 와인으로 애용된다.

Cortese(꼬르떼제) 품종으로 만들어지는 Gavi(가비) 와인은 다른 이탈리아 와인들처럼 품종과 지역명을 함께 써서 'Cortese di Gavi (꼬르떼제 디 가비)'라는 명칭으로 1998년 DOCG 지정을 받았다. 가비 마을 주변 언덕에는 포도밭들이 많이 있지만, 특히 11개 마을 중 가비 마을 내에서 재배된 포도로만 만들면 레이블에 'Gavi di Gavi'라고 표기된다.

라 스꼴카(La Scolca)사 제품은 가비 와인의 전형으로 불리운다.
레이블에 Gavi Dei Gavi('가비의 바로 그 가비'라는 뜻)라고 표기해서 그 자부심을 나타냈었는데, 새로 제정된 법 때문에 Gavi di Gavi로 바꿔 사용할 수밖에 없었다.

삐에몬떼의 주요 와이너리

Gaja(가야), La Spinetta(라 스삐네따), Elio Altare(엘리오 알따레), Michele Chiarlo(미켈레 끼아를로), Pio Cesare(삐오 체사레) 등 국가대표급 와인

가장 비싼 바롤로 와인 중의
하나인 쟈꼬모 꼰떼르노사의
〈Barolo Riserva, Monfortino〉

명가들을 비롯하여, Bava(바바), Braida(브라이다), Balbi Soprani(발비 소프라니), Gancia(간치아), Gianni Gagliardo(지안니 갈뤼아르도), Toso(또조), Ceretto(체레또), Marchesi di Gresy(마르께시 디 그레시), Santero(싼떼로), La Chiara(라 끼아라), Castello del Poggio(까스뗄로 델 뽀찌오), Rivetto(리베또) 등이 있습니다.

특히, 바롤로(Barolo) 와인을 잘 만드는 와이너리로는 전통방식의 바롤로를 만드는 Bruno Giacosa(브루노 지아코사), Giacomo Fenocchio(지아코모 페노끼노), Luciano Sandrone(루치나오 싼드로네)를 비롯해서 Domenico Clerico(도메니꼬 끌레리꼬), Paolo Scavino(파올로 스카비노), Roberto Voerzio(로베르또 보에르찌오), Vietti(비에띠), Fontanafredda(폰타나프레따), Conterno Fantino(꼰떼르노 판띠노), Elio Grasso(엘리오 그라쏘), Marchesi di Barolo(마르께시 디 바롤로), Pecchenino(뻬께니노), Enzo Boglietti(엔조 볼뤼에띠), Poderi Luigi Einaudi(뽀데리 루이지 에이나우디), Poderi e Cantine Oddero(뽀데리 에 깐띠네 오떼로), Bartolo Mascarello(바르똘로 마스까렐로), Massolino(마쏠리노), Prunotto(프루노또), G. D. Vajra(지. 디. 바이라) 등이 있으며,

바르바레스꼬(Barbaresco) 와인을 잘 만드는 와이너리로는, Fiorenzo Nada(피오렌조 나다), Piero Busso(삐에로 부쏘), Ca'del Baio(까델 바이오), Albino Rocca(알비노 로까), Bruno Rocca(브루노 로까), Sottimano(쏘띠마노), 그리고 대형 슬로베니아 오크통에서 숙성하는 전통 방식을 고수하는 생산조합 형태의 Produttori del Barbaresco(프로두또리 델 바르바레스꼬) 등이 있습니다.

가야사의 현 오너 안젤로 가야의 큰딸인 가이아 가야(Gaia Gaja)가 직접 와이너리 안내를 해주고 있다.

또스까나 지방 볼게리에 있는 가야사의 까마르칸다 와이너리는 지하에 지어졌으며, 백년 수령의 올리브 나무들에 둘러싸여 있다.

*1859년 지오반니 가야에 의해 설립되어 4대째 가업을 이어온 가야사는, 이탈리아가 2천여 년만에 다시 세계 최고의 와인국가로 화려하게 복귀하는 '이탈리아 와인의 르네상스'를 주도했다. 대형 슬로베니아 오크통 대신 작은 프렌치 오크통을 사용하는 등 로버트 파커로부터 이탈리아 와인의 수준을 보르도 그랑 크뤼급으로 끌어 올렸다는 극찬을 받았다. 자체 재배한 포도로만 와인을 만드는데, 특히 잠자고 있던 바르바레스꼬를 이탈리아 최고의 와인으로 만들었다. 1996년에는 또스까나에도 진출하였다.

동화속 마을처럼 예쁘고 운치 있는 바롤로 마을 전경

바롤로 마을의 와인샵

바롤로 마을에서 와인과 커피 한 잔

바르바레스꼬에 있는 쥬세뻬 꼬르떼제 와이너리

바롤로협회 회장님이 운영하는 뻬께니노 와이너리

베네또 지방

베네또의 와인산지 구분

이탈리아의 북동쪽에 있는 Veneto(베네또) 지방은 이탈리아의 3대 와인산지입니다.

베네또 지방은 이탈리아에서 가장 많은 와인을 생산하는 곳이자 와인산지로서의 중요성도 매우 큰 곳으로, 우리가 기억하고 있을만한 이탈리아의 유명 와인들도 많이 생산되고 있습니다.

◆ 베네치아의 명주, Grappa
와인을 만들고 남은 포도 찌꺼기(껍질, 씨)를 증류해서 만드는 Grappa(그라빠)는 이탈리아 북부식 브랜디(brandy)로 알코올 도수가 35~60도에까지 이르며, 보통 40도 전후이다. 곡물 증류주보다 향이 일품인데, 보통은 오크통 숙성을 시키지않아 무색이다. 이탈리아에서는 디저트 와인으로 마시거나 에스프레소에 타서 즐기기도 한다. 근래엔 와인을 증류한 고급스런 그라빠도 생산된다.

이탈리아 햇와인인 〈Novello(노벨로)〉의 생산량도 베네또 지방이 압도적인 1위(30%)입니다.

수상 도시인 주도(州都) 베네치아(베니스)◆와 '로미오와 줄리엣'의 무대가 된 베로나가 있는 곳입니다.

베로나는 이탈리아 와인 수출의 중심지로, 프랑스의 대표적인 와인박람회 'Bordeaux Vinexpo(보르도 비넥스포)'와 견줄 수 있는 이탈리아를 대표하는 와인박람회인 'Vinitaly(비니딸리 www.vinitaly.com)'가 매년 3월 말~4월경에 개최되고 있습니다. 다른 유명 와인박람회와는 달리 Vinitaly는 극히 일부를 제외하고는 대부분 이탈리아 와인들이 출품됩니다.

알렉산더사에서 글레라와 모스까또 품종으로 만든 그라빠 〈크뤼〉. 알코올도수 38도

베네또 지방의 포도품종

베네또 지방에도 Corvina(꼬르비나) 같은 나름대로 유명한 토착 포도품종들이 있으며, Cabernet Sauvignon(까베르네 쏘비뇽) 등의 글로벌 품종들도 많이 재배되고 있습니다.

Corvina 꼬르비나 = Corvina Veronese 꼬르비나 베로네제

베네또 지방의 미디엄 바디 레드 와인인 〈Valpolicella(발폴리첼라)〉와 〈Bardolino(바르돌리노)〉가 토착 품종인 Corvina(꼬르비나)를 주 품종(45~95%)으로 Corvinone(꼬르비노네), Rondinella(론디넬라), Molinara(몰리나라), Oseleta(오셀레타) 품종 등이 블렌딩됩니다. 맛있는 산도에 타닌이 적고 체리 향이 나는 〈Valpolicella〉는 베네또를 대표하는 와인입니다. 또 같은 품종들로 〈Amarone(아마로네)◆〉라는 명품 와인도 만듭니다.

◆ 최고의 아마로네 와인들을 생산하는 Dal Forno Romano(달 포르노 로마노)와 Guiseppe Quintarelli(쥬세뻬 퀸따렐리)를 비롯해서 Masi(마씨), Allegrini(알레그리니), Bertani(베르따니), Tommasi(톰마씨), Tedeschi(테데스키), Zenato(제나또), Nicolis(니꼴리스) 등이 유명 아마로네 생산회사인데, 회사별로 가격 차이가 꽤 나기도 한다.

〈Amarone〉는 'Appassimento(아빠씨멘또)'라는 독특한 와인제조방식으로 만들어집니다. 최상의 포도송이들만을 수확해 포도 알맹이가 반 크기로 줄 때까지 4개월 정도 말립니다. 이때 곰팡이 방지를 위해서 통풍이 잘되는 지상의 시원한 창고 선반에서 포도를 건조시키는데, 이러한 건조 과정을 통해 수분은 약 40% 정도 감소되고, 당도는 농축됩니다. 하지만 포도즙의 당분을 양조 과정에서 충분히 발효시키기 때문에 단맛◆이 거의 남지 않습니다. 풍부한 당분 발효를 통해 알코올 함량이 14~17%인 강렬하면서도 우아한 맛과 깊은 향을 지닌 풀바디 명품 와인이 완성됩니다. 〈Amarone〉 와인의 이름이 '씁쓸하다'는 뜻의 'amar'와 '크다'는 뜻

◆ 포도를 5개월 이상 건조시켜 양조한다. 잔당을 남긴 채 발효를 중단시키면, 이 지방의 전통적인 스위트 레드 와인인 〈레치오또(Recioto)〉가 만들어진다. 이탈리아식 스트로 와인(Straw Wine)인 Passito(빠씨또)를 베네또에서는 레치오또라 부른다. 레치오또를 만들다가 발효를 중단시킬 타이밍을 놓쳐서 실수로 만들어진 것이 지금의 명품 아마로네 와인이다.

① 아마로네 와인의 원조격인 쥬세뻬 퀸타렐리사의 〈아마로네〉 DOCG 와인. 대형 슬로베니아 오크통 등 전통적인 방식으로 만들어진다. 과하게 묵직하지 않고 과일 캐릭터를 중심으로 복합적인 향미들의 밸런스가 매우 뛰어나다.
② '베네또의 로마네 꽁띠'라고 불리는 달 포르노 로마노사의 〈아마로네〉 DOCG 와인. 알코올 도수 17.5도. 60~80만 원선.

베네또 지방과 이탈리아의 주요 와인산지

No	포도품종	재배면적
1	Sangiovese	17,500 ha
2	Montepulcuani	34,830 ha
3	Catarratto Bianco	34,790 ha
4	Merlot	28,000 ha
5	Trebbiano Toscana	25,000 ha
6	Barbara	20,000 ha
7	Chardonnay	19,700 ha
8	Glera	19,600 ha
9	Pinot Grigio	17,200 ha
10	Nero d'Avola	16,500 ha
11	Trebbiano Romagnolo	15,800 ha
12	Cabernet Sauvignon	13,700 ha
13	Primitivo	12,200 ha
14	Moscato Bianco	11,500 ha
15	Negroamaro	11,400 ha
16	Gargantuan	11,200 ha
17	Trebbiano Giallo	10,600 ha
18	Aglianico	9,900 ha
19	Corvina	7,500 ha
20	Syrah	6,700 ha
21	Cabernet Franc	6,300 ha
22	Grillo	6,200 ha
23	Ansonia (Inzolia)	6,130 ha
24	Doucette	6,120 ha
25	Cannonau	6,000 ha
26	Criatina	5,600 ha
27	Nebbiolo	5,500 ha
28	Trebbiano Abruzzese	5,100 ha
29	Pinor Nero	5,050 ha
30	Lambrusco Salamino	5,000 ha

이탈리아의 품종별 재배 순위(2010년 기준)

의 'one'에서 유래되었듯이 이 와인은 살짝 씁쌀한 향미가 느껴집니다. 드라이하면서도 블랙베리 잼 맛+말린 무화과+초콜릿 향이 느껴진다고도 합니다. 〈Amarone〉도 발폴리첼라 와인의 일종이므로 정식 명칭은 'Amarone della Valpolicella(아마로네 델라 발폴리첼라)'입니다.

이탈리아의 3대 명품 와인으로, 또스까나 지방의 〈Brunello di Montalcino(브루넬로 디 몬딸치노)〉와 삐에몬떼 지방의 〈Barolo(바롤로)〉, 베네또 지방의 〈Amarone(아마로네)〉를 꼽을 수 있는데, 베네또 지방

사람들의 〈Amarone〉에 대한 사랑과 자부심은 대단합니다. 그런데 가격이 비싸서 항상 마실 수가 없기 때문에 〈Amarone〉와 비슷한 느낌에 가격이 저렴한 와인이 자연스레 생겨났습니다.

바로 〈Ripasso(리빠쏘)〉 혹은 〈Ripassa(리빠싸)〉라고 불리는 와인인데, 9월에 수확해 1차 숙성한 일반 〈Valpolicella(발폴리첼라)〉 와인의 포도즙에 〈Amarone〉를 만들고 난 포도 찌꺼기를 섞어 2차 숙성을 시킵니다.

Amarone della Valpolicella	Amarone della Valpolicella Riserva
오크/배럴 최소 2년 이상 숙성 후 출시	오크/배럴 최소 4년 이상 숙성 후 출시

* Amarine(아마로네) 와인의 최소 알코올 도수는 14도

이렇게 함으로써 일반 〈Valpolicella〉 와인보다 알코올 도수가 더 높고 〈Amarone〉의 풍미가 살짝 느껴지는 저렴한 짝퉁(?) 〈Amarone〉 와인이 만들어집니다.

알레그리니(Allegrini)사는 1990년에 새로운 〈Ripasso〉 양조방식을 개발했는데, 수확한 포도의 70%는 바로 1차 숙성을 시키고, 30%는 4개월간 말렸다가 같이 섞어 2차 숙성을 시킵니다. 사진의 〈Palazzo della Tore(팔라쪼 델라 또레)〉가 그런 방식으로 만들어진 와인입니다.

① 쥬세뻬 깜빠놀라사의 〈발폴리첼라 끌라시꼬 수뻬리오레〉 Corvina 60% : Rondinella 25% : Molinara 15%. 33,000원선.
② 알레그리니사의 〈팔라쪼 델라 또레〉 Corvina 40% : Corvinone 30% : Rondinella 25% : Sangiovese 5%. 64,000원선.

아마로네용 포도로 말려지는 과정

마씨사에서 베네또 지방의 토착 품종인 Corvina 70% : Rodinella 25% : Molinara 5%로 만든 리빠쏘 와인인 〈깜뽀피오린〉
수퍼 베네치안급 와인 중의 하나로, 만화 '식객'에 한국의 불고기와 잘 어울리는 와인으로 소개되기도 했다. 38,000원선.

달 포르노 로마노사는 〈아마로네〉 와인을 만드는 포도의 작황이 약간 안 좋거나 양조된 와인의 품질이 자체 기준에 조금이라도 못 미치면 무조건 Valpolicella(발폴리첼라) DOC(DOP) 와인으로 강등시켜 출시한다. 그러다보니 이 회사의 〈발폴리첼라〉 와인 품질과 가격은 웬만한 회사의 〈아마로네〉 와인보다도 더 뛰어나고 비싸다. 특히 달 포르노 로마노사의 〈발폴리첼라〉 와인은 다른 회사의 일반적인 〈발폴리첼라〉 와인과는 달리 수확한 포도를 1개월 반 정도 건조시키고, 뉴 아메리칸 오크통 숙성 36개월, 병입 숙성 24개월 후에 출시하다보니 아마로네 특유의 풍미는 물론 아주 진하고 복합적인 맛을 가지고 있다. 피니쉬에는 진한 복숭아 향이 느껴진다.

1772년에 설립되어 250년 역사를 가진 마시(MASI)사에서 생산되는 아마로네 와인들

Garganega 가르가네가 | 209쪽 참조 |

그리스 출신 화이트 품종인 Garganega(가르가네가)는 껍질이 두껍고 단순한 맛의 과즙이 풍부합니다. 풋사과 향과 특유의 부드러운 맛으로 오래전부터 왕족과 귀족들에게 사랑을 받았던 베네또 지방의 〈Soave(쏘아베)〉* 와인을 만드는 이탈리아의 5대 화이트 품종 중 하나 입니다.

* Soave(쏘아베)는 베로나 인근의 산지명이자 와인 이름으로, 레드 와인의 최대 생산지인 또스까나 지방의 〈Chianti(끼안띠)〉 와인과 마찬가지로 품질이 낮고 대량 생산되는 와인으로 인식되고 있다.

〈Soave〉는 Garganega(가르가네가) 품종 70% 정도에 Trebbiano(뜨레삐아노), Pinot Bianco(삐노 비앙꼬), Chardonnay(샤르도네) 등을 블렌딩해서 만듭니다.

Valpolicella(발폴리첼라)나 Bardolino(바르돌리노)처럼 Soave도 베로나시 인근의 지명이자 와인 이름(종류)인데요, Soave가 '부드러움'이라는 뜻을 가지고 있다 보니, 그 이름의 유래에 대한 재미있는 두 가지 속설이 있습니다.

시인 단테가 이 와인을 마셔보고는 'Oh~ Soave~'라고 감탄하며 이름을 붙였다는 설과, 줄리엣과의 입맞춤에 도취해 있던 로미오가 시종이 건네준 이 와인을 마시고는 'Soave!!'라고 외쳐서 그리 칭해졌다는 설입니다. 언덕 지형에서 더 잘 익은 포도로 만드는 〈Soave Classico(쏘아베 끌라시꼬)〉 와인은 더 복합적인 풍미가 느껴집니다.

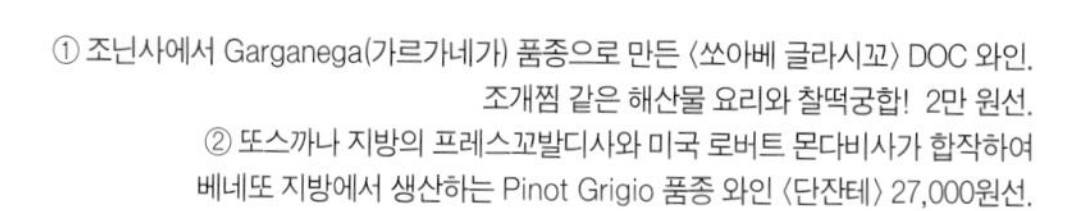
① 조닌사에서 Garganega(가르가네가) 품종으로 만든 〈쏘아베 글라시꼬〉 DOC 와인. 조개찜 같은 해산물 요리와 찰떡궁합! 2만 원선.
② 또스까나 지방의 프레스꼬발디사와 미국 로버트 몬다비사가 합작하여 베네또 지방에서 생산하는 Pinot Grigio 품종 와인 〈단잔테〉 27,000원선.

Prosecco 프로쎄꼬 / Glera 글레라

이탈리아에서는 스파클링 와인을 'Spumante(스뿌만떼)'라고 부르는데, 베네또 지방에서는 그 대명사격인 〈Prosecco(프로쎄꼬)〉라는 스파클링 와인이 생산됩니다. 재료가 되는 품종명도 같은 Prosecco(프로쎄꼬)였으나, 생산지, 와인명, 품종명이 같아서 헷갈리는 것을 막고자 2009년부터는 품종명을 한동안 혼용해서 쓰던 Glera(글레라)◆로 단일화하였습니다. 샤르마 방식(357쪽 상단 참고)으로 대량 생산되는 〈Prosecco(프로쎄꼬)〉는 샴페인처럼 섬세한 기포와 효모향은 없지만, 신선한 흰복숭아 향미가 납니다. 〈Prosecco(프로쎄꼬)〉◆는 약발포성인 Frizzante(프리잔떼)로도 만들어지며, 바디감이 약하고 알코올 함량은 11.5~12% 정도로 적은 편이어서(최저 알코올 함량은 8.5%) 여름철 식전주로도 딱입니다.

◆ Glera(글레라) 또는 Prosecco(프로쎄꼬)라고 불렸던 이 품종은, 슬로베니아에서 유래되었으며, 프리울리-베네치아 줄리아 지방을 거쳐 베네또 지방에서 가장 성공적으로 재배되고 있는 제1품종(28%)이다. 〈Prosecco(프로쎄꼬)〉 스파클링 와인은 Glera 품종이 85~100% 사용되고, Chardonnay, Pinot Bianco, Verdiso(베르디소)가 15% 이하로 브렌딩된다.

◆ 2009년부터 프로쎄꼬를 생산하는 2곳의 DOCG 지역이 생겨났다. Conegliano Valdobbiadene Prosecco Superiore(꼬넬뤼아노 발도삐아데네 프로쎄꼬 수뻬리오레)와 Asolo Prosecco Superiore(아쏠로 프로쎄꼬 수뻬리오레) DOCG이다.

그 외에 이탈리아 Spumante(스뿌만떼) 중 유명한 것은, 북중부 롬바르디아 지방에서 Chardonnay(샤르도네), Pinot Bianco(삐노 비앙꼬)◆, Pinot Nero(삐노 네로)◆ 품종으로 만드는 DOCG급 스파클링 와인인 〈Franciacorta(프란챠꼬르따), 451~452쪽 참고〉가 있습니다. 프랑스의 샴페인과 같은 방식으로 만들어지는 이 와인은 'Spumante(스뿌만떼)'로 불리는 것을 거부하고 'Franciacorta(프란챠꼬르따)' 그 자체로 불리기를 고집할 정도로 품질에 자부심을 가지고 있습니다. 최근에 삐에몬떼 지방에서 〈Asti spumante(아스띠 스뿌만떼)〉를 그냥 〈Asti〉라고만 부르는 것과 같은 맥락이지요.

◆ 이탈리아의 Pinot Bianco(삐노 비앙꼬) 품종은 프랑스의 Pinot Blanc(삐노 블랑)과 같은 품종이고, Pinot Nero(삐노 네로)는 Pinot Noir(삐노누아)와 같은 품종이다.

앙증맞은 병에 담겼지만 쏟아지는 듯한 기포로 뉴욕의 레스토랑 등에서 'Buddy'라는 애칭으로 불리는 이탈리아 베네또 지방의 약발포성 와인인 〈자르데또 프로쎄꼬 브뤼〉 28,000원선. (200㎖)

Special tip

저자가 추천하는 베네또 지방의 특별한 와인

또스까나 지방의 수퍼 또스까나 와인들은 프랑스 보르도 지방의 품종들을 블렌딩해서 만드는 고급 와인입니다. 그런데 베네또 지방에도 이러한 고급 보르도 블렌딩 와인이 있습니다. 대표적으로 베네가쭈 지역 로레단 가스파리니사의 〈Capo di Stato(까뽀 디 스따또)〉가 있습니다. 미네랄이 풍부한 포도밭에서 50년 이상 된 포도나무의 CS 65% : CF 20% : Merlot 10% : Malbec 5%로 만들며, 프렌치 오크통에서 18~24개월간 숙성시킵니다. 이탈리아 최초의 보르도 블렌딩 와인으로, 이탈리아 공식 방문시 베니스 궁 만찬에 나온 이 와인을 극찬했던 프랑스 드골 대통령의 기념해서 와인명을 '국가원수'를 뜻하는 '까뽀 디 스따또'로 지었습니다. "전설의 100대 와인"에도 선정되어 있습니다. (723쪽 참조)
젊은 청년의 상반신이 그려진 독특한 레이블은 1967년 유명 화가인 또노 잔까나로(Tono Zancanaro)가 이 와인을 찬미하고 헌정하는 뜻으로 그린 그림입니다. 소량 생산되기 때문에 국내에도 한정 수량만 수입되고 있습니다. 16만 원선.

베네또의 주요 와이너리들

Allegrini(알레그리니), Masi Agricola(마씨 아그리꼴라), Tommasi(톰마씨), Dal forno Romano(달 포르노 로마노), Anselmi(안셀미), Bolla(볼라), Folonari(폴로나리), Guiseppe Quintarelli(쥬세뻬 퀸따렐리), Cesari(체사리), Santa Sofia(싼따 쏘피아), Pieropan(삐에로판), Zenato(제나또), Carpene Malvolti(까르뻬네 말볼띠), Giacomo Montresor(쟈꼬모 몬뜨레소르), Maculan(마꿀란), Zardetto(자르데또), Bertani(베르따니), Speri(스뻬리), Agricola Gini(아그리꼴라 지니), Inama(이나마), Nicolis(니꼴리스), Venegazzu(베네가쭈), Tedeschi(테데스끼), Suavia(수아비아) 등이 있습니다.

이탈리아의 기타 와인산지

시칠리아 섬

시칠리아 섬에는 'Calabrese(깔라브레제)'라고도 불리는 'Nero d'Avola(네로 다볼라)'라는 토착 품종이 있습니다. Nero d'Avola(네로 다볼라) 품종 와인은 신세계의 Shiraz(쉬라즈) 와인과 비교되기도 하는데, 검붉은 과일(black cherry, black plum)과 후추 플레이버가 특징입니다. 영(young)할 때는 다소 거칠기도 하지만, 바디감이 좋고 달달한 타닌이 많이 느껴집니다. 블렌딩 파트너로는 Syrah(씨라), Merlot(메를로) 등이 있습니다.

고지대인 에트나 화산 토양에서 잘 자라는 Nerello Mascalese(네렐로 마스깔레제) 품종의 인기도 급상승 중입니다. 딸기, 체리, 제비꽃, 연기, 시나몬, 허브, 미네랄, 흙의 뉘앙스가 있는데, 높은 산도에 타닌은 적고, 빛깔이 여려 마치 Nebbiolo나 Pinot Noir 같은 느낌도 납니다. Nerello Mascalese(네렐로 마스깔레제)를 주품종으로 부드러운 산도의 Nerello Cappuccio(네렐로 까뿌치오) 품종이 소량 블렌딩되는 Etna Rosso DOC 와인은 시칠리아의 다양한 음식과 모두 잘 매칭됩니다.

화이트 품종으로는 고급 드라이 와인용인 Grillo(그릴로)와 산도 높은 중저가 화이트 와인 및 시칠리아의 달콤한 디저트 와인 〈Marsala(마르쌀라)〉를 만드는 Catarratto(까따라또)를 비롯해서 Grecanico(그레까니꼬), Carricante(까리깐떼), Moscato(모스까또), Inzolia(인촐리아), Malvasia(말바지아) 품종 등이 있습니다.

시칠리아에는 Donnafugata(돈나푸가따), Gulfi(굴피), Morgante(모르간떼), Palari(빨라리), De Bartoli(데 바르똘리), Tasca d'Almerita(따스까 달메리따), Tenimenti(떼니멘또), Spadafora(스빠다포라), Cusumano(쿠쑤마노),

① 돈나푸가따사의 〈앙겔리〉 Merlot 50% : CS 50%. 프렌치 오크통 12개월 숙성. 6만 원선.
② 까를로 사니사의 〈Why Not?, Nero Davola-Syrah 리제르바〉 미디엄 바디에 향긋하고 감칠맛 나는 맛있는 와인. 3만 원선.
③ 쁠라네따사의 〈쁠라네따, 씨라〉 Syrah 100%. 미디엄풀바디 WS 90점(2006년 빈티지). 10만 원선.
④ 베난띠사의 Etna Rosso DOC 와인 〈로비뗄로〉 Nerello Mascalese 80% : Nerello Cappuccio 20%. 8만 원선.
* 네렐로 마스깔레제 품종은 '시칠리아의 삐노 누아'로 불리기도 하는데, Sangiovese 패밀리로 추정된다.
⑤ 굴피사의 〈까르깐띠〉 시칠리아 토착 화이트 품종인 Carricante(까리깐떼) + Albanello(알바넬로). 5만 원선.

Maurigi(마우리지), Settesoli(쎄떼쏠리), Santa Anastasia(싼따 아니스따샤), Benanti(베난띠) 등의 유명 와이너리들이 있습니다.

Wine Lesson 101

시칠리아의 돈나푸가따 와이너리 이름의 유래

Donnafugata(돈나푸가따)는 그 역사가 160년이 넘는 가족경영 와이너리다. Donnafugata는 '도망간(fugata) + 여자(Donna)'라는 뜻으로, 19세기 나폴리의 왕이였던 페르디난도 4세의 아내인 마리아 까롤리나(마리 앙뚜아네뜨의 친언니)가 나폴레옹을 피해 나폴리 왕토에서 시칠리아섬으로 피신했던 데서 유래된 것이다. 그래서 그런지 이 와이너리의 와인 레이블에는 마치 동화의 삽화나 신화적인 벽화, 여성과 중세기사 등 사랑과 낭만이 깃든 특이한 이미지들이 주로 사용된다.

Special tip

저자가 추천하는 시칠리아 와인

알라스뜨로

이탈리아 시칠리아 섬의 쁠라네따사의 화이트 와인 〈알라스뜨로〉. Grecanico(그레까니꼬)가 주품종으로 Fiano(피아노)가 5% 정도 섞이기도 한다. 시칠리아는 아주 일찍이 그리스로부터 와인이 전파되었기 때문에 품종도 그리스에서 건너온 품종들이 아직도 많이 남아있는데, Grecanico(그레까니꼬)도 그 중 하나로, 베네또에서 쏘아베 와인을 만드는 Garganega(가르가네가)와 같은 품종이다.
와인명인 '알라스뜨로(Alastro)'는 봄철 아란치오 호수 주변에 노랗게 피는 야생 풀 이름에서 따온 것이다. 허브, 미네랄, 누룩, 효모 향에 입맛을 돋우는 레몬 등의 깔끔한 시트러스와 꽃 향이 곁들여져 신선한 야채나 아스파 라거스, 버섯, 가지, 호박 등의 애피타이저와 잘 어울린다. 2010년 빈티지가 2012년 감베로 로쏘(396쪽 참조)에서 잔 2개를 받았다. 5만 원선. 쁠라네따사는 와인 맛의 느낌을 레이블 이미지로 표현하는 것으로도 유명하다.

에밀리아-로마냐 지방

에밀리아-로마냐(Emilia-Romagna) 지방에서는 토착 화이트 품종인 Albana(알바나)로 DOCG급 와인 〈Romagna Albana(로마냐 알바나)〉를 생산합니다.

또 Lambrusco(람브루스꼬) 품종으로 같은 이름의 약발포성 세미 스위트 레드 와인인 〈Lambrusco〉 와인을 만들고 있습니다. 약간의 발포성이 있는 이 와인은 고급 스파클링 와인은 아니지만 〈Chianti(끼안띠)〉 〈Moscato d'Asti(모스까또 다스띠)〉와 함께 생산량에 있어 이탈리아의 3대 와인이라고 할 수 있습니다. 알코올 도수 8% 정도인

이탈리아는 20개 주 전체가 와인 산지이며, 행정구역(주)과 와인 산지명이 같은 유일한 나라이다. 고대 그리스인들은 이탈리아를 '와인의 땅'이란 뜻의 '외노트리아(Oenotria)'라고 불렀다.

이탈리아의 주요 와인 산지

〈Lambrusco(람브루스꼬)〉 와인은 한때 미국에서 코카콜라 팔리듯 팔린 적도 있었는데, 이탈리아식 햄인 프로슈토나 기름진 소시지, 파스타 요리 등과 잘 어울립니다. 〈Lambrusco〉 와인의 중심지인 모데나 인근의 파르마(Parma) 지역은 와인뿐만 아니라 파마산 치즈(Parmesan Cheese)로도 유명합니다.

미국 수출 1위인 리우니떼사에서 생산하는 약발포성 세미 스위트 레드 와인인 〈람브루스꼬〉 알코올 도수 8% 13,000원선. 〈람브루스꼬〉는 데일리 와인이지만 이탈리아 수출 1위 와인이다.

프로슈터(Prosciutto)

파마산 치즈

움브리아 / 아브루쪼 / 마르께 지방

몬떼팔꼬 싸그란띠노
Passito 스타일

이탈리아 반도 중심부인 움브리아(Umbria) 지방에는 2개의 DOCG 레드 와인이 있습니다. 하나는 마치 끼안띠 와인처럼 Sangiovese(산지오베제) 50~70%에 Canaiolo Nero(까나이올로 네로), Ciliegiolo(칠리에지올로), Montepulciano(몬떼뿔치아노)와 화이트 품종인 Trebbiano(뜨레삐아노) 등이 블렌딩되는 〈Torgiano Rosso Riserva(또르지아노 로쏘 리제르바)〉입니다.

두 번째는 움브리아 지방의 자존심이자 간판 와인인 〈Montefalco Sagrantino(몬떼팔꼬 싸그란띠노)〉입니다. 몬떼팔꼬◆ 언덕의 특산 품종인 Sagrantino(싸그란띠노)로 만들어진 이 와인은 최소 30개월 이상 숙성되며, 무거운 바디에 타닌이 매우 많은 고급 레드 와인입니다. 말린 포도로 만든 달달한(passito) 스타일로 시작했으나, 이제는 대부분 드라이한(secco) 스타일입니다.

◆ 몬떼팔꼬(Montefalco)는 송골매(falcon)가 사는 산이라는 뜻의 지명이다.

화이트 와인으로는 Trebbiano(뜨레삐아노)◆를 중심으로 Grechetto(그레께또), Malvasia(말바지아), Verdello(베르델로) 등이 블렌딩된 〈Orvieto(오르비에또)〉 DOC(DOP) 와인이 유명한데, 세련된 느낌에 은은한 복숭아 향이 배어납니다.

◆ 뜨레삐아노는 브랜디(꼬냑)을 만드는 Ugni Blanc(위니 블랑)과 같은 품종으로 Procanico(프로까니꼬)라고도 불린다.

아브루쪼(Abruzzo) 지방은, 레드 품종인 Montepulciano(몬떼뿔치아노)와 화이트 품종인 Trebbiano(뜨레삐아노)가 유명합니다.

Montepulciano 품종의 본 고장이라고 할 수 있는 아브르쪼에서는 〈Montepulciano d'Abruzzo(몬떼뿔치아노 다브루쪼)〉 DOC 와인과 〈Montepulciano d'Abruzzo Colline Teramane(몬떼뿔치아노 다브루쪼 꼴리네 떼라마네)〉 DOCG 와인이 생산됩니다. DOC 와인은 Montepulciano 최소 85%에 나머지 Sangiovese, DOCG 와인은 Montepulciano 최소 90%에 나머지 Sangiovese가 블렌딩됩니다.

〈Trebbiano d'Abruzzo(뜨레삐아노 다브루쪼)〉 DOC 화이트 와인은 깔끔한 산도의 꽃, 미네랄, 과일 향미가 살짝씩 느껴지는 와인입니다.

마르께(Marche) 지방은 바로 아래쪽에 있는 아브루쪼 지방과 주된 포도품종이 비슷합니다. 레드 품종으로는 Montepulciano(몬떼뿔치아노)와 Sangiovese(산지오베제), 화이트 품종으로는 Trebbiano(뜨레삐아노). 하지만 화이트 와인 비율이 60% 이상인 마르께 지방에는 특화된 화이트 품종이 더 있습니다. 대표적인 것이 Verdicchio(베르디끼오) 품종입니다. 신선하고 산도가 높은 품종으로 피니쉬에 아몬드와 기분 좋은 쓴맛이 느껴지는데, Trebbiano(뜨레삐아노)와 Malvasia(말바지아)가 최대 15%까지 블렌딩될 수 있습니다. Verdicchio(베르디끼오) 화이트 와인은 높은 산도 때문에 생선요리와 잘 어울려 'fish wine'이라고도 불리며, Castelli di Jesi(까스뗄리 디 예시)가 가장 유명한 소산지입니다. 그리고 마르께에는 Pecorino(뻬꼬리노)라는 토착 화이트 품종도 있습니다. 80년대 이후 알려지기 시작했고 현재 가장 트렌디한 품종 중의 하나가 되었습니다. Pecorino(뻬꼬리노) 품종으로 만들어지는 〈Offida(오피다)〉 DOCG(DOP) 화이트 와인은 미네랄, 레몬, 허브를 베이스로, 살짝 페트롤리한 향미가 느껴집니다. 높은 산도와 알코올이 균형을 이루며 바디감도 좋은 와인입니다.

우마니 론끼사의 몬떼뿔치아노 다브루쪼 DOCG 와인인 〈요리오〉. Montepulciano 100% 밸런스가 좋은 와인으로 아브루쪼와 마르께 지방 두 곳에서 생산된다. 35,000원선.

깜빠니아 / 바실리까따 지방

나폴리가 주도(州都)인 깜빠니아(Campania) 지방은, 타닌 성분이 풍부한 Aglianico(알뤼아니꼬)라는 레드 품종으로 만드는 〈Taurasi(따우라지)〉와 〈Falerno del Massico(팔레르노 델 마씨꼬)〉 와인 등이 유명합니다. 〈Taurasi〉는 이탈리아 남부 최초의 DOCG 와인이자, 이 지방을 대표하는 와인으로 '남부의 바롤로(Barolo)'라고도 불립니다.

① 깜빠니아 지방 페우디 디 산 그레고리오의 〈Taurasi(따우라지)〉 DOCG 와인. Aglianico(알뤼아니꼬) 품종 100%. 10만 원선. 〈따우라지〉는 장미, 낙엽, 송로버섯 향 등 〈바롤로〉와인과 흡사한 향미를 가졌다.
② 떼레도라사의 〈팔랑기나〉 Falanghina 100%. 깜빠니아 IGP. 5만 원선.

블랙 체리 향미의 Aglianico(알뤼아니꼬) 품종은 깜빠니아 바로 아래쪽의 바실리까따(Basilicata) 지방의 화산토양에서도 〈Aglianico del Vulture(알뤼아니꼬 델 불뚜레)〉 DOC와 〈Aglianico del Vulture Superiore(알뤼아니꼬 델 불뚜레 수뻬리오레)〉 DOCG 레드 와인으로 만들어집니다.

화이트 품종으로 사과, 레몬향이 나는 토착 품종 Falanghina(팔랑기나)가 유명하며, 그 밖에 DOCG(DOP)급 화이트 와인으로 Greco(그레꼬) 품종으로 만드는 〈Greco di Tufo(그레꼬 디 뚜포)〉와 Fiano(피아노) 품종으로 만드는 〈Fiano di Avellino(피아노 디 아벨리노)〉 와인이 있습니다.

뿔뤼아 지방

이탈리아 반도는 롱부츠 모양으로 생겼는데, 그중에서 아킬레스건에서 뒷굽까지에 해당하는 부분이 뿔뤼아(Puglia) 지방입니다. 고대 유적들이 가장 많이 보존되어 있으며, 베네또 지방 다음으로 와인 생산량

이 많습니다. 특히 농익고 찐득한 느낌의 레드 와인을 선호하는 우리나라 애호가들의 입맛을 저격하는 레드 와인들이 생산되고 있습니다. 그 대표적인 와인이 바로 〈Primitivo di Manduria(쁘리미띠보 디 만두리아)〉 DOC 레드 와인입니다. 미국 Zinfandel(진펀델) 품종과 친척뻘인 Primitivo(쁘리미띠보) 품종으로 만들어지며, 이미 우리나라에도 다수의 제품들이 수입되고 있습니다. 비슷한 느낌의 〈Salice Salentino(쌀리체 쌀렌띠노)〉 DOC 레드 와인은 Negroamaro(네그로아마로) 품종 80~100%에 Mavasia Nero(말바지아 네로)가 소량 블렌딩됩니다.

① 싼 마르짜노사의 Primitivo di Manduria DOC 와인 〈빈도로〉. Primitivo 100%. 28,000원선. San Marizano사는 1962년 19개의 포도재배 가문들에 의해 협동조합 형태로 만들어졌으며, 1,200명이 넘는 재배자들이 소속되어 있다.

② 베끼아 또레사의 Salice Salentino DOC 와인. Negroamaro 85% : Mavasia Nera 15%. 25,000원선.

③ 까사 비니꼬라 보떼르사의 Brindisi DOC Riserva 와인 〈우니꼬〉. 2만 원선. * Brindisi DOC 레드 와인은 Negroamaro 최소 70%에 Malvasia Nera가 블렌딩되며, Sussumaniello, Montepulciano, Sangiovese가 소량 들어갈 수 있다.

④ 꽁뜨리 스뿌만띠사가 뿔뤼아 주에서 만드는 〈아빠시멘또, 세그레또 로쏘〉. Negroamaro 품종 100%로 아마로네 와인을 만드는 아빠씨멘또(Appassimento) 기법으로 만든 와인.

⑤ 파네세 그룹의 비녜띠 까노시니사가 만든 Nero di Troia 품종 100% 와인. Nero di Troia(네로 디 트로이아)는 Uva di Troia, Sumarello라고도 불리며, Primitivo, Negroamaro와 함께 뿔뤼아 지방 3대 레드 품종이다. 안토시아닌 성분이 많아 색이 진하고 검붉은 과일 농익은 맛과 향신료 풍미가 물씬 느껴진다. 35,000원선.

프리울리-베네치아 쥴리아 / 뜨렌띠노-알또 아디제 지방

프리울리-베네치아 쥴리아(Friuli-Venezia Giulia)와 뜨렌띠노-알또 아디제(Trentino-Alto Adige)◆ 지방에서는 이탈리아의 다양하고 품질 좋은 화이트 와인들이 많이 생산됩니다. 유명한 이탈리아 Pinot Grigio(삐노 그리지오, 204쪽 참조) 품종 화이트 와인들이 가장 많으며, 글로벌 화이트 품종인 Chardonnay와 Sauvignon Blanc, Pinot Bianco(삐노 비앙꼬)◆로도 꽤 괜찮은 와인들이 만들어집니다.

◆ 이탈리아 북동부의 세 지역 프리울리-베네치아 줄리아, 뜨렌띠노-알또 아디제, 베네또를 총칭하여 '트레 베네치아'라고 부른다.

◆ 이탈리아 Pinot Bianco = 프랑스 Pinot Blanc

프리울리-베네치아 쥴리아◆ 지방(州)의 토착 화이트 품종으로는 넘버원격인 Friulano(프리울라노)◆를 중심으로 Ribolla Gialla(리볼라 잘라), Picolit(삐꼴릿)이 3대 품종이고, 그 뒤를 Verduzzo(베르두쪼), Malvasia Istriana(말바지아 이스뜨리아나) 등이 받치고 있습니다.

뜨렌띠노-알또 아디제는 하나의 주(州)로 묶여 있지만 문화적 차이는 꽤 큽니다. 이탈리아 문화가 지배적인 뜨렌띠노에 비해 1차 세계 대전까지 오스트리아 제국의 영토였던 알또 아디제 지역은 독일어를 주로 쓰는 게르만 문화권으로, 포도품종도 Gewürztraminer(게뷔르츠트라미너), Müller Thurgau(뮐러 투르가우), Sylvaner(실바너), Riesling(리슬링) 등 독일 품종들이 남아 있습니다.

◆ 주 이름이 너무 길어서 'Friuli V. G.' 라고 줄여 쓰기도 하는데, 사실 이 주는 95%의 프리울리(Friuli) 지역에 5%의 베네치아 줄리아(Vemezia Giulia) 지역이 더해져 생겨났다. 그런데 정작 물의 도시 베네치아는 인접 주인 베네또에 속해있다.

◆ 2007년까지만 해도 '또까이 프리울라노(Tocai Friulano)'라 불렸으나, 동명의 귀부와인으로 유명한 헝가리 'Tocaji' 지역과의 분쟁에서 지는 바람에 2008년부터는 '또까이'를 뺀 '프리울라노'라고만 불리게 되었다.

① 떼누따 루이자사의 프리울라노(Friulano) 품종 100% 화이트 와인. 35,000원선.
② 알또 아디제의 꼴떼렌지오사에서 Sauvignon Blanc 100%로 만든 〈라포아, 쏘비뇽 블랑〉. 오크통 반, 스틸탱크 반에서 8개월간 숙성시켜 복합적인 꽃향기가 특징이다. 12만 원선.

뜨렌띠노-알또 아디제 지방 와인은 양적으로는 레드 와인이 2/3를 차지하는데, CS, Merlot 같은 글로벌 품종 외에 Schiava(스끼아바), Lagrein(라그레인), Teroldego(떼롤데고), Marzemino(마르쩨미노) 등의 토착 품종들이 있습니다. 화이트 품종은 Pinot Girgio, Chardonnay, Pinot Bianco, Sauvignon Blanc, Müller Thurgau(뮐러 투르가우) 등에 토착 품종 Nosiola(노씨올라)가 있습니다.

롬바르디아 지방

이탈리아 북중부 롬바르디아(Lombardia) 지방의 프란챠꼬르따(Franciacorta) 마을에서는 마을 이름과 같은 고품질의 스파클링 와인이 생산됩니다. 이탈리아 최고급 Spumante(스뿌만떼)인 〈Franciacorta(프란챠꼬르따)〉는 대형 탱크에서의 2차 발효를 통해 기포를 만들어내는 샤르마 방식을 사용하는 베네또 지방의 〈Prosecco(프로쎄꼬)〉와는 달리, 병속에서 2차 발효를 시키는 샴페인 방식(Méthode Champenoise)을 사용하기 때문에 기포가 작고 섬세하며 품질이 뛰어납니다. '프랑스에 샴페인(Champagne)이 있다면, 이탈리아에는 프란챠꼬르따(Franciacorta)가 있다'는 말이 있을 정도이지만, 생산량이 샴페인의 20분의 1밖에 되지 않아 지명도는 그리 높지 않습니다. 프란챠꼬르따 마을은 로마시대부터 포도가 재배되었고, 중세시대 수도사들이 와인을 만들어 왔는데, 이곳에 들렀던 샤를마뉴 대제가 그 아름다운 풍경에 반해 '리틀 프랑스'라는 뜻의 프란챠꼬르따(Franciacorta)라는 이름을 붙여줬다고 합니다.

전통적으로 Chardonnay(샤르도네) 포도가 맛있게 재배되는 이곳에서는 1960년대부터 스파클링 와인(스뿌만떼)이 생산되었습니다. 〈Franciacorta(프란챠꼬르따)〉는 화이트 품종인 Chardonnay(샤르도네), Pinot Bianco(삐노 비앙꼬)◆와 레드 품종인 Pinot Nero(삐노 네로)◆가 사용됩니다. Chardonnay(샤르도네)를 주품종(보통 50% 이상)으로 다양한 블렌딩 비율로 만들어집니다.

◆ 이탈리아의 Pinot Bianco 품종은 프랑스의 Pinot Blanc(삐노 블랑)과 같은 품종이고, Pinot Nero는 Pinot Noir(삐노 누아)와 같은 품종이다.

마치 프랑스의 샹빠뉴 지방에서 샴페인을 만들 때 화이트 품종인 Chardonnay(샤르도네)와 레드 품종인 Pinot Noir(삐노 누아), Pinot Meunier(삐노 뫼니에)를 블렌딩하는 것과 매우 비슷합니다. 또 샴페인 중에도 Chardonnay(샤르도네) 품종으로만 만들어 섬세하고 상큼한 향미가 돋보이는 '블랑 드 블랑(Blanc de Blancs)' 샴페인이 있듯이, 〈Franciacorta(프란챠꼬르따)〉도 화이트 품종만으로 만든 것도 있고, 레드 품종인 Pinot Nero(삐노 네로)로 만드는 로제 스파클링 제품도 있습니다. 최근에는 오래전 퇴출되었던 포도품종인 Erbamat(에르바맛)◆이 다시 블렌딩 보조품종으로 사용되기도 합니다. 〈Franciacorta〉의 숙성 시 효묘(Lees) 컨택 기간은 최소 18개월이며, Riserva급은 최소 60개월입니다.

◆ 최근 프란챠꼬르따의 와인생산자들은 기후변화에 따른 대응책으로, 수백 년 전 퇴출된 Erbamat(에르바맛) 품종을 다시 부활시켜 최대 10%까지 블렌딩하고 있다. Erbamat(에르바맛)은 샤르도네나 삐노 네로(삐노 누아)보다 한 달 일찍 숙성되고, 와인 숙성에 도움이 되는 산도도 샤르도네보다 2배나 많아 기후 변화에 대처하는 데 유용할 것으로 기대된다.

① 까델 보스꼬사의 〈프란챠꼬르따 도사지 제로〉 Franciacorta DOCG. 블렌딩 비율은 Chardonnay 60% : Pinot Bianco 20% : Pinot Nero 20%이다. 14만 원선.
② 〈벨라비스타 알마 그랑 뀌베〉 1977년에 설립된 벨라비스타(Bellavista)는 '아름다운 풍경'이란 의미에 걸맞게 알프스가 보이는 가장 높은 곳에 200ha의 포도밭을 소유하고 있는데, 이는 전체 프란챠꼬르따 지역 포도재배 면적의 1/10에 해당한다. 이 와인은 벨라비스타사의 엔트리급 와인으로, 3년간 리(Lee)숙성을 했으며, 블렌딩 비율은 Chardonnay 77% : Pinot Nero 22% : Pinot Bianco 1%. 15만 원선.

리구리아 지방

리구리아 지방의
Vermentino 100%
화이트 와인 〈오로 디제〉
46,000원선

이탈리아 서북부의 리구리아 해에 큰 활모양으로 펼쳐져 있는 제노바 만을 끼고 있는 곳이 리구리아(Liguria) 지방입니다. 이탈리아의 유명 소스인 바질 페스토(pesto alla genovese)의 본고장으로, 해안가 경사면의 계단식 포도밭들인 칭꿰 떼레(Cinque Terre) 지역에서 소량 생산되는 화이트 와인들이 유명한데, Vermentino(베르멘띠노), Pigato(삐가또), Albarola(알바롤라), Bosco(보스꼬) 가 주품종입니다.

꽃, 허브, 미네랄의 섬세한 향미에 적절한 산도가 더해져 우아하고 부드러운 질감으로 느껴지며, 피니쉬로는 쌉살한 아몬드 터치가 특징인 Vermentino(베르멘띠노)는 사르데냐 섬과 리구리아 지방의 대표 품종으로, 프랑스 남부와 코르시카 섬에서도 많이 재배되고 있습니다.

칭꿰 떼레 해안의 경사진 포도밭들

칭꿰 떼레의 리오마찌오레 마을

생산량이 적어 이탈리아의 타 지역에서도 구하기 힘든
리구리아 지방의 칭꿰 떼레(Cinque Terre) 화이트 와인들

〈Est Est Est(에스뜨 에스뜨 에스뜨)〉 와인

라찌오(Lazio) 지방의 로마 북쪽에 있는 몬떼피아스꼬네(Montefiascone) 마을에는 〈Est Est Est(에스뜨 에스뜨 에스뜨)〉란 독특한 이름의 특산 와인이 있는데 그 이름의 유래가 재미있다.

12세기 초 요한 데푸크 주교가 로마로 가는 길에 이 마을을 지나가게 되었다. 대단한 와인 애호가였던 그는 하인을 앞서 보내 와인이 맛있는 여관을 알아보고 그 여관의 벽에 'Est(영어로 It is, 즉 '여기에 있다'는 의미)'라고 써놓으라 지시했다. 특명(?)을 받고 먼저 도착한 하인이 마을을 둘러보는데, 한 여관에서 너무나 향긋한 와인 향기가 풍겨왔다. 향기를 좇아 그 여관으로 들어가 주인에게 와인을 한 모금 얻어 마셔본 하인은 몸을 부르르 떨었다. 그리고는 밖으로 달려나와 여관 벽에다 'Est Est Est~'라고 연달아 적었다. 며칠 뒤 주교 일행이 마을에 도착했다. 호객 행위를 하는 여관들을 뒤로하고 오로지 여관들의 벽들만을 살피던 주교의 눈에 'Est Est Est~'라는 글씨가 적힌 여관이 보였다. 서둘러 그 여관에 들어가 와인을 마셔 본 주교는 그 맛에 바로 심취해버렸다. 와인 맛에 반한 주교는 몬떼피아스꼬네에서의 일정을 3일간이나 연장했다고 한다. 와인이 좋아 주교가 그냥 그 지역에 눌러앉아 살아버렸다는 말도 있지만 그건 좀 과장인 것 같고, 아무튼 그 화이트 와인의 이름은 그때부터 'Est Est Est'가 되었고, 요한 데푸크 주교는 그 후로 이 와인을 너무나 많이 마시다가 과도한 음주로 몸이 축나 죽고 말았는데, 그의 묘비에는 이렇게 쓰여 있었다. 『지나친 '에스뜨'로 인해 요한 데푸크 주교 여기 잠들다…』

그럼 〈Est Est Est〉라는 화이트 와인은 어떤 품종으로 만들고, 또 어떤 맛일까?

Trebbiano(뜨레삐아노)를 중심으로(60% 전후), Malvasia(말바지아), Roscetto(로스체또) 등의 품종이 블렌딩된다. 서양배와 멜론 등의 기분 좋은 과일 향이 풍부하고 상큼한 산도를 느낄 수 있다. 이탈리아 화이트 와인치고는 그리 가볍지 않은 진하고 향긋한 화이트 와인이다.

① 또스까나 지방의 암브로지오&지오반니 폴로니리사의 Vermentino(베르멘띠노) 품종 와인 〈깜뽀 알 마레〉. 58,000원선. 베르멘띠노 품종 와인은 리구리아 지방에서도 많이 생산된다.
② 아브루쪼 지방 지아니 마사렐리사의 몬떼뿔치아노 다부르쪼 DOCG 와인인 〈빌라 젬마〉 Montepulciano 100%. 오크통 숙성 18~24개월. 30만 원선.
③ 롬바르디아 지방 몬떼베르디사에서 Sangiovese와 Merlot 품종으로 만든 달콤한 테이블 와인 〈돌체 노벨라〉 2만 원선.
④ 알또 아디제 지방 테를란사의 라그레인 품종 와인. Lagrein 100%. 이 품종의 와인은 타닉하고 스파이시한 느낌이 있는데, 잘 숙성되면 많은 양의 타닌이 오히려 실키한 느낌을 더해준다. 5만 원선.
⑤ 알또 아디제 지방 꼴떼렌지오사의 삐노 비앙꼬 품종 와인. Pinot Bianco(Pinot Blanc) 100%. 3만 원선.

⑥ 프리울리-베네치아 쥴리아 지방 바스띠아니치사의 삐노 그리지오 품종 와인. 45,000원선.
⑦ 석회질 토양이 많은 뿔뤼아 지방의 트롤라리사에서 만든 쁘리미띠보 품종 레드 와인. Primitivo 100%. 3만 원선.
⑧ 움브리아 지방 로카 델레 마치에사의 오르비에또 끌라시꼬 DOC 와인. 품종은 Trebbiano, Verdello, Grechetto, Malvasia 등이 블렌딩되었다. 3만 원선.
⑨ 마르께 지방 꼰띠 디 부스까레또사의 〈베르디끼오 데이 까스뗄리 디 예지〉 DOCG 와인 Verdicchio 100%. 32,000원선.
⑩ 닐&마리아 엠슨사가 뜨렌띠노 지방에서 만드는 샤르도네 품종 화이트 와인 〈볼리니〉. Chardonnay 100%. 전체의 40% 정도를 오크통에서 6개월가량 숙성시켰다. 3만 원선.

이탈리아의 "쎈" 품종들 (타닌이 많고 구조감이 뛰어난 품종들)

품종명	Nebbiolo (네비올로)	Sagrantino (싸그란띠노)	Aglianico (알뤼아니꼬)	Primitivo (쁘리미띠보)	Negroamaro (네그로아마로)
주산지	Piemonte (삐에몬떼)	Umbria (움브리아)	Campania (깜빠니아) Basilicata (바실리까따)	Puglia (뿔뤼아)	Puglia (뿔뤼아)
대표 와인	Barolo (바롤로) Barbaresco (바르바레스꼬)	Sagrantino di Montefalco (싸그란띠노 디 몬떼팔꼬)	Taurasi (따우라지) Aglianico del Vulture (알뤼아니꼬 델 불뚜레)	Primitivo di Manduria (쁘리미띠보 디 만두리아)	Salice Salentino (쌀리체 쌀렌띠노)

- **Nebbiolo** : 〈바롤로〉, 〈바르바레스꼬〉 등 타닌이 매우 많은 고급 장기 숙성형 와인들로 만들어지지만, 농익고 진한 느낌보다는 드라이하고 꽂꽂한 구조감이 더 강하게 느껴진다.
- **Sagrantino** : 이탈리아 와인의 제1산지인 또스까나 주 바로 옆에 있는 움브리아 주 사람들은 또스까나의 아류처럼 비교되는 것을 무척 꺼려하고 싫어하는데, 그런 움브리아의 자존심을 세워주는 포도품종이 바로 Sagrantino(싸그란띠노)이다. 타닌 맛이 강하고 야생적인 머루 향이 나는데, 너무 강한 맛 때문에 또스까나의 산지오베제로 대체되어 사라질 위기에 처하기도 했었지만, 80년대부터 몬떼팔꼬 지역이 싸그란띠노 부활에 기치를 올렸고, 현재는 움브리아를 알리는 효자 품종이 거듭나고 있다. 특히 싸그란띠노는 타닌 등 폴리페놀 함량이 가장 많은 것으로 알려져 있다.
- **Aglianico** : "이탈리아 북부에 네비올로가 있다면, 남부에서는 알뤼아니꼬가 왕이다." 기원전에 그리스로부터 전파된 품종으로, 품종명도 이탈리아어로 '그리스의'를 뜻하는 Ellenico라는 형용사가 변형된 것이다. "쎈" 그룹의 막내 격으로, 상대적으로 와인의 빛깔은 그리 진하진 않고, 타닌 못지않게 산도도 높으며, 잘 숙성되면 독특한 감칠 맛이 난다. 깜빠니아와 바실리까따 지방의 레드 와인을 대표한다.
- **Primitivo** : 뿔뤼아 지방을 대표하는 레드 품종으로, 크로아티아가 원산지이다. 원류가 같아 미국의 Zinfandel(진펀델) 품종과는 친척뻘이다(478쪽 참조). Primitivo를 최소 85% 이상 넣어야 하는 〈Primitivo di Manduria(쁘리미띠보 디 만두리아)〉 DOC 와인은 이탈리아 와인들 중 가장 농익고 진하게 만들어지는 와인으로 꼽힌다. Manduria(만두리아)는 이탈리아 지도의 부츠 뒷발굽에 해당하는 Salento(쌀렌또) 반도가 Primitivo 품종의 핵심 지역이다.
- **Negroamaro** : 뿔뤼아 지방에는 Primitivo(쁘리미띠보) 품종 외에도 Negroamaro(네그로아마로)라는 레드 품종이 있다. 품종명은 포도 알이 검은 빛(Negro)에 가깝고, 만들어진 와인이 쓰고(Amaro) 스모키한 향미가 있어 붙여진 이름인데, Negro Amaro로 쓰기도 한다. 〈Salice Salentino(쌀리체 쌀렌띠노)〉 DOC 와인은 Negroamaro 단독 또는 Malvasia Nera(말바지아 네라)가 10~20% 정도 블렌딩된다. 또 베네또 지방의 아마로네처럼 말린 포도를 사용하는 아빠씨멘또(Appassimentto) 방식으로 만들어지기도 하며, Primitivo(쁘리미띠보), Malvasia Nera(말바지아 네라), Sangiovese(산지오베제), Montepulciano(몬떼뿔치아노) 품종 등에 소량 블렌딩되기도 한다. 또 뿔뤼아의 No.3 레드 품종인 **Nero di Troia**(네로 디 트로이아)도 색상이 진하고 타닌이 많기로는 빠지지 않는다. (449쪽 참조)

미국의 제3대 대통령 토머스 제퍼슨(Thomas Jefferson)은 와인에 대한 조예가 깊었던 전문가였습니다. 그는 1785년부터 4년간 프랑스 주재 미국 대사로 재직하면서 와인에 대한 견문을 넓혔습니다. 그는 미국인들도 독한 위스키나 럼 대신에 와인을 마셔야 한다고 피력하면서 미국 와인산업 발전을 위해 많은 노력을 했는데, 그의 바람은 결국 현실이 되었습니다. 그가 죽은 지 180여 년이 지난 지금 미국은 생산과 소비 모두에 있어 명실공히 와인강국의 반열에 올라 있습니다.

캘리포니아에 처음 와인이 소개된 것은, 18세기 멕시코에서 미사용 포도나무를 들여오면서부터였습니다. 골드러시 이후 많은 사람들이 캘리포니아에 정착하면서 와인산업은 본격적으로 발전합니다. 한

나파 밸리 까베르네 쏘비뇽 와인의 전형 〈로버트 몬다비 나파 밸리, CS〉와인
CS 78% : Merlot 13% : CF 7% : Malbec 2%. 82,000원선.

때 포도나무 전염병인 필록세라와 금주법 시행(1919년)으로 인해 침체기를 거쳤으나, 금주법 폐지(1933년) 후 다시 활기를 찾았습니다.

1920~30년대만 해도 값싼 저그 와인*을 주로 생산했던 캘리포니아는, 1960년대 들어 '캘리포니아 와인의 대부'로 불리는 Robert Mondavi(로버트 몬다비)와 Joe Heitz(조 하이츠), Warren Winiaski(워렌 위니아스키), Mike Grgich(마이크 그르기치) 같은 선구자들의 노력에 힘입어 1970년대에 신세계(New World) 와인 생산국 중 가장 먼저 세계시장에서 인정받습니다. 이어 1980년대에 들어 미국은 수준 높은 월드클래스의 와인을 생산하는 와인 강국으로서 발돋움합니다.

* 저그 와인(Jug Wine)
1.5리터 이상의 큰 항아리(jug) 모양의 유리병이나 플라스틱, 종이 용기에 담아 판매하는 저렴한 와인을 말하는데, 캘리포니아 저그 와인은 품질도 괜찮은 편이다. E&J 갤로, Almaden(알마덴), Paul Masson(폴 메이슨)사 등이 대표적인 생산자이다. 프랑스어로는 'carafe wine(까라프 와인)'이라 한다.

캘리포니아의 UC Davis 대학은 이제 유럽에서도 유학을 올 정도로 와인양조학(Enology)에 있어 높은 수준을 자랑하고 있으며, 나파밸리의 고급 와인들은 가격 면에서도 프랑스 그랑 크뤼급 와인들의 버금갑니다.

현재 미국은 포도재배면적 세계 5위, 와인 생산량 세계 4위 그리고 와인 소비량 세계 1위입니다.

미국의 자체 와인시장은, 산하에 다수의 와이너리들을 거느린 30대 와인 그룹이 전체 시장의 90% 정도를 점유하고 있는데, 그 중에서도 Top 3인 Constellation Brands, E&J Gallo, The Wine Group이 70% 가까운 점유율을 차지하고 있습니다.

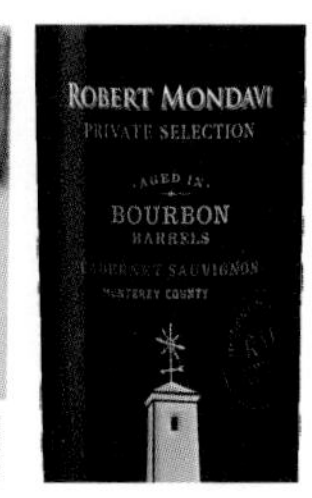

베린저사와 로버트 몬다비사가 만든 버번 위스키 오크통에서 일정 기간 숙성시킨 아메리칸 스타일 와인들

그 뒤를 이어 10위권에 Treasury Wine Estates◆, Trinchero Family Estates, Bronco Wine company, Ste. Michelle Wine Estates, Diageo Chateau & Estates Wines, Jackson Family Wines, DFV Wines의 순으로 포진되어 있습니다.

◆ Treasury Wine Estates : 미국의 베린저 그룹을 인수한 호주의 대형 주류(맥주) 그룹인 Foster's Group에서 와인 파트가 분리되어 나온 그룹으로, 호주의 펜폴즈, 린드만, 울프 블라스, 쌀트람 사 등도 속해 있다. (533쪽 표 참조)

미국의 상징적인 와이너리였던 로버트 몬다비도 2004년말에 Constellation Brands에 인수되었습니다.

미국 와인의 등급 분류

와인양조와 관련하여 미국은 1983년 포도재배지역의 지리적, 기후적 특성과 토양을 나타내는 AVA(American Viticultural Areas)라는 제도를 도입했습니다. 하지만 이것은 프랑스의 AOP(AOC) 제도나 이탈리아의 DOP(DOC) 제도와 같은 유럽의 품질관리제도를 모델로 한 것은 아닙니다. 프랑스나 이탈리아 등에서 와인을 생산지별로 엄격히 통제하여 등급이나 카테고리를 분류하는 것과 달리, 미국의 AVA 제도는 생산지와 포도품종을 표기할 뿐 품질 규제는 하고 있지 않습니다. 따라서 AVA라는 의미를 미국의 '공인된 전문 포도재배지역' 혹은 '최소 단위의 와인

① 소노마 카운티의 명가 켄우드사의 〈잭 런던, 멀로〉 늑대 머리 레이블로 유명한 이 브랜드의 와인은 미국의 탐험가이자 위대한 작가였던 잭 런던을 기념하기 위한 와인이다. Merlot 100%. 10만 원선.

② 캘리포니아 로디 지역에 위치한 아이언스톤사의 세미스위트 와인 〈옵세션〉 1948년 UC Davis 대학에서 Muscat(뮈스까)와 Grenache Gris(그르나슈 그리)를 교배해서 개발한 Symphony 품종 100%. 25,000원.

* 미국의 6대 와인 수입국 : ① 이탈리아 ② 호주 ③ 프랑스 ④ 칠레 ⑤ 아르헨티나 ⑥ 스페인
* 미국 내의 5대 와인시장 : ① 뉴욕 ② 로스앤젤레스 ③ 시카고 ④ 보스턴 ⑤ 샌프란시스코

미국의 주요 와인 생산 주

산지' 정도로 이해하면 되겠습니다. 2019년 11월 기준으로 미국 전체에 246개, 캘리포니아에 139개 지역이 AVA로 지정되어 있습니다.

매년의 기후가 일정치 않은 프랑스나 이탈리아 등 유럽에서는 와인의 빈티지를 매우 중요하게 여기는 데 비해, 일조량이 충분하여 기후가 고르고 일정한 미국에서는 상대적으로 빈티지보다 포도품종과 재배지역을 더 중요하게 여깁니다. 그래서 특히 고급 와인의 레이블에는 반드시 포도품종과 생산지가 정확히 명시되어 있습니다.

미국 와인의 레이블에 표기되는 생산지(원산지) 명칭은 '주(州) 이름', '카운티(郡) 이름', '공인된 전문 포도재배지역(AVA)의 이름' 중 하나입니다. 주 이름을 쓰려면 해당 주에서 재배된 포도가 100% 사용되어야 하고, 카운티의 이름을 쓰려면 해당 카운티의 포도를 75% 이상,

공인된 전문 포도재배지역(AVA)의 이름을 쓰려면 해당 지역의 포도가 85% 이상 사용되어야 합니다. 물론 가장 세부 산지인 공인된 전문 포도재배지역(AVA)의 이름이 사용될수록 더 좋은 와인이겠지요. 또 미국 와인에 포도품종이 표기되려면 해당품종이 75% 이상 사용되어야 합니다. > 553쪽 상단 표 참조

이렇듯 미국 와인에는 공식적인 등급 구분이 없고, 양조 관련 규정이 엄격하지 않기 때문에 다양한 스타일의 와인들이 생산되고 있습니다. 따라서 미국 와인을 고를 때는 유명 산지(예: Napa Valley, Sonoma County)의 유명 와이너리의 와인을 고르면 무난한 선택이 될 수 있습니다. 물론 작은 단위의 세부 AVA명(예: Stag's Leap, Rutherford 등)과 포도밭명까지 표시될수록 더 좋은 와인일 겁니다.

미국의 주요 와인생산 주로는 캘리포니아 주, 오리건 주, 워싱턴 주, 뉴욕 주를 꼽을 수 있습니다.

캘리포니아 주

캘리포니아 와인은 미국 와인의 대명사처럼 불립니다. 생산량뿐만 아니라 품질 면에서도 압도적인 미국 최고이기 때문입니다. 심지어 신세계 와인생산국(New World)들을 얘기할 때 호주, 칠레, 미국이 아니고, 호주, 칠레, 캘리포니아라고 할 정도니까요.

남한의 4배 크기인 캘리포니아는 비옥한 토양에 일조량이 많고 일교차도 커 이상적인 자연환경을 가지고 있으며, 막강한 자본력 그리고 끊임없는 연구노력으로 개발된 최신 양조기법 등에 힘입어 세계적인 와인 명산지 반열에 올라 있습니다.

고급 블렌딩 와인의 대명사 '메리티지 와인'

캘리포니아 최초의 고급 보르도 블렌딩 와인 조셉 펠프스사의 〈인시그니아〉 70~150만 원선.

'메리티지 와인(Meritage Wine)'은 보르도 품종과 그 블렌딩 방식을 사용한 고급 와인들을 칭하는 것으로, 1988년 응모를 통해 채택된 명칭이다. 'Merit'과 'Heritage'가 합쳐진 이 명칭은 협회(The Meritage Association)에 등록되어야만 사용이 가능한데, 약 200여 개의 와이너리들이 등록되어 있다.

캘리포니아에서는 한 품종이 75% 이상 함유되어 레이블에 단일 품종으로 표기되는 Varietal Wine(버라이어틀 와인)만이 고급 와인으로 인정받고 있었기 때문에, 레이블에 'Red(table) wine'이라고 밖에 표시할 수 없었던 보르도 스타일의 고급 블렌딩 와인들은 마치 싸구려 와인처럼 보일 수밖에 없었다. 블렌딩을 통해 좋은 와인을 만들고자 했던 와인메이커들에게는 이런 최소 규정 비율(75%)을 맞추는 일이 아주 번거로운 일이었으며, 또 그들은 실제로 주품종 60%에 보조품종 40% 전후의 블렌딩 비율이 더 우수한 와인을 만들 수 있다는 사실도 알고 있었다. 그래서 이런 맹점을 보완하기 위해 보르도 스타일의 고급 블렌딩 와인을 위한 새로운 명칭을 찾게 된 것이다. 하지만 여기에도 기본적인 조건들은 있다. 협회에 등록되어 'Meritage'라는 명칭을 사용할 수 있는 라이선스를 얻기 위해서는, 다음의 조건들을 충족해야 한다.

(1) Red Meritage : Cabernet Sauvignon, Merlot, Cabernet Franc, Malbec, Petit Verdot, Carmenère, Saint Macaire, Gros Verdot 중 2가지 이상의 품종이 블렌딩되어야 하며, 한 품종이 90%를 넘어서는 안 된다.

(2) White Meritage : Sauvignon Blanc, Sémillon, Sauvignon Vert 중 2가지 이상의 품종이 블렌딩되어야 하며, 한 품종이 90%를 넘어서는 안 된다.

(3) 한 해 생산량이 25,000케이스가 넘지 않아야 한다.

(4) 고품질을 유지하기 위해 Meritage 와인은 생산되는 와이너리에서 가장 고가이거나, 두 번째로 비싼 와인이어야 한다.

최고의 메리티지 와인으로 꼽히는 〈Opus One〉을 비롯해서 Dominus Estate사의 〈Dominus〉, Jpseph Phelps사의 〈Insignia〉, Franciscan Oakville Estate사의 〈Magnificat〉, Cain Vineyard & Winery사의 〈Cain Five〉, Conn Creek사의 〈Anthology〉, Clos du Bois사의 〈Marlstone〉, Stag's Leap Wine Cellars사의 〈Cask 23〉, St. Supery사의 〈St. Supery Elu〉, Robert Craig사의 〈Affinity〉 등이 있다.

1970년에 240개, 1990년에 800개였던 캘리포니아의 와이너리 수는 2020년 1월 기준 4,613개(나파 밸리 550개, 소노마 카운티 450개)로 늘어났습니다. 58개 카운티(郡) 중 46개에서 와인용 포도를 재배하는 캘리포니아에서는 미국 전체 와인의 80% 이상이 생산되고 있습니다. 만약 캘리포니아가 독립국이라 하더라도 역시 세계 4위의 와인 생산국일 것이라는 얘기지요.

캘리포니아 내에도 많은 세부 산지들이 있는데, 생산량만 놓고 따지면 큰 용기에 담아 파는 저그(Jug) 와인 등 저가 와인들을 대량 생산하는 샌 호아퀸 밸리(San Joaquin Valley)가 압권입니다. 미국에서 4명이 와인을 마시고 있으면 그중에 1명은 갤로(Gallo) 와인을 마시고 있다는 말이 있을 정도로 대중적인 와인을 많이 생산하는 E&J 갤로사의 본사도 샌 호아퀸 밸리에 있습니다.

반면 캘리포니아의 고급 와인들은 대부분 북부 해안 지역의 소노마 카운티(Sonoma County)와 나파 밸리(Napa Valley)에서 생산됩니다.

① Gallo(갤로) 패밀리 중의 하나인 칼로 로씨사의 1.5리터짜리 데일리 레드 와인. 13,000원선. Carlo Rossi는 캘리포니아에서 가장 흔한 넘버원 베스트셀러 브랜드이다.
② 1933년에 설립되어 캘리포니아 모데스토(Modesto)에 본사를 두고 있는 E&J Gallo사의 스파클링 와인 〈타츠〉. 화이트 품종 블렌딩. 18,000원선.

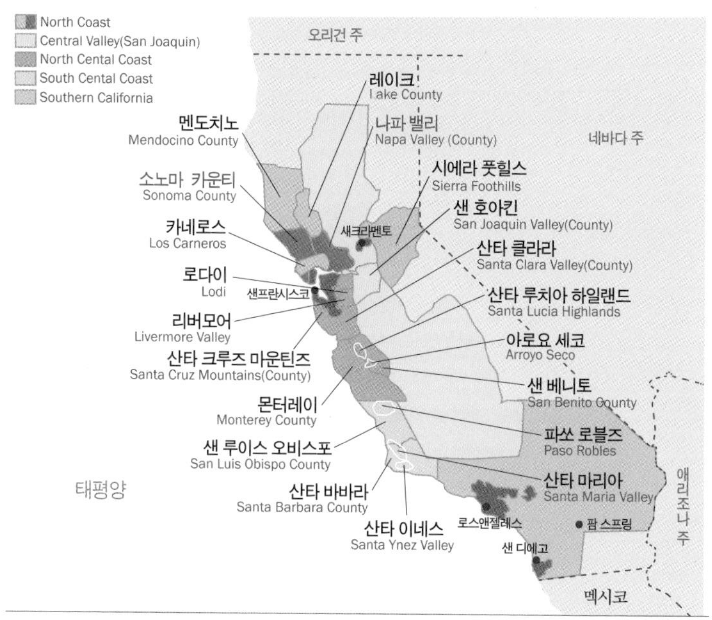

캘리포니아 주의 주요 와인산지

◆ 샌프란시스코에서 북쪽으로 자동차 한 시간 반 거리에 나란히 이웃하고 있는 소노마 카운티(좌)와 나파 밸리(우)는 캘리포니아 와인 전체 생산량으로 보면 10% 미만이지만, 품질 좋은 와인을 많이 생산하기 때문에 주 전체 와인 판매액의 30% 이상을 차지한다. 포도재배면적은 소노마 카운티가 25,000ha, 나파 밸리가 18,000ha로, 캘리포니아 전체 포도밭 면적(208,000ha)의 21% 정도를 차지한다.
(472~473쪽 지도 참조)

또 이 두 명산지의 바로 아래쪽에 스파클링 와인이 많이 생산되는 카네로스(Los Carneros)라는 와인산지가 있습니다. 카네로스는 소노마 카운티◆와 나파 밸리◆의 입구 양쪽으로 걸쳐 있는데, 바다와 가까이 있어 서늘한 기후와 바람, 안개 등의 미세기후가 질 좋은 Pinot Noir(삐노 누아)와 Chardonnay(샤르도네) 품종을 키워 냅니다.

스페인에서 19세기부터 스파클링 와인을 만들어 온 페레르(Ferrer) 가문은 캘리포니아로 이주해 카네로스 지역에서 선구적으로 스파클링 와인을 만들었다. 회사 이름은 남편 호세 페레르와 아내 글로리아의 이름을 딴 글로리아 페레르. 페레르 가문은 스페인 최대의 스파클링 와인 회사인 프레시넷을 소유하고 있다. 사진의 〈로얄 뀌베〉는 1987년 스페인 국왕 부부가 와이너리를 방문했을 때 대접한 최고급 스파클링 와인이다.

Wine Lesson 101

파리의 심판 (Judgement of Paris)

1976년 5월 24일 파리에서 프랑스 와인 전문가 9명이 미국 캘리포니아와 프랑스의 고급 와인들을 대상으로 블라인드 테이스팅 행사를 가졌다. 미국 독립 200주년을 맞아 캘리포니아 와인의 수준이 어느 정도까지 발전했는지 가늠해보기 위한 이벤트로, 화이트와 레드 부문으로 나눠 미국 와인 6종씩, 프랑스 와인 4종씩이 출품되었다.

그런데 결과는 놀랍게도 화이트, 레드 부문 모두 캘리포니아 와인이 1등을 차지했다. 화이트는 〈Ch. Montelena(샤또 몬텔레나)〉가, 레드는 〈Stag' s Leap Wine Cellars(스태그스 립 와인 셀러)〉가 그 주인공들이었다. 이 충격적인 결과에 대해 미국의 타임지는 표지에 '파리의 심판(Judgement of Paris)'이라고 대서특필했고, 이는 세계 시장에 미국 와인의 엄청난 발전을 인정받는 전환점이 되었다.

자존심에 큰 스크래치가 난 프랑스는 30년 뒤인 2006년에 재대결을 제의했다. 화이트 와인은 빼고, 레드 와인들만 가지고 진검 승부를 가리자는 것으로, 첫 대결 때 3~4년 전 빈티지를 시음했기 때문에 정확한 평가가 아닐 수 있으니, 해당 빈티지 와인들이 30년 뒤에 어떻게 병입 숙성되었는지를 보자는 것이 관전 포인트였다. 공정을 기하기 위해 심사위원들도 바뀌고 런던과 캘리포니아 나파 밸리 두 곳에서 리바이벌 대결이 벌어졌다. 이번엔 당연히 프랑스의 승리가 예상되었다.

그런데... 아~ 이번 역시 캘리포니아 와인의 승리로 끝났다. 더 완벽한 승리였다. 1위는 캘리포니아의 〈Ridge Monte Bello(릿지 몬테 벨로)〉가 차지했고, 30년 전 대결 때 최고점을 받았던 〈Stag' s Leap Wine Cellars〉는 2위, 〈Heitz Martha' s Vineyard〉와 〈Mayacamas Vineyard〉가 공동 3위, 〈Clos du Val〉이 5위를 차지했다. 즉 1~5위가 몽땅 캘리포니아 와인이었다. 이는 캘리포니아 고급 와인의 수준이 어느 정도까지 올라와 있는지를 가늠케 해주는 중대 사건으로 기록되고 있다.

2006년 '파리의 심판' 재대결 결과(레드 와인 부문)

2006년 순위	1976년 순위	와인명	생산지역
1위	5위 (12.14점)	Ridge (Vineyards) Monte Bello, California 1971 (릿지 몬테 벨로)	캘리포니아
2위	1위 (14.14점)	Stag's Leap Wine Cellars S.L.V. CS, Napa Valley 1973 (스태그스 립 와인 셀러)	캘리포니아 나파 밸리
3위	7위 (10.36점)	Heitz Cellars Martha's Vineyard CS, Napa Valley 1970 (하이츠 셀러스 마르싸스 빈야드)	캘리포니아 나파 밸리
3위	9위 (9.95점)	Mayacamas (Vineyards) CS, Napa Valley 1971 (마야까마스)	캘리포니아 나파 밸리
5위	8위 (10.14점)	Clos du Val Cabernet Sauvignon, Napa Valley 1972 (끌로 뒤 발)	캘리포니아 나파 밸리
6위	2위 (14.09점)	Château Mouton-Rothschild, Paulliac 1970 (샤또 무똥 로췰드)	보르도 메독 (그랑 크뤼 1등급)
7위	3위 (13.64점)	Château Montrose, Saint Estèphe 1970 (샤또 몽로즈)	보르도 메독 (그랑 크뤼 2등급)
8위	4위 (13.24점)	Château Haut-Brion, Graves 1970 (샤또 오 브리옹)	보르도 그라브 (그랑 크뤼 1등급)
9위	6위 (11.18점)	Château Leoville-Las-Cases, Saint-Julien 1971 (샤또 레오빌 라스 까즈)	보르도 메독 (그랑 크뤼 2등급)
10위	10위 (9.45점)	Freemark Abbey CS, Napa Valley 1969 (프리마크 애비)	캘리포니아 나파 밸리

- 레드 와인 부문의 순위임. 장기숙성에 어려움이 있는 화이트 와인은 2006년에는 제외되었다.
- 1976년에는 점수를 매겨 순위를 정했고, 2006년에는 순위로만 평가했다.

2006년 1위 / 2위 / 공동 3위 / 5위

6위 / 7위 / 8위 / 9위 / 10위

1976년 '파리의 심판' 화이트 와인 부문 순위

1976년 순위	와인명	생산지역
1위	Chateau Montelena 1973	미국(나파 밸리)
2위	Meursault, Charmes, Roulot 1973	프랑스(부르고뉴)
3위	Chalone Vineyard 1974	미국(몬터레이)
3위	Spring Mountain Vineyard 1973	미국(나파 밸리)
5위	Beaune Clos des Mouches, Joseph Drouhin 1973	프랑스(부르고뉴)
6위	Freemark Abbey 1972	미국(나파 밸리)
7위	Batard-Montrachet, Ramonet-Prudhon 1973	프랑스(부르고뉴)
8위	Puligny-Montrachet, Les Pucelles, Domaine Leflaive 1972	프랑스(부르고뉴)
9위	Veedercrest Vineyard 1972	미국(나파 밸리)
10위	David Bruce Winery 1973	미국(소노마 카운티)

1973년 당시와 현재의 〈샤또 몬텔레나〉 레이블

나파 밸리 가장 북쪽에 위치한 샤또 몬텔레나 와이너리

샤또 몬텔레나의 와인메이커였던 마이크 그르기치가
자신의 이름으로 설립한 그르기치 힐즈 이스테이트

1976년 '파리의 심판' 당시의 샤또 몬텔레나 스토리를
영화화 한 "Bottle Shock(와인 미러클)"

나파 밸리 실버 오크 와이너리

덕판드 와이너리의 오리가 노니는 연못(pond)

모에 샹동이 나파 밸리 욘트빌에 만든 도멘 샹동

나파 밸리 루비콘 와이너리 입구

나파트레인 철로 옆에 있는 하이츠 셀러 테이스팅룸

나파 밸리 끌로 뒤 발 테이스팅룸

나파 밸리 침니락 테이스팅룸

Wine Lesson 101

캘리포니아 컬트 와인(Cult Wine)

'컬트 와인(Cult Wine)'은 1980년대 초부터 나파 밸리에서 소량 생산되는 고품질 와인을 말한다. 이 용어는 숭배를 뜻하는 라틴어 'cultus'에서 유래된 것으로, 와인 저술가인 댄 버거(Dan Berger)가 80년대 중반에 처음 사용하였다. 최고 품질, 높은 수요, 소량 생산이 3대 요소로, '블루칩 와인', '부띠끄 와인(Boutique wine)'과도 같은 의미로 쓰인다. 프랑스의 '갸라쥬 와인(Garage wine, 276쪽 참조)'도 일종의 컬트 와인이라 할 수 있겠다.

80년대 중반 케이머스 빈야드의 와인메이커였던 랜디 던이 만든 〈스페셜 셀렉션 까베르네 쏘비뇽〉 와인이 '컬트 까베르네(컬트 캡)'라고 지칭되었고, 그가 다시 그레이스 패밀리 빈야드와 그의 와이너리인 던 빈야드에서 명품 까베르네 쏘비뇽 와인을 만들어낸 것이 컬트 와인의 시초가 되었다.

그 후 90년대 초·중반 스크리밍 이글, 할란 이스테이트, 쉐이퍼 빈야드 등의 와이너리에서 수령이 오래된 포도나무로 최고급 까베르네 쏘비뇽 와인을 한정 생산해서 시장에 내놓자 로버트 파커와 짐 로브 등 유명 와인비평가들이 만점에 가까운 점수를 주면서 인기가 급속도로 치솟았는데, 하이디 바렛, 헬렌 털리 같은 내공 있는 여성 와인메이커들도 중요한 역할을 했다.

이들 나파 까베르네 컬트 와인들은 독특한 판매시스템을 가지고 있다. 생산량의 약 70%는 예약 구매자 명단인 '메일링 리스트'에 이름이 올라야 구매가 가능하며, 나머지 30%는 레스토랑과 소매점에 납품되거나 수출되고 있다. 수많은 애호가들이 '메일링 리스트'에 오르기 위해 기존 회원이 죽거나 파산하기를 바라며 대기하고 있다.

소량 생산되기 때문에 그 가격이 천정부지로 오르고 있으며, 월스트리트의 투자가들로부터 '금(Gold)보다 낫다'라는 평까지 나오는데, 연간 500케이스만 생산되는 〈Screaming Eagle(스크리밍 이글)〉의 경우 10,000달러에 경매되기도 했다.

성공한 부동산업자인 윌리엄 할란이 1985년에 설립한 Harlan Estate는 1988년부터 1년에 두 차례씩 세계적인 와인메이커인 미셸 롤랑의 컨설팅을 받고 있는데, 매년 1,800케이스만 생산하면서 '적게 만들수록 더 좋아진다(the less, the better)'의 원칙을 고수한다.

현재 컬트 와인을 자처하는 와인은 많이 있지만, 전문가들은 Screaming Eagle, Harlan Estate, Grace Family, Bryant Family, Colgin, Dalla Valle, Araujo를 7대 컬트 와인으로 꼽고 있으며, 여기에 Sine Qua Non(씨네 쿼 넌), Diamond Creek, Marcassin, Sloan, Bond, Abreau, Paul Hobbs, Scarecrow, Hundred Acre, Shafer, Dominus, Jericho Canyon Vineyard, Kistler, Ovid, Peter Michael, Williams Selyem, Toby Lane, Schrader 등을 추가할 수 있겠다. 최근에는 생산지역이 나파 밸리를 벗어나 캘리포니아 전역으로 확대되고 있으며, 품종도 CS(까베르네 쏘비뇽)에 국한되지 않고 Turley 와이너리는 Zinfandel을, Pahlmeyer는 Merlot을, Kistler, Kongsgaard, Marcassin 등은 Chardonnay 품종을 사용해서 컬트 와인을 만들기도 한다.

① 전 세계에서 가장 많은 RP 100점 와인을 보유한 특급 컬트 와이너리인 씨네 쿼 넌사의 〈카포 데 푸티, 씨라〉 Syrah 90% : Petite Sirah 3% : Grenache 2% : Viognier 5%. 프렌치 오크통 39개월 숙성. 260만 원선.

② 증권맨이었던 딕 그레이스가 1976년 설립해서 만든 〈그레이스 패밀리〉는 와인 스펙테이터지가 2000년 4월호에서 컬트 와인의 개념을 발현시킨 와이너리로 언급하면서 나파 밸리 컬트 와인의 효시로 불리게 되었다. 알코올도수가 높고 진한 와인이 아닌 밸런스 좋은 우아한 와인을 추구한다. 나파(Napa)는 인디언어로 '풍요의 땅'을 뜻한다.

③ 소노마 카운티의 러시안 리버 밸리에서 생산되는 〈폴 홉스, 삐노 누아〉 로버트 몬다비 와이너리에서 경력을 쌓았고, 오퍼스 원의 와인메이커였던 폴 홉스가 1991년 독립하여 만드는 명품 와인 중의 하나이다. 13만 원선.

④ 〈할란 이스테이트〉 영국의 와인 평론가 잰시스 로빈슨으로부터 '20세기 TOP 10 와인'이라는 극찬을 받았다. 330만 원선.

⑤ 수차례 RP 100점을 받은 나파 밸리 컬트 와인의 대명사인 〈스크리밍 이글〉 CS 75% : Merlot 16% : CF 9%. 부동산 에이전트였던 진 필립은 1986년 나파 밸리 오크빌에 포도밭을 구입한 후, 로버트 몬다비의 조언에 따라 캘리포니아 와인 메이킹의 선구자인 리차드 피터슨의 컨설팅을 받았다. 1992년부터 그의 딸이자 최고의 컬트 와인메이커인 하이디 바렛(Heidi Peterson Barrett)이 와인메이킹을 맡아 1995년에 첫 출시하여 RP 99점을 받으면서 일약 미국 최고의 컬트 와인으로 등극하였다.

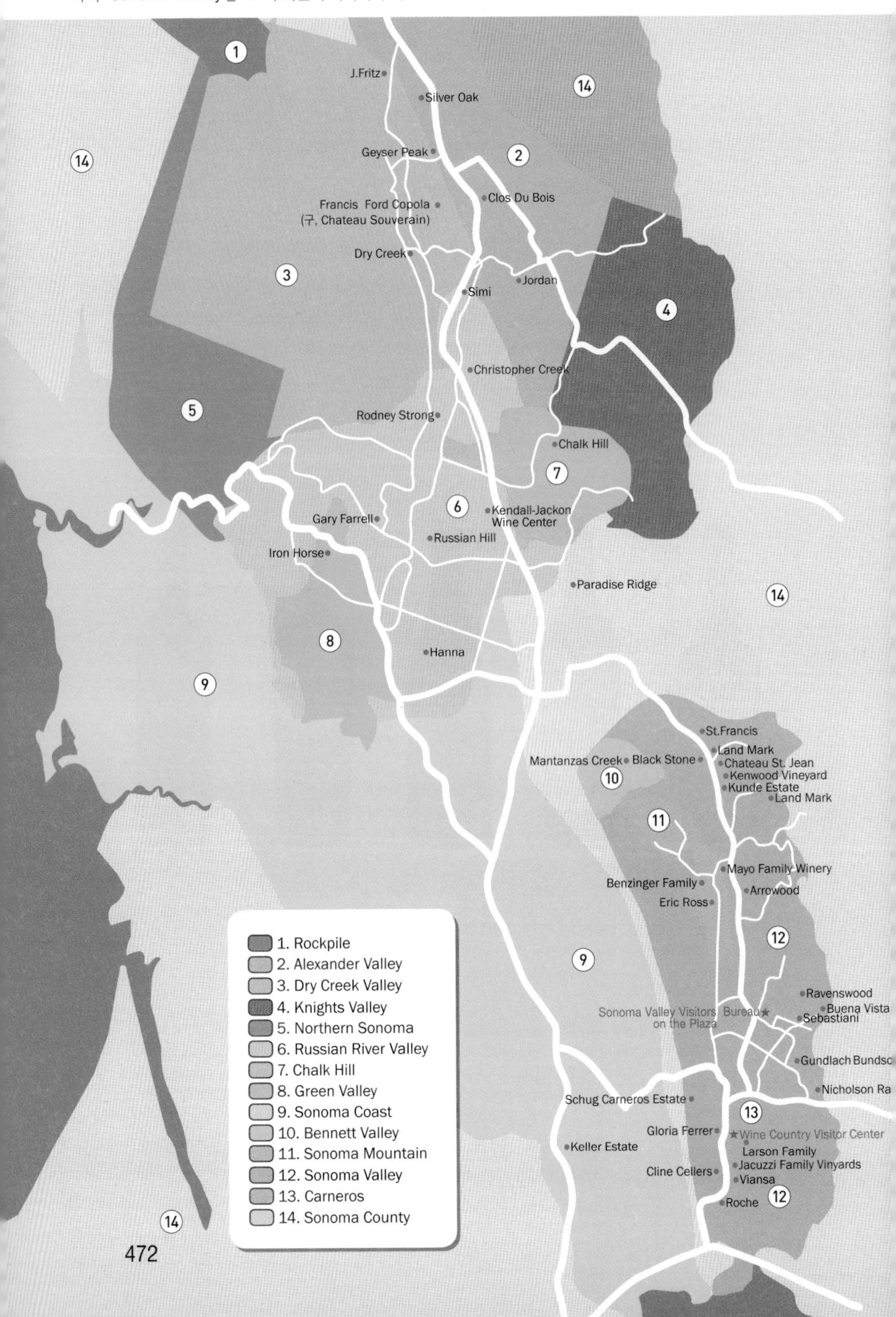
J.Fritz
Silver Oak
Geyser Peak
Francis Ford Copola
(구, Chateau Souverain)
Clos Du Bois
Dry Creek
Simi
Jordan
Christopher Creek
Rodney Strong
Chalk Hill
Gary Farrell
Kendall-Jackon Wine Center
Russian Hill
Iron Horse
Paradise Ridge
Hanna
St.Francis
Land Mark
Mantanzas Creek
Black Stone
Chateau St. Jean
Kenwood Vineyard
Kunde Estate
Land Mark
Mayo Family Winery
Benzinger Family
Arrowood
Eric Ross
Ravenswood
Sonoma Valley Visitors Bureau on the Plaza
Buena Vista
Sebastiani
Gundlach Bundsc
Nicholson Ra
Schug Carneros Estate
Gloria Ferrer
Wine Country Visitor Center
Keller Estate
Larson Family
Jacuzzi Family Vinyards
Cline Cellers
Viansa
Roche
1. Rockpile
2. Alexander Valley
3. Dry Creek Valley
4. Knights Valley
5. Northern Sonoma
6. Russian River Valley
7. Chalk Hill
8. Green Valley
9. Sonoma Coast
10. Bennett Valley
11. Sonoma Mountain
12. Sonoma Valley
13. Carneros
14. Sonoma County

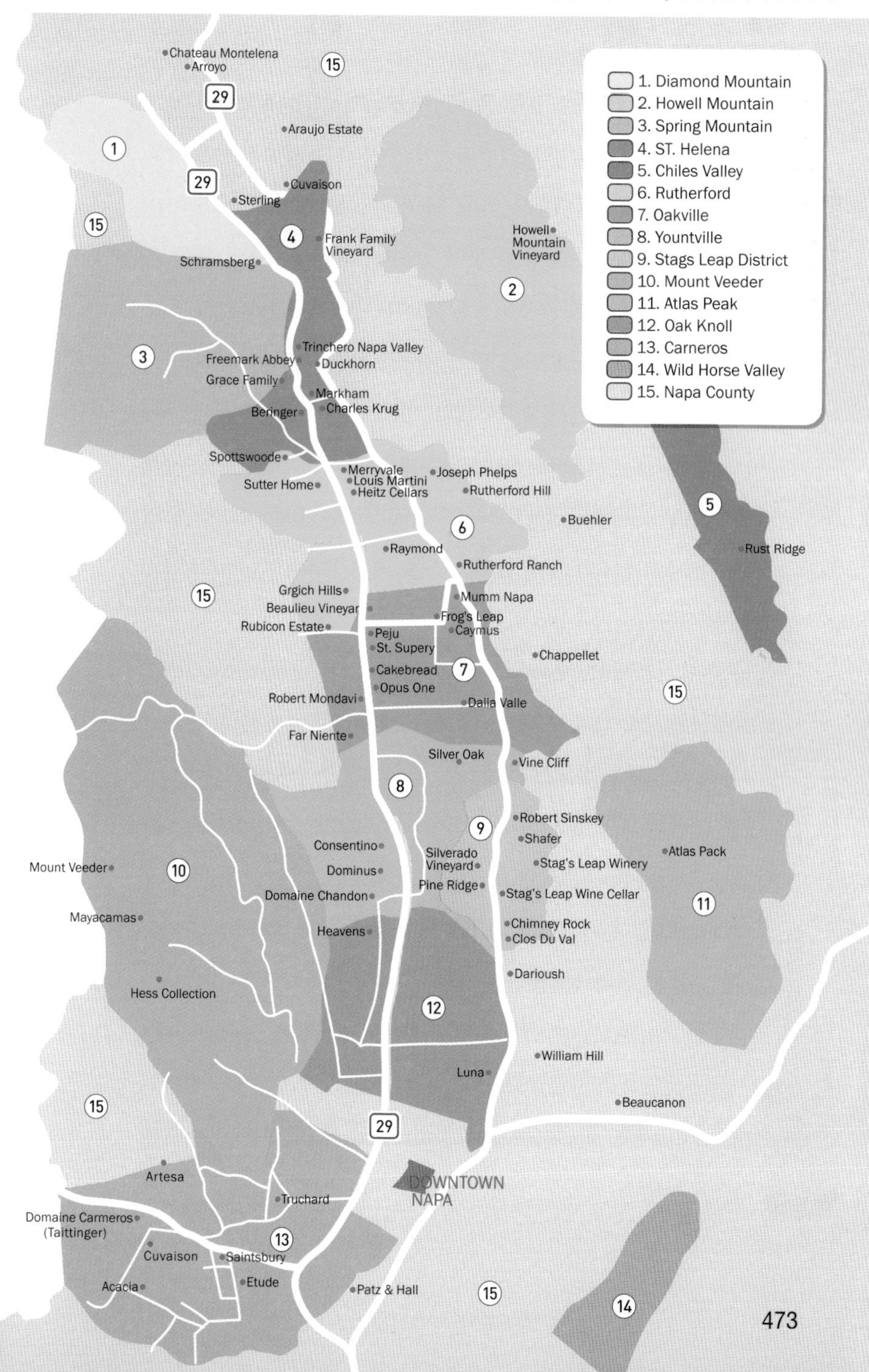
1. Diamond Mountain
2. Howell Mountain
3. Spring Mountain
4. ST. Helena
5. Chiles Valley
6. Rutherford
7. Oakville
8. Yountville
9. Stags Leap District
10. Mount Veeder
11. Atlas Peak
12. Oak Knoll
13. Carneros
14. Wild Horse Valley
15. Napa County
Chateau Montelena
Arroyo
29
Araujo Estate
Cuvaison
Sterling
Frank Family Vineyard
Schramsberg
Howell Mountain Vineyard
Trinchero Napa Valley
Freemark Abbey
Duckhorn
Grace Family
Markham
Beringer
Charles Krug
Spottswoode
Merryvale
Louis Martini
Heitz Cellars
Joseph Phelps
Rutherford Hill
Sutter Home
Buehler
Raymond
Rutherford Ranch
Rust Ridge
Grgich Hills
Mumm Napa
Beaulieu Vineyar
Frog's Leap
Rubicon Estate
Caymus
Peju
St. Supery
Chappellet
Cakebread
Opus One
Robert Mondavi
Dalla Valle
Far Niente
Silver Oak
Vine Cliff
Robert Sinskey
Shafer
Consentino
Silverado Vineyard
Stag's Leap Winery
Atlas Pack
Mount Veeder
Dominus
Pine Ridge
Domaine Chandon
Stag's Leap Wine Cellar
Mayacamas
Heavens
Chimney Rock
Clos Du Val
Darioush
Hess Collection
William Hill
Luna
Beaucanon
DOWNTOWN NAPA
Artesa
Truchard
Domaine Carmeros (Taittinger)
Cuvaison
Saintsbury
Acacia
Etude
Patz & Hall

캘리포니아의 포도품종

제이 로어사가 파소 로블즈 지역에서 생산하는 〈J. LOHR, Seven Oak, CS〉

캘리포니아의 레드 품종은 Cabernet Sauvignon(까베르네 쏘비뇽)이 전통적으로 강세입니다. 이 품종의 재배면적도 프랑스 다음으로 넓습니다. 그 외에 Merlot(멀로/메를로), Syrah(씨라), Pinot Noir(삐노 누아) 품종 등이 있으며, 캘리포니아의 특화 품종으로 Zinfandel(진펀델)이 있습니다. 또 포도주스를 만드는 Concord(콩코드)라는 품종으로도 저가의 스위트 레드 와인을 생산합니다.

화이트 품종으로는 Chardonnay(샤르도네, 200쪽 참조)가 가장 흔하며, 그 다음으로 Pinot Grigio(삐노 그리지오), Sauvignon Blanc(쏘비뇽 블랑), Chenin Blanc(슈냉 블랑) 등이 재배되는데, 최근 Pinot Grigio의 약진이 눈에 띕니다.

캘리포니아의 Chardonnay 와인은 '1976년 파리의 심판(The Judgement of Paris)'에서도 프랑스 부르고뉴의 Chardonnay 와인들을 제치고 1, 3, 4위를 차지했을 정도로 세계적인 수준입니다. > 468쪽 상단 표 참조

오른쪽 상단의 표를 보면, French Colombard(프렌치 꼴롱바르)가 화이트 품종 2위인데, 원래 이 품종은 Sémillon(쎄미용), Sauvignon Blanc(쏘비뇽 블랑), Muscadelle(뮈스까델)과 함께 보르도 화이트 와인 품종 중의 하나입니다. 특히 꼬냑과 아르마냑 지역에서

1982년 빈티지부터 시작해 화려한 수상경력을 자랑하면서 인기와 규모를 함께 늘리고 있는 미국 켄달 잭슨사의 〈빈트너스 리저브, 샤르도네〉. 29,000원선.
이 와인도 각종 와인경연대회 수상과 다년간 미국 레스토랑 판매 1위를 했으며, 한국에서도 가격 대비 성능(?) 면에서 가장 인기 있는 화이트 와인 중 하나이다. 알맞은 오크 터치와 샤르도네 품종 본연의 과실향이 아주 좋은 밸런스를 이루고 있다. 미국의 오바마 전 대통령도 평소 즐겨 마시는 와인으로 유명하다. 팝가수 '레이디가가'가 사랑하는 와인으로, 콘서트 때마다 대기실에 이 와인을 꼭 준비해달라는 내용을 계약서에 포함시킬 만큼 즐겨 마신다고 한다. 한국 메이저 항공사들의 비즈니스 클래스에서도 서빙되었다.

캘리포니아의 포도품종별 생산순위

순위	레드 와인 품종	
	2005년	2020년
1위	Cabernet Sauvignon (까베르네 쏘비뇽) 542톤	Carbernet Sauvignon (까베르네 쏘비뇽) 499톤
2위	Zinfandel (진펀델) 450톤	Zinfandel (진펀델) 300톤
3위	Merlot (멀로/메를로) 424톤	Pinot Noir (삐노 누아) 212톤
4위	Syrah (씨라) 147톤	Rubired (루비레드) 207톤
5위	Pinot Noir (삐노 누아) 95톤	Merlot (멀로/메를로) 167톤
6위	Grenache (그르나슈) 73톤	Petite Sirah (쁘띠 씨라) 86톤

순위	화이트 와인 품종	
	2005년	2020년
1위	Chardonnay (샤르도네) 740톤	Chardonnay (샤르도네) 539톤
2위	French Colombard (프렌치 꼴랑바르) 305톤	French Colombard (프렌치 꼴롱바르) 308톤
3위	Sauvignon Blanc (쏘비뇽 블랑) 117톤	Pinot Grigio (삐노 그리지오) 218톤
4위	Chenin Blanc (슈냉 블랑) 95톤	Muscat of Alexandria (머스캣 오브 알렉산드리아) 186톤
5위	Pinot Grigio (삐노 그리지오) 66톤	Sauvignon Blanc (쏘비뇽 블랑) 125톤

* 일조량이 풍부하고 따뜻한 기후에서 잘 자라는 Syrah(씨라) 품종은, 캘리포니아에 가장 적합한 품종으로 재조명받으면서 2000년대부터 재배가 늘었으나, 근래에 들어 Petite Sirah(쁘띠 씨라)가 역전하였다.
* 미국의 샤르도네 재배 면적은 44,500ha로 세계 최대이다. 미국에서는 '샤르도네 품종 와인 = 화이트 와인'일 정도로 샤르도네가 대세였지만, 오크 풍미가 지나친 샤르도네 와인에 대한 거부감이 생기면서, 그 비중이 꽤 줄어들었다.
* 캘리포니아 와인을 발전시킨 미국의 자본력과 과학 기술력은 피어스 병 등을 비롯한 병충해에 강한 새로운 신품종 개발로도 이어지고 있다. UC Davis 대학은 2019년 말 레드 3종, 화이트 2종의 새로운 품종 개발에 성공했다. Petite Sirah를 중심으로 CS가 섞인 Camminare Noir가 있고, Zinfandel을 중심으로 Petite Sirah, CS 순으로 섞인 Paseante Noir 그리고 Sylvaner를 중심으로 CS, Carignan, Chardonnay가 섞인 레드 품종 Errante Noir 그리고 CS를 중심으로 Carignan, Chardonnay가 섞인 화이트 품종들인 Ambulo Blanc, Caminante Blanc가 그 주인공들이다.

생산되는 증류주(Brandy)의 원료가 되는 품종인데, 생산량이 많은 이유는 캘리포니아에서 이 품종으로 값싼 벌크 와인*들을 대량으로 만들기 때문입니다.

◆ 벌크 와인(Bulk wine)
병에 담겨 있지 않은 값싼 와인으로, 대용량 포장으로 거래되며 식품원료로도 많이 사용된다.

케이머스사의 오너 와인메이커인 척 와그너가 만든
나파 밸리 최고의 CS 와인 중 하나인 〈케이머스 스페셜 셀렉션〉 33만 원선.
미국 와인들은 버터와 바닐라 향미가 과해 밸런스가 맞지 않는 경우도 많지만,
이 와인은 나파 와인의 좋은 밸런스를 보여준다.

미국의 와인 소비 트렌드 변화 (레드 와인 : 화이트 와인)

1970년	1980년	1990년	2000년	2010년
레 드 : 76% 화이트 : 24%	화이트 : 53% 레 드 : 47%	화이트 : 70% 레 드 : 30%	화이트 : 55% 레 드 : 45%	레 드 : 55% 화이트 : 45%

캘리포니아 나파 밸리 Cabernet Sauvignon의 근래 빈티지 점수

2001년	2002년	2003년	2004년	2005년	2006년	2007년	2008년	2009년	2010년
93점	93점	85점	95점	92점	95점	97점	96점	96점	96점
2011년	2012년	2013년	2014년	2015년	2016년	2017년	2018년	2019년	2020년
86점	96점	97점	95점	94점	98점	92점	-	-	-

캘리포니아 소노마 카운티 Pinot Noir의 근래 빈티지 점수

2001년	2002년	2003년	2004년	2005년	2006년	2007년	2008년	2009년	2010년
85점	88점	91점	93점	88점	87점	95점	89점	97점	94점
2011년	2012년	2013년	2014년	2015년	2016년	2017년	2018년	2019년	2020년
87점	90점	91점	92점	92점	94점	92점	93-96점	-	-

• 출처 : 《Wine Spectator》

캘리포니아 최고의 와인산지인 나파 밸리를 가로지르는 'Napa Valley Wine Train'

① 톰 크루즈, 리처드 기어 등 헐리우드 스타들에게도 인기 있는 소노마 지역의 유럽풍 부띠끄 와이너리 피터 마이클사의 〈벨 꼬뜨, 샤르도네〉 삼성 이건희 전 회장이 칠순 만찬에서 그룹 사장단에게 선물로 주었던 와인. 28만 원선.

② 〈스펠바운드, 쁘띠 씨라〉 Petite Sirah 96% : Syrah 4%. 로버트 몬다비 와이너리가 컨스텔레이션 브랜드에 매각된 뒤, 큰아들 마이클 몬다비와 가족들이 설립한 '마이클 몬다비 패밀리' 와이너리에서 생산하는 와인이다. 55,000원선.

③ 오린 스위프트사의 보르도 블렌딩 와인 〈빠삐용〉. 로버트 몬다디사 출신의 데이빗 피니가 1998년 설립해 개성 있고 독특한 와인들을 만들고 있는 오린 스위프트사는 2016년 E&J Gallo 그룹에 인수되었다.

④ 〈매티스, 그르나슈〉 미국의 유명 와인메이커 피터 매티스가 자신의 이름을 걸고 소노마 밸리에서 생산하는 유일한 와인으로 일종의 컬트 와인이자 미국 최고의 그르나슈 와인이다. Grenache 85% : Carignan 9% : Petit Verdot 4% : 기타 1%. 프렌치 오크통 30개월 숙성. 10만 원선.

⑤ 〈부켈라, 메를로〉 Merlot 100%의 모던 컬트 와인으로, 현대기아차그룹의 정몽구 회장이 즐기는 와인. 38만 원선.

⑥ '포도밭의 명인'으로 불리는 데이빗 아브루가 1980년 설립한 아브루 빈야드사의 〈마드로나 랜치〉 CS 56% : CF 27% : Petit Verdot 9% : Merlot 8%.

⑦ '뽀므롤과 쌩떼밀리옹 와인의 아버지'로 불리는 장 삐에르 무엑스의 아들 크리스띠앙 무엑스가 1982년 나파 밸리에 설립한 도미누스 이스테이트사의 보르도 블렌딩 와인 〈도미누스, 나파 밸리〉 65만 원선.

⑧ 월트 디즈니 가문이 운영하는 실버라도 빈야드사의 〈이스테이트 그로운 나파 밸리, CS〉 CS 81% : Merlot 16% : PV 3%. 프렌치 & 아메리칸 오크통에서 17개월 숙성. 78,000원선.

⑨ 슈레이더 셀러스사의 〈CCS, 나파 밸리, CS〉 프레드 슈레이더와 앤 콜긴 부부가 1988년 설립했던 콜긴-슈레이더 셀러스가 97년 이들의 이혼으로 콜긴으로 이름이 바뀌고, 98년 새로운 컬트 와이너리인 슈레이더 셀러스가 설립됐다.

⑩ 〈텍스트북, 나파 밸리, CS〉 CS 94% : Merlot 6%. 프렌치 오크통에서 16개월 숙성. 59,000원선. 루이 자도, 펜폴즈, 오퍼스 원 등에서 내공을 쌓은 오너 와인메이커 조나단 페이는 스크리밍 이글, 할란 이스테이트, 오퍼스 원과 이웃하고 있는 포도밭을 사들여 교과서적인(?) 와이너리를 만들었다.

Zinfandel 진펀델 | 193쪽 참조 |

‘Zin(진)’이라는 애칭으로 불리며, 캘리포니아 토착 품종처럼 여겨졌던 Zinfandel(진펀델)은 그 근원에 대해서 혼선이 많았습니다. DNA 검사를 통해 한동안은 크로아티아의 Plavac Mali(플라바츠 말리)라는 품종이 수도승들에 의해 이탈리아로 건너가 뿔뤼아 지방의 Primitivo(쁘리미띠보) 품종이 되었고, 이것이 다시 미국으로 전해져 Zinfandel(진펀델)이 되었다고 알려졌으나, 최종적으로는 크로아티아의 Crljenak Kastelanski(츨레낙 카스텔란스키) 품종이 점령국이었던 오스트리아의 황실 종묘원을 거쳐 미국에 전해진 것으로 밝혀졌습니다. 하지만 그 결과와 관계없이 Zinfandel◆은 현재 미국의 대표적인 특화 품종으로 자리 잡고 있습니다.

◆ 캘리포니아 진펀델 와인의 최고 명산지는 소노마 카운티의 Dry Creek Valley이다. 이곳에는 ‘3R 와이너리’라고 불리는 릿지(Ridge), 로젠블럼(Rosenblum), 라파넬리(Rafanelli)를 비롯하여, 세게지오(Seghesio), 드라이 크릭(Dry Creek) 같은 진펀델 와인을 잘 만드는 와이너리들이 있다. 그 외에 로다이, 씨에라 풋힐스, 파소 로블즈 지역 등에서도 품질 좋은 진펀델 와인들이 생산된다.

Zinfandel 와인의 맛은 꽤 복합적입니다. 적지 않은 타닌감에 건포도, 블루베리, 블랙체리 등의 과일과 감초, 후추 향이 느껴지는데, 레드 와인, 로제 와인 등 다양한 스타일의 와인으로 만들어집니다. 어떤 와인은 묵직한 타닌에 진하고 원숙한 풍미를 가지며 여기에 스파이시와 스모키한 느낌까지 곁들여지는 데 비해, 어떤 것은 아주 가볍고 과일 풍미가 도드라져, Zinfandel 와인의 향과 맛을 헷갈려하는 분들이 많습니다.

크로아티아의 마투스코(Matusko)사가 딩가츠(Dingač) 지역에서 만든 Plavac Mali 100% 레드 와인.

* 미국의 Zinfandel(진펀델)과 이탈리아의 Primitivo(쁘리미띠보) 품종은 모두 크로아티아의 Crljenak Kastelanski(츨레낙 카스텔란스키) 품종에서 직접 파생된 변종(클론)으로 밝혀졌다. Zinfandel의 조상으로 알려졌던 Plavac Mali(플라바츠 말리)는 Kastelanski(츨레낙 카스텔란스키)와 고대 품종인 Dobricic(도브리치치)의 교배종이니, 오히려 Zinfandel이 아저씨뻘이다. 이런 사실들은 크로아티아 출신으로 1976년 “파리의 심판” 당시 화이트 부문 1위를 차지한 샤또 몬텔레나의 와인메이커 마이클 그르기치가 UC Davis에 DNA 감식을 의뢰해 밝혀진 것이다.

하지만 미국인들은 Zinfandel 품종 와인을 'Fun Party Wine' 또는 'Summer Wine'이라고 표현합니다. 친한 친구들과 즐거운 파티를 할 때 어울리는 와인이라는 뜻이지요. 이렇듯 Zinfandel 와인은 미국인들에게 'everyday drinking wine'으로 사랑받고 있습니다.

Zinfandel 품종으로 만든 로제 와인을 〈White Zinfandel〉 와인이라 부릅니다. 1970년대에 Sutter Home(서터 홈)사에서 가장 먼저 만들었으며, 다른 로제 와인들처럼 적포도 껍질을 포도즙에 반나절 정도 짧게 접하게 하고 빼냄으로써 예쁜 핑크빛 와인이 만들어지는데, Muscat(뮈스까)나 Riesling(리슬링)의 향이 보태지기도 합니다. 살짝 달콤 향긋한 맛과 10~11도의 알맞은 알코올 도수 덕분에 한국에서도 작업주(?)로 인기가 있습니다. 미국에서는 판매되는 와인 10병 중 2병이 〈White Zinfandel〉일 정도로 식전주 등으로 인기가 높습니다.

미국에서는 가볍게 마실 수 있는 로제 와인을 '블러쉬 와인(Blush Wine)'이라고 부릅니다. Zinfandel로 만든 알코올 강화 와인(fortified wine, 27쪽 하단 참조)도 있는데, '캘리포니아의 포트(Port)'라고 불립니다.

① 나파 밸리(세인트 헬레나)에 있는 서터 홈사의 〈화이트 진펀델〉 18,000원선.

* 진펀델 품종을 사용하여 처음 로제 와인 생산한 곳은 1869년 엔 피날 와이너리였지만, 1975년 발효 중 효모가 모두 죽는 바람에 발효가 중단되는 사고(?)로 달착지근한 분홍빛 와인을 만들게 된 서터 홈 와이너리였다. 현재 미국에서 '화이트 진펀델'은 진펀델 레드 와인보다 판매량이 더 많다.

② 소노마 카운티의 레이븐스우드사의 〈올드 바인 진펀델〉 6만 원선.

* 프랑스 와인 병의 레이블에서 간혹 'Vieilles Vignes(비에이유 비뉴)'라는 표시를 볼 수 있는데, 영어로는 'Old Vine' 즉 수령이 50~60년 이상 오래된 포도나무 열매로 만들었다는 뜻이다. 포도나무는 심은 지 3~4년부터 수확이 가능하고, 20~25년까지가 전성기인데, 수령이 오래될수록 점점 수확량은 줄고 품질도 떨어진다. 하지만 수령이 많아도 잘 관리된 나무에서는 맛이 응축되고 복합적인 풍미의 훌륭한 와인이 만들어져 오히려 비싸게 판매된다. 캘리포니아의 올드 바인 진펀델 와인들도 그런 경우인데, 아쉬운 점은 품질이 다소 들쭉날쭉해서 아주 좋은 평가를 받진 못한다. 캘리포니아에는 수령이 150년이 넘어도 여전히 양조 가능한 포도를 생산하고 있는 진펀델 포도나무들이 있다.

영화 속의 Pinot Noir 삐노 누아 | 185쪽, 294쪽, 545쪽 하단 참조 |

2004년 이후 캘리포니아에서는 Pinot Noir(삐노 누아)◆ 와인이 굉장한 인기를 끌었는데, 그것은 골든글로브 작품상을 수상하고 오스카상 5개 부문에 노미네이트되어 각본상을 수상한 영화 '사이드웨이(Sideways)' 덕분이었습니다. 알렉산더 페인 감독은 이 영화로 감독상 후보에도 올랐는데, 부인이었던 한국계 배우 샌드라 오(Sandra Oh)도 이 영화에 조연으로 출연했습니다.

◆ 캘리포니아 삐노 누아의 주요 재배지역은 소노마 카운티의 러시안리버 밸리와 카네로스 지역 그리고 앤더슨 밸리, 몬터레이, 산타 바바라 카운티, 산타 마리아 밸리, 산타 이네스 밸리 등 비교적 서늘한 기후에 있는 산지들이다. 남부 해안 지대인 산타 바바라의 경우 2004년 영화 '사이드웨이'가 상영된 이후 삐노 누아 산지로 급부상했다.

와인을 좋아하는 대학 친구 마일즈와 잭. 노총각 잭의 결혼을 앞두고 두 친구가 마지막 자유를 누려 보고자 일주일 동안 캘리포니아 산타 바바라 인근의 와이너리들을 여행하면서 자신들의 정체성을 찾아가는 과정에서 벌어지는 에피소드를 담은 영화입니다.

단순히 와인을 좋아하는 정도가 아니라 와인 매니아 수준인 주인공 마일즈가 열광하는 와인은 Pinot Noir 품종 와인인데, 그는 상대적으로 Merlot(멀롯/멀로) 품종 와인은 싫어합니다.

이 영화의 영향으로 미국 내에서 Pinot Noir 와인의 판매량은 급증하고, 미국인들의 선호도가 워낙 높았던 Merlot 와인의 판매량은 꽤나 줄었다고 합니다.

영화 '사이드웨이'에 등장한 키슬러사의 부르고뉴 스타일 삐노 누아 와인. 21만 원선.

주인공 마일즈는, 그가 Pinot Noir 와인을 좋아하는 이유를 이렇게 말합니다. "오염되지 않은 청정지역에서만 잘 자라는 Pinot Noir 품종은 시간과 공을 들여서 끊임없이 보살펴줘야 하는 등 인내심이 없이는 재배하기 힘들지만, 잘 영글어 와인을 만들고 나

캘리포니아 산타 바바라 지역을 배경으로 2004년 제작된 영화 '사이드웨이'.

면 그 맛과 오묘한 향이 태고적 아름다움과 소박함을 느끼게 해주지."

한편, 마일즈가 소중히 간직하고 있던 명품 와인은 1961년산 〈Ch. Cheval Blanc(샤또 슈발 블랑)〉으로, 이 와인은 Cabernet Franc(55%)을 주 품종으로 Merlot(45%)를 블렌딩한 보르도 지방 쌩 떼밀리옹 지역의 최고급 와인입니다. > 696쪽 참조

CHÂTEAU CHEVAL BLANC
1er Grand Cru Classé
St Émilion Grand Cru
APPELLATION SAINT-ÉMILION GRAND CRU CONTRÔLÉE
Mis en bouteille au Château
Sc CIVILE DU CHEVAL BLANC
PROPRIETAIRE A ST-EMILION (GIRONDE) FRANCE
750 ml

그런데 여기서 명대사가 등장합니다. 마일즈가 잠시 호감을 가졌던 마야에게 그 〈샤또 슈발 블랑〉은 특별한 때 특별한 사람과 마실 거라고 하자, 역시 와인에 꽤나 조예가 깊은 그녀는 이렇게 대답합니다. "특별한 날에 그 와인을 마시는 게 아니라, 그 와인을 마시는 날이 바로 특별한 날이 되는 거죠."

하지만 정작 그 〈Château Cheval Blanc, 1961〉은 마일즈가 재결합을 원했던 전 부인의 임신 소식에 낙담하여 맥도날드 햄버거 가게 한 귀퉁이에 쭈그리고 앉아 콜라컵에 따라 허무하게 다 마셔버리고 맙니다. ;;

Pinot Gris 삐노 그리 | 204쪽, 450쪽 상단 참조 |

이 품종은 프랑스어로는 Pinot Gris(삐노 그리), 이탈리아어로는 Pinot Grigio(삐노 그리지오◆)라고 부릅니다. Pinot Gris에서 'Gris(그리)'는 프랑스어로 '회색'이라는 뜻인데, 실제로 포도껍질이 암회색을 띠고 있습니다.

◆ 이 화이트 품종을 이탈리아 이민이 많은 캘리포니아 주에선 Pinot Grigio라고도 많이 부르지만, 오리건 주에선 Pinot Gris라고 법률로 규정하고 있다.

Pinot Gris(삐노 그리)는 산지에 따라 맛의 느낌이 꽤나 많이 달라지는 성향이 있습니다.

프랑스에서는 알자스 지방의 Pinot Gris(삐노 그리) 와인이 유명한데, 원래 Pinot Grigio 와인은, 휴고 보스 등의 패션 브랜드를 가지고 있는 이탈리아의 Santa Margherita(산따 마르게리따) 와인 그룹에 의해 1961년 알또 아디제 등의 이탈리아 북동부에서 처음 만들어져 큰 성공을 거두었으며, 미국에서도 가장 인기 있는 수입 와인 브랜드 중의 하나입니다. 연둣빛이 감도는 밝은 레몬 빛깔을 띠는 라이트 바디 와인으로, 기분 좋은 사과향에 레몬, 아몬드, 꽃향기가 곁들여집니다. 오크통 대신 스테인리스 스틸 탱크를 주로 사용하며 신선하고 경쾌한 느낌이 매력입니다.

Pinot Gris (Pinot Grigio)

최근 미국에선 이탈리안 레스토랑의 인기에 힘입어 Pinot Gris 와인의 판매도 함께 늘고 있습니다. 이탈리아에서 수입되는 Pinot Grigio 와인을 포함해 미국 내에서 Pinot Gris 와인은 전체 화이트 와인 판매량 순위에서 그동안 부동의 3위였던 Sauvignon Blanc(쏘비뇽 블랑) 품종을 밀어내고 넘버 3에 올라있습니다(475쪽 표 참조). 가격도 미국에서 10달러 전후로 저렴한 편으로, 연어, 새우 등의 해산물과 파스타, 송아지고기, 채소 등 부드러운 음식에 잘 어울립니다.

① 깔끔한 맛 때문에 한국의 콩국수와도 잘 어울린다는 이탈리아 산따 마르게리따사의 Pinot Grigio 와인은 미국 레스토랑에서도 가장 인기있는 브랜드 중 하나이다. 45,000원선.
  * 삐노 그리지오 품종은 미국에 수입되는 이탈리아 와인 포도품종 중 1위이다.

② 듀몰사가 소노마카운티의 러시안리버밸리에서 생산하는 샤르도네 와인. 중국 후진타오 주석의 방미 때 오바마 대통령과의 만찬에 제공되었던 화이트 와인으로, 진한 과일 풍미에 견과향의 피니쉬가 일품이다. RP 93점, WS 91점. 25만 원선.

캘리포니아에서 Pinot Gris(삐노 그리) 와인을 잘 만드는 와이너리로는 J Wine Company, Luna Vineyards, Eagle Eye 등이 있습니다. Pinot Gris는 오리건 주의 대표적인 화이트 품종이기도 합니다.

캘리포니아의 주요 와이너리

까베르네 쏘비뇽(CS) 레드 와인을 잘 만드는 와이너리로는 Arrowood, Beaulieu(볼리우), Beringer(베린저), Stag's Leap Wine Cellar, Caymus(케이머스), Chappellet(샤플렛), Chateau St. Jean(샤또 쌩 쟝), Clos du Val(끌로 뒤 발), Dalla Valle(델러 베일), Diamond Creek, Far-Niente(파 니엔테), Heitz(하이츠), Frank Family, Hess Collection, Jordan, Joseph Phelps(조셉 펠프스), Merryvale, Robert Mondavi, Rodney Strong, Rutherford Ranch, Paul Hobbs, Pine Ridge, Ridge Monte Bello, Shafer, Silver Oak, Spottswood 등이 있으며,

메를로(Merlot) 레드 와인을 잘 만드는 와이너리로는 Chimney Rock, Clos du Bois(끌로 뒤 부아), Duckhorn(덕혼), Lewis Cellars, Markham, Matanzas Creek(마탄자스 크릭), Newton, Palamo(팔라모), Pine Ridge, Rutherford Hill, Shafer, Sterling(스털링), St. Francis(세인트 프랜시스), Luna(루나), Marilyn Merlot(마릴린 멀롯) 등이 있으며,

진펀델(Zinfandel) 레드 와인을 잘 만드는 와이너리로는 Carlisle(칼라일), Dry Creek, Mazzocco(마조코), Rafanelli(라파넬리), Ravenswood, Rosenblum(로젠블럼), Roshambo

〈실버 오크, 나파 밸리, CS〉
CS 76% : Merlot 15% : CF, PV, Malbec 9%.
아메리칸 오크통 100% 사용. 25만 원선.

① 프랑스의 샤또 무똥 로칠드와 미국 로버트 몬다비사가 합작한 보르도 블렌딩 명품 와인 〈오퍼스 원〉 CS 86% : Cabernet Franc+Merot+Malbec+PV 14%. 60~70만 원선.
② 미국 오바마 대통령 취임식 만찬 때 덕혼 빈야드사의 쏘비뇽 블랑(사진)과 삐노 누아 품종 와인(골든 아이)이 사용되었다. Sauvignon Blanc 76% : Sémillon 24%. 53,000원선. 덕혼 와이너리는 미국 Merlot 와인의 선구자이다.
③ 고급 보르도 블렌딩 와인 〈프로파일〉을 생산하는 메리베일사가 보급형 보르도 와인으로 내놓은 〈스타몽, CS〉. 7만 원선.
④ 나파 밸리(러더포드)에 위치한 볼리우 빈야드사의 〈센추리 셀러스, 샤르도네〉 22,000원선.
⑤ 클린턴 전 대통령 방한 때와 노무현 전 대통령 취임식에 사용되어, '대통령 와인'이라고 불리는 끌로 뒤 발사의 까베르네 쏘비뇽 와인은 너무 농밀하지 않은 밸런스가 일품이다. CS 94% : Merlot 3% : CF 3%. 98,000원선.

⑥ 산타 크루즈 마운틴즈 지역에서 토마스 포가티사가 만드는 자체 재배한(estate grown) 포도로 만든 고급 샤르도네 와인. 6개월간의 오크 숙성에서 오는 버터 바닐라 터치가 과일 향미와 절묘한 밸런스를 이루고 있다. 강추! 10만 원선.
⑦ 1976년 '파리의 심판' 당시 화이트 부문 1위의 〈샤또 몬텔레나, 샤르도네〉를 만든 와인메이커 마이크 그르기치가 자신의 와이너리인 Grgich Hills를 설립하여 생산하는 고급 샤르도네 와인. 14만 원선.
⑧ 스태그스 립 와인 셀러사의 〈아르테미스, 까베르네 쏘비뇽〉 2001년 빈티지가 13만 원선.
⑨ 하이츠 셀러사의 〈마르싸스 빈야드, 까베르네 쏘비뇽〉 CS 100%. 40만 원선.
⑩ 보니 둔 빈야드사의 론 스타일 와인 〈씨라, 르 뿌쐬르〉. Syrah 96% : Grenache 4%. 58,000원선.

* 1980년대에 캘리포니아의 Bonny Doon Vineyard, Joseph Phelps, John McCready, Bill Crawford 등의 와이너리를 중심으로 프랑스 론 지방 포도품종 부흥 캠페인이 일어났는데, 이들은 스스로를 "Rhone Rangers"라고 불렀다. 이것은 1920년대의 유명 서부 보안관 영화인 "Lone Ranger"의 발음을 패러디한 것이었다. 그 후 1990년대 들어 Alban Vineyard, Zaca Mesa Winery 등을 중심으로 실질적인 퀄러티 향상에 초점을 맞춘 캠페인이 이어졌다.

(로샴보), Cline(클라인), Seghesio(세게지오), Signorello(시뇨렐로), St. Francis(세인트 프랜시스), Turley(털리), Ridge(릿지) 등이 있으며,

씨라(Syrah) 레드 와인을 잘 만드는 와이너리로는 Alban(알반), Bonny Doon, Cakebread, Clos du Bois(끌로 뒤 부아), Dumol(듀몰), Foxen(팍슨), Justin, Pax, Sine Qua Non(씨네 콰 넌), Viader(비아더) 등이 있으며,

삐노 누아(Pinot Noir) 레드 와인을 잘 만드는 와이너리로는 Acacia, Alfaro, Artesa(아르테사), Au Bon Climat(오 봉 끌리마), Byron, Calera(칼레라), Dehlinger(델링어), Gary Farrell(개리 패럴), Freeman, Goldeneye, Hanzell(헨젤), Kenwood, MacMurray Ranch, Patz & Hall, Robert Sinskey, Saintsbury(세인츠버리), Sea Smoke, Siduri 등이 있으며,

샤르도네(Chardonnay) 화이트 와인을 잘 만드는 와이너리로는 Acacia, Arrowood, Au Bon Climat(오 봉 끌리마), Benziger(벤지거), Beringer (베린저), Chalk Hill, Chateau Montelena(샤또 몬텔레나), Chateau St. Jean(샤또 쌩 쟝), Dumol(듀몰), Dutton Goldfield(더튼 골드필드), Gary Farrell(개리 패럴), Grgich Hills(그르기치 힐), Kendal Jackson, Kistler (키슬러), Kongsgaard(콩스가드), Peter Michael, Ramey(레이미), Robert Mondavi, Rudd(러드), Saintsbury(세인츠버리), Silverado, Walter Hansel(월터 핸젤) 등이 있으며,

쏘비뇽 블랑(SB) 화이트 와인을 잘 만드는 와이너리로는 Chalk Hill, Chateau St. Jean(샤또 쌩 쟝), Duckhorn, Ferrari-Carano(페라리 카라노), Honig(호니그), Kenwood, Mason(메이슨), Matanzas Creek(마탄자스 크릭), Merry Edwards, Quintessa(퀸테싸), Robert Mondavi, Silverado, Simi(시미) 등이 있습니다.

① 몬터레이 지역의 한(Hann) 빈야드사의 〈한, 메를로〉 Merlot 82% : CS 10% : PV 3% : CF 5%. 48,000원선. 'Hann'은 독일어로 '수탉'을 뜻하며, 1991년 스위스 출신 사업가 니콜라우스 한이 부담 없는 가격대의 품질 좋고 마시기 편한 와인을 만들기 위해 탄생시킨 브랜드다.

② 리버모어 지역의 대표 와이너리이자, 미국 Petite Sirah(쁘띠 씨라) 품종의 원조를 자부하는 콘캐넌사의 〈샌프란시스코 베이, 쁘띠 시라〉 * Petite Sirah : 197쪽 참조

③ 캐주얼 와인에서 나파 밸리 최고급 부띠끄 와인까지를 아우르는 미국의 대표적 와이너리 중 하나인 베린저 빈야드사(1872년 설립)의 〈나이츠 밸리, 까베르네 쏘비뇽〉 CS 94% 정도에 CF, Petit Verdot, Malbec 등이 블렌딩된다. 12만 원선.

④ 로버트 몬다비 소유였다가 2006년 잭슨 패밀리 와인즈에서 매입한 바이런사의 샤르도네 와인. 산타 바바라 카운티의 산타마리아 밸리에서 100% 오크통 발효로 만들어진다. 10만 원선.

⑤ 캘리포니아 최고의 토종 스파클링 와인회사인 슈램스버그사의 최고급 스파클링 와인 〈J. 슈램〉 Chardonnay 74% : Pinot Noir 26%. 24만 원선.

⑥ 가이서 픽사의 〈워킹 트리, CS〉 CS 93% : Syrah 7%. 클링턴 대통령 당시 백안관 만찬주로도 자주 사용되었던 가성비 와인이다. 7만 원선. "와인 바이블"의 저자 캐런 맥닐은 소노마 카운티의 알렉산더 밸리에서 가장 좋은 CS 와인을 만드는 와이너리 두 곳을 꼽으라면, 첫 번째는 실버 오크이고, 두 번째는 가이서 픽(Geyser Peak)이라고 평하기도 했다.

⑦ 소노마 카운티의 켄우드사가 만드는 Sauvignon Blanc 100% 와인. 48,000원선.

⑧ 핸젤 패밀리 빈야드사가 러시안리버 밸리에서 생산하는 〈월터 핸젤, 샤르도네〉 Chardonnay 100%. 부르고뉴 몽라쉐 스타일로, 오크숙성으로 인한 토스티하고 진한 바닐라 풍미가 압권이다. RP 94점. 12만 원선.

⑨ 플라워스 이스테이트사가 소노마 코스트에서 유기농 재배한 포도를 천연효모로만 발효시켜 만든 삐노 누아 와인. Pinot Noir 100%. 17만 원선.

⑩ 헤스 컬렉션사가 노스 코스트에서 생산하는 까베르네 쏘비뇽 와인. 블렌딩 비율은 CS 84% : Syrah 6% : Petite Sirah 5% : Merlot 5%. 프렌치 오크통 숙성 12~13개월. 5만 원선.

캘리포니아에는 유럽의 유명 와인메이커나 와인 자본들이 공동 투자하거나 단독으로 설립한 와이너리가 40여 개나 있습니다.

보르도의 샤또 무똥 로췰드가 1979년 로버트 몬다비사와 합작하여 나파 밸리 오크빌에 설립한 Opus One(오퍼스 원)과 1982년 샤또 뻬트리스의 소유주인 크리스띠앙 무엑스가 나파 밸리의 전설적인 와이너리 Inglenook(잉글눅)의 소유자였던 존 다니엘의 두 딸과 합작하여 나파 밸리 욘트빌에 설립한 Dominus Estate(도미너스 이스테이트)가 가장 유명한 사례입니다.

이탈리아의 삐에로 안띠노리사는 나파 밸리 아틀라스 피크에 Antica(안티카)라는 와이너리를, 프랑스 남부 지방의 유명 생산자인 로베르 스칼리는 St. Supery(세인트 수퍼리) 와이너리를 소유하고 있습니다.

Antica
= Antinori + California

프랑스 샹빠뉴 지방의 샴페인하우스들도 진출해 있는데, 모에&샹동사의 Domaine Chandon(도멘 샹동), 떼땡제사의 Domaine Carneros(도멘 카네로스), 멈사의 Mumm Napa(멈 나파), 루이 뢰데레사의 Roederer Estate(뢰데레 이스테이트) 등이 대표적입니다.

스페인 최고의 스파클링 회사들도 카네로스 지역에 진출해 있는데, 꼬도르뉴사는 마치 미술관처럼 아름다운 Artesa(아르테사) 와이너리를 운영하고 있고, 페레르 가문은 80년대에 Gloria Ferrer(글로리아 페레르)라는 와이너리를 설립해 다양한 와인들을 생산하고 있습니다.

한편 스파클링 와인으로 유명한 캘리포니아의 토종 와이너리들도 있는데, Schramsberg(슈램스버그)를 비롯하여, Iron Horse(아이언 호스), J Vineyards(제이 빈야드), Korbel(코벨) 등이 있습니다.

톰 스티븐슨이 선정한 캘리포니아 주 TOP 10 와이너리

No	와이너리
1	Dutton-Goldfield 듀턴 골드필드 〈소노마 카운티〉
2	Navarro 나바로 〈멘도치노 카운티〉
3	Stag's Leap Wine Cellars 스태그스 립 와인 셀러 〈나파 밸리〉
4	Morgan 모건 〈몬터레이 카운티〉
5	Robert Sinskey 로버트 씬스키 〈나파 밸리〉
6	Iron Horse 아이언 호스 〈소노마 카운티〉
7	Au Bon Climat 오 봉 끌리마 〈산타 바바라 카운티〉 →
8	Chimney Rock 침니 락 〈나파 밸리〉
9	St. Supery 세인트 수페리 〈나파 밸리〉
10	Gundlach Bundschu 군트락 분트슈 〈소노마 카운티〉

- 출처 : 《Wine Report 2009》 - Tom Stevenson - • 〈 〉 안은 와이너리 소재 지역
- 1960~1970년대에는 Almaden(알마덴), Beaulieu(볼리우), Beringer(베린저), Concannon(콘캐넌), Inglenook(잉글눅), Kobel(코벨), Krug(크뤼그), Martini(마르티니), Paul Masson(폴 메이슨), Wente(웬티) 등이 가장 유명했던 와이너리들이다. 그중 Almaden(알마덴), Paul Masson(폴 메이슨)은 Gallo(갤로)와 함께 1930년대부터 베스트셀러 와이너리였다.

Special tip

Inglenook(잉글눅)과 프란시스 코폴라 감독

1879년 핀란드 출신 재력가 Gustave Niebaum(구스타프 니바움) 선장은 나파 밸리 러더포드(Rutherford) 지역에 미국 최초의 보르도 스타일 와이너리인 Inglenook(잉글눅) 와이너리를 설립하면서 캘리포니아 와인 역사에 한 획을 그었다. 1908년에 그가 사망하고, 이어진 금주령으로 인해 후손들이 그 영광을 이어가지 못했다. 1975년 영화배우 니콜라스 케이지의 삼촌이자, 영화 '대부', '지옥의 묵시록' 등을 만든 거장 프란시스 코폴라(Francis Ford Coppola) 감독이 이 빛바랜 와이너리를 사들여, 최초 설립자였던 Gustave Niebaum(구스타프 니바움)과 자신의 이름을 합쳐 Niebaum-Coppola(니바움 코폴라)라고 와이너리 이름을 바꿨다. 그리고 2006년에 자사의 고급 와인 브랜드인 〈Rubicon(루비콘)〉의 이름을 따서 'Rubicon Estate(루비콘 이스테이트)'로 개명했다. 코폴라는 1995년 원래의 잉글눅 포도밭들을 모두 다시 사들였고, 2011년에는 1,400만 달러를 들여 'Wine Group'으로부터 'Inglenook' 브랜드를 구입하였고, 와이너리명도 Inglenook으로 복귀시켰다. 그는 2006년에 소노마 알렉산더 밸리의 Geyserville에 프란시스 코폴라 와이너리를 새로 만들었었는데, 2021년 6월 델리카토 와인그룹에 지분을 받으며 매각하였다.

Wine Lesson 101

캘리포니아 와인의 전설, 안드레 첼리스체프

프랑스에 와인 양조의 전설로 앙리 자이에나 에밀 페노가 있다면, 미국에는 안드레 첼리스체프(André Tchelistcheff, 1901~1994)가 있다. 골드러시로 캘리포니아로 이주한 사람들이 포도재배를 시작하게 되면서, 1852년에 캘리포니아 최초의 공식 인증 와이너리인 알마덴 빈야드(Almaden Vineyards)가 산 호세 남쪽 지역에 설립되고, 1857년에는 헝가리 출신 아고스톤 하라시(Agoston Haraszthy)가 소노마 밸리에 최초의 현대식 와이너리인 부에나 비스타(Buena Vista)를 설립한다. 나파 밸리에는 1861년 찰스 크룩(Charles Krug) 와이너리를 시작으로, 1876년에 독일 출신 베린저 형제가 베린저(Beringer) 와이너리를 설립했고, 1879년에는 핀란드 출신 구스타프 니바움이 미국 최초의 보르도 스타일 와인을 만드는 잉글눅(Inglenook) 와이너리를 설립했으며, 1900년에는 보르도 출신 양조가 조르쥬 드 라뚜르(Georges de Latour)가 볼리우 빈야드(Beaulieu Vineyard, BV)를 설립해 미국 와인의 근대화, 고급화를 이끌었다. BV는 금주령에도 교회 성찬주 제공을 위해 양조를 허가받은 극소수 와이너리 중 하나로 규모를 키울 수 있었다. 1938년 80세의 고령이 된 조르쥬 드 라뚜르는 자신의 꿈을 이을 후계자를 찾아 고향 보르도로 가서 러시아 출신 양조가 안드레 첼리스체프를 영입한다. 안드레 첼리스체프는 저온 발효 및 숙성, 레드 와인의 젖산발효 등을 도입했고, 이산화황 처리 등 포도재배와 와인양조의 전반적인 개선작업을 했다. 프랑스의 와인양조 기술에 미국의 실험정신을 더해 새로운 BV 와인들을 탄생시켰고, 오크통에서 20개월 숙성시킨 나파 밸리 최초의 리저브급 와인도 만들어냈다. BV 와인들은 1940년대 백악관 중요 행사에 단골로 사용되었다.

그는 현재 BV 수석 와인메이커인 조엘 에이컨과 로버트 몬다비, 하이츠 와인셀러의 설립자 조 하이츠, 스태그스 립 와인셀러즈(SLC)의 오너 와인메이커 워렌 위니아스키, 샤또 몬텔레나의 와인메이커였더 마이크 거기쉬 등 초창기 미국 와인 발전을 이끈 거장들의 스승이자 멘토였다. 이렇듯 1976년 '파리의 심판' 당시, 레드와 화이트 부문 1위였던 SLC와 샤또 몬텔레나, 이 두 와이너리가 이룬 기적의 밑바탕에는 안드레 첼리스체프가 있었다.

그는 1973년 시미(Simi) 와이너리로 옮겼고, 캘리포니아의 다른 지역들과 오리건, 워싱턴 주에서도 포도재배와 양조 컨설팅을 하고 94세에 영면했다.

캘리포니아 와인의 대부(代父), 로버트 몬다비

로버트 몬다비 와이너리

캘리포니아 와인의 대부, 로버트 몬다비(Robert Mondavi, 1913~2008)는 미국 와인의 혁신을 이끈 사람으로, 초창기 미국 와인의 기틀을 잡은 안드레 첼리스체프의 제자이기도하다. 이탈리아 마르께 출신 이민자의 집안에서 태어나, 스탠포드 대학에서 경영학을 전공했다. 캘리포니아 로다이(Lodi)에서 과일 포장 및 운송회사를 운영하던 아버지 체사레 몬다비가 1943년 나파 밸리 최초(1861년 설립)의 와이너리이자, 금주령 이전에 가장 융성했던 와이너리였던 찰스 크룩(Charles Krug)을 인수하면서 동생 피터 몬다비와 함께 20년가량 와이너리 운영과 양조를 하였으나, 자금횡령 혐의를 쓰고 동생에게 쫓겨나다시피 떠나게 된다.

당시 53세였던 그는 절치부심하며 자신의 와이너리를 세우기 위해 투자은행인 골드만 삭스로부터 600만 달러를 대출받는다(당시 골드만 삭스가 뭘 믿고 큰 금액을 융자해줬는지는 아직도 미스테리라고 함). 1966년 나파 밸리 오크빌(Oakville)의 토 칼론(To Kalon) 빈야드를 구입하여 자신의 이름을 건 로버트 몬다비 와이너리를 설립했다. 토 칼론(To Kalon)은 나파 밸리의 선구자였던 크랩(H. W. Crabb)이 1868년 설립했던 유서 깊은 최고의 포도원이었다.

이 당시 캘리포니아는 많은 양의 와인을 생산하고 있었으나, 대부분이 싸구려 저그 와인(Jug Wine)이었다. 로버트 몬다비는 기존의 양조 트렌드에서 벗어나 혁신적인 방식을 추구했다. 스테인리스 스틸 탱크를 활용한 저온 발효법을 도입하고, 와인 숙성에 225리터짜리 프렌치 오크배럴을 사용하였다. 또 당시 인기 없던 쏘비뇽 블랑 품종 화이트 와인을 오크통에서 젖산(유산) 발효, 숙성시켜 산도는 낮추고 바디감은 끌어올렸다. 오일리하고 바닐라 향이 감도는 이 화이트 와인을 '퓌메 블랑(Fumé Blanc)'이란 이름으로 출시해 큰 호응을 얻었다. 또 리저브 등급과 싱글빈야드 등급 와인을 만들어 고급화, 고가 전략을 사용해 성공을 거두었고, 와인 레이블에 포도품종을 처음으로 표기하여 소비자들이 쉽게 와인을 선택할 수 있도록 했다.
그는 안주하지 않고 한계를 넘어서기 위한 노력으로 유럽의 명망 있는 와이너리들인 보르도의 라피뜨 로췰드와 무똥 로췰드, 이탈리아의 프레스꼬발디, 안젤로 가야 등에 합작 제안을 했지만 처음엔 별다른 반응을 얻지는 못했다.

샤또 무똥 로췰드의 바론 필립 공(公)과는 1970년 첫 제안이 오간 후 별 진전이 없다가, 묘하게도 1976년의 '파리의 심판' 이후 캘리포니아 와인에 대한 유럽의 심기가 매우 불편했던 1978년부터 급물살을 탔다. 바론 필립 로췰드가 로버트 몬다비를 보르도로 초청해서 만난 지 1시간만에 합의가 이루어졌고, 1980년 두 회사의 50:50 합작투자로 나파 밸리에 오퍼스 원(Opus One) 와이너리의 설립이 공식 발표되었다. 로버트 몬다비 측 와인메이커로는 둘째 아들인 팀 몬다비(Timothy Mondavi)가 참여하였다. 와인메이킹은 로버트 몬다비 와이너리에서 이루어졌으며, 몬다비가 처음 구입하였던 토 칼론(To Kalon) 포도밭 중 35에이커가 오퍼스 원으로 편입되었다. 1984년 〈오퍼스 원(Opus One)〉 와인의 1979년, 1980년 두 빈티지가 동시에 세상에 모습을 드러냈다. 그리고 같은 해 로버트 몬다비 와이너리의 맞은편에 오퍼스 원 와이너리 건물 신축이 시작되었고 1991년 드디어 그 아름다운 자태가 완성되었다.

오퍼스 원 와이너리

〈오퍼스 원(Opus One)〉은 캘리포니아 고급 와인의 아이콘이자, 세계의 와인 애호가들이 열광하는 컬트 와인이 되었다. 이 합작은 큰 성공을 거두면서 조인트 벤처 성공사례에 단골로 인용되고 있다.

로버트 몬다비는 가성비 좋은 보급형 와인들도 양산에도 힘을 기울여 캘리포니아 로다이(Lodi)에 캐주얼 와인 브랜드인 우드브릿지(Mondavi Woodbridge) 와이너리를 설립해 대박을 내기도 했다.
로버트 몬다비는 자신의 뿌리인 이탈리아의 와인에도 많은 관심을 가져왔다. 1995년 이탈리아 와인 명가 프레스꼬발디와 50:50 합작 조인트 벤처 와이너리인 루체 델라 비떼(Luce della Vite)를 설립했고, 이곳에서 수퍼 투스칸 와인인 〈루체(Luce)〉와 그 세컨 와인 〈루첸떼(Lucente)〉를 생산하였다. 루체는 '빛'이라는 의미로, 로버트 몬다비 부부가 합작을 위해 프레스꼬발디 저택에 머물 당시 창밖에 비치는 아름다운 아침 햇살에 감동받아 붙인 이름으로, 미래에 대한 희망의 빛을 상징한다. 1999년에는 프레스꼬발디사와 함께 또 다른 수퍼 투스칸 와이너리인 떼누따 델 오르넬라이아(Tenuta del Ornellaia)를 인수했다.

이렇듯 캘리포니아 와인을 발전시키고 세계적인 반열에 올려놓고 승승장구하던 로버트 몬다비였지만 사생활은 평탄치 않아 결혼과 이혼을 반복했으며, 운명의 장난처럼 그 자신이 동생(피터)과 그랬듯이, 두 아들인 마이클 몬다비(Michael Mondavi)와 팀 몬다비(Timothy Mondavi)도 형제 간의 반목을 거듭하게 된다. 재투자를 받기 위해 우여곡절 끝에 회사는 상장되었고 주가의 등락을 반복하며 사업을 확장하던 로버트 몬다비사는 어느덧 고령의 로버트 몬다비를 대신하여, 형제간의 경영권 다툼에서 승리한 장남 마이클 몬다비 중심으로 운영 체제를 갖춘다.
마이클은 여러 가지로 사업을 확장하였는데, 칠레의 와인 명가 에라쑤리스사와 합작으로 세냐(Seña) 와이너리를 설립해 같은 이름의 명품 와인을 생산했다. 하지만 언어 소통의 문제와 품질 관리의 실패로 어려움을 겪었고, 디즈니 테마파크 내 포도원 조성 비즈니스 실패, 프랑스 랑그독-루씨옹 지방 진출 프로젝트 실패 등 경영 능력의 한계를 보였다. 품질을 강조하는 유능한 와인메이커인 동생 팀 몬다비와 마케팅을 통한 매출과 성과를 강조하는 형 마이클 몬다비의 반목이 심해진 2002년 이후 몬다비의 와인 품질에 대한 전문가들의 혹평도 늘어가는 등 회사에는 큰 위기가 찾아온다.

이 즈음 경영 일선에서 물러난 아버지 로버트 몬다비는 새 부인과 함께 자선 단체를 설립하고, UC Davis 대학 등에 과도한 기부를 약속하며, 자식들과의 불화와 경영의 어려움을 가중시킨다.

30여 년간의 노력으로 캘리포니아와 나파 밸리를 세계와인시장에 알린 주역이 되었고, 연 800만 케이스의 와인을 생산하고 연 매출액 3억 달러가 넘는 미국 6위의 로버트 몬다비 와이너리는, 지나친 사업확장과 기부활동 그리고 두 아들의 반목과 경영

권 다툼으로 인해, 결국 2004년 말 미국 최대의 주류그룹인 컨스텔레이션 브랜즈(Constellation Brands Inc.)로 13억 달러에 매각된다. 중저가 브랜드들은 이미 헐값에 처분되어 있었고, 매각 당시 주식가치가 너무 떨어져 있어 몬다비 가족들에게 돌아간 돈은 겨우 수백만 달러 수준이었다.

이렇게 모든 것을 잃고 난 뒤 로버트 몬다비는 동생인 피터 몬다비와 극적으로 화해를 하게 된다. 주미 프랑스 대사가 로버트 몬다비에게 레지옹 도뇌르 훈장(1802년 나폴레옹이 제정한 상으로, 미국인으로는 록펠러, 로널드 레이건, 콜린 파월 등 극소수만이 수상)을 수여하는 자리에 동생 피터가 자리를 함께 해 형 로버트를 축하했다. 이후 로버트 몬다비는 휠체어에 의지해 여생을 보내다가 2008년 5월 16일 만 95세 생일을 한 달 앞두고 타계했다. 죽기 직전 마지막 인터뷰에서 그는 동생 피터와 싸운 것과 회사를 상장시킨 것을 못내 후회했다고 한다. 찰스 크룩 와이너리를 운영하면서 저온발효기법을 연구하고 카네로스 지역에 샤르도네와 삐노누아를 심는 등 나파 와인의 또 다른 개척자였던 동생 피터 몬다비는 두 아들에게 와이너리를 물려주고 2016년 2월 101세로 세상을 떠났다.

현재 로버트 몬다비의 큰 아들인 마이클 몬다비는 자신의 이름을 건 와이너리를 설립해서 〈스펠바운드(Spellbound)〉, 〈오베론(Oberon)〉, 〈엠블럼(Emblem)〉 등의 브랜드로 와인들을 만들고 있고, 동생 티모시 몬다비는 〈컨티뉴엄(Continuum)〉이라는 와인을 만들며 몬다비 가문의 와인양조 역사를 잇고 있지만, 예전만큼의 성공과 명예는 얻지 못하고 있다.

〈스펠바운드〉 〈오베론〉 〈컨티뉴엄〉

워싱턴 주

비가 많은 시애틀을 연상하면 그런 기후에서 어떻게 좋은 와인이 생산될까 하는 의문이 들겠지만, 캐스케이드(Cascade) 산맥을 경계로 나뉘어있는 워싱턴 주 동부 지역은 해양성 기후인 서해안 지역과는 달리 대륙성 기후를 보입니다. 따라서 여름에는 덥고 건조하며 겨울에는 매우 춥습니다. 여기에 컬럼비아 강 물줄기를 이용한 관개 시설이 더해져 이상적인 포도 재배 여건을 갖추고 있습니다.

나파 밸리보다 덥진 않지만 오히려 일조량은 더 많은 워싱턴 동부 지역은 일교차도 커서 섬세하고 산도가 뛰어난 포도들이 생산됩니다.

1967년경 뒤늦게 와인산업에 뛰어든 워싱턴 주◆의 와이너리 수는 1980년대 초만 해도 10여 개에 불과했지만, 2000년에 145개, 2020년에는 이미 810개를 넘어선 후 계속 증가하고 있습니다. 거대 캘리포니아의 와이너리 수가 4,600여 개 정도임을 감안할 때 워싱턴 주의 양적 성장을 가늠할 수 있습니다.

◆ 와인생산량은 캘리포니아의 불과 몇 퍼센트에 지나지 않지만, 그래도 워싱턴 주는 미국 제2위의 와인산지이다.

워싱턴 주 와인의 효시이자 간판 와이너리인 샤또 쌩 미셸사와 독일 모젤 리슬링 와인의 명가 닥터 루젠(Dr. Loosen)사의 조인트 벤처로 1999년부터 출시된 독일풍 리슬링 와인 〈에로이카〉 Riesling 100%. 탕수육과 찰떡궁합. 6만 원선.

워싱턴 주는 화이트 품종인 Riesling(리슬링)을 많이 심었었고 지금도 미국에서 Riesling을 가장 많이 재배하고 있습니다. 워싱턴 주의 Riesling 와인은 뉴욕 주와 함께 미국 내 최고의 품질을 자랑합니다. 이곳의 대표적인 와이너리인 샤또 쌩 미셸(Chateau Ste. Michelle)은 Riesling(리슬링)의 세계 최대 생산자입니다.

또 상쾌한 산도와 과일 향이 돋보이는 Chardonnay(샤르도네) 와인도 캘리포니아와의 차별화에 성공하면서 계속 발전하고 있습니다.

하지만 1990년대 들어 레드 품종이 약진이 두드러지면서 화이트 반, 레드 반의 비율을 보이고 있습니다. Lemberger(렘베르거) 품종이 오랫동안 재배되어 왔으며, 뒤를 이어 Merlot(멀로/메를로)와 Syrah(씨라) 품종이 떼루아 측면에서 워싱턴 주에 가장 적합하다는 평가를 받고 있습니다. 또 CS(까베르네 쏘비뇽) 또한 뛰어난 농축미와 품질을 인정받으면서 Merlot와 함께 2대 레드 품종으로 자리 잡고 있습니다. 워싱턴 주의 Cabernet Sauvignon 와인에는 건강에 이로운 프로시아니딘(타닌) 성분이 상대적으로 많이 함유되어 있다고 알려져 있습니다.

워싱턴 주에는 3개의 대표적인 와인산지(AVA)가 있습니다. 그 중 컬럼비아 밸리(Columbia Valley)◆와 야키마 밸리(Yakima Valley)는 규모가 큰 산지이며, 왈라왈라 밸리(Walla Walla Valley)는 규모도 작고 출발도 더 늦었지만 잠재력이 큰 산지입니다.

◆ 워싱턴 주의 와인생산자들은 야키마 밸리 등의 구체적인 하위 생산지명칭보다 컬럼비아 밸리와 같은 광역 AVA명을 선호하는데, 이것은 다양한 지역의 포도를 섞어 쓰기 위함이다. 컬럼비아 밸리와 왈라왈라 밸리는 오리건 주와 겹쳐있어 AVA를 공유하고 있다.

그 외에 레드 마운틴(Red Mountain), 호스 헤븐 힐스(Horse Heaven Hills), 월룩 슬로프(Wahluke Slope), 퓨짓 사운드(Puget Sound) 등의 산지들이 있습니다. > 499쪽 지도 참조

워싱턴 주의 근래 빈티지 점수

2001년	2002년	2003년	2004년	2005년	2006년	2007년	2008년	2009년	2010년
91점	90점	92점	91점	93점	94점	96점	95점	92점	91점

2011년	2012년	2013년	2014년	2015년	2016년	2017년	2018년	2019년	2020년
89점	95점	92점	92점	91점	91점	90점	90-93점	-	-

• 출처 : 《Wine Spectator》
• Merlot, Cabernet Sauvignon, Syrah 품종 기준임

워싱턴 주의 주요 와이너리

1967년 설립된 Ste. Michelle Wine Estate(쌩 미셸 와인 이스테이트)는 '파리의 심판'에서 1위를 했던 나파 밸리의 Stag's Leap Wine Cellars, 오리건 주의 삐노 누아 와인의 원조격인 Erath(에라스)를 비롯하여 워싱턴 주의 Chateau Ste. Michelle(샤또 쌩 미셸), Columbia Crest(컬럼비아 크레스트)를 소유하고 있습니다. 또 워싱턴 주에서 아트 레이블과 신세대적 와인으로 유명한 Intrinsic Wine Co.(인트린직 와인 컴퍼니), 유기농 와인을 만드는 Snoqualmie(스노컬미), 젊은 소비자 층에게 인기가 높은 Red Diamond 등도 소유하고 있는 미국의 대표적인 와인 그룹입니다. Domaine Ste. Michelle(도멘 쌩 미셸)이란 브랜드로 고급 스파클링 와인도 생산하고 있으며, 레드 마운틴 지역에서는 이탈리아 Antinori(안띠노리)사와 합작으로 〈Opus One〉에 견주어지는 〈Col Solare(콜 쏠라레)〉라는 고급 보르도 블렌딩 와인도 만들고 있습니다.

그 외에 과학적인 시스템을 도입하고 미국에서 가장 훌륭한 Sémillon(쎄미용) 품종 와인들을 생산하는 L'Ecole No. 41(레꼴 넘버 41), 워싱턴 Syrah(씨라) 와인의 퀄러티를 한 단계 높인 컬트 와이너리 K Vintners(K 빈트너스)와 Cayuse(카이유스), 로제 와인에 내공이 깊은 Charles & Charles를 비롯하여, Andrew Will(앤드류 윌)◆, Leonetti(레오네티), Quilceda Creek(퀼쎄다 크릭), DeLille Cellars(드릴 셀러스), Abeja(아베하), Betz Family(베츠 패밀리), Canoe Ridge Vineyard, Chinook(치눅), Woodward Canyon, Hedges Cellars, Duck Pond, Desert Wind, Pepper Bridge, Hogue Cellars 등이 있습니다.

◆ 보르도 블렌딩의 파워풀한 와인을 만드는 퀄러티 와이너리로, 소믈리에 출신 오너가 아들 윌과 조카 앤드류의 이름을 따서 와이너리 이름을 지었다. 두 자녀가 모두 한국 입양아라고 하니 더 애착이 가네요.

① 롱 쉐도우사의 〈포이츠 립, 리슬링〉 Riesling 100%. 섬세한 단맛과 활기찬 산도가 조화를 이룬다. 13만 원선.
② 덕 판드사의 씨라 품종 와인. Syrah 96% : Merlot 4%. 프렌치와 아메리칸 오크통에서 15개월간 숙성. 덕 판드(Duck Pond)사는 오리건 주와 워싱턴 주에 걸쳐 포도밭을 가지고 있는데, 레이블의 오리 그림 때문에 나파 밸리의 덕혼(Duckhorn)사와 상표권 소송까지 했었다. 그래서 CS와 Merlot 와인의 레이블엔 오리 대신 기러기를 사용한다. 48,000원선.
③ 레오네티 셀러사가 컬럼비아 밸리에서 생산하는 메를로 와인.
④ 데저트 윈드사의 보르도 블렌딩 와인 〈루아(Ruah)〉 Merlot 44% : CS 40% : CF 16%. 85,000원선.
⑤ 앤드류 윌사의 까베르네 프랑 품종 와인. Cabernet Franc 91% : CS 9%. RP 91점. 10만 원선.

⑥ 워싱턴 주에서 가장 오래된 와이너리인 샤또 쌩 미셸사의 〈컬럼비아 밸리, 샤르도네〉 Chardonnay 100%. 4만 원.
⑦ 이탈리아의 와인 명가 안띠노리사와 워싱턴 주의 터주대감 샤또 쌩 미셸사가 합작으로 만든 〈콜 쏠라레〉. '반짝이는 언덕'이란 뜻으로, '또스까나의 영혼을 지닌 워싱턴 와인'이라는 모토로 만들어졌다. CS 75% : Merlot 15% : CF 10%. 21만 원선.
⑧ 미국 5대 와인 생산자 중 하나인 쌩 미셸 와인 이스테이트 그룹을 모회사로, 1987년부터는 독자적인 브랜드로 독립하여 마케팅을 시작한 컬럼비아 크레스트사의 〈투 바인스, 까베르네 쏘비뇽〉 CS 100%. 23,000원선. 같은 브랜드의 〈투 바인스, 쉬라즈〉는 2011년 《와인컨슈머리포트 : 1~2만 원대 미국 와인》에서 전문가 선정 4위를 차지했다. 진한 맛을 좋아하는 분들께 두 와인 모두 강추! 'Two Vines'란 햇빛에 포도열매가 가장 잘 노출되도록 나무를 심는 재배방식을 말한다.
⑨ 레꼴 No. 41사의 쎄미용 품종 와인. Sémillon 86% : SB 14%. 55,000원선.
⑩ 페퍼 브릿쥐사의 까베르네 쏘비뇽 품종 와인. CS 97.7% : Merlot 2.3%. 18만 원선.

워싱턴 와인의 대부이자, 미국 최초의 'Master of Wine'인 밥 베츠(Bob Betz)는 샤또 쌩 미셸의 수석 메이커로서 회사를 세계적인 와인그룹으로 키워내는데 큰 공헌을 했다. 1977년부터는 시애틀 인근 우든빌에서 자신의 이름을 건 BETZ 와인도 만들기 시작해 호평을 받았고, 2003년 샤또 쌩 미셸에서 은퇴 후에는 자신의 와인 양조에만 전념하였고, 현재는 세계 각지에서 와인관련 컨설팅과 교육에도 힘쓰고 있다. 소량 한정 생산되는 BETZ의 모든 와인들은 기본적으로 RP 90점 이상을 획득하고 있다.

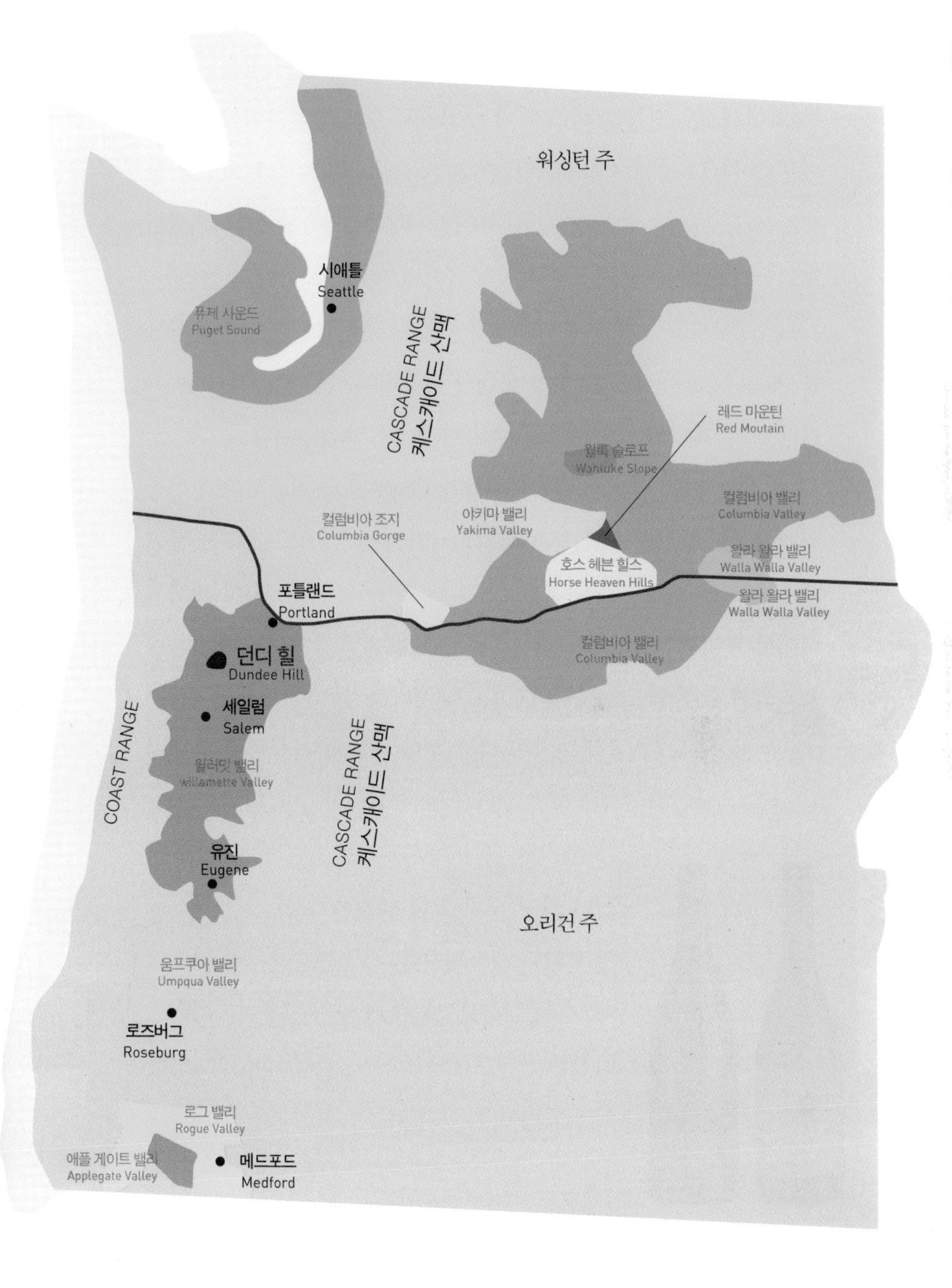
워싱턴 주
시애틀
Seattle
퓨제 사운드
Puget Sound
CASCADE RANGE
케스캐이드 산맥
레드 마운틴
Red Moutain
Wahluke Slope
컬럼비아 밸리
Columbia Valley
컬럼비아 조지
Columbia Gorge
야키마 밸리
Yakima Valley
왈라 왈라 밸리
Walla Walla Valley
호스 헤븐 힐스
Horse Heaven Hills
왈라 왈라 밸리
Walla Walla Valley
포틀랜드
Portland
던디 힐
Dundee Hill
컬럼비아 밸리
Columbia Valley
세일럼
Salem
COAST RANGE
윌러밋 밸리
Willamette Valley
CASCADE RANGE
케스캐이드 산맥
유진
Eugene
오리건 주
움프쿠아 밸리
Umpqua Valley
로즈버그
Roseburg
로그 밸리
Rogue Valley
애플 게이트 밸리
Applegate Valley
메드포드
Medford

오리건 주

워싱턴 주의 와인산지가 대륙성 기후인데 비해, 오리건(Oregon) 주의 와인산지는 서늘한 해양성 기후입니다. 오리건의 와인산업은 캘리포니아보다 늦게 시작됐지만, Pinot Noir(삐노 누아) 품종 와인의 눈부신 성공으로 급성장했습니다. 1970년에 5개, 2001년에 174개였던 오리건의 와이너리 수는 2020년 초 기준 809여 개로 늘었습니다.

프랑스 부르고뉴 지방에서 단일 품종으로 명품 레드 와인들을 만드는 Pinot Noir는, 기후나 토양에 대한 선호벽이 아주 까다로울 뿐 아니라, 껍질이 얇아 병충해에도 약해 재배가 쉽지 않습니다.

부르고뉴 지방 외에는 캘리포니아가 Pinot Noir 재배의 가능성을 일찍이 인정받았지만, 일명 'Cali-Pinot(캘리 삐노)'라고도 불리는 캘리포니아 Pinot Noir 와인은 그 맛이 Juicy & Jammy라는 평이 지배적이어서 전체적으로는 고급 삐노 와인으로 평가받진 못했습니다.

그 외에 뉴질랜드의 마틴버러(Martinborough), 센트럴 오타고(Central Otago) 지역 그리고 호주의 빅토리아 주와 칠레의 까사블랑까 밸리(Casablanca Valley) 등에서도 좋은 결과를 보이고는 있지만, 미국 오리건 주 윌러밋 밸리(Willamette Valley)의 Pinot Noir 와인이 가격 대비 고른 품질에 있어 가장 앞서고 있지 않나 생각됩니다. 서늘하고 축축한 기후인데, 대체로 부르고뉴에 비해 과일향이 더 짙고, 인접한 캘리포니아보다는 신선한 산도가 더 많이 느껴집니다.

① 몬테니어 이스테이트사의 〈그래함스 블락 7, 삐노 누아〉 16만 원선.
② 팬더 크릭사의 〈와인메이커스 뀌베, 삐노 누아〉 11만 원선.
※ 대체로 느낌이 강한 오리건 주 삐노 누아 와인들은 오랜 병입 숙성을 거치면서 부드럽고 밸런스 있는 와인이 된다. 따라서 오픈 후에도 적당한 에어레이션이 필요하다.

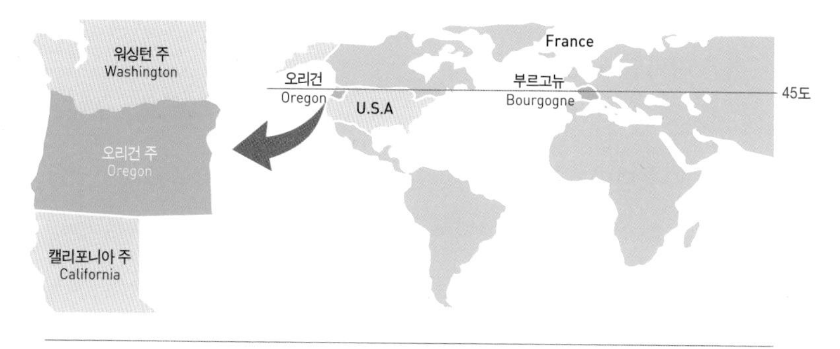

오리건 주의 와인산지들은 부르고뉴 지방과 위도(북위 45도)가 매우 비슷하다.

◆ 현지에서 사용하는 Willamette Valley의 올바른 발음은 [윌람밋 밸리]이다.

윌러밋 밸리(Willamette Valley)◆ 외에 오리건의 주요 산지(AVA)는 움쿠아 밸리(Umpqua Valley), 애플게이트 밸리(Applegate Valley), 로그 밸리(Rogue Valley) 등이 있습니다.

컬럼비아 밸리(Columbia Valley)와 왈라왈라 밸리(Walla Walla Valley)는 오리건 주와 워싱턴 주 양쪽에 걸쳐있는 와인산지입니다.

오리건 주의 포도품종

오리건 주 포도밭의 50% 이상이 Pinot Noir 품종을 재배하고 있습니다. 그다음이 알자스에서 들여온 화이트 품종인 Pinot Gris(삐노 그리)인데, 오일리(oily)하면서도 좋은 산도와 스파이시함을 함께 가지고 있습니다. 이 두 품종이 오리건 와인을 대표하고 있습니다.

Pinot Noir 품종이 잘 재배되는 서늘한 지역에서는 Chardonnay(샤르도네)도 잘 자라기 때문에, 비중은 크지 않지만 Chardonnay도 오리건 주의 3대 품종에 들어갑니다.

Cabernet Sauvignon(까베르네 쏘비뇽)의 재배도 조금씩 늘고 있지만, 아직은 미미한 수준입니다.

오리건 주에서는 독일 이민자들에 의해 1847년부터 와인이 생산되고 있었으나 별다른 발전을 이루지 못하다가, 1965년 UC Davis 대학에서 양조학을 전공하고 프랑스 부르고뉴에서 Pinot Noir(삐노 누아) 품종을 연구한 데이빗 렛(David Lett)에 의해 오리건 Pinot Noir(삐노 누아) 와인 생산의 첫걸음이 내딛어지게 됩니다.

그가 설립한 Eyrie(아이리) 와이너리의 〈Eyrie Reserve, Pinot Noir〉 1975년 빈티지가 1979년 파리 '세계와인올림픽(Olympics of the wines of the world)'에서 부르고뉴의 유명 Pinot Noir 와인들을 제치고 1위를 차지하는 대형사고(?)를 치게 됩니다. 또 그다음해에는 프랑스 부르고뉴 지방 최고의 네고시앙인 조셉 드루앵(Joseph Drouhin)사가 주최한 'Pinot Noir Blind Tasting'에서 〈Eyrie〉가 조셉 드루앵사의 〈Chambolle-Musigny(샹볼 뮈지니)〉 와인에 이어 근소한 차이로 2위를 차지함으로써 오리건의 Pinot Noir 와인은 세계적인 찬사와 주목을 받기 시작했습니다. 이런 대외적인 성공으로 '파파 삐노(Papa Pinot)'

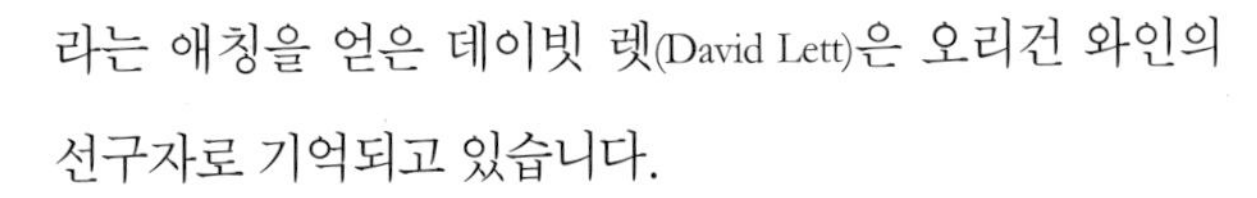

라는 애칭을 얻은 데이빗 렛(David Lett)은 오리건 와인의 선구자로 기억되고 있습니다.

그 후로 Domain Serene(도멘 써린)사의 〈Pinot Noir Willamette Valley Evenstad Reserve〉 2000년 빈티지도 2004년 6월 오리건에서 열린 'Pinot Nior Blind Tasting'에서 〈로마네 꽁띠〉 와인을 만드는 프랑스 부르고뉴의

아이리사의 삐노 누아 와인. 7만 원선.
레이블에도 힌트가 있듯이 Eyire는 'Flying hawk'를 뜻한다.
아이리사는 포도재배에 농약을 사용하지 않고 인간의 간섭을 극히 최소화하는 양조방식을 사용한다.

DRC(Domaine Romanée-Conti)사의 그랑 크뤼급 와인들을 누름으로써 오리건 주의 Pinot Noir 와인의 우수성을 다시 한 번 입증했었습니다.

가격대비 품질이 뛰어난 삐노 그리 와인으로도 유명한 엘크 코브사가 가장 유명한 산지인 윌러밋 밸리에서 생산하는 삐노 누아 와인 레이블. 알코올 향이 강하고(14.5%) 톡 쏘는 듯한 집중도도 강해 스테이크에 곁들여도 좋을 듯. 64,000원선.

오리건의 Pinot Noir 와인은, 부르고뉴 것에 비해 과일 향이 분명하고 더 빨리 익는 경향이 있는데, 크게 2가지 스타일이 있습니다. 하나는 프랑스의 조셉 드루앵사가 설립한 Domaine Drouhin Oregon(도멘 드루앵 오리건) 등에서 부르고뉴 와인과 비슷한 느낌으로 만들어지는, 부드러운 절제미를 갖춘 내성적인 스타일이고, 또 하나는 세계적인 와인 평론가 로버트 파커가 매제와 공동 소유하고 있는 Beaux Frères(보 프레르) 와이너리 등에서 생산하는, 섬세하면서도 맛의 집중도와 오크향이 강한 스타일입니다. 후자의 경우, 부르고뉴 Pinot Noir 와인에 익숙한 분들이 처음 마셔보면 '뭔가 좀 과하다'는 느낌에 다소의 거부감을 갖기도 합니다.

오리건 주의 근래 빈티지 점수

2001년	2002년	2003년	2004년	2005년	2006년	2007년	2008년	2009년	2010년
91점	95점	87점	93점	93점	92점	84점	96점	90점	94점

2011년	2012년	2013년	2014년	2015년	2016년	2017년	2018년	2019년	2020년
85점	97점	90점	96점	95점	97점	95점	93점	-	-

- 출처 : 《Wine Spectator》 • 위 빈티지는 Pinot Noir 품종 기준임
- 삐노 누아 와인을 포함한 오리건 주 와인산업의 심장부인 윌러밋 밸리는, 가을부터 시작되는 우기로 인해 미국에서 가장 빈티지의 차이가 큰 산지임. 윌러밋 밸리의 맥민빌 마을에서는 매년 7월 세계 삐노 누아 축제(International Pinot Noir Celebration)를 열어 오리건 삐노 누아 와인의 우수성을 알리고 있다.

오리건 주의 주요 와이너리

오리건 주의 와이너리들은 대체로 규모가 작으며, 소유주가 와인메이커이거나 가족 소유인 경우가 많고, 와이너리의 70% 이상이 윌러밋 밸리(Willamette Valley)에 몰려 있습니다. 아마도 이곳이 북위 45도로 부르고뉴의 위도와 일치하기 때문이 아닌가 싶습니다.

오리건 주의 대표적인 와이너리로는 Eyrie(아이리), Ponzi(폰지), Erath(이래쓰), Beaux Frères(보 프레레), Domaine Serene(도멘 써린), Domaine Drouhin(도멘 드루앵), Argyle Vineyards(아가일 빈야드), Cristom(크리스톰), Ken Wright Cellars(켄 라이트 셀러), Rex Hill(렉스 힐), Shea Wine Cellars(쉬어 와인 셀러), Bethel Heights(베델 하이츠), Chehalem(쉐할렘), Adelsheim(아델쉐임), Archery Summit(아처리 서밋), St. Innocent(세인트 이노센트), Sokol Blosser(쏘콜 블로서), Tualatin Estate(투알라틴 이스테이트), Evening Land(이브닝 랜드), King Estate(킹 이스테이트), Penner-Ash(페너 애쉬), Willakenzie Estate(윌라켄지 이스테이트), Firesteed(파이어스티드), Sineann(씨네안), Patricia Green Cellars(패트리샤 그린 셀러), Lemelson Vineyards(레멜슨 빈야드), Hamacher(하마처), Evergreen Vineyards(에버그린 빈야드), Van Duzer(밴 두저), Panther Creek(팬더 크릭), Soter(쏘테르), Arcane Cellars(아케인 셀러), Scott Paul(스캇 폴) 등이 있습니다.

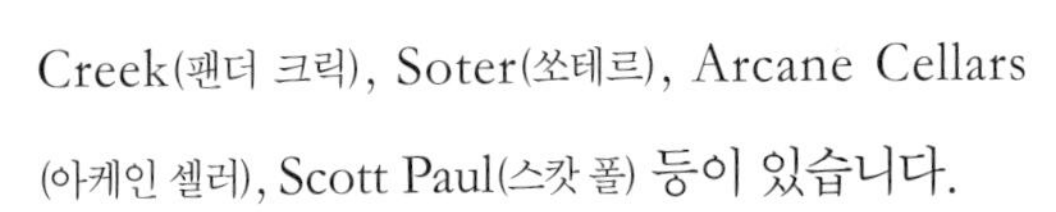

미국 Pinot Gris(삐노 그리) 와인 최대 생산자인 King Estate사는 보르도 샤또 풍의 대규모 업체로 유기농 와인 회사로도 유명합니다.

① 이래쓰사의 〈이스테이트 셀렉션, 삐노 누아〉 Pinot Noir 100%. 12만 원선.
② 투알라틴 이스테이트사의 〈세미 스파클링 머스캣〉 Muscat 100%. 65,000원선.

Bergström
WINERY
2006
SHEA VINEYARD
PINOT NOIR

PONZI
VINEYARDS
PINOT NOIR
WILLAMETTE VALLEY

LANGE
ESTATE WINERY AND VINEYARDS
PINOT NOIR
2016
Dundee Hills
Lange Estate Vineyard

2006
EMELSON
VINEYARDS
EA'S SELECTION
PINOT NOIR
LAMETTE VALLEY
ALC. 14.5% BY VOL.

Beaux Frères
2002 Pinot Noir
The Beaux Frères Vineyard
Willamette Valley
Unfined and Unfiltered
Alc. 14.2% By Vol.

SINEANN
Pinot Noir
2002
Oregon

penner-ash
Willamette Valley
PINOT NOIR

SERVE
WILLAMETTE VALLEY
2
0
ARGYLE
0
2
PINOT NOIR
ALC. 15.0% BY VOL.

Pinot Noir
Willamette Valley
OMAINE SERENE
EVENSTAD
RESERVE
GROWN, PRODUCED AND BOTTLED BY
E SERENE, CARLTON, OREGON, USA ALC. 13.5% BY VOL

KEN WRIGHT CELLARS
ABBOTT CLAIM VINEYARD

Stoller
FAMILY ESTATE

VINTAGE 2018 WILLAMETTE VALLEY

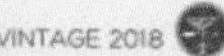
PINOT NOIR

Mount Hood, Oregon

컬럼비아 밸리(Columbia Valley)

1788년 영국 죄수들을 실은 배가 호주 시드니에 상륙하였을 당시, 아서 필립 선장은 브라질산 포도나무를 시드니에 처음 심었습니다. 그 후 1824년 '호주 와인의 아버지'로 불리는 스코틀랜드 출신 제임스 버스비(James Busby)◆가 뉴 사우스 웨일즈 주 헌터 밸리(Hunter Valley)에 유럽종 포도나무를 들여와 주민들에게 포도재배와 와인양조법을 전파하면서 호주 와인의 역사가 쓰여지기 시작했습니다.

◆ 그는 1832년 프랑스 론 지방의 엠샤뿌띠에 포도원에서 Shiraz(쉬라즈) 포도나무 가지를 잘라 와서 헌터 밸리에 심었다.

이후 독일을 필두로 이탈리아, 영국, 스위스 등 유럽의 이민자들이 그 뒤를 이어 호주 와인산업을 발전시켰습니다.

영국의 세계적인 와인 전문가인 휴 존슨(Hugh Johnson)은 호주를 '남반구◆의 프랑스'라고 칭하며, 자연적인 조건에 있어 그 무한한 가능성을 높이 평가했지만, 1960년대까지 생산된 호주

◆ 남반구인 호주와 뉴질랜드는 4~5월이 포도수확 시기다.

바로사 밸리 올드 바인의 명가로, 전통 방식을 고수하고 있는 락포드사의 아이콘 와인 〈바스킷 프레스, 쉬라즈〉 Shiraz 100%. 20만 원선. 랭턴즈 등급분류 1등급(Exceptional).

와인들은 가정용 저가 테이블 와인과, 영국 수출용 알코올 강화 와인인 셰리(Sherry)나 포트(Port) 와인 그리고 브랜디 등이 주류를 이루었습니다.

1960년대에 와서야 와인산업의 발전을 위한 노력들이 다양하게 시도되었습니다. 특히 유럽에서 온 전후(戰後) 이민자들이 드라이한 테이블 와인의 맛을 전파시킴으로써 1970년대 이후 호주도 양질의 드라이 레드 와인의 시대로 접어들게 됩니다.

◆ 호주 와인산업의 기계화, 자동화는 아이러니하게도 인력 부족에 따른 결과이기도 하다. 음...

여기에 물질적인 풍요가 더해지면서 양조기술혁신, 최첨단설비와 기계화◆, 기업합병 등을 통해 양질의 와인이 대량 생산되기 시작했으며, 1980년대에는 독창적이고 탁월한 마케팅을 바탕으로 세계 수출시장에도 본격적으로 진입합니다.

1980년대에는 오키 바닐라 풍미가 강한 Chardonnay(샤르도네) 화이트 와인의 전성기였고, 1990년대부터는 농익고 검붉은 자두향이 나는 파워풀한 Shiraz(쉬라즈) 레드 와인이 뒤를 이었습니다.

이제 호주는 세계 6위권의 와인 생산국으로, 수출량으로는 이탈리아, 프랑스, 스페인 등에 이어 세계 5위권입니다.

◆ 옐로우 테일은 2001년 미국 시장 발매와 동시에 50만 케이스가 판매되었고, 단일 브랜드 최다 판매량을 기록 중이다.

호주 〈Jacob's Creek(제이콥스 크릭)〉 와인은 세계 판매 1위의 브랜드이며, 〈Yellow Tail(옐로우 테일)〉◆은 미국에 수출되어 단일 브랜드 중에 최대 판매량을

① 제이콥스 크릭사의 그르나슈+쉬라즈 블렌딩 와인. 2만 원선.
② 카셀라사의 〈옐로우 테일, 메를로〉 12,000원선. 〈옐로우 테일〉 와인은 호주에서 가장 성공한 21세기 브랜드로, 레이블에 동물 그림을 넣어 친숙한 이미지를 어필하는 '크리터스(Critters) 와인'의 효시이다. 이를 벤치마킹하여 호주의 〈Little Penguin〉 〈Black Swan〉 미국의 〈Fish Eye〉 〈Teddy Bear〉 〈Smoking Loon〉, 뉴질랜드의 〈Monkey Bay〉, 프랑스의 〈Arrogant Frog〉 〈Song Blue〉, 남아공의 〈Long Neck〉 같은 브랜드들이 생겨났다.

기록한 호주 와인* 브랜드입니다.

◆ '블루오션' 책자에도 소개되었던 Yellow Tail과 Jacob's Creek은 세계적으로도 가장 영향력 있고 인지도 높은 호주 와인 브랜드들이다. 참고로, Wine Intelligence가 세계 주요 와인소비국(20개국)에서 조사한 "The Global Wine Power Index 2020"의 결과는 다음과 같다. 1위 Yellow Tail(호주), 2위 Casillero del Diablo(칠레), 3위 Gallo Family Vineyards(미국), 4위 Jacob's Creek(호주), 5위 Barefoot(미국), 6위 Gato Negro(칠레), 7위 Carlo Rossi(미국), 8위 Frontera(칠레), 9위 J. P. Chenet(프랑스), 10위 Mouton Cardet(프랑스)

호주 와인의 등급 분류

호주는 와인과 관련하여 미국 등 다른 신세계 국가들과 마찬가지로 와인의 레이블에 포도품종, 생산지역, 빈티지(수확연도) 등을 표기하는 데 필요한 최소한의 규제만을 하고 있습니다. 이를 위해 1990년 빈티지부터 LIP(Label Integrity Program) 제도를 시행했는데, 레이블에 포도품종을 표시할 경우 해당 품종을 85% 이상 사용하고, 두 가지 품종이 블렌딩된 경우 더 많은 비율의 품종을 앞에 적으면 됩니다.

또 생산지역을 표시하려면 해당 지역 포도를 85% 이상 사용하고, 빈티지 표시는 해당 빈티지 포도를 95% 이상 사용하면 가능합니다.

포도재배나 양조방식에 대해서는 전적으로 생산자의 자율에 맡기고 있는데, 이런 개방정책은 포도재배자와 와인메이커들이 자유롭게 새로운 시도를 하면서 소비자들의 기호에 맞는 개성 있는 와인을 만들 수 있는 환경을 제공하고 있습니다.

호주는 박카스처럼 돌려 따는 스크루 캡* 와인 마개를 뉴질랜드 다음으로 많이 사용하는 나라이기도 합니다.

◆ 스크루 캡은 1970년 호주에서 처음 사용하기 시작해서 뉴질랜드, 미국 등 신세계 국가에서 사용률이 계속 늘고 있다. 현재 호주 와인의 75%, 뉴질랜드 와인의 95%가 스크루 캡을 사용하고 있다.

호주 와인에는 공식적인 등급 분류가 없습니다. 대신 1990년부터 '랭턴(Langton)'이라는 와인경매회사에서 호주의 고급 와인들을 대상으로 실시하는 등급 분류가 생겼는데, 이것을 '랭턴즈 등급분류(Langton's Classification)'라고 합니다(www.langtons.com.au). 호주에서 이 분류는 마치

호주의 주요 와인산지

프랑스 보르도의 '1855년 등급 분류'와 같은 역할과 신뢰도를 가지고 있습니다. 하지만 150여 년 전 프랑스 전체가 아닌 보르도의 메독 지역을 중심으로 만들어진 프랑스의 것과는 달리, 호주의 '랭턴즈 등급 분류'는 호주 고급 와인 전체를 대상으로 하고 있으며, 4~5년을 주기로 재평가함으로써 시장 현실을 최대한 반영하고 있습니다. > 부록 3, 708쪽 참조

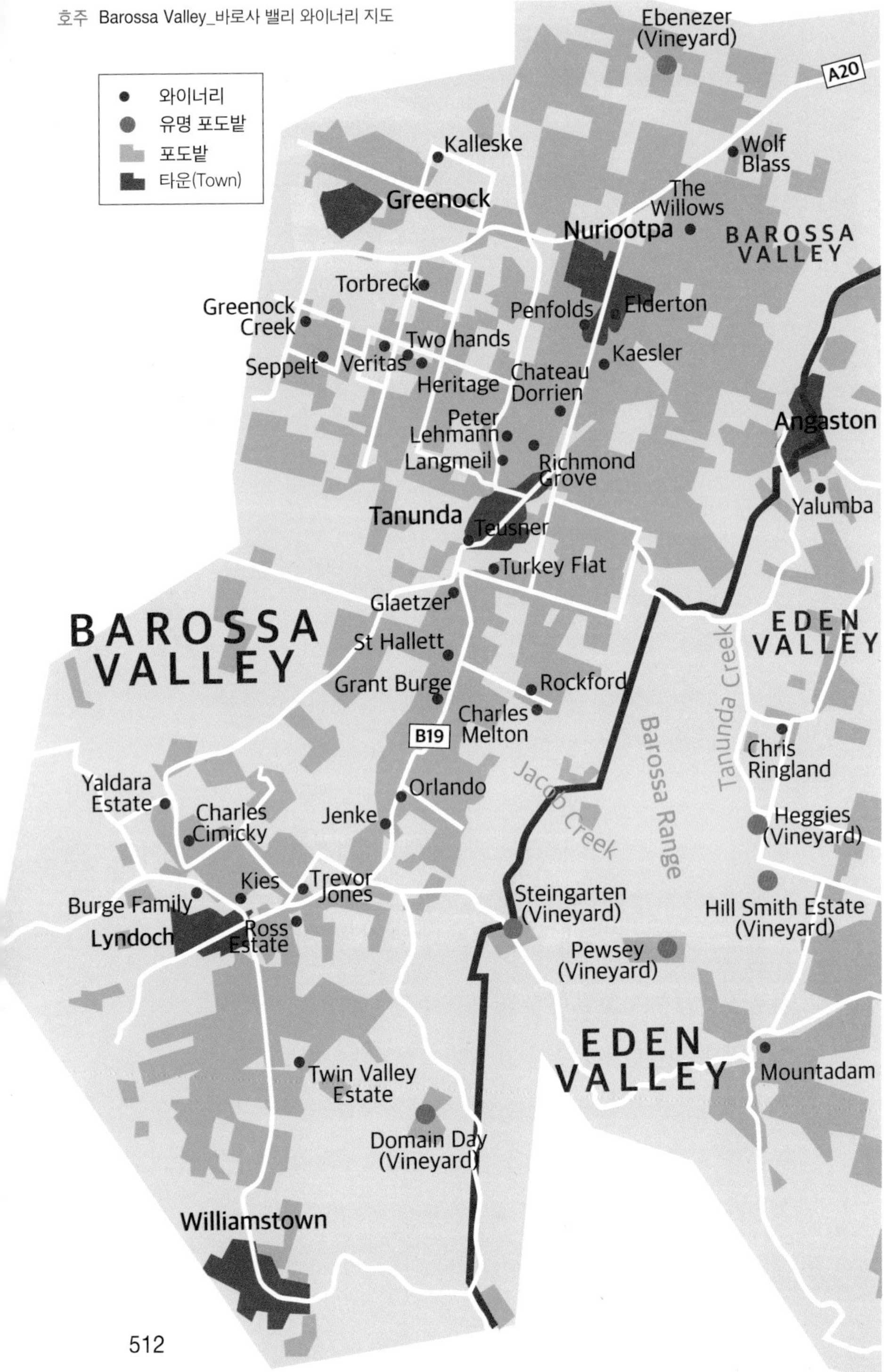

- ● 와이너리
- ● 유명 포도밭
- 포도밭
- 타운(Town)

Ebenezer (Vineyard)
A20
Kalleske
Wolf Blass
Greenock
The Willows
Nuriootpa
BAROSSA VALLEY
Torbreck
Greenock Creek
Penfolds
Elderton
Two hands
Kaesler
Seppelt
Veritas
Heritage
Chateau Dorrien
Peter Lehmann
Angaston
Langmeil
Richmond Grove
Yalumba
Tanunda
Teusner
Turkey Flat
Glaetzer
EDEN VALLEY
BAROSSA VALLEY
St Hallett
Tanunda Creek
Grant Burge
Rockford
Charles Melton
B19
Barossa Range
Chris Ringland
Yaldara Estate
Jacob Creek
Orlando
Charles Cimicky
Jenke
Heggies (Vineyard)
Kies
Trevor Jones
Burge Family
Steingarten (Vineyard)
Hill Smith Estate (Vineyard)
Lyndoch
Ross Estate
Pewsey (Vineyard)
EDEN VALLEY
Mountadam
Twin Valley Estate
Domain Day (Vineyard)
Williamstown

>511쪽 상단 지도 참조

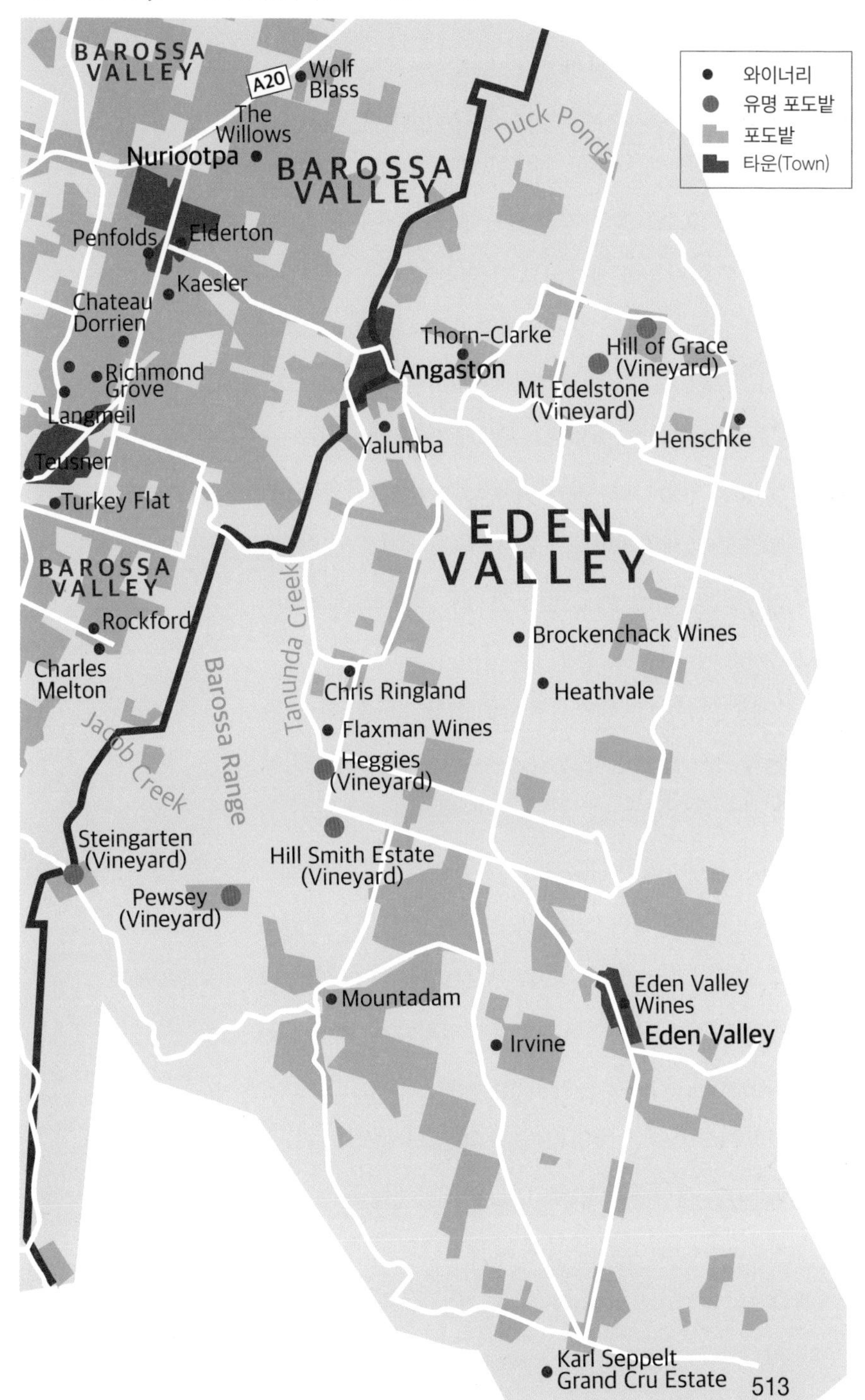
와이너리
유명 포도밭
포도밭
타운(Town)
BAROSSA VALLEY
A20
Wolf Blass
The Willows
Nuriootpa
BAROSSA VALLEY
Duck Ponds
Penfolds
Elderton
Kaesler
Chateau Dorrien
Richmond Grove
Langmeil
Teusner
Turkey Flat
Thorn-Clarke
Angaston
Hill of Grace (Vineyard)
Mt Edelstone (Vineyard)
Henschke
Yalumba
EDEN VALLEY
BAROSSA VALLEY
Rockford
Charles Melton
Tanunda Creek
Barossa Range
Jacob Creek
Brockenchack Wines
Heathvale
Chris Ringland
Flaxman Wines
Heggies (Vineyard)
Steingarten (Vineyard)
Hill Smith Estate (Vineyard)
Pewsey (Vineyard)
Mountadam
Eden Valley Wines
Eden Valley
Irvine
Karl Seppelt Grand Cru Estate

호주의 주요 와인산지

'떠있는 거대한 포도밭'이라고도 불리는 호주는, 섬이 아니라 면적이 남한의 77배에 이르는 거대한 대륙입니다. 넓은 만큼 지역별로 다양한 기후 요소들을 가지고 있는데, 크게 6개 주 65개의 세부 산지에서 다양한 와인들이 생산되고 있습니다.

6개 주는, 사우스 오스트레일리아(South Australia), 뉴 사우스 웨일즈(New South Wales), 빅토리아(Victoria), 웨스턴 오스트레일리아(Western Australia), 퀸즐랜드(Queensland), 태즈메이니아(Tasmania) 섬 등을 말합니다. 이 중에서 남동부 3개 주인 사우스 오스트레일리아 주, 뉴 사우스 웨일즈 주, 빅토리아 주가 가장 대표적인 산지로, 'South Eastern Australia◆'라고 통칭하기도 합니다. > 511쪽 지도 참조

세부 산지로는 호주 전체 와인 생산의 50%, 수출 와인의 70%를 담당하고 있는 사우스 오스트레일리아 주의 바로사 밸리(Barossa Valley)◆, 맥라렌 베일(McLaren Vale), 쿠나와라(Coonawarra), 아들레이드 힐스(Adelaide Hills), 클레어 밸리(Claire Valley) 등과 뉴 사우스 웨일즈 주의 헌터 밸리(Hunter Valley), 빅토리아 주◆의 야라 밸리(Yarra Valley), 웨스턴 오스트레일리아 주의 마가렛 리버(Margaret River) 등이 유명합니다.

사우스 오스트레일리아 주 바로사 밸리(Barossa Valley)와 맥라렌 베일(McLaren Vale)은 Shiraz(쉬라즈)와 Grenache(그르나슈) 품종의 명산지인데, 특히 바로

◆ 대량 생산·수출되는 호주 와인 중에는 원산지가 단일 지역이 아닌 'South Eastern Australia'라고 표시된 와인들이 적지 않다. 이것은 남동부 3개주에서 재배된 포도들을 구분없이 사용해서 만든 와인이라고 보면 된다.

◆ 초기 독일계 이민 양조가들의 영향을 많이 받은 바로사 밸리는, 따뜻하고 건조한 지중해성 기후로 일조량은 많고 강수량은 적다. 세부 포도밭들은 고도, 경사도, 방향 등이 다양한 편이며, 평균 고도는 해발 350m 수준이다. 바로사 밸리의 토양은 적갈색 점토질이 주류이고 모래가 더 많은 회갈색 토양이 섞여 있다. 캘리포니아의 나파 밸리 투어처럼 바로사 밸리의 와이너리 투어도 강추!

◆ 빅토리아 주는 호주에서 가장 서늘한 지역이지만 일조량이 많아 포도 재배에 이상적인 조건을 가지고 있어, 섬세하고 우아한 프리미엄급 와인들이 많이 생산된다. 드 보톨리 등 850여개의 와이너리가 있는데 이중 상당수가 품질 좋은 와인을 소량 생산하는 부띠끄 와이너리이다.

◆ 필록세라 Phylloxera 호주는 전반적으로 필록세라의 폐해가 아주 크진 않았지만, 특히 사우스 오스트레일리아 주는 세계적으로도 드물게 안전했던 지역이었다. 하지만 유독 빅토리아 주는 1880년대에 와인산업의 위기를 맞을 정도로 큰 피해를 입었었고, 최근에도 야라 밸리 등 몇몇 지역에서 필록세라가 발견되곤 한다.

◆ 최고의 리슬링을 만드는 와이너리로 이든 밸리에 얄룸바(Yalumba)사가 있다면, 클레어 밸리에는 그로셋(Grosset)사 있다. 이 두 회사는 이든 밸리에 합작으로 메쉬(Mesh)라는 와이너리를 만들기도 했다.

사 밸리는 포도나무 전염병인 필록세라◆의 영향을 거의 받지 않아, 오래된 포도나무들이 많이 남아있는 올드 바인(Old Vine) 쉬라즈 와인의 대표 산지입니다. 더 남단의 석회암에 테라로사 토양이 덮힌 서늘한 쿠나와라(Coonawarra)는 Cabernet Sauvignon의 최적지입니다.

서늘한 아들레이드 힐스(Adelaide Hills)에서는 Sauvignon Blanc(쏘비뇽 블랑)과 Chardonnay(샤르도네)가 많이 재배되며, 이든 밸리(Eden Valley), 클레어 밸리(Claire Valley)◆에서는 뛰어난 Riesling(리슬링) 와인들이 생산됩니다.

또한 태즈메이니아 섬은 스파클링 와인으로 유명하고, 빅토리아 주의 루더글렌에서는 알코올 강화 와인들이 많이 생산됩니다. > 산지별 위치는 511쪽 상단 지도 참조

호주의 포도품종

◆ 2000년대 초반까지만 해도 65% 정도였던 호주의 화이트 품종 재배율이 2018년 기준으로 48%선으로 줄었다.

호주 와인을 만드는데 사용되는 포도품종은 대부분 비티스 비니페라(Vitis Vinifera) 계열 글로벌 품종들입니다. 호주는 더운 지방이라 시원하게 잘 칠링된 화이트 와인을 선호◆하는 경향이 강한 편이었습니다.

화이트 와인 품종으로는 Chardonnay(샤르도네)가 주력 품종이며, 그 외에 Sémillon(쎄미용), Riesling(리슬링), Sauvignon Blanc(쏘비뇽 블랑) 등이 재배됩니다. 독일계 이민이 많은 때문인지 한때는 Riesling 품종이 강세를 보였지만 1990년대에 와서는 소비자들의 기호가 바뀌어 Chardonnay가 그 자리를 대신하고 있습니다.

호주의 포도품종별 재배면적 (2020년 기준)

Shiraz	CS	Chardonnay	Merlot	SB
42,100 ha	26,300 ha	26,300 ha	9,300 ha	6,900 ha

- 2008년까지는 샤르도네의 생산량이 쉬라즈를 근소하게 앞섰으나 이후 역전되어 차이가 벌어지고 있다.
- Sémillon 5,700 ha, Pinot Noir 4,900 ha, Riesling 4,000 ha
- 1 ha(헥타르)≒3,000평(1정보)≒2.5 ac(에이커)≒10,000㎡

과일 향이 풍부한 호주의 넘버원 화이트 와인인 Chardonnay 와인에 이어, 클레어 밸리와 이든 밸리 등의 Riesling 와인도 원산지인 독일과 나름대로 차별성을 가진 뛰어난 품질을 자랑하는데, 꽃, 미네랄, 휘발 향 외에 라임 향미가 강하고 드라이합니다.

뉴 사우스 웨일즈의 헌터 밸리에서는 Sémillon(쎄미용) 품종으로 뛰어난 품질의 화이트 와인들을 생산하고 있습니다.

1980~1990년에 이르러 레드 와인의 품질이 더욱 개선되면서 그 생산과 소비가 크게 증가했습니다. 호주의 레드 와인 포도품종으로는 Shiraz(쉬라즈), Cabernet Sauvignon(까베르네 쏘비뇽), Merlot(멀롯/메를로), Pinot Noir(삐노 누아), Grenache(그르나슈) 등이 있습니다.

프랑스의 Syrah(씨라)가 호주에서는 Shiraz(쉬라즈)라고 불리며, 호주의 대표 품종으로 자리잡고 있습니다. > 341~343쪽 참조

호주는 세계에서 가장 오래된 Shiraz 포도나무를 가지고 있으며, 전 세계 Shiraz 재배면적의 절반 이상을 차지합니다. 프랑스 론 지방의 Syrah(씨라) 품종이 건너온 것이지만, 현재 호주의 Shiraz는 'Aussie Shiraz(오지 쉬라즈)'라는 말이 생길 정도로 차별화된 맛을 보여주고 있습니다('Aussie'는 오스트레일리아의 약칭).

◆ 호주의 고품질 까베르네 쏘비뇽 포도나무는 1830년에 보르도의 샤또 오브리옹에서 잘라 온 꺾꽂이 가지들이 빅토리아 주의 멜번 인근에 심어지면서 퍼지게 되었다. 이것은 1832년 제임스 버스비가 프랑스 론 밸리의 샤뿌띠에 포도원에서 쉬라즈 가지를 잘라와 헌터 밸리에 심은 것보다 2년 앞선 일이었다.

호주에서 Shiraz(쉬라즈) 다음으로 꼽을 수 있는 또 하나의 레드 품종은 Cabernet Sauvignon(까베르네 쏘비뇽)◆입니다. 호주의 고급 Cabernet Sauvignon 와인은 사우스 오스트레일리아의 쿠나와라 지역을 비롯해서 랑혼 크릭, 웨스턴 오스트레일리아의 마가렛 리버 등에서 주로 생산됩니다.

저가의 Cabernet Sauvignon 와인들은 블랙베리 향이 가득한 단순한 맛이지만, 호주의 고급 Cabernet Sauvignon 와인들은 보르도 와인의 견실한 구조에 햇빛을 넉넉히 받고 자란 포도의 진하고 풍성한 향미들이 어우러져 또 다른 매력을 발산합니다.

Penfolds(펜폴즈)사의 〈Bin 707, CS〉, Wynns Coonawarra Estate(윈즈 쿠나와라 이스테이트)사의 〈John Riddoch, CS〉, 마가렛 리버 지역 Moss Wood(모스 우드)사의 〈Moss Wood, CS〉 등이 랭턴즈 등급분류 Exceptional(1등급)에 랭크된 호주의 최고의 Cabernet Sauvignon 와인들입니다. 그 다음으로는 마가렛 리버 지역 Leeuwine Estate(르윈 이스테이트)사의 〈Art Series, CS〉, Howard Park(하워드 파크)사의 〈Abercrombie, CS〉, Woodlands(우드랜즈)사의 〈Family Series, CS〉, 쿠나와라 지역 Balnaves(발네이브스)사의 〈The Tally Reserve, CS〉, 야라 밸리 Yarra Yerling(야라 예링)사의 〈Dry Red Wine No.1 Cabernet〉, 클레어 밸리 Wendouree(웬두리)사의 〈Wendouree, CS〉 그리고 보르도 블렌딩이지만 Henschke(헨쉬케)사에서 명품 Shiraz 와인인 〈Hill

카트눅사가 쿠나와라에서 소량 생산하는 플래그쉽 와인 〈오디세이, CS〉. 골프를 즐겼던 LG그룹 구본무 전 회장이 퍼터 브랜드와 이름이 같아 더 좋아했다는 와인. 제임스 할리데이 95점. 13만 원선.

호주 Barossa & McLaren Vale_Shiraz 근래 빈티지 점수

2001년	2002년	2003년	2004년	2005년	2006년	2007년	2008년	2009년	2010년
92점	90점	85점	93점	96점	92점	88점	91점	87점	94점

2011년	2012년	2013년	2014년	2015년	2016년	2017년	2018년	2019년	2020년
80점	95점	90점	91점	94점	93점	92점	93점	92점	91-94점

호주 Victoria_Shiraz 근래 빈티지 점수

2001년	2002년	2003년	2004년	2005년	2006년	2007년	2008년	2009년	2010년
90점	84점	91점	88점	94점	87점	89점	93점	85점	92점

2011년	2012년	2013년	2014년	2015년	2016년	2017년	2018년	2019년	2020년
82점	88점	92점	91점	94점	90점	93점	92점	93점	91-94점

• 출처 : 《Wine Spectator》

of Grace〉를 만든 씨릴 알프레드 헨쉬케를 기리기 위해 이든 밸리에서 생산하는 헌정 와인 〈Cyril Henschke, CS〉 등도 랭턴즈 등급분류 Outstanding(2등급)에 랭크된 CS Blend 와인들입니다.

신세계(New World) 와인산지 중에서 Pinot Noir(삐노 누아) 와인으로 인정받고 있는 곳은 미국 오리건 주와 캘리포니아 주 그리고 뉴질랜드를 꼽을 수 있지만, 호주 Pinot Noir도 비교적

① 호주의 빅토리아주의 부띠끄 와이너리인 Bass Phillip사의 〈바스 필립 프리미엄, 삐노 누아〉. 이 와인은 호주 삐노 누아의 랜드마크 와인 중 하나다. 1998년 빈티지가 RP 92점. 랭턴즈 등급분류 2등급(Outstanding). 30만 원선. 이 와이너리의 〈바스 필립 리저브, 삐노 누아〉는 호주 삐노 누아 와인 RP 최고 점수인 93점을 기록하면서 호주 최고 와인 22개 와인반이 선정된 랭턴즈 등급분류 1등급(Exceptional)이다.

② 바로사 밸리의 캐슬러사의 〈스톤 호스 GSM〉 Grenache 45% : Shiraz 44% : Mourvèdre 11%. 5만 원선.

* 프랑스 남부 론 지방의 대표 품종들로 이루어진 GSM 블렌딩은 호주에서도 많이 이루어진다. 호주에서는 Mourvèdre를 Mataro(마타로)라고 불렀기 때문에 지금도 레이블에 간혹 'Mataro'라고 적혀 있는 것을 볼 수 있다. 캘리포니아에선 이런 론 지방의 품종들로 만들어지는 와인들을 'Rhône Rangers'라고 부른다.

서늘한 기후의 빅토리아 주와 태즈메이니아 섬을 중심으로 나름 좋은 결과를 내고 있습니다. 또 그중에는 특출한 품질의 프리미엄급 와인들도 있습니다.

호주 와인을 말하는 데 있어서 '스파클링 와인'도 빼놓을 수 없는데, 프랑스의 샴페인처럼 Chardonnay(샤르도네)와 Pinot Noir(삐노 누아) 품종이 많이 사용됩니다. 빅토리아 주의 Yellowglen(옐로우글렌)사와 Seppelt(쎄펠트)사, Domaine Chandon(도멘 샹동)사 그리고 태즈메이니아 섬의 Pipers Brook Vineyard(파이퍼스 브룩 빈야드)사, Jansz(잰스)사 등이 스파클링 와인으로 유명한 와이너리들입니다.

호주에서 Shiraz(쉬라즈), Merlot(메를로) 등으로 만드는 레드 스파클링 와인들도 기억해 두었다가 한번쯤 마셔보시길...

호주 Shiraz 쉬라즈 | 186쪽, 341쪽 참조 |

© THE TAILOR

바로사 밸리의 Old Vine Shiraz

호주 Shiraz(쉬라즈)는 프랑스 론 지방의 Syrah(씨라)가 그 원류이지만, 기후와 토양이 다른 호주에서 오랜 기간 적응을 마치고 이제는 확연한 차이를 느끼게 합니다.

물론 호주의 Shiraz 와인들도 세부산지와 와인메이킹 방식에 따라 스타일이 다를 수는 있지만, 론의 Syrah 와인이 드라이하고 견고하며 타닌, 후추, 흙, 가죽 향 등이 강한데 비해, 호주 Shiraz 와인은 짧은 숙성기간을 거치고도 타닌의 부드러운 질감을 얻을 수 있고, 검은 자두 등의 농익고 진한 과일 풍미가 더 많이 느껴집니다. 바로사 밸리,

① 헨쉬케사의 〈힐 오브 그레이스〉 펜폴즈사의 〈그랜쥐〉에 버금가는 울트라 수퍼 프리미엄 와인. Shiraz 100%. 85만 원선.
② 다렌버그사의 플래그십 와인인 〈더 데드 암〉 Shiraz 100%. 65,000원선.
③ 훌륭한 리슬링 와인 생산자이기도 한 짐 배리사의 〈맥레이 우드〉 Shiraz 100%. 75,000원선.
④ 울프 블라스사의 〈골드 레이블, 쉬라즈〉 Shiraz 100%. 5만 원선.
⑤ 아키앤젤사의 〈아키앤젤, 쉬라즈〉 Shiraz 100%. 45,000원선. 찐득이 쉬라즈를 선호하는 분들께 강추!!

◆ 호주에는 세계 최고령에 속하는 쉬라즈(씨라) 포도나무들이 다수 있는데, 이 중 상당수는 수령이 100년을 넘고 있다. 필록세라 피해가 없었던 바로사 밸리의 오래된 쉬라즈 나무들은 여전히 고유의 접본을 사용하고 있다.

맥라렌 베일 등의 올드 바인(Old Vine)◆ 쉬라즈로 만든 와인들은 더욱 그렇습니다.

묵직하고 진한 레드 와인을 좋아하는 우리나라 와인 애호가들의 입맛과 한국 음식에도 론 Syrah 와인보다는 호주 Shiraz 와인이 더 잘 맞는 것 같습니다.

이렇듯 진하고 농익은 풀바디 스타일이 호주 Shiraz(쉬라즈) 와인의 전형으로 자리 잡은 것은, 기본적으로 기후와 토양 등 떼루아의 영향이 가장 크겠지만, 호주 와인이 세계 진출을 하며 한창 성장했던 1980~90년대에 그런 진한 스타일을 선호하는 와인평론가 로버트 파커로부터 좋은 점수를 받기 위한 노력들도 적지 않은 영향을 끼친 것으로 보입니다.

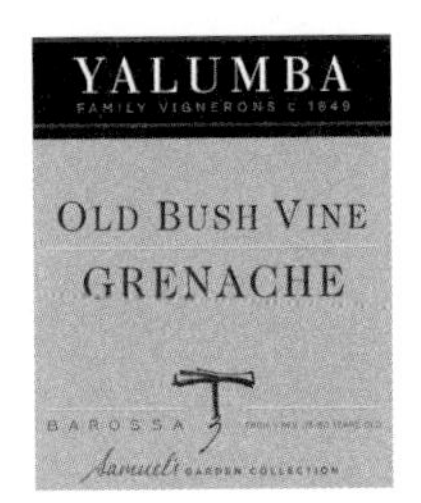

Old Bush Vine은 필록세라 때문에 뿌리를 접목하지 않은, 나무 자체가 그대로 보존된 포도나무라는 의미.

호주 Shiraz(쉬라즈) 와인은 농익고 맛있는 와인이라는 찬사와 함께 오크통 숙성을 다소 과하게 함으로써 섬세하고 우아한 향미보다는 지나치게 복합적이고 진하게 만들어진 '찐득이' 와인이라는 평가절하도 함께 받아야 했습니다. 근래 들어서는 호주의 서늘한 산지들을 필두로 그런 일률적인 스타일에서 벗어나 알코올 도수도 그리 높지 않고 미디엄 바디에 우아하고 밸런스 좋은 Shiraz 와인 등 다양한 스타일들이 만들어지고 있습니다.

파머스 립사의
〈패더웨이, 쉬라즈〉
6만 원선.

프랑스 북부 론 지방을 대표하는 명품 AOP 레드 와인인 〈Côte Rôtie(꼬뜨 로띠)〉를 만들 때 섬세한 향과 세련미, 신선도 유지를 위해 Syrah(씨라)에 화이트 품종인 Viognier(비오니에)를 5% 미만으로 섞기도 하는데, 호주에서도 Côte Rôtie(꼬뜨 로띠)에 대한 오마주로 Shiraz(쉬라즈)에 Viognier(비오니에)를 살짝 블렌딩하기도 합니다.

호주 레드 와인에서 자주 눈에 띄는 블렌딩 중의 하나가 Cabernet Sauvignon과 Shiraz 품종의 블렌딩입니다. 진하고 무게감이 있는 품종들끼리의 결합인데요, Cabernet Sauvignon 고유의 타닌 향미와 묵직함에 호주 Shiraz의 스파이시하고 농익은 과일 맛이 곁들여져 나름대로 진하면서도 복합적인 향이 물씬 풍기는 맛있는 와인이 만들어집니다.
한때 보르도에서 와인 맛을 더 풍부하게 만들기 위해 그들의 Cabernet Sauvignon에 론 지방

호주의 캔 와인 (위)
박스 와인 (아래)

Syrah를 블렌딩하는 시도를 했었는데, 1935년 AOC 제도가 도입되면서 무산되었습니다. 그래서 프랑스 내에서는 실험적인 와인들이 만들어지는 랑그독-루씨용 지방에서나 이런 조합의 와인들을 볼 수 있습니다.

이렇게 2가지의 품종이 같이 표시될 경우 앞에 적힌 품종의 비율이 더 높다는 뜻입니다.

①

②

③

④

⑤

① 살트람사의 〈멤레 브룩, 바로사 쉬라즈〉 'Memre Brook'은 와인메이커가 사는 집 이름이라고. 45,000원선.
② 그랜트 버지(Grant Burge)사의 〈필셀, 바로사 올드바인 쉬라즈〉 Shiraz 100%. 10만 원선.
③ 그랜트 버지의 아들 트렌트 버지가 만드는 새로운 브랜드 "Barossa Boy"의 〈바로사 보이 리틀 태커 GSM〉 55,000원선.
④ Penfold와 Tolley 두 가문의 결혼으로 이름이 합쳐져 만들어진 펜리 이스테이트사가 쿠나와라의 검붉은 테라 로사 토양에서 생산하는 CS 100%인 미디엄 바디 와인 〈톨머〉. 현 오너의 고조부인 알렉산더 톨머를 기리는 와인으로, 프렌치 오크 12개월(뉴 오크 60%), 스테인레스 스틸 탱크 6개월 숙성. 28,000원선.
⑤ 몰리두커사가 맥라렌 베일에서 만드는 〈The Boxer〉 Shiraz 100%. 호주 쉬라즈 와인 특유의 들큰한 자두향과 강한 타닌이 느껴지는 파워풀한 와인이다. 일명 '몰리두커 쉐이킹'이 필요한 와인이다. 이산화황 대신 질소가 들어있어. 최초 반잔 정도를 따른 후 스크루캡 뚜껑을 다시 닫고 병을 거꾸로 해서 거품이 생길 정도로 여러 번 흔들어준다. 그 다음을 뚜껑을 열어서 에어레이션을 해주기를 2~3번 반복 후 즐기면 된다. 6만 원선. * 아들레이드 인근에 위치한 몰리두커사는 2006년이 첫 빈티지인 신생 부띠끄 와이너리이다. 몰리두커는 호주 방언으로 '왼손잡이'를 뜻하는데, 오너 부부가 모두 왼손잡이라서 지어진 이름인데, 아쉽게도(?) 이혼하여 2017년부터는 부인이 단독 경영을 하고 있다.

호주 와인 레이블 읽기

❶ **와인회사 :** Rosemount Estate(로즈마운트 이스테이트)사

❷ 'Show Reserve'는 각종 와인대회의 수상 작품임을 의미한다.

❸ **품종 :** Cabernet Sauvignon(까베르네 소비뇽) 100%

❹ **와인산지 :** South Australia주의 Coonawarra(쿠나와라)

* 사우스 오스트레일리아주 남동쪽 끝부분에 위치하는 쿠나와라 지역(511쪽 지도 참조)은, 1960년대 이래 호주의 대표적인 CS 산지이다. 서풍과 남극의 영향을 받는 온화한 해양기후이다. 두터운 석회암 기반 위에 부서지기 쉽고 철분이 많은 붉은 색 점토인 테라로사(terra rossa) 토양이 덮여 있다. 쿠나와라 CS 와인은 농축된 블랙 커런트와 유칼립투스 향이 특징이며, 견고한 타닌과 구조감을 가지고 있다.

호주 와인의 레이블은, 유럽의 레이블에 비해 단순하고 자유로운 형식을 취하고 있습니다. 특히 미국, 칠레 등 다른 신세계 와인 생산국들과 마찬가지로 레이블에 포도품종과 생산회사, 생산지역이 반드시 적혀 있어 일단 해독(?)하기가 쉽습니다.

호주 와인의 레이블에는 간혹 'Show Reserve'라는 문구가 적혀있는 것이 있습니다. 호주는 와인산업의 진흥을 위해 많은 와인대회들을 개최하고 있는데, 'Show Reserve'는 이러한 각종 와인대회에서 메달을 수상한 와인임을 뜻합니다(예 : Rosemount(로즈마운트)사의 Show Reserve 시리즈, Wyndham Estate(윈담 이스테이트)사의 Show Reserve 시리즈 등).

또 호주 와인의 이름 중에는 숫자가 들어 있는 것들이 있습니다.

Penfolds(펜폴즈)사의 〈Bin 707〉 〈Bin 389〉 〈Bin 407〉 〈Bin 128〉, Wyndham Estate(윈담 이스테이트)사의 〈Bin 888〉 〈Bin 555〉 〈Bin 444〉 〈Bin 333〉 〈Bin 222〉, Lindemans(린드만)사의 〈Bin 9603〉 〈Bin 45〉 〈Bin 65〉 〈Bin 50〉, Tyrrell's(티렐)사의 〈Vat 1〉 〈Vat 9〉

〈Vat 47〉 〈Vat 6〉 〈Vat 8〉, McGuigan(맥귀건)사의 〈Bin 2000〉 〈Bin 4000〉 〈Bin 7000〉 등.

여기서 'Bin'은 이미 병입된 와인들을 저장해놓는 창고를 뜻하고, 'Vat'은 나무 오크통이 아닌 대형 스테인리스 스틸 탱크를 말합니다. 품종이나 와인 종류별로 숙성통이나 저장고에 번호를 달리 붙여놓는데, 처음에는 글을 잘 읽지 못하는 노동자들을 위해 숫자를 사용했던 것이, 이제는 고객들이 와인 이름을 쉽게 기억하도록 번호를 와인 이름으로 그대로 사용하게 된 겁니다. 일종의 숫자마케팅인 셈이지요. > 150쪽 참조

① 티렐사의 〈VAT 47〉 1908년경 헌터 밸리에 심어졌던 나무에서 생산되며, 이는 세계적으로도 가장 오래된 샤르도네 나무로 꼽힌다. 이 와인은 1970년대 초 헌터 밸리 샤르도네 품종의 우수성을 알리기 시작했던 기념비적인 와인이다. 품질도 매우 뛰어나 2018년(7th) 랭턴스 등급분류에도 Excellent(3등급)에 선정되었다. 10만 원선.
② 북미 수입 샤르도네 와인 1위인 린드만사의 〈Bin 65〉 Chardonnay 100%. 연한 레몬 빛에 열대과일, 멜론, 파인애플과 오크 향이 곁들여진다. 오랜 기간 저렴하고 품질 좋은 호주 와인의 대명사로 군림했던 와인. 22,000원선.
③ 위라 위라사의 〈처치 블락, 맥라렌 베일〉 CS 52% : Shiraz 37% : Merlot 11%. 32,000원선.
④ 〈하셀그로브, 프로텍터 CS, 맥라렌 베일〉 CS 100%. 대한항공 퍼스트 클래스에서도 제공되었다. 5만 원선.
⑤ 투핸즈사의 와인메이커였던 맷 웽크가 2014년 독립해 설립한 스밋지(Smidge)사가 '헤드라인'이라는 브랜드로 생산하는 〈랑혼 크릭, 쉬라즈〉 3만 원선.

① 드 보톨리사에서 Sémillon(쎄미용) 품종으로 만든 호주의 고급 디저트 와인 〈노블 원〉 10만 원선. 2008년 호주를 방문한 교황 베네딕토 16세도 이 와인을 마셔보고 극찬을 했다고 한다.

② 1850년 설립되어 호주에서 2번째로 오랜 역사를 가진 와이너리인 블리스데일사의 Verdelho(베르데유) 품종 와인. 풍미가 강하진 않지만 아주 드라이하고 깔끔하다. 4만 원선. 블리스데일사 와인들은 최근 각종 대회에서도 많은 수상을 하고 있다.

③ 피터 르만사의 〈아트시리즈 이든 밸리, 리슬링〉 Riesling 84% : Chardonnay 16%. 48,000원선.

④ 가족경영 와이너리 중 가장 오래 되고, 가장 큰 규모인 얄룸바사의 〈Y 시리즈, 리슬링〉. 35,000원선. 바로사 밸리와 이든 밸리의 경계인 앵거스톤(Angaston)에 기반을 둔 얄룸바사는 이든 밸리에 리슬링 품종을 성공적으로 뿌리내리게 했다.

⑤ 윈담 이스테이트사의 〈BIN 555〉 Shiraz 100%. 부드러운 타닌과 알맞은 밸런스를 가진 와인. 28,000원선.

⑥ 멸종위기종인 '꼬마펭귄' 보호기금 조성을 위해 만들어진 리틀펭귄 와인은 2004년 출시 이후 2년만에 미국 데일리 와인 시장에서 같은 호주의 옐로우 테일 와인을 제치고 호주 와인 판매 1위를 차지하기도 했다. 2만 원선.

⑦ 하디사의 쉬라즈 와인 〈우무〉. 와이너리 초창기인 19세기 중반에 생산되었던 와인으로, 설립 150주년을 맞은 2001년부터 재생산되어, 국제와인대회에서 매년 100여 개 이상의 금메달을 수상했다. 38,000원선.

⑧ 투핸즈사의 쉬라즈 와인 〈앤젤스 쉐어〉 Shiraz 100%. 4만 원선.

⑨ 윈스 쿠나와라 이스테이트사의 〈존 리독, CS〉 Cabernet Sauvignon 100%. 18만 원선. 호주 CS 와인으로 강추!

⑩ 1994년에 설립되어 단기간에 부띠끄 와이너리로 성장한 토브렉사의 베스트 셀러 〈우드 커터스〉 Shiraz 100%. 4만 원선. 토브렉사의 플래그쉽 와인으로, RP 100점을 받았던 〈RunRig(런리그), 45만 원선〉는 랭턴스 Exceptional(1등급)으로, 정몽구 회장이 2011년 3월 전경련 만찬에 내놓아 '정몽구 와인'으로 유명세를 탔었다. Shiraz 98.5% : Viogenier 1.5%.

호주의 와인 명가 펜폴즈사

호주의 와인 명가 펜폴즈사의 명품 와인 〈그랜쥐〉 120~160만 원선.

호주 최고의 와인을 말할 때 누구라도 주저 없이 〈Grange(그랜쥐)〉를 꼽는다. 호주 와인의 자존심이자 아이콘 와인인 〈Grange(그랜쥐)〉는 와인 비평가들 사이에서 남반구에서 생산되는 유일한 1등급이라고까지 칭해지는데, 이 와인을 만드는 회사가 바로 Penfolds(펜폴즈)사다.

〈Grange〉는 독일계 와인메이커인 맥스 슈베르트(Max Schubert, 1915~1994)의 열정이 녹아있는 20세기의 명품 와인 중 하나로, 품종은 Shiraz(정확히는 Shiraz 97% : CS 3%).

〈Grange〉는 1951년 빈티지부터 생산됐는데, 50년대에는 아주 혹평을 받으면서 생산 중단 지시까지 내려지는 시련을 겪다가, 10년 이상 숙성기간이 지난 60년대에 들어서면서부터 비로소 그 진가를 인정받기 시작했다. 2004년 한 경매에서 〈Grange〉 1951년 빈티지가 5만 달러에 팔리기도 했다. 〈Grange〉 1995년 빈티지는 미국의 《와인 스펙테이터》지 선정 '20세기 와인 베스트 12'에 선정되었으며, 2008년 빈티지는 뉴월드 와인 최초로 WS와 RP 동시 100점을 수상했다. 현재 〈Grange〉는 호주의 문화재로 지정되어 있다.

원래 이 와인의 정식 명칭은 〈Grange Hermitage(그랜쥐 에르미타쥐)〉였었다. 'Grange'라는 뜻은 여러 부속 건물이 딸린 농장 혹은 부농(富農)의 저택을 의미하며, 'Hermitage'는 Shiraz 품종의 원산지인 프랑스의 론 지방에 기원전 1세기부터 있어 온 유명한 포도원의 이름이자 AOC 와인의 이름이기도 하다. 그래서 호주를 대표하는 와인의 이름에서 프랑스 분위기가 나는 게 싫었던지 1990년 빈티지부터는 Hermitage를 빼고 그냥 〈Grange〉라고만 부르고 있다. 거꾸로 프랑스의 항의로 뺐다는 말도 있다.

펜폴즈사는 호주의 와인 거대그룹인 트레저리(Treasury, 533쪽 참조) 그룹의 일원으로 Penfolds Wine Group(PWG)으로 불리기도 한다. 펜폴즈사는 1844년 영국에서 건너온 젊은 의사인 크리스토퍼 로슨 펜폴드(Christopher Rawson Penfold)에 의해 설립되었다. 펜폴드 박사는 포트(Port)나 셰리(Sherry) 같은 알코올 강화 와인을 환자 치료용으로 직접 양조했는데, 포도밭과 와인 생산량을 계속 늘려가다 1850년에는 마침내 와인 생산이 의료 활동을 대체하게 되었다.

호주의 몇몇 와이너리들이 그러하듯 펜폴즈사는 와인 저장고의 번호를 와인의 이름으로 쓰는 것으로도 유명하다. 예를 들어, 〈Bin 707〉은 최고급 Cabernet Sauvignon 와인이고, 〈Bin 407〉은 상대적으로 저렴한 CS 와인이다. 또 〈Bin 128〉은 호주 남부의 서늘한 쿠나와라에서 수확한 Shiraz로 만든 우아한 와인으로 유명하며, 〈Bin 389〉는 가장 비싼 CS-Shiraz 블렌딩 와인으로, 전년도 〈Grange(그랜쥐)〉 숙성통을 사용해 '베이비 그랜쥐'로 불린다.

〈Grange〉에 견주어지는 〈RWT(Red Wine Trial)〉는 바로사 밸리 단일 지역 포도들을 프렌치 오크통에 14개월간 숙성시켜 만든다. 〈RWT〉는 급수로 볼 때 〈Bin 707〉 바로 아래인데, 한참 아래급인 〈Rawson's Retreat〉와 글자 느낌이 비슷해서 헷갈리기도 하니 조심~

또 펜폴즈 설립자의 사위이자, 일생을 펜폴즈사에 바쳐 오늘날 호주 최고의 와인이 있게 한 토마스 하일랜드(Thomas Hyland)를 기리기 위해서 만든 〈Penfolds Thomas Hyland〉라는 헌정 와인도 있다.

펜폴즈사는 '랭턴즈 등급분류(7th)'에도 압도적으로 가장 많은 와인들이 선정되어 있다. Exceptional(1등급)에는 〈Grange〉와 〈Bin 707, CS〉가, Outstanding(2등급)에는 〈Bin 389, Cabernet-Shiraz〉, 〈RWT, Shiraz〉, 〈St. Henri, Shiraz〉, 〈Bin 144 Yattarna, Chardonnay〉가, Excellent(3등급)에는 〈Bin 28 Kalimna, Shiraz〉, 〈Bin 128, Shiraz〉, 〈Bin 407, Shiraz〉, 〈Magil Estate, Shiraz〉가 선정되었다.

또 펜폴즈사는 장기보관되고 있는 자사의 고급 와인들을 대상으로 세계 각국을 순회하면서 오래되어 부식된 코르크 마개를 새로 바꿔주는 '리코킹 클리닉(Re-corking Clinic) 서비스'를 제공해주는 것으로도 유명하다.

〈RWT, Shiraz〉
Barossa Valley
랭턴즈 Outstanding
(2등급)

Shiraz 달인에서 전설이 되어가는 크리스 링랜드

크리스 링랜드

유독 Shiraz(쉬라즈) 품종에 집중해 '호주 쉬라즈 와인의 마스터'로 불리면서 세계적인 명성을 얻은 크리스 링랜드(Chris Ringland)는, 로버트 파커로부터 가장 많은 6번의 100점을 획득한 호주의 천재 와인메이커이다.

뉴질랜드의 오클랜드 태생으로 어릴 적 우연히 읽은 와인메이킹 책에 꽂혀 이웃집 포도나무를 재배해 와인양조 실험을 할 정도로 남다른 열정이 있었다. 아들레이드 대학의 Roseworthy Campus에서 양조학을 전공하고, 뉴질랜드에서 와인 연구를 마무리한다. 캘리포니아와 유럽으로 건너가 다양한 와인 관련 경험을 쌓던 중, 1988년 호주를 대표할 만한 바로사 밸리의 록포드(Rockford) 와이너리의 설립자이자 바로사 와인의 원조 장인인 로버트 오캘라한(Robert O'Callaghan)으로부터 영입 제안을 받는다. 록포드의 와인메이커로 합류한 다음 해, 개성 있는 스타일로 자신의 브랜드를 만들기도 했지만, 그 후로도 오랫동안 록포드에서 와인 양조를 계속했다. 처음 만들었던 그의 와인 브랜드는 'Three Rivers'였는데, 1998년부터는 자신의 이름인 'Chris Ringland'로 브랜드명을 바꿨다.

록포드(Rockford) 와이너리에서 15년간 와이메이커로 일을 한 후, 크리스는 이탈리아, 스페인 등 유럽의 생산자들과 함께 다양한 공동 프로젝트들을 진행했다. 바롤로 와인을 마시다가 영감을 얻어서 Nebbiolo(네비올로)와 Carignan(까리냥) 프로젝트인 'Solita'를 추진했고, 스페인의 와인협동조합 와이너리인 Borsao(보르사오)와 협업해 Campo de Borja 지역에서 90~150년 이상된 올드 바인 Garnacha(가르나차)로 〈Alto Moncayo, Verton〉을 만들어 2007년, 2009년 두 차례나 RP 100점을 받았다. 또, 스페인 후미야 지방 최고의 모나스뜨렐 와인으로 꼽히는 〈후안 힐, 블루 레이블(603쪽 하단 3번 와인)〉 양조작업에도 관여했다. 2006년부터는 호주의

Alto Moncayo사의 〈Verton, Garnacha〉

유명 포도재배자들과 함께 북부 바로사 Shiraz(쉬라즈) 프로젝트를 진행해 〈Chris Ringland, North Barossa, Shiraz〉란 걸출한 와인을 만들어냈다.
와인은 완전히 디지털화 될 수 없는 영역이라 더 매력을 느낀다는 크리스 링랜드는, 오래 지속되는 가치를 보여줄 수 있는, 그래서 누군가들의 오래된 우정을 대변할 수 있는 아름답고 럭셔리한 와인들을 만들고 싶어 한다. 그런 와인을 만들기 위한 양조철학은 '꾸준한 기다림'이다. 포도나무 뿌리가 땅속 깊이 자리 잡을 수 있도록 토양을 건드리지 않고 최대한 자연 그대로의 환경을 유지시킨다. 1910년대에 바로사 밸리에 심어진 100년 이상 된 Shiraz(쉬라즈) 포도나무에서 그렇게 재배한 포도로 양조하고, 다시 장기간의 숙성을 거친다. 오크통과 병입 숙성 기간이 최소 8년인데, 병입 숙성기간만 10년을 넘기기도 한다. 이런 기다림의 과정을 거쳐 알코올도수가 매우 높고 깊은 아로마와 복합적인 풍미를 가진 독특한 와인들이 탄생된다.
크리스 링랜드 와인들은 숙성기간은 아주 길고, 생산량은 너무 적은데, 대부분의 와인들이 3,000 케이스 미만으로 생산된다.

〈Three Rings, Shiraz〉 〈North Barossa, Shiraz〉 〈F.U. Ebenezer, Shiraz〉 〈Dry Grown, Shiraz〉

그가 만든 주요 와인으로는, 1996년, 1998년, 2001년, 2002년, 2004년 빈티지가 RP 100점을 받았던 〈Chris Ringland, Shiraz, 뉴 프렌치 오크통 42개월 숙성〉, 역시 RP 99점까지 받았던 〈F.U. Ebenezer, Shiraz〉, 바로사의 포도재배 가문인 호프만 패밀리와의 20년 우정을 기리는 〈Hoffman Vineyard, Shiraz〉, 얄룸바사와 합작으로 일반인들의 취향에 맞게 만든 〈CR, Shiraz〉, 포도재배의 권위자 데이빗 히킨보햄, 마케팅 전문가 존 글렌드 힐과 3인이 2004년부터 의기투합해서 만든 일명 '마법의 와인' 〈3 Rings, Shiraz〉, Grenache 60% : Mataro(Mourvèdre) 40%로 만든 〈RBJ Theologicum〉, 〈Solita, Nebbiolo〉 등이 있다.

호주 와인의 명장, 데이비드 포웰(David Fowell)

데이비드 포웰

Powell & Son 와이너리의 오너 데이비드 포웰(David Powell)은 회계사인 아버지의 영향으로 호주 아들레이드 대학 경제학과를 졸업했으나, 숫자보다는 와인에 대한 열정이 많아 바로사 밸리를 비롯해 유럽, 캘리포니아 등지에서 와인 관련 경험을 쌓았다. 그는 스코틀랜드에서 벌목꾼으로 일을 하기도 했었는데, 그것이 그에게는 매우 인상 깊은 경험이었나 보다. 1990년 초 호주로 돌아온 그는 유서 깊은 와이너리인 Rockford(록포드)에서 와인메이커로서의 경력을 쌓고, 1994년 바로사 밸리(Barossa Valley)에 자신의 와이너리를 설립하는데, 그 이름이 자신이 벌목공으로 일했던 스코틀랜드 숲 이름이었던 'Torbreck(토브렉)'이었다. 와인명들도 대부분 스코틀랜드의 땅과 나무들을 테마로 지어졌다.

그는 Torbreck(토브렉) 와이너리를 만들면서 4가지 원칙을 세웠다.

첫째, 명품 와인을 만든다. 둘째, 숙성은 프렌치 오크통만을 사용한다. 셋째, 포도재배는 프랑스 론 지방 고유의 방식을 따른다. 넷째, 호주의 떼루아를 최대한 반영한다.

포도품종은 바로사 밸리의 기후와 토양에 가장 잘 맞는다고 여긴 Shiraz, Grenache, Mourvèdre(=Mataro), Vionignier 등을 주로 사용하였다. 오크통은 아메리칸 오크통 대신 프렌치 오크통을 사용하되, 사이즈가 큰 것을 선호했다. 이것은 와인에 오크의 영향보다는 토양의 특성의 더 많이 반영되게 하기 위함이었다. 이렇게 해서 전통적인 프랑스 론 스타일에 바로사 밸리의 떼루아가 조화를 이룬 〈The Laird(더 레어드)〉, 〈RunRig(런리그)〉 같은 명품 와인들이 만들어졌다.

로버트 파커는 이런 토브렉 와이너리를 일컬어 자신이 가장 많은 100점 만점을 준 론 지방 와인명가 이 기갈(E. Guigal)사의 〈Côte Rôtie, La Mouline(꼬뜨 로띠, 라 물린)〉에 버금가는 와인을 만드는 와이너리라고 극찬했고, 데이비드 포웰은 '로버트 파커의 장학생'이라는 별명을 얻게 된다.
1980년대에 호주 정부는 Shiraz(쉬라즈), Grenache(그르나슈), Mourvèdre(무르베드르) 등을 질이 떨어지는 품종으로 규정하고 이들 포도나무들을 뽑아낼 것을 적극 권장하는 정책을 펼쳤다. 하지만 일부 포도밭의 소유주들은 자신들의 신념과 고집을 버리지 않고 어렵사리 포도나무들을 지켜냈고, 이 오래된 포도나무들은 데이비드 포웰(David Powell)과 같은 훌륭한 와인메이커들을 만나 호주의 명품 와인들로 만들어지고 있는 것이다.
2008년 경영 악화로 토브렉의 경영권을 캘리포니아 Quivira Vineyards 와이너리의 소유주인 피트 나이트에게 넘기고, 아시아 시장 담당자로 남아있던 데이비드 포웰은 2013년 자신이 만든 와이너리를 19년 만에 떠난다. 절치부심한 그는 2014년 론 지방 에르미따쥬(Ermitage) 지역의 와인명가 Jean Louis Chave(쟝 루이 샤브)에서 와인양조 경험을 쌓고 있던 아들 칼럼(Callum)과 함께 자신의 이름을 건 'Powell & Son(포웰 & 썬)'이라는 새로운 와이너리를 설립하여 재기한다. 이제 바로사 밸리와 이든 밸리에서 유기농으로 재배된 포도에 이들 부자의 탁월한 와인메이킹이 더해져 만들어지는 무정제, 무여과 와인들을 맛볼 시간이다!

호주의 주요 와이너리

호주의 와이너리 수는 2010년 기준으로 2,300개를 넘었습니다. 이들은 거대 와인그룹에 속해 있거나 소규모* 가족 경영으로 운영되고 있습니다.

◆ 소규모 와이너리 중에는 호주의 Cult Wine(470쪽)이라 할 수 있는 소량의 고품질을 와인을 생산하는 부띠끄(Boutique) 와이너리들이 있다. Chris Ringland(옛 Three Rivers), Greenock Creek, Clarendon Hill, Henschke, Jim Barry, Jasper Hill, Mollydooker, Torbreck, Wild Duck Creek, Kalleske 등이 그런 와이너리들이다.

거대 와인그룹이란, 지난 수십 년간 인수와 합병 그리고 생산과 경영의 공조를 통해 몸집을 불려와 이제는 막강한 자본력을 바탕으로 다양한 브랜드의 와이너리들을 거느린 거대 기업군들을 말합니다. 소규모 와이너리의 전통과 명성은 그대로 유지하되 경영권을 대기업이 인수하여 마케팅의 효율성을 높이는 것입니다. 이 경우 와인의 스타일이 획일화되고, 특성 있는 소규모 와이너리들이 점점 줄어드는 부작용이 있기도 합니다.

이른바 'Big 5'로 알려져 있는 와인 그룹은 533쪽의 표와 같으며, 이들은 산하에 많은 브랜드의 와이너리들을 거느리면서 전체 생산량의 80% 이상을 담당하고 있습니다. 이러한 와인산업의 구조는 미국과 매우 유사합니다.

2009년 시드니 오페라하우스에서는 가족 경영 전통을 이어오고 있는 각 지역의 유서 깊은 와이너리들이 모여 'Australia's First Families of Wine'이라는 재단 설립 행사를 가졌습니다. 2010년에는 이들 호주 최초의 와인 가문들에 대한 이야기를 담은 《Heart & Soul》이란 책도 발간했습니다.

웨스턴 오스트레일리아 주의 선구적인 와이너리인 컬런사의 고급 보르도 블렌딩 와인인 〈다이아나 매들라인〉. CS 72% : Merlot 20% : Malbec 4% : Petit Verdot 4%. 랭턴즈 등급분류 Exceptional(1등급). 12만 원선.
* 웨스턴 오스트레일리아 주에서는 전체 호주 와인의 5%, 프리미엄 와인의 30%가 생산된다.

호주의 5대 와인그룹	산하 와이너리 및 브랜드
Accolade Wines (아콜레이드 와인즈)	Hardys(하디스), Tintara(틴타라), Banrock Station(밴락 스테이션), Barossa Valley Estate(바로사 밸리 이스테이트), Houghton(휴턴), Kellys Revenge(켈리스 리벤지), Chateau Reynella(샤또 레이넬라), Emu Wines(에뮤 와인즈), Yarra Burn (야라 번), Leasingham(리징엄), Brookland Valley (브루클랜드 밸리), Berri Estates(베리 이스테이트), Knife & Fork(나이프&포크), Goundrey(고운드리), Stanley Wines (스탠리 와인즈), Stonehaven(스톤헤븐), Amberley Estate(앰벌리 이스테이트), Starvedog Lane(스타브독 레인), Moondah Brook (문다 브룩), Bay of Fires(베이 오브 파이어즈) 등
Treasury Wine Estates (트레저리 와인 이스테이트) [Foster's Group]	Penfolds(펜폴즈), Lindemans(린드만), Wolf Blass(울프 블라스), Rosemount(로즈마운트), Wynns Coonawarrra(윈즈 쿠나와라), Saltram(쌀트람), Seppelt(쎄펠트), Greg Norman Estates (그렉 노먼 이스테이트), Seaview(씨뷰), Yellowglen(옐로우글렌), Little Penguin(리틀 펭귄), Annie's Lane(애니스 레인), Coldstream Hills(콜드스트림 힐스), Devil's Lair(데블스 레어), Fifth Leg(핍스 레그), Ingoldby(잉골비), Killawarra(킬라와라), Leo Buring(레오 버링), Mildara(밀다라), Pepperjack(페퍼잭), Rothbury Estate(로스버리 이스테이트), Jamieson's Run(제이미슨즈 런) 등
Casella Wines (카셀라 와인즈)	Yellow Tail(옐로우 테일), Yendah(옌다), Mallee Point(말리 포인트)
Pernod Ricard Pacific (페르노 리카 퍼시픽)	Orlando Wines(올란도 와인즈), Jacob's Creek(제이콥스 크릭), Wyndham Estate(윈담 이스테이트), Poet's Corner(포이츠 코너), Richmond Grove(리치몬드 그로브), Morris Wines(모리스 와인즈), Coolabah(쿨라바) 등
Australian Vintage Wine (오스트레일리안 빈티지 와인)	McGuigan(맥귀건), Hermitage Road(에르미타쥐 로드), Miranda (미란다), Tempus Two(템퍼스 투), Yaldara(얄다라), Buronga (부롱가), Hunter Valley Winery(헌터 밸리 와이너리) 등

- Accolade Wines : 호주의 Hardys(하디스) 와인 그룹 등이 미국의 거대 주류회사인 Constellation (컨스텔레이션) 그룹에 인수되었다가, 이를 2011년 1월 CHAMP라는 호주 기업이 이를 다시 인수해서 'Accolade Wines'라고 그 명칭을 변경하였음
- Treasury Wine Estates : 맥주로 유명한 Foster's Group은 Southcorp Wines(사우스코프 와인즈) Beringer Blass Wine Estates 그룹이 합병된 거대주류그룹인데, 최근 실적이 부진했던 와인 부문을 Treasury Wine Estates라는 이름으로 분리해서 운영하고 있다.
- Pernod Ricard Pacific : 프랑스의 주류그룹인 페르노 리카는 호주의 Orlando-Wyndham(올란도-윈담) 그룹을 인수했고, 2010년에는 호주 뿐 아니라 뉴질랜드, 칠레, 아르헨티나까지 포함한 Premium Wine Brands-Pernod Ricard를 설립했다.
- Australian Vintage Wine : McGuigan Simeon Wines(맥귀건 시먼 와인즈) 그룹의 새 명칭이다.

이들은 호주 와이너리들이 대부분 대기업에 편입되면서 획일화 되는 것에 불만을 가지고 각 지역 최고 와인들을 함께 홍보함으로써 호주 와인의 명성을 높이고자 뜻을 같이 한 것입니다. 여기에는 Brown Brothers(브라운 브라더스), Campbells(캠벨), d'Arenberg(다렌버그), De Bortoli Wines(드 보르톨리 와인즈), Henschke(헨쉬케), Howard Park(하워드 파크), Jim Berry(짐 베리), McWilliam's(맥 윌리암스), Tahbilk(타빌크), Taylors(테일러스), Tyrell's Wines(티렐스 와인즈), Yalumba(얄룸바) 와이너리 등이 참여하고 있습니다.

Special tip

저자가 추천하는 호주 메를로 와인

호주 쉬라즈(Shiraz)의 명인을 크리스 링랜드(528쪽 참조)라고 한다면, 호주 메를로(Merlot)의 명인은 제임스 어바인(James Irvine)입니다. 호주에서 거의 유일한 메를로 스페셜리스트인 제임스 어바인은 바로사 밸리(Barossa Valley)와 이든 밸리(Eden Valley)에서 자신의 이름을 딴 어바인 와이너리를 운영하고 있습니다. 오너 와인메이커인 그는 이곳에서는 다양한 스타일의 메를로 와인과 메를로 블렌딩 와인들을 생산하고 있습니다.

메를로(Merlot) 100%로는 호주에서 가장 비싼 메를로 와인인 〈James Irvine, Merlot Royale〉과 〈Grand Merlot〉, 〈Echo Vale, Stonewell, Merlot〉 등이 있으며, 〈Echo Vale, Classic Barossa〉는 Merlot, CS, CF 3가지를 같은 비율로 블렌딩해서 New & Old French Oak Barrel에서 24개월간 숙성시킨 와인입니다.

"위대함을 이해하는 유일한 방법은, 자기 스스로가 그것을 이루어내는 것이다."
- 제임스 어바인 -

①

②

③

④

⑤

① 브라운 브라더스사의 모스까또 품종 로제 스파클링 와인. Moscato 100%. 알코올 도수 7도. 33,000원선.
② 로즈마운트사의 〈다이아몬드 셀러, 트라미너-리슬링〉 Gewurztraminer 55% : Riesling 45%. 3만 원선.
③ 웨스턴 오스트레일리아 주 하워드 파크사의 샤르도네 와인. Chardonnay 100%. 4만 원선.
④ 블리스데일사의 레드 스파클링 와인. Shiraz 100%. RP 89점. 6만 원선.
⑤ 바스 필립사와 함께 호주 삐노 누아 와인의 양대 산맥인 바렛사가 아들레이드 힐스에서 생산하는 리저브 삐노 누아 와인. 95,000원선.

⑥

⑦

⑧

⑨

⑩

⑥ 유서 깊은 와이너리인 예링 스테이션이 빅토리아주 야라 밸리에서 생산하는 〈예링 스테이션 리저브, 삐노 누아〉. 11만 원선.
⑦ 웨스턴 오스트레일리아 주 에반스&테이트사가 마가렛 리버 지역에서 생산하는 〈레드 브룩, 까베르네 쏘비뇽〉 와인. CS 100%. 새 프렌치 오크통에서 24개월 숙성. 10만 원선.
⑧ 영국 헨리 2세가 세운 플랜태저넷 왕조의 후손이 웨스턴 오스트레일리아 주에 설립한 플랜태저넷사의 〈옴라, 쉬라즈〉 Shiraz 97% : Viognier 3%. 38,000원선.
⑨ 호주 카트눅 이스테이트사의 〈닉 팔도, 쉬라즈〉 Shiraz 100%. 영국의 유명 골프선수였던 닉 팔도와 파트너쉽 계약을 맺어 생산되는 와인이다. 9만 원선.
⑩ 존 듀발 와인즈사의 〈엔티티, 쉬라즈〉 Shiraz 100%. 오크통 숙성 18개월. RP 93점. 15만 원선.

Yalumba Winery
YALUMBA

남반구인 호주의 포도밭들은
남향이 아닌 북향이 좋은 입지이다.

영화 '반지의 제왕' 촬영 장소였던 아름답고 때묻지 않은 자연환경을 가진 뉴질랜드는 주요 와인 생산국 중 가장 늦게 와인 생산을 시작했지만, 1980년대 중반 이후 세계시장에 본격적으로 진출하여 이제는 세계 11위의 와인수출국으로 성장했습니다. 물론 양적으로는 아직 전 세계 와인생산량의 1% 정도만을 점유하고 있고 수출의 80%가 호주, 영국, 미국에 집중되어 있지만, 1985년에 100개 남짓이던 와이너리 수가 2016년 기준으로 692개로 늘어날 정도로 급속한 성장을 이어가고 있습니다.

Sauvignon Blanc(쏘비뇽 블랑) 품종 화이트 와인으로 널리 알려진 뉴질랜드 와인은 청정한 환경만큼이나 섬세하고 깔끔한 풍미와 상쾌한 산도를 가지고 있습니다. 뉴질랜드의 화이트 와인들이 특히 상큼한 과일 풍미가 도드라지는 것은 환경적인 측면 외에 수확시기에서도 그 이유를 찾을 수 있습니다. 포도알의 당도가 최고조에 이르기 전

상큼한 과일의 풍미가 절정에 달했을 때 바로 수확을 해서 신선한 산도를 살리기 때문입니다.

뉴질랜드는 와인 마개로 천연 코르크 대신에 돌려서 따는 스크루 캡(Screw Cab)◆을 가장 많이 사용하는 나라입니다.

◆ 전 세계 병 와인의 스크루 캡 사용률은 아직 5% 수준이나, 처음 만들었던 호주는 75%, 뉴질랜드 와인은 90% 이상이 스크루 캡을 사용한다.

뉴질랜드 와인의 등급 분류

뉴질랜드 와인에는 특별한 규제나 등급 분류가 없습니다. 단지 레이블(label)에 포도품종을 표시할 경우 해당 품종의 비율이 75% 이상이어야 하며(호주는 85%), 비슷한 비율로 블렌딩된 경우 비율이 높은 품종을 앞에 적어야 하고, 레이블에 생산지역이 표시될 경우 그 지역에서 생산된 포도가 최소 75% 이상 포함되어야 한다는 규정이 있는 정도입니다. > 553쪽 표 참조

뉴질랜드의 주요 와인산지

남반구 중에서도 남쪽에 위치하고 있는 뉴질랜드는 북섬이 남섬에 비해 상대적으로 더 따뜻한 기후를 가지고 있습니다. 그래서 초기의 포도밭들은 북섬의 오클랜드(Auckland)시 인근과 혹스 베이(Hawke's Bay) 지역에 집중되어 있었으나, 1973년 남섬 북단의 말버러(Marlborough)◆ 지역이 새로 개발되면서 상황이 바뀌었습니다.

◆ Marlborough는 미국 담배이름 'Marlboro(말보로)'하고 발음은 비슷하지만 스펠링이 다르다.

햇볕이 잘 들면서도 바다에서 서늘한 바람이 불어오는

뉴질랜드 역사상 국제대회에서 Sauvignon Blanc과 Pinot Noir로 트로피를 함께 수상한 최초의 와이너리인 쌩 클레어사의 〈Pioneer Block, Sauvignon Blanc〉 6만 원선.
*Saint Clair(쌩 클레어)사는 Cloudy Bay, Montana, Palliser, Vavasour, Grove Mill 등과 함께 뉴질랜드의 대표적인 '프리미어 생산자'로 꼽힌다.

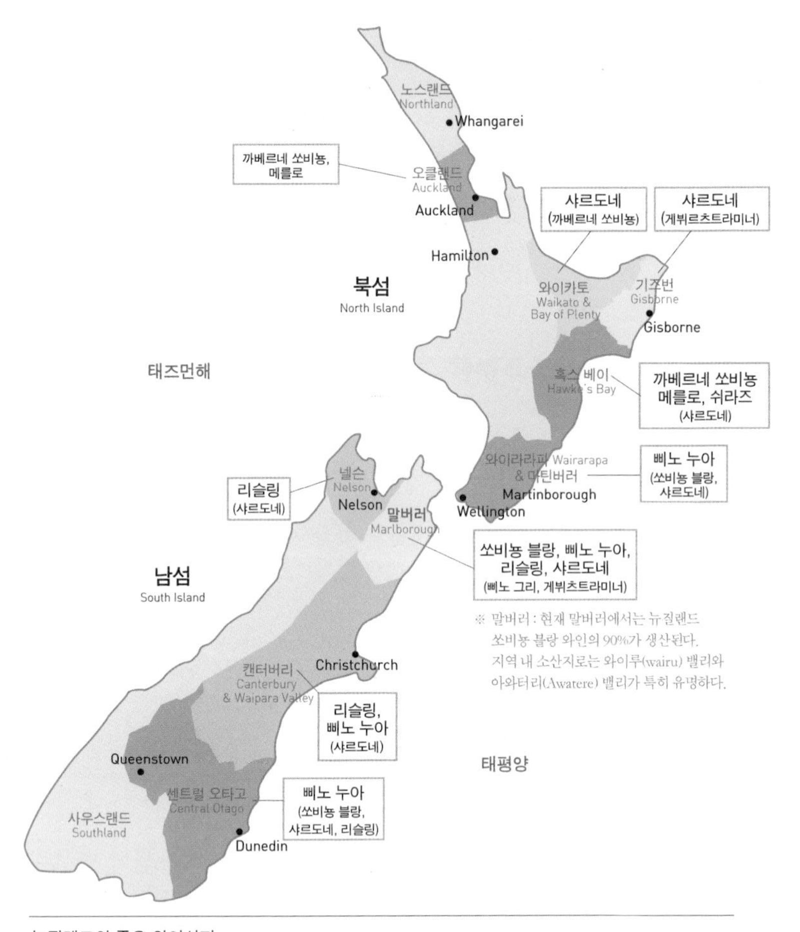

뉴질랜드의 주요 와인산지

'뉴질랜드의 로마네 꽁띠'라 불리는 아타랑기 빈야드사의 삐노 누아 와인 레이블. 실제로 부르고뉴의 〈로마네 꽁띠〉 묘목을 가져와 만들었다고. 11만 원선.

말버러 지역은 현재 뉴질랜드 전체 포도밭의 50%가량을 차지하는 최대산지가 되었으며, 이곳은 뉴질랜드를 대표하는 Sauvignon Blanc(쏘비뇽 블랑) 품종 와인의 대표 산지이기도 합니다.

또 이미 세계적으로 인정받고 있는 뉴질

랜드 Pinot Noir(삐노 누아) 와인은 북섬의 최남단 와이라라파 지역의 핵심 산지인 마틴버러(Martinborough)와 남섬의 센트럴 오타고(Central Otago), 말버러(Marlborough) 지역이 핵심 산지입니다. 가장 강한 느낌의 Pinot Noir 와인이 생산되는 센트럴 오타고는 고도가 높으며 연교차가 큰 대륙성 기후를 보이는 곳으로, 뉴질랜드에서 가장 서늘한 산지이자 세계에서 가장 남쪽에 있는 와인산지이기도 합니다. 호수가 많고 그 사이사이로 나름의 차별성을 가진 소산지들이 다수 분포하고 있습니다.

그 외에 늦수확한 Riesling(리슬링)으로 스위트 화이트 와인을 만드는 넬슨(Nelson) 지역, 매우 큰 잠재력을 가진 캔터버리(Canterbury)와 기즈번(Gisborne) 지역 등이 뉴질랜드의 주요 와인산지들입니다.

청정 지역인 뉴질랜드도 포도나무 전염병인 필록세라의 폐해를 피해가진 못했습니다. 1885년 오클랜드 인근에서 처음 발견되었고 1900년 이후 말버러를 제외한 주요 산지에 큰 타격을 입혔는데, 특히 기즈번과 혹스 베이의 피해가 컸습니다.

뉴질랜드의 포도품종

호주와 비교해 뉴질랜드는 기후가 비교적 서늘하기 때문에 초기에는 독일을 표본으로 삼아 Müller Thurgau(뮐러 투르가우) 등 독일의 화이트 품종들을 많이 심었습니다. 그래서 1980년대 중반까지만 해도 Müller Thurgau가 가장 많이 재배되어 저가 와인의 재료로 쓰였습니다.

친환경 와이너리인 펄리서 이스테이트 사가 말버러에서 생산하는 쏘비뇽 블랑 와인. 4만 원선.

하지만 1986년 기존 포도나무의 상당수를 뽑아내고 다양한 글로벌 품종으로 대체한 결과, 현재는 화이트 품종인 Sauvignon Blanc(쏘비뇽 블랑)과 Chardonnay(샤르도네), 레드 품종인 Pinot Noir(삐노 누아)가 뉴질랜드 와인의 근간을 이루고 있습니다. 특히 1970년대부터 선보이기 시작한 뉴질랜드의 Sauvignon Blanc 와인은 세계적인 벤치마킹 대상이 될 정도로 그 향과 맛이 독특하고 뛰어납니다. 세계적인 와인평론가 오즈 클라크(Oz Clark)는 뉴질랜드 Sauvignon Blanc(쏘비뇽 블랑)을 "이전에는 볼 수 없었던, 그러면서도 충격적인 Sauvignon Blanc"이라고 극찬하였습니다.

뉴질랜드의 포도품종별 재배면적

쏘비뇽 블랑	삐노 누아	샤르도네	삐노 그리	메를로	리슬링	까베르네 쏘비뇽	기타
51%	14%	12%	5%	4%	3%	2%	10%

* 뉴질랜드에서는 매년 5월 첫째 주 금요일을 International Sauvignon Blanc Day로 지정했다.
* Pinot Noir 재배 면적은 1966년에 405ha이었으나, 50년 뒤인 2016년엔 4,500ha가 되었다.

뉴질랜드는 화이트 품종이 전체 포도밭의 80% 이상을 차지하고 있습니다. 전체 중에 가장 많이 재배되는 품종은 Sauvignon Blanc이고, Pinot Noir와 Chardonnay가 그 뒤를 잇고 있습니다.

그 외에 화이트 품종인 Pinot Gris(삐노 그리), Riesling(리슬링), Gewürztraminer(게뷔르츠트라미너), Chenin Blanc(슈냉 블랑), 레드 품종인 Merlot(메를로), Cabernet Sauvignon(까베르네 쏘비뇽), Syrah(씨라) 등이 재배되고 있습니다.

도그 포인트사의 〈섹션 94, 쏘비뇽 블랑〉 싱글 빈야드 프리미엄급 와인으로, Sauvignon Blanc 품종으로는 드물게 18개월간 프렌치 오크통 숙성을 시켰다. 9만 원선.

* 도그 포인트사의 삐노 누아와 샤르도네 품종 와인도 WS 90점대를 받을 정도로 품질이 뛰어나다. 이명박 대통령 취임 직후 헬렌 클라크 뉴질랜드 총리와의 청와대 한식 오찬 때 뉴질랜드 도그 포인트사의 삐노 누아 레드 와인과 클라우드 베이사의 쏘비뇽 블랑 화이트 와인들이 제공되었었다. 'Dog Point'란 이름은 초기 말버러 지역 포도밭의 담도 없는 경계를 개들이 지켰다는 데서 유래한 명칭이다.

기즈번(Gisborne)의 Gewürztraminer◆ 품종은 탁월한 품질을 인정받고 있으며, 혹스 베이(Hawke's Bay)의 보르도 블렌딩 와인들을 만드는 Merlot나 Cabernet Sauvignon 품종도 나름 좋은 평가를 받고 있습니다. 또한 Pinot Gris(삐노 그리)와 Syrah(씨라)도 서서히 주목받고 있습니다.

◆ 기즈번의 대표 와이너리인 비놉티마 이스테이트(Vinoptima Estate)는 4년 이상 숙성시킨 명품 게뷔르츠트라미너 화이트 와인 생산자로 유명하다.

이렇듯 아직도 무한한 발전 가능성과 잠재력을 가지고 있는 그들의 와인에 대해 뉴질랜드는 이렇게 홍보합니다. "최고는 아직도 나오지 않았다"라고.

뉴질랜드 Sauvignon Blanc 쏘비뇽 블랑 | 201쪽, 257쪽, 377쪽 중하단 참조 |

구스베리 향미가 짖은 프랑스 루아르 지방의 Sauvignon Blanc 와인에 비해, 뉴질랜드 Sauvignon Blanc은 미네랄, 자몽, 모과, 라임 향과 신선하고 톡 쏘는 풀향기(herbaceous & grassy)가 매력인데, 그 특성을 살리기 위해 오크통이 아닌 스테인리스통에서 저온 발효시켜 숙성시킵니다.

Sauvignon Blanc 와인으로 명성이 높은 와이너리로는 Cloudy Bay(클라우드 베이), Babich(배비취), Mahi(마히), Montana(몬태나), Kim Crawford(킴 크로포드), Saint Clair(쌩 클레어), Palliser(펄리서), Vavasour(바바싸우어), Grove Mill(그로브 밀), De Redcliffe(드 레드클리프), Clos Henri(끌로 앙리), Fairhill Downs, Wairau River(와이라우 리버), Selaks(쎌락스), Nautilus(노틸러스), Stoneleigh(스톤리), Matua(마투아), Framingham(프레이밍험), Giesen(기쎈), Gold Water, Shingle Peak(슁글 픽), Kemblefield(켐블필드), Spencer Hill(스펜서 힐), Konrad(콘라드),

① 프랑스 LVMH(루이뷔똥 모에헤네시) 그룹 소유의 클라우디 베이사의 쏘비뇽 블랑 와인은 현재 뉴질랜드 쏘비뇽 블랑 와인의 위상을 만든 원형으로, '저렴한 컬트 와인'의 이미지를 가진 베스트셀러이다. 42,000원선.
② 프랑스의 와인 명가 에드몽 드 로칠드 그룹이 뉴질랜드에 설립한 리마페레사의 엔트리급 쏘비뇽 블랑 와인. 35,000원선. 리마페레 포도밭은 클라우드 베이 포도밭 바로 옆에 경쟁적으로 위치하고 있다.
③ 씰레니사의 〈셀러 셀렉션, 쏘비뇽 블랑〉 알코올 도수 12.5도. 35,000원선.
④ 프랑스 루아르 지방의 명가 앙리 부르주아가 뉴질랜드에 설립한 끌로 앙리사의 쏘비 뇽블랑 와인 5만 원선.
⑤ 배비취사가 말버러 지역에서 생산하는 〈블랙 레이블, 쏘비뇽 블랑〉 4만 원선.

⑥ 부띠끄 와이너리인 No.1 패밀리 이스테이트사에서 전통 샴페인 방식으로 제조한 스파클링 와인 〈뀌베 No.1〉 Chardonnay 100%. 효모와 시트러스 향이 섬세하게 느껴진다. 58,000원선.
⑦ 아시아 와인매거진에서 3년 연속 최우수 와이너리에 선정된 빌라 마리아사의 〈프라이빗 빈, 리슬링〉. 뉴질랜드 리슬링 와인은 꽃 향의 여운과 라임, 레몬 향이 특징이다. 32,000원선.
⑧ 말버러 지역 오이스터 베이사의 샤르도네 와인. 복숭아, 매실 같은 달콤함과 라임, 그린애플 등의 상큼함이 어우러지고 살짝 크리미 피니쉬로 마무리되는 제가 제일 좋아하는 뉴질랜드 샤르도네 와인! 45,000원선.
⑨ 슈베르트사가 마틴버러 지역에서 생산하는 〈마리온스 빈야드, 삐노 누아〉 68,000원선.
⑩ 펠튼 로드사가 프리미엄 삐노 누아 산지인 센트럴 오타고에서 생산하는 〈Block 3, 삐노 누아〉 82,000원선.

Mount Nelson, Staete Landt(스테이트 란트), Oyster Bay, Greyrock (그레이락), Gravitas(그라비타스), Two Rivers(투 리버스), House of Nobilo, Domaine Georges Michel 등이 있습니다.

뉴질랜드에서 Chardonnay(샤르도네) 와인도 빼놓을 수 없습니다. 샤르도네 고유의 과일 풍미에 뉴질랜드 와인의 전매특허인 날카롭고 산뜻한 향미가 더해집니다. 말버러에서 생산되는 Chardonnay 와인이 특히 그러한데, 그에 비해 뉴질랜드에서 가장 온화한 기후를 가진 북섬의 기즈번과 혹스 베이의 Chardonnay 와인은 상대적으로 열대 과일 향이 더 느껴집니다. 이 세 산지에서 뉴질랜드 샤르도네 와인의 90% 가량이 생산되며, 생산비율도 비슷합니다. 일조량이 많고 따뜻한 와인산지인 캘리포니아와 호주 등의 샤르도네 와인은 원산지인 부르고뉴 스타일과는 다소 차이가 있으나, 뉴질랜드의 경우 품종과 양조방식에 있어 부르고뉴 스타일을 따르려고 노력하는 편입니다.

Chardonnay로 유명한 와이너리로는, Te Kairanga(티 카이랑가), Kumeu River(쿠뮤 리버), Corbans(코반스), Te Mata(티 마타), Sacred Hill(세이크리드 힐), Ata Rangi, Church Road, Mills Reef, Cottage Block, Martinborough Vineyard, Grove Mill, Villa Maria, Morton Estate, Dog Point, Spencer Hill 등이 있습니다.

뉴질랜드 Pinot Noir(삐노 누아) 와인의 경우, 전체적으로는 부르고뉴에 비해 타닌이 적고, 미국 오리건이나 캘리포니아에 비해 상큼한 과일 풍미가 더 느껴진다는 평을 듣습니다. 하지만 뉴질랜드 자체 산지별로도 특성 차이가 꽤 느껴집니다.

뉴질랜드 Pinot Noir의 근래 빈티지 점수

2001년	2002년	2003년	2004년	2005년	2006년	2007년	2008년	2009년	2010년
85점	85점	84점	85점	89점	85점	89점	85점	88점	92점

2011년	2012년	2013년	2014년	2015년	2016년	2017년	2018년	2019년	2020년
90점	91점	92점	91점	92점	93점	90점	90-93점	-	-

• 출처 : 《Wine Spectator》

삐노 누아 와인의 주요 산지는 Martinborough(마틴버러), Central Otago(센트럴 오타고), Marlborough(말버러), Canterbury(켄터버리) 등이 있으며, 그 외 Nelson(넬슨)이나 Hawk's Bay(혹스 베이) 등도 눈여겨 볼 만합니다. 이 중 마틴버러와 센트럴 오타고가 특히 유명합니다.

북섬 마틴버러의 Pinot Noir 와인은 부르고뉴 스타일이 많은데, 자두와 체리의 뉘앙스에 흙냄새가 나고 질감이 아주 부드럽습니다. '뉴질랜드의 로마네 꽁띠(?)'라고도 불리는 〈Ata Rangi(아타 랑기)〉가 이곳에서 생산됩니다. 또 다른 명품 Pinot Noir(삐노 누아) 와인인 〈Felton Road(펠튼 로드)〉와 〈Mt. Difficult(마운트 디피컬트)〉 등이 생산되는 남섬의 센트럴 오타고는 뉴질랜드에서 유일하게 해양성 기후가 아닌 대륙성 기후로, 연교차와 일교차가 크고 일조량이 많아 밝은 색상과 복합적인 풍미에 타닌과 농밀한 과일 향이 느껴지는 와인들이 생산됩니다. 이에 비해 뉴질랜드 Sauvignon Blanc 화이트 와인의 명산지인 남섬 최북단 말버러 지역의 Pinot Noir 와인은 대체로 가볍고 담백한 맛에 뉴질랜드 특유의 채소 향이 느껴집니다.

뉴질랜드 삐노 누아 Big 3 생산자들로 꼽히는 '펠튼 로드', '아타 랑기', '마운틴 디피컬티' 와이너리의 삐노 누아 와인들.

① 머드 하우스사가 와이파라에서 생산하는 리슬링 와인. Riesling 100%. 사과, 감귤류의 상큼함이 돋보인다. 4만 원선.
② 킴 크로포드사의 쏘비뇽 블랑 와인. 2010년 이후 한국에서 가성비 좋은 베스트셀러 뉴질랜드 와인으로 꼽힌다. 3만 원선.
③ 토후사가 말버러에서 생산하는 쏘비뇽 블랑 와인. 2011년 빈티지가 2012년 《와인컨슈머리포트 : 1~3만 원대 쏘비뇽 블랑 와인》에서 전문가 선정 1위, 종합 2위를 차지했다. 27,000원선.
④ 오하우 빈야드사의 〈우번 스톤, 쏘비뇽 블랑〉 SB 100%. 2012년 KWC(Korea Wine Challenge)에서 심사위원 만장일치로 '베스트 화이트 와인 대상'으로 선정됐었다. 4만 원선.
⑤ 몬태나사가 혹스 베이에서 생산하는 메를로(55%), 까베르네 쏘비뇽(45%) 블렌딩 와인. 32,000원선.
* 몬태나는 말버러 지역에서 최초로 쏘비뇽 블랑 품종을 재배한 와이너리로, 미국에서는 'Brancott Estate(브랜콧 이스테이트)'이란 브랜드로 판매된다. 몬태나와 기즈번 와이너리 등을 소유하고 있는 페르노리카 뉴질랜드그룹은 뉴질랜드 와인 생산량의 1/3 이상을 점유하고 있다. 25,000원.

⑥ 스파이 밸리사가 말버러에서 생산하는 삐노 그리 와인. Pinot Gris 100%. 감귤껍질, 배, 복숭아 등의 향미가 느껴진다. 뉴질랜드 특산물인 마누카꿀의 달콤함이 살짝 느껴지는 뉴질랜드 삐노 그리 와인은 프랑스 알자스나 이탈리아의 삐노 그리 와인에 비해 산도가 더 느껴져 어패류 등 다양한 음식과 더 잘 매칭된다. 8만 원선.
⑦ 쿠뮤 리버사가 오클랜드에서 생산하는 〈이스테이트, 샤르도네〉 Chardonnay 100%. 9만 원선.
⑧ 마운트 에드워드사가 남섬의 삐노 누아 명산지 센트럴 오타고에서 생산하는 삐노 누아 와인. 7만 원선.
⑨ 페가서스 베이사가 캔터버리 와이파라 밸리에서 생산하는 〈프리마 돈나, 삐노 누아〉 8만 원선.
⑩ 프롬(Fromm)사가 말버러에서 생산하는 프리미엄급 삐노 누아 와인 〈Cuvee "H"〉. 9만 원선.

Pinot Noir(삐노 누아)* 와인을 잘 만드는 와이너리로는, 마틴버러 지역의 Ata Rangi, Martinborough Vineyard, Craggy Range, Escarpment(이스카프먼트), Dry River, Kusuda, Schubert(슈베르트), Cambridge Road, Palliser(펄리서), Voss, Vynfields(빈필즈), Burnt Spur, 말버러 지역의 Dog Point, Cloudy Bay, Villa Maria, Seresin(쎄레씬), Forrest, Jackson Estate, Nautilus, Auntsfield, Greywacke, Wither Hills, Fromm, Two Rivers, Saint Clair, Hunter's, Mahi, Odyssey, Summerhouse, 센트럴 오타고 지역의 Rippon, Felton Road, Mt. Difficulty, Peregrine(페레그린), Mount Edward, Burn Cottage, Valli, Two Paddocks, Maude, Quartz Reef, Surveyor Thomson, Terra Sancta, Bald Hills, Hinton Estate, Gibbston Valley, Wooing Tree, Hawkshead, Mount Dottrel, 켄터버리 지역의 Bell Hill, Pyramid Valley, 와이파라 지역의 Pegasus Bay, Mountford, Waipara Springs, 넬슨 지역의 Neudorf(뉘도르프) 등이 있습니다.

* 영국과 호주의 와인 작가인 매튜 쥬크스(Matthew Jukes)와 타이슨 스텔저(Tyson Stelzer)는 2008년부터 매년 뉴질랜드의 훌륭한 Pinot Noir 와인들을 1~5 등급으로 분류해 발표해오고 있다(별 숫자로 표시). 정확한 평가를 위해 매번 최근 5년치 빈티지의 평균점수를 기준으로 하는데, 1등급인 "FIVE STARS" 에는 Ata Rangi, Felton Road, Mt. Difficulty, Rippon, Bell Hill 와이너리 등이 이름을 올리고 있다.

톰 스티븐슨이 선정한 뉴질랜드 TOP 10 와이너리

No	와이너리	No	와이너리
1	Neudorf 뉘도르프	6	Ata Rangi 아타 랑기
2	Craggy Range 크래기 레인지	7	Cloudy Bay 클라우디 베이
3	Villa Maria 빌라 마리아	8	Dry River 드라이 리버
4	Felton Road 펠튼 로드	9	Herzog 허족
5	Astrolabe 애스트럴레이브	10	Framinghan 프레이밍험

• 출처 : 《Wine Report》 - Tom Stevenson -

뉴질랜드 남섬, 와나카 호수 옆 포도밭 전경

Marlborough(말버러)

칠레를 '3W'의 나라라고 하는데, 이는 Weather, Woman, Wine을 뜻합니다. 우리도 이제 '칠레' 하면 와인을 먼저 떠올립니다. 특히 2004년 FTA 협정 체결 이후 칠레 와인 수입이 급격히 늘어, 이제 수입금액 기준으로 프랑스에 이어 2위, 수입량 기준 1위를 차지하고 있습니다. 물론 이것은 칠레 와인의 가격대비 품질이 좋기 때문이기도 하지요.

1860년대 이후 '포도나무의 흑사병'이라고도 불리던 필록세라(Phylloxera)가 프랑스를 시작으로 유럽 전역의 포도밭을 초토화시키면서 미국, 호주, 뉴질랜드, 남아프리카 등 세계 전역으로 퍼져 나갔을 때도 칠레는 필록세라의 영향을 받지 않았습니다. 그것은 동쪽으로 길게 뻗은 해발 고도 6,000m의 높고 험준한 안데스산맥, 서쪽의 해안산맥과 태평양, 북쪽의 아따까마 사막 그리고 남쪽의 파타고니아 빙하지대 등 외부세계와 단절되어 있는 천혜의 자연환경 덕분이었습니다.

또 포도재배에 적합한 지중해성 기후에 구리 성분이 많아 어떠한 병균도 견디지 못하는 토양, 안데스산맥 만년설에서 녹아내리는 청정수, 심한 일교차 역시 칠레를 와인 강국으로 만들어 줍니다. 여기에 값싼 노동력까지 더해져 '칠레의 자연환경에서는, 일부러 노력만 안 하면 품질 나쁜 와인이 만들어질 수 없다'라는 말이 있을 정도죠.

1551년 스페인인들에 의해 포도나무가 심어져, 1555년 처음으로 와인을 생산하였고, 1851년에는 Cabernet Sauvignon(까베르네 쏘비뇽), Merlot(메를로) 등 프랑스의 글로벌 품종들을 도입했습니다. 1870년대에는 유럽 전역과 미국에 필록세라가 창궐하면서 칠레 와인은 오히려 수출시장을 넓힐 수 있었습니다. 하지만 1938년~1974년까지 새로운 포도밭 조성을 금지하는 법령이 시행되면서 칠레 와인은 한동안 뒷걸음질치는 침체기를 겪었습니다.

◆ 스테인리스 스틸탱크 발효 등 칠레에 현대적 양조기술을 처음 전파한 것은 스페인의 와인명가 미겔 또레스(Miguel Torres)사였다.

그 후 1980년대부터 현대적 양조기술◆과 설비를 적극 도입하는 등 와인산업의 르네상스 시대를 열었고, 1990년대 이후 칠레 와인은 '착한 가격에 맛있고 훌륭한 품질의 와인'으로 인정받으며 세계시장에 본격적으로 진출하게 됩니다. 이제 보르도식 양조방식에 값비싼 프렌치 오크통을 사용하는 칠레의 프리미엄급 와인들은 세계 어디서든 인정받는 최고 수준에 이르렀습니다.

① 칠레 최고의 와인 중 하나로 꼽히는 꼰차 이 또로사의 플래그 쉽 와인 〈돈 멜초르〉. 와이너리 설립자의 이름을 딴 헌정 와인으로, 마이뽀 밸리 최고의 포도밭 푸엔떼 알또(Puente Alto)에서 자란 포도를 양조해서 프렌치 오크통에서 18개월 숙성시켰다. CS 93~98%에 CF, PV, Merlot 등이 소량 블렌딩된다. WS TOP 100에 9번 선정. 18만 원선.
* 꼰차 이 또로(Concha y Toro)사는 칠레를 대표하는 와이너리 중 하나로, 1883년 돈 멜초르(Don Melchor)와 그의 아내 도나 에밀리아나(Dona Emiliana)가 프랑스에서 포도나무 묘목들을 들여와 설립했다.

② 모란데사의 하이엔디드 와인인 〈하우스 오브 모란데〉 CS 67~77%, CF 10~19%에 Carignan, Carmenère, Syrah 등이 블렌딩. 오크통 18개월, 병입 24개월 숙성. 10만 원선.
* 칠레의 손꼽히는 와인메이커인 파블로 모란데는 꼰차 이 또로사의 와인메이커로 칠레 최고의 와인 〈돈 멜초르〉를 만들었다. 그후 1980년대의 신흥 와인산지 까사블랑까 지역에서 최초로 포도밭을 개간하여, 1996년에 자신의 이름을 건 비냐 모란데사를 설립했다. 또 2012년에는 아들과 함께 칠레에서 가장 창의적이고 독창적인 실험이 이루어지는 현대적인 와이너리 '보데가스 RE'를 설립했다.

칠레의 일반급 와인들은 스틸통에서 숙성시키면서 오크 칩(Oak Chip), 오크 파우더(Oak Powder)의 도움을 꽤 받기도 하나(237쪽 하단 참조), 칠레는 기후와 토양 등 천혜의 환경만으로도 가성비 좋은 이지 드링킹 와인들을 만들어냅니다. 모과 향이 나는 단조로운 와인이라는 평도 있었으나, 칠레 와인은 우리나라 애호가들의 입맛에도 잘 맞는 맛깔스런 와인들임에는 틀림없습니다. 칠레나 호주처럼 무더운 지역의 Cabernet Sauvignon이나 Syrah 와인에서는 유칼립투스의 허브 향미가 풍긴다고 하는데, 그 느낌엔 개인별 호불호가 있는 것 같습니다.

현재 칠레는 세계 4위권의 와인 수출국이며, 생산량 대비 수출 점유율 세계 1위의 '수출 주도형' 와인 생산국입니다.

칠레는 16세기 중반 이후 270여 년간 스페인의 식민지였던 영향으로 스페인어를 공용어로 사용하고 있습니다.

칠레 와인의 등급 분류

칠레 와인에는 공식적인 등급 분류나 특별한 규제가 없어, 다른 신세계 와인 생산국들과 마찬가지로 비교적 자유로운 환경에서 와인이 만들어지고 있습니다. 1995년부터 원산지 명칭 제도인 'DO(Denominacion de Origen) 제도'가 시행되었고, 현재 EU의 레이블 표기요건을 준수하고 있는데, 레이블에 포도품종, 빈티지, 원산지를 표기하려면 해당 포도를 85% 이상 사용해야 한다는 정도의 규정이 있습니다.

1998년 우리나라에 처음 소개되어 칠레 와인을 알리고, 와인 대중화에 큰 기여한 베스트셀러 와인 '몬테스 알파 시리즈'를 만드는 비냐 몬테스사의 플래그 쉽 와인 〈몬떼스 알파 M〉. CS 80% : CF 10% : Merlot 5% : Petit Verdot 5%. 12만 원선.

* 4명의 공동 창업자 중 아우렐리오 몬테스의 부르기 쉬운 성(姓)을 따서 회사명을 비냐 몬테스(Viña Montes)라 지었고, '몬테스 알파' 브랜드의 알파는 '시작', '처음'을 뜻하는 알파벳 A에 해당하는 그리스어에서 따왔다. 또 '몬테스 알파 M' 브랜드의 M은 공동 창업자 중 세계 진출에 큰 공을 세운 세일즈마케팅 담당 더글라스 머레이의 성(姓)의 이니셜을 붙인 것이다. 회사와 와인 이름을 아주 쉽고 단순하게 짓네요~

칠레 와인은 대부분 레이블에 포도품종이 표기되어 있습니다. 그런데 단일 품종으로 표기되어 있더라도 그 품종이 100% 사용되지 않았을 수도 있습니다. 앞서 언급했듯이 칠레에서는 한 품종이 85% 이상 사용되면 단일 품종 와인(Varietal Wine)으로 표기할 수 있기 때문입니다(내수용은 75%). 이와 관련한 다른 와인생산국들의 기준을 정리해 보면 다음 표와 같습니다.

캘리포니아	뉴질랜드	호주	칠레	아르헨티나	스페인
75% 이상	85% 이상	85% 이상	85% 이상	85% 이상	85% 이상

독일	오스트리아	남아공	캐나다	오리건(미국)
85% 이상	85% 이상	85% 이상	85% 이상	90% 이상 (CS는 75% 이상)

※ EU : 85% 이상 / 뉴질랜드는 2006년 부터 75%→85%로 변경

칠레 와인의 레이블에서 Gran Vino(그란 비노), Gran Reserva(그란 레쎄르바), Reserva(레쎄르바) 같은 표기들을 볼 수 있는데, 스페인이나 이탈리아와는 달리 칠레, 아르헨티나, 미국, 호주, 뉴질랜드 등은 숙성기간에 대한 표기(149쪽 표 참조)가 법규로 정해진 것인 아니고, 와이너리 자체 기준이라 편차가 클 수도 있습니다.

칠레의 유명 와이너리들 중에는 그 설립자 혹은 기리고 싶은 사람의 이름 앞에 Don 혹은 Dona라는 접두사를 붙여 헌정와인의 이름으로 사용하기도 합니다. 꼰차 이 또로사의 〈Don Melchor(돈 멜초르)〉, 에라쑤리스사의 〈Don Maximiano(돈 막시미아노)〉, 루이스 펠리페 에드워즈사의 〈Dona Bernarda(도나 베르나르다)〉, 까사스 파트로날레스사의 〈Don Octavio(돈 옥따비오)〉 등이 그런 와인들입니다.

〈도나 베르나르다〉
6만 원선.

칠레의 주요 와인산지 구분 > 555쪽 지도 참조

Region (권역)	Subregion (지역)	Zone (소지역)
Aconcágua (아꽁까구아)	Aconcágua Valley (아꽁까구아 밸리)	
	Casablanca Valley (까사블랑까 밸리)	
	San Antonio Valley (싼 안또니오 밸리)	Leyda Valley (레이다 밸리)
Central Valley (센트럴 밸리)	Maipo Valley (마이뽀 밸리)	
	Rapel Valley (라뻴 밸리)	Cachapoal Valley (까차뽀알 밸리)
		Colcahgua Valley (꼴차구아 밸리)
	Curicó Valley (꾸리꼬 밸리)	Teno Valley (떼노 밸리)
		Lontué Valley (론뚜에 밸리)
	Maule Valley (마울레 밸리)	Claro Valley (끌라로 밸리)
		Loncomilla Valley (론꼬미야 밸리)
		Tutuvén Valley (뚜뚜벤 밸리)

- 아꽁까구아 밸리는 선인장이 자랄 정도로 가장 덥고 건조해 알코올이 높고 타닌이 강한 와인이 만들어지지만, 바다와 가까운 서늘한 쪽에서는 산도가 뛰어난 레드 와인들도 나온다. 이곳의 터줏대감은 에라쑤리스 와이너리이다. (574쪽 참조)
- 수도 산티아고가 속해있는 마이뽀 밸리에서는 수출 와인의 80% 이상이 생산된다. 보르도와 유사한 토양이며, 가장 칠레스러운 집중도 높은 와인들이 생산된다. 오랜 전통을 자랑하는 꼬우시뇨 마꿀, 싼따 까롤리나, 싼따 리따, 꼰차 이 또로, 운두라가 등과 알마비바, 아라스 데 삐르께 등 신흥 명문 와이너리들이 있다.
- 20℃에 이르는 일교차와 다양한 기후대를 가진 까차뽀알 밸리에서는 온화하고 건조한 긴 여름동안 포도들이 천천히 잘 익어간다. 최고의 전통을 자랑하는 라 로사를 비롯해 까미노 레알, 까사 라뽀스또예, 모란데, 벤띠스께로 등의 와이너리들이 있다.
- 상대적으로 더 서늘한 꼴차구아 밸리는 근래 들어 최고의 산지로 떠오른 곳으로, CS 외에 씨라와 칠레 최고의 말벡 와인도 생산된다. 비스께르뜨, 루이스 펠리뻬 에드워즈, 몬떼스 등의 와이너리들이 있으며, 까사 라뽀스또예가 플래그 쉽 와인인 〈끌로 아팔타(Clos Apalta)〉를 생산하는 명품 산지 아팔타 지역도 이곳에 속해 있다.
- 꼴차구아 밸리 아래쪽의 꾸리꼬 밸리는 상대적으로 강수량이 많고 배수가 잘 되는 충적토 토양이다. 일교차는 15℃ 이상으로, 특별한 풍미의 CS 외에 화이트 품종들도 잘 재배된다. 싼 페드로, 발디비에소 등 유서 깊은 와이너리들이 19세 중후반부터 자리 잡고 있고, 1951년에는 아레스띠, 1979년에는 스페인의 와인명가 미겔 또레스가 외국자본 최초로 포도밭을 구입하고 투자를 한 곳이다. 최근에는 까르메네르 품종도 좋은 평가를 받고 있다.
- 1980년대에 개발된 마울레 밸리는, 센트럴 밸리 내에서 제일 규모가 크며, 가장 남쪽에 있다. 관개가 필요 없는 지역으로 글로벌 품종 외에, 내수용 와인을 만드는 빠이스(Pais) 품종도 많이 재배된다. 연간 100만병 이상 판매되는 이마트의 PB 와인, 〈G7〉 와인들이 생산되는 론꼬미야 밸리도 마울레 밸리에 속해있는 소지역이다

마이뽀 밸리(Maipo Valley)와 꼴차구아 밸리(Colchagua Valley), 까차뽀알 밸리(Cachapoal Valley)가 칠레 최고의 와인산지로 꼽히며, 80년대 중반 이후 서늘한 해양성 기후의 신흥 산지인 까사블랑까 밸리(CasablancaValley)와 그 바로 아래쪽의 레이다 밸리(Leyda Valley) 그리고 최남단 마예꼬 밸리(Malleco Valley)가 Chardonnay(샤르도네), Sauvignon Blanc(쏘비뇽 블랑) 품종 등의 화이트 와인 산지로 각광받고 있습니다.

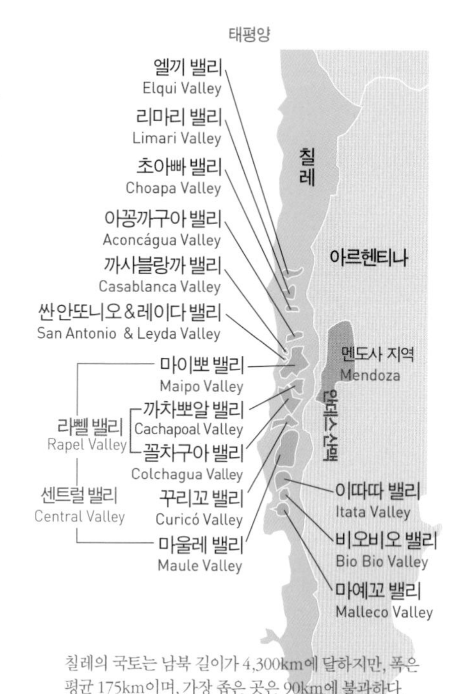

칠레의 주요 와인산지

칠레의 외국 자본 및 합작 명품 와인들

1990년대를 전후로 칠레의 월드클래스 와인들이 탄생한데는 외국자본들의 투자와 참여가 큰 기여를 했습니다.

칠레 와인에 가장 먼저 투자를 한 외국자본은 스페인의 와인 명가 Miguel Torres(미겔 또레스)사였습니다. 천혜의 떼루아를 가진 칠레의 잠재력을 알아보고, 꾸리꼬 밸리에 1979년 'Miguel Torres, Chile'를 설립해 〈Manso de Velasco(만쏘 데 벨라스꼬)〉 〈Santa Digna(싼따 디그나)〉 〈Tormenta(또르멘따)〉 등의 브랜드로 와인을 생산하고 있습니다.

스페인 미겔 또레스사의 칠레 자회사에서 생산하는 〈만쏘 데 벨라스꼬〉. 꾸리꼬 시를 건립한 만쏘 데 벨라스꼬 장군을 이름을 따서 만든 와인으로, 100년 이상 수령의 CS 100%로 만든다. 진하지만 과하지 않은 세련미가 느껴지는 와인. 75,000원선.

◆'120 시리즈 와인'은 칠레 독립전쟁의 영웅이자 초대 총독인 베르나르도 오이긴스 장군의 독립군 부대가 한 전투에서 크게 패한 후 120명의 부대원들과 함께 스페인 군대를 피해 은신했던 지하 와인 저장고를 소유하고 있는 싼따 리따사가 이를 기념하기 위해 만든 브랜드이다. 와인을 테마로 한 SBS드라마 '떼루아'에도 등장해서 유명세를 탔던 가성비 와인이다.

① 싼따 리따사의 〈120, 까베르네 쏘비뇽〉 Cabernet Sauvignon 100%. 24,000원선.

② 싼따 까롤리나사의 자매회사로 까사블랑까 밸리의 명가로 자리잡고 있는 비냐 까사블랑까사의 〈님부스 이스테이트, 쏘비뇽 블랑〉 와인. 45,000원선.
*화이트 품종으로는 샤르도네가 가장 강세였던 칠레에 근래 들어 쏘비뇽 블랑이 칠레의 가장 주목할 만한 화이트 품종으로 떠오르고 있다. 쏘비뇽 블랑은 서늘한 지역에서는 풀향기가 짙어지고, 따뜻한 지역에서는 과일 향미가 더 강해진다.

③ 데 마르띠노사의 〈싱글 빈야드 리마비다 올드 부쉬 바인즈〉 Malbec 90% : Carmenère 5% : Carignan 4% : Tannat 1%. 이탈리아 이민 가족경영 와이너리인 데 마르띠노사는 까르메네르 품종을 레이블에 최초로 표기했었다. 45,000원선.

④ 유기농 와인 생산에 막대한 투자를 하고 있는 까르멘사의 〈까베르네 쏘비뇽 리저브〉 37,000원선.

1988년에는 프랑스의 와인 명가 Château Lafite-Rothschild(샤또 라피뜨 로췰드)가 칠레의 오래된 와이너리인 Los Vascos(로스 바스꼬스)를 사들여 새롭게 재출범시키면서, CS를 주품종으로 〈Le Dix de Los Vascos(르 딕스 데 로스 바스꼬스)〉◆ 등의 고급 와인들을 생산하고 있습니다.

◆'르 딕스(Le Dix)'는 불어로 10을 뜻한다. 스페인 귀족 가문이 칠레로 이주해 꼴차구아 밸리에 설립했던 로스 바스꼬스 와이너리를 1988년 라피뜨 로췰드 가문이 인수한 후, CS 경작에 알맞은 올드 바인 포도밭에서 10년간 공을 들여서라도 최고의 와인을 만들겠다는 프로젝트로 만든 와인으로, 1997년에 첫 탄생했다.

1992년에는 부르고뉴 샤블리 와인의 명가 William Fèvre(윌리엄 페브르)사가 칠레의 마이뽀 밸리에 진출하여 Viña William Fèvre(비냐 윌리엄 페브르)를 설립했습니다.

칠레 최고의 명품 와인 중 하나인 로스 바스코스사의 〈르 딕스 데 로스 바스꼬스〉 CS 85% : Carmenère 10% : Syrah 5%. 라피뜨 로췰드가 보르도에서 직접 제작한 뉴 프렌치 오크통에서 18개월 숙성. 15만 원선.
* 일본의 소설가 무라카미 류는 '와인 한잔의 진실'이란 저서에서 이 와인을 '관능적인 남미 무용수의 모습'에 비유하기도 했었다.

1994년에는 오렌지 리큐르인 '그랑 마르니에(Grand-Marnier)'로 유명한 프랑스 주류 재벌 마르니에-라뽀스똘레 가문의 딸 알렉상드르 마르니에 라뽀스똘레(Alexandra Marnier Lapostolle)가 남편과 함께 칠레의 라바뜨(Rabat) 가문의 도움을 받아 Casa Lapostolle(까사 라뽀스또예)사를 설립하였고, 세계적인 와인 컨설턴트 미셸 롤랑(Michel Rolland)의 자문을 받아 〈Clos Apalta(끌로 아팔타)〉라는 명품 보르도 블렌딩 레드 와인을 선보였습니다.

① 친환경 와이너리로도 유명한 까사 라뽀스또예사가 라뻴 밸리에서 생산하는 부드럽고 진한 맛을 가진 〈뀌베 알렉상드르, CS〉. CS 85% : Carmenère 14% : CF 1%. 38,000원선.
② 이 회사의 〈까사, SB〉은 2011년 4월 영국 윌리엄 왕자와 케이트 미들턴 결혼식 전야의 프리웨딩(pre-wedding) 와인으로 사용돼 유명세를 탔었다. 25,000원선.

캘리포니아 나파 밸리에 가장 넓은 포도원을 소유하면서 와인의 대중화에 앞장서고 있는 Kendal Jackson(켄달 잭슨)사는 1993년 칠레에 Calina(깔리나) 와이너리를 설립했는데, 이 곳의 플래그십 와인*인 〈Bravura(브라부라)〉와 〈Alcance(알깐스)〉도 좋은 평을 듣고 있습니다.

◆ 플래그십 와인 (Flag-ship wine)
그 와이너리를 대표하는 최고급 와인
≒ Signature Wine
≒ High ended Wine
≒ Icon Wine

또 미국 캘리포니아 와인의 대부인 로버트 몬다비(Robert Mondavi)는 1995년 칠레의 Errazuriz(에라쑤리스)사 오너와 합작으로 〈Seña(쎄냐)〉라는 명품 와인을 내놓았습니다. 또 이들은 1996년 미국과 세계 시장을 겨냥한 대중적인 와인 생산을 위해 다시 공동 투자로 칠레에 Caliterra(깔리떼라)사를 설립하여 큰 성공을 거두었으며, 같은 회사를 통해 〈Arboleda(아르볼레다)〉라는 브랜드도 개발하여 공동 생산하였습니다. 2004년 Mondavi(몬다비) 와이너리가 미국 거대 주류그룹인 Constellation Brands(컨스텔레이션 브랜즈)에 인수된 뒤로는 Seña, Caliterra, Arboleda 브랜드는 Errazuriz(에라쑤리스)사가 단독으로 생산하고 있습니다.

1997년에는 프랑스 〈Château Mouton-Rothschild(샤또 무똥 로췰드)〉의 모회사인 Baron Philippe de Rothschild(바롱 필립 드 로췰드)사가 칠레의 대표적 와이너리인 Concha y Toro(꼰차 이 또로)사와 합작하여 보르도 스타일 와인을 표방하며 명품 와인 〈Almaviva(알마비바)〉를 탄생시켰습니다. 'Almaviva'라는 이름은 오페라 '피가로의 결혼'의 주인공 알마비바 백작의 이름에서 따온 것입니다.

2004년에는 이탈리아 와인의 대부 삐에로 안띠노리(Piero Antinori)가 칠레의 Haras de Pirque(아라스 데 삐르께)사와 이탈리아-칠레 최초의 합작 와인인 〈Albis(알비스), 559쪽 상단 3번째 와인〉를 탄생시켰습니다.

예전에는 '칠레의 5대 프리미엄 와인'으로, 외국과의 합작 와인인 〈Almaviva(알마비바)〉, 〈Seña(쎄냐)〉를 비롯해서 Montes(몬떼스)사의 〈Montes Alpha M〉, San Pedro(싼 페드로)사의 〈Cabo de Hornos(까보 데 오르노스)〉, Concha y Toro(꼰차 이 또로)사의 〈Don Melchor(돈 멜초르)〉를 꼽기도 했지만, 이제는 이에 필적하는 또 다른 고급 와인들이 참 많습니다. Cousiño Macul(꼬우시뇨 마꿀)사의 〈Lota(로따)〉처럼 칠레의 각 와이너리별 최고 와인들은 모두 다 칠레를 대표할 만한 와인들입니다.

마울레 밸리의 비냐 알또 로블레사가 꾸리고 밸리에서 생산하는 하이엔디드 프리미엄급 와인 〈파타곤, 패밀리 리저브〉 손수확한 CS 100%를 뉴 프렌치 오크통에서 20개월 숙성. 10만 원선.

칠레의 외국 자본 및 합작 명품 와인들

① 까사 라뽀스또예사의 플래그 쉽 명품 레드 와인 〈끌로 아팔타〉. 프렌치 오크통 24개월 숙성. 미셸 롤랑의 컨설팅을 받아 탄생한 1997년 첫 빈티지 이후, 2008 WS TOP 100에서 〈끌로 아팔타〉의 2005년, 2001년, 2000년 빈티지가 1~3위를 모두 석권하는 전무후무한 대기록을 세웠고, 또 칠레 와인 최초로 2014년, 2015년 빈티지가 연속으로 James Suckling 100점을 획득하는 등 세계 정상급 와인으로 입지를 굳히고 있다. Chilean Bordeaux Blending 와인답게 Carmenère를 주품종(40~75%)으로, CS, Merlot, CF, Petit Verdot 등이 블렌딩된다. 17만 원선.

② 샤또 무똥 로칠드 & 꼰차 이 또로 합작 와인 〈알마비바〉. 칠레 울트라 프리미엄 와인의 효시이다. 1997년 첫 빈티지가 CS 72% : Carmenère 23% : Cabernet Franc 5%. 빈티지에 따라 CS의 비율이 70~90%로 변동됨. 30만 원선.

③ 안띠노리 & 아라스 데 뻬르께의 합작 와인 〈알비스〉. Cabernet Sauvignon 85% : Carmenère 15%. 16만 원선.

④ 로버트 몬다비 & 에라쑤리스의 합작 와인 〈쎄냐〉. 칠레에서 생산된 첫 번째 '럭셔리 와인'으로 평가받는다. 2004년 빈티지의 블렌딩 비율이 CS 52% : Carmenère 23% : Merlot 12% : Malbec, PV 등. 27만 원선.

⑤ 미국 켄달 잭슨사가 칠레에 설립한 깔리나사의 〈브라부라〉 CS 80% : Merlot 15% : Carmenère 5%. 23만 원선.

칠레의 포도품종

칠레는 1851년 프랑스로부터 비티스 비니페라(Vitis Vinifera) 계열의 대표적인 글로벌 품종인 Cabernet Sauvignon(까베르네 쏘비뇽), Merlot(메를로), Cabernet Franc(까베르네 프랑), Pinot Noir(삐노 누아), Syrah(씨라), Malbec(말벡), Chardonnay(샤르도네), Sauvignon Blanc(쏘비뇽 블랑), Riesling(리슬링), Sémillon(쎄미용) 품종 등을 들여와 기존 품종인 Pais(빠이스)◆를 상당 부분 대체하였습니다.

◆ 칠레의 Pais(빠이스) 품종과 아르헨티나의 Criolla(끄리오야), 캘리포니아의 Mission(미션)은 같은 품종이라는 말도 있지만, 사실은 조상이 같은 친척 품종이라고 보면 된다. Pais(빠이스) 품종은 16세기 중반 스페인 정복자들에 의해 칠레에 전해졌으며, 최근에는 스파클링 와인의 양조에도 사용된다.

칠레 코프라사가 부르고뉴의 도멘 부아셋에게 기술지원을 받아 까사블랑까 밸리에서 생산하는 〈베란다〉 Pinot Noir 100% 47,000원선.

현재는 내수용 값싼 와인 제조를 위해 Pais 품종이 일부 재배되고 있는 것을 제외하고는 칠레에는 토착 포도품종(Native Grape Variety)이 거의 사라졌습니다. 오랫동안 토종으로 여겨졌던 Pais도 스페인이 원산지로 밝혀졌습니다.

와인산업 초창기부터 보르도의 포도나무와 양조기술을 적극 도입했던 칠레의 Cabernet Sauvignon(까베르네 쏘비뇽) 와인은 세계 시장에서도 이미 그 품질을 충분히 인정받고 있습니다. 그 뒤를 이어서 Syrah(씨라), Carmenère(까르메네르), Merlot(메를로) 등의 레드 품종 들도 훌륭한 와인들로 만들어지고 있습니다.

시작이 늦었던 Pinot Noir(삐노 누아), Malbec(말벡), Carignan(까리냥), Cinsault(쌩쏘) 품종들도 빠른 발전을 이루고 있습니다.

화이트 품종으로는 Chardonnay(샤르도네)와 Sauvignon Blanc(쏘비뇽 블랑)이 재배량이나 품질 면에서 원투 펀치입니다.

레드 와인의 명성에 가려져 있는 칠레의 화이트 와인은 오크통 숙성을 오래 하는 경향이 있어 빛깔이 진하고 오크 풍미가 꽤 많이 느껴지는 와인이 많습니다.

칠레의 근래 빈티지 점수

2001년	2002년	2003년	2004년	2005년	2006년	2007년	2008년	2009년	2010년
92점	88점	91점	88점	93점	91점	92점	89점	88점	89점

2011년	2012년	2013년	2014년	2015년	2016년	2017년	2018년	2019년	2020년
90점	91점	91점	88점	92점	87점	88점	92점	-	-

• 출처 : 《Wine Spectator》

칠레는 기후가 안정적이고 고르기 때문에 빈티지가 그리 중요하진 않고, 산지별로도 차이가 크지 않습니다. 2000년대 들어서는 수확기에 유난히 비가 많이 왔던 2002년, 지진 피해가 컸던 2010년, 대형 산불이 났던 2017년의 일부 지역을 제외하고는 작황이 대체로 무난했는데, 근래 들어서는 2015년과 2018년이 특히 뛰어난 빈티지입니다.

칠레의 와인 생산이 집중되어 있는 중앙 평원(Central Plain)은 기본적으로 겨울에 강우량이 많은 지중해성 기후를 보이는데, 해안산맥과 안데스산맥의 가운데에 위치해 일교차가 매우 큽니다. 이것은 포도의 색상을 집중시켜 주고, 당도와 산미의 조화를 만들어줍니다.

칠레 Cabernet Sauvignon 까베르네 쏘비뇽 | 183쪽, 249쪽 참조 |

Cabernet Sauvignon(까베르네 쏘비뇽) 품종은 프랑스 보르도 지방뿐만 아니라 칠레 와인을 얘기하면서도 절대로 빼놓을 수 없는 품종입니다(칠레 전체 포도품종의 35%, 레드 품종의 46%).

흔히 '호주 와인' 하면 Shiraz(쉬라즈) 와인이, '아르헨티나 와인' 하면 Malbec(말벡) 와인이 생각나듯이, '칠레 와인' 하면 Cabernet Sauvignon(까베르네 쏘비뇽) 와인이 가장 먼저 떠오릅니다.

① 〈샤또 무똥 로췰드〉를 만드는 프랑스의 바롱 필립 드 로췰드사가 칠레의 자회사에서 생산하는 〈에스꾸도 로호〉. 프렌치 오크통에서 12개월간 숙성. 가문의 이름이자 상징인 'Rothschild(로췰드, 붉은 방패)'를 스페인어로 표현한 것이 '에스꾸도 로호(붉은 방패)'이다. 농익은 맛으로, 한국에서 매년 베스트셀러 와인으로 선정되며, 특히 30~40대 남성들에게 인기가 있다. TV 드라마 '베토벤 바이러스'에도 등장해서 한때 '강마에(김명민) 와인'이란 애칭도 얻었었다. 블렌딩 비율은 CS 70% : Carmenère 20% : Cabernet Franc 10%를 기본으로 2002년 이후에는 Syrah, Malbec도 일부 추가된다. 32,000원선.

* 칠레의 Chilean Bordeaux Blending은 CS, Merlot, CF, Malbec, PV 외에 Carmenère, Syrah가 추가적으로 자주 활용된다. 고향 보르도에서는 이미 거의 멸종된 Carmenère는 부드러운 질감에 스파이시한 향미와 복합미를 더해준다.

② 같은 회사에서 Cabernet Sauvignon 100%로 만든 〈바롱 필립 드 로췰드 마이뽀 칠레, 까베르네 쏘비뇽 리저브〉 35,000원선.

Cabernet Sauvignon의 재배 면적(100,800에이커)도 프랑스, 미국에 이어 칠레가 세 번째입니다. 가격대비 성능(?)이 매우 뛰어나다는 것 외에도 칠레의 Cabernet Sauvignon 와인이 유명하게 된 중요한 이유는 더 있습니다.

세계적인 와인 전문가들은 포도나무 흑사병인 필록세라가 창궐하기 이전에 존재했던 포도나무에서 생산된 와인들에 대한 동경과 추억을 가지고 있습니다. 현재 프랑스의 포도나무들은 필록세라 발생 이후 이에 내성이 강한 미국의 토착 포도품종의 뿌리에 기존 프랑스 품종의 줄기를 접목시킨 것이며, 필록세라 재발 방지를 위해 이 방법을 아직까지도 법률로 정해놓고 있습니다. 즉, 현재의 프랑스 포도나무들은 상체(줄기)는 프랑스제이고, 하체(뿌리)는 미제인 셈이지요.

하지만 칠레에는 필록세라가 전염되기 이전인 1860년대 초에 보르도에서 포도나무를 들여왔기 때문에 오리지날 '혈통과 옛맛'*을 보존하고 있다는 것입니다.

* 필록세라 창궐 이전의 포도나무로 만든 와인을 '프레 필록세라(Pre-Phylloxerra)'라고 한다. 필록세라의 피해를 입지 않았던 칠레 포도나무들의 수령은 현재 유럽의 포도나무보다 2배 이상 높다고 한다.

이것은 '프랑스보다 더 프랑스다운' 칠레 Cabernet Sauvignon 와인의 명성을 만들어내는 원천이 되고 있습니다. 배나무 줄기에 사과나무 뿌리를 접붙이면 줄기, 가지 잎은 배나무가 되어 배가 열매로 열리지만 뿌리가 사과나무이다 보니 그 열매의 맛에는 왠지 사과의 상큼한 향미가 배어들 것 같지 않나요.

ⓒ동원와인플러스

물론 '와인의 맛'이라는 것이 단순히 포도나무에 의해서만 결정되는 건 아니지요. 토양, 기후, 지리적 여건 등의 자연조건(떼루아)과 양조기법에도 영향을 받으므로,

칠레의 포도품종별 재배면적

까베르네 쏘비뇽	메를로	까르메네르	씨라	쏘비뇽 블랑	샤르도네
40,800ha (100,800ac)	13,350ha (33,000ac)	7,280ha (18,000ac)	3,360ha (8,300ac)	8,700ha (21,800ac)	8,540ha (21,100ac)

• 1ha(헥타르)≒3,000평(1정보)≒2.5ac(에이커)≒10,000㎡

위와 같은 생각이 맞다고만은 할 수 없지만 아무튼 포도나무만 놓고 보면 그렇다는 것이죠. 최근에는 칠레의 대형 와인회사들 중에도 만일을 대비한 예방 차원에서 미국 포도나무 뿌리와 미리 접붙이기를 하는 경우도 있습니다.

칠레 Cabernet Sauvignon(까베르네 쏘비뇽) 와인이 주목받는 이유는 또 있습니다. 칠레 Cabernet Sauvignon 와인에는 레스베라트롤(Resveratrol)을 비롯한 폴리페놀 성분들이 많이 함유되어 있습니다.

심근경색 환자들에게 하루 두 잔의 칠레산 Cabernet Sauvignon 와인을 처방했더니, 두 번째 심장발작률을 50%까지 낮추는 데 성공했다는 연구결과가 있으며, 암 예방에도 칠레 Cabernet Sauvignon 와인이 프랑스의 것보다 더 효과가 있다는 연구결과도 있습니다.

칠레의 Cabernet Sauvignon(까베르네 쏘비뇽) 와인은 섬세하고 복합적인 풍미를 가진 프랑스 보르도의 Cabernet Sauvignon보다 구조감과 힘이 더 좋고, 과실의 집중도가 좋은 미국 나파 밸리의 Cabernet Sauvignon보다는 맛있는(?) 산도가 더 뛰어나다는 평을 듣습니다.

❦ 칠레 Carmenère 까르메네르 / Merlot 메를로 / Syrah 씨라

Carmenère(까르메네르) 품종은 Malbec(말벡) 품종이 아르헨티나에서 그러한 것처럼, 프랑스 보르도 지방이 원산지이지만 바다 건너온 타향에서 제대로 빛을 본 케이스입니다. 이 품종은 보르도 지방에서는 이미 필록세라로 인해 거의 사라졌고, 칠레에서 상당히 오랫동안 Merlot(메를로) 품종과 혼동되어 오다가 1994년에야 비로소 DNA 검사를 통해 별도의 품종으로 정체가 밝혀졌습니다. 1998년부터는 와인 레이블에 공식 표기되는 등 칠레의 특화 품종이 되었고, 2000년대부터는 급속한 품질 향상이 이루어졌습니다.

칠레의 진흙 토양에서 잘 자라는 Carmenère◆(까르메네르) 와인 맛의 특징은 과일 향 등의 복합적인 풍미와 스파이시한 생동감인데, 짙은 보랏빛 색상에 비해 그 느낌이 편안하고 부드럽습니다. 그래서 부담 없이 마시기엔 좋지만, 묵직한 맛을 좋아하는 분들에겐 좀 덜 맞을 수도 있습니다. 저가의 영한 Carmenère(까르메네르) 와인에서는 먼지나 초록 피망 향이 느껴집니다.

◆ 194쪽 참조. 까르메네르 품종 와인 맛의 느낌을 까베르네 쏘비뇽과 메를로의 중간 정도라고 표현하기도 하는데, 3가지 품종이 모두 까베르네 프랑의 자손들인 사촌 형제뻘이기 때문에 그럴 수도 있겠다. 낮은 산도에 허브와 고추 향이 특징이지만 고급 까르메네르 와인에서는 차별화된 먹먹할 정도의 부드럽고 두터운 밀도감이 느껴진다.

초기에는 〈Seña(쎄냐)〉〈Almaviva(알마비바)〉〈Clos Apalta(끌로 아팔타)〉 등의 외국 합작 명품 와인들에 블렌딩 보조품종으로 쓰였으나, 2003년 Montes(몬떼스)사의 〈Purple Angel(퍼플 앤젤)〉을 시작으로 Santa Rita(싼따 리따)사의 〈Pehuen(뻬우엔)〉, Concha y Toro(꼰차 이 또로)사의 〈Carmin de Peumo(까르민 데 뻬우모)〉 등에 주품종으로 사용되고 있습니다.

꼰차 이 또로사의 〈까르민 데 뻬우모〉 Carmenère 100% 23만 원선.

① 칠레 최초이자 최고의 까르메네르 품종 와인인 몬떼스사의 〈퍼플 앤젤〉 Carmenère 92% : Petit Verdot 8%. 마치 잉크같이 진하고 오일리한 보랏빛의 명품 와인으로, 오랜 연구와 실험 끝에 2003년 빈티지부터 출시됐다. 2011년 오바마 대통령의 칠레 국빈방문시 만찬와인으로도 사용되었는데, 10년 이상 숙성이 필요하다. 15만 원선.

② 에라쑤리스사가 미국 몬다비사와 공동 설립한 깔리떼리사에서 생산하는 〈아르볼레다, 씨라〉 와인. 너무 농익지 않은 향긋하고 알맞게 맛있는 와인이다. 25,000원선.

③ 칠레 최대 규모의 와인회사인 싼 페드로사의 〈1865 레쎄르바, 씨라〉 프렌치 오크통에서 12개월 숙성. 3만 원선. 와이너리 설립년도를 뜻하는 와인명이, 수입사의 '18홀 65타'라는 마케팅으로 더 유명세를 탄 와인. 같은 브랜드의 CS 와인을 흔히 볼 수 있지만, Syrah 품종 와인이 오히려 밸런스가 더 좋게 느껴질 수 있다. 마치 〈몬떼스 알파, Syrah〉가 그렇듯이.

④ 2008 코리아와인챌린지(KWC)에서 트로피를 수상한 〈꼬노 수르 20 Barrels, Limited Edition 메를로〉 65,000원선.

⑤ 발디비에소사의 〈싱글 빈야드 리저브, 메를로〉 Merlot 100%. 45,000원선. 칠레 특유의 모과 향이 느껴지는 괜찮은 메를로 와인으로 강추! 발디비에소사는 1879년 칠레 최초로 스파클링 와인을 생산했고, 아직도 많은 양의 스파클링 와인을 생산하지만, 고급 스틸 와인으로도 충분한 인정을 받고 있다.

Carmenère(까르메네르)는 칠레 전체 레드 품종 재배 순위 3위이며, 최적의 산지로 꼽히는 Rapel Valley(라뻴 밸리)를 중심으로 칠레의 대표 특화 품종으로 자리매김하고 있습니다. 특히 Carmenère(까르메네르) 단일 품종 와인으로는 칠레가 유일하다 할 정도로 독보적입니다.

근래 들어 Carmenère(까르메네르)에 살짝 가려진 느낌이지만, Merlot(메를로/멀롯)는 여전히 칠레의 넘버 투 품종입니다. 초창기부터 수출 지향적으로 발전한 칠레 와인산업은 Cabernet Sauvignon(까베르네 쏘비뇽)과 Merlot(메를로)를 블렌딩하는 보르도 스타일을 추구했기 때문이죠. 재배면적도 Cabernet Sauvignon에 이어 두 번째로 넓지만,

비냐 꼬일레사의 〈로얄, 씨라〉
Syrah 85% : Malbec 11% : Carmenère 4%. 100%. 프렌치 오크통에서 18개월간 숙성시켰다. 6만 원선.

세계적으로도 칠레는 Merlot(메를로) 품종의 대표산지 중 하나입니다. 기본적으로 부드러운 타닌에 자두, 블랙베리 등의 과일 향미가 풍부한 Merlot(메를로)는 오크통 사용 등 양조방법에 따라 가장 자연스런 변화를 보여주는 품종이기도 합니다. 라뻴 밸리에서 생산되는 Merlot 100% 와인을 매력적인 아이템으로 추천합니다.

Syrah(씨라) 품종은 1996년부터 칠레에서 재배되기 시작했습니다. 칠레가 전통적인 보르도 블렌딩 외에 새롭게 밀고 있는 품종입니다. 칠레의 Syrah(씨라) 와인은 양면의 얼굴을 가지고 있어, 서늘한 해안 산지에서는 프랑스 론 지방 느낌의 우아하고 드라이한 Syrah(씨라) 와인이 생산되고, 온난하고 건조한 산지에서는 호주 Shiraz(쉬라즈) 와인 같이 스파이시하면서도 농축된 과일 향이 풍부한 와인으로 만들어집니다.

최근 들어 좋은 결과를 보이고 있는 칠레의 Malbec(말벡) 품종 레드 와인도 앞으로 주목해볼 만합니다.

칠레 와인 레이블 읽기

❶ **브랜드(와인명)** : 몬테스 알파, 28,000원선
❷ **포도품종** : Cabernet Sauvignon(까베르네 쏘비뇽)
＊CS 90%에 Merlot가 10% 정도 섞이지만, 칠레는 한 품종이 85% 이상 사용되면, 그 품종만 레이블에 표기할 수 있다.
❸ **빈티지** : 포도 수확 및 와인 양조년도
❹ **와인산지** : Cochagua Vally(꼴차구아 밸리)
❺ **병입장소** : 와이너리(Estate)에서 직접 병입
❻ **생산국** : 칠레
＊와인회사(와이너리) 이름은 Viña Montes(비냐 몬떼스)인데, 레이블에는 표기되지 않았다.

칠레의 주요 와이너리

칠레의 와인 생산회사들(wine producers)은 설립시기를 기준으로 크게 3가지 유형으로 나눠볼 수 있습니다.

19세기 중반 이후 설립된 유서 깊은 명문 와이너리들과 칠레가 세계시장에 본격적으로 진입한 1990년 전후로 정치인, 대기업의 가족, 와인전문가 등이 새로이 와인산업에 참여하여 성공을 거둔 신흥 명문 와이너리들을 양대 축으로, 20세기 초중반에 만들어져 나름대로의 역사를 만들어가고 있는 신흥 와이너리들이 있습니다.

스페인어로 포도밭(Vineyards)을 Viña(비냐) 또는 Viñedos(비녜도스)라고 하는데, 와이너리 이름 앞에 주로 붙습니다.

• 19세기 중반 이후 설립된 유서 깊은 와이너리

Viña La Rosa(비냐 라 로사 1824년), Carmen(까르멘 1850년), Cousiño-Macul(꼬우시뇨 마꿀 1856년), San Pedro(싼 페드로 1865년), Errazuriz(에라쑤리스 1870년), Tarapaca(타라파카 1874년), Santa Carolina(싼따 까롤리나 1875년), Valdivieso(발디비에소 1879년), Santa Rita(싼따 리따 1880년), Concha y Toro(꼰차 이 또로 1883년), Undurraga(운두라가 1885년), J. Bouchon(훌리오 부숑 1892년), Casa Silva(까사 씰바 1892년) 등

• 20세기 초중반에 설립된 와이너리

Canepa(까네빠 1930년), Santa Ema(싼따 에마 1931년), De Martino(데 마르띠노 1934년), Viu Manent(뷰 마넨트 1935년), Santa Helena(싼따 헬레나 1942년), Viña Maipo(비냐 마이뽀 1948년), Ronciere(로씨에레 1949년), Aresti

톰 스티븐슨이 선정한 칠레 TOP 10 와이너리

No	와이너리	No	와이너리
1	Concha y Toro (꼰차 이 또로)	6	De Martino (데 마르띠노)
2	Cono Sur (꼬노 수르) *Concha y Toro사의 자회사	7	Errázuriz (에라쑤리스)
3	Montes (몬떼스)	8	Miguel Torres (미겔 또레스) *칠레에 진출한 스페인 와이너리
4	Almaviva (알마비바)	9	Valdivieso (발디비에소)
5	Emiliano Orgánico (에밀리아나 오르가니꼬)	10	Neyen (네옌)

- 출처 : 《Wine Report 2009》 - Tom Stevenson -
- 《와인 바이블》의 저자 케빈 즈렐리는 칠레의 7대 와이너리로 Concha y Toro(꼰차 이 또로), San Pedro(싼 페드로), Errazuriz(에라쑤리스), Santa Carolina(싼따 까롤리나), Santa Rita(싼따 리따), Undurraga(운두라가), Canepa(까네빠)를 꼽았다.

(아레스띠 1951년), Bisquertt(비스께르뜨 1965년), Luis Felipe Edwards (루이스 펠리뻬 에드워즈 1976년) 등

• 1990년 전후로 설립된 신흥 와이너리

Viñedos Emiliana(비녜도스 에밀리아나 1986년), Montes(몬떼스 1988년), Los Vascos(로스 바스꼬스 1988년), Gracia(그라씨아 1989년), Viña Sulti (비냐 쑬띠 1990년), Odfjell(오드펠 1991년), Haras de Pirque (아라스 데 삐르께 1991년), Vinedos Errazuriz Ovalle S.A (비녜도스 에라쑤리스 오발레 1992년), Vina Casablanca(비냐 까사블랑까 1992년), Calina(깔리나 1993년), Cono Sur(꼬노 수르 1993년), Aquitania(아퀴다니아 1993년), Casa Lapostolle(까사 라뽀스또예 1994년), Morandé(모란데 1996년), Terramater(떼라마떼 1996년),

'Yali(얄리)'라는 브랜드로 잘 알려진 벤띠스께로사의 프리미엄급 와인 〈팡지아, 씨라〉 97,000원선.
꼴차구아 밸리 최초의 Apalta 빈야드에서 재배되는 Syrah 100%로 만들어진다.
호주의 세계적인 와인메이커 존 듀발과 벤띠스께로사의 수석 와인메이커 펠리뻬 또쏘의 합작품이다.

Leyda(레이다 1997년), Baron Philippe de Rothschild Chile(바롱 필립 드 로칠드 칠레 1997년), Ventisquero(벤띠스께로 1998년), Veramonta(베라몬떼 1998년), Matetic(마테틱 1999년), Mont Gras(몽 그라스 2003년) 등

- Los Vascos(로스 바스꼬스)는 칠레의 오래된 와이너리 중의 하나로, 1988년 프랑스의 와인 명가 Château Lafite Rothschild(샤또 라피뜨 로칠드)의 자본과 기술 투자를 받아 품질로도 손꼽히는 와이너리로 새롭게 재탄생했다.

Wine Lesson 101

악마의 저장고, 〈까시예로 델 디아블로〉

꼰차 이 또로(Concha y Toro)사의 〈Casillero del Diablo(까시예로 델 디아 블로)〉는 한국에서 가장 인기 있는 중저가 칠레 와인 중 하나로, 140여 개국에 수출되어 1초에 한 병씩 팔리는(One Second One Bottle) 세계적인 스테디셀러 와인이다. Casillero del Diablo는 '악마의 저장고(Devil's Cellar)'라는 뜻으로, 일꾼들이 몰래 와인을 훔쳐가는 것을 막기 위해, 지하저장고에 악마가 출몰한다는 소문을 퍼뜨린 데서 유래한 이름이다. 지금도 그 지하저장고는 그대로 보존되어 관광명소가 되어 있다. 실제로 와인 병 목 부분에 악마의 얼굴을 붙여 놓았는데, 이름의 유래처럼 대단히 뛰어난 와인은 아니지만 부담 없는 가격에 마실 수 있는 맛있는 미디엄 바디 가성비 와인이다. 붉은 악마가 마스코트인 프리미어리그 맨체스터 유나이티드의 공식 와인으로도 유명세를 탔고, 2018년에는 우리나라의 TV 광고에 등장하기도 했었다.

같은 브랜드로 CS, Merlot, Pinot Noir, Shiraz, Chardonnay 등 여러 가지 품종의 와인들이 생산된다. 특히 〈Casillero del Diablo, Cabernet Sauvignon〉 와인은 저렴하면서도 프로시아니딘 함량이 매우 높아 건강을 위해 집에 재어 놓고 마시기에 딱 좋은 와인으로 강추! 가격도 많이 착해져서 이제는 마트에서 1만 원 전후로 구입할 수 있다.

까시예로 델 디아블로 브랜드 와인들

① 빌라드 이스테이트사의 〈그랑 뱅 르 샤르도네〉 Chardonnay 100%. 5만 원선.
② 비녜도스 에라쑤리스 오발레(E.O.V)사의 〈마르치게 M, 까베르네 프랑〉 와인. CF 100%. 14만 원선.
③ 끌로 퀘브라다 데 마꿀사가 칠레의 세계적인 와인메이커 이그나시오 레까바렌 등과 함께 만든 명품 와인 〈도무스 어리어〉 CS 85% : CF : PV : Merlot. 프렌치 오크통 20개월 숙성. 1986년 파리와인올림픽 우승. 12만 원선.
④ 꼰짜 이 또로사의 자회사인 비냐 마이뽀사의 〈레쎄르바, 까베르네 쏘비뇽〉 CS 100%. 33,000원선.
⑤ 싼 페드로사의 포도밭 위도를 뜻하는 〈35° 사우스, 까베르네 쏘비뇽〉 CS 100% 24,000원선.

⑥ 타라파카사가 마이뽀 밸리에서 CS 100%로 만든 〈그란 레쎄르바, CS〉 와인은, 프렌치와 아메리카 오크통을 섞어 12개월간 숙성시켰으며, 밸런스가 좋은 칠레 까베르네 쏘비뇽 와인의 전형적인 맛을 보여준다는 평을 듣는다. 3만 원선.
⑦ 싼따 에마사의 〈엠플러스, 까베르네 쏘비뇽〉 CS 100%. 2012년 핵안보정상회의 특별만찬 '한식' 선정 와인. 48,000원선.
⑧ 꼰차 이 또로사의 〈마르께스 데 까사 꼰차, 메를로〉 Merlot 88% : CS 12%. 2012년 서울핵안보정상회의의 공식 환영 리셉션에 사용되었으며, 2010년 칠레 건국 200주년 기념식에도 건배주로 선정되었던 월드클래스 프리미엄 와인이다. 같은 브랜드의 까르메네르 레드 와인과 샤르도네 화이트 와인도 강추! 32,000원선.
⑨ 〈페레즈 크루즈 레쎄르바, 까베르네 쏘비뇽〉 CS 94% : Syrah 5% : Caremenère 1%. 바닐라 터치에 농익은 붉은 과일과 스파이시함이 느껴진다. 34,000원선.
⑩ 싼따 로라사의 〈로라 하트윅, 레쎄르바도 까르메네르〉 Caremenère 100%. 오너가 부인의 향수병을 달래주기 위해 부인 이름으로 만든 브랜드이다. 25,000원선.

① 칠레 유기농 와인을 선도하는 비녜도스 에밀리아나사의 〈SOD, 샤르도네-비오니에〉 Chardonnay 67% : Viognier 18% : Marsanne 8% : Roussanne 7%. 6만 원선.
② 레이다 밸리의 레이다사가 생산하는 〈싱글 빈야드 가루마, 쏘비뇽 블랑〉 35,000원선.
③ 〈싼따 까롤리나 레쎄르바 까베르네 쏘비뇽〉 CS 100%. 가격대비 품질이 매우 뛰어난 와인이다. 18,000원선.
④ 싼따 헬레나사의 〈베르누스, 까베르네 쏘비뇽〉 CS 86% : Carmenère 9% : Syrah 5%. 5만 원선.
⑤ 비냐 벤띠스께로사의 〈얄리 리미티드 에디션. CS〉 CS 85% : Syrah 15%. 프렌치 오크통 18개월 숙성. 39,000원선.

⑥ 페레즈 크루즈사의 〈레쎄르바 리미티드 에디션, 씨라〉 Syrah 90.5% : Carmenère 9.5%. 6만 원선.
⑦ 포도품종 본연의 플레이버를 가장 정직하게 표현해내기로 유명한 전통 명가 꼬우시뇨 마꿀사의 품질 좋은 대표 와인인 〈안띠구아스 레세르바, 까베르네 쏘비뇽〉 CS 100%. 4만 원선. * 와이너리 설립자 마티아스 꼬우시뇨의 아들 루이스 꼬우시뇨는 필록세라가 유럽 전역을 휩쓸기 전에 프랑스 포도나무를 칠레에 가져와 심는데 결정적인 역할을 했고, 칠레의 대표 아이콘 와인 알마비바 프로젝트를 성공으로 이끈 장본인이기도 하다.
⑧ 아라스 데 삐르께사의 〈에쿠스, 까베르네 쏘비뇽〉 CS 100%. 묵직하고 맛깔스런 이 와인은 가격 대비 품질이 뛰어나서, 우리나라 30~40대 남성들이 가장 선호하는 레드 와인 중 하나로 꼽힌다. 34,000원선.
⑨ 전통의 운두라가사의 프리미엄급 와인 〈파운더스 컬렉션, 까베르네 쏘비뇽〉 62,000원선.
⑩ 전통 방식을 고수하며 와인을 생산하는 뷰 마넨트사의 〈Viu 1〉 Malbec 90% : Cabernet Sauvignon 10%. 30만 원선.
* 칠레에서도 말벡 품종의 품질이 계속 향상되면서 주목받고 있다.

칠레의 신흥 부띠끄 와이너리, 비냐 빅(Viña VIK)

비냐 빅 와이너리

비냐 빅(Viña VIK) 와이너리는 2009년이 첫 빈티지이지만 단시간 내에 칠레 최고의 와인들인 〈알마비바〉나 〈쎄냐〉와 어깨를 견줄 만큼 빠른 성장을 했다. 노르웨이 출신 억만장자 사업가인 알렉산더 빅(Alexander Vik)이 쌩 떼밀리옹 지역 사또 빠비의 전 소유주였던 패트릭 발레와 의기투합해서 칠레 꼴차구아 밸리의 핵심 아팔타 밸리의 북쪽 경사면인 미야우에(Millahue, 황금의 땅) 밸리에 설립한 벤처 와이너리이다. 샤또 마고 등에서 양조를 담당했던 크리스띠앙 발레호가 와인메이커로서 자연친화적인 와인을 만들고 있는데, 2012년 브라질의 블라인드 테이스팅 대회에서 보르도의 그랑 크뤼 샤또들을 모두 제치고 〈뻬트뤼스〉 다음으로 좋은 점수를 받아 세계를 깜짝 놀라게 했다.
양조가, 기상학자, 지리학자, 포도재배학자, 농학자로 구성된 드림팀인 비냐 빅의 와인철학은, 첨단기술로 자연을 지배하는 것이 아니라, 과학을 기반으로, 열정을 동력삼아, 가장 자연 친화적이고 예술적인 와인을 만든 것이다. 12개의 미세 기후와 13가지 토양 타입에서 자란 포도로 특징적인 와인들을 만들어낸다.

▶ VIK

비냐 빅(VIK)사의 보르도 스타일 플래그쉽 와인 〈VIK〉. 19만 원선. 블렌딩 비율은 CS 53% : Carmenère 35% : CF 6% : Merlot 4% : Syrah 2%. 프렌치 오크통에서 23개월 숙성시켰으며, 숙성잠재력은 약 25년 이상. 2012 빈티지는 James Suckling 95점, 2016은 99점.

▶ Milla Cala(미야 깔라)

〈Milla Cala(미야 깔라)〉는 비냐 빅의 플래그쉽 와인인 〈VIK〉의 세컨 와인격인 와인이지만, 2018년 WS TOP 100 22위를 자지했다. 블렌딩 비율은 CS 50% : Carmenère 35% : CF 8% : Merlot 3% : Syrah 4%. 숙성잠재력은 약 15년 이상. 58,000원선.

▶ La Piu Belle(라 피유 벨)

비냐 빅(VIK)사의 〈라 피유 벨(La Piu Belle)〉 '세상에서 가장 아름다운'이란 뜻으로, 아티스트와 콜라보로 만든 독특한 레이블이 압권이다. 얼핏 보면 원주민 소녀 같지만, 북유럽 신화에 나오는 미와 사랑의 여신인 프레이야(Freyja)를 표현한 것으로 칠레 출신의 화가 곤잘로 씨엔푸에고스가 이 와인을 마셔본 느낌을 표현한 작품이다. 블렌딩 비율은 CS 51% : Carmenère 34% : CF 8% : Merlot 6% : Syrah 1%. 숙성잠재력은 약 18년 이상. 12만 원선.

비냐 빅(Viña VIK) 와이너리

Hotel VIK

비녜도 차드윅

차드윅 회장이 젊은 시절 폴로 선수이기도 했던 아버지에게 폴로 경기장을 포도밭으로 개간하는 것을 어렵게 허락받고 만든 와인이다. 아버지는 포도밭을 개간한 다음 해 돌아가셨고, 그는 좋은 포도를 위해 7년을 기다린 끝에 첫 빈티지를 만들었다. 그렇게 탄생한 와인을 아버지 알폰소 차드윅에게 헌정했고, 그 와인이 바로 부드러운 타닌의 대명사 〈비녜도 차드윅〉이다.

CS 100% 혹은 Caremenère가 5% 전후로 섞이기도 한다. 2014년 빈티지가 제임스 서클링으로부터 칠레 와인 최초로 100점 만점을 받았다. 35만 원선

돈 막시미아노

와이너리 설립자 막시미아노 에라쑤리스의 이름을 딴 헌정 와인. 설립자의 5대손이자 칠레와인협회장을 역임했던 에두아르도 차드윅 현 회장이 1983년 회사에 본격 합류하면서 보르도로 건너가 '현대 와인 양조학의 아버지'로 불리는 에밀 뻬노 교수에게 와인 양조법을 배워 탄생시킨 와인이다. CS 100% 또는 CS 65~85%에 Caremenère 8~15%, Malbec, Syrah, Petit Verdot, CF 등이 블렌딩된다.

프렌치 오크통에서 22개월 숙성(뉴 오크 약 68%). 16만 원선

쎄냐

미국 와인의 대부, 로버트 몬다비와 합작으로 만든 칠레 최초의 칠레 - 캘리포니아 합작 와인이다. 1991년 로버트 몬다비가 칠레를 방문했을 때 에라쑤리스의 차드윅 회장은 드라이빙 가이드를 자처했고, 그리 시작된 인연으로 두 회사가 합작한 〈쎄냐〉는 1999년에 첫 빈티지가 탄생했다.

CS 품종을 중심으로(50~60%) Caremenère와 Merlot만 블렌딩되다가 2001년부터는 CF가 추가되었고, 2004년부터는 PV도 포함되었고, 2007년부터는 스파이시하고 복합적인 향미를 위해 Caremenère의 비중이 높아졌고, 그 후 Malbec도 간혹 블렌딩된다. 2015년 빈티지가 제임스 서클링 100점 만점. 27만 원선

미국 와인이 해외시장에서 인정받게 된 결정적인 계기는 1976년 파리에서 열렸던 블라인드 테이스팅(파리의 심판)이었다(466쪽 참조). 이를 벤치마킹해서 칠레 에라쑤리스(Errazuriz)사의 에두아르도 차드윅 회장(설립자의 5대손)은 '파리의 심판'을 주도했던 스티븐 스퍼리어를 찾아가 베를린 테이스팅을 제안하고 기획했다. 에라쑤리스사 입장에서는 위험부담이 큰 도박(?)과 같은 도전이었지만, 결국 2004년 1월 23일 베를린 리츠칼튼 호텔에서 〈샤또 마고〉 〈샤또 라피뜨 로췰드〉 〈샤또 라뚜르〉 등의 보르도 1등급 그랑 크뤼 와인을 비롯해 〈티냐넬로〉, 〈사씨까이아〉, 〈쏠라이아〉, 〈구아도 알 따쏘〉 등 이탈리아의 수퍼 또스까나 와인들과 에라쑤리스의 3개 와인들의 2000년, 2001년 빈티지 총 16가지 와인들을 대상으로 블라인드 테이스팅 행사가 개최되었다. 심사위원은 유럽 최고의 와인전문가 50명이었다. 여기서 에라쑤리스의 〈비녜도 차드윅(Vinedo Chadwick) 2000〉이 1위, 〈쎄냐(Seña) 2001〉가 2위를 모두 차지했다. 1,000달러가 넘는 프랑스의 보르도 그랑 크뤼 와인들을 100~200달러짜리 칠레 에라쑤리스 와인들이 누른 것이다. 3위는 〈샤또 라피뜨 로췰드 2000〉, 4위는 〈쎄냐(Seña) 2000〉, 5위는 〈샤또 마고 2001〉. 그리고 에라쑤리스사의 〈돈 막시미아노(Don Maximiano) 2001〉은 전체 16개 중 9위였다. 이 결과는 그동안 '가격 대비 맛은 꽤 괜찮은, 하지만 최고는 아닌' 칠레 와인의 위상을 최고의 반열에 올려놓게 되는 사건이었다. 이를 두고 와인전문가들은 '파리의 심판'에 빗대 '베를린의 심판'이라고 부르기도 했다. 이후 이 행사는 2014년까지 10년간 유럽, 아메리카, 아시아 등 세계 주요 도시를 돌며 22회나 개최되었다. 2005년 상파울로, 2006년 토론토와 도쿄, 2008년 뻬이징, 2009년 런던, 2010년 뉴욕, 홍콩, 2011년 취리히 등이며, 서울에서도 2008년과 2013년 두 번에 걸쳐 개최되었다. 결과는 항상 칠레 에라쑤리스 와인 3종 중 최소 1개는 3위 안에 선정되었으며, 그 중 무려 9번이나 1위를 차지했다. 2004년 처음에 9위를 했던 〈돈 막시미아노〉는 그 후 5번이나 1위에 오르면서 그 가치를 증명했다.

※ 에라쑤리스(Errazuriz)사는 직접 재배한 포도로 와인을 담그는 '이스테이트 와이너리(Estate Winery)'이다. 에라쑤리스 가문은 칠레 대통령 4명과 대주교 2명을 배출한 '칠레의 케네디가'로 불리는 명문가이다. 설립자 돈 막시미아노 에라쑤리스는 1870년 칠레 중북부 아꽁까구아 밸리에 와이너리를 세웠다. 정적이었던 아우구스토 피노체트 전 대통령의 토지개혁으로 인해, 어쩔 수 없이 마이뽀 밸리 포도밭의 대부분을 칠레의 가장 큰 와이너리인 꼰차 이 또로사에게 매각당한 뒤 새로운 와인경작지를 찾아 나섰다가 우연히 발견한 땅이었다. 그는 일조량이 많은 이곳에 칠레 최초로 프랑스 포도품종을 심었다. 그가 칠레 와인생산지 최초로 보르도를 방문해 직접 골라온 묘목이었다. 반면 꼰차 이 또로사는 새로 구입한 마이뽀 밸리 포도밭에서 설립자를 기리는 〈돈 멜초르〉라는 프리미엄급 와인을 양산하기 시작했는데, 이를 지켜본 에라쑤리스사는 속이 쓰릴 수밖에 없었다. 더구나 꼰차 이 또로사는 돈 멜초르 포도밭의 상당 부분을 샤또 무똥 로췰드와의 합작 와인인 〈알마비바〉를 위해 제공했으니, 꼰차 이 또로사의 〈돈 멜초르〉, 〈알마비바〉가 모두 원래 에라쑤리스사 포도밭에서 생산되고 있는 것이다. 에라쑤리스사는 마이뽀 밸리에 남겨둔 폴로 경기장을 포도밭으로 개간해 와인을 만드니, 바로 〈비녜도 차드윅〉이다. 에라쑤리스사의 또 다른 퀄러티 와인인 Syrah 100%로 만든 〈La Cumbre(라 쿰브레) 15만 원선〉,Caremenère를 주품종(87~96%)으로 한 〈KAI(카이), 25만 원선〉 등도 기억할 만하다.

아르헨티나는 남미 대륙에서 브라질에 이어 두 번째로 큰 나라지만, 와인 생산량이 세계 5위이며, 칠레보다 5배나 많은 와인을 생산한다는 사실을 아는 사람은 많지 않을 겁니다. 콜럼버스의 신대륙 발견 이후 아르헨티나는 약 300년(1515~1810)간 스페인의 식민통치를 받았고, 비슷한 처지였던 칠레와 마찬가지로 16세기 중반 스페인에 의해 포도나무가 처음 심어졌습니다. 19세기 초 독립 이후 1820년대부터 이탈리아, 프랑스, 스페인 등으로부터의 이민자들이 각기 자기 나라의 포도품종들을 가지고 들어와 포도재배와 와인양조 기술을 전파했습니다. 또 1890년대에 이르러서는 이탈리아를 비롯해 필록세라를 피해서 2차 이민을 온 유럽 각국의 와인생산자들이 다시 한번 아르헨티나 와인산업 토대 형성에 기여하게 됩니다.

아르헨티나는 남미 최대의 팜파스 대평원에서 생산되는 농축산물의 수출로 1920~30년대까지만 해도 세계 10위권의 부국(富國)이었습니다.

아차발 페레르사의 〈핀까 알따미라〉 20만 원선.

하지만 1차 세계대전 이후의 보호무역정책과 정치적 불안정, 1970~80년대의 극심한 경기침체를 거쳐 2001년에는 디폴트 선언까지 하는 시련을 겪으면서 와인산업도 발전의 기회를 얻지 못했습니다. 1990년대에 이웃 나라인 칠레가 생산 와인의 90% 이상을 수출하며 세계시장에 적극 진출할 때 아르헨티나는 반대로 90% 이상을 자국에서 소비했습니다. 품질개선의 노력 없이 대량 생산된 값싼 와인을 내수용으로 소비하는 식의 반복 패턴은 1990년대 이후 정치, 경제적 안정이 이루어지고 영국, 프랑스, 네덜란드, 스페인 등의 외국 자본과 기술이 대거 도입되면서 현대화되고 비약적인 발전을 이룹니다.

이제 아르헨티나는 신세계 와인 생산국 중 가장 큰 잠재력을 무기로 벤치마킹 대상이었던 칠레를 위협하고 있습니다. 많은 와이너리들이 품질 향상을 통해 국제적인 명성을 얻고 있으며, 독특한 구운 향이 배어나는 아르헨티나의 고급 와인들은 마치 탱고의 선율처럼 유연하면서도 강렬한 느낌으로 세계 와인 애호가들을 유혹하고 있습니다.

아르헨티나는 강수량은 적지만, 기후와 온도가 알맞고 배수에 용이한 토양을 가지고 있어 포도나무들이 건강하게 자랄 수 있는 환경입니다. 또한 안데스산맥 고지대의 눈이 녹아 포도밭에 흐르기 때문에 가장 깨끗한 환경에서 만들어지는 청정 와인으로 꼽힙니다.

① 프랑스 보르도 쌩떼밀리옹 지역의 명가 샤또 슈발 블랑이 아르헨티나의 떼라싸스 데 로스 안데스사와 합작 생산하는 〈슈발 데스 안데스〉 슈발 데스 안데스는 '안데스 산맥의 기사'란 의미이다. CS 56% : Malbec 40% : Petit Verdot 4%. 25만 원선.

② 까떼나 싸빠따사는 창업주인 니꼴라스 까떼나가 어머니의 성(姓)인 싸빠따를 합쳐서 지은 이름이며, 이 와인은 와이너리명 자체를 브랜드로 사용하고 있는 아르헨티나의 손꼽히는 명품 와인이다. 〈니꼴라스 까떼나 싸빠따〉 CS 90% : Malbec 5% : 기타 5%. RP 98점(2004년 빈티지). 18만 원선.

아르헨티나 와인의 등급 분류

아르헨티나는 와인산지별로 나름의 규정을 만들어 최소한의 관리를 하고 있을 뿐, 정부가 통제하는 특별한 와인 관련 법규는 없습니다. 레이블에 포도품종을 표시할 경우 그 품종이 최소 85% 이상이어야 한다는 규정 정도가 있을 뿐입니다. > 553쪽 표 참조

아르헨티나의 주요 와인산지

아르헨티나는 국토가 넓은 만큼 와이너리의 규모도 대부분 큰 편입니다. 1,000개 가까운 아르헨티나 와이너리 중에 600개 이상이 칠레와 아르헨티나의 경계인 안데스 산맥 기슭의 멘도사(Mendoza)◆ 지역에 있습니다. 포도밭 면적으로는 전체의 70% 이상(35만 에이커)인데, 이는 독일 전체 면적과 맞먹는 크기입니다. 아르헨티나 최고이자 최대의 와인산지인 멘도사에서 생산되는 와인들은 품질도 뛰어나서 아르헨티나 수출 와인의 90% 이상이 레이블에 'Mendoza'라는 생산지 표시를 달고 있습니다.

◆ 아르헨티나 와인의 수도라 할 수 있는 멘도사 지역에 위치한 포도밭들의 평균고도는 900m 이상으로 세계에서 가장 높은 고도에 위치한 포도산지이다. 연강수량이 많지 않은 멘도사 지역의 포도나무들은 뿌리를 매우 깊이 내려 미네랄 성분을 많이 함유하고 있는 것으로도 유명하다.

칠레 Cabernet Sauvignon(까베르네 쏘비뇽) 품종 와인에는 레스베라트롤(resveratrol)이라는 폴리페놀 성분이 많이 함유되어 있어 건강에 이롭다는 연구결과가 있다는 말씀을 드렸었는데요, 아르헨티나 와인도 그와 비슷한 평을 듣고 있습니다.

심장병 예방에 있어 화이트 와인보다 레드 와인이 더 탁월한 효과를 보이는데 이것은 폴리페놀 성분에 기인합니다. 이 성분은 태양에서 나오는 UV 광선에 의해 만들어지는데, 아르헨티나의 주요

포도재배지인 멘도사(Mendoza)는 청정지역인 안데스 산맥의 해발 900~1,200m 고지대에 위치하고 있어 폴리페놀 성분들의 함유량이 가장 높은 수준인 것으로 밝혀졌습니다.

특히 아르헨티나 Cabernet Sauvignon 와인은 폴리페놀 중 몸에 가장 이로운 프로시아니딘 성분이 풍부한 것으로 알려져 있습니다.

대표적으로 Catena Zapata(까떼나 싸빠따)사의 〈Catena Alta, Cabernet Sauvignon〉, Norton(노르똔)사에서 Cabernet Sauvignon(30%)과 Malbec(40%), Merlot(30%)를 블렌딩한 〈Privada(프리바다)〉 와인 등이 그런 이유들로 유명세를 타고 있습니다.

아르헨티나의 와인산지는 북부 산지들, 중앙의 꾸요(Cuyo), 남부의 파타고니아(Patagonia) 등 크게 세 지역으로 구분됩니다.

화이트 와인과 스파클링 와인이 많이 생산되는 북부 산지에는 쌀따(Salta), 까타마르까(Catamarca), 라 리오하(La Rioja)◆ 등이 포함되며, 중부의 꾸요에는 싼 후안(San Juan)◆, 멘도사(Mendoza) 등이, 남부 파타고니아에는 네우켄(Neuqúen), 리오 네그로(Río Negro) 등의 세부 산지들이 속해 있습니다.

◆ 라 리오하(La Rioja)는 쌀따와 함께 토착 화이트 품종인 또론떼스가 대표 품종으로, 고급 스파클링 와인이 많이 생산된다. 스페인의 대표산지인 Rioja(리오하)와 헷갈리지 마시길...

◆ 싼 후안(San Juan)은 멘도사의 뒤를 잇는 아르헨티나 제2의 와인산지로 일조량이 많고 해발 600m에 일교차가 커서 폴리페놀 함량이 높은 포도들이 생산된다.

아르헨티나의 포도품종

16세기 중반 스페인에 의해 처음 심어졌던 포도는 비티스 비니페라(Vitis Vinifera) 계열인 끄리오야 치카(Criolla Chica)로, 칠레의 빠이스(Pais),

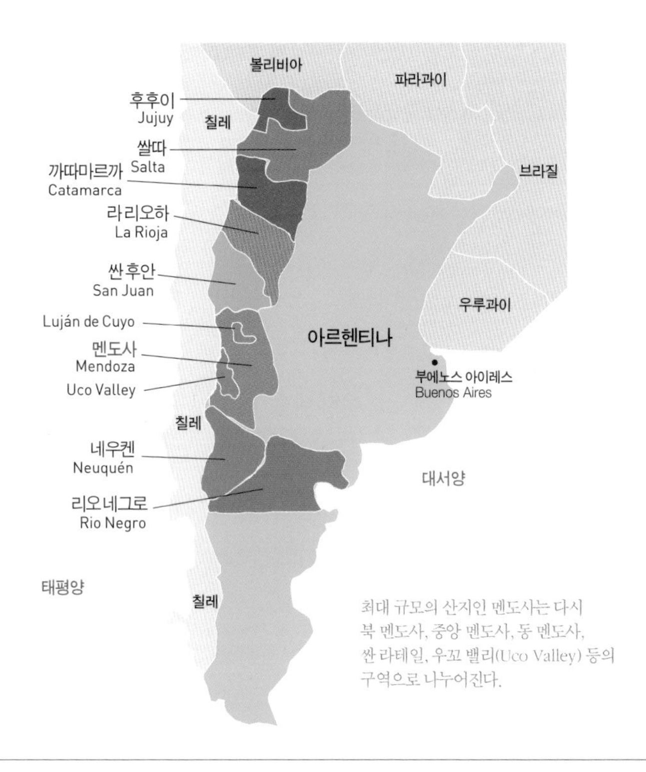

아르헨티나의 주요 와인 산지

캘리포니아의 미션(Mission) 품종들과 가까운 친척입니다. 이 품종의 재배 면적은 점차 줄고 있으나 아직은 내수용 저가 와인(Jug Wine)용으로 적지 않은 양이 재배됩니다.

하지만 이제는 '아르헨티나 와인'하면 무조건 Malbec(말벡) 품종이 먼저 떠오릅니다. Malbec은 현재 재배면적도 가장 많은(20%) 아르헨티나의 국가대표 품종입니다. 부동의 2위는 글로벌 레드

뜨라피체사의 〈오크 캐스트, 말벡〉
Malbec 100%. 2011 KWC 금메달.
와인의 이름에서 강조되고 있는 것처럼 프렌치 오크통에서
12개월 숙성시켜 가격 대비 품질이 뛰어나다.
35,000원선.

아르헨티나의 포도품종별 재배면적

말벡	까베르네 쏘비뇽	씨라	메를로	또론떼스	샤르도네
24,400ha (60,300ac)	17,700ha (43,700ac)	12,400ha (30,600ac)	7,400ha (18,300ac)	8,200ha (20,300ac)	5,800ha (14,200ac)

• 1ha(헥타르)≒3,000평(1정보)≒2.5ac(에이커)≒10,000㎡

품종인 Cabernet Sauvignon(까베르네 쏘비뇽)이며, 그 외에 Syrah(씨라), Merlot(메를로), Tempranillo(템프라뇨) 순으로 재배됩니다.

또 많은 이탈리아 이민자들의 영향으로 Bonarda(보나르다=Croatina), Sangiovese(산지오베제), Barbera(바르베라) 등도 꽤 재배됩니다. Río Negro(리오 네그로) 지역의 Pinot Noir(삐노 누아) 품종도 점차 주목받고 있습니다.

Bonarda 품종은 아르헨티나의 차세대 기대주이다. 순수한 과실과 꽃 향미를 중심으로 스파이시한 느낌도 들지만 타닌과 산미는 두드러지지 않는다. 유전적으로 프랑스 사부아 지역의 Douce Noir(두스 누아), 미국 나파 밸리의 Charbono(샤르보노)와 같은 품종이다.

화이트 품종으로는, 초록빛이 살짝 감도는 금빛 와인을 만드는 Torrontés(또론떼스)◆라는 품종이 가장 많이(전체 4위) 재배되며, Chardonnay(샤르도네), Chenin Blanc(슈냉 블랑), Sauvignon Blanc(쏘비뇽 블랑), Riesling(리슬링) 등이 뒤를 잇고 있습니다. 아르헨티나의 가장 우수한 화이트 와인들은 대부분 Chardonnay 품종으로 만들어집니다. 아르헨티나 역시 칠레처럼 프랑스 보르도 와인의 영향으로 블렌딩 와인도 많은 편입니다.

◆ 풀네임은 Torronte's Riojano (또론떼스 리오하노)이며, 아르헨티나 토착 품종으로 여겨지지만, 원래 고향은 스페인이다. 끄리올라 치카(Criolla Chica) 품종과 머스캣 오브 알렉산드리아(Muscat of Alexandria)의 교배종으로, 화려하진 않지만 은은한 살구, 복숭아 향과 상큼한 사과 향 아로마가 느껴진다. 주로 일반급 와인들로 만들어지지만, 떼라싸스 데 로스 안데스(Terrazas de los Andes)사 등에서는 고급 또론떼스 와인들도 생산된다.

아르헨티나 출신의 소박한 프란치스코 교황이 즐기는 와인으로 알려져 유명세를 탄 알따 비스따사의 또론떼스 품종 화이트 와인. 2만 원선.

아르헨티나 Mendoza의 근래 빈티지 점수

2001년	2002년	2003년	2004년	2005년	2006년	2007년	2008년	2009년	2010년
87점	94점	91점	90점	90점	91점	88점	86점	88점	89점
2011년	**2012년**	**2013년**	**2014년**	**2015년**	**2016년**	**2017년**	**2018년**	**2019년**	**2020년**
91점	87점	90점	87점	85점	84점	92점	90-93점	91-94점	-

• 출처 : 《Wine Spectator》

아르헨티나 Malbec 말벡 | 188쪽, 256쪽 참조 |

아르헨티나는 1853년 와인산업 활성화를 위한 국가적 프로젝트의 일환으로 프랑스 보르도 지방이 원산지인 Malbec(말벡) 품종 포도나무를 도입하였습니다. 기후나 토양 등의 궁합이 잘 맞았는지 프랑스에서는 비중 낮은 조연에 불과했던 Malbec이 아르헨티나에서는 단독 주연으로 각광을 받으면서 아르헨티나 와인과 동의어를 쓰일 정도로 스타 품종으로 자리매김했습니다. Malbec 품종의 도입으로 인해 아르헨티나 와인에 독자성이 부여된 것입니다.

2011년 들어 아르헨티나 정부는 Malbec 와인의 마케팅을 위해 Malbec 품종이 아르헨티나에 처음 도입되었던 날짜인 4월 17일을 'Malbec World Day'로 지정하고 정부 차원의 국제적인 행사로 지원하고 있습니다.

Malbec 품종은 Cabernet Sauvignon(까베르네 쏘비뇽)이나 Syrah(씨라)처럼 타닌이 많은 편이고 빛깔이나 맛에서 진한 느낌을 줍니다.

〈에르만다드, 말벡〉 멘도사 우꼬 밸리 Malbec 100%. 스테인리스 스틸 탱크에서 5일간 저온(8도) 발효 후, 28일간 최대 30도로 발효시켜, 과일 향미와 부드러운 타닌을 느끼게 한다. 75,000원선.

① 멘도사와인코리아에서 OEM 방식으로 수입해서 제작하는 〈포도와人, 샤르도네〉 Chardonnay 100%. 25,000원선.
② 이탈리아 이민자 돈 호세 에두아르도가 1919년에 설립한 끄로따사의 Bonarda-Malbec 블렌딩 와인. 18,000원선.
③ 파스깔 또소사의 말벡 와인. Malbec 100%. 자두, 바닐라, 오크 향이 잘 조화를 이룬다. 이탈리아 삐에몬떼 이민자인 파스꾸알 또소는 로버트 몬다비사의 와인메이커였던 Paul Hobbs를 영입해 같은 방식으로 와인을 만들고 있다. 34,000원선.
④ 칠레의 꼰차 이 또로사가 1996년 아르헨티나에 설립한 뜨리벤또사의 〈골든 리저브, 말벡〉 Malbec 100%. 진하고 농익은 향미의 말벡 와인이다. 6만 원선. 뜨리벤또사의 〈리저브, 말벡〉은 아르헨티나 말벡 와인의 전형이라고 할 수 있다.
⑤ 2004년도 '베스트 아르헨티나 까베르네 쏘비뇽 와인'으로 선정된 뜨라피체사의 〈브로켈 까베르네 쏘비뇽〉 CS 100%. 17,000원선. 초콜릿 향미를 풍기는 이 와인을 좋아하시는 분이 참 많습니다.

⑥ 발렌틴 비안치사의 로제 와인. CS 100%. 16,000원선.
⑦ 와인명인 끌로 드 로 씨에떼(Clos de los Siete)는 영어로 'Winery of the Seven'이라는 뜻이다. 세계 최고의 와인 컨설턴트 미셸 롤랑을 비롯한 보르도의 유명 와인메이커 일곱명이 멘도사의 Vista Flores에 각자의 포도밭을 만들고 재배해 미셸 롤랑의 감독 하에 선별, 양조, 블렌딩해서 만든 밸런스가 매우 뛰어난 와인이다. 블렌딩 비율은 Malbec 50% : Merlot 30% : CS 10% : Syrah 10%를 기본으로 빈티지에 따라 일부 변경된다. 45,000원선.
⑧ 아르헨티나에서 국빈 만찬 와인으로 자주 사용되는 라 루랄사의 〈펠리뻬 루띠니〉 CS 50% : Merlot 40% : Malbec 7% : Syrah 3%. 22만 원선.
⑨ 알따 비스따사의 〈알또〉. 새 프렌치 오크통에 18개월간 숙성시켜 강렬함과 부드러움이 조화를 이룬 명품 와인. Malbec 80% : Cabernet Sauvignon 20%. 22만 원선.
⑩ 세계적인 와인메이커 미셸 롤랑이 1995년 아르헨티나의 와인메이커와 공동으로 설립한 싼 페드로 데 야꼬추야사의 말벡 와인 〈야꼬추야〉 Malbec 90% : Cabernet Sauvignon 10%. 20만 원선.

© Bodega Argento
Malbec Red Wine & Beef Steak

프랑스의 까오르 지방에 비해 아르헨티나의 Malbec 와인은 상대적으로 빛깔은 더 여리고 목 넘김은 부드러운 반면, 피니쉬에서 강한 타닌이 느껴지는데 흙, 연기, 가죽 냄새 그리고 잼 맛도 살짝 느껴집니다. 물론 농익고 진하게 만든 스타일도 있습니다. 과일 중에는 검은 자두 맛이 나며, 영한 저가 와인의 경우 풀비린내가 살짝 느껴지기도 합니다. 다른 품종들이 진한 빛깔과 타닌을 얻기 위해 Malbec 품종을 블렌딩하기도 합니다.

미국에 이어 전 세계 소고기 소비량 2위인 아르헨티나에는 실제로 사람보다 소가 더 많다는데(사람 4,400만 : 소 5,400만), 팜파스 대초원에서 방목해 키운 소들은 육질이 부드럽고 영양성분이 많기로 유명합니다. 아르헨티나의 국민 음식인 소고기 요리와 잘 만들어진 Malbec 와인 한 잔과의 매칭은 항상 저를 설레게 합니다. 하지만 아쉽게도 아르헨티나 산 소고기는 국내에 수입되고 있지 않습니다.

Malbec을 100%로 만드는 와인도 많이 있지만, Malbec을 주품종으로 해 Merlot나 Cabernet Franc, Tannat(따나) 등을 소량 블렌딩해서 만드는 와인들도 있습니다. 물론 다른 품종이 일부 블렌딩되었다 해도 Malbec(말벡)이 85% 이상 주품종으로 사용됐다면, 레이블에는 그냥 'Malbec'으로만 표시됩니다. 예를 들어 〈Kaiken Ultra(카이켄 울트라), Malbec〉 와인의 경우, 실제로는 Cabernet Sauvignon 품종이 소량(3~8%) 블렌딩되기도 합니다.

카이켄사의 〈울트라, 말벡〉 4만 원선.

Wine Lesson 101

타닌 형제들(Tannin Brothers)

레드 와인에 많이 함유되어 있는 타닌 성분은 포도품종 자체의 함유량에도 차이가 있지만, 숙성되면서 오크통에서 배어나오기도 한다. 또 같은 품종이라도 산지별 토양에 따라서도 성분 차이가 생길 수 있다.

기본적으로 타닌 성분이 많은 레드 품종을 꼽자면, 맏형 격인 포르투갈 출신 Touriga Nacional(또오리가 나씨오날)을 선두로 Tannat(따나), Sagrantino(싸그란띠노), Petite Sirah(쁘띠 씨라), Petit Verdot(쁘띠 베르도), Nebbiolo(네비올로), Monastrell(모나스뜨렐), Nero d'Avola(네로 다볼라), Aglianico(알뤼아니꼬), Zinfandel(진펀델), Syrah(=Shiraz), Pinotage(삐노타쥐), Negroamaro(네그로아마로), Cabernet Sauvignon(까베르네 쏘비뇽), Malbec(말벡) 등이 있다.

반면에 상대적으로 타닌이 적은 품종으로는, Cinsault(쌩쏘), Pinot Noir(삐노 누아), Bobal(보발), Carignan(까리냥), Carmenère(까르메네르), Barbera(바르베라), Grenache(그르나슈), Bonarda(보나르다) 등이 있다. (182쪽 표 참조

아르헨티나 와인 레이블 읽기

❶ **브랜드** : 와인회사명 자체가 브랜드인 와인 (버라이어틀 레인지)

❷ **빈티지** : 포도 수확 및 와인 양조년도

❸ **품종** : Malbec(말벡)
*Malbec(말벡) 품종을 'Malbeck'이라고 표기하기도 한다.

❹ **와인산지 및 국가명** : 아르헨티나의 Mendoza(멘도사) 지역

❺ **와인회사명** : Catena Zapata(까떼나 싸빠따)사
* 1902년 이탈리아 이민인 Nicolas Catena(니꼴라스 까떼나)가 자신의 이름과 어머니 성인 Zapata(싸빠따/자파타)를 합쳐 이름을 지은 아르헨티나의 손꼽히는 와이너리이다.

- 아르헨티나 와인의 레이블에는 다른 신세계 국가들과 마찬가지로 포도품종, 생산회사, 생산지역 등이 알기 쉽게 표시되어 있다.
- 아르헨티나에서는 와이너리(winery) 이름 앞에 Bodega(보데가), Bodegas(보데가스), Finca(핀까) 등이 붙는다. Bodega는 '와인저장소', Finca는 '농장'이라는 뜻이다.

아르헨티나에 대한 외국 자본 투자

외국 와이너리	나라	아르헨티나 소재 와이너리
O. Fournier O. 푸르니에	스페인	O. Fournier O. 푸르니에
Cordoniu 꼬르도니우	스페인	Septima 셉티마
Ch. Léoville-Poyferré 샤또 레오빌 뿌아페레	프랑스	Cuvelier los Andes 꾸벨리에르 로스 안데스
Ch. Le Gay 샤또 르 게이	프랑스	Monteviejo 몬떼비에호
Ch. Dassault 샤또 다쏘	프랑스	Flechas de los Andes 플레차스 데 로스 안데스
Pernod Ricard 페르노 리카	프랑스	Etchart 에샤르
Lurton 뤼르똥	프랑스	François Lurton 프랑수아 뤼르똥
Moët et Chandon 모에 에 상동	프랑스	Bodegas Chandon 보데가스 상동
Ch. Cheval Blanc 샤또 슈발 블랑	프랑스	Cheval des Andes 슈발 데스 안데스
Sogrape Vinhos 쏘그라페 비뉴스	포르투갈	Finca Flichman 핀카 플리츠만
Concha y Toro 꼰차 이 또로	칠레	Trivento 뜨리벤또 / San Martin 싼 마르띤
Hess 헤스	스위스	Colomé 꼴로메
Paul Hobbs 폴 홉스	미국	Cobos 꼬보스

• 출처 : 《와인바이블》 - Kevin Zraly -

아르헨티나의 주요 와이너리

Catena Zapata(까떼나 싸빠따), Trapiche(뜨라피체), Achaval-Ferrer(아차발 페레르), Alta Vista(알따 비스따), Norton(노르똔/노턴), Cheval des Andes(슈발 데스 안데스), Clos de los Siete(끌로 데 로스 씨에떼), Flechas de los Andes(플레차스 데 로스 안데스), O. Fournier(O. 푸르니에), Salentein(쌀렌타인), Kaiken(카이켄), Michel Torino(미쉘 또리노), Trivento(뜨리벤또), Familia Zuccardi(파밀리아 수까르디), Luigi Bosca(루이히 보스까), Cobos(꼬보스), Doña

보데가 델 핀 델 문도사의 아이콘 와인 〈스페셜 블렌드〉
CS, Malbec, Merlot 블렌딩

Paula(도냐 빠울라), Cuvelier los Andes(꾸벨리에르 로스 안데스), Enrique Foster(엔리께 포스떼르), François Lurton(프랑수아 뤼르똥), Mendel(멘델), Tikal(띠칼), Val de Flores(발 데 플로레스), Luca(루까), Etchart(에샤르), Terrazas(떼라싸스), Finca Flichman(핀까 플리츠만), Finca Sophenia(핀까 쏘페니아), Yacochuya(야꼬추야), Bodega del Fin del Mundo(보데가 델 핀 델 문도), Nieto Senetiner(니에또 쎄네띠네르), Navarro Correas(나바로 꼬레아스), Ruca Malen(루까 말렌), Argento(아르헨또), Diamandes(디아만데스), Amalaya(아말라야), El Porvenir(엘 뽀르베니르), Casa Bianchi(까사 비앙끼), Weinert(웨이네르뜨), Familia de Tommaso(파밀리아 디 토마쏘), Finca Quara(핀까 쿠아라), Matervini(마떼르비니), Susana Balbo(수사나 발보), Proemio(프로에미오) 등이 있습니다.

톰 스티븐슨이 선정한 아르헨티나 TOP 10 와이너리

No	와이너리
1	Catena Zapata (까떼나 싸빠따)
2	Noemía (노에미아)
3	Pulenta Estate (뿔렌따 이스테이트)
4	Cheval des Andes (슈발 데스 안데스)
5	O. Fournier (오 푸루니에)
6	Norton (노르똔 / 노턴)
7	Val de Flores (발 데 플로레스)
8	Alta Vista (알따 비스따)
9	Fabre Montmayou (파브레 몬뜨마요우)
10	Achaval Ferrer (아차발 페레르)

• 출처 : 《Wine Report》 - Tom Stevenson -

오스트리아 자본으로, 최초의 외국인 투자사인 노르똔사의 〈프리바다〉
Malbec 40% : CS 30% : Merlot 30%. 6만 원선.

① 빠스꾸알 또소사가 Chardonnay 100%로 만든 드라이 스파클링 와인. 알코올 도수 12도. 2만 원선.
② 싼따 아나사의 〈에코, 또론떼스〉 Torrontés 100%. 흰꽃 향과 살구 맛이 느껴지며 적당한 산도에 부드러운 질감이 좋다. 37,000원선.
③ 미셸 또리노사의 〈씨끌로 쏘비뇽 블랑〉 Sauvignon Blanc 100%. 6만 원선.
④ 우니베르쏘 데 오스뜨랑사의 〈우니베르쏘 데 로스 안데스 레쎄르바, 삐노 누아〉 32,000원선.
⑤ 핀까 플리츠만사의 〈미스터리오, 쉬라즈〉 Shiraz 100%. 23,000원선.

⑥ 아르헨티나의 대규모 가족경영 와이너리 중의 하나인 파밀리아 주까르디사의 〈싼따 줄리아, CS〉 CS 100%. 2만 원선.
⑦ 보데가 베네가스사의 고급 보르도 블렌딩 와인인 〈린치 메리티쥐〉 CF 50% : CS 30% : Merlot 15% : Petit Verdot 5%. 와이너리 설립자 티부르시오 베네가스는 아르헨티나에 보르도 품종들을 도입한 장본인이다. 10만 원선.
⑧ 〈카이켄 리저브, 말벡〉 칠레 몬떼스사가 아르헨티나에 설립한 카이켄사의 〈카이켄 리저브, 말벡〉 Malbec 100%. 23,000원선. *'Kaiken(카이켄)'은 안데스 산맥을 넘어 칠레와 아르헨티나를 오가며 서식하는 오리의 한 종류라고.
⑨ 알또스 라스 오르미가스사의 〈레쎄르바, 말벡〉 Malbec 100%. 체리, 자두 등의 진한 과일 풍미와 스파이시함이 느껴진다. 8만 원선.
⑩ 발렌틴 비안치사의 〈레오 프리미엄, 말벡〉 Malbec 100%. 프랑스 오크통에서 75% 숙성, 미국 오크통에서 25% 숙성. 잘 익은 서양자두, 체리, 배의 향미에 부드러운 질감과 묵직한 중후함을 같이 느낄 수 있다. 9만 원선.

안데스 산맥의 만년설이 보이는
멘도사 지역 포도밭

Special tip

저자가 추천하는 아르헨티나 말벡 와인

◆ 〈ISCAY(이스까이)〉 : 와인의 이름은 잉카어로 '둘(2)'이라는 뜻입니다. 두 가지 품종을 블렌딩했다는 의미와 동시에 전통과 혁신이라는 뜨라피체(Trapiche)사의 철학을 담아 자연과 인간의 조화라는 컨셉을 가지고 있습니다. 처음 이스까이 프로젝트를 시작할 당시에는 세계적인 와인메이커 미셸 롤랑과 뜨라피체사의 수석 와인메이커 다이엘 피의 합작으로 Malbec 50% : Merlot 50% 블렌딩으로 만들어졌습니다. 2008년 빈티지부터는 미셸 롤랑 대신 트라피체의 수석 빈야드 관리자인 마르셀로 벨콘토가 다니엘 피와 합작으로 Malbec 70% : CF 30% 블렌딩으로 만들고 있는데, 2013년 빈티지가 제임스 서클링 점수 99점을 받기도 했습니다. 또 2012년에는 다니엘 피가 Syrah(씨라) 품종 전문가인 그의 친구이자 캘리포니아 텐슬리 와이너리 오너 겸 와인메이커 조이 텐슬리와 함께 Syrah 97%에 Viognier 3%가 블렌딩된 〈ISCAY(이스까이)〉 와인도 내놨습니다. 7만 원선.

이스까이 Gala 1

◆ 〈Gala 1(갈라 원)〉 : 1901년도에 설립된 아르헨티나의 전통 있는 와이너리 Luigi Bosca(루이히 보스까)사 제품으로, Malbec 80% : Petit Verdot 15% : Tannat 5%로 블렌딩되어 있습니다. 멘도사의 Luján de Cuyo에서 생산되며, 프렌치 오크통에서 14개월간 숙성되었습니다. 블랙베리, 레드베리 등의 과일 향미에 오크 숙성에서 오는 견과류 등의 복합미가 꽉찬 밸런스를 이룬다. 병 비주얼부터 고급스런 맛까지 매우 간지가 느껴지는 와인입니다. 가격은 7만 원선.
〈Gala 2〉는 CS : CF : Merlot 블렌딩, 〈Gala 3〉는 Viognier : Chardonnay : Riesling 블렌딩, 〈Gala 4〉는 Cabernet Franc 단일 품종으로 만들어집니다.

스페인 레드 와인 &
하몽(Jamón de bellota iberico)

스페인 화이트 와인 & 빠에야(Paella)

와인 구세계(Old World)의 잠자는 거인이자 숨어 있는 보석 스페인은 프랑스, 이탈리아에 이어 세계 3위의 와인 생산국으로, 포도밭◆ 면적은 세계 최대입니다.

◆ 무더운 기후에도 불구하고 스페인 와인들이 개성 없이 농익고 일률적인 맛이 아닌 이유는, 스페인 포도밭들의 고도가 대체로 높아 일교차에 따른 맛있는 산도가 잘 익은 당도와 좋은 밸런스를 이루기 때문이다. 리오하 알따, 리오하 알라베싸 지역 포도밭들의 고도는 보통 해발 500m 이상이며, 뻬네데스, 리베라 델 두에로의 많은 포도밭들은 고도가 800m 이상이며, 프리오라뜨의 포도밭들은 해발 900m 이상의 경사진 언덕에 있다.

가장 넓은 포도 재배 면적(약 969,000ha)에도 불구하고 와인 생산량이 3위인 것은 관개시설이 빈약한데다 건조한 기후와 척박한 토양때문에 포도나무당 간격이 상대적으로 넓기 때문입니다. 스페인은 포도재배와 와인양조 역사로만 보면 프랑스에도 뒤질 이유가 없지만, 1970년대 이전만 해도 와인의 고급화, 브랜드화에 있어 그 발전이 한참 뒤처져 있었습니다.

리베라 델 두에로 지역의 와인 명가 베가 시실리아사의 〈우니꼬(Unico)〉
Tempranillo를 주품종(70~80%)으로, CS, Malbec, Merlot 등이 블렌딩된 전통과 현대가 잘 조화된 와인이며, 수출은 전체 생산량의 약 17%에 불과하다. 오크통 숙성 10년 이상, 병입 숙성 3~5년 이상을 시켜야 출시되며, 100년까지도 보관이 가능하다. 작황이 좋은 해에만 제한적인 양이 생산되는 〈우니꼬(Unico)〉는 〈레르미따(L'Ermita)〉, 〈핑구스(Pingus)〉와 함께 스페인을 대표하는 3대 명품 와인으로 꼽히는데, 1981년 영국 찰스 황태자와 다이애나비의 결혼식 만찬 와인으로도 사용되었고, 한국에서는 배우 장동건이 프로포즈용으로 사용하였다하여 화제가 되기도 했다. 100만 원선.

리오하에서 5대째 와인을 만드는 집안 출신으로, 보르도대학에서 양조학을 공부하고, 샤또 뻬트뤼스와 나파의 스태그스 립에서 경험을 쌓은 천재 와인메이커 알바로 팔라시오스가 돌아간 곳은 리오하(Rioja)가 아니라 필록세라로 황폐해지고 잊혀졌던 불모지 땅 프리오라뜨(Priorat)였고, 그곳에서 스페인 최고의 컬트 와인인 〈레르미따〉를 탄생시켰다. Garnacha 85% : CS 10% : Cariñera 5%. 130만 원선.

* 세컨 와인격인 〈핀까 도피(Finca Dofi), 20만 원〉도 비슷한 블렌딩으로 만들어진 명품 와인으로, 1994년에 〈Clos Dofi〉에서 이름이 바뀌었다.

그리스, 페니키아에 이어 로마에 의해 포도재배와 와인생산 기술이 발전했으나, 8세기 초부터 800년 가까이 이베리아 반도에 들어와있던 이슬람교 무어인들에 의해 와인 생산과 소비가 제한되는 시련을 겪었습니다. 하지만 15세기 말 이사벨 1세의 카톨릭 왕국이 스페인을 통일하면서 미사를 위한 양조가 본격화되었고, 19세기에 이르러서는 와인산업이 체계화되기 시작했습니다.

1950년대 후반부터는 스페인의 대표 와인산지인 리오하(Rioja)◆를 중심으로 품질 향상을 위한 적극적인 노력이 시도되었고, 1970년에는 정부 주도의 원산지호칭법(DO)이 제정되었습니다. 또 1986년 EU에 가입한 이후 외국자본 유치도 활발해지고, 스테인리스 스틸 발효통 등의 현대적 설비와 기술이 도입됩니다.

◆ 리오하(Rioja)는, 에브로강의 한 지류인 오하(Oja, 빨강) 강(Rio) 이름에서 유래되었다.

알레한드로 페르난데스사가 리베라 델 두에로 지역에서 생산하는 〈띤또 뻬스께라, 그란 레쎄르바〉 와인. Tempranillo 100%. 3년간 오크통에서 숙성한 풀바디 와인으로 작황이 좋은 해에만 생산된다. 50만 원선. 같은 브랜드로 레쎄르바급(14만 원선), 크리안싸급(8만 원선) 와인도 생산되며, 또 가장 윗급인 〈Janus(하누스), 그란 레쎄르바(50만 원선)〉는 15년 이상 숙성시켜야 하는 '세계 100대 와인'으로, 전통적인 방식과 현대적인 방식으로 만든 2가지 와인을 반반씩 블렌딩한 것이다. 와인애호가이기도 한 맨체스터 유나이티드의 전설적인 명장 알렉스 퍼거슨이 감독 시절 가장 즐겼던 와인이 "Tintpo Pesquera(띤또 뻬스께라)" 브랜드 와인들이었다고 한다. 이 와인들은 전통방식에 따라 줄기를 제거하지 않고 양조하며, 정제과정 없이 숙성시키는 독특한 생산방식을 거친다.

* 스페인 최고의 와이너리인 베가 시실리아가 위치하고 있다고는 하지만, 1980년대 초반까지만 해도 리베라 델 두에로(Ribera del Duero) 지역은, 무명에 가까운 와인산지였다. 와인메이커 알레한드로 페르난데스(Alejandro Fernandez)가 1993년부터 자신의 이름을 건 와이너리에서 "Tintpo Pesquera(띤또 뻬스께라)"라는 브랜드로 뗌쁘라뇨 단일 품종 와인들을 생산하기 시작했고, 세계적인 와인 전문지들로부터 높은 평가를 받으면서 뛰어난 잠재력을 가진 산지로 주목받기 시작했다. 현재 알레한드로 페르난데스는 'Pesquera(뻬스께라) 그룹'으로 사업 규모를 확장해 기존 대표 브랜드 'Tinto Pesquera(띤또 뻬스께라)'에 'Condado de Haza(꼰다도 데 아싸, 601쪽 하단 와인)'를 추가했고, Toro(또로) 지역에 'El Vinculo(엘 빈쿨로)', 'Dehesa la Granja(데에사 라 그란하)'까지 총 4곳의 포도원에서 각기 다른 브랜드의 와인을 만들고 있다.

스페인 와인 Classification (분류/등급)

Quality Wine				Table Wine	
원산지통제규정 적용		생산지역 표시		지방(지역) 와인	테이블 와인
Vinos de Pago (VdP/VP)	DOCa (DOC)	DO	VCIG	Vino de la Tierra (VdlT)	Vino de Mesa (VdM)

〈EU Wine Regulations〉

DOP	IGP	VdS

- Vinos de Pago : 비노 데 빠고는 2003년 도입 결정 후, 2020년 기준으로 19곳이 지정되어 있다(609쪽 표 참조). 특정 산지(Region) 개념이 아닌, 개별 포도밭에 부여되는 최상위 카테고리로, 특별한 국지 기후와 토양, 그리고 탁월한 전통과 명성을 가진 개별 포도밭에 부여된다.
- DOCa : Denominación de Origen Calificada. 1991년 리오하가 처음으로 지정되었고, 2002년에 쁘라오라뜨가 지정되었고, 리베라 델 두에로는 2008년 지정 예정이었으나 아직 미지정 상태이다.
- DO : Denominación de Origen. 프랑스의 AOP(AOC)에 해당한다. 1970년에 제도가 정립되었고, 2012년 현재 71곳이 지정되어 있으며, 이는 스페인 와인의 약 50%에 해당한다.
- VCIG : Vinos de Calidad con Indicación Geográfica. 예전 프랑스의 VDQS, 이탈리아의 IGT와 비슷한 개념으로 2003년에 신설되었었는데, 지정 후 5년 이상 되면 DO로 승격할 수 있다.

◆ 2020년 기준으로 한국에서 수입되는 와인 중 스페인은 칠레, 이탈리아에 이어 3위이다. 프랑스, 미국, 호주보다도 많다. 물론 아직 상당량이 식품 원료용 벌크 와인이다.

스페인은 병에 담기지 않은 값싼 벌크 와인(bulk wine)◆을 상당량 생산하여 수출하고 있지만, 이젠 단순히 값싼 레드 와인 생산국의 이미지를 벗고 개성있는 퀄리티 와인 생산국으로 변신을 하면서 과일 맛이 풍부한 품질 좋은 와인들을 많이 생산하고 있습니다.

세계에서 프랑스의 샴페인 다음으로 많이 소비되는 스파클링 와인이 스페인의 〈Cava(까바)〉인데, 까딸루냐 지방, 특히 뻬네데스(penedès) 지역에서 많이(95%) 생산됩니다.

가장 큰 규모의 까바 생산회사로 '스페인의 모에 샹동'이라고도 불리는 프레시넷사의 〈꼬르돈 네그로〉는 스페인 스파클링 와인(까바)의 대명사로, 1985년부터 전 세계의 No 1. 스파클링 와인 브랜드가 되었으며,전 세계에서 1초에 3병씩 팔린다고 한다. 품종은 까바의 3대 품종인 Macabeo(마까베오), Xarello(싸레요), Parellada(빠레야다). 유명 모델이 한 패션쇼의 백 스테이지에서 〈꼬르돈 네그로〉 200㎖짜리 병에 빨대를 꽂아 마시는 사진이 공개된 후 '빨대 와인'이란 애칭을 얻었다 16,000원선. (750㎖)

샴페인과 까바의 당도 표기

구분	드라이			미디엄		스위트
(프랑스) 샴페인	Extra Brut 엑스트라 브륏	Brut 브륏	Extra Sec 엑스트라 섹	Sec 섹	Demi Sec 드미 섹	Doux 두우
(스페인) 까바	Extra Brut 엑스트라 브뤼뜨	Brut 브뤼뜨	Extra Seco 엑스트라 쎄꼬	Seco 쎄꼬	Semi Seco 쎄미 쎄꼬	Dulce 둘쎄

* 358쪽 상단 표 참조

◆ Cava(까바)를 만드는 품종은, 3대 토착 품종인 Macabeo(마까베오), Xarello(싸레오), Parellada(빠레야다)이다. 더 작고 부드러운 거품을 만들기 위해 1981년부터는 글로벌 품종인 Chardonnay, Pinot Noir를 섞어서 만들기도 한다. Macabeo(=Viura)는 청사과 향미와 균형미를, Xarello는 강한 향미와 바디감, 구조감을, Parellada는 산도와 신선한 향을 담당한다. 로제 까바는 Garnacha, Monastrell, Pinot Noir, Trepat 등의 레드 품종으로 만든다. 병내 2차 발효를 하는 샴페인 방식은 많은 노력과 비용이 들어가기 때문에 현재 이 방식을 따르는 까바 생산자는 흔치 않다.

1872에 탄생한 〈Cava(까바)◆〉는 처음엔 '샴페인(Xampany)'이라 했다가, 프랑스의 상표권 주장으로 명칭 사용이 어렵게 되자, 지하저장고인 까브(Cave)에서 힌트를 얻어 1986년부터 'Cava' 란 명칭을 사용하였습니다.

스페인 와인의 숙성 기간(Aging)에 따른 품질 분류

등급	숙성 기간
Gran Reserva 그란 레쎄르바	오크통 숙성 18개월 포함, 병입 숙성까지 최소 5년 이상(보통 5~7년) 숙성 후 출시 (화이트/로제는 오크통 숙성 6개월 포함, 총 4년 이상 숙성)
Reserva 레쎄르바	오크통 숙성 12개월 포함, 병입 숙성까지 최소 3년 이상 숙성 후 출시 (화이트/로제는 오크통 숙성 6개월 포함, 총 2년 이상 숙성)
Crianza크리안싸 =Vino de Crianza	오크통 숙성 6개월 포함, 병입 숙성까지 최소 2년 이상 숙성 후 출시 (화이트/로제는 오크통 숙성 6개월 포함, 총 18개월 이상 숙성)
Sin Crianza 씬 크리안싸	1년 정도 스테인레스 탱크에서 숙성시키고 6개월 정도 병입 숙성 후 출시
Vino Joven 비노 호벤	숙성이 안 된 어린 와인이란 뜻으로 정제 과정을 거친 후 오크통 숙성을 아예 거치지 않았거나 아주 잠깐 숙성시킨 햇와인이므로 어릴(young) 때 마셔야 한다.

- 스페인 와인은 기본 카테고리 외에 '숙성 기간'을 레이블에 별도로 표시하여 품질을 구분한다.
- Gran Reserva(그란 레쎄르바)급은 매년 생산되지 않고, 뛰어난 빈티지에만 생산된다.
- Gran Reserva나 Reserva급 와인들의 경우, 실제 숙성 기간은 위의 기준보다 꽤나 더 긴 경우가 많다.
- 리오하의 숙성기간 기준은 더 길다. 크리안싸(Crianza)급의 경우, 오크통 숙성기간이 6개월이 아닌 12개월이며, 그란 레쎄르바(Gran Reserva)급은 오크통 숙성기간이 18개월이 아닌 24개월이다.
- 숙성기간이 36개월 이상인 와인에는 Old Wine이란 의미로 'Vino Viejo(비노 비에호)'라고도 표기한다.
- 〈Cava(까바)〉도 9개월 가량의 효모 컨택 숙성기간을 거치는 일반 'Cava' 외에, 최소 15개월 숙성시키는 'Cava Reserva', 30개월 이상 숙성시키는 'Cava Gran Reserva'가 있다.

'Crianza(크리안싸)'급
와인 레이블

'Reserva(레쎄르바)'급
와인 레이블

'Gran Reserva(그란 레쎄르바)'급
와인 레이블

스페인의 주요 와인산지

19세기 후반 전 세계 포도밭을 황폐화시켰던 포도나무 뿌리 전염병인 필록세라에 스페인도 결국 안전하진 않았으나 아이러니하게도 스페인은 오히려 필록세라 덕분에 와인산업의 획기적 발전을 이루었습니다. 필록세라로 포도밭이 황폐해지자, 상당수의 보르도 와인 생산자들이 피해가 적은 리오하(Rioja) 지역으로 이주를 하면서 프랑스의 수준 높은 양조기술을 전파하게 되었던 것이죠. 리오하는 보르도와 자동차로 5시간 거리(약 322km)이며, 기후나 재배 여건이 보르도와 비슷합니다. 이런 이유로 에브로 강 상류의 리오하는 현재도 '스페인의 보르도'라고 불리며 대표적인 와인산지로 명성을 높이고 있습니다.

리오하는 리오하 알따(Rioja Alta), 리오하 알라베싸(Rioja Alavesa), 리오하 바하(Rioja Baja)로 나뉘는데, 리오하 알따에서 가장 섬세하고 훌륭한 와인이 생산됩니다.

스페인 왕실의 오래된 공식 와인이자, 1850년에 설립되어 스페인에서 가장 오랜 역사를 자랑하는 리오하의 와인 명가 마르께스 데 리스깔사의 〈그란 레쎄르바〉 와인. Tempranillo 85% : Graciano 10% : Mazuelo 5%. 싱글 빈야드의 수령 30년 이상 나무의 포도로 만들어 오크통 숙성 30개월, 병입 숙성 3년. 18만 원선.

* 리조트호텔과 독특한 건축물로도 유명한 마르께스 데 리스깔사(622~623쪽 사진 참조)는 리오하 최초로 보르도의 와인메이킹 기술을 접목시켜 고급 와인을 생산하기 시작하였고, 현재도 샤또 마고의 수석 와인메이커 폴 뽕따이예가 유일하게 컨설팅하는 와이너리이다.

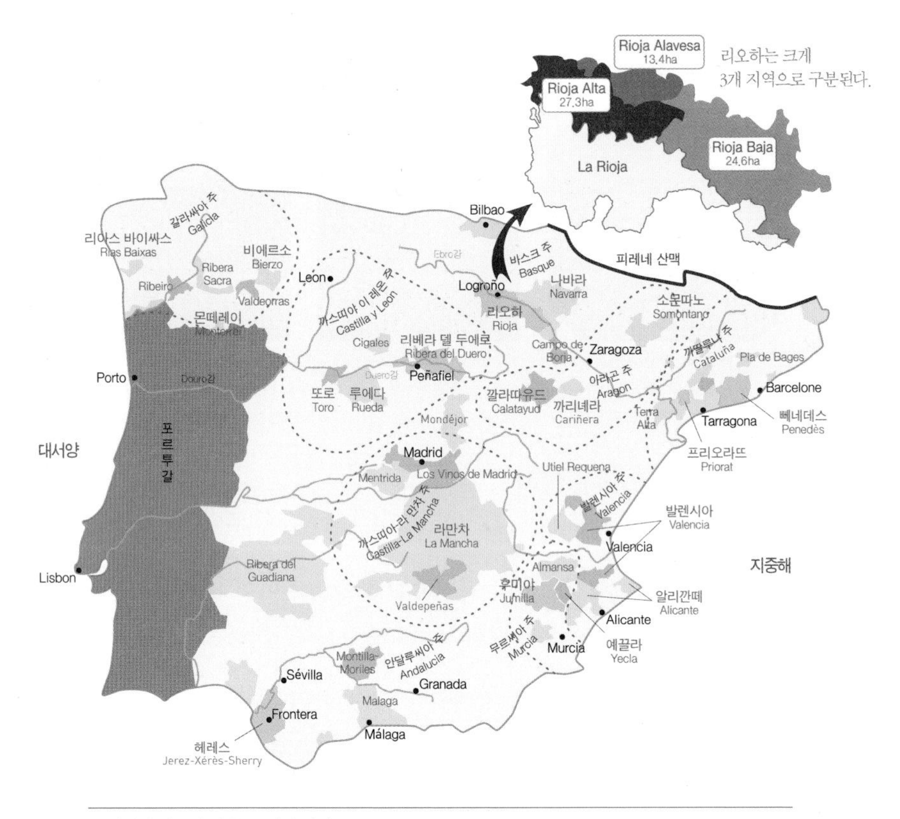

스페인과 리오하의 주요 와인 산지

리오하는 90년대 들어서 레드 와인의 생산량이 90% 가까이로 늘었는데, 그 중 절반가량을 차지하는 리오하 알따(Rioja Alta)에서는 품질 좋은 Tempranillo(템프라뇨) 와인들이 많이 생산되며, 리오하 바하에서는 Garnacha(가르나차)를 주품종으로 저렴하고 알코올 도수가 높은 비노 호벤(Vino Joven)급 와인들이 주로 생산됩니다.

리오하 화이트 와인은 Viura(비우라) 품종이 많습니다. 오크 숙성을 시키지 않은 Viura 와인은 신선한 과일과 꽃 향기가 나는 와인이지만, 전통적인 리오하 화이트 와인은 Viura(비우라)에 바디감이 좋은 Garnacha Blanca(가르나차 블랑까)와 너트 향미의 Malvasia(말바지아)를 블렌딩하여 오크통에서 발효, 숙성시킨 풀바디 와인이었습니다. 2007년부터는 리오하에 Chardonnay 등 글로벌 품종의 재배가 허가되어 고급 화이트 와인에 사용되기 시작했습니다.

그 외에 제2의 산지로 근래 들어 투자가 활발해진 리베라 델 두에로(Ribera del Duero), 스페인 스파클링 와인 〈Cava(까바)〉의 메카인 뻬네데스(Penrdès)◆, 진한 고급 레드 와인 산지인 쁘리오라뜨(Priorat)◆, 화이트 와인으로 유명한 리아스 바이싸스(Rías Baixas)와 루에다(Rueda)를 비롯하여 또로(Toro), 나바라(Navara), 라 만차(La Mancha), 후미야(Jumilla) 등이 주요 와인산지입니다.

◆ 뻬네데스는 현재 스페인의 대표적인 스파클링 와인 산지지만, 원래는 미겔 또레스사의 〈그란 꼬로나스〉 와인을 필두로 한 레드 와인으로 명성을 얻은 산지였다.

◆ 1990년대 초부터 프리미엄 산지로 떠오른 쁘리오라뜨는, 인접한 9개 작은 마을의 615개 포도밭들이 하나의 통합산지로 지정되었다. 대부분의 포도밭이 해발 900m 이상의 척박하고 비탈진 언덕에 위치하며, 토양은 거의 점판암(slate)으로 뒤덮여 있다. 강수량은 적지만, 풍부한 일조량과 큰 일교차로 인해 알코올도수도 높고 스페인에서 가장 진하고 구조감 좋은 세련된 와인들이 생산된다. 쁘리오라뜨에서는 레드 와인이 압도적으로 많이(95%) 생산되는데 품종은 가르나차, 까리녜라(까리냥)을 중심으로 CS, 메를로, 씨라 등이 있다. 생산량이 워낙 적어 저가 와인은 찾아보기가 어렵고, 100달러가 넘는 와인도 많은데 이중 15개 안팎은 월드 클래스급 와인이다.

돈키호테의 고향인 중남부의 라 만차(La Mancha) 지역은 면적이 넓어 와인 생산량도 가장 많습니다. 주로 발데뻬냐스(Valdepeñas) 마을 이름으로 생산되는데, 레드 품종인 Cencibel(쎈시벨)과 화이트 품종인 Airen(아이렌)이 블렌딩된 여린 빛깔의 레드 와인이 주를 이룹니다.

① 1970년에 설립되어 보르도 스타일을 도입하여 리오하 와인의 현대화 르네상스를 주도한 마르께스 데 까쎄레스사의 Crianza(크리안싸)급 와인. 이 와인은 미국 Wine Spectator지에서 '미국 레스토랑에서 가장 많이 판매되는 스페인 와인'으로 5차례나 선정되었다. 36,000원선. Tempranillo 85% : Graciano(그라씨아노)+Garnacha(가르나차) 15%.

② 마르께스 데 까쎄레스사에서 〈MC(엠씨)〉 와인과 함께 차세대 리오하 와인으로 내놓은 야심작 〈가우디움(Gaudium)〉. 후안 까를로스 국왕이 특히 좋아하는 와인이다.17만 원선. Tempranillo 95% : Graciano+Garnacha 5%. 가우디움은 '즐거움'이라는 뜻.

* 마르께스 데 까쎄레스사는 리오하의 대표적인 모던 스타일 생산자로, 여성 오너답게 담백하고 세련된 듯한 과일 향미가 은은한 스타일의 와인들을 만든다. 스페인 왕가의 공식만찬에도 사용되며, 루치아노 파바로티, 플라씨도 도밍고, 호세 까레라스의 세계 3대 테너 콘서트의 공식 와인으로도 선정되었었다. 스페인의 유명 디자이너 Paco Rabanne(파코 라반)도 이 와이너리의 팬이라고.

스페인의 포도품종

스페인의 토착◆ 레드 품종들로는 Tempranillo(뗌쁘라뇨), Garnacha(가르나차)◆, Monastrell(모나스뜨렐)◆, Mazuelo(마쑤엘로)◆, Graciano(그라씨아노), Mencia(멘시아), Bobal(보발)◆ 등이 있습니다.

또 'Black Grape(검은 포도)'라고 불렀던 토착 품종이 있는데요, 이 품종은 칠레의 Pais(빠이스), 아르헨티나의 Criolla(끄리오야), 미국의 Mission(미션)이라는 품종들의 조상이었으나 정작 스페인에서는 점차 사라지고 있습니다.

국제적으로 잘 알려진 Tempranillo(뗌쁘라뇨)는 스페인의 대표적인 토착 품종으로, 리오하, 리베라 델 두에로, 또로를 비롯해 스페인 전역에서 가장 사랑받는 레드 품종입니다. 특히 레드 와인의 비중이 90% 이상인 리오하에서 그 중 90% 가까이가 Tempranillo 품종입니다. 또 Cabernet Sauvignon의 역할과 비중도 점점 커지고 있습니다.

◆ 스페인은 이탈리아(394쪽 두번째 Tip 참조)와 함께 토착 품종이 많기로 유명한데, 현재 스페인에서는 글로벌 품종을 포함해서 총 600여종의 품종이 재배되고 있으며, 그 중 20종이 전체 생산량의 80%를 차지한다.

◆ 프랑스 남부의 Grenache(그르나슈) 품종을 고향인 스페인에서는 Garnacha(가르나차)라고 부른다. 세계에서 두 번째 로 많이 재배되는 포도품종이자, 스페인에서 가장 많이(약 60%) 재배되는 품종이다. 농익고 스파이시한 올드바인 가르나차 와인은 우리나라에서도 매우 인기 있는 와인이다. (189쪽, 602쪽 참조)
프랑스 남부의 블렌딩 품종인 Mourvèdre(무르베드르)를 고향인 스페인에선 Monastrell(모나스뜨렐)이라고 부른다. 후미야(Jumilla)가 주산지로, 단일 품종의 훌륭한 와인으로 만들어진다. 스파이시한 후추와 감초, 초콜릿, 가죽향에 자두, 산딸기 등 붉은 과일의 풍부한 감미가 특징이다. 후미야의 모나스뜨렐 와인은 진하고 농익은 향미를 즐기는 우리나라 애호가들에게 가장 인기있는 스페인 와인이다.
리오하의 Mazuelo(마쑤엘로)는 스페인의 다른 지방에서는 Cariñera(까리녜라)라고 부르며, 프랑스 남부에서는 Carignan(까리냥)이라고 부르다. 진한 색상에 산도와 타닌이 많아 블렌딩 품종으로 사용된다. (232쪽, 387쪽 중간 Tip 참조)
Bobal(보발)은 발렌시아 지방 우띠엘-레께나 지역이 고향이자 주생산지인 품종이다. 진하고 농익은 느낌의 와인을 만들지는 않지만, 짙은 빛깔과 부드러운 타닌에 풍부한 과일 향미와 산미를 가지고 있어 블렌딩용으로도 많이 사용되며, 로제 와인으로도 만들어진다. 보발 와인은 알코올 도수는 높지 않지만, 레스베라트롤의 함량이 높은 편이다.

① 프리오라뜨 와인의 개척자 알바로 빨라시오스가 스페인 북서부 비에르소(Bierzo) 지역에서 수령 60년 이상의 Mencia(멘씨아) 100%로 만든 〈페딸로스〉 45,000원선.
* Mencia 품종은 라즈베리 같은 붉은 베리향과 적당한 산미의 상쾌하고 세련된 스타일의 레드 와인과 로제 와인으로 만들어진다.

② 꾸네(CVNE)사의 〈임페리알 그란 레쎄르바〉. Tempranillo 85% : Graciano 10% : Mazuelo 5%. 프렌치 오크와 아메리칸 오크에서 36개월 숙성 후, 48개월간 병 숙성. 스페인 와인 최초로 2013년 WS TOP 100에 2004년 빈티지가 1위를 차지했었다. 12만 원선. 1879년 리오하의 아로(Haro) 지역에 설립되었던 꾸네사는 스페인 최초로 콘크리트 저장고를 만들었고, 전통·품질·혁신을 모두 이어가고 있다.

스페인 3대 산지의 근래 빈티지 점수

산지 \ 연도	2005년	2006년	2007년	2008년	2009년	2010년	2011년	2012년
리오하	93점	82점	84점	88점	91점	94점	89점	90점
리베라 델 두에로	95점	88점	86점	87점	92점	94점	91점	91점
쁘리오라뜨	93점	90점	89점	87점	90점	94점	88점	91점

산지 \ 연도	2013년	2014년	2015년	2016년	2017년	2018년	2019년	2020년
리오하	89점	89점	91점	91점	84-87점	-	-	-
리베라 델 두에로	84점	92점	92점	93점	84-87점	-	-	-
쁘리오라뜨	91점	90점	93점	94점	88-91점	-	-	-

• 출처 : 《Wine Spectator》

스페인의 토착 화이트 품종으로 Viura(비우라)◆, Verdejo(베르데호)◆, Albariño(알바리뇨)◆, Airén(아이렌)◆, Albillo(알비요), Parellada(빠레야다), Palomino(빨로미노) 등을 비롯해 글로벌 화이트 품종인 Chardonnay(샤르도네), Sauvignon Blanc(쏘비뇽 블랑) 등이 있습니다.

◆ Viura(비우라)는 스페인 북부에서 많이 재배되는 황금색 포도로, 특히 리오하 화이트 와인 품종의 대부분(약 70%)을 차지하며, 심플하고 드라이한 화이트 와인을 만든다. 까딸루냐(뻬네데스) 지방에서는 'Macabeo(마까베오)'라고 부르는데, Parellada(빠레야다), Xarello(싸레요), Chardonnay(샤르도네) 등과 함께 스페인 스파클링 와인 〈Cava(까바)〉를 만드는 주요 품종이다. Malvasia(말바지아)와 같은 품종으로 간혹 오해를 받기도 하는데, 묵직하고 풍부한 Malvasia와 사과 향에 맛있는 산도를 가진 Viura는 전혀 다른 성격의 좋은 블렌딩 파트너 사이일 뿐이다.

◆ Verdejo(베르데호)는 북아프리카가 고향으로, 스페인을 정복했던 아랍인들에 11세기경 스페인에 전해져 중부 루에다 지역의 대표 화이트 품종이 되었다. 1980년대에 마르께스 데 리스깔사가 루에다에서 베르데호 품종 화이트 와인을 만들면서 유명해졌다. 알맞은 산도에 과일과 허브의 아로마가 은은하게 느껴지는데, 비슷한 특징의 쏘비뇽 블랑과 블렌딩되기도 한다. 〈Port(포트)〉, 〈Madeira(마데이라)〉 와인을 만드는 포르투갈의 토착 화이트 품종인 Verdelho(베르델류)와는 다른 품종이니 헷갈리지 마시길...

◆ Albariño(알바리뇨)는 스페인 서북부 갈리씨아 지방의 리아스 바이싸스에서 많이 재배되며, 내수용 화이트 와인으로 많이 만들어진다. 부드럽지만 시트러스 계열과 천도 복숭아, 멜론 등의 과일 향에 미세한 염분과 미네랄, 백후추 향이 더해져 있다. 해산물 요리와 찰떡궁합을 이룬다. '스페인 음식여행'을 썼던 기네스 펠트로가 가장 사랑하는 화이트 품종으로 소개하기도 했다.

◆ Airén(아이렌)은 돈키호테의 고장, 라 만차 지방의 토착 화이트 품종이다. 주스나 식용이 아닌 양조용 포도로는 세계에서 가장 넓은 재배면적을 가지고 있으나, 싸구려 와인이나 브랜디용 재료로 대부분 사용된다. 돈키호테가 들렸던 여인숙이나 선술집에서 내놓았던 테이블 와인이 아마도 아이렌 와인이었을 것이다. 사과, 파인애플, 자몽 향이 나는 신선하고 드라이한 화이트 와인으로, 질감은 좋으나 산도가 낮고 복합적인 향미도 부족한 편이다.

Wine Lesson 101

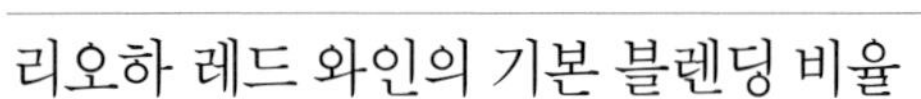

Tempranillo 약 70% → 적당한 산도에 붉은 과일, 흙, 가죽 향을 베이스로,
Garnacha 약 20% → 라스베리 등의 풍부한 향기와 스파이시한 풍미를 더하고,
Mazuelo (마쑤엘로) + Graciano (그라씨아노) 10% → 향은 부족하나 산도가 뛰어난 마쑤엘로와 진한 빛깔과 강렬한 향에 숙성력이 좋은 그라씨아노로 완성. Graciano는 보르도 블렌딩의 Petit Verdot의 역할과 비슷하다.

- 기본 블렌딩 비율은 위와 같으나, '고급' 리오하 와인일수록 장기숙성을 위해 가르나차(그르나슈)보다는 마쑤엘로와 그라씨아노가 더 많이 사용되는데, 가르나차는 '일반' 리오하 와인에서 그 비중이 훨씬 더 높다고 보면 된다.
- Mazuelo(마쑤엘로) 품종은 지역에 따라서 'Cariñera(까리녜나)'라고도 불리는데, 프랑스 남부의 Carignan(까리냥, 198쪽 참조)과 같은 품종이다.
- 재배비율은 Tempranillo 88%, Garnacha 7.5%, Mazuelo Graciano는 각 2%
- 리오하 와인은 블렌딩과 숙성이 매우 중요한데, 발효를 빨리 끝내고 오크통에 오래 숙성시켜 부드러운 바닐라향을 입히는 것이 포인트다. 일반적인 리오하 와인은 80~85%가 아메리칸 오크통에서 숙성된다.

Tempranillo 뗌쁘라뇨 / 템프라뇨 | 194쪽 참조 |

스페인은 이탈리아 다음으로 토착 품종이 많기로 유명한데, 그중에 Tempranillo는 스페인의 자존심과 같은 대표적인 토착 품종입니다.

Tempranillo는 스페인 최고의 와인산지인 Rioja(리오하)의 레드 와인을 만드는 주품종입니다. '스페인의 Cabernet Sauvignon(까베르네 쏘비뇽)'이라는 별명

프로토스사가 리베라 델 두에로 지역에서 생산하는 레쎄르바급 Tempranillo 100% 와인

도 가지고 있는데요, 타닌은 많이 느껴지지 않으나 숙성력이 좋고 알맞은 산도에 잘 익은 과일(딸기, 자두) 향이 나는 맛있는 와인을 만듭니다.

타닌이 부드러우며 알코올 도수도 낮은 편이라서 마시기가 수월해 영(young) 와인으로 마셔도 좋습니다. 그래서 Cabernet Sauvignon과 상호보완적인 블렌딩 효과를 내기도 합니다.

장기 숙성용 고급 와인으로 만들어진 Tempranillo◆ 와인들은 Cabernet Sauvignon 와인으로 착각할 정도로 진하고 강한 느낌을 주기도 합니다.

◆ 같은 Tempranillo(뗌쁘라뇨) 품종 혹은 그 변종으로 만들어지더라도, 섬세하고 우아한 스타일의 리오하 와인에 비해 리베라 델 두에로 와인은 타닌이 더 느껴지는 묵직한 스타일이다. 오크통에서 오래 숙성시킨 리베라 델 두에로의 Tempranillo(뗌쁘라뇨) 와인은 까베르네 쏘비뇽이 주품종인 보르도 레드 와인의 느낌과 매우 흡사하다. Tempranillo는 지역에 따라 다양한 명칭으로 불린다.
리베라 델 두에라 지역에서는 Tinto Fino(띤또 피노) 또는 Tinta del Pais(띤따 델 빠이스)라 불리고, 또로에서는 Tinta de Toro(띤따 데 또로), 뻬네데스에서는 Ull de Liebre(울 데 예브레), 포르투갈에서는 Tinta Roriz(띤따 호리스)라 불린다.

Special tip

저자가 추천하는 스페인의 100% 뗌쁘라뇨 와인

〈Condado de Haza Crianza(꼰다도 데 아싸 크리안싸)〉.
아싸~ 영어식으로 [하자]라고 읽기도 하지만, 스페인어 발음으로는 [아싸]이지요.
1984년, 1989년 2차례 방한했던 교황 요한 바오로 2세에게도 헌정됐던 와인으로, 스페인 전통 와인의 대부이자, 뗌프라뇨 와인의 귀재 알레한드로 페르난데스(Alejandro Fernandez)가 저렴하고 품질 좋은 대중적인 와인을 만들기 위해 리베라 델 두에라 지역에 설립한 Condado de Haza(꼰다도 데 아싸) 와이너리에서 생산하고 있습니다(592쪽 하단 와인 설명 참조). 미국산 오크통 숙성 15개월과 병입 숙성 6개월을 거쳐 출시됩니다. 진한 체리빛을 띠며 알맞은 산도에 잘 익은 붉은 과일과 타닌의 질감, 오크의 스파이시한 향미 등이 잘 어우러진 향기로운 와인입니다. 피니시도 좋은 미디엄 바디로 부드러운 돼지고기 요리 등에 무난히 잘 어울립니다. 시음적기는 3~6년. 닐 베케트와 휴 존슨이 쓴 '죽기 전에 마셔봐야 할 와인 1001'에도 선정되었습니다.

Garnacha 가르나차 | 189쪽, 344쪽 참조 |

협동조합 형태로 운영되는 보데가스 산 알레한드로사에서 100년 된 올드 바인에서 생산하는 가르나차 와인 〈알또비눔 에보디아〉 Garnacha 100%. '신의 물방울'에도 소개된 와인으로, 올드 바인의 농밀도가 느껴지지만 과하지 않은 세련미도 갖추었다. 2만 원선.

프랑스 론 지방의 Grenache(그르나슈) 품종을 원산지인 스페인에서는 Garnacha(가르나차) 혹은 Garnacho Tinta(가르나초 띤따)라고 합니다. Garnacha는 리오하에서 Tempranillo(뗌쁘라뇨) 다음으로 비중 있는 품종인데, 리오하의 레드 와인은 전통적으로 Tempranillo를 주품종으로 하여 Garnacha(가르나차), Mazuelo(마쑤엘로), Graciano(그라씨아노)를 보조 블렌딩 품종으로 사용합니다.

여름이 덥고 긴 스페인 내륙 지방은 Garnacha(가르나차) 품종의 완숙에 아주 적합합니다. 그래서 Garnacha 단일 품종으로 훌륭한 레드 와인을 만들기도 하는데, 어두운 빛깔에 알코올 도수가 높고 검붉은 체리, 딸기 등의 잘 익은 과일 향과 부드러운 질감이 돋보입니다. 스파이시함도 느껴지지만 산도는 약한 편입니다.

스페인 와인산지별 주요 포도품종

산지명	주요 포도품종
리오하	Tempranillo, Garnacha, Viura(비우라)
리베라 델 두에로	Tinto Fino(=Tempranillo), CS, Albillo(알비요)
쁘리오라뜨	Garnacha(가르나차), Cariñera(까리녜라)
뻬네데스	Macabeo(=Viura), Parellada, CS, Cariñera, Garnacha
리아스 바이싸스	Albariño(알바리뇨)
루에다	Verdejo(베르데호)
또로	Tinta de Toro(=Tempranillo), Garnacha, CS
후미야	Monastrell(=Mourvèdre)
라 만차	Cennibel(센시벨), Airen(아이렌)

Monastrell 모나스뜨렐 | 190쪽, 384쪽 상단 참조 |

스페인에서 Tempranillo, Garnacha에 이어 세 번째로 중요한 적포도 품종입니다. 프랑스 남부에서는 Mourvèdre(무르베드르)라고 불리며 주로 타닌과 진한 빛깔을 위한 블렌딩 품종이지만, 스페인에서는 단일 품종으로도 많이 사용됩니다. 특히 고향인 자갈 많고 척박한 석회질 토양의 후미야(Jumilla) 지역에서는 진한 색상에 타닌과 알코올이 높고 복합적인 향미를 가지는 풀바디 레드 와인으로 만들어집니다.

이탈리아 뿔뤼아(Puglia) 지방의 Primitivo(쁘리미띠보) 품종 레드 와인들이, 진하고 농익은 향미를 선호하는 우리나라 애호가들에게 인기가 있듯이, 스페인 와인 중에는 후미야(Jumilla)의 Monastrell(모나스뜨렐) 단일 품종 또는 주품종 레드 와인들이 한국에서 단연 인기가 높습니다.

① 스페인의 신흥 명산지 후미야 지역 까사 로호사의 Monasrell 100% 와인 〈MMM〉 Macho Man Monasrell. 레이블에 그려진 와이너리 오너의 수염 모양이 매 빈티지마다 바뀐다. 37,000원선.
② 후미야 지역 에고 보데가스의 〈고루〉 Monasrell 50% : Syrah 30% : Petit Verdot 20%. 4만 원선.
③ 〈후안 힐, 블루 레이블〉 Monastrell 60% : CS 30% : Syrah 10%.10만 원선. 후미야 지역 모나스뜨렐 와인의 명가, 후안 힐사는 1916년 이래 4대에 걸친 가족경영을 하고 있다.
④ 예끌라(Yecla) 지역의 대표적인 생산자 보데가스 까스따뇨사의 Monasrell 100% 와인 〈헤쿨라〉. 16,000원선.
* 예끌라는 후미야 인근의 작은 산지(마을)이지만 모나스뜨렐 와인에 대한 자부심은 후미야를 능가한다.
⑤ 볼베르사의 Monasrell 100% 와인 〈타리마〉 15,000원선. 2004년 라만차 지역에 볼베르 와이너리를 설립했던 스페인의 유명 와인메이커 라파엘 카니싸레스가 2011년부터 알리깐떼 지역에서 타리마 브랜드로 와인을 생산하고 있다.

스페인의 주요 와이너리

현재 스페인에서는 800여 개의 와이너리(보데가)가 있으며, 이중 80% 정도를 소수 기업이 점유하고 있습니다.

리오하(Rioja) 지역에는 1852년 리오하 최초의 상업적 와이너리로 설립된 Marqués de Murrieta(마르께스 데 무리에따)와 리오하에 최초로 보르도 포도품종과 와인메이킹 기술을 도입한 Marqués de Riscal(마르께스 데 리스깔)을 비롯해서 약 500여개의 와이너리가 있습니다. Marqués de Cáceres(마르께스 데 까쎄레스), Muga(무가), LAN(란), Remirez de Ganuza(레미레스 데 가누사), Finca Valpiedra(핀까 발삐에드라), Ysios(이시오스), Finca Allende(핀까 아옌데), Martinez Bujanda(마르띠네스 부한다), Bretón(브레똔), La Rioja Alta(라 리오하 알따), Riojanas(리오하나스), Contino(꼰띠노), Montecillo(몬떼씨요), El Coto(엘 꼬또), Palacios Remondo(빨라시오스 레몬도), Remelluri(레메유리), Baron de Rey(바론 데 레이), Dinastia Vivanco(디나스띠아 비방꼬), Tobía(또비아), Lopez de Heredia(로페스 데 에레디아), Roda(로다), Viña Real(비냐 레알), Viña Albina(비냐 알비나), Viña Tondonia(비냐 똔도니아), Viña Monty(비냐 몬띠), Señorio De San Vicente(쎄뇨리오 데 싼 비첸떼), Campo Viejo(깜뽀 비에호), Berceo(베르쎄오), Faustino(파우스띠노) 등이 대표적인 와이너리들입니다.

무가(MUGA)사의 플래그 쉽 와인(Aro)은 아니지만 상위 레인지의 간판급인 〈프라도 에네아, 그란 레쎄르바〉
Tempranillo 80% : Ganacha & Mazuelo & Graciano 20%.
대형 및 소형 오크통 숙성 36개월 이상 + 병입 숙성 36개월 이상 등 총 7년 숙성 후 출시된다.
과하지 않은 검붉은 과실과 바닐라 향미가 섬세하고 세련되게 느껴지는 명품 와인이다. 13만 원선.

* 보데가스 무가(Bodegas MUGA)사는 대대로 포도재배를 해온 가문의 이사크 무가 마르티네스가 1932년 리오하에서 설립한 후 가족경영을 이어오고 있는 와인 명가로, 전통방식과 모던한 스타일을 적절히 혼용하고 있다. 미국과 프랑스에서 참나무를 수입하여 오크통을 자체 제작하는데, 그래서 그런지 발효도 대형 오크통을 사용한다.

리베라 델 두에로(Ribera del Duero) 지역에는 1860년부터 와인을 빚어온 스페인의 독보적인 와인 명가 Vega Sicilia(베가 시실리아)를 비롯하여, 뗌쁘라뇨 품종으로 풀바디 레드 와인을 만들어 '뗌프라뇨 와인의 귀재'로 불리는 알레한드로 페르난데스가 설립한 Tinto Pesquera(띤또 뻬스께라)와 Condado de Haza(꼰다도 데 아싸), 그리고 천재 와인메이커 피터 시섹이 설립한 컬트 와이너리 Dominio de Pingus(도미니오 데 핑구스)가 대표적인 와이너리이며, 그 외에 Arzuaga Navarro(아르수아가 나바로), Aalto(알또), Callejo(까예호), Valduero(발두에로), Protos(프로또스), Finca Villacreces(핀까 비야크레세스), Hacienda Monasterio(아시엔다 모나스떼리오), Emilio Moro(에밀리오 모로), Finca Torremilanos(핀까 또레밀라노스), Viña Mayor(비냐 마요르), Pago de los Capellanes(빠고 데 로스 까뻬야네스), Abadia Retuerta(아바디아 레뚜에르따), Montecastro(몬떼까스뜨로), Garcia Figuero(가르시아 피구에로), Los Astrales(로스 아스뜨랄레스) 등 250여개의 와이너리가 있습니다.

스페인 리베라 델 두에로 지역 몬떼까스뜨로사의 블렌딩 와인. Tempranillo 95% : Merlot 2% : CS 2% : Garnacha 1%. 2012년 서울핵안보정상회의 오찬 와인으로 선정. WS 93점. 14만 원선.

신흥 고급 와인산지인 쁘리오라뜨(Priorat)에는 필록세라 이후 황폐했던 이 지역의 재건을 이끈 리오하 출신 천재 와인메이커 알바로 팔라시오스가 자신의 이름을 걸고 설립한 Alvaro Palacios(알바로 팔라시오스)를 비롯하여, 1980년대의 재건 프로젝트에 함께 참여했던 독수리 5형제(618쪽 참조)들이 만든 와이너리인 Clos Martinet(끌로 마르띠네뜨), Clos Erasmus(끌로 에라스무스), Clos Mogador(끌로 모가도르),

Clos de l'Obac(끌로 데 로박)을 빼놓을 수 없습니다. 여기에 Pasanau(빠싸나우), Cols Daphne(끌로 다프네), Mas Igneus(마스 이그네우스), Mas La Mola(마스 라 몰라), Vall Llach(발 야크), Tirant(띠란뜨), Scala Dei(스칼라 데이) 등의 와이너리들이 뒤를 잇고 있습니다.

뻬네데스(Penrdès) 인근 지역에는 스페인 스파클링 와인 〈Cava(까바)〉의 대표 생산자인 Freixenet(프레시넷)과 Codorníu(꼬도르니우)* 그리고 그 이름만으로도 스페인 와인의 품질을 대변하는 Miguel Torres(미겔 또레스)를 비롯하여, Jean Leon(장 레옹), Marqués de Monistrol(마르께스 데 모니스뜨롤), Albet i Noya(알베뜨 이 노야), Castell del Remei(까스뗄 델 레메이), Bajoz(바호스) 등의 와이너리들이 있으며,

* 유서 깊은 꼬도르니우사는 1872년 까바에 샴페인 방식을 최초로 도입했으며, 캘리포니아 카네로스 지역에도 진출해 아름다운 조경으로 유명한 아르테사(Artesa) 와이너리를 소유하고 있다.

15세기에 아메리카 대륙을 발견한 콜럼버스가 해외 원정을 떠날 때 가져간 와인이 또로(Toro) 지역 와인이었을 정도로 오랜 전통을 가진 또로(Toro) 지역에는 Farina(파리나), Vega Sauco(베가 싸우코), Estancia Piedra(에스탄시아 삐에드라), Dehesa la Granja(데에사 라 그란하), Covitoro(코비또로), Liberalia(리베랄리아), Maurodo(마우로도), Numanthia(누만시아), Viña Bajoz(비냐 바호스), Alquirz(알쿠이리스), Matsu(마츠), Teso la Monja(떼소 라 몬하) 등의 와이너리들이 있습니다.

포도밭의 80% 이상이 Monastrell(모나스뜨렐)인 후미야(Jumilla) 지역에는 Juan Gil(후안 힐) 그룹을 비롯해서 Casa Rojo(까사 로호), Ego Bodegas(에고 보데가스), Bleda(블레다), Tarima Hill(타리마 힐) 등의 와이너리들이 있습니다.

톰 스티븐슨이 선정한 스페인 TOP 10 와이너리

No	와이너리
1	Alejandro Fernández (알레한드로 페르난데스)
2	Alvaro Palacios (알바로 빨라시오스)
3	Mariano Gracía (마리아노 그라씨아)
4	Peter Sisseck (피터 시쎄크)
5	Xavier Ausás, Vega Sicilia (싸비에르 아우사스 베가 시실리아)
6	Carlos Falcó, Pagos Familia (까를로스 팔꼬 빠고스 파밀리아)
7	Miguel Torres (미겔 또레스)
8	Marcos Eguren (마르꼬스 에구렌)
9	Telmo Rodríguez (뗄모 로드리게스)
10	Benjamín Romeo (벤하민 로메오)

• 출처 : 《Wine Report》 - Tom Stevenson -

1852년에 설립되었고 리오하 최고의 화이트 와인으로도 유명한 마르께스 데 무리에따사의 〈그란 레쎄르바 에스뻬씨알〉 Tempranillo 100%, 18만 원선.

① 리오하 에고메이사의 〈에고메이 알마〉 Tempranillo 75% : Graciano 25%, 프렌치 오크 18개월 숙성, 알코올도수 15.5도, 68,000원선.

② 와인전문가들이 리베라 델 두에로 지역에 설립한 프로젝트 와이너리인 뻬냐뻬엘사에서 한정된 양만을 생산하는 〈미로스 데 리베라〉. 각 빈티지별로 스페인의 유명화가들이 와인을 테이스팅한 느낌의 그린 레이블로도 유명하다. Tempranillo 100%, 프렌치 오크통에서 12개월간 숙성시킨 미디엄바디 와인, 6만 원선.

③ 란사의 〈리오하 레쎄르바〉 와인 Tempranillo 80% : Mazuelo 10% : Graciano 10%, 4만 원선.

④ 깜뽀 비에호사의 〈그란 레쎄르바〉 Tempranillo + Mazuelo + Graciano, 6만 원선.

⑤ 떼라스 가우디사가 리아스 바이싸스 지역 알바리뇨 품종으로 만든 고급 화이트 와인. 꽃향기에 푸른 사과와 살구 맛이 나며, 산도가 높아 굴, 홍합 등의 해산물과 잘 어울린다. 알코올 도수 12.5도, 55,000원선.

① 〈프로또꼴로, 레드〉 에구렌사에서 만든 Tempranillo 100% 와인. 15,000원선.
② 또로 지방 마츠(MATSU)사의 Tinta de toro(Tempranillo) 100% 유기농 와인 시리즈 3종인 El Picaro(청년), El Recio(중년), El Viejo(장년) 중 〈El Recio(엘 레치오)〉. 레이블에 있는 직원의 표정이 와인의 맛을 표현한다. 35,000원선.
③ 호주의 쉬라즈 와인 명인인 크리스 링랜드가 스페인의 와인협동조합 와이너리인 Borsao(보르사오)와 협업하여 만든 스페인 최고의 Shiraz 와인 〈Zarihs(자리스)〉. 와인명은 Shiraz를 반대로 쓴 것이다. 2020년 'WS TOP 100' 28위. 3만 원선.
④ 스페인의 내추럴 와인 개척자 중 한명으로 꼽히는 알프레도 마에스트로가 100년 이상 수령의 올드 바인 Albillo(알비요) 품종 100%로 만든 오렌지 와인 〈로바모어〉. 늑대와 밀회를 즐기는 빨간모자 소녀가 그려진 레이블이 재미있다. 7만 원선.
⑤ 페렐라다사의 〈또레스 갈라떼아 레쎄르바〉 Merlot 40% : CS 30% : Garnatxa 20% : Samso 10%. 스페인의 천재 화가 살바도르 달리가 생전에 가장 사랑했던 와인으로 그의 실제 드로잉이 전면 레이블에 디자인되어 있다. 7만 원선.

⑥ 스페인 최초로 샴페인 방식으로 까바를 생산한 꼬도르니우사의 고급 까바 와인 〈그랑 바흐 브륏(Grand Bach Brut) NV〉. Macabeo, Xarello, Parellada, Chardonnay 블렌딩. 75,000원.
⑦ 뻬네데스 지방의 가장 오래된 명문 까바 생산자로, 병 내에서 2차 발효하는 샴페인 방식을 고집하여 '스페인의 동 뻬리뇽' 이라고도 불리는 로저 굴라트사의 〈그랑 뀌베〉. Macabeo : Parellada : Xarello : Chardonnay 블렌딩. 85,000원선.
⑧ 엘 꼬또 데 리오하사의 〈꼬또 데 이마스 레쎄르바〉 Tempranillo 100%. 최상급 아메리칸 오크통 숙성 18개월 + 병입 숙성 30개월. 2005년 빈티지가 RP 91점, WS 93점을 받았고, "2012 KWC Gold Medal" 을 수상했다. 5만 원선.
⑨ 보데가스 알딸라야사가 과육도 붉은 색인 Garnacha Tintorera 100% 로 만든 〈알라야 티에라〉. 55,000원선. 가르나차 띤또레라는 프랑스 식물학자인 앙리 부쉐가 Grenache와 Petit Bouschet(쁘띠 부쉐)를 접목시켜 만든 품종으로, 프랑스에서는 'Alicante Bouschet(알리깐떼 부쉐)'라고 부르며, 랑그독 등 프랑스 남부와 스페인, 포르투갈 등에서 주로 재배된다. 진한 색상에 jammy하고 타닌이 많아 블렌딩 품종으로 많이 사용된다.
⑩ 리오하 알따에 위치하는 보데가스 알탄자사의 〈알탄자 그란 레쎄르바〉 자체 포도밭에서 생산한 Tempranillo 100%를 24개월간 오크통(프렌치 50%, 아메이칸 50%)에서 숙성시킨 후, 다시 3개월간 대형 프렌치 오크통에서 추가 숙성시켰다. 잘 숙성된 리오하 Tempranillo의 진수를 보여주는 와인. 5만 원선.

Vinos de Pago(비노 데 파고) 리스트 | 593쪽 상단 표 참조 |

No	Name	Location	Region	Year
1	Dominio de Valdepusa (Marqués de Grinon)	Toledo	Castilla-La Mancha	2003
2	Finca Élez (Manuel Manzaneque)	Albacete	Castilla-La Mancha	2003
3	Guijoso	Albacete	Castilla-La Mancha	2004
4	Dehesa del Carrizal	Ciudad Real	Castilla-La Mancha	2006
5	Arínzano	Navarra	Navarra	2007
6	Pago de Irache	Navarra	Navarra	2008
7	Otazu	Navarra	Navarra	2008
8	Campo de la Guardia	Toledo	Castilla-La Mancha	2009
9	Pago Florentino	Ciudad Real	Castilla-La Mancha	2009
10	Casa del Bianco	Ciudad Real	Castilla-La Mancha	2010
11	El Terrerazo	Uniel-Requena	Valencia	2010
12	Pago Aylés	Aylés	Aragon	2010
13	Pago Calzadilla	Huete	Castilla-La Mancha	2011
14	Pago de Los Balagueses	Uniel-Requena	Valencia	2011
15	Vera de Estenas	Utiel	Valencia	2013
16	El Pago de Vallegarcía	Ciudad Real	Castilla-La Mancha	2019
17	Pago de la Jaraba	Cuenca	Castilla-La Mancha	2019
18	Pago Los Cerrillos	Ciudad Real	Castilla-La Mancha	2019
19	Pago del Vicario	Ciudad Real	Castilla-La Mancha	2020

Special tip

저자가 추천하는 스페인의 까베르네 쏘비뇽 와인

너무 부담스럽지 않은 가격으로 정말 맛깔스러운 Cabernet Sauvignon (까베르네 쏘비뇽) 100% 와인을 드시고 싶다면, 스페인 최대 규모이자 5대째 가족경영을 이어오는 와인명가 Miguel Torres(미겔 또레스)사에서 생산하는 〈Mas La Plana(마스 라 쁠라나)〉를 추천합니다.

미겔 또레스사의 〈Gran Coronas(그란 꼬로나스)〉 Black Label 1970년 빈티지가, 1979년 파리에서 열린 '와인 올림피아드' 블라인드 테이스팅의 Cabernet Sauvignon 와인 부문에서 보르도의 〈Ch. Latour(샤또 라뚜르)〉 등 명품 와인들을 제치고 1등을 차지해 세계를 놀라게 했습니다. 스페인 와인의 위상을 드높인 '유럽의 검은 전설'을 만들어낸 사건이었습니다. 그 후 와인명을 〈Mas La Plana(마스 라 쁠라나)〉로 변경하였고, 〈Gran Coronas(그란 꼬로나스)〉 Black Label은 CS 85% : Tempranillo 15%로 만드는 새로운 버전으로 이어지고 있습니다.

미겔 또레스사의 4대째 경영자였던 미겔 A. 또레스는 1941년생으로 고향 바르셀로나 대학에서 화학을 전공했고, 프랑스의 부르고뉴 디종 대학에서 포도재배와 양조학을 공부했습니다. 그는 〈Mas La Plana〉 와인을 만들기 위해 보르도의 글로벌 품종인 까베르네 쏘비뇽을 들여와 부르고뉴 스타일로 만들었습니다. 작은 규모(29헥타르)의 포도밭에서 엄격한 품질관리로 생산된 포도를, 온도조절이 가능한 탱크에서 발효시키고, 작은 오크통으로 와인을 숙성시켰습니다. 지금은 별로 놀랄 일들이 아니지만 1960년대 스페인에서는 이 모든 것들이 생소하고 매우 모험적인 시도였습니다. 하지만 그런 시도는 결국 대성공을 이루면서 스페인 와인의 현대화와 세계화에 기여했습니다.

〈Mas La Plana(마스 라 쁠라나)〉는 구조감도 좋아 장기 숙성이 가능하고, 배리류 과일향을 비롯한 맛의 밸런스가 워낙 뛰어나기 때문에 누구한테 선물해도 '그 와인 참 맛 있더라~'라는 말을 들을 수 있습니다. 인기가 있다 보니 가격은 자꾸 올라 9~12만 원선.

* 1870년 뻬네데스 지역의 중심 마을인 빌라프란카 델 뻬네데스(Vilafranca del Penedes)에 설립된 미겔 또레스사는 1986년 미겔 또레스 재단을 설립해서 다양한 사회공헌과 기부, 환경사업 지원을 하고 있습니다. 1995년 설립 125주년 기념행사에 후안 까를로스 국왕이 직접 참석했을 정도로 독보적인 위치를 차지하고 있습니다. 미겔 또레스사는 국왕의 방문을 기념해 보르도식 블렌딩 와인인 〈Reserva Real(레쎄르바 레알), 24만 원선〉을 출시하기도 했습니다.

스페인 와인하면, 떠오르는 Sherry(셰리) 와인

스페인 전체 와인 생산량의 3~4%에 불과하지만, 스페인 와인을 말할 때 절대로 빼놓을 수 없는 것이 Sherry(셰리)다. 마젤란도 세계일주 항해 때 반드시 배에 싣고 다녔다는 Sherry는 포르투갈의 Port(포트, 628쪽 참조)와 함께 세계 2대 알코올 강화 와인(fortified wine)으로 꼽힌다.

와인에 중성 포도 브랜디를 섞어 알코올 도수를 높인다는 점에서는 Port(포트) 와인과 같지만, 발효 중인 와인에 브랜디를 첨가하는 Port에 비해, Sherry는 발효 후에 브랜디를 첨가한다는 점이 다르다. 또 Port는 대부분 레드 와인이 베이스가 되는 데 비해, Sherry는 화이트 와인이 베이스가 된다는 것도 차이일 수 있겠다.

Sherry는 스페인의 헤레스(Jeres) 지역에서만 생산된다. 헤레스는 스페인 최남단 안달루시아 지방의 까디스 해안지역에 있는 작은 무역도시이다. 'Sherry(셰리)'라는 명칭은 Jeres(헤레스)가 프랑스식으로 Xeres(세레스)로 변하고 이것이 다시 영어식으로 변형되면서 생긴 이름이다. 그래서 레이블에는 다 합쳐서 'Jerez-Xérès-Sherry DO'라고 모두 표기된다.

Sherry용 포도품종은 90% 이상이 Palomino(빨로미노)인데, 스위트한 Sherry는 독일에서 건너온 Riesling(리슬링) 품종의 일종인 Pedro Ximénes(페드로 히메네스, PX)와 Moscatel(모스까뗄) 품종을 건조 응축시켜 사용한다.

양조된 Sherry는 수년간 대형 오크통(500리터)에 저장 숙성된다. 이때 양조년도 순으로 오크통을 차례로 쌓아놓는데, 보통 7단 이상이다. 병입 시에는 빈티지 순서대로 하지 않고 '쏠레라(Solera)'라는 특이한 방법을 사용한다. 매년 가장 아래층에 있는 통에서 20~30%(법적으로 1/3 이내) 정도의 와인을 병입한 후, 그만큼을 2층의 통에서 내려 채우고, 2층 통에 생기는 빈 공간은 다시 3층 통에서 내려 채우는 방식이다. 이렇게 하면 각 빈티지별로 자연스레 블렌딩되면서 와인 품질에 큰 변화 없이 고유의 맛을 지키면서 각 생산자의 스타일을 유지하게 된다. 이런 이유로 Sherry에는 빈티지가 없다. 대신 12년, 15년, 20년(VOS), 30년(VORS) 등 숙성 기간을 표기해 고급임을 나타내기도 한다.

Sherry를 숙성시켰던 오크통은 최고급 싱글 몰트 위스키 숙성에 재활용된다. Sherry는 스타일에 따라 잘 익은 과일과 캐러멜, 말린 무화과, 호도, 아몬드, 헤이즐럿 커피 향이 느껴진다. 숙성 기간과 당도 그리고 제조방법에 따라 그 종류가 20여 가지에 이르는데, 크게는 Fino(피노) 타입과 Oloroso(올로로쏘) 타입으로 구분되며, 그 차이는 플로르(flor)라는 산막효모(film yeast)의 유무이다. 양조과정에서 와인 표면에 생긴 플로르로 인해 산소 접촉이 줄어 연노랑 빛깔의 섬세한 와인으로 만들어진 것이 Fino 타입이고, 알코올 도수를 높여 플로르의 생성을 억제시켜 산화 숙성을 통해 만들어진 짙은 색의 묵직한 와인이 Oloroso 타입이다.

Fino Type 달지 않고, 빛깔도 맑음. 주 품종은 Palomino(빨로미노) : 식전주

- Fino(피노) : 압착하지 않고 나온 Free run juice로 플로르를 번식시킨 기본적 타입으로 효모의 독특한 부케가 느껴진다. 가장 드라이하고 엷은 볏짚 색을 띤다. 알코올 도수는 15~17도이며, 당도가 1리터당 1g 이하로 섬세한 아몬드 향에 살짝 맛이 간(?) 화이트 와인처럼 약간 시고 알싸한 맛이 난다. 칠링해서 마시는 식전주로 적합한데, 우리나라 삼계탕 집에서 주는 인삼주 같은 느낌도 든다.
- Manzanilla(만싸니야) : Fino(피노)를 좀 더 숙성시킨 것으로, Fino와 맛과 빛깔이 비슷하지만 양조·숙성되는 곳이 습한 해안가이다 보니 살짝 짭짤한 사과 맛이다. 드라이한 Sherry 와인인 Fino와 Manzanilla는 스페인 국내에서 주로 소비되는데, Manzanilla가 90%를 차지한다. 즉 드라이한 Sherry는 주로 내국인들이 마시고, 스위트한 Sherry는 대부분 수출을 하고 있다고 보면 된다.
- Amontillado(아몬띠야도) : 자연효모인 플로르(flor)가 소멸된 후 좀 더(7년 정도) 산화 숙성시킨 Fino나 Manzanilla라고 보면 되는데, 브라운-옐로우의 호박색이다. 알코올 도수는 15~18도이며, 미디엄 드라이 스티일로 살짝 단 느낌도 들며, 견과류와 헤이즐넛 향이 난다. 칠링을 해도 좋지만 부케 향을 음미하기 위해서는 실온에서 마시는 것이 좋다. 당도는 1리터당 5g 이하이다.
- Pale Cream(페일 크림) : 피노와 스위트 셰리를 블렌딩한 것이다.

Oloroso Type 대체로 달고, 빛깔도 진하며 알코올 도수도 높음 : 식후주

- Oloroso(올로로쏘) : 플로르(flor) 없이 산화 숙성만으로 만들어진다. Amontillado(아몬띠야도)보다 부드럽고 달콤하다. 맛이 더 묵직하고 원숙하며 너티(nutty)하고 강렬한 부케를 가진 풀바디 와인이다. 마호가니빛(적갈색)을 띠며 알코올 도수는 17~23도. 실온에서 마시는 것이 좋다.
- Sweet Sherry(스위트 셰리) : Pedro Ximénes(페드로 히메네스, PX)나 Moscatel(모스까뗄) 품종으로 만든 스위트한 셰리 와인으로, 종류 자체를 'Pedro Ximénes(PX)'와 'Moscatel'이라고 부르기도 한다. 수확된 포도를 장기간 햇볕에 말려 만들어서 알코올 도수와 점도가 높고 무화과, 건포도, 대추의 농축된 단맛이 느껴진다. 특히 Pedro Ximénes(페드로 히메네스)의 경우 명품 디저트 Sherry 와인으로 꼽힌다. 알코올 도수는 17~18도 전후.
- Cream Sherry(크림 셰리) : Sweet Sherry의 가장 일반적인 종류이다. Oloroso(올로로쏘)와 Pedro Ximénes(PX)를 블렌딩한 것으로 Amoroso(아모로쏘), Brown Sherry 등이 포함된다. 단맛이 아주 강해 미국과 북유럽에서도 디저트 와인으로 인기가 높지만, 우아한 Sherry 와인의 이미지를 실추시킨 시장용 스위트 와인이라는 평을 듣기도 한다. 애초에 영국 수출용으로 개발되었기 때문이다.

Sherry(셰리) 와인 수출의 60% 가량을 점유하고 있는 10대 생산자로는 Pedro Domecq(페드로 도멕), Croft(크로프트), Osborne(오스본), Emilio Lustau(에밀리오 루스따우), Conzalez Byass(꼰살레스 비아스), Sandeman(산데만), Harveys(하베이스), Savory & James(세이보리 & 제임스), Hidalgo(이달고), Williams & Humbert(윌리엄스 & 험버트) 등이 있다.

숀 코너리 주연의 007 제7탄 『다이아몬드는 영원히』에서, 007은 정보부장 M과 함께 Sherry를 마시면서 "1851년 빈티지군요." 라고 자신 있게 말한다. M이, "이보게, Sherry는 빈티지가 없다네." 라고 하자, 007은 눈을 치켜뜨면서 반박한다. "아니, 원액이 만들어진 해를 말하는 겁니다. 최초의 원액이 1851년산이란 뜻이지요." 이런 능구렁이 센스쟁이 같으니라고~

스페인 최고 와인 〈Unico〉를 생산하는 베가 시실리아

리베라 델 두에로 지역에서 '스페인의 로마네 꽁띠'라고 불리는 〈Unico(우니꼬)〉를 생산하는 와이너리, 베가 시실리아(Vega Sicilia).

리베라 델 두에로 지역은 1600년대 이전까지만 해도 수도가 위치하고 있어 와인문화도 발달했었지만, 수도가 마드리드로 옮겨가고, 두 지역 사이의 큰 산맥 때문에 문화 이동이 어려워지면서 지역 자체가 급격히 쇠퇴하였다. 그러다보니 현재 스페인 제 2의 와인산지이자, 현대 스페인 와인의 기적이라 불리는 리베라 델 두에로 지역은 1980년대 초반까지는 무명에 가까운 와인 산지로 전락해 있었다. 대부분의 와인들은 조합에서 만들어졌고, 그 품질이나 명성을 내세우기엔 부족함이 많았다. 이때 독보적인 와이너리가 등장했으니, 바로 베가 시실리아(Vega Sicilia)이다.

1864년 보르도 품종들을 들여와 처음 설립할 당시의 이름은 보데가스 레칸다(Bodegas Lecanda)였다. 1904년 소유주가 바뀌면서 베가 시실리아(Vega Sicilia)로 이름도 바뀌었는데, 이때부터 만들어진 와인은 가문의 명예를 위해 상업적으로는 판매하지 않고 상류층 사교계 파티나 선물용으로만 제공하였다. 1929년 바르셀로나 만국박람회에서 1917년, 1918년 빈티지가 최고상을 수상하면서 대중적으로도 알려지기 시작했다. 1982년 현재의 소유주인 알바레즈 가문이 와이너리를 인수하면서 전성기를 맞았고 세계의 와인 전문가들이 주목하는 주옥같은 와인들을 만들어내기 시작했다. 베가 시실리아사는 리베라 델 두에로 지역의 Tempranillo(템프라뇨) 토착 변종인 Tinto Fino(띤또 피노)만을 100% 사용하지 않고, 여기에 보르도 품종을 블렌딩하는 양조방식을 확립시켰다. 그래서 지금도 실제로 많은 생산자들이 Tinto Fino(Tempranillo) 100% 와인을 만들고 있음에도, Ribera del Duero DO 규정에는 Tinto Fino(Tempranillo) 75% 이상에 다른 보르도 품종들을 블렌딩할 수 있게 되어 있다.
베가 시실리아(Vega Sicilia)사의 대표 와인은 〈Unico(우니꼬)〉와 〈Valbuena(발부에나) 5°〉인데, 별도의 와이너리에서 〈Alion(알리온)〉과 〈Pintia(삔띠아)〉를 생산하고 있다.

● Unico(우니꼬)

1915년 탄생한 〈Unico(우니꼬)〉의 포도품종은 Tinto Fino(Tempranillo)를 주품종으로 CS와 Merlot가 소량 블렌딩되는데, 그 비율은 빈티지에 따라 다르다. 포도나무의 수령은 최소 40년 이상으로, 포도 작황에도 세심한 신경을 쓰다 보니 보통 10년에 2번 정도는 생산되지 않는 빈티지가 생긴다.

현재 와이너리 오너인 파블로 알바레즈(Pablo Alvarez, 1955년생)는 2011년 한국계 미국인 아내와 결혼해서 한국과도 인연이 생겼다. 2013년 한국을 방문한 그는 엄격한 포도밭 관리에 대해 언급하면서 제초제나 화학비료를 쓰지 않는 것은 물론이고, 퇴비로 쓸 닭똥을 공급하는 양계장에서 닭에게 어떤 사료를 먹이는지도 철저하게 점검하는데, 항생제 먹인 닭의 똥을 거름으로 사용해서는 〈우니꼬〉의 맛을 지킬 수 없다고 생각하기 때문이라고 했다.
〈Unico(우니꼬)〉 장기 숙성으로도 유명하다. 정해놓은 기간 없이 최소 10년 이상 오크통 숙성을 시킨다. 이것은 '마시기 가장 좋을 때까지 보관했다가 출시한다'는 원칙 때문이다. 그러다보니 1990년 빈티지는 2001년에 출시됐는데, 1989년 빈티지는 오히려 그보다 2년 뒤인 2003년 출시되는 일도 생긴다. 오래 숙성시켜야 하는 만큼 오크통 제작에도 신경을 많이 쓴다. 떡갈나무를 수입해 1~2년 건조시켰다가, 매년 10월 포도를 수확한 뒤 그 해 포도의 특성에 맞게 통을 제작한다.

〈Unico(우니꼬)〉는 병으로 옮긴 뒤에도 40년 이상 장기 보관할 수 있는 와인이다. 100만 원선. * 빈티지가 표시되지 않은 〈Unico, Reserva Especial〉은 최고 빈티지 3~4개를 배합하여 만든 와인이다.

● Valbuena(발부에나) 5°

Tinto Fino(Tempranillo) 100%을 원칙으로 하지만, 빈티지에 따라 Merlot가 소량 블렌딩된다. 우니꼬에 비해 상대적으로 어린(평균 20~25년) 수령의 포도나무에서 수확하며, 우니꼬를 만들지 않는 해의 우니꼬용 포도를 사용하기도 한다. 이름에 붙은 5°(5th)는 출시되기까지 총 숙성(barrel+bottle) 기간이 5년 이상이기 때문에 붙여진 것이다. 35만 원선.

● Alion(알리온)

베가 시실리아에서 생산되는 또 다른 퀄러티 와인인 〈알리온(Alion)〉은, 서쪽으로 15km 정도 떨어진 곳에 있는 알리온이라는 별도의 와이너리에서 만들어진다. Tinto Fino(Tempranillo) 100%로 만들어 뉴 프렌치 오크통이서 14개월간 숙성시킨다. '알리온'이란 명칭은 현 소유주의 패밀리의 대표하는 조상의 이름에서 가져온 것이다. 15만 원선.

또한 베가 시실리아사는 1993년에는 헝가리의 토카이 지역에서 토카이-오레무스(Tokaj-Oremus) 와이너리를 설립하였고, 2011년에는 또로(Toro) 지역도의 별도의 와이너리에서 〈삔띠아(Pintia)〉 와인을 생산하고 있으며, 2013년에는 Benjamin de Rothschild와 제휴하여 리오하(Rioja) 지역에서 〈Macan(마칸)〉이라는 와인을 출시하기도 했다.

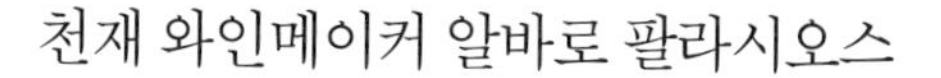

천재 와인메이커 알바로 팔라시오스

알바로 팔라시오스(Alvaro Palacios, 1964 ~)는 스페인의 무명 와인산지였던 프리오라뜨(Priorat)와 비에르소(Bierzo)를 가장 주목받는 유명 산지로 탈바꿈시킨 주인공이다. 그가 쁘리오라뜨에서 만드는 컬트 와인 〈L'Ermita(레르미따)〉는 베가 시실리아사의 〈Unico(우니꼬)〉, 피터 시섹이 만드는 〈Pingus(삥구스)〉와 함께 스페인의 3대 와인으로 꼽힌다. 2015년 영국 Decanter지 선정 'Man of the Year', 2016년 Master of Wine 선정 'Winemaker's winemaker'에도 선정되면서 와인메이커로서 세계 최고의 명예까지 얻고 있다.

리오하에서 7대를 이어 온 와인 가문의 9형제 중 일곱째로 태어나, 보르도 대학에서 양조학을 공부하고, 샤또 뻬트뤼스와 나파 밸리의 스태그스 립 등 최고의 와이너리들에서 양조 경험을 쌓았다. 특히 샤또 뻬트뤼스에서의 2년간의 경험은 와인 시장에 대한 넓은 시야와 함께 보르도 그랑 크뤼 와인의 진수를 알게 해주었는데, 알바로 와인의 섬세하고 우아한 스타일은 이 시절 경험에서 비롯되었다 할 수 있다.

스페인으로 돌아온 그는 오크통 무역업을 하면서 많은 곳을 다니며 스페인 포도밭들의 잠재력을 체험했다. 그리고 아버지가 운영하던 리오하의 보데가 팔라시오스 레몬도(Bodegas Palacios Remondo)의 판매 총책임자였던 르네 바르비에(René Barbier)와 함께 스페인 북동부의 쁘리오라뜨(Priorat)에서 무모해 보이는 도전을 시작한다. 가문의 기반이 있는 리오하에서의 안정적인 활동을 마다하고 선택한 쁘리오라뜨는 해발 900m 이상의 거친 산악지대로, 싸구려 와인을 만들어내던 포도나무들조차 1893년 프랑스에서 내려온 필록세라가 번져 대부분 말라죽었고, 인근 대도시

바르셀로나의 섬유산업 발전으로 주민의 80% 이상이 떠나면서 잊혀졌던 척박한 불모지였다. 그런 프리오라뜨에 1980년대 후반 알바로 팔라시오스를 비롯한 5명의 혁신적인 와인메이커들이 찾아와 재건 프로젝트를 시작했고, 이들 독수리 5형제의 열정은 불과 10여 년 만에 쁘리오라뜨를 스페인 최고의 고급 레드 와인산지로 변모시켰다.

Alvaro Palacios 와이너리명 → (끌로 도피) | Jose Luis Pérez (끌로 마르띠네뜨) | Daphne Glorian (끌로 에라스무스) | René Barbier (끌로 모가도르)

바위투성이 쁘리오라뜨의 가파른 언덕에 테라스 형태로 포도원이 조성되었고, 리꼬레야(Licorella)로 불리는 점판암 토양에서 오랫동안 적응해온 Garnacha(가르나차)와 Cariñena(까리녜나=까리냥) 품종을 중심으로 CS, Syrah, Merlot 같은 글로벌 품종들이 곁들여져 〈L'Ermita(레르미따)〉, 〈Finca Dofi(핀까 도피), 20만 원선〉, 〈Gratallops vi de Vila(그라타욥스 비 데 빌라), 13만 원선〉, 〈Les Terrasses(레스 떼라세스), 12만 원선〉, 〈Camins del Priorat(까민스 델 쁘리오라뜨), 5만 원선〉 같은 모던하고 고급스런 새로운 와인들이 탄생했다.

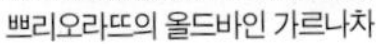
쁘리오라뜨의 올드바인 가르나차 | 레르미따 | 핀까 도피

또 알바로는 1998년 조카 리카르도 팔라시오스와 함께 이미 가능성을 확인해 놓았던 스페인의 북서부의 와인 변방 비에르소(Bierzo)에 보데가 데센디엔테스

데 호세 팔라시오스(Bodega Descendientes de J. Palacios)를 설립하여 또 다른 도전을 시도한다. 해발 500~900m에 위치한 비에르소의 포도밭들은 이제 부르고뉴의 꼬뜨 도르나 삐에몬떼의 랑게 언덕에 비유되기도 하는데, 경사가 너무 심해 농기계를 사용할 수 없어 오로지 사람과 노새로만 모든 작업이 이루어진다. 알바로는 이곳의 오래된 Mencia(멘시아) 품종 포도나무들을 바이오다이니믹 농법으로 재배해 향긋한 꽃과 허브 향에 미네랄과 블루베리 풍미가 더해진 실키한 질감의 매력적인 레드 와인을 만들어내고 있다.

Mencia(멘시아)는 보르도의 Cabernet Franc과 먼 친척뻘인 품종으로, 단순하고 거친 느낌의 라이트 바디라서 로제 와인 이외의 와인은 만들 수 없다고 여겨져 왔지만, 신의 손 알바로 팔라시오스를 거쳐 부르고뉴 그랑 크뤼 와인의 세련된 향과 고혹적인 풍미가 느껴진다는 평가를 받는 품종으로 재탄생했다. 〈La Faraona(라 파라오나), 180만 원선〉, 〈Las Lamas(라스 라마스), 25만 원선〉, 〈Villa de Corullon(빌라 데 꼬루욘), 15만 원선〉, 〈Petalos(뻬탈로스), 5만 원선〉가 그러한 대표적인 와인들이다.

알바로 팔라시오스는 2000년부터는 리오하 바하(Rioja Baja) 지역에서 아버지가 운영하던 가문의 와이너리인 보데가 팔라시오스 레몬도(Bodegas Palacios Remondo)의 양조 책임도 맡아, 리오하의 전통에 자신의 혁신적인 와인메이킹을 더해 비약적인 발전을 이루어냈다. 기존처럼 매입한 포도를 사용하지 않고, 100% 직접 소유한 포도밭에서 유기농으로 재배된 포도로만 와인을 만들고, 숙성은 프렌치 오크통을 사용했다. 생산량은 1/4로 줄고, 와인의 종류도 절반 이상으로 줄었지만, 와인의 퀄러티는 급상승했다. Garnacha 100%인 〈Quinon de Valmira(퀴논 데 발미라), 90만 원선〉을 비롯해, 리오하 블렌딩인 〈La Montesa(라 몬테사), 4만 원선〉, 〈La Vendimia(라 벤디미아), 35,000원선〉 등이 대표 와인들이다.

스페인 모던 컬트 와인의 창시자이자, 피터 시섹

천재 와인메이커 피터 시섹(Peter Sisseck)은 스페인 컬트 와인의 선두주자로 불리는 도미니오 드 핑구스(Dominio de Pingus) 와이너리의 오너 와인메이커이다. 덴마크 출신 양조가 가문에서 어려서부터 보르도에서 양조를 하던 삼촌을 따라 자연스레 와인 양조를 배웠다. 이후 보르도와 캘리포니아 등 여러 와이너리에서 와인메이커로서의 경력을 쌓았다. 서른을 갓 넘긴 1990년 삼촌과 함께 스페인으로 간 그는 리베라 델 두에로 중앙의 자갈 많고 편평한 언덕 지역인 라 호라(La Horra)에 도미니오 드 핑구스(Dominio de Pingus)라는 자신의 와이너리 설립했고, 1995년 와인 애호가들을 환호하게 만든 〈Pingus(핑구스)〉를 세상에 선보이면서 세계적인 반향을 일으켰다. '핑구스'는 펭귄을 캐릭터화 한 애니메이션의 제목으로, 피터 시섹의 어릴 적 애칭이었는데, 이제는 스페인 와인의 역사를 과거와 현재로 나누는 컬트 와인의 이름이 된 것이다. 남다른 스페인의 떼루아에 반한 피터 시섹은 포도밭과 포도 자체가 가지고 있는 자생력을 키우기 위해 포도밭에 물을 주는 관개를 일절 하지 않는다. 또 자연 존중의 철학을 담아 2000년부터 유기농 및 바이오다이나믹 농법을 도입하였다. 또 그는 '가지치기의 마술사'라는 별명처럼 한 그루의 포도나무에 불과 2~3송이만 남겨놓고 가혹하리만큼 심한 가지치기를 함으로써 포도의 집중도를 최고치로 끌어올리는 것으로도 유명한데, 그래서 〈Pingus〉의 생산량은 연간 5,600~6,000병에 불과하다. 220~300만 원선.

〈Pingus(핑구스)〉는 80년 수령의 고목에 달린 템프라뇨 포도들을 손으로 수확하고 선별작업을 거쳐 스테인리스 스틸 탱크에서 발효시킨다. 오크의 과도한 영향을 줄이기 위해, 대형 Wooden Tank에서 24개월가량 천천히 숙성시킨 후, 다시 작은 오크통으로 숙성시키는데, 뉴 오크통 사용 비율은 계속 줄이고 있다.

〈Pingus(핑구스)〉의 세컨 와인은 〈Flor de Pingus(플로르 드 핑구스), 25만 원선〉

로, 세계 최고의 세컨 와인으로 꼽히지만, 피터 시섹은 이 와인을 세컨 와인이 아니라 또 다른 위대한 와인이라고 생각한다. 템프라뇨 포도를 스테인리스 스틸 탱크에서 발효시켜 프렌치 오크통(New Oak 40%)에서 16~18개월 숙성시킨다. 로버트 파커는 한 기자의 질문에 "셀러를 단 하나의 와인으로만 채워야 한다면, 〈플로르 드 핑구스(Flor de Pingus)〉로 채울 것이다."라고 대답했다고 한다.

도미니오 드 핑구스 와이너리의 No.3 와인은 〈PSI(피에스아이)〉인데, 지역의 역

사와 문화를 보존하자는 의미를 담았다. 주변 지역 농부들이 전통방식으로 재배한 올드 바인 포도를 구입해서 저렴한 와인을 만들어보자는 프로젝트로 탄생했으며, 외지인이었던 자신을 받아준 리베라 델 두에로 지역에 바치는 와인이다. 〈PSI〉는 2014년 시진핑 주석의 방한 당시 고가의 그랑 크뤼 와인들을 제치고 만찬주로 선정되어 우리나라에서도 유명세를 탔다. 독특한 레이블이 인상적인데 오래된 포도나무의 모습을 형상화 한 것이다. 콘크리트 통에서 발효시켜 프렌치 오크통에서 18개월 숙성시킨다. 블렌딩 비율은 Tinta Fino(Tempranillo) 88% : Garnacha 10%에 리치한 유질감을 위해 Albillo(알비요) 2% 블렌딩. 85,000원선.

2010년 피터 시섹은 어린 시절 처음 와인 양조를 시작했던 보르도로 넘어가 쌩떼밀리옹 그랑 크뤼 와인인 Ch. Rocheyron(샤또 로셰이론)을 인수해 100% 유기농 방식으로 전환해 생산하고 있다.

Dominio de Pingus

Marqués de Riscal Hotel

Marqués de Riscal

포르투갈어로 와인은 'Vinho(비뉴)'라고 하는데, 레드 와인은 Vinho Tinto(비뉴 띤뚜), 화이트 와인은 Vinho Branco(비뉴 브랑꾸)라고 부릅니다. 포르투갈어의 'O' 발음은 [우]라고 발음합니다. 2002년 한・일 월드컵 당시 포르투갈 대표팀의 주장이었던 피구 선수의 경우도 유니폼에 'FIGO'라고 쓰여 있었던 걸 기억하시지요?

포르투갈 와인의 가장 큰 축은 분명 알코올 강화 와인인 〈Port(포트/뽀르뚜)〉 와인이지만, 같은 알코올 강화 와인으로 식전주로도 인기 있는 〈Madeira(마데이라)〉와 세계적으로 유명한 약발포성 로제 와인인 〈Mateus Rose(마테우스 로제)〉도 〈Port(포트)〉 와인과 함께 포르투갈 와인을 대표하고 있습니다.

둥글납작한 병의 〈Mateus Rose(마테우스 로제)◆〉와 도자기에 들어있는 〈Lancers(란쎄르)◆〉는 포르투갈

◆ 'Mateus'와 'Lancers' 와인은, 레드도 화이트도 아니고, 드라이도 스위트도 아니고, 발포성도 비발포성도 아닌 애매한 종류의 와인이지만, 그 브랜드 가치는 20세기 중반까지만 해도 포르투갈의 그 어떤 상품보다도 높았다.

로제 와인을 대표하면서 한때 세계적인 베스트셀러가 되기도 했는데, 적당히 칠링해서 마셔야 좋습니다.

원래 포르투갈은 로마시대부터 와인을 생산해오고 있는 전통적인 와인 생산국으로, 포트 와인 외에도 품질 좋은 와인들이 생산되고 있습니다. 근래에는 이들 와인의 수출 마케팅을 위해 매년 유럽과 미국의 전문가들을 초청한 품평회(Fine Wines Board Awards)를 개최하여 프리미엄 및 수퍼 프리미엄급 와인을 선정하는 등의 노력을 기울이고 있습니다.

플라스크(Flask)형 둥근병으로 유명한 〈Mateus Rose(마테우스 로제)〉 26,000원선.

또 포르투갈 와인산업에서 빼놓을 수 없는 것이 코르크 마개입니다. 포르투갈은 세계 1위(40%)의 코르크 마개 생산국입니다. 생산량뿐만 아니라 품질에서도 세계 최고임을 자부하고 있습니다.

포르투갈 와인의 카테고리

포르투갈은 〈Port(포트)〉 와인에 대해 1756년 세계 최초로 와인의 원산지 관리법을 제정해서 품질 관리를 해오고 있다.

Quality Wine		Table Wine	
최상급	상급	지방(지역)와인	테이블 와인
DOC ≒구 프랑스의 AOC	IPR ≒구 프랑스의 VDQS	Vinho Regional (비뉴 레지오날) ≒구 프랑스의 뱅 드 뻬이	Vinho de Mesa (비뉴 데 메사) ≒구 프랑스 뱅 드 따블

〈 EU Wine Regulations 〉

DOP	IGP	-

- 포르투갈은 55개의 와인산지 중 39개가 DOC로 지정되어 있다.
- 기본 카테고리 외에 'Reserva(레쎄르바)'와 'Garrafeira(가라페이라)'라는 품질 표시가 있다.
  Reserva(레쎄르바)는 단일 수확연도 포도로 만들어 빈티지가 반드시 표시되며, DOC 등급 법적 최저 알코올 도수보다 높아야 하고 시음단의 심사를 받아야 한다.
  Garrafeira(가라페이라)는 레쎄르바 규정에 더하여 일정기간 숙성이 필요하다. 레드 와인은 오크 숙성 최소 2년 이상+병입숙성 1년 이상이며, 화이트 와인은 오크 숙성 최소 6개월 이상+병입 숙성 6개월 이상이다.

① 헤르다데 두 페소사가 알렌떼주 지역에서 생산하는 아라고네스 품종 와인. Aragones 100%. 16만 원선.
② DFJ 비뉴스 SA사의 〈핑크 엘리펀트 로제〉 CS 25% : Castelao 25% : Alfrocheiro 25% : Touriga Nacional 25%. 27,000원선.
③ 세계적으로 손꼽히는 포르투갈 제1의 와인 그룹 쏘그라페 비뉴스사에서 프리미엄 브랜드로 새로 개발한 'Callabriga' 브랜드의 〈깔라브리가 다웅〉 레드 와인. 품종은 Tinta Roriz : Touriga Nacional : Alfrocheiro. 8만 원선.
④ 시밍턴 패밀리 이스테이트사의 〈알따노 레쎄르바〉. Tempranillo 80% : Touriga Nacional 20%. 85,000원선.
⑤ 에스뽀라웅사가 알렌떼주 지역에서 생산하는 〈레쎄르바 화이트〉. 품종은 Antao Vaz : Roupeiro : Arinto. 6만 원선.

포르투갈의 주요 와인산지

북부 도우루 강 유역의 미뉴(Minho), 도우루(Douro) 지역을 비롯해서 다웅(Dão)◆, 바이하다(Bairrada)◆, 에스뜨레마두라(Estremadura), 알렌떼주(Alentejo)◆ 등이 있습니다.

그중에서 미뉴 지역은 '비뉴 베르드(Vinho Verde)'라고도 부르는데, Vinho Verde는 '녹색 와인(Green Wine)'이란 뜻이며, 이곳의 DOC(DOP) 와인명이기도 합니다. 어린 포도를 수확하여

◆ 다웅 지역은 보르도 블랜딩 와인으로 유명하며, 바이하다는 스파클링 와인(Espumante)의 주산지이기도 하다.

◆ 고급 와인산지인 알렌떼주는 코르크참나무 산지로도 유명한데, 세계시장 점유율 25%로 포르투갈 최고이자 세계 최고의 코르크 마개 생산회사인 '아모림(Amorim)'도 이곳에서 재료를 공급받고 있다.

낀따 두 크라스또사의 〈도우루 레쎄르바 올드 바인〉 30여 개의 토착 품종들을 블렌딩했으며, 2005년 빈티지가 '2008년 WS 100대 와인'에서 3위를 차지했다. 12만 원선.

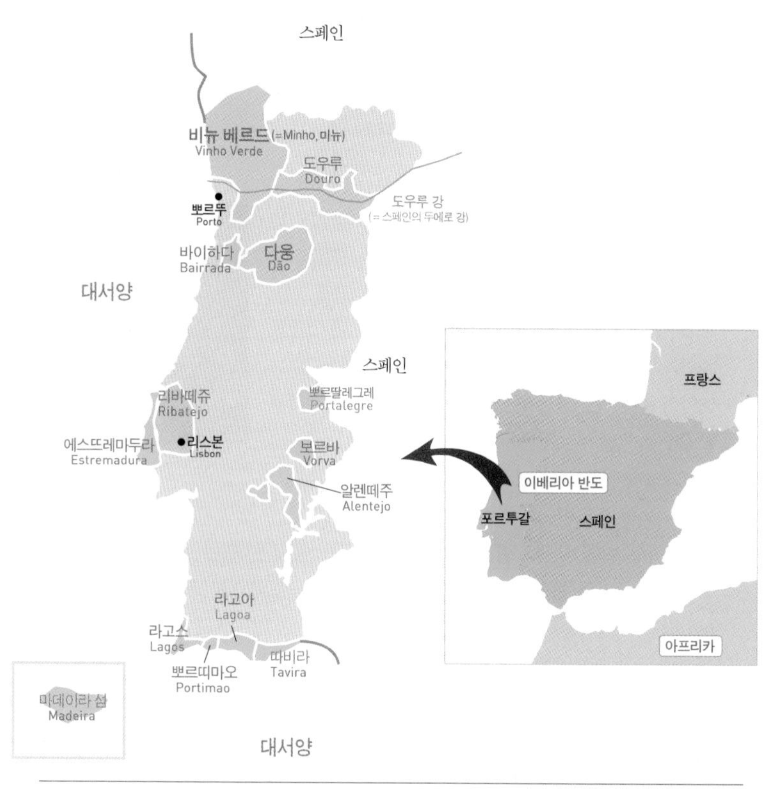

이베리아 반도 서쪽에 위치한 포르투갈의 주요 와인산지

양조한 후 그 해에 병입하기 때문에 높은 산도에 신선하고 톡 쏘는 느낌이 살아있지만, 그 이름은 와인의 색과는 상관이 없습니다. 화이트 품종인 알바리뇨(Albriño), 루레이로(Loureiro), 빠데르냐(Paderña) 등으로 만듭니다.

① 가젤라사의 〈비뉴 베르드〉 약발포성 화이트 와인.
Loureiro 외 3개 품종. 26,000원선.
② 아벨레다사에서 까잘 가르시아(Casal Garcia) 브랜드로
만드는 비뉴 베드르 화이트 와인. 24,000원선.
품종은 Trajadura : Treixadura : Loureiro : Arinto : Azal Blanco.

Wine Lesson 101

포르투갈 와인의 대명사 Port(뽀르뚜/포트)

Port(포트) 와인은 정책적으로 개발된 상품이었다. 프랑스와의 백년전쟁에서 패배하여 한때 영국 영토였던 보르도 지방을 다시 빼앗기게 된 영국은, 17세기 말 그들이 즐겼던 보르도 레드 와인을 대체할 상품을 찾게 되고, 그 대안이 바로 우호 국가였던 포르투갈과 스페인 등으로부터 와인을 조달하는 것이었다.
영국의 와인 상인들은 영국과 뱃길이 비교적 가까운 포르투갈에서 레드 와인 생산이 가능한 도우루 강(=스페인의 두에로 강) 주변의 산지를 찾아내어 강 주변에 계단식 포도밭을 일구어 와인을 조달했다. 하지만 문제는 냉장시설이 없던 시절 오랜 기간을 배로 수송을 하다 보니 중간에 와인이 산화되고 변질이 되는 경우가 많았다. 1800년대에 들어와 이런 문제를 해결하기 위한 많은 시도와 시행착오 끝에 발효 중인 레드 와인에 브랜디를 3:1 정도의 비율로 섞어 알코올 도수가 높은(20도 전후) 오늘날의 Port(포트) 와인을 만들어냈다.
처음에는 프랑스 고급 와인에 입맛이 길들여진 영국인들의 반응이 냉담했지만, 이후 더욱 열심히 품질개선에 박차를 가해 마침내 당분이 아직 남아있는 발효 중인 와인에 브랜디를 첨가해 효모를 죽여 발효를 중지시킴으로써 향이 좋고 살짝 스위트한 고급 제품을 만들어냈다. 이렇게 탄생된 Port 와인은 당시 영국시장에서 50%의 점유율로 1위에 올랐고, 지금도 세계인의 사랑을 받는 포르투갈의 중요한 수출 품목이다. 영국은 포르투갈 와인의 최대 수입국이며, 지금도 포르투갈의 Port 와인 생산자의 상당수가 영국계다.
'Port'라는 이름은 포르투갈 제2의 도시이자 대서양에 접한 포트 와인의 수출항구인 오뽀르뚜(Oporto)에서 유래된 것이다. 그런데 여러 나라에서 같은 스타일의 와인을 만들어 'Port(포트)'라는 이름을 남발하자, 최근 포르투갈에서는 자국에서 생산되는 진짜 포르투갈 Port(포트) 와인의 명칭을 'Porto(뽀르뚜)'로 바꿨다.
지금도 대부분의 포트 와인들은 도우루 강 유역에서 생산된 후 강 하구인 오뽀르뚜 항구 인근의 빌라 노바 드 가이아(Vila Nova de Gaia) 마을의 창고로 옮겨져서 숙성되고 병입된다.

포르투갈의 포도품종

◆ 포트 와인은 타닌이 많고 산도가 높은 Touriga Nacional(또오리가 나씨오날)을 중심으로 하는 48개의 레드 품종과 Verdelho(베르데유) 등 50여 개의 화이트 품종으로 만들어진다.

포르투갈의 레드 테이블 와인과 〈Port◆〉 와인의 주품종인 Touriga Nacional(또오리가 나씨오날)을 비롯해서, Tinta Roriz(띤따 호리스 = 스페인의 Tempranillo 품종), Tinto Cão(띤뚜 까웅), Touriga Franca(또오리가 프랑카), Trincadeira(트링까데이라) 등의 토착 레드 품종과 고급 화이트 품종인 Arinto(아린뚜), 〈Madeira(마데이라)〉 와인을 만드는 화이트 품종 Verdelho(베르데유/베르델류)◆ 등이 있으며, 글로벌 품종인 Cabernet Sauvignon(까베르네 쏘비뇽)과 Chardonnay(샤르도네) 등도 재배됩니다.

◆ Verdelho(베르데유)는 마데이라 섬이 고향이며, 알코올강화와인인 〈마데이라〉〈화이트 포트〉와 다웅 지방 등의 화이트 와인 재료로 쓰인다. 싱싱하고 유쾌한 산이 돋보이는 이 품종은 현재 퀸즐랜드를 비롯한 호주 각지에서 화이트 테이블 와인용으로 더욱 각광받고 있다. 스페인의 토착 품종인 Verdejo(베르데호)와는 다른 품종이다.

포트 와인의 종류

〈나무통 숙성 Cask-Aged◆ 포트 와인〉

◆ 오크통 숙성 후 정제를 끝내고 병입했으므로 병입 숙성을 통해 더 이상 맛이 좋아지지 않는다. 따라서 병입 후 바로 마시면 된다.

- Ruby Port(루비 포트) : 2가지 이상 품종의 영한 논빈티지 와인을 블렌딩한 가장 평범하고 많이 판매되는 저가 포트 와인. 대형 오크통에서 2년 이상의 숙성을 거치며 단맛이 납니다. 5년 이상 숙성시켜 'Fine', 'Reserve' 혹은 'Special Reserve' 표시를 붙이기도 합니다.
- Tawny Port(타우니 포트 / 토니 포트) : 영한 여러 빈티지의 와인을 블렌딩해서 작은 오크통에서 좀 더 오래 숙성시키면 루비 포트보다 약간 드라이하고 가벼운 스타일이 됩니다. 'Tawny'는 갈색~오렌지 톤의 컬러를 의미하는데, 일반 토니 포트는 붉은빛이 강한 오렌지색이고, 오래 숙성될수록 황갈색에 가까워집니다. 주로 차게 해서 즐깁니다.

• Colheita(콜레이타) : 레이블에 'Colheita(콜레이타, '수확'을 뜻하는 포르투갈어)'라는 표시가 있으면, 오크통 숙성기간이 최소 7년 이상인 '단일 빈티지' 타우니 포트라는 뜻입니다. 꽤 비싼 고급으로도 만들어집니다.

• Aged Tawny Port(=Vintage Tawny Port) : 장기숙성되는 고급 토니 포트입니다. '10년' '20년' '30년' '40년'의 4종류가 있으며, 병입 후 장기숙성하는 '빈티지 포트(592쪽 하단 참조)'와는 달리 오크통에서 해당 숙성기간을 채운 후 병입합니다. 오크통 장기숙성으로 빛깔도

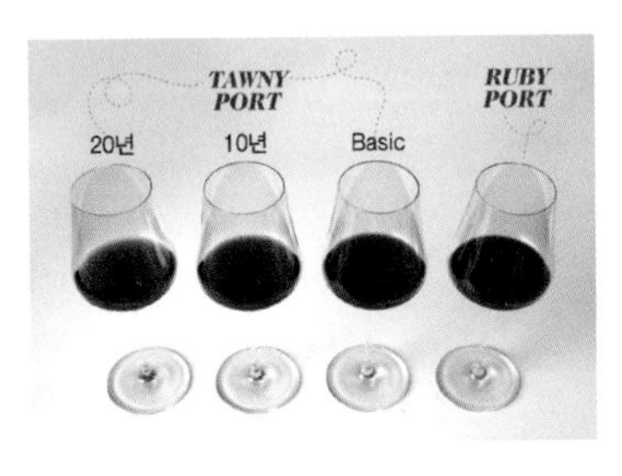

바래고 과일 향도 적어지지만, 오크통에서 우러나는 무화과, 캐러멜, 헤이즐넛 등 오묘하고 복합적인 향과 맛이 매력적인 최고의 디저트 와인입니다. 10년 숙성 제품은 붉은빛이 감도는 진한 호박색이지만 40년 숙성의 경우 위스키 색에 가까운 연한 황갈색을 띱니다. 40년을 숙성시킨 최고급 Aged Tawny Port는 Vintage Port 만큼이나 가격이 나가기도 합니다.

• White Port(화이트 포트) : 루비 포트의 일종으로, 화이트 품종으로 만든 황금색 포트 와인으로 차게 해서 주로 식전주로 마십니다.

〈병 속 숙성 Bottle-Aged◆ 포트 와인〉

◆ 병입 숙성 과정에서 맛과 품질이 계속 좋아지고 발전한다.

• Vintage Port(빈티지 포트) : 빈티지 포트는 포트 와인의 최고봉으로, 수확이 좋은 해(10년에 3번꼴)에 한해 최고 품종의 잘 익은 포도만을 골라 양조한 후 오크통 숙성을 하며, 보르도의 고급 레드 와인처럼

2년간 오크통 숙성 후 병입합니다. 세상에서 가장 오래 보관할 수 있는 와인으로, 병입된 후에도 천천히 숙성되므로 15~30년 후에 마시면 부드러운 제맛을 즐길 수 있습니다. 전체 포트 생산량의 2%에 불과하며, 다른 포트 와인들과는 달리 레이블에 빈티지가 표시됩니다. 특히 뛰어난 빈티지는 2017년, 2011년, 2007년, 2003년, 2000년, 1997년, 1994년, 1991년, 1983년, 1977년, 1970년, 1963년, 1955년, 1948년, 1945년, 1896년 등인데, 특히 1945년과 2011년은

다우사의 〈빈티지 포트〉
19만 원선.

최고의 빈티지로 꼽힙니다. 진한 녹색병에 담겨있는 다른 포트 와인들과는 달리 검은 병에 담겨있는 〈Vintage port〉는 필터링(여과)을 하지 않았으므로 찌꺼기가 있을 수 있어 마시기 전에 디캔팅을 통해 걸러줄 필요가 있습니다. 붉은 자주빛이 나며 농익은 블랙베리 등의 과일 향, 잼 맛, 스위트 스파이시함이 좋은 밸런스를 이루고 있어 크림치즈, 블루치즈, 초콜릿 등의 디저트와 아주 잘 어울립니다.

- L.B.V.(Late Bottled Vintage) : 단일 빈티지의 포도를 대형 오크통에서 4~6년간 숙성시켜 정제한 후 바로 병입한 것으로, 빈티지 포트와 나무통 숙성 포트 와인을 절충한 형태입니다. 빈티지 포트와 스타일이 비슷한 약식 빈티지 포트지만 엄밀히 구분하면 나무통 숙성 포트에 더 가깝습니다. 드물지만 오크통 숙성 4년, 병입 숙성 4년 정도로 출시되는 제품도 있습니다. 빈티지 포트보다 더 가볍고 디캔팅이 필요 없이 바로 마실 수 있으며 가격도 절반 수준입니다.

• Vintage Character : L.B.V.와 스타일이 비슷하지만, 좋은 해의 빈티지 와인들을 블렌딩해서 만듭니다.

포트 와인의 종류별로 매년 평균적으로 생산되는 비율을 살펴보면, Tawny Port와 Ruby Port가 약 60%, Vintage Character가 약 30%, Aged Tawny Port가 약 7%, Vintage Port가 약 3% 순입니다.

포트 와인을 품질 순으로 다시 구분해 보면 다음과 같습니다.

Super-Premium급	Premium급	Standard급
• Vintage Port • 30&40 Year Old, Aged Tawny Port	• 10&20 Year Old, Aged Tawny Port • L.B.V.	• Ruby Port • Tawny Port • White Port

포트 와인을 생산하는 주요 와이너리

주요 포트 와인 하우스로는, Taylor's(테일러스), Quinta do Noval(낀따 두 노발), Fonseca(폰쎄카), Niepoort(니에푸르트), W. & J. Graham(W. & J. 그라함), Dow(다우), Quinta do Vesuvio(낀따 두 베수비오), Croft(크로프트), Cockburn(콕번), Sandeman(산데만), Warre's(와레스), Churchill(처칠), A. A. Ferreira(A. A. 페헤이라), C. Da Silva(C. 다 씰바), Robertson's(로버트슨스), Harveys of Bristol(하베이스 오브 브리스톨), Ramos Pinto(라모스 삔뚜) 등이 있습니다.

① 그라함사의 〈파인 루비 포트〉 5만 원선.
② 블랜디사의 〈산타 루치아〉 스위트 마데이라 와인. 52,000원선.
* Madeira(마데이라)는 사용되는 4가지 품종별로 그 당도가 다르다. 말바시아의 다른 이름인 Malmsey(맘시)가 가장 달고, Bual(부알), Verdelho(베르데유), Sercial(쎄르시알) 순으로 드라이해진다.

PORTO & SHERRY
SANDEMAN

SANDEMAN
10
SANDEMAN
20
SANDEMAN
OLD TAWNY PORTO
30
SANDEMAN
OLD TAWNY PORTO
40
SANDEMAN
OLD TAWNY PORTO
CAREFULLY MATURED IN SMALL OLD OAK CASKS
VINHO DO PORTO
№ 33832
INDIVIDUAL BOTTLE
Very complex notes of dried fruits, spices and nuts.
CERTIFIED AT BOTTLING
PRODUCT OF PORTUGAL

Porto(뽀르뚜)항

세계의 와인산지들은 북반구의 경우 북위 30~50도, 남반구는 남위 20~40도 지역에 위치합니다. 독일의 위도는 북위 47~55도로 유럽의 전통적인 와인 생산국 중 가장 북쪽에 위치하고 있어 추운◆ 날씨와 늦은 서리, 가을철의 잦은 비 등 포도재배에 썩 적합한 조건이 아니어서 와인 생산량◆은 그리 많지 않지만, 인위적인 노력으로 이를 극복하고 있습니다.

◆ 서늘한 기후로 인해 포도가 천천히 익게 되면, 와인의 알코올 도수는 높지 않지만 향미가 섬세하고 아로마틱한 장점도 있다.

◆ 독일 와인은 세계 와인 생산량의 2~3%에 불과하다.

'독일 와인'하면 '화이트 와인'과 'Riesling(리슬링) 품종'이 떠오를 정도로, 1980년대까지는 독일의 화이트와인 비율은 90% 가까이 되었으나, 레드 와인을 선호하는 세계적인 추세와 지구 온난화에 따른 기후 변화로 레드 와인의 비율이 35%에 이르고 있습니다. 하지만 독일은 오스트리아와 함께 여전히 화이트 와인의 강국이며, 아직도 레드 와인은

독일 최고의 와이너리인 에곤 뮐러사의
〈샤르초프 베르거, 리슬링 슈페틀레제〉 17만 원선.

상당량이 국내에서 소비됩니다. 다양한 스타일의 스위트 화이트 와인들이 독일 와인을 대표하고는 있지만, 80년대 이후 드라이 와인 생산도 늘고 있습니다.

오래전 독일 와인은 보르도 와인보다도 더 비쌌고, 지금도 품질 좋은 고급 와인들이 많이 있습니다. 하지만 현재 독일은 대중적인 스파클링 와인(Sekt, 젝트)의 소비대국(세계 1위)이며, 저렴한 데일리 와인과 맥주를 더 즐기는 대중적인 소박함이 느껴지는 나라입니다.

헨켈사의 〈헨켈 로제〉 스파클링 와인. Pinot Noir + Gamay. 3만 원선.

독일 와인의 카테고리

독일 와인의 등급 관련법은 1971년에 제정되어 수차례의 수정이 있었고, 지금도 계속 변화하고 있다. 독일 와인의 카테고리를 결정하는 가장 기본적인 두 척도는 당도(Oechsle, 왹슬러)와 품질이다. 이는 열악한 기후 때문에 포도가 완숙되는 것이 쉽지 않은 독일의 특수 환경에 기인한다.

Quality Wine		Table Wine	
최상급	상급	지방(지역) 와인	테이블 와인
Prädikatswein (프레디카츠바인)	QbA (쿠베아)	Landwein (란트바인)	Tafelwein (타펠바인)

〈EU Wine Regulations〉

Wein g. U.	Wein g. g. A.	Deutscher Wein (도이처 바인)

- 변경 전 최상급 카테고리였던 프레디카츠바인은 2007년 8월 이전에는 QmP(쿠엠페)라고 불렸었다. 프레디카츠바인은 바로 아래 등급인 QbA급과는 달리 가당(加糖)을 하지 않는다. 포도의 성숙도(당도)에 따라 와인의 스타일(6가지) 구분이 되기 때문이다(636쪽 하단~638쪽 참조).
- 변경 전 2번째 카테고리였던 QbA(쿠베아)는 특징 있는 13개 지역에서 생산되는 품질 좋은 와인으로, 알코올 도수를 높이기 위해 가당을 한다. 레이블엔 보통 'Qualitastswein(크발리테츠바인)'이라는 단어와 생산 지역이 표기됐다. 상위 두 등급의 비율은 거의 비슷한데 두 등급을 합치면 전체의 95%가 넘는다.
- Wein g. U. = Wein mit geschuetzter Ursprungsbezeichnung(바인 밋 게쉐츠터 우스프룽스비차이히눙)
- Wein g. g. A.(구, 란트바인)는 Wein mit geschuetzter geographischer Angable(바인 밋 게쉐츠터 게오그라피셔 앙가블르)의 약자로,19개의 특정 지역에서 알코올 도수, 산도 등 최소한의 규정만으로 생산되며, 프랑스의 IGP(구, 뱅 드 뻬이)에 해당된다.

슐로스 요하니스베르크 와인 레이블

Wein g. g. A.와 Deutscher Wein(도이처 바인)급 와인들을 모두 합쳐도 전체 생산 와인의 3.5%에 불과하기 때문에 나머지 독일의 대부분의 와인들은 모두 Wein g. U.급에 속한다고 봐야 합니다. 이것은 테이블 와인급의 생산량이 훨씬 많은 다른 유럽 국가들과는 상반되는 현상인데, 프랑스나 다른 유럽 국가들과는 달리 포도밭 자체의 퀄리티보다는 각 포도의 수확 당시 익은 정도에 따라 등급이 정해지기 때문입니다. '잘 익은 포도가 좋은 와인을 만든다'라는 이론적 의미에서는 큰 문제가 없으나, 위의 수치와 같이 상급 와인의 수가 너무 많아 종종 정말 뛰어난 품질의 독일 와인들이 평범한 수준의 와인들과 함께 분류됨으로써 차별화되지 않는 단점도 있습니다.

Wein g. U.로 통합되기 전 최상급 카테고리였던 프레디카츠바인(Prädikatswein)에는 독일의 고급 스위트 와인들인 〈Beerenauslese(베렌아우슬레제 : BA)〉〈Trockenbeerenauslese(트로켄베렌아우슬레제 : TBA)〉〈Eiswein(아이스바인)〉 등이 속해 있는데, 이 와인들은 달지만 절대로 인위적으로 당(糖)을 첨가해서 만들 수 없습니다. 프레디카츠바인 품계의 와인들은 포도수확시기와 알맹이의 성숙도, 당도◆에 따라 다음 여섯가지 스타일로 다시 분류됩니다.

◆ 당도의 단위로 독일 등에서는 '외슬러(oechsle)'를 사용하고, 프랑스, 호주 등에서는 '보메(baumé)', 미국, 한국, 일본 등에서는 '브릭스(brix)'를 사용한다. 그 수치기준은 서로 차이가 있는데, 예를 들어 잠재적 알코올 농도가 7.5%일 경우, 60외슬러 = 8.2보메 = 14.7브릭스이다. (76쪽 하단 표 참조)

• Kabinett(카비네트) : 독일 고급 와인의 스탠더드로, 정상적인 수확시기에 수확해 짧은 기간의 숙성을 거친 가장 알코올 도수가 낮고 부드

러운 대중적인 와인입니다. 가볍고 당도도 가장 낮은 세미 드라이 스타일입니다. 한국의 〈마주앙, 모젤〉 화이트 와인의 느낌을 생각하시면 됩니다. 18세기 이래 품질 좋은 와인을 저장고(Kabinett)에서 보관한 데서 그 이름이 유래되었습니다.

• Spätlese(슈페틀레제) : spät는 '늦은', lese는 '수확'을 뜻합니다. 정상 수확보다 2주가량 늦게 수확한 포도로 만든 와인으로, 당도보다 산도가 더 느껴질 정도로 그리 달지는 않기 때문에 미디엄 스타일에 더 가깝습니다. 영어식으로 특성을 표현하면 'Late harvest'

※ Kabinett(카비네트)와 Spatlese(슈페틀레제)급 와인들은 발효 정도를 조절하여 거의 달지 않은(Trocken, 트로켄) 와인으로도 만들어진다.

• Auslese(아우슬레제) : Spätlese(슈페틀레제)보다 2주가량 더 늦게, 특히 잘 익은 포도만 '선별' 수확해 만든 와인으로, 아주 달지는 않지만 풍미가 훌륭하고 무게감도 느껴집니다. 그중에는 귀부(貴腐)병에 걸린 포도가 살짝 섞이기도 합니다. 가장 넓은 범위의 와인 스타일에 사용됩니다. 영어식으로 특성을 표현하면 'Selected harvest'

• Beerenauslese(베렌아우슬레제, BA) : Auslese보다 2주가량 더 늦게, 상하기 직전의 쭈글쭈글해진 포도를 일일이 손으로 따서 만든 달고 원숙한 맛이 나는 와인으로, 10년에 두세 번밖에 생산되지 않습니다. 귀부(貴腐)병◆에 걸린 포도가 상당수 섞여 있어, 귀부와인 범주에 속합니다. 'Beeren(베렌)'은 영어의 'Berry'로 포도 한 알 한 알이라는 의미를 강조한 것입니다.

◆ 귀부병은 보트리티스 씨네레아(Botrytis Cinerea)라는 회색 곰팡이균에 포도가 감염되어 포도알의 수분이 증발해서 건포도처럼 변하는 현상(Noble Rot)을 말하는데, 이 회색 곰팡이균을 독일어로는 '에델포일레(Edelfäule)'라고 한다.

그런데 같은 〈Beerenauslese(베렌아우슬레제)〉 와인이면서도 어떤 것은 몇만 원이고, 또 어떤 것은 몇십만 원인 것도 있는데, 과연 무슨 차이일까요? 싼 것은 뮐러 투르가우나 실바너 품종 혹은 여러 품종의 블렌딩인 경우가 많고, 비싼 것은 모젤 지역에서 리슬링(Riesling) 품종으로 만들었을 것입니다. 대개 375*ml*짜리 병으로 출시됩니다.

영어식으로 특성을 표현하면 'Berry selected harvest'

- Trockenbeerenauslese(트로켄베렌아우슬레제, TBA) : 선별된 건포도로 만든 와인이라는 뜻으로, 100% 귀부(貴腐)병(noble rot)에 걸린 포도로만 만들어, 맛이 아주 진하고 깊이가 있는 독일 최고의 디저트 와인. 워낙 수분량이 적어 한 사람이 하루 종일 포도를 따야 겨우 한 병의 와인을 만들 정도이니 비쌀 수밖에 없습니다. 최초의 〈Trockenbeerenauslese(트로켄베렌아우슬레제)〉는 1921년 모젤 지역에서 만들어졌으며, 지금도 최고급 제품들은 모젤에서 생산됩니다. 대개 375*ml*짜리 병으로 출시됩니다.

(TBA◆: Totally Botrytis Affected)

◆ 일부 캘리포니아 와이너리들이 늦수확한 스위트 리슬링 와인의 레이블에 Trockenbeerenauslese(트로켄베렌아우슬레제)의 이니셜인 'TBA'를 표기했었다. 이에 독일 정부가 항의하자, 그들은 이번엔 TBA는 독일어가 아닌 영어의 'Totally Botrytis Affected(완전히 귀부병에 걸린)'의 약어라고 기발한 주장을 하기도 했다.

영어식으로 특성을 표현하면 'Dry berry selected harvest'

- Eiswein(아이스바인 / 아이스와인) : Trockenbeerenauslese(트로켄베렌아우슬레제)와 같은 등급으로, 귀부 현상은 아니지만 알맹이가 얼을 때까지 수분을 증발시켜 당도를 높인 포도로 만든 고농축 와인입니다. 귀부 스위트 와인의 복합적인 풍미보다는 잘 익은 열대과일과 꿀맛이 강합니다. 대개 375*ml*짜리 병으로 출시됩니다.

① 벨탁스사의 〈베렌아우슬레제〉 6만 원. (375*ml*)
② 빈디쉬사의 쇼이레베 품종 〈아이스바인〉 Scheurebe 100%. 55,000원선. (375*ml*)

독일 늦수확(Late harvest) 스위트 와인들의 유래

독일의 늦수확 스위트 와인들의 원조이기도 한 〈Spätlese(슈페틀레제)〉 와인의 최초 탄생 배경은 이렇다. 1775년 늦여름 포도 수확을 준비할 무렵, 라인가우(Rheingau) 지방의 슐로스 요하니스베르크(Schloss Johannisberg) 수도원에 소속된 포도원에서는 예년처럼 포도 수확시기를 지시받기 위해 표본 포도송이를 가진 전령을 풀다에 있는 상급 수도원으로 보냈다. 그런데 보통 1주일이면 돌아오던 전령이 3주나 걸려서 돌아오는 바람에 수확시기를 놓쳐 포도가 너무 익어 버렸다. 늦장을 부린 전령 때문에 이미 그해의 정상적인 와인양조는 어려워졌지만, 그렇다고 포도들을 그냥 버릴 수도 없어 늦게나마 수확해서 와인을 만들었다.

이듬해 봄, 연례행사처럼 상급 수도원에서는 산하 수도원들에서 보내온 전년도 와인들을 대상으로 품평회가 열렸는데 다른 수도원의 와인들은 전년도에 비해 맛이나 품질이 크게 다르지 않았지만, 슐로스 요하니스베르크(Schloss Johannisberg) 수도원에서 보내온 와인 맛은 아주 독특했다. 처음 맛보는 달콤하면서도 독특한 와인에 모든 심사위원들이 반해 버렸다. 그리고는 도대체 어떻게 그런 와인을 만들게 되었는지 물었더니 그 대답이, "늦게 수확했습니다(Spätlese = Late Harvest)"였다고 한다. 이때부터 'Spätlese(슈페틀레제)'는 와인의 한 카테고리가 되었으며, 늦장을 부려 본의 아니게(?) 〈Spätlese〉 와인을 탄생하게 했던 그 전령은 슐로스 요하니스베르크에 자랑스러운 동상으로 남게 되었다. 그 당시 그가 왜 그리 늦었는지는 아직까지 아무도 모른다고 한다.

그 후 늦게 수확하니까 더 고급스러운 와인이 만들어진다는 데서 힌트를 얻은 독일의 포도재배자들이 그보다 좀 더 늦게 수확해서 만든 와인이 〈Auslese(아우슬레제)〉이고, 더 욕심을 부려 조금이라도 더 늦게 수확하려다가 포도알이 쭈글쭈글해지면서 상하려고 하자 깜짝 놀라서 상태가 좋은 알맹이만 손으로 직접 수확해서 만든 와인이 〈Beerenauslese(베렌아우슬레제 : BA)〉이다. 또 거기서 그치지 않고 더 욕심을 부려 수확시기를 더 늦추다가 이번엔 포도알들이 전부 귀부병(貴府病, Noble rot)에 걸려 본의 아니게(?) 만들어진 와인이 〈Trockenbeerenauslese(트로켄베렌아우슬레제 : TBA)〉요, 귀부와인은 아니지만 늦수확을 고집하다가 갑자기 추워진 날씨에 포도송이가 모두 얼어 버린 후에야 만들어진 와인이 〈Eiswein(아이스바인)〉이다.

이러한 독일 와인의 늦수확 경향은 만생종인 리슬링 품종의 특성과 잘 맞아 떨어지면서 독일의 리슬링 시대가 열리게 되었다.
독일 와인들이 스위트하게 만들어지는 방법은 여러 가지가 있다.
고급 와인으로 분류되는 〈Spätlese(슈페틀레제)〉, 〈Auslese(아우슬레제)〉, 〈Beerenauslese(베렌아우슬레제)〉처럼 늦수확을 통해 당도를 높이기도 하지만, 완전 발효를 시키지 않고 잔당을 남기는 방법을 쓰기도 한다. 즉 발효가 70~80% 정도 진행될 때 발효통을 바꿔 효모들을 제거한다. 효모가 포도당을 섭취해서 알코올로 변환시키는 것이 발효과정인데, 도중에 효모들을 죽임으로써 발효가 덜 된 당분이 남아서 단맛을 내는 것이다.
또 일반급 와인의 경우 보당(補糖)을 하는 방법을 사용한다. '미발효 포도즙(Süssreserve, 쉬스레제르베)'을 별도로 보관하고 있다가 발효된 와인에 일정량을 첨가하여 단맛을 보완하는 것. 즉 독일 Riesling 와인의 '달고 안 달고'의 문제는, 품종 자체의 당분 함유량보다는 수확시기나 양조방법에 좌우된다 하겠다.

* 1950년대까지만 해도 독일 와인은 오히려 대부분 드라이하고 산도가 아주 높은 편이었다. 고급 레스토랑에서조차 독일 와인을 서빙할 때는 산도와의 밸런스를 위해 설탕 한 스푼을 같이 가져다주기도 했다. - 캐빈 즈랠리 -

독일 와인이 대부분 스위트*한 데에는 나름대로 이유가 있습니다. 와인의 카테고리나 등급에 있어 벤치마킹 대상인 프랑스의 경우, 샤또나 포도밭에 그 등급이 매겨져 있어 포도나무의 싹도 트기 전에 와인의 등급이 정해져버리므로 한번 1등급은 영원한 1등급이요, 5등급은 아무리 노력해도 항상 5등급일 수밖에 없습니다.

독일은 이런 불합리한 점을 없애고자 잘 재배하고 수확한 포도 자체를 기준으로 등급체계를 만들었던 것입니다. 그런데 그러다 보니 향미가 뛰어난 포도품종보다는 재배가 수월하고 당도를 높이기 쉬운 품종들을 선호하게 되었고, 또 품질 등급이 높을수록 와인의 단맛도 강해져 독일의 고급 와인은 자연스레 스위트 와인이 주류를 이루게 되었습니다. 그 결과 '원산지 중심의 명품 와인'의 개념이 정립되지 못하는 단점도 생겨났습니다.

그래서 그 보완책으로 2000년 빈티지부터 고급 드라이 와인, 즉 프레디카츠바인급 '드라이(Troken, 트로켄)'와 '세미 드라이(Halbtrocken, 할프트로켄)' 와인에 대해 'Classic(클라식)'과 'Selection(Selektion, 젤렉치온)'이라는 새로운 카테고리를 도입하였습니다.

앞에서 설명한 〈Spätlese(슈페틀레제)〉, 〈Auslese(아우슬레제)〉 등 조금이라도 단맛이 나는 6개 스타일의 와인들을 크게 '프루티(Fruity)'한 스타일이라고 본다면, '트로켄(Troken)'과 '할프트로켄(Halbtrocken)'은 달지 않은 스타일의 와인을 그 정도 차이로 구분한 것입니다.

'Classic'은 13개 지정 지역에서 생산된 것으로, 포도품종은 전통적인 각 지역의 특징을 대표할 수 있는 단일 품종을 원칙으로 하며, 최소 알코올 도수◆는 12도(모젤 지역은 11.5도) 이상입니다. 레이블에 생산지역, 포도품종, 빈티지와 'Classic'이란 표시를 하지만, 마을명과 포도밭명은 표기하지 않습니다. 리터당 잔당이 15g 이하이어야 하고 총산량(總酸量)의 2배를 넘지 않아야 합니다.

◆ 대체로 서늘한 기후인 독일의 와인은 평균 알코올 도수가 8~10도로, 평균 11~13도인 프랑스 와인과 대비된다.

'Selection'은 역시 13개 지정 지역 중에서 생산된 것으로, 포도품종은 전통적인 각 지역의 특징을 대표할 수 있는 단일 품종을 원칙으로 합니다. 알코올 농도는 약간 높여서 12.2% 이상이며, 반드시 손수확을 해야 합니다. 레이블에 생산지역, 빈티지, 'Selection'이란 표시 외에 단일 포도밭의 명칭도 같이 표기됩니다. 잔당이 12g/ℓ 이하이어야 하고 총산량(總酸量)의 1.5배를 넘지 않아야 합니다.

하지만 'Classic'과 'Selection' 또한 '원산지'를 기준으로 한 것은 아

닙니다. 그래서 현행 독일의 와인법과 품계 체계에 비판적인 입장을 가진 전국의 우수 와이너리들은 1910년 프랑스의 '그랑 크뤼' 개념을 도입하여 독일우수와인생산자협회(VDP)를 결성했습니다. 최고의 와이너리들이 엄격한 기준을 설정하여 공동으로 품질을 보장하고 홍보하는 것이 목적이었습니다. 현재 13개 산지의 197개의 와이너리들이 가입되어 있으며, 이는 독일 전체 포도밭의 5%, 와인 생산량의 3% 정도를 차지합니다. 이들 와인의 캡슐과 레이블에는 '가슴에 포도송이가 그려진 독수리' 로고가 붙는데, 일단 독일의 가장 고급 와인이라고 봐도 됩니다. VDP 와인의 50% 이상은 Riesling 와인인데, 원산지와 품종의 특성이 나타나도록 반드시 자기 소유의 포도밭에서 나온 포도로 양조해야 하며, 전체 면적의 70% 이상은 독일 전통 품종이어야 합니다. VDP 와인은 다음과 같이 4가지 등급으로 구분됩니다.

- 특등급 Grosse Lage(그로세 라게) : 프랑스 부르고뉴 지방의 그랑 크뤼처럼 독일 최고의 포도밭에서 생산되는 와인들입니다. 헥타르당 50헥토리터 이하로 생산이 제한됩니다. 전통적인 포도품종을 재배해 손으로 수확하고, 와인의 당도는 슈페틀레제 수준으로 합니다. 드라이 와인은 Grosses Gewächs(그로세스 게벡스 : GG)라고 부르며, 레이블에 'Qualitätswein trocken'이라고 표시됩니다.

- 1등급 Erste Lage(에르스테 라게) : 부르고뉴의 프르미에 크뤼급 수준의 포도밭에서 생산되는 와인들로, 헥타르당 60헥토리터 이하로 생산이 제한됩니다. 나머지 기준들은 Grosse Lage(그로세 라게)와 같습니다.

- 2등급 Ortswein(오르츠바인) : 마을(빌라쥬) 단위급 포도밭 와인
- 3등급 Gutswein(구츠바인) : 지역 단위급 포도밭 와인

독일의 주요 와인산지

독일 와인산지들은 거의 예외 없이 라인강이나 모젤강 등 큰 강이나 그 지류를 끼고 발달해 있습니다. 독일의 4대 와인 산지인 모젤(Mosel)◆, 라인가우(Rheingau)◆, 라인헤센(Rheinhessen)◆, 팔츠(Pfalz)◆를 비롯해 바덴(Baden), 나에(Nahe), 프랑켄(Franken), 아르(Ahr), 헤시셰 베르크슈트라세(Hessische Bergstrasse), 미텔라인(Mittelrhein), 잘레 운슈트루트(Saale-Unstrut), 작센(Sachsen), 뷔르템베르크(Württemberg) 등 총 13개의 와인 산지가 있습니다.

독일 와인을 고를 때, 위의 4대 산지에서 Riesling(리슬링) 품종으로 만든 와인이라면 일단 기본 점수 이상을 줄 수 있겠습니다. 그다 음은 와인의 스타일을 정하고, 생산자(와이너리)와 빈티지를 확인하면 되겠습니다.

라인(Rhein) 와인은 주로 갈색 병에 담기곤 했는데, 녹색 병인 모젤(Mosel) 와인보다 좀 더 묵직한 바디감이 느껴집니다.

◆ 독일 최고의 와인산지인 모젤 자르 루버(Mosel-Saar-Ruwer) 지역은 2007년 8월 이후부터는 줄여서 '모젤(Mosel)'로만 호칭하기로 와인법령이 개정되었다. 모젤강은 라인강의 한 지류로, 프랑스 북동부 보쥬산맥에서 발원하여 북류하면서 룩셈부르크와 독일의 국경을 이루다가 라인강에 합류한다. 룩셈부르크를 거쳐 흐르다보니, 모젤강 유역에 드넓게 펼쳐진 경사진 포도밭들은 독일뿐만 아니라 룩셈부르크의 화이트 와인 산지이기도 하다.

◆ 라인가우 지역은 면적은 넓지 않지만 독일 리슬링 와인의 요람이자, 1999년 독일에서 처음으로 1등급 포도밭(에르스테스 게뵉스, Erstes Gewächs) 등급 제도가 시행된 곳이다.

◆ 라인헤센은 독일 중저가 와인의 주요 공급지이자, 포도밭 면적이 가장 넓은 산지로, '립프라우밀히(Liebfraumilch)'라는 와인 스타일이 유래된 곳이다. '립프라우밀히'는 독일 와인산업의 중흥을 위해 영국 등을 대상으로 대량 수출용으로 개발된 저가의 스위트 화이트 와인이다. 라인헤센, 라인가우, 팔츠, 나에 지역 등에서 뮐러 투르가우나 케르너를 주품종으로 생산되었으며, 달콤하면서 저렴한 가격 덕분에 세계적으로 많은 인기를 누렸지만 '독일 와인은 싸고 달달하다'는 부정적인 이미지를 남기기도 했다.

◆ 비교적 남쪽에 위치하여 다른 서늘한 산지들에 비해 온화한 기후를 가진 팔츠는 현재 리슬링 재배량이 가장 많고, 가장 풀바디한 리슬링 와인을 생산한다. 1992년까지는 '라인팔츠'라 불렸다.

독일의 주요 와인산지

또 모젤 와인이 사과, 배, 모과 같은 가을 과일의 향미가 느껴지는데 비해, 라인 와인은 살구, 복숭아 같은 여름 과일의 향미가 느껴집니다.

독일의 포도밭의 80%◆는 강가의 가파른 비탈에 형성되어 있는데, 이는 부족한 일조량을 강물에 반사되는 햇빛의 반사열로 보충하기 위함입니다. 독일의 포도재배면적은 약 10만 ha◆로 프랑스나 이탈리아의 1/10 정도의 면적밖에 되지 않고 와이너리 규모 또한 아주 소규모인 곳이 많습니다. 그래도 근래 들어 독일의 포도밭 면적은 꾸준히 증가하고 있습니다.

◆ 80% 중 경사도 60도 이상의 아주 가파른 비탈의 포도밭이 또 80% 이상을 차지한다.

◆ 1ha(헥타르) ≒ 2.5ac(에이커) ≒ 10,000㎡ ≒ 3,000평

독일의 대표 품종인 Riesling의 재배량이 적은(5%) 대신 Sylvaner(실바너)와 Müller Thurgau(뮐러 투르가우)가 많이 재배되는 프랑켄(Franken) 지역에서는 오래전부터 사냥할 때 와인을 담아가기 위해 염소 고환을 주머니처럼 사용했는데, 지금도 그 모양을 본 뜬 '복스보이텔(Bocksbeutel)'이라는 이름의 둥글납작한 녹색 병에 담긴 와인이 이 지역의 트레이드마크 같은 특산 화이트 와인으로 알려져 있습니다. 달지 않은 이 지역 와인은 상큼한 맛 속에 견고함과 강건함이 느껴지는 가장 남성적인 와인으로, '프랑켄바인(Frankenwein)◆' 혹은 '슈타인바인(Steinwein)'이라고도 불립니다. '슈타인(Stein)'은 이 지역 중심도시인 뷔르츠부르크의 유명한 포도밭 이름인데, 원래는 '돌'이라는 뜻입니다.

복스보이텔 와인병
실바너 품종은 프랑켄 지방에서 1659년 최초로 재배되기 시작하여 대표 품종이 되었고, 리슬링, 뮐러 투르가우에 이어 독일의 No. 3 품종이다.

◆ 괴테는 와인을 최소 한 병 이상 마셔야 시를 쓸 수 있었다고 하는데, 그가 가장 즐겼던 와인이 바로 마인강 유역의 '프랑켄바인'이었다. 프랑켄 지역 와인의 '양'을 담당하는 뮐러 투르가우의 재배비율은 29%, '질'을 담당하는 실바너는 22% 수준이다.

독일의 포도품종

화이트 품종으로는 Riesling(리슬링), Müller Thurgau(뮐러 투르가우), Sylvaner(실바너/질바너), Kerner(케르너), Scheurebe(쇼이레베), Grauburgunder(그라우부르군더=Pinot Gris), Weissburgunder(바이쓰부르군더=Pinot Blanc), Chardonnay(샤르도네) 등이 있습니다.

레드 품종으로는 Spätburgunder(슈페트부르군더=Pinot Noir), Dornfelder(도른펠더), Portugieser(포르투기저), Trollinger(트롤링거),

독일_Riesling 근래 빈티지 점수

2001년	2002년	2003년	2004년	2005년	2006년	2007년	2008년	2009년	2010년
98점	93점	94점	91점	98점	92점	95점	92점	97점	93점
2011년	**2012년**	**2013년**	**2014년**	**2015년**	**2016년**	**2017년**	**2018년**	**2019년**	**2020년**
95점	94점	89점	91점	96점	93점	94점	93점	-	-

- 출처 : 《Wine Spectator》
- 독일도 프랑스처럼 매년의 기후와 날씨 변화가 심해 빈티지의 중요성이 큰 편이다.

Lemberger(렘베르거)가 5대 품종입니다. 이 중 가장 대표적인 레드 품종이 프랑스의 Pinot Noir(삐노 누아)에 해당하는 Spätburgunder(슈페트부르군더)◆인데, 원조인 부르고뉴 Pinot Noir 와인에 견줄 순 없지만, 가격 대비 품질은 좋은 편입니다.

◆ 현재 Pinot Noir 재배면적으로만 볼 때, 뉴질랜드와 호주를 합친 것보다 독일이 더 많으며, 이는 프랑스와 미국에 이어 3번째이다. 여기에 화이트 품종인 Pinot Blanc과 Pinot Grigio의 재배면적을 합치면, 독일 전체 포도밭의 1/4 이상이 삐노 계열 품종들인 셈인데, 오늘날 독일은 가히 '삐노 파라다이스'라 할 만하다.

위도가 높아 레드 품종 재배가 어려운 기후 특성상 예전에는 로제 와인처럼 옅은 레드 와인을 소량 생산해왔으나, 진한 레드 와인을 선호하는 세계적인 추세에 힘입어 Spätburgunder(슈페트부르군더)나 Dornfelder(도른펠더)의 재배에 관심을 기울여 1990년대부터는 많이 활성화되고 있습니다.

또 지구온난화의 영향으로 Cabernet Sauvignon(까베르네 쏘비뇽)과 Merlot(메를로), Syrah(씨라) 등의 레드 품종 재배가 점차 늘고 있습니다.

Riesling 리슬링 / 리즐링 | 203쪽 참조 |

독일이 원산지인 Riesling(리슬링)◆은, 스파클링 와인인 Sekt(젝트)와 독일의 다양한 스타일의

◆ 독일에서 리슬링 품종이 처음 기록상 보인 것은 1435년 라인강 근처 라인가우 지역에서다. 현재 독일에서의 재배면적은 5만 에이커 이상으로 세계 1위이다. 2위는 1만 에이커의 호주, 3위는 8천 에이커의 프랑스이다.

스위트 화이트 와인들을 만드는 대표 품종입니다. 모젤(Mosel)과 라인가우(Rheingau) 지방 와인의 80%가 Riesling(리슬링)으로 만들어집니다.

독일에 Riesling 품종으로 만드는 스위트한 느낌의 와인들이 워낙 많긴 하지만, 그렇다고 이 품종을 꼭 그렇게만 기억하시진 않았으면 합니다. 호주, 미국, 프랑스(알자스)처럼 독일에도 Riesling으로 만드는 '드라이' 화이트 와인이 있으며 생산량도 계속 늘고 있습니다. 그 중에는 고급 제품도 꽤 있습니다.

Riesling 와인은 당도, 산도가 꽤 높아 5~10년 정도 장기숙성도 가능한데, 오래 숙성하면 미네랄 등 오묘한 향이 납니다. 또 오크통 숙성을 거쳐 견과류, 꿀, 휘발성 풍미가 곁들여지기도 합니다.

독일 내에서는 특히 모젤과 라인가우 지방이 Riesling의 주생산지로 유명합니다. 여타 와인 생산국에서도 Riesling의 재배를 꾸준히 시도하지만 독일 특유의 기후와 토양에서 자라난 Riesling의 맛을 내지는 못하고 있습니다. 지금은 프랑스 영토지만 역사적으로 독일의 영향을 더 많이 받은 알자스 지방에서는 드라이하면서 라임이나 감귤류 풍미를 가진 Riesling 와인들이 생산됩니다.

Riesling 품종은 기후와 토양에 아주 민감해서 자신이 자란 땅의 성질을 거울같이 비추는 포도품종이라는 평가를 받습니다. 그래서 독일 내에서 같은 양조방식으로 만들더라도 산지에 따라 그 느낌이 다소 다릅니다. 예를 들어 모젤 지역 Riesling 와인이 달콤하고 과일 향이 풍부하다면, 라인헤센이나 팔츠 지역의 Riesling 와인은 미네랄 풍미가 많이 느껴지는 편입니다.

프리쯔 하그사가 모젤 지역에서 생산하는 〈리슬링 아우슬레제〉 Riesling 100%. WS 94점, RP 95점. 18만 원선.

Müller-Thurgau 뮐러 투르가우 | 210쪽 참조 |

'Rivaner(리바너)'라고도 불리는 Müller-Thurgau(뮐러 투르가우)는 대량 수출용 중저가 와인에 많이 사용되면서 20세기 중반에는 재배면적이 Riesling(리슬링)보다 넓었던 적도 있었지만, 1996년 이후 점유율이 20%를 넘는 Riesling에 이어 두 번째 품종이 되었고, 그 비중이 점차 줄어들고 있습니다.

〈독일의 3대 포도품종〉
리슬링 : 23%
뮐러 투르가우 : 13.5%
실바너 : 5%

◆ 와인에 아황산염(75쪽 하단 참조)을 정량적으로 넣자고 최초로 주장했던 독일의 헤르만 뮐러 박사가 교배종을 만들어 자신과 고향(투르가우)의 이름을 합쳐서 이름을 지은 뮐러 투르가우는 리슬링과 구테델(Gutedel) 품종의 교배라는 설과 리슬링과 실바너(Sylvaner) 품종의 교배라는 설이 있었으나 모두 잘못 알려진 것임.
리슬링과 실바너의 교배 품종에 대해서는 '쇼이베레(Scheurebe)'란 설도 있었으나, DNA 검사 결과 '에어렌펠저(Ehrenfelser)'란 품종으로 판명났다.

비교적 서늘한 지역에서 재배되는 Müller-Thurgau◆는 다소 늦게 익는 Riesling의 단점을 보완하기 위해 Riesling에 Madeleine Royale(마델라인 로얄)이란 품종을 교배해서 만들어진 개량 품종입니다. Madeleine Royale 품종은 워낙 조생종이라 심지어 7월 20일경에도 완전 숙성되기도 한다고 하니, 만생종인 Riesling의 단점을 보완하기 위한 교배 파트너로는 안성맞춤이었던 것이죠. 품종 이름도 7월 말경에 개최되는 축제 이름에서 따온 것이라고 합니다.

Müller-Thurgau(뮐러 투르가우) 품종은 마시기 좋은 부드럽고 온화한 스타일의 꽃과 복숭아 향이 나는 와인으로 만들어지지만, 산도가 낮아 장기 숙성용 고급 와인의 재료로는 적합하지 않습니다.

이탈리아 북부 알또 아디제 지역 티펜브루너사의 Müller Thurgau 100% 화이트 와인.
프루티하면서 야생허브 향이 느껴지며 구조감도 훌륭하다. 알코올 도수 12.5도. 45,000원선.
* 이탈리아 북부에서도 뮐러 투르가우 품종 와인을 많이 찾아볼 수 있다.

① 다인하드사의 〈그린 레이블 리슬링〉 모젤 지역. 29,000원선.
② Dr. H. 타니쉬사의 〈베른카스텔러 Dr.(독또르) 리슬링 카비네트〉 라인헤센 지역. 85,000원선.
③ 쿤스틀러사의 〈리슬링, 슈페틀레제〉 와인. 라인가우 지역. 64,000원선.
④ S.A.프륌사의 〈리슬링, 아우슬레제〉 와인. 모젤 지역. 10만 원선.
⑤ 군터록사의 리슬링 슈페틀레제 와인인 〈디바〉. 독일 와인의 레이블은 복잡하고 어렵기도 소문났지만, 최근에는 복잡한 내용은 백레이블로 보내거나 생략해서 이렇게 심플한 레이블로 출시되기도 한다.

⑥ 켄더만사의 〈블랙타워, 레드〉 도른펠더 60% : 삐노누아 40%. 14,000원선. '블랙타워'는 90년대 이후 '블루넌', '립프라우밀히(Liebfraumilch)'와 함께 독일의 대량 수출용 중저가 스위트 와인의 3대 브랜드이다.
⑦ 실바너와 뮐러 투르가우 품종으로 만든 랑구트사의 블루넌 브랜드의 화이트 와인. 17,000원선.
⑧ 도른펠더 품종으로 만든 블루넌 레드 와인. 'Blue Nun'은 '푸른 옷을 입은 수녀'라는 뜻으로, 와인이 오래전부터 수도원이나 교회에서 만들어졌다는 것을 상징하는 의미이다. 13,500원선.
⑨ Dr. 젠젠사의 〈아이스바인〉 Sylvaner + Pinot Blanc. 5만 원선.
⑩ 라인가우 지역 로베르트 바일사의 〈키드리히 그래펜베르크, 리슬링 슈페틀레제〉 11만 원선.

독일 와인 레이블 읽기

독일 와인의 레이블은 경험이 많은 전문가들도 쉽지 않은 발음 때문에 애를 먹을 정도로 일반인들에게 어렵게 느껴집니다. 대신 일단 기본적인 원리와 용어에 익숙해지고 나면, 빈티지, 생산자, 생산지역 등만 나열된 신세계 국가들의 레이블과 달리 다양하고 유익한 정보를 많이 얻을 수 있는 장점도 있습니다.

❶ **와인회사** : Markus Molitor(마르쿠스 몰리토르)

❷ 빈티지 : 포도 수확 및 와인 양조년도를 의미

❸ 생산마을명 / 포도밭명 : 첼팅거 마을의 쏘넨우어 포도밭

* 독일 문법에서 어떤 단어 뒤에 접미사 'er'가 붙으면, '~에 속한'이라는 의미이다. 독일 와인 레이블에는 이렇게 마을명 뒤에 'er'가 붙고 그 뒤에 개별 포도밭명 나오는 경우가 많다. 이 경우 '○○마을에 있는(속한) ○○포도밭'이라고 이해하면 된다.

❹ **당도** : Auslese(아우슬레제) (637쪽 참조)

❺ **포도품종 / 스타일** : 리슬링 / 달지 않은(=dry)

* 독일 와인은 해당 품종이 85% 이상 사용되면 레이블에 단독으로 품종 표기를 할 수 있다.
* 'Troken(트로켄)'은 당도가 낮고 드라이하다는 의미이므로, 이 경우 아우슬레제 중에서도 가장 드라이한 와인이라는 의미로 보면 된다.

❻ **와인산지** : Mosel-Saar-Ruwer(모젤 자르 루버) = Mosel(모젤)

❼ **와인의 카테고리** : 최상급인 QmP(쿠엠페).

* 2007년 이후부터는 Predikatswein(프레디카츠바인)으로 표기함

다음은 독일 와인 레이블에서 많이 마주치는 용어들입니다.

- Rotwein(로트바인) : 레드 와인
- Weisswein(바이쓰바인) : 화이트 와인
- Trocken(트로켄) : dry(잔당 0.9% 이하)

* 아주 달콤한 Trockenbeerenauslese(트로켄베렌아우슬레제) 와인의 명칭에서 Trocken은 '늦게 수확하여 포도알의 수분을 다 말린'이라는 뜻으로 사용된 것이지만, 이 단어가 단독으로 레이블에 표시될 때는 '달지 않은'이라는 뜻임을 유의하시길. 즉 샴페인 레이블의 'Brut(브륏)'과 같은 의미이다.

* 독일 와인의 당도 표현 5단계

Trocken → Halbtrocken → Mild → Lieblich → Suss
(트로켄) (할프트로켄) (밀트) (리블리히) (쉬스)

- Halbtroken(할프트로켄) : medium-dry, half dry(잔당 1.8% 이하)

  * 독일 와인 중 최상급에 해당하는 프레디카츠바인 카테고리에 해당하는 와인들은 그 당도에 따라 Kabinett(카비네트)에서 Eiswein(아이스바인)까지 6가지로 구분되는데요(636쪽 하단 ~ 638쪽), 그 중 상대적으로 포도의 당도가 낮은 Kabinett(카비네트), Spatlese(슈페틀레제), Auslese(아우스레제)는 생산자의 양조방식에 따라 달지 않은 Trocken(트로켄)이나 Halbtrocken(할프트로켄) 스타일로도 만들어질 수 있다. 특히 Kabinett(카비네트)와 Spatlese(슈페틀레제)가 그렇다.

- Weinlese(바인레제) : 빈티지(Vintage)
- Gutsabfüllung(구츠압퓰룽) : 포도재배, 양조, 병입을 개별 와이너리에서 직접한 와인. Estate Bottled.
- Erzeugerabfülung(에쩌이거압퓰룽) : 포도재배자와 다른 생산자(협동조합)가 병입한 와인. Producer Bottled.
- Schlossabfüllung(슐로스압퓰룽) : 와이너리가 보르도의 'Château(샤또)' 처럼 역사적인 성(成)에 있는 경우(≒Schloss)
- Weingut(바인구트) : 포도밭을 소유한 가진 와이너리
- Weinlkellerei(바인켈러라이) : 외부에서 포도를 구입하는 와이너리
- Kellerei(켈러라이) : '셀러'를 뜻하나, '와이너리'를 의미하기도 한다.
- Berg(베르크) : 언덕, 산
- Burg(부르크) : 성, 축성도시
- Garten(가르텐) : 정원(Garden)
- Hof(호프) : 영주의 저택, 장원
- Amtliche Prufungsnummer(AP Number) : 모든 QbA(쿠베아)와 Prädikatswein(프레디카츠바인) 품계 와인에 표기되어야만 하는 공식 인증번호로서, 그 와인을 인식할 수 있는 고유번호임.
- 그 외에 Mosel(모젤) 지역에서는 Goldkapsel(=gold capsule)이라 불리는 금빛 캡슐을 병에 씌워 더 당도와 밀도가 더 높은 특별한 Auslese(아우슬레제)임을 표시하는 경우도 있음.

톰 스티븐슨이 선정한 독일 TOP 10 와이너리

No	와이너리
1	Keller (켈러) 〈Rheinhessen 라인헤센〉
2	Egon Müller (에곤 뮐러) 〈Saar 자르〉
3	Emrich-Schönleber (엠리히 쇤레베르) 〈Nahe 나에〉
4	Fritz Haag (프리츠 하그) 〈Mosel 모젤〉
5	Rebholz (렙홀츠) 〈Pfalz 팔츠, Red&White〉
6	Fürst (퓌르스트) 〈Franken 프랑켄, Red&White〉
7	Dönnhoff (된호프) 〈Nahe 나에〉
8	Weil (바일) 〈Rheingau 라인가우〉
9	Leitz (라이츠) 〈Rheingau 라인가우〉
10	Wittmann (비트만) 〈Rheinhessen 라인헤센〉

• 출처 : 《Wine Report》 - Tom Stevenson -

독일의 주요 와이너리

모젤 지방에는 독일의 상징적인 와이너리인 Egon Müller(에곤 뮐러)를 비롯하여 Fritz Haag(프리쯔 하그), J. J. Prüm(Joh. Jos. Prüm, 요한 요셉 프륌), Dr. Loosen(닥터 루젠), S. A. Prüm(세바스찬 알루아스 프륌), Kesselstatt(케셀슈타트), Dr. H. Thanisch(닥터 H. 타니슈), Reinhold Haart(라인홀트 하르트), J. J. Christofel Erben(요한 요셉 크리스토펠 에르벤), Markus Molitor(마르쿠스 몰리토르), St. Urbans-Hof(쌍크트 우르반스 호프), Moselland(모젤란트) 등이 있으며, 라인가우 지방에는 Schloss Johannisberg(슐로스 요하니스베르크), Schloss Vollrads(슐로스 폴라츠), Robert Weil(로베르트 바일), Kessler(케슬러), Josef Leitz(요셉 라이츠) 등이 있으며, 라인헤센 지방에는 Keller

된호프사의 〈델헨 리슬링 GG(그로세스 게뷕스)〉 27만 원선

(켈러), Wittmann(비트만), Strub(슈트룹), Gunderloch(군터록), Kuhling-Gillot(퀼링-길로트) 등이 있으며, 팔츠 지방에는 Müller-Catoir(뮐러 카토이르), Dr. Deinhard(닥터 다인하트), Lingenfelder(린겐펠더), Dr. Bürklin Wolf(닥터 뷔르클린 볼프) 등의 와이너리들이 있습니다.

Wine Lesson 101

독일 아이스바인 vs 캐나다 아이스와인

독일에서 1775년 늦수확한 스위트 와인인 슈페틀레제(Spätlese)가 만들어진 이후, 1829년 라인란트팔츠 주의 드로 메르스 하임(Dromersheim) 마을에서는 당도를 높이기 위해 포도 수확을 너무 미루다가 포도송이가 서리를 맞고 얼어 버렸고, 이것이 결국은 독일 아이스바인(Eiswein)의 탄생으로 이어졌다. 첫 탄생 이후, 초겨울에 먹을 게 없는 새들이 포도를 쪼아 먹고, 아이스바인 양조기술이 부족한 상태에서 체계적인 생산으로 이어지지 못하다가 1961년경부터 본격적인 생산이 이루어졌다. 하지만 2010년경부터는 지구온난화에 따른 이상기온 때문에 아이스바인 생산에 어려움을 겪고 있는데, 2019년에는 처음으로 13개 모든 산지에서 아이스와인용 포도수확에 실패하는 일이 생기기도 했다.

그 사이에 독일에 비해 기온 차이가 없는 차가운 겨울 날씨를 가진 캐나다가 독일과 오스트리아 이민자들의 역할에 힘입어 독일의 아이스바인을 캐나다 아이스와인(Ice Wine)으로 재탄생시켰다. 1984년 이니스킬린(Inniskillin)사에서 제대로 된 최초의 캐나다 아이스와인 양조에 성공했고,

1991년 비넥스포(Vinexpo)에서 이니스킬린사의 Vidal(비달) 품종 아이스와인이 금상을 수상하는 등 이제는 세계 최고, 최대의 아이스와인 생산국이 되었다.

캐나다 아이스와인의 알코올 도수는 8~13%로 독일보다 약간 높은 편이다(독일은 최저 6%). 유럽 국가들은 20여 년 동안 높은 당도를 이유로 캐나다 아이스와인의 반입을 금지했었는데, 1991년 5월 규제가 철폐되었다.

독일의 아이스바인(Eiswein)은 주로 Riesling(리슬링) 품종, 오스트리아는 Grüner Veltliner(그뤼너 벨틀리너)와 Gewürztraminer(게뷔르츠트라미너) 품종으로 만들어지는 것과는 달리, 캐나다의 아이스와인은 자몽향이 나는 프랑스의 교배종인 Vidal(비달)을 중심으로(75%), Cabernet Franc(10%), Riesling(7%), Pinot Blanc, Chenin Blanc, Chardonnay, Pinot Noir, Merlot, Cabernet Sauvignon, Shiraz 등 다양한 품종으로 새로운 시도를 하고 있다. Pilletteri(필리터리)사는 세계 최초로 Shiraz 아이스와인 생산에 성공을 거뒀으며, 현재 몇몇 와이너리들은 스파클링 아이스와인도 생산하고 있다. 캐나다 아이스와인은 VQA(Vintners Quality Alliance) 규정 아래 엄격하게 관리되는데, 캐나다산 고품질 포도로 만든 와인에만 VQA 마크를 붙일 수 있다. 특히 당도가 규정되어 있는 35 brix에 미치지 못할 경우, 아이스와인이 아닌 'Special Select Late Harvest'나 'Select Late Harvest'로 등급이 내려가 아이스와인과 비교가 안 될 만큼 가격이 하락된다. Ontario(온타리오) 주의 나이아가라 반도 인근이 캐나다 아이스와인의 주생산지이다(Niagara peninsula AVA). 그 외에도 British Columbia 주 Okanagan Valley(오카나간 밸리)를 중심으로 품질 좋은 아이스와인이 생산되고 있다. 최근에는 캐나다 아이스와인에 대한 아시아 지역의 관심도 높아져서 대만, 일본 등으로도 많이 수출되고 있다. 아이스와인으로 유명한 캐나다의 주요 와이너리로는, Inniskillin(이니스킬린), Pilletteri Estates(필리터리 이스테이트), Jackson Triggs(잭슨 트릭스), Magnotta(매그노타), King's Court(킹스 코트), Peller Estates(펠러 이스테이트), Pelee Island(펠리 아일랜드), Summerhill Pyramid(써머힐 피라미드), Paradise Ranch(파라다이스 랜치), Royal DeMaria(로얄 드 마리아) 등이 있는데, 특히 Royal DeMaria의 아이스와인은 2002년 영국 엘리자베스 여왕이 캐나다 방문 시 직접 6병을 주문할 정도로 뛰어난 품질을 세계적으로 인정받고 있다. Royal DeMaria사의 Chardonnay 품종 아이스와인(2000년 빈티지)은 2006년 11월 아이스와인으로는 가장 비싼 가격인 3만 캐나다 달러에 판매되었다.

세계 3대 아이스와인 생산국은 캐나다, 독일, 오스트리아인데, 2000년대 들어 중국이 4대 아이스와인 생산국에 들어갔다. 중국 아이스와인은 산동성 연태 지역의 장유(张裕) 와이너리(674쪽 참조)에서 비달 품종 재배에 성공하면서 시작되었고, 길림성의 백두산 인근에서 주로 생산된다.

이니스킬린사의 비달 품종 스파클링 아이스와인

① 발켄베르크사의 라인헤센 지역에서 생산하는 〈립프라우밀히(Liebfraumilch)〉 와인. 달달하면서 부드러운 산도와 강한 향이 느껴진다. 알코올 도수 10%. 성모마리아성당 주변 포도밭의 포도로 만들기 때문에 '마돈나'라는 브랜드가 붙여졌으며 1908년부터 생산됐다. 12,000원선.

② 팔츠 지역 묄러 카토이르사의 〈리슬링 트로켄〉 Riesling 100%. 75,000원.

③ 부르크 라이어 슐로스카펠레사가 나에 지역에서 생산하는 〈리슬링 카비네트〉 Riesling 100%. 알코올 도수 10도. 섬세한 과일 향과 꽃 내음이 순하고 기분 좋게 느껴지는 와인이다. 32,000원선.

④ 마커스 몰리터사의 〈슈페트부르군더 트로켄〉 Pinot Noir 100%. 6만 원선.

⑤ 라인가우 지역 슐로스 폴라츠사의 슈페틀레제 와인. Riesling 100%. WS 93점(2010년 빈티지). 8만 원선.

⑥ 자르강, 모젤강 유역의 30여 개 와이너리가 의기투합해 설립한 SMW(Saar-Mosel-Winzersekt)사에서 생산하는 크리스마스 로제 와인. Spatburgunder 100%. 42,000원선.

⑦ Dr. 루젠사의 〈리슬링 아우슬레제 골드캡〉 WS 91점(2010년). 20만 원. (375㎖)

⑧ 슐로스 요하니스베르크사의 〈리슬링 로사 골드락 베렌아우슬레제〉 Riesling 100%. 95만 원. (375㎖)

⑨ 벨탁스사의 삐노 누아 품종 아이스와인 Pinot Noir 100%. 6만 원. (375㎖)

⑩ 다인하트사의 〈젝트, 할프트로켄〉 미디엄(세미) 드라이 스타일의 스파클링 와인. 2만 원선.

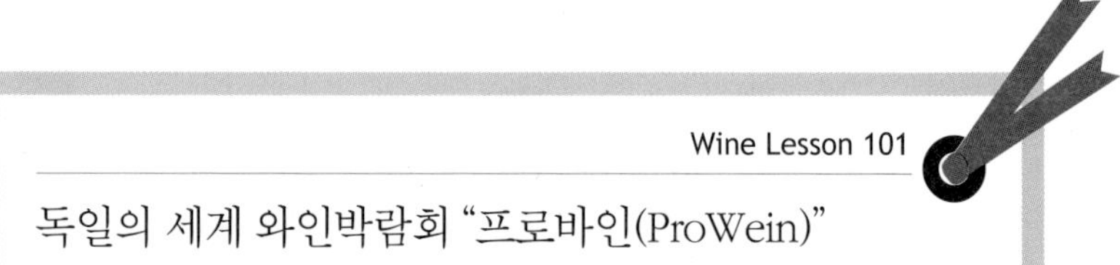

독일의 세계 와인박람회 "프로바인(ProWein)"

세계적으로 유명한 3대 와인박람회로, 프랑스 보르도에서 5~6월경 격년으로 개최되는 비넥스포(Vinexpo), 이탈리아 베로나에서 매년 4월에 개최되는 비니딸리(Vinitaly) 그리고 매년 3월 중순경 독일 뒤셀도르프에서 열리는 프로바인(ProWein)을 꼽을 수 있다.

비니딸리는 1967년에 시작되었고, 비넥스포는 1981년, 프로바인은 1994년에 첫 행사를 개최하였다.

비넥스포(Vinexpo)는, 프랑스 보르도에서 개최된다는 상징성까지 더해 한때는 규모도 가장 크고, 누구나 첫손에 꼽으며 가보고 싶은 와인 박람회였으나, 지나치게 프랑스 와인 위주로 진행되는데다 더운 날씨에 부족한 숙소와 행사기간 중 터무니없이 비싼 호텔비 등으로 규모도 줄고 인기도 점차 줄고 있다.

비넥스포, 홍콩

가장 역사가 오래된 이탈리아의 비니딸리(Vinitaly)는, 규모면에서도 오랫동안 가장 큰 와인 박람회였다. 하지만 이 또한 이탈리아 와인 중심으로 이루어지고, 비넥스포 처럼 일반인도 자유롭게 참가하다보니 전문성면에서는 다소 떨어진다.

비니딸리의 마시(MASI)사 부스

이에 비해 독일의 프로바인(ProWein)은, 모든 일반인들에게 개방되는 행사가 아니라, 처음부터 B2B 플랫폼으로 확실한 브랜딩을 해왔다. 방문객은 와인/스피릿 전문가, 유통업체, 요식업계 등 업계 관계자로만 제한했기 때문에 자연스럽게 비즈니스 환경이 이루어진다. 프로들만 참여하기 때문에 이름도 프로바인이다. 또한 자국 와인의 비중은 15% 미만이고 나머지는 모두 해외 참가 업체이다 보니 '세계 와인박람회'라는 컨셉에 가장 부합되는 이벤트로 인정받고 있다.
물론 처음부터 그렇지는 않았다. 프로바인은 1994년 프로빈스(ProVins)라는 이름으로 처음 개최되었었다. 321곳의 와인과 스피릿 생산자들이 참여를 했고, 방문자 수는 1,517명. 이 중 독일 외의 나라에서 방문한 사람은 250명 미만이었다. 프로빈스(ProVins), 프로비노(ProVino), 프로와인(ProWine), 프로바인(ProWein) 등 비슷한 뉘앙스의 여러 이름으로 혼용되다가 2007년부터 공식적으로 프로바인(ProWein)이라는 명칭과 현재의 로고를 사용하게 되었다.
하지만 확실한 원칙과 룰을 지키면서 노력한 결과, 후발주자임에도 불구하고 전 세계 모든 주요 와인산지의 60여 개국 7,000여 사가 참가하고, 130여 개국의 6만 명이 넘는 방문객이 찾는 세계 최대의 와인, 스피릿 전시회로 발돋움했다.
3일간 진행되는 박람회 기간 동안에는 세계 와인시장 트렌드를 분석한 보고서가 발표되고, 박람회장 곳곳에서 주제별 와인을 소개하는 전문적인 세미나들이 진행된다. 이제 매년 3월이 되면, 세계의 와인메이커와 네고시앙, 와인 바이어와 저널리스트들이 독일로 모여든다. 프로바인은 가장 크고 활발하고 와인 비즈니스의 장이기 때문이다.
규모뿐만 아니라 개최 장소도 확대하고 있다. 비넥스포가 홍콩, 뉴욕, 상하이, 파리에서도 개최하고, 비니딸리도 홍콩에서 비니딸리 차이나를 개최하듯이, 프로바인도 상하이에서 '프로바인 차이나'를, 홍콩과 싱가포르에서 '프로바인 아시아'를 개최하고 있다.

독일 프로바인 박람회 전경

또한 매년의 프로바인 기간 동안에 와인마스터협회(The Institute of Masters of Wine)가 주관하여 최고의 와인메이커들에게 시상하는 "와인메이커스 와인메이커 어워드(Winemakers' winemaker Award)" 시상자가 발표된다. 여기에 대해서는 658~659쪽 참조!

Winemaker's Winemaker Award

골프와 영화 분야에 있는 명예의 전당이 만약 와인 분야에도 있다면, 그것은 아마 '와인메이커스 와인메이커 어워드(Winemakers' winemaker Award)'라고 할 수 있겠다. 와인 제조의 꽃이라고 할 수 있는 양조 부문에서 서로 경쟁한다고도 볼 수 있는 와인 양조가들, 그것도 세계적으로 유명하고 실력 있는 양조가들과 이미 앞서서 수상한 양조가들로만 구성된 패널들이 탁월한 업적을 쌓은 최고의 와인 양조가를 선정해 주는 상이니 이 상을 수상한 사람은 와인 분야 왕중왕인 셈이다.

이 상은 마스터 오브 와인(Master of Wine, MW)이라는 와인 평론가, 양조가, 와인 칼럼니스트, 유통업자, 소믈리에 등 다양한 와인업계 종사자들 중에서 엄격한 시험을 통과한 28개국 370명이 정회원인 '와인마스터협회(The Institute of Masters of Wine)'와 유럽 B2B 분야 주류 전문잡지인 드링크스비즈니스(The Drinks Business)가 함께 제정해 2011년부터 수여해오고 있다.

2011년에 와인마스터협회가 독일의 프로바인(ProWein)에서 처음 시상한 'Winemaker's Winemaker Award'에서 첫 번째 수상자로 지명된 것은 스페인의 리베라 델 두에로 지역에서 핑구스를 양조하는 양조업계의 괴짜 천재라고 평가받는 피터 시섹(Peter Sisseck)이었다.

2012년 2회에는 호주 와인의 명성을 드높인 펜폴즈 그랜지를 만든 피터 가고(Peter Gago),

2013년 3회에는 '파리의 심판(1976년)'에서 5위를 차지한 릿지 몬테 벨로의 까베르네 쏘비뇽 와인을 만든 미국 캘리포니아의 폴 드레이퍼(Paul Draper),

2014년 4회에는 부르고뉴 뿰리니 몽라셰(Puligny-Montrachet)에서 바이오다이내믹 농법의 개척자이며, 디캔터지로부터 최고의 화이트 와인메이커 상을 수상한 화이트 와인의 대가 도멘 르플레브의 고(故) 앤 끌로드 르플레브(Anne-Claude Leflaive, 2015년 작고),
2015년 5회에는 독일 최고 와인을 만드는 에곤 뮐러 샤르초프의 에곤 뮐러(Egon Müller),

피터 가고

폴 드레이퍼

앤 끌로드 르플레브

에곤 뮐러

2016년 6회에는 스페인의 프리오라뜨 지역 와인을 세계에 알린 알바로 팔라시오스(Alvaro Palacios),
2017년 7회에는 남아프리카공화국 와인에 새로운 영감과 혁신을 불어넣은 에벤 사디(Eben Sadie),
2018년 8회에는 44년간 뻬트뤼스를 만들어 이를 세계 최고 반열에 올려놓아 메를로의 황제, 뻬트뤼스의 아버지라고도 불리는 쟝 끌로드 베루에(Jean-Claude Berrouet),
2019년 9회에는 이탈리아 와인의 대부 안젤로 가야(Angelo Gaja)가 수상의 영광을 안았다.

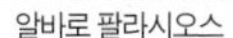
알바로 팔라시오스

에벤 사디

쟝 끌로드 베루에

안젤로 가야

독일의 스파클링 와인인 Sekt(젝트)를 만드는 가장 유명한 브랜드 HENKELL. 1850년부터 스파클링 와인을 생산하기 시작한 헨켈사는 독일 최대이자, 세계 최고의 글로벌 스파클링 와인 업체이다.

와인산업이 뒤늦게 다시 발동 걸린 남아프리카공화국은 일반적으로 신세계(New World) 와인생산국으로 분류되지만, 와인산업의 역사는 녹록지 않습니다. 1655년 케이프 주의 첫 주지사였던 얀 반 리벡이 처음 포도밭을 일구었고, 네덜란드인들과 종교박해를 피해 케이프 주로 이주해온 프랑스의 위그노교도들이 정착하면서 17세기 중반부터 본격적으로 포도재배와 와인생산이 이루어졌습니다. 뮈스까(Muscat) 포도로 만든 남아공의 스위트 화이트 와인은, 헝가리의 〈토카이〉 와인과 함께 프랑스 보르도의 〈쏘떼른〉이나 독일의 〈트로켄베렌아우슬레제, TBA〉 와인이 탄생하기 오래전부터 이미 명성을 누리고 있었습니다.

1814년 영국에 합병된 이후 영국의 주요 와인 공급지로 각광을 받기도 했으나, 19세기 후반 필록세라의 폐해를 겪고

니더버그사의 〈인제뉴티 레드〉 Sangiovese 45.5% : Barbera 45.5% : Nebbiolo 9%. 특이한 병 모양과 특이한 이탈리안 블렌딩으로 찬사를 받은 와인. 11만 원선.

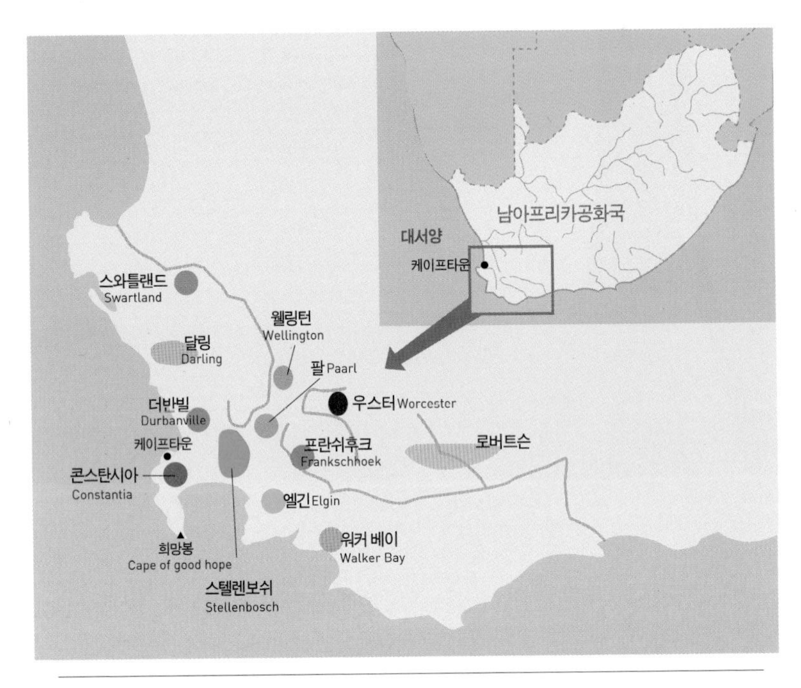

남아프리카공화국의 주요 와인산지

난 후 국영와인생산자조합(KWV)의 주도하에 질보다는 양 중심의 와인 생산을 해왔습니다. 또한 브랜디나 알코올 강화 와인들이 주를 이루고, 인종차별정책으로 인한 국제적 고립으로 와인산업은 한동안 별다른 발전을 하지 못했습니다.

1973년에 원산지표시제도(WO : Wine of Origin)가 시행되고, 1994년 넬슨 만델라가 민주적 선거로 대통령에 당선되면서 남아공 와인은 전 세계로 수출 판로를 넓히며 재도약의 전기를 맞이했습니다. 전체 포도밭의 1/3이 1994년 이후 포도나무를 새로 심었으며, 이후 남아공 와인은 품질 면에서 눈부시게 성장하고 있습니다.

남아공의 와인산지들은 그 풍광이 아름답기로 유명한데, 양조용 포도재배지로는 세계에서 가장 오래된 토양을 가지고 있습니다.

이렇게 나름대로의 전통과 다양성, 신세대적 특징이 결합된 남아공 와인은 지금보다는 앞으로에 훨씬 더 큰 기대를 갖게 합니다.

오래전부터 남아공 와인은 산도가 높은 Chenin Blanc(슈냉 블랑)◆품종을 중심으로 하는 화이트 와인(60%)이 레드 와인(40%)보다 강세였으나, 이제는 화이트 반, 레드 반 정도가 되었습니다.

◆ 프랑스 루아르 지방이 원산지인 품종으로 남아공에서는 'Steen(스틴)'이라고 불리는데, 남아공의 가장 산뜻한 화이트 와인을 만드는 데 사용된다. (204쪽, 375쪽 하단 참조)

근래에는 프랑스 보르도 스타일을 벤치마킹한 레드 와인 생산이 늘고 있는데, 무조건적인 벤치마킹이 아니라 전통적인 보르도 품종인 Cabernet Sauvignon(까베르네 쏘비뇽), Merlot(메를로), Cabernet Franc(까베르네 프랑)에 Syrah(씨라)를 함께 블렌딩하기도 하고, 자체 개발한 신품종인 Pinotage(삐노타쥐)를 블렌딩하는 실험정신도 발휘하고 있습니다.

90년대 중반 이후 남아공 와인 중에도 수퍼 프리미엄급 와인들이 생겨나고 있는데, 샤또 라피뜨 로췰드의 오너 에드먼드 로췰드와 까르띠에, 피아제, 몽블랑 등의 명품브랜드를 소유한 리치몬드 그룹의 루퍼트 패밀리가 협력해 1997년 설립한 루퍼트&로췰드사에서 Cabernet Sauvignon과 Merlot를 블렌딩해서 보르도식 와인으로 출시한 〈Baron Edmond(바론 에드먼드)〉나 KWV(1997년 민영화된 전 국영와인생산자조합)사의 100% Syrah(씨라) 와인인 〈Abraham Perold(아브라함 페롤드)〉 등이 그 선두주자들입니다.

루퍼트&로췰드사의
대표 와인인 〈클라시끄〉
CS 65% : Merlot 35%. 65,000원선.

남아프리카공화국의 주요 와인산지

남아공 와인의 97%가량이 웨스턴케이프 주에서 생산됩니다. 대표적인 3대 산지는 스텔렌보쉬(Stellenbosch), 콘스탄시아(Constantia)◆, 팔(Paarl) 지역입니다. 보르도 블렌딩 와인이 많이 생산되는 스텔렌보쉬에서는 Cabernet Sauvignon(까베르네 쏘비뇽), Pinotage(삐노타쥐), Chardonnay(샤르도네) 품종이 주로 재배되며, 콘스탄시아에서는 Sauvignon Blanc(쏘비뇽 블랑)과 Muscat(뮈스까) 품종이, 팔(Paarl)에서는 Syrah(씨라), Chenin Blanc(슈냉 블랑), Chardonnay(샤르도네)가 많이 재배됩니다.

◆ 나폴레옹은 세인트헬레나 섬에 유배되어 쓸쓸한 말년을 보낼 때에도 식사 때는 항상 와인을 곁들였다. 물론 그가 가장 사랑했던 프랑스 샹베르땅 와인은 마실 수는 없었으나, 비슷한 느낌의 남아공 와인을 공급받을 수 있었다. 그렇게 나폴레옹이 마지막 숨을 거둘 때까지 마셨던 와인이 바로 남아공의 케이프타운 인근 콘스탄시아 지역에서 생산된 와인이었다. 최후의 워털루 전투 전날 샹베르땅 와인이 다 떨어졌을 때도 이 남아공 콘스탄시아 와인을 대신 마셨다는 설도 있다.

그 외에도 레드 품종이 많이 재배되는 스와틀랜드(Swartland), 프란쉬후크(Franschhoek), 화이트 품종이 많이 재배되는 더반빌(Durbanville), 달링(Darling) 그리고 워커 베이(Walker Bay), 로버트슨(Robertson), 엘긴(Elgin) 등이 남아공의 주요 와인 산지들입니다.

남아프리카공화국의 포도품종

레드 품종으로는 Cabernet Sauvignon(까베르네 쏘비뇽)이 가장 보편적으로 재배되는데, 남아공의 Cabernet Sauvignon 와인은 피망 향을 기본

① 니더버그사의 쉬라즈(70%) : 삐노타쥐(30%) 블렌딩 와인. 2만 원선.
② 부띠끄 와이너리들이 많이 모여 있는 프란쉬후크 지역 부켄하우츠클루프사의 〈더 울프트랩, 화이트〉 블렌딩 비율은 매해 다르지만 2011년의 경우, Viognier 67% : Chenin Blanc 19% : Grenache Blanc 14%. 34,000원선.

으로 품질도 매우 높은 수준입니다. 그 외에 Syrah, Merlot, Pinot Noir, Pinotage(삐노타쥐) 등이 재배 되고 있는데, 최근 들어 Syrah(Shiraz)의 약진이 눈에 뜨입니다. 근래에는 이탈리아 토착 품종인 Sangiovese, Nebbiolo, Barbera 등의 실험적인 재배도 늘고 있습니다.

화이트 품종은 국제용으로 적극 장려하고 있는 Sauvignon-Blanc과 Chardonnay를 비롯해서 Chenin Blanc, Riesling 등이 있습니다.

세계적인 철강그룹 오릭스 스테인리스의 회장이 프란쉬후크 지역에 설립한 라슈미에르 와이너리에서 자신이 좋아하는 노래 제목을 브랜드로 출시하는 〈유 레이즈 미 업, CS〉 와인

남아공의 국가대표 화이트 품종 자리를 놓고 터줏대감과 Chenin Blanc과 신참 Sauvignon Blanc이 우열을 다투고 있는데요, Chenin Blanc◆ 와인에 있어 남아공은 프랑스 루아르 지방 다음으로 꼽힙니다. 루아르의 Chenin Blanc 와인들이 드라이, 스위트, 스파클링 등 다양한 스타일로 만들어지는데 비해, 남아공의 Chenin Blanc 와인은 대부분 드라이한 이지 드링킹 스타일입니다. 드라이한 Chenin Blanc 와인의 경우 신선하고 은은한 모과, 서양배 향미에 조금 짭조름한 산도가 느껴집니다.

◆ 남아공에는 수령이 100년이 넘은 Chenin Blanc(슈냉 블랑) 포도나무들도 있다. 남아공에서는 슈냉 블랑 와인을 오크통에서 숙성시키기도 한다. 남아공에서는 'Steen(스틴)'이라고도 불리는 Chenin Blanc은 Riesling과 함께 화이트 품종 중에서도 특히 산도가 높은 품종으로 꼽힌다. (204쪽 참조)

네덜란드 식민지였을 때는 달콤한 디저트 와인을 만드는 화이트 품종인 Sémillon(쎄미용)이 전체 포도밭의 90% 정도를 차지하며 유럽에 인기리에 수출되었으나, 지금은 거의 재배되지 않습니다.

18~19세기 당시 남아공의 유명한 디저트 와인이었던 〈Muscat de Constantia(뮈스까 드 콘스탄시아)〉는 프랑스의 〈샤또 디껨〉이나 헝가리의

①

②

③

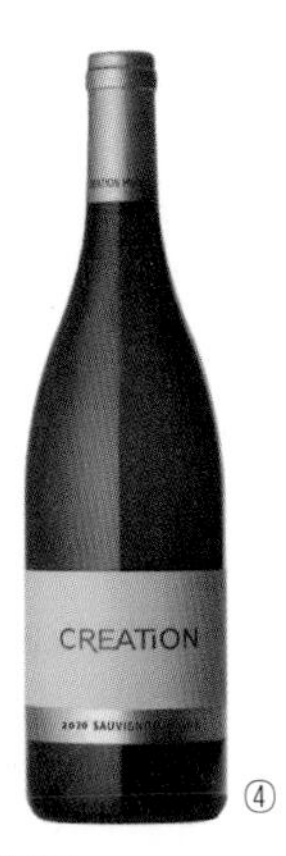

④

⑤

① 스탁 꼰데사의 씨라 품종 와인 Syrah 95% : Cabernet Sauvignon 5%. 5만 원선.
② 미얼루스트사의 보르도 블렌딩 와인 〈루비콘〉. CS 70% : Merlot 15% : CF 15%. 8만 원선.
③ 골든 칸사의 〈골든 칸, 까베르네 쏘비뇽〉 Cabernet Sauvignon 100%. 28,000원선.
④ 크리에이션사의 Sauvignon Blanc 100% 와인. 프렌치 오크통 14개월 숙성으로 열대과일, 미네랄, 산도 등 복합적인 풍미와 질감이 뛰어나다. 45,000원선.
⑤ 〈아니스톤 베이, 슈냉 블랑(80%) : 샤르도네(20%)〉. 2만 원선. 남아공의 대형 와인회사간의 합병으로 탄생한 The Company of Wine People사의 대표 브랜드인 '아니스톤 베이'는 영국을 비롯한 유럽에서 판매 10위권에 들 정도로 인기 있는 브랜드이다. 아니스톤 베이는 남아공 국민들이 가장 가보고 싶어 하는 청정 휴양지 이름으로, 유기농 포도로 만든 이 와인들에게 딱 맞는 이름이다.

고급 토카이 와인 등과 어깨를 나란히 하며, 유럽 왕실에도 공급되었던 유명 와인이었습니다. 지금도 그 명맥은 유지되고 있습니다.

남아공의 포도품종을 말할 때 특징적으로 기억해야 할 것이 있습니다. 1925년 스텔렌보쉬 대학교에서 프랑스의 Pinot Noir(삐노 누아)와 Cinsault(쌩쏘)를 교배하여 'Pinotage(삐노타쥐)'라는 신품종을 개발하

남아프리카공화국의 근래 빈티지 점수

2001년	2002년	2003년	2004년	2005년	2006년	2007년	2008년	2009년	2010년
91점	84점	91점	87점	93점	90점	88점	87점	93점	87점

2011년	2012년	2013년	2014년	2015년	2016년	2017년	2018년	2019년	2020년
90점	91점	89점	87점	93점	88점	93점	92점	89점	-

• 출처 : 《Wine Spectator》

여 자국의 고유 품종으로 상품화하고 있다는 것인데, 현재 Pinotage(삐노타쥐)는 우스터 지역을 중심으로 남아공 전체 포도재배 면적의 6.5% 가량을 차지합니다. Cinsault(쌩쏘)를 남아공에서는 'Hermitage(에르미따쥬)'라고도 부르는데, 그래서 품종 이름을 Pinot Noir와 Hermitage를 합쳐서 Pinotage라고 한 것이죠. 섬세하고 우아한 맛을 자랑하지만 재배가 까다로운 Pinot Noir(삐노 누아)와 재배가 쉽고 병충해에 강한 Cinsault의 장점들을 결합해보자는 의도였습니다.

화려하고 진한 색상이나 바디감으로 볼 때 Pinotage는 Cinsault 쪽의 성향이 좀 더 강해 보이지만 Pinot Noir의 우아함도 분명히 느껴집니다. 초기 Pinotage(삐노타쥐) 와인의 맛은 가볍고 단조로웠고 아세테이트나, 페인트 냄새가 나거나 거친 질감에 동물의 날가죽 향이 느껴지는 등 품질의 편차가 있었습니다. 하지만 지금은 소출한 포도를 다시 엄선하고, 장시간 침용(maceration) 과정을 거치는 등 많은 개선 노력을 통해 베리류의 풍부한 과일 풍미에 밸런스도 좋은 우아한 풀바디 와인으로도 많이 만들어지고 있습니다.

남아공만의 특별한 품종 Pinotage에 대해 '여인의 혀와 사자의 심장에서 추출한 체액'이라는 표현을 하기도 합니다. 이 와인을 계속 마시면 '끊임없이 말할 수 있고, 악마와도 대적할 수 있다'는 뜻이라는데, 저는 뭐 그건 잘 모르겠고요, 타닌도 기본 이상인 이 품종이 무한한 잠재력을 가졌고 남아공 와인의 중요한 한 축에는 틀림없다고 생각합니다.

더 그레이프 그라인더사의 Pinotage 100% 와인. 남아공의 커피 향이 나는 '커피 삐노타쥐 스타일 와인'이다. 25,000원선.

Pinotage는 1961년부터 와인 병 레이블에 품종이 표기되었는데, 초기에는 평가절하를 받는 우여곡절

①

을 겪다가 1987년 이후 Kanonkop(카논캅)사의 와인 메이커인 베이어스트루터에 의해 국제무대에서 확실한 인정을 받으면서 그 이름을 알리기 시작했습니다. 현재 그는 남아공 제일의 와인산지인 스텔렌보쉬 지역 중 가장 좋은 기후와 토양을 갖춘 보틀러리(Bottlelary) 계곡에 자신의 이름을 딴 Beyerskloof(베이어스클루프)라는 와이너리를 설립해서 남아공 최고의 Pinotage(삐노타쥐) 와인들을 만들고 있습니다.

②

Pinotage는 단일 품종의 와인으로도 만들어지지만, 프랑스의 글로벌 품종들과 블렌딩되기도 하는데 이것을 '케이프 블렌드(The Cape Blend)'라고 합니다. 예를 들어 'Merlot(메를로)+Pinotage(삐노타쥐)+Cabernet Sauvignon(까베르네 쏘비뇽)' 같은 형태인데, 흥미로운 배합이므로 한번 음미해 보시기 바랍니다.

또 남아프리카공화국에서는 다른 와인 생산국에서는 그리 흔치 않은 100% Mourvèdre(무르베드르) 와인과 100% Petit Verdot(쁘띠 베르도) 와인들도 나름 잘 만들어내고 있습니다.

③

남아공 와인에 대한 더 자세한 정보는 www.wosa.co.za를 참조하시면 좋겠습니다.

① 카논캅사의 100% 삐노타쥐 품종 와인. 10만 원선.
② 베이어스클루프사의 케이프 블렌딩 와인 〈시너지〉 2005년 빈티지가 CS 43% : Pinotage 33% : Merlot 19% : Petit Verdot 5%. 48,000원선.
③ 미셸 라로쉬사의 〈라브니르, 슈냉 블랑〉 Chenin Blanc 100%. 65,000원선.
*1850년부터 프랑스 부르고뉴 샤블리 지역에서 와인을 만들기 시작한 도멘 라로쉬사의 5대손 미셸 라로쉬는 1999년 지주회사 Michel Laroche SA를 설립하여 남프랑스, 칠레, 남아공 등에서 자신의 브랜드로 와인을 생산하고 있다.

Paarl(팔) 지역에서 품질 좋은 Syrah(씨라) 품종 와인들을 생산하고 있는 Fairview(페어뷰)사의 재밌는 이름의 와인들

Goats do Roam 고츠 두 롬

프랑스 남부 론 지방의 가장 일반적인 AOC(AOP) 와인인 〈Côtes du Rhône(꼬뜨 뒤 론)〉을 패러디

레드 블렌드
Syrah(씨라)
: Pinotage(삐노타쥐)
: Gremache(그르나슈)
: Cinsault(쌩쏘)

화이트 블렌드
Viognier(비오니에)
: Roussanne(루싼느)
: Grenache Blanc(그르나슈 블랑)
: Chenin Blanc(슈냉 블랑) 등

Goat Roti 고트 로티

북부 론 지방의 최고급 AOC(AOP) 와인인 〈Côtes Rotie(꼬뜨 로띠)〉를 패러디

Syrah(씨라) 96%
: Viognier(비오니에) 4%
6만 원선

Goats in Villages 고츠 인 빌리지

프랑스 남부 론 지방의 AOC(AOP) 와인인 〈Côtes du Rhône Villages(꼬뜨 뒤 론 빌라쥬)〉를 패러디

Syrah(씨라) 74%
: Pinotage(삐노타쥐) 26%
6만 원선

Goat Father 고트 파더

와이너리의 상징인 염소와 영화명인 'God Father 대부'를 패러디

Sangiovese(산지오베제) 50%
: Barbera(바르베라) 33%
: CS(까베르네 쏘비뇽) 17%
44,000원선

남아프리카공화국의 주요 와이너리

남아공에는 이 나라 출신의 PGA 골퍼인 어니 엘스가 공동 설립한 Engelbrecht Els Vineyards(엥겔브레크트 엘스 빈야드)를 비롯하여 560여 개의 와이너리들이 있습니다.

스텔렌보쉬(Stellenbosch) 지역에는 Kanonkop(카논캅), Neil Ellis(닐 엘리스), Meerlust(미얼루스트), Mulderbosch(멀더보쉬), Rustenberg(러스텐버그), Simonsig(시몬식), Vergelegen(베르겔레겐), De Toren(드 토렌), Morgenhof(모르겐호프), Morgenster(모르겐스터), Waterford(워터포드), Rudera(루데라), Thelema(텔레마), Glenelly(글레넬리), De Trafford(드 트래포드), Anwilka(안빌카), Ken Forrester(켄 포레스터), Raats Family(라츠 패밀리) 등이 있으며, 팔(Paarl) 지역에는 Nederburg(니더버그), Glen Carlou(글렌 칼루), Fairview(페어뷰), KWV, Ridgeback(릿지백), Boland Kelder(볼랜드 켈더), Vilafonté(빌라퐁떼), Veenwouden(빈우덴) 등이 있습니다. 그리고 콘스탄시아(Constantia) 지역의 Constantia Uitsig(콘스탄티아 위지그), Klein Constantia(클라인 콘스탄시아), Steenberg(스틴버그)와 프란쉬후크(Franschhoek) 지역의 Boschendal(보쉔달), Graham Beck(그레이엄 벡), Boekenhoutskloof(부켄하우츠클루프), 스와틀랜드(Swartland) 지역의 TMV, Riebeek Cellars(리빅 셀러즈), Sadie Family(사디 패밀리), 엘긴(Elgin) 지역의 Iona(이오나), Oal Valley(오크 밸리), Paul Cluver(폴 클루버), Paul Cluver(폴 클루버), 워커베이(Walker Bay) 지역의 Luddite(루다이트), Beaumont(보몬트), Hamilton Russell Vineyards(해밀턴 러셀 빈야드) 등이 있습니다.

버니니사에서 맥주병 모양으로 생산하는 미디엄 스위트 스파클링 와인. Muscat 100%. 알코올 도수 5도. 5천 원. (340㎖)

① 마도 락사가 쎙쏘(Cinsault) 품종으로 만든 드라이 로제 와인 〈포스 셀레스떼, 로제〉 3만 원선.
② 아프리칸 프라이드 와인즈사의 〈풋 프린트, SB〉 Sauvignon Blanc 100%. 백도와 레몬 향이 은은한 여름 와인이다. 15,000원선.
③ 해밀턴 러셀 빈야드사는 남아공 최고의 샤르도네 와인을 생산한다. 부드러운 유질감에 열대 과일과 오크 바닐라 향미가 인상적이다. 75,000원선.
④ 옵스탈사의 〈칼 에버슨, 케이프 화이트 블렌드〉 Chenin blanc 34% : Roussanne 32% : Sémillon 18% : Viognier 11% : Colombard 5%. 8만 원선.
⑤ 바낫 보이스사의 〈케이프 썬, 삐노타쥐〉 Pinotage 100%. 4만 원선.

⑥ 르 리슈사의 〈르 리슈 리저브, 까베르네 쏘비뇽〉 CS 100%. '2012 KWC Silver Medal' 10만 원선.
⑦ 프란쉬후크 지역 부켄하우츠클로프사의 〈더 초콜릿 블록〉 여러 품종을 다양한 혼합비율로 블렌딩한다. Syrah 55% : Grenache 20% : CS 16% : Viognier 4%. 남아공의 Platter's Wine Guide 5 Star. 11만 원선.
⑧ 미셸 롤랑의 컨설팅을 받는 스텔렌보쉬 지역 렘후트사 〈Cabernet Sauvignon, Reserve〉 CS 100%. 알코올 도수 14.5%. 12만 원선.
⑨ 스텔렌보쉬 지역 베르겔레겐사의 고급 보르도 블렌딩 와인 〈V(브이)〉 CS 90% : Merlot 7% : CF 3%. 25만 원선.
⑩ 스와틀랜드 지역의 대표 와이너리인 사디 패밀리사의 〈콜루멜라〉 Syrah 80% : Mourvèdre 20%. 오크통에서 24개월 숙성시키는데 60%는 새 프렌치 오크통을 사용. WS 94점, 2007년 미국 《와인스펙테이터》지 선정 '100대 와인' 중 81위에 선정. 남아공의 Platter's Wine Guide 5 Star. 30만 원선.

한국 와인

우리나라에서 포도가 재배되기 시작한 시기는 정확히 알 수 없다. 『증보산림경제(增補山林經濟)』, 『임원십육지(林園十六志)』 등에 기록이 나타나지만, 포도인지 머루인지 구분이 애매하며, 1700년대 『양주방(釀酒方)』 등에는 누룩, 밥, 포도즙으로 술을 빚은 기록이 있다. 고려 때 충렬왕 11년(1285년), 28년, 34년에 원나라 황제가 고려의 왕에게 포도주를 계속 보내왔는데, 이때의 포도주는 정통 과실주 양조법으로 담은 것으로 추축된다.

그 후 조선시대 들어 『동의보감』, 『지봉유설』 등에도 중앙아시아에서 들러온 포도주를 소개하고 있다. 인조 14년(1636년) 왜나라에 갔던 통신부사 김세렴이 쓴 『해사록(海笑錄)』에 대마도에서 서구식 레드 와인을 대마도주와 대좌하면서 마셨다는 기록이 있으며, 1653년 네덜란드인 하멜이 일본으로 가는 도중 폭풍을 만나 제주도에 표류했을 당시, 가져 온 적포도주를 지방관에게 상납했다고 한다. 이후, 고종 3년(1866년), 5년 독일인 오펠트가 쇄국정책을 뚫고 레드 와인을 반입하였는데, 이때는 와인뿐 아니라 샴페인 및 양주도 도입했었다.

포도의 본격적인 재배는 1906년 뚝섬 원예모범장이 설립되고, 1908년 수원 권업모범장이 생긴 후의 일이다. 이때는 주로 미국 종 포도가 도입되었고, 1918년 경북 포항의 미츠와 농장에서 와인을 만들기도 했지만, 해방 후에 우리나라의 와인은 1969년 애플와인 '파라다이스'가 나오면서 시작되었다고 볼 수 있다. 당시는 포도주스와 주정을 섞어서 만든 값싼 과실주가 있을 뿐이었고, 값비싼 과일을 100% 함유한 술을 만든다는 발상 자체가 나오기 힘든 때였지만, 경양식 붐과 더불어 대학생들 사이에서 인기를 끌면서 우리나라도 과실주가 성공할 수 있다는 사례를 보여 주었다. 그리고 정부에서도 식량부족을 이유로 쌀로

만든 술보다는 과일로 만든 술을 장려하면서 대기업도 참여하게 된다. 1974년에는 제과업체인 해태에서 '노블와인'이라는 포도로 만든 최초의 와인이 출시되었고(104쪽 하단 참조), 1977년 맥주업체인 OB는 지금까지도 그 이름이 남아 있는 '마주앙'을 내놓아 와인이 대중 속으로 파고들기 시작하였다. 이어서 진로의 '샤토 몽블르', 금복주의 '두리랑', 대선주조의 '그랑주아' 등이 나오면서 우리나라 와인 제조의 전성시대를 구가하게 된다.

1980년대는 매년 10~30%씩 와인시장이 성장하면서 1988년 최고의 성장을 기록하지만, 미처 우리 풍토에 맞는 품종을 개발하거나, 양조기술을 확립하지도 못한 상태에서 외국산 와인이 수입되면서 국산 와인은 설 자리를 잃고 말았다. 대기업이 주도하여 일으킨 와인시장이지만, 이들은 와인에 대한 뚜렷한 철학이나 장기적인 비전을 생각하지도 않고, 제조원가를 따져서 수익성이 없는 품목은 과감하게 정리하다 보니까 하나 둘씩 슬슬 자취를 감추게 된 것이다.

한 나라에서 생산되는 과일의 가공 비율은 그 나라 농민에게 아주 중요하다. 식용 과일이란 약간의 흠이라도 있으면 시장에서 팔 수 없기 때문에 농민들은 겉모양이 좋은 것은 식용으로, 약간 흠이 있는 것은 가공용으로 분류하여 공장으로 보내면 되는데, 받아줄 공장이 없다면 모양 나쁜 과일은 버려야 한다. 유럽의 경우 70% 이상의 과일이 가공용인데 비해, 우리나라는 1%도 안 된다. 이렇게 남아도는 과일을 어떻게 처리할까 고민하다가 대기업이 포기한 와인생산을 자치단체와 생산 농가의 자구책으로 다시 일으키고 있다. 정부에서도 '지역특산주'라는 이름으로 허가도 쉽게 내주고, 지원도 잘 해주는 모양이지만, 많은 문제점을 안은 채 방향을 잡지 못하고 있는 것이 현실이다.

좋은 와인이란 하루아침에 만들어지지 않는다. 수많은 시행착오를 거치면서 경험을 쌓아야 제대로 된 와인이 나온다. 김치 담그는 법을 배웠다고 당장 맛있는 김치를 담글 수 없듯이 좋은 와인이 나오려면 시간이 필요하다. 장기적인 안목과 철학을 가진 투자자와 우리 실정에 맞는 와인을 만들겠다는 뚜렷한 의지가 있는 와인 메이커가 만나야 우리 와인의 장래를 보장할 수 있다. 국산 와인이 맛있고 값이 싸다면 누가 외면하겠는가?

중국 와인

중국 술 하면, 보통 마오타이(茅台), 우량예(五粮液)로 대표되는 백주(白酒, 바이주)나 연태(煙台, 옌타이) 고량주(白乾, 빼갈), 칭다오(青島) 맥주 등을 먼저 떠올릴 테지만, 중국은 와인에도 이미 상당한 수준에 올라 있는 와인대국이다. 와인 수입량과 소비량이 모두 세계 5위이다, 또한 와인용 포도 재배량은 2014년 이후 프랑스를 추월해 스페인에 이어 세계 2위이며, 와인 생산량도 세계 6위이다.

고량주로 유명한 연태(煙台)시는 중국 와인의 메카이기도 하다. 중국에서 생산되는 와인 3병 중 1명은 연태(옌타이)산인데, 이 지역이 프랑스의 보르도와 비슷한 위도에 위치하고 있고, 토양, 기후, 강우량, 일조량 등이 포도재배에 최적의 환경을 갖추고 있기 때문이다. 그래서 시장점유율 1위(40%)인 장성(长城, 창청, GREATWALL)과 2위인 장유(张裕, 짱위) 와이너리 등 중국의 10대 와인회사 중 6개사가 연태에 생산기지를 두고 있다.

그중 장유(张裕)는 1892년 영국 유학파 기업가인 장필사(張弼士)가 서태후의 지원을 받아(?) 세운 중국 최초의 와인브랜드(张裕葡萄酒酿酒公司, 장유와인양조회사)로, 이후 프랑스 카스텔사와의 합작으로 현재 명칭은 Chateau Changyu-Castel이다. LG디스플레이, 기아자동차 등 한국기업들도 많이 진출해 있는 연태시의 개발구에 위치하고 있는 장유(张裕, 짱위) 와이너리는 민족기업으로 인정받아 모택동(마오쩌둥), 주은래(저우언라이), 등소평(덩샤오핑) 등의 역대 중국의 최고 지도자들이 애용하변서 더욱 유명세를 탔다. 2013년 6월 한국 대통령의 방중 때 시진핑 주석이 만찬에 내놓은 술도 장유카스텔 와인 1992년 빈티지였다. 장유 와이너리는 2017년 우리나라에서도 익숙한 브랜드인 호주의 킬리카눈(Kilikanoon) 와이너리를 매입하기도 했다.

장유 와이너리는 창립 110주년을 맞은 지난 2002년에 장유와인문화박물관(张裕酒文化博物馆)을 개관하여, 중국 와인 역사를 한눈에 볼 수 있는 명소로 만들었다. 박물관 지하 7m에는 1894년 만들어진 지하와인셀러가 있다. 이곳에는 1,000개 이상의 오크통을 저장할 수 있는데, 유럽에서도 보기 힘든 100년 이상 된 15,000리터 짜리 대형 오크통도 3개가 있다.

중국 연태 인근 봉래시의 나바 밸리(Nava Valley)에 고급 골프 리조트와 함께 위치하고 있는 '군정 와이너리(Chateau Gunding, 샤또 쥔딩)'.

중국 와인 양대 산맥인 장성(长城, 창청)과 장유(张裕, 짱위) 와이너리를 비롯하여 왕조(王朝, 왕차우), 위룽(威龍, 웨이룽), 풍수(丰收, 펑쇼), 통화(通化, 퉁화) 등이 와인 생산능력이 1만t 이상인 대형 와인회사라면, 2005년에 설립된 군정 와이너리는 역사는 짧지만 고품질 와인을 지향하는 브랜드이다. 마오타이와 함께 중국 최고의 백주 브랜드인 우량예(五粮液)가 지분 45%를 투자하고 포도밭을 갖고 있는 농민들이 포도밭을 55%주식으로 투자해 설립되었다. '군정(君頂)'이라는 이름 그대로 '정상의 군자만이 마실 수 있는 고급 와인'을 지향한다. 2007년이 첫 빈티지인데, 2008년 베이징 올림픽 당시 장유(张裕 와인을 제치고 공식와인에 선정되는 이변을 일으켜 유명세를 탔다.

태국 와이너리 "몬순 밸리 빈야드"

싸와디캅~ 태국은 사계절 고르고 높은 기온으로 포도나무가 휴지기를 가지기 힘들고, 높은 습도는 포도에 곰팡이를 생기게 해 와인양조용 포도재배에 그리 적합한 환경은 아니다. 하지만 이를 극복하고 태국은 1960년 처음으로 테이블 와인 생산을 위한 와이너리를 설립했고, 현재는 태국 북동부와 방콕 인근의 카오 야이, 파타야 인근의 촌부리, 그리고 후아힌 인근의 총 4개 지역에서 와인을 생산하고 있다. 태국의 포도밭 면적은 약 1,000헥타르 수준이다. 대표 포도품종은, 레드는 Shiraz(쉬라즈)이고, 화이트는 Chenin Blanc(슈냉 블랑)이다.

여기서 소개하는 태국 와이너리는 태국 중부의 유명한 해변 휴양지인 후아힌(Hua Hin) 인근에서 동남아 최대 와인업체인 '시암 와이너리(Siam Winery)'가 운영하고 있는 몬순 밸리 빈야드(Monsoon Valley Vineyard)이다.
포도밭 주변으로 열대 야자수 나무들이 서있고, 포도밭 사이로 코끼리 트레킹도 할 수 있는 참 색다른 느낌의 와이너리로, 빈야드 전경을 내려다보면서 식사와 와인을 즐길 수 있는 레스토랑이 같이 있다.
몬순 밸리 빈야드의 메인 포도품종은....
레드는, Shiraz(쉬라즈), Dornfelder(도른펠더), Sangiovese(산지오베제).
화이트 품종은, Colombard(꼴롱바르), Chenin Blanc(슈냉 블랑).
플래그쉽 스파클링 와인 〈Blanc de Blanc, Brut, 1,500바트〉
쉬라즈 70% : 산지오베제 30%로 만들어 18개월 오크 숙성시킨 플래그쉽 레드 와인 〈Cuvee de Siam Rouge(뀌베 드 씨암 루즈), 1,799바트 = 약 7만 원〉

고슈(甲州, Koshu)는 일본을 대표하는 화이트 품종으로, 현재 일본 내에서 와인양조용으로 재배되는 포도품종 중 약 20%(3,500t) 가까이를 차지한다. 과립은 크고 껍질은 핑크색을 띤다. 산도나 과일 향미에 큰 특징이 없어 스위트한 타입으로 많이 생산되었었는데, 최근에는 고슈만의 씁쓸한 미네랄 터치와 특유의 시트러스 향미를 장점으로 살려낸 산미 좋은 타입으로 만들어진다. 2004년 DNA 분석 결과, 유럽종 포도가 동유럽에서 실크로드를 따라 중국을 거쳐 일본에 들어간 것으로 추정되지만, 이미 1300년 전 일본땅에 들어가 토착화되어 현재 일본에만 있는 고유 포도품종이기에, 2010년 6월 국제와인기구(OIV)에 일본의 와인양조용 포도로 공식 등록되었다. 일본 내에서 처음 발견된 곳이 야마나시현 고슈시(甲州市)여서 지역과 같은 이름을 붙인 것이다. 고슈와 MBA(Muscat Bailey A) 품종은 일본의 포도품종으로 OIV(국제와인기구)에 공식 등록되어 있다.

부록

supplement

18세기 초 영국의 한 시골 마을의 신부가 기도 책과 함께 항상 와인 스크루(오프너)를
가지고 다니는 것을 보고 퀘이커 교도가 이를 힐난하자, 신부가 대답했다.
"신앙심은 영혼을 북돋우고 적당히 마신 와인은 육신의 건강을 지켜주는데,
왜 영혼을 깨우치는 책과 영혼으로의 길을 열어주는 도구(와인 스크루)가
함께 할 권리가 없단 말인가?"

'왕의 광장(Place Royale)'이라고도 불렸던 부르스 광장에는 장엄하고 우아한 18세기 프랑스의 대표적인 건축물인 보르도 상공회의소 건물(좌우대칭되는 건물 중 오른쪽)이 있다. 바로 1855년 보르도 그랑 크뤼가 결정된 곳이다. 2006년 부르스 광장 앞에 '물의 거울(water mirror)'이 만들어지면서 이곳은 더욱 인기 명소가 되었다.

1
보르도 각 지역별 등급 분류

메독 지역의 등급 분류

1855년 보르도의 그랑 크뤼 등급분류는 최초에 57개의 샤또가 선정되었다가, 실수로 누락되었던 〈Ch. Cantemerle(샤또 깡뜨메를르)〉가 이듬해인 1856년 5등급에 추가되었습니다. 그 후 기 선정된 샤또들의 6차례에 걸친 분리와 합병 과정들을 거쳐 총 61개의 샤또로 확정되었고, 118년이 지난 1973년에 마지막으로 〈Ch. Mouton-Rothschild(샤또 무똥 로칠드)〉가 2등급에서 1등급으로 격상되었습니다.

원래는 1855년 파리 세계박람회를 위한 일시적이고 잠정적인 등급 분류였으나, 지금까지도 불문율처럼 지켜져 오고 있습니다.

1855년 4월 18일 이 리스트가 발표될 당시 여기에 들지 못한 샤또들로부터 거센 항의와 반발이 있었지만, 단지 박람회 기간을 위한 '잠정적' 리스트란 이유로 간신히 이를 무마할 수 있었습니다. 하지만 이 '잠정적'인 결정이 160여 년이 지난 오늘날까지도 그대로 이어질 것이라고는 아무도 짐작하지 못했던 것이지요. 당시 선정된 샤또들 중에는 중간에 오너가 바뀌거나 일부 포도밭을 팔거나 새로 사기도 하면서 품질 자체에 기복이 있었던 곳도 꽤 많이 있습니다.

또 반대로 리스트에서 빠졌던 샤또들 혹은 그 이후에 새로 생긴 샤또들 중에는 아주 높은 퀄리티의 와인을 생산하는 곳들도 있습니다. 그래서 1855년에 선정된 그랑 크뤼 와인리스트를 재조정해야 한다는 목소리와 불만이 지금도 많이 있는 게 사실입니다. 하지만 막상 그리하지 못하는 이유는 오랜 세월을 거치면서 만들어진 상징성과 명성 그리고 그로 인한 상업성 때문입니다. 이를 지금 와서 변경하게 되면 오히려 엄청난 혼란을 야기시킬 수 있기에, 불합리한 면이 있음을 누구나 인정하면서도 아무도 손을 댈 수가 없는 것입니다.

메독의 그랑 크뤼 샤또 와인은 보르도 전체 와인의 5% 미만입니다.

메독 그랑 크뤼 1등급 : Premiers Crus(프리미에 크뤼) [5개]

Château명(First Label)	생산지역 및 AOC명	세컨 와인(Second Label)	선정 당시 점수 순위
Ch. Lafite-Rothschild (샤또 라피뜨 로췰드)	Pauillac	Carruades de Lafite (까뤼아드 드 라피뜨)	1
Ch. Latour (샤또 라뚜르)	Pauillac	Les Forts de Latour (레 포르 드 라뚜르)	2
Ch. Margaux (샤또 마고)	Margaux	Pavillon Rouge du Ch. Margaux (빠비용 루즈 뒤 샤또 마고)	3
Ch. Haut-Brion (샤또 오 브리옹)	Pessac	Le Clarence de Haut-Brion (르 끌라랑스 드 오 브리옹)	4
Ch. Mouton-Rothschild (샤또 무똥 로췰드)	Pauillac	Le Petit Mouton de Mouton-Rothschild (르 쁘띠 무똥 드 무똥 로췰드) * 줄여서 Petit Mouton 이라고도 함.	—

- Ch.는 Château(샤또)의 단축 표기이며, 샤또 순서는 1855년 등급 분류 당시의 점수 순에 따른 것임
- 〈Les Forts de Latour(레 포르 드 라뚜르)〉는 가장 품질이 뛰어난 세컨 와인으로 유명한데, 1973년에 선보인 〈Pauillac de Ch. Latour(뽀이약 드 샤또 라뚜르)〉라는 써드 와인을 1990년부터 생산하고 있음
- 〈Ch. Haut-Brion(샤또 오브리옹)〉은 유일하게 메독 지역이 아닌 그라브 지역에서 생산됨. 세컨 와인은 〈Ch. Bahans Haut-Brion(샤또 바앙 오 브리옹)〉 혹은 〈Le Bahans du Ch. Haut-Brion〉으로 혼용해서 쓰이다가 2007년 빈티지부터 〈Le Clarence de Haut-Brion〉으로 이름이 바뀌었음

Wine Lesson 101

샤또 무똥 로칠드의 1등급 격상 스토리

1855년 등급이 61개 샤또로 확정된 이래 어떠한 조정도 없었던 메독 그랑 크뤼 등급에 단 한 번의 예외가 있었으니, 1973년 〈Ch. Mouton-Rothschild(샤또 무똥 로칠드)가 2등급에서 1등급으로 격상된 것이다. 어떻게 그런 예외가 가능했을까? 1973년 당시 프랑스 대통령은 조르쥬 퐁피두(George Ponpidou). 그는 대대로 은행가 집안이었던 로칠드家의 은행에서 근무한 적이 있었는데, 이에 대한 보답으로 예외를 허용했다는 설이 유력하다. 또 당시 이를 직접 승인한 농무장관이 훗날 대통령이 된 자끄 시락(Jacques Chirac)이었는데 그 또한 로칠드家와 매우 친분이 두터웠기 때문에 특혜가 있었을 것이라는 말도 있었다.

하지만 1855년 분류 당시 2등급 중에서 가장 좋은 점수였고 품질 면에서도 충분히 자격이 있었음에도 불구하고, 소유주가 바뀐 지 2년밖에 안 됐고 또 유대인인 영국 은행가라는 점 때문에 억울하게 불이익을 받았다는 설도 있었으니, 이유 여하를 떠나 지금 그 자격이 충분하다면 결국 원래의 자리를 찾았다고 인정하는 게 맞을 것 같다. 샤또 무똥 로칠드는 1924년 와인을 최초로 샤또에서 직접 병입하는 것을 실현시켰는데, 와인의 품질 향상과 신뢰 구축에 큰 혁명과 같은 일이었다.

설립자 나다니엘 남작의 증손자인 필립 남작(1902~1988)은 20세에 샤또 무똥 로칠드의 주인이 된 후, 1등이 되기 위한 많은 노력들을 기울였다. 품질 향상과 유지를 위한 치열한 노력 외에도 1등급 이미지에 맞는 다양한 이벤트들을 진행하였고, 기존 1등급이었던 가족 라이벌 〈샤또 라피뜨 로칠드〉보다 절대로 싸게 판매되는 일이 없도록 관리하였다.

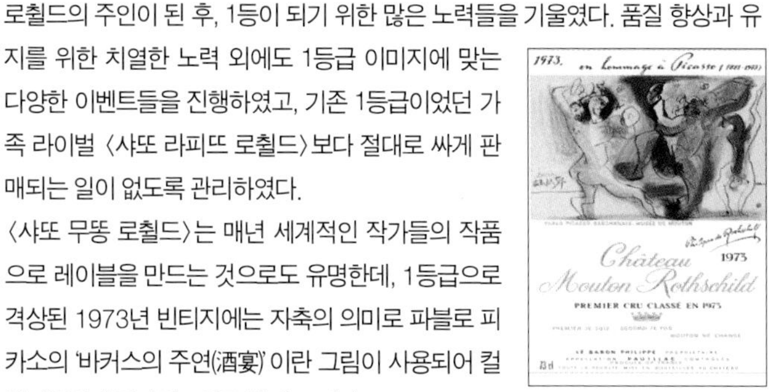

〈샤또 무똥 로칠드〉는 매년 세계적인 작가들의 작품으로 레이블을 만드는 것으로도 유명한데, 1등급으로 격상된 1973년 빈티지에는 자축의 의미로 파블로 피카소의 '바커스의 주연(酒宴)'이란 그림이 사용되어 컬렉터들의 소장가치 1위로 꼽히고 있다.

메독 그랑 크뤼 2등급 : Deuxièmes Crus(되지엠므 크뤼) [14개]

Château명(First Label)	생산지역 및 AOC명	세컨 와인(Second Label)	선정 당시 점수 순위
Ch. Brane-Cantenac (샤또 브란 깡뜨낙)	Margaux	Le Baron de Brane (르 바롱 드 브란)	9
Ch. Cos d'Estournel (샤또 꼬스 데스뚜르넬)	St. Estèphe	Les Pagodes de Cos (레 빠고드 드 꼬스)	13
Ch. Ducru-Beaucaillou (샤또 뒤크뤼 보까이유)	St. Julien	La Croix de Beaucaillou (라 크루아 드 보까이유)	12
Ch. Durfort-Vivens (샤또 뒤르포르 비방)	Margaux	Second de Durfort (스공 드 뒤르포르)	6
Ch. Gruaud-Larose (샤또 그뤼오 라로즈)	St. Julien	Larose de Gruaud(라로즈 드 그뤼오) =Sarget de Gruaud-Larose (사르제 드 그뤼오 라로즈)	7
Ch. Lascombes (샤또 라스꽁브)	Margaux	Chevalier des Lascombes (슈발리에 데 라스꽁브)	8
Ch. Léoville Barton (샤또 레오빌 바르똥)	St. Julien	La Réserve de Léoville-Barton (라 레제르브 드 레오빌 바르똥)	5
Ch. Léoville-Las Cases (샤또 레오빌 라스 꺄즈)	St. Julien	Clos du Marquis (끌로 뒤 마르끼스)	3
Ch. Léoville-Poyferré (샤또 레오빌 뿌아페레)	St. Julien	Ch. Moulin Riche (샤또 물랭 리쉬)	4
Ch. Montrose (샤또 몽로즈)	St. Estèphe	La Dame de Montrose (라 담 드 몽로즈)	14
Ch. Pichon-Longueville Comtesse de Lalande (샤또 삐숑 롱그빌 꽁떼스 드 랄랑드) * 약칭 Ch. Pichon-Lalande	Pauillac	Réserve de la Comtesse (레제르브 드 라 꽁떼스)	11
Ch. Pichon-Longueville (샤또 삐숑 롱그빌) * 구명칭은 Ch. Pichon-Baron	Pauillac	Les Tourelles de Longueville (레 뚜렐 드 롱그빌)	10
Ch. Rauzan-Gassies (샤또 로장 가씨)	Margaux	Enclos de Moncabon (앙끌로 드 몽꺄봉)	2
Ch. Rauzan-Ségla (샤또 로장 쎄글라) * 94년까지는 Ch. Rausan-Ségla	Margaux	Lamouroux (라무루)	1

- 〈샤또 바르똥〉 〈샤또 레오빌 라스꺄즈〉 〈샤또 레오빌 뿌아페레〉는 처음엔 〈샤또 레오빌〉이란 하나의 샤또로 선정되었다가 3개로 분리되었으며, 〈샤또 삐숑 롱그빌 꽁떼스 드 랄랑드〉와 〈샤또 삐숑 롱그빌〉도 분할 상속으로 분리되었다.
- 쌩 떼스떼프 최대이자 최고의 포도밭으로 꼽히는 〈샤또 꼬스 데스뚜르넬〉과 〈샤또 몽로즈〉를 비롯하여 〈샤또 레오빌 라스 꺄즈〉 〈샤또 삐숑 롱그빌〉 4가지는 1등급에 거의 맞먹는 수준으로 평가되며, 〈샤또

뒤크뤼 보까이유〉〈샤또 레오빌 바르똥〉〈샤또 삐숑 롱그빌 꽁떼스 드 라랑드〉〈샤또 그뤼오 라로즈〉도 상대적으로 더 높은 품질을 인정받고 있다. 이렇게 그랑 크뤼 2등급이면서 1등급에 근접하는 뛰어난 품질의 와인들을 '수퍼 세컨 와인'이라고 부르기도 한다.

- 뽀이약에서 'Pichon(삐숑)'이란 이름으로 오랜 경쟁을 해온 두 샤또 중, 근래 들어 프랑스 보험회사 AXA(악사)의 막대한 투자를 받은 〈샤또 삐숑 롱그빌〉이 〈샤또 삐숑 랄랑드〉를 압도하고 있다.
- 〈샤또 로장 쎄글라〉는 한동안 하락세를 보이기도 했으나, 1994년 샤넬(Chanel) 그룹이 인수한 후, 많은 투자와 노력을 기울여 옛 명성을 되찾았다. 2005년 빈티지가 미국 'WS TOP 100'에서 2위를 차지했었다.

메독 그랑 크뤼 3등급 : Troisiémes Crus(뜨루아지엠므 크뤼) [14개]

Château명(First Label)	생산지역 및 AOC명	세컨 와인(Second Label)	선정 당시 점수 순위
Ch. Boyd-Cantenac (샤또 부아드 깡뜨낙)	Margaux	Jacques Boyd (자끄 보이드)	8
Ch. Calon Ségur (샤또 깔롱 쎄귀르)	St. Estèphe	Marquis de Calon (마르끼스 드 깔롱)	12
Ch. Cantenac-Brown (샤또 깡뜨낙 브라운)	Margaux	Brio du Ch. Cantenac Brown (브리오 뒤 샤또 깡뜨낙 브라운) * 예전 이름은 Ch. Canuet(샤또 까뉘에)	7
Ch. Desmirail (샤또 데미라이으)	Margaux	Ch. Fontarney (샤또 퐁따르네)	11
Ch. d'Issan (샤또 디쌍)	Margaux	Blason d'Issan (블라숑 디쌍)	2
Ch. Ferrière (샤또 페리에르)	Margaux	Les Remparts de Ferrière (레 랑빠르 드 페리에르)	13
Ch. Giscours (샤또 지스꾸르)	Margaux	La Sirene de Giscours (라 씨렌느 드 지스꾸르)	5
Ch. Kirwan (샤또 끼르완)	Margaux	Les Charmes de Kirwan (레 샤름므 드 끼르완)	1
Ch. Lagrange (샤또 라그랑쥬)	St. Julien	Les Fiefs de Lagrange (레 피에프 드 라그랑쥬)	3
Ch. La Lagune (샤또 라 라귄느)	Haut-Médoc	Ludon-Pomies-Agassac (뤼동 뽀미 자가싹)	10
Ch. Langoa Barton (샤또 랑고아 바르똥)	St. Julien	Ch. Lady Langoa (샤또 레이디 랑고아)	4
Ch. Malescot St.-Exupéry (샤또 말레스꼬 쌩 떽쥐뻬리)	Margaux	La Dame de Malescot (라 담 드 말레스꼬)	6
Ch. Marquis d'Alesme Becker (샤또 마르끼 달렘 벡께르)	Margaux	Marquis d'Alesme (마르끼스 달렘)	14
Ch. Palmer (샤또 빨메)	Margaux	Alter Ego de Palmer (알터 에고 드 빨메)	9

- 〈샤또 부아드 깡뜨낙〉과 〈샤또 깡뜨낙 브라운〉은 처음엔 〈샤또 부아드〉란 하나의 샤또로 선정되었다가 2개로 분리되었다.
- 1631년 설립된 〈샤또 라그랑쥬〉는 한때 쇠락기를 맞았으나, 1983년 일본의 산토리 그룹이 인수하면서 옛 명성을 되찾았다. 산토리 그룹은 4등급인 〈샤또 베이슈벨〉의 소유주이기도 하다.
- 3등급이지만 〈샤또 빨메〉는 거의 1등급에 맞먹는 가격에 거래되는 수퍼 세컨 와인으로, 그 포도밭은 마고 마을에서 〈샤또 마고〉 다음 가는 우수한 떼루아를 인정받고 있다.
- 〈샤또 데미라이으〉는 1920년대에 대부분의 포도밭을 인근의 〈샤또 빨메〉에 매각했었는데, 보르도의 유명 와인가문인 뤼르똥(Lurton) 집안에서 샤또를 사들여 전혀 다른 포도밭에서 다시 와인을 생산하고 있다. 재미있는 건 그래도 그랑 크뤼 3등급은 계속 유지되고 있다는 것이다.
- 〈샤또 지스꾸르〉는 빈티지가 다른 와인을 섞으면 안되는 규정을 어디고 좋지 않은 빈티지의 와인에 뛰어난 빈티지였던 1988년 와인을 섞어서 판매한 사실이 밝혀서 명성에 큰 손상을 입기도 했었다.
- 언빌리버블한 짙은 향으로 유명한 〈샤또 말레스꼬 쌩 떽쥐베리〉는 1697년 시몽 말레스꼬가 인수하였다가, '어린 왕자'의 저자의 조부인 쌩 떽쥐베리 백작이 다시 인수하면서 붙여진 이름이다.

메독 그랑 크뤼 4등급 : Quatrièmes Crus(꺄뜨리엠므 크뤼) [10개]

Château명(First Label)	생산지역 및 AOC명	세컨 와인(Second Label)	선정 당시 점수 순위
Ch. Beychevelle (샤또 베이슈벨)	St. Julien	Amiral de Beychevelle (아미랄 드 베이슈벨)	8
Ch. Branaire-Ducru (샤또 브라네르 뒤크뤼)	St. Julien	Ch. Duruc (샤또 뒤뤽)	3
Ch. Duhart-Milon (샤또 뒤아르 밀롱)	Pauillac	Moulin de Duhart (물랭 드 뒤아르)	4
Ch. La Tour Carnet (샤또 라 뚜르 꺄르네)	Haut-Médoc	Les Douves de Carnet (레 두브 드 꺄르네)	6
Ch. Lafon-Rochet (샤또 라퐁 로쉐)	St. Estéphe	Pelerins de Lafon-Rochet (뻴러렝 드 라퐁 로쉐) * 예전 이름은 Numero 2 de Lafon-Rochet	7
Ch. Marquis de Terme (샤또 마르끼 드 떼름므)	Margaux	Les Gondats de Marquis-de-Terme (레 공다 드 마르끼 드 떼름므)	10
Ch. Pouget (샤또 뿌제)	Margaux	Ch. La Tour Massac (샤또 라 뚜르 마싹)	5
Ch. Prieuré-Lichine (샤또 프리외레 리쉰)	Margaux	Ch. Clairfont (샤또 끌레르퐁)	9
Ch. St. Pierre (샤또 쌩 삐에르)	St. Julien	-	1
Ch. Talbot (샤또 딸보)	St. Julien	Connéctable Talbot (꼬네따블 딸보)	2

- 〈Ch. Duhart-Milon(샤또 뒤아르 밀롱)〉는 1등급인 〈Ch. Lafite Rothschild(샤또 라피뜨 로칠드)〉를 만드는 Domaine Baron de Rothschild(도멘 바롱 드 로칠드)사의 소유임

메독 그랑 크뤼 5등급 : Cinquièmes Crus(쌩뀌엠므 크뤼) [18개]

Château명(First Label)	생산지역 및 AOC명	세컨 와인(Second Label)	선정 당시 점수 순위
Ch. Batailley (샤또 바따이예)	Pauillac	Ch. Bages-Monpelou (샤또 오 바쥬 몽쁠루)	2
Ch. Belgrave (샤또 벨그라브)	Haut-Médoc	Diane de Belgrave (디안느 드 벨그라브)	13
Ch. de Camensac (샤또 드 까망싹)	Haut-Médoc	Le Closerie de Camensac (르 끌로제리 드 까망싹)	14
Ch. Cantemerle (샤또 깡뜨메를르)	Haut-Médoc	Les Allees de Cantemerle (레잘레 드 깡뜨메를르)	18
Ch. Clerc-Milon (샤또 끌레르 밀롱)	Pauillac	No 2nd Label	16
Ch. Cos Labory (샤또 꼬스 라보리)	St. Estèphe	Le Charme Labory (르 샤름 라보리)	15
Ch. Croizet Bages (샤또 크루아제 바쥬)	Pauillac	-	17
Ch. d'Armailhac (샤또 다르마이약)	Pauillac	-	9
Ch. Dauzac (샤또 도작)	Margaux	La Bastide Dauzac (라 바스띠드 도작)	8
Ch. du Tertre (샤또 뒤 떼르뜨르)	Margaux	Hauts du Tertre (오 뒤 떼르뜨르)	10
Ch. Grand-Puy Ducasse (샤또 그랑 뿌이 뒤까스)	Pauillac	〈세컨 와인이 2개임〉 Ch. Artigues Arnaud (샤또 아르띠그 자르노) Ch. Prelude a Grand Puy Ducasse (샤또 프렐뤼드 아 그랑 뿌이 뒤까스)	5
Ch. Grand-Puy-Lacoste (샤또 그랑 뿌이 라꼬스뜨)	Pauillac	Lacoste-Borie (라꼬스뜨 보리)	4
Ch. Haut-Bages Libéral (샤또 오 바쥬 리베랄)	Pauillac	La Chapelle de Bages (라 샤뻴 드 바쥬)	11
Ch. Haut-Batailley (샤또 오 바따이예)	Pauillac	Ch. La Tour l'Aspic (샤또 라 뚜르 라스삑)	3
Ch. Lynch-Bages (샤또 랭슈 바쥬 / 린취 바쥐)	Pauillac	Ch. Haut-Bages-Averous (샤또 오 바쥬 자베루)	6
Ch. Lynch-Moussas (샤또 랭슈 무싸 / 린취 무싸)	Pauillac	Ch. Haut-Madrac (샤또 오 마드락)	7
Ch. Pédesclaux (샤또 뻬데끌로)	Pauillac	Ch. Haut-Padarnac (샤또 오 빠다르낙)	12
Ch. Pontet-Canet (샤또 뽕떼 까네)	Pauillac	Ch. Les Hauts de Pontet (샤또 레 조 드 뽕떼)	1

- 그랑 크뤼 와인의 각 등급별 가격 차이는 약 12% 정도이며, 5등급 와인의 경우 보통 2등급 와인 가격의 절반 수준이다. 5등급 중 〈샤또 랭슈 바쥬〉는 80년대 중반이후 품질이 2등급에 필적한다는 평을 들으며 높은 가격에 거래되고 있다. 로버트 파커는 이 와인을 '가난한 이들을 위한 무똥 로췰드'라고 가격대비 가치를 높이 평가했다. 〈샤또 랭슈 무싸〉도 가성비가 좋은 와인을 꾸준히 만들고 있다.
- 〈샤또 바따이예〉와 〈샤또 오 바따이예〉는 처음엔 〈샤또 바따이예〉란 하나의 샤또로 선정되었다가 2개로 분리되었다.
- 〈샤또 드 까망싹〉은 옛이름인 〈샤또 까망싹〉과 지금도 혼용해서 사용되었다.
- 〈샤또 끌레르 밀롱〉과 함께 바롱 필립 드 로췰드사 소유인 〈샤또 다르마이약〉은 1956년~1988년까지는 그 명칭이 〈샤또 무똥 바롱 필립〉이었다.
- 〈샤또 뽕떼 까네〉는 그랑 크뤼들 중에 규모가 가장 크며, 2000년대 들어 품질이 크게 향상되어 아주 높은 평가를 받고 있는데, 2005년 빈티지가 2008년 미국 WS TOP 100에서 7위를 차지하더니, 2009년 빈티지는 로버트 파커로부터 100점 만점을 받았다. 샤또 무똥 로췰드 포도밭과 아주 가까이 있지만 화려하고 풍부한 느낌의 무똥에 비해 견고한 듯한 타닌이 강하게 느껴진다.

그라브 지역의 등급 분류

갸론느강~지롱드강 좌안(Left Bank)에 메독과 바로 인접해 있는 그라브(Graves) 지역은 보르도에서 가장 더워 제일 먼저 포도 수확을 시작합니다. 보르도에서 가장 오래된 와인산지로 레드 와인과 화이트 와인의 비율이 60:40 정도인데, 보르도 내에서 거의 모든 샤또에서 레드 와인과 화이트 와인을 함께 생산하는 유일한 산지입니다. 그라브(Graves)는 '자갈'이란 뜻으로, 자갈과 약간의 점토가 섞여 있는 토양으로 독특한 와인의 풍미를 냅니다. 1970년대 이후 양조방법과 시설의 근대화를 통해 옛 명성을 되찾고 그 존재감을 높이고 있습니다.

레드 와인 중에서는 메독 지역이 아니면서도 1855년 등급분류의 1등급(Premier Cru)에 유일하게 포함된 〈Château Haut-Brion(샤또 오 브리옹)〉을 비롯한 고급 와인들이 있는데, 메독 레드 와인에 비해 상대적으로 밝은 빛깔을 띠며 부드럽고 섬세하면서 원초적인 흙내음과 미네랄 향이 강한 특성이 있습니다.

그라브 지역의 최상급 레드 와인들은 북쪽의 Pessac(뻬싹) 마을과 Léognan(레오냥) 마을에서 많이 생산됩니다. 그라브에는 36개의 마을(꼬뮌)이 있지만 이 두 마을을 합친 Pessac-Léognan(뻬싹-레오냥)이 유일한 마을 단위 AOP(AOC)인데, 최근에는 별도의 고급 산지로 분류되기도 합니다. > 251쪽 지도 참조

또한 그라브(Graves) 지역은, 보르도 지방 내 최고의 드라이 화이트 와인 산지인 앙트르 되 메르 지역과 세계적인 스위트 화이트 와인 산지인 쏘떼른 지역과 함께 보르도의 3대 화이트 와인산지이기도 합니다. 그라브의 고급 화이트 와인◆은 대부분 드라이 타입입니다.

◆그라브 지역 최고의 화이트 와인으로, 〈Ch. Carbonnieux〉, 〈Ch. Couins-Lurton〉, 〈Ch. La Louvière〉를 강추!

그라브 지역은 오랫동안 독자적인 등급제도가 실시되기를 고대하다가 1953년에 최초로 그랑 크뤼 클라쎄가 지정되었고, 1959년에 일부 개정을 거쳐 총 16개 샤또의 22개 크뤼(Cru, 포도밭)가 그랑 크뤼로 선정되었습니다. 이들 간에 별도의 차등은 없으며 모두가 레이블에 'Grand Cru Classé(그랑 크뤼 끌라쎄)'라고 표기됩니다.

그라브의 AOP(AOC)로는 Graves(그라브), Graves Supérieures(그라브 쉬뻬리외르), Pessac-Léognan(뻬싹-레오냥)이 있습니다.

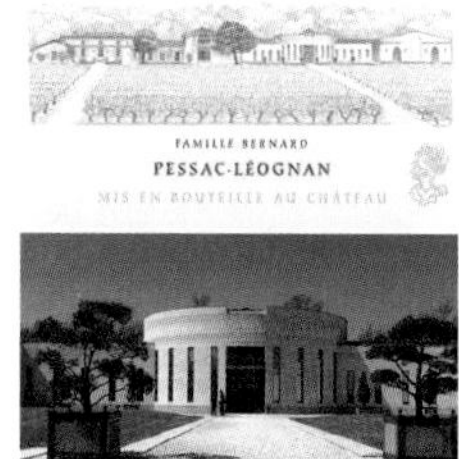

도멘 드 슈발리에

Domaine de Chevalier(도멘 드 슈발리에) 레드(루즈). 12만 원선
블렌딩 비율은 대체로 CS 65% : Merlot 30% : Petit Verdot 5%
* 세계적인 와인평론가 로버트 파커는 〈도멘 드 슈발리에〉가 〈샤또 오 브리옹〉 〈샤또 라 미씨옹 오 브리옹〉과 함께 '그라브를 대표하는, 진정한 와인감별가들을 위한 와인'이라고 극찬했다. 실제로 모나지 않고 부드럽게 느껴지는 복합미는 압권이다. 또 이 샤또의 화이트 와인은 보르도 최상급 화이트 와인으로 꼽을 만하다.

그라브 그랑 크뤼 클라쎄 [16개 샤또]

Château명	와인종류	Château명	와인종류
Ch. Bouscaut (샤또 부스꼬)	Red / White	Ch. La Tour Haut-Brion (샤또 라 뚜르 오 브리옹)	Red
★ Ch. Carbonnieux (샤또 까르보니외)	Red / White	Ch. La Tour Martillac (샤또 라 뚜르 마르띠약)	Red / White
Ch. Couhins (샤또 꾸엥)	White	Ch. Laville Haut-Brion (샤또 라빌 오 브리옹)	White
Ch. Couhins-Lurton (샤또 꾸엥 뤼르똥)	White	Ch. Malartic-Lagravière (샤또 말라르띠끄 라그라비에르)	Red / White
★ Ch. de Fieuzal (샤또 드 피외잘)	Red	★ Ch. Olivier (샤또 올리비에)	Red / White
★ Ch. Haut-Bailly (샤또 오 바이이)	Red	★ Ch. Pape Clément (샤또 빠쁘 끌레망)	Red
★ Ch. Haut-Brion (샤또 오 브리옹)	Red	Ch. Smith-Haut-Lafitte (샤또 스미스 오 라피뜨)	Red
Ch. La Mission Haut-Brion (샤또 라 미씨옹 오 브리옹)	Red	★ Domaine de Chevalier (도멘 드 슈발리에)	Red / White

- Ch.는 Château(샤또)의 단축 표기이며, 샤또 순서는 알파벳순임
  ★는 Pessac(뻬싹) 마을에, ★는 Léognan(레오냥) 마을에 위치하는 샤또임
- 〈샤또 스미스 오 라피뜨〉는 오크통도 자체 생산하는 등 와인의 품질과 명성 못지않게 그라브 최대의 생산자이기도 하다. 방문객을 위해 1999년부터 포도원 안에 부띠끄호텔과 스파를 지어 운영하고 있는데, 샤또 내에서 발견된 온천을 활용해 세계적인 비노테라피(Vinotherapy) 프로그램도 운영하고 있다. 강력한 항산화 작용을 하는 포도씨의 폴리페놀 성분과 포도나무 줄기에서 극소량 추출되는 미백에 탁월한 비니페린 성분 등으로 만드는 세계적인 화장품 브랜드인 'Caudalie(꼬달리)'를 직접 개발한 샤또이기도 하다.
- 〈샤또 스미스 오 라피뜨〉와 〈샤또 라 미씨옹 오 브리옹〉의 2009년 빈티지는 로버트 파커로부터 100점 만점을 받았다.
- 〈샤또 부스꼬〉, 〈샤또 까르보니외〉, 〈샤또 올리비에〉 등은 비교적 생산량이 많아 우리나라에서도 쉽게 접할 수 있다.
- 보르도에서 가장 많은 샤또를 소유하면서 '보르도 와인의 대부'라 불리는 Andre Lurton(앙드레 뤼르똥)이 그라브에서 생산하는 〈샤또 라 루비에르, 레드/화이트〉는 비록 그랑 크뤼에 선정되지는 않았지만 자주 접할 수 있는 품질 좋은 와인이다.
- 레드 와인과 화이트 와인을 모두 생산하는 〈도멘 드 슈발리에〉도 매년 평가가 높아지는 주목할 만한 와인이다. 특히 쏘비뇽 블랑 70%, 쎄미용 30%로 만들어지는 화이트 와인은 부드러우면서도 산도와 과일향이 풍부한데, 같은 브랜드의 레드 와인보다도 더 장기 숙성이 가능하다.
- 그라브의 화이트 와인들은 블렌딩 비율로 그 스타일을 다양화하고 있는데, 예를 들어 〈샤또 까르보니외〉의 화이트 와인은 쏘비뇽 블랑 품종의 비율이 65%이고, 〈샤또 올리비에〉의 화이트 와인은 쎄미용을 65% 비율로 사용한다.

쏘떼른과 바르싹 지역의 등급 분류

보르도에서 'Sauternes(쏘떼른)'이란 이름(AOP명)을 달고 나온 와인들은 예외 없이 달달한 귀부 화이트 와인입니다. 쏘떼른에 인접한 바르싹 지역 또한 달콤한 귀부 화이트 와인의 명산지인데, AOP로 'Barsac(바르싹)'이나 'Sauternes(쏘떼른)◆' 둘 중의 하나를 골라 사용할 수 있습니다.

◆ 바르싹 외에도 쏘떼른 AOP를 표시할 수 있는 3개 마을(꼬뮌)이 더 있다. 봄므(Bommes), 프레냑(Preignac), 파르그(Fargues)가 그 마을들인데, 대신 자기 마을 이름을 표시하진 못한다.

쏘떼른(Sauternes) 와인은 세계 최고의 명성을 가지고 있으나, 바르싹(Barsac)의 자존심은 이를 인정하지 않습니다. 강렬한 향과 단맛이 느껴지는 쏘떼른 와인에 비해, 바르싹 마을(쏘떼른 크기의 1/4) 와인은 상대적으로 조금 덜 달면서 우아하고 화려한 향을 가지고 있습니다.

쏘떼른이나 바르싹의 고급 귀부 스위트 와인들과 일반급 스위트 와인들과의 차이는 강한 풍미와 밸런스에 있습니다. 고급일수록 진한 달콤함에 알맞은 산도가 절묘한 밸런스를 이루고 있습니다. 이런 고급 스위트 와인들은 10~30년까지 병입 숙성이 가능합니다.

고급 스위트 와인을 만드는 귀부 포도(259쪽 하단 Tip 참조)는 그저 늦수확을 한다고 해서 어디에서나 쉽게 만들어지는 것이 아닙니다. 여름에는 청명한 날씨가 계속되고 9월 이후 수확이 이루어지는 늦은 11월까지는 아침에는 안개, 오후에는 햇빛이 반복적으로 계속되어야 하는데 이때 비나 우박이 내리면 안 됩니다. 쏘떼른은 이런 기후조건에 가장 알맞기에 세계 최고의 스위트 와인의 재료가 되는 귀부 포도들이 만들어지는 것입니다.

© Vinoble
귀부 포도(botrytis grapes)

그리고 포도에 귀부곰팡이균만 생겼다고 해서 저절로 좋은 귀부 와인이 만들어지진 않습니다. 사람의 노력과 정성에 오크 숙성(2년 이상) 등 최고의 양조기술이 보태져 종합예술같은 살구향에 꿀처럼 달콤한 매혹적인 와인이 탄생됩니다.

우리는 보통 귀부 와인처럼 아주 달콤한 스위트 와인은 '디저트 와인'으로 분류하여 식사 후에 디저트와 함께 먹어야 한다고 생각합니다. 하지만 쏘떼른 현지에서는 애피타이저에도 쏘떼른 와인을 곁들이고, 생선이나 육류 같은 메인요리에도 쏘떼른 와인을 곁들이고, 디저트에도 쏘떼른 와인을 마시곤 합니다. 그만큼 쏘떼른의 좋은 와인들은 어떤 음식과도 잘 어울린다는 얘기지요.

드물긴 해도 쏘떼른에도 드라이 화이트 와인이 있습니다. 귀부 포도가 되지 못한 Sémillon(쎄미용) 포도를 원래 귀부화가 되기 어려운 Sauvignon Blanc(쏘비뇽 블랑) 포도와 블렌딩하여 드라이한 화이트 와인을 만드는 것인데요, 'Bordeaux(보르도)'이라는 AOP(AOC)가 표시됩니다. 희소성 때문인지 근래에는 꽤 인기가 높다고 합니다.

1855년 등급분류 당시, 쏘떼른(Sauternes)과 바르싹(Barsac) 지역 스위트 화이트 와인을 생산하는 26개 샤또에 크뤼(Cru) 등급을 부여했는데, Grands Cru(그랑 크뤼)라는 호칭은 쓰지 않고 다음의 3개 등급으로 분류하고 있습니다.

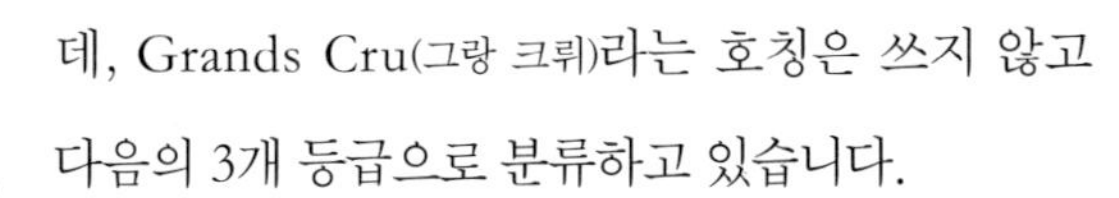

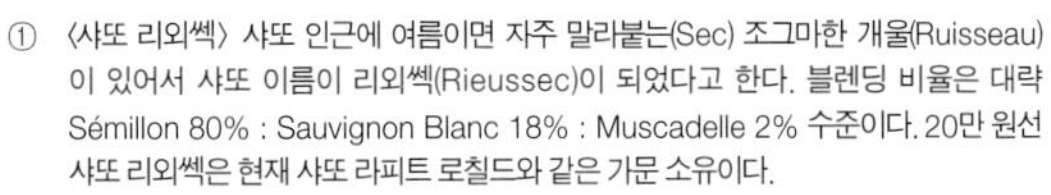

① 〈샤또 리외쎅〉 샤또 인근에 여름이면 자주 말라붙는(Sec) 조그마한 개울(Ruisseau)이 있어서 샤또 이름이 리외쎅(Rieussec)이 되었다고 한다. 블렌딩 비율은 대략 Sémillon 80% : Sauvignon Blanc 18% : Muscadelle 2% 수준이다. 20만 원선 샤또 리외쎅은 현재 샤또 라피트 로칠드와 같은 가문 소유이다.

② 〈샤또 쒸뒤로〉 꿀 같은 당도와 과실의 맛있는 산도가 훌륭한 밸런스를 이루면서 부드러운 질감으로 마무리된다. 블렌딩 비율은 대략 Sémillon 90% : Sauvignon Blanc 10% 수준이다. 17만 원선.

특등급 : Grand Premier Cru(그랑 프르미에 크뤼) [1개]

Château명	생산지역 및 AOP명
Château d'Yquem (샤또 디껨)	Sauternes

- 〈샤또 디껨〉의 탄생에 대해 다음과 같은 스토리가 전해진다. 1847년 경 영주인 뤼르 쌀뤼스 후작이 러시아에 가게 되었는데, 자신이 돌아올 때까지 포도 수확을 하지 말 것을 명했다. 그런데 예정 일정이 크게 늦어져 돌아와 보니 포도가 온통 곰팡이 투성이가 되어버렸다. 그래도 그 포도로 와인을 양조해 오크통에 숙성시켰고, 10년이 지나 오크통을 열자 깊은 향이 물씬 풍기는 감미로운 와인이 만들어져 있었다고. 하지만 그 양이 워낙 적어 〈샤또 디껨〉은 한 그루의 포도나무에서 한 잔 정도의 와인이 만들어진다.
- 2011년에 〈샤또 디껨〉 1811년 빈티지 한 병이 117,000 달러에 팔렸는데, 이는 화이트 와인 부문의 사상 최고 기록이었다.
- 등급분류 당시에는 존재하지 않아서 현재까지도 무관의 제왕이지만, 〈Ch. Raymond - Lafon(샤또 레이몽 라퐁)〉은 〈샤또 디껨〉에 버금가는 평가를 받고 있다. 그 외에 〈Ch. Gilette(샤또 질레뜨)〉, 〈Ch. Fargues(샤또 파르그)〉 등도 등급은 없지만 최고의 품질을 인정받는 쏘떼른의 스위트 귀부 와인들이다. 〈샤또 질레뜨〉는 20년 이상 오크통 숙성을 시키는 것으로 유명하다.

1등급 : Premiers Crus(프르미에 크뤼) [11개]

Château명	생산지역 및 AOP명
Ch. Climens(샤또 끌리망스)	Barsac
Ch. Coutet(샤또 꾸떼)	Barsac
Ch. Guiraud(샤또 기로)	Sauternes
Ch. Haut-Peyraguey (샤또 오 뻬라게)	Sauternes
Ch. Lafaurie-Peyraguey (샤또 라포리 뻬라게)	Sauternes
Ch. La Tour Blanche (샤또 라 뚜르 블랑쉬)	Sauternes

Château명	생산지역 및 AOP명
Ch. Rabaud-Promis (샤또 라보 프로미)	Sauternes
Ch. de Rayne-Vigneau (샤또 드 렌느 비뇨)	Sauternes
Ch. Rieussec(샤또 리외쌕)	Sauternes
Ch. Sigalas-Rabaud (샤또 씨갈라 라보)	Sauternes
Ch. Suduiraut(샤또 쒸뒤로)	Sauternes

- 〈샤또 리외쌕〉은 메독의 〈샤또 라피뜨 로칠드〉와 같은 가문 소유이다.
- 〈샤또 기로〉는 자동차 그룹으로 유명한 푸조 가문의 소유이다. 이 와인은 나폴레옹의 패망에 대한 애도의 의미로 검정 레이블을 사용한 것으로도 유명하다. 2005년 빈티지가 2008년 미국 WS TOP 100에서 4위를 차지했다. 블렌딩 비율은 Sémillon 65% : SB 35%. 22만 원선
- 〈샤또 끌리망스〉와 〈샤또 꾸떼〉는 바르싹 귀부 와인의 자존심이자 최고봉으로 꼽히는 와인들이다.

2등급 : Deuxièmes Crus(되지엠므 크뤼) [14개]

Château명	생산지역 및 AOP명	Château명	생산지역 및 AOP명
Ch. Broustet(샤또 브루스떼)	Barsac	Ch. Doisy-Vedrines (샤또 두아지 베드린)	Barsac
Ch. Caillou(샤또 까이유)	Barsac	Ch. Filhot(샤또 필로)	Sauternes
Ch. d'Arche(샤또 다르슈)	Sauternes	Ch. Lamothe(샤또 라모뜨)	Sauternes
Ch. de Malle(샤또 드 말)	Sauternes	Ch. Lamothe-Guignard (샤또 라모뜨 기냐르)	Sauternes
Ch. de Myrat(샤또 드 미라)	Barsac	Ch. Nairac(샤또 네락)	Barsac
Ch. Doisy-Daëne (샤또 두아지 다엔느)	Barsac	Ch. Romer du Hayot (샤또 로메르 뒤 아이요)	Sauternes
Ch. Doisy-Dubroca (샤또 두아지 뒤브로까)	Barsac	Ch. Suau(샤또 쒸오)	Barsac

- Ch.는 Château(샤또)의 단축 표기이며, 샤또 순서는 알파벳순임.
- 〈Ch. Romert du Hayot(샤또 로메르 뒤 아이요)〉의 옛이름은 〈Ch. Romer〉
- 〈Ch. de Myrat(샤또 드 미라)〉의 옛이름은 〈Ch. Myrat(샤또 미라)〉

쌩 떼밀리옹 지역의 등급 분류

강 우안의 쌩 떼밀리옹은 메독 못지않은 보르도의 유명 와인산지이지만, 뽀므롤 지역과 함께 '1855년 등급분류'에서 제외됐었습니다. 1855년 파리 세계박람회때 외국인들에게 소개할 프랑스를 대표하는 최고의 와인들을 골라 알기 쉽게 등급을 매기라는 나폴레옹 3세의 명을 받았던 보르도 상공회의소는 메독 인근의 보르도 시(강 좌안)에 위치해 있었고, 실제로 리스트 분류 작업을 한 사람들 또한 메독 지역 와인을 주로 거래하는 네고시앙(와인중개상)들이다 보니, 자체 네고시앙들에 의해 거래되던 강 우안 리부르네(Libourne)◆ 지역의 쌩 떼밀리옹과 뽀므롤 와인들은 이 등급 분류에서 원천적으로 배제되었던 것입니다.

◆ 보르도의 강 우안(Right Bank) 산지인 쌩 떼밀리옹, 뽀므롤, 프롱싹을 묶어 '리부르네(Libourne)' 지역이라고 부른다.

이후 쌩 떼밀리옹 지역 와인들은 1867년 파리 세계박람회 때부터는 출품이 허용되었고, 1890년경부터 파리의 상류사회에서도 인정받기 시작했습니다. 1855년에서 정확히 100년이 지난 1955년 쌩 떼밀리옹에도 별도의 Grand Cru(그랑 크뤼) 등급제도가 시행되어 12개의 Premiers Grands Crus Classé(프르미에 그랑 크뤼 끌라쎄)와 63개의 Grands Crus Classé(그랑 크뤼 끌라쎄)가 선정되었습니다.

쌩 떼밀리옹 지역의 세부 산지들

등급 변동이 없는 메독 그랑 크뤼와는 달리, 쌩 떼밀리옹 그랑 크뤼는 공정성과 선의의 경쟁을 위해 10년마다 재심사를 하기로 해 1969년, 1986년, 1996년, 2006년에 재심사와 등급조정이 있었습니다.

❶ **1955년 6월** : 12개의 프르미에 그랑 크뤼 끌라쎄 & 63개의 그랑 크뤼 끌라쎄 공인
❷ **1969년 11월** : 12개의 프르미에 그랑 크뤼 끌라쎄 & 72개의 그랑 크뤼 끌라쎄 공인
❸ **1986년 5월** : 11개의 프르미에 그랑 크뤼 끌라쎄 & 63개의 그랑 크뤼 끌라쎄 공인
❹ **1996년 11월** : 13개의 프르미에 그랑 크뤼 끌라쎄 & 55개의 그랑 크뤼 끌라쎄 공인
❺ **2006년 9월** : 15개의 프르미에 그랑 크뤼 끌라쎄 & 46개의 그랑 크뤼 끌라쎄 공인

하지만 2006년 등급조정 당시 심사위원이 소유하고 있는 샤또가

선정되는 등 석연치 않은 심사기준 때문에 탈락한 샤또들이 소송을 제기하며 심한 논란이 계속되었습니다. 우여곡절 끝에 2009년 5월 프랑스 정부는 2006년의 선정 결과를 무효화하고 2012년에 재심사할 것을 지시했으며, 그때까지는 일단 1996년 결과를 적용토록 했습니다. 하지만 그러자 이번엔 2006년에 새로 선정되었던 샤또들이 심하게 반발하면서 등급 무용론까지 나오자, 다시금 임시방편으로 2012년 재심사 전까지는 샤또명 옆에 별도의 표시를 하기로 했습니다.

St.-Emilion Classification

범례
- ● 계속 등급 유지하고 있는 샤또
- ● 2012년 신규 선정된 샤또
- ● 2006년 신규 선정 후 유지된 샤또
- ● 2012년 한 단계 승급된 샤또
- ● 2006년 한 단계 승급됐던 샤또
- ● 2006년 탈락 후 2012년 재선정
- ● 2012년 탈락된 샤또

1등급(A) : Premiers(1er) Grands Crus Classés(프르미에 그랑 크뤼 끌라쎄) A [4개]

Château명
- ● Ch. Ausone(샤또 오존)
- ● Ch. Cheval-Blanc(샤또 슈발 블랑)
- ● Ch. Angélus(샤또 앙젤뤼스)
- ● Ch. Pavie(샤또 빠비)

- 〈샤또 오존〉과 〈샤또 슈발 블랑〉은 1955년 최초 등급 분류 때부터 독보적으로 인정받고 있었으나, 2012년 등급 분류 때 〈샤또 앙젤뤼스〉와 〈샤또 빠비〉가 1등급(A)에 추가되었고, 2022년 등급 분류에서 몇 개 샤또가 1등급(A)에 더 추가될 것으로 알려지자, 2021년 7월 이 등급 분류가 떼루아나 품질보다는 홍보를 통한 유명도에 영향을 받는다는 이유로 두 샤또 모두 쌩 떼밀리옹 등급시스템에서 탈퇴한다고 선언하였다.

1등급(B) : Premiers(1er) Grands Crus Classés(프르미에 그랑 크뤼 끌라쎄) B [14개]

Château명
- ● Ch. Beau-Séjour-Bécot(샤또 보 쎄주르 베꼬)
- ● Ch. Beauséjour (Duffau-Lagarrosse) (샤또 보쎄주르 뒤포 라갸로쓰)
- ● Ch. Bélair-Monange(샤또 벨레르 모낭쥬)
- ● Ch. Canon(샤또 꺄농)
- ● Ch. Canon-La-Gaffelière (샤또 꺄농 라 갸플리에르)
- ● Ch. Figeac(샤또 피쟉)
- ● Clos Fourtet(끌로 푸르떼)
- ● Ch. La Gaffelière(샤또 라 갸플리에르)
- ● Ch. Larcis-Ducasse(샤또 라르시스 뒤까쓰)
- ● La Mondotte(라 몽도뜨)
- ● Ch. Pavie-Macquin(샤또 빠비 마껭)
- ● Ch. Troplong-Mondot(샤또 트로플롱 몽도)
- ● Ch. Trottevieille(샤또 트로뜨비에이유)
- ● Ch. Valandraud(샤또 발랑드로)

- 〈Ch. Ausone〉은 Merlot 50% : CF 50%, 〈Ch. Cheval Blanc〉은 CF 65% : Merlot 35%을 기본 블렌딩 비율로 하지만 해마다 조금씩 차이가 있다. 까베르네 쏘비뇽을 전혀 사용하지 않지만 파워풀하면서도 세련되고 섬세한 〈샤또 오존〉은 보르도보다는 부르고뉴 와인과 느낌이 비슷해서 '보르도의 부르고뉴'라고도 불린다. 〈샤또 슈발 블랑〉은 실키한 감촉과 밸런스가 탁월한데, 그 백미는 화려하고 풍부한 향기이다. 1등급 (B)인 〈샤또 까농〉도 "전설의 100대 와인"에 속한다.

2등급 : Grands Crus Classés(그랑 크뤼 끌라쎄)

Château명

- Ch. Balestard-La-Tonnelle (샤또 발레스따르 라 또넬르)
- Ch. Barde-Haut(샤또 바르드 오)
- Ch. Bellefont-Belcier(샤또 벨퐁 벨시에)
- Ch. Bellevue(샤또 벨레브)
- Ch. Berliquet(샤또 베를리께)
- Ch. Cadet-Bon(샤또 까데 봉)
- Ch. Cap de Mourlin(샤또 깝 드 무를랭)
- Ch. Chauvin(샤또 쇼뱅)
- Ch. Clos de Sarpe(샤또 끌로 드 싸르프)
- Ch. Corbin(샤또 꼬르뱅)
- Ch. Côte de Baleau(샤또 꼬뜨 드 발로)
- Ch. Dassault(샤또 다쏘)
- Ch. Destieux(샤또 데스띠외)
- Ch. de Ferrand(샤또 드 페랑)
- Ch. de Pressac(샤또 드 프레싹)
- Ch. Faugères(샤또 포제레)
- Ch. Faurie-de-Souchard (샤또 포리 드 쑤샤르)
- Ch. Fleur Cardinale(샤또 플뢰르 까르디날)
- Ch. Fombrauge(샤또 퐁브로쥬)
- Ch. Fonplégade(샤또 퐁쁠레갸드)
- Ch. Fonroque(샤또 퐁로끄)
- Ch. Franc Mayne(샤또 프랑크 마인)
- Ch. Grand Corbin(샤또 그랑 꼬르뱅)
- Ch. Grand Corbin-Despagne (샤또 그랑 꼬르뱅 데스빠뉴)
- Ch. Grand Mayne(샤또 그랑 마인)
- Ch. Les Grandes Murailles (샤또 레 그랑드 뮈라이유)
- Ch. Grand-Pontet(샤또 그랑 뽕떼)
- Ch. Guadet(샤또 고데)
- Ch. Haut Sarpe(샤또 오 사르쁘)
- Ch. Jean Faure(장 포레)
- Ch. la Couspaude(샤또 라 꾸스뽀드)
- Ch. la Clotte(샤또 라 끌로뜨)
- Ch. la Commanderie(샤또 라 꼬망데리)
- Ch. la Dominique(샤또 라 도미니끄)
- Ch. La Fleur Morange (샤또 라 플뢰르 모랑쥬)
- Ch. Laniote(샤또 라니오뜨)
- Ch. Larmande(샤또 라르망드)
- Ch. Laroque(샤또 라로끄)
- Ch. Laroze(샤또 라로즈)
- Ch. l'Arrosée(샤또 라로제)
- Clos la Madeleine(끌로 라 마들레인)
- Ch. la Marzelle(샤또 라 마르젤)
- Ch. la Serre(샤또 라 쎄르)
- Ch. le Chatelet(샤또 르 샤뜰레)
- Ch. le Preuré(샤또 르 프뢰레)
- Ch. Monbousquet(샤또 몽부스께)
- Ch. Moulin du Cadet(샤또 물랭 뒤 까데)
- Ch. Pavie-Decesse(샤또 빠비 드세쓰)
- Ch. Peby Faugères(샤또 뻬비 포제레)
- Ch. Petit-Faurie-de-Soutard (샤또 쁘띠 포리 드 수따르)
- Ch. Quinault l'Enclos(샤또 뀌노 랑끌로)
- Ch. Ripeau(샤또 리뽀)
- Ch. Rochebelle(샤또 로슈벨)
- Ch. St-Georges-Côte-Pavie (샤또 쌩 조르쥬 꼬드 빠비)
- Clos Saint-Martin(끌로 쌩 마르땡)
- Ch. Sansonnet(샤또 쌍쏘네)
- Ch. Soutard(샤또 수따르)
- Ch. Tertre-Daugay(샤또 떼르뜨르 도게)
- Ch. la Tour Figeac(샤또 라 뚜르 피작)
- Ch. Villemaurine(샤또 빌모린)
- Ch. Yon-Figeac(샤또 욘 피작)
- Clos de l'Oratoire(끌로 드 로라뚜아르)
- Clos des Jacobins(끌로 데 자꼬뱅)
- Couvent des Jacobins(꾸방 드 자꼬뱅)

즉 1996년 리스트에는 있었으나, 2006년 선정에서 탈락한 샤또명 옆에는 † 표시를 하고, 2006년에 새로 선정된 샤또명 옆에는 * 표시를 하기로 했던 것입니다.

2012년 재심사에는 100여 개 샤또들이 신청을 했는데, 1등급(Premier Grand Cru Classé)에 선정되려면 15개의 빈티지를 출품해서 20점 만점의 16점 이상을 받아야 했고, 2등급(Grand Cru Classé)은 10개 빈티지를 출품해 14점 이상을 받아야 했습니다.

우여곡절 끝에 2012년에 재선정이 이루어졌지만 그 심사 결과가 과연 얼마나 확고한 효력을 발생할지 두고 봐야 할 것 같습니다. 그런 면에서, 메독 지역 중심으로 이루어졌던 1855년 그랑 크뤼 등급이 많은 불합리한 점이 있음에도 변함없이 유지되고 있는 것이 어쩌면 이런 분란들을 사전에 봉쇄하는 현명한 방법인지도 모르겠습니다.

아무튼! 쌩 떼밀리옹에서 그랑 크뤼급 와인들로 선정된 와인들은 레이블에 AOP 표시 외에, 1등급은 1er Grand Cru Classé, 2등급은 Grand Cru Classé라고 별도로 크게 표기됩니다. 그런데 여기에서 'Classé(끌라쎄)'란 단어가 빠지고, 레이블의 AOP 표시에만 Appellation Saint-Émilion Grand Cru Protégée라고 표시한 와인들도 있으니, 그랑 크뤼 등급 와인들과 헷갈리지 마시길. 그렇게 표시된 와인들은 일반 Appellation Saint-Émmilion Protégée 표시 와인들보다는 좀 더 엄격한 심사를 거친 와인들이긴 하지만, 정식 등급분류에는 포함되지 못한 와인들로 그 숫자가 200여 개가 넘습니다.

그 외에 쌩 떼밀리옹 지역 북동쪽 지구에서 생산되는 와인들의 AOP(AOC)로는 Lussac St.-Émilion(뤼싹 쌩 떼밀리옹), Montagne St.-

Émilion(몽따뉴 쌩 떼밀리옹), St.-Georges St.-Émilion(쌩 조르쥬 쌩 떼밀리옹), Puisseguin St.-Émilion(뿌이쎄갱 쌩 떼밀리옹)이 있는데, 생산자에 따라 품질의 차이가 나기도 합니다.

또한 쌩 떼밀리옹에는 포도재배나 양조방법 등 규정상 등급 분류에 포함되진 못하지만 더 높은 품질 평가를 받기도 하는 '갸라쥬(Garage) 와인'이라 불리는 특별한 고급 와인들도 있습니다. > 276쪽 참조

쌩 떼밀리옹의 와인 생산량은 메독의 2/3 정도이며, 포도품종별 재배비율은 Merlot(메를로) 70% : CF(까베르네 프랑) 25% : CS(까베르네 쏘비뇽) 5% 수준입니다. 쌩 떼밀리옹 와인은 Cabernet Sauvignon의 비중이 워낙 낮고 Merlot와 Cabernet Franc을 중심으로 블렌딩을 하기 때문에 상대적으로 타닌이 적고 부드러운 과일 풍미가 느껴집니다. 하지만 잘 만들어진 쌩 떼밀리옹 고급 레드 와인의 농익은 과일풍미에 스파이시함이 더해진 바디감은 타닌이 풍부한 Cabernet Sauvignon(까베르네 쏘비뇽)을 중심으로 블렌딩한 메독 와인보다 더 파워풀하게 느껴지기도 합니다.

뽀므롤 지역

쌩 떼밀리옹의 소울메이트이자 우안(Right Bank)의 양대 산지인 뽀므롤(Pomerol)은 보르도의 고급 레드 와인 생산지 중 규모가 가장 작은(전체 포도밭 면적이 800ha) 지역으로, 원래 쌩 떼밀리옹의 일부였으나 1928년부터 독립산지가 되었습니다.

와인 생산량은 바로 인접해있는 쌩 떼밀리옹 지역의 15%에 불과하며, 샤또별 평균 생산량은 메독의 1/10 수준입니다. 하지만 메독 지역

보다 더 비옥하고 철분이 많이 함유된 복합적인 토양을 가진 보르도의 보석과도 같은 명품 와인산지입니다.

Merlot(메를로)를 주품종으로, Cabernet Sauvignon(까베르네 쏘비뇽)을 거의 사용하지 않는 Pomerol 지역 레드 와인은, 벨벳 질감에 자두 등의 과일 풍미가 풍부하며 송로버섯(Truffle) 향이 느껴집니다. 일찍부터 고급 레드 와인들을 만들어왔지만 Pomerol(뽀므롤) 와인들이 세계적으로 널리 알려지게 된 것은 제2차 세계대전 이후입니다. 뽀므롤(Pomerol) 와인의 심미적 기준이자 세계적 명품 와인인 〈Petrus(뻬트뤼스)〉도 19세 말 파리세계박람회에서 금상을 수상한 이후 별다른 인기를 얻지 못하다가 제2차 세계대전이 끝난 1945년 이후부터 프랑스와 영국의 상류사회에 본격적으로 소개되기 시작했는데, 1947년 영국의 엘리자베스 공주와 필립 공의 결혼식에 사용되면서 더욱 유명해졌습니다. 그 후 1960년대 초반 뉴욕의 유명 레스토랑 '르 빠비용'의 주인이 이 와인의 매력에 빠져 레스토랑의 메인 와인으로 선정하면서, 이 레스토랑의 단골이었던 케네디, 록펠러, 오나시스 등이 즐겨 마시게 되었고, 〈Petrus(뻬트뤼스), 284쪽 참조〉는 명품 와인으로 상류사회의 상징이 될 수 있었습니다. 뽀므롤 특유의 소규모 장인정신의 분위기가 느껴지는 〈Pétrus〉는 미국의 대형 와인회사인 갤로(Gallo)사가 단 6분 만에 만드는 양의 와인을 1년에 걸쳐 만들다보니 매년 3~4만병만 생산됩니다.

1979년 이후 〈뻬트뤼스〉를 목표로 품질 향상을 이룬 〈르 뺑〉은 로버트 파커의 입맛을 사로잡으며 가격이 200배 이상 오르면서 순식간에 시장에서 품절되었다. 세계에서 가장 비싼 와인인 〈로마네 꽁띠〉와 맞먹는 가격에 팔리기도 하는데, 그러다보니 가짜 와인이 많기로도 유명하다. 〈뻬트뤼스〉도 연간 4,000케이스밖에 생산되지 않는데, 〈르 뺑〉은 연간 고작 600~700케이스만 생산된다. 발효시 새 오크통을 사용하여 그을린 듯한 이국적인 향이 특징이다. Merlot 92% : CF 8%. 보르도 레드 와인은 양고기와 잘 매칭되는데, 뽀므롤 와인이 더 그렇다.

뽀므롤(Pomerol)의 AOP는 Pomerol(뽀므롤), Lalande-de-Pomerol(랄랑드 드 뽀므롤) 두 개의 지역으로 나뉩니다. Pomerol(뽀므롤) AOP 와인들은 풍만하고 감칠 맛 나는 이 지역의 특징을 잘 보여주며, 그 북쪽에서 생산되는 Lalande-de-Pomerol(랄랑드 드 뽀므롤) AOP 와인들은 타닌과 파워가 적고 빨리 숙성되는 가벼운 스타일입니다.

세계적인 와인 평론가인 휴 존슨(Hugh Johnson)은 뽀므롤에 대해 "매력적이고 풍부한 맛을 낸다. 적당한 산도와 타닌이 어우러진 짙은 빛깔의 이 와인들은 잘 익은 과일향과 꽉 찬 바디감, 유순함을 지녔다"고 평했습니다.

뽀므롤 지역에는 공식적인 등급분류가 없는데요, 그 수는 적지만 모든 샤또가 다 그랑 크뤼급이라는 자부심 때문일 수도 있겠습니다.

뽀므롤의 뛰어난 와인으로는 3대 뽀므롤 와인으로 꼽히는 〈Petrus(뻬트뤼스)〉, 〈Le Pin(르 뺑)〉, 〈Ch. Lafleur(샤또 라플뢰르)〉를 비롯하여 〈Ch. La Fleur-Pétrus(라 플뢰르-뻬트뤼스)〉, 〈Vieux Château-Certan(뷰 샤또 쎄르땅)〉◆, 〈Ch. Gazin(가쟁)〉◆, 〈Ch. L'Évangil(레방질)〉, 〈Ch. Trotanoy(트로따누아)〉, 〈Ch. Clinet(끌리네)〉, 〈Ch. La Conseillante(라 꽁쎄이앙뜨)〉, 〈Ch. Petit-Village(쁘띠 빌라쥬)〉, 〈Ch. Certan-Giraud(쎄르땅 기로)〉, 〈Domaine de L'Église(도멘 드 레글리스)〉, 〈Ch. Nénin(네냉)〉, 〈Ch. Beauregard(보르갸르)〉, 〈Ch. Bourgneuf(부르뇌프)〉, 〈Ch. Latour-À-Pomerol(라뚜르 아 뽀므롤)〉, 〈Ch. La Pointe(라 뿌앵뜨)〉, 〈Ch. Plince(쁠랭스)〉, 〈Ch. L'Église Clinet(레글리스 끌리네)〉, 〈Ch. Rouge(루제)〉, 〈Ch. Belle-Brise(벨 브리즈)〉 등이 있습니다.

◆ 〈뷰 샤또 쎄르땅〉은 〈뻬트뤼스〉가 유명해지기 전까지 뽀므롤의 톱 와인으로 군림했던 와인으로, 우아하고 부드러운 귀족적인 이미지를 가지고 있다.

◆ 〈샤또 가쟁〉은 영화배우 알랭 들롱이 가장 즐겼던 와인으로 유명하다.

2
2020년 크뤼 부르주아 등급 분류

보르도 좌안 메독 지역의 Cru Bourgeois(크뤼 부르주아) 분류가 2020년에 다시 3단계로 복귀하였습니다. 총 249개의 샤또들이며, Cru Bourgeois Exceptionnels(크뤼 부르주아 엑셉씨오넬)에는 14개, Cru Bourgeois Supérieur(크뤼 부르주아 쉬뻬리외르)에는 56개가, Cru Bourgeois(크뤼 부르주아)에 179개 샤또가 선정되었습니다. 3단계가 1단계로 통합돼 그 수만 늘어나는 하향평준화가 모두에게 이득이 되지 않는다는 판단에 따른 것이지요. 그런데 놀라운 것은 그 중에 2003년 3단계 분류 당시 가장 높은 Exceptionnels(엑셉씨오넬) 등급을 받았던 9개의 샤또(278쪽 하단 박스 참조) 중 한 군데도 포함되지 않았다는 것입니다. 또한 Ch. Gloria(샤또 글로리아), Ch. Sociando-Mallet(샤또 쏘시앙도 말레) 같은 무림의 고수들도 리스트에 없습니다. 새로운 크뤼 부르주아는 5년 단위로 재선정이 이뤄지므로, 이번에 선정된 샤또들은 2018 ~ 2022년 빈티지까지 등급을 보장받게 됩니다.

Cru Bourgeois Exceptionnels [14개]

Haut-Médoc	Ch. d'agassac, Ch. Arnauld, Ch. Belle-Vue, Ch. Cambon la Pelouse, Ch. Charmail, Ch. MalesCasse, Ch. de Malleret, Ch. du Taillan
Listrac-Médoc	Ch. Lestage
Margaux	Ch. d'Arsac, Ch. Paveil de Luze
Saint-Estèphe	Ch. le Boscq, Ch. le Crock, Ch. Lilian Ladouys

Cru Bourgeois Supérieur [56개]

Médoc	Ch. La Branne, Ch. La Cardonne, Ch. Castéra, Ch. Fleur La Mothe, Ch. Greysac, Ch. Laujac, Ch. Lousteauneuf, Ch. Noaillac, Ch. Pierre de Montignac, Ch. Poitevin, Ch. Preuillac, Ch. Saint Hilaire, Ch. Tour Séran, Ch. Les Tuileries
Haut-Médoc	Ch. Balac, Ch. Beaumont, Ch. Bel Air Gloria, Ch. Bernadotte, Ch. Bibian, Ch. du Cartillon, Ch. Cissac, Ch. Clément-Pichon, Ch. Dillon, Ch. Doyac, Ch. Fontesteau, Ch. Labat, Ch. Lamothe-Bergeron, Ch. Larose Perganson, Ch. Larose Trintaudon, Ch. Lestage Simon, Ch. Meyre, Ch. du Moulin Rouge, Ch. Paloumey, Ch. Peyrabon, Ch. Peyrat-Fourthon, Ch. Pontoise, Cabarrus, Ch. Ramage La Batisse, Ch. du Retout, Ch. Reysson
Listrac-Médoc	Ch. Cap Léon Veyrin, Ch. Fonréaud, Ch. Fourcas-Borie, Ch. Reverdi, Ch. Saransot-Dupré
Moulis-En-Médoc	Ch. Biston-Brillette, Ch. Caroline, Ch. Lalaudey, Ch. La Mouline
Margaux	Ch. Deyrem Valentin, Ch. Mongravey, Ch. La Tour de Mons
Saint-Estèphe	Ch. de Côme, Ch. Laffitte Carcasset, Ch. Petit Bocq, Ch. Sérilhan, Ch. Tour des Termes

Cru Bourgeois [179개]

Médoc	Ch. Les Anguilleys, Ch. d'Argan, Ch. L'Argenteyre, Ch. Beauvillage, Ch. Bégadanet, Ch. Bellegrave, Ch. Bellerive, Ch. Bellevue, Ch. de Bensse, Ch. Bessan Ségur, Ch. Blaignan, Ch. Bois Mondont Saint Germain, Ch. Le Bourdieu, Ch. Bournac,

Médoc	Ch. des Brousteras, Ch. des Cabans, Ch. Campillot, Ch. Cangruey, Ch. Carcanieux, Ch. La Chandellière, Ch. Chantemerle, Ch. La Clare, Ch. Clément Saint Jean, Ch. Côtes de Blaignan, Ch. de la Croix, Ch. Escot, Ch. D'Escurac, Ch. L'Estran, Ch. Fontis, Ch. La France Delhomme, Ch. Gémeillan, Ch. La Gorce, Ch. La Gorre, Ch. La Grange de Bessan, Ch. Les Granges de Civrac, Ch. des Granges d'Or, Ch. Gravat, Ch. La Gravette Lacombe, Ch. Grivière, Ch. Haut Bana, Ch. Haut Barrail, Ch. Haut Canteloup, Ch. Haut Maurac, Ch. Haut-Myles, Ch. Haut Queyran, Ch. Hourbanon, Ch. Labadie, Ch. Lacombe Noaillac, Ch. Ladignac, Ch. Lalande D'auvion, Ch. Lassus, Ch. Les Lattes, Ch. Leboscq, Ch. Lestruelle, Ch. Loirac, Ch. Maison Blanche, Ch. Mareil, Ch. Mazails, Ch. Méric, Ch. Les Moines, Ch. Moulin de Bel Air, Ch. Moulin de Canhaut, Ch. Moulin de L'abbaye, Ch. Moulin de Taffard, Ch. Les Mourlanes, Ch. Nouret, Ch. de Panigon, Ch. Patache d'Aux, Ch. Du Périer, Ch. Pey de Pont, Ch. La Pirouette, Ch. Plagnac, Ch. Pontet Barrail, Ch. Pontey, Ch. Ramafort, Ch. La Raze Beauvallet, Ch. La Ribaud, Ch. Ricaudet, Ch. La Roque de By, Ch. Roquegrave, Ch. Rousseau de Sipian, Ch. Saint Aubin, Ch. Saint Bonnet, Ch. Saint Christoly, Ch. Saint Christophe, Ch. Segue Longue Monnier, Ch. Le Temple, Ch. Tour Castillon, Ch. Tour Prignac, Ch. Tour Saint Bonnet, Ch. Tour Saint Vincent, Ch. des Tourelles, Ch. de Tourteyron, Ch. Les Tresquots, Ch. Les Trois Manoirs, Ch. Troussas, Ch. La Valière, Ch. Vernous, Ch. Le Vieux Fort, Ch. Vieux Robin, Ch. Le Vieux Sérestin
Haut-Médoc	Ch. d'Arcins, Ch. d'Aurilhac, Ch. Barateau, Ch. Barreyres, Ch. Bellegrave du Poujeau, Ch. Beyzac, Clos La Bohème, Ch. Le Bourdieu Vertheuil, Ch. de Braude, Ch. de Cartujac, Ch. Corconnac, Ch. Croix du Trale, Ch. Dasvin Bel Air, Ch. Devise d'Ardilley, Ch. Duthil, Ch. La Fon Du Berger, Ch. Fonpiqueyre, Ch. de Gironville, Ch. Grand Clapeau Olivier, Ch. Grand Médoc, Ch. Grandis, Ch. d'Hanteillan, Ch. Haut Beyzac, Ch. Haut-Logat, Ch. Haut Madrac, Ch. Laborde, Ch. Lacour Jacquet, Ch. Lamothe-Cissac, Ch. Landat, Ch. La Lauzette Declercq, Ch. Liversan, Ch. Magnol, Ch. Martin, Ch. Maucamps, Ch. Maurac, Ch. Miqueu, Ch. Le Monteil d'Arsac, Ch. Moulin de Blanchon, Ch. Moulin des Moines, Ch. Muret, Ch. Peyredon Lagravette, Ch. Prieuré de Beyzac, Ch. Puy Castéra, Ch. du Raux, Ch. Rollin, Ch. Saint Ahon, Ch. Saint Paul, Ch. Senilhac, Ch. La Tonnelle, Ch. Tour du Haut Moulin, Ch. Tour Saint Joseph, Ch. Tourteran, Ch. Victoria, Ch. Vieux Landat, Ch. de Villambis
Listrac-Médoc	Ch. Capdet, Ch. Donissan, Ch. l'Ermitage, Ch. Lafon, Ch. Lalande, Ch. Liouner, Ch. Séméillan-Mazeau, Ch. Vieux Moulin
Moulis-En-Médoc	Ch. Bellevue de Tayac, Ch. La Fortune, Ch. Pontac Lynch
Pauillac	Ch. Plantey
Saint-Estèphe	Ch. La Commanderie, Ch. Coutelin Merville, Ch. Picard, Ch. Plantier Rose, Ch. Saint Pierre de Corbian, Ch. Tour de Pez, Ch. Tour Saint Fort

U BOURGEOIS
CHÂTEAU
AGASSAC
HAUT-MÉDOC

CHÂTEAU
BELLE-VUE
HAUT-MÉDOC
APPELLATION HAUT-MÉDOC CONTRÔLÉE
MIS EN BOUTEILLE AU CHÂTEAU
S.C. DE LA GIRONVILLE - MACAU - 33460 MARGAUX
750 ml

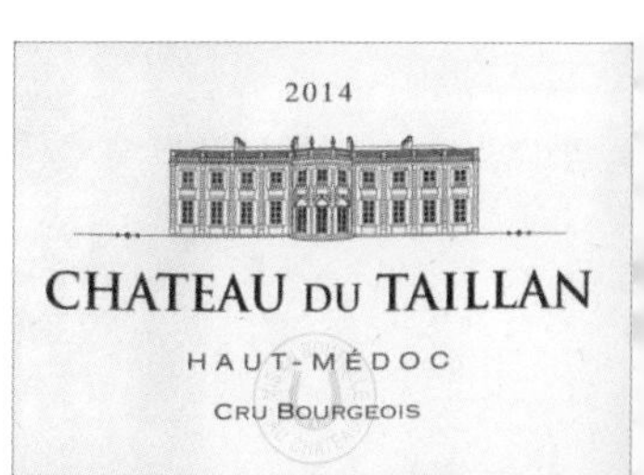
2014
CHATEAU DU TAILLAN
HAUT-MÉDOC
CRU BOURGEOIS

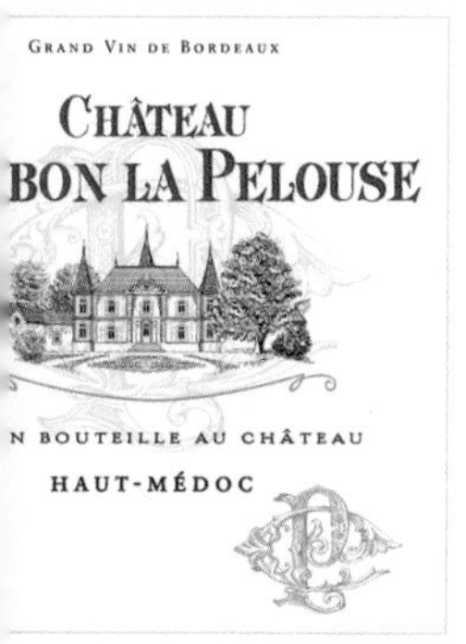
GRAND VIN DE BORDEAUX
CHÂTEAU
BON LA PELOUSE
N BOUTEILLE AU CHÂTEAU
HAUT-MÉDOC

CHÂTEAU DE MALLERET
GRAND VIN DU HAUT-MEDOC

CRU BOURGEOIS
CHATEAU ARNAULD
HAUT-MÉDOC

CRU BOURGEOIS
CHATEAU
LESTAGE
LISTRAC-MÉDOC
2016

BLES
CHANFREAU

CRU BOURGEOIS
CHÂTEAU D'ARSAC
MARGAUX
APPELLATION MARGAUX CONTRÔLÉE
GRAND VIN DE BORDEAUX

CHATEAU
PAVEIL DE LUZE
MARGAUX
APPELLATION MARGAUX CONTROLEE
MIS EN BOUTEILLE AU CHATEAU
750 ml

Propriété des Barons de Luze depuis 1862

CHATEAU
LE BOSCQ
SAINT-ESTÈPHE
CRU BOURGEOIS
VIGNOBLES DOURTHE

GRAND VIN DE BORDEAUX
MIS EN BOUTEILLE AU CHATEAU
Château Le Crock
CRU BOURGEOIS
SUPERIEUR
Saint-Estèphe

Château
Lilian Ladouys
SAINT-ESTÈPHE
MIS EN BOUTEILLE AU CHÂTEAU
Grand Vin

3
알자스 그랑 크뤼

Appellations (AOP명)	Région(지역)
Altenberg de Bergbieten (알텐베어그 드 베르그비튼)	Bergbieten (베어그비텐)
Altenberg de Bergheim (알텐베어그 드 베르가임)	Bergheim (베어그하임)
Altenberg de Wolxheim (알텐베어그 드 볼싸임)	Wolxheim (볼스하임)
Brand (브란트)	Turckheim (투르크하임)
Broderthal (브로데어탈)	Molsheim (몰스하임)
Eichberg (아이쉬베어그)	Eguisheim (에귀스하임)
Engelberg (엥겔베어그)	Dahlenheim (달렌하임)
Florimont (플로리몽)	Ingersheim (인거스하임)
Frankstein (프랑크슈타인)	Dambach-La-Ville (담바흐라필레)
Froehn (프룐)	Zellenberg (젤렌베어그)
Furstentum (푸르스텐툼)	Kientzheim (킨츠하임)
Geisberg (가이스베어그)	Ribeauvillé (리보이필레)
Gloeckelberg (글뢰켈베어그)	Rodern (로데언)
Goldert (골데어트)	Gueberschwihr (구베어쉬뷔어)
Hatschbourg (하취부르그)	Hattstatt (핫슈타트)
Hengst (엥스트)	Wintzenheim (뷘첸하임)
Kaefferkopf (캐페어코프)	Ammerschwihr (암메어쉬뷔어)
Kanzlerberg (칸츠레르베어그)	Bergheim (베르그하임)
Kastelberg (카스텔베어그)	Andlau (안드라우)
Kessler (케슬러)	Guebwiller (구엡뷜러)
Kirchberg de Barr (키르쉬베어그 데 바르)	Barr (바르)
Kirchberg de Riveauvillé (키르쉬베어그 데 리보빌레)	Ribeauvillé (리보이필레)

Kitterlé (키틀레)	Guebwiller (구엡뷜러)
Mambourg (맘부르그)	Sigolsheim (지골샤임)
Mandlberg (만들베어그)	Mittelwihr (미텔뷔어)
Marckrain (마크라인)	Bennwihr (벤뷔어)
Moenchberg (뮌츠베어그)	Andlau (안들라우)
Muenchberg (뮌츠베어그)	Nothalten (노탈튼)
Ollwiller (올빌레르)	Wuenheim (부엔하임)
Osterberg (오스테르베어그)	Ribeauvillé (리보이필레)
Pfersiberg (페르지그베어그)	Eguisheim (에구이스하임)
Pfingstberg (핀스베어그)	Orschwihr (오어쉬뷔어)
Praelatenberg (프렐라텐베어그)	Kintzheim (킨츠하임)
Rangen (랑엔)	Thann (탄)
Rosacker (로자케르)	Hunawihr (후나뷔어)
Saering (사에링)	Guebwiller (구엡뷜러)
Schlossberg (슐로스베어그)	Kientzheim (킨-츠하임)
Schoenenbourg (쇼넨부르그)	Riquewihr (리크뷔어)
Sommerberg (쏘메어베어그)	Niedermorschwihr (니던오르쉬뷔어)
Sonnenglanz (쏘넨글란츠)	Beblenheim (베블렌하임)
Spiegel (슈피겔)	Bergholz (베어그홀즈)
Sporen (스포렌)	Riquewihr (리크뷔어)
Steinert (슈타인에르트)	Pfaffenheim (파펜하임)
Steingrübler (슈타인그뤼블러)	Wettolsheim (베톨샤임)
Steinklotz (슈타인클로츠)	Marlenheim (말렌하임)
Vorbourg (보르부르그)	Rouffach (로우파흐)
Wiebelsberg (비벨스베어그)	Andlau (안들라우)
Wineck-Schlossberg (위넥-슐로스베어그)	Katzenthal (캇젠탈)
Winzenberg(윈젠베어그)	Blienschwiller (블리엔쉬뷜러)
Zinnkoepflé (진플레)	Westhalten (베스트할튼)
Zotzenberg (조첸베어그)	Mittelbergheim (미텔베어그하임)

4
호주 와인에 대한 랭턴즈 등급 분류

www.langtons.com.au

호주의 와인경매회사 Langton's Fine Wines는 1988년 스튜어트 랭턴(Stewart Langton)에 의해 멜번(Melbourne)에서 설립되었습니다. 이듬해 마스터 오브 와인(MW)이며 와인 저술가인 앤드류 카이아드(Andrew Caillard)가 합류하면서 2차 시장(Auction)을 근간으로 하는 호주 와인 시장의 새로운 리더로 부상했습니다.

이 회사는 자체적인 기준을 만들어 1991년 호주의 뛰어난 와인 34개를 선정하여 '랭턴즈 등급분류(Langton's Classification)'를 발표했는데, 이것이 호주의 가장 공신력 있는 와인 등급분류로 인정받고 자리 잡게 됩니다. 특히 랭턴즈 등급분류는 150년 전 보르도(특히 메독 지역)를 중심으로 만들어진 프랑스의 '1855년 등급 분류'와는 달리, 호주 고급 와인 전체를 평가대상으로 삼고 있으며, 약 5년을 주기로 재평가함으로써 시장 현실과 변화를 최대한 반영하고 있습니다. 그런 점에서는 보르도 쌩떼밀리옹 그랑 크뤼 클라쎄와 더 유사하다고 할 수 있겠습니다.

최소한 10개 빈티지 이상의 생산 실적이 있는 고급 와인들을 대상으로 20여 년간 수집된 자료들을 근거로 수요 · 공급의 상황, 거래시세, 판매실적 등을 종합하여 선정하기 때문에 그 공신력과 신뢰도가 높다고 하겠습니다.

1991년에 제1판이 나온 이후, 약 5년 단위로 1996년(2차 : 64개 와인), 2000년(3차 : 89개 와인), 2005년(4차 : 101개 와인), 2010년(5차 : 123개 와인), 2014년(6차 : 139개), 2018년(7차 : 136개)에 개정판을 내고 있습니다.

3가지 또는 4가지 등급으로 분류가 되면서, 2010년 5차에서는 Exceptional(1등급), Outstanding(2등급), Excellent(3등급), Distinguished(4등급)으로 분류되었었는데, 2014년 1차부터는 Exceptional(1등급), Outstanding(2등급), Excellent(3등급) 3가지로 분류되고 있습니다.

최초인 1991년에는 가장 윗 등급으로 〈Penfolds, Grange〉 1개 와인만이 선정되었었는데, 2018년 7차에는 22개 와인이 Exceptional(1등급)에 선정되어 있습니다.

1등급 : Exceptional 22개

The most highly prized of all Australian fine wines. Representing generations of effort and character of place

- Bass Phillip, Reserve, Pinot Noir (Gippsland, Victoria)
- Best's Great Western, Thomson Family, Shiraz (Grampians, Victoria)
- Brokenwood, Graveyard Vineyard, Shiraz (Hunter Valley, New South Wales)
- Chris Ringland, Dry Grown Barossa Ranges, Shiraz (Barossa Valley, South Australia)
- Clarendon Hills, Astralis, Syrah (McLaren Vale, South Australia)
- Clonakilla, Shiraz-Viognier (Canberra District, New South Wales)
- Cullen, Diana Madeline, Cabernet-Merlot (Margaret River, Western Australia)
- Giaconda, Estate Vineyard, Chardonnay (Beechworth, Victoria)
- Grosset, Polish Hill, Riesling (Clare Valley South Australia)
- Henschke, Hill of Grace, Shiraz (Eden Valley, South Australia)
- Henschke, Mount Edelstone, Shiraz (Eden Valley, South Australia)
- Jim Barry, The Armagh, Shiraz (Clare Valley, South Australia)
- Leeuwin Estate, Art Series, Chardonny (Margaret River, Western Australia)
- Moss Wood, Cabernet Sauvignon (Margaret River, Western Australia)
- Mount Mary, Quintet, Cabernet Blend (Yarra Valley, Victoria)
- Penfolds, Bin 95 Grange, Shiraz (South Australia)
- Penfolds, Bin 707, Cabernet Sauvignon (South Australia)
- Rockford, Basket Press, Shiraz (Barossa Valley, South Australia)
- Seppeltsfield, 100 Year Old Para Vintage Tawny (Barossa Valley, South Australia)
- Tobreck, RunRig, Shiraz (Barossa Valley, South Australia)
- Wendouree, Shiraz (Clare Valley, South Australia)
- Wynns Coonawarra Estate, John Riddoch, Cabernet Sauvignon (Coonawarra, South Australia)

2등급 : Outstanding 46개

The best of Australian winemaking practices, vineyard provenance and regional voice.

- Balnaves Of Coonawarra, The Tally Reserve, Cabernet Sauvignon (Coonawarra South Australia)
- Barossa Valley Estate, E&E Black Pepper, Shiraz (Barossa Valley, South Australia)
- Bass Phillip, Premium, Pinot Noir (South Gippsland Victoria)
- Best's Great Western, Bin O, Shiraz (Grampians, Victoria)
- Bindi, Block 5, Pinot Noir (Macedon Ranges, Victoria)
- Bindi, Original Vineyard, Pinot Noir (Macedon Ranges, Victoria)
- By Farr, Sangreal, Pinot Noir (Geelong, Victoria)

- Charles Melton, Nine Popes, Shiraz-Grenache-Mourvèdre (Barossa Valley)
- d'Arenberg, The Dead Arm, Shiraz (McLaren Vale, South Australia)
- Domaine A, Cabernet Sauvignon (Coal River Valley, Tasmania)
- Fox Creek, Reserve, Shiraz (McLaren Vale, South Australia)
- Grant Burge, Mesha, Shiraz (Barossa Valley, South Australia)
- Greenock Creek, Roennfeldt Road, Shiraz (Barossa Valley, South Australia)
- Henschke, Cyril Henschke, Cabernet Sauvignon Blend (Eden Valley, South Australia)
- Henschke, Keyneton Euphonium, Shiraz-Cabernet-Merlot Blend (Barossa Valley)
- Houghton, Jack Mann, Cabernet Sauvignon (Frankland River, Western Australia)
- Howard Park, Abercrombie, Cabernet Sauvignon (Mount Barker & Margaret River)
- Jasper Hill, Emily's Paddock, Shiraz-Cabernet Franc (Heathcote, Victoria)
- Jasper Hill, Georgia's Paddock Shiraz (Heathcote Victoria)
- Kaesler, Old Bastard, Shiraz (Barossa Valley, South Australia)
- Katnook Estate, Odyssey, Cabernet Sauvignon (Coonawarra, South Australia)
- Kay Brothers Amery, Block 6 Old Vine, Shiraz (McLaren Vale, South Australia)
- Langmeil, The 1843 Freedom, Shiraz (Barossa Valley, South Australia)
- Leeuwin Estate, Art Series, Cabernet Sauvignon (Margaret River, Western Australia)
- Main Ridge Estate, Half Acre, Pinot Noir (Mornington Peninsula, Victoria)
- Mount Mary, Pinot Noir (Yarra Valley, Victoria)
- Noon, Reserve, Shiraz (Langhorne Creek, South Australia)
- Penfolds, Bin 144 Yattarna, Cardonnay (South Eastern Australia)
- Penfolds, Bin 389, Cabernet-Shiraz (South Australia)
- Penfolds, RWT, Shiraz (Barossa Valley, South Australia)
- Penfolds, St. Henri, Shiraz (South Australia)
- Peter Lehmann, Stonewell, Shiraz (Barossa South Australia)
- Pierro, Chardonnay (Margaret River, Western Australia)
- Rockford, Black Sparkling, Shiraz (Barossa Valley, South Australia)
- Seppeltsfield, Para Liqueur Tawny (Vintage) (Barossa Valley, South Australia)
- Tahbilk 1860 Vines, Shiraz (Nagambie Lakes, Victoria)
- Tyrrell's, Vat 1, Semillon (Hunter Valley, New South Wales)
- Vasse Felix, Cabernet Sauvignon (Margaret River, Western Australia)
- Wendouree, Cabernet Sauvignon (Clare Valley, South Australia)
- Wendouree, Cabernet-Malbec (Clare Valley, South Australia)
- Wendouree, Shiraz-Malbec (Clare Valley, South Australia)
- Wendouree, Shiraz-Mataro (Clare Valley, South Australia)
- Woodlands, Family Series Cabernet Sauvignon (Margaret River, Western Australia)
- Yalumba, The Signature, Cabernet-Shiraz (Barossa Valley, South Australia)
- Yarra Yering, Dry Red Wine No.1, Cabernet (Yarra Valley, Victoria)

- Yeringberg, Cabernet Blend (Yarra Valley, Victoria)

3등급 : Excellent 68개

Australian wines of consistent merit. Steadfast, popular and expressive.

- Bowen Estate, Cabernet Sauvignon (Coonawarra, South Australia)
- By Farr, Tout Pres, Pinot Noir (Geelong, Victoria)
- Cape Mentelle, Cabernet Sauvignon (Margaret River, Western Australia)
- Castagna, Genesis, Syrah (Beechworth, Victoria)
- Chambers Rosewood, Rare, Muscadelle (Rutherglen, Victoria)
- Chambers Rosewood, Rare, Muscat (Rutherglen, Victoria)
- Coriole, Lloyd Reserve, Shiraz (McLaren Vale, South Australia)
- Craiglee, Shiraz (Sunbury, Victoria)
- Crawford River, Riesling (Henty, Victoria)
- Cullen, Kevin John, Chardonnay (Margaret River, Western Australia)
- d'Arenberg, The Coppermine Road Cabernet Sauvignon (McLaren Vale)
- Dalwhinnie, Eagle, Shiraz (Pyrenees, Victoria)
- Dalwhinnie, Moonambel, Shiraz (Pyrenees, Victoria)
- De Bortoli, Noble One Botrytis, Semillon (Riverina, New South Wales)
- Deep Woods Estate, Reserve, Cabernet Sauvignon (Margaret River, Western Australia)
- Elderton, Command Single Vineyard, Shiraz (Barossa Valley, South Australia)
- Freycinet Vineyards, Pinot Noir (East Coast, Tasmania)
- Giaconda, Warner Vineyard, Shiraz (Beechworth, Victoria)
- Glaetzer, Amon-Ra, Shiraz, (Barossa Valley, South Australia)
- Grosset, Gaia, Cabernet Blend (Clare Valley, South Australia)
- Grosset, Springvale, Riesling (Clare Valley, South Australia)
- Hardy's, Eileen, Hardy Shiraz (South Australia)
- Hentley Farm, Clos Otto, Shiraz (Barossa Valley, South Australia)
- Hoddles Creek, 1er, Pinot Noir (Yarra Valley, Victoria)
- John Duval, Plexus, Shiraz-Grenache-Mourvedre (Barossa Valley, South Australia)
- Kalleske, Johann Georg Old Vine, Shiraz (Barossa Valley, South Australia)
- Katnnok Estate, Cabernet Sauvignon (Coonawarra South Australia)
- Killikanoon, Oracle, Shiraz (Clare Valley, South Australia)
- Kooyong, Haven, Pinot Noir (Mornington Peninsula, Victoria)
- Lake's Folly, Cabernet Blend (Hunter Valley, New South Wales)
- Leo Buring, Leonay DW, Riesling (Eden Valley or Clare Valley, South Australia)

- Majella, The Malleea Cabernet Sauvignon (Coonawarra South Australia)
- Majella, The Malleea Cabernet-Shiraz (Coonawarra South Australia)
- Mount Langi Ghiran, Langi, Shiraz (Grampians, Victoria)
- Mount Mary, Chardonnay (Yarra Valley, Victoria)
- Mount Pleasant, Lovedale, Semillon (Hunter Valley, New South Wales)
- Mount Pleasant, Maurice O'Shea, Shiraz (Hunter Valley, New South Wales)
- Noon, Reserve, Cabernet (Langhorne Creek, South Australia)
- Oakridge, 864, Chardonnay (Yarra Valley, Victoria)
- Oliver's Taranga Vineyards, HJ Reserve, Shiraz (McLaren Vale, South Australia)
- Paringa Estate, The Paringa, Pinot Noir (Mornington Peninsula, Victoria)
- Parker Coonawarra Estate, First Growth, Cabernet Blend (Coonawarra)
- Penfolds, Bin 28 Kalimna, Shiraz (South Australia)
- Penfolds, Bin 128, Shiraz (Coonawarra, South Australia)
- Penfolds, Bin 407, Cabernet Sauvignon (South Australia)
- Penfolds, Magill Estate, Shiraz (Adelaide, South Australia)
- Petaluma, Coonawarra, Cabernet Blend (Coonawarra, South Australia)
- Pewsey Vale, The Contours, Riesling (Eden Valley, South Australia)
- Seppelt, St Peters, Shiraz (Grampians, Victoria)
- St Hallett, Old Block, Shiraz (Barossa Valley, South Australia)
- St Hugo, Cabernet Sauvignon (Coonawarra, South Australia)
- Standish Wine Company, The Standish Single Vineyard, Shiraz (Barossa Valley)
- Tim Adams, The Aberfeldy, Shiraz (Clare Valley, South Australia)
- Torbreck, Descendant, Shiraz-Viognier (Barossa Valley, South Australia)
- Turkey Flat, Shiraz (Barossa Valley, South Australia)
- Tyrrell's, Vat 47, Chardonnay (Hunter Valley, New South Wales)
- Vasse Felix, Cabernet Sauvignon (Margaret River, Western Australia)
- Vasse Felix, Heytesbury, Chardonnay (Margaret River, Western Australia)
- Voyager Estate, Cabernet Sauvignon-Merlot (Margaret River, Western Australia)
- Wirra Wirra, RSW, Shiraz (McLaren Vale, South Australia)
- Wolf Blass, Black Label, Cabernet-Shiraz Blend (South Australia)
- Wynns Coonawarra Estate, Cabernet Sauvignon (Coonawarra, South Australia)
- Wynns Coonawarra Estate, Michael, Shiraz (Coonawarra, South Australia)
- Xanadu, Reserve, Cabernet Sauvignon (Margaret River, Western Australia)
- Yabby Lake, Single Vineyard, Pinot Noir (Mornington Peninsula, Victoria)
- Yalumba, The Octavius Old Vine, Shiraz (Barossa Valley, South Australia)
- Yarra Yarra Vineyard, The Yarra Yarra, Cabernet Sauvignon (Yarra Valley, Victoria)
- Yarra Yering, Dry Red Wine No.2, Shiraz (Yarra Valley, Victoria)

5
2020년 제임스 서클링 TOP 100

RANK	WINE
1	Chacra Pinot Noir Patagonia Treinta y Dos 2018
2	Schloss Johannisberg Riesling Rheingau Grünlack Spätlese 2019
3	Livio Sassetti Brunello di Montalcino 2016
4	The Standish Wine Company Barossa Valley The Schubert Theorem 2018
5	Emmerich Knoll Riesling Wachau Ried Schütt Smaragd 2019
6	Wittmann Riesling Rheinhessen Morstein GG 2019
7	Dönnhoff Riesling Nahe Dellchen GG 2019
8	Tassi Brunello di Montalcino Franci Riserva 2015
9	Cheval des Andes Mendoza 2017
10	Clos Apalta Valle de Apalta 2017
11	Catena Zapata Chardonnay Mendoza Adrianna Vineyard White Bones 2018
12	Viña Don Melchor Cabernet Sauvignon Puente Alto 2018
13	Seña Valle de Aconcagua 2018
14	Ciacci Piccolomini d'Aragona Brunello di Montalcino Vigna di Pianrosso Santa Caterina d'Oro Riserva 2015
15	Giodo Brunello di Montalcino 2016
16	Wendouree Shiraz Clare Valley 2018
17	Siro Pacenti Brunello di Montalcino PS Riserva 2015
18	Valdicava Brunello di Montalcino Madonna del Piano Riserva 2015
19	Keller Riesling Rheinhessen Brünnenhäuschen Abts E GG 2019
20	Casanova di Neri Brunello di Montalcino Cerretalto 2015
21	Bruno Giacosa Barbaresco Asili Riserva 2016
22	Roberto Voerzio Barolo Cerequio 2016

RANK	WINE
23	Peter Lehmann Riesling Eden Valley Wigan 2015
24	Domaine Weinbach Riesling Alsace Grand Cru Schlossberg Cuvée Ste. Catherine 2018
25	Cullen Margaret River Diana Madeline 2018
26	Mount Mary Yarra Valley Quintet 2018
27	Sami-Odi Shiraz Barossa Valley Hoffmann Dallwitz 2018
28	Viña Cobos Malbec Mendoza Cobos 2017
29	Jim Barry Shiraz Clare Valley The Armagh 2018
30	Henschke Shiraz Eden Valley Hill of Grace Vineyard 2015
31	Abreu Napa Valley Las Posadas 2017
32	Yangarra Grenache McLaren Vale High Sands 2019
33	F.X. Pichler Riesling Wachau Ried Unendlich 2019
34	Thörle Spätburgunder Rheinhessen Hölle 2018
35	Peter Michael Winery Chardonnay Sonoma County Knights Valley Belle-Cote 2017
36	Parusso Barolo Bussia Riserva 2011
37	El Enemigo Cabernet Franc Mendoza Gran Enemigo Chacayes Single Vineyard 2016
38	Georg Breuer Riesling Rheingau Berg Schlossberg 2019
39	Fürst Spätburgunder Franken Hunsrück GG 2018
40	Castiglion del Bosco Brunello di Montalcino 2016
41	Aubert Chardonnay Napa Valley Sugar Shack Estate Vineyard 2017
42	San Filippo Brunello di Montalcino Le Lucere Riserva 2015
43	Künstler Riesling Rheingau Kirchenstück GG 2019
44	Christmann Riesling Pfalz Idig GG 2019
45	Domenico Clerico Barolo Percristina 2010

RANK	WINE
46	Terrazas de los Andes Malbec Paraje Altamira Valle de Uco Los Castaños Parcel N 2W 2017
47	Pieve Santa Restituta Brunello di Montalcino Rennina 2015
48	Ökonomierat Rebholz Riesling Pfalz Kastanienbusch GG 2019
49	Granja de Nuestra Señora de Remelluri Rioja Blanco 2017
50	Eredi Fuligni Brunello di Montalcino Riserva 2015
51	Susana Balbo Wines Malbec Valle de Uco Los Chacayes Nosotros Single Vineyard Nómade 2016
52	Gaja Barbaresco Sori San Lorenzo 2017
53	Bibi Graetz Toscana Colore 2018
54	Dana Estates Napa Valley Rutherford Helms Vineyard 2017
55	Tolpuddle Chardonnay Tasmania 2019
56	Henri Giraud Champagne Argonne Brut 2012
57	Château d'Yquem Sauternes 2017
58	Joh. Jos. Prum Riesling Mosel Wehlener Sonnenuhr Auslese Gold Cap 2018
59	Prinz Riesling Rheingau Jungfer GG 2019
60	To Kolan Vineyard Co. Napa Valley Oakville Highest Beauty 2016
61	Château Trotanoy Pomerol 2017
62	Niepoort Douro Charme 2018
63	Bryant Family Vineyard Cabernet Sauvignon Napa Valley 2017
64	RAEN Pinot Noir Sonoma County Sonoma Coast Freestone Occidental Bodega Vineyard 2018
65	López de Heredia Rioja Gran Reserva Viña Tondonia White 2001
66	Willi Schaefer Riesling Mosel Graacher Domprobst Spätlese 2019
67	Ochota Barrels Grenache McLaren Vale A Sense of Compression 2019
68	Bindi Pinot Noir Macedon Ranges Original Vineyard 2019
69	Trapiche Chardonnay Gualtallary Valle de Uco Terroir Series Finca el Tomillo 2019
70	Antica Terra Pinot Noir Eola-Amity Hills Antikythera 2017
71	Emiliana Valle de Colchagua Gê 2017
72	Deep Woods Estate Cabernet Sauvignon Margaret River Reserve 2017
73	Domaine de Chevalier Pessac-Léognan Blanc 2017
74	Errázuriz Chardonnay Aconcagua Costa Las Pizarras 2019
75	K Vintners Syrah Wahluke Slope The Hidden 2017
76	Château Rieussec Sauternes 2017
77	Château Cos d'Estournel St.-Estèphe 2017
78	Yalumba Cabernet Sauvignon Shiraz Coonawarra Barossa The Caley 2016
79	Château Margaux Margaux 2017
80	Hyde de Villaine Chardonnay Napa Valley Carneros Hyde Vineyard Comandante 2018
81	Clarendon Hills Syrah McLaren Vale Astralis 2016
82	Montes Carmenere Petit Verdot Valle de Colchagua Purple Angel 2017
83	Tenuta delle Terre Nere Etna Rosso Prephylloxera La Vigna di Don Peppino 2018
84	Moric Blaufränkisch Burgenland Lutzmannsburg Alte Reben 2017
85	Petrolo Valdarno di Sopra Galatrona 2018
86	Bernhard Huber Spätburgunder Baden Schlossberg GG 2018
87	Alta Vista Mendoza Alto 2015
88	Giaconda Chardonnay Beechworth Estate Vineyard 2018
89	Vieux Château Certan Pomerol 2017
90	Torbreck Shiraz Barossa Valley The Laird 2015
91	Dr. Wehrheim Weissburgunder Pfalz Mandelberg GG 2019
92	Spinifex Shiraz Eden Valley Rostein 2018
93	Müller-Catoir Muskateller Pfalz Bürgergarten EL 2019
94	First Drop Shiraz Barossa Valley The Cream 2018
95	Tua Rita Toscana Redigaffi 2018
96	Friedrich Becker Spätburgunder Pfalz Heydenreich GG 2017
97	Château Léoville Las Cases St.-Julien 2017
98	Sterling Vineyards Cabernet Sauvignon Napa Valley Yountville Sleeping Lady Vineyard 2016
99	Château Ducru-Beaucaillou St.-Julien 2017
100	Dom Pérignon Champagne 2010

6

2010~2020년 와인 스펙테이터 TOP 10

2020년 Wine Spectator TOP 10

RANK	PRICE	WINE
1	$139	Bodegas Marqués de Murrieta Rioja Castillo Ygay Gran Reserva Especial 2010
2	$85	Aubert Pinot Noir Sonoma Coast UV Vineyard 2018
3	$90	San Filippo Brunello di Montalcino Le Lucére 2015
4	$135	Mayacamas Cabernet Sauvignon Mount Veeder 2016
5	$90	Domaine de la Vieille Julienne Châteauneuf-du-Pape Les Trois Sources 2016
6	$90	Kistler Chardonnay Russian River Valley Vine Hill Vineyard 2017
7	$53	Massolino Barolo 2016
8	$99	Bodega Piedra Negra Chacayes Los Chacayes 2015
9	$95	Beaux Frères Pinot Noir Ribbon Ridge The Beaux Frères Vineyard 2018
10	$175	Bollinger Brut Champagne La Grande Année 2012

2019년 Wine Spectator TOP 10

RANK	PRICE	WINE
1	$98	Château Léoville Barton St.-Julien 2016
2	$125	Mayacamas Cabernet Sauvignon Mount Veeder 2015
3	$36	San Giusto a Rentennano Chianti Classico 2016
4	$150	Groth Cabernet Sauvignon Oakville Reserve 2016
5	$48	Roederer Estate Brut Anderson Valley L'Ermitage 2012
6	$107	Château de Beaucastel Châteauneuf-du-Pape 2016
7	$65	Ramey Chardonnay Napa Valley Carneros Hyde Vineyard 2016
8	$176	Château Pichon Baron Pauillac 2016
9	$150	Penfolds Shiraz Barossa Valley RWT Bin 798 2017
10	$130	Viña Almaviva Puente Alto 2016

2018년 Wine Spectator TOP 10

RANK	PRICE	WINE
1	$245	Tenuta San Guido Bolgheri-Sassicaia Sassicaia 2015
2	$84	Château Canon-La Gaffelière St.-Emilion 2015
3	$35	Castello di Volpaia Chianti Classico Riserva 2015
4	$175	La Rioja Alta Rioja 890 Gran Reserva Selección Especial 2005
5	$180	Moët & Chandon Brut Champagne Dom Pérignon Legacy Edition 2008
6	$85	Aubert Chardonnay Carneros Larry Hyde & Sons 2016
7	$26	Colene Clemens Pinot Noir Chehalem Mountains Dopp Creek 2015
8	$70	Le Vieux Donjon Châteauneuf-du-Pape 2016
9	$60	Tenuta delle Terre Nere Etna San Lorenzo 2016
10	$46	Bedrock The Bedrock Heritage Sonoma Valley 2016

2017년 Wine Spectator TOP 10

RANK	PRICE	WINE
1	$98	Duckhorn Merlot Napa Valley Three Palms Vineyard 2014
2	$45	K Syrah Walla Walla Valley Powerline Estate 2014
3	$37	Château Coutet Barsac 2014
4	$65	Casanova di Neri Brunello di Montalcino 2012
5	$43	Château de St.-Cosme Gigondas 2015
6	$44	Domaine Huët Vouvray Demi-Sec Le Mont 2016
7	$61	Château Canon-La Gaffelière St.-Emilion 2014
8	$70	Meyer Cabernet Sauvignon Napa Valley 2014
9	$75	Pahlmeyer Chardonnay Napa Valley 2015
10	$80	Booker Oublié Paso Robles 2014

2016년 Wine Spectator TOP 10

RANK	PRICE	WINE
1	$90	Lewis Cabernet Sauvignon Napa Valley 2013
2	$55	Domaine Serene Chardonnay Dundee Hills Evenstad Reserve 2014
3	$90	Beaux Frères Pinot Noir Ribbon Ridge The Beaux Frères Vineyard 2014
4	$68	Château Climens Barsac 2013
5	$59	Produttori del Barbaresco Barbaresco Asili Riserva 2011
6	$48	Orin Swift Machete California 2014
7	$175	Ridge Monte Bello Santa Cruz Mountains 2012
8	$105	Antinori Toscana Tignanello 2013
9	$106	Château Smith-Haut-Lafitte Pessac-Léognan White 2013
10	$38	Hartford Family Zinfandel Russian River Valley Old Vine 2014

2015년 Wine Spectator TOP 10

RANK	PRICE	WINE
1	$195	Peter Michael Cabernet Sauvignon Oakville Au Paradis 2012
2	$140	Quilceda Creek Cabernet Sauvignon Columbia Valley 2012
3	$70	Evening Land Pinot Noir Eola-Amity Hills Seven Springs Vineyard La Source 2012
4	$85	Il Poggione Brunello di Montalcino 2010
5	$60	Mount Eden Vineyards Chardonnay Santa Cruz Mountains 2012
6	$54	Bodegas Aalto Ribera del Duero 2012
7	$69	Escarpment Pinot Noir Martinborough Kupe Single Vineyard 2013
8	$85	Masi Amarone della Valpolicella Classico Serègo Alighieri Vaio Armaron 2008
9	$72	Clos Fourtet St.-Emilion 2012
10	$80	Klein Constantia Vin de Constance Constantia 2009

2014년 Wine Spectator TOP 10

RANK	PRICE	WINE
1	$82	Dow Vintage Port 2011
2	$75	Mollydooker Shiraz McLaren Vale Carnival of Love 2012
3	$55	Prats & Symington Douro Chryseia 2011
4	$76	Quinta do Vale Meão Douro 2011
5	$89	Leeuwin Chardonnay Margaret River Art Series 2011
6	$52	Castello di Ama Chianti Classico San Lorenzo Gran Selezione 2010
7	$135	Clos des Papes Châteauneuf-du-Pape 2012
8	$40	Brewer-Clifton Pinot Noir Sta. Rita Hills 2012
9	$125	Concha y Toro Cabernet Sauvignon Puente Alto Don Melchor 2010
10	$165	Château Léoville Las Cases St.-Julien 2011

2013년 Wine Spectator TOP 10

RANK	PRICE	WINE
1	$63	Cune Rioja Imperial Gran Reserva 2004
2	$103	Château Canon-La Gaffelière St.-Emilion 2010
3	$65	Domaine Serene Pinot Noir Willamette Valley Evenstad Reserve 2010
4	$92	Hewitt Cabernet Sauvignon Rutherford 2010
5	$75	Kongsgaard Chardonnay Napa Valley 2010
6	$110	Giuseppe Mascarello & Figlio Barolo Monprivato 2008
7	$120	Domaine du Pégaü Châteauneuf-du-Pape Cuvée Réservée 2010
8	$120	Château de Beaucastel Châteauneuf-du-Pape 2010
9	$135	Lewis Cabernet Sauvignon Napa Valley Reserve 2010
10	$135	Quilceda Creek Cabernet Sauvignon Columbia Valley 2010

2012년 Wine Spectator TOP 10

RANK	PRICE	WINE
1	$60	Shafer Relentless Napa Valley 2008
2	$41	Château de St.-Cosme Gigondas 2010
3	$69	Two Hands Shiraz Barossa Valley Bella's Garden 2010
4	$128	Clos des Papes Châteauneuf-du-Pape 2010
5	$60	Château Guiraud Sauternes 2009
6	$105	Château Léoville Barton St.-Julien 2009
7	$40	CShea Pinot Noir Willamette Valley Shea Vineyard Estate 2009
8	$45	Beringer Cabernet Sauvignon Knights Valley Reserve 2009
9	$60	Ciacci Piccolomini d'Aragona Brunello di Montalcino 2007
10	$120	Achával-Ferrer Malbec Mendoza Finca Bella Vista 2010

2011년 Wine Spectator TOP 10

RANK	PRICE	WINE
1	$52	Kosta Browne Pinot Noir Sonoma Coast 2009
2	$90	Hall Cabernet Sauvignon Napa Valley Kathryn Hall 2008
3	$69	Domaine Huët Vouvray Moelleux Clos du Bourg Première Trie 2009
4	$50	Campogiovanni Brunello di Montalcino 2006
5	$50	Dehlinger Pinot Noir Russian River Valley 2008
6	$35	Baer Ursa Columbia Valley 2008
7	$55	Quinta do Vallado Touriga Nacional Douro 2008
8	$90	Domenico Clerico Barolo Ciabot Mentin Ginestra 2006
9	$55	Alain Graillot Crozes-Hermitage La Guiraude 2009
10	$58	Château de St.-Cosme Gigondas Valbelle 2009

2010년 Wine Spectator TOP 10

RANK	PRICE	WINE
1	$67	Saxum James Berry Vineyard Paso Robles 2007
2	$55	Two Hands Shiraz Barossa Valley Bella's Garden 2008
3	$85	Peter Michael Chardonnay Sonoma County Ma Belle-Fille 2008
4	$125	Revana Cabernet Sauvignon St. Helena 2007
5	$85	Altamura Cabernet Sauvignon Napa Valley 2007
6	$45	Paul Hobbs Pinot Noir Russian River Valley 2008
7	$20	Schild Shiraz Barossa 2008
8	$110	Fontodi Colli della Toscana Centrale Flaccianello 2007
9	$27	CARM Douro Reserva 2007
10	$100	Clos des Papes Châteauneuf-du-Pape White 2009

7
실비 지라르-라고르스의 전설의 100대 와인
100 Vin de Légende

No	종류	생산국/생산지역	생산회사	와인명
1	화이트	프랑스 보르도 (뻬삭-레오냥)	Ch. Haut-Brion (샤또 오 브리옹)	Ch. Haut-Brion, Blanc (샤또 오 브리옹, 블랑)
2	화이트	프랑스 보르도 (뻬삭-레오냥)	Ch. Laville-Haut-Brion (샤또 라빌 오 브리옹)	Ch. Laville-Haut-Brion, Blanc (샤또 라빌 오 브리옹, 블랑)
3	화이트	프랑스 보르도 (뻬삭-레오냥)	Ch. de Fieuza (샤또 드 피외잘)	Ch. de Fieuza, Blanc (샤또 드 피외잘, 블랑)
4	화이트	프랑스 루아르	Nicolas Joly (니꼴라 졸리)	Clos de la Coulée de Serrant (끌로 들 라 쿨레 드 세랑)
5	화이트	프랑스 루아르	Gaston Huet (가스똥 위에)	Vouvray, Cuvée Constance (부브레, 뀌베 꽁스땅스)
6	화이트	프랑스 부르고뉴	Gagnard-Delagrange (가냐르 들라그랑쥬)	Montrache, Grand Cru (몽라쉐, 그랑 크뤼)
7	화이트	프랑스 부르고뉴	Vincent Leflaive (뱅쌍 르플레브)	Bienvenues-Bâtard Montrachet, Grand Cru (비엥브뉘 바따르 몽라쉐, 그랑 크뤼)
8	화이트	프랑스 부르고뉴	Etienne Sauzet (엔티엔 소제)	Puligny-Montrachet 1er Cru "Les Combettes" (풜리니 몽라쉐 프르미에 크뤼 "레 꽁베뜨")
9	화이트	프랑스 부르고뉴	J. F. Coche-Dury (J. F. 꼬슈-뒤리)	Corton-Charlemagne, Grand Cru (꼬르똥 샤를마뉴, 그랑 크뤼)
10	화이트	프랑스 부르고뉴	Domaine des Comtes Lafon (도멘 데 꽁뜨 라퐁)	Meursault-Perrières, 1er Cru (뫼르쏘 뻬리에르, 프르미에 크뤼)
11	화이트	프랑스 부르고뉴	Domaine Comte Georges de Vogüé (도멘 꽁뜨 조르쥬 드 보귀에)	Musigny Blanc, Grand Cru (뮈지니 블랑, 그랑 크뤼)
12	화이트	프랑스 부르고뉴	Domaine Henry Gouges (도멘 앙리 구쥬)	Nuit St. Georges 1er Cru "La Perriere" (뉘 쌩 조르쥬 프르미에 크뤼 "라 뻬리에르")
13	화이트	프랑스 부르고뉴	Domaine Françis Raveneau (도멘 프랑수아 라브누)	"Les Clos" Chablis Grand Cru ("레 끌로" 샤블리 그랑 크뤼)
14	화이트	프랑스 알자스	Domaine Zind Humbrecht (도멘 진트 훔브레흐트)	Clos Windsbuhl, Gewürztraminer, SGN (끌로 윈스불 게뷔르츠트라미너 SGN)
15	화이트	프랑스 알자스	Trinbach (트랭바크)	Clos Ste. Hune, Riesling (끌로 쌩뜨 윈느, 리슬링)
16	화이트	프랑스 알자스	Hugel et Fils (위겔 에 피스)	Pinot Grois, SGN (삐노 그리, 쎌레시옹 드 그랭 노블)
17	화이트	프랑스 론	Château de Beaucastel (샤또 드 보까스뗄)	Châteauneuf-du-pape, Blanc (샤또뇌프 뒤 빠쁘, 블랑)

18	화이트	프랑스 론	André Perret (앙드레 뻬레)	Condrieu (꽁드리외)
19	화이트	프랑스 론	Neyret-Gachet (네레-가쉐)	Château-Grillet (샤또 그리예)
20	화이트	프랑스 프로방스 (팔레뜨)	Château Simone (샤또 시몬)	Chateau Simone, Blanc(샤또 시몬, 블랑), Clairette(클레레뜨)
21	옐로우	프랑스 쥐라	Domaine Rolet Père et Fils (도멘 롤레 뻬레 에 피스)	Arbois, Vin Jaune (아르부아, 뱅 존)
22	옐로우	프랑스 쥐라	Château d'Arlay (샤또 다를레)	Vin de Paille (뱅 드 빠이유)
23	화이트	독일 모젤	Weingut Dr. Heidemanns Bergweiler (바인구트 닥터 하이데만 베르크바일러)	Bernkasteler Badstube, Beerenauslese (베른카스텔러 바슈투베, 베렌아우슬레제)
24	화이트	미국 나파 밸리	Château Woltner (샤또 왈트너)	Titus Vineyard, Chardonnay (티터스 빈야드, 샤르도네)
25	화이트	미국 캘리포니아 (카네로스)	Kistler Vineyards (키슬러 빈야드)	Hudson Vineyard, Chardonnay (허드슨 빈야드, 샤르도네)
26	화이트	호주 마가렛리버	Leeuwin Estate (르윈 이스테이트)	Margaret River, Chardonnay (마가렛 리버, 샤르도네)
27	화이트	남아공 콘스탄시아	Kiein Constantia (클라인 콘스탄시아)	Vin de Constance(뱅 드 콘스탄스)
28	샴페인	프랑스 샹빠뉴	Louis Roederer (루이 뢰데레)	Cristal (크리스탈)
29	샴페인	프랑스 샹빠뉴	Moët et Chandon (모에 에 샹동)	Dom Pérignon Rosé (동 뻬리뇽 로제)
30	샴페인	프랑스 샹빠뉴	Krug (크뤼그)	Clos du Mesnil (끌로 드 메닐)
31	샴페인	프랑스 샹빠뉴	Laurent (로랑 뻬리에)	Cuvée Grand Siècle Alexandra Rosé (뀌베 그랑 씨에클 알렉산드라 로제)
32	샴페인	프랑스 샹빠뉴	Salon (쌀롱)	Cuvée S "Le Mesnil" Blanc de Blancs (뀌베 S "르 메닐" 블랑 드 블랑)
33	스위트	프랑스 보르도 (쏘떼른)	Château d'Yquem (샤또 디껨)	Château d'Yquem (샤또 디껨)
34	스위트	프랑스 보르도 (쏘떼른)	Château Suduiraut (샤또 쒸뒤로)	Château Suduiraut (샤또 쒸뒤로)
35	스위트	프랑스 보르도 (쏘떼른)	Château Gilette (샤또 질레뜨)	Château Gilette, Crème de Tête (샤또 질레뜨, 크렘 드 떼뜨)
36	스위트	헝가리 토카이	The Royal Tokaji Wine Company (더 로얄 토카이 와인 컴퍼니)	Tokaji Aszu, Birsalma's, 5 Puttonyos (토카이 아수, 비르살마스, 5 푸토뇨스)
37	스위트	독일 모젤	Egon Muller(에곤 뮐러)	Scharzhofberger Eiswein (샤르초프베르거 아이스바인)
38	아이스	캐나다 오카나간밸리	Inniskillin(이니스킬린)	Ice Wine, Vidal (아이스와인, 비달)
39	셰리	스페인 헤레스	Emilio Lustau(에밀리오 루스따우)	Almacenista, Manzanilla pasada de Sanlucar (알마쎄니스타, 만싸니야 빠싸다 드 싼루까르)
40	레드	프랑스 보르도 (뽀이약)	Château Lafite-Rothschild (샤또 라피뜨 로칠드)	Château Lafite-Rothschild (샤또 라피뜨 로칠드)
41	레드	프랑스 보르도 (뽀이약)	Château Latour (샤또 라뚜르)	Château Latour (샤또 라뚜르)
42	레드	프랑스 보르도 (마고)	Château Margaux (샤또 마고)	Château Margaux (샤또 마고)
43	레드	프랑스 보르도 (뽀이약)	Château Mouton-Rothschild (샤또 무똥 로칠드)	Château Mouton-Rothschild (샤또 무똥 로칠드)
44	레드	프랑스 보르도 (뻬삭-레오냥)	Château Haut-Brion (샤또 오 브리옹)	Château Haut-Brion (샤또 오 브리옹)
45	레드	프랑스 보르도 (뻬삭-레오냥)	Ch. La Mission-Haut-Brion (샤또 라 미씨옹 오 브리옹)	Ch. La Mission-Haut-Brion (샤또 라 미씨옹 오 브리옹)

46	레드	프랑스 보르도 (뽀이약)	Château Pichon-Lalade (샤또 삐숑 랄랑드)	Château Pichon-Lalade (샤또 삐숑 랄랑드)
47	레드	프랑스 보르도 (쌩 떼스떼프)	Château Cos d'Estournel (샤또 꼬스 데스뚜르넬)	Château Cos d'Estournel (샤또 꼬스 데스뚜르넬)
48	레드	프랑스 보르도 (쌩 떼스떼프)	Château Montrose (샤또 몽로즈)	Château Montrose (샤또 몽로즈)
49	레드	프랑스 보르도 (쌩 쥘리앙)	Château Ducru-Beaucaillou (샤또 뒤크리 보까이유)	Château Ducru-Beaucaillou (샤또 뒤크리 보까이유)
50	레드	프랑스 보르도 (쌩 쥘리앙)	Château Leoville-Las Cases (샤또 레오빌 라스 까즈)	Château Leoville-Las Cases (샤또 레오빌 라스 까즈)
51	레드	프랑스 보르도 (뽀므롤)	Château Petrus (샤또 뻬트뤼스)	Petrus(샤또 뻬트뤼스)
52	레드	프랑스 보르도 (뽀므롤)	Château Le Pin (샤또 르 뺑)	Le Pin(샤또 르 뺑)
53	레드	프랑스 보르도 (뽀므롤)	Château Trotanoy (샤또 트로따누아)	Château Trotanoy (샤또 트로따누아)
54	레드	프랑스 보르도 (쌩 떼밀리옹)	Château Ausone (샤또 오존)	Château Ausone (샤또 오존)
55	레드	프랑스 보르도 (쌩 떼밀리옹)	Château Cheval Blanc (샤또 슈발 블랑)	Château Cheval Blanc (샤또 슈발 블랑)
56	레드	프랑스 보르도 (쌩 떼밀리옹)	Château Angelus (샤또 앙젤뤼스)	Château Angelus (샤또 앙젤뤼스)
57	레드	프랑스 보르도 (쌩 떼밀리옹)	Château Canon (샤또 까농)	Château Canon (샤또 까농)
58	레드	프랑스 부르고뉴 (본 로마네)	Domaine de la Romanée Conti (DRC : 도멘 들 라 로마네 꽁띠)	Romanée Conti (로마네 꽁띠)
59	레드	프랑스 부르고뉴 (본 로마네)	Domaine de la Romanée Conti (DRC : 도멘 들 라 로마네 꽁띠)	La Tâche(라 따슈)
60	레드	프랑스 부르고뉴 (본 로마네)	Domaine Méo-Camuzet (도멘 메오 까뮈제)	Richebourg (리슈부르)
61	레드	프랑스 부르고뉴 (본 로마네)	Henry Jayer(앙리 자이에)	Echézeaux(에쉐조)
62	레드	프랑스 부르고뉴 (본 로마네)	Domaine du Vicomte Liger-Belair (도멘 뒤 비꽁뜨 리제 벨레르)	La Romanée(라 로마네)
63	레드	프랑스 부르고뉴 (쥬브레 샹베르땡)	Domaine Trapet Père & Fils (도멘 트라뻬)	Chambertin Grand Cru (샹베르땡 그랑 크뤼)
64	레드	프랑스 부르고뉴 (쥬브레 샹베르땡)	Domaine Armand Rousseau (도멘 아르망 루쏘)	Chambertin Clos de Bèze Grand Cru (샹베르땡 끌로 드 베제 그랑 크뤼)
65	레드	프랑스 부르고뉴 (샹볼 뮈지니)	Domaine Leroy (도멘 르루아)	Musigny Grand Cru (뮈지니 그랑 크뤼)
66	레드	프랑스 부르고뉴 (샹볼 뮈지니)	Domaine Georges Roumier (도멘 조르쥬 루미에)	Chambolle-Musigny 1er Cru "Les Amoureuses" (샹볼 뮈지니 프르미에 크뤼 "레 자무뢰즈")
67	레드	프랑스 부르고뉴 (모레 쌩 뜨니)	Domaine Ponsot (도멘 뽕소)	Clos de la Roche Grand Cru (끌로 들 라 로슈 그랑 크뤼)
68	레드	프랑스 부르고뉴 (알록스 꼬르똥)	Michel Gaunoux (미셸 고누)	Corton Renardes (꼬르똥 르나르드)
69	레드	프랑스 부르고뉴 (뽀마르)	Comte Armand (꽁뜨 아르망)	Pomard 1er Cru Clos des Epeneaux (뽀마르 프르미에 크뤼 끌로 데 제프노)
70	레드	프랑스 부르고뉴 (볼네)	Marquis d'Angerville (마르끼 당제르빌)	Volnay, Clos des Ducs (볼네, 끌로 데 뒥)
71	레드	프랑스 보졸레	Marcel Lapierre (마르셀 라삐에르)	Morgon, Beaujolais Grand Cru (모르공, 보졸레 그랑 크뤼)
72	레드	프랑스 남부 론	Château Rayas (샤또 라야)	Châteauneuf-du-Pape (샤또뇌프 뒤 빠쁘)

73	레드	프랑스 북부 론	Domaine Jean-Louis Chave (도멘 장 루이 샤브)	Hermitage (에르미따쥬)
74	레드	프랑스 북부 론	E. Guigal (이 기갈)	Côte-Rotie, La Turque (꼬뜨 로띠, 라 뛰르끄)
75	레드	프랑스 북부 론	Auguste Clape (오귀스뜨 클라프)	Cornas (꼬르나스)
76	레드	프랑스 루아르	Charles Joguet (샤를르 조게)	Chinon, Clos de la Dioterie (쉬농, 끌로 들 라 디오트리)
77	레드	프랑스 프로방스	Domaine de Trévallon (도멘 드 트레발롱)	Domaine de Trévallon, Rouge (도멘 드 트레발롱, 루즈)
78	레드	프랑스 프로방스 (방돌)	Château de Pibarnon (샤또 드 피바르농)	Château de Pibarnon (샤또 드 피바르농)
79	레드	프랑스 루씨용 (모리)	Domaine Mas Amiel (도멘 마스 아미엘)	Vin Doux Naturel du Mas Amiel (뱅 두 나뛰렐 뒤 마스 아미엘)
80	레드	프랑스 마디랑	Alain Brumont (알랭 브뤼몽)	Château Montus, Cuvée Prestige (샤또 몽뚜스, 뀌베 프레스띠쥬)
81	레드	이탈리아 또스까나	Biondi Santo (비온디 싼띠)	Brunello di Montalcino (브루넬로 디 몬딸치노)
82	레드	이탈리아 또스까나	Tenuta San Guido (떼누따 싼 귀도)	Sassicaia (사씨까이아)
83	레드	이탈리아 또스까나	Antinori (안띠노리)	Solaia (쏠라이아)
84	레드	이탈리아 삐에몬떼	Angelo Gaja (안젤로 가야)	Barolo, Sperss (바롤로, 스페르스)
85	레드	이탈리아 베네또	Loredan Gasparini (로레단 가스파리니)	Capo di Stato (까뽀 디 스따또)
86	레드	스페인 리베라 델 두에로	Vega Sicilia (베가 시실리아)	Unico (우니꼬)
87	레드	스페인 리베라 델 두에로	Alejandro Fernandez (알레한드로 페르난데스)	Tinto Pesquera Janus Gran Reserva (띤또 뻬스께라 하누스 그란 레쎄르바)
88	레드	스페인 쁘리오라뜨	René Barbier (르네 바르비에)	Clos Mogador (끌로 모가도르)
89	레드	포르투갈 뽀르뚜	Quinta do Noval (낀따 두 노발)	Nacional Vintage Porto (나시오날 빈티지 포트)
90	레드	미국 나파 밸리	Robert Mondavi(로버트 몬다비) & Baron Philippe Rothschild	Opus One (오퍼스 원)
91	레드	미국 나파 밸리	Stag's Leap Wine Cellars (스태그스 립 와인 셀러즈)	Cask 23 (캐스크 23)
92	레드	미국 나파 밸리	Heitz Cellar (하이츠 셀러)	Martha's Vineyard, CS (마르싸스 빈야드, 까베르네 쏘비뇽)
93	레드	미국 나파 밸리	Grgich Hills (거기쉬 힐)	Grgich Hills Napa Valley, CS (거기쉬 힐 나파 밸리, 까베르네 쏘비뇽)
94	레드	미국 나파 밸리	Diamond Creek (다이아몬드 크릭)	Volcanic Hill (볼캐닉 힐)
95	레드	미국 나파 밸리	Caymus Vieyards (케이머스 빈야드)	Caymus Vieyards Special Selection (케이머스 빈야드 스페셜 셀렉션)
96	레드	미국 나파 밸리	Dominus Estate (도미너스 이스테이트)	Dominus, Napa Valley(도미너스 나파 밸리)
97	레드	미국 나파 밸리	Niebaum-Coppola(니바움 코폴라)	Rubicon(루비콘)
98	레드	호주 매길	Penfolds(펜폴즈)	Grange(그랜쥐)
99	레드	칠레 마이뽀 밸리	Concha y Toro(꼰차 이 또로)	Don Melchor(돈 멜초르)
100	레드	레바논 베카아 밸리	Gaston Hochar(가스똥 오샤르)	Chateau Musar(샤또 무사르)

8
LIV-EX(리벡스) 등급분류

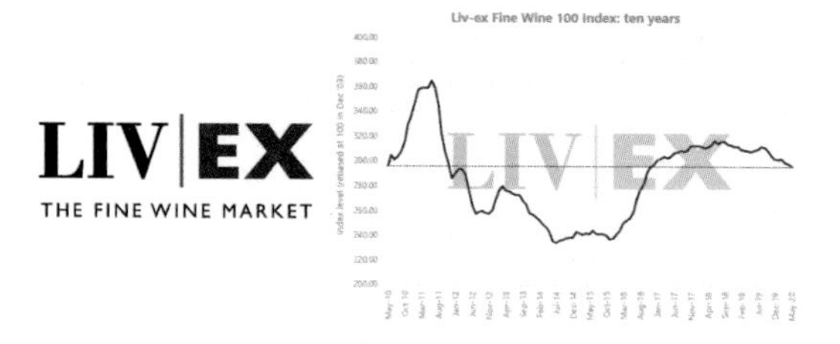

런던국제와인거래소(LIV-EX : London International Vintners Exchange)는 2009년부터 자체적으로 와인 실거래가를 기준으로 하는 새로운 글로벌 와인 등급을 만들어 2년 주기로 발표하고 있습니다. 실제 거래되는 가격에 따른 분류이므로 1855 등급 분류 때와 같은 방법이라고 할 수 있는데요, 보르도에만 국한되지 않고 프랑스의 다른 지역과 주요 와인생산국을 모두 망라하고 있습니다.
LIV-EX는 가격 등급 외에도 실거래에 기반한 와인과 관련된 다양한 분석 자료들을 만들어 공시하고 있습니다.

LIV-EX의 가격 등급 기준은 다음과 같습니다.

- 1등급 : £2,500 이상
- 2등급 : £688~£2,499
- 3등급 : £438~£687
- 4등급 : £313~£437
- 5등급 : £250~£312

1등급

- DRC, Romanee Conti Burgundy (Red) 1st 1st £235,734
- Domaine Leroy, Musigny Burgundy (Red) 1st £123,754
- DRC, Tache Burgundy (Red) 1st 1st £46,120
- Domaine Leroy, Latricieres Chambertin Burgundy (Red) 1st £32,590
- DRC, Richebourg Burgundy (Red) 1st 1st £29,085
- Georges Roumier, Chambolle Musigny Amoureuses Burgundy (Red) 1st £28,833
- Pin Bordeaux (Red) 1st 1st £27,174
- Petrus Bordeaux (Red) 1st 1st £26,431
- Screaming Eagle, Cabernet Sauvignon United States 1st 1st £26,147
- DRC, Romanee Saint Vivant Burgundy (Red) 1st 1st £23,314
- Armand Rousseau, Chambertin Burgundy (Red) 1st 1st £23,138
- Meo Camuzet, Vosne Romanee Cros Parantoux Burgundy (Red) 1st £21,656
- Armand Rousseau, Chambertin Clos De Beze Burgundy (Red) 1st 1st £21,165
- Krug, Clos Ambonnay Champagne 1st £19,260
- DRC, Grands Echezeaux Burgundy (Red) 1st 1st £19,194
- Emmanuel Rouget, Vosne Romanee Cros Parantoux Burgundy (Red) 1st £18,158
- Georges Roumier, Bonnes Mares Burgundy (Red) 1st £17,425
- DRC, Echezeaux Burgundy (Red) 1st 1st £16,347
- Jacques Frederic Mugnier, Chambolle Musigny Amoureuses Burgundy (Red) 1st £15,323
- Prieure Roch, Chambertin Clos De Beze Burgundy (Red) 1st £14,825
- Domaine Leroy, Vosne Romanee Beaumonts Burgundy (Red) 1st £13,814
- Armand Rousseau, Gevrey Chambertin Clos St Jacques Burgundy (Red) 1st 1st £10,113
- Krug, Clos Mesnil Champagne 1st £8,403
- Harlan Estate United States 1st £8,139
- Lafleur Bordeaux (Red) 1st 1st £7,972
- Domaine Leflaive, Chevalier Montrachet Burgundy (White) 1st £7,663
- Comte Vogue, Musigny Vv Burgundy (Red) 1st 1st £7,454
- Joseph Drouhin, Musigny Burgundy (Red) 1st £7,404
- Haut Brion Blanc Bordeaux (White) 1st £6,903
- Emmanuel Rouget, Echezeaux Burgundy (Red) 1st £6,758
- Armand Rousseau, Ruchottes Chambertin Clos Ruchottes Burgundy (Red) 1st £6,498
- Lafite Rothschild Bordeaux (Red) 1st 1st £6,492
- Sylvain Cathiard, Vosne Romanee Malconsorts Burgundy (Red) 1st £6,344
- Latour Bordeaux (Red) 1st 1st £6,272
- Margaux Bordeaux (Red) 1st 1st £6,162
- Pingus Spain 1st 1st £6,091
- Bruno Giacosa, Barolo Vigna Rocche Riserva (Red Label) Italy 1st £5,923
- Anne-Francoise Gros, Richebourg Burgundy (Red) 1st £5,911
- Scarecrow, Cabernet Sauvignon United States 1st £5,733
- Haut Brion Bordeaux (Red) 1st 1st £5,650
- Masseto Italy 1st 1st £5,517
- Dujac, Clos Roche Burgundy (Red) 1st £5,448
- Domaine Leflaive, Batard Montrachet Burgundy (White) 1st £5,194
- Bollinger, Vv Francaises Champagne 1st £5,172

- Armand Rousseau, Gevrey Chambertin Lavaux St Jacques Burgundy (Red) 1st £4,917
- Armand Rousseau, Clos Roche Burgundy (Red) 1st 2nd £4,916
- Mouton Rothschild Bordeaux (Red) 1st 1st £4,875
- Joseph Drouhin, Montrachet Marquis Laguiche Burgundy (White) 1st £4,860
- Francois Lamarche, Grande Rue Burgundy (Red) 1st £4,850
- Colgin, IX Estate United States 1st £4,817
- Coche Dury, Meursault Burgundy (White) 1st £4,773
- Ausone Bordeaux (Red) 1st 1st £4,734
- Georges Noellat, Grands Echezeaux Burgundy (Red) 1st £4,678
- Mission Haut Brion Blanc Bordeaux (White) 1st £4,559
- Salon, Le Mesnil Champagne 1st £4,541
- Cheval Blanc Bordeaux (Red) 1st 1st £4,478
- Prieure Roch, Nuits Saint Georges Clos Corvees Burgundy (Red) 1st £4,411
- Louis Roederer, Cristal Rose Champagne 1st 1st £4,284
- Dujac, Vosne Romanee Malconsorts Burgundy (Red) 1st £4,233
- Jacques Prieur, Montrachet Burgundy (White) 1st £4,143
- Domaine Ponsot, Clos Roche Vv Burgundy (Red) 1st 1st £4,088
- Domaine Leflaive, Bienvenues Batard Montrachet Burgundy (White) 1st £3,894
- Gros Frere et Soeur, Richebourg Burgundy (Red) 1st £3,771
- Penfolds, Grange Australia 1st 1st £3,755
- Domaine Clos Tart, Clos Tart Burgundy (Red) 1st £3,694
- Comte Vogue, Bonnes Mares Burgundy (Red) 1st 2nd £3,626
- Biondi Santi, Brunello Montalcino Riserva Italy 1st £3,583
- Allemand, Cornas Reynard Rhone 1st £3,502
- Henschke, Hill Of Grace Shiraz Australia 1st 1st £3,482
- Joseph Roty, Charmes Chambertin Tres Vv Burgundy (Red) 1st £3,480
- Trapet Pere et Fils, Chambertin Burgundy (Red) 1st £3,418
- Moet & Chandon, Dom Perignon Oenotheque Champagne 1st £3,319
- Moet & Chandon, Dom Perignon P2 Champagne 1st £3,089
- Comtes Lafon, Meursault Perrieres Burgundy (White) 1st £2,988
- Violette Bordeaux (Red) 1st £2,921
- Domaine Jean Louis Chave, Hermitage Rhone 1st 2nd £2,910
- Angelus Bordeaux (Red) 1st 1st £2,906

2등급

- Beaucastel, Chateauneuf Du Pape Hommage J Perrin Rhone 2nd 1st £2,838
- Opus One United States 2nd 2nd £2,833
- Penfolds, Bin 707 Australia 2nd £2,820
- Guigal, Cote Rotie Landonne Rhone 2nd 2nd £2,712
- Gaja, Sori Tildin Italy 2nd £2,691
- Guigal, Cote Rotie Turque Rhone 2nd 2nd £2,669
- Bruno Clair, Chambertin Clos De Beze Burgundy (Red) 2nd £2,664
- Pavie Bordeaux (Red) 2nd 2nd £2,654
- Mission Haut Brion Bordeaux (Red) 2nd 1st £2,622
- Carruades Lafite Bordeaux (Red) 2nd 2nd £2,612

- Raveneau, Chablis Montee Tonnerre Burgundy (White) 2nd £2,569
- Keller, Westhofener Brunnenhauschen Abtserde Riesling GG Germany 2nd £2,555
- Moet & Chandon, Dom Perignon Rose Champagne 2nd 2nd £2,517
- Guigal, Cote Rotie Mouline Rhone 2nd 2nd £2,508
- Gaja, Sori San Lorenzo Italy 2nd 2nd £2,485
- Robert Groffier (Pere et Fils), Bonnes Mares Burgundy (Red) 2nd £2,428
- Verite, Joie United States 2nd £2,425
- Gaja, Costa Russi Italy 2nd £2,412
- Domaine Ponsot, Chapelle Chambertin Burgundy (Red) 2nd £2,405
- Raveneau, Chablis Butteaux Burgundy (White) 2nd £2,371
- Joseph Drouhin, Griotte Chambertin Burgundy (Red) 2nd £2,362
- Armand Rousseau, Gevrey Chambertin Burgundy (Red) 2nd £2,347
- Vega Sicilia, Unico Spain 2nd 2nd £2,312
- Palmer Bordeaux (Red) 2nd 2nd £2,241
- Bartolo Mascarello, Barolo Italy 2nd £2,229
- Yquem Bordeaux (White) 2nd £2,199
- Petit Mouton Bordeaux (Red) 2nd 2nd £2,148
- Domaine Leflaive, Puligny Montrachet Pucelles Burgundy (White) 2nd £2,112
- Krug, Vintage Brut Champagne 2nd 2nd £2,097
- Casanova di Neri, Brunello Montalcino Cerretalto Italy 2nd £2,080
- Dujac, Charmes Chambertin Burgundy (Red) 2nd £2,080
- Mondotte Bordeaux (Red) 2nd 2nd £2,058
- Meo Camuzet, Clos Vougeot Burgundy (Red) 2nd 2nd £2,055
- Denis Mortet, Clos Vougeot Burgundy (Red) 2nd £2,046
- Perrot Minot, Mazoyeres Chambertin Vv Burgundy (Red) 2nd £2,018
- Comtes Lafon, Meursault Charmes Burgundy (White) 2nd £2,005
- Chapoutier, Ermitage Meal Rhone 2nd £1,959
- Francois Lamarche, Vosne Romanee Malconsorts Burgundy (Red) 2nd £1,945
- Solaia Italy 2nd 2nd £1,938
- de Montille, Vosne Romanee Malconsorts Burgundy (Red) 2nd £1,908
- Trotanoy Bordeaux (Red) 2nd 2nd £1,900
- Pavillon Blanc Bordeaux (White) 2nd £1,872
- Georges Roumier, Morey Saint Denis Bussiere Burgundy (Red) 2nd £1,871
- Chapoutier, Ermitage Ermite Rhone 2nd £1,861
- Dome Bordeaux (Red) 2nd £1,840
- Gaja, Gaia & Rey Italy 2nd £1,824
- Romano Dal Forno, Amarone Italy 2nd £1,823
- Roulot, Meursault Burgundy (White) 2nd £1,822
- Dominus United States 2nd 2nd £1,818
- Fontaine Gagnard, Batard Montrachet Burgundy (White) 2nd £1,790
- Forts Latour Bordeaux (Red) 2nd 2nd £1,786
- Laville Haut Brion Bordeaux (White) 2nd £1,776
- Eglise Clinet Bordeaux (Red) 2nd 2nd £1,766
- Vieux Chateau Certan Bordeaux (Red) 2nd 2nd £1,753
- Vieille Julienne, Chateauneuf Du Pape Reserve Rhone 2nd £1,745
- Comte Vogue, Chambolle Musigny 1er Cru Burgundy (Red) 2nd £1,742

- Paul Jaboulet Aine, Hermitage Chapelle Rhone 2nd 3rd £1,740
- Louis Roederer, Cristal Champagne 2nd 2nd £1,729
- Continuum, Proprietary Red United States 2nd £1,705
- Leoville Las Cases Bordeaux (Red) 2nd 2nd £1,689
- Pavillon Rouge Bordeaux (Red) 2nd 2nd £1,679
- Comte Vogue, Chambolle Musigny Burgundy (Red) 2nd 2nd £1,666
- Gaja, Sperss Italy 2nd £1,660
- Drouhin Laroze, Chambertin Clos De Beze Burgundy (Red) 2nd £1,631
- Georges Roumier, Chambolle Musigny Burgundy (Red) 2nd £1,627
- Cos d'Estournel Bordeaux (Red) 2nd 2nd £1,626
- Alain Hudelot Noellat, Vosne Romanee Suchots Burgundy (Red) 2nd £1,617
- Evangile Bordeaux (Red) 2nd 2nd £1,612
- Lambrays, Clos Lambrays Burgundy (Red) 2nd 2nd £1,599
- Raveneau, Chablis Vaillons Burgundy (White) 2nd £1,591
- Chapoutier, Ermitage Pavillon Rhone 2nd £1,549
- Giacomo Conterno, Barolo Cascina Francia Italy 2nd 2nd £1,547
- Hosanna Bordeaux (Red) 2nd 2nd £1,545
- Sassicaia Italy 2nd 2nd £1,527
- Canon (Saint Emilion) Bordeaux (Red) 2nd 2nd £1,518
- Fleur Petrus Bordeaux (Red) 2nd 2nd £1,505
- Paul Pernot, Bienvenues Batard Montrachet Burgundy (White) 2nd £1,466
- Joseph Phelps, Insignia United States 2nd £1,451
- Ducru Beaucaillou Bordeaux (Red) 2nd 2nd £1,447
- Tertre Roteboeuf Bordeaux (Red) 2nd 2nd £1,435
- Pol Roger, Sir Winston Churchill Champagne 2nd £1,413
- Montrose Bordeaux (Red) 2nd 2nd £1,406
- Tua Rita, Redigaffi Italy 2nd £1,403
- Petit Cheval Bordeaux (Red) 2nd £1,395
- Fontaine Gagnard, Criots Batard Montrachet Burgundy (White) 2nd £1,393
- Alain Hudelot Noellat, Clos Vougeot Burgundy (Red) 2nd £1,379
- Ornellaia Italy 2nd 2nd £1,372
- Marquis d'Angerville, Volnay Clos Ducs Burgundy (Red) 2nd 2nd £1,353
- Bonneau Martray, Corton Charlemagne Burgundy (White) 2nd £1,319
- Domaine Faiveley, Echezeaux Burgundy (Red) 2nd £1,314
- Mugneret Gibourg, Nuits Saint Georges Chaignots Burgundy (Red) 2nd £1,313
- Haut Bailly Bordeaux (Red) 2nd 2nd £1,304
- Philipponnat, Clos Goisses Brut Champagne 2nd 2nd £1,303
- Belair Monange Bordeaux (Red) 2nd £1,295
- Ridge, Monte Bello Red United States 2nd £1,288
- Smith Haut Lafitte Bordeaux (Red) 2nd 2nd £1,280
- Chapoutier, Ermitage Blanc Oree Rhone 2nd £1,269
- Chapoutier, Ermitage Meal Blanc Rhone 2nd £1,253
- Moet & Chandon, Dom Perignon Champagne 2nd 2nd £1,225
- Pichon Lalande Bordeaux (Red) 2nd 2nd £1,224
- Casanova di Neri, Brunello Montalcino Tenuta Nuova Italy 2nd £1,221

- Gaja, Langhe Conteisa Italy 2nd £1,217
- Domaine Jamet, Cote Rotie Rhone 2nd £1,212
- Troplong Mondot Bordeaux (Red) 2nd 2nd £1,204
- Domaine Leflaive, Puligny Montrachet Clavoillon Burgundy (White) 2nd £1,197
- Domaine Faiveley, Latricieres Chambertin Burgundy (Red) 2nd £1,196
- Y De Yquem Bordeaux (White) 2nd £1,196
- Meo Camuzet, Vosne Romanee Chaumes Burgundy (Red) 2nd 2nd £1,188
- Beaucastel, Chateauneuf du Pape Roussanne Vv Rhone 2nd 2nd £1,175
- Macchiole, Messorio Italy 2nd £1,162
- Bollinger, Rd Champagne 2nd 2nd £1,160
- Figeac Bordeaux (Red) 2nd 2nd £1,158
- Pichon Baron Bordeaux (Red) 2nd 2nd £1,147
- Bruno Giacosa, Barolo Falletto Italy 2nd £1,143
- Trimbach, Riesling Clos St Hune Alsace 2nd £1,135
- Gaja, Barbaresco Italy 2nd £1,122
- Pape Clement Blanc Bordeaux (White) 2nd £1,118
- Rossignol Trapet, Chambertin Burgundy (Red) 2nd £1,114
- Montevertine, Pergole Torte Italy 2nd £1,110
- Clarendon Hills, Astralis Shiraz Australia 2nd £1,108
- Pontet Canet Bordeaux (Red) 2nd 2nd £1,098
- Domaine Faiveley, Corton Clos Corton Burgundy (Red) 2nd £1,083
- Conseillante Bordeaux (Red) 2nd 2nd £1,078
- Lynch Bages Bordeaux (Red) 2nd 2nd £1,075
- Robert Groffier (Pere et Fils), Chambolle Musigny Hauts Doix Burgundy (Red) 2nd £1,069
- Rampolla, Alceo Italy 2nd £1,060
- Mongeard Mugneret, Echezeaux Burgundy (Red) 2nd £1,059
- Clinet Bordeaux (Red) 2nd 2nd £1,054
- Marquis d'Angerville, Volnay Taillepieds Burgundy (Red) 2nd £1,040
- Pape Clement Bordeaux (Red) 2nd 2nd £1,033
- Torbreck, Run Rig Australia 2nd 2nd £1,013
- Domaine Faiveley, Clos Vougeot Burgundy (Red) 2nd £998
- Clarence Haut Brion Bordeaux (Red) 2nd 2nd £990
- Valandraud Bordeaux (Red) 2nd £984
- Poggio Sotto, Brunello Montalcino Italy 2nd £983
- Castello Di Ama, Apparita Italy 2nd £979
- Didier Dagueneau, Pouilly Fume Silex Loire 2nd £975
- Beausejour Duffau Bordeaux (Red) 2nd £974
- Clos L'Eglise (Pomerol) Bordeaux (Red) 2nd 2nd £973
- Luciano Sandrone, Barolo Vigne Italy 2nd £959
- Cedric Bouchard, Roses Jeanne Ursules Blanc de Noirs Champagne 2nd £943
- Moet & Chandon, Imperial Brut Vintage Champagne 2nd £940
- Gay Bordeaux (Red) 2nd £935
- Comte Armand, Pommard Clos Epeneaux Burgundy (Red) 2nd £933
- Etienne Sauzet, Puligny Montrachet Champ Canet Burgundy (White) 2nd £929
- Marquis d'Angerville, Volnay Champans Burgundy (Red) 2nd £927

- Bouchard Pere et Fils, Beaune Greves L'Enfant Jesus Burgundy (Red) 2nd £920
- Chapoutier, Cote Rotie Mordoree Rhone 2nd £898
- Leoville Poyferre Bordeaux (Red) 2nd 2nd £874
- Clos Fourtet Bordeaux (Red) 2nd 2nd £870
- Domaine Leflaive, Puligny Montrachet Burgundy (White) 2nd £868
- Etienne Sauzet, Puligny Montrachet Perrieres Burgundy (White) 2nd £863
- Beychevelle Bordeaux (Red) 2nd 3rd £860
- Calon Segur Bordeaux (Red) 2nd 3rd £851
- Leoville Barton Bordeaux (Red) 2nd 2nd £838
- Taittinger, Comtes Champagne Champagne 2nd 2nd £836
- Bollinger, Grande Annee Champagne 2nd £830
- Carmes Haut Brion Bordeaux (Red) 2nd £807
- Vega Sicilia, Ribera Del Duero Valbuena 5 Spain 2nd £802
- Rauzan Segla Bordeaux (Red) 2nd 3rd £798
- Bellevue Mondotte Bordeaux (Red) 2nd £795

3등급

- Alter Ego Palmer Bordeaux (Red) 3rd 4th £571
- Antinori, Guado Al Tasso Italy 3rd £630
- Brane Cantenac Bordeaux (Red) 3rd 3rd £610
- Brovia, Barolo Rocche Castiglione Italy 3rd £651
- Canon Gaffeliere Bordeaux (Red) 3rd 3rd £633
- Certan May Bordeaux (Red) 3rd £654
- Chapelle Mission Haut Brion Bordeaux (Red) 3rd 3rd £511
- Elio Grasso, Barolo Gavarini Chiniera Italy 3rd £604
- Clerc Milon Bordeaux (Red) 3rd 3rd £714
- Clos Papes, Chateauneuf Du Pape Rhone 3rd 3rd £758
- Elio Grasso, Barolo Ginestra Casa Mate Italy 3rd £638
- Fontodi, Flaccianello Pieve Italy 3rd 3rd £576
- Domaine Chevalier Bordeaux (Red) 3rd 3rd £536
- Guigal, Condrieu Doriane Rhone 3rd £505
- Guigal, Cote Rotie Ampuis Rhone 3rd £640
- Duhart Milon Bordeaux (Red) 3rd 3rd £695
- Gaffeliere Bordeaux (Red) 3rd £683
- Gazin (Pomerol) Bordeaux (Red) 3rd 3rd £622
- Giscours Bordeaux (Red) 3rd 4th £514
- Grand Puy Lacoste Bordeaux (Red) 3rd 3rd £525
- Gruaud Larose Bordeaux (Red) 3rd 3rd £644
- Issan Bordeaux (Red) 3rd 3rd £547
- Arlot, Nuits Saint Georges Clos Forets Saint Georges Burgundy (Red) 3rd £699
- Domaine William Fevre, Chablis Clos Burgundy (White) 3rd £723
- Etienne Sauzet, Puligny Montrachet Garenne Burgundy (White) 3rd £754
- Smith Haut Lafitte Blanc Bordeaux (White) 3rd £723
- Jacques Frederic Mugnier, Nuits Saint Georges Clos
- Marechale Rouge

- Burgundy (Red) 3rd £763
- Mondavi & Chadwick, Sena Chile 3rd £712
- Jacques Prieur, Puligny Montrachet Combettes Burgundy (White) 3rd £729
- Janasse, Chateauneuf Du Pape Vv Rhone 3rd £657
- Fonseca Portugal 3rd £655
- Croft, Vintage Port Portugal 3rd £653
- Nerthe, Chateauneuf Du Pape Cadettes Rhone 3rd £535
- Petrolo, Galatrona Italy 3rd 3rd £583
- Joseph Drouhin, Beaune Clos Mouches Rouge Burgundy (Red) 3rd £636
- Larcis Ducasse Bordeaux (Red) 3rd 3rd £562
- Lascombes Bordeaux (Red) 3rd 3rd £687
- Taylor Portugal 3rd £619
- Joseph Drouhin, Chambolle Musigny 1er Cru Burgundy (Red) 3rd £619
- Latour Pomerol Bordeaux (Red) 3rd £605
- Pousse d'Or, Corton Clos Roi Burgundy (Red) 3rd £591
- Domaine Chevalier Blanc Bordeaux (White) 3rd £580
- Blanc Lynch Bages Bordeaux (White) 3rd £529
- Rene Rostaing, Cote Rotie Landonne Rhone 3rd £780
- Tignanello Italy 3rd 3rd £769
- Pavie Macquin Bordeaux (Red) 3rd 3rd £528
- Saint Pierre Bordeaux (Red) 3rd £643
- Valdicava, Brunello Montalcino Italy 3rd £536
- Talbot Bordeaux (Red) 3rd 3rd £614
- Trotte Vieille Bordeaux (Red) 3rd £597

4등급

- Climens Bordeaux (White) 4th £495
- Malescot St Exupery Bordeaux (Red) 4th 3rd £486
- Pupille, Saffredi Italy 4th £481
- Beaucastel, Chateauneuf Du Pape Rhone 4th 4th £480
- Conti Costanti, Brunello Montalcino Italy 4th £466
- Cantenac Brown Bordeaux (Red) 4th £460
- Pauillac De Latour Bordeaux (Red) 4th £459
- Etienne Sauzet, Puligny Montrachet Burgundy (White) 4th £449
- Glaetzer, Amon Ra Shiraz Australia 4th £448
- Pousse d'Or, Volnay Clos 60 Ouvrees Burgundy (Red) 4th £447
- Petit Village Bordeaux (Red) 4th £447
- Two Hands, Ares Australia 4th £445
- Vega Sicilia, Alion Spain 4th £444
- Langoa Barton Bordeaux (Red) 4th 4th £441
- Torbreck, Factor Australia 4th £439
- Lagrange (Saint Julien) Bordeaux (Red) 4th 4th £438
- Vieux Telegraphe, Chateauneuf Du Pape Rhone 4th 4th £437
- Branaire Ducru Bordeaux (Red) 4th 4th £435
- Suduiraut Bordeaux (White) 4th £429

- Armailhac Bordeaux (Red) 4th 4th £428
- Lagune Bordeaux (Red) 4th 3rd £426
- Beau Sejour Becot Bordeaux (Red) 4th £418
- Clos Marquis Bordeaux (Red) 4th 4th £414
- Graham Portugal 4th £414
- Brovia, Barolo Brea Vigna Ca'mia Italy 4th £407
- Monbousquet Bordeaux (Red) 4th £399
- Catena Zapata, Nicolas Catena Zapata Argentina 4th £399
- Pagodes Cos Bordeaux (Red) 4th £396
- Kirwan Bordeaux (Red) 4th £394
- Dow Portugal 4th £394
- Dominique Bordeaux (Red) 4th £391
- Haut Batailley Bordeaux (Red) 4th 4th £378
- Malartic Lagraviere Blanc Bordeaux (White) 4th £371
- Tertre Bordeaux (Red) 4th 5th £363
- Warre, Vintage Port Portugal 4th £362
- Saint Prefert, Chateauneuf Du Pape Reserve Auguste Favier Rhone 4th £361
- Batailley Bordeaux (Red) 4th 4th £360

5등급

- Lafon Rochet Bordeaux (Red) 5th 5th £355
- Croix Beaucaillou Bordeaux (Red) 5th £351
- Reserve Comtesse Bordeaux (Red) 5th £347
- Torbreck, Descendant Australia 5th £345
- Nenin Bordeaux (Red) 5th £343
- Two Hands, Aerope Australia 5th £343
- Phelan Segur Bordeaux (Red) 5th £341
- Malartic Lagraviere Bordeaux (Red) 5th £339
- Croix Gay Bordeaux (Red) 5th £338
- Haut Marbuzet Bordeaux (Red) 5th £332
- Cantemerle Bordeaux (Red) 5th 5th £328
- Vietti, Barolo Castiglione Italy 5th £327
- Clos Clocher Bordeaux (Red) 5th £323
- Lynch Moussas Bordeaux (Red) 5th £322
- Maison Leroy, Bourgogne Blanc Burgundy (White) 5th £322
- Gloria Bordeaux (Red) 5th 4th £319
- Ornellaia, Serre Nuove Italy 5th £305
- Prieure Lichine Bordeaux (Red) 5th £302
- Haut Bages Liberal Bordeaux (Red) 5th 5th £301
- Angludet Bordeaux (Red) 5th £295
- Grand Puy Ducasse Bordeaux (Red) 5th £295
- Soutard Bordeaux (Red) 5th £295
- Rieussec Bordeaux (White) 5th £294
- Sociando Mallet Bordeaux (Red) 5th £292

9
와인 맛과 향에 대한 영어 표현

acetic	신맛이 강한 (=astringent)
acidic	산도(신맛)가 강한
aggressive	강하고 자극적인. 억센. 타닌이 많은 강한 맛이나 숙성이 덜 된 와인의 시거나 떫은 맛을 표현할 때 사용
aromatic	아로마(향)가 유난히 강한. 향이 진하여 톡 쏘는 느낌까지 드는. 주로 Sauvignon Blanc(쏘비뇽 블랑), Gewürztraminer(게뷔르츠트라미너), Riesling(리슬링) 품종 와인의 향을 표현할 때 많이 사용
balanced	와인 맛의 여러 요소(산도, 알코올 농도, 타닌, 당도)가 조화를 이루는
big	강한 느낌을 주는 풀바디 와인의 맛을 표현할 때 사용. 'plenty of flavor'
bitter	(부정적인 표현) 지나칠 정도로 타닌의 느낌이 강한. 씁쓸한
bold	향이 뚜렷하고 강한. 주로 full-bodied 와인
buttery	오크 숙성을 통해 버터향이 나는
chewy	씹히는 듯이 타닌이 많고 맛이 강하지만 억세지는 않은
citusy	시고 상큼한 과일 맛이 나는
complex	여러 가지 복합적인 향과 맛이 느껴지는
concentrated	타닌, 당도, 빛깔 등이 진하고 농축된 느낌이 드는
crisp, crispy	화이트 와인의 산도가 높아 상큼한. clean & fresh
deep	향과 맛에 깊이가 느껴지는
delicate	섬세한, 세련된, 우아한
dul	평범하다 못해 맛이 없는 와인. 공기 노출이 지나쳤을 때도 사용
dusty	레드 와인에서 드라이하면서 먼지나 흙냄새가 나는
earthy	흙냄새가 묻어나는. 미네랄 냄새 혹은 시골 논두렁에서 나는 냄새 등
elegant	밸런스가 좋아 맛이 부드럽고 우아할 때 사용하는 가장 일반적인 표현
fat	풀바디하고 입안을 매끄럽게 감싸는. 풀바디한 스위트 와인에 주로 사용
flabby	맛이 약하고 힘이 없는. 신맛이 부족한
flat	신맛이 부족한
floral	장미꽃, 제비꽃 등의 꽃향기가 나는. (=fragrant)
fresh	신선한. 싱싱한 과일맛과 신맛의 조화. 영(young)한 화이트 와인에 주로 사용

gamey 야생고기향이 나는

gorgeous 맛이 선명하고 화려한

grassy 갓 베어낸 풀냄새가 나는 *herbaceous보다 더 싱그러운 원초적인 풀향기를 말함

hard 맛이 강한 *firm(맛이 견고한) 〈 hard(맛이 강한) 〈 aggressive(맛이 억센)

harsh 타닌이나 산도의 강도가 높아 섬세한 여운을 느끼기 어려운

heavy 부드럽게 넘기기 어려운 타닌이 강한 레드 와인에 사용되며, 때때로 병입 숙성이 더 필요하다는 뜻으로 사용

herbaceous 풀 향기가 나는. 화이트 품종인 Sauvignon Blanc(쏘비뇽 블랑)이나 레드 품종인 Cabernet Franc(꺄베르네 프랑)으로 만든 와인 맛을 나타내는 표현 중에 하나. 더 강한 표현은 grassy

jammy 잼 같은 졸인 과일향이 나는

mature 마시기에 적당할 정도로 숙성된

meaty 와인이 다소 무겁고 맛이 풍부하며 고기 씹는 맛이 있는

metallic 금속성의 맛이 나는

minerally 미네랄 향이 나는. 부싯돌이나 분필 냄새 등

moldy 곰팡이 냄새가 나는

neutral 향이 뚜렷하지 않은

nutty 견과류 맛이 나는

oaky 오크향이 너무 진한. 바닐라향이나 구운 토스트 냄새가 너무 강해서 다른 맛과 향을 가릴 때 사용

oxidized 산화된

petrolly 휘발유향이 나는. 숙성된 Riesling(리슬링) 와인의 향기로운 휘발유향

piercing 산도(신맛)가 아주 강한. *tart(시큼한)와 비슷한 의미로 사용

racy crisp나 fresh와 비슷한 의미로 사용된다. 특히 독일 Riesling 와인을 표현하는 데 사용

rich 깊고 진한 맛이 나는. 간혹 약간 단맛을 의미하기도 함

ripe 잘 익은 과일향이 풍부한. 잘 익은 과일의 달콤한 맛을 뜻하기도 함

rounded 바로 마시기에 무난한. 조화가 잘 되어서 자극적이지 않고 부드러운

sharp 드라이한 화이트 와인이나 스파클링 와인의 맛이 날카로울 정도로 상쾌한

tannic 타닌의 강도가 높은

thin 향이나 바디가 부족한

toasty 오크통 숙성 때문에 버터 바른 구운 토스트향이 나는

vegetal 야채 맛이 나는

velvety 벨벳 같은. silky와 비슷하지만 그보다 더 풍부하고 농축된 맛이 느껴질 때 사용

Zesty 레몬향이 도는

Podere
Casacce
Vivaio
sasso di alberese
Fonte
De' Medici
Podere
Portaccia
B.go Santa Maria
Macerata
Badia
a Passignano

한 권으로 끝내는 와인특강 | 2021 완전개정판 |

개정 2판 1쇄 발행일 2021년 8월 15일
초판 발행일 2008년 2월 20일 • 개정 1판 발행일 2013년 5월 6일
지은이 전상헌 • 감수 김준철
펴낸곳 (주)도서출판 예문 • 펴낸이 이주현
기획 정도준 • 편집 김유진, 최희윤 • 디자인 문정화, 권승하 • 마케팅 김현주
등록번호 제307-2009-48호 • 등록일 1995년 3월 22일 • 전화 02-765-2306
팩스 02-765 9306
주소 서울시 강북구 솔샘로67길 62, 904호 • 홈페이지 www.yemun.co.kr
ISBN 978-89-5659-398-2 13590

이 책은 《한 권으로 끝내는 와인특강》(2008년)의 증보 · 개정판입니다.